W0263707

Oswald Giering

Vorlesungen über höhere Geometrie

Oswald Giering

Vorlesungen über höhere Geometrie

unter Mitwirkung von Johann Hartl

Mit zahlreichen Aufgaben, Figuren und Tabellen

Friedr. Vieweg & Sohn Braunschweig/Wiesbaden

CIP-Kurztitelaufnahme der Deutschen Bibliothek

Giering, Oswald:
Vorlesungen über höhere Geometrie: mit zahlr.
Aufgaben, Fig. u. Tab. / Oswald Giering. Unter
Mitw. von Johann Hartl. – Braunschweig;
Wiesbaden: Vieweg, 1982.
ISBN-13:978-3-528-08492-9 e-ISBN-13:978-3-322-83552-9
DOI: 10.1007/978-3-322-83552-9

NE: Giering, Oswald: [Sammlung] Vorlesungen
über höhere Geometrie

Softcover reprint of the hardcover 1st edition 1982

ISBN-13:978-3-528-08492-9

Zur Erinnerung an Felix Klein und dessen Wirken an der Technischen Hochschule München (1875-1880)[1]

Vorwort

Höhere Geometrie läßt sich in Vorlesungen auf vielfache Weise vermitteln. Hier handelt es sich um eine Einführung in die Theorie der entarteten und nichtentarteten *Cayley/Klein-Räume* und der *Cayley/Klein-Geometrien* mit dem Ziel, auch die Kurven- und Hyperflächentheorie dieser Räume kurz anzusprechen.

Der Stoff ist weitgehend Vorlesungen entnommen, die ich an der Technischen Universität München im Anschluß an die zweisemestrige Grundvorlesung *Lineare Algebra und Analytische Geometrie*[2] seit 1973 gelegentlich gehalten habe. Aufbauend auf dieser Grundvorlesung erfolgt die Einführung der projektiven Räume unter Verwendung der Theorie der Vektorräume, die in den Hintergrund tritt, je mehr die Theorie der projektiven Räume fortschreitet (Kap.1-4). Diese wird nur so weit entwickelt, wie dies zur Einführung der *projektiven Standardmodelle* der Cayley/Klein-Räume und der Cayley/Klein-Geometrien erforderlich ist (Kap.5-9,14-16).

Die projektiven Standardmodelle werden ergänzt durch *projektive Nichtstandardmodelle* (Kap.10,17) und durch *nichtprojektive Modelle* (*kinematische*, *konforme* und andere Modelle; Kap.11,17,20). Weitere Ergänzungen bilden die *Clifford-Parallelität* in elliptischen Räumen (Kap.12), der *Lorentz-Raum* und seine Beziehung zur speziellen Relativitätstheorie (Kap.13), die *stereographische Projektion* (Kap.18) und die *Inversion* (Kap.19). Vor Einführung der Cayley/Klein-Geometrien in Kap.14 und 15 werden möglichst

---

[1] Felix Klein: 25.4.1849 - 22.6.1925.

[2] Eine vorzügliche Einführung bietet das im gleichen Verlag erschienene Werk von SCHAAL[2] und SCHAAL/GLÄSSNER[1].

zahlreiche Eigenschaften der Cayley/Klein-Räume bereitgestellt. Abschließend erfolgt im Rahmen der projektiven Standardmodelle eine Einführung in die *Kurven-* und *Hyperflächentheorie* der Cayley/Klein-Räume (Kap.21,22) und ein kurzgefaßtes Kapitel über die *differentialgeometrische Literatur* mit einem Abschnitt über *Anwendungen* der Cayley/Klein-Räume (Kap.23).

Zahlreiche Themen, die in den gebotenen Rahmen fallen, konnten nicht oder nur am Rande betrachtet werden. Dazu gehören die affinen, axialen, biaxialen und symplektischen Räume, die zugehörigen Geometrien sowie die Entwicklung und Verwendung von Spezialkalkülen, etwa des Quaternionenkalküls. Auch ein detailliertes Studium einzelner Cayley/Klein-Geometrien mußte unterbleiben. Hier können die Freunde spezieller Cayley/Klein-Geometrien nicht alle Erwartungen erfüllt finden. Bemerkungen und die Abschnitte *Blick in die Literatur* versuchen jedoch, einerseits dem interessierten Leser weiterzuhelfen und andererseits den Gebrauch des Literaturverzeichnisses zu erleichtern. Es enthält vorbereitende, ergänzende und weiterführende Literatur sowie Literatur, die in Teilaspekten mit der Stoffauswahl zusammenhängt. Es zeigt vielfältige Arbeitsrichtungen auf, gibt Anregungen und lädt zur Vertiefung ein. Soweit es der Umfang des Buches erlaubte, wurden Aufgaben zur Einübung des Stoffes eingefügt. Die Figuren sind für alle Leser bestimmt, denen sie nützen. Jüngere Studenten, die ihre Raumanschauung und die Fähigkeit zur Interpretation von Figuren noch nicht hinreichend entwickelt haben, mögen Figuren zunächst nicht als Unterstützung des Textes empfinden. Einige Übungen im Anschauungsraum werden jedoch genügen, um Figuren schätzen zu lernen.

Der Stoff ist in 23 Kapitel gegliedert. Jedes Kapitel besteht aus Abschnitten (A,B,...), einzelne Abschnitte bestehen aus Unterabschnitten (1,2,...). Sätze und Definitionen sind innerhalb der Abschnitte und Unterabschnitte einheitlich durchnumeriert. Auch im Text und in Sätzen werden Begriffe definiert und dabei durch Kursivdruck hervorgehoben.

Auf Sätze, Definitionen und Formeln wird durch Angabe des Kapitels und Abschnitts (wenn nötig auch des Unterabschnitts) verwiesen, dem sie entnommen sind. Beispiele: Es verweist

2D,Satz 1 ... auf Satz 1 in Kapitel 2, Abschnitt D;

14B3,Satz 1...auf Satz 1 in Kapitel 14, Abschnitt B, Unterabschnitt 3;

8B(I).........auf Formel (I) in Kapitel 8, Abschnitt B.

Gelegentlich wird eine Seitenangabe hinzugefügt. Bei Verweisen innerhalb eines Kapitels wird die Kapitel-Nummer weggelassen; bei Verweisen innerhalb eines Abschnitts oder Unterabschnitts wird entsprechend verfahren.

Eine erste Einführung in das Gebiet bieten bereits die Kapitel 1-10, 14, 15, 21 und 22.

Herzlich danken möchte ich all denen, die an diesem Buch mitgeholfen haben. Die Herren Priv.Doz.Dr.R.Koch, Dr.J.Hartl und Dr.W.Vinzenz haben die Übungen der Vorlesungen betreut und manch guten Rat beigesteuert. Speziell zu Kapitel 13 gaben die Herren Prof.Dr.K.Buchner und Dr.W.Vinzenz wertvolle Hinweise. Bei der endgültigen Fertigstellung des Manuskripts hat mich Herr Dr.J. Hartl ganz wesentlich unterstützt. Von ihm sind zahlreiche Vorschläge in die Endfassung eingegangen. Frau G.Fuß danke ich für ihre unermüdliche Hilfe bei der Erstellung des umfangreichen Literatur- und Sachverzeichnisses. Schließlich gilt mein Dank Frau U.Schmickler-Hirzebruch und Herrn A.Schubert vom Vieweg-Verlag für die gute Zusammenarbeit und die stets gewährte Geduld bei der Vorbereitung dieses Buches. Im voraus sei auch allen Lesern herzlich gedankt, die Fehler entdecken und mir diese mitteilen.

Möge dieses Buch ein wenig dazu anregen, die *höhere Geometrie* als Theorie der Räume mit Absolutfigur und der zugehörigen Geometrien auch in Zukunft weiterzuführen.

München, im April 1982 O.Giering

Inhaltsverzeichnis

Kapitel 1. Projektiver Raum über einem Vektorraum

A. Begriff des projektiven Raumes

Wir schicken der Definition des projektiven Raumes drei naheliegende Motivationen voraus.

1. In einem projektiven Raum bestehen weniger Ausnahmen und Sonderfälle als im zugehörigen affinen Raum. Beispiele:

a) In einer affinen Ebene sind zwei Geraden entweder schneidend oder nichtschneidend, also parallel. In einer projektiven Ebene sind zwei Geraden stets schneidend; es existieren keine Parallelen.

b) Die affinen Koordinatentransformationen werden durch homogene und inhomogene, die projektiven Koordinatentransformationen stets durch homogene lineare Gleichungen beschrieben.

c) Die affinen Quadriken werden durch Gleichungen mit quadratischen, linearen und konstanten Gliedern, die projektiven Quadriken stets durch Gleichungen mit nur quadratischen Gliedern dargestellt.

2. In die projektiven Räume lassen sich zahlreiche wichtige Räume einbauen, so die affinen, die axialen, die biaxialen und die CAYLEY/KLEIN-Räume, die wir später ausführlich studieren.

3. Zahlreiche Geometrien, etwa die affine, die axiale, die biaxiale und jede CAYLEY/KLEIN-Geometrie, lassen sich in die projektive Geometrie einordnen, für die der projektive Raum ein Schauplatz ist.

Def.1: Gegeben sei

1) eine Punktmenge $P^n(\mathcal{P}^{n+1},K)$ (kurz: P^n, $P^n(\mathcal{P}^{n+1})$), deren Punkte mit lateinischen Großbuchstaben X,Y,Z,... bezeichnet werden,

2) ein (n+1)-dimensionaler Vektorraum $\mathcal{P}^{n+1}$ $(-1 \le n \in \mathbb{Z},\ \dim \mathcal{P}^{n+1} = n+1)$ über dem kommutativen Körper K, dessen Vektoren und die von ihnen aufgespannten Untervektorräume mit Skriptbuchstaben $\mathcal{x}, \mathcal{y}, \mathcal{z}, \ldots$[1] bzw. mit $[\mathcal{x}], [\mathcal{y}], [\mathcal{z}], \ldots$ bezeichnet werden,

3) eine bijektive Abbildung (kurz: *Bijektion*)

$$\begin{aligned} P^n &\longrightarrow \{[\mathcal{x}] \mid \mathcal{x} \in \mathcal{P}^{n+1} \setminus [\mathcal{o}]\} \\ X &\longmapsto [\mathcal{x}]. \end{aligned} \qquad \text{(I)}$$

Dann heißt die Punktmenge P^n mit der durch diese Abbildung induzierten Struktur ein *Modell eines n-dimensionalen projektiven Raumes über dem Vektorraum* $\mathcal{P}^{n+1}$, kurz ein *n-dimensionaler projektiver Raum über* $\mathcal{P}^{n+1}$; n heißt die *Dimension* des projektiven Raumes ($n = \operatorname{Dim} P^n$) und $\mathcal{P}^{n+1}$ *ein zu* P^n *gehörender Vektorraum*. P^n heißt *projektiver Punkt* für n = 0, *projektive Gerade* für n = 1, *projektive Ebene* für n = 2. Jede Menge $F = \{F_i \mid i \in I\}$ von Teilmengen

[1] In Handschrift verwende man deutsche Buchstaben: $\mathfrak{x}, \mathfrak{y}, \mathfrak{z}, \ldots$

(*Teilfiguren*) $F_i \subset P^n$ heißt eine *Figur* in P^n; dabei durchläuft i eine Indexmenge I.

Bemerkungen:

1) Zur Einsparung von Mengenklammern werden Mengen, die genau ein Element enthalten, gelegentlich wie dieses Element bezeichnet (etwa $[o]$ statt $\{[o]\}$, P statt $\{P\}$). Verwechslungen sind nicht zu befürchten.

2) In Def. 1 heißt $\mathcal{P}^{n+1}$ *ein* zu P^n gehörender Vektorraum. Als zu P^n gehörende Vektorräume kommen alle zu $\mathcal{P}^{n+1}$ isomorphen Vektorräume in Frage. In der Theorie der Vektorräume zeigt man, daß jeder Vektorraum über einem Körper K isomorph ist zum arithmetischen Vektorraum K^{n+1}; seine Vektoren sind die geordneten (n+1)-Tupel $(x_o,\dots,x_n) \in K^{n+1}$. Man kann daher ohne Einschränkung K^{n+1} als zu P^n gehörenden Vektorraum verwenden. Davon wird gelegentlich Gebrauch gemacht.

3) Im folgenden wird die Theorie der projektiven Räume im *Standardmodell*

$$P^n(\mathcal{P}^{n+1},K) := \{[x] \mid x \in \mathcal{P}^{n+1} \setminus [o]\}$$

entwickelt. Dann liegt in (I) die identische Abbildung (kurz: *Identität*) vor, und $\mathcal{P}^{n+1}$ heißt *der* zu P^n gehörende Vektorraum. Er wird mit dem entsprechenden großen Skriptbuchstaben mit Dimensionsindex n+1 bezeichnet. Umgekehrt bezeichnet P^n stets den zu $\mathcal{P}^{n+1}$ gehörenden projektiven Raum. Seine Punkte $[x]$ werden auch mit $X(x)$ bezeichnet.

Verfährt man derart, so unterscheidet sich der Begriff des projektiven Raumes wie folgt vom Begriff des Vektorraumes: Die Elemente eines Vektorraumes sind Vektoren, die Elemente eines projektiven Raumes - seine Punkte - sind die 1-dimensionalen Untervektorräume eines Vektorraumes. Zahlreiche Sätze über einen Vektorraum $\mathcal{P}^{n+1}$ lassen sich daher in Sätze über den P^n übertragen. Die einzelnen Vektoren $x \in \mathcal{P}^{n+1}$ haben in P^n keine selbständige Bedeutung; sie sind für $x \neq o$ lediglich Repräsentanten der Punkte $X(x) \in P^n$.

4) Jede Bijektion f des projektiven Raumes $P^n := \{[x] \mid x \in \mathcal{P}^{n+1} \setminus [o]\}$ auf eine Punktmenge M macht M nach Def. 1 zu einem Modell eines n-dimensionalen projektiven Raumes über K, indem f die Struktur des Standardmodells $P^n(\mathcal{P}^{n+1},K)$ auf M überträgt. Man spricht daher auch von einer *Übertragung* des Standardmodells auf ein anderes Modell, auch von einem *Übertragungsprinzip*.

5) Speziell für $[o]$ ist $\{[x] \mid [x] \subset [o], \dim [x] = 1\} = \emptyset$. Die leere Menge zählt daher ebenfalls zu den projektiven Räumen. Man setzt $\mathrm{Dim}\,\emptyset = -1$.

6) Nach Def.1 ist $n = \mathrm{Dim}\, P^n \in \mathbb{Z}$, $n \geq -1$. Die betrachteten projektiven Räume sind also endlichdimensional. Im folgenden gelten jedoch zahlreiche Aussagen und Beweise (etwa 2A, Satz 2 mit Beweis) auch für unendlichdimensionale projektive Räume, insbesondere dann, wenn keine Basis $\{a_0,\ldots,a_n\}$ in P^{n+1} verwendet wird.

7) $P^n(P^{n+1},K)$ heißt für $K = \mathbb{R}$ *reeller*, für $K = \mathbb{C}$ *komplexer projektiver Raum*. Jeder reelle Vektorraum P^{n+1} läßt sich durch Paarbildung

$$(x,y) =: x+iy =: z,\quad i^2=-1;\quad x,y \in P^{n+1},$$

durch die Additionsvorschrift

$$z + z' = (x,y) + (x',y') := (x+x',y+y')$$

und die Skalarmultiplikationsvorschrift

$$z\, z = (a + ib)(x,y) := (ax - by,\ ay + bx)$$

zu einem komplexen Vektorraum $\hat{P}^{n+1}$ mit dem Nullvektor (o,o) derart erweitern, daß der reelle Vektorraum P^{n+1} für $y = o$ wegen $(x,o) = x$ in $\hat{P}^{n+1}$ eingebettet ist (SCHAAL[2],Bd.II,S.282ff.). P^{n+1} ist kein Untervektorraum von $\hat{P}^{n+1}$, da die Skalarkörper $\mathbb{R}$ und $\mathbb{C}$ verschieden sind; P^{n+1} heißt *ein reeller Ausschnitt* der *komplexen Erweiterung* $\hat{P}^{n+1}$.[1)]

Analog läßt sich jeder reelle projektive Raum

$$P^n(P^{n+1},\mathbb{R}) = \{[x] \mid x \in P^{n+1}\setminus[o]\}$$

zu einem komplexen projektiven Raum

$$\hat{P}^n(\hat{P}^{n+1},\mathbb{C}) = \{[z] \mid z \in \hat{P}^{n+1}\setminus[o]\}$$

erweitern und in diesen dadurch einbetten ($P^n \subset \hat{P}^n$), daß man die Punkte $X(x) \in P^n$ durch die 1-dimensionalen Untervektorräume [z]

---

1) Wir erwähnen die folgenden Eigenschaften:

a) In P^{n+1} linear unabhängige (linear abhängige) Vektoren sind dies auch in $\hat{P}^{n+1}$.

b) Jede Basis von P^{n+1} ist auch Basis von $\hat{P}^{n+1}$.

c) Jeder *reelle Ausschnitt* von $\hat{P}^{n+1}$ entsteht, indem man eine Basis von $\hat{P}^{n+1}$ beliebig auswählt und die Menge der reellen Linearkombinationen der Basisvektoren bildet. $\hat{P}^{n+1}$ ist die komplexe Erweiterung eines jeden seiner reellen Ausschnitte, insbesondere von P^{n+1}.

d) Die Vektoren aus P^{n+1} heißen *reell*, die Vektoren aus $\hat{P}^{n+1}$ heißen *komplex*. Ein Vektor $z = x + iy \in \hat{P}^{n+1}$ ist genau dann reell, wenn $z = \bar{z}$ ($\bar{z} := x - iy$).

e) Zwei reelle Ausschnitte von $\hat{P}^{n+1}$ sind isomorph; sie sind durch Basis- und Koordinatentransformationen mit im allgemeinen komplexen Koeffizienten verknüpft. Die Betrachtung eines reellen Ausschnitts von $\hat{P}^{n+1}$ kann sich daher auf P^{n+1} beschränken. Als Basis von $\hat{P}^{n+1}$ kann man eine Basis $\{b_0,\ldots,b_n\} \subset P^{n+1}$ wählen. Genau dann besitzen die reellen Vektoren aus $\hat{P}^{n+1}$ reelle Koordinaten; die übrigen Vektoren sind Linearkombinationen von $b_1,\ldots,b_n$ mit komplexen Koeffizienten.

f) Ein Untervektorraum $\hat{U}^{m+1} \subset \hat{P}^{n+1}$ besitzt genau dann eine reelle Basis und genau dann einen Untervektorraum $U^{m+1} \subset P^{n+1}$ als reellen Ausschnitt, wenn mit $z \in \hat{U}^{m+1}$ auch $\bar{z} \in \hat{U}^{m+1}$ gilt.

aus $\hat{P}^{n+1}$ darstellt, die einen reellen Vektor $x \in P^{n+1} \setminus [o]$ enthalten. Für diese Untervektorräume $[z]$ ist nach Fußnote [1]f) kennzeichnend, daß $[z] = [\bar{z}]$ gilt sowie, daß $[z]$ einen Untervektorraum $[x] \subset P^{n+1}$ als reellen Ausschnitt besitzt. Enthält $[z]$ zwei reelle Vektoren x und x', so ist $[x] = [x']$. Wir bezeichnen einen reellen projektiven Raum kurz mit P^n, seine *komplexe Erweiterung* kurz mit $\hat{P}^n$.

Ist R^{n+1} irgendein reeller Ausschnitt von $\hat{P}^{n+1}$, so heißt die Punktmenge

$$R^n := \{[z] \mid z \in R^{n+1} \setminus [o]\}$$

ein *reeller Ausschnitt* von $\hat{P}^n$ oder auch eine *n-dimensionale* VON STAUDT*sche Kette* im $\hat{P}^n$. Nach c) und e) aus Fußnote [1] ist R^{n+1} ein reeller Vektorraum. Daher ist R^n ein zu P^n isomorpher reeller projektiver Raum, der wie P^n in $\hat{P}^n$ eingebettet ist ($R^n \subset \hat{P}^n$). Ist $R^{n+1} = P^{n+1}$, so wird $R^n = P^n$. Der relle projektive Raum P^n mit der komplexen Erweiterung $\hat{P}^n$ ist also ein spezieller reeller Ausschnitt (eine spezielle VON STAUDTsche Kette) von $\hat{P}^n$. Die komplexen projektiven Räume beschreibt ausführlich BURAU[1].

8) Die Punkte eines reellen projektiven Raumes P^n sind nach (I) die 1-dimensionalen Untervektorräume $[x]$ eines $(n+1)$-dimensionalen reellen Vektorraumes. Als Repräsentanten x können die Vektoren dienen, die vom Mittelpunkt zu den Punkten einer Einheitssphäre des $\mathbb{R}^{n+1}$ zeigen. Wir entnehmen daraus, daß ein reeller projektiver Raum *geschlossen* ist. Damit sind auch die reellen projektiven Geraden geschlossen.

B. k-EBENEN

In diesem Abschnitt betrachten wir im projektiven Raum P^n Figuren, die selbst projektive Räume sind.

Def.1: Die Menge aller 1-dimensionalen Untervektorräume eines Untervektorraumes $S^{k+1} \subset P^{n+1}$,

$$S^k(S^{k+1}, K) := \{[x] \mid x \in S^{k+1} \setminus [o]\} \quad (-1 \leq k \leq n),$$

(kurz: S^k, $S^k(S^{k+1})$) mit der durch S^{k+1} induzierten Struktur heißt eine *k-Ebene* oder ein *k-dimensionaler projektiver Unterraum von* P^n.

Wir entnehmen der Theorie der Vektorräume, daß jeder Untervektorraum $S^{k+1} \subset P^{n+1}$ [1] selbst ein Vektorraum ist. Dann folgt zusammen mit Def.1:

[1] $\subset$ bezeichnet die mengentheoretische Inklusion, die Untervektorraum-Beziehung und die projektive Unterraum-Beziehung.

<u>Satz 2</u>: Jede k-Ebene $S^k \subset P^n$ ist ein k-dimensionaler projektiver Raum.

Die folgenden k-Ebenen $S^k \subset P^n$ werden besonders benannt und bezeichnet: S^0 als *Punkt* X,Y,...; S^1 als *Gerade* g,h,...; S^{n-2} als *Hypergerade* $\alpha,\beta,\ldots$; S^{n-1} als *Hyperebene* $\Sigma,\Pi,\ldots$.

<u>Satz 3</u>: Ist I eine beliebige nichtleere Indexmenge, so gilt: Der mengentheoretische Durchschnitt der k_i-Ebenen $S_i^{k_i} \subset P^n, i\in I$,

$$S^k := \bigcap_{i\in I} S_i^{k_i} = \{ X \mid X \in S_i^{k_i} \text{ für alle } i\in I\} \qquad \text{(I)}$$

ist eine k-Ebene in P^n, die *k-Schnittebene* (kurz: der *Schnitt*) der $S_i^{k_i}$, mit dem zugehörigen Vektorraum $\mathcal{S}^{k+1} := \bigcap_{i\in I} \mathcal{S}_i^{k_i+1}$. Ist der Schnitt leer, so ist $S^k = S^{-1} = \emptyset$.

Beweis: Für $S^k = \emptyset$ ist nichts zu beweisen.[1] Für $S^k \neq \emptyset$ gilt:

$$X(x) \in \bigcap_{i\in I} S_i^{k_i} \iff [x] \subset (\bigcap_{i\in I} \mathcal{S}_i^{k_i+1}) \subset \mathcal{P}^{n+1}.$$

Dabei ist $\mathcal{S}^{k+1} := \bigcap_{i\in I} \mathcal{S}_i^{k_i+1}$ nach der Theorie der Vektorräume ein Vektorraum. Somit stimmt die Menge aller 1-dimensionalen Untervektorräume von $\mathcal{S}^{k+1}$ überein mit S^k. Mit Def.1 folgt daraus Satz 3.

Dem Schnitt von k_i-Ebenen entspricht in der Theorie der Vektorräume der Durchschnitt von Untervektorräumen. Wenn der Durchschnitt von Untervektorräumen nur den Nullvektor enthält, ist der Schnitt der k_i-Ebenen leer und umgekehrt.

In Analogie zur Summe von Untervektorräumen beweisen und definieren wir:

<u>Satz 4</u>: a) Die mit den k_i-Ebenen $S_i^{k_i} \subset P^n$ über der nichtleeren Indexmenge I erklärte Punktmenge

$$V^k := \sum_{i\in I} S_i^{k_i} := \{X(x) \mid x = \sum_{i\in J} a_i,\ a_i \in \mathcal{S}_i^{k_i+1},\ J \text{ endlich}, J\subset I\} \qquad \text{(II)}$$

ist eine k-Ebene von P^n, die *k-Verbindungsebene* (kurz: die *Verbindung*) der $S_i^{k_i}$. Die k-Verbindungsebene V^k wird *aufgespannt* von den k_i-Ebenen $S_i^{k_i}$. Dabei ist $\mathcal{V}^{k+1} := \sum_{i\in I} \mathcal{S}_i^{k_i+1}$.

b) Die k_i-Ebenen $S_i^{k_i}$ sind auch k_i-Ebenen der k-Verbindungsebene V^k; es gilt $S_i^{k_i} \subset V^k$.

[1] Die leere Menge kann auftreten. Man gebe ein Beispiel und verwende geeignete Geraden g,h aus P^3.

c) V^k ist der kleinste projektive Unterraum, der alle $S_i^{k_i}$ enthält.

Beweis: a) Wir entnehmen der Theorie der Vektorräume, daß die Menge aller Vektoren

$$x = \sum_{i \in J} a_i, \quad a_i \in S_i^{k_i+1}, \text{J endlich}, J \subset I,$$

einen Vektorraum bildet, nämlich die Summe $V^{k+1} := \sum_{i \in I} S_i^{k_i+1} \subset P^{n+1}$.
Da in den zugrundeliegenden Vektorräumen nur endliche Summen definiert sind, schreiben wir für $\sum_{i \in J} a_i$, J endlich, $J \subset I$, kurz Σa_i.
Die Menge aller 1-dimensionalen Untervektorräume der Summe ist nach Def.1 eine k-Ebene von P^n, die nach Satz 4 mit V^k übereinstimmt.

b) Wir entnehmen der Theorie der Vektorräume, daß jeder Untervektorraum $S_i^{k_i+1} \subset P^{n+1}$ auch ein Untervektorraum der Summe V^{k+1} ist, wenn V^{k+1} als selbständiger Vektorraum aufgefaßt wird.
Mit Def.1 und A,Def.1 folgt daraus die Behauptung: $S_i^{k_i} \subset V^k$.

c) Wir betrachten eine m-Ebene $T^m \subset P^n$, die alle $S_i^{k_i}$ enthält.
Dann gilt:

$$S_i^{k_i+1} \subset T^{m+1} \text{ für alle } i \in I. \qquad (1)$$

Die Summe $\sum_{i \in I} S_i^{k_i+1}$ enthält genau alle Vektoren Σa_i, $a_i \in S_i^{k_i+1}$.
Mit (1) folgt

$$\Sigma a_i \in T^{m+1} \text{ für alle } a_i \in S_i^{k_i+1}.$$

Damit erhält man

$$\sum_{i \in I} S_i^{k_i+1} \subset T^{m+1} \Rightarrow V^k = \sum_{i \in I} S_i^{k_i} \subset T^m \Rightarrow k \leq m.$$

Aus $k \leq m$ folgt, daß V^k der kleinste projektive Unterraum ist, der alle $S_i^{k_i}$ enthält. Aufgrund der Definition der k-Verbindungsebene ist V^k eindeutig bestimmt.

Bemerkungen:

1) Stellt (II) die Verbindung zweier Punkte $A(a)$, $B(b)$ dar, so schreiben wir $A(a) + B(b)$. Wir vermeiden die Schreibweise $[a] + [b]$, da sie als Summe 1-dimensionaler Vektorräume aufgefaßt werden kann; diese Summe ist keine k-Ebene, sondern für $[a] + [b]$ ein 2-dimensionaler Vektorraum!

2) Die Verbindung zweier k_i-Ebenen ist im allgemeinen nicht ihre mengentheoretische Vereinigung.

Beispiel:

$$\{A\} \cup \{B\} = \{A,B\}$$

$$A + B = \{X(x) \mid x = \lambda a + \mu b; \lambda,\mu \in K\}$$

$$= \{X(x) \mid [x] \subset ([a] + [b])\}.$$

A + B ist also die Menge der 1-dimensionalen Untervektorräume des 2-dimensionalen Untervektorraums $[a] + [b] \subset P^{n+1}$. Damit ist A + B eine Gerade, die nach Satz 4 die Punkte A und B enthält (*Verbindungsgerade* der Punkte A und B).

Dieses Beispiel zeigt: Mit je zwei Punkten $A \in S_i^{k_i}$, $B \in S_j^{k_j}$ $(i,j \in I)$ gehört auch die Verbindungsgerade A + B zur k-Verbindungsebene $V^k := \sum_{\nu \in I} S_\nu^{k_\nu}$.

Aus Bemerkung 2 folgt zusammen mit Satz 4:

> <u>Satz 5:</u> Die k-Verbindungsebene
>
> $$V^k := \sum_{\nu \in I} S_\nu^{k_\nu}$$
>
> läßt sich durch Vereinigung aller Verbindungsgeraden erzeugen, die man ausgehend von den Verbindungsgeraden je zweier Punkte der k_ν-Ebenen $S_\nu^{k_\nu}$ $(\nu \in I)$ erhalten kann.

Im projektiven Raum P^n seien nun m+1 paarweise verschiedene Punkte $X_o(x_o),\ldots,X_m(x_m)$ gegeben. Dann folgt aus Satz 4a):

$$X_o+\ldots+X_m = \{X(x) \mid x \in ([x_o]+\ldots+[x_m])\}.$$

Daraus folgt mit Def.1:

$$\mathrm{Dim}\,(X_o+\ldots+X_m) = k \iff \dim([x_o]+\ldots+[x_m]) = k+1$$

$$\iff \left\{ \begin{array}{l} k+1 \text{ der Vektoren } x_o,\ldots,x_m \text{ sind} \\ \text{linear unabhängig} \end{array} \right.$$

Für k = m folgt:

$$\mathrm{Dim}\,(X_o+\ldots+X_k) = k \iff x_o,\ldots,x_k \text{ sind linear unabhängig} \quad (2)$$

Für k = n folgt weiter:

$$\mathrm{Dim}\,(X_o+\ldots+X_n) = n \iff x_o,\ldots,x_n \text{ sind linear unabhängig} \quad (3)$$

Im Anschluß an (2) definieren wir:

Def. 6: Im projektiven Raum P^n heißen

$$\left.\begin{array}{l} k+1 \text{ Punkte } X_o,\dots,X_k \\ n-k \text{ Hyperebenen } \Gamma_o,\dots,\Gamma_{n-k-1} \end{array}\right\} \textit{linear unabhängig}, \text{ wenn}$$

$$\left.\begin{array}{l} \text{ihre Verbindung} \\ \text{ihr Schnitt} \end{array}\right\} \text{eine k-Ebene ist: } \left\{\begin{array}{l} S^k = X_o + \dots + X_k \\ S^k = \Gamma_o \cap \dots \cap \Gamma_{n-k-1} \end{array}\right\},$$

andernfalls *linear abhängig*.

Mit (2) folgt dann:

Satz 7: Im projektiven Raum P^n sind k+1 Punkte $X_o(x_o),\dots$ $\dots,X_k(x_k)$ genau dann linear unabhängig, wenn die Vektoren $x_o,\dots,x_k$ linear unabhängig sind, andernfalls linear abhängig.

Aus (3) folgt mit Satz 4 und Def.6:

Satz 8: Die Verbindung von n+1 linear unabhängigen Punkten des projektiven Raumes P^n ist der P^n. Der P^n ist der kleinste projektive Unterraum, der n+1 linear unabhängige Punkte des P^n enthält (die den P^n *aufspannen*).

Im Hinblick auf Satz 2 gilt dasselbe für je k+1 linear unabhängige Punkte einer k-Ebene $S^k \subset P^n$.

Im P^n existieren n+1 linear unabhängige Punkte, da im P^{n+1} n+1 linear unabhängige Vektoren existieren.

Wir beweisen nun:

Satz 9: Im projektiven Raum P^n ist jede k-Ebene S^k der Schnitt von n-k linear unabhängigen Hyperebenen.

Beweis: Eine k-Ebene $S^k \subset P^n$ ist nach Satz 2 ein projektiver Raum und wird daher nach Satz 8 durch k+1 linear unabhängige Punkte $P_o,\dots,P_k$ aufgespannt:

$$S^k = P_o + \dots + P_k.$$

Man kann die Punkte $P_o,\dots,P_k$ durch n-k (geeignete) Punkte $P_{k+1},\dots,P_n$ aus P^n derart ergänzen, daß $P_o,\dots,P_n$ den P^n aufspannen:

$$P^n = (P_o + \dots + P_k)+(P_{k+1}+ \dots + P_n);$$

nach Definition der Verbindung in Satz 4 kann man ersichtlich Klammern setzen. Von den n-k Punkten $P_{k+1},\dots,P_n$ kann man (n-k)-mal einen Punkt weglassen. Die restlichen Punkte definieren dann n-k Hyperebenen, die genau S^k als Schnitt besitzen. Diese Hyperebenen sind nach Def.6 linear unabhängig.

Schnitt und Verbindung von projektiven Unterräumen geben Anlaß zu

Def. 10: Im projektiven Raum P^n heißen eine k-Ebene S^k und eine l-Ebene T^l *komplementär* zueinander, wenn ihr Schnitt leer und ihre Verbindung der P^n ist:

$$S^k \cap T^l = \emptyset, \quad S^k + T^l = P^n. \qquad \text{(III)}$$

S^k und T^l heißen *windschief* zueinander, wenn ihr Schnitt leer ist.

Über komplementäre projektive Unterräume, die nach Def.10 stets windschief sind, beweisen wir:

Satz 11: Im projektiven Raum P^n gibt es zu jeder k-Ebene S^k eine (nicht eindeutig bestimmte) komplementäre l-Ebene T^l mit

$$l = n - k - 1.$$

Beweis: Sei $\{a_0,\dots,a_k\}$ eine Basis von S^{k+1}. Nach dem Basisergänzungssatz gibt es n-k weitere Vektoren $\{a_{k+1},\dots,a_n\}$, so daß $\{a_0,\dots,a_n\}$ eine Basis von P^{n+1} ist. Sei nun

$$T^{l+1} := [a_{k+1},\dots,a_n], \; l = n - k - 1.$$

Dann zeigen wir, daß $T^l(T^{l+1})$ komplementär ist zu S^k.

Zum Beweis sei $X(x) \in P^n$ mit $x \in P^{n+1}$ ein beliebiger Punkt. Dann ist nach Konstruktion der Basis $\{a_0,\dots,a_n\}$ von P^{n+1}

$$x = \underbrace{\lambda_0 a_0 + \dots + \lambda_k a_k}_{\in S^{k+1}} + \underbrace{\lambda_{k+1} a_{k+1} + \dots + \lambda_n a_n}_{\in T^{l+1}}.$$

Daraus folgt

$$S^{k+1} \cap T^{l+1} = [o], \quad S^{k+1} + T^{l+1} = P^{n+1}$$

und weiter

$$S^k \cap T^l = \emptyset \quad , \quad S^k + T^l = P^n.$$

Aus dem Beweis zu Satz 11 folgt unmittelbar:

Satz 12: Im projektiven Raum P^n sei T^l eine zu S^k komplementäre l-Ebene. Dann gilt: Eine m-Ebene U^m der Dimension $m < l$ oder $m > l$ ist zu S^k nicht komplementär. Die zu S^k komplementären l-Ebenen T^l $(l = n - k - 1)$ sind also die projektiven Unterräume maximaler Dimension, die in P^n zu S^k windschief sind.[1]

[1] Dies folgt auch aus 1C(I).

C. Dimensionsformel und Folgerungen

Im projektiven Raum P^n sind die Dimensionen einer k-Ebene S^k, einer l-Ebene T^l, ihres Schnittes $S^k \cap T^l$ und ihrer Verbindung $S^k + T^l$ voneinander abhängig; sie genügen der *Dimensionsformel*:

$$\boxed{k + l = \mathrm{Dim}(S^k \cap T^l) + \mathrm{Dim}(S^k + T^l)\,.} \qquad \text{(I)}$$

Beweis: Nach B,Satz 3 hat $S^k \cap T^l$ den zugehörigen Vektorraum $\mathcal{S}^{k+1} \cap \mathcal{T}^{l+1}$, und nach B,Satz 4 hat $S^k + T^l$ den zugehörigen Vektorraum $\mathcal{S}^{k+1} + \mathcal{T}^{l+1}$. Die Untervektorräume $\mathcal{S}^{k+1}$, $\mathcal{T}^{l+1}$, $\mathcal{S}^{k+1} \cap \mathcal{T}^{l+1}$, $\mathcal{S}^{k+1} + \mathcal{T}^{l+1}$ genügen der Dimensionsformel für Untervektorräume:

$$(k+1) + (l+1) = \dim(\mathcal{S}^{k+1} \cap \mathcal{T}^{l+1}) + \dim(\mathcal{S}^{k+1} + \mathcal{T}^{l+1}).$$

Wird jede beteiligte Untervektorraum-Dimension um 1 vermindert, so erhält man die Dimension des beteiligten projektiven Unterraums und damit die Dimensionsformel.

Wir verwenden die Dimensionsformel zum Beweis des folgenden Satzes:

> <u>Satz 1:</u> Im projektiven Raum P^n schneidet eine Hyperebene Γ jede nicht in ihr liegende k-Ebene S^k ($S^k \not\subset \Gamma$, $0 \le k \le n$) in einer (k-1)-Ebene (speziell jede Gerade $g \not\subset \Gamma$ (k=1) in einem Punkt und jede Hyperebene $\Sigma \neq \Gamma$ (k=n-1) in einer Hypergeraden).

Beweis: Wegen $S^k \not\subset \Gamma$ existiert ein Punkt $P \in S^k \setminus \Gamma$. Der projektive Raum P^n wird damit aufgespannt von Γ und P (B,Satz 4 und B,Satz 8):

$$\Gamma + P = \Gamma + S^k = P^n.$$

Die Dimensionsformel liefert:

$$\begin{aligned}\mathrm{Dim}(\Gamma \cap S^k) &= \mathrm{Dim}\,\Gamma + \mathrm{Dim}\,S^k - \mathrm{Dim}(\Gamma + S^k) = \\ &= n-1 + k - n = k-1.\end{aligned}$$

Der Schnitt $\Gamma \cap S^k$ hat somit die Dimension k-1 und ist daher eine (k-1)-Ebene.

Bemerkungen:

1) Für n=2 und k=1 folgt aus Satz 1: In einer projektiven Ebene P^2 besitzen zwei verschiedene Geraden genau einen gemeinsamen Punkt, ihren *Schnittpunkt*. Beim axiomatischen Aufbau der

projektiven Ebenen fungiert diese Aussage als Axiom.

2) Für n=3 und k=2 folgt aus Satz 1: In einem projektiven Raum P^3 besitzen zwei verschiedene Ebenen genau eine gemeinsame Gerade, ihre *Schnittgerade*.

3) Für windschiefe Geraden g,h eines projektiven Raumes P^3 ist (nach B,Def.10) $g \cap h = \emptyset$. Also ist $\text{Dim}(g \cap h) = -1$. Die Dimensionsformel liefert $\text{Dim}(g + h) = 3$. Mit B,Def.10 folgt daher: Im P^3 sind windschiefe Geraden komplementär.

D. Projektive Koordinaten

Gegeben sei ein projektiver Raum $P^n(\mathcal{P}^{n+1},K)$. Nach Wahl einer Basis $\{e_0,\dots,e_n\}$ im zugehörigen Vektorraum $\mathcal{P}^{n+1}$ hat jeder Vektor $x \in \mathcal{P}^{n+1}$ eine bis auf die Indizierung eindeutige Basisdarstellung

$$x = \sum_{i=0}^{n} x_i e_i, \quad x_i \in K.$$

Dadurch wird jedem Vektor $x \in \mathcal{P}^{n+1}$ in eindeutiger Weise der *Koordinatenvektor*

$$\vec{x} := (x_0,\dots,x_n)^T \in K^{n+1}$$

zugeordnet.[1] Die Abbildung

$$k: \mathcal{P}^{n+1} \longrightarrow K^{n+1}$$
$$x \longmapsto kx = \vec{x} = (x_0,\dots,x_n)^T$$

ist ein linearer Isomorphismus, auf den in A,Bemerkung 2 bereits hingewiesen wurde.

> <u>Satz 1:</u> Bezüglich einer Basis $\{e_0,\dots,e_n\}$ eines Vektorraums $\mathcal{P}^{n+1}$ bestimmt jeder Koordinatenvektor $\vec{x} \neq \vec{o}$ genau einen Punkt $X \in P(\mathcal{P}^{n+1},K)$. Ein Koordinatenvektor $\vec{x}' \neq \vec{x}$ bestimmt genau dann denselben Punkt $X \in P^n$, wenn ein $\sigma \in K\setminus\{0\}$ existiert, so daß $\vec{x}' = \sigma\vec{x}$.

Beweis: Jedem Punkt $X \in P^n$ ist durch den Isomorphismus k genau ein Untervektorraum $U^1 \subset K^{n+1}$ zugeordnet. Jeder Vektor $\vec{x} \in U^1\setminus\{\vec{o}\}$ bestimmt U^1 eindeutig. Alle Vektoren $\vec{x}' \in U^1\setminus\{\vec{o}\}$ sind darstellbar als $\vec{x}' = \sigma\vec{x}$, $\sigma \neq 0$. Daraus folgt Satz 1 .

---

[1] Wir schreiben Koordinatenvektoren als Spaltenmatrizen. Der obere Index T bedeutet den Übergang zur transponierten Matrix. Koordinaten-(n+1)-Tupel schreiben wir als Zeilenmatrizen.

Die Verwendung einer Basis von P^{n+1} in Satz 1 ist noch unbefriedigend. Wir klären daher, welche Figur in P^n die Basis $\{e_0,\dots,e_n\}$ ersetzen kann und definieren dazu:

Def. 2: Im projektiven Raum P^n heißen n+2 Punkte *in allgemeiner Lage,* wenn keine n+1 dieser Punkte in einer Hyperebene liegen, wenn also je n+1 dieser Punkte linear unabhängig sind.

In einer projektiven Ebene P^2 sind 4 Punkte in allgemeiner Lage, wenn keine 3 dieser Punkte in einer Geraden liegen, wenn sie also ein nichtentartetes Viereck bestimmen.

Jetzt läßt sich zeigen:

Satz 3: a) Im projektiven Raum P^n gibt es zu n+2 Punkten $\{E_0,\dots,E_n;E\}$ in allgemeiner Lage eine Basis $\{e_0,\dots,e_n\} \subset P^{n+1}$, so daß gilt:

$$E_i(e_i)\ (0 \le i \le n),\quad E(\sum_{i=0}^{n} e_i).$$

b) Eine zweite Basis $\{e'_0,\dots,e'_n\} \subset P^{n+1}$ hat dieselbe Eigenschaft

$$E_i(e'_i)\ (0 \le i \le n),\ E(\sum_{i=0}^{n} e'_i) \iff e'_i = \sigma e_i\ (0 \le i \le n;\ \sigma \neq 0).$$

In Satz 3 legen die n+1 linear unabhängigen Punkte E_i die Basisvektoren $\sigma_i e_i$ bis auf Vielfache $\sigma_i \neq 0$ $(0 \le i \le n)$ fest. Durch $E(\sum_{i=0}^{n} e_i)$ wird eine *Normierungsbedingung* gegeben, welche die Basisvektoren $\sigma_i e_i$ bis auf einen von i unabhängigen Faktor σ normiert. Die Basis $\{e_0,\dots,e_n\}$ ist also eine bezüglich E normierte Basis.[1]

Beweis zu Satz 3: a) Die Punkte $E_0,\dots,E_n;E$ seien in allgemeiner Lage. Dann folgt nacheinander:

$E_0(b_0),\dots,E_n(b_n)$ liegen in keiner Hyperebene $\Gamma \subset P^n$.
$[b_0],\dots,[b_n]$ liegen in keinem Untervektorraum $U^n \subset P^{n+1}$.
$b_0,\dots,b_n$ liegen in keinem Untervektorraum $U^n \subset P^{n+1}$.
$b_0,\dots,b_n$ sind linear unabhängig.
$\{b_0,\dots,b_n\}$ ist eine Basis von P^{n+1}.
Ist $E=[e]$ und $e = \sum_{i=0}^{n} \alpha_i b_i$, so sind alle $\alpha_i \neq 0$ $(0 \le i \le n)$, da

[1] Man kann Basisvektoren auch anders normieren, etwa durch eine Determinantenbedingung; siehe BOL[1](Bd.I,S.149,150). Dadurch wird dort der Einheitspunkt (siehe Satz 4) eindeutig bestimmt.

sonst E in einer von n Punkten E_i aufgespannten Hyperebene läge, entgegen der Voraussetzung. Damit bilden die Vektoren $e_i := \alpha_i b_i$ eine Basis von P^{n+1} und erfüllen die Bedingungen aus a).

b) (⇐) Entsprechende Basisvektoren zweier Basen seien proportional mit demselben Faktor $\sigma \neq 0$. Aus $e'_i = \sigma e_i$ $(0 \le i \le n)$ folgt dann

$$[e'_i] = [e_i] = E_i, \quad [\sum_{i=o}^{n} e'_i] = [\sum_{i=o}^{n} e_i] = E.$$

(⇒) Eine zweite Basis habe dieselbe Eigenschaft. Dann gilt:

$$E_i(e'_i) \ (0 \le i \le n), \ E(\sum_{i=o}^{n} e'_i) \Rightarrow e'_i = \sigma_i e_i, \ \sum_{i=o}^{n} e'_i = \sigma(\sum_{i=o}^{n} e_i).$$

Daraus folgt:

$$\sum_{i=o}^{n} \sigma_i e_i = \sum_{i=o}^{n} \sigma e_i,$$

also

$$\sum_{i=o}^{n} (\sigma_i - \sigma) e_i = o.$$

Verwendet man, daß $e_o,\dots,e_n$ linear unabhängige Vektoren sind, so folgt $\sigma_i = \sigma$ und damit $e'_i = \sigma e_i$ $(0 \le i \le n;\ \sigma \neq 0)$.

Mit Satz 3 ist es möglich, die Basis $\{e_o,\dots,e_n\} \subset P^{n+1}$ zu ersetzen durch die n+2 Punkte des P^n in allgemeiner Lage:

$$E_i(e_i) \ (0 \le i \le n), \ E(\sum_{i=o}^{n} e_i).$$

Diese Punkte bestimmen die Basis bis auf einen Proportionalitätsfaktor $\sigma \neq 0$ eindeutig. Der Faktor $\sigma \neq 0$ ändert die Koordinatenvektoren $\vec{x}$ der Punkte $X \in P^n$ nicht, da sie nach Satz 1 selbst nur bis auf $\sigma \neq 0$ bestimmt sind.

<u>Satz 4:</u> Im projektiven Raum P^n seien $\{E_o,\dots,E_n;E\}$ n+2 Punkte in allgemeiner Lage. Dann kann man die Repräsentanten e_i der Punkte E_i $(0 \le i \le n)$ so wählen, daß gilt: $E_i(e_i)$, $E(\sum_{i=o}^{n} e_i)$.
Trifft man diese Wahl, so heißt $\{E_o,\dots,E_n;E\}$ ein *projektives Koordinatensystem*; $E_o,\dots,E_n$ heißen die *Grundpunkte*, E heißt der *Einheitspunkt*, $\{E_o,\dots,E_n\}$ das *Koordinatensimplex* des projektiven Koordinatensystems.

In einem projektiven Koordinatensystem $\{E_o,\dots,E_n;E\}$ wird jeder Punkt $X \in P^n$ durch Koordinatenvektoren $\sigma\vec{x} = (\sigma x_o,\dots,\sigma x_n)^T$ dargestellt; sie sind bis auf $\sigma \neq 0$ eindeutig bestimmt, heißen daher *homogen* und erfüllen zusammen mit dem Nullvektor $\vec{o}$ den 1-dimensionalen Untervektorraum $[\vec{x}] \subset K^{n+1}$. Die (n+1)-Tupel $(\sigma x_o,\dots,\sigma x_n) \in K^{n+1}$ eines Koordinatenvektors $\sigma\vec{x}$ heißen die *projektiven Koordinaten* des Punktes $X \in P^n$ im projektiven Koordinatensystem $\{E_o,\dots,E_n;E\}$. Der homogenisierende Faktor $\sigma \neq 0$ wird bei den projektiven Koordinaten und den Koordinatenvektoren meist weggelassen. Zwei (n+1)-Tupel $(x_o,\dots,x_n),(y_o,\dots,y_n)$ aus K^{n+1} heißen *gleich*, wenn $y_i = \sigma x_i$, $0 \le i \le n$.

Wird ein Punkt $X(x) \in P^n$ durch einen Koordinatenvektor $\vec{x}$ beschrieben, so schreiben wir auch $X(\vec{x})$. Die Schreibweise $X(\vec{x})$ zeigt an, daß in P^n ein projektives Koordinatensystem vorliegt.

Bemerkung:

1) Im projektiven Koordinatensystem $\{E_o,\dots,E_n;E\}$ hat der Grundpunkt $E_i(e_i)$ die projektiven Koordinaten

$$(\delta_{io},\dots,\delta_{in}) \quad (0 \le i \le n).$$

Dabei bezeichnet δ_{ij} mit $\delta_{ij}:=0$ für $i \neq j$ und $\delta_{ij}:=1$ für $i=j$ das *KRONECKER-Symbol*.

Der Einheitspunkt $E(\sum_{i=o}^{n} e_i)$ hat die projektiven Koordinaten $(1,\dots,1)$.

Nun seien im P^n zwei projektive Koordinatensysteme gegeben:

$$\{E_o(e_o),\dots,E_n(e_n);E(\sum_{i=o}^{n} e_i)\}, \quad \{E'_o(e'_o),\dots,E'_n(e'_n);E'(\sum_{i=o}^{n} e'_i)\}.$$

Ein beliebiger Punkt $X(x) \in P^n$ habe die Koordinatenvektoren:

$$\vec{x} = (x_o,\dots,x_n)^T, \qquad \vec{x}' = (x'_o,\dots,x'_n)^T.$$

Dann gilt:

$$x = \sum_{i=o}^{n} x_i e_i, \qquad x = \sum_{i=o}^{n} x'_i e'_i.$$

Die Basen

$$\{e_o,\dots,e_n\} \subset P^{n+1}, \qquad \{e'_o,\dots,e'_n\} \subset P^{n+1}$$

sind durch eine Basistransformation verknüpft:

$$e_k = \sum_{i=o}^{n} b_{ki} e'_i, \quad B^T := (b_{ki}) \text{ regulär } \quad (0 \le i,k \le n).$$

Die zugehörigen Koordinatenvektoren $\vec{x}, \vec{x}'$ werden dann *kontragre-*

dient, also mit der Matrix $B = (b_{ik})$, transformiert:

$$\boxed{\vec{x}' = B\vec{x},\ B \text{ regulär.}} \qquad \text{(I)}$$

Mit $\vec{x}$ und $\vec{x}'$ ist auch die reguläre Transformationsmatrix B nur bis auf einen *homogenisierenden* (allen Elementen gemeinsamen) *Faktor* bestimmt.

Umgekehrt bestimmt jede homogene lineare Transformation (I) eine Basistransformation, die bei Vorgabe der Basisvektoren $\mathfrak{e}'_i$ die $\mathfrak{e}_k$ bis auf einen gemeinsamen Faktor $\sigma \neq 0$ festlegt. Die $\mathfrak{e}_k$ bestimmen im P^n ein projektives Koordinatensystem eindeutig.

Somit gilt:

> Satz 5: Im projektiven Raum P^n sind die *projektiven Koordinatentransformationen* genau die homogenen linearen Transformationen der projektiven Koordinaten mit regulärer Transformationsmatrix.

Bemerkungen (Fortsetzung):

2) In A, Bemerkung 7 ist R^n kein projektiver Unterraum des komplex erweiterten projektiven Raumes $\hat{P}^n$, da $\mathbb{R}^{n+1}$ kein Untervektorraum von $\hat{P}^{n+1}$ ist!

3) In A, Bemerkung 7 bestimmt nach Fußnote [1]c) jede (also auch jede komplexe) Basis $\{\mathfrak{r}_o,\dots,\mathfrak{r}_n\}$ von $\hat{P}^{n+1}$ einen reellen Ausschnitt

$$\mathbb{R}^{n+1} = \{z \mid z = \lambda_o\mathfrak{r}_o + \dots + \lambda_n\mathfrak{r}_n;\ \lambda_o,\dots,\lambda_n \in \mathbb{R}\}$$

von $\hat{P}^{n+1}$. In $\{R_o(\mathfrak{r}_o),\dots,R_n(\mathfrak{r}_n);R(\Sigma\mathfrak{r}_i)\}$ besitzen R^n und $\hat{P}^n$ ein gemeinsames projektives Koordinatensystem. Umgekehrt bestimmt jedes gemeinsame projektive Koordinatensystem $\{R_o,\dots,R_n;R\}$ von R^n und $\hat{P}^n$ eine Basis von $\hat{P}^{n+1}$ eindeutig (bis auf einen gemeinsamen Faktor $\sigma \in \mathbb{C}\setminus\{0\}$). Diese ist zugleich Basis eines reellen Ausschnitts $\mathbb{R}^{n+1}$. Der zugehörige reelle Ausschnitt R^n wird von $R_o,\dots,R_n$ aufgespannt und enthält auch den Einheitspunkt R, da R die reellen Koordinaten (1,...,1) besitzt.

Die Punkte $X \in R^n$ sind diejenigen Punkte aus $\hat{P}^n$, die in dem R^n und $\hat{P}^n$ gemeinsamen projektiven Koordinatensystem $\{R_o,\dots,R_n;R\}$ reelle projektive Koordinaten $(\lambda_o,\dots,\lambda_n)$ besitzen, wobei ein gemeinsamer Faktor $\sigma \in \mathbb{C}\setminus\{0\}$ zugelassen ist.

Beim Übergang zu einem anderen projektiven Koordinatensystem von $\hat{P}^n$ erhalten die Punkte $X \in R^n$ im allgemeinen komplexe Koordinaten.

E. Koordinatendarstellungen der k-Ebenen

Nach B,Def.1 ist eine k-Ebene $S^k \subset P^n$ die Menge aller 1-dimensionalen Untervektorräume eines Vektorraumes $S^{k+1} \subset P^{n+1}$ mit der durch S^{k+1} gegebenen Struktur.

Sei nun $A\vec{x} = \vec{o}$ ein homogenes lineares Gleichungssystem. Dann bestimmt die (m+1,n+1)-Koeffizientenmatrix A die lineare Abbildung $A\colon K^{n+1} \to K^{m+1}$, und die Lösungsmenge von $A\vec{x} = \vec{o}$ beschreibt den Untervektorraum $\operatorname{Kern} A \subset K^{n+1}$. Dabei ist (SCHAAL[2],Bd.I,S. 40):

$$\dim \operatorname{Kern} A = n+1-\operatorname{Rg} A.$$ [1]

Davon ausgehend zeigen wir, daß sich umgekehrt jeder Untervektorraum $S^{k+1} \subset P^{n+1}$ durch ein homogenes lineares Gleichungssystem beschreiben läßt. Wir gewinnen auf diese Weise eine Möglichkeit zur koordinatenmäßigen Beschreibung der k-Ebenen eines projektiven Raumes P^n durch homogene lineare Gleichungssysteme.

<u>Satz 1</u>: In einer Basis $\{b_o,\dots,b_n\} \subset P^{n+1}$ wird jeder Untervektorraum $S^{k+1} \subset P^{n+1}$ durch die Lösungsmenge eines homogenen linearen Gleichungssystems $C\vec{x} = \vec{o}$, $\operatorname{Rg} C = n-k$, aus n-k Gleichungen mit n+1 Unbekannten beschrieben; C ist eine (n-k,n+1)-Matrix.

Beweis: Sei $\{u_o,\dots,u_k\} \subset S^{k+1}$ eine Basis und (nach dem Basisergänzungssatz)

$$\{u_o,\dots,u_k,u_{k+1},\dots,u_n\} \subset P^{n+1}$$

eine Basis. In der Basis $\{u_o,\dots,u_n\}$ habe ein Vektor $x \in P^{n+1}$ den Koordinatenvektor

$$\vec{x}' = (x_o',\dots,x_n')^T.$$

In der gegebenen Basis $\{b_o,\dots,b_n\}$ sei

$$\vec{x} = (x_o,\dots,x_n)^T$$

der Koordinatenvektor von x. Sei nun

$$b_k = \sum_{i=o}^{n} b_{ki} u_i$$

eine Basistransformation und $B^T := (b_{ki})$ die zugehörige (n+1,n+1)-

[1] $\operatorname{Rg} A$ ist der Rang der Matrix A; $\operatorname{Rg} A$ stimmt mit der Dimension des Bildraumes von K^{n+1} bei der linearen Abbildung $A\colon K^{n+1} \to K^{m+1}$ überein.

Transformationsmatrix. Dann ist nach D(I)

$$\vec{x}' = B\vec{x}. \tag{1}$$

In der Basis $\{u_o,\ldots,u_n\}$ hat jeder Vektor $x \in S^{k+1}$ einen Koordinatenvektor

$$\vec{x}' = (x'_o,\ldots,x'_k,0,\ldots,0)^T.$$

In der Basis $\{u_o,\ldots,u_n\}$ wird daher S^{k+1} beschrieben durch die Lösungsmenge des homogenen linearen Gleichungssystems

$$x'_{k+1} = \ldots = x'_n = 0\,,$$

also durch

$$A\vec{x}' = \vec{o}\,, \tag{2}$$

mit der (n-k,n+1)-Koeffizientenmatrix

$$A := \left.\begin{pmatrix} 0\cdots 0 & 1\cdots 0 \\ \vdots & \vdots \\ \underbrace{0\cdots 0}_{k+1} & \underbrace{0\cdots 1}_{n-k} \end{pmatrix}\right\}n-k\,.$$

In der Basis $\{b_o,\ldots,b_n\}$ wird (2) mit (1) zu $C\vec{x} := AB\vec{x} = \vec{o}$. Der Untervektorraum S^{k+1} wird also in der Basis $\{b_o,\ldots,b_n\}$ beschrieben durch die Lösungsmenge des homogenen linearen Gleichungssystems $C\vec{x} = \vec{o}$ mit der (n-k,n+1)-Koeffizientenmatrix C. Dabei ist $\operatorname{Rg} C = \operatorname{Rg} A = n-k$.

Da die 1-dimensionalen Untervektorräume von S^{k+1} die Punkte der k-Ebene $S^k(S^{k+1})$ sind, folgt aus Satz 1 zusammen mit D, Satz 4:

Satz 2: Im projektiven Raum P^n wird jede k-Ebene S^k in einem projektiven Koordinatensystem des P^n beschrieben durch die Lösungsmenge eines homogenen linearen Gleichungssystems (kurz: *durch ein homogenes lineares Gleichungssystem*) aus n-k linear unabhängigen Gleichungen

$$C\vec{x} = \vec{o}, \quad \operatorname{Rg} C = n-k;$$

C ist eine (n-k,n+1)-Matrix. Dabei gilt:

$$X(\vec{x}) \in S^k \Longleftrightarrow C\vec{x} = \vec{o}.$$

Die Lösungsmenge, $\operatorname{Kern} C = S^{k+1}$, hat k+1 linear unabhängige Lösungsvektoren $\vec{x}_o,\ldots,\vec{x}_k$ und damit die allgemeine Lösung

$$\vec{x} = \lambda_o\vec{x}_o + \ldots + \lambda_k\vec{x}_k, \quad \lambda_i \in K \ (0 \le i \le k), \tag{I}$$

die eine *Parameterdarstellung* von S^k ist. Jeder Lösungsvektor $\vec{x}$ repräsentiert einen Punkt in S^k und umgekehrt; daher ist

$$S^k = X_o(\vec{x}_o) + \ldots + X_k(\vec{x}_k).$$

Folgerungen:

1) Jede Hyperebene $\Gamma \subset P^n$ wird beschrieben durch genau eine homogene lineare Gleichung:

$$\vec{\gamma}^T\vec{x} = \gamma_o x_o + \ldots + \gamma_n x_n = 0, \quad Rg(\gamma_o,\ldots,\gamma_n) = 1.$$

2) Zwei verschiedene Hyperebenen $\Gamma,\Lambda \subset P^n$ schneiden einander nach C,Satz 1 in einer Hypergeraden $\alpha \subset P^n$. Jede Hypergerade wird daher durch zwei linear unabhängige homogene lineare Gleichungen beschrieben:

$$\begin{aligned}\vec{\gamma}^T\vec{x} &= \gamma_o x_o + \ldots + \gamma_n x_n = 0,\\ \vec{\lambda}^T\vec{x} &= \lambda_o x_o + \ldots + \lambda_n x_n = 0,\end{aligned} \qquad Rg\begin{pmatrix}\gamma_o \cdots \gamma_n\\ \lambda_o \cdots \lambda_n\end{pmatrix} = 2.$$

Wird eine k-Ebene $S^k \subset P^n$ nach Satz 2 beschrieben durch ein homogenes lineares Gleichungssystem aus n-k linear unabhängigen Gleichungen, so beschreibt jede einzelne Gleichung eine Hyperebene des P^n. Wir erhalten daher:

Satz 3: Im projektiven Raum P^n ist jede k-Ebene S^k Schnitt von n-k linear unabhängigen Hyperebenen (B,Def.6 und B,Satz 9)

$$S^k = \Gamma_o \cap \ldots \cap \Gamma_{n-k-1},$$

und wird in einem projektiven Koordinatensystem des P^n durch n-k linear unabhängige homogene lineare Gleichungen beschrieben:

$$\begin{matrix}\gamma_{oo}x_o & + \ldots + & \gamma_{on}x_n = 0\\ \ldots & \ldots & \ldots\\ \gamma_{n-k-1,o}x_o & + \ldots + & \gamma_{n-k-1,n}x_n = 0\end{matrix} \qquad Rg\begin{pmatrix}\gamma_{oo} & \cdots & \gamma_{on}\\ \ldots & \ldots & \ldots\\ \gamma_{n-k-1,o} & \cdots & \gamma_{n-k-1,n}\end{pmatrix} = n-k. \quad \text{(II)}$$

Umgekehrt beschreibt jedes lineare Gleichungssystem (II) in einem projektiven Koordinatensystem des P^n genau eine k-Ebene S^k. Daher gilt:

Im P^n sind n-k Hyperebenen $\Gamma_o,\ldots,\Gamma_{n-k-1}$ genau dann linear unabhängig, wenn sie in einem projektiven Koordinatensystem durch n-k linear unabhängige lineare Gleichungen beschrieben werden.

Jede k-Ebene $S^k \subset P^n$ läßt sich nach Satz 2 und Satz 3 wie folgt darstellen und in einem projektiven Koordinatensystem beschreiben:

k-Ebene S^k	*k-Ebene S^k*
Verbindung von k+1 linear unabhängigen Punkten	Schnitt von n-k linear unabhängigen Hyperebenen
$S^k = X_o + \ldots + X_k$	$S^k = \Gamma_o \cap \ldots \cap \Gamma_{n-k-1}$
Beschreibung durch eine Parameterdarstellung aus k+1 linear unabhängigen Koordinatenvektoren (Satz 2)	Beschreibung durch die Lösungsmenge eines homogenen linearen Gleichungssystems aus n-k linear unabhängigen Gleichungen (Satz 3)

Die beiden Beschreibungsmöglichkeiten von k-Ebenen kann man ersichtlich ineinander überführen.

In einem projektiven Koordinatensystem besitzen m+1 paarweise verschiedene Punkte $X_k(\vec{x}_k)$ $(0 \le k \le m)$ bis auf einen Faktor $\sigma_k \neq 0$ bestimmte Koordinatenvektoren $\vec{x}_k$. Um mit Hilfe der Vektoren $\vec{x}_k$ zu erkennen, wieviele und welche Punkte X_k linear unabhängig sind, bilden wir die (n+1,m+1)-Matrix $M := (\vec{x}_o, \ldots, \vec{x}_m)$. Die k-te Spalte von M ist bis auf einen Faktor $\sigma_k \neq 0$ bestimmt; ihre Ersetzung durch das σ_k-fache ändert den Rang von M nicht. Daraus folgt:

> <u>Satz 4</u>: Im projektiven Raum P^n gilt bei Verwendung eines projektiven Koordinatensystems:
>
> l der Punkte $X_o(\vec{x}_o), \ldots, X_m(\vec{x}_m)$ sind linear unabhängig
> $\iff$ l der Koordinatenvektoren $\vec{x}_o, \ldots, \vec{x}_m$ sind linear unabhängig
> $\iff$ $\mathrm{Rg}\, M \ge l$ ($\iff \det M \neq 0$, falls $l-1 = m = n$).
>
> $\mathrm{Rg}\, M > l$ gilt genau dann, wenn mehr als l der Punkte $X_o, \ldots, X_m$ linear unabhängig sind.

Aufgabe:

Im P^n sei in einem projektiven Koordinatensystem die Hyperebene Γ gegeben durch die Gleichung $a_o x_o + \ldots + a_n x_n = 0$. Man gebe eine projektive Koordinatentransformation explizit an, so daß im neuen projektiven Koordinatensystem mit den projektiven Koordinaten $x'_o, \ldots, x'_n$ die Hyperebene Γ die Gleichung $x'_o = 0$ hat.

Kapitel 2. Projektive Abbildungen, Kollineationen

A. Begriff der projektiven Abbildung

Der Begriff des projektiven Raumes wurde in 1A,Def.1 mit Hilfe des Vektorraumbegriffs definiert. Es liegt daher nahe, den Begriff der projektiven Abbildung mit Hilfe des Begriffs der linearen Abbildung von Vektorräumen zu erklären. Dazu sei

$$f\colon P^{n+1} \longrightarrow \mathcal{Q}^{k+1}$$

eine lineare Abbildung des Vektorraums P^{n+1} in den Vektorraum $\mathcal{Q}^{k+1}$. Von besonderem Interesse ist der Bildvektorraum eines beliebigen 1-dimensionalen Untervektorraums $[x] \subset P^{n+1}$. Bei Verwendung der Linearität von f erhält man:

$$f[x] = f\{\lambda x \mid \lambda \in K\} = \{f(\lambda x) \mid \lambda \in K\} = \{\lambda\, fx \mid \lambda \in K\} =$$

$$= [fx] \begin{cases} \neq [o] & \text{für } fx \neq o \\ = [o] & \text{für } fx = o. \end{cases}$$

Diese Feststellung gibt Anlaß zu:

<u>Satz 1</u>: Es seien P^n, Q^k projektive Räume; $f\colon P^{n+1} \longrightarrow \mathcal{Q}^{k+1}$ sei eine (von der Nullabbildung verschiedene) lineare Abbildung.

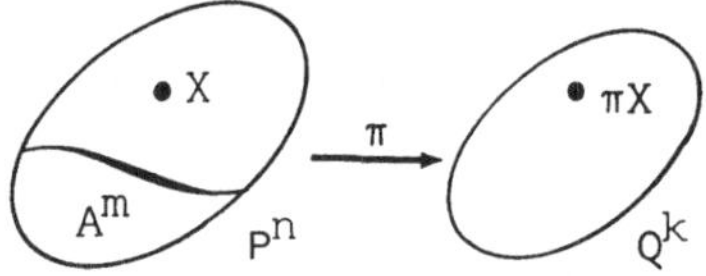

f induziert eine Abbildung der 1-dimensionalen Unterverktorräume

$[x] \subset P^{n+1}$ $\begin{cases} \text{in die 1-dimensionalen Untervektorräume} & [fx] \subset \mathcal{Q}^{k+1}, \text{ wenn } x \notin \text{Kern}\, f \text{ und} \\ \text{in den Nullraum} & [o] \subset \mathcal{Q}^{k+1}, \text{ wenn } x \in \text{Kern}\, f. \end{cases}$

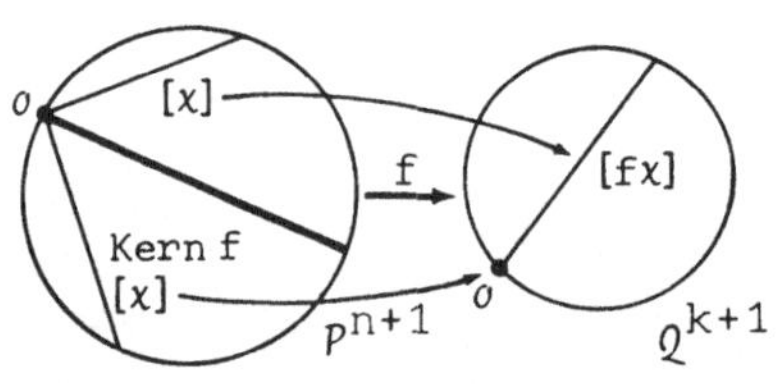

Die 1-dimensionalen Untervektorräume von Kern f bilden eine m-Ebene $\mathrm{A}^m \subset \mathrm{P}^n$, die *Ausnahme-m-Ebene* von P^n bezüglich f ($m+1 = \dim \text{Kern}\, f = n+1-\text{Rg}\, f$). Die lineare Abbildung f induziert damit eine Abbildung

$$\pi\colon \mathrm{P}^n \setminus \mathrm{A}^m \longrightarrow \mathrm{Q}^k \quad \text{mit } \mathrm{P}^n \setminus \mathrm{A}^m \neq \emptyset$$
$$X(x) \longmapsto \pi X = [fx] = f[x].$$

π heißt eine *projektive Abbildung von* $\mathrm{P}^n \setminus \mathrm{A}^m$ *in* Q^k oder *aus* P^n *in* Q^k.

Nach Satz 1 wird jede projektive Abbildung π von einer linearen Abbildung f eines Vektorraums $\mathcal{P}^{n+1}$ in einen Vektorraum $\mathcal{Q}^{k+1}$ induziert. Die Frage, ob zwei verschiedene lineare Abbildungen f_1, f_2 dieselbe projektive Abbildung π induzieren können, beantwortet der folgende Satz.

<u>Satz 2:</u> Es seien P^n, Q^k projektive Räume; $f_i: \mathcal{P}^{n+1} \to \mathcal{Q}^{k+1}$ sei eine lineare Abbildung, und π_i sei die von f_i induzierte projektive Abbildung aus P^n in Q^k (i = 1,2). Dann gilt:

$$\pi_2 = \pi_1 \iff f_2 = \lambda f_1 \quad (\lambda \in K\setminus\{0\}).$$

Zwei lineare Abbildungen f_1, f_2 induzieren also genau dann dieselbe projektive Abbildung, wenn sie proportional sind.[1]

Beweis: ($\Leftarrow$) Die lineare Abbildung $f_i: \mathcal{P}^{n+1} \to \mathcal{Q}^{k+1}$ (i = 1,2) induziere

$$\pi_i: P^n \setminus A_i^{m_i} \to Q^k$$

und es sei

$$f_2 = \lambda f_1 \quad (\lambda \in K\setminus \{0\}).$$

Dann gilt:

$$x \in \text{Kern}\, f_1 \Rightarrow f_1 x = o \Rightarrow f_2 x = (\lambda f_1)x = \lambda(f_1 x) = o \Rightarrow x \in \text{Kern}\, f_2,$$

$$x \notin \text{Kern}\, f_1 \Rightarrow \begin{Bmatrix} x \neq o \\ f_1 x \neq o \end{Bmatrix} \Rightarrow f_2 x = \lambda(f_1 x) \neq o \Rightarrow x \notin \text{Kern}\, f_2.$$

Daraus folgt:

$$\text{Kern}\, f_1 = \text{Kern}\, f_2 .$$

Die projektiven Abbildungen π_1 und π_2 haben somit dieselbe Ausnahme-m-Ebene $A_1^{m_1} = A_2^{m_2} =: A^m \subset P^n$.

Sei nun $X(x) \in P^n \setminus A^m$. Dann ist $x \notin \text{Kern}\, f_i$. Daraus folgt

$$f_1 x \neq o \;, \; f_2 x \neq o$$

und weiter

$$[f_1 x] = \pi_1 X \in Q^k, \; [f_2 x] = \pi_2 X \in Q^k.$$

Außerdem gilt

$$[f_2 x] = [\lambda f_1 x] = [f_1 x].$$

Man erhält also

$$\pi_2 X = \pi_1 X \quad \text{für alle} \quad X \in P^n \setminus A^m.$$

($\Rightarrow$) Sei $\pi_2 = \pi_1$ auf $P^n \setminus A^m$, und π_i sei induziert von f_i. Dann ist notwendig

[1] λf wird definiert durch $(\lambda f)x := \lambda(fx)$ mit $\lambda \in K$ für alle $x \in \mathcal{P}^{n+1}$.

$$\text{Kern } f_2 = \text{Kern } f_1,$$

und daher gilt

$$f_2x = \lambda f_1 x = o \quad \text{für alle } x \in \text{Kern } f_i.$$

Sei nun $x \notin \text{Kern } f_i$. Dann ist $x \neq o$, $f_i x \neq o$. In Q^k sei weiter $X_1(f_1x)$, $X_2(f_2x)$. Dann gilt $X_2 = X_1$ wegen $\pi_2 = \pi_1$. Daraus folgt

$$[f_2x] = [f_1x]$$

und weiter

$$f_2x = \lambda f_1 x \quad (\lambda \neq 0). \tag{1}$$

Möglicherweise ist λ abhängig von x. Wir zeigen, daß λ von x nicht abhängt. Dazu seien

$$x, y \notin \text{Kern } f_1 = \text{Kern } f_2$$

und es sei

$$f_2x = \lambda f_1 x, \quad f_2 y = \mu f_1 y$$

sowie

$$f_2(x - ty) = \delta_t f_1(x - ty) \tag{2}$$

mit beliebigem $t \in K$. Dann gilt:

$$\lambda f_1 x - t\mu f_1 y = f_2 x - t f_2 y = f_2(x-ty) =$$

$$\overset{(2)}{=} \delta_t f_1(x-ty) = \delta_t f_1 x - t\delta_t f_1 y \tag{3}$$

1.Fall: $\{f_1x, f_1y\}$ linear unabhängig: Dann folgt aus (3)

$$\delta_t = \lambda, \quad t\mu = t\delta_t .$$

Da $t \in K$ beliebig ist, folgt weiter: $\lambda = \delta_t = \mu$.

2.Fall: $\{f_1x, f_1y\}$ linear abhängig. Dann ist ohne Einschränkung

$$f_1 x = t f_1 y \quad \text{für ein } t \in K$$

und also

$$f_1(x - ty) = o.$$

Wir berechnen nun:

$$(\lambda - \mu) f_1 x = \lambda f_1 x - \mu f_1 x = \lambda f_1 x - t\mu f_1 y \overset{(3)}{=} \delta_t f_1(x - ty) = o.$$

Daraus folgt $\lambda = \mu$.

Alle $x \in P^{n+1} \setminus \text{Kern } f_i$ haben somit in (1) dasselbe λ. Also gilt Satz 2. [1]

[1] Da zum Beweis von Satz 2 keine endliche Basis verwendet wurde, gilt Satz 2 auch für unendlichdimensionale projektive Räume.

B. Eigenschaften projektiver Abbildungen

Die Definition der projektiven Abbildungen wurde in A,Satz 1 so eingerichtet, daß man Sätze über lineare Abbildungen bei Vektorräumen in Sätze über projektive Abbildungen übertragen kann. Wir geben dafür Beispiele in:

Satz 1: Sei $\pi: P^n \setminus A^m \to Q^k$ eine projektive Abbildung, $f: \mathcal{P}^{n+1} \to \mathcal{Q}^{k+1}$ eine π induzierende lineare Abbildung und $S^l \subset P^n$ eine l-Ebene. Dann gilt:

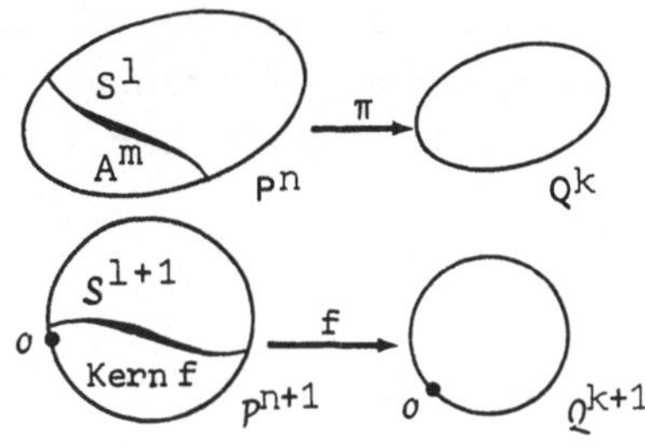

a) Die auf $S^l \setminus A^m$ eingeschränkte projektive Abbildung π ist selbst eine projektive Abbildung.

b) π führt $S^l \setminus A^m$ in eine (l-d-1)-Ebene von Q^k über,[1] wobei gilt:

$$\begin{aligned} &\mathrm{Dim}\,\pi(S^l \setminus A^m) = l-d-1 \\ &\mathrm{Dim}\,(S^l \cap A^m) =: d\,. \end{aligned} \qquad (I)$$

c) Für je zwei verschiedene Punkte $X(x)$, $Y(y)$ aus $P^n \setminus A^m$ gilt:

$$\pi X = \pi Y \iff (X+Y) \cap A^m \neq \emptyset. \qquad (II)$$

d) Mit (II) erhält man die folgenden äquivalenten Kennzeichnungen der injektiven projektiven Abbildungen $\pi: P^n \setminus A^m \to Q^k$:

$$\begin{aligned} \pi: P^n \setminus A^m \to Q^k \text{ injektiv } &\iff A^m = \emptyset\ (m=-1) \iff \mathrm{Kern}\, f = [o] \iff \\ f: \mathcal{P}^{n+1} \to \mathcal{Q}^{k+1} \text{ injektiv } &\iff S^l \cap A^m = \emptyset \text{ für alle } S^l \subset P^n\ (0 \le l \le n) \\ &\overset{(I)}{\iff} \mathrm{Dim}\,\pi S^l = l \text{ für alle } S^l \subset P^n\ (0 \le l \le n). \end{aligned}$$

Beweis: a) Die projektive Abbildung π wird induziert von der linearen Abbildung $f: \mathcal{P}^{n+1} \to \mathcal{Q}^{k+1}$. Dann wird die auf $S^l \setminus A^m$ eingeschränkte projektive Abbildung π induziert von der auf $\mathcal{S}^{l+1}$ eingeschränkten linearen Abbildung $f: \mathcal{P}^{n+1} \to \mathcal{Q}^{k+1}$, die selbst eine lineare Abbildung $f_o: \mathcal{S}^{l+1} \to \mathcal{Q}^{k+1}$ ist mit

$$\mathrm{Kern}\, f_o = \mathcal{S}^{l+1} \cap \mathrm{Kern}\, f\,.$$

Die Einschränkung von π auf $S^l \setminus A^m$ ist daher selbst eine (von

[1] In diesem Sinn sind die projektiven Abbildungen *lineare* Abbildungen. BRAUNER[21] gibt einen Zugang zur Theorie der linearen Abbildungen der konstruktiven Geometrie, der nur die Axiome eines projektiven Inzidenzraumes verwendet; siehe dazu BLASCHKE[8], GRÜNWALD[1], MÜLLER/KRUPPA[1], REHBOCK[1][2], STRUBECKER[8], WUNDERLICH[6].

$f_o\colon S^{l+1} \to Q^{k+1}$ induzierte) projektive Abbildung.

b) Man zeigt in der Theorie der Vektorräume, daß fS^{l+1} ein Untervektorraum von Q^{k+1} ist. Die Menge aller 1-dimensionalen Untervektorräume von fS^{l+1} erfüllt also einen projektiven Unterraum von Q^k, der mit $\pi(S^l \setminus A^m)$ zu bezeichnen ist.

Die Dimensionsformel $\operatorname{Dim}\pi(S^l\setminus A^m) = l-d-1$ stellt die Übertragung einer Dimensionsformel für die auf S^{l+1} eingeschränkte lineare Abbildung $f\colon P^{n+1} \to Q^{k+1}$ dar, also für $f_o\colon S^{l+1} \to Q^{k+1}$. Dabei wird S^{l+1} als ein selbständiger Vektorraum und $S^l(S^{l+1})$ als ein selbständiger projektiver Raum aufgefaßt (1B,Satz 2). Die zu übertragende Dimensionsformel verknüpft die Dimensionszahlen von S^{l+1}, f_oS^{l+1} und Kern f_o und lautet wie folgt(SCHAAL[2],Bd.I ,S. 40):

$$l+1 - \operatorname{Rg} f_o = \dim(\operatorname{Kern} f_o).$$

Mit

$$\operatorname{Rg} f_o := \dim(f_oS^{l+1}) = \operatorname{Dim}\pi(S^l\setminus A^m) + 1$$

und

$$\dim(\operatorname{Kern} f_o) = \operatorname{Dim}(S^l \cap A^m) + 1 = d+1$$

folgt die Behauptung. Formel (I) gilt speziell für den P^n; dann ist $l = n$, $d = m$.

c) ($\Longleftrightarrow$) Wegen $X \neq Y$ sind X,Y und damit x,y linear unabhängig. Dann gilt unter Verwendung der π induzierenden linearen Abbildung $f\colon P^{n+1} \to Q^{k+1}$:

$$\begin{aligned}
\pi X = \pi Y &\iff f[x] = f[y] \iff \lambda fx = \mu fy \text{ für geeignete } \lambda,\mu \in K\\
&\iff f(\lambda x-\mu y)=o \iff (\lambda x-\mu y) \in \operatorname{Kern} f\\
&\iff [\lambda x-\mu y] \in A^m \quad \text{mit } \lambda x-\mu y \neq o\\
&\iff (X+Y) \cap A^m \neq \emptyset.
\end{aligned}$$

Wir zeigen anschließend, wie man eine projektive Abbildung durch Vorgabe einander entsprechender Ur- und Bildpunkte festlegen kann. Darüber gilt:

Satz 2: (*Hauptsatz über projektive Abbildungen*)
Es seien P^n, Q^k projektive Räume; $A^m \subset P^n$, $B^{n-m-1} \subset Q^k$ seien projektive Unterräume.

$$\left.\begin{aligned} \{P_o,\dots,P_{n-m-1},P_{n-m},\dots,P_n;P\} &\subset P^n\\ \{P_{n-m},\dots,P_n\} &\subset A^m \end{aligned}\right\}$$ seien in P^n $n+2$ Punkte in allgemeiner Lage, wovon $m+1$ Punkte A^m aufspannen,

$\{B_o,\ldots,B_{n-m-1};B\} \subset B^{n-m-1}$ seien in B^{n-m-1} n-m+1 Punkte in allgemeiner Lage.

Dann existiert genau eine projektive Abbildung $\pi: P^n \setminus A^m \to Q^k$ mit den Eigenschaften:

1) A^m ist Ausnahme-m-Ebene,
2) B^{n-m-1} ist Bildraum ($B^{n-m-1} = \pi(P^n \setminus A^m)$),
3) $\pi P_o = B_o, \ldots, \pi P_{n-m-1} = B_{n-m-1}$; $\pi P = B$.

Eine projektive Abbildung ist also durch Vorgabe von Ur- und Bildpunkten eindeutig festlegbar. Die Urpunkte *ohne* Bildpunkte spannen *die Ausnahme-m-Ebene* auf und die Bildpunkte den Bildraum. Ausnahme-m-Ebene und Bildraum können beliebig vorgegeben werden! Die Punktmenge $\{P_o,\ldots,P_n;P\}$ bestimmt ein projektives Koordinatensystem in P^n; $\{B_o,\ldots,B_{n-m-1};B\}$ bestimmt ein projektives Koordinatensystem in B^{n-m-1}.

Existenzbeweis: Nach 1D, Satz 3 existiert eine Basis

$\{p_o,\ldots,p_n\} \subset P^{n+1}$, so daß $P_i(p_i)$ $(0 \le i \le n)$, $P(\sum_{i=o}^{n} p_i)$,

und eine Basis

$\{b_o,\ldots,b_{n-m-1}\} \subset B^{n-m}$, so daß $B_j(b_j)$ $(0 \le j \le n-m-1)$, $B(\sum_{j=o}^{n-m-1} b_j)$.

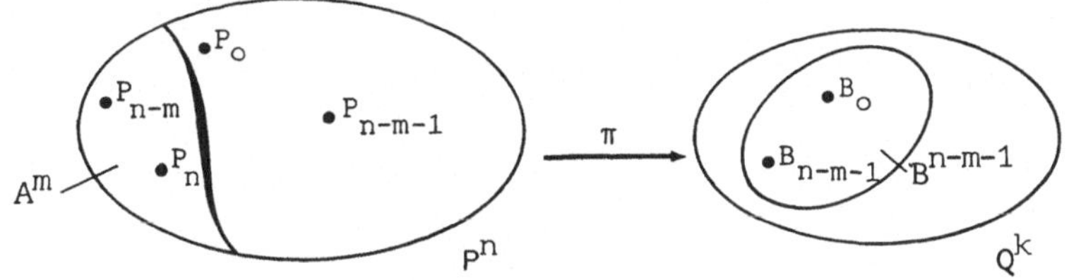

Wir definieren nun eine lineare Abbildung $f: P^{n+1} \to Q^{k+1}$ durch

$$fp_j = b_j \quad (0 \le j \le n-m-1), \quad fp_i = o \quad (n-m \le i \le n). \tag{1}$$

Man zeigt in der linearen Algebra, daß es genau eine lineare Abbildung $f: P^{n+1} \to Q^{k+1}$ mit der Eigenschaft (1) gibt. Ein beliebiger Bildvektor fx ist dann erklärt durch

$$fx = f(\sum_{i=o}^{n} \alpha_i p_i) = \sum_{i=o}^{n} \alpha_i fp_i = \sum_{j=o}^{n-m-1} \alpha_j b_j \in B^{n-m} \quad \text{für alle} \quad x \in P^{n+1}.$$

Die so definierte lineare Abbildung $f: P^{n+1} \to Q^{k+1}$ induziert nach A, Satz 1 eine projektive Abbildung π aus P^n in Q^k. Nach

Konstruktion gilt:

$\pi P_j = B_j \; (0 \le j \le n-m-1)$, $\pi P_j \; (n-m \le j \le n)$ existiert nicht,

$$\pi P = [f \sum_{i=o}^{n} p_i] = [\sum_{i=o}^{n} f p_i] = [\sum_{j=o}^{n-m-1} b_j] = B.$$

Die projektive Abbildung π hat somit die Eigenschaften 1) - 3).

Eindeutigkeitsbeweis: Sei π' eine zweite projektive Abbildung aus P^n in Q^k mit

$\pi' P_j = B_j \; (0 \le j \le n-m-1)$, $\pi' P_j \; (n-m \le j \le n)$ existiert nicht,

$\pi' P = B$.

Dann wird π' durch eine lineare Abbildung $f' : P^{n+1} \to Q^{k+1}$ induziert, und wegen $P_i(p_i) \; (0 \le i \le n)$, $B_j(b_j) \; (0 \le j \le n-m-1)$ gilt:

$f' p_j = \mu_j b_j \; (0 \le j \le n-m-1;\ \mu_j \neq 0)$, $f' p_i = o \; (n-m \le i \le n)$,

$$f' \sum_{i=o}^{n} p_i = \mu \sum_{j=o}^{n-m-1} b_j .$$

Daraus folgt:

$$\sum_{j=o}^{n-m-1} \mu_j b_j + \sum_{i=n-m}^{n} o = \sum_{i=o}^{n} f' p_i = f' \sum_{i=o}^{n} p_i = \mu \sum_{j=o}^{n-m-1} b_j$$

und weiter

$$\sum_{j=o}^{n-m-1} (\mu_j - \mu) b_j = o, \quad \text{also} \quad \mu_j = \mu \; (0 \le j \le n-m-1).$$

Also hat man $f' p_i = \mu f p_i \; (0 \le i \le n)$. Damit ist $f' = \mu f$ und mit A, Satz 2 folgt $\pi' = \pi$.

Die Punkte P und B spielen ersichtlich keine Ausnahmerolle. In den Punktmengen $\{P_o, \ldots, P_{n-m-1}, P\}$, $\{B_o, \ldots, B_{n-m-1}, B\}$ kann daher jeder Punkt mit P und der P entsprechende Punkt mit B bezeichnet werden. Die projektive Abbildung π ändert sich dadurch nicht. In P^{n+1}, Q^{k+1} erfolgen lediglich Basistransformationen.

Besonders wichtig sind die injektiven projektiven Abbildungen, die nach Satz 1 durch $A^m = \emptyset$ gekennzeichnet sind. Dann ist $m = -1$, und man erhält aus Satz 2:

Satz 3: (*Hauptsatz über injektive projektive Abbildungen*)
Es seien P^n, Q^k projektive Räume, $B^n \subset Q^k$ sei ein projektiver

Unterraum; $\{P_o,\ldots,P_n;P\}\subset P^n$ und $\{B_o,\ldots,B_n;B\}\subset B^n$ seien jeweils n+2 Punkte in allgemeiner Lage. Dann existiert genau eine projektive Abbildung $\pi\colon P^n\to Q^k$ mit

$$\pi P_i = B_i,\ \pi P = B \quad (0\le i\le n)$$

und diese ist injektiv.

Aufgabe:

Im P^n sei Z^{n-k-1} eine zu S^k und zu T^k komplementäre (n-k-1)-Ebene.

a) Man zeige: Durch $\pi\colon P^n\setminus Z^{n-k-1}\to T^k$

$$X\mapsto \pi X := (X+Z^{n-k-1})\cap T^k$$

wird eine projektive Abbildung von $P^n\setminus Z^{n-k-1}$ auf T^k erklärt. Man veranschauliche die Abbildung für $K=\mathbb{R}$, $n=2$, $k=1$ anhand einer Skizze.

b) Man gebe die Ausnahme-1-Ebene von π an.

c) Man zeige: Die Einschränkung von π auf S^k ist eine projektive Abbildung σ.

d) Man ermittle die Ausnahme-m-Ebene von σ.

C. Koordinatendarstellungen projektiver Abbildungen

Zur Koordinatendarstellung einer projektiven Abbildung

$$\pi\colon P^n\setminus A^m \to Q^k \quad (P^n\setminus A^m \neq \emptyset)$$

benötigt man ein projektives Koordinatensystem (1D, Satz 4)

$$\{P_o(p_o),\ldots,P_n(p_n);P(\sum_{i=o}^{n} p_i)\} \text{ in } P^n$$

sowie ein projektives Koordinatensystem

$$\{Q_o(q_o),\ldots,Q_k(q_k);Q(\sum_{i=o}^{k} q_i)\} \text{ in } Q^k.$$

Die Ausnahme-m-Ebene A^m enthält maximal m+1 Punkte eines projektiven Koordinatensystems in P^n.

Wird die projektive Abbildung $\pi\colon P^n\setminus A^m\to Q^k$ induziert durch die lineare Abbildung $f\colon \mathcal{P}^{n+1}_{\bullet}\to \mathcal{Q}^{k+1}$, so ist

$$\{fp_o,\ldots,fp_n\}\subset \mathcal{Q}^{k+1}.$$

Die Bildvektoren $fp_o,\ldots,fp_n$ besitzen in der Basis $\{q_o,\ldots,q_k\}$ eine eindeutige Basisdarstellung:

$$fp_i = \sum_{j=o}^{k} a_{ij}q_j \quad (0 \le i \le n) \tag{1}$$

mit der (n+1,k+1)-Koeffizientenmatrix $A^T = (a_{ij})$.

Im folgenden untersuchen wir, wie sich die Wahl anderer Repräsentanten aus $[p_i]$ und $[q_i]$ auf A auswirkt. Nach 1D, Satz 3 ist eine zweite Basis $\{p'_o,\dots,p'_n\} \subset P^{n+1}$ und $\{q'_o,\dots,q'_k\} \subset Q^{k+1}$ genau dann mit dem projektiven Koordinatensystem $\{P_o,\dots,P_n;P\}$ bzw. $\{Q_o,\dots,Q_k;Q\}$ äquivalent, wenn gilt:

$$p'_i = \sigma p_i \quad (\sigma \neq 0), \quad q'_i = \tau q_i \quad (\tau \neq 0).$$

Analog zu (1) folgt:

$$fp'_i = \sum_{j=o}^{k} a'_{ij}q'_j \quad (0 \le i \le n). \tag{2}$$

Anderseits gilt:

$$fp'_i = f\sigma p_i = \sigma f p_i = \sigma(\sum_{j=o}^{k} a_{ij}q_j) = \sum_{j=o}^{k} \sigma a_{ij}q_j = \sum_{j=o}^{k} \frac{\sigma}{\tau} a_{ij}q'_j \,. \tag{3}$$

Aus (2) und (3) folgt:

$$a'_{ij} = \frac{\sigma}{\tau} a_{ij} \quad (c := \frac{\sigma}{\tau} = \text{const} \neq 0).$$

Die (n+1,k+1)-Matrix A ist also bis auf einen konstanten Faktor $c \neq 0$ eindeutig bestimmt.

Wir bestimmen schließlich die Abbildungsgleichungen, welche die projektiven Koordinaten $(x_o,\dots,x_n)$ eines Punktes $X(x)$ aus $P^n \backslash A^m$ im projektiven Koordinatensystem $\{P_o,\dots,P_n;P\}$ verknüpfen mit den projektiven Koordinaten $(y_o,\dots,y_k)$ des Bildpunktes $\pi X = Y(y) \in Q^k$ im projektiven Koordinatensystem $\{Q_o,\dots,Q_k;Q\}$. Einerseits gilt:

$$y = \sum_{j=o}^{k} y_j q_j \,. \tag{4}$$

Anderseits ist

$$y = fx = f(\sum_{i=o}^{n} x_i p_i) = \sum_{i=o}^{n} x_i f p_i \overset{(1)}{=} \sum_{i=o}^{n} x_i (\sum_{j=o}^{k} a_{ij}q_j) =$$

$$= \sum_{j=o}^{k} (\sum_{i=o}^{n} x_i a_{ij})\, q_j \,. \tag{5}$$

Wegen der Eindeutigkeit der Basisdarstellung folgt aus (4) und (5) die Koordinatendarstellung

$$y_j = \sum_{i=o}^{n} a_{ij} x_i \quad (0 \le j \le k), \tag{6}$$

in Matrizenform:

$$\vec{y} = A\vec{x} \quad \text{mit} \quad \begin{cases} \vec{x} = (x_o,\dots,x_n)^T \\ \vec{y} = (y_o,\dots,y_k)^T \end{cases} \quad A = \begin{pmatrix} a_{oo}\dots a_{no} \\ \dots\dots\dots \\ a_{ok}\dots a_{nk} \end{pmatrix}. \tag{I}$$

Wegen der Homogenität der projektiven Koordinaten $(x_o,\dots,x_n)$ und $(y_o,\dots,y_k)$ und wegen der Ersetzbarkeit von a_{ij} durch ca_{ij} $(c \neq 0)$ ist auch die Koordinatendarstellung (I) nur bis auf einen homogenisierenden Faktor bestimmt.

Führt man nach 1D, Satz 5 im P^n eine projektive Koordinatentransformation $\vec{x} = T\vec{x}^*$ aus und im Q^k eine projektive Koordinatentransformation $\vec{y} = S\vec{y}^*$, so folgt aus (I):

$$\vec{y}^* = S^{-1}A\, T\vec{x}^*.$$

In der linearen Algebra zeigt man: Zu jeder $(k+1,n+1)$-Matrix A existiert eine reguläre $(k+1,k+1)$-Matrix S^{-1} und eine reguläre $(n+1,n+1)$-Matrix T und somit je eine projektive Koordinatentransformation in Q^k und P^n, so daß

$$S^{-1}A\,T = \left(\begin{array}{cc|c} 1_1 & 0 & \\ & \ddots & 0 \\ 0 & 1 & \\ \hline & 0 & 0 \end{array}\right) =: E_r^{k+1,n+1}.$$

$E_r^{k+1,n+1}$ ist die Normalform der zur $(k+1,n+1)$-Matrix A mit $\operatorname{Rg} A = r$ äquivalenten Matrizen. Eine projektive Abbildung $\pi: P^n \setminus A^m \to Q^k$ besitzt daher die Normalform:

$$\vec{y}^* = E_r^{k+1,n+1}\vec{x}^*.$$

Wir fassen zusammen:

Satz 1: Ist im projektiven Raum P^n ein festes projektives Koordinatensystem $\{P_o(p_o),\dots,P_n(p_n);P(\Sigma p_i)\}$

und im projektiven Raum Q^k ein festes projektives Koordinatensystem $\{Q_o(q_o),\dots,Q_k(q_k);Q(\Sigma q_i)\}$

gegeben, und wird die projektive Abbildung $\pi: P^n \setminus A^m \to Q^k$ induziert durch die lineare Abbildung $f: \mathcal{P}^{n+1} \to \mathcal{Q}^{k+1}$, so gilt:

1) f wird durch eine $(k+1,n+1)$-Matrix A beschrieben.

2) A ist bis auf einen konstanten Faktor $c \neq 0$ bestimmt.

3) Der i-te Spaltenvektor von A ist nach (1) der Koordinatenvektor von fp_i in der Basis $\{q_o,\dots,q_k\}$ von Q^k.

4) Die projektiven Koordinaten $(x_o,\dots,x_n)$ eines Punktes X aus $P^n\backslash A^m$ und die projektiven Koordinaten $(y_o,\dots,y_n)$ seines Bildpunktes $\pi X \in Q^k$ sind durch die Abbildungsgleichung $\vec{y} = A\vec{x}$ ver-verknüpft, die sich stets auf die Normalform $\vec{y} = E_r^{k+1,n+1}\vec{x}$ bringen läßt.

Im Anschluß an Satz 1 beachten wir, daß aufgrund der Theorie der Vektorräume und mit 1A,Def.1 gilt:

$$\operatorname{Rg} A = \operatorname{Rg} f = \dim fP^{n+1} = \operatorname{Dim} \pi(P^n\backslash A^m) + 1.$$

Daraus folgt:

$$\boxed{\operatorname{Dim} \pi(P^n\backslash A^m) = \operatorname{Rg} A - 1.} \qquad \text{(II)}$$

Bei einer projektiven Abbildung $\pi: P^n\backslash A^m \to Q^k$ ist also die Dimension des Bildraumes $\pi(P^n\backslash A^m)$ gleich dem um 1 verminderten Rang einer zugehörigen Abbildungsmatrix A.

Satz 2: Bildet eine projektive Abbildung $\pi: P^n\backslash A^m \to Q^k$ ein projektives Koordinatensystem $\{P_o,\dots,P_n;P\} \subset P^n$ auf ein projektives Koordinatensystem $\{B_o,\dots,B_n;B\} \subset B^n \subset Q^k$ derart ab, daß

$$B_i = \pi P_i \quad (0 \le i \le n), \qquad B = \pi P,$$

so ist dadurch π nach B,Satz 3 eindeutig bestimmt und injektiv (also $A^m = \emptyset$), und in den gegebenen Koordinatensystemen haben Urpunkt X und Bildpunkt πX gleiche Koordinaten für alle $X \in P^n$.

Beweis: Nach 1D,Bem.1 haben die Punkte P_i und B_i die projektiven Koordinaten $(\delta_{io},\dots,\delta_{in})$ $(0 \le i \le n)$, P und B die projektiven Koordinaten (1 ,..., 1). Nach (I) gilt:

$$y_j = \sum_{i=o}^{n} a_{ij}x_i \quad (0 \le j \le n).$$

Wegen $B_i = \pi P_i$ $(0 \le i \le n)$ und $B = \pi P$ folgt $A = \sigma E_{n+1}^{n+1,n+1}$ $(\sigma \neq 0)$. Daraus folgt Satz 2.

D. Projektivitäten, projektive Gruppe

Wir spezialisieren nun die Betrachtungen der Abschnitte A und B und untersuchen projektive Selbstabbildungen.

> Satz 1: Jede projektive Selbstabbildung $\pi: P^n \to P^n$ heißt eine ***Projektivität***. Jede Projektivität ist bijektiv, wird induziert von einem linearen Automorphismus $f: P^{n+1} \to P^{n+1}$ ($\mathrm{Rg}\, f = n+1$) und hat in einem projektiven Koordinatensystem von P^n die Darstellung
>
> $$\vec{y} = A\vec{x}, \quad \mathrm{Rg}\, A = n+1, \tag{I}$$
>
> die nach 1D,Satz 5 als projektive Koordinatentransformation interpretierbar ist.

Beweis: Bei jeder projektiven Selbstabbildung $\pi: P^n \to P^n$ ist die Ausnahme-m-Ebene $A^m = \emptyset$ und somit $\mathrm{Kern}\, f = [o]$. Daraus folgt

1) Die π induzierende lineare Abbildung $f: P^{n+1} \to P^{n+1}$ ist injektiv.

2) $\mathrm{Rg}\, f = n+1$ (nach der Dimensionsformel $n+1 - \mathrm{Rg}\, f = \dim(\mathrm{Kern}\, f) = 0$, die zum Beweis von B(I) diente). Die lineare Abbildung

$$f: P^{n+1} \to P^{n+1}$$
$$x \mapsto fx$$

ist damit injektiv und surjektiv, also bijektiv; f ist also ein linearer Automorphismus. Daraus folgt:

$$\pi: P^n \to P^n$$
$$X(x) \mapsto \pi X = f[x] = [fx]$$

ist bijektiv.

Eine Projektivität hat als projektive Abbildung nach C,Satz 1 eine Darstellung (I) und ist damit nach 1D,Satz 5 als projektive Koordinatentransformation interpretierbar. Dabei beziehen sich die Koordinatenvektoren $\vec{x}, \vec{y}$ auf dasselbe projektive Koordinatensystem in P^n. (Bei zwei verschiedenen projektiven Koordinatensystemen in P^n ist noch ihre gegenseitige Lage festzulegen!)

Nach Anwendung einer projektiven Koordinatentransformation $\vec{x} = T\vec{x}^*$ ($\mathrm{Rg}\, T = n+1$) folgt aus (I)

$$\boxed{\vec{y}^* = T^{-1}A\,T\,\vec{x}^*.} \qquad \text{(II)}$$

Damit besitzt bei algebraisch abgeschlossenem Körper K jede Projektivität $\pi: P^n \longrightarrow P^n$ die Normalform (II), wenn für $T^{-1}AT$ die JORDAN-Normalform der zu A ähnlichen Matrizen gesetzt wird.

Bemerkungen:

1) Die Projektivitäten können in verschiedener Weise durch Angabe von Normalformen klassifiziert werden. Es liegt nahe, die Projektivitäten mittels der JORDAN-Normalformen für ähnliche Matrizen im Anschluß an (II) zu klassifizieren. Diese Klassifikation wird in der linearen Algebra meist für $K = \mathbb{C}$ (HEINHOLD/RIEDMÜLLER[1],Teil 2) oder für algebraisch abgeschlossene Grundkörper K durchgeführt. BALDUS[1] klassifiziert die Projektivitäten in $\hat{P}^2$ und $\hat{P}^3$ aufgrund von Inzidenzbetrachtungen unter Voraussetzung des Fundamentalsatzes der Algebra. LORIA[1] verwendet die Elementarteilertheorie; siehe auch C.SEGRE[1], MUTH[1](S.214ff.) und BERTINI[1].

2) In 1A,Bem.7 wurde die komplexe Erweiterung $\hat{P}^{n+1}$ des reellen Vektorraumes $\hat{P}^{n+1}$ und die komplexe Erweiterung $\hat{P}^n$ des zugehörigen reellen projektiven Raumes P^n eingeführt. Wir bemerken nun, daß jeder lineare Endomorphismus $f: P^{n+1} \to P^{n+1}$ eine komplexe Erweiterung $\hat{f}: \hat{P}^{n+1} \to \hat{P}^{n+1}$ derart zuläßt, daß f die Einschränkung von $\hat{f}$ auf $P^{n+1} \subset \hat{P}^{n+1}$ ist (SCHAAL[2],Bd.II,S.293f.). Durch

$$\hat{f}(z) = \hat{f}(x+iy) = \hat{f}(x) + \hat{f}(iy) = \hat{f}(x) + i\hat{f}(y) = f(x) + if(y)$$

für alle $x, y \in P^{n+1}$ ist $\hat{f}$ sogar eindeutig bestimmt.

Zu der von f induzierten projektiven Selbstabbildung $\pi: P^n \setminus A^m \to P^n$ existiert dann genau eine projektive Selbstabbildung $\hat{\pi}: \hat{P}^n \setminus \hat{A}^m \to \hat{P}^n$ als *komplexe Erweiterung von* π derart, daß π die Einschränkung von $\hat{\pi}$ auf $P^n \setminus A^m$ ist.

Für eine Koordinatendarstellung von $\hat{f}: \hat{P}^{n+1} \to \hat{P}^{n+1}$ und von $\hat{\pi}: \hat{P}^n \setminus \hat{A}^m \to \hat{P}^n$ kann man eine (reelle) Basis von P^{n+1} bzw. das dadurch bestimmte (reelle) projektive Koordinatensystem von P^n verwenden. Die zugehörigen reellen Abbildungsmatrizen beschreiben dann auch die komplexen Erweiterungen $\hat{f}$ und $\hat{\pi}$. Speziell kann f ein linearer Automorphismus und π die von f induzierte Projektivität sein.

Satz 1 bildet die Grundlage für den folgenden Satz.

Satz 2: Die Projektivitäten eines projektiven Raumes P^n bilden bezüglich der Verknüpfung (Nacheinanderausführung, Komposition) eine n(n+2)-gliedrige - d.h. von genau n(n+2) unabhängigen Parametern abhängige - Gruppe, die ***projektive Gruppe*** PGL(P^n). Jeder bezüglich aller Projektivitäten invariante Begriff in P^n heißt eine ***Projektivinvariante*** oder ***projektivinvariant*** (kurz: *projektiv*). Die Ermittlung aller Projektivinvarianten der projektiven Gruppe heißt die ***Invariantentheorie der projektiven Gruppe.***

Beweis: Die linearen Automorphismen des P^{n+1} induzieren die Projektivitäten des P^n. Die Verknüpfung von Projektivitäten ist daher eine innere Verknüpfung in der Menge der Projektivitäten.

Nachweis der Gruppenaxiome: Die Assoziativität ist bei Abbildungen stets erfüllt. Existenz eines neutralen Elements: Die Identität $\varepsilon: P^n \to P^n$ wird induziert von der Identität $e: P^{n+1} \to P^{n+1}$; ε ist daher eine Projektivität und neutrales Element ($\varepsilon\pi = \pi\varepsilon = \pi$). Existenz eines inversen Elements: Sei π eine Projektivität, induziert von $f: P^{n+1} \to P^{n+1}$. Sei π^{-1} die von $f^{-1}: P^{n+1} \to P^{n+1}$ induzierte Projektivität. Wegen $ff^{-1} = f^{-1}f = e$ wird $\pi\pi^{-1} = \pi^{-1}\pi$ und auch die Identität ε von e induziert. Daher gilt: $\pi\pi^{-1} = \pi^{-1}\pi = \varepsilon$. Damit ist π^{-1} inverses Element zu π.

Zur Bestimmung der Gliederzahl der projektiven Gruppe benötigen wir die Darstellung (I) der Projektivitäten: $\vec{y} = A\vec{x}$, $\operatorname{Rg} A = n+1$. Da die Matrix A nur bis auf einen Faktor $c \neq 0$ bestimmt ist, kann A stets so normiert werden, daß ein bestimmtes Element $a_{ik} = 1$ wird. Es gibt also $(n+1)^2-1$ frei wählbare Parameter; die Gliederzahl der projektiven Gruppe ist demnach $(n+1)^2 - 1 = n(n+2)$.

Die Frage, durch wieviele Ur- und Bildpunkte und durch welche Lage der Ur- und Bildpunkte eine Projektivität eindeutig bestimmt ist, beantwortet der für $Q^k = P^n$ aus dem Hauptsatz über injektive projektive Abbildungen (B,Satz 3) folgende Satz:

Satz 3: (*Hauptsatz über Projektivitäten*)
Sind in einem projektiven Raum P^n die Punkte $P_o,\ldots,P_n;P$ und $Q_o,\ldots,Q_n;Q$ jeweils in allgemeiner Lage, so existiert genau eine Projektivität $\pi: P^n \to P^n$ mit

$$\pi P_i = Q_i \ (0 \le i \le n), \ \pi P = Q.$$

In den beiden folgenden Sätzen geben wir einfache, aber wichtige Beispiele für Projektivinvarianten.

> Satz 4: Die Begriffe *k-Ebene* und *Dimension einer k-Ebene* sind projektivinvariant.

Beweis: Jede Projektivität $\pi: P^n \to P^n$ führt eine k-Ebene $S^k \subset P^n$ in einen projektiven Unterraum $\pi S^k \subset P^n$ über (B,Satz 1b)). Wegen $A^m = \emptyset$ und $d = -1$ folgt $\operatorname{Dim} \pi S^k = k$ aus B(I).

Eine weitere Projektivinvariante findet man ausgehend von drei Punkten E_0, E_1, E in allgemeiner Lage auf einer Geraden g. Diese drei Punkte definieren in g das projektive Koordinatensystem $\{E_0(e_0), E_1(e_1); E(e_0+e_1)\}$. Die Grundpunkte E_0, E_1, der Einheitspunkt E und ein beliebiger Punkt $X \in g$ haben nach 1D die projektiven Koordinaten: $E_0(1,0)$, $E_1(0,1)$, $E(1,1)$, $X(x_0,x_1)$.

Wir definieren nun:

> Def. 5: Das *Doppelverhältnis* $DV(X\,E\,E_0E_1)$ *von vier Punkten* X, E, E_0, E_1 *einer Geraden* in dieser Reihenfolge, von denen E, E_0, E_1 allgemeine Lage haben, ist das Verhältnis $x_1 : x_0$ der projektiven Koordinaten von X im projektiven Koordinatensystem $\{E_0, E_1; E\}$.

Danach gilt:

$$\boxed{\begin{array}{ll} DV(X\,E\,E_0E_1) := \dfrac{x_1}{x_0}, & DV(E\,E\,E_0E_1) = \dfrac{1}{1} = 1, \\ DV(E_0EE_0E_1) = \dfrac{0}{1} = 0, & DV(E_1E\,E_0E_1) = \dfrac{1}{0} =: \infty. \end{array}} \tag{III}$$

> Satz 6: Der Begriff *Doppelverhältnis* $DV(X\,E\,E_0E_1)$ *von vier Punkten einer Geraden* ist projektivinvariant.

Beweis: Nach Voraussetzung haben die Punkte E, E_0, E_1 allgemeine Lage und bestimmen das projektive Koordinatensystem $\{E_0, E_1; E\}$ in g. Bei Anwendung einer beliebigen Projektivität $\pi: P^n \to P^n$ ist nach Satz 4 πg eine Gerade, in der sich das projektive Koordinatensystem $\{\pi E_0, \pi E_1; \pi E\}$ einführen läßt. Sind

(x_0, x_1) die projektiven Koordinaten von X in $\{E_0, E_1; E\}$ und

(x_0', x_1') die projektiven Koordinaten von πX in $\{\pi E_0, \pi E_1; \pi E\}$, so ist nach Def.5:

$$DV(X\,E\,E_oE_1) = \frac{x_1}{x_o}, \quad DV(\pi X\,\pi E\,\pi E_o\,\pi E_1) = \frac{x_1'}{x_o'}.$$

Nach C, Satz 2 haben X und πX gleiche projektive Koordinaten: $x_o' = \sigma x_o$, $x_1' = \sigma x_1$ $(\sigma \neq 0)$. Daraus folgt Satz 6.

Def.7: Vier Punkte X, E, E_o, E_1 einer Geraden des projektiven Raumes $P^n(P^{n+1},K)$, $\chi(K) \neq 2$,[1] mit

$$DV(X\,E\,E_oE_1) = -1 \qquad \text{(IV)}$$

heißen *in harmonischer Lage*. Man sagt auch: das Punktepaar (X,E) *trennt* das Punktepaar (E_o,E_1) *harmonisch*, oder: X ist der *vierte harmonische Punkt* zu (E_o,E_1) und E.

Sind im projektiven Raum P^n $(n \geq 1)$ auf einer Geraden vier paarweise verschiedene Punkte $P(\vec{p})$, $Q(\vec{q})$, $X(\vec{x})$, $Y(\vec{y})$ gegeben, so erhält man $DV(P\,Q\,X\,Y)$, indem man die projektiven Koordinaten (σ,τ) von P im projektiven Koordinatensystem $\{X,Y;Q\}$ berechnet. Dazu stellt man $\vec{q}$ dar als $\gamma\vec{x} + \mu\vec{y} = \vec{q}$ und findet γ,μ unter Verwendung der i-ten und der k-ten Koordinaten aus

$$\begin{aligned} \gamma x_i + \mu y_i &= q_i \\ \gamma x_k + \mu y_k &= q_k \end{aligned} \quad \text{mit} \quad D := \begin{vmatrix} x_i & y_i \\ x_k & y_k \end{vmatrix}, \quad D_1 := \begin{vmatrix} q_i & y_i \\ q_k & y_k \end{vmatrix}, \quad D_2 := \begin{vmatrix} x_i & q_i \\ x_k & q_k \end{vmatrix}$$

nach der CRAMERschen Regel zu $\gamma = D_1:D$, $\mu = D_2:D$. In der Basis $\{D_1\vec{x},\ D_2\vec{y}\}$ wird sodann $\vec{p}$ dargestellt als $\sigma D_1\vec{x} + \tau D_2\vec{y} = \vec{p}$ [2]. Aus

$$\begin{aligned} \sigma D_1 x_i + \tau D_2 y_i &= p_i \\ \sigma D_1 x_k + \tau D_2 y_k &= p_k \end{aligned} \quad \text{mit} \quad D_1' := \begin{vmatrix} p_i & y_i \\ p_k & y_k \end{vmatrix}, \quad D_2' := \begin{vmatrix} x_i & p_i \\ x_k & p_k \end{vmatrix}$$

folgt $\sigma D_1 = D_1':D$, $\tau D_2 = D_2':D$. Man erhält also

$$DV(P\,Q\,X\,Y) = \frac{\tau}{\sigma} = \frac{D_2'}{D_2}:\frac{D_1'}{D_1} = \frac{\begin{vmatrix} p_i & x_i \\ p_k & x_k \end{vmatrix}}{\begin{vmatrix} q_i & x_i \\ q_k & x_k \end{vmatrix}} : \frac{\begin{vmatrix} p_i & y_i \\ p_k & y_k \end{vmatrix}}{\begin{vmatrix} q_i & y_i \\ q_k & y_k \end{vmatrix}}. \qquad \text{(V)}$$

[1] $\chi(K)$ bezeichnet die Charakteristik des Körpers K.

[2] Damit haben X, Y, Q die folgenden projektiven Koordinaten (σ,τ): X(1,0), Y(0,1), Q(1,1).

Bemerkungen (Fortsetzung):

3) Über Körpern K der Charakteristik $\chi(K) = 2$ wird wegen $-1 = 1$ keine harmonische Lage erklärt.

4) Das Doppelverhältnis von vier Punkten einer Geraden genügt den Vertauschungsregeln:

$$DV(X\,E\,E_oE_1) = DV(E\,X\,E_1E_o) = DV(E_oE_1X\,E) = DV(E_1E_oE\,X) =$$

$$= \frac{1}{DV(X\,E\,E_1E_o)} = 1 - DV(X\,E_oE\,E_1).$$

Setzt man $\lambda := DV(X\,E\,E_oE_1)$, so folgt, daß bei allen 24 Permutationen der Punkte X, E, E_o, E_1 ihr Doppelverhältnis nur einen der sechs Werte

$$\lambda,\ \frac{1}{\lambda},\ 1-\lambda,\ \frac{1}{1-\lambda},\ \frac{\lambda-1}{\lambda},\ \frac{\lambda}{\lambda-1}$$

annehmen kann.

5) Der Begriff *Doppelverhältnis von vier Punkten einer Geraden* ist ersichtlich bei jeder bijektiven projektiven Abbildung $\kappa: P^n \longrightarrow Q^n$ invariant.

<u>Def.8</u>: Die Invariantentheorie der projektiven Gruppe $PGL(P^n)$ auf P^n (die Ermittlung der Projektivinvarianten auf P^n) heißt das *Standardmodell* $(P^n, PGL(P^n))$ *der projektiven Geometrie.*

Nach 1A,Def.1 ist jede Punktmenge, die sich auf das Standardmodell $P^n := \{[x] \mid x \in P^{n+1} \setminus [o]\}$ der projektiven Räume bijektiv abbilden läßt, ein projektiver Raum. Die Invariantentheorie der projektiven Gruppe kann daher auf P^n, aber auch auf jeder anderen, auf P^n bijektiv abbildbaren Menge, also in jedem anderen Modell des projektiven Raumes P^n, entwickelt werden. Man kann daher den projektiven Raum P^n auch auffassen als die Klasse aller seiner Modelle. Jedes Modell ist ein Repräsentant des projektiven Raumes P^n. Neben dem Standardmodell werden wir weitere Modelle des projektiven Raumes P^n kennenlernen.

Ebenso kann man das Standardmodell $(P^n, PGL(P^n))$ der projektiven Geometrie bijektiv abbilden. Dieser Prozeß wird in Kapitel 5, insbesondere in 5C, ausführlich beschrieben.

Wir definieren daher:

<u>Def.9</u>: Die Äquivalenzklasse $\{(P^n, PGL(P^n))\}$ aller zum Standardmodell $(P^n, PGL(P^n))$ der projektiven Geometrie isomorphen Modelle heißt die ***projektive Geometrie*** $\{(P^n, PGL(P^n))\}$.

Bei projektivinvariant definierten Begriffen entfällt der Nachweis der Projektivinvarianz. Bei nicht projektivinvariant definierten Begriffen ist zu prüfen, ob sie sich ändern bei Anwendung einer beliebigen Projektivität. Erfolgt keine Änderung, so besteht Projektivinvarianz. Eine beliebige Projektivität kann wie in Satz 1 (mit 2A, Satz 1) angewendet werden oder in der Darstellung (I), wenn im P^n ein projektives Koordinatensystem vorliegt.

Aufgaben:

1) Im $P^n(P^{n+1},K)$ mit $\chi(K) \neq 2$ seien die paarweise verschiedenen Punkte P, Q, X, Y gegeben mit $P = [p]$, $Q = [q]$, $X = [ap + bq]$, $Y = [cp + dq]$. Man berechne das Doppelverhältnis DV(PQXY).

2) Seien die vier Punkte P, Q, X, Y in dieser Reihenfolge in harmonischer Lage. Welche Permutationen von P, Q, X, Y lassen diese Eigenschaft unverändert?

3) Im $P^n(P^{n+1},K)$ mit $\chi(K) \neq 2$ seien drei paarweise verschiedene kollineare Punkte P, Q, R gegeben. Sei $g := P + Q$, $B \in P^n \setminus g$, $A \in P + B \setminus \{P, B\}$. Man zeige: $S := (A + ((P + ((B + R) \cap (A + Q))) \cap (B + Q))) \cap (P + Q)$ ist der vierte harmonische Punkt zu (P,Q) und R. Hinweis: Man verwende P, Q und B als Grundpunkte eines projektiven Koordinatensystems in $g + B$ oder man verwende die Aufgabe aus Abschnitt B, betrachte einmal A als Z^{n-k-1}, dann $(B + Q) \cap (A + S)$ als Z^{n-k-1} und erschließe daraus DV(SRPQ).

4) In einer reellen projektiven Ebene seien P, Q, R drei paarweise verschiedene kollineare Punkte. Man konstruiere den vierten harmonischen Punkt allein unter Verwendung des Lineals als Konstruktionshilfsmittel.

E. Kollineationen

Aus D, Satz 4 folgt, daß eine Projektivität $\pi: P^n \to P^n$ jede k-Ebene in eine k-Ebene überführt. Wir fragen, ob umgekehrt eine Selbstabbildung eines projektiven Raumes, die jede k-Ebene in eine k-Ebene überführt, eine Projektivität ist. Bei dieser Fragestellung kann man die Voraussetzungen wesentlich abschwächen. Man verzichtet zunächst auf Selbstabbildungen und verlangt nur, daß je drei Punkte einer Geraden in drei Punkte einer Geraden übergehen.

<u>Def.1</u>: In einem projektiven Raum P^n heißen je drei paarweise verschiedene Punkte einer Geraden *kollinear*.

Jede Bijektion $\kappa: P^n \to Q^n$ eines projektiven Raumes P^n auf einen projektiven Raum Q^n $(n > 1)$, die kollineare Punktetripel auf kollineare Punktetripel abbildet,[1] heißt eine *Kollineation*, für $P^n = Q^n$ eine *Autokollineation*.

Ersichtlich ist jede bijektive projektive Abbildung $\pi: P^n \to Q^n$ eine Kollineation.

<u>Satz 2</u>: Eine Kollineation $\kappa: P^n \to Q^n$ führt jede k-Ebene in eine k-Ebene über.

Beweis: Ohne Einschränkung kann man $k \geq 1$ voraussetzen. Wegen der Bijektivität von κ haben zwei verschiedene Punkte X, Y einer k-Ebene S^k zwei verschiedene Bildpunkte in κS^k. Als k-Ebene ist S^k ein projektiver Raum (1B,Satz 2). Daher liegt auch die Verbindungsgerade X+Y in S^k.

Nach Def.1 führt jede Kollineation kollineare Punktetripel in kollineare Punktetripel über. Wegen der Bijektivität von κ ist das kollineare Bild der Verbindungsgeraden X+Y die Verbindungsgerade der Bildpunkte κX, κY:

$$\kappa(X+Y) = \kappa X + \kappa Y \subset \kappa S^k \text{ für alle } X,Y \in S^k.$$

Sei nun S^k dargestellt als Verbindungsraum von k+1 linear unabhängigen Punkten (1B,Satz 8):

$$S^k = X_o + \dots + X_k.$$

Wegen der Bijektivität von κ sind $\kappa X_o, \dots, \kappa X_k$ k+1 linear unabhängige Bildpunkte. Daraus folgt zusammen mit $\kappa(X+Y) = \kappa X + \kappa Y$ und mit 1B,Satz 5: κS^k ist darstellbar als

$$\kappa S^k = \kappa X_o + \dots + \kappa X_k.$$

Damit ist κS^k der Verbindungsraum von $\kappa X_o, \dots, \kappa X_k$, also eine k-Ebene.

Man zeigt in der Theorie der Kollineationen, daß für $K = \mathbb{R}$ jede Kollineation $\kappa: P^n \to Q^n$ $(n > 1)$ eine bijektive projektive Abbildung ist. Wir verzichten auf den Beweis dieses Satzes; wir nennen jedoch drei Sätze, die im Beweis drei Stationen markieren (siehe Beweis zu Satz 6).

[1] Diese Eigenschaft kann in der Theorie der affinen Räume zur Kennzeichnung der affinen Abbildungen verwendet werden.

Satz 3: Eine Kollineation $\kappa: P^n \to Q^n$ ($n > 1$, $\chi(K) \neq 2$) läßt harmonische Lage invariant.[1]

Satz 4: Eine Kollineation $\kappa: P^n \to Q^n$ ($n > 1$, $\chi(K) \neq 2$) ist genau dann eine bijektive projektive Abbildung, wenn sie alle Doppelverhältnisse invariant läßt.

Im folgenden Satz ist $n = 1$, und der Grundkörper ist der reelle Zahlkörper $\mathbb{R}$:

Satz 5: (VON STAUDT[2])
Eine Bijektion $\alpha: P^1 \to Q^1$ ist genau dann eine bijektive projektive Abbildung, wenn sie harmonische Lage invariant läßt.

Mit Hilfe von Satz 3 bis Satz 5 beweisen wir:

Satz 6: (*Hauptsatz über die Kollineationen reeller projektiver Räume*)
Jede Kollineation $\kappa: P^n \to Q^n$ ($n > 1$) ist eine bijektive projektive Abbildung. Jede Autokollineation $\kappa: P^n \to P^n$ ist somit eine Projektivität.

Beweis: Nach Satz 3 läßt κ harmonische Lage invariant. Nach Satz 5 ist κ auf allen Geraden eine bijektive projektive Abbildung und läßt daher alle Doppelverhältnisse invariant. Nach Satz 4 ist somit κ eine bijektive projektive Abbildung.

Bemerkungen:

1) Die Umkehrung von Satz 6 ist nach den vorausgehenden Abschnitten A bis D trivial. Wegen Satz 6 und seiner Umkehrung sind die Projektivitäten der reellen projektiven Räume Autokollineationen. Sie werden in der Literatur auch als *automorphe Kollineationen* (manchmal kurz als Kollineationen) bezeichnet.

2) Im Beweis des VON STAUDTschen Satzes wird wesentlich verwendet, daß der reelle Zahlkörper $\mathbb{R}$ nur den trivialen Automorphismus $f(t) = t$, $t \in \mathbb{R}$, besitzt. Dabei versteht man unter einem Automorphismus eines Körpers K jede bijektive und verknüpfungstreue Selbstabbildung von K. Für alle $\lambda, \mu \in K$ gilt also $f(\lambda+\mu) = f(\lambda) + f(\mu)$ sowie $f(\lambda\mu) = f(\lambda)f(\mu)$.

3) Einen Hauptsatz über Kollineationen projektiver Räume über

[1] Siehe D, Bemerkung 3.

[2] Siehe etwa SCHAAL[2],Bd.II,S.201.

allgemeineren Körpern beweist ARTIN[1]Chapt.II,10. Einen Beweis zu Satz 4 findet man in PICKERT[1]Kap.III,26.

Einen besonders wichtigen Typ von Autokollineationen erhält man wie folgt: Sei $Z \in P^n$ ein beliebiger, aber fester Punkt,

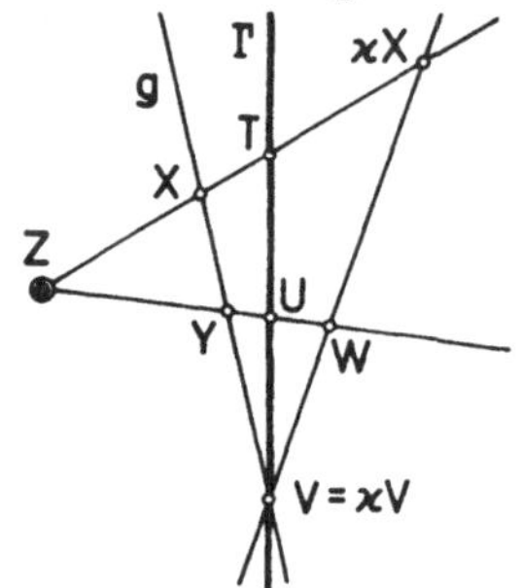

$\Gamma \subset P^n$ eine beliebige, aber feste Hyperebene und $Z \notin \Gamma$. Dann ist die Verbindungsgerade Z+X für alle Punkte $X \in P^n$ $(X \neq Z)$ definiert; ihr Schnittpunkt mit Γ existiert nach 1C,Satz 1 und sei $T := (Z+X) \cap \Gamma$.

Nach diesen Vorbereitungen definieren wir eine mit $\kappa(Z,\Gamma)$ bezeichnete Abbildung $\kappa: P^n \longrightarrow P^n$ unter Verwendung des vierten harmonischen Punktes zu (Z,T) und X:

$$\kappa(Z,\Gamma):\ P^n \longrightarrow P^n,\quad \chi(K) \neq 2,$$
$$X \longmapsto \begin{cases} \kappa X, & DV(\kappa X\, X\, Z\, T) = -1 \quad \text{für } X \neq Z, X \neq T \\ \kappa Z = Z \\ \kappa T = T. \end{cases} \qquad \text{(I)}$$

Daraus folgt: $\kappa(Z,\Gamma)$ ist injektiv und surjektiv, also bijektiv. Wir zeigen noch, daß kollineare Punktetripel in kollineare Punktetripel abgebildet werden. Dann ist $\kappa(Z,\Gamma)$ eine Kollineation.

Für alle mit Z kollinearen Punktetripel ist diese Eigenschaft nach Definition von $\kappa(Z,\Gamma)$ erfüllt, ebenso für alle Punktetripel in Γ. Nun sei g eine beliebige Gerade, die Z nicht enthält und nicht in Γ liegt. Sei $V := g \cap \Gamma$; ohne Einschränkung ist $V \neq T$. Ist nun $Y \in g$ ein beliebiger Punkt, so genügt es zu zeigen, daß aus der Kollinearität der Punkte X,Y,V die Kollinearität der Bildpunkte κX, κY, κV folgt. Wir zeigen:

$$W := (Z+Y) \cap (\kappa X + V) = \kappa Y.$$

Nach Voraussetzung ist $DV(\kappa X\, X\, Z\, T) = -1$. Auf Z+T bilden daher X, Z,T ein projektives Koordinatensystem, und die vier Punkte κX, X,Z,T in harmonischer Lage haben die Koordinaten:

$$\kappa X(1,-1),\ X(1,1),\ Z(1,0),\ T(0,1).$$

Zum weiteren Beweis wird die Gerade Z+T in der Ebene Z+T+V betrachtet. In dieser Ebene wird ein projektives Koordinatensystem so gewählt, daß Z+T die Gleichung $x_2 = 0$ erhält. Alle Punkte auf Z+T erhalten dann 0 als dritte Koordinate. Den Punkt V wählen wir als Grundpunkt (0,0,1) des Koordinatendreiecks. Der Punkt Y habe die Koordinaten (λ,λ,μ), die aus den Koordinaten von X und V linear kombiniert sind. Damit erhält man als Gleichung von

$$\begin{aligned} Z+Y:&\quad \mu x_1 - \lambda x_2 = 0,\\ \kappa X+V:&\quad x_o + x_1 = 0,\\ V+T:&\quad x_o = 0. \end{aligned}$$

Daraus findet man $(-\lambda,\lambda,\mu)$ als Koordinaten von $(Z+Y)\cap(\kappa X+V)$ und $(0,\lambda,\mu)$ als Koordinaten von $U:=(Z+Y)\cap(V+T)$. Die Punkte W,Y,Z, U haben somit die Koordinaten:

$$W(-\lambda,\lambda,\mu),\ Y(\lambda,\lambda,\mu),\ Z(1,0,0),\ U(0,\lambda,\mu).$$

Mit D(V) folgt $DV(W\,Y\,Z\,U) = -1$ und daraus $W = \kappa Y$.

Wir fassen zusammen:

Satz 7: Die in (I) erklärte Abbildung $\kappa(Z,\Gamma)$ ist eine Autokollineation des P^n, die Z als Fixpunkt und Γ $(Z \notin \Gamma)$ als punktweise festbleibende Fixhyperebene besitzt. Z heißt *Zentrum* und Γ *Achse* der Autokollineation. $\kappa(Z,\Gamma)$ heißt *Projektivspiegelung* oder *zentrale Kollineation*. Für $K=\mathbb{R}$ ist $\kappa(Z,\Gamma)$ nach Satz 6 eine Projektivität. Wegen $DV(\kappa X\,X\,Z\,T) = -1$ und wegen

$$DV(X\,\kappa X\,Z\,T) = \frac{1}{DV(\kappa X\,X\,Z\,T)} = -1 \quad (D,\text{Bem.}4)$$

ist jede Projektivspiegelung κ eine *Involution* $(\kappa = \kappa^{-1})$.

Aufgaben:

1) Im $P^3(P^4,K)$ mit $\chi(K) \neq 2$ seien g,h zueinander windschiefe Geraden.

a) Man zeige: Durch
$$\pi: P^3\setminus A^m \to P^3, \quad P \mapsto \pi P := (g+P)\cap h$$
wird eine projektive Abbildung von $P^3\setminus A^m$ auf h erklärt. Man gebe A^m an.

b) Bezüglich eines projektiven Koordinatensystems in P^3 sei g beschrieben durch $x_o = 0$, $x_2 - x_3 = 0$ und h durch $x_o - x_2 = 0$, $2x_o + x_1 - 2x_3 = 0$. Wie lauten die Abbildungsgleichungen von π im gewählten Koordinatensystem?

2) Die in einem projektiven Koordinatensystem einer algebraischen Gleichung

$$\sum_{i_1=o}^{2}\sum_{i_2=o}^{2}\cdots\sum_{i_p=o}^{2} a_{i_1 i_2\ldots i_p} x_{i_1} x_{i_2}\cdots x_{i_p} = 0 \quad \text{mit } p\in\mathbb{N},\ a_{i_1 i_2\ldots i_p}\in K$$

genügende Punktmenge $c \subset P^2(P^3,K)$ heißt eine *ebene algebraische Kurve p-ter Ordnung*, wenn sie nicht leer ist. Man gebe für p = 1,2,3 je ein Beispiel und zeige: Der Begriff *ebene algebraische Kurve p-ter Ordnung* ist projektiv invariant.

Kapitel 3. Dualitätsprinzip, Korrelationen

A. Dualitätsprinzip der projektiven Räume

Das Dualitätsprinzip der projektiven Räume folgt aus dem Dualitätsprinzip der Vektorräume, das wir kurz vorstellen.

Das Dualitätsprinzip der Vektorräume folgt aus der Beobachtung, daß die Linearformen eines Vektorraumes P^{n+1} über dem Körper K,

$$f\colon P^{n+1} \to K$$

bezüglich der natürlichen Addition $(f+g)x := fx + gx$ und der natürlichen Skalarmultiplikation $(\lambda f)x := \lambda(fx)$ einen $(n+1)$-dimensionalen Vektorraum bilden, den zu P^{n+1} isomorphen *Dualraum* $\check{P}^{n+1}$ von P^{n+1}. Die Vektoren $x \in \check{P}^{n+1}$ heißen in ihrer Gesamtheit die *dualen Vektoren* (oder *Kovektoren*) zu den Vektoren $u \in P^{n+1}$. Ist $U^{k+1} \subset P^{n+1}$ ein beliebiger Untervektorraum, so zeigt man:

1) $\check{U}^{l+1} := \{x \in \check{P}^{n+1} \mid x(U^{k+1}) = [0], 0 \in K\}$ ist ein Untervektorraum von $\check{P}^{n+1}$.

2) Sind die Vektorräume U^{k+1}, P^{n+1}, $\check{P}^{n+1}$ dargestellt als

   $U^{k+1} = [a_0, \ldots, a_k]$ $(0 \le k \le n)$,

   $P^{n+1} = [a_0, \ldots, a_k, a_{k+1}, \ldots, a_n]$,

   $\check{P}^{n+1} = [f_0, \ldots, f_k, f_{k+1}, \ldots, f_n]$ mit $f_i a_j := \delta_{ij}$, so hat $\check{U}^{l+1}$ die Darstellung:

   $\check{U}^{l+1} = [f_{k+1}, \ldots, f_n]$ mit $l+1 = n-k$.

   Dabei heißt $\{f_0, \ldots, f_n\}$ die zu $\{a_0, \ldots, a_n\}$ *duale Basis*.

Die Abbildung

$$\boxed{\begin{aligned} d\colon P^{n+1} &\to \check{P}^{n+1} \\ U^{k+1} &\mapsto \check{U}^{n-k} \end{aligned}} \qquad \text{(I)}$$

bildet die Untervektorräume $U^{k+1} \subset P^{n+1}$ auf die Untervektorräume $\check{U}^{n-k} \subset \check{P}^{n+1}$ bijektiv ab. P^{n+1} und $\check{P}^{n+1}$ werden in (I) aufgefaßt als Mengen aller Untervektorräume.[1] Die einander derart entsprechenden Untervektorräume von P^{n+1} und $\check{P}^{n+1}$ heißen zueinander *dual*. Dabei gilt:

---

[1] Man beachte: Der Dualraum zu P^{n+1} ist $\check{P}^{n+1}$. Im Dualitätsprinzip der Vektorräume entspricht dem Vektorraum P^{n+1} nach (I) jedoch der Nullraum in $\check{P}^{n+1}$, nicht der Dualraum $\check{P}^{n+1}$!

$$\boxed{\begin{aligned} (\mathcal{U}^p + \mathcal{U}^q)^\times &= (\mathcal{U}^p)^\times \cap (\mathcal{U}^q)^\times, \ (A) \\ (\mathcal{U}^p \cap \mathcal{U}^q)^\times &= (\mathcal{U}^p)^\times + (\mathcal{U}^q)^\times. \ (B) \end{aligned}} \qquad \text{zu (I)}$$

In Worten:

(A) Der duale Untervektorraum einer Summe $\mathcal{U}^p + \mathcal{U}^q$ ist der Durchschnitt der dualen Untervektorräume von $\mathcal{U}^p$ und $\mathcal{U}^q$.

(B) Der duale Untervektorraum eines Durchschnitts $\mathcal{U}^p \cap \mathcal{U}^q$ ist die Summe der dualen Untervektorräume von $\mathcal{U}^p$ und $\mathcal{U}^q$.

Daraus folgt: Aus jeder

> Aussage in $\mathcal{P}^{n+1}$ über Summen und Durchschnitte von Untervektorräumen $\mathcal{U}^p$, $\mathcal{U}^q$

entsteht durch Anwendung von (A) und (B) eine richtige

> Aussage in $\overset{\times}{\mathcal{P}}{}^{n+1}$ über Durchschnitte und Summen der dualen Untervektorräume $(\mathcal{U}^p)^\times$, $(\mathcal{U}^q)^\times$.

Wir betrachten nun die durch einen Vektorraum $\mathcal{P}^{n+1}$ und seinen Dualraum $\overset{\times}{\mathcal{P}}{}^{n+1}$ gegebenen projektiven Räume $P^n(\mathcal{P}^{n+1}), \overset{\times}{P}{}^n(\overset{\times}{\mathcal{P}}{}^{n+1})$ und definieren:

> Def.1: Die projektiven Räume $\overset{\times}{P}{}^n$ und P^n heißen – wegen der Bijektion (I) – zueinander *duale projektive Räume*; $\overset{\times}{P}{}^n$ heißt der *Dualraum* zu P^n, und P^n heißt der *Dualraum* zu $\overset{\times}{P}{}^n$.

Die zwischen den Untervektorräumen von $\mathcal{P}^{n+1}$ und den Untervektorräumen von $\overset{\times}{\mathcal{P}}{}^{n+1}$ nach (I) bestehende Bijektion d induziert eine Bijektion d der zugehörigen projektiven Unterräume von P^n auf die projektiven Unterräume von $\overset{\times}{P}{}^n$:

$$\boxed{\begin{aligned} d : P^n &\longrightarrow \overset{\times}{P}{}^n \\ R^k(\mathcal{R}^{k+1}) &\longmapsto R^{n-k-1}(\mathcal{R}^{n-k}). \end{aligned}} \qquad \text{(II)}$$

Die projektiven Räume P^n und $\overset{\times}{P}{}^n$ werden in (II) aufgefaßt als die Mengen ihrer projektiven Unterräume. Wir definieren nun weiter:

> Def.2: Nach (II) einander entsprechende projektive Unterräume R^k, $\overset{\times}{R}{}^{n-k-1}$ heißen zueinander *dual*.

Die Verbindung $R^k + S^l$ einer k-Ebene und einer l-Ebene des P^n besitzt als zugehörigen Untervektorraum die Summe $\mathcal{R}^{k+1} + \mathcal{S}^{l+1} \subset \mathcal{P}^{n+1}$ (1B, Satz 4). Der duale Untervektorraum der Summe bestimmt den zu $R^k + S^l$ dualen projektiven Unterraum und läßt sich schreiben als:

$$(\mathcal{R}^{k+1} + \mathcal{S}^{l+1})^\times = (\mathcal{R}^{k+1})^\times \cap (\mathcal{S}^{l+1})^\times = \overset{\times}{\mathcal{R}}{}^{n-k} \cap \overset{\times}{\mathcal{S}}{}^{n-l}.$$

Der duale Untervektorraum $(\mathcal{R}^{k+1} + \mathcal{S}^{l+1})^\times$ bestimmt somit den Schnitt

$\overset{\times}{R}^{n-k-1} \cap \overset{\times}{S}^{n-l-1}$ (1B, Satz 3).

Also gilt:

Der zur Verbindung $R^k + S^l \subset P^n$ duale projektive Unterraum ist der Schnitt der zu R^k, S^l dualen projektiven Unterräume $\overset{\times}{R}^{n-k-1}$, $\overset{\times}{S}^{n-l-1}$ des $\overset{\times}{P}^n$.

Analog findet man:

Der zum Schnitt $R^k \cap S^l \subset P^n$ duale projektive Unterraum ist die Verbindung der zu R^k, S^l dualen projektiven Unterräume $\overset{\times}{R}^{n-k-1}$, $\overset{\times}{S}^{n-l-1}$ des $\overset{\times}{P}^n$.

In Formeln gilt also:

$$\boxed{\begin{aligned}(R^k+S^l)^\times &= \overset{\times}{R}^{n-k-1} \cap \overset{\times}{S}^{n-l-1}\\ (R^k \cap S^l)^\times &= \overset{\times}{R}^{n-k-1} + \overset{\times}{S}^{n-l-1}.\end{aligned}} \qquad \text{zu (II)}$$

Aus den bisherigen Überlegungen folgt:

Satz 3: (*Dualitätsprinzip der projektiven Räume*)
Jedem Satz *S* des projektiven Raumes P^n, der Begriffe einer Spalte der folgenden Tabelle enthält, entspricht im Dualraum ein (richtiger!) Satz $\overset{\times}{S}$, der durch die angegebenen Begriffsvertauschungen entsteht und umgekehrt.[1] Die Sätze *S* und $\overset{\times}{S}$ heißen zueinander *dual*.

$\emptyset$	$\overset{\times}{P}^n$
Punkt X	Hyperebene $\overset{\times}{\Gamma}$
Gerade g	Hypergerade $\overset{\times}{\alpha}$
....	....
k-Ebene X^k (nach 1B, Def. 6 Verbindung von k+1 linear unabhängigen Punkten)	(n-k-1)-Ebene $\overset{\times}{X}^{n-k-1}$ (nach 1B, Def. 6 Schnitt von k+1 linear unabhängigen Hyperebenen)
....	....
Hypergerade α	Gerade $\overset{\times}{g}$
Hyperebene Γ	Punkt $\overset{\times}{X}$
P^n	$\overset{\times}{\emptyset}$
k linear unabhängige Punkte (1B, Def. 6)	k linear unabhängige Hyperebenen (1B, Def. 6)
Verbindung R^k+S^l	Schnitt $\overset{\times}{R}^{n-k-1} \cap \overset{\times}{S}^{n-l-1}$
Schnitt $R^k \cap S^l$	Verbindung $\overset{\times}{R}^{n-k-1} + \overset{\times}{S}^{n-l-1}$
Bündel (im P^2: *Büschel*) (alle Geraden durch einen Punkt)	*Feld* (im P^2: *Punktreihe*) (alle Hypergeraden in einer Hyperebene)
Kurve (1-parametrige Punktmenge)	*Torse* (1-parametrige Hyperebenenmenge)

[1] Man beachte: Der Dualraum zu P^n ist $\overset{\times}{P}^n$. Im Dualitätsprinzip der projek-

Bemerkungen:

1) Das Dualitätsprinzip der projektiven Räume zeigt, daß man zu jedem fest gewählten projektiven Modellraum (siehe 1A,Bem.4) in seinem Dualraum stets einen neuen projektiven Modellraum gleicher Dimension erhält.

2) Nach Satz 3 sind die Hyperebenen $\Gamma \subset P^n$ bijektiv auf die Punkte $\overset{\times}{X} \in \overset{\times}{P}{}^n$ und damit bijektiv auf die 1-dimensionalen Untervektorräume des $\overset{\times}{P}{}^{n+1}$ abgebildet. Damit erhält die Hyperebenenmenge jedes projektiven Raumes selbst die Struktur eines projektiven Raumes. Man kann daher jeden projektiven Raum als *projektiven Punktraum*, aber auch als *projektiven Hyperebenenraum* auffassen.

3) Das Dualitätsprinzip der projektiven Räume hat zur Folge, daß jeder Projektivinvarianten im Punktraum P^n eine Projektivinvariante im Hyperebenenraum $\overset{\times}{P}{}^n$ dual zugeordnet ist. Beispiele:
Dem Doppelverhältnis von 4 Punkten einer Geraden des P^n entspricht
das Doppelverhältnis von 4 Hyperebenen einer Hypergeraden des $\overset{\times}{P}{}^n$.
Der Dimension einer k-Ebene des P^n entspricht
die Dimension einer (n-k-1)-Ebene des $\overset{\times}{P}{}^n$.

4) Als *Dualitätsprinzip der projektiven Geometrie* bezeichnet man die Gewinnung projektiver Sätze und projektiver Invarianten mit Hilfe des Dualitätsprinzips der projektiven Räume. Dabei ist es oft zweckmäßig, den Dualraum $\overset{\times}{P}{}^n$ als den Hyperebenenraum des P^n zu deuten und die dualen Betrachtungen *in einen Raum* zusammenzulegen. Der nächste Abschnitt zeigt, wie man diese Zusammenlegung in projektiven Koordinaten beschreiben kann.

Bei der Zusammenlegung der dualen Betrachtungen in einen Raum kann der zu einem Satz S duale Satz $\overset{\times}{S}$ mit S übereinstimmen; dann heißt S *selbstdual*. In trivialer Weise selbstdual ist der Satz (S und $\overset{\times}{S}$).

5) Das Dualitätsprinzip der projektiven Räume ist auch auf alle Begriffe eines Satzes S des P^n anzuwenden, die auf die Begriffe einer Spalte der Tabelle in Satz 3 zurückführbar sind. Zum Beispiel steht dem Begriff *Tangente einer Kurve* der Begriff *Grenzhypergerade einer Torse* dual gegenüber. Die Tabelle der zueinander dualen Begriffe in Satz 3 läßt sich also fortsetzen. Jedem Begriff des P^n ist durch Dualisieren seiner Definition der duale Begriff gegenüberzustellen.

6) Die Definition der projektiven Räume läßt sich abweichend von

tiven Räume entspricht dem P^n nach (II) jedoch die leere Menge in $\overset{\times}{P}{}^n$!
Gelegentlich ist es zweckmäßig, die zum Punkt X duale Hyperebene mit $\overset{\times}{X}$ (statt wie in der folgenden Tabelle mit $\overset{\times}{\Gamma}$) zu bezeichnen; Verwechslungen sind dadurch nicht zu befürchten.

1A,Def.1 auch so fassen, daß das Dualitätsprinzip der projektiven Räume unmittelbar aus der Definition folgt. Man verwendet dann in der Definition der projektiven Räume zwei Sorten von Elementen: Punkte und Hyperebenen.

B. Koordinatendarstellungen des Dualitätsprinzips

Zur Gewinnung von Koordinatendarstellungen des Dualitätsprinzips beginnen wir im P^n und im $\overset{\times}{P}{}^n$ mit denselben Überlegungen, die wir auch optisch nebeneinanderstellen:

Sei $\{E_o(e_o),\dots,E_n(e_n);E(\Sigma e_i)\}$ ein projektives Kordinatensystem im P^n. Dann ist $\{e_o,\dots,e_n\}$ eine Basis von P^{n+1}. Ist $[u]\in P^n$ ein beliebiger Punkt, so hat ein Repräsentant u eine eindeutige Basisdarstellung $u=\sum_{k=o}^{n} u_k e_k$ und $\vec{u}=(u_o,\dots,u_n)^T$ als Koordinatenvektor.	Sei $\{\overset{\times}{F}_o(f_o),\dots,\overset{\times}{F}_n(f_n);\overset{\times}{F}(\Sigma f_i)\}$ ein projektives Koordinatensystem im $\overset{\times}{P}{}^n$. Dann ist $\{f_o,\dots,f_n\}$ eine Basis von $\overset{\times}{P}{}^{n+1}$. Ist $[x]\in\overset{\times}{P}{}^n$ ein beliebiger Punkt, so hat ein Repräsentant x eine eindeutige Basisdarstellung $x=\sum_{i=o}^{n} x_i f_i$ und $\vec{x}=(x_o,\dots,x_n)^T$ als Koordinatenvektor.

Daraus folgt für xu die Koordinatendarstellung:

$$xu=\Big(\sum_{i=o}^{n} x_i f_i\Big)\Big(\sum_{k=o}^{n} u_k e_k\Big)=\sum_{i=o}^{n}\sum_{k=o}^{n} x_i u_k f_i e_k=\vec{x}^T A\,\vec{u} \qquad (1)$$

mit der (nicht notwendig symmetrischen) Matrix

$$A:=(f_i e_k)=\begin{pmatrix} f_o e_o & f_o e_1 & \dots & f_o e_n\\ f_1 e_o & f_1 e_1 & \dots & f_1 e_n\\ \dots & \dots & \dots & \dots\\ f_n e_o & f_n e_1 & \dots & f_n e_n\end{pmatrix},\ \mathrm{Rg}\,A=n+1.$$

Ersichtlich ist (1) eine Koordinatendarstellung einer Bilinearform $F: K^{n+1}\times K^{n+1}\to K$, in der die Koordinatenvektoren $\vec{x}$ und $\vec{u}$ auf verschiedene projektive Koordinatensysteme bezogen sind.[1]

[1] Eine Bilinearform wird basis- und koordinatenfrei definiert als eine Abbildung (die auch die Nullabbildung sein kann): $F:P^{n+1}\times P^{n+1}\to K$ mit den Eigenschaften

$$F(\lambda a+\mu b,y)=\lambda F(a,y)+\mu F(b,y)$$
$$F(x,\sigma p+\tau q)=\sigma F(x,p)+\tau F(x,q)$$

für alle Vektoren aus P^{n+1} und alle Skalare aus K. Eine Bilinearform

Nach dem in Abschnitt A beschriebenen Dualitätsprinzip der Vektorräume (man verwende $k=0$ in A(I)) ist der duale Untervektorraum eines 1-dimensionalen Untervektorraums $\mathcal{U}^1 \subset P^{n+1}$:

$$\overset{\times}{\mathcal{U}}^n := \{x \in \overset{\times}{P}^{n+1} \mid xu = 0, [u] = \mathcal{U}^1\}.$$

Die zu dem festen Punkt $[u] \in P^n$ duale Hyperebene ist damit die Punktmenge:

$$\overset{\times}{\Gamma}(\overset{\times}{\mathcal{U}}^n) = \{[x] \in \overset{\times}{P}^n \mid xu = 0\}. \qquad (2)$$

Die Hyperebenenpunkte $[x] \in \overset{\times}{\Gamma} \subset \overset{\times}{P}^n$ haben im projektiven Koordinatensystem $\{\overset{\times}{F}_o, \ldots, \overset{\times}{F}_n; \overset{\times}{F}\}$ die nach (1) und (2) durch $\vec{x}^T A \vec{u} = 0$ bestimmten Koordinatenvektoren $\vec{x}$, falls $[u] \in P^n$ im projektiven Koordinatensystem $\{E_o, \ldots, E_n; E\}$ den Koordinatenvektor $\vec{u}$ besitzt. Daraus folgt:

Für jeden festen Punkt $U(\vec{u}) \in P^n$ ist $\vec{x}^T A \vec{u} = 0$ die Gleichung seiner dualen Hyperebene $\overset{\times}{\Gamma} \subset \overset{\times}{P}^n$.

Erste Vereinfachung der Koordinatendarstellungen des Dualitätsprinzips: Ohne Einschränkung kann man als $\{f_o, \ldots, f_n\}$ die zu $\{e_o, \ldots, e_n\}$ duale Basis wählen. Dann ist nach dem Dualitätsprinzip der Vektorräume $f_i e_k = \delta_{ik}$ $(0 \le i,k \le n)$. Damit lautet (1):

$$xu = \vec{x}^T \vec{u} = u_o x_o + \ldots + u_n x_n. \qquad (3)$$

Hat umgekehrt (1) die Bauart (3), so ist $\{f_o, \ldots, f_n\}$ die zu $\{e_o, \ldots, e_n\}$ duale Basis. Dann gilt:

Für jeden festen Punkt $U(\vec{u}) \in P^n$ ist $\vec{x}^T \vec{u} = 0$ die Gleichung seiner dualen Hyperebene $\overset{\times}{\Gamma} \subset \overset{\times}{P}^n$.

Wir fassen zusammen:

Satz 1: Wird ein projektiver Raum P^n auf ein projektives Koordinatensystem

$$\{E_o(e_o), \ldots, E_n(e_n); E(\Sigma e_i)\}$$

und sein Dualraum $\overset{\times}{P}^n$ auf ein projektives Koordinatensystem

$$\{\overset{\times}{F}_o(f_o), \ldots, \overset{\times}{F}_n(f_n); \overset{\times}{F}(\Sigma f_i)\}$$

bezogen, so wird das Dualitätsprinzip beschrieben durch eine verschwindende Bilinearform:

$$xu = \vec{x}^T A \vec{u} = 0; \; [u] \in P^n, \; [x] \in \overset{\times}{P}^n. \qquad (I)$$

---

heißt *symmetrisch*, wenn $F(x,y) = F(y,x)$ für alle Vektoren aus P^{n+1}. Die Abbildung $Q(x) := F(x,x)$ heißt die zu F gehörende *quadratische Form*.

Ist $\{f_0,\ldots,f_n\}$ die zu $\{e_0,\ldots,e_n\}$ duale Basis, so lautet (I):

$$xu = \vec{x}^T\vec{u} = 0;\ [u] \in P^n,\ [x] \in \check{P}^n. \qquad \text{(II)}$$

(I) oder auch (II)
ist für jeden festen Punkt $U(\vec{u}) \in P^n$ die Gleichung seiner dualen Hyperebene $\check{\Gamma} \subset \check{P}^n$
und für jeden festen Punkt $\check{X}(\vec{x}) \in \check{P}^n$ die Gleichung seiner dualen Hyperebene $\Gamma \subset P^n$.

Die Bijektion A(II) wird durch (I) und bei Verwendung der zu $\{e_0,\ldots,e_n\}$ dualen Basis $\{f_0,\ldots,f_n\}$ durch (II) in Koordinatenform beschrieben. Man erkennt dies, indem man eine beliebige k-Ebene $R^k \subset P^n$ als Verbindung von $k+1$ linear unabhängigen Punkten U_i $(0 \le i \le k)$ darstellt:

$$R^k = U_0 + \ldots + U_k.$$

Diese Darstellung lautet im projektiven Koordinatensystem $\{E_0,\ldots,E_n;E\} \subset P^n$:

$$R^k = [\vec{u}_0]+\ldots+[\vec{u}_k].$$

Die zu R^k duale $(n-k-1)$-Ebene $\check{R}^{n-k-1} \subset \check{P}^n$ ist nach Satz 1 und A,Satz 3 der Schnitt der $k+1$ dualen Hyperebenen $\check{\Gamma}_i := d(U_i)$:

$$\check{R}^{n-k-1} = \check{\Gamma}_0 \cap \ldots \cap \check{\Gamma}_k$$

in Übereinstimmung mit 1B,Satz 9, wonach jede $(n-k-1)$-Ebene eines projektiven Raumes Schnitt von $k+1$ linear unabhängigen Hyperebenen ist. Diese Darstellung wird im projektiven Koordinatensystem $\{\check{F}_0,\ldots,\check{F}_n;\check{F}\} \subset \check{P}^n$ gegeben durch das aus (I) folgende lineare Gleichungssystem aus $k+1$ linear unabhängigen Gleichungen:

$$\vec{u}_0^T A^T \vec{x} = \ldots = \vec{u}_k^T A^T \vec{x} = 0 .$$

Zweite Vereinfachung der Koordinatendarstellungen des Dualitätsprinzips:

a) Das Dualitätsprinzip werde durch (II) ($xu = \vec{x}^T\vec{u} = \vec{u}^T\vec{x} = 0$) beschrieben.

Nun sei außerdem:

b) der Dualraum $\check{P}^n$ identifiziert mit dem Hyperebenenraum von P^n (siehe A,Bem.4), so daß

c) $E_i = \check{F}_i$, $E = \check{F}$ $(0 \le i \le n)$.

Die Identifizierung von $\overset{\times}{P}{}^n$ mit dem Hyperebenenraum von P^n ist stets (also ohne Einschränkung) so möglich, daß c) gilt. Dann sind $\vec{u}$ und $\vec{x}$ Koordinatenvektoren in demselben projektiven Koordinatensystem! Das Dualitätsprinzip ordnet sodann nach (II) einem Punkt $U(\vec{u}) \in P^n$ die Hyperebene $\Gamma \subset \overset{\times}{P}{}^n$ mit der Gleichung $\vec{u}^T\vec{x} = 0$ bijektiv zu. Dabei sind die Vektoren $\vec{x}$ die Koordinatenvektoren der mit Γ inzidenten Punkte. Daraus folgt:

Satz 2: (*Normalform der Koordinatendarstellungen des Dualitätsprinzips der projektiven Räume*)
Wird das Dualitätsprinzip der projektiven Räume derart realisiert, daß a) - c) erfüllt sind, so gilt:

1) In der durch $\vec{u}^T\vec{x} = 0$ beschriebenen Bijektion[1)]

$$P^n \longrightarrow \overset{\times}{P}{}^n \text{ (identifiziert mit } P^n\text{)}$$
$$U(\vec{u}) \longmapsto \Gamma\ (\vec{u}^T\vec{x} = 0),$$

welche die Bijektion A(II) $d: P^n \longrightarrow \overset{\times}{P}{}^n$ in Koordinaten darstellt, können die projektiven Koordinaten $(u_o, \ldots, u_n)$ jedes Punktes U als die projektiven Koordinaten seiner dualen Hyperebene Γ interpretiert werden. Wir schreiben daher auch $\Gamma(\vec{u})$.

Es heißen $(u_o, \ldots, u_n)$ die *projektiven Hyperebenenkoordinaten* von Γ in dieser Interpretation und die *projektiven Punktkoordinaten* von U in der ursprünglichen Interpretation.

2) Ein Punkt $X(\vec{x}) \in P^n$ inzidiert mit der Hyperebene $\Gamma(\vec{u}) \subset P^n$ genau dann, wenn

$$\vec{u}^T\vec{x} = u_o x_o + \ldots + u_n x_n = 0;$$

(II) ist somit als *Inzidenzbedingung* interpretierbar.

Im folgenden bezeichnen wir projektive Punktkoordinaten mit lateinischen und projektive Hyperebenenkoordinaten mit griechischen Kleinbuchstaben.

Bemerkungen:

1) Die durch (I) beschriebene Bijektion

$$P^n \longrightarrow \overset{\times}{P}{}^n$$
$$U(\vec{u}) \longmapsto \Gamma(\vec{\gamma}) \quad (\vec{\gamma} = \sigma A\vec{u},\ \sigma \neq 0)$$

der Punkte eines projektiven Raumes P^n auf die Hyperebenen seines Dualraumes $\overset{\times}{P}{}^n$ läßt sich als Bijektion des P^n auf einen

1) Der Dualraum $\overset{\times}{P}{}^n$ ist wie der P^n ein projektiver Punktraum. Der $\overset{\times}{P}{}^n$ kann daher mit P^n identifiziert werden. Durch $\vec{u}^T\vec{x} = 0$ wird dann eine Bijektion der Punkte auf die Hyperebenen des P^n gegeben.

projektiven Raum Q^n deuten, dessen Punkte die Hyperebenen von $\check{P}^n$ sind. Diese Abbildung wird von der linearen Abbildung $\vec{u} \mapsto A\vec{u}$ der zugehörigen Vektorräume induziert. Daraus folgt mit 2A,Def.1: Die durch das Dualitätsprinzip der projektiven Räume induzierte Abbildung $U(\vec{u}) \mapsto \Gamma(\vec{\gamma})$ $(\vec{\gamma} = \sigma A\vec{u}, \sigma \neq 0)$ ist eine projektive Abbildung.

2) Die zum Grundpunkt $E_i(\delta_{io},\ldots,\delta_{in})$ $(0 \leq i \leq n)$ des Koordinatensimplex $\{E_o,\ldots,E_n\}$ duale Hyperebene hat nach Satz 2 in der Normalform der Koordinatendarstellungen des Dualitätsprinzips die Gleichung

$$\delta_{io}x_o + \ldots + \delta_{in}x_n = 0.$$

Die zum Grundpunkt E_i duale Hyperebene ist somit die von den Grundpunkten $E_j \neq E_i$ aufgespannte Koordinatenhyperebene (die *Gegenhyperebene* von E_i). Die zum Einheitspunkt $E(1,\ldots,1)$ duale Hyperebene (die *Einheitshyperebene*) hat die Gleichung

$$x_o + \ldots + x_n = 0.$$

3) Nach Satz 2 ist jeder Hyperebene $\Gamma(\vec{\gamma}) \subset P^n$ mit der Gleichung

$$\gamma_o x_o + \ldots + \gamma_n x_n = 0$$

der zu Γ duale Punkt $U(\vec{u})$ mit $\vec{u} = (u_o = \sigma\gamma_o,\ldots,u_n = \sigma\gamma_n)$, $\sigma \neq 0$ in dem mit P^n inzidenten Dualraum zugeordnet.

4) Das Dualitätsprinzip der projektiven Räume wird in 10B zur Gewinnung von Modellen für CAYLEY/KLEIN-Räume herangezogen.

Aufgaben:

1) Im projektiven Raum $P^n(P^{n+1},K)$ seien g_1, g_2, g_3 drei paarweise verschiedene Geraden, die einen Punkt D gemeinsam haben $(n \geq 2)$. Die Punkte A_i, B_i $(A_i \neq B_i,\ 1 \leq i \leq 3)$ liegen auf g_i. Die Seiten der Dreiecke $A_1A_2A_3$, $B_1B_2B_3$ bezeichnen wir mit $a_i := A_{(i+1)(\text{mod } 3)} + A_{(i+2)(\text{mod } 3)}$ bzw. mit
$b_i := B_{(i+1)(\text{mod } 3)} + B_{(i+2)(\text{mod } 3)}$.

a) Man zeige: Die Schnittpunkte $G_i := a_i \cap b_i$ $(1 \leq i \leq 3)$ einander entsprechender Dreieckseiten liegen auf einer Geraden (Satz von DESARGUES).

b) Man dualisiere den Satz von DESARGUES für $n = 2$.

2) In der projektiven Ebene $P^2(P^3,K)$ seien $P_1,\ldots,P_6$ paarweise verschiedene Punkte; P_1, P_3, P_5 sowie P_2, P_4, P_6 seien jeweils kollinear.

a) Man zeige: Die drei Schnittpunkte

$$S_1 := (P_1+P_2)\cap(P_4+P_5),\quad S_2 := (P_2+P_3)\cap(P_5+P_6),\quad S_3 := (P_3+P_4)\cap(P_6+P_1)$$

liegen auf einer Geraden (Satz von PAPPOS). Hinweis: Man führe ein projektives Koordinatensystem $\{S := (P_1+P_3)\cap(P_2+P_4), P_1, P_2; E\}$ ein, mit einem Einheitspunkt $E \in P^2\setminus((P_1+P_3)\cup(P_2+P_4))$.

b) Man dualisiere den Satz von PAPPOS.

3) Man dualisiere den Begriff *Projektivspiegelung*.

C. Korrelationen

Das Dualitätsprinzip der projektiven Räume legt es nahe, Abbildungen zu studieren, die jedem Punkt eine Hyperebene zuordnen. Wir definieren daher:

Def.1: Je drei paarweise verschiedene Hyperebenen durch eine Hypergerade heißen *kollinear*.

Jede Bijektion δ eines projektiven Punktraumes P^n auf einen projektiven Hyperebenenraum Q^n $(n > 1)$, die kollineare Punktetripel in kollineare Hyperebenentripel abbildet, heißt eine *Korrelation*.

Bei der Untersuchung der Korrelationen beachtet man, daß die Anwendung des Dualitätsprinzips der projektiven Räume auf Q^n eine Bijektion von Q^n auf den Dualraum $\check{Q}^n$ herstellt. Jeder Korrelation $\delta: P^n \to Q^n$ entspricht daher umkehrbar eindeutig eine Kollineation $\kappa: P^n \to \check{Q}^n$. Aussagen über Kollineationen lassen sich daher in Aussagen über Korrelationen überführen. So folgen aus 2E, Sätze 3,4,6 die Sätze:

Satz 2: Eine Korrelation $\delta: P^n \to Q^n$ $(n > 1,\ \chi(K) \neq 2)$ führt vier Punkte in harmonischer Lage in vier Hyperebenen in harmonischer Lage über.

Satz 3: Eine Korrelation $\delta: P^n \to Q^n$ $(n > 1,\ \chi(K) \neq 2)$ ist genau dann eine bijektive projektive Abbildung, wenn δ alle Doppelverhältnisse invariant läßt.

Satz 4: Jede Korrelation $\delta: P^n \to Q^n$ $(n > 1)$ ist eine bijektive projektive Abbildung, die das Dualitätsprinzip der reellen projektiven Räume realisiert.

Kapitel 4. Quadriken

A. Begriff der Quadrik

Als projektivinvariante Teilmengen eines projektiven Raumes haben wir bisher die k-Ebenen, die projektiven Koordinatensysteme, die kollinearen Punkte- und Hyperebenentripel, die Punkte- und Hyperebenenquadrupel in harmonischer Lage und andere Punktmengen kennengelernt. Eine weitere Klasse projektivinvarianter Teilmengen sind die Quadriken, die wie folgt definiert werden.

Def.1: Im projektiven Raum $P^n(\mathcal{P}^{n+1},K)$ heißt eine Punktmenge

$$Q^{n-1} := \{X(x) \in P^n \mid F(x) = 0\} \tag{I}$$

eine *Hyperquadrik* (kurz: *Quadrik*), wenn

$$F:\ \mathcal{P}^{n+1} \times \mathcal{P}^{n+1} \longrightarrow K$$
$$(x,y) \longmapsto F(x,y)$$

eine (von der Nullabbilung verschiedene) symmetrische Bilinearform und $F(x) := F(x,x)$ die zugehörige quadratische Form ist. Die Quadriken in P^2 heißen *Kegelschnitte*.

Wir betrachten die quadratische Form $F(x)$ der symmetrischen Bilinearform $F(x,y)$ an der Stelle $x+y$. Dann gilt:

$$F(x+y) = F(x) + 2F(x,y) + F(y).$$

Daraus folgt, wenn K ein Körper der Charakteristik $\chi(K) \neq 2$ ist:

$$F(x,y) = \frac{1}{2}(F(x+y) - F(x) - F(y)).$$

Über einem Körper der Charakteristik $\chi(K) \neq 2$ bestimmen somit eine symmetrische Bilinearform und die zugehörige quadratische Form einander gegenseitig. Um diese Eigenschaft zur Verfügung zu haben, setzen wir stets $\chi(K) \neq 2$ voraus.

Für einen festen Punkt $X(x) \in P^n$ ist $F(x,y)$ eine Linearform $f_x(y)$, die durch den Repräsentanten x bis auf einen Faktor $\lambda \neq 0$ eindeutig bestimmt ist.[1]

[1] Es gilt: $f_x(y+z) = F(x,y+z) = F(x,y) + F(x,z) = f_x(y) + f_x(z)$,
$f_x(\lambda y) = F(x,\lambda y) = \lambda F(x,y) = \lambda f_x(y)$
für alle $y,z \in \mathcal{P}^{n+1}$ und für alle $\lambda \in K$. Außerdem gilt für alle $y \in \mathcal{P}^{n+1}$:
$f_{\lambda x}(y) = F(\lambda x,y) = \lambda F(x,y) = \lambda f_x(y)$.
Wählt man also statt x den Repräsentanten λx, $\lambda \neq 0$, so unterscheiden sich die Linearformen nur um den Faktor λ.

Nach Def.1 kennzeichnet die Nullstellenmenge einer quadratischen Form $F(x)$, $x \in P^{n+1}$, eine Quadrik Q^{n-1}. Die Punkte einer Quadrik hängen daher nur von n-1 wesentlichen Parametern ab, während die Punkte des P^n von n wesentlichen Parametern – etwa ihren normierten Koordinaten in einem projektiven Koordinatensystem – abhängen. Die Indizes von Q^{n-1} und von P^n geben diese Parameterabhängigkeit an. Der Index n von P^n gibt zugleich die Dimension des projektiven Raumes (1A,Def.1), und der Index n-1 von Q^{n-1} die Dimension der Tangentenhyperebenen der Quadrik (D,Satz 3) an. Wir nennen daher n-1 die *Dimension* der Quadrik Q^{n-1}.

Wenn eine Quadrik $Q^{n-1} := \{X(x) \in P^n \mid F(x)=0\}$ im P^n geeignete $\frac{n}{2}(n+3)$ Punkte besitzt, dann läßt sich zeigen[1], daß die quadratische Form $F(x)$, $x \in P^{n+1}$, durch die Nullstellenmenge $F(x) = 0$ bis auf einen konstanten Faktor $\lambda \in K \setminus \{0\}$ eindeutig bestimmt ist. Über einem eventuell quadratisch genügend erweiterten Körper K' ($K \subset K'$) läßt sich dies stets erreichen, insbesondere stets über $K = \mathbb{C}$. Wir vermerken dieses Ergebnis ohne Beweis in

<u>Satz 2</u>: Eine Quadrik $Q^{n-1} := \{X(x) \in P^n \mid F(x)=0\}$ bestimmt eine quadratische Form $F(x)$ und damit die zugehörige Bilinearform $F(x,y)$ bis auf einen konstanten Faktor $\lambda \in K \setminus \{0\}$ eindeutig (eventuell erst über einem quadratisch genügend erweiterten Körper K', $K \subset K'$, $\chi(K) \neq 2$). Für $K = \mathbb{C}$ ist keine Körpererweiterung erforderlich, für $K = \mathbb{R}$ genügt $K' = \mathbb{C}$.

Ist $Q^{n-1} = \{X(x) \in P^n \mid F(x)=0\}$ eine Quadrik und $S^k(S^{k+1})$ eine k-Ebene in $P^n(P^{n+1})$, so ist die Punktmenge

$$Q^{k-1} := \{X(x) \in S^k \mid F(x)=0\} = S^k \cap Q^{n-1}$$

eine Quadrik in S^k, wenn die auf S^{k+1} eingeschränkte Abbildung $F: P^{n+1} \times P^{n+1} \to K$ von der Nullabbildung verschieden ist. Liegt die Nullabbildung vor, so ist $F(x)=0$ für alle $x \in S^{k+1}$ und daher $S^k \subset Q^{n-1}$. Damit gilt:

<u>Satz 3</u>: Eine k-Ebene S^k eines projektiven Raumes P^n, die nicht ganz in einer Quadrik $Q^{n-1} \subset P^n$ liegt, schneidet Q^{n-1} in einer Quadrik $Q^{k-1} \subset S^k$.

[1] Siehe SCHAAL[2],Bd.II,S.228,Bem.4 und SCHAAL/GLÄSSNER[1],S.154,Aufg.12.11 bis S.156, Bem.4.(Hier wird im affinen Raum ein konstruktiver Weg angegeben, der sich auf den projektiven Raum P^n leicht übertragen läßt.)

B. Koordinatendarstellungen der Quadriken

Wir ermitteln Koordinatendarstellungen für die definierenden Gleichungen $F(x) = 0$ der Quadriken in einem projektiven Koordinatensystem $\{E_o(e_o),\dots,E_n(e_n);E(\Sigma e_i)\}$ des P^n.

Ist $X(x) \in P^n$ ein beliebiger Punkt, so gilt

$$x = \sum_{i=o}^{n} x_i e_i .$$

Damit hat, unter Verwendung der festen Körperelemente

$$\alpha_{ik} := F(e_i, e_k) \in K \quad (0 \le i,k \le n),$$

zunächst jede Bilinearform in einem festen projektiven Koordinatensystem eine Darstellung:

$$F(x,y) = F\Big(\sum_{i=o}^{n} x_i e_i, \sum_{k=o}^{n} y_k e_k\Big) = \sum_{i,k=o}^{n} x_i y_k F(e_i,e_k) = \sum_{i,k=o}^{n} \alpha_{ik} x_i y_k = \vec{x}^{T} A \vec{y} \qquad \text{(I)}$$

mit $\alpha_{ik} = \alpha_{ki}$, wenn $F(x,y)$ symmetrisch ist. Damit besitzt jede Quadrik Q^{n-1} eine Koordinatendarstellung:

$$F(x) = \sum_{i,k=o}^{n} \alpha_{ik} x_i x_k = \vec{x}^{T} A \vec{x} = 0, \quad \alpha_{ik} = \alpha_{ki}, \quad \vec{x} = (x_o,\dots,x_n)^{T}; \qquad \text{(II)}$$

die $(n+1,n+1)$-Matrix $A = (\alpha_{ik})$ ist keine Nullmatrix.

Wir zeigen mit (I) und (II), daß die Begriffe *Bilinearform* und *Quadrik* projektivinvariant sind. Dazu ist auf $\vec{x}^{T} A \vec{y}$ und $\vec{x}^{T} A \vec{x} = 0$ eine Projektivität $\vec{x} = T\vec{x}^{*}$, $\operatorname{Rg} T = n+1$ (siehe 2D) anzuwenden. Man erhält $\vec{x}^{*T} T^{T} A\, T\, \vec{y}^{*}$ und $\vec{x}^{*T} T^{T} A\, T\, \vec{x}^{*} = 0$, also wieder eine Bilinearform und eine Quadrikgleichung. Die Matrizen A und $T^{T} A\, T$ sind äquivalent und daher ranggleich. Daraus folgt:

<u>Satz 1</u>: Die Begriffe *Bilinearform* und *Quadrik* sind projektivinvariant. Jede Quadrik geht durch jede Projektivität in eine Quadrik und die Matrix A ihrer Gleichung in eine ranggleiche Matrix über: $\operatorname{Rg} A$ ist daher projektivinvariant.

Zwei Quadriken Q^{n-1}, $\bar{Q}^{n-1}$ heißen *projektiväquivalent*, wenn es eine Projektivität $\pi\colon P^n \to P^n$ gibt, mit $\pi Q^{n-1} = \bar{Q}^{n-1}$.

Bemerkungen:

1) In einer Quadrikgleichung $\vec{x}^T A \vec{x} = 0$ sind $\vec{x}$ und A nur bis auf konstante Faktoren $\lambda \in K\backslash\{0\}$ bestimmt.

2) Aus A,Def.1 folgt: Zwei Quadriken $Q^{n-1}, \bar{Q}^{n-1}$ des P^n mit $F = \lambda\bar{F}$, $\lambda \in K\backslash\{0\}$ sind identisch. Quadrikgleichungen, die sich nur um einen Faktor $\lambda \neq 0$ unterscheiden, beschreiben also dieselbe Quadrik.

3) Q^{n-1} ist leer, wenn kein Vektor $x \in P^{n+1}\backslash\{o\}$ existiert mit $F(x) = 0$. Beispiele folgen in Abschnitt C.

4) Wird in A,Def.1 die Bilinearform F durch eine Linearform ersetzt, so wird im projektiven Raum P^n eine Hyperebene definiert.

5) Die Projektivinvarianz der Begriffe *Bilinearform* und *Quadrik* folgt auch aus A,Def.1, wenn man beachtet, daß jede Projektivität von einem linearen Automorphismus $f: P^{n+1} \rightarrow P^{n+1}$ induziert wird (2D,Satz 1). Die *Projektivinvarianz der Quadriken* wird auch die *Quadrikentreue der Projektivitäten* genannt. Entsprechendes gilt für andere projektivinvariante Begriffe. Zum Beispiel wird die *Projektivinvarianz des Doppelverhältnisses* (von vier Punkten oder vier Hyperebenen) auch als die *Doppelverhältnistreue der Projektivitäten* bezeichnet.

C. Klassifikation der Quadriken, Normalformen, Quadrikinvarianten

Im Anschluß an B,Satz 1 stellen sich folgende Probleme:

1) *Klassifikationsproblem*: Ermittlung aller Klassen projektiväquivalenter Quadriken, so daß Quadriken verschiedener Klassen nicht projektiväquivalent sind.

2) *Normalformenproblem*: Ermittlung möglichst einfacher Gleichungen (*Normalformen*) für die Quadriken jeder Klasse aus 1).

3) *Invariantenproblem*: Ermittlung eines (nicht notwendig eindeutig bestimmten) *vollständigen Invariantensystems* einer Quadrik. Man versteht darunter eine Menge von Projektivinvarianten der Quadrik, welche die in 1) ermittelte Klasse dieser Quadrik kennzeichnen. Aus ihnen lassen sich alle ihre Projektivinvarianten bestimmen.[1)]

Die Gleichung einer Quadrik hängt (wie auch die Gleichung einer Hyperebene) nach B(II) vom projektiven Koordinatensystem ab.

[1)] Das Klassifikations-, Normalformen- und Invariantenproblem kann man auch bei den Hyperebenen (und anderen Teilmengen) des P^n stellen. Ersichtlich kann man jede Hyperebene auf die Normalform $x_o = 0$ bringen. Damit entfällt das Klassifikationsproblem. Das Invariantenproblem löst 2D,Satz 4 vollständig.

Auf dieses beziehen sich die Koordinaten $(x_o,\dots,x_n)$ der Punkte $X \in P^n$, speziell der Quadrikpunkte. Bei Anwendung einer projektiven Koordinatentransformation $\vec{x} = T\vec{x}^*$ (Rg T = n+1) auf $\vec{x}^T A\, \vec{x} = 0$ erhält die Quadrik im neuen projektiven Koordinatensystem mit den Koordinaten $(x_o^*,\dots,x_n^*)$ die Gleichung $\vec{x}^{*T} T^T A\, T \vec{x}^* = 0$. Die symmetrische Matrix A bzw. $T^T A\, T$ kennzeichnet die Quadrik vollständig. Da A und $T^T A\, T$ kongruente Matrizen sind, kennzeichnet die Normalform unter den zu A kongruenten Matrizen die Normalform der Gleichung einer Quadrik. Die Lineare Algebra zeigt, daß jede symmetrische Matrix A mit Elementen aus einem Körper K, $\chi(K) \neq 2$, durch eine projektive Koordinatentransformation auf Diagonalgestalt transformierbar ist (siehe etwa SCHAAL[2], Bd.II, S.232). Im projektiven Raum $P^n(P^{n+1},K)$, $\chi(K) \neq 2$, kann man daher jede Quadrikgleichung auf die Gestalt bringen:[1]

$$\alpha_{oo}x_o^2 + \dots + \alpha_{r-1,r-1}x_{r-1}^2 = 0 \quad (\alpha_{ii} \neq 0,\ 0 \leq i < r,\ r = \mathrm{Rg}\, A > 0). \qquad (1)$$

Diese Gestalt läßt sich im allgemeinen noch vereinheitlichen mit Hilfe von

Def.1: Zwei Körperelemente $\alpha, a \in K\backslash\{0\}$ heißen *quadratisch äquivalent*, wenn ein Element $b \in K\backslash\{0\}$ existiert, so daß $\alpha = b^2 a$.

Die quadratische Äquivalenz ist eine Äquivalenzrelation in der multiplikativen Gruppe $K\backslash\{0\}$ des Körpers K, $\chi(K) \neq 2$.

Man kann nun in der gewonnenen Gleichung (1) einer Quadrik durch eine weitere projektive Koordinatentransformation erreichen, daß die Koeffizienten $\alpha_{oo},\dots,\alpha_{r-1,r-1}$ nur noch einem fest vorgegebenen *Repräsentantensystem* der quadratischen Äquivalenz auf K entnommen sind. Damit erhält man:

Satz 2: Im projektiven Raum $P^n(P^{n+1},K)$, $\chi(K) \neq 2$, läßt sich die Gleichung $\vec{x}^T A\, \vec{x} = 0$ einer Quadrik Q^{n-1} durch eine projektive Koordinatentransformation $\vec{x} = T\vec{y}$ (Rg T = n+1) und Multiplikation mit einem geeigneten $\lambda \in K\backslash\{0\}$ auf die *Normalform* bringen:

$$a_{oo}x_o^2 + \dots + a_{r-1,r-1}x_{r-1}^2 = 0 \quad (a_{ii} \neq 0,\ 0 \leq i < r,\ 1 \leq r \leq n+1). \qquad (I)$$

Die a_{ii} sind aus einem (vorgebbaren) Repräsentantensystem der

[1] Nach Ausführung einer projektiven Koordinatentransformation werden die Koordinaten $(x_o^*,\dots,x_n^*)$ wieder umbenannt in $(x_o,\dots,x_n)$.

quadratischen Äquivalenz auf K ; die Normalform (I) ist also abhängig von diesem Repräsentantensystem.

Quadrikgleichungen, die durch eine projektive Koordinatentransformation ineinander übergeführt werden können, lassen sich auf dieselbe Normalform (I) bringen. Die Gleichungen nicht projektiväquivalenter Quadriken haben verschiedene Normalformen (I).

Eine Quadrik Q^{n-1} heißt für

$r = n+1$ *nichtentartet* oder *regulär* ($\Longleftrightarrow \det A \neq 0$),

$r \leq n$ *entartet, kegelig* oder *singulär* ($\Longleftrightarrow \det A = 0$),

$r = n$ *(quadratischer) Hyperkegel*, kurz *Kegel*.

Für $K = \mathbb{C}$ ist {1} ein Repräsentantensystem der quadratischen Äquivalenz auf $\mathbb{C}$, das im folgenden beibehalten wird.[1] Dann ist in (I) $a_{oo} = \ldots = a_{r-1,r-1} = 1$, und somit folgt:

Satz 3: Im komplexen projektiven Raum $\hat{P}^n$ [2] gilt:

1) Es gibt genau $n+1$ verschiedene Klassen projektiväquivalenter Quadriken.

2) Jede Quadrikgleichung besitzt bezüglich des Repräsentantensystems {1} der quadratischen Äquivalenz auf $\mathbb{C}$ die *Normalform*:

$$x_o^2 + \ldots + x_{r-1}^2 = 0 \quad (1 \leq r \leq n+1).^{3)} \qquad \text{(II)}$$

3) Der Rang r der Matrix einer Quadrikgleichung ist die einzige individuelle Größe der Normalform; er ist eine Projektivinvariante der Quadrik, heißt der *Rang der Quadrik* und stellt ein vollständiges Invariantensystem der Quadrik dar.

Die Quadriken mit Rang r des komplexen projektiven Raumes $\hat{P}^n$ werden mit Q_r^{n-1} bezeichnet.

Satz 3 löst das Klassifikations-, Normalformen- und Invariantenproblem für $K = \mathbb{C}$. Die wichtigsten Normalformen und die Namen der wichtigsten Quadriken zeigt die folgende Tabelle:

---

[1] Jede komplexe Zahl z ist darstellbar als $z = (\sqrt{z})^2 \cdot 1$ (siehe Def.1).

[2] Siehe 1A,Bem.7.

[3] Die Aussage 1) folgt aus 2)! Bei der Ersetzung von {1} durch ein Repräsentantensystem $\{z \neq 0\}$ der quadratischen Äquivalenz auf $\mathbb{C}$ ist (II) zu ersetzen durch $z x_o^2 + \ldots + z x_{r-1}^2 = 0$ $(1 \leq r \leq n+1)$.

	Rang r	Normalform	Name	Bemerkung
$\hat{P}^0$	1	$x_0^2=0$ [1]	$Q_1^{-1}=\emptyset$	
$\hat{P}^1$	1	$x_0^2=0$	Doppelpunkt	
	2	$x_0^2+x_1^2=0$	Punktepaar	
$\hat{P}^2$	1	$x_0^2=0$	Doppelgerade	
	2	$x_0^2+x_1^2=0$	Geradenpaar	gemeinsamer Punkt: $x_0=x_1=0$
	3	$x_0^2+x_1^2+x_2^2=0$	nichtentarteter Kegelschnitt	
$\hat{P}^3$	1	$x_0^2=0$	Doppelebene	
	2	$x_0^2+x_1^2=0$	Ebenenpaar	gemeinsame Gerade: $x_0=x_1=0$
	3	$x_0^2+x_1^2+x_2^2=0$	Kegel	Spitze: (0,0,0,1)
	4	$x_0^2+x_1^2+x_2^2+x_3^2=0$	nichtentartete Quadrik	
$\hat{P}^n$	1	$x_0^2=0$	Doppelhyperebene	
	2	$x_0^2+x_1^2=0$	Hyperebenenpaar	gemeinsame Hypergerade: $x_0=x_1=0$
.....	.....	.....	.....	.....
	n	$x_0^2+\ldots+x_{n-1}^2=0$	quadratischer Hyperkegel	
	n+1	$x_0^2+\ldots+x_{n-1}^2+x_n^2=0$	nichtentartete Quadrik	

Für $K=\mathbb{R}$ ist $\{1,-1\}$ ein Repräsentantensystem der quadratischen Äquivalenz auf $\mathbb{R}$. Dann sind in (I) die Koeffizienten a_{ii} $(0\le i\le r-1)$ entweder $+1$ oder -1. Im folgenden sei stets:

p die Anzahl der Koeffizienten +1,
q die Anzahl der Koeffizienten -1

und ohne Einschränkung $0\le q\le p\neq 0$. (Das erreicht man gegebenenfalls durch Multiplikation der Quadrikgleichung mit -1.) Dann lautet (I):

$$\boxed{x_0^2+\ldots+x_{p-1}^2-x_p^2-\ldots-x_{r-1}^2=0 \quad (1\le r=p+q\le n+1,\ 0\le q\le p).} \qquad \text{(III)}$$

[1] In $\hat{P}^0$ gibt es kein projektives Koordinatensystem, also auch keine Normalform der Quadrik Q_1^{-1}. Mit der Gleichung $x_0^2=0$ wird lediglich der Systematik der Tabelle Genüge getan.
Zum projektiven Raum $\hat{P}^{-1}=\emptyset$ gehört als Vektorraum der Nullraum $[o]$. Da jede Bilinearform auf $[o]$ die Nullform ist, gibt es nach A,Def.1 in $\hat{P}^{-1}=\emptyset$ keine Quadrik.

Die Frage, ob es im reellen projektiven Raum P^n Projektivitäten $\pi: P^n \to P^n$ gibt, die bei Anwendung auf (III) die Anzahl der positiven Koeffizienten verändern, wird verneint durch

> Satz 4: (*Trägheitssatz von SYLVESTER*)
> Im projektiven Raum P^n sind in der Normalform (III) einer Quadrikgleichung die Anzahl p der Koeffizienten $+1$ und die Anzahl q der Koeffizienten -1 projektivinvariant.

Beweis: Angenommen, eine Quadrikgleichung $\vec{x}^{*T} A\, \vec{x}^* = 0$ wird durch eine Projektivität

$$\vec{x} = T\vec{x}^* \ (\mathrm{Rg}\, T = n+1) \text{ in } \vec{x}^{*T} A \vec{x}^* = x_0^2 + \ldots + x_{p-1}^2 - x_p^2 - \ldots - x_{r-1}^2 = 0$$

und durch eine andere Projektivität

$$\vec{y} = S\vec{x}^* \ (\mathrm{Rg}\, S = n+1) \text{ in } \vec{x}^{*T} A \vec{x}^* = y_0^2 + \ldots + y_{p'-1}^2 - y_{p'}^2 - \ldots - y_{r-1}^2 = 0$$

mit $p \neq p'$, ohne Einschränkung $p < p'$ transformiert. Dann betrachten wir die $n+p-p'+1 < n+1$ homogenen linearen Gleichungen in den $n+1$ Unbekannten $x_0^*, \ldots, x_n^*$ (aus $\vec{x} = T\vec{x}^*$ und $\vec{y} = S\vec{x}^*$ mit $\vec{x}^* = (x_0^*, \ldots, x_n^*)^T$):

$$\underbrace{x_0 = \ldots = x_{p-1} = 0}_{p \text{ Gleichungen}}, \quad \underbrace{y_{p'} = \ldots = y_n = 0.}_{n-p'+1 \text{ Gleichungen}}$$

Da weniger Gleichungen als Unbekannte vorliegen, existiert eine nichttriviale Lösung

$$\vec{x}^* = (x_0^*, \ldots, x_n^*)^T, \text{ für die } \vec{y} = S\vec{x}^* \neq \vec{o}$$

ist. Also können nicht alle $y_0, \ldots, y_{p'-1}$ verschwinden. Daraus folgt:

$$\vec{x}^{*T} A\, \vec{x}^* = x_0^2 + \ldots + x_{p-1}^2 - x_p^2 - \ldots - x_{r-1}^2 \leq 0,$$
$$\vec{x}^{*T} A\, \vec{x}^* = y_0^2 + \ldots + y_{p'-1}^2 - x_{p'}^2 - \ldots - y_{r-1}^2 > 0.$$

Zur Herleitung des Widerspruches wird verwendet, daß $\mathbb{R}$ ein angeordneter Körper ist; bei $\mathbb{C}$ stellt sich dieser Widerspruch nicht ein. Der Trägheitssatz von SYLVESTER wird auch für quadratische Formen in reellen Vektorräumen formuliert.

Unter Beachtung des Trägheitssatzes von SYLVESTER folgt aus (III):

> Satz 5: Im reellen projektiven Raum P^n gilt:
> 1) Es gibt genau $\frac{1}{4}(n+3)^2 - \frac{1}{8}(1+(-1)^n) - 1$ verschiedene Klassen projektiväquivalenter Quadriken.[1]

[1] Abzählung aufgrund von (III).

2) Jede Quadrikgleichung besitzt bezüglich des Repräsentantensystems $\{1,-1\}$ der quadratischen Äquivalenz auf $\mathbb{R}$ die Normalform (III).[1)]

3) Die Anzahl $q \geq 0$ der Koeffizienten -1 in der Normalform (III) heißt der ***Index***[2)] und $s := p-q \geq 0$ die ***Signatur***[2)] einer Quadrik. Rang r und Index q bilden ein vollständiges Invariantensystem einer Quadrik (denn r und q sind die einzigen individuellen Größen der Normalform und damit der Quadrik).

Die Quadriken mit Rang r und Index q des projektiven Raumes P^n werden mit $Q^{n-1}_{r\,q}$ bezeichnet.[3)]

Rang r und Index q, aber auch Rang r und Signatur s bilden ein vollständiges Invariantensystem einer Quadrik $Q^{n-1}_{r\,q} \subset P^n$; wir verwenden meist die Invarianten r und q. Satz 5 löst das Klassifikations-, Normalformen- und Invariantenproblem für $K = \mathbb{R}$.

Wir beachten nun 1A,Bem.7, wonach sich jeder reelle Vektorraum $\mathcal{P}^{n+1}$ zu einem komplexen Vektorraum $\hat{\mathcal{P}}^{n+1}$ erweitern läßt. Dessen 1-dimensionale Untervektorräume bilden den komplex erweiterten projektiven Raum $\hat{P}^n$. Im $\hat{P}^n$ stellen die Gleichungen der Quadriken $Q^{n-1}_{r\,q} \subset P^n$ ebenfalls Quadriken dar; sie heißen im $\hat{P}^n$ *reelle Quadriken*. Läßt man im projektiven Koordinatensystem, auf das eine Quadrik $Q^{n-1}_{r\,q}$ bezogen ist, auch komplexe Koordinaten zu, so erfüllen auch komplexe Punkte die Quadrikgleichung $\vec{x}^T A\,\vec{x} = 0$, und zwar erfüllen

mit den Koordinaten $(x_0,\ldots,x_n)$ eines komplexen Punktes P $(x_j = a_j + ib_j)$
auch die Koordinaten $(\bar{x}_0,\ldots,\bar{x}_n)$ seines $\left\{\begin{matrix}\text{konjugiert}\\ \text{komplexen}\end{matrix}\right\}$ Punktes $\bar{P}$ $(\bar{x}_j = a_j - ib_j)$

die Quadrikgleichung $\vec{x}^T A\,\vec{x} = 0$. Wendet man auf ein Paar konjugiert komplexer Punkte $P(\vec{p})$, $\bar{P}(\bar{\vec{p}})$ eine durch $\vec{x} = T\vec{x}^*$ gegebene Projektivität $\pi: P^n \to P^n$ (oder Koordinatentransformation) mit reeller Matrix T an, so sind auch $\pi P, \pi\bar{P}$ konjugiert komplexe Punkte, deren Koordinatenvektoren $T^{-1}\vec{p}$, $T^{-1}\bar{\vec{p}}$ der Gleichung $\vec{x}^{*T} T^T A\, T\vec{x}^* = 0$ genügen.

Man definiert daher:

---

1) Die Aussage 1) folgt aus 2)! Ersichtlich ändert sich (III) bei der Ersetzung von $\{1,-1\}$ durch ein Repräsentantensystem $\{a>0, b<0\}$, $a \neq b$ der quadratischen Äquivalenz auf $\mathbb{R}$.

2) Die Terminologie ist in der Literatur nicht einheitlich.

3) Sind Mißverständnisse zu befürchten, so werden r und q durch ein Komma getrennt.

> Def.6: Im komplex erweiterten projektiven Raum $\hat{P}^n$ heißt die mittels einer reellen quadratischen Form F(x) definierte Punktmenge
>
> $$\hat{Q}^{n-1}_{r\,q} := \{X(x) \in \hat{P}^n \mid F(x) = 0\},$$
>
> bestehend aus den Punkten einer Quadrik $Q^{n-1}_{r\,q} \subset P^n$ und den Paaren konjugiert komplexer Punkte von $\hat{P}^n$, deren Koordinaten der Quadrikgleichung $F(x) = \vec{x}^T A \vec{x} = 0$ genügen, die *komplex erweiterte Quadrik* $\hat{Q}^{n-1}_{r\,q}$ von $Q^{n-1}_{r\,q}$.[1] Hat $Q^{n-1}_{r\,q}$ den Rang $r > 1$ und den Index $q = 0$, so heißt $\hat{Q}^{n-1}_{r\,q}$ *nullteilig*, andernfalls *einteilig*.

Die wichtigsten Normalformen und Namen der Quadriken $Q^{n-1}_{r\,q} \subset P^n$ und $Q^{n-1}_{r\,q} \subset \hat{P}^n$ zeigt die folgende Tabelle:

	Name von Q^{n-1}_{rq}	r	q	Normalform	Symbol	Name von $\hat{Q}^{n-1}_{rq}$	
P^0	$Q^{-1}_{10} = \emptyset$	1	0	$x_0^2=0$ [2]		$\hat{Q}^{-1}_{10} = \emptyset$	$\hat{P}^0$
P^1	Doppelpunkt	1	0	$x_0^2=0$	•	Doppelpunkt	$\hat{P}^1$
	$Q^0_{20} = \emptyset$	2	0	$x_0^2+x_1^2=0$	× ×	nullteiliges [3] Punktepaar	
	Punktepaar	2	1	$x_0^2-x_1^2=0$	o o	reelles Punktepaar	
P^2	Doppelgerade	1	0	$x_0^2=0$		Doppelgerade	$\hat{P}^2$
	Doppelpunkt	2	0	$x_0^2+x_1^2=0$		nullteiliges [3] Geradenpaar	
	Geradenpaar	2	1	$x_0^2-x_1^2=0$		reelles Geradenpaar	
	$Q^1_{30} = \emptyset$	3	0	$x_0^2+x_1^2+x_2^2=0$		nullteiliger Kegelschnitt	
	nichtentarteter Kegelschnitt	3	1	$x_0^2+x_1^2-x_2^2=0$		nichtentarteter Kegelschnitt	

[1] $Q^{n-1}_{r\,q}$ heißt ein *reeller Ausschnitt* von $\hat{Q}^{n-1}_{r\,q}$. Allgemein kann jede Teilmenge von $\hat{Q}^{n-1}_{r\,q}$, die durch eine Koordinatentransformation in $\hat{P}^n$ in die Normalform (III) übergeführt werden kann, als reeller Ausschnitt von $\hat{Q}^{n-1}_{r\,q}$ bezeichnet werden.

[2] Fußnote [1], S.58 gilt hier entsprechend.

[3] oder auch konjugiert komplexes

	Name von Q^{n-1}_{rq}	r	q	Normalform	Symbol	Name von $\hat{Q}^{n-1}_{rq}$	
P^3	Doppelebene	1	0	$x_0^2=0$		Doppelebene	$\hat{P}^3$
	Doppelgerade	2	0	$x_0^2+x_1^2=0$		nullteiliges[1] Ebenenpaar	
	Ebenenpaar	2	1	$x_0^2-x_1^2=0$		reelles Ebenenpaar	
	Doppelpunkt	3	0	$x_0^2+x_1^2+x_2^2=0$		nullteiliger Kegel	
	Kegel	3	1	$x_0^2+x_1^2-x_2^2=0$		Kegel	
	$Q^2_{4\,0}=\emptyset$	4	0	$x_0^2+x_1^2+x_2^2+x_3^2=0$		nullteilige nichtentartete Quadrik	
	Ovalquadrik	4	1	$x_0^2+x_1^2+x_2^2-x_3^2=0$	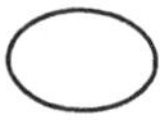	Ovalquadrik	
	Ringquadrik	4	2	$x_0^2+x_1^2-x_2^2-x_3^2=0$	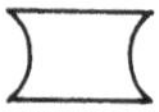	Ringquadrik	
P^n *entartet oder kegelig*	Doppelhyperebene	1	0	$x_0^2=0$		Doppelhyperebene	$\hat{P}^n$
	Doppelhypergerade	2	0	$x_0^2+x_1^2=0$		nullteiliges[1] Hyperebenenpaar	
	Hyperebenenpaar	2	1	$x_0^2-x_1^2=0$		reelles Hyperebenenpaar	
	...	...	...	...		...	
	Doppelpunkt	n	0	$x_0^2+\cdots+x_{n-1}^2=0$		nullteiliger Hyperkegel	
	Hyperkegel	n	1	$x_0^2+\cdots+x_{n-2}^2-x_{n-1}^2=0$		Hyperkegel	
nichtentartet	$Q^{n-1}_{n+1\,0}=\emptyset$	n+1	0	$x_0^2+\dots+x_n^2=0$		nullteilige nichtentart. Hyperquadrik	
	Ovalhyperquadrik	n+1	1	$x_0^2+\dots+x_{n-1}^2-x_n^2=0$		Ovalhyperquadrik	
	Ringhyperquadriken	n+1	2	$x_0^2+\dots-x_{n-1}^2-x_n^2=0$		Ringhyperquadriken	

[1] oder auch konjugiert komplexes

Sei eine Quadrik $Q^{n-1}_{r\,q} \subset P^n$ mittels der Nullstellenmenge einer von der Nullform verschiedenen quadratischen Form $F(x)$ über $\mathbb{R}$ beschrieben. Dann ist $F(x)$ durch $-F(x)$ ersetzbar, und daher ist $F(x)$ stets so wählbar, daß $F(x)$ auch positive Werte annimmt. Im Hinblick auf den folgenden Satz 7 sei $F(x)$ stets so gewählt. Da die reellen Zahlen in die paarweise fremden Mengen $\mathbb{R}^-$, $\{0\}$, $\mathbb{R}^+$ zerfallen und $F(x) \in \mathbb{R}$ gilt, folgt:

<u>Satz 7</u>: Jede Quadrik $Q^{n-1}_{r\,q} = \{X(x) \in P^n | F(x) = 0\} \neq \emptyset$ zerlegt den reellen projektiven Raum P^n in genau drei paarweise fremde Mengen, nämlich:

$$A(Q^{n-1}_{r\,q},F) := \{X(x) \in P^n | F(x) > 0\} \neq \emptyset,$$
$$Q^{n-1}_{r\,q} = \{X(x) \in P^n | F(x) = 0\} \neq \emptyset,$$
$$I(Q^{n-1}_{r\,q},F) := \{X(x) \in P^n | F(x) < 0\}.^{1)}$$

Diese Zerlegung des P^n ist projektivinvariant; sie gilt analog für alle nicht leeren Quadriken in k-Ebenen. Jede Quadrik $Q^{n-1}_{r\,q} = \emptyset$ zerlegt den P^n nicht, wegen $Q^{n-1}_{r\,q} = I(Q^{n-1}_{r\,q},F) = \emptyset$ und $A(Q^{n-1}_{r\,q},F) = P^n$. Genau für $q = 0$ ist $I(Q^{n-1}_{r\,q},F) = \emptyset$; genau für $q=0$ und $r = n+1$ ist $Q^{n-1}_{r\,q} = \emptyset$.

Bemerkungen:

1) Ersetzt man einen Repräsentanten x eines Punktes $X(x) \in P^n$ durch αx, $\alpha \neq 0$, so folgt: $F(\alpha x) = \alpha^2 F(x)$ ist vorzeichengleich mit $F(x)$. Die Zugehörigkeit eines Punktes $X \in P^n$ zu einer der Mengen $A(Q^{n-1}_{r\,q},F)$, $Q^{n-1}_{r\,q}$, $I(Q^{n-1}_{r\,q},F)$ ist also unabhängig vom Repräsentanten x.

2) Die quadratische Form $\lambda F(x)$, $\lambda \neq 0$ beschreibt dieselbe Quadrik wie $F(x)$, jedoch ist $A(Q^{n-1}_{r\,q},F) = I(Q^{n-1}_{r\,q},\lambda F)$ für $\lambda < 0$. Für $\lambda > 0$ werden die Mengen A und I nicht vertauscht.

3) Die Zerlegung des P^n nach Satz 7 ist projektivinvariant; sie hängt nur von der Punktmenge $Q^{n-1}_{r\,q}$ ab und nicht von der Bilinearform F. Das ergibt sich wie folgt. Sei $Q^{n-1}_{r\,q}$ durch zwei Bilinearformen F, G beschrieben:

$$Q^{n-1}_{r\,q} = \{X(x) \in P^n | F(x) = 0\} = \{X(x) \in P^n | G(x) = 0\}$$

und sei $I(Q^{n-1}_{r\,q},F) \neq \emptyset$; für $I(Q^{n-1}_{r\,q},F) = \emptyset$ ist die in Satz 7 behauptete Zerlegung trivial.

1) $I(Q^{n-1}_{r\,q},F) = \emptyset$ ist möglich.

Haben $F(p)$ und $F(q)$ in den Punkten $P(p)$, $Q(q)$ verschiedene Vorzeichen, so ist $F(p)F(q) < 0$. Dann gibt es genau zwei verschiedene reelle Zahlen λ_1, λ_2 mit $F(p+\lambda_i q) = 0$ $(i = 1,2)$, die bestimmt sind durch

$$\lambda_{1,2} = \frac{1}{F(q)}\left(-F(p,q) \pm \sqrt{F(p,q)^2 - F(p)F(q)}\right).$$

Die Verbindungsgerade $P(p)+Q(q)$ hat also mit $Q^{n-1}_{r\,q}$ genau zwei Punkte $A(p+\lambda_1 q)$, $B(p+\lambda_2 q)$ gemeinsam. Da die quadratischen Formen $F(x), G(x)$ dieselbe Nullstellenmenge besitzen, ist auch $G(p+\lambda_1 q) = G(p+\lambda_2 q) = 0$. Für die quadratische Form $G'(x) := \frac{F(p)}{G(p)}G(x)$ gilt somit:

$$G'(p+\lambda_1 q) = F(p+\lambda_1 q),\ G'(p+\lambda_2 q) = F(p+\lambda_2 q),\ G'(p) = \frac{F(p)}{G(p)}G(p) = F(p).$$

Die Polynome $f(t) := F(p+tq)$ und $g(t) := G'(p+tq)$ stimmen also überein für $t = \lambda_1$, $t = \lambda_2$, $t = 0$. Da f und g Polynome zweiten Grades sind, die an drei verschiedenen Stellen übereinstimmen, sind sie identisch. Damit ist $0 < \frac{G'(q)}{F(q)} = \frac{F(p)}{F(q)}\frac{G(q)}{G(p)}$. Folglich ist $\frac{G(q)}{G(p)}$ negativ; $G(q)$ und $G(p)$ haben also verschiedene Vorzeichen.

Aufgaben:

1) Im projektiven Raum P^n, $n \geq 2$, $\chi(K) \neq 2$, sei ein projektives Koordinatensystem $\{E_0,\ldots,E_n;E\}$ gegeben; in diesem habe die Quadrik Q^{n-1} die Gleichung

$$x_0^2 + 2x_0x_1 + 2x_0x_2 + x_1^2 + x_2^2 = 0.$$

Man bestimme eine Normalform (I) von Q^{n-1} sowie Transformationsgleichungen zwischen den gegebenen Koordinaten und den Koordinaten bezüglich eines projektiven Koordinatensystems, in dem Q^{n-1} diese Normalform hat.

2) In der projektiven Ebene P^2 sei ein projektives Koordinatensystem gegeben, in dem der Kegelschnitt Q^1 die Gleichung

$$4x_0^2 + 13x_1^2 + 22x_2^2 + 12x_0x_1 + 14x_1x_2 - 4x_0x_2 = 0$$

besitzt. Man führe ein neues projektives Koordinatensystem so ein, daß Q^1 bezüglich dieses Koordinatensystems die Normalform (III) hat und gebe die Transformationen für die Koordinaten an.

3) Im projektiven Raum P^3 bestimme man die Normalform (III) für jede der Quadriken mit den Gleichungen

$$x_0x_3 - x_1x_2 = 0,$$
$$3x_1^2 + 4x_1x_2 + x_2^2 - 3x_1x_0 - 2x_2x_0 + 21x_0^2 = 0,$$
$$7x_1^2 + 4x_2^2 - 16x_1x_2 + 5x_0x_1 - 10x_0x_2 = 0.$$

D. k-Ebenen und Quadriken

Bei k-Ebenen und Quadriken interessieren ihre gegenseitigen Lagen. Wir fragen zunächst nach k-Ebenen maximaler Dimension, die in einer Quadrik liegen. Einen Beitrag zu dieser Frage liefert

<u>Satz 1</u>: Eine Quadrik $Q^{n-1}_{r\,q}$ des reellen projektiven Raumes P^n mit der Normalform C(III):

$$x_o^2 + \ldots + x_{q-1}^2 + x_q^2 + \ldots + x_{p-1}^2 - x_p^2 - \ldots - x_{p+q-1}^2 = 0 \quad (q \le p)$$

enthält eine (n-p)-Ebene S^{n-p}, aber keine (n-p+1)-Ebene.

Eine k-Ebene in einer Quadrik $Q^{n-1} \subset P^n$, $\chi(K) \neq 2$, heißt *k-Erzeugende* (für k=1 kurz *Erzeugende*) der Quadrik; eine k-Ebene maximaler Dimension in Q^{n-1} heißt *Maximalerzeugende* von Q^{n-1}.

Beweis: Die Normalform der Quadrik läßt sich schreiben als

$$(x_o + x_p)(x_o - x_p) + \ldots + (x_{q-1} + x_{p+q-1})(x_{q-1} - x_{p+q-1}) + x_q^2 + \ldots + x_{p-1}^2 = 0.$$

Diese Normalform wird erfüllt von den p linear unabhängigen Gleichungen:

$$x_o - x_p = \ldots = x_{q-1} - x_{p+q-1} = 0; \quad x_q = \ldots = x_{p-1} = 0 .$$

Die Lösungsmenge dieses homogenen linearen Gleichungssystems beschreibt nach 1E,Satz 3 eine (n-p)-Ebene $S^{n-p} \subset P^n$, die ersichtlich ganz in $Q^{n-1}_{r\,q}$ liegt.

Das homogene lineare Gleichungssystem

$$x_p = x_{p+1} = \ldots = x_n = 0 \tag{1}$$

besteht aus n-(p-1) linear unabhängigen Gleichungen, die eine (p-1)-Ebene $S^{p-1} \subset P^n$ beschreiben. Beachtet man (1) in der Normalform der Quadrik, so erhält man $(x_o,\ldots,x_n) = (0,\ldots,0)$ und daraus folgt

$$S^{p-1} \cap Q^{n-1}_{r\,q} = \emptyset.$$

Sei nun $S^l \subset P^n$ $(l > n-p)$ eine beliebige l-Ebene. Dann gilt nach der Dimensionsformel 1C(I):

$$n \le p-1+l = \mathrm{Dim}(S^{p-1} + S^l) + \mathrm{Dim}(S^{p-1} \cap S^l).$$

Wäre $S^{p-1} \cap S^l = \emptyset$, also $\mathrm{Dim}(S^{p-1} \cap S^l) = -1$, so wäre $\mathrm{Dim}(S^{p-1} + S^l) \ge n+1$, im Widerspruch zu $S^{p-1} + S^l \subset P^n$. Also sind S^{p-1} und S^l nicht windschief:

$$S^{p-1} \cap S^l \neq \emptyset.$$

Folglich kann S^l nicht in $Q^{n-1}_{r\,q}$ liegen.

Bemerkungen:

1) Die nullteiligen nichtentarteten Quadriken ($p = n+1$) enthalten nach Satz 1 keine k-Ebenen, die Ovalquadriken ($p = n$) enthalten außer ihren Punkten keine weiteren k-Ebenen, und die Ringquadriken ($p < n$) enthalten Punkte, Geraden,... und (n-p)-Ebenen.

2) In 4C, Satz 5 wurde der *Index* q einer Quadrik $Q^{n-1}_{r\,q} \subset P^n$ und in Satz 1 der Begriff *Maximalerzeugende* einer Quadrik $Q^{n-1} \subset P^n$, $\chi(K) \neq 2$, eingeführt. Ist ihre Dimension m, so läßt sich für eine Quadrik $Q^{n-1} \subset P^n$ der *Index* q erklären als $q := m + r - n$. BRAUNER [7]S.190 definiert die Dimension m der Maximalerzeugenden einer (nichtentarteten) Quadrik Q^{n-1} als deren Index.

3) k-Ebenen in Quadriken Q^{n-1}_r über dem Körper $\mathbb{C}$ der komplexen Zahlen untersucht auch BURAU in [1]S.202 ff und in [2], Teil IV.

Besonders wichtig sind die verschiedenen Lagen, die eine *Gerade* zu einer Quadrik einnehmen kann. Wir untersuchen diese Lagen für die Quadriken eines projektiven Raumes P^n, $\chi(K) \neq 2$. Dazu seien $P(p)$, $B(b)$ verschiedene Punkte. Dann ist $X(\lambda p + \mu b)$ mit $(\lambda,\mu) \neq (0,0)$ ein beliebiger Punkt der Verbindungsgeraden $g := P+B$. Soll X in der Quadrik Q^{n-1} liegen, so gilt $F(x) = \vec{x}^T A \vec{x} = 0$. Daraus folgt für $g \cap Q^{n-1}$ die

Schnittbedingung: $k\lambda^2 + 2l\lambda\mu + m\mu^2 = 0$ mit $k := F(p) = \vec{p}^T A \vec{p}$, $l := F(p,b) = \vec{p}^T A \vec{b}$, $m := F(b) = \vec{b}^T A \vec{b}$, wenn Q^{n-1} durch $F(x) = \vec{x}^T A \vec{x} = 0$ beschrieben und mit der Geraden $g := P + B$ geschnitten wird.	(I)

Zu diskutieren sind die Fälle:

$P \in Q^{n-1}$ ($k = 0$): Dann lautet die Schnittbedingung (I): $(2\lambda l + \mu m)\mu = 0$.

$l = m = 0$: Jedes $(\lambda,\mu) \in K \times K$ ist Lösung. Dann ist g eine *Erzeugende* von Q^{n-1}. Ersichtlich gilt: Eine Gerade g ist genau dann Erzeugende einer Quadrik, wenn drei Punkte in allgemeiner Lage $\{A,B,C\} \subset g$ in einer Quadrik liegen.

$l=0, m \neq 0$: Dann ist $\mu^2 = 0$. Somit ist P der einzige (doppelt zählende) Schnittpunkt $g \cap Q^{n-1}$.

Die Gerade g heißt *reguläre Tangente* von Q^{n-1} in P, wenn die Linearform[1] $f_p(y)$ nicht die Nullform ist ($\vec{p}^T A \neq \vec{o}^T$)[2]; P heißt dann ein *regulärer Punkt* von Q^{n-1} und der *Berührpunkt* von g mit

[1] siehe Abschnitt A, S.52.

[2] Diese (nur von Q^{n-1}_T und P abhängige) Bedingung ist ersichtlich projektivinvariant. Wegen $A^T = A$ ist $\vec{p}^T A \neq \vec{o}^T$ äquivalent mit $A\vec{p} \neq \vec{o}$, und $\vec{p}^T A = \vec{o}^T$ ist äquivalent mit $A\vec{p} = \vec{o}$.

Q^{n-1}.

Die Gerade g heißt *singuläre Tangente* von Q^{n-1} in P, wenn die Linearform[1] $f_p(y)$ die Nullform ist ($\vec{p}^T A = \vec{o}^T$)[2]; P heißt dann ein *singulärer Punkt* von Q^{n-1} und der *Treffpunkt* von g mit Q^{n-1}.

$l \neq 0$: Dann liefert die Schnittbedingung (I) die homogenen Parameterpaare $(\lambda,\mu) = (1,0)$, $(\lambda,\mu) = (-m,2l)$, die genau zwei verschiedene Schnittpunkte, $P(\vec{p})$ und $C(-m\vec{p} + 2l\vec{b})$, festlegen. Die Schnittgerade $g = P + C$ heißt eine *Sekante* von Q^{n-1}.

$P \notin Q^{n-1}$ $(k \neq 0)$: Dann kann in der Schnittbedingung (I) ohne Einschränkung auch $m \neq 0$ vorausgesetzt werden; $m = 0$ führt auf $B \in Q^{n-1}$, dieser Fall ist bei Vertauschung von P und B auf den schon diskutierten Fall $k = 0$ zurückführbar.

Die Schnittbedingung (I) besitzt über einem Körper K, $\chi(K) \neq 2$, nur dann Lösungen, wenn die Diskriminante $d := l^2 - km$ gleich dem Quadrat t^2 eines Körperelements $t \in K$ ist.

$d = 0$: Dann lautet die Schnittbedingung (I): $(\lambda k + \mu l)^2 = 0$. Aus ihr folgt als Lösung das (doppelt zählende) homogene Parameterpaar $(\lambda,\mu) = (-l,k)$, das genau einen (doppelt zählenden) Schnittpunkt $T(-l\vec{p} + k\vec{b}) := g \cap Q^{n-1}$ festlegt.

Die Gerade g heißt *reguläre Tangente* von Q^{n-1} in T, wenn $(-l\vec{p} + k\vec{b})^T A \neq \vec{o}^T$[3]; T heißt dann ein *regulärer Punkt* von Q^{n-1} und der *Berührpunkt* von g mit Q^{n-1}.

Die Gerade g heißt *singuläre Tangente* von Q^{n-1} in T, wenn $(-l\vec{p} + k\vec{b})^T A = \vec{o}^T$[3]; T heißt dann ein *singulärer Punkt* von Q^{n-1} und der *Treffpunkt* von g mit Q^{n-1}.

$d = t^2 \neq 0$: Dann liefert die Schnittbedingung (I) die homogenen Parameterpaare $(\lambda,\mu) = (-l + t,k)$, $(\lambda,\mu) = (-l-t,k)$, die genau zwei verschiedene Schnittpunkte $U((-l+t)\vec{p} + k\vec{b})$, $V((-l-t)\vec{p}+k\vec{b})$ festlegen. Die Schnittgerade $g = U+V$ heißt eine *Sekante* von Q^{n-1}.

$d \neq t^2$ für alle $t \in K$: Dann gibt es keine Lösung der Schnittbedingung (I) und daher keinen Schnittpunkt von g mit Q^{n-1}; g heißt dann eine *Passante* von Q^{n-1}. Dieser Fall tritt für algebraisch abgeschlossene Körper (etwa für $K = \mathbb{C}$) nicht ein.

---

[1] siehe Abschnitt A, S.52.

[2] siehe S.66, Fußnote [2].

[3] siehe den Fall $P \in Q^{n-1}$ $(k = l = 0, m \neq 0)$.

Somit gilt:

Satz 2: Im projektiven Raum P^n, $\chi(K) \neq 2$, nimmt eine Gerade g zu einer Quadrik Q^{n-1} genau eine der folgenden Lagen ein:

$g \cap Q^{n-1}$	Name der Geraden g
$\emptyset$	*Passante* (nur möglich, wenn K nicht algebraisch abgeschlossen)
$\{T\}$	*reguläre Tangente* (T ist der *Berührpunkt* von g und ein *regulärer Punkt* von Q^{n-1}) *singuläre Tangente* (T ist der *Treffpunkt* von g und ein *singulärer Punkt* von Q^{n-1})
$\{U,V\}$	*Sekante*
g	*Erzeugende*

Ein Quadrikpunkt $X(x) \in Q^{n-1} = \{X \in P^n \mid F(x) = 0\}$ heißt

$\left\{\begin{matrix} \textit{regulär} \\ \textit{singulär} \end{matrix}\right\}$, wenn $f_x(y) := F(x,y)$ $\left\{\begin{matrix} \text{nicht die Nullform } (A\vec{x} \neq \vec{o}) \text{ ist.} \\ \text{die Nullform } (A\vec{x} = \vec{o}) \text{ ist.} \end{matrix}\right.$ (II)

Aus Satz 2 folgt, daß eine Gerade $g \subset P^n$ eine Quadrik $Q^{n-1}_{r\,q} \subset P^n$ stets in einer der Quadriken $Q^o_{1\,0}$, $Q^o_{2\,0}$, $Q^o_{2\,1}$ schneidet, falls $g \not\subset Q^{n-1}_{r\,q}$. Diese Folgerung steht in Einklang mit A, Satz 3 und im Zusammenhang mit der in 6D untersuchten Frage.

Aus der Schnittbedingung (I) und der Satz 2 zugrundeliegenden Diskussion folgt die Bedingung dafür, daß g reguläre oder singuläre Tangente von Q^{n-1} ist, die

Tangentenbedingung:

$$F(p,b)^2 - F(p)F(b) = (\vec{p}^{\,T} A \vec{b})^2 - (\vec{p}^{\,T} A \vec{p})(\vec{b}^{\,T} A \vec{b}) = 0 \qquad \text{(III)}$$

mit $g = P(p) + B(b) = P(\vec{p}) + B(\vec{b})$

und $Q^{n-1} = \{X \in P^n \mid F(x) = \vec{x}^{\,T} A \vec{x} = 0\}$.

Ist in (III) der Punkt P fest und der Punkt B variabel, so beschreibt (III) den *Tangentenkegel* aus dem Punkt P an die Quadrik Q^{n-1}.

Aus der Schnittbedingung (I) und der Satz 2 zugrundeliegenden Diskussion des Falles $P \in Q^{n-1}$ folgt weiter:

(1) Die Menge aller regulären Tangenten von Q^{n-1} in $P \in Q^{n-1}$ wird beschrieben durch:

$$\vec{p}^{\,T} A \vec{b} = 0, \quad \vec{b}^{\,T} A \vec{b} \neq 0, \quad \vec{p}^{\,T} A \neq \vec{o}^{\,T}.$$

(2) Die Menge aller Erzeugenden von Q^{n-1} durch $P \in Q^{n-1}$ wird beschrieben durch:

$$\vec{p}^{\,T} A \vec{b} = 0, \quad \vec{b}^{\,T} A \vec{b} = 0.$$

Dadurch werden alle Quadrikpunkte ($\vec{b}^{\,T} A \vec{b} = 0$) erfaßt, die in der Hyperebene Γ ($\vec{p}^{\,T} A \vec{b} = 0$) liegen.

Aus (1) und (2) folgt:

Satz 3: Im projektiven Raum P^n, $\chi(K) \neq 2$, sei $P(\vec{p})$ ein regulärer Punkt einer Quadrik Q^{n-1}. Dann gilt: Die Menge aller regulären Tangenten von Q^{n-1} in P und aller Erzeugenden von Q^{n-1} durch P erfüllt die durch

$$\vec{p}^{\,T} A \vec{b} = 0, \quad \vec{p}^{\,T} A \neq \vec{o}^{\,T}$$

beschriebene Hyperebene, die *Tangentenhyperebene* (*Tangentialhyperebene*) Γ von Q^{n-1} in P; P heißt (ein) *Berührpunkt* von Γ mit Q^{n-1}. Die Dimension n-1 von Γ heißt die *Dimension der Quadrik* Q^{n-1} (siehe 4A,S.53).

Existiert in Satz 3 durch den Quadrikpunkt P keine Erzeugende g von Q^{n-1}, so ist P der einzige Berührpunkt von Γ mit Q^{n-1}. Existiert durch P eine Erzeugende g von Q^{n-1}, so ist ein Punkt $P'(\vec{p}\,') \in g \subset \Gamma$ dann und nur dann ein weiterer Berührpunkt von Γ mit Q^{n-1}, wenn Γ zugleich die Tangentenhyperebene von Q^{n-1} in P' ist, wenn also gilt: $\vec{p}^{\,T} A = \sigma \vec{p}\,'^{T} A \neq \vec{o}^{\,T}$. Dann ist ersichtlich Γ die Tangentenhyperebene von Q^{n-1} in jedem Punkt $X(\vec{x})$, $\vec{x} = \lambda\vec{p} + \lambda'\vec{p}\,'$, der Erzeugenden $g \subset Q^{n-1}$. Mit je zwei Berührpunkten von Γ ist also jeder reguläre Punkt $P(\vec{p})$, $\vec{p}^{\,T} A \neq \vec{o}^{\,T}$ ihrer Verbindungsgeraden ein Berührpunkt von Γ. Damit erhält man:

Satz 4: Im projektiven Raum P^n, $\chi(K) \neq 2$, sei Γ die Tangentenhyperebene einer Quadrik Q^{n-1} in einem Punkt $P \in Q^{n-1}$. Dann gilt:

Existiert durch P keine Erzeugende $g \subset Q^{n-1}$, so ist P der einzige Berührpunkt von Γ mit Q^{n-1}.

Existiert durch P eine Erzeugende $g \subset Q^{n-1}$, so ist entweder kein weiterer Punkt von g Berührpunkt von Γ oder alle regulären Quadrikpunkte $P(\vec{p}) \in g$, $A\vec{p} \neq \vec{o}$, sind Berührpunkte von Γ. Im letzten Fall erfüllt die Menge der Berührpunkte von Γ, vereinigt mit der Menge der singulären Quadrikpunkte $P(\vec{p}) \in \Gamma, A\vec{p} = \vec{o}$, eine k-Ebene in Γ $(k \geq 1)$, die *Berühr-k-Ebene* von Γ mit Q^{n-1}.

Veranschaulichungen für $n = 3$ zu Satz 4

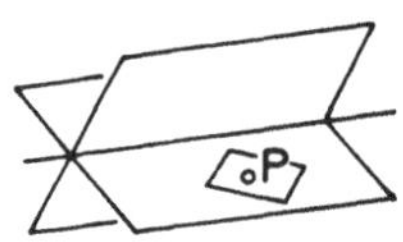

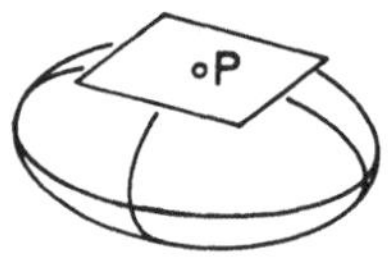

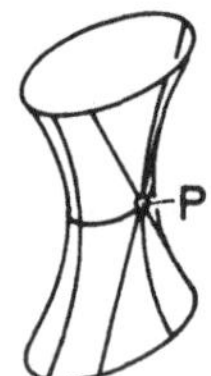

Bemerkungen (Fortsetzung):

4) In den singulären Quadrikpunkten $P(\vec{p}) \in Q^{n-1}$, $A\vec{p} = \vec{o}$, wurden keine Tangentenhyperebenen erklärt.

5) Ist Γ $(\Gamma \not\subset Q^{n-1})$ Tangentenhyperebene von $Q^{n-1} \subset P^n$, $\chi(K) \neq 2$, im Punkt $P \in Q^{n-1}$, so ist $\Gamma \cap Q^{n-1}$ nach A,Satz 3 eine Quadrik $Q^{n-2} \subset \Gamma$. Die Schnittquadrik Q^{n-2} besteht über K aus dem Berührpunkt P und allen in Γ liegenden Erzeugenden von Q^{n-1}. Ist $P^n = P^n$, und werden P^n, Γ und Q^{n-1} komplex erweitert zu $\hat{P}^n$, $\hat{\Gamma}$ und $\hat{Q}^{n-1}$, so enthält $\hat{Q}^{n-2} := \hat{\Gamma} \cap \hat{Q}^{n-1}$ reelle Punkte und Paare konjugiert komplexer Punkte.

6) Der Tangentenkegel aus einem Punkt P an eine Quadrik Q^{n-1} ist selbst eine Quadrik, mit Ausnahme der beiden Fälle: a) P ist singulärer Quadrikpunkt, b) Q^{n-1} ist Doppelhyperebene. Ist P regulärer Quadrikpunkt, so ist der Tangentenkegel aus P an Q^{n-1} die Tangentenhyperebene von Q^{n-1} in P.

Die Menge der singulären Punkte einer Quadrik (siehe Satz 2) läßt sich wie folgt kennzeichnen:

Satz 5: Im projektiven Raum P^n, $\chi(K) \neq 2$, erfüllen die singulären Punkte einer Quadrik Q^{n-1} mit Rang r eine (n-r)-Ebene $A^{n-r} \subset Q^{n-1}$, die *Spitze* oder die *Singularitäten-(n-r)-Ebene* von Q^{n-1}.

Beweis: Sei Q^{n-1} gegeben durch $\vec{y}^T A \vec{y} = 0$ $(A = A^T)$. Dann gilt $A\vec{x} = \vec{o}$ genau dann, wenn $X(\vec{x}) \in P^n$ ein singulärer Quadrikpunkt ist. Daraus folgt mit 1E,Satz 3 die Behauptung.

Beachtet man, daß die Bedingung für singuläre Quadrikpunkte, $A\vec{x} = \vec{o}$, nur für $\operatorname{Rg} A < n+1$ nichttrivial erfüllbar ist, so folgt:

Satz 6: Im projektiven Raum P^n, $\chi(K) \neq 2$, sind die nichtentarteten Quadriken (Rang $r = n+1$) genau die Quadriken ohne singuläre Punkte.

Der folgende Satz kennzeichnet unter den Punkten einer Quadrik die singulären Quadrikpunkte.

<u>Satz 7</u>: Im projektiven Raum P^n, $\chi(K)\neq 2$, gilt:

Ein Punkt X einer Quadrik Q^{n-1} liegt in der Spitze A^{n-r} von Q^{n-1}. $\Longleftrightarrow$ Jede Gerade g durch $X \in Q^{n-1}$, die einen weiteren Punkt $Y \in Q^{n-1} (Y \neq X)$ enthält, ist Erzeugende von Q^{n-1}.

Beweis: ($\Rightarrow$) Liege $X(x)$ in der Spitze von Q^{n-1} und $Y(y) \neq X$ in $Q^{n-1} = \{X(x) \in P^n \mid F(x) = 0\}$. Dann ist $F(x,z) = 0$ für alle $Z(z) \in P^n$, und es ist $F(x) = F(y) = 0$. Für jeden Punkt $W(w) \in X+Y$, $w = \lambda x + \mu y$ gilt somit:

$$F(\lambda x + \mu y) = \lambda^2 F(x) + 2\lambda\mu F(x,y) + \mu^2 F(y) = 0.$$

Damit ist $X+Y$ Erzeugende von Q^{n-1}.

($\Leftarrow$) Sei $X(x) \in Q^{n-1}$ und sei jede Gerade g durch X, die einen weiteren Punkt $Y(y) \in Q^{n-1}$ enthält, Erzeugende von Q^{n-1}. Dann gilt für jede Gerade g durch X, die *nicht* Erzeugende von Q^{n-1} ist: $g \cap Q^{n-1} = \{X\}$. Für $Y \in Q^{n-1}$ ist $X+Y$ Erzeugende von Q^{n-1}, und daher gilt für alle $\lambda, \mu \in K$:

$$F(\lambda x + \mu y) = \lambda^2 F(x) + 2\lambda\mu F(x,y) + \mu^2 F(y) = 0;$$

also ist wegen $F(x) = F(y) = 0$

$$F(x,y) = 0 \quad \text{für alle Punkte} \quad Y(y) \in Q^{n-1}. \tag{2}$$

Für $Y(y) \notin Q^{n-1}$ ist $(X+Y) \cap Q^{n-1} = \{X\}$; wäre neben X ein weiterer Schnittpunkt mit Q^{n-1} vorhanden, so wäre $X+Y$ Erzeugende von Q^{n-1}; und dann wäre $Y(y) \in Q^{n-1}$, entgegen der Annahme. Damit hat die Gleichung $F(\lambda x + \mu y) = 0$ nur die Lösung $\mu = 0$:

$$F(\lambda x + \mu y) = \lambda^2 F(x) + \mu[2\lambda F(x,y) + \mu F(y)] = 0;$$

dabei ist $F(x) = 0$. Daher gilt: $2\lambda F(x,y) + \mu F(y) = 0$ nur für $\mu = 0$. Daraus folgt:

$$F(x,y) = 0 \quad \text{für alle Punkte} \quad Y(y) \notin Q^{n-1}. \tag{3}$$

Nach (2) und (3) gilt $F(x,y) = 0$ für alle $Y(y) \in P^n$. Daher liegt X in der Spitze von Q^{n-1}.

Aufgabe:

Seien Γ eine Hyperebene und $Q^{n-1}_{rq} \subset P^n$ eine Quadrik, $\Gamma \not\subset Q^{n-1}_{rq}$. Für $Q^{n-2}_{st} := Q^{n-1}_{rq} \cap \Gamma$ schätze man Rang s und Index t nach oben und unten ab.

E. Polarentheorie der Quadriken

Im projektiven Raum P^n, $\chi(K)\neq 2$, bestimmt die quadratische Form $F(x)$ einer Quadrik $Q^{n-1}:=\{X(x)\in P^n \mid F(x)=0\}$ die symmetrische Bilinearform $F(x,y)$ nach Abschnitt A, S. 52 eindeutig. Ihr Verschwinden, also die Bedingung $F(x,y)=0$, ist wegen der Bilinearität von $F(x,y)$ unabhängig von der Wahl der Repräsentanten x,y und stellt somit eine Bedingung für Punktepaare $X(x)$, $Y(y)$ dar. Die Untersuchung der Punktepaare $X(x)$, $Y(y)$ mit $F(x,y)=0$ ist Gegenstand der Polarentheorie der Quadriken.

Satz 1: Im projektiven Raum P^n, $\chi(K)\neq 2$, heißen zwei Punkte $X(x)$, $Y(y)$ (zueinander) *polar* bezüglich einer Quadrik Q^{n-1} [1], wenn $F(x,y)=0$; $F(x,y)=0$ heißt *Polaritätsbedingung*.

Polare Punkte X,Y ($X\neq Y$) bezüglich einer Quadrik Q^{n-1} ($X,Y\notin Q^{n-1}$), deren Verbindungsgerade Sekante von Q^{n-1} ist,[2] trennen die Schnittpunkte S_o,S_1 ($S_o\neq S_1$) der Sekanten $X+Y$ mit Q^{n-1} harmonisch:

$$DV(S_oS_1X\,Y) = -1.$$

Beweis: Nach Voraussetzung sind S_o,S_1,X,Y paarweise verschiedene Punkte. Ein Punkt $P(p)\in X+Y$ ($p=\lambda x+\mu y$, $\lambda\mu\neq 0$) liegt genau dann in Q^{n-1}, wenn

$$F(\lambda x+\mu y) = \lambda^2F(x) + 2\lambda\mu F(x,y) + \mu^2F(y) = 0. \tag{1}$$

Da X,Y polar sind bezüglich Q^{n-1}, ist $F(x,y)=0$. Da $X+Y$ Sekante von Q^{n-1} ist, existiert in K die Zahl $p:=\ -F(y):F(x)\neq 0$. Damit folgt aus (1): $\lambda_o=\mu_o p$, $\lambda_1=-\mu_1 p$. In einem projektiven Koordinatensystem in $X+Y$ gilt somit:

$$S_o(\lambda_o,\mu_o)=S_o(p,1),\ S_1(\lambda_1,\mu_1)=S_1(-p,1),\ X(1,0),\ Y(0,1).$$

Mit 2D(V) folgt daraus $DV(S_oS_1X\,Y) = -1$.

In Satz 1 wurden polare Punkte bezüglich einer Quadrik definiert. Wir erweitern nun diesen Begriff auf projektive Unterräume.

---

[1] Die Ergänzung "bezüglich einer Quadrik Q^{n-1}" wird gelegentlich weggelassen, wenn keine Mißverständnisse zu befürchten sind.

[2] Ist die Gerade $X+Y$ eine Passante von Q^{n-1}, so kann man von K zu einem algebraisch abgeschlossenen Erweiterungskörper übergehen (etwa von $\mathbb{R}$ zu $\mathbb{C}$), über dem $X+Y$ Sekante der erweiterten Quadrik ist.

Satz 2: Im projektiven Raum P^n, $\chi(K) \neq 2$, heißen eine k-Ebene $R^k(R^{k+1})$ und eine l-Ebene $S^l(S^{l+1})$ (zueinander) *polar* bezüglich einer Quadrik Q^{n-1}, wenn je zwei Punkte $X \in R^k$, $Y \in S^l$ polar sind bezüglich Q^{n-1}, wenn also gilt (siehe dazu B(I)):

$$F(x,y) = \vec{x}^T A \vec{y} = \vec{y}^T A \vec{x} = 0 \quad \text{für alle } x \in R^{k+1},\ y \in S^{l+1}. \qquad (I)$$

Eine m-Ebene $S_t^m(S_t^{m+1})$ heißt *totalpolar* zu einer l-Ebene $S^l(S^{l+1})$ oder die *Totalpolare* von $S^l(S^{l+1})$ bezüglich Q^{n-1}, wenn gilt:

(a) S_t^m, S^l sind polar bezüglich Q^{n-1}, und

(b) W^p, S^l sind nicht polar bezüglich Q^{n-1} für alle $W^p \subset P^n$ mit $S_t^m \subsetneqq W^p \subset P^n$.

Die Totalpolare S_t^m zu S^l bezüglich Q^{n-1} ist eindeutig bestimmt.

Beweis: Seien S_t^m und U_t^k totalpolar zu S^l. Dann sind diese projektiven Unterräume polar zu S^l. Daher gilt:

$$F(x,y_1) = 0 \text{ für alle } x \in S^{l+1},\ y_1 \in S_t^{m+1},$$

$$F(x,y_2) = 0 \text{ für alle } x \in S^{l+1},\ y_2 \in U_t^{k+1}.$$

Daraus folgt wegen der Bilinearität von F im Hinblick auf 1B, Satz 4:

$$F(x,y) = 0 \text{ für alle } x \in S^{l+1},\ y \in (S_t^{m+1} + U_t^{k+1}).$$

Folglich ist die Verbindung $S_t^m + U_t^k$ ebenfalls polar zu S^l. Damit entsteht ein Widerspruch zu (b), falls $U_t^k \neq S_t^m$. Also ist $U_t^k = S_t^m$, und S_t^m ist eindeutig bestimmt.

Eine häufig gebrauchte Aussage der Polarentheorie der Quadriken enthält

Satz 3: (*Hauptsatz der Polarentheorie*)
Im projektiven Raum P^n, $\chi(K) \neq 2$, gilt bezüglich einer Quadrik Q^{n-1}:

Liegt A^d in der Totalpolaren S_t^m von S^l, so liegt S^l in der Totalpolaren A_t^e von A^d:

$$A^d \subset S_t^m \Rightarrow S^l \subset A_t^e. \qquad (II)$$

Beweis: Da S_t^m zu S^l polar (sogar totalpolar!) ist, gilt:

$$F(x,y) = 0 \text{ für alle } x \in S^{l+1},\ y \in S_t^{m+1}.$$

Die Einschränkung $y \in A^{d+1} \subset S_t^{m+1}$ hat daher $x \in A_t^{e+1} \supset S^{l+1}$ zur Folge. Daraus folgt Satz 3.

Der Hauptsatz der Polarentheorie gilt speziell für $A^d = S_t^m$ und lautet dann:

Satz 4: Im projektiven Raum P^n, $\chi(K) \neq 2$, gilt bezüglich einer Quadrik Q^{n-1}: Die Totalpolare der Totalpolaren einer l-Ebene S^l umfaßt S^l ($S^l \subset S_{tt}^k$).

Für einen festen Punkt $X(x)$ ist $F(x,y)$ eine Linearform $f_x(y)$, die durch den Repräsentanten x bis auf einen Faktor $\lambda \neq 0$ eindeutig bestimmt ist (siehe Abschnitt A,S.52). Ermittelt man die zu X bezüglich einer Quadrik Q^{n-1} totalpolare m-Ebene, so erhält man nach (I):

$$X_t^m = \{Y(y) \in P^n \mid y \in P^{n+1} \setminus [o], f_x(y) = 0\}.$$

Ist $f_x(y)$ die Nullform – in (I) also $\vec{x}^T A = \vec{o}^T$ und somit $A\vec{x} = \vec{o}$ wegen $A = A^T$ –, so erfüllen alle Punkte $Y(y) \in P^n$ die Polaritätsbedingung $f_x(y) = 0$, es ist $X \in Q^{n-1}$ und $X_t^m = P^n$.

Ist $f_x(y)$ nicht die Nullform – in (I) also $\vec{x}^T A \neq \vec{o}^T$ und somit $A\vec{x} \neq \vec{o}$ wegen $A = A^T$ –, so erfüllen genau alle Punkte $Y(y)$ einer Hyperebene des P^n die Polaritätsbedingung $f_x(y) = 0$, und es ist $X_t^m = X_t^{n-1} \subset P^n$.

Wir fassen zusammen und definieren:

Satz 5: Im projektiven Raum P^n, $\chi(K) \neq 2$, ist die Totalpolare eines Punktes $X \in P^n$ bezüglich einer Quadrik Q^{n-1}

eine Hyperebene (die *Polarhyperebene* Γ_X des *Pols* X bezüglich Q^{n-1})	$\Longleftrightarrow$	X ist kein singulärer Quadrikpunkt,[1]	(III)
der P^n	$\Longleftrightarrow$	X ist ein singulärer Quadrikpunkt.	

Die Polarhyperebene Γ_X eines regulären Quadrikpunktes $X \in Q^{n-1}$ ist nach D,Satz 3 die Tangentenhyperebene von Q^{n-1} in X, der Pol X ist ein Berührpunkt.[2] Im P^2 heißen die Polarhyperebenen *Polaren*.

Eine k-Ebene S^k ($0 \leq k \leq n-1$) heißt

k-Passante der Quadrik Q^{n-1}, wenn $S^k \cap Q^{n-1} = \emptyset$,[3]

k-Erzeugende von Q^{n-1}, wenn $S^k \subset Q^{n-1}$,

---

[1] X ist also ein regulärer Quadrikpunkt oder kein Quadrikpunkt.

[2] X ist nicht *ihr* Berührpunkt, denn zu einer Tangentenhyperebene können mehrere Berührpunkte gehören (siehe D,Satz 3).

[3] Über algebraisch abgeschlossenen Körpern (etwa $K = \mathbb{C}$) existieren keine k-Passanten (siehe D,Satz 2).

reguläre k-Tangente von Q^{n-1} *in einem regulären Punkt* $B \in Q^{n-1}$, wenn $B \in S^k \subset \Gamma_B$ und S^k keine k-Erzeugende von Q^{n-1} ist,

singuläre k-Tangente von Q^{n-1} *in einem singulären Punkt* $B \in Q^{n-1}$, wenn $B \in S^k$ und S^k keine k-Erzeugende von Q^{n-1} ist,

k-Sekante von Q^{n-1}, wenn $S^k \cap Q^{n-1} \neq \emptyset$ und S^k weder k-Erzeugende noch k-Tangente von Q^{n-1} ist (siehe D,Satz 1 und D,Satz 2).

Für $k = 1$ (Geraden) sprechen wir in Übereinstimmung mit D,Satz 2 kurz von *Passanten*, *Erzeugenden*, *regulären* und *singulären Tangenten* sowie von *Sekanten*, für $k = n-2$ (Hypergeraden) von *Hyperpassanten*, *Hypererzeugenden*, *regulären* und *singulären Hypertangenten* sowie von *Hypersekanten*.

Dem Hauptsatz der Polarentheorie (Satz 3) entnimmt man mit Satz 5 für alle Punkte $X,Y \in P^n$, die keine singulären Quadrikpunkte sind, die Aussage:

Satz 6: Im projektiven Raum P^n, $\chi(K) \neq 2$, gilt bezüglich einer Quadrik Q^{n-1}:

Liegt Y in der Polarhyperebene Γ_X von X (und nicht in der Spitze von Q^{n-1}), so liegt X in der Polarhyperebene Γ_Y von Y.

Bemerkungen:

1) Die Begriffe *regulärer Quadrikpunkt* und *singulärer Quadrikpunkt* sind ersichtlich projektivinvariant. Da jeder Quadrikpunkt entweder regulär oder singulär ist, liegt damit eine Einteilung der Quadrikpunkte in genau zwei Klassen vor.

2) Nach Satz 1 und Satz 5 enthält die Polarhyperebene Γ_X eines Punktes X bezüglich einer Quadrik Q^{n-1} ($X \notin Q^{n-1}$) den vierten harmonischen Punkt (2D,Def.7) Y zu X und den Schnittpunkten S_o, S_1 einer Sekanten von Q^{n-1} durch X. Die Polarhyperebene Γ_X ist genau dann die Verbindung vierter harmonischer Punkte Y, wenn n linear unabhängige Punkte Y existieren. Dies ist dann und nur dann der Fall, wenn sich der projektive Raum P^n durch Sekanten von Q^{n-1} durch X aufspannen läßt. Genau dann, wenn sich P^n durch Tangenten von X an Q^{n-1} aufspannen läßt, wird Γ_X von den Berührpunkten dieser Tangenten aufgespannt.

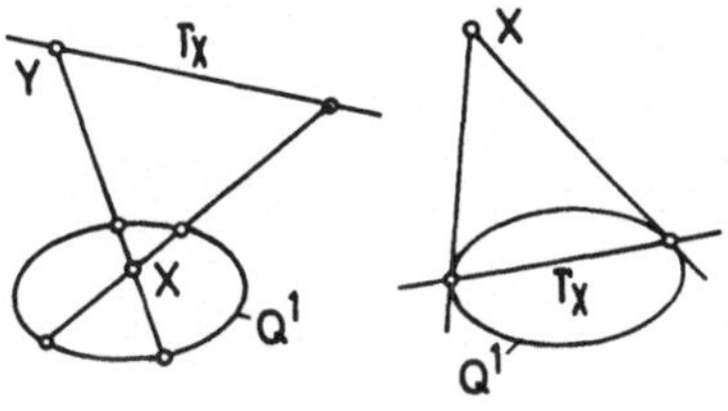

Als Anwendung gewinnt man im P^2 Konstruktionen der Polaren Γ_X eines Pols X bezüglich eines nichtentarteten Kegelschnitts Q^1. Im P^3 lassen sich analoge Konstruktionen durchführen.

3) Eine reguläre k-Tangente von Q^{n-1} in einem regulären Punkt $B \in Q^{n-1}$ kann zugleich singuläre k-Tangente von Q^{n-1} in einem singulären Punkt $C \in Q^{n-1}$ sein und umgekehrt.

4) Je zwei der Begriffe k-Passante, k-Erzeugende, k-Tangente und k-Sekante schließen einander aus (siehe Satz 5).

Die Polaritätsbedingung (I) in der Form $\vec{y}^T A \vec{x} = 0$ zeigt, daß die Totalpolare S_t^m einer l-Ebene S^l – mit $X(\vec{x}) \in S^l$ – insbesondere alle Punkte $Y(\vec{y})$ mit $\vec{y}^T A = \vec{o}^T$, also alle Punkte der Spitze von Q^{n-1} ($\vec{y}^T A \vec{y} = 0$), enthält. Also gilt:

Satz 7: Im projektiven Raum P^n, $\chi(K) \neq 2$, enthält die Totalpolare S_t^m einer l-Ebene S^l bezüglich einer Quadrik Q^{n-1} deren Spitze.

Wir ermitteln nun die Dimension m der Totalpolaren S_t^m einer l-Ebene S^l bezüglich einer Quadrik Q^{n-1}. Wir nehmen dazu an, S^l schneide die Spitze A^{n-r} der Quadrik Q^{n-1} in $T^k := S^l \cap A^{n-r}$.

S^l ist die Verbindung von l+1 linear unabhängigen Punkten $X_o, \ldots, X_l$ aus S^l:

$$S^l = X_o + \ldots + X_k + X_{k+1} + \ldots + X_l .$$

Ohne Einschränkung können wir annehmen, daß $X_o, \ldots, X_k$ in T^k liegen und die l-k Punkte $X_{k+1}, \ldots, X_l$ in $S^l \setminus T^k$ enthalten sind. Dann sind T^k und $X_{k+1} + \ldots + X_l$ zueinander windschief. Für $S^l \cap A^{n-r} = \emptyset$ ist $k = -1$.

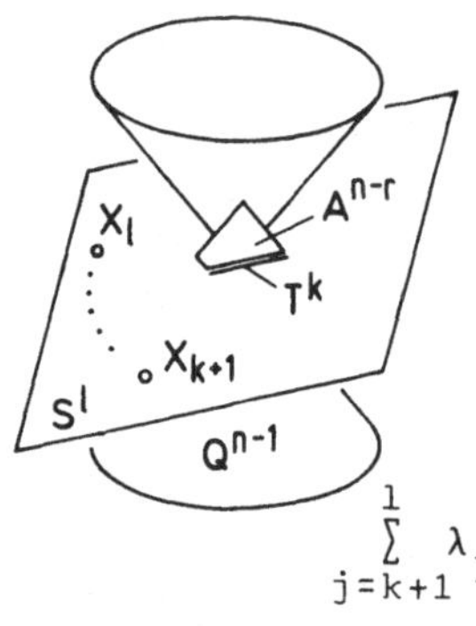

Da der projektive Raum P^n zu jedem der Punkte $X_o, \ldots, X_k$ totalpolar ist, ist die Totalpolare S_t^m von S^l bezüglich Q^{n-1} der Durchschnitt der Polarhyperebenen Γ_{X_j} von X_j ($k+1 \leq j \leq l$). Die Polarhyperebenen Γ_{X_j} ($\vec{x}_j^T A \vec{y} = 0$) der linear unabhängigen Punkte $X_j(\vec{x}_j) \notin T^k$ sind ebenfalls linear unabhängig. Sonst wäre

$$\sum_{j=k+1}^{l} \lambda_j \vec{x}_j^T A = \vec{o}^T , \quad (\lambda_{k+1}, \ldots, \lambda_l) \neq (0, \ldots, 0);$$

also wäre

$$[\sum_{j=k+1}^{l} \lambda_j \vec{x}_j]$$

ein Punkt aus $T^k \subset A^{n-r}$ ($A\vec{x} = \vec{o}$), im Widerspruch dazu, daß T^k und $X_{k+1} + \ldots + X_l$ zueinander windschief sind.

Die Totalpolare S_t^m hat daher die Dimension $m = n-l+k$ (1E, Satz 3).

Daraus folgt:

Satz 8: Liegt im projektiven Raum P^n, $\chi(K)\neq 2$, eine l-Ebene S^l nicht in der Spitze A^{n-r} einer Quadrik Q^{n-1} und ist $T^k := S^l \cap A^{n-r}$, so gilt:

a) Die Totalpolare S_t^m von S^l bezüglich Q^{n-1} hat die Dimension $m = n-l+k$; nach Satz 7 ist $A^{n-r} \subset S_t^m$.

b) S_t^m ist der Schnitt der l-k linear unabhängigen Polarhyperebenen von l-k linear unabhängigen Punkten aus $S^l \setminus T^k$, die zusammen mit k+1 linear unabhängigen Punkten aus T^k die l-Ebene S^l aufspannen.

c) Für $S^l \cap A^{n-r} = \emptyset$ ist $m = n-l-1$.

d) S^l und S_t^m sind genau für $2l = n+k$ dimensionsgleich.

e) Die Totalpolare einer Geraden g (Hypergeraden α) ist genau dann eine Hypergerade (Gerade), wenn $g \cap A^{n-r} = \emptyset$ ($\alpha \cap A^{n-r} = \emptyset$). (Folgerung aus a))

Liegt eine l-Ebene $S^l \subset P^n$ in der Spitze A^{n-r} einer Quadrik $Q^{n-1} \subset P^n$, so ist der P^n totalpolar zu S^l bezüglich Q^{n-1}.

Bildet man bezüglich einer Quadrik Q^{n-1} mit Spitze A^{n-r} die Totalpolare S_{tt}^p von S_t^{n-l+k}, so ist nach Satz 4 $S^l \subset S_{tt}^p$. Eine genauere Aussage macht der folgende Satz.

Satz 9: Im projektiven Raum P^n, $\chi(K)\neq 2$, sei S_t^m die Totalpolare von S^l und S_{tt}^p die Totalpolare von S_t^m bezüglich Q^{n-1} und A^{n-r} die Spitze von Q^{n-1}. Dann gilt:

$$S_{tt}^p = S^l + A^{n-r} \tag{IV}$$

und somit

$$S_{tt}^p = S^l \iff A^{n-r} \subset S^l.$$

Für $S_{tt}^p = S^l$ heißen S_t^m und S^l *reziproke Polaren*, wenn zusätzlich $m = l$ gilt. S_t^m und S^l sind genau dann reziproke Polaren einer Quadrik vom Rang r mit der Spitze A^{n-r}, wenn

$$A^{n-r} \subset S^l \text{ und } r = 2(n-l).$$

Beweis: ($\supset$) Nach Satz 4 gilt: $S_{tt}^p \supset S^l$

Nach Satz 7 gilt: $S_{tt}^p \supset A^{n-r}$ $\Rightarrow S_{tt}^p \supset (S^l + A^{n-r})$.

(=) Nach Satz 8 a) gilt: $p = n - m + \mathrm{Dim}(S_t^m \cap A^{n-r})$;

mit Satz 7 folgt: $p = n - m + \mathrm{Dim}\, A^{n-r}$.

Ersetzt man m nach Satz 8 a), so folgt unter Verwendung der Dimensionsformel 1C(I):

$$p = n - n + 1 - \mathrm{Dim}(S^1 \cap A^{n-r}) + \mathrm{Dim}\, A^{n-r} = \mathrm{Dim}(S^1 + A^{n-r}).$$

Damit ist (IV) bewiesen.

Die Kennzeichnung reziproker Polaren folgt unmittelbar mit Satz 7 und Satz 8 a); danach ist $l = m = n-1+(n-r)$ oder $r = 2(n-1)$.

Nach Satz 7 enthält die Totalpolare S_t^m einer l-Ebene S^l bezüglich einer Quadrik Q^{n-1} deren Spitze ($A^{n-r} \subset S_t^m$). Daraus folgt, zusammen mit der Kennzeichnung reziproker Polaren aus Satz 9 ($A^{n-r} \subset S^l$, $r = 2(n-1)$), daß der Begriff *reziproke Polaren* symmetrisch ist in S^l und S_t^m.

Die Totalpolare eines Punktes S bezüglich einer Quadrik Q^{n-1} ist (nach Satz 5) seine Polarhyperebene Γ_S, wenn $S \notin A^{n-r}$, sonst der P^n.

Die Totalpolare einer Hyperebene Γ bezüglich Q^{n-1} mit $\Gamma \cap A^{n-r} = {:}T^k$ ist (nach Satz 8) ihr Pol S_Γ, wenn $T^k = \emptyset$, sonst eine $(k+1)$-Ebene.

Die Quadriken mit Rang $r = n+1$ haben nach D,Satz 6 keine singulären Punkte ($A^{n-r} = \emptyset$). Daher existiert zu jedem Pol X die Polarhyperebene Γ_X (die genau dann Tangentenhyperebene ist, wenn der Pol in der Quadrik liegt) und zu jeder Polarhyperebene Γ_X eindeutig der Pol X (der genau dann Berührpunkt ist, wenn die Polarhyperebene Tangentenhyperebene der Quadrik ist). Jede Quadrik mit Rang $n+1$ vermittelt also eine Bijektion der Punkte auf die Hyperebenen des P^n:

$$\text{Pol } X(\vec{x}) \longmapsto \text{Polarhyperebene } \Gamma_X \ (\vec{x}^T A \vec{y} = 0, \text{ mit } \mathrm{Rg}\, A = n+1, \vec{x}^T A \neq \vec{o}^T).$$

Diese Abbildung genügt ersichtlich 3A(II). Daraus folgt:

<u>Satz 10</u>: Im projektiven Raum P^n, $\chi(K) \neq 2$, definiert jede Quadrik Q^{n-1} mit Rang $r = n+1$ eine Bijektion der Punkte des P^n auf seine Hyperebenen (die Polarhyperebenen der Punkte bezüglich Q^{n-1}). Diese Abbildung realisiert das Dualitätsprinzip der projektiven Räume.

Der folgende Satz befaßt sich mit linear unabhängigen Punkten, die bezüglich einer Quadrik paarweise polar liegen.

<u>Satz 11</u>: Im projektiven Raum P^n, $\chi(K) \neq 2$, sei Q^{n-1} eine Quadrik mit Rang r. Dann kann man, ausgehend von einem beliebigen Punkt

$P_1 \in P^n \setminus Q^{n-1}$, in $P^n \setminus Q^{n-1}$ stets r (jedoch nicht mehr) linear unabhängige Punkte $P_1,\dots,P_r$ angeben, die bezüglich Q^{n-1} paarweise polar liegen. Die Punkte $P_1,\dots,P_r$ lassen sich durch n+1-r Punkte $P_{r+1},\dots,P_{n+1}$ aus der Spitze A^{n-r} von Q^{n-1} derart ergänzen, daß $P_1,\dots,P_{n+1}$ linear unabhängige und bezüglich Q^{n-1} paarweise polare Punkte sind. Je n+1 linear unabhängige Punkte, die bezüglich Q^{n-1} paarweise polar liegen, heißen ein *Polsimplex* von Q^{n-1}.

Beweis: Wird $P_1 \in P^n \setminus Q^{n-1}$ beliebig gewählt, so sind alle Punkte der Polarhyperebene Γ_{P_1} zu P_1 polar und es ist $P_1 \notin \Gamma_{P_1}$. Wird $P_2 \in \Gamma_{P_1}$ $(P_2 \in P^n \setminus Q^{n-1})$ beliebig gewählt, so sind alle Punkte der Hypergeraden $\Gamma_{P_1} \cap \Gamma_{P_2}$ zu P_1 und P_2 polar und es ist $\{P_1,P_2\} \not\subset \Gamma_{P_1} \cap \Gamma_{P_2}$; außerdem sind P_1, P_2 polar. Nach r Schritten wird P_r in $\Gamma_{P_1} \cap \dots \cap \Gamma_{P_{r-1}}$ beliebig gewählt. Der Schnitt aller Polarhyperebenen $\Gamma_{P_1},\dots,\Gamma_{P_r}$ ist dann (nach Satz 7) die Spitze A^{n-r} von Q^{n-1}:

$$A^{n-r} = \Gamma_{P_1} \cap \dots \cap \Gamma_{P_r}.$$

Da jeder Punkt $P_{r+1} \in A^{n-r}$ keine Hyperebene, sondern den P^n als Totalpolare besitzt (siehe Satz 5), bricht das Verfahren ab. Nach Konstruktion sind $P_1,\dots,P_r$ linear unabhängig und paarweise polar. Die Ergänzung von $P_1,\dots,P_r$ durch n+1-r linear unabhängige Punkte aus A^{n-r} liefert stets ein Polsimplex von Q^{n-1}.

Aufgaben:

1) Im P^n, $\chi(K) \neq 2$, seien Q^{n-1} eine Quadrik, g eine Passante oder Sekante von Q^{n-1} und Y der Schnittpunkt von g mit der Polarhyperebene Γ_X von $X \in g$. Man zeige: Die Abbildung $\tau: g \to g$, $X \mapsto Y$ ist eine *Involution*, d.h. für alle $X \in g$ gilt: $\tau^2 X = X$.

2) Es seien A,B,C drei verschiedene Punkte eines nichtentarteten Kegelschnitts $Q^1 \subset P^2$, P der Pol der Geraden A+B und g eine Gerade durch P. Man zeige: Die Schnittpunkte von g mit B+C und A+C sind zueinander polar bezüglich Q^1.

3) Man beweise den folgenden Satz *S*: Seien a,b,c Tangenten des nichtentarteten Kegelschnitts $Q^1 \subset P^2$ mit den Berührpunkten A,B,C und den Schnittpunkten $A' = b \cap c$, $B' = c \cap a$, $C' = a \cap b$. Ferner sei X ein beliebiger Punkt der Geraden A+B. Dann gilt: Der Pol von A'+X liegt auf B'+X, und der Pol von B'+X liegt auf A'+X.

F. Weitere Quadrikeneigenschaften

Wir formulieren in diesem und im folgenden Abschnitt Quadrikeneigenschaften, die zur Untersuchung der CAYLEY/KLEIN-Räume ab Kapitel 6 nützlich sind.

Satz 1: Im projektiven Raum P^n, $\chi(K) \neq 2$, liegt die Spitze A^{n-r} einer Quadrik Q^{n-1} in jeder Maximalerzeugenden M^k von Q^{n-1}. Speziell für $K = \mathbb{R}$ gilt: Die Spitze A^{n-r} einer Quadrik $Q^{n-1}_{r\,q}$ des reellen projektiven Raumes P^n liegt in jeder Maximalerzeugenden M^{n-r+q} von $Q^{n-1}_{r\,q}$.

Beweis: Sei X ein Punkt der Spitze A^{n-r}. Dann sind nach D, Satz 7 alle Verbindungsgeraden X+Y mit Punkten $Y \in Q^{n-1}$ $(Y \neq X)$ Erzeugende von Q^{n-1}. Folglich sind alle Verbindungsgeraden X+Y mit Punkten $Y \in M^k$ $(Y \neq X)$ Erzeugende von Q^{n-1}; daher ist $X+M^k$ ein projektiver Unterraum, der in Q^{n-1} liegt. Da M^k eine Maximalerzeugende von Q^{n-1} ist, gilt:

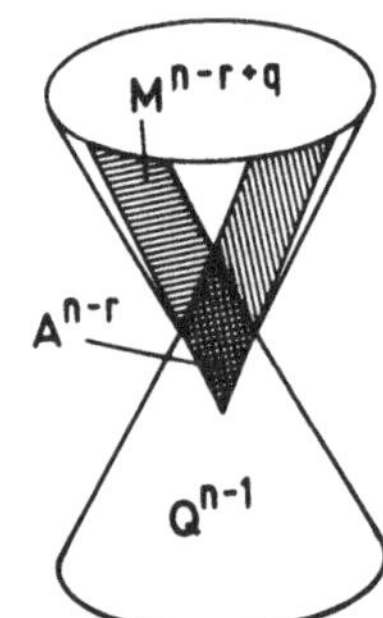

$$\mathrm{Dim}(X+M^k) = \mathrm{Dim}\, M^k = k, \text{ also } X \in M^k.$$

Für $K = \mathbb{R}$ ist $k = n-p = n-r+q$ nach D, Satz 1.

Aus Satz 1 folgt unmittelbar

Satz 2: Der Index q einer Quadrik $Q^{n-1}_{r\,q} \subset P^n$ gibt an, um wieviel die Dimension der Maximalerzeugenden von $Q^{n-1}_{r\,q}$ die Dimension der Spitze $A^{n-r} \subset Q^{n-1}_{r\,q}$ übertrifft.

Mit 1B, Satz 12 folgt, daß die in einer Maximalerzeugenden M^{n-r+q} liegenden und zur Spitze A^{n-r} komplementären l-Ebenen die Dimension $l = (n-r+q)-(n-r)-1 = q-1$ besitzen. Also gilt:

Satz 3: In einer Maximalerzeugenden M^{n-r+q} einer Quadrik $Q^{n-1}_{r\,q}$ des P^n sind die zu ihrer Spitze A^{n-r} komplementären projektiven Unterräume (q-1)-Ebenen.

Die in D, Satz 1 eingeführten k-Erzeugenden einer Quadrik $Q^{n-1} \subset P^n$ lassen sich in drei Klassen einteilen, je nachdem sie ganz, teilweise oder nicht in der Spitze von A^{n-r} liegen. Wir definieren:

Def. 4: Eine k-Erzeugende E^k $(0 \leq k \leq n-1)$ einer Quadrik $Q^{n-1} \subset P^n$ heißt *regulär*, wenn $E^k \cap A^{n-r} = \emptyset$,

semiregulär, wenn $E^k \cap A^{n-r} \neq \emptyset$, $E^k \setminus A^{n-r} \neq \emptyset$ und
singulär, wenn $E^k \subset A^{n-r}$.

Für die regulären k-Erzeugenden einer Quadrik $Q^{n-1}_{r\,q}$ gilt wegen Satz 3 notwendig $0 \leq k \leq q-1$.

Wir untersuchen nun die Lage einer Quadrik $Q^{n-1} \subset P^n$ zum Koordinatensimplex $\{E_o,\ldots,E_n\}$ des projektiven Koordinatensystems $\{E_o,\ldots,E_n;E\}$, das ihrer Normalform C(I)

$$F(\mathfrak{x}) = a_{oo}x_o^2 + \ldots + a_{r-1,r-1}x_{r-1}^2 = 0 \quad (a_{ii} \neq 0,\ 0 \leq i < r,\ 1 \leq r \leq n+1)$$

zugrundeliegt. Wir betrachten dazu bezüglich der Quadrik die Polarhyperebene Γ_{E_i} eines beliebigen Grundpunktes $E_i(\delta_{io},\ldots,\delta_{in})$ $(0 \leq i \leq r-1)$:

$$a_{oo}\delta_{io}x_o + \ldots + a_{r-1,r-1}\delta_{i,r-1}x_{r-1} = 0.$$

Für festes i hat Γ_{E_i} die Gleichung $a_{ii}x_i = 0$; Γ_{E_i} enthält somit alle Grundpunkte $E_j \neq E_i$. Für $r \leq i \leq n$ ist der P^n zu E_i totalpolar. Die Grundpunkte des Koordinatensimplex $\{E_o,\ldots,E_n\}$ liegen daher paarweise polar. Daraus folgt zusammen mit E, Satz 11:

Satz 5: Jedes Koordinatensimplex $\{E_o,\ldots,E_n\}$, in dem eine Quadrik $Q^{n-1} \subset P^n$ die Normalform C(I) besitzt, ist ein Polsimplex von Q^{n-1}. Die Grundpunkte $E_r,\ldots,E_n$ liegen in der Spitze A^{n-r} von Q^{n-1}. Für $K = \mathbb{R}$ folgt mit C, Satz 7 und $Q^{n-1} = Q^{n-1}_{r\,q}$ unter Beachtung der Normalform C(III):

$$\{E_o,\ldots,E_{p-1}\} \subset A(Q^{n-1}_{r\,q},F) \quad \text{(p Grundpunkte)},$$
$$\{E_p,\ldots,E_{r-1}\} \subset I(Q^{n-1}_{r\,q},F) \quad \text{(q Grundpunkte)},$$
$$\{E_r,\ldots,E_n\} \subset A^{n-r} \subset Q^{n-1}_{r\,q} \quad \text{(n+1-r Grundpunkte)}.$$

Aus der Projektivinvarianz der Zerlegung des P^n in die Teilmengen $A(Q^{n-1}_{r\,q},F)$, $Q^{n-1}_{r\,q}$, $I(Q^{n-1}_{r\,q},F)$ folgt zusammen mit der Projektivinvarianz der Begriffe *Polsimplex* und *Spitze* : Jedes Polsimplex von $Q^{n-1}_{r\,q}$ besitzt p Punkte in $A(Q^{n-1}_{r\,q},F)$, q Punkte in $I(Q^{n-1}_{r\,q},F)$ und n+1-r Punkte in der Spitze A^{n-r}, bei Zugrundelegung der Normalform C(III). Weiter erhält man unmittelbar: Eine Quadrik $Q^{n-1}_{r\,q}$ besitzt in jedem projektiven Koordinatensystem mit geeignetem Einheitspunkt E und mit geeignet numerierten Grundpunkten, die ein Polsimplex von $Q^{n-1}_{r\,q}$ bilden, die Normalform C(III).

Ersetzt man $F(\vec{x})$ durch $-F(\vec{x})$, so wird $A(Q^{n-1}_{r\,q},F)$ mit $I(Q^{n-1}_{r\,q},F)$ vertauscht, und es liegen p Polsimplexecken in $I(Q^{n-1}_{r\,q},-F)$, q Polsimplexecken in $A(Q^{n-1}_{r\,q},-F)$. Bezüglich der in C(III) verwendeten quadratischen Form $F(\vec{x})$ gibt Satz 5 eine neue Deutung des *Index* einer Quadrik $Q^{n-1}_{r\,q}$.

Im folgenden Satz beschreiben wir eine Erzeugungsweise kegeliger Quadriken. Im Hinblick auf eine Anwendung in 8B formulieren wir diesen Satz in einem projektiven Unterraum $S^k + T^l \subset P^n$.

<u>Satz 6</u>: Im projektiven Raum P^n, $\chi(K) \neq 2$, sei die k-Ebene $S^k(\mathcal{S}^{k+1})$ windschief zur l-Ebene $T^l(\mathcal{T}^{l+1})$; Q^{k-1} sei eine Quadrik in S^k. Dann ist

$$Q^{k+l} := \bigcup_{P \in Q^{k-1}} (P + T^l)$$

eine Quadrik in $S^k + T^l$ mit $\mathrm{Dim}(S^k + T^l) = k + l + 1$. Ist A^{k-r} die Spitze der Quadrik Q^{k-1}, so ist $A^{k+l+1-r} := A^{k-r} + T^l$ die Spitze von Q^{k+l}. Für $K = \mathbb{R}$ und $Q^{k-1} = Q^{k-1}_{r\,q}$ stimmen Rang r und Index q der Quadriken $Q^{k-1}_{r\,q}$ und $Q^{k+l}_{r\,q}$ überein.

Beweis: Sei $E_o,\dots,E_k$ ein Polsimplex der Quadrik $Q^{k-1} \subset S^k$, etwa ein Koordinatensimplex, in dem Q^{k-1} die Normalform C(I) besitzt. Die Punkte $E_{k+1},\dots,E_{k+l+1}$ seien linear unabhängig in T^l; der Punkt $E(\Sigma e_i)$ ergänze die Punkte $E_i(e_i)$, $0 \le i \le k+l+1$, zu einem projektiven Koordinatensystem in $S^k + T^l$. Da S^k und T^l windschief sind, folgt aus 1C(I)

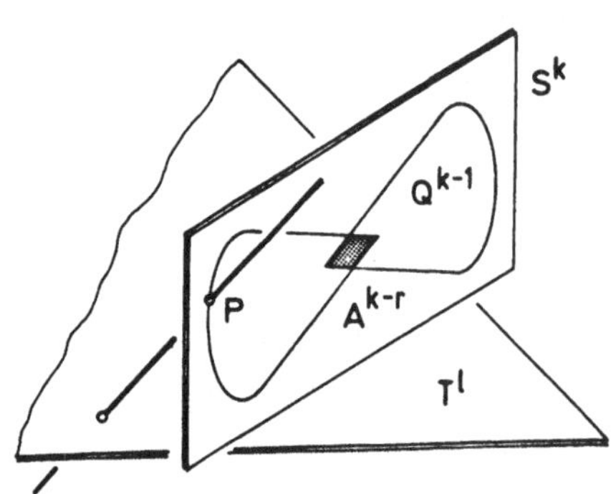

$$\mathrm{Dim}(S^k + T^l) = k+l+1.$$

Die Quadrik $Q^{k-1} \subset S^k$ sei gegeben durch die symmetrische Bilinearform

$$F\colon \mathcal{S}^{k+1} \times \mathcal{S}^{k+1} \longrightarrow K$$
$$(p,q) \longmapsto F(p,q).$$

Dann wird durch die symmetrische Bilinearform

$$G\colon (\mathcal{S}^{k+1} + \mathcal{T}^{l+1}) \times (\mathcal{S}^{k+1} + \mathcal{T}^{l+1}) \longrightarrow K$$
$$G(e_i, e_j) := \begin{cases} F(e_i, e_j), & \text{falls } 0 \le i,j \le k \\ 0 & \text{sonst.} \end{cases}$$

eine Quadrik $\bar{Q}^{k+l}$ in $S^k + T^l$ erklärt, die Q^{k-1} enthält; $\mathcal{S}^{k+1} + \mathcal{T}^{l+1}$ ist nach 1B, Satz 4 der zu $S^k + T^l$ gehörende Vektorraum.

Die Quadrik $\bar{Q}^{k+1}$ hat ersichtlich den Rang r und für $K=\mathbb{R}$ und $Q^{k-1}=Q^{k-1}_{r\,q}$ den Index q, da die quadratische Form von G nach Definition von G dieselbe Normalform wie F besitzt.

Wir zeigen nun die Mengengleichheit $\bar{Q}^{k+1}=Q^{k+1}$.

Die Bilinearform $G(e_i,e_j)$ zeigt, daß T^l ganz in der Spitze von $\bar{Q}^{k+1}$ liegt. Mit D,Satz 7 folgt daraus $Q^{k+1}\subset\bar{Q}^{k+1}$.

Zum Nachweis von $Q^{k+1}\supset\bar{Q}^{k+1}$ sei $X(x)\in\bar{Q}^{k+1}$. Dann ist x darstellbar als

$$x=c+d=\sum_{i=o}^{k}x_ie_i+\sum_{i=k+1}^{k+l+1}x_ie_i,\quad c\in S^{k+1},\, d\in T^{l+1},$$

und es gilt:

$$0=G(x)=G\Big(\sum_{i=o}^{k}x_ie_i\Big)+2G\Big(\sum_{i=o}^{k}x_ie_i,\sum_{i=k+1}^{k+l+1}x_ie_i\Big)+G\Big(\sum_{i=k+1}^{k+l+1}x_ie_i\Big)=$$

$$=F\Big(\sum_{i=o}^{k}x_ie_i\Big)=F(c).$$

Damit hat man

$$X\in C(c)+D(d),\quad \text{mit } C\in Q^{k-1},\ D\in T^l;$$

also ist $Q^{k+1}\supset\bar{Q}^{k+1}$.

Damit ist Q^{k+1} eine Quadrik.

Schließlich zeigen wir, daß $A^{k+l+1-r}$ die Spitze der Quadrik Q^{k+1} ist.

Zunächst entnehmen wir der Definition der Bilinearform G, daß T^l in der Spitze von Q^{k+1} liegt. A^{k-r} liegt ebenfalls in der Spitze von Q^{k+1}, da $G(x,y)=0$ ist für alle $X(x)\in A^{k-r}$ und alle $Y(y)\in S^k$ sowie für alle $X(x)\in A^{k-r}$ und $Y(y)\in T^l$, also für alle $X(x)\in A^{k-r}$ und alle $Y(y)\in S^k+T^l$. Damit ist gezeigt, daß $T^l+A^{k-r}=:A^{k+l+1-r}$ in der Spitze der Quadrik Q^{k+1} liegt. Die Spitze dieser Quadrik hat aber nach D,Satz 5 die Dimension $k+l+1-r$; also ist T^l+A^{k-r} diese Spitze.

Der soeben bewiesene Satz 6 ist wie folgt umkehrbar:

<u>Satz 7:</u> Ist Q^{k+1} eine entartete Quadrik in $S^k+T^l\subset P^n$, $\chi(K)\neq 2$, mit der Spitze $A^{k+l+1-r}\supset T^l$ und ist S^k windschief zu T^l, so schneidet Q^{k+1} die k-Ebene S^k in einer Quadrik Q^{k-1} mit der Spitze

$$A^{k-r}:=A^{k+l+1-r}\cap S^k.$$

Für $K=\mathbb{R}$ und $Q^{k+1}=Q^{k+1}_{r\,q}$ ist $Q^{k-1}=Q^{k-1}_{r\,q}$.

Beweis: Wäre S^k eine k-Erzeugende von Q^{k+l}, dann wäre wegen $T^l \subset A^{k+l+1-r}$ auch $S^k + T^l$ eine Erzeugende von Q^{k+l}, was wegen $Q^{k+l} \subsetneqq (S^k + T^l)$ nicht sein kann. Daher ist $Q^{k+l} \cap S^k$ nach A, Satz 3 eine Quadrik.

Wir beachten nun, daß jeder Punkt aus $S^k + T^l$ polar ist zu jedem Punkt der Spitze $A^{k+l+1-r}$ bezüglich $Q^{k+l}_{r\,q}$. Speziell ist also jeder Punkt aus S^k polar zu jedem Punkt aus $A^{k+l+1-r} \cap S^k$. Demnach liegt $A^{k+l+1-r} \cap S^k$ in der Spitze S der Quadrik $Q^{k+l} \cap S^k$:

$$(A^{k+l+1-r} \cap S^k) \subset S. \tag{1}$$

Die Anwendung der Dimensionsformel 1C(I) ergibt:

$$\begin{aligned} \mathrm{Dim}(A^{k+l+1-r} \cap S^k) &= k+l+1-r+k - \mathrm{Dim}(A^{k+l+1-r} + S^k) \\ &= k+l+1-r+k - (k+l+1)^{1)} \\ &= k-r. \end{aligned} \tag{2}$$

Sei nun $\{E_o(e_o), \ldots, E_k(e_k)\}$ ein Polsimplex von $Q^{k+l} \cap S^k$ und seien $E_{k+1}(e_{k+1}), \ldots, E_{k+l+1}(e_{k+l+1})$ linear unabhängige Punkte aus T^l. Wegen $T^l \subset A^{k+l+1-r}$ ist dann $\{E_o, \ldots, E_{k+l+1}\}$ ein Polsimplex von $Q^{k+l}_{r\,q}$.

Die beiden Quadriken Q^{k+l} und $Q^{k+l} \cap S^k$ haben in den bereitgestellten Polsimplexen bei geeigneter Wahl des Einheitspunkts $E(\Sigma e_i)$ die Normalform

$$\sum_{i=o}^{k} F(e_i) x_i^2 = 0.$$

Folglich haben beide Quadriken denselben Rang und für $K = \mathbb{R}$ denselben Index. Die Schnittquadrik $Q^{k+l} \cap S^k$ hat somit eine (k-r)-Spitze; nach (1) und (2) gilt also:

$$A^{k-r} = A^{k+l+1-r} \cap S^k.$$

Ist speziell $A^{k+l+1-r} = T^l$, so ist $r = k+1$; die k-Ebene S^k schneidet daher $Q^{k+l}_{r\,q}$ in der nichtentarteten Quadrik $Q^{k-1}_{k+1\,q}$.[2]

Wir erinnern daran, daß nach D, Satz 1 jede Quadrik $Q^{n-1}_{r\,q} \subset P^n$ mit der Normalform C(III) eine (n-p)-Ebene, aber keine (n-p+1)-Ebene enthält. Damit erhebt sich die Frage, wieviele (n-p)-Ebenen eine Quadrik $Q^{n-1}_{r\,q}$ enthält. Wir untersuchen diese Frage im Anschluß an HARTL[3] und beginnen mit vorbereitenden Sätzen.

---

1) $S^k + T^l$ mit $\mathrm{Dim}(S^k + T^l) = k+l+1$ wird durch $A^{k+l+1-r} + S^k$ aufgespannt.

2) Diese spezielle Aussage findet man bei LENZ[2]S.157.

Aus D, Satz 4 folgt zunächst:

<u>Satz 8</u>: Die Gerade g sei Erzeugende der Quadrik $Q^{n-1}_{r\,q} \subset P^n$ mit regulären Punkten. Dann stimmen die Tangentenhyperebenen von $Q^{n-1}_{r\,q}$ auf g genau dann überein, wenn sie in je zwei verschiedenen regulären Punkten von $Q^{n-1}_{r\,q}$ auf g übereinstimmmen. Dies ist genau dann der Fall, wenn g die Spitze A^{n-r} von $Q^{n-1}_{r\,q}$ trifft.

Wir beachten nun A, Satz 3, wonach eine k-Ebene $S^k \subset P^n$, die nicht ganz in einer Quadrik $Q^{n-1}_{r\,q} \subset P^n$ liegt, die Quadrik $Q^{n-1}_{r\,q}$ in einer Quadrik $Q^{k-1} \subset S^k$ schneidet. Ist S^k Tangentenhyperebene von $Q^{n-1}_{r\,q}$, so läßt sich diese Aussage wie folgt präzisieren.

<u>Satz 9</u>: Sei P ein regulärer Punkt der Quadrik $Q^{n-1}_{r\,q}$ mit der Spitze A^{n-r}, und sei die Tangentenhyperebene Γ_P in $Q^{n-1}_{r\,q}$ nicht enthalten. Dann ist die Schnittquadrik

$$Q^{n-1}_{r\,q} \cap \Gamma_P =: Q^{n-2}_{r_o q_o}$$

in Γ_P eine Quadrik mit Rang $r_o = r-2$, mit Index $q_o = q-1$ und mit der Spitze $A^{n-r+1} := A^{n-r} + P$.

Beweis: Die Tangentenhyperebene Γ_P von $Q^{n-1}_{r\,q}$ in einem regulären Punkt P von $Q^{n-1}_{r\,q}$ wird nach D, Satz 3 gebildet von den Tangenten von $Q^{n-1}_{r\,q}$ in P (die genau den Punkt P mit $Q^{n-1}_{r\,q}$ gemeinsam haben) und von den Erzeugenden von $Q^{n-1}_{r\,q}$ durch P (die ganz in $Q^{n-1}_{r\,q}$ liegen).[1] Jeder Punkt $X \neq P$ der Schnittquadrik $Q^{n-2}_{r_o q_o}$ liegt also in einer Erzeugenden von $Q^{n-1}_{r\,q}$ durch P; folglich liegt die Verbindungsgerade X+P ganz in der Schnittquadrik $Q^{n-2}_{r_o q_o}$.

Mit D, Satz 7 folgt nun, daß die Spitze A^{n-1-r_o} der Schnittquadrik $Q^{n-2}_{r_o q_o}$ die Spitze A^{n-r} von $Q^{n-1}_{r\,q}$ enthält; außerdem folgt, daß P in der Spitze von $Q^{n-2}_{r_o q_o}$ liegt. Die Spitze A^{n-1-r_o} von $Q^{n-2}_{r_o q_o}$ ist also mindestens (n-r+1)-dimensional, denn notwendig gilt: $A^{n-1-r_o} \supset A^{n-r} + P$.

Sei nun Q ein beliebiger Punkt aus $A^{n-1-r_o} \setminus A^{n-r}$. Dann ist in Q die Tangentenhyperebene Γ_Q von $Q^{n-1}_{r\,q}$ erklärt; Γ_Q enthält Γ_P,

[1] Γ_P liegt höchstens für $Q^{n-1}_{1\,0}$ oder $Q^{n-1}_{2\,1}$ in $Q^{n-1}_{r\,q}$. Im Fall einer Doppelhyperebene $Q^{n-1}_{1\,0}$ ist P kein regulärer Punkt, da alle Punkte von $Q^{n-1}_{1\,0}$ singulär sind; also ist Γ_P nicht definiert. Im Fall eines Hyperebenenpaares $Q^{n-1}_{2\,1}$ geht durch P genau eine Hyperebene, die in $Q^{n-1}_{2\,1}$ liegt, nämlich Γ_P.

da Q in der Spitze $Q^{n-2}_{r_o q_o}$ liegt; Γ_Q stimmt also mit Γ_P überein. Folglich trifft nach Satz 8 die Gerade $P+Q$ die Spitze A^{n-r} von $Q^{n-1}_{r\,q}$. Der Punkt Q liegt also in $A^{n-r}+P$. Folglich ist $A^{n-1-r_o} = A^{n-r}+P$ und somit $r_o = r-2$.

Schließlich sei $S^t \subset Q^{n-1}_{r\,q}$ eine t-Ebene, die den regulären Punkt P enthält. Dann liegen alle Punkte von S^t auf Erzeugenden von $Q^{n-1}_{r\,q}$ durch P. Folglich ist S^t in $Q^{n-2}_{r_o q_o}$ enthalten. Damit enthält $Q^{n-2}_{r_o q_o}$ in $Q^{n-1}_{r\,q}$ liegende Maximalerzeugenden ((n+q-r)-Ebenen nach D, Satz 1). Anderseits enthält $Q^{n-2}_{r_o q_o}$ keine Maximalerzeugenden höherer Dimension als $Q^{n-1}_{r\,q} \supset Q^{n-2}_{r_o q_o}$. Also gilt $n+q-r = n-1+q_o-r_o$ und somit $q_o = q-1$.

Bemerkung:

1) Ist die Quadrik $Q^{n-1}_{r\,q}$ nichtentartet (also $r = n+1$) und $n \geq 2$, dann schneidet nach Satz 9 jede Tangentenhyperebene Γ_P von $Q^{n-1}_{n+1\,q}$ die Quadrik $Q^{n-1}_{n+1\,q}$ in einer entarteten Quadrik $Q^{n-2}_{n-1\,q-1}$, deren Spitze der Berührpunkt P ist.

Setzt man in Satz 7 $S^k = W^{r-1}$, $T^l = A^{n-r}$, dann folgt:

<u>Satz 10</u>: Jede zur Spitze A^{n-r} einer Quadrik $Q^{n-1}_{r\,q}$ komplementäre (r-1)-Ebene W^{r-1} schneidet $Q^{n-1}_{r\,q}$ in einer nichtentarteten Quadrik $Q^{r-2}_{r\,q}$.

Bemerkung:

2) Die Maximalerzeugenden der nichtentarteten Schnittquadrik $Q^{r-2}_{r\,q} = Q^{n-1}_{r\,q} \cap W^{r-1}$ aus Satz 10 sind ersichtlich genau die Schnitte der (r-1)-Ebene W^{r-1} mit den Maximalerzeugenden von $Q^{n-1}_{r\,q}$. Umgekehrt sind die Maximalerzeugenden von $Q^{n-1}_{r\,q}$ genau die Verbindungsräume der Spitze A^{n-r} von $Q^{n-1}_{r\,q}$ mit den Maximalerzeugenden von $Q^{r-2}_{r\,q}$, falls diese existieren, also falls $Q^{r-2}_{r\,q}$ überhaupt Punkte enthält.

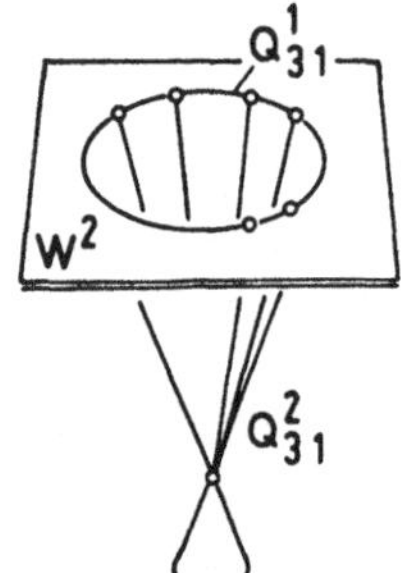

Wir erhalten aus Bemerkung 2) zusammen mit Satz 10:

<u>Satz 11</u>: In einer entarteten Quadrik $Q^{n-1}_{r\,q}$ mit der Spitze A^{n-r} liegen ebensoviele Maximalerzeugende wie in jeder (nichtleeren) nichtentarteten Schnittquadrik $Q^{r-2}_{r\,q} = Q^{n-1}_{r\,q} \cap W^{r-1}$ mit einer zu

A^{n-r} komplementären (r-1)-Ebene W^{r-1}. Jede Maximalerzeugende von $Q^{n-1}_{r\,q}$ ist die Verbindung von A^{n-r} mit genau einer Maximalerzeugenden von $Q^{r-2}_{r\,q}$. Für $q>0$ existieren stets nichtleere Schnittquadriken $Q^{r-2}_{r\,q}$; für $q=0$ enthält $Q^{n-1}_{r\,q}$ genau eine Maximalerzeugende.

Aus Bemerkung 1) und aus Satz 11 ergibt sich:

Satz 12: Durch jeden Punkt P einer nichtentarteten Quadrik $Q^{n-1}_{r\,q} \neq Q^{0}_{2\,1}$ gehen ebensoviele Maximalerzeugende von $Q^{n-1}_{r\,q}$ wie in der entarteten Schnittquadrik

$$Q^{n-2}_{r-2\,q-1} = Q^{n-1}_{r\,q} \cap \Gamma_P$$

insgesamt liegen; das sind nach Satz 11 ebensoviele wie in der Quadrik $Q^{r-4}_{r-2\,q-1}$ insgesamt liegen, falls $Q^{r-4}_{r-2\,q-1} \neq \emptyset$, also falls $r>3$ und $q>1$ ist.

Bezeichnet A(n-1,r,q) die Gliederzahl der Maximalerzeugenden von $Q^{n-1}_{r\,q}$ und beachtet man, daß die nichtentarteten Quadriken $Q^{r-2}_{r\,q}$ die Dimension r-2 besitzen und daß ihre Maximalerzeugenden die Dimension $r-1+q-r = q-1$ haben, so ergibt sich für $q>0$ nach Satz 11 und Satz 12 und bei Verwendung der Schreibweise ∞^k, die besagt, daß die Maximalerzeugenden von $Q^{n-1}_{r\,q}$ von k unabhängigen Parametern abhängen:

$$\begin{aligned}
A(n-1,r,q) &\overset{\text{Satz 11}}{=} A(r-2,r,q) \overset{\text{Satz 12}}{=} \infty^{r-2-(q-1)} A(r-4,r-2,q-1)\\
&= \infty^{r-q-1} \infty^{(r-4)-(q-1)+1} A(r-6,r-4,q-2)\\
&= \infty^{r-q-1} \infty^{r-q-2} A(r-6,r-4,q-2)\\
&= \dots\dots\\
&= \infty^{(q-1)(r-q)-(q-1)\frac{q}{2}} A(r-2q,r-2[q-1],1).
\end{aligned}$$

Über die zuletzt auftretende Mächtigkeit gilt:

$$A(r-2q,r-2[q-1],1) = \begin{cases} 2 & \text{für } r = 2q \\ \infty^{r-2q} & \text{für } r > 2q. \end{cases}$$

Bei Berücksichtigung der Fälle $q=0$ findet man somit insgesamt:

$$A(n-1,r,q) = \begin{cases} 1 & \text{für } q=0,\ n \geq r-1 \ ^{1)} \\ 2\,\infty^{\frac{1}{2}q(q-1)} & \text{für } q>0,\ r = 2q \\ \infty^{\frac{1}{2}q(2r-3q-1)} & \text{für } q>0,\ r > 2q\ . \end{cases}$$

[1] Für $n=r-1$ ist die leere Menge $\emptyset$ die einzige Maximalerzeugende von $Q^{n-1}_{r\,o}$.

Zusammenfassend gilt:

> Satz 13: Jede nichtleere Quadrik $Q^{n-1}_{r\,o}$ enthält ihre Spitze als einzige Maximalerzeugende. Für $q > 0$ stimmt die Spitze von $Q^{n-1}_{r\,q}$ nicht mit $Q^{n-1}_{r\,q}$ überein; ist dann weiter
> $r = 2q$, so besitzt $Q^{n-1}_{r\,q}$ genau zwei $\frac{1}{2}q(q-1)$-gliedrige Scharen von Maximalerzeugenden, ist
> $r > 2q$, so besitzt $Q^{n-1}_{r\,q}$ genau eine $\frac{1}{2}q(2r-3q-1)$-gliedrige Schar von Maximalerzeugenden.

Auf den beiden folgenden Seiten geben wir in Tabellenform an:

1) die Spitzen A^{n-r} der Quadriken $Q^{n-1}_{r\,q} \subset P^n$,

2) die projektivinvariante Zerlegung des P^n durch eine Quadrik $Q^{n-1}_{r\,q}$ in die Teilmengen A, $Q^{n-1}_{r\,q}$, I (siehe dazu C,Satz 7 und den folgenden Abschnitt G),

3) zu einem beliebigen Pol $P(p_o,\dots,p_n)$ die Gleichung seiner Polarhyperebene Γ_P bezüglich $Q^{n-1}_{r\,q}$; wir verwenden dabei die Normalformen C(III) der Quadriken.[1]

In einem projektiven Koordinatensystem, das einer Normalform C(III) zugrundeliegt, wird die Spitze A^{n-r} einer Quadrik $Q^{n-1}_{r\,q}$ gegeben durch

$$\vec{x}^T A = (x_o,\dots,x_n)\begin{bmatrix} 1 & & & & & & & \\ & \ddots & & & & & 0 & \\ & & 1 & & & & & \\ & & & -1 & & & & \\ & & & & \ddots & & & \\ & & & & & -1 & & \\ & & & & & & 0 & \\ & & & & & & & \ddots \\ & & & & & & & & 0 \end{bmatrix} = (0,\dots,0), \qquad \text{(I)}$$

(mit p Einträgen 1, q Einträgen -1, zusammen r)

also durch

$$x_o = \dots = x_{p-1} = x_p = \dots = x_{r-1} = 0.$$

Die Polaritätsbedingung lautet:

$$\vec{p}^T A \vec{x} = (p_o,\dots,p_n)\, A\, (x_o,\dots,x_n)^T = 0. \qquad \text{(II)}$$

Die Polarhyperebene Γ_P des Pols $P(p_o,\dots,p_n)$ hat somit die Gleichung:

$$p_o x_o + \dots + p_{p-1}x_{p-1} - p_p x_p - \dots - p_{r-1}x_{r-1} = 0. \qquad \text{(III)}$$

---

[1] Die in Spalte 2 der Tabelle auftretenden Unterstreichungen werden im folgenden Abschnitt G, Bem.1, erklärt.

	Name	Normalform Polarhyperebene	r	q	Spitze	A	Q^{n-1}_{rq}	I
P^o	$Q^{-1}_{1\,0} = \emptyset$	$x_o^2 = 0$[1] nicht erlaubt	1	0	$\emptyset$	*	$\emptyset$	$\emptyset$
P^1	Doppelpunkt	$x_o^2 = 0$ $p_o x_o = 0$	1	0	Punkt (die ganze Quadrik)	*	*	$\emptyset$
	$Q^o_{2\,0} = \emptyset$	$x_o^2+x_1^2 = 0$ $p_o x_o + p_1 x_1 = 0$	2	0	$\emptyset$	*	$\emptyset$	$\emptyset$
	Punktepaar	$x_o^2-x_1^2 = 0$ $p_o x_o - p_1 x_1 = 0$	2	1	$\emptyset$	*	*	*
P^2	Doppel- gerade	$x_o^2 = 0$ $p_o x_o = 0$	1	0	Gerade (die ganze Quadrik)	*	*	$\emptyset$
	Doppelpunkt	$x_o^2+x_1^2 = 0$ $p_o x_o + p_1 x_1 = 0$	2	0	Punkt (die ganze Quadrik)	*	*	$\emptyset$
	Geradenpaar	$x_o^2-x_1^2 = 0$ $p_o x_o - p_1 x_1 = 0$	2	1	Punkt	*	*	*
	$Q^1_{3\,0} = \emptyset$	$x_o^2+x_1^2+x_2^2 = 0$ $p_o x_o + p_1 x_1 + p_2 x_2 = 0$	3	0	$\emptyset$	*	$\emptyset$	$\emptyset$
	nichtentar- teter Ke- gelschnitt	$x_o^2+x_1^2-x_2^2 = 0$ $p_o x_o + p_1 x_1 - p_2 x_2 = 0$	3	1	$\emptyset$	*	*	*
P^3	Doppelebene	$x_o^2 = 0$ $p_o x_o = 0$	1	0	Ebene (die ganze Quadrik)	*	*	$\emptyset$
	Doppel- gerade	$x_o^2+x_1^2 = 0$ $p_o x_o + p_1 x_1 = 0$	2	0	Gerade (die ganze Quadrik)	*	*	$\emptyset$
	Ebenenpaar	$x_o^2-x_1^2 = 0$ $p_o x_o - p_1 x_1 = 0$	2	1	Gerade	*	*	*
	Doppelpunkt	$x_o^2+x_1^2+x_2^2 = 0$ $p_o x_o + p_1 x_1 + p_2 x_2 = 0$	3	0	Punkt (die ganze Quadrik)	*	*	$\emptyset$
	Kegel	$x_o^2+x_1^2-x_2^2 = 0$ $p_o x_o + p_1 x_1 - p_2 x_2 = 0$	3	1	Punkt	*	*	*
	$Q^2_{4\,0} = \emptyset$	$x_o^2+x_1^2+x_2^2+x_3^2 = 0$ $p_o x_o + p_1 x_1 + p_2 x_2 + p_3 x_3 = 0$	4	0	$\emptyset$	*	$\emptyset$	$\emptyset$

	Name	Normalform Polarhyperebene	r	q	Spitze	A	Q^{n-1}_{rq}	I
	Ovalquadrik	$x_0^2+x_1^2+x_2^2-x_3^2=0$ $p_0x_0+p_1x_1+p_2x_2-p_3x_3=0$	4	1	Ø	*	*	*
	Ringquadrik	$x_0^2+x_1^2-x_2^2-x_3^2=0$ $p_0x_0+p_1x_1-p_2x_2-p_3x_3=0$	4	2	Ø	*	*	*
P^n $n\geq 3$	Doppelhyperebene	$x_0^2=0$ $p_0x_0=0$	1	0	Hyperebene (die ganze Quadrik)	*	*	Ø
	Doppelhypergerade	$x_0^2+x_1^2=0$ $p_0x_0+p_1x_1=0$	2	0	Hypergerade (die ganze Quadrik)	*	*	Ø
	Hyperebenenpaar	$x_0^2-x_1^2=0$ $p_0x_0-p_1x_1=0$	2	1	Hypergerade	*	*	*
	....	....	...	..	....	...	...	...
	Doppelpunkt	$x_0^2+x_1^2+\ldots+x_{n-1}^2=0$ $p_0x_0+p_1x_1+\ldots+p_{n-1}x_{n-1}=0$	n	0	Punkt (die ganze Quadrik)	*	*	Ø
	Hyperkegel (2q < n) Hyperkegel (2q = n)	$x_0^2+x_1^2+\ldots+x_{n-2}^2-x_{n-1}^2=0$ $p_0x_0+\ldots+p_{n-2}x_{n-2}-p_{n-1}x_{n-1}=0$	n ...	1 ..	Punkt (Hyperkegelspitze)	* ...	* ...	* ...
	$Q^{n-1}_{n+1\,0}=\emptyset$	$x_0^2+x_1^2+\ldots+x_n^2=0$ $p_0x_0+\ldots+p_nx_n=0$	n+1	0	Ø	*	Ø	Ø
	Ovalhyperquadrik	$x_0^2+x_1^2+\ldots+x_{n-1}^2-x_n^2=0$ $p_0x_0+\ldots+p_{n-1}x_{n-1}-p_nx_n=0$	n+1	1	Ø	*	*	*
	Ringhyperquadrik (2q < n+1) Ringhyperquadrik (2q = n+1)	$x_0^2+x_1^2+\ldots-x_{n-1}^2-x_n^2=0$ $p_0x_0+\ldots-p_{n-1}x_{n-1}-p_nx_n=0$	n+1 ...	2 ..	Ø	* ...	* ...	* ...

Aufgaben:

1) Im P^3 ermittle man alle Fälle von zueinander windschiefen projektiven Unterräumen S^k, T^l $(0 \leq k,l \leq 2)$. Für jeden Quadriktyp in S^k gebe man den nach Satz 6 in $S^k + T^l$ erzeugten Quadriktyp an.

2) In einer Hyperebene $\Gamma \subset P^n$ sei eine Quadrik $Q^{n-2}_{r\,q}$ gegeben. Mit Hilfe von Satz 6 zeige man: Ist Λ eine Hyperebene in P^n und $Z \in P^n \setminus (\Gamma \cup \Lambda)$, so bildet die *Zentralprojektion* von Γ auf Λ aus dem *Zentrum* Z,

$$\pi\colon \Gamma \longrightarrow \Lambda$$
$$X \longmapsto (X+Z) \cap \Lambda\,,$$

die Quadrik $Q^{n-2}_{r\,q}$ bijektiv ab auf eine Quadrik $\bar{Q}^{n-2}_{r\,q}$ in Λ.

G. Quadriken mit Aussen- und Innengebiet

Zerlegt eine Quadrik $Q^{n-1}_{r\,q}$ den projektiven Raum P^n derart, daß in C, Satz 7 die Mengen $A(Q^{n-1}_{r\,q},F)$ und $I(Q^{n-1}_{r\,q},F)$ nicht leer sind, so erhebt sich die Frage, ob $A(Q^{n-1}_{r\,q},F)$ und $I(Q^{n-1}_{r\,q},F)$ stets projektiv unterscheidbar sind. Der folgende Satz verneint diese Frage.

<u>Satz 1</u>: Bei den Quadriken $Q^{n-1}_{r\,q} \subset P^n$ mit Signatur $s = 0$ (also mit Index $q = \frac{r}{2}$) sind die nicht leeren Mengen $A(Q^{n-1}_{r\,q},F)$, $I(Q^{n-1}_{r\,q},F)$ projektiv nicht unterscheidbar. Dies gilt speziell bei den Punktepaaren $Q^{0}_{2\,1}$ einer projektiven Geraden P^1.

Beweis: Sei $Q^{n-1}_{r\,q}$ in der Normalform C(III) gegeben:

$$x_0^2 + \ldots + x_{p-1}^2 - x_p^2 - \ldots - x_{2p-1}^2 = 0.$$

Dann läßt die Projektivität $\pi\colon P^n \longrightarrow P^n$ mit $\pi X(\vec{x}) = Y(\vec{y})$ und

$$y_i := x_{i+p} \quad (0 \leq i \leq p-1),$$
$$y_k := x_{k-p} \quad (p \leq k \leq 2p-1),$$
$$y_l := x_l \quad (2p \leq l \leq n)$$

die Quadrik $Q^{n-1}_{r\,q}$ fix und vertauscht die Mengen $A(Q^{n-1}_{r\,q},F)$ und $I(Q^{n-1}_{r\,q},F)$, die folglich projektiv nicht gegeneinander ausgezeichnet sind.

Sei nun $Q^{n-1}_{r\,q} \subset P^n$ eine Quadrik mit Signatur $s := p-q > 0$, sei $P \in P^n \setminus Q^{n-1}_{r\,q}$ ein beliebiger Punkt und Γ_P seine Polarhyperebene bezüglich $Q^{n-1}_{r\,q}$. Liegt Γ_P in $Q^{n-1}_{r\,q}$, so ist $Q^{n-1}_{r\,q}$ eine Doppelhyperebene $Q^{n-1}_{1\,0}$.[1] Bei $Q^{n-1}_{1\,0}$ ist entgegen der Voraussetzung $I(Q^{n-1}_{1\,0},F) = \emptyset$. Daher ist $\Gamma_P \cap Q^{n-1}_{r\,q}$ nach A, Satz 3 (man verwende $k = n-1$) stets eine Quadrik $Q^{n-2}_{r'\,q'}$.

In Γ_P sei nun ein projektives Koordinatensystem $\{E_o,\ldots,E_{n-1};E'\}$ so gewählt, daß in diesem Koordinatensystem die Quadrik $Q^{n-2}_{r'\,q'}$ die Normalform C(III) hat, also die Gleichung

$$x_o^2 + \ldots + x_{p'-1}^2 - x_{p'}^2 - \ldots - x_{r'-1}^2 = 0$$

besitzt.[2] In einem projektiven Koordinatensystem $\{E_o,\ldots,E_{n-1},E_n;E\}$ mit dem Grundpunkt $P = E_n \notin \Gamma_P$ und geeignet gewähltem Einheitspunkt $E \notin \Gamma_P$ hat $Q^{n-1}_{r\,q}$ (nach F, Satz 5) die Gleichung

$$F = x_o^2 + \ldots + x_{p'-1}^2 - x_{p'}^2 - \ldots - x_{r'-1}^2 + \varepsilon x_n^2 = 0 \quad (\varepsilon = \pm 1)$$

mit $r' = r - 1$,

$p' = p,\ q' = q-1$, falls $\varepsilon = -1$, also $P \in I(Q^{n-1}_{r\,q},F)$

und $q' = q,\ p' = p-1$, falls $\varepsilon = +1$, also $P \in A(Q^{n-1}_{r\,q},F)$.

Der Rang r' von $Q^{n-2}_{r'q'}$ ist also unabhängig von $P \in P^n \backslash Q^{n-1}_{r\,q}$ um eins niedriger als der Rang r von $Q^{n-1}_{r\,q}$. Der Index q' von $Q^{n-2}_{r'q'}$ ist entweder gleich dem Index q von $Q^{n-1}_{r\,q}$ oder um eins niedriger, je nachdem ob $P \in A(Q^{n-1}_{r\,q},F)$ oder $P \in I(Q^{n-1}_{r\,q},F)$.

Hat $Q^{n-1}_{r\,q}$ die Signatur $s = 0$, so haben die Schnittquadriken $Q^{n-2}_{r'\,q'}$ für $P \in A(Q^{n-1}_{r\,q},F)$ und $P \in I(Q^{n-1}_{r\,q},F)$ stets *denselben* Rang $r' = r-1$ und *denselben* Index $q' = q-1$. Eine Unterscheidung der Mengen $A(Q^{n-1}_{r\,q},F)$ und $I(Q^{n-1}_{r\,q},F)$ ist somit in Übereinstimmung mit Satz 1 nur für $s > 0$ möglich und zwar unabhängig von der zur Beschreibung der Quadrik $Q^{n-1}_{r\,q}$ gewählten quadratischen Form F. Es genügt daher, diese Mengen mit $AQ^{n-1}_{r\,q}$ und $IQ^{n-1}_{r\,q}$ zu bezeichnen.

Damit gilt:

Satz 2: Sei

$$Q^{n-1}_{r\,q} = \{X(x) \in P^n \mid F(x) = 0\}$$

eine Quadrik mit Signatur $s := p-q > 0$ und sei $I(Q^{n-1}_{r\,q},F) \neq \emptyset$; Γ_X sei die Polarhyperebene von X bezüglich $Q^{n-1}_{r\,q}$. Dann gilt:

[1] Ein Hyperebenenpaar $Q^{n-1}_{2\,1}$ kommt als Quadrik $Q^{n-1}_{r\,q}$ wegen $s > 0$ nicht in Frage.

[2] Ist $s = 0$, so ist das Vorzeichen der quadratischen Form F, die $Q^{n-1}_{r\,q}$ beschreibt, so zu wählen, daß $Q^{n-2}_{r'\,q'}$ die Normalform C(III) erhält.

Die Schnittquadrik
$$Q^{n-2}_{r'q'} := \Gamma_X \cap Q^{n-1}_{rq}$$
hat genau für alle $X \in A(Q^{n-1}_{rq},F)$ die Signatur $s' = s-1$
und genau für alle $X \in I(Q^{n-1}_{rq},F)$ die Signatur $s' = s+1$.
Damit sind die Mengen $A(Q^{n-1}_{rq},F)$ und $I(Q^{n-1}_{rq},F)$ projektivinvariant gekennzeichnet; in ihrer Bezeichnung erübrigt sich also der Hinweis auf F.

$AQ^{n-1}_{rq} := A(Q^{n-1}_{rq},F)$ heißt das *Außengebiet*,

$IQ^{n-1}_{rq} := I(Q^{n-1}_{rq},F)$ heißt das *Innengebiet*

einer Quadrik mit Signatur $s > 0$ und $I(Q^{n-1}_{rq},F) \neq \emptyset$.
Für $I(Q^{n-1}_{rq},F) = \emptyset$ heißt AQ^{n-1}_{rq} das *Außengebiet* der Quadrik.[1]

Eine Ovalquadrik $Q^{n-1}_{n+1\,1} \subset P^n$, $n \geq 2$, besitzt die Normalform C(III):
$$F(\vec{x}) = x_o^2 + \ldots + x_{n-1}^2 - x_n^2 = 0;$$
ihre Tangentenhyperebene Γ_A in einem Punkt $A(\vec{a}) \in Q^{n-1}_{n+1\,1}$, mit $\vec{a} = (a_o,\ldots,a_n)^T$, ist nach D,Satz 3 gegeben durch
$$a_o x_o + \ldots + a_{n-1}x_{n-1} - a_n x_n = 0.$$
Wegen $\vec{a} \neq \vec{o}$ und $A \in Q^{n-1}_{n+1\,1}$ ist notwendig $a_n \neq 0$. Ein beliebiger Punkt
$$X(a_n x_o,\ldots,a_n x_{n-1}, a_o x_o + \ldots + a_{n-1}x_{n-1})$$
der Tangentenhyperebene Γ_A erteilt der quadratischen Form $F(\vec{x})$ einen nicht negativen Wert, denn unter Beachtung der SCHWARZschen Ungleichung gilt:
$$\begin{aligned} a_n^2 F(\vec{x}) &= (x_o^2 + \ldots + x_{n-1}^2)a_n^2 - (a_o x_o + \ldots + a_{n-1}x_{n-1})^2 \\ &= (x_o^2 + \ldots + x_{n-1}^2)(a_o^2 + \ldots + a_{n-1}^2) - (a_o x_o + \ldots + a_{n-1}x_{n-1})^2 \geq 0. \end{aligned}$$
Daraus folgt zusammen mit C,Satz 7: Die Punkte des Innengebiets $IQ^{n-1}_{n+1\,1}$ einer Ovalquadrik sind dadurch gekennzeichnet, daß sie in keiner Tangentenhyperebene von $Q^{n-1}_{n+1\,1}$ liegen.

Ein Hyperkegel $Q^{n-1}_{n\,1} \subset P^n$, $n \geq 3$, mit der Spitze A^o hat nach der auf den Seiten 89,90 angegebenen Tabelle die Normalform
$$G(\vec{x}) = x_o^2 + \ldots + x_{n-2}^2 - x_{n-1}^2 = 0,$$

[1] Die Fälle $I(Q^{n-1}_{rq},F) = \emptyset$, $I(Q^{n-1}_{rq},F) \neq \emptyset$ können auch zusammen diskutiert werden.

die in der Hyperebene $x_n = 0$ eine ovale Leitquadrik $Q^{n-2}_{n\,1}$ des Hyperkegels beschreibt. Daher ist $IQ^{n-2}_{n\,1}$ jene Teilmenge der Hyperebene $x_n = 0$, deren Punkte in keiner Tangentenhyperebene von $Q^{n-2}_{n\,1}$ liegen.

Ersichtlich ist dann $A^o + IQ^{n-2}_{n\,1} = IQ^{n-1}_{n\,1}$ jene Teilmenge des P^n, deren Punkte in keiner Tangentenhyperebene des Hyperkegels $Q^{n-1}_{n\,1}$ liegen.

Nach diesen Ergebnissen sind die Punktmengen $I(Q^{n-1}_{n+1\,1}, F)$ und $I(Q^{n-1}_{n\,1}, G)$ erneut projektivinvariant gekennzeichnet. Wie schon aus Satz 2 bekannt, ist kein Hinweis auf die quadratischen Formen F,G erforderlich. Entsprechendes folgt für $A(Q^{n-1}_{n+1\,1}, F)$ und $A(Q^{n-1}_{n\,1}, G)$. Zusammen mit Satz 2 gilt daher:

Satz 3: Das Innengebiet $IQ^{n-1}_{n+1\,1}$ einer Ovalquadrik $Q^{n-1}_{n+1\,1} \subset P^n$, $n \geq 2$, sowie das Innengebiet $IQ^{n-1}_{n\,1}$ eines Hyperkegels $Q^{n-1}_{n\,1} \subset P^n$, $n \geq 3$, enthält genau alle Punkte $X \in P^n$, die in keiner Tangentenhyperebene dieser Quadriken liegen.

Zur Vorbereitung einer weiteren Kennzeichnung der Innengebiete der Ovalquadriken beachten wir, daß nach F,Satz 5 von jedem Polsimplex $\{P_o, \ldots, P_n\}$ einer Ovalquadrik $Q^{n-1}_{n+1\,1}$ ein Punkt im Innengebiet $IQ^{n-1}_{n+1\,1}$ liegt und n Punkte im Außengebiet $AQ^{n-1}_{n+1\,1}$ liegen.

Ist nun Γ_X eine Hyperebene, die nur Außenpunkte enthält,[1] so läßt sich Γ_X als Verbindung von paarweise polaren Außenpunkten darstellen:[2] $\Gamma_X = P_o + \ldots + P_{n-1}$. Vervollständigt man $P_o, \ldots, P_{n-1}$ zu einem Polsimplex, so ist der noch fehlende Punkt notwendig der Pol X von Γ_X. Da $P_o, \ldots, P_{n-1}$ Außenpunkte sind, ist (nach F,Satz 5) notwendig $X \in IQ^{n-1}_{n+1\,1}$.

Ist umgekehrt $X \in IQ^{n-1}_{n+1\,1}$ und wird X zu einem Polsimplex vervollständigt, so liegen die restlichen n Punkte $P_o, \ldots, P_{n-1}$ (nach F,Satz 5) notwendig in $AQ^{n-1}_{n+1\,1}$ und spannen die Polarhyperebene Γ_X auf. Dann ist $\Gamma_X \subset AQ^{n-1}_{n+1\,1}$. Wäre nämlich $P \in \Gamma_X$ ein Quadrikpunkt, so würde (nach E,Satz 6) Γ_P mit X inzidieren, im Widerspruch zu Satz 3; wäre ein Punkt $P \in \Gamma_X$ ein Quadrikinnenpunkt, so gäbe es auch einen Punkt $Q \in \Gamma_X$, der Quadrikpunkt ist. Somit gilt:

---

[1] Hyperebenen dieser Art existieren. Besitzt $Q^{n-1}_{n+1\,1}$ die Normalform $x_o^2 + \ldots + x_{n-1}^2 - x_n^2 = 0$, so ist $x_n = 0$ eine solche Hyperebene.

[2] Man wähle P_o, bestimme Γ_{P_o}, wähle P_1 in $\Gamma_{P_o} \cap \Gamma_X$ usw.

> Satz 4: Ein Punkt $X \in P^n$, $n \geq 2$, ist genau dann Innenpunkt einer Ovalquadrik $Q^{n-1}_{n+1\,1}$, wenn seine Polarhyperebene Γ_X im Außengebiet $AQ^{n-1}_{n+1\,1}$ liegt.

Außerdem gilt:

> Satz 5: Liegt eine Hypergerade $\alpha \subset P^n$, $n \geq 2$, im Außengebiet einer Ovalquadrik $Q^{n-1}_{n+1\,1}$, dann gibt es im Außengebiet eine Hyperebene Γ_X, die α enthält ($\alpha \subset \Gamma_X \subset AQ^{n-1}_{n+1\,1} \subset P^n$).

Beweis: Man lege durch α eine Hyperebene Γ, die $Q^{n-1}_{n+1\,1}$ schneidet. Dann liegt nach Satz 4 der Pol X von α bezüglich der ovalen Schnittquadrik $Q^{n-1}_{n+1\,1} \cap \Gamma$ in deren Innengebiet. Ersichtlich liegt X auch im Innengebiet von $Q^{n-1}_{n+1\,1}$.[1] Nun betrachte man die Polarhyperebene Γ_X von X bezüglich $Q^{n-1}_{n+1\,1}$; Γ_X enthält α und liegt nach Satz 4 im Außengebiet $AQ^{n-1}_{n+1\,1}$.

Bemerkung:

1) In der Tabelle S.89,90 sind die Quadriken mit projektiv unterscheidbarem, nichtleerem Außen- und Innengebiet unterstrichen. Die Quadriken, welche dieselbe Punktmenge wie ihre Spitze beschreiben und somit nur singuläre Punkte enthalten, sind durch $I = \emptyset$ gekennzeichnet. Bei den übrigen Quadriken ist keine der Mengen A, $Q^{n-1}_{r\,q}$, I leer. Die Quadriken, bei denen Außen- und Innengebiet projektiv nicht unterscheidbar sind, sind durch $r = 2q$ gekennzeichnet.

Aufgabe:

Man zeige: Ein Punkt $X \in P^n$, $n \geq 2$, ist genau dann Außenpunkt einer Ovalquadrik $Q^{n-1}_{n+1\,1}$, wenn es eine Gerade g durch X gibt, die $Q^{n-1}_{n+1\,1}$ nicht schneidet. Ein Punkt $X \in P^n$, $n \geq 3$, ist genau dann Außenpunkt eines Kegels $Q^{n-1}_{n\,1}$, wenn es eine Gerade g durch X gibt, die $Q^{n-1}_{n\,1}$ nicht schneidet.

H. Dualisierung der Quadriken

Wird das Dualitätsprinzip der projektiven Räume nach 3B, Satz 2 realisiert, so ist der Dualraum $\overset{\times}{P}{}^n$ der Hyperebenenraum von P^n, und es besteht die bijektive Punkt-Hyperebenen-Abbildung

$$P^n \longrightarrow \overset{\times}{P}{}^n \text{ (Hyperebenenraum von } P^n)$$
$$U(\vec{u}) \longmapsto \Gamma(\vec{\gamma}) \quad (\vec{\gamma} = \sigma\vec{u},\ \vec{\gamma}^T\vec{x} = 0);$$

[1] Diese Eigenschaft ist für $n = 2$ unmittelbar ersichtlich. Auf $Q^{n-1}_{n+1\,1} \cap \Gamma$ ist Satz 4 für $n = 2$ nicht anwendbar!

dabei sind die u_i $(0 \le i \le n)$ die projektiven Punktkoordinaten von $U(\vec{u})$ und $\gamma_i = \sigma u_i$ die projektiven Hyperebenenkoordinaten von $\Gamma(\vec{\gamma})$ im zugrundegelegten projektiven Koordinatensystem.

Das Dualitätsprinzip der projektiven Räume besteht hier in einer Uminterpretation der (n+1)-Tupel $(u_o,\dots,u_n)$. Für die Quadriken des Dualraumes $\overset{\times}{P}{}^n$ ist daher das Klassifikations-, Normalformen- und Invariantenproblem (siehe S.55) gelöst, wenn es im P^n gelöst ist. Es genügt daher, eine Uminterpretation der Quadrik-Normalformen vorzunehmen. Für $n = 1$ entfällt diese Uminterpretation, da die Hyperebenen des P^1 Punkte sind. Zur Unterscheidung der Quadriken in P^n und $\overset{\times}{P}{}^n$ definiert man:

Def.1: Die Quadriken $Q^{n-1} \subset P^n$ heißen *Ordnungsquadriken*, die Quadriken $\overset{\times}{Q}{}^{n-1} \subset \overset{\times}{P}{}^n$ heißen *Klassenquadriken* (für n=2: *Ordnungskegelschnitte* bzw. *Klassenkegelschnitte*).

Die Begriffe *Ordnungsquadrik* und *Klassenquadrik* entstammen der klassischen algebraischen Geometrie; sie sind dort ebenfalls zueinander dual und werden im folgenden nur verwendet, wenn der Ordnungs- bzw. Klassencharakter der Quadrik hervorzuheben ist. Ordnungs- und Klassenquadriken sind *Quadrikenmodelle*, die durch das Dualitätsprinzip der projektiven Räume verknüpft sind (siehe dazu 1A,Def.1 und 1A,Bem.3,4).

Die Anwendung des Dualitätsprinzips auf die Normalform C(III) der Quadriken $Q^{n-1}_{r\,q} \subset P^n$ bewirkt die Zuordnung:

$$Q^{n-1}_{r\,q} = \{U(u_o,\dots,u_n) \in P^n \mid u_o^2 + \dots + u_{p-1}^2 - u_p^2 - \dots - u_{r-1}^2 = 0\} \mapsto$$

$$\mapsto \overset{\times}{Q}{}^{n-1}_{r\,q} = \{\Gamma(\gamma_o x_o + \dots + \gamma_n x_n = 0) \subset P^n \mid \gamma_o^2 + \dots + \gamma_{p-1}^2 - \gamma_p^2 - \dots - \gamma_{r-1}^2 = 0, \gamma_i = \sigma u_i\}.$$

Für $r = 1$ handelt es sich (für alle Körper $K, \chi(K) \neq 2$) um alle Hyperebenen

$$\gamma_o x_o + \dots + \gamma_n x_n = 0 \quad \text{mit } \gamma_o^2 = 0.$$

Dies sind genau die mit dem Punkt $(x_o,\dots,x_n) = (1,0,\dots,0)$ inzidenten Hyperebenen. Man nennt diese Klassenquadrik einen *Doppelpunkt*:

$$\left.\begin{array}{l}\text{Doppelhyperebene} \subset P^n\\ \text{(Ordnungsquadrik mit}\\ \text{Rang } r = 1)\end{array}\right\} \mapsto \left\{\begin{array}{l}\text{Doppelpunkt} \subset \overset{\times}{P}{}^n\\ \text{(Klassenquadrik}\\ \text{mit Rang } r = 1)\end{array}\right.$$

Für $r > 1$ wird der Grundkörper K des P^n bei der Dualisierung der Quadriken wesentlich. Wir diskutieren im folgenden die Klassenquadriken mit Rang $r > 1$ im Hyperebenenraum des reellen projektiven Raumes P^n. Die Quadrik $\overset{\times}{Q}{}^{n-1}_{r\,q}$ sei beschrieben durch ihre

Normalform

$$\gamma_o^2 + \ldots + \gamma_{p-1}^2 - \gamma_p^2 - \ldots - \gamma_{r-1}^2 = 0 .$$

$\overset{\times}{Q}{}^{n-1}_{r\,q}$ entspricht dual einer Quadrik $Q^{n-1}_{r\,q}$ mit derselben Normalform

$$x_o^2 + \ldots + x_{p-1}^2 - x_p^2 - \ldots - x_{r-1}^2 = 0 ;$$

ihre Spitze A^{n-r} hat die Darstellung: $x_o = \ldots = x_{r-1} = 0.$
Der Spitze A^{n-r} entspricht dual bei $\overset{\times}{Q}{}^{n-1}_{r\,q}$ die Menge aller Hyperebenen mit den Hyperebenenkoordinaten: $\gamma_o = \ldots = \gamma_{r-1} = 0.$
Der Schnitt dieser Hyperebenen ist eine (r-1)-Ebene H^{r-1} mit der Darstellung: $x_r = \ldots = x_n = 0.$
Die (r-1)-Ebene H^{r-1} steht der Spitze A^{n-r} nach 3A, Satz 3 dual gegenüber und ist – aufgefaßt als Hyperebenenmenge – mit $\overset{\times}{A}{}^{r-1}$ zu bezeichnen. In Anlehnung an Def. 1 wird A^{n-r} auch als *Ordnungsspitze* und $\overset{\times}{A}{}^{r-1}$ als *Klassenspitze* bezeichnet.

Wir beachten nun, daß nach D, Satz 7 gilt: Die Verbindungsgerade eines Punktes aus $Q^{n-1}_{r\,q}$ mit einem Punkt der Spitze A^{n-r} ist eine Erzeugende von $Q^{n-1}_{r\,q}$. Dual gilt: Die Schnitthypergerade einer Hyperebene aus $\overset{\times}{Q}{}^{n-1}_{r\,q}$ mit einer Hyperebene, die H^{r-1} enthält, ist (als Hyperebenenmenge!) *H-Erzeugende*[1] von $\overset{\times}{Q}{}^{n-1}_{r\,q}$. Mit einer Hyperebene aus $\overset{\times}{Q}{}^{n-1}_{r\,q}$, die H^{r-1} schneidet, gehört somit jede Hyperebene, die diesen Schnitt enthält, zu $\overset{\times}{Q}{}^{n-1}_{r\,q}$. Zur Beschreibung von $\overset{\times}{Q}{}^{n-1}_{r\,q}$ genügen somit die Schnitte der Hyperebenen aus $\overset{\times}{Q}{}^{n-1}_{r\,q}$ mit H^{r-1}; $\overset{\times}{Q}{}^{n-1}_{r\,q}$ ist die Menge aller Hyperebenen in P^n, die einen solchen Schnitt enthalten.

Der Schnitt einer Hyperebene aus $\overset{\times}{Q}{}^{n-1}_{r\,q}$ mit H^{r-1} ist eine (r-2)-Ebene, die gegeben ist durch

$$\gamma_o x_o + \ldots + \gamma_{r-1} x_{r-1} = 0, \quad x_r = \ldots = x_n = 0,$$

mit

$$\gamma_o^2 + \ldots + \gamma_{p-1}^2 - \gamma_p^2 - \ldots - \gamma_{r-1}^2 = 0 .$$

Alle diese Schnitte gehören also einer nichtentarteten Klassenquadrik $\overset{\times}{Q}{}^{r-2}_{r\,q} \subset H^{r-1}$ an. Umgekehrt ist jede Hyperebene dieser Klassenquadrik $\overset{\times}{Q}{}^{r-2}_{r\,q}$ Schnitt einer Hyperebene aus $\overset{\times}{Q}{}^{n-1}_{r\,q}$ mit H^{r-1}. Damit genügt es, die nichtentarteten Klassenquadriken zu untersuchen; das sind genau die Klassenquadriken, die bei Anwendung des Dualitätsprinzips der projektiven Räume aus den nichtentarteten Ordnungsquadriken entstehen. Dazu sei eine nichtentartete

[1] Lies: Hyperebenen-Erzeugende.

Ordnungsquadrik $Q^{r-2}_{r\,q}$ gegeben durch

$$u_o^2 + \ldots + u_{p-1}^2 - u_p^2 - \ldots - u_{p+q-1}^2 = 0 \quad (r = p+q).$$

Das Dualitätsprinzip der projektiven Räume ordnet nach 3B, Satz 2 jedem Quadrikpunkt $U(\vec{u})$ bijektiv eine Hyperebene zu mit der Gleichung

$$u_o x_o + \ldots + u_{p-1}x_{p-1} - (-u_p)x_p - \ldots - (-u_{p+q-1})x_{p+q-1} = 0,$$

also die Tangentenhyperebene von $Q^{r-2}_{r\,q}$ im Punkt

$$\bar{U}(u_o, \ldots, u_{p-1}, -u_p, \ldots, -u_{p+q-1}) \in Q^{r-2}_{r\,q}.$$

Damit ist jede nichtentartete Klassenquadrik $\overset{\times}{Q}{}^{r-2}_{r\,q}$ die Menge der Tangentenhyperebenen einer nichtentarteten Ordnungsquadrik $Q^{r-2}_{r\,q}$.

Zusammenfassend gilt:

Satz 2: Im Hyperebenenraum des reellen projektiven Raumes P^n ist jede Klassenquadrik $\overset{\times}{Q}{}^{n-1}_{r\,q}$ die Menge aller Hyperebenen des P^n, die eine Tangentenhyperebene einer nichtentarteten Ordnungsquadrik $Q^{r-2}_{r\,q}$ einer (r-1)-Ebene H^{r-1} enthalten. Kurz: *Dual zu einer Quadrik* $Q^{n-1}_{r\,q} \subset P^n$ *ist eine Quadrik* $Q^{r-2}_{r\,q} \subset H^{r-1}$.
Der Ordnungsspitze A^{n-r} von $Q^{n-1}_{r\,q}$ entspricht
die Klassenspitze $\overset{\times}{A}{}^{r-1}$ von $\overset{\times}{Q}{}^{n-1}_{r\,q}$,
die aus allen Hyperebenen besteht, die H^{r-1} enthalten.

Speziell ist jede nichtentartete Klassenquadrik $\overset{\times}{Q}{}^{n-1}_{n+1\,q}$ die Tangentenhyperebenenmenge einer rang- und indexgleichen Ordnungsquadrik $Q^{n-1}_{n+1\,q}$ aus P^n.[1]

Aufgabe:

Im projektiven Raum P^3 sei eine Klassenquadrik $\overset{\times}{Q}{}^2_{r\,q}$ in Ebenenkoordinaten durch die Gleichung $\gamma_1^2 + \gamma_2^2 - \gamma_3^2 = 0$ gegeben. Man zeige (ohne Verwendung von Satz 2 und möglichst ohne Rechnung): $\overset{\times}{Q}{}^2_{r\,q}$ besteht aus allen Ebenen, die eine Tangente des nichtentarteten Kegelschnitts $Q^1_{3\,1}$ mit den Gleichungen $x_o = 0$, $x_1^2 + x_2^2 - x_3^2 = 0$ enthalten.

Wir stellen nun die wichtigsten Klassenquadriken der reellen projektiven Räume $\overset{\times}{P}{}^n$, $n \geq 2$, und ihrer komplexen Erweiterung $\overset{\otimes}{P}{}^n$ in Tabellenform zusammen.

[1] BURAU[1]S.205 beweist einen verwandten Satz, dem der Körper $\mathbb{C}$ der komplexen Zahlen zugrundeliegt; dieser Satz enthält infolgedessen keine Aussage über den Index der auftretenden Quadriken.

	Name [1]	r	q	Normalform in Hyperebenenkoordinaten	Symbol	Name [1]	
$\overset{\times}{P}{}^2$	Doppelpunkt	1	0	$\gamma_o^2=0$	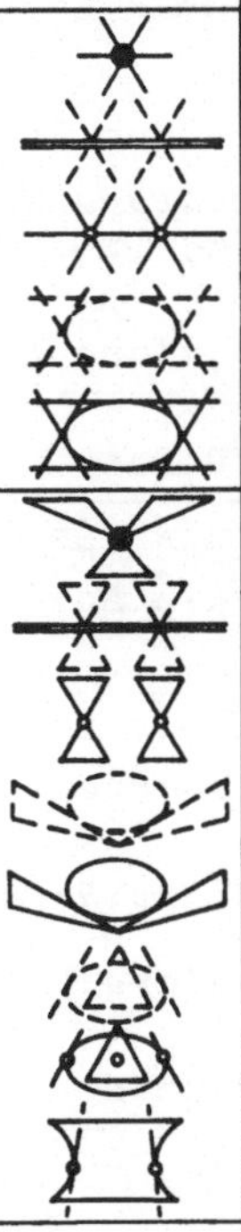	Doppelpunkt	$\hat{\overset{\times}{P}}{}^2$
	Doppelgerade	2	0	$\gamma_o^2+\gamma_1^2=0$		nullteiliges Punktepaar	
	Punktepaar	2	1	$\gamma_o^2-\gamma_1^2=0$		reelles Punktepaar	
	$\overset{\times}{Q}{}^1_{3\,0}=\emptyset$	3	0	$\gamma_o^2+\gamma_1^2+\gamma_2^2=0$		nullteiliger Kegelschnitt	
	nichtentarteter Kegelschnitt	3	1	$\gamma_o^2+\gamma_1^2-\gamma_2^2=0$		nichtentarteter Kegelschnitt	
$\overset{\times}{P}{}^3$	Doppelpunkt	1	0	$\gamma_o^2=0$		Doppelpunkt	$\hat{\overset{\times}{P}}{}^3$
	Doppelgerade	2	0	$\gamma_o^2+\gamma_1^2=0$		nullteiliges Punktepaar	
	Punktepaar	2	1	$\gamma_o^2-\gamma_1^2$		reelles Punktepaar	
	Doppelebene	3	0	$\gamma_o^2+\gamma_1^2+\gamma_2^2=0$		nullteiliger Kegelschnitt	
	Kegelschnitt	3	1	$\gamma_o^2+\gamma_1^2-\gamma_2^2=0$		Kegelschnitt	
	$\overset{\times}{Q}{}^2_{4\,0}=\emptyset$	4	0	$\gamma_o^2+\gamma_1^2+\gamma_2^2+\gamma_3^2=0$		nullteilige Quadrik	
	Ovalquadrik	4	1	$\gamma_o^2+\gamma_1^2+\gamma_2^2-\gamma_3^2=0$		Ovalquadrik	
	Ringquadrik	4	2	$\gamma_o^2+\gamma_1^2-\gamma_2^2-\gamma_3^2=0$		Ringquadrik	
$\overset{\times}{P}{}^n$	Doppelpunkt	1	0	$\gamma_o^2=0$		Doppelpunkt	$\hat{\overset{\times}{P}}{}^n$
	Doppelgerade	2	0	$\gamma_o^2+\gamma_1^2=0$		nullteiliges Punktepaar	
	Punktepaar	2	1	$\gamma_o^2-\gamma_1^2=0$		reelles Punktepaar	
	....	..	..	....		....	
	$\overset{\times}{Q}{}^{n-1}_{n+1\,0}=\emptyset$	n+1	0	$\gamma_o^2+\gamma_1^2+\ldots+\gamma_n^2=0$		nullteilige nichtentartete Hyperquadrik	
	Ovalhyperquadrik	n+1	1	$\gamma_o^2+\gamma_1^2+\ldots+\gamma_{n-1}^2-\gamma_n^2=0$		Ovalhyperquadrik	
	Ringhyperquadrik	n+1	2	$\gamma_o^2+\gamma_1^2+\ldots-\gamma_{n-1}^2-\gamma_n^2=0$		Ringhyperquadrik	
	....	...	..	....		....	

Die folgenden Betrachtungen knüpfen an Abschnitt D (k-Ebenen und Quadriken) an. In D wurden in einem projektiven Raum P^n, $\chi(K)\neq 2$, die Lagen untersucht, die eine Gerade zu einer Quadrik einnehmen kann. Nach 3A, Satz 3 entsprechen den Geraden $g\subset P^n$

[1] Name als Klassenquadrik!

die Hypergeraden $\overset{\times}{\alpha} \subset \overset{\times}{P}^n$ bijektiv. Die Lagen der Hypergeraden zu einer Klassenquadrik lassen sich wie die Lagen der Geraden zu einer Ordnungsquadrik ermitteln oder dual übertragen. Dabei ergeben sich die zu den Begriffen

Passante	*reguläre Tangente* *singuläre Tangente*	*Sekante*	*Erzeugende*

dualen Begriffe[1)]

H-Passante	*reguläre H-Tangente* *singuläre H-Tangente*	*H-Sekante*	*H-Erzeugende*

Damit folgt aus D,Satz 2 durch Dualisieren:

Satz 4: Im Dualraum $\overset{\times}{P}^n$, $\chi(K)\neq 2$, nimmt eine Hypergerade $\overset{\times}{\alpha}$ zu einer Klassenquadrik $\overset{\times}{Q}^{n-1}$ genau eine der folgenden Lagen ein:

$\overset{\times}{\alpha} \cap \overset{\times}{Q}^{n-1}$	$\overset{\times}{\alpha}$
$\emptyset$	*H-Passante* (nur möglich, wenn K nicht algebraisch abgeschlossen)
$\{\overset{\times}{\Gamma}\}$	*reguläre H-Tangente* ($\overset{\times}{\Gamma}$ ist die *Berührhyperebene* von $\overset{\times}{\alpha}$ und eine *reguläre Hyperebene* von $\overset{\times}{Q}^{n-1}$) *singuläre H-Tangente* ($\overset{\times}{\Gamma}$ ist die *Treffhyperebene* von $\overset{\times}{\alpha}$ und eine *singuläre Hyperebene* von $\overset{\times}{Q}^{n-1}$)
$\{\overset{\times}{\Lambda},\overset{\times}{\Omega}\}$	*H-Sekante*
$\overset{\times}{\alpha}$	*H-Erzeugende*

Satz 4 gilt speziell, wenn man als Dualraum $\overset{\times}{P}^n$ den Hyperebenenraum von P^n wählt und eine nichtentartete Klassenquadrik als Menge der Tangentenhyperebenen einer rang- und indexgleichen Ordnungsquadrik aus P^n interpretiert.

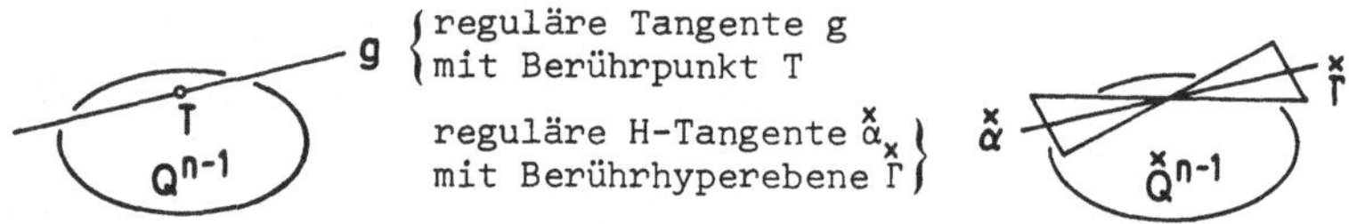

Wendet man das Dualitätsprinzip im Anschluß an E,Satz 1 auf zwei Punkte X,Y an, die bezüglich einer Quadrik Q^{n-1} polar liegen, so entsprechen diesen Punkten zwei Hyperebenen $\overset{\times}{\Gamma},\overset{\times}{\Lambda}$ die bezüglich $\overset{\times}{Q}^{n-1}$ polar liegen, also die dual interpretierte Polaritätsbedingung erfüllen. Wir formulieren daher:

Satz 5: Im Dualitätsprinzip der projektiven Räume entsprechen polaren Punkten X, Y bezüglich einer Ordnungsquadrik Q^{n-1} polare Hyperebenen $\overset{\times}{\Gamma},\overset{\times}{\Lambda}$ bezüglich einer Klassenquadrik $\overset{\times}{Q}^{n-1}$.

1) Lies: Hyperebenen-Passante usw.

KAPITEL 5. GEOMETRIE ALS INVARIANTENTHEORIE EINER GRUPPE

A. GEOMETRIE-MODELLE UND IHRE TRANSFORMATIONSGRUPPEN

Nach 2D,Satz 2 bilden die Projektivitäten eines projektiven Raumes P^n bezüglich der Verknüpfung eine n(n+2)-gliedrige Gruppe, die projektive Gruppe, deren Invariantentheorie auf P^n nach 2D, Def.8 das Standardmodell $(P^n, PGL(P^n))$ der projektiven Geometrie heißt. Es liegt nahe, diesen Standpunkt zu verallgemeinern und schlechthin *Geometrie* als *Invariantentheorie einer Gruppe* zu verstehen, die beim Operieren auf einer wohlbestimmten Menge zu einem *Geometrie-Modell* führt. Wir beschreiben diesen allgemeinen Standpunkt und erinnern zuvor an die folgenden Begriffe.

1) *Gruppe* G: Menge $G \neq \emptyset$ mit innerer Verknüpfung $\circ$, deren Elemente a,b,... den Gruppenaxiomen genügen (Assoziativgesetz, Existenz eines neutralen Elements, Existenz eines inversen Elements).

2) *Untergruppe* $U \subset G$: Teilmenge $U \subset G$, $U \neq \emptyset$, die mit der inneren Verknüpfung $\circ$ aus G selbst eine Gruppe ist.

3) *Untergruppenkriterium*: Genau dann ist $U \subset G$, $U \neq \emptyset$ Untergruppe von G, wenn gilt: $a,b \in U \Rightarrow a \circ b \in U$ und $a \in U \Rightarrow a^{-1} \in U$.

4) *Normalteiler* $U \subset G$: Untergruppe $U \subset G$ mit der Eigenschaft: $u \in U$ (beliebig), $a \in G$ (beliebig) $\Rightarrow aua^{-1} \in U$.

5) *k-gliedrige Gruppe*: Gruppe, deren Elemente von genau k unabhängigen Parametern abhängen (siehe 2D,Satz 2).

6) *k-gliedrige Menge*: Menge, deren Elemente von genau k unabhängigen Parametern abhängen. Eine k-gliedrige Menge enthält ∞^k *Elemente*, wenn jeder Parameter ein Intervall $I_j \subset \mathbb{R}$ $(1 \leq j \leq k)$ durchläuft (siehe S.87).

7) *Bijektion einer Menge* $M \neq \emptyset$: Bijektive Selbstabbildung $f: M \to M$, Automorphie $f: M \to M$; Permutation, wenn M endlich ist.

Die Verknüpfung zweier Bijektionen ist wieder eine Bijektion. Die Identität ist eine Bijektion und neutrales Element. Zu jeder Bijektion gibt es die inverse, und das Assoziativgesetz gilt stets bei Abbildungen. Man hat daher:

<u>Satz 1:</u> Die Menge aller Bijektionen einer Menge $M \neq \emptyset$ bildet unter der Verknüpfung eine Gruppe, die *symmetrische Gruppe* (*Automorphiengruppe*) S_M auf M.

Eine echte oder unechte Untergruppe T der symmetrischen Gruppe S_M heißt eine *Transformationsgruppe* auf M. Wenn es zu je zwei n-Tupeln $(P_1,\dots,P_n)$, $(Q_1,\dots,Q_n)$ paarweise verschiedener Elemente aus M eine (bzw. genau eine) Transformation $\tau \in T$ gibt mit $\tau P_i = Q_i$ $(i=1,\dots,n)$, dann sagt man, T operiert auf M *n-fach* (bzw. *scharf-n-fach*) *transitiv*, für n=1 kurz *transitiv*.

Das in 3) formulierte Untergruppenkriterium liefert das folgende Kriterium für Transformationsgruppen:

Satz 2: Eine Teilmenge $T \neq \emptyset$ der Bijektionen einer Menge $M \neq \emptyset$ ist eine Transformationsgruppe T auf M $\iff \begin{cases} \tau,\sigma \in T \Rightarrow \tau\circ\sigma \in T \\ \tau \in T \Rightarrow \tau^{-1} \in T. \end{cases}$

Nach diesen Vorbereitungen können wir dem angekündigten allgemeinen Standpunkt, Geometrie als Invariantentheorie einer Gruppe zu verstehen, näherkommen, indem wir den Begriff des Geometrie-Modells einführen.

Def.3: Gegeben sei: (1) eine Menge $M \neq \emptyset$ (etwa $M = P^n$),
(2) eine Transformationsgruppe T auf M (etwa die projektive Gruppe $PGL(P^n)$).

Dann heißen: die Menge M ein *Raum*, ihre Elemente (bezeichnet mit lateinischen Großbuchstaben X,Y,...) die *Punkte* des Raumes, jede Menge $F = \{F_i\}$ von Teilmengen (*Teilfiguren*) $F_i \subset M$ eine *Figur*[1] – dabei durchläuft i eine Indexmenge I –, die Transformationsgruppe T eine *Ähnlichkeits-* oder *Bewegungsgruppe* auf M, die Invariantentheorie von T auf M das *Geometrie-Modell* – kurz das *Modell* – (M,T) und jeder bezüglich allen Transformationen $\tau \in T$ invariante Begriff in M ein T-*invarianter Begriff* oder ein *Begriff des Geometrie-Modells* (M,T). Ein T-invarianter Begriff, der sich einem Punktepaar $\{X,Y\} \subset M$ zuordnen läßt, heißt *Abstand*.

Wir wollen im folgenden in einem Modell (M,T) Figuren vergleichen. Wir fragen daher: Wann sollen in einem Raum M zwei Figuren F,F' *kongruent* heißen? Der Nichtmathematiker antwortet: Wenn man die Figuren *zur Deckung bringen* kann. Er hat die Vorstellung, daß man F durch den Raum transportiert und auf F' legt. Der Mathematiker greift diese Vorstellung auf, verwendet als Transportmittel Transformationen aus T und definiert:

Def.4: Zwei Figuren $F,F' \subset M$ heißen *kongruent* ($F \simeq F'$) *bezüglich einer Transformationsgruppe* T *auf* M (kurz: T-*kongruent*), wenn es eine Transformation $\tau \in T$ gibt mit $\tau F = F'$.

Wir erhalten dann

Satz 5: In jedem Geometrie-Modell (M,T) ist die T-Kongruenz von Figuren eine Äquivalenzrelation.

Beweis: Ist $F \simeq F'$, so gibt es eine Transformation $\tau \in T$ mit

[1] F liegt in der Potenzmenge von M; wir sagen auch kurz: F liegt in M.

$\tau F = F'$. T enthält mit τ auch τ^{-1}, daher folgt $\tau^{-1}F' = F$ und somit $F' \simeq F$. Die T-Kongruenz ist also symmetrisch. Unter Verwendung der Gruppeneigenschaften folgt weiter die Reflexivität ($F \simeq F$) und die Transitivität ($F \simeq F'$, $F' \simeq F'' \Rightarrow F \simeq F''$).

Nach Satz 5 kann man in jedem Modell (M,T) Klassen T-kongruenter Figuren bilden. Dazu werden die Gruppeneigenschaften benötigt. T-kongruente Figuren unterscheiden sich in M nur hinsichtlich ihrer *Lage*. Sie können mit Hilfe einer Transformation τ in eine andere Lage befördert werden. T-kongruente Figuren haben dieselben T-invarianten Begriffe, die auch die *T-invarianten Eigenschaften* kongruenter Figuren genannt werden.

B. Absolutfigur, Schauplatz, Ordnungsprinzip

Der Begriff der Figur bietet durch *Auszeichnung einer Figur* die Möglichkeit, sehr verschiedenartige Geometrie-Modelle zu entwickeln, ausgehend von

Satz 1: Sei M ein Raum und P(M) die Potenzmenge von M (Menge aller Teilmengen in M); $F = \{F_i\} \subset P(M)$ (i aus einer Indexmenge I) sei eine Figur in M (für $M = P^n$ siehe 1A,Def.1) und U' sei eine Transformationsgruppe auf M. Dann gilt:

Die Bijektionen $\tau \in U' \subseteq S_M$, die zugleich Bijektionen jeder Teilfigur F_i sind, die also jede Teilfigur F_i als Ganzes festlassen ($\tau F_i = F_i$, kurz: F *fix lassen*), bilden eine Untergruppe $U \subset U' \subseteq S_M$. F heißt eine *Absolutfigur* oder ein *absolutes Gebilde*. Die Bijektionen $\tau \in U$, die F fix lassen, heißen *F-Bijektionen*.

Zum Beweis von Satz 1 sind die Gruppenaxiome als erfüllt nachzuweisen; wir überlassen diese einfache Aufgabe dem Leser.

Die Bedeutung dieses Satzes besteht darin, daß man durch *Auszeichnung einer Figur in* M eine Untergruppe U von S_M oder eine Untergruppe U einer schon bekannten Untergruppe $U' \subseteq S_M$ gewinnen kann. Mit Hilfe der Menge $F \subset P(M)$ und einer Transformationsgruppe $T \subset U \subset S_M$ kann man sodann das Modell (S,T) mit $S \subset M, T \subset U \subset S_M$ untersuchen. Die Punktmenge S, auf der die Transformationsgruppe T operiert, hängt von F und M ab. Oft wählt man $S = M$, $S = F_i$, $S=F$ oder $S = M \setminus F$.

Die Forderung $\tau F_i = F_i$ aus Satz 1 kann auf vielfache Weise erfüllt werden. Bleibt F_i bei einer Transformation $\tau \in T$ punktweise fix, so ist τ nicht notwendig die Identität! Besteht F_i aus zwei Teilmengen ($F_i = F' \cup F''$), die bijektiv aufeinander abbildbar sind, so wird $\tau F_i = F_i$ sowohl durch $\tau F' = F', \tau F'' = F''$ als auch durch $\tau F' = F'', \tau F'' = F'$ erfüllt. Ersichtlich bilden alle Bijektionen $\tau \in S_M$ mit $\tau F'=F'$, $\tau F''=F''$ eine Untergruppe der Untergruppe $U \subset S_M$. Entsprechendes gilt, wenn F_i aus mehr als zwei Teilmengen besteht, die paarweise bijektiv aufeinander abbildbar sind.

Def.2: In einem Geometrie-Modell (S,T), $S \subset M$, $T \subset S_M$ heißt der gewählte, im allgemeinen von einer Absolutfigur $F \subset P(M)$ abhängige Raum S der *Schauplatz* des Geometrie-Modells (S,T). Der Schauplatz S tritt an die Stelle des Raumes M aus A,Def.3; T ist die auf S operierende Transformationsgruppe.

Beispiele:[1]

Geometrie-Modell (S,T)	S	F	M	T	$\subset S_M$
projektives Standardmodell über dem Körper K	P^n	P^n	P^n	projektive Gruppe $PGL(P^n)$	$\subset S_{P^n}$
affines Standardmodell über dem Körper K	$P^n \setminus \Gamma$	$\Gamma \subset P^n$	P^n	affine Gruppe $AGL(P^n \setminus \Gamma)$	$\subset S_{P^n}$
euklidisches Standardmodell	$P^n \setminus \Gamma$	$Q^{n-2}_{n\,0} \subset \Gamma$	P^n	euklidische Bewegungsgruppe	$\subset S_{P^n}$

Die bisherigen Überlegungen zeigen, daß – ausgehend von einem Raum M und seiner symmetrischen Gruppe S_M – eine Fülle von Geometrie-Modellen (S,T) zu erwarten sind. Es liegt daher nahe, für diese Modelle eine Ordnungsmöglichkeit zu suchen. Wir beschreiben ein Ordnungsprinzip für Paare von Geometrie-Modellen

$$(S,T),(S',T') \text{ mit } S' \subset S,\ T' \subsetneqq T.$$

Dabei sei das Modell (S',T') aus dem Modell (S,T) dadurch entstanden, daß man von F zu einer umfassenderen Absolutfigur F' und von der Transformationsgruppe T zu einer echten Untergruppe $T' \subset T$ übergeht. In dieser gegenseitigen Beziehung stehen je zwei der in obiger Tabelle als Beispiele genannten Modelle, wenn derselbe Skalarkörper zugrundeliegt. Da T' auch auf S (aber im allgemeinen T nicht auf S') operiert, ist jeder T-invariante Begriff in (S,T) auch ein T'-invarianter Begriff in (S',T'), aber im allgemeinen nicht umgekehrt! Daher gilt:

Satz 3: Entsteht ein Modell (S',T') aus einem Modell (S,T) durch Vergrößerung der Absolutfigur ($F \subset F'$) und ist T' Untergruppe von T, so ist das Modell (S',T') an Aussagen und Invarianten reicher als das Modell (S,T). Das Modell (S',T') heißt ein *Obermodell* von (S,T).

Bemerkungen:

1) Zwei Modelle (wie das reelle affine und das euklidische Stan-

[1] Siehe etwa SCHAAL[2],Bd.II,§25.

dardmodell) können denselben Schauplatz, aber verschiedene Transformationsgruppen besitzen.

2) Die Wahl einer Absolutfigur $F \subset P(M)$ zum Aufbau eines Modells (S,T) kann zur Folge haben, daß sogar eine Absolutfigur $F' \supset F$ existiert. (Beispiel: Im euklidischen Standardmodell bleibt mit der Quadrik $Q^{n-2}_{n\,0}$ auch die Hyperebene Γ fix.) Mit F' bleibt jedoch nicht notwendig $F \subset F'$ fix. (Beispiel: Im affinen Standardmodell bleibt mit Γ nicht notwendig $Q^{n-2}_{n\,0}$ fix.)

3) Die Obermodelle des projektiven Standardmodells (siehe 1A, Bem.3) hängen von der Dimension n und vom Körper K ab, über dem der projektive Raum P^n betrachtet wird. Je höher die Dimension, desto mehr Absolutfiguren zur Aussonderung von Untergruppen (und damit von Obermodellen) sind möglich.

4) In den folgenden Kapiteln werden im reellen projektiven Raum P^n Untergruppen der projektiven Gruppe $PGL(P^n)$ ermittelt, die eine Absolutfigur $F \subset \hat{P}^n$ fix lassen. Die projektive Gruppe $PGL(P^n)$ ist dabei eine Untergruppe U' der symmetrischen Gruppe S_{P^n} von P^n im Sinne von Satz 1. Operiert die projektive Gruppe $PGL(P^n)$ auf P^n, so kann der P^n, aber auch die leere Menge $\emptyset$, als Absolutfigur des reellen projektiven Standardmodells aufgefaßt werden.

5) Es gibt Gruppen, welche die projektive Gruppe umfassen. Dies bemerkt schon KLEIN[4][5] in seinem *Erlanger Programm*, in dem der gruppengeometrische Standpunkt erstmals ausführlich formuliert wird. Erwähnt seien die birationalen Transformationen, die Berührungstransformationen und die topologischen Abbildungen. Während im Rahmen des Erlanger Programms nur Gruppen betrachtet werden, die auf einer Punktmenge S operieren, kann man die Invariantentheorie einer Gruppe auch entwickeln, ohne daß eine Punktmenge vorliegt, auf der sie operiert.

6) Man kann Untergruppen einer Transformationsgruppe T durch Übergang zu einer umfassenderen Absolutfigur $F' \supset F$ finden, aber auch dadurch, daß man alle Transformationen $\tau \in T$ mit anderen Zusatzeigenschaften (etwa *Winkeltreue*, *Flächentreue*,...) betrachtet. Wir bevorzugen in dieser Darstellung die Gewinnung von Transformationsgruppen (besonderen LIEschen Gruppen) durch Absolutfiguren.

Aufgabe:

Im P^1 seien E_0, E_1 verschiedene Punkte. Man ermittle die Menge T aller Projektivitäten von P^1, welche die Figur $F = \{E_0, E_1\}$ fix lassen. Man gebe eine Gleichung für die Absolutfigur F des Geometrie-Modells (P^1,T) an. Sei $P \in P^1 \setminus F$ und $S := \{X \in P^1 \mid DV(X P E_0 E_1) > 0\}$. Für welche Untergruppe $U \subset T$ gilt $\gamma S = S$ für alle $\gamma \in U$? Man gebe eine Abbildung $d: S \times S \to \mathbb{R}$ an, so daß d(A,B) für alle $A, B \in S$ Abstand der Punkte A,B im Geometrie-Modell (S,U) ist.

C. Übertragungen, Geometrien

Wir ermitteln in diesem Abschnitt Bedingungen, die es ermöglichen, verschiedene Geometrie-Modelle als zueinander isomorph zu erkennen.

> Satz 1: Sei (S,T) ein Geometrie-Modell, $S_0 \neq \emptyset$ eine Menge und $f\colon S \to S_0$ eine Bijektion. Dann induziert f einen Homomorphismus φ der Transformationsgruppe T auf eine Transformationsgruppe T_0 auf S_0.

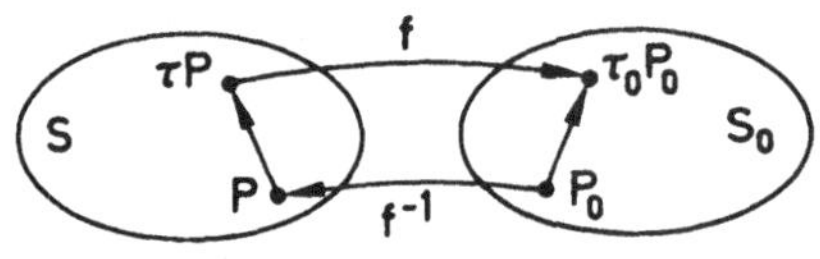

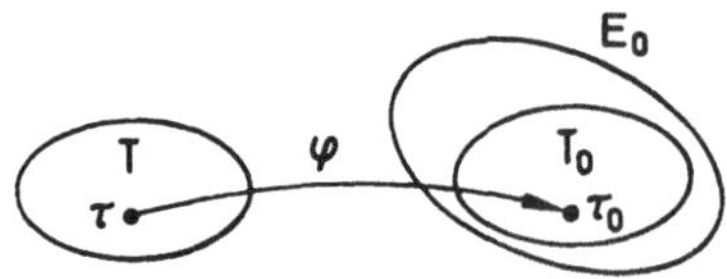

Beweis: Jeder Transformation $\tau \in T$ läßt sich die Selbstabbildung

$$\tau_0 := f \circ \tau \circ f^{-1} \qquad (1)$$

von S_0 zuordnen. Sei E_0 die Menge aller Selbstabbildungen von S_0. Dann ist durch die Zuordnung

$$\varphi\colon \tau \mapsto \tau_0 \qquad (2)$$

eine Abbildung φ von T in E_0 gegeben, für die mit (1) und (2) gilt:

$$\begin{aligned}\varphi(\tau\circ\tau') &\overset{(2)}{=} (\tau\circ\tau')_0 \overset{(1)}{=} f\circ(\tau\circ\tau')\circ f^{-1} = f\circ\tau\circ f^{-1}\circ f\circ\tau'\circ f^{-1} = \\ &= (f\circ\tau\circ f^{-1})\circ(f\circ\tau'\circ f^{-1}) \overset{(1)(2)}{=} \varphi(\tau)\circ\varphi(\tau').\end{aligned} \qquad (3)$$

Wegen $\varphi(\tau\circ\tau') = \varphi(\tau)\circ\varphi(\tau')$ ist φ ein Homomorphismus von T in E_0.

Wegen der Bijektivität von f und τ ist jede Selbstabbildung τ_0 eine Bijektion von S_0. Die Menge $T_0 := \varphi(T)$ ist als homomorphes Bild einer Gruppe selbst eine Gruppe (mit Hilfe von (3) zeigt man leicht, daß in T_0 die Gruppenaxiome erfüllt sind). Also ist T_0 eine Transformationsgruppe auf S_0.

> Satz 2: Der Homomorphismus $\varphi\colon T \to T_0$ ist bijektiv. Die Transformationsgruppen T und T_0 sind also isomorph.

Beweis: Wegen $T_0 = \{\tau_0 \mid \tau_0 = \varphi(\tau)\}$ ist φ surjektiv. Außerdem gilt:

$$\varphi(\tau) = \varphi(\tau') \overset{(1)}{\Rightarrow} f\circ\tau\circ f^{-1} = f\circ\tau'\circ f^{-1} \Rightarrow \tau = \tau'.$$

Somit ist φ injektiv. Als surjektive und injektive Abbildung ist φ bijektiv. Als bijektiver Homomorphismus ist φ ein Isomorphismus. Die Gruppen T und T_0 sind daher isomorph.

Wir definieren nun:

Def.3: Zwei Geometrie-Modelle (S,T) und (S_0,T_0), die sich nach Satz 1 verknüpfen lassen, heißen *isomorph*. Der Isomorphismus wird induziert durch die *Übertragung* (f,φ).

In der Übertragung (f,φ) bildet f den Schauplatz S auf den Schauplatz S_0 und φ die Transformationsgruppe T auf die Transformationsgruppe T_0 bijektiv ab.

Die Übertragungen, die auch als *Übertragungsprinzipe* bezeichnet werden, bieten die Möglichkeit, in sehr verschiedenartigen Mengen isomorphe Geometrie-Modelle zu induzieren. Wir werden dafür Beispiele kennenlernen.

Isomorphe Geometrie-Modelle (S,T),(S_0,T_0) haben dieselbe Struktur. Diese Struktur ist in der Menge S bezüglich der Transformationsgruppe T, aber auch in der Menge S_0 bezüglich der Transformationsgruppe T_0 realisierbar.

Die *Isomorphie* von Geometrie-Modellen ist ersichtlich eine Äquivalenzrelation in jeder Menge von Geometrie-Modellen. Die Klasse aller zu einem festen Geometrie-Modell isomorphen Geometrie-Modelle ist eine Äquivalenzklasse. Damit ist jedes Geometrie-Modell (S,T) Repräsentant der Äquivalenzklasse {(S,T)} aller zu (S,T) isomorphen Modelle. Diese Feststellung ermöglicht die folgende Definition:

Def.4: Die Äquivalenzklasse {(S,T)} aller zu einem festen Geometrie-Modell (S,T) isomorphen Modelle heißt die *Geometrie* {(S,T)}. Jedes Geometrie-Modell (S_0,T_0) ∈ {(S,T)} ist ein Repräsentant der Geometrie {(S,T)}.

Bemerkungen:

1) In der Literatur werden die Begriffe *Geometrie* und *Geometrie-Modell* nicht immer unterschieden.

2) Die Transformationen der Gruppe T eines Geometrie-Modells (S,T) sind nicht notwendig linear. Mit einer geeigneten Übertragung (f,φ) kann es gelingen, in einer Menge S_0 ein isomorphes Geometrie-Modell (S_0,T_0) zu induzieren, wobei T_0 aus linearen Transformationen besteht. Geometrie-Modelle mit linearen Transformationsgruppen lassen sich bequemer behandeln als Modelle mit nichtlinearen Transformationsgruppen. Die projektive Gruppe besteht aus linearen Transformationen und ist daher zur *Linearisierung von Geometrien* besonders geeignet.

3) Ein Blick in die Literatur zeigt, daß eine Geometrie meist axiomatisch – den Grundideen von EUKLID (siehe etwa ENGEL/STÄCKEL[1]) und HILBERT[1] folgend – oder als Invariantentheorie einer Transformationsgruppe aufgebaut wird. Die Idee, eine

Geometrie als Invariantentheorie einer Transformationsgruppe zu begründen, hat erstmals KLEIN[4][5] in seinem *Erlanger Programm* (1872) formuliert. Es beruht wesentlich auf Vorarbeiten von LIE zur Theorie der kontinuierlichen Gruppen und führt zu einer brauchbaren Einteilung der *Gruppengeometrien* {(S,T)}. Wir verfolgen das Erlanger Programm im Rahmen der projektiven Geometrie, in dem es bis heute besonders erfolgreich war. Eine elementare, leicht lesbare Einführung mit historischen Bemerkungen und Literaturangaben findet man bei STRUBECKER[41]. Mit den Anfängen des Erlanger Programms, seiner weiteren Entwicklung und seiner Stellung innerhalb des Gesamtgebiets der Geometrie befassen sich BEHNKE[1], BURAU[5], CARATHÉODORY[2], SCHOENFLIES[1], WUSSING[1]. JASIŃSKA/KUCHARZEWSKI[1][2] geben eine Fassung des Erlanger Programms im Rahmen der Theorie geometrischer Objekte (siehe auch KAPUSTKA[1]).

Nicht jede mathematische Disziplin, die eine Geometrie genannt wird, hat eine axiomatische oder invariantentheoretische Begründung. Der Begriff *Geometrie* umschreibt oft nur ein Arbeitsgebiet (etwa Geometrie der Waben, Geometrie der Schraubflächen, Konstruktive Geometrie).

4) An der Idee, eine Geometrie als Invariantentheorie einer Transformationsgruppe zu begründen, wurde längere Zeit experimentiert. Die Transformationstheorie, also die Suche nach Eigenschaften von Figuren, die sich ändern, wenn man zu kongruenten Figuren übergeht, brachte weniger Ergebnisse. Fruchtbarer erwies sich die Invariantentheorie, also die Suche nach Eigenschaften, die kongruenten Figuren bei Transformationen gemeinsam sind. Ein Analogon in der Physik ist der Übergang von der Beschreibung von Bewegungsvorgängen zur Aufstellung von Erhaltungssätzen.

5) Jeder in einem Modell (S,T) bewiesene Satz behält in einem Modell (S_0,T_0) derselben Geometrie in anderer Interpretation seine Gültigkeit. Nach Satz 1 ist S_0 eine nichtleere Menge. Ihre Elemente sind nicht notwendig Punkte. Ein Schauplatz eines Geometrie-Modells (S,T) ist also nicht notwendig eine Punktmenge! Wir lernen dafür Beispiele kennen.

6) Das in B, Satz 3 beschriebene Ordnungsprinzip für Paare von Modellen (S,T), (S',T') mit $S' \subset S$, $T' \subsetneqq T$ läßt sich offenbar auf alle zu (S,T) bzw. (S',T') isomorphen Modelle ausdehnen.

Wir werden im folgenden im komplex erweiterten projektiven Raum $\hat{P}^n$ Absolutfiguren F auszeichnen und damit geeignete Transformationsgruppen T (nach B, Satz 1 Untergruppen der Gruppe der

F-Bijektionen $\tau \in U \subset S_M$, jetzt $M = P^n$) gewinnen. Die Elemente von T sind Projektivitäten des P^n, die F fix lassen; wir nennen sie F-*Projektivitäten*.

Wir verlassen damit den allgemeinen Standpunkt und kehren zum Standardmodell des projektiven Raumes P^n zurück, in dem wir die (projektiven) Standardmodelle der *CAYLEY/KLEIN-Räume* und später der *CAYLEY/KLEIN-Geometrien* entwickeln. Dabei wird sich zeigen, daß eine CAYLEY/KLEIN-Geometrie von der Theorie des zugehörigen CAYLEY/KLEIN-Raumes vor allem dann profitiert, wenn ihr (projektiver) Standardschauplatz mit P^n zusammenfällt. In diesem Zusammenhang gilt ersichtlich:

> Satz 5: Die Anwendung des Dualitätsprinzips 3A(II) der projektiven Räume auf den Schauplatz eines projektiven Modells (S,T) einer CAYLEY/KLEIN-Geometrie führt mit Satz 1 und Def.3 auf ein isomorphes Geometrie-Modell, das *duale Modell* (bezüglich der Bijektion d aus 3A(II)), mit dem *dualen Schauplatz* $\overset{\times}{S}$ und der *dualen Transformationsgruppe* $\overset{\times}{T}$.

Aufgabe:

Seien im P^3 eine Ovalquadrik $Q^2_{4\,1}$ gegeben, ein Punkt P im Innengebiet $IQ^2_{4\,1}$ sowie die Polarhyperebene Γ_P von P bezüglich $Q^2_{4\,1}$. Sei U' die Untergruppe der projektiven Gruppe PGL(P^3), die $Q^2_{4\,1}$ und {P} je als Ganzes fix läßt. Sei U die Untergruppe von PGL(P^2), die aus allen Abbildungen besteht, die U' in Γ_P induziert. Jede Gerade g durch P trifft $Q^2_{4\,1}$ in einem Paar (G_1,G_2) von *Gegenpunkten* bezüglich P. Sei Q die Menge aller Paare (G_1,G_2) von Gegenpunkten der Ovalquadrik $Q^2_{4\,1}$ bezüglich P. Dann ist

$$\begin{aligned} \pi: \Gamma_P &\longrightarrow Q \\ X &\longmapsto (P+X) \cap Q^2_{4\,1} =: (X_1,X_2) \end{aligned}$$

eine Bijektion von Γ_P auf Q.

Die Bijektion π bewirkt einen Isomorphismus zwischen dem Geometrie-Modell (Γ_P,U) und einem Geometrie-Modell (Q,T) mit einer Transformationsgruppe T auf Q.

a) Man ermittle die Transformationsgruppe T.

b) Man gebe die Geraden des Geometrie-Modells (Q,T) an. Wann sind drei Punkte aus Q kollinear?

c) Man erkläre ein Doppelverhältnis für vier kollineare Punkte aus Q.

d) Man ermittle die Kegelschnitte im Geometrie-Modell (Q,T).

e) Man deute die Ergebnisse aus a) - d) im P^3.

KAPITEL 6. CAYLEY/KLEIN-RÄUME

A. BEGRIFF DES CAYLEY/KLEIN-RAUMES

Wir beginnen mit der folgenden Motivation.

Wählt man im komplex erweiterten projektiven Raum $\hat{P}^n$ als Absolutfigur eine Ordnungsquadrik $Q^{n-1}_{r\,q}$, so kann man je zwei verschiedenen Punkten $A,B \in P^n$ wie folgt eine Projektivinvariante zuordnen, wenn $A+B$ Sekante oder Passante von $Q^{n-1}_{r\,q}$ ist: Inzidiert $A+B$ mit $Q^{n-1}_{r\,q}$ in $\{P,\bar{P}\}$, dann ist $DV(P\bar{P}AB)$ invariant bezüglich der projektiven Gruppe $PGL(P^n)$, also auch bezüglich jeder Transformation $\tau \in T \subset PGL(P^n)$, wobei T eine beliebige Untergruppe von $PGL(P^n)$ ist, deren Elemente $Q^{n-1}_{r\,q}$ fix lassen. Die Invarianz dieses Doppelverhältnisses bietet die Möglichkeit, einen *projektiven Abstand* der Punkte A,B zu erklären.

Wählt man dual als Absolutfigur eine Klassenquadrik $\check{Q}^{n-1}_{r\,q}$, so kann man je zwei verschiedenen Hyperebenen $\Gamma,\Lambda \subset P^n$ ebenfalls eine Projektivinvariante zuordnen, wenn $\Gamma \cap \Lambda$ H-Sekante oder H-Passante von $\check{Q}^{n-1}_{r\,q}$ ist. Inzidiert $\Gamma \cap \Lambda$ mit $\check{Q}^{n-1}_{r\,q}$ in $\{\Pi,\bar{\Pi}\}$, dann ist $DV(\Pi\bar{\Pi}\Gamma\Lambda)$ invariant bezüglich $PGL(\check{P}^n)$, also auch bezüglich jeder Transformation $\check{\tau} \in \check{T} \subset PGL(\check{P}^n)$, wobei $\check{T}$ eine beliebige Untergruppe von $PGL(\check{P}^n)$ ist, deren Elemente $\check{Q}^{n-1}_{r\,q}$ fix lassen. Die Invarianz dieses Doppelverhältnisses bietet die Möglichkeit, einen *projektiven Winkel* der Hyperebenen Γ,Λ zu erklären.

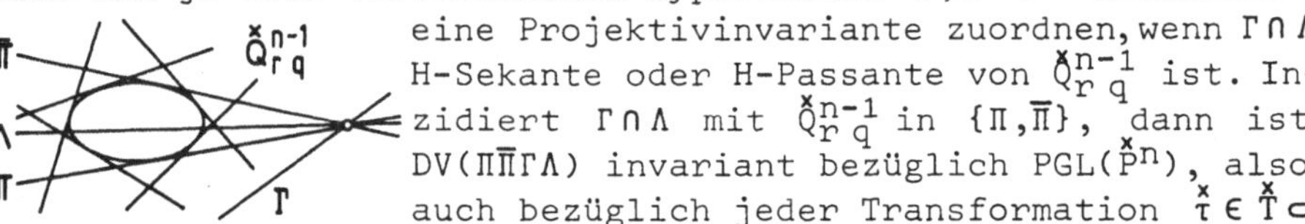

Projektiver Abstand und projektiver Winkel sind dann zueinander duale Begriffe.

Die Wahl von Quadriken als Absolutfiguren führt auf Obergeometrien der projektiven Geometrie, die *projektive Metriken* gestatten. Allgemein nennt man die Obergeometrien der projektiven Geometrie mit projektiven Metriken, die von absoluten Quadriken induziert werden, *CAYLEY/KLEIN-Geometrien*[1], die zugehörigen Räume *CAYLEY/KLEIN-Räume* (siehe Def.1).

Bleibt eine Ordnungsquadrik $Q^{n-1}_{r\,q}$ bei einer Transformation τ fix, so bleibt auch die Menge ihrer Tangentenhyperebenen fix. Die Menge ihrer Tangentenhyperebenen ist jedoch nur für $r = n+1$ eine Klassenquadrik (4H,Satz 2). Mit einer Ordnungsquadrik ist also nicht stets zugleich eine Klassenquadrik Absolutfigur. Nur bei den nichtentarteten Ordnungsquadriken ($r = n+1$) ist dies der Fall, da ihre Tangentenhyperebenen eine nichtentartete Klassenquadrik erfüllen. Nur die nichtentarteten Quadriken induzieren daher sowohl eine projektive Abstandsmetrik als auch eine pro-

[1] Siehe insbesondere Kapitel 14 bis 17.

jektive Winkelmetrik. Als Absolutfiguren sind jedoch alle Quadriken $Q^{n-1}_{r\,q}$ verwendbar. Bleibt $Q^{n-1}_{r\,q}$ bei einer Transformation τ fix, so bleibt notwendig die Spitze von $Q^{n-1}_{r\,q}$ fix. Daher besteht die Möglichkeit, auch in den Spitzen *absolute Quadriken* auszuzeichnen. Davon machen wir im folgenden Gebrauch.

Def.1: Ein *CAYLEY/KLEIN-Raum* (kurz: *CK-Raum*) ist ein projektiver Raum $P^n (n \geq 1)$ mit einer Absolutfigur **F** in $\hat{P}^n$, bestehend aus:

kegeligen Ordnungsquadriken $Q^{n_i-1}_{r_i q_i}$, deren Spitzen A^{n_i+1} und einer nichtentarteten Ordnungsquadrik $Q^{n_\rho-1}_{r_\rho q_\rho}$,

so daß gilt:

$$\left.\begin{array}{l} Q^{n-1}_{r_o q_o} \supset A^{n_1} \supset Q^{n_1-1}_{r_1 q_1} \supset A^{n_2} \supset \ldots \supset A^{n_{\rho-1}} \supset Q^{n_{\rho-1}-1}_{r_{\rho-1} q_{\rho-1}} \supset A^{n_\rho} \supset Q^{n_\rho-1}_{r_\rho q_\rho} \\ \text{mit } n_o := n,\ n_i := n_{i-1} - r_{i-1} (0 < i \leq \rho) \text{ nach 4D, Satz 5} \\ \text{und } n+1 = r_o + r_1 + \ldots + r_\rho ; \end{array}\right\} \text{(I)}$$

r_i gibt den Rang, q_i den Index, n_i-1 die Dimension der auftretenden Quadriken an. Ist eine Ordnungsquadrik nichtentartet, so ist sie kegelig, ihre Spitze ist nicht leer, und die in (I) beschriebene Konstruktion läuft weiter. Es heißen:

die kegeligen Quadriken $Q^{n-1}_{r_o q_o}, \ldots, Q^{n_{\rho-1}-1}_{r_{\rho-1} q_{\rho-1}}$ die *Absolutkegel*,

die nichtentartete Quadrik $Q^{n_\rho-1}_{r_\rho q_\rho}$ die *Absolutquadrik*,

die Spitzen $A^{n_1}, \ldots, A^{n_\rho}$ die *Absolutebenen* von F und n die *Dimension* des CK-Raumes. Die Absolutkegel und die Absolutquadrik werden einheitlich als *absolute Quadriken* bezeichnet. Die Punkte in $P^n \setminus F$ heißen die *eigentlichen Punkte*, die Punkte in F die *uneigentlichen Punkte* oder *Fernpunkte* und die k-Ebenen in F die *Fern-k-Ebenen* des CK-Raumes. Ein CK-Raum mit der Absolutfigur (I) erhält die Bezeichnung

$$P^n_{r_o \ldots r_{\rho-1} | q_o \ldots q_\rho} .$$

Ein CK-Raum, dem eine Teilmenge W entnommen ist, heißt *längs* W *geschlitzt*.

Bemerkungen:

1) Die Absolutfigur eines CK-Raumes besteht nach Def.1 aus ρ kegeligen und genau einer nichtentarteten Quadrik, wobei jede Quadrik in der Spitze der vorhergehenden kegeligen Quadrik liegt, die erste ausgenommen. Jede Spitze $A^{n_\nu} (0 \leq \nu \leq \rho)$ ist Trä-

gerraum der in ihr liegenden absoluten Quadrik $Q^{n_\nu-1}_{r_\nu q_\nu}$. Die Spitzen A^{n_ν} $(0 \le \nu \le \rho)$ sind bei Bedarf komplex erweitert anzunehmen. Ob die komplexe Erweiterung erforderlich ist, kann der Darstellung (I) der Absolutfigur F nicht entnommen werden. Wir schreiben stets A^{n_ν} statt $\hat{A}^{n_\nu}$ $(0 \le \nu \le \rho)$.

Da die Absolutquadrik nichtentartet ist, ist ihr Rang bestimmt: $r_\rho = n_\rho + 1$ (siehe (I)).

Die Auswahl von $Q^{n-1}_{r_o q_o}$ in P^n, von $Q^{n_1-1}_{r_1 q_1}$ in $A^{n_1}, \ldots$ ist unwesentlich, da es eine Projektivität gibt, die je zwei Wahlmöglichkeiten der Absolutfigur F ineinander überführt. Mit Hilfe des folgenden Abschnitts B läßt sich diese Projektivität leicht ermitteln.

Die Absolutfigur F eines CK-Raumes läßt sich auch schreiben als:

$$P^n =: A^{n_o} \supset Q^{n-1}_{r_o q_o} \supset \ldots \supset Q^{n_\rho-1}_{r_\rho q_\rho} \supset A^{n_\rho+1} = \emptyset .$$

Es liegt auf der Hand, daß der Begriff des CK-Raumes auf projektive Räume P^n übertragen werden kann.

2) Ein Absolutkegel kann speziell sein: eine Doppel-(k-1)-Ebene $Q^{k-1}_{1\,0} \subset A^k$, deren Spitze die (k-1)-Ebene selbst ist, oder ein Paar von (k-1)-Ebenen $Q^{k-1}_{2\,1} \subset A^k$, dessen Spitze die Schnitt-(k-2)-Ebene der beiden (k-1)-Ebenen ist.

3) Besitzt der Absolutkegel $Q^{n_{\rho-1}-1}_{r_{\rho-1} q_{\rho-1}}$ einen Punkt als Spitze A^{n_ρ}, so ist die Absolutquadrik die leere Menge: $Q^{n_\rho-1}_{r_\rho q_\rho} = Q^{-1}_{1\,0} = \emptyset$.

4) Die Absolutfiguren der CK-Räume kann man in naheliegender Weise modifizieren, etwa indem man in (I) auf die absoluten Quadriken $Q^{n_\nu-1}_{r_\nu q_\nu}$ mit $0 \le \nu \le k < \rho$ oder mit $0 < l \le \nu \le \rho$ verzichtet. In diesem Zusammenhang ist der von CRUCEANU[1] untersuchte 3-dimensionale *parabolische affin-axiale Raum* zu nennen, dessen Absolutfigur aus einer Ebene und einer Geraden in dieser Ebene besteht.

5) Die Absolutfigur F eines CK-Raumes ist in Übereinstimmung mit 5B, Satz 1 eine Menge von Figuren $F_i \subset \hat{P}^n$. Die Figuren F_i sind die in (I) angegebenen Quadriken sowie deren Spitzen. Ein CK-Raum ist nach Def.1 ein P^n mit einer Absolutfigur F in $\hat{P}^n$. Wir weisen im folgenden nicht stets darauf hin, daß F in $\hat{P}^n$ liegt. Die in Def.1 angegebenen Absolutfiguren gehen auf CAYLEY[1], SOMMERVILLE[1], KLEIN[1], BLASCHKE[8], GRÜNWALD[1], STRUBECKER[4]-[6], KALLENBERG[3], BRAUNER[6], JAGLOM[1] zurück und wurden von ROSENFELD[1][2] und seiner Schule auf beliebige endliche Dimensionen ausgedehnt.

6) Es liegt nahe, in einem projektiven Raum P^n eine k-Ebene A^k (eine *Achse*) als Absolutfigur F auszuzeichnen und auf P^n oder $P^n \backslash A^k$ die Untergruppe $U \subset PGL(P^n)$ – oder eine Transformationsgruppe $U' \subset U$ – operieren zu lassen, die A^k fix läßt. Diese Räume,

die als *axiale Räume* bezeichnet werden, sowie die zugehörigen Geometrien untersuchen ARGHIRIADE[1] und PAPUC[1][2]. Speziell für $k = n-1$ erhält man die *affinen Räume.*

7) Wählt man im projektiven Raum P^3 zwei reelle oder konjugiert imaginäre windschiefe Geraden als Absolutfigur F, so spricht man von einem *biaxialen Raum.* Die Theorie dieser Räume haben MAYER[1][2] und SALZERT[1] begründet. Inzwischen wurden die biaxialen Räume – auch ihre Differentialgeometrie und Liniengeometrie – ausführlich untersucht und auf höhere Dimensionen verallgemeinert (ARGHIRIADE[2], BUCHARAEV[2]-[5], IVANOV[1]-[7], KOVANCOV[3], KOVANCOV/BOROVEC[1], KOVANCOV/BOROVEC'/LJUBAREC' [1], NORDEN[2][3], PETKANTSCHIN[2]-[7], STANILOV[1]-[9], SHIROKOV[4], MEKEROV[1][2]).

8) PALMAN[6] entfernt sich dadurch von den CK-Räumen, daß er eine Quadrik $Q^2_{4\,q} \subset P^3$ als Raum wählt und auf dieser einen ebenen Schnitt als Absolutfigur auszeichnet. In derselben Richtung liegen Arbeiten von BRAUNER[11] und KOCH[1]. ROSENFELD/KUNAKOVA[1] und GEĬDEL'MAN[8] modifizieren die CK-Räume mittels projektiver Räume über einer Algebra. KIOTINA[1] und KIOTINA/ČAHTAURI[1] modifizieren biaxiale, BUCHARAEV[2], MIGALEVA[1] und MEKEROV/KOŽUHAROVA[1][2] modifizieren affine Räume. Weitere Modifikationen findet man bei TAKASU[1]-[8], der eine Erweiterung des Erlanger Programms durch Transformationsgruppenerweiterungen vornimmt. Siehe auch KUCHARZEWSKI[1]-[3], MOSZNER[1][2], FEŠIN/CIGANKOVA[1][2], PETROVA/MEKEROV[1], CAREVA[1], VRANCEANU[3], SASAYAMA[1], MARTYNENKO[2], TAKASU[14], BERLINER[1].

9) Ist die Absolutfigur F etwa eine Ovalquadrik $Q^{n-1}_{n+1\,1}$, so kann man auch die zugehörige *Polarität*, d.h. die mit der Ovalquadrik verknüpfte Abbildung Pol $P \mapsto$ Polarhyperebene Γ_P als *Absolutfigur* vorgeben; die F-Projektivitäten des P^n sind dann jene Projektivitäten, die jedes Paar (P,Γ_P) wieder in ein solches überführen. Für eine nullteilige Absolutquadrik $Q^{n-1}_{n+1\,0}$ ist die zugehörige Polarität $P \mapsto \Gamma_P$ reell, wobei kein Pol auf seiner Polarhyperebene liegt. In diesem Fall ist der komplex erweiterte projektive Raum $\hat{P}^n$ zur Beschreibung der Absolutfigur unnötig; man kann die Polarität allein im P^n erklären. Wir verzichten in unserem Aufbau auf die weitere Beschreibung von Absolutfiguren durch Polaritäten.

B. Koordinatendarstellungen der Absolutfiguren

Im P^n läßt sich ein projektives Koordinatensystem so wählen, daß der Absolutkegel $Q^{n-1}_{r_0 q_0}$ die Normalform 4C(III) besitzt. Die

Absolutebene A^{n_1} (nach A(I) ist $n_1 = n - r_o$) wird dann durch die r_o linearen Gleichungen $x_o = \ldots = x_{r_o-1} = 0$ beschrieben (siehe 1E, Satz 3 und 4D); sie ist als Schnitt von r_o Koordinatenhyperebenen dargestellt. Der absoluten Quadrik in A^{n-r_o} kann man in den projektiven Koordinaten $x_{r_o},\ldots,x_n$ ebenfalls die Normalform 4C (III) geben. Man kann also ohne Einschränkung die Absolutkegel, die Absolutquadrik und die Absolutebenen (Spitzen) wie folgt darstellen:

$$\begin{aligned}
&Q^{n-1}_{r_o q_o}\ldots: \vec{x}_o^T E_o \vec{x}_o = x_o^2 + \ldots - x^2_{r_o-q_o} - \ldots - x^2_{r_o-1} = 0,^{1)}\\
&\qquad \text{mit } \vec{x}_o := (x_o,\ldots,x_{r_o-1})^T = (x_o,\ldots,x_{n-n_1-1})^T,\\
&A^{n_1}\ldots: \vec{x}_o^T E_o = \vec{o}_o^T, \text{ also } x_o = \ldots = x_{r_o-1} = 0,\\
&Q^{n_1-1}_{r_1 q_1}\ldots: \vec{x}_1^T E_1 \vec{x}_1 = x^2_{r_o} + \ldots - x^2_{r_o+r_1-q_1} - \ldots - x^2_{r_o+r_1-1} = 0,\ \vec{x}_o^T E_o = \vec{o}_o^T,\\
&\qquad \text{mit } \vec{x}_1 := (x_{r_o},\ldots,x_{r_o+r_1-1})^T = (x_{n-n_1},\ldots,x_{n-n_2-1})^T,\\
&A^{n_2}\ldots: \vec{x}_o^T E_o = \vec{o}_o^T,\ \vec{x}_1^T E_1 = \vec{o}_1^T, \text{ also } x_o = \ldots = x_{r_o-1} = \ldots = x_{r_o+r_1-1} = 0,\\
&\ldots\ldots\ldots\ldots\ldots\ldots\ldots\ldots\ldots\ldots\qquad\qquad\text{(I)}\\
&Q^{n_{\rho-1}-1}_{r_{\rho-1}q_{\rho-1}}: \vec{x}^T_{\rho-1}E_{\rho-1}\vec{x}_{\rho-1} = x^2_{r_o+\ldots+r_{\rho-2}} + \ldots - x^2_{r_o+\ldots+r_{\rho-1}-q_{\rho-1}} - \ldots -\\
&\qquad -x^2_{r_o+\ldots+r_{\rho-1}-1} = 0,\ \vec{x}_o^T E_o = \vec{o}_o^T,\ \ldots,\ \vec{x}^T_{\rho-2}E_{\rho-2} = \vec{o}^T_{\rho-2},\\
&\qquad \text{mit } \vec{x}_{\rho-1} := (x_{r_o+\ldots+r_{\rho-2}},\ldots,x_{r_o+\ldots+r_{\rho-1}-1})^T =\\
&\qquad\qquad = (x_{n-n_{\rho-1}},\ldots,x_{n-n_\rho-1})^T,\\
&A^{n_\rho}\ldots: \vec{x}_o^T E_o = \vec{o}_o^T,\ \ldots,\ \vec{x}^T_{\rho-1}E_{\rho-1} = \vec{o}^T_{\rho-1}, \text{ also } x_o = \ldots = x_{r_o+\ldots+r_{\rho-1}-1} = 0
\end{aligned}$$

---

1) $\vec{x}_o^T E_o \vec{x}_o = 0$ lautet ausführlich:

$$(x_o,\ldots,x_{r_o-q_o},\ldots,x_{r_o-1})\underbrace{\begin{pmatrix}1 & & & & \\ & \ddots & & & \\ & & 1 & & \\ & & & \overbrace{-1 \ \ddots \ -1}^{q_o} & \\ 0 & & & & \end{pmatrix}}_{E_o}\begin{pmatrix}x_o\\ \vdots\\ x_{r_o-q_o}\\ \vdots\\ x_{r_o-1}\end{pmatrix} = 0 .$$

E_o ist die *Einsmatrix* mit Rang r_o und Index q_o.

In (I) wird in den Normalformen der absoluten Quadriken das erste positive sowie das erste und letzte negative Quadrat geschrieben. Der Nullvektor in $\vec{x}_\nu^T E_\nu = \vec{o}_\nu^T$ $(0 \le \nu \le \rho-1)$ enthält genau r_ν Nullen!

oder $x_o = \ldots = x_{n-n_\rho-1} = 0$ [1];

$$Q^{n_\rho-1}_{r_\rho q_\rho} \ldots : \vec{x}_\rho^T E_\rho \vec{x}_\rho = \underbrace{x^2_{r_o+\ldots+r_{\rho-1}}}_{n+1-r_\rho} + \ldots - \underbrace{x^2_{r_o+\ldots+r_\rho-q_\rho}}_{n+1-q_\rho} - \underbrace{x^2_{r_o+\ldots+r_\rho-1}}_{n} = 0,$$

$$\vec{x}_o^T E_o = \vec{o}_o^T, \ldots, \vec{x}_{\rho-1}^T E_{\rho-1} = \vec{o}_{\rho-1}^T,$$

$$\text{mit } \vec{x}_\rho := (x_{r_o+\ldots+r_{\rho-1}}, \ldots, x_{r_o+\ldots+r_\rho-1})^T = (x_{n-n_\rho}, \ldots, x_n)^T.$$

Dabei lautet der Koordinatenvektor $\vec{x} = (x_o, \ldots, x_n)^T$, geschrieben als partitionierte Matrix[2]: $\vec{x} = (\vec{x}_o \;\; \vec{x}_1 \;\ldots\; \vec{x}_\rho)^T$.

Wir nennen (I) die *Normalform der Absolutfigur* F.

In einem beliebigen projektiven Koordinatensystem hat die Absolutfigur F die Darstellung:

$$\begin{array}{ll}
Q^{n-1}_{r_o q_o} \ldots : & \vec{x}^T A_o \vec{x} = 0, \\
A^{n_1} \ldots\ldots : & \vec{x}^T A_o = \vec{o}^T, \\
Q^{n_1-1}_{r_1 q_1} \ldots : & \vec{x}^T A_o = \vec{o}^T, \; \vec{x}^T A_1 \vec{x} = 0, \\
A^{n_2} \ldots\ldots : & \vec{x}^T A_o = \vec{o}^T, \; \vec{x}^T A_1 = \vec{o}^T, \\
\ldots & \ldots \\
Q^{n_{\rho-1}-1}_{r_{\rho-1} q_{\rho-1}} \ldots : & \vec{x}^T A_o = \vec{o}^T, \ldots, \vec{x}^T A_{\rho-2} = \vec{o}^T, \; \vec{x}^T A_{\rho-1} \vec{x} = 0, \\
A^{n_\rho} \ldots\ldots : & \vec{x}^T A_o = \vec{o}^T, \ldots, \vec{x}^T A_{\rho-2} = \vec{o}^T, \; \vec{x}^T A_{\rho-1} = \vec{o}^T, \\
Q^{n_\rho-1}_{r_\rho q_\rho} \ldots : & \vec{x}^T A_o = \vec{o}^T, \ldots, \vec{x}^T A_{\rho-1} = \vec{o}^T, \; \vec{x}^T A_\rho \vec{x} = 0.
\end{array} \qquad \text{(II)}$$

$$A_o' := \begin{pmatrix} 1 & & & & & & & \\ & \ddots & & & & & & \\ & & 1 & & & & & \\ & & & -1 & & & & \\ & & & & \ddots & & & \\ & & & & & -1 & & \\ & & & & & & 0 & \\ & & & & & & & \ddots \\ & & & & & & & & 0 \end{pmatrix}$$

(with q_o entries -1, r_o nonzero diagonal entries)

A_o ist kongruent zur $(n+1,n+1)$-Matrix A_o'

In (II) wird der Absolutkegel $Q^{n_1-1}_{r_1 q_1}$ als Schnitt der Absolutebene A^{n_1} mit einer Quadrik ($\vec{x}^T A_1 \vec{x} = 0$) des P^n dargestellt, die so zu wählen ist, daß die Schnittquadrik mit A^{n_1} den Rang r_1 und den Index q_1 besitzt. Entsprechendes gilt für die folgenden Absolutkegel. Die Absolutquadrik $Q^{n_\rho-1}_{r_\rho q_\rho}$ wird dargestellt als Schnitt der Absolutebene A^{n_ρ} mit einer Quadrik ($\vec{x}^T A_\rho \vec{x} = 0$) des P^n, die so

[1] Für $n_\rho = 0$ wird $A^{n_\rho} = A^o$ dargestellt durch $(0,\ldots,0,1)$.

[2] Partitionierte Matrizen zur Darstellung von k-Ebenen $S^k \subset P^n$ verwenden auch CHUA LO-GEN/ROSENFELD[1] sowie ROSENFELD[3]. Diese Autoren sprechen auch von *Matrixkoordinaten* für S^k.

beschaffen ist, daß ihre Schnittquadrik mit A^{n_ρ} den Rang r_ρ und den Index q_ρ besitzt.

Im folgenden habe die Absolutfigur **F** eines CK-Raumes die Normalform (I).

Da die projektiven Koordinaten eines Punktes $X(\vec{x}) \in P^n$ mit $\vec{x} = (\vec{x}_o\ \vec{x}_1 \ldots \vec{x}_\rho)^T$ homogen sind, kann man die Koordinaten der nicht in $Q^{n-1}_{r_o q_o}$ liegenden Punkte des P^n normieren durch:

$$\vec{x}_o^T E_o \vec{x}_o = \begin{cases} +1 \\ -1 \end{cases} \text{für alle Punkte } X(\vec{x}) \text{ mit } \vec{x}_o^T E_o \vec{x}_o \begin{cases} > 0 \\ < 0. \end{cases}$$ [1]

Ebenso lassen sich die Koordinaten der Punkte $X(\vec{x}) \in A^{n_1} \backslash Q^{n_1-1}_{r_1 q_1}$ mit $\vec{x} = (\vec{x}_o = \vec{o}_o\ \vec{x}_1 \ldots \vec{x}_\rho)^T$ normieren durch:

$$\vec{x}_1^T E_1 \vec{x}_1 = \begin{cases} +1 \\ -1 \end{cases} \text{für alle Punkte } X(\vec{x}) \text{ mit } \vec{x}_1^T E_1 \vec{x}_1 \begin{cases} > 0 \\ < 0. \end{cases}$$ [1]

Das begonnene Normierungsverfahren läßt sich auf alle Absolutebenen fortsetzen. Daher gilt:

<u>Satz 1</u>: In jedem CK-Raum $P^n_{r_o \ldots r_{\rho-1} | q_o \ldots q_\rho}$, dessen Absolutfigur **F** in der Normalform (I) vorliegt, lassen sich die projektiven Koordinaten eines Punktes $X(\vec{x}) \in A^{n_\nu} \backslash Q^{n_\nu - 1}_{r_\nu q_\nu}$ $(0 \le \nu \le \rho)$ mit

$$\vec{x} = (\vec{x}_o = \vec{o}_o \ldots \vec{x}_{\nu-1} = \vec{o}_{\nu-1}\ \vec{x}_\nu \neq \vec{o}_\nu \ldots \vec{x}_\rho)^T$$

normieren durch

$$\vec{x}_\nu^T E_\nu \vec{x}_\nu = \begin{cases} +1 \\ -1 \end{cases} \text{für alle Punkte } X(\vec{x}) \text{ mit } \vec{x}_\nu^T E_\nu \vec{x}_\nu \begin{cases} > 0 \\ < 0. \end{cases}$$ [1]

Diese Normierungsbedingungen bestimmen den Koordinatenvektor $\vec{x}$ eines Punktes $X(\vec{x})$ bis auf das Vorzeichen eindeutig. Derart normierte Koordinaten heißen *WEIERSTRASS-Koordinaten*.

C. Entartete und nichtentartete Cayley/Klein-Räume

Wir machen uns im Anschluß an A,Def.1 mit den wichtigsten CK-Räumen bekannt.

<u>Def.1</u>: Ein CK-Raum $P^n_{r_o \ldots r_{\rho-1} | q_o \ldots q_\rho}$, dessen Absolutfigur $\mathbf{F} \subset \hat{P}^n$ die in nachfolgender Tabelle angegebene Bauart besitzt, er-

[1] Wir verzichten auf verschiedene Bezeichnungen für normierte und unnormierte Vektoren $\vec{x}_\nu$. Im folgenden zeigt der Kontext, ob normierte Vektoren $\vec{x}_\nu$ vorliegen; Verwechslungen sind nicht zu befürchten.

erhält den dort angegebenen Namen:

Absolutfigur F $Q^{n-1}_{r_0q_0}\supset\ldots\supset Q^{n_\rho-1}_{r_\rho q_\rho}$		CAYLEY/KLEIN-Raum	dualer CAYLEY/KLEIN-Raum (Siehe Abschnitt E)
$r_0=1$ $\Rightarrow q_0=0$	ρ-fach entartet	$P^n_{1r_1\ldots r_{\rho-1}\mid 0q_1\ldots q_\rho}$ semieuklidisch	$P^n_{r_\rho r_{\rho-1}\ldots r_1\mid q_\rho q_{\rho-1}\ldots q_1 0}$ dual-semieuklidisch
$r_0=\ldots=r_{\rho-1}=1$ $\Rightarrow q_0=\ldots=q_{\rho-1}=0$	ρ-fach entartet	$P^n_{1\ldots 1\mid 0\ldots 0q_\rho}$ galileisch (vom Index q_ρ)	$P^n_{n+1-\rho,1\ldots 1\mid q_\rho 0\ldots 0}$ dual-galileisch
$r_0=\ldots=r_n\ =1$ $\Rightarrow q_0=\ldots=q_n\ =0$	ρ-fach entartet	$P^n_{1\ldots 1\mid 0\ldots 0}$ Flaggenraum	selbstdual
$q_0^2+\ldots+q_\rho^2\ =0$	ρ-fach entartet	$P^n_{r_0\ldots r_{\rho-1}\mid 0\ldots 0}$ semielliptisch	$P^n_{r_\rho r_{\rho-1}\ldots r_1\mid 0\ldots 0}$ semielliptisch
$q_0^2+\ldots+q_\rho^2\ \neq 0$	ρ-fach entartet	$P^n_{r_0\ldots r_{\rho-1}\mid q_0\ldots q_\rho}$ semihyperbolisch	$P^n_{r_\rho r_{\rho-1}\ldots r_1\mid q_\rho q_{\rho-1}\ldots q_0}$ semihyperbolisch
$r_0=1,\ r_1=n-1,\ r_2=1$ $q_0=0,\ q_1=0,\ q_2=0$	2-fach entartet	$P^n_{1\ n-1\mid 000}$ isotrop	selbstdual
$r_0=1,\ r_1=n-1,\ r_2=1$ $q_0=0,\ q_2=0$	2-fach entartet	$P^n_{1\ n-1\mid 0q_1 0}$ isotrop (vom Index q_1)	selbstdual
$r_0=1,\ r_1=1,\ r_2=n-1$ $q_0=0,\ q_1=0,\ q_2=0$	2-fach entartet	$P^n_{11\mid 000}$ galileisch	$P^n_{n-1,1\mid 000}$ dual-galileisch
$r_0=1,\ r_1=1,\ r_2=n-1$ $q_0=0,\ q_1=0$	2-fach entartet	$P^n_{11\mid 00q_2}$ galileisch (vom Index q_2)	$P^n_{n-1,1\mid q_2 00}$ dual-galileisch vom Index q_2)
$Q^{n-1}_{1\,0}\supset A^{n-1}\supset Q^{n-2}_{n\,0}$	1-fach entartet	$P^n_{1\mid 00}$ euklidisch	$P^n_{n\mid 00}$ dual-euklidisch
$Q^{n-1}_{1\,0}\supset A^{n-1}\supset Q^{n-2}_{n\,1}$	1-fach entartet	$P^n_{1\mid 01}$ pseudoeuklidisch	$P^n_{n\mid 1\,0}$ dual-pseudoeuklidisch
$Q^{n-1}_{1\,0}\supset A^{n-1}\supset Q^{n-2}_{n\,q_1}$	1-fach entartet	$P^n_{1\mid 0q_1}$ pseudoeuklidisch (vom Index q_1)	$P^n_{n\mid q_1 0}$ dual-pseudoeuklidisch (vom Index q_1)
$Q^{n-1}_{r_0 0}\supset A^{n_1}\supset Q^{n_1-1}_{r_1 0}$	1-fach entartet	$P^n_{r_0\mid 00}$ quasielliptisch	$P^n_{n+1-r_0\mid 00}$ quasielliptisch
$Q^{n-1}_{r_0 0}\supset A^{n_1}\supset Q^{n_1-1}_{r_1 q_1}$	1-fach entartet	$P^n_{r_0\mid 0q_1}$ quasielliptisch (vom Index q_1)	$P^n_{n+1-r_0\mid q_1 0}$ dual-quasielliptisch (vom Index q_1)

Absolutfigur F		CAYLEY/KLEIN-Raum	dualer CAYLEY/KLEIN-Raum
$Q^{n-1}_{r_oq_o} \supset A^{n_1} \supset Q^{n_1-1}_{r_1q_1}$		$P^n_{r_o\|q_oq_1}$ quasihyperbolisch (vom Index q_1)	$P^n_{r_1\|q_1q_o}$ quasihyperbolisch (vom Index q_o)
$Q^{n-1}_{n+1\,0}$	nichtentartet	$P^n_{\|0}$ elliptisch, RIEMANNsch	selbstdual
$Q^{n-1}_{n+1\,1}$	nichtentartet	$P^n_{\|1}$ hyperbolisch LOBATSCHEWSKIsch	selbstdual
$Q^{n-1}_{n+1\,q_o}$	nichtentartet	$P^n_{\|q_o}$ hyperbolisch (vom Index q_o>0)	selbstdual

Die *Namen* der CK-Räume sind aufgrund der historischen Entwicklung in der Literatur nicht einheitlich. Die euklidischen Räume $P^n_{1\|00}$ heißen auch *projektiv abgeschlossene euklidische Räume.* Entsprechendes gilt für die pseudoeuklidischen Räume $P^n_{1\|0q_1}$. Dies rührt daher, daß die euklidischen und pseudoeuklidischen Räume meist ohne ihre Fernhyperebene A^{n-1} betrachtet werden (siehe etwa SCHAAL[2]). Die 4-dimensionale Raum-Zeit-Welt der speziellen Relativitätstheorie ist ein pseudoeuklidischer Raum $P^4_{1\|01}$. Der $P^4_{1\|01}$ heißt daher auch *MINKOWSKI-Raum* (oder auch *LORENTZ-Raum*). Die isotropen Räume $P^n_{1\,n-1\|000}$ heißen auch *einfach isotrope Räume* (SACHS[1]). Die quasielliptischen und quasihyperbolischen Räume vom Index q_1 werden auch als *quasinichteuklidische Räume* bezeichnet (ABBASOV[3]). Der CK-Raum $P^4_{11\|000}$ ist der klassische GALILEI-Raum, in dem sich die Raum-Zeit der GALILEI/NEWTONschen Mechanik interpretieren läßt (SILBERSTEIN[1], GLASS[1], KOTEL'NIKOV[1]).

In der *Bezeichnung* der CK-Räume enthält die Indizierung alle Informationen über den Typ des Raumes. Wegen

$$n+1 = r_o + \ldots + r_{\rho-1} + r_\rho$$

(siehe A,Def.1) ist die Angabe des Ranges r_ρ der Absolutquadrik in der Indizierung der CK-Räume überflüssig. In der Indizierung der nichtentarteten CK-Räume tritt daher keine Rangzahl auf; $r_\rho = r_o = n+1$ ist maximal. Bei der Untersuchung spezieller CK-Räume sind auch einfachere Bezeichnungen üblich; die hier erforderliche aufwendige Indizierung ist dann überflüssig.

Bemerkungen:

1) Die semieuklidischen Räume sind alle CK-Räume mit einer Doppelhyperebene als Absolutkegel $Q^{n-1}_{r_o q_o}$. Die semielliptischen Räume besitzen nur nullteilige absolute Quadriken. Die Absolutfigur eines semielliptischen Raumes induziert daher in jeder Absolutebene ebenfalls einen semielliptischen Raum (speziell in A^{n_ρ} einen elliptischen Raum).

2) Nach 4F (siehe S.89,90) ist $I(Q^{n-1}_{r_o q_o}, F) = \emptyset$ genau für die Quadriken mit Index $q_o = 0$. Diese Eigenschaft besitzen nach Def.1 die absoluten Quadriken $Q^{n-1}_{r_o q_o}$ aller CK-Räume, ausgenommen die hyperbolischen Räume $P^n_{|q_o}$, die quasihyperbolischen Räume $P^n_{r_o|q_o q_1}$ mit $q_o > 0$ und die semihyperbolischen Räume $P^n_{r_o \ldots r_{\rho-1}|q_o \ldots q_\rho}$ mit $q_o > 0$.

3) Im P^1 existieren genau drei CK-Räume:

Absolutfigur F	CK-Gerade
—o— $Q^o_{1\,0} \supset A^o \supset Q^{-1}_{1\,0}$	euklidisch $P^1_{1\|00}$
—×—×— $Q^o_{2\,0}$	elliptisch $P^1_{\|0}$
—o—o— $Q^o_{2\,1}$	hyperbolisch $P^1_{\|1}$

Die für CK-Räume beliebiger endlicher Dimension $n \geq 1$ formulierten Sätze entarten für $n = 1$ erheblich. Wir weisen auf diese Entartungen meist nicht eigens hin.

4) Besitzt eine absolute Quadrik den Rang r_ν, so gilt für ihren Index $0 \leq 2q_\nu \leq r_\nu$ (siehe 4C(III)). Für $r_\nu = 1$ ist notwendig $q_\nu = 0$. Dies tritt auf, wenn ein Absolutkegel eine Doppel-k-Ebene ist oder wenn die leere Menge Absolutquadrik ist ($Q^{-1}_{1\,0} = \emptyset$). Auch in diesen Fällen wird in der Bezeichnung $P^n_{r_o \ldots r_{\rho-1}|q_o \ldots q_\rho}$ des CK-Raumes der Index $q_\nu = 0$ angegeben.
Die Indizierung ist dann überbestimmt.

Der folgende Satz, dem wir die Begriffe Quadrikenbüschel und Quadrikenschar vorausschicken, verknüpft die ρ-fach entarteten CK-Räume mit den $(\rho-1)$-fach entarteten CK-Räumen.

Satz 2: Sind in demselben projektiven Raum durch $\vec{x}^T A \vec{x} = \vec{x}^T B \vec{x} = 0$ zwei Ordnungsquadriken und durch $\vec{\lambda}^T Q \vec{\lambda} = \vec{\lambda}^T R \vec{\lambda} = 0$ zwei Klassenquadriken gegeben, so heißt die Quadrikenmenge, die für $\alpha, \beta \in \mathbb{R}$ beschrieben wird durch

$$\alpha \vec{x}^T A \vec{x} + \beta \vec{x}^T B \vec{x} = 0,$$ ein *Quadrikenbüschel*,[1]

und die Quadrikenmenge, die beschrieben wird durch

[1] Zur Klassifikation der Quadrikenbüschel für $n = 2,3$ siehe BALDUS[3].

$\alpha\vec{\lambda}^T Q \vec{\lambda} + \beta\vec{\lambda}^T R \vec{\lambda} = 0$, eine *Quadrikenschar*.

Damit läßt sich zeigen: Die Absolutfigur $Q^{n-1}_{r_o q_o} \supset A^{n_1} \supset Q^{n_1-1}_{r_1 q_1}$ (mit $n_1 := n-r_o$, $n+1 = r_o + r_1$) des 1-fach entarteten CK-Raumes $P^n_{r_o|q_o q_1}$ entsteht durch *einen* Grenzübergang aus der Absolutfigur $Q^{n-1}_{n+1\ q_o+q_1}$ des nichtentarteten CK-Raumes $P^n_{|q_o+q_1}$. Die Absolutfigur jedes ρ-fach entarteten CK-Raumes ist aus der Absolutfigur eines $(\rho-1)$-fach entarteten CK-Raumes $(\rho > 1)$ analog erzeugbar.

Beweis: Im nichtentarteten CK-Raum $P^n_{|q_o+q_1}$ verwenden wir partitionierte Koordinatenvektoren

$$\vec{x} = (\vec{x}_o\ \vec{x}_1)^T \quad \text{mit} \quad \vec{x}_o = (x_o,\ldots,x_{r_o-1})^T,\ \vec{x}_1 = (x_{r_o},\ldots,x_n)^T.$$

Wir betrachten sodann im P^n das Quadrikenbüschel

$\alpha\vec{x}_o^T E_o \vec{x}_o + \beta\vec{x}_1^T E_1 \vec{x}_1 = 0$ $(\rho = 1)$, in Punktkoordinaten

$$\alpha(x_o^2 + \ldots + x^2_{r_o-q_o-1} \underbrace{-x^2_{r_o-q_o} - \ldots - x^2_{r_o-1}}_{q_o \text{ Quadrate}}) + \beta(x^2_{r_o} + \ldots \underbrace{-x^2_{r_o+r_1-q_1} - \ldots - x_n^2}_{q_1 \text{ Quadrate}}) = 0, \quad (1)$$

das für $\alpha = \beta = 1$ die Absolutquadrik $Q^{n-1}_{n+1\ q_o+q_1}$ enthält. Zugleich betrachten wir die Quadrikenschar

$\beta\vec{\lambda}_o^T E_o \vec{\lambda}_o + \alpha\vec{\lambda}_1^T E_1 \vec{\lambda}_1 = 0$ $(\rho = 1)$, in Hyperebenenkoordinaten

$$\beta(\lambda_o^2 + \ldots + \lambda^2_{r_o-q_o-1} \underbrace{-\lambda^2_{r_o-q_o} - \ldots - \lambda^2_{r_o-1}}_{q_o \text{ Quadrate}}) + \alpha(\lambda^2_{r_o} + \ldots \underbrace{-\lambda^2_{r_o+r_1-q_1} - \ldots - \lambda_n^2}_{q_1 \text{ Quadrate}}) = 0, \quad (2)$$

die für $\alpha = \beta = 1$ die Absolutquadrik $Q^{n-1}_{n+1\ q_o+q_1}$ enthält. In diesem Zusammenhang ist 4H, Satz 2 zu beachten: Jede nichtentartete Klassenquadrik ist die Menge der Tangentenhyperebenen einer rang- und indexgleichen Ordnungsquadrik des P^n.

Führt man zugleich in (1) und (2) den Grenzübergang $\alpha \to 1, \beta \to 0$ aus, so erhält man den Absolutkegel $Q^{n-1}_{r_o q_o}$ in der Normalform

$$\vec{x}_o^T E_o \vec{x}_o = x_o^2 + \ldots + x^2_{r_o-q_o-1} - x^2_{r_o-q_o} - \ldots - x^2_{r_o-1} = 0 \quad (3)$$

sowie in Hyperebenenkoordinaten die in A^{n_1} nichtentartete Quadrik $Q^{n_1-1}_{r_1 q_1}$ in der Normalform

$$\vec{\lambda}_1^T E_1 \vec{\lambda}_1 = \lambda^2_{r_o} + \ldots\ldots\ldots - \lambda^2_{r_o+r_1-q_1} - \ldots - \lambda_n^2 = 0. \quad (4)$$

Denn die Spitze A^{n_1} des Absolutkegels $Q^{n-1}_{r_o q_o}$ hat nach (3) und 4F(I) die Darstellung $x_o = \ldots = x_{r_o-1} = 0$, in der die Absolutquadrik $Q^{n_1-1}_{r_1 q_1}$ in der Normalform

$$\vec{x}_1^T E_1 \vec{x}_1 = x^2_{r_o} + \ldots - x^2_{r_o+r_1-q_1} - \ldots - x^2_n = 0$$

als nichtentartete Quadrik die Darstellung (4) besitzt.

Wird die Absolutquadrik eines geeigneten 1-fach entarteten CK-Raumes in analoger Weise in ein Quadrikenbüschel und eine Quadrikenschar eingefügt, so läßt sich die Absolutfigur jedes 2-fach entarteten CK-Raumes durch einen Grenzübergang gewinnen. Nach ρ Grenzübergängen erhält man die Absolutfiguren der ρ-fach entarteten CK-Räume ($\rho > 1$).

Bemerkungen (Fortsetzung):

5) Neben den Quadrikenbüscheln und den Quadrikenscharen werden auch andere Quadrikensysteme untersucht. So betrachtet HOHENBERG[1] im projektiven Raum P^n alle Quadriken mit gemeinsamem Polsimplex und unternimmt nach Auszeichnung einer dieser Quadriken als Absolutquadrik eine CAYLEY/KLEINsche Deutung.

D. In k-Ebenen induzierte Cayley/Klein-Räume

Nach 1B, Satz 2 ist jede k-Ebene eines projektiven Raumes P^n selbst ein k-dimensionaler projektiver Raum. Es liegt daher nahe zu untersuchen, ob ein CK-Raum in jeder k-Ebene einen k-dimensionalen CK-Raum induziert. Wir setzen dabei $k \geq 1$ voraus.

Ersichtlich schneidet eine Ebene die Absolutquadrik $Q^2_{4\,1}$ des hyperbolischen Raumes $P^3_{|1}$ in genau einer der drei Absolutfiguren $Q^1_{3\,1}$, $Q^1_{3\,0}$, $Q^1_{2\,0} \supset A^0 \supset Q^{-1}_{1\,0}$ und wird dadurch zu einer der drei CK-Ebenen $P^2_{|1}$, $P^2_{|0}$, $P^2_{2|00}$. In einer Erzeugenden der Absolutquadrik $Q^2_{4\,2}$ des hyperbolischen Raumes $P^3_{|2}$ wird jedoch kein CK-Raum induziert. Diese Beispiele zeigen, daß keine ganz einfachen Verhältnisse zu erwarten sind. Wir beginnen unsere Untersuchung mit

<u>Def.1</u>: Im CK-Raum $P^n_{r_o \ldots r_{\rho-1}|q_o \ldots q_\rho}$ mit der Absolutfigur F, bestehend aus der absteigenden Folge (siehe A(I)),

$$Q^{n-1}_{r_o q_o} \supset A^{n_1} \supset Q^{n_1-1}_{r_1 q_1} \supset A^{n_2} \supset \ldots \supset A^{n_\nu} \supset Q^{n_\nu-1}_{r_\nu q_\nu} \supset A^{n_\nu+1} \supset \ldots \supset A^{n_\rho} \supset Q^{n_\rho-1}_{r_\rho q_\rho}$$

von Teilfiguren dieses CK-Raumes, sei P^k ($k \geq 1$) eine k-Ebene.

Dann sei $F \cap P^k$ in $\hat{P}^k$ die absteigende Folge[1])

$$(Q^{n-1}_{r_o q_o} \cap P^k) \supset (A^{n_1} \cap P^k) \supset \ldots \supset (A^{n_\nu} \cap P^k) \supset (Q^{n_\nu -1}_{r_\nu q_\nu} \cap P^k) \supset (A^{n_\nu +1} \cap P^k) \supset \ldots$$
$$\ldots \supset (A^{n_\rho} \cap P^k) \supset (Q^{n_\rho -1}_{r_\rho q_\rho} \cap P^k).$$

Hat $F \cap P^k$ in $\hat{P}^k$ die Bauart A(I) oder läßt sich $F \cap P^k$ eindeutig so modifizieren, daß die Bauart A(I) entsteht, dann sagen wir, *der CK-Raum* $P^n_{r_o \ldots r_{\rho-1} | q_o \ldots q_\rho}$ *induziert in* P^k *den CK-Raum mit der Absolutfigur* $F \cap P^k$ *oder* $(F \cap P^k)_*$, wobei $*$ die Modifikation angibt.

Wie in A(I), so enthält auch in den Absolutfiguren $F \cap P^k$ und $(F \cap P^k)_*$ höchstens die Absolutquadrik keine reellen Punkte.

In der Betrachtung von $F \cap P^k$ setzen wir zunächst voraus:

$$A^{n_\nu} \cap P^k \neq \emptyset, \; P^k \not\subset A^{n_\nu} \quad (1 \le \nu \le \rho).$$

Die k-Ebene P^k schneide also alle Absolutebenen des CK-Raumes und sei in keiner Absolutebene enthalten. Dann ist nach 4A, Satz 3

$$Q^{n_\nu -1}_{r_\nu q_\nu} \cap P^k = Q^{n_\nu -1}_{r_\nu q_\nu} \cap (A^{n_\nu} \cap P^k) \quad (0 \le \nu \le \rho)$$

eine Quadrik in $A^{n_\nu} \cap P^k$, falls $A^{n_\nu} \cap P^k$ keine p_ν-Erzeugende von $Q^{n_\nu -1}_{r_\nu q_\nu}$ ist ($p_\nu := \operatorname{Dim}(A^{n_\nu} \cap P^k)$, $(A^{n_\nu} \cap P^k) \not\subset Q^{n_\nu -1}_{r_\nu q_\nu}$). Unter diesen Voraussetzungen erhält man unmittelbar

Satz 2: Der CK-Raum $P^n_{r_o \ldots r_{\rho-1} | q_o \ldots q_\rho}$ mit der Absolutfigur F induziert in einer k-Ebene P^k $(k \ge 1)$ mit $A^{n_\nu} \cap P^k \neq \emptyset$, $P^k \not\subset A^{n_\nu}$ $(1 \le \nu \le \rho)$ genau dann den CK-Raum mit der Absolutfigur $F \cap P^k$, wenn folgende Voraussetzungen erfüllt sind:

(1) $A^{n_\nu +1} \cap P^k$ ist die Spitze der Schnittquadrik $Q^{n_\nu -1}_{r_\nu q_\nu} \cap P^k$ für $0 \le \nu < \rho$,

(2) $Q^{n_\rho -1}_{r_\rho q_\rho} \cap P^k$ ist eine nichtentartete Quadrik in $A^{n_\rho} \cap P^k$,

(3) $(A^{n_\nu} \cap P^k) \not\subset Q^{n_\nu -1}_{r_\nu q_\nu}$ für $0 \le \nu \le \rho$.

Die Voraussetzung (3) verlangt, daß der Schnitt der k-Ebene P^k mit der Absolutebene A^{n_ν} keine p_ν-Erzeugende von $Q^{n_\nu -1}_{r_\nu q_\nu}$, $0 \le \nu \le \rho$, ist.

---

[1]) Verwendet wird, daß für beliebige Mengen A,B,C gilt: Wenn $A \supset B$, so ist $(A \cap C) \supset (B \cap C)$.

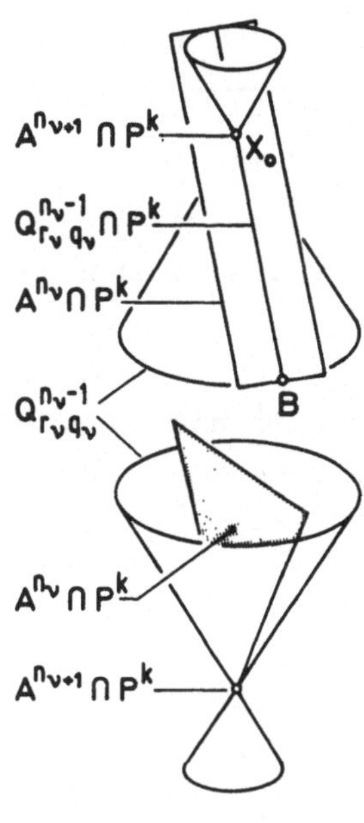

Sei nun $A^{n_\nu} \cap P^k$ eine reguläre p_ν-Tangente von $Q^{n_\nu-1}_{r_\nu q_\nu}$ in einem regulären Quadrikpunkt $B \in Q^{n_\nu-1}_{r_\nu q_\nu}$ (4E,Def.5). Jeder Punkt $X \in (A^{n_\nu} \cap P^k)$ ist dann polar zu $B \in Q^{n_\nu-1}_{r_\nu q_\nu}$ bezüglich der Schnittquadrik $Q^{n_\nu-1}_{r_\nu q_\nu} \cap (A^{n_\nu} \cap P^k) = Q^{n_\nu-1}_{r_\nu q_\nu} \cap P^k$. Folglich liegt B in der Spitze dieser Quadrik. Da $B \notin A^{n_\nu+1} \cap P^k$, ist $A^{n_\nu+1} \cap P^k$ nicht die Spitze von $Q^{n_\nu-1}_{r_\nu q_\nu} \cap P^k$; die Voraussetzung (1) aus Satz 2 ist also nicht erfüllt.

Wegen $A^{n_\nu+1} \cap P^k \neq \emptyset$ ist also $A^{n_\nu} \cap P^k$ eine singuläre p_ν-Tangente[1] von $Q^{n_\nu-1}_{r_\nu q_\nu}$ $(0 \leq \nu < \rho)$; für $\nu = \rho$ tritt eine p_ν-Passante oder eine p_ν-Sekante auf.

Ist anderseits $A^{n_\nu} \cap P^k$ eine singuläre p_ν-Tangente[1] von $Q^{n_\nu-1}_{r_\nu q_\nu}$ $(0 \leq \nu < \rho)$, so sind in Satz 2 (3) für $0 \leq \nu < \rho$ und (1) erfüllt; ist $A^{n_\rho} \cap P^k$ eine p_ν-Passante oder eine p_ν-Sekante, so sind in Satz 2 (3) für $\nu = \rho$ und (2) erfüllt.

Man kann daher Satz 2 wie folgt fassen:

<u>Satz 3:</u> Der CK-Raum $P^n_{r_0 \ldots r_{\rho-1} | q_0 \ldots q_\rho}$ mit der Absolutfigur F induziert in einer k-Ebene P^k $(k \geq 1)$ mit $A^{n_\nu} \cap P^k \neq \emptyset$, $P^k \not\subset A^{n_\nu}$ $(1 \leq \nu \leq \rho)$ genau dann den CK-Raum mit der Absolutfigur $F \cap P^k$, wenn $A^{n_\nu} \cap P^k$ für den Absolutkegel $Q^{n_\nu-1}_{r_\nu q_\nu} \subset A^{n_\nu}$ $(0 \leq \nu < \rho)$ eine singuläre p_ν-Tangente[1] ist, und wenn $A^{n_\rho} \cap P^k$ eine p_ρ-Passante oder eine p_ρ-Sekante der Absolutquadrik $Q^{n_\rho-1}_{r_\rho q_\rho} \subset A^{n_\rho}$ ist.

Im allgemeinen wird eine k-Ebene P^k die Voraussetzungen von Satz 3 nicht erfüllen. Wir untersuchen daher, inwieweit sich diese Voraussetzungen abschwächen lassen.

1) Wir verzichten zunächst auf die Voraussetzung, daß P^k in keiner Absolutebene enthalten ist $(P^k \not\subset A^{n_\nu}, 1 \leq \nu \leq \rho)$ und setzen

$$P^k \subset A^{n_\nu}, \quad P^k \not\subset A^{n_\sigma} \quad (\nu < \sigma \leq \rho)$$

für ein festes ν voraus. Dann ist P^k in allen A^{n_ν} vorausgehenden

[1] Ausführlich: eine singuläre p_ν-Tangente von $Q^{n_\nu-1}_{r_\nu q_\nu}$ in einem singulären Quadrikpunkt, die nicht zugleich reguläre p_ν-Tangente von $Q^{n_\nu-1}_{r_\nu q_\nu}$ in einem regulären Quadrikpunkt B ist $(0 \leq \nu < \rho)$.

Absolutebenen enthalten, und man kann $F \cap P^k$ eindeutig ersetzen durch

$$(F \cap P^k)_1 \quad \boxed{(Q^{n_\nu -1}_{r_\nu q_\nu} \cap P^k) \supset (A^{n_{\nu+1}} \cap P^k) \supset \ldots \supset (A^{n_\rho} \cap P^k) \supset (Q^{n_\rho -1}_{r_\rho q_\rho} \cap P^k).}$$

In diesem Fall wird in P^k der CK-Raum mit der Absolutfigur $(F \cap P^k)_1$ induziert, wenn bis auf $P^k \not\subset A^{n_\sigma}$ $(1 \le \sigma \le \nu)$ alle anderen Voraussetzungen von Satz 3 erfüllt sind.

2) Wir verzichten nun auf die Voraussetzung, daß P^k alle Absolutebenen des CK-Raumes schneide ($A^{n_\nu} \cap P^k \neq \emptyset$, $1 \le \nu \le \rho$) und nehmen an, P^k schneide $A^{n_{\nu+1}}$ für ein festes ν nicht; P^k schneide jedoch alle vorausgehenden Absolutebenen:

$$A^{n_\sigma} \cap P^k \neq \emptyset, \quad A^{n_{\nu+1}} \cap P^k = \emptyset \quad (0 \le \sigma \le \nu).$$

Dann schneidet P^k auch die auf $A^{n_{\nu+1}}$ folgenden Absolutebenen nicht, und es gilt: $A^{n_\nu} \cap P^k$ ist eine p_ν-Sekante, p_ν-Passante, reguläre p_ν-Tangente in einem regulären Punkt oder p_ν-Erzeugende von $Q^{n_\nu -1}_{r_\nu q_\nu}$.

(a) $A^{n_\nu} \cap P^k$ *ist* p_ν*-Sekante oder* p_ν*-Passante von* $Q^{n_\nu -1}_{r_\nu q_\nu}$:

Dann ist $Q^{n_\nu -1}_{r_\nu q_\nu} \cap P^k$ eine (ein- oder nullteilige) nichtentartete Quadrik in $A^{n_\nu} \cap P^k$. Wegen $A^{n_{\nu+1}} \cap P^k = \emptyset$ enthält die Schnittquadrik $Q^{n_\nu -1}_{r_\nu q_\nu} \cap P^k$ keine Punkte der Spitze $A^{n_{\nu+1}}$.

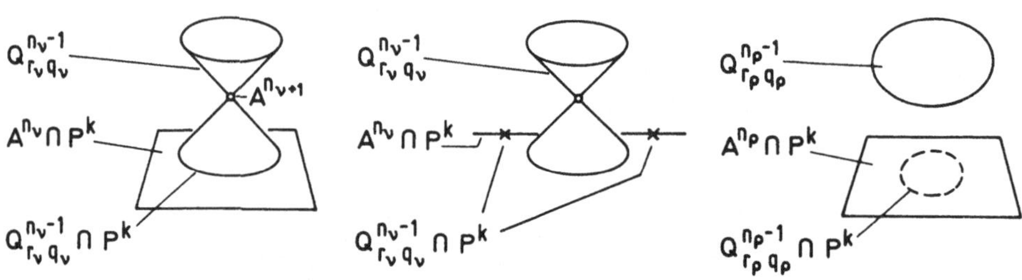

In diesem Fall wird in P^k der CK-Raum mit der Absolutfigur

$$(F \cap P^k)_2 \quad \boxed{(Q^{n-1}_{r_0 q_0} \cap P^k) \supset \ldots \supset (A^{n_\nu} \cap P^k) \supset (Q^{n_\nu -1}_{r_\nu q_\nu} \cap P^k)}$$

induziert, wenn bis auf $A^{n_\nu} \cap P^k \neq \emptyset$ alle anderen Voraussetzungen von Satz 3 erfüllt sind.

(b) $A^{n_\nu} \cap P^k$ *ist reguläre* p_ν*-Tangente von* $Q^{n_\nu-1}_{r_\nu q_\nu}$ *in einem regulären Punkt* B *von* $Q^{n_\nu-1}_{r_\nu q_\nu}$:

Dann ist die Schnittquadrik $Q^{n_\nu-1}_{r_\nu q_\nu} \cap P^k$ eine entartete Quadrik in $A^{n_\nu} \cap P^k$.

(b1) Ist die Spitze T^l der entarteten Quadrik $Q^{n_\nu-1}_{r_\nu q_\nu} \cap P^k$ punktförmig ($l = 0$), so kann man $F \cap P^k$ eindeutig ersetzen durch

$$(F \cap P^k)_3 \quad \boxed{(Q^{n-1}_{r_o q_o} \cap P^k) \supset \ldots \supset (A^{n_\nu} \cap P^k) \supset (Q^{n_\nu-1}_{r_\nu q_\nu} \cap P^k) \supset T^o \supset Q^{-1}_{10};\ T^o = B.}$$

In diesem Fall wird in P^k der CK-Raum mit der Absolutfigur $(F \cap P^k)_3$ induziert, wenn bis auf $A^{n_\nu} \cap P^k \neq \emptyset$ alle anderen Voraussetzungen von Satz 3 erfüllt sind.

Beispiele: Schnitt einer Ringquadrik mit einer ihrer Tangentenhyperebenen für $\nu = \rho$. Schnitt eines Kegels mit einer seiner regulären Tangenten.

(b2) Ist die Spitze T^l der entarteten Quadrik $Q^{n_\nu-1}_{r_\nu q_\nu} \cap P^k$ nicht punktförmig ($l > 0$), so kann man $F \cap P^k$ nicht eindeutig durch eine Absolutfigur in P^k ersetzen, die als induzierte Absolutfigur im Sinn von Def.1 gelten kann.

(c) $A^{n_\nu} \cap P^k$ *ist* p_ν*-Erzeugende* ($p_\nu \geq 1$) *von* $Q^{n_\nu-1}_{r_\nu q_\nu}$:

Dann ist $Q^{n_\nu-1}_{r_\nu q_\nu} \cap P^k$ diese p_ν-Erzeugende, die wegen $A^{n_\nu+1} \cap P^k = \emptyset$ notwendig regulär ist (4F,Def.4).

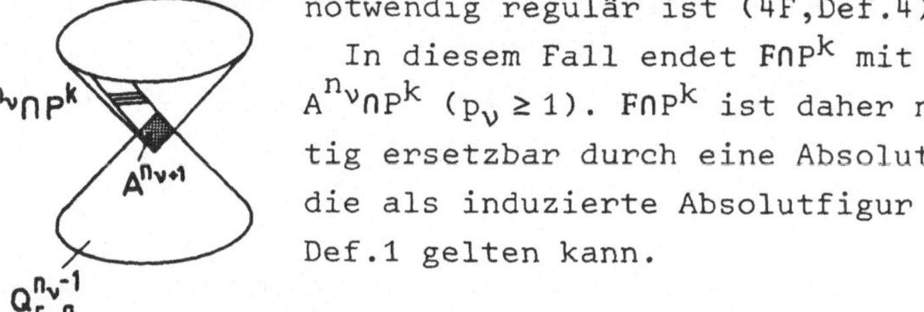

In diesem Fall endet $F \cap P^k$ mit der p_ν-Ebene $A^{n_\nu} \cap P^k$ ($p_\nu \geq 1$). $F \cap P^k$ ist daher nicht eindeutig ersetzbar durch eine Absolutfigur in P^k, die als induzierte Absolutfigur im Sinn von Def.1 gelten kann.

3) Wir verzichten nun in Satz 3 für ein festes ν auf die Voraussetzung, daß $A^{n_\nu} \cap P^k$ für den Absolutkegel $Q^{n_\nu-1}_{r_\nu q_\nu}$ eine singuläre p_ν-Tangente[1] ist. Wir nehmen vielmehr wie im Anschluß an Satz 2 an, $A^{n_\nu} \cap P^k$ sei in einem regulären Quadrikpunkt B eine reguläre p_ν-Tangente des Absolutkegels $Q^{n_\nu-1}_{r_\nu q_\nu}$ und prüfen, inwieweit sich $F \cap P^k$ eindeutig modifizieren läßt, so daß die modifizierte Figur als in P^k induzierte Absolutfigur eines CK-Raumes gelten kann.

Der Fall $(A^{n_\nu} \cap P^k) \cap A^{n_\nu+1} = \emptyset$ wurde bereits in 2)(b) diskutiert;

[1] siehe S.123, Fußnote [1].

daher gilt nun $(A^{n_\nu} \cap P^k) \cap A^{n_\nu+1} \neq \emptyset$.

Nach den Überlegungen im Anschluß an Satz 2 liegt dann der Punkt B in der Spitze der Quadrik $Q^{n_\nu-1}_{r_\nu q_\nu} \cap P^k$. Wegen $B \notin A^{n_\nu+1} \cap P^k$ ist im vorliegenden Fall $A^{n_\nu+1} \cap P^k$ *nicht* die Spitze der Quadrik $Q^{n_\nu-1}_{r_\nu q_\nu} \cap P^k$. Vielmehr liegt sogar $(A^{n_\nu+1} \cap P^k) + B$ in der Spitze der Quadrik $Q^{n_\nu-1}_{r_\nu q_\nu} \cap P^k$. Die Dimension ihrer Spitze liegt damit um mindestens 1 höher als $\mathrm{Dim}(A^{n_\nu+1} \cap P^k)$. Ist nun $(A^{n_\nu+1} \cap P^k) + B$ bereits die Spitze von $Q^{n_\nu-1}_{r_\nu q_\nu} \cap P^k$, dann kann man $A^{n_\nu+1} \cap P^k$ als Doppelhyperebene in der Spitze $(A^{n_\nu+1} \cap P^k) + B$ interpretieren, und $F \cap P^k$ läßt sich eindeutig ersetzen durch:

$$(F\cap P^k)_4 \qquad (Q^{n-1}_{r_0 q_0} \cap P^k) \supset \ldots \supset (A^{n_\nu} \cap P^k) \supset \underbrace{(Q^{n_\nu-1}_{r_\nu q_\nu} \cap P^k)}_{1)} \supset \underbrace{((A^{n_\nu+1} \cap P^k) + B)}_{2)} \supset$$

$$\supset \underbrace{(A^{n_\nu+1} \cap P^k)}_{3)} \supset \underbrace{(A^{n_\nu+1} \cap P^k)}_{4)} \supset (Q^{n_{\nu+1}-1}_{r_{\nu+1} q_{\nu+1}} \cap P^k) \supset \ldots \supset (Q^{n_\rho-1}_{r_\rho q_\rho} \cap P^k).$$

1) Quadrik, nicht notwendig Doppelhyperebene in $A^{n_\nu} \cap P^k$;
2) Spitze von 1); 3) Doppelhyperebene in 2);
4) Spitze (einfach zählende Hyperebene) von 3).

In P^k wird also der CK-Raum mit der Absolutfigur $(F \cap P^k)_4$ induziert, wenn bis auf die Voraussetzung $A^{n_\nu} \cap P^k$ singuläre p_ν-Tangente[5] von $Q^{n_\nu-1}_{r_\nu q_\nu}$ alle anderen Voraussetzungen von Satz 3 erfüllt sind. (Auf diesen Fall treffen Satz 2 und Satz 3 in der formulierten Form nicht zu, da z.B. $A^{n_\nu+1} \cap P^k$ zugleich als Quadrik und als deren Spitze betrachtet wird.)

Diese Modifikation führt auch dann auf einen induzierten CK-Raum, wenn sie nicht nur beim Index $\sigma = \nu$ erforderlich ist. Die Modifikation ist nicht anwendbar, wenn $(A^{n_\nu+1} \cap P^k) + B$ nicht die Spitze von $Q^{n_\nu-1}_{r_\nu q_\nu} \cap P^k$ ist.

4) Wir verzichten wieder in Satz 3 für ein festes ν auf die Voraussetzung, daß $A^{n_\nu} \cap P^k$ für $Q^{n_\nu-1}_{r_\nu q_\nu}$ eine singuläre p_ν-Tangente[5] ist und nehmen als letzte Möglichkeit an, $A^{n_\nu} \cap P^k$ sei eine p_ν-Erzeugende von $Q^{n_\nu-1}_{r_\nu q_\nu}$. Da wir weiterhin $A^{n_\nu+1} \cap P^k \neq \emptyset$ voraussetzen, ist $A^{n_\nu} \cap P^k$ eine semireguläre oder eine singuläre Erzeugende von $Q^{n_\nu-1}_{r_\nu q_\nu}$ (reguläre Erzeugende siehe 2)(c)!).

Ist $F \cap P^k$ in P^k die Absolutfigur eines CK-Raumes, so entsteht

[5] siehe S.123, Fußnote 1).

der in $A^{n_\nu} \cap P^k$ liegende Absolutkegel $Q^{n_\nu -1}_{r_\nu q_\nu} \cap P^k$ als Schnitt $Q^{n_\nu -1}_{r_\nu q_\nu} \cap (A^{n_\nu} \cap P^k)$:

$$\ldots \supset (A^{n_\nu} \cap P^k) \supset (Q^{n_\nu -1}_{r_\nu q_\nu} \cap P^k) \supset (A^{n_\nu +1} \cap P^k) \supset \ldots$$

Da nun $A^{n_\nu} \cap P^k$ eine p_ν-Erzeugende von $Q^{n_\nu -1}_{r_\nu q_\nu}$ ist, müßte die Quadrik mit ihrem Trägerraum $A^{n_\nu} \cap P^k$ übereinstimmen. Da es keine solche Quadrik gibt, muß $A^{n_\nu +1} \cap P^k$ die Stelle des auf $A^{n_\nu} \cap P^k$ folgenden Absolutkegels übernehmen. Dies ist dann und nur dann möglich, wenn $A^{n_\nu +1} \cap P^k$ Hyperebene in $A^{n_\nu} \cap P^k$ ist und somit als Doppelhyperebene aufgefaßt werden kann. Damit läßt sich $F \cap P^k$ eindeutig ersetzen durch:

$(F \cap P^k)_5$

$$(Q^{n-1}_{r_o q_o} \cap P^k) \supset \ldots \supset \underbrace{(A^{n_\nu} \cap P^k)}_{1)} \supset \underbrace{(A^{n_\nu +1} \cap P^k)}_{2)} \supset$$
$$\supset \underbrace{(A^{n_\nu +1} \cap P^k)}_{3)} \supset \ldots \supset (Q^{n_\rho -1}_{r_\rho q_\rho} \cap P^k) \text{ genau dann}$$
wenn
$$\mathrm{Dim}(A^{n_\nu} \cap P^k) - \mathrm{Dim}(A^{n_\nu +1} \cap P^k) = 1.$$

1) Spitze des vorausgehenden Absolutkegels
2) Doppelhyperebene in $A^{n_\nu} \cap P^k$
3) Spitze der vorausgehenden Doppelhyperebene

In P^k wird der CK-Raum mit der Absolutfigur $(F \cap P^k)_5$ induziert, wenn bis auf die Voraussetzung $A^{n_\nu} \cap P^k$ singuläre p_ν-Tangente[4] von $Q^{n_\nu -1}_{r_\nu q_\nu}$ alle Voraussetzungen von Satz 3 erfüllt sind.

5) Die Überlegungen aus 4) gelten auch dann, wenn anstelle von $A^{n_\nu} \cap P^k$ die k-Ebene P^k selbst eine k-Erzeugende von $Q^{n_\nu -1}_{r_\nu q_\nu}$ $(\nu \neq \rho)$ ist.

Zusammenfassend gilt:

<u>Satz 4</u>: Der CK-Raum $P^n_{r_o \ldots r_{\rho-1} | q_o \ldots q_\rho}$ mit der Absolutfigur **F** induziert im Sinn von Def.1 in einer k-Ebene $P^k \not\subset Q^{n_\rho -1}_{r_\rho q_\rho}$ $(k \geq 1)$ den CK-Raum mit der Absolutfigur

$$F \cap P^k \longleftrightarrow \begin{cases} A^{n_\nu} \cap P^k \text{ ist singuläre } p_\nu\text{-Tangente}^{4)} \text{ von } Q^{n_\nu -1}_{r_\nu q_\nu} \\ \quad (0 \leq \nu < \rho) \text{ und} \\ A^{n_\rho} \cap P^k \text{ ist } p_\rho\text{-Passante oder } p_\rho\text{-Sekante von } Q^{n_\rho -1}_{r_\rho q_\rho}. \end{cases}$$

4) siehe S.123, Fußnote 1). Dabei ist $p_\nu := \mathrm{Dim}(A^{n_\nu} \cap P^k)$.

$$(F\cap P^k)_1 \longleftrightarrow \begin{cases} A^{n_\sigma}\cap P^k \text{ ist singuläre } p_\sigma\text{-Tangente}^{1)} \text{ von } Q^{n_\sigma-1}_{r_\sigma q_\sigma} \; (\nu\le\sigma<\rho), \\ P^k\subset A^{n_\nu}, \text{ und} \\ A^{n_\rho}\cap P^k \text{ ist } p_\rho\text{-Passante oder } p_\rho\text{-Sekante von } Q^{n_\rho-1}_{r_\rho q_\rho}. \end{cases}$$

$$(F\cap P^k)_2 \longleftrightarrow \begin{cases} A^{n_\sigma}\cap P^k \text{ ist singuläre } p_\sigma\text{-Tangente}^{1)} \text{ von } Q^{n_\sigma-1}_{r_\sigma q_\sigma} \; (0\le\sigma<\nu), \\ A^{n_\nu}\cap P^k \text{ ist } p_\nu\text{-Passante oder } p_\nu\text{-Sekante von } Q^{n_\nu-1}_{r_\nu q_\nu}, \\ A^{n_\nu+1}\cap P^k=\emptyset. \end{cases}$$

$$(F\cap P^k)_3 \longleftrightarrow \begin{cases} A^{n_\sigma}\cap P^k \text{ ist singuläre } p_\sigma\text{-Tangente}^{1)} \text{ von } Q^{n_\sigma-1}_{r_\sigma q_\sigma} \; (0\le\sigma<\nu), \\ A^{n_\nu}\cap P^k \text{ ist reguläre } p_\nu\text{-Tangente von } Q^{n_\nu-1}_{r_\nu q_\nu} \text{ in einem regulären Punkt } B\in Q^{n_\nu-1}_{r_\nu q_\nu}, \\ A^{n_\nu+1}\cap P^k=\emptyset \text{ und } Q^{n_\nu-1}_{r_\nu q_\nu}\cap P^k \text{ hat } B \text{ als Spitze.} \end{cases}$$

$$(F\cap P^k)_4 \longleftrightarrow \begin{cases} A^{n_\sigma}\cap P^k \text{ ist singuläre } p_\sigma\text{-Tangente}^{1)} \text{ von } Q^{n_\sigma-1}_{r_\sigma q_\sigma} \; (0\le\sigma<\nu, \\ \quad \nu<\sigma<\rho), \\ A^{n_\rho}\cap P^k \text{ ist } p_\rho\text{-Passante oder } p_\rho\text{-Sekante von } Q^{n_\rho-1}_{r_\rho q_\rho}, \\ A^{n_\nu}\cap P^k \text{ ist } p_\nu\text{-Tangente von } Q^{n_\nu-1}_{r_\nu q_\nu} \text{ in einem regulären} \\ \quad \text{Punkt } B\in Q^{n_\nu-1}_{r_\nu q_\nu} \text{ und} \\ \quad (A^{n_\nu+1}\cap P^k)+B \text{ ist Spitze von } Q^{n_\nu-1}_{r_\nu q_\nu}\cap P^k. \end{cases}$$

$$(F\cap P^k)_5 \longleftrightarrow \begin{cases} A^{n_\sigma}\cap P^k \text{ ist singuläre } p_\sigma\text{-Tangente}^{1)} \text{ von } Q^{n_\sigma-1}_{r_\sigma q_\sigma} \; (0\le\sigma<\nu, \\ \quad \nu<\sigma<\rho), \\ A^{n_\rho}\cap P^k \text{ ist } p_\rho\text{-Passante oder } p_\rho\text{-Sekante von } Q^{n_\rho-1}_{r_\rho q_\rho}, \\ A^{n_\nu}\cap P^k \text{ ist } p_\nu\text{-Erzeugende von } Q^{n_\nu-1}_{r_\nu q_\nu} \text{ und} \\ \mathrm{Dim}(A^{n_\nu}\cap P^k)-\mathrm{Dim}(A^{n_\nu+1}\cap P^k)=1. \end{cases}$$

Ist keine der angegebenen Bedingungen erfüllt, so induziert der CK-Raum $P^n_{r_0\ldots r_{\rho-1}|q_0\ldots q_\rho}$ in P^k möglicherweise einen CK-Raum mit einer Absolutfigur, in der die Modifikationen $(F\cap P^k)_*$, $*\in\{1,..,5\}$ mehrfach (bei mehreren Indizes ν) auftreten.

In P^k wird genau dann kein CK-Raum induziert, wenn eine der folgenden Bedingungen (1) oder (2) erfüllt ist:

(1) Für ein ν $(0\le\nu\le\rho)$ ist $A^{n_\nu}\cap P^k$ eine reguläre p_ν-Tangente von $Q^{n_\nu-1}_{r_\nu q_\nu}$ in einem regulären Punkt $B\in Q^{n_\nu-1}_{r_\nu q_\nu}$, und die Spitze von $(A^{n_\nu}\cap P^k)\cap Q^{n_\nu-1}_{r_\nu q_\nu}$ umfaßt $(A^{n_\nu+1}\cap P^k)+B$ echt.

(2) Für ein ν $(0\le\nu\le\rho)$ ist $A^{n_\nu}\cap P^k$ eine p_ν-Erzeugende von $Q^{n_\nu-1}_{r_\nu q_\nu}$ und $\mathrm{Dim}(A^{n_\nu}\cap P^k)>\mathrm{Dim}(A^{n_\nu+1}\cap P^k)+1$.

Prüft man die 1- bis 3-dimensionalen CK-Räume, ob in jeder k-Ebene $(k\ge1)$ ein CK-Raum im Sinn von Def.1 induziert wird, so

---

[1] siehe S.123, Fußnote [1] für $\nu=\sigma$.

erhält man:

Satz 5: Der CK-Raum $P^n_{r_o\ldots r_{\rho-1}|q_o\ldots q_\rho}$ (n = 1,2,3) induziert im Sinn von Def.1 in jeder k-Ebene $P^k \not\subset Q^{n_\rho-1}_{r_\rho q_\rho}$ ($k \geq 1$) einen CK-Raum.

Beachtet man, daß jede Hyperebene $\Gamma \subset P^n$ eine Absolutebene A^{n_ν} eines CK-Raumes entweder enthält oder $\Gamma \cap A^{n_\nu}$ für $n_\nu \geq 1$ eine Hyperebene in A^{n_ν} ist, und beachtet man, daß nach 4D, Satz 2ff in jeder Geraden $g \not\subset Q^{n_\nu-1}_{r_\nu q_\nu} \setminus A^{n_\nu+1}$ ($0 \leq \nu \leq \rho$) ein CK-Raum induziert wird, so folgt

Satz 6: Der CK-Raum $P^n_{r_o\ldots r_{\rho-1}|q_o\ldots q_\rho}$ induziert im Sinn von Def.1 in jeder Hyperebene Γ und in jeder Geraden $g \not\subset Q^{n_\nu-1}_{r_\nu q_\nu} \setminus A^{n_\nu+1}$ ($0 \leq \nu \leq \rho$) einen CK-Raum.

Bemerkung:

1) Nach Satz 4 wird in einer k-Ebene P^k genau dann kein CK-Raum induziert, wenn eine der angegebenen Bedingungen (1),(2) erfüllt ist. In diesen Fällen kann die Schnittfigur $F \cap P^k$ als Absolutfigur eines modifizierten CK-Raumes dienen (siehe A, Bem.4).

Aufgaben:

1) Die Hyperebene Γ des nichtentarteten CK-Raumes $P^n_{|q}$ sei nicht Tangentenhyperebene der Absolutquadrik. In Γ wird auf natürliche Weise ein CK-Raum $P^{n-1}_{|p}$ induziert. Was kann man über p aussagen?

2) Die Ebene Γ des pseudoeuklidischen Raumes $P^3_{1|01}$ sei nicht im Absolutkegel $Q^2_{1\,0}$ enthalten. Wie lauten Name und Bezeichnung der in Γ (bei verschiedenen Lagen) induzierten CAYLEY/KLEIN-Ebenen?

3) Im P^3 ergänze man den nullteiligen Kegel $Q^2_{3\,0}$ ($x_1^2 + x_2^2 + x_3^2 = 0$) zu einer Absolutfigur eines CK-Raumes.

4) Man zeige: Im P^5 ist die Quadrik Q^4_{rq} ($x_o x_3 + x_1 x_4 + x_2 x_5 = 0$) Absolutfigur eines CK-Raumes. Wie lauten Name und Bezeichnung dieses CK-Raumes? Induziert dieser CK-Raum in der Hyperebene Γ ($x_o - x_2 - x_4 = 0$) des P^5 einen CK-Raum? Wie lauten gegebenenfalls Name und Bezeichnung dieses CK-Raumes?

E. Dualisierung der Absolutfiguren

Die Absolutfigur F eines CK-Raumes $P^n_{r_o\ldots r_{\rho-1}|q_o\ldots q_\rho}$ läßt sich im P^n wie folgt dualisieren:

$$
\begin{array}{l}
F\left\{\begin{array}{l}
Q^{n-1}_{r_0 q_0} \supset A^{n_1} \supset Q^{n_1-1}_{r_1 q_1} \supset A^{n_2} \supset \ldots \supset A^{n_\rho} \supset Q^{n_\rho-1}_{r_\rho q_\rho} \\
Q^{n-1}_{r_0 q_0} \supset A^{n-r_0} \supset Q^{n-r_0-1}_{r_1 q_1} \supset A^{n-r_0-r_1} \supset \ldots \supset A^{n-r_0-\ldots-r_{\rho-1}} \supset Q^{n-r_0-\ldots-r_{\rho-1}-1}_{r_\rho q_\rho}
\end{array}\right. \\
\quad\updownarrow \qquad \updownarrow \qquad \updownarrow \qquad \updownarrow \qquad\qquad \updownarrow \qquad\qquad \updownarrow \qquad (\mathrm{I}) \\
\overset{\times}{F}\left\{\begin{array}{l}
Q^{r_0-2}_{r_0 q_0} \subset A^{r_0-1} \subset Q^{r_0+r_1-2}_{r_1 q_1} \subset A^{r_0+r_1-1} \subset \ldots \subset A^{r_0+\ldots+r_{\rho-1}-1} \subset Q^{n-1}_{r_\rho q_\rho} \\
Q^{n-n_1-2}_{r_0 q_0} \subset A^{n-n_1-1} \subset Q^{n-n_2-2}_{r_1 q_1} \subset A^{n-n_2-1} \subset \ldots \subset A^{n-n_\rho-1} \subset Q^{n-1}_{r_\rho q_\rho}
\end{array}\right.
\end{array}
$$

Dabei ist die zu F duale Absolutfigur $\overset{\times}{F}$ als Punktmenge (durch Ordnungsquadriken und deren Spitzen), nicht als Hyperebenenmenge dargestellt. In der Absolutfigur F ist der Rang r_ρ der Absolutquadrik $Q^{n_\rho-1}_{r_\rho q_\rho}$ maximal ($r_\rho = n_\rho + 1$). In der Absolutquadrik $Q^{r_0-2}_{r_0 q_0}$ von $\overset{\times}{F}$ ist der Rang r_0 maximal.

Wir beschreiben die Dualisierung von F.

Dualisierung der Absolutebenen: Nach dem Dualitätsprinzip der projektiven Räume (3A,Satz 3) entspricht einer Absolutebene A^{n_ν} eine Absolutebene $\overset{\times}{A}{}^{n-n_\nu-1}$ $(0 \le \nu \le \rho)$. Ist A^{n_ν} als Verbindung von $n_\nu + 1$ linear unabhängigen Punkten dargestellt, so läßt sich $\overset{\times}{A}{}^{n-n_\nu-1}$ als Schnitt der diesen Punkten entsprechenden Hyperebenen des P^n darstellen. Statt $\overset{\times}{A}{}^{n-n_\nu-1}$ schreiben wir im folgenden $A^{n-n_\nu-1}$, wenn keine Verwechslungen zu befürchten sind.

Die Anwendung des Dualitätsprinzips auf sämtliche Absolutebenen von F zeigt, daß die Inzidenzen erhalten bleiben und die Inklusionszeichen sich umkehren:

$$A^{n_{\nu+1}} \subset A^{n_\nu} \Rightarrow A^{n-n_\nu-1} \subset A^{n-n_{\nu+1}-1}.$$

Dualisierung der Absolutkegel und der Absolutquadrik: Wir dualisieren zunächst in P^n den Absolutkegel $Q^{n-1}_{r_0 q_0}$ mit der Spitze A^{n-r_0}. Nach 4H,Satz 2 gilt: Dual zu $Q^{n-1}_{r_0 q_0}$ mit

$$P^n \supset Q^{n-1}_{r_0 q_0} \supset A^{n-r_0} \text{ ist eine Quadrik } \emptyset \subset Q^{r_0-2}_{r_0 q_0} \subset A^{r_0-1}.$$

Hat $Q^{n-1}_{r_0 q_0}$ in projektiven Punktkoordinaten die Normalform $\vec{u}_0^T E_0 \vec{u}_0 = 0$, so stellt $\vec{u}_0 = \vec{o}_0$ die Spitze A^{n-r_0} dar. A^{n-r_0} enthält also genau die Punkte mit den Koordinaten $(\underbrace{0,\ldots,0}_{r_0},u_{r_0},\ldots,u_n)$ und ist somit die Verbindung der $n-r_o+1$ linear unabhängigen Punkte

$$(\underbrace{0,\dots,0}_{r_o},1,0,\dots,0),\dots,(\underbrace{0,\dots,0}_{r_o},0,\dots,0,1).$$

Nach 3B,Satz 2 bewirkt das Dualitätsprinzip der projektiven Räume im P^n die Zuordnung

$$U(u_o,\dots,u_n) \longmapsto \Gamma(u_o x_o + \dots + u_n x_n = 0).$$

Da nach 3A,Satz 3 Verbindung und Schnitt duale Begriffe sind, ist die zu A^{n-r_o} duale Absolutebene A^{r_o-1} darstellbar als Schnitt der $n-r_o+1$ linear unabhängigen Hyperebenen

$$x_{r_o} = \dots = x_n = 0. \tag{1}$$

Der Punktmenge des Absolutkegels $Q^{n-1}_{r_o q_o}$ entsprechen dual alle Hyperebenen

$$\vec{u}^T\vec{x} = u_o x_o + \dots + u_n x_n = 0, \tag{2}$$

die

$$\vec{u}_o^T E_o \vec{u}_o = u_o^2 + \dots + u^2_{p_o-1} - u^2_{p_o} - \dots - u^2_{r_o-1} = 0 \tag{3}$$

genügen. Die von diesen Hyperebenen eingehüllte Punktmenge liegt in A^{r_o-1}; sie wird nach (1) und (2) aber auch eingehüllt von den Hyperebenen der Absolutebene A^{r_o-1}

$$\vec{u}_o^T\vec{x}_o = u_o x_o + \dots + u_{r_o-1}x_{r_o-1} = x_{r_o} = \dots = x_n = 0, \tag{4}$$

die (3) genügen. Nach 4H,Satz 2 ist das Hüllgebilde in A^{r_o-1} eine rang- und indexgleiche nichtentartete Quadrik $Q^{r_o-2}_{r_o q_o} \subset A^{r_o-1}$.

Wir dualisieren nun in P^n den Absolutkegel $Q^{n_1-1}_{r_1 q_1}$ mit der Spitze $A^{n-r_o-r_1}$ und zeigen unter Verwendung der bisherigen Dualisierung:

$$P^n \supset Q^{n-1}_{r_o q_o} \supset A^{n-r_o} \supset Q^{n_1-1}_{r_1 q_1} \supset A^{n-r_o-r_1}$$

$$\emptyset \subset Q^{r_o-2}_{r_o q_o} \subset A^{r_o-1} \subset Q^{r_o+r_1-2} \subset A^{r_o+r_1-1}.$$

Hat $Q^{n_1-1}_{r_1 q_1}$ in projektiven Punktkoordinaten die Normalform $\vec{u}_o = \vec{o}_o$, $\vec{u}_1^T E_1 \vec{u}_1 = 0$, so stellt $\vec{u}_o = \vec{o}_o$, $\vec{u}_1 = \vec{o}_1$ die Spitze $A^{n-r_o-r_1}$ dar. $A^{n-r_o-r_1}$ enthält also genau die Punkte mit den Koordinaten

$$(\underbrace{0,\dots,0}_{r_o},\underbrace{0,\dots,0}_{r_1},u_{r_o+r_1},\dots,u_n).$$

$A^{n-r_o-r_1}$ ist folglich die Verbindung der $n-r_o-r_1+1$ linear unabhängigen Punkte

$$(\underbrace{0,\dots,0}_{r_o},\underbrace{0,\dots,0}_{r_1},1,0,\dots,0),\dots,(\underbrace{0,\dots,0}_{r_o},\underbrace{0,\dots,0}_{r_1},0,\dots,0,1).$$

Die zu $A^{n-r_o-r_1}$ duale Absolutebene ist somit darstellbar als Schnitt der $n-r_o-r_1+1$ linear unabhängigen Hyperebenen

$$x_{r_o+r_1} = \dots = x_n = 0. \tag{5}$$

Der Punktmenge des Absolutkegels $Q^{n_1-1}_{r_1 q_1}$ entsprechen dual alle Hyperebenen

$$\vec{u}^T\vec{x} = u_o x_o + \dots + u_n x_n = 0, \tag{6}$$

die

$$\vec{u}_o = \vec{o}_o,\ \vec{u}_1^T E_1 \vec{u}_1 = u^2_{r_o} + \dots + u^2_{r_o+p_1-1} - u^2_{r_o+p_1} - \dots - u^2_{r_o+r_1-1} = 0 \tag{7}$$

genügen. Die von diesen Hyperebenen eingehüllte Punktmenge liegt in $A^{r_o+r_1-1}$; sie wird nach (5) und (6) ebenfalls eingehüllt von den Hyperebenen der Absolutebene $A^{r_o+r_1-1}$,

$$u_o x_o + \dots + u_{r_o-1}x_{r_o-1} + u_{r_o}x_{r_o} + \dots + u_{r_o+r_1-1}x_{r_o+r_1-1} = x_{r_o+r_1} = \dots = x_n = 0,$$

die (7) genügen. Da (7) keine Bedingung enthält für die Koeffizienten $u_o,\dots,u_{r_o-1}$, wird die eingehüllte Punktmenge bestimmt durch das Hüllgebilde der mit der (r_1-1)-Ebene S^{r_1-1} ($x_o = \dots = x_{r_o-1} = x_{r_o+r_1} = \dots = x_n = 0$) geschnittenen Hyperebenen

$$\vec{u}_1^T\vec{x}_1 = u_{r_o}x_{r_o} + \dots + u_{r_o+r_1-1}x_{r_o+r_1-1} = 0,$$

die

$$\vec{u}_1^T E_1 \vec{u}_1 = u^2_{r_o} + \dots + u^2_{r_o+p_1-1} - u^2_{r_o+p_1} - \dots - u^2_{r_o+r_1-1} = 0 \tag{8}$$

genügen. Dieses Hüllgebilde ist in S^{r_1-1} nach 4H, Satz 2 eine rang- und indexgleiche nichtentartete Quadrik $Q^{r_1-2}_{r_1 q_1}$. Das in der Absolutebene $A^{r_o+r_1-1}$ gesuchte Hüllgebilde ist somit eine rang- und indexgleiche entartete Quadrik $Q^{r_o+r_1-2}_{r_1 q_1} \subset A^{r_o+r_1-1}$.

Nach $\rho+1$ Schritten ist die Dualisierung der Absolutkegel und der Absolutquadrik vollzogen. Es gilt daher der folgende Satz 1, in dem wir angeben:

1) die Absolutfigur F,
2) ihre Normalform nach B(I) in projektiven Punktkoordinaten $\vec{x} = (\vec{x}_o\ \vec{x}_1\ \dots\ \vec{x}_\rho)^T$ mit den partitionierten Koordinatenvektoren

$$\vec{x}_0 = \begin{pmatrix} x_0 \\ \vdots \\ x_{r_0-1} \end{pmatrix},\ \vec{x}_1 = \begin{pmatrix} x_{r_0} \\ \vdots \\ x_{r_0+r_1-1} \end{pmatrix}, \dots,\ \vec{x}_{\rho-1} = \begin{pmatrix} x_{n+1-r_{\rho-1}-r_\rho} \\ \vdots \\ x_{n-r_\rho} \end{pmatrix},\ \vec{x}_\rho = \begin{pmatrix} x_{n+1-r_\rho} \\ \vdots \\ x_n \end{pmatrix}$$

3) die zu F duale Absolutfigur $\check{F}$, dargestellt durch Ordnungsquadriken und deren Spitzen (also durch Punktmengen, nicht durch Hyperebenenmengen!) sowie

4) die Normalform von $\check{F}$ in projektiven Punktkoordinaten

$$\vec{y} = (\vec{y}_\rho\ \vec{y}_{\rho-1} \dots \vec{y}_0)^T .$$

Die zur Absolutfigur eines ρ-fach entarteten CK-Raums duale Absolutfigur ist ebenfalls Absolutfigur eines ρ-fach entarteten CK-Raums. Nochmalige Dualisierung ergibt die ursprüngliche Absolutfigur. Duale Absolutfiguren sind also zueinander dual.

Satz 1: CK-Räume mit (zueinander) dualen Absolutfiguren heißen *(zueinander) dual.*[1] Der CK-Raum $P^n_{r_0 r_1 \dots r_{\rho-1}|q_0 q_1 \dots q_\rho}$ mit der Absolutfigur

$$Q^{n-1}_{r_0 q_0} \supset A^{n_1} \supset Q^{n_1-1}_{r_1 q_1} \supset A^{n_2} \supset \dots \supset Q^{n_{\rho-1}-1}_{r_{\rho-1} q_{\rho-1}} \supset A^{n_\rho} \supset Q^{n_\rho-1}_{r_\rho q_\rho}$$

$$\begin{array}{llllll}
\vec{x}_0^T E_0 \vec{x}_0 = 0, \vec{x}_0 = \vec{o}_0, & \vec{x}_0 = \vec{o}_0, & \vec{x}_0 = \vec{o}_0, \dots, & \vec{x}_0 = \vec{o}_0, & \vec{x}_0 = \vec{o}_0, & \vec{x}_0 = \vec{o}_0 \\
 & \vec{x}_1^T E_1 \vec{x}_1 = 0, \vec{x}_1 = \vec{o}_1, & & \vdots & \vdots & \vdots \\
 & & & \vec{x}_{\rho-2} = \vec{o}_{\rho-2}, & & \\
 & & & \vec{x}_{\rho-1}^T E_{\rho-1} \vec{x}_{\rho-1} = 0, & \vec{x}_{\rho-1} = \vec{o}_{\rho-1}, & \vec{x}_{\rho-1} = \vec{o}_{\rho-1} \\
 & & & & & \vec{x}_\rho^T E_\rho \vec{x}_\rho = 0
\end{array}$$

ist dual zum CK-Raum $P^n_{r_\rho r_{\rho-1} \dots r_1|q_\rho q_{\rho-1} \dots q_0}$ mit der Absolutfigur

$$Q^{n-1}_{r_\rho q_\rho} \supset A^{n-r_\rho} \supset Q^{n-r_\rho-1}_{r_{\rho-1} q_{\rho-1}} \supset A^{n-r_\rho-r_{\rho-1}} \supset \dots \supset Q^{r_0+r_1-1}_{r_1 q_1} \supset A^{r_0-1} \supset Q^{r_0-2}_{r_0 q_0}$$

$$\begin{array}{llllll}
\vec{y}_\rho^T E_\rho \vec{y}_\rho = 0, \vec{y}_\rho = \vec{o}_\rho, \vec{y}_\rho = \vec{o}_\rho, & \vec{y}_\rho = \vec{o}_\rho, & \dots & \vec{y}_\rho = \vec{o}_\rho, & \vec{y}_\rho = \vec{o}_\rho, & \vec{y}_\rho = \vec{o}_\rho \\
\vec{y}_{\rho-1}^T E_{\rho-1} \vec{y}_{\rho-1} = 0, \vec{y}_{\rho-1} = \vec{o}_{\rho-1}, & & & \vdots & \vdots & \vdots \\
 & & & \vec{y}_2 = \vec{o}_2, & \vec{y}_2 = \vec{o}_2, & \vec{y}_2 = \vec{o}_2 \\
 & & & \vec{y}_1^T E_1 \vec{y}_1 = 0, & \vec{y}_1 = \vec{o}_1, & \vec{y}_1 = \vec{o}_1 \\
 & & & & & \vec{y}_0^T E_0 \vec{y}_0 = 0.
\end{array}$$

Dabei gilt für die Dimensionen der Absolutebenen:

$$n-r_\rho = n-n_\rho-1,\quad n-r_\rho-r_{\rho-1} = n-n_{\rho-1}-1,\quad \dots,\quad r_0-1 = n-n_1-1.$$

[1] Siehe die in Abschnitt C,S.117f angegebene Tabelle! Der zu einem CK-Raum duale CK-Raum wird auch als sein Ko-Raum bezeichnet (siehe etwa KARPOVA/KONJAEVA/L'VOVA[1]).

Bemerkungen:

1) In Satz 1 wurden die partitionierten Koordinatenvektoren $\vec{y}_\rho,\ldots,\vec{y}_0$ der Punkte des zu $P^n_{r_0 r_1 \ldots r_{\rho-1}|q_0 q_1 \ldots q_\rho}$ dualen CK-Raumes gegenüber den Koordinatenvektoren $\vec{x}_0,\ldots,\vec{x}_\rho$ des Ausgangsraumes in umgekehrter Reihenfolge aufgeschrieben. Diese Schreibweise ist meist zweckmäßig. Innerhalb der Vektoren $\vec{y}_{\rho-\nu}$ $(0 \le \nu \le \rho)$ werden die projektiven Koordinaten im allgemeinen nicht umgestellt, um für die absoluten Quadriken dieselben Normalformen wie im Ausgangsraum verwenden zu können.

2) Unter den ρ-fach entarteten CK-Räumen sind genau die Räume mit $r_0 = r_\rho$, $r_1 = r_{\rho-1},\ldots$, $q_0 = q_\rho$, $q_1 = q_{\rho-1},\ldots$ selbstdual. Genau bei den selbstdualen CK-Räumen ist die Absolutfigur F projektiv äquivalent mit $\check{F}$. Zu den selbstdualen CK-Räumen gehören die nichtentarteten CK-Räume $P^n_{|q_0}$ $(q_0 \ge 0)$, die isotropen Räume (vom Index q_1) $P^n_{1\,n-1|0q_1 0}$ $(q_1 \ge 0)$, die Flaggenräume $P^n_{1\ldots1|0\ldots0}$ sowie weitere CK-Räume. Siehe die in Abschnitt C,S.117f angegebene Tabelle!

3) Bleibt die Absolutfigur F eines CK-Raumes im Sinn von 5B, Satz 1 fix, so bleibt nach dualer Interpretation auch $\check{F}$ fix. Bei den nichtentarteten CK-Räumen ist die duale Interpretation besonders einfach. So entspricht der Absolutquadrik $Q^{n-1}_{n+1\,q_0}$ eines nichtentarteten CK-Raumes $P^n_{|q_0}$ dual die Klassenquadrik $\check{Q}^{n-1}_{n+1\,q_0}$, die nach 4H,Satz 2 als die Tangentenhyperebenenmenge der Absolutquadrik $Q^{n-1}_{n+1\,q_0}$ interpretierbar ist; mit $Q^{n-1}_{n+1\,q_0}$ bleibt daher auch $\check{Q}^{n-1}_{n+1\,q_0}$ fix.

4) Nach 4D,Satz 1 enthält jede Quadrik $Q^{n-1}_{r\,q}$ zwar (n-r+q)-Ebenen, aber nicht k-Ebenen höherer Dimension: die Maximalerzeugenden von $Q^{n-1}_{r\,q}$ sind (n-r+q)-Ebenen. Das Dualitätsprinzip der projektiven Räume überführt diese (n-r+q)-Ebenen in (r-q-1)-Ebenen, die in der Hyperebenenmenge liegen, die der Punktmenge $Q^{n-1}_{r\,q}$ dual entspricht. Diese Hyperebenenmenge inzidiert mit keinen k-Ebenen niedrigerer Dimension: ihre Minimalerzeugenden sind (r-q-1)-Ebenen. Dies gilt für die Absolutkegel und die Absolutquadrik jeder Absolutfigur.

5) Von zwei zueinander dualen CK-Räumen – etwa einem euklidischen und seinem dual-euklidischen Raum – findet oft der eine ein höheres Interesse als der andere. Besonderes Interesse verdienen die selbstdualen CK-Räume.

F. Dreidimensionale Cayley/Klein-Räume

Die folgende Tabelle zeigt die 18 dreidimensionalen CK-Räume, von denen 8, deren Name unterstrichen ist, selbstdual sind.

Die Namen der 15 ein- und 2-fach entarteten dreidimensionalen CK-Räume orientieren sich an den fünf klassischen Namen dieser Räume: *euklidisch*, *galileisch*, *isotrop*, *quasielliptisch*, *quasihyperbolisch*. Weitere Namen entstehen durch die Vorsilbe *pseudo-*, die einen Realitätsunterschied in der Absolutquadrik oder im letzten Absolutkegel angibt, falls die Absolutquadrik die leere Menge ist ($Q_{1\,0}^{-1} = \emptyset$). Letzteres ist nur beim pseudoisotropen Raum $P^3_{12|010}$ der Fall. Die restlichen Namen bedienen sich der Vorsilbe *dual-*, die angibt, zu welchem bereits benannten CK-Raum der fragliche CK-Raum dual ist.

Selbstdual sind genau die nichtentarteten CK-Räume, der quasihyperbolische Raum vom Index 1, der quasielliptische Raum, der pseudoisotrope und der isotrope Raum sowie der Flaggenraum (der einzige 3-fach entartete dreidimensionale CK-Raum).

Zueinander dual sind die CK-Räume:

$P^3_{21|000} \longleftrightarrow P^3_{11|000}$ (galileisch)

$P^3_{21|100} \longleftrightarrow P^3_{11|001}$ (pseudogalileisch)

$P^3_{3|00} \longleftrightarrow P^3_{1|00}$ (euklidisch)

$P^3_{3|10} \longleftrightarrow P^3_{1|01}$ (pseudoeuklidisch)

$P^3_{2|10} \longleftrightarrow P^3_{2|01}$ (quasielliptisch vom Index 1)

In der Absolutfigur des CK-Raumes $P^3_{3|10}$ entspricht der Absolutkegel $Q^2_{3\,1}$ dem Absolutkegelschnitt $Q^1_{3\,1}$ des pseudoeuklidischen Raumes $P^3_{1|01}$. Der Absolutkegel $Q^2_{3\,1}$ enthält ∞^2 Punkte, die den ∞^2 Tangentenebenen von $Q^1_{3\,1}$ (nicht den ∞^1 Punkten von $Q^1_{3\,1}$!) dual gegenüberstehen. Entsprechendes gilt für die übrigen zueinander dualen Absolutfiguren.

Die Tabelle der dreidimensionalen CK-Räume zeigt, daß für $r_0 = i$ maximal $\rho = 4-i$ $(i = 1,\dots,4)$ ist.

$Q^2_{r_0q_0}$	$\supset A^{n_1}$	$\supset Q^{n_1-1}_{r_1q_1}$	$\supset A^{n_2}$	$\supset Q^{n_2-1}_{r_2q_2}$	$\supset A^{n_3}$	$\supset Q^{n_3-1}_{r_3q_3}$		CAYLEY/KLEIN-Raum Bezeichnung	Name
Q^2_{10}	$\supset A^2$	$\supset Q^1_{10}$	$\supset A^1$	$\supset Q^0_{10}$	$\supset A^0$	$\supset Q^{-1}_{10}$	$\rho = 3$	$P^3_{111\mid 0000}$	Flaggenraum zweifach isotrop[1]
				$\supset Q^0_{20}$			2-fach entartet	$P^3_{11\mid 000}$	galileisch
				$\supset Q^0_{21}$			2-fach entartet	$P^3_{11\mid 001}$	galileisch (v.Index1) pseudogalileisch
		$\supset Q^1_{20}$	$\supset A^0$	$\supset Q^{-1}_{10}$			2-fach entartet	$P^3_{12\mid 000}$	isotrop[2] einfach isotrop[3]
		$\supset Q^1_{21}$	$\supset A^0$	$\supset Q^{-1}_{10}$			2-fach entartet	$P^3_{12\mid 010}$	isotrop (v. Index 1) pseudoisotrop
		$\supset Q^1_{30}$	1-fach entartet					$P^3_{1\mid 00}$	euklidisch
		$\supset Q^1_{31}$	1-fach entartet					$P^3_{1\mid 01}$	pseudoeuklidisch
Q^2_{20}	$\supset A^1$	$\supset Q^0_{10}$	$\supset A^0$	$\supset Q^{-1}_{10}$	$\rho = 2$			$P^3_{21\mid 000}$	dual-galileisch
		$\supset Q^0_{20}$	1-fach entartet					$P^3_{2\mid 00}$	quasielliptisch
		$\supset Q^0_{21}$	1-fach entartet					$P^3_{2\mid 01}$	quasielliptisch (vom Index 1) pseudoquasielliptisch
Q^2_{21}	$\supset A^1$	$\supset Q^0_{10}$	$\supset A^0$	$\supset Q^{-1}_{10}$	$\rho = 2$			$P^3_{21\mid 100}$	dual-pseudogalileisch
		$\supset Q^0_{20}$	1-fach entartet					$P^3_{2\mid 10}$	quasihyperbolisch pseudoquasihyperbolisch
		$\supset Q^0_{21}$	1-fach entartet					$P^3_{2\mid 11}$	quasihyperbolisch (vom Index 1)

[1] bei BRAUNER[6], [2] bei STRUBECKER[12]-[16] und in weiteren Arbeiten,
[3] bei HOSCHEK[1], LÜBBERT[6][7], SACHS[2]-[4], VETTER[1][2].

$Q^2_{r_0q_0}$	$\supset A^{n_1}$	$\supset Q^{n_1-1}_{r_1q_1}$	$\supset A^{n_2}$	$\supset Q^{n_2-1}_{r_2q_2}$	$\supset A^{n_3}$	$\supset Q^{n_3-1}_{r_3q_3}$	CAYLEY/KLEIN-Raum Bezeichnung	Name
Q^2_{30} 	$\supset A^0$	$\supset Q^{-1}_{10}$	1-fach entartet				$P^3_{3\|00}$	dual-euklidisch
Q^2_{31} 	$\supset A^0$	$\supset Q^{-1}_{10}$	1-fach entartet				$P^3_{3\|10}$	dual-pseudoeuklidisch
Q^2_{40} 	nichtentartet						$P^3_{\|0}$	elliptisch RIEMANNsch
Q^2_{41} 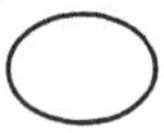	nichtentartet						$P^3_{\|1}$	hyperbolisch LOBATSCHEWSKIsch
Q^2_{42} 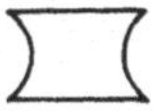	nichtentartet						$P^3_{\|2}$	hyperbolisch (vom Index 2)

G. Cayley/Klein-Ebenen

Die folgende Tabelle zeigt die 7 CK-Ebenen, von denen 3,deren Name unterstrichen ist, selbstdual sind. Die beiden nichtentarteten CK-Ebenen und die Flaggenebene (isotrope Ebene[1], Minimalebene[2], GALILEI-Ebene[3],GALILEI/NEWTON-Ebene[4]) sind also die einzigen selbstdualen CK-Ebenen.

Zueinander dual sind die CK-Ebenen:

(quasielliptisch) $P^2_{2|00}$ ⟷ $P^2_{1|00}$ (euklidisch)

(quasihyperbolisch) $P^2_{2|10}$ ⟷ $P^2_{1|01}$ (pseudoeuklidisch)

Der Absolutkegel $Q^1_{2\,1}$ der quasihyperbolischen Ebene $P^2_{2|10}$ ist ein Geradenpaar; offenbar kann man sowohl $I(Q^1_{21},F)$ als auch $A(Q^1_{21},F)$ (siehe 4G) als affine Halbebene betrachten.

---

[1] bei STRUBECKER[4], [2] bei BECK[1], [3] bei YAGLOM[2], [4] bei MAKAROVA[1].

$Q^1_{r_0q_0}$	$\supset A^{n_1}$	$\supset Q^{n_1-1}_{r_1q_1}$	$\supset A^{n_2}$	$\supset Q^{n_2-1}_{r_2q_2}$		CAYLEY/KLEIN-Ebene Bezeichnung	Name
Q^1_{10}	$\supset A^1$	$\supset Q^0_{10}$	$\supset A^0$	$\supset Q^{-1}_{10}$	$\rho = 2$	$P^2_{11\|000}$	Flaggenebene
		$\supset Q^0_{20}$			1-fach entartet	$P^2_{1\|00}$	euklidisch
		$\supset Q^0_{21}$			1-fach entartet	$P^2_{1\|01}$	pseudo-euklidisch
Q^1_{20}	$\supset A^0$	$\supset Q^{-1}_{10}$			1-fach entartet	$P^2_{2\|00}$	quasielliptisch dual-euklidisch
Q^2_{21}	$\supset A^0$	$\supset Q^{-1}_{10}$			1-fach entartet	$P^2_{2\|10}$	quasihyperbolisch dual-pseudo-euklidisch
Q^1_{30}	nichtentartet					$P^2_{\|0}$	elliptisch RIEMANNsch
Q^1_{31}	nichtentartet					$P^2_{\|1}$	hyperbolisch LOBATSCHEWSKIsch

Bemerkungen:

1) Zur analytischen Behandlung der CK-Ebenen eignen sich außer den projektiven Koordinaten in P^2 die drei Arten komplexer Zahlen $x+iy$ ($i^2=-1$), $x+\varepsilon y$ ($\varepsilon^2=0$) und $x+ey$ ($e^2=1$), die man auch als $R(\cos\alpha + i\sin\alpha)$, $R(1+\varepsilon\alpha)$ bzw. $R(\mathrm{ch}\,\alpha + e\,\mathrm{sh}\,\alpha)$ schreiben kann, und bei denen die Hinzunahme idealer Elemente – wie $z=\infty$ bei den komplexen Zahlen $z=x+iy$ – erforderlich ist (siehe YAGLOM[1]).

2) PECKO[1] verwendet komplexe Zahlen zur Festlegung der orientierten Geraden des elliptischen Raumes $P^n_{|0} \subset \hat{P}^n_{|0}$, indem er beachtet, daß jede Gerade des $P^n_{|0}$ die nullteilige Absolutquadrik $Q^{n-1}_{n+1\,0}$ in zwei konjugiert komplexen Punkten schneidet.

H. POLSIMPLEXE DER ABSOLUTFIGUREN

Im CK-Raum $P^n_{r_o\ldots r_{\rho-1}|q_o\ldots q_\rho}$ mit der Absolutfigur

$$Q^{n-1}_{r_o q_o} \supset A^{n_1} \supset Q^{n_1-1}_{r_1 q_1} \supset A^{n_2} \supset \ldots \supset A^{n_\rho} \supset Q^{n_\rho-1}_{r_\rho q_\rho},$$

$$n_o := n,\ n_\nu = n_{\nu-1} - r_{\nu-1}\ (0<\nu\leq\rho),\ n_{\rho+1} := -1,\ n+1 = r_o + \ldots + r_\rho$$

sei die absolute Quadrik $Q^{n_\nu-1}_{r_\nu q_\nu}$ in der Absolutebene A^{n_ν} durch die quadratische Form $F_\nu(x)$ — in den projektiven Koordinaten der Normalform 6B(I) durch $\vec{x}_\nu^T E_\nu \vec{x}_\nu$ — beschrieben.

$$X^{(o)}(x^{(o)}), \ldots, X^{(n)}(x^{(n)})$$ [1]

seien n+1 linear unabhängige Punkte dieses CK-Raumes. Diese Punkte bestimmen die k-Ebenen:

$$S^k = X^{(o)} + \ldots + X^{(k)}\ (0 \leq k \leq n).$$

Wir zeigen nun, daß sich unter den folgenden Voraussetzungen (a) und (b), von den n+1 linear unabhängigen Punkten $X^{(o)},\ldots$ $\ldots, X^{(n)}$ und ihren Repräsentanten $x^{(o)},\ldots,x^{(n)}$ ausgehend, n+1 linear unabhängige und bezüglich der Absolutfigur paarweise polare Punkte $P_o,\ldots,P_n$ mit Repräsentanten $p_o,\ldots,p_n$ eindeutig angeben lassen, die wir ein *Polsimplex* $\{P_o,\ldots,P_n\}$ *der Absolutfigur* nennen (Übertragung des SCHMIDTschen Orthonormierungsverfahrens auf CK-Räume).

(a) Von den k-Ebenen S^k $(0 \leq k \leq n)$ sei die $(n-n_\nu-1)$-Ebene $S^{n-n_\nu-1}$ windschief zur Absolutebene A^{n_ν}:

$$S^{n-n_\nu-1} \cap A^{n_\nu} = \emptyset\quad (0<\nu\leq\rho).$$

Dann sind alle k-Ebenen S^k $(0 \leq k \leq n-n_\nu-1)$ windschief zu A^{n_ν}, und genau $S^{n-n_\nu-1}$ ist sogar komplementär zu A^{n_ν}. Wir fordern also, daß mit aufsteigender Dimension k zu jeder Absolutebene A^{n_ν} $(0 \leq \nu \leq \rho)$ *möglichst viele* k-Ebenen S^k windschief sind (für $\nu = 0$ ist dies trivialerweise erfüllt). Zusätzlich fordern wir:

---

[1] Die Indizierung der Punkte erfolgt im Hinblick auf die Verwendung von Polsimplexen in der lokalen Kurventheorie der CK-Räume (siehe 21B).

(b) Die l_ν-Ebene $S^{k_\nu} \cap A^{n_\nu}$ ($l_\nu := k_\nu + n_\nu - n$, $n - n_\nu \le k_\nu < n - n_{\nu+1}$) sei *$l_\nu$-Passante* oder *$l_\nu$-Sekante* der absoluten Quadrik $Q^{n_\nu - 1}_{r_\nu q_\nu}$ (die $Q^{n_\nu - 1}_{r_\nu q_\nu}$ in einer nichtentarteten Quadrik $Q^{l_\nu - 1}_{l_\nu + 1, m_\nu}$ schneidet ($0 \le \nu \le \rho$)).

Aus (b) folgt für $\nu = k_\nu = 0$, daß $S^0 = X^{(0)}$ eine 0-Passante oder 0-Sekante des Absolutkegels $Q^{n-1}_{r_0 q_0}$ und damit stets ein eigentlicher Punkt (siehe 6A,Def.1) des CK-Raumes ist!

Konstruktion des Polsimplex $\{P_0, \ldots, P_n\}$: Zunächst wird $P_0 = X^{(0)}$ gesetzt. Sodann wird

P_1 eindeutig als Pol von $S^0 = P_0$ bezüglich $Q^{n-1}_{r_0 q_0} \cap S^1$,

P_2 eindeutig als Pol von S^1 bezüglich $Q^{n-1}_{r_0 q_0} \cap S^2$

usw. gewählt, solange dies möglich ist. Anschließend wird in der Absolutebene A^{n_1} ebenso verfahren usw. Außerdem normieren wir die Repräsentanten der Polsimplexecken $P_0, \ldots, P_n$ bezüglich der jeweiligen absoluten Quadrik und führen Vorzeichenfaktoren ein.

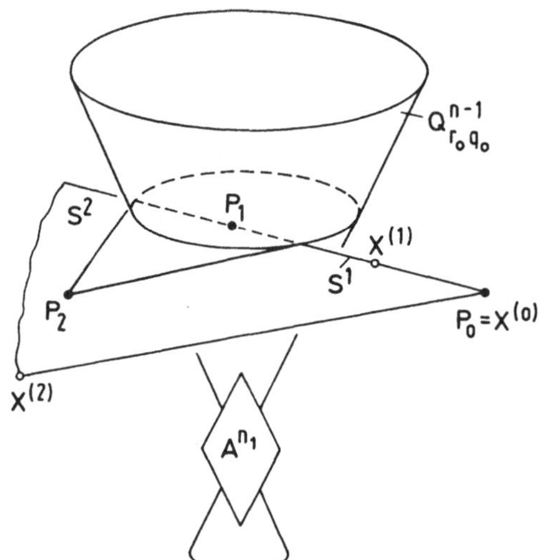

Damit verläuft die Konstruktion des Polsimplex $\{P_0, \ldots, P_n\}$ wie folgt:

$$y_0 := x^{(0)},$$

$$p_0 := \frac{y_0}{\sqrt{|F_0(y_0)|}},$$

$$\varepsilon_0 := F_0(p_0) = \pm 1.$$

Damit P_1 Pol von S^0 bezüglich $Q^{n-1}_{r_0 q_0} \cap S^1$ ist, muß gelten:

$$y_1 := x^{(1)} - \varepsilon_0 F_0(x^{(1)}, p_0) p_0,$$

$$p_1 := \frac{y_1}{\sqrt{|F_0(y_1)|}},$$

$$\varepsilon_1 := F_0(p_1) = \pm 1.$$

Man bestätigt leicht $F_o(y_1,p_o)=0$. Das Punktepaar P_o, P_1 trennt das Punktepaar $Q^{n-1}_{r_o q_o} \cap S^1$ harmonisch.

Damit P_2 Pol von S^1 bezüglich $Q^{n-1}_{r_o q_o} \cap S^2$ ist, muß gelten:

$$y_2 := x^{(2)} - \varepsilon_o F_o(x^{(2)},p_o)p_o - \varepsilon_1 F_o(x^{(2)},p_1)p_1,$$

$$p_2 := \frac{y_2}{\sqrt{|F_o(y_2)|}},$$

$$\varepsilon_2 := F_o(p_2) = \pm 1.$$

Man bestätigt leicht $F_o(y_2,p_1) = F_o(y_2,p_o) = 0$.

Die begonnene Konstruktion läßt sich fortsetzen bis zum Schnitt des Absolutkegels $Q^{n-1}_{r_o q_o}$ mit der $(n-n_1-1)$-Ebene S^{n-n_1-1}. Dies ist die letzte zu A^{n_1} windschiefe k-Ebene S^k;[1] sie schneidet den Absolutkegel $Q^{n-1}_{r_o q_o}$ nach Voraussetzung (b) in einer nichtentarteten Quadrik, bezüglich der der Pol P_{n-n_1-1} von S^{n-n_1-2} eindeutig bestimmt ist. Also gilt:

$$\left.\begin{aligned} y_i &:= x^{(i)} - \sum_{j=o}^{i-1} \varepsilon_j F_o(x^{(i)},p_j)p_j, \\ p_i &:= \frac{y_i}{\sqrt{|F_o(y_i)|}}, \\ \varepsilon_i &:= F_o(p_i) = \pm 1. \end{aligned}\right\} \quad 0 \le i < n-n_1$$

Der nun folgende Konstruktionsschritt verwendet die $(n-n_1)$-Ebene S^{n-n_1}, die wegen $\mathrm{Dim}(A^{n_1}+S^{n-n_1}) = n$ die Absolutebene A^{n_1} in genau einem Punkt schneidet, der als Punkt P_{n-n_1} verwendet wird.[2] P_{n-n_1} ist eindeutig festgelegt durch:

---

[1] Ist $Q^{n-1}_{r_o q_o}$ eine Doppelhyperebene, so ist $n-n_1-1=0$. In diesem Fall endet die begonnene Konstruktion bereits bei S^o.

[2] Davon wird in den Flaggenräumen stets Gebrauch gemacht.

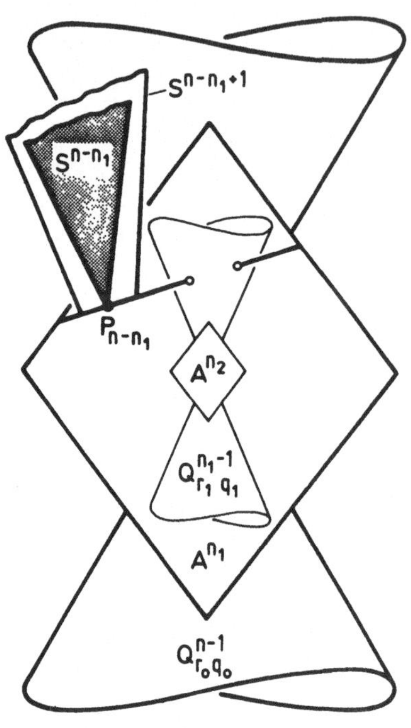

$$y_{n-n_1} := x^{(n-n_1)} - \sum_{j=o}^{n-n_1-1} \varepsilon_j F_o(x^{(n-n_1)}, p_j) p_j ,$$

$$p_{n-n_1} := \frac{y_{n-n_1}}{\sqrt{|F_1(y_{n-n_1})|}} ,$$

$$\varepsilon_{n-n_1} := F_1(p_{n-n_1}) = \pm 1 .$$

Da P_{n-n_1} in der Absolutebene A^{n_1} liegt, ist dieser Punkt polar zu allen vorausgehenden Punkten $P_o, \ldots\ldots, P_{n-n_1-1}$ bezüglich $Q^{n-1}_{r_oq_o}$.

Die $(n-n_1+1)$-Ebene S^{n-n_1+1} schneidet die Absolutebene A^{n_1} in einer Geraden, die den Punkt P_{n-n_1} enthält. Diese Gerade ist nach Voraussetzung (b) Passante oder Sekante von $Q^{n_1-1}_{r_1q_1}$. Damit liegt insbesondere der Punkt P_{n-n_1} nicht in A^{n_2}, und der Punkt P_{n-n_1+1} läßt sich eindeutig als Pol von $P_{n-n_1} = S^{n-n_1} \cap A^{n_1}$ bezüglich der Schnittquadrik $Q^{n_1-1}_{r_1q_1} \cap S^{n-n_1+1}$ bestimmen.

Die nun folgenden Konstruktionsschritte erfolgen bezüglich $Q^{n_1-1}_{r_1q_1}$ unter Verwendung der l_1-Ebenen $S^{k_1} \cap A^{n_1} (n-n_1 \leq k_1 < n-n_2)$ in derselben Weise wie zuvor bezüglich $Q^{n\ -1}_{r_oq_o}$ unter Verwendung der l_o-Ebenen $S^{k_o} \cap A^{n_o} (n-n_o \leq k_o < n-n_1)$ usw.

Dabei werden (siehe den folgenden Satz 1) durch Linearkombinationen Vektoren $z_i^{(\sigma)}$ rekursiv erklärt. Die $z_i^{(\sigma)}$ ersetzen die Repräsentanten $x^{(i)}$ der vorgegebenen Punkte $X^{(i)}(x^{(i)})$ $(n-n_\sigma \leq i, i \leq n)$ für $0 \leq \sigma \leq \rho$ und somit die Punkte $X^{(i)}(x^{(i)})$ durch Punkte $Z_i^{(\sigma)}(z_i^{(\sigma)}) \in A^{n_\sigma}$, deren Repräsentanten $z_i^{(\sigma)}$ in der Bilinearform $F_\sigma(x,y)$ verwendbar sind, was für die $x^{(i)}$ nicht möglich ist! (Der Punkt $Z_i^{(\sigma)}$ ist die Projektion des Punktes $Z_i^{(\sigma-1)} \in A^{n_{\sigma-1}}$ aus der $(n-n_\sigma-1)$-Ebene $S^{n-n_\sigma-1}$ in die nächste Absolutebene A^{n_σ} $(n-n_\sigma \leq i \leq n)$.)

Wird die für $\nu = 0$ beschriebene Konstruktion derart fortgesetzt bis $\nu = \rho$, so erhält man:

<u>Satz 1</u>: Im CK-Raum $P^n_{r_o\ldots r_{\rho-1}|q_o\ldots q_\rho}$ seien n+1 linear unabhängige Punkte

$$X^{(o)}(x^{(o)}),\ldots,X^{(n)}(x^{(n)})$$

durch die Repräsentanten $x^{(o)},\ldots,x^{(n)}$ gegeben, die der Reihe nach die k-Ebenen $S^k := X^{(o)} + \ldots + X^{(k)}$ $(0 \le k \le n)$ aufspannen. Weiter gelte:

(a) Die $(n-n_\nu-1)$-Ebene $S^{n-n_\nu-1}$ sei windschief zur Absolutebene A^{n_ν}: $\quad S^{n-n_\nu-1} \cap A^{n_\nu} = \emptyset \quad (0 < \nu \le \rho)$

sowie

(b) die l_ν-Ebene $S^{k_\nu} \cap A^{n_\nu}$ $(l_\nu := k_\nu + n_\nu - n,\ n - n_\nu \le k_\nu < n - n_{\nu+1})$ sei l_ν-Passante oder l_ν-Sekante der absoluten Quadrik

$$Q^{n_\nu-1}_{r_\nu q_\nu} \quad (0 \le \nu \le \rho).$$

Dann ist $X^{(o)}$ ein eigentlicher Punkt des CK-Raumes. Außerdem gilt: Die Formelgruppe

$$\left.\begin{aligned}
y_i &:= x^{(i)} - \sum_{j=o}^{i-1} \varepsilon_j F_o(x^{(i)},p_j)p_j,\\
p_i &:= \frac{y_i}{\sqrt{|F_o(y_i)|}},\\
\varepsilon_i &:= F_o(p_i) = \pm 1,
\end{aligned}\right\}\ 0 \le i < n-n_1 \qquad \sigma = 0$$

$$\left.\begin{aligned}
&z_i^{(o)} := x^{(i)} \quad (n-n_1 \le i \le n),\\
&z_i^{(\sigma)} := z_i^{(\sigma-1)} - \sum_{j=n-n_{\sigma-1}}^{n-n_\sigma-1} \varepsilon_j F_{\sigma-1}(z_i^{(\sigma-1)},p_j)p_j,\ (n-n_\sigma \le i \le n)\\
&\left.\begin{aligned}
y_i &:= z_i^{(\sigma)} - \sum_{j=n-n_\sigma}^{i-1} \varepsilon_j F_\sigma(z_i^{(\sigma)},p_j)p_j,\\
p_i &:= \frac{y_i}{\sqrt{|F_\sigma(y_i)|}},\\
\varepsilon_i &:= F_\sigma(p_i) = \pm 1,
\end{aligned}\right\}\ n-n_\sigma \le i < n-n_{\sigma+1}
\end{aligned}\right\}\ 1 \le \sigma \le \rho-1 \qquad \text{(I)}$$

$$z_i^{(\rho)} := z_i^{(\rho-1)} - \sum_{j=n-n_{\rho-1}}^{n-n_\rho-1} \varepsilon_j F_{\rho-1}(z_i^{(\rho-1)}, p_j) p_j, \ (n-n_\rho \le i < n)$$

$$\left.\begin{aligned} y_i &:= z_i^{(\rho)} - \sum_{j=n-n_\rho}^{i-1} \varepsilon_j F_\rho(z_i^{(\rho)}, p_j) p_j, \\ p_i &:= \frac{y_i}{\sqrt{|F_\rho(y_i)|}}, \\ \varepsilon_i &:= F_\rho(p_i) = \pm 1 \end{aligned}\right\} n-n_\rho \le i < n \quad \Bigg\} \ \sigma = \rho$$

bestimmt nach Festlegung von p_n durch die linearen Gleichungen

$$F_\sigma(p_{i_\sigma}, p_n) = 0 \text{ mit } \left\{\begin{array}{lll} n-n_\sigma \le i_\sigma < n-n_{\sigma+1} & \text{für} & 0 \le \sigma < \rho \\ n-n_\sigma \le i_\sigma < n & \text{für} & \sigma = \rho \end{array}\right\},$$

durch die quadratische Gleichung

$$F_\rho(p_n, p_n) = \pm 1$$

und durch die Vorzeichenbedingung

$$\det(p_0, p_1, \ldots, p_n) = 1$$

die Punktmenge $\{P_0(p_0), \ldots, P_n(p_n)\}$ und die Repräsentanten $p_0, \ldots, p_n$ eindeutig, und diese Punktmenge ist ein Polsimplex der Absolutfigur des CK-Raumes.[1)]

Beispiele:

1) Im quasielliptischen Raum $P^3_{2|00}$ mit der Absolutfigur $Q^2_{20} \supset A^1 \supset Q^0_{20}$ ist $\rho = 1$; $n = 3$, $n_1 = 1$, $n_2 = -1$; $r_0 = r_1 = 2$; $q_0 = q_1 = 0$. Sind vier linear unabhängige Punkte $X^{(0)}, \ldots, X^{(3)}$ gegeben, so ist $\nu = 1$ in Satz 1(a) und $\nu = 0,1$ sowie $k_1 = 2,3$ in Satz 1(b). Die Voraussetzungen (a) und (b) lauten dann:

(a) Die Verbindungsgerade $S^1 = X^{(0)} + X^{(1)}$ sei windschief zur Absolutgerade A^1.

(b) $k_1 = 2$: Der Schnittpunkt $S^2 \cap A^1$ sei 0-Passante oder 0-Sekante der Absolutquadrik Q^0_{20}; $k_1 = 3$: Die Gerade $S^3 \cap A^1 = A^1$ sei 1-Passante oder 1-Sekante von Q^0_{20}.

---

1) In (I) benötigen die Vorzeichenfaktoren $\varepsilon_i := F_\sigma(p_i)$ $(0 \le i < n)$ ersichtlich keinen Zusatzindex σ. Der Punkt $X^{(n)}$ ist zur Konstruktion des Polsimplex $\{P_0, \ldots, P_n\}$ unwesentlich.

Ersichtlich ist (b) stets erfüllt. Die erste k-Ebene S^k $(0 \le k \le 3)$, welche die Absolutgerade A^1 schneidet, ist S^2. Folglich ist $P_2 := S^2 \cap A^1$. Die Polsimplexecke P_3 ist nach Satz 1 der 4.harmonische Punkt zu P_2 und dem konjugiert komplexen Punktepaar Q^o_{20}. Die Repräsentanten der Polsimplexecken $P_o, \ldots, P_3$ sind $p_o, \ldots, p_3$. Es gilt:

$P_o = X^{(0)}$: $y_o := x^{(0)}$, $\varepsilon_o := F_o(p_o) = 1$,

P_1: $y_1 := x^{(1)} - F_o(x^{(1)}, p_o)p_o$, $\varepsilon_1 := F_o(p_1) = 1$,

P_2: $y_2 := x^{(2)} - F_o(x^{(2)}, p_o)p_o - F_o(x^{(2)}, p_1)p_1$, $\varepsilon_2 := F_1(p_2) = 1$.

Dabei ist $p_j := \dfrac{y_j}{\sqrt{|F_o(y_j)|}}$, $j = 0,1$, $p_2 := \dfrac{y_2}{\sqrt{|F_1(y_2)|}}$.

P_3: p_3 ist nach Satz 1 bestimmt durch die Polaritätsbedingungen $F_o(p_o,p_3) = F_o(p_1,p_3) = F_1(p_2,p_3) = 0$, durch die Normierungsbedingung $F_1(p_3) = 1$ und die Vorzeichenbedingung $|p_o,p_1,p_2,p_3| = 1$.

2) Im Flaggenraum $P^3_{111|0000}$ mit der Absolutfigur

$$Q^2_{10} \supset A^2 \supset Q^1_{10} \supset A^1 \supset Q^o_{10} \supset A^o \supset Q^{-1}_{10}$$

gilt: Sind vier linear unabhängige Punkte $X^{(0)}, \ldots, X^{(3)}$ gegeben, welche die Voraussetzungen von Satz 1 erfüllen, so ist $S^1 = X^{(0)} + X^{(1)}$ die erste k-Ebene S^k $(0 \le k \le 3)$, welche die Absolutebene A^2 schneidet. Folglich ist $P_1 = S^1 \cap A^2$. Die erste k-Ebene S^k, die A^1 schneidet, ist S^2; folglich ist $P_2 = S^2 \cap A^1$. Die erste k-Ebene, die A^o schneidet, ist S^3; also ist $P_3 = A^o$. Das zugehörige Polsimplex ist somit:

$$\{P_o = X^{(0)}, P_1 = S^1 \cap A^2, P_2 = S^2 \cap A^1, P_3 = S^3 \cap A^o = A^o\}.$$

Bemerkung:

1) Anstatt die Repräsentanten $p_o, \ldots, p_n$ wie in (I) rekursiv zu definieren, kann man für $p_o, \ldots, p_n$ auch explizite Formeln mit Hilfe GRAMscher Determinanten suchen. VITNER[2] gibt für hyperbolische Räume $P^n_{|q_o}$ $(q_o > 0)$ (die in Fernhyperebenen pseudoeuklidischer Räume auftreten!) solche Formeln an.

Kapitel 7. Ähnlichkeiten und Bewegungen auf Cayley/Klein-Räumen

A. F-Projektivitäten, Ähnlichkeits- und Bewegungsinvarianten

Wir folgen dem in 5C,S.108f aufgestellten Programm und ermitteln alle F-Projektivitäten eines CK-Raumes. Die F-Projektivitäten eines CK-Raumes

$$P^n_{r_o \dots r_{\rho-1} | q_o \dots q_\rho}$$

sind die Projektivitäten π des P^n,

$$\left.\begin{array}{l} \pi: P^n \longrightarrow P^n \\ \quad X \longmapsto \pi X = X^* \end{array}\right\} \text{ mit } \vec{x} = A\vec{x}^*, \ \mathrm{Rg}\, A = n+1,$$

welche die Absolutfigur **F** (siehe 6A(I)) des CK-Raumes,

$$Q^{n-1}_{r_o q_o} \supset A^{n_1} \supset Q^{n_1-1}_{r_1 q_1} \supset A^{n_2} \supset \dots \supset A^{n_\rho} \supset Q^{n_\rho-1}_{r_\rho q_\rho},$$

fix lassen (siehe 5B,Satz 1). Die Absolutfigur **F** sei in der Normalform 6B(I) gegeben:

$$Q^{n-1}_{r_o q_o}: \ \vec{x}_o^T E_o \vec{x}_o = x_o^2 + \dots - x^2_{r_o - q_o} - \dots - x^2_{r_o-1} = 0,$$

$$A^{n_1}\dots: \ \vec{x}_o^T E_o = \vec{o}_o^{\,T}\ ^{1)}, \text{ also } x_o = \dots = x_{r_o-1} = 0,$$

$$Q^{n_1-1}_{r_1 q_1}: \ \vec{x}_1^T E_1 \vec{x}_1 = x^2_{r_o} + \dots - x^2_{r_o+r_1-q_1} - \dots - x^2_{r_o+r_1-1} = 0, \ \vec{x}_o^T E_o = \vec{o}_o^{\,T},$$

$$A^{n_2}\dots: \ \vec{x}_o^T E_o = \vec{o}_o^{\,T}, \ \vec{x}_1^T E_1 = \vec{o}_1^{\,T}, \text{ also } x_o = \dots = x_{r_o-1} = \dots = x_{r_o+r_1-1} = 0,$$

....

$$Q^{n_\rho-1}_{r_\rho q_\rho}: \ \vec{x}_\rho^T E_\rho \vec{x}_\rho = 0, \ \vec{x}_o^T E_o = \vec{o}_o^{\,T}, \ \dots, \ \vec{x}_{\rho-1}^T E_{\rho-1} = \vec{o}_{\rho-1}^{\,T}.$$

Die F-Projektivitäten haben dann die Bauart:

$$\vec{x} = \begin{pmatrix} \vec{x}_o \\ \vec{x}_1 \\ \vdots \\ \vec{x}_\rho \end{pmatrix} = \begin{pmatrix} U_o\vec{x}_o^* + V_{o1}\vec{x}_1^* + \dots + V_{o,\rho-1}\vec{x}_{\rho-1}^* + V_{o\rho}\vec{x}_\rho^* \\ T_{1o}\vec{x}_o^* + U_1\vec{x}_1^* + \dots + V_{1,\rho-1}\vec{x}_{\rho-1}^* + V_{1\rho}\vec{x}_\rho^* \\ \vdots \\ T_{\rho o}\vec{x}_o^* + T_{\rho 1}\vec{x}_1^* + \dots + T_{\rho,\rho-1}\vec{x}_{\rho-1}^* + U_\rho\vec{x}_\rho^* \end{pmatrix} = A\vec{x}^*.$$

Dabei ist mit $r_{-1} := 0$

---

1) Der Nullvektor in $\vec{x}_\nu^T E_\nu = \vec{o}_\nu^{\,T}$ $(0 \le \nu \le \rho-1)$ enthält genau r_ν Nullen!

$$U_\nu = \begin{pmatrix} u_{r_0+\ldots+r_{\nu-1},r_0+\ldots+r_{\nu-1}} & \cdots & u_{r_0+\ldots+r_{\nu-1},r_0+\ldots+r_\nu-1} \\ \cdots & & \cdots \\ u_{r_0+\ldots+r_\nu-1,r_0+\ldots+r_{\nu-1}} & \cdots & u_{r_0+\ldots+r_\nu-1,r_0+\ldots+r_\nu-1} \end{pmatrix}$$

eine (r_ν, r_ν)-Matrix $(0 \le \nu \le \rho)$,

$$T_{\mu\nu} = \begin{pmatrix} t_{r_0+\ldots+r_{\mu-1},r_0+\ldots+r_{\nu-1}} & \cdots & t_{r_0+\ldots+r_{\mu-1},r_0+\ldots+r_\nu-1} \\ \cdots & & \cdots \\ t_{r_0+\ldots+r_\mu-1,r_0+\ldots+r_{\nu-1}} & \cdots & t_{r_0+\ldots+r_\mu-1,r_0+\ldots+r_\nu-1} \end{pmatrix}$$

eine (r_μ, r_ν)-Matrix $(0 \le \nu < \mu \le \rho)$ und

$$V_{\mu\nu} = \begin{pmatrix} v_{r_0+\ldots+r_{\mu-1},r_0+\ldots+r_{\nu-1}} & \cdots & v_{r_0+\ldots+r_{\mu-1},r_0+\ldots+r_\nu-1} \\ \cdots & & \cdots \\ v_{r_0+\ldots+r_\mu-1,r_0+\ldots+r_{\nu-1}} & \cdots & v_{r_0+\ldots+r_\mu-1,r_0+\ldots+r_\nu-1} \end{pmatrix}$$

eine (r_μ, r_ν)-Matrix $(0 \le \mu < \nu \le \rho)$.

Bei der Ermittlung der F-Projektivitäten ist zu beachten, daß die Absolutkegel, die Absolutquadrik und die Absolutebenen von F notwendig einzeln fix bleiben.[1]

A^{n_1} *fix*: Jede F-Projektivität führt einen Punkt

$$P(\vec{x}) \in A^{n_1} \quad \text{mit} \quad \vec{x} = (\vec{o}_0 \;\; \vec{x}_1 \;\; \ldots \;\; \vec{x}_\rho)^T$$

notwendig in einen Punkt

$$P^*(\vec{x}^*) \in A^{n_1} \quad \text{mit} \quad \vec{x}^* = (\vec{o}_0 \;\; \vec{x}_1^* \;\; \ldots \;\; \vec{x}_\rho^*)^T$$

über. Für

$\vec{x}_1^* = (1,0,\ldots,0)^T, \vec{x}_2^* = \vec{o}_0, \ldots, \vec{x}_\rho^* = \vec{o}_\rho$ folgt $v_{0r_0} = v_{1r_0} = \ldots = v_{r_0-1,r_0} = 0$,

....

$\vec{x}_1^* = \vec{o}_1, \ldots, \vec{x}_{\rho-1}^* = \vec{o}_{\rho-1}, \vec{x}_\rho^* = (0,\ldots,0,1)^T$ folgt $v_{0n} = v_{1n} = \ldots = v_{r_0-1,n} = 0$.

Somit folgt aus der Fixeigenschaft von A^{n_1}: **$V_{01}, \ldots, V_{0\rho}$ sind Nullmatrizen.**

A^{n_2} *fix*: Jede F-Projektivität führt einen Punkt

$$P(\vec{x}) \in A^{n_2} \quad \text{mit} \quad \vec{x} = (\vec{o}_0 \;\; \vec{o}_1 \;\; \vec{x}_2 \;\; \ldots \;\; \vec{x}_\rho)^T$$

notwendig in einen Punkt

$$P^*(\vec{x}^*) \in A^{n_2} \quad \text{mit} \quad \vec{x}^* = (\vec{o}_0 \;\; \vec{o}_1 \;\; \vec{x}_2^* \;\; \ldots \;\; \vec{x}_\rho^*)^T$$

über. Für

[1] Es bleibt notwendig $Q^{n-1}_{r_0 q_0}$ fix. Dabei bleibt die Spitze A^{n_1} von $Q^{n-1}_{r_0 q_0}$ für sich fix. Also bleibt der Absolutkegel $Q^{n_1-1}_{r_1 q_1}$ in A^{n_1} fix usw.

$$\vec{x}_2^* = (1,0,\dots,0)^T,\ \vec{x}_3^* = \vec{o}_3,\dots,\vec{x}_\rho^* = \vec{o}_\rho \Rightarrow v_{r_o,r_o+r_1} = \dots = v_{r_o+r_1-1,r_o+r_1} = 0,$$

....

$$\vec{x}_2^* = \vec{o}_2,\dots,\vec{x}_{\rho-1}^* = \vec{o}_{\rho-1},\ \vec{x}_\rho^* = (0,\dots,0,1)^T \Rightarrow v_{r_o,n} = \dots = v_{r_o+r_1-1,n} = 0.$$

Somit folgt aus der Fixeigenschaft von A^{n_2}: **$V_{12},\dots,V_{1\rho}$ sind Nullmatrizen.**

Aus der Fixeigenschaft aller Absolutebenen folgt insgesamt, daß alle Matrizen $V_{\mu\nu}$ $(0 \le \mu < \nu \le \rho)$ Nullmatrizen sind.

$Q^{n-1}_{r_o q_o}$ *fix*: Jede F-Projektivität $\vec{x} = A\vec{x}^*$ führt die Gleichung $\vec{x}_o^T E_o \vec{x}_o = 0$ in die Gleichung $\vec{x}_o^{*T} E_o \vec{x}_o^* = 0$ über (siehe 4A, Satz 2), genügt also der Bedingung:

$$\vec{x}_o^T E_o \vec{x}_o = \lambda_o \vec{x}_o^{*T} E_o \vec{x}_o^*,\quad \lambda_o \neq 0.$$

Da alle Matrizen $V_{\mu\nu}$ Nullmatrizen sind, lauten die anzuwendenden Projektivitäten

$$\vec{x}_o = U_o \vec{x}_o^*.$$

Aus

$$\vec{x}_o^{*T} U_o^T E_o U_o \vec{x}_o^* = \vec{x}_o^{*T} \lambda_o E_o \vec{x}_o^*$$

erhält man

$$U_o^T E_o U_o = \lambda_o E_o = \lambda_o \begin{pmatrix} 1 & & & & & \\ & \ddots & & & & \\ & & 1 & & & \\ & & & -1 & & \\ & & & & \ddots & \\ 0 & & & & & -1 \end{pmatrix}.$$

(mit q_o Einträgen -1; Matrix vom Format r_o)

Für $\lambda_o = 1$ bleibt nicht nur der Absolutkegel $Q^{n-1}_{r_o q_o}$ fix; zusätzlich geht die quadratische Form $\vec{x}_o^T E_o \vec{x}_o$ in die quadratische Form $\vec{x}_o^{*T} E_o \vec{x}_o^*$ (und die Bilinearform $\vec{x}_o^T E_o \vec{y}_o$ in die Bilinearform $\vec{x}_o^{*T} E_o \vec{y}_o^*$) über.

$Q^{n_1-1}_{r_1 q_1}$ *fix*: Jede F-Projektivität $\vec{x} = A\vec{x}^*$ führt die Gleichung $\vec{x}_1^T E_1 \vec{x}_1 = 0$ in die Gleichung $\vec{x}_1^{*T} E_1 \vec{x}_1^* = 0$ über, genügt also der Bedingung:

$$\vec{x}_1^T E_1 \vec{x}_1 = \lambda_1 \vec{x}_1^{*T} E_1 \vec{x}_1^*,\quad \lambda_1 \neq 0.$$

Da alle Matrizen $V_{\mu\nu}$ Nullmatrizen sind, lauten die anzuwendenden Projektivitäten:

$$\vec{x}_1 = T_{1o} \vec{x}_o^* + U_1 \vec{x}_1^*.$$

Da jedoch der Absolutkegel $Q^{n_1-1}_{r_1 q_1}$ in der Absolutebene A^{n_1} ($\vec{x}_o = \vec{x}_o^* = \vec{o}_o$) liegt, haben die anzuwendenden Projektivitäten die Bauart $\vec{x}_1 = U_1\vec{x}_1^*$. Aus

$$\vec{x}_1^{*T}U_1^T E_1 U_1 \vec{x}_1^* = \vec{x}_1^{*T}\lambda_1 E_1 \vec{x}_1^*$$

erhält man:

$$U_1^T E_1 U_1 = \lambda_1 E_1 = \lambda_1 \begin{pmatrix} 1 & & & & \\ & \ddots & & & \\ & & 1 & & \\ & & & -1 & \\ & & & & \ddots \\ 0 & & & & & -1 \end{pmatrix} .$$

(mit q_1 Einträgen -1; Gesamtgröße r_1)

Für $\lambda_1 = 1$ bleibt neben dem Absolutkegel $Q^{n_1-1}_{r_1 q_1}$ auch die quadratische Form $\vec{x}_1^T E_1 \vec{x}_1$ (und die Bilinearform $\vec{x}_1^T E_1 \vec{y}_1$) fix.

Aus der Fixeigenschaft jedes Absolutkegels und der Absolutquadrik folgen für die Matrizen $U_o, U_1, \dots, U_\rho$ durchweg Bedingungen von dem für U_o und U_1 angegebenen Typ. Man definiert daher:

> <u>Def.1</u>: Eine (r,r)-Matrix U heißt *q-orthogonal* oder *orthogonal vom Index q* (für $q = 0$ kurz *orthogonal*), wenn gilt:
>
> $$U^T E_{rq} U = E_{rq} := \begin{pmatrix} 1 & & & & \\ & \ddots & & & \\ & & 1 & & \\ & & & -1 & \\ & & & & \ddots \\ 0 & & & & & -1 \end{pmatrix} . \qquad \text{(I)}$$
>
> (mit q Einträgen -1; Gesamtgröße r)
>
> E_{rq} ist die Einsmatrix mit Rang r und Index q (siehe S.114, Fußnote [1]).

Die (r,r)-Einheitsmatrix U ist q-orthogonal $(0 \le q \le r)$. Für orthogonale (r,r)-Matrizen U gilt nach (I): $U^T U = E_{ro}$.

Mit Def.1 erhalten wir über die F-Projektivitäten eines CK-Raumes die folgenden Aussagen:

> <u>Satz 2</u>: Die F-Projektivitäten eines CK-Raumes $P^n_{r_o \dots r_{\rho-1} | q_o \dots q_\rho}$ heißen *Ähnlichkeiten*; sie werden in einem projektiven Koordinatensystem, in dem die Absolutfigur F die Normalform 6B(I) besitzt, beschrieben durch:
>
> $$\vec{x} = \begin{pmatrix} \vec{x}_o \\ \vec{x}_1 \\ \vdots \\ \vec{x}_\rho \end{pmatrix} = \begin{pmatrix} U_o \vec{x}_o^* \\ T_{1o}\vec{x}_o^* + U_1 \vec{x}_1^* \\ \vdots \\ T_{\rho o}\vec{x}_o^* + T_{\rho 1}\vec{x}_1^* + \dots + T_{\rho,\rho-1}\vec{x}_{\rho-1}^* + U_\rho \vec{x}_\rho^* \end{pmatrix} = A\vec{x}^* \qquad \text{(II)}$$

mit beliebigen (r_μ, r_ν)-*Translationsmatrizen* $T_{\mu\nu}$ $(0 \le \nu < \mu \le \rho)$ und (bis auf einen konstanten Faktor $\lambda_\mu \neq 0$, $0 \le \mu \le \rho$) q_μ-orthogonalen (r_μ, r_μ)-*Drehmatrizen* U_μ $(U_\mu^T E_\mu U_\mu = \lambda_\mu E_\mu$, $0 \le \mu \le \rho)$; A heißt *Ähnlichkeitsmatrix*, λ_μ *Ähnlichkeitsfaktor*. Die F-Projektivitäten (II) eines CK-Raumes heißen *Bewegungen* – und die Matrix A heißt *Bewegungsmatrix* –, wenn $\lambda_\mu = 1$ $(0 \le \mu \le \rho)$.

Die Bewegungen eines CK-Raumes führen Koordinatenvektoren $\vec{x} = (\vec{x}_0 \ldots \vec{x}_\rho)^T$, die nach 6B, Satz 1 normiert sind, wieder in solche über. Die quadratischen Formen $\vec{x}_\mu^T E_\mu \vec{x}_\mu$ und die Bilinearformen $\vec{x}_\mu^T E_\mu \vec{y}_\mu$ sind folglich Bewegungsinvarianten bei Verwendung normierter Koordinatenvektoren[1]; die Quotienten

$$\vec{x}_\mu^T E_\mu \vec{x}_\mu : \vec{p}_\mu^T E_\mu \vec{p}_\mu \quad \text{und} \quad \vec{x}_\mu^T E_\mu \vec{y}_\mu : \vec{p}_\mu^T E_\mu \vec{q}_\mu$$

sind Ähnlichkeitsinvarianten $(0 \le \mu \le \rho)$ (siehe 5A, Def. 3).[2]

Spezielle Bewegungen aufgrund der Bauart von (II) sind:

die μ-*Drehungen*:

$$\vec{x}_0 = \vec{x}_0^*, \ldots, \vec{x}_{\mu-1} = \vec{x}_{\mu-1}^*, \vec{x}_\mu = U_\mu \vec{x}_\mu^*, \vec{x}_{\mu+1} = \vec{x}_{\mu+1}^*, \ldots, \vec{x}_\rho = \vec{x}_\rho^*,$$

die *allgemeinen Drehungen*:

$$\vec{x}_0 = U_0 \vec{x}_0^*, \; \vec{x}_1 = U_1 \vec{x}_1^*, \ldots, \vec{x}_\rho = U_\rho \vec{x}_\rho^*,$$

die μ-*Translationen*:

$$\begin{bmatrix} \vec{x}_0 \\ \vdots \\ \vec{x}_\mu \\ \vec{x}_{\mu+1} \\ \vdots \\ \vec{x}_\rho \end{bmatrix} = \begin{bmatrix} \vec{x}_0^* & & & & \\ & \ddots & & & \\ & & \vec{x}_\mu^* & & \\ T_{\mu+1,0}\vec{x}_0^* + \ldots + T_{\mu+1,\mu}\vec{x}_\mu^* + \vec{x}_{\mu+1}^* & & & & \\ \vdots & & & \ddots & \\ T_{\rho 0}\vec{x}_0^* + \ldots + T_{\rho\mu}\vec{x}_\mu^* + & & & & \vec{x}_\rho^* \end{bmatrix} \quad \text{und}$$

die *allgemeinen Translationen*, die durch Einheitsdrehmatrizen U_μ $(0 \le \mu \le \rho)$ gekennzeichnet sind.

Spezielle Bewegungen aufgrund vorhandener Fixpunkte sind:

die *Drehungen um eine m-Ebene* $Z^m \not\subset F$ (die *Zentral-m-Ebene*, für $m = 0$ das *Zentrum* Z) und die *Grenzdrehungen um eine m-Ebene* $Z^m \subset F$, wenn jeder Punkt $P(\vec{p}) \in Z^m$ Fixpunkt ist, wenn also für ein $\lambda \neq 0$ gilt: $A\vec{p} = \lambda\vec{p}$.

---

[1] Man beachte: nicht nur die Normierung $\vec{x}_\nu^T E_\nu \vec{x}_\nu = \pm 1$ bleibt invariant, sondern auch $\vec{x}_\mu^T E_\mu \vec{x}_\mu$ mit $\mu > \nu$.

[2] Ein Beispiel zur Interpretation dieser Invarianten folgt in 17B4, Sätze 3 und 4.

Weitere spezielle Ähnlichkeiten und Bewegungen folgen in Abschnitt D.

Bemerkungen:

1) Die μ-Drehungen eines CK-Raumes wirken nach Satz 2 nur auf den Teilvektor $\vec{x}_\mu$ des Koordinatenvektors $\vec{x}$ eines Punktes $P(\vec{x})$. Die allgemeinen Drehungen wirken auf alle Teilvektoren $\vec{x}_0,\dots,\vec{x}_\rho$ eines Punktes $X(\vec{x})$ und können durch Verknüpfen einer 0-,... mit einer ρ-Drehung – die stets vertauschbar sind – erhalten werden.

2) Die μ-Translationen wirken nur auf die Teilvektoren $\vec{x}_{\mu+1},\dots,\vec{x}_\rho$, die allgemeinen Translationen wirken auf alle Teilvektoren $\vec{x}_0,\dots,\vec{x}_\rho$ eines Punktes $X(\vec{x})$.

3) Ist die Signatur s_ν von $Q^{n_\nu-1}_{r_\nu q_\nu}$ gleich Null, so kann bei einer Ähnlichkeit in

$$\vec{x}_\nu^T E_\nu \vec{x}_\nu = \lambda_\nu \vec{x}_\nu^{*T} E_\nu \vec{x}_\nu^*$$

der Faktor $\lambda_\nu < 0$ sein. Dann werden die nach 4G, Satz 1 projektiv nicht unterscheidbaren Punktmengen

$$A(Q^{n_\nu-1}_{r_\nu q_\nu}, F_\nu),\quad I(Q^{n_\nu-1}_{r_\nu q_\nu}, F_\nu)$$

durch die gegebene Ähnlichkeit vertauscht. Sind diese Punktmengen projektiv unterscheidbar, so werden sie durch keine Ähnlichkeit vertauscht. In diesen Fällen ist stets $\lambda_\nu > 0$!

Besteht die Absolutfigur **F** nur aus der Absolutquadrik mit Signatur $s_0 \neq 0$, so reduziert sich eine Ähnlichkeit (II) auf $\vec{x} = \vec{x}_0 = U_0\vec{x}_0^*$. Dabei gilt $U_0^T E_0 U_0 = \lambda_0 E_0$ mit $\lambda_0 > 0$ (siehe Bem. 3), also auch

$$\left(\frac{1}{\sqrt{\lambda_0}}U_0^T\right)E_0\left(\frac{1}{\sqrt{\lambda_0}}U_0\right) = E_0 .$$

Von den Parametern $\lambda_0,\dots,\lambda_\rho$ in (II) existiert nur noch der Paramter λ_0, der in $\vec{x}_0 = U_0\vec{x}_0^*$ als homogenisierender Faktor wirkt, da $\vec{x}_0$, $\vec{x}_0^*$ und U_0 nur bis auf einen homogenisierenden Faktor bestimmt sind. Man kann also ohne Einschränkung $\lambda_0 = 1$ setzen. Aus $U_0^T E_0 U_0 = E_0$ folgt dann $\det U_0 = \pm 1$.[1)]

Außerdem erkennt man unmittelbar, daß in einem CK-Raum genau dann keine (von der Identität verschiedene) Translationen existieren, wenn seine Absolutfigur eine Absolutquadrik ist, wenn also ein nichtentarteter CK-Raum vorliegt.

Enthält die Absolutfigur **F** wenigstens eine absolute Quadrik mit

[1)] Es ist $\det(U_0^T E_0 U_0) = \det U_0^T \det E_0 \det U_0 = \det E_0 \neq 0$. Mit $\det U_0^T = \det U_0$ folgt daraus $\det U_0 = \pm 1$.

Signatur $s_o \neq 0$ – etwa $Q^{n-1}_{r_o q_o}$ –, so ist $\lambda_o > 0$, und damit lautet (II):

$$\vec{x}_o = U_o \vec{x}^*_o \qquad \text{mit } U_o^T E_o U_o = \lambda_o E_o \Rightarrow (\tfrac{1}{\sqrt{\lambda_o}} U_o^T) E_o (\tfrac{1}{\sqrt{\lambda_o}} U_o) = E_o,$$

$$\vec{x}_1 = T_{1o} \vec{x}^*_o + U_1 \vec{x}^*_1 \qquad \text{mit } U_1^T E_1 U_1 = \lambda_1 E_1,$$

$$\cdots\cdots\cdots\cdots\cdots\cdots$$

$$\vec{x}_\rho = T_{\rho o} \vec{x}^*_o + \ldots + U_\rho \vec{x}^*_\rho \text{ mit } U_\rho^T E_\rho U_\rho = \lambda_\rho E_\rho.$$

Daraus entnimmt man, daß ohne Einschränkung $\lambda_o = 1$ gesetzt werden kann, jedoch nicht zugleich $\lambda_1, \ldots, \lambda_\rho$, weil im Koordinatenvektor $\vec{x} = (\vec{x}_o \ldots \vec{x}_\rho)^T$ alle Koordinaten *denselben* homogenisierenden Faktor besitzen. In diesen CK-Räumen existieren daher stets Ähnlichkeiten, die keine Bewegungen sind. Wir erhalten somit:

<u>Satz 3</u>: Genau in den nichtentarteten CK-Räumen $P^n_{|q_o}$ $(q_o \geq 0)$, deren Absolutquadrik $Q^{n-1}_{r_o q_o}$ eine Signatur $s_o \neq 0$ (d.h. $r_o \neq 2q_o$) besitzt, sind die Bewegungen die einzigen Ähnlichkeiten; jede Bewegung eines solchen CK-Raumes wird durch eine Drehmatrix U_o mit $\det U_o = \pm 1$ beschrieben.

Besitzt in einem CK-Raum wenigstens eine absolute Quadrik $Q^{n_\nu - 1}_{r_\nu q_\nu}$ die Signatur $s_\nu = 0$, so existieren nach Bem.3 stets jene Ähnlichkeiten, welche die Punktmengen $A(Q^{n_\nu-1}_{r_\nu q_\nu}, F_\nu)$, $I(Q^{n_\nu-1}_{r_\nu q_\nu}, F_\nu)$ vertauschen. Von der Identität verschiedene Translationen existieren genau in den entarteten CK-Räumen.

In einem CK-Raum stellen $\vec{x} = A\vec{x}^*$ und $\vec{x} = -A\vec{x}^*$ dieselbe Bewegung (Ähnlichkeit) dar. Beide Bewegungsdarstellungen (nicht Ähnlichkeitsdarstellungen!) $\vec{x} = A\vec{x}^*$ und $\vec{x} = -A\vec{x}^*$ lassen die nur bis auf das Vorzeichen eindeutige Normierung der Koordinatenvektoren $\vec{x}$ nach 6B,Satz 1 invariant.

Da $\det A = \det(-A)$ nur für ungerade Dimensionen n gilt, erhalten wir für ungerades n die folgende Grobeinteilung der Bewegungen eines CK-Raumes:

<u>Def.4</u>: Eine Bewegung (Ähnlichkeit) $\vec{x} = A\vec{x}^*$ eines CK-Raumes $P^n_{r_o \ldots r_{\rho-1} | q_o \ldots q_\rho}$ ungerader Dimension n heißt

$\left.\begin{matrix}\textit{eigentlich}\\ \textit{uneigentlich}\end{matrix}\right\}$, wenn $\det A = \det(-A) = \det U_o \cdots \det U_\rho = \begin{cases} +1\ (>0) \\ -1\ (<0). \end{cases}$

Bemerkungen (Fortsetzung):

4) Wir folgen in Def. 4 nicht dem ebenfalls üblichen Sprachgebrauch, wonach die eigentlichen Bewegungen *Bewegungen* und die uneigentlichen Bewegungen *Umlegungen* heißen.

5) Ist der Absolutkegel $Q^{n-1}_{r_o q_o}$ eine Doppelhyperebene, so kann man die Punkte $X(\vec{x}) \in P^n \setminus Q^{n-1}_{r_o q_o}$ durch die Forderung $x_o = 1$ eindeutig (nicht nur bis auf das Vorzeichen, siehe 6B, Satz 1) normieren. Verlangt man die Bewegungs- bzw. Ähnlichkeitsinvarianz dieser Normierung, so kann man Def. 4 auf Bewegungen und Ähnlichkeiten semieuklidischer Räume gerader Dimension ausdehnen.

6) Die Bewegungen (II) der euklidischen Räume $P^n_{1|00}$ werden beschrieben durch

$$\left.\begin{aligned} \vec{x}_o &= U_o\, \vec{x}^*_o \\ \vec{x}_1 &= T_{1o}\vec{x}^*_o + U_1 \vec{x}^*_1 \end{aligned}\right\} \text{ mit } \vec{x}_o = (x_o),\ \vec{x}_1 = (x_1, \ldots, x_n)^T,$$

mit $U_o = (1)$, mit orthogonaler (n,n)-Drehmatrix U_1 und beliebiger $(n,1)$-Translationsmatrix T_{1o}. Wegen $U_o = (1)$ besitzen die Bewegungen der euklidischen Räume nur eine wesentliche Drehmatrix U_i. Dasselbe gilt für die pseudoeuklidischen Räume $P^n_{1|0q_1}$, die dazu dualen CK-Räume $P^n_{n|q_1 0}$, die nichtentarteten CK-Räume $P^n_{|q_o}$ sowie weitere CK-Räume.

Die Bewegungen der CK-Räume mit genau einer wesentlichen Drehmatrix U_i lassen sich im allgemeinen (siehe Def. 4 und Bem. 5) in zwei fremde Klassen einteilen, je nachdem $\det U_i = +1$ oder $\det U_i = -1$ ist.

Besitzen die Bewegungen eines CK-Raumes genau zwei wesentliche Drehmatrizen U_i und U_j, so lassen sich die Bewegungen im allgemeinen in vier fremde Klassen einteilen, die durch $\det U_i = \det U_j = 1$, $\det U_i = -\det U_j = 1$, $-\det U_i = \det U_j = 1$, $\det U_i = \det U_j = -1$ gekennzeichnet sind. Entsprechendes gilt für die Bewegungen eines allgemeinen CK-Raumes.

7) Hat die absolute Quadrik $Q^{n_\nu -1}_{r_\nu q_\nu}$ eines CK-Raumes die Signatur $s_\nu = 0$, ist also $r_\nu = 2q_\nu$, so kann man wegen 4G, Satz 1 die Bewegungen (Ähnlichkeiten) dieses CK-Raumes in zwei fremde Klassen einteilen: in solche, welche die Punktmenge $I(Q^{n_\nu -1}_{r_\nu q_\nu}, F_\nu)$ fix lassen, und in solche, welche $I(Q^{n_\nu -1}_{r_\nu q_\nu}, F_\nu)$ mit $A(Q^{n_\nu -1}_{r_\nu q_\nu}, F_\nu)$ vertauschen.

8) Ist die absolute Quadrik $Q^{n_\nu -1}_{r_\nu q_\nu}$ eines CK-Raumes in der Absolutebene A^{n_ν} ein reelles oder nullteiliges Hyperebenenpaar, so kann man die Bewegungen (Ähnlichkeiten) dieses CK-Raumes auch in die beiden folgenden fremden Klassen einteilen: in solche, die jede der beiden Hyperebenen fix lassen, und in solche, die die beiden Hyperebenen miteinander vertauschen.

Aufgaben:

1) Man ermittle alle Ähnlichkeiten der euklidischen Ebene $P^2_{1|00}$ und zeige, daß sie eine 4-gliedrige Transformationsgruppe T bilden. Man zeige außerdem: Alle Ähnlichkeiten aus T, die einen festen Punkt 0 als Fixpunkt besitzen, bilden eine 2-gliedrige Untergruppe $T' \subset T$.

2) S^k, T^k seien zwei k-Ebenen eines nichtentarteten CK-Raumes $P^n_{|q}$. Man gebe notwendige Bedingungen (und eine hinreichende Bedingung) dafür an, daß eine Bewegung π des CK-Raumes $P^n_{|q}$ existiert mit der Eigenschaft $\pi S^k = T^k$.

3) In einem nichtentarteten CK-Raum $P^n_{|q}$ sei Γ eine Hyperebene, die nicht Tangentenhyperebene der Absolutquadrik ist. In Γ wird auf natürliche Weise ein CK-Raum $P^{n-1}_{|p}$ induziert (siehe 6D,Aufg.1). Man zeige: 1) Ist π eine Bewegung des CK-Raumes $P^n_{|q}$, die Γ fix läßt, so ist $\psi := \pi/\Gamma$ eine Bewegung von $P^{n-1}_{|p}$. 2) Zu jeder Bewegung ψ des CK-Raumes $P^{n-1}_{|p}$ gibt es eine Bewegung π des CK-Raumes $P^n_{|q}$, so daß $\psi = \pi/\Gamma$ ist.

B. Ähnlichkeiten und Bewegungen mit Fixpunkten

Die Kenntnis der Fixpunkte einer Ähnlichkeit erleichtert den Überblick über deren Wirkung in einem CK-Raum. Sind $Z_o,\dots,Z_k$ Fixpunkte einer Ähnlichkeit, so bleibt die k-Ebene $L^k := Z_o + \dots + Z_k$ als Ganzes fix, und jede l-Ebene, die L^k enthält, geht in eine l-Ebene über, die ebenfalls L^k enthält. Man unterscheidet zwei Sorten von Fixpunkten: Fixpunkte in der Absolutfigur F (Fernfixpunkte oder uneigentliche Fixpunkte) und Fixpunkte außerhalb F (eigentliche Fixpunkte).

Ein Punkt $X(\vec{x})$ eines CK-Raumes bleibt bei einer Ähnlichkeit $\vec{x} = A\vec{x}^*$ genau dann fix, wenn gilt: $A\vec{x} = \lambda\vec{x}$ $(\lambda \neq 0)$, also $(A-\lambda E)\vec{x} = \vec{o}$. Ein Punkt $X(\vec{x})$ eines CK-Raumes ist also genau dann Fixpunkt einer Ähnlichkeit, wenn sein Koordinatenvektor $\vec{x}$ ein Eigenvektor der Matrix A zu einem Eigenwert $\lambda \neq 0$ ist.

Die Eigenwerte von A sind (unter Verwendung von A(II)) die Nullstellen des charakteristischen Polynoms

$$|A - \lambda E| = |U_o - \lambda E_o||U_1 - \lambda E_1| \cdots |U_\rho - \lambda E_\rho| = 0.^{1)} \qquad (1)$$

Die naheliegende Frage nach einer Klassifikation der Ähnlichkeiten und Bewegungen eines CK-Raumes aufgrund ihrer Fixpunkte führt auf das in (1) enthaltene Eigenwertproblem, das reduziert wird auf die $\rho+1$ Eigenwertprobleme $|U_\nu - \lambda E_\nu| = 0$ $(0 \le \nu \le \rho)$. Wir stel-

[1] Die Gültigkeit des vorletzten Gleichheitszeichens folgt mit dem allgemeinen Determinantenentwicklungssatz von LAPLACE (siehe etwa HEINHOLD/RIEDMÜLLER[1],Bd.I,S.142). Man entwickle nach den r_o Zeilen von $U_o - \lambda E_o$ usw.

len lediglich einige elementare Überlegungen zur Frage der Fixpunkte an.

Wir bemerken, daß die Eigenwerte einer zur Matrix A bis auf einen Faktor $\sigma \neq 0$ ähnlichen Matrix $B = \sigma TAT^{-1}$ aus den Eigenwerten von A durch Multiplikation mit σ entstehen. Die Eigenwerte von A und B haben dieselben algebraischen und geometrischen Vielfachheiten. Eine Ähnlichkeit ist in einem neuen projektiven Koordinatensystem genau dann durch eine Diagonalmatrix darstellbar, wenn das charakteristische Polynom in Linearfaktoren zerfällt und für jeden Eigenwert die algebraische und geometrische Vielfachheit übereinstimmen. Im neuen projektiven Koordinatensystem besitzt die Absolutfigur **F** im allgemeinen nicht mehr die Normalform 6B(I)!

Nach (1) sind die Eigenwerte einer (n+1,n+1)-Matrix A unabhängig von den Translationsmatrizen $T_{\mu\nu}$. Eine Bewegung und die zugehörige allgemeine Drehung (deren Translationsmatrizen nach A,Satz 2 Nullmatrizen sind) haben also dieselben charakteristischen Polynome. Eine μ-Drehung, deren Drehmatrix U_μ nur auf den Koordinatenvektor $\vec{x}^*_\mu$ eines Punktes $X^*(\vec{x}^*)$, $\vec{x}^* = (\vec{x}^*_0 \dots \vec{x}^*_\rho)^T$ wirkt, hat das charakteristische Polynom

$$(1-\lambda)^{n+1-r_\mu}|U_\mu - \lambda E_\mu|.$$

Jeder Punkt $X^*(\vec{x}^*)$, $\vec{x}^* = (\vec{x}^*_0 \;\dots\; \vec{x}^*_{\mu-1} \;\; \vec{x}^*_\mu = \vec{o}_\mu \;\; \vec{x}^*_{\mu+1} \;\dots\; \vec{x}^*_\rho)^T$ ist unter einer μ-Drehung Fixpunkt.

Die μ-Translationen und die allgemeinen Translationen haben stets nur den Eigenwert $\lambda = 1$ mit der algebraischen Vielfachheit n+1.

Eine Drehung $\vec{x} = A\vec{x}^*$ um eine m-Ebene Z^m genügt nach A,Satz 2 für alle Punkte $P(\vec{p}) \in Z^m$ der Bedingung $A\vec{p} = \lambda\vec{p}$ und besitzt daher Z^m als Fixpunkt-m-Ebene. Die Bedingung $A\vec{p} = \lambda\vec{p}$ führt auf das homogene lineare Gleichungssystem $(A - \lambda E)\vec{p} = \vec{o}$ mit $Rg(A-\lambda E) =$ $= n+1-m$, das den Lösungsraum Z^m besitzt. Spezielles Interesse verdienen die Drehungen um eine der Absolutebenen A^{n_ν}; sie hängen von $\frac{1}{2}[n(n+1) - n_\nu(n_\nu+1)]$ unabhängigen Parametern ab. Im allgemeinen hängt die Gliederzahl der Gruppe der Drehungen um eine m-Ebene Z^m nicht nur von den Dimensionen m und n, sondern auch von der Lage der m-Ebene Z^m zur Absolutfigur **F** ab.

Man kann die einer Drehung um eine m-Ebene Z^m zugrundeliegende Forderung, daß neben der Absolutfigur **F** alle Punkte aus Z^m fix bleiben sollen, als Erweiterung der Absolutfigur **F** auffassen. Man kann daher den P^n, in dem die aus **F** und Z^m bestehende Absolutfigur ausgezeichnet ist, als neuen Raum betrachten. Man macht von dieser Möglichkeit meist keinen Gebrauch und untersucht die damit verbundenen Fragen im Rahmen der CK-Räume (etwa für $m = 0$ in Kapitel 16).

C. Ähnlichkeits- und Bewegungsgruppen

Wir untersuchen nun, von wievielen frei wählbaren Parametern eine allgemeine Bewegung und eine allgemeine Ähnlichkeit eines CK-Raumes abhängen.

Zunächst zählen wir die bei einer Drehmatrix U_μ vorhandenen freien Parameter ab. Die (r_μ,r_μ)-Matrix U_μ enthält r_μ^2 Elemente. Da U_μ eine q_μ-orthogonale Matrix ist, bestehen zwischen ihren Elementen die folgenden Anzahlen von Bedingungen: $r_\mu-j+1$ Bedingungen aus der j-ten Zeile $(1 \leq j \leq r_\mu)$[1], also insgesamt

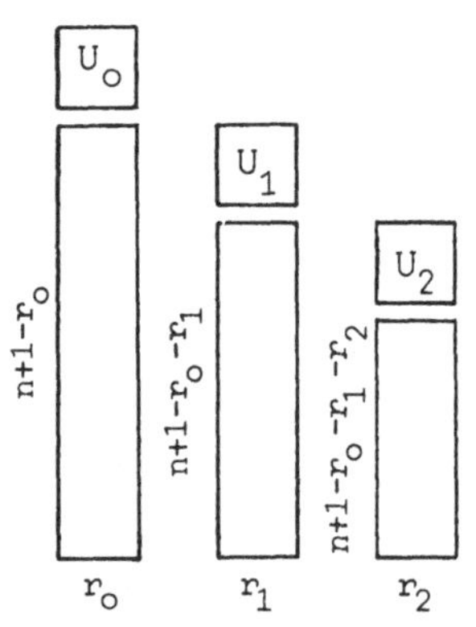

$$\frac{1}{2}(r_\mu+1)\,r_\mu = \binom{r_\mu+1}{2}$$

Bedingungen. Die Matrix U_μ enthält somit

$$r_\mu^2 - \frac{1}{2}(r_\mu+1)r_\mu = \frac{1}{2}\,r_\mu(r_\mu-1) = \binom{r_\mu}{2}$$

frei wählbare Parameter.

Die vollständige Parameterabzählung, die mit Hilfe des nebenstehenden Schemas erfolgen kann, ergibt:

<u>Satz 1</u>: Eine allgemeine Bewegung eines CK-Raumes

$$P^n_{r_o\ldots r_{\rho-1}|q_o\ldots q_\rho}$$

hängt von genau k unabhängigen Parametern ab (sie ist nach 5A k-gliedrig); dabei ist

$$k = \sum_{\mu=o}^{\rho}\binom{r_\mu}{2} + \sum_{\mu=o}^{\rho} r_\mu(n+1-r_o-\ldots-r_\mu) = \frac{1}{2}n(n+1) = \binom{n+1}{2}$$

bei einer Bewegung,

$$k = \frac{1}{2}\,r_\mu(r_\mu-1) = \binom{r_\mu}{2} \quad \text{bei einer } \mu\text{-Drehung,}$$

$$k = \sum_{\mu=o}^{\rho}\binom{r_\mu}{2} \quad \text{bei einer allgemeinen Drehung,}$$

$$k = (r_o+\ldots+r_\mu)(n+1-r_o-\ldots-r_\mu) \quad \text{bei einer } \mu\text{-Translation,}$$

$$k = \sum_{\mu=o}^{\rho} r_\mu(n+1-r_o-\ldots-r_\mu) \quad \text{bei einer allgemeinen Translation.}$$

[1] Die $r_\mu-j+1$ Bedingungen aus der j-ten Spalte stimmen damit überein und sind daher nicht zu zählen.

Eine allgemeine Ähnlichkeit eines CK-Raumes $P^n_{r_0\dots r_{\rho-1}|q_0\dots q_\rho}$ ist $k = (\binom{n+1}{2} + \rho)$-gliedrig.[1]

Die Anzahl k unabhängiger Parameter heißt die *Gliederzahl* der Ähnlichkeiten.

Speziell die Gliederzahl der Ähnlichkeiten des Flaggenraumes $P^n_{1\dots1|0\dots0}$ ist wegen $\rho = n$: $k = \frac{1}{2}n(n+1) + n = \frac{1}{2}n(n+3)$.

Durch Verknüpfen zweier Ähnlichkeiten α, α' eines CK-Raumes entsteht eine Ähnlichkeit $\alpha'' = \alpha \circ \alpha'$ dieses CK-Raumes. Gehören zu $\alpha, \alpha', \alpha''$ nach A(II) die Drehmatrizen U_μ, U'_μ, U''_μ und die Translationsmatrizen $T_{\mu\nu}$, $T'_{\mu\nu}$, $T''_{\mu\nu}$, so gilt:

$$U''_\mu = U_\mu U'_\mu \quad \text{mit} \quad \det U''_\mu = \det U_\mu \det U'_\mu \quad (0 \le \mu \le \rho),$$

$$T''_{\mu\nu} = T_{\mu\nu} U'_\nu + T_{\mu\,\nu+1} T'_{\nu+1\,\nu} + \dots + T_{\mu\,\mu-1} T'_{\mu-1\,\nu} + U_\mu T'_{\mu\,\nu},$$
$$(0 \le \nu < \mu \le \rho).$$

Man erhält daraus zusammen mit Satz 1:

Satz 2: Die Ähnlichkeiten eines CK-Raumes $P^n_{r_0\dots r_{\rho-1}|q_0\dots q_\rho}$ bilden bezüglich der Verknüpfung eine $(\binom{n+1}{2} + \rho)$-gliedrige Gruppe, die *Ähnlichkeitsgruppe* $A^n_{r_0\dots r_{\rho-1}|q_0\dots q_\rho}$, die für $\lambda_0 = \dots = \lambda_\rho$ (siehe A, Satz 2) die *Bewegungsgruppe* $B^n_{r_0\dots r_{\rho-1}|q_0\dots q_\rho}$ als $\binom{n+1}{2}$-gliedrige Untergruppe enthält.

Die eigentlichen Bewegungen (Ähnlichkeiten) eines CK-Raumes ungerader Dimension (siehe A, Def. 4) bilden bezüglich der Verknüpfung eine Untergruppe der Bewegungsgruppe (Ähnlichkeitsgruppe) gleicher Gliederzahl, die *eigentliche Bewegungsgruppe* $B^{n+}_{r_0\dots r_{\rho-1}|q_0\dots q_\rho}$ (*eigentliche Ähnlichkeitsgruppe* $A^{n+}_{r_0\dots r_{\rho-1}|q_0\dots q_\rho}$)

Die uneigentlichen Bewegungen (Ähnlichkeiten) bilden keine Gruppe.

Die Bewegungsgruppe eines beliebigen CK-Raumes $P^n_{r_0\dots r_{\rho-1}|q_0\dots q_\rho}$ hat nach Satz 2 dieselbe Gliederzahl $\frac{1}{2}n(n+1)$ wie die Bewegungsgruppe des bekannten euklidischen Raumes $P^n_{1|00}$. Die Gliederzahl gibt Auskunft über die in einem CK-Raum unter der fraglichen

[1] Gegenüber den Bewegungen sind noch die $\rho+1$ Ähnlichkeitsfaktoren λ_0, λ_1, $\dots, \lambda_\rho$ aus den Bedingungen $\vec{x}^T_\mu E_\mu \vec{x}_\mu = \lambda_\mu \vec{x}^{*T}_\mu E_\mu \vec{x}^*_\mu$ $(0 \le \mu \le \rho)$ zu beachten, von denen einer zu 1 normiert werden kann.

Gruppe bestehende *Beweglichkeit.*[1]

Verwendet man in $P^n \backslash Q^{n-1}_{r_o q_o}$ nach 6B, Satz 1 normierte Koordinatenvektoren $\vec{x}_o$, so gilt: $\vec{x}_o^T E_o \vec{x}_o = \pm 1$. Die Ähnlichkeiten $\vec{x} = A\vec{x}^*$ aus A(II) (man beachte $\vec{x}_o = U_o \vec{x}_o^*$, $U_o^T E_o U_o = \lambda_o E_o$) mit $\lambda_o = 1$ (etwa die Bewegungen) führen normierte Koordinatenvektoren $\vec{x}_o$ in normierte Koordinatenvektoren $\vec{x}_o^*$ über:

$$\vec{x}_o^T E_o \vec{x}_o = \vec{x}_o^{*T} U_o^T E_o U_o \vec{x}_o^* = \vec{x}_o^{*T} E_o \vec{x}_o^* = \pm 1.$$

Verwendet man in $A^{n_1} \backslash Q^{n_1-1}_{r_1 q_1}$ nach 6B, Satz 1 normierte Koordinatenvektoren $\vec{x}_1$, so gilt: $\vec{x}_1^T E_1 \vec{x}_1 = \pm 1$. Die Ähnlichkeiten $\vec{x} = A\vec{x}^*$ aus A(II) (man beachte $\vec{x}_1 = T_{1o}\vec{x}_o^* + U_1 \vec{x}_1^*$ mit $\vec{x}_o^* = \vec{x}_o = \vec{o}_o$, da A^{n_1} fix bleibt, und $U_1^T E_1 U_1 = \lambda_1 E_1$) mit $\lambda_1 = 1$ (etwa die Bewegungen) führen normierte Koordinatenvektoren $\vec{x}_1$ in normierte Koordinatenvektoren $\vec{x}_1^*$ über.

Die entsprechenden Eigenschaften stellt man für die Koordinatenvektoren $\vec{x}_o, \ldots, \vec{x}_\rho$ fest. Man erhält daher (allgemeiner als in A, Satz 2):

> <u>Satz 3</u>: In einem CK-Raum $P^n_{r_o \ldots r_{\rho-1} | q_o \ldots q_\rho}$ gilt:
>
> Die Bewegungen führen nach 6B, Satz 1 normierte Koordinatenvektoren $\vec{x}_o, \ldots, \vec{x}_\rho$ in normierte Koordinatenvektoren über.
>
> Die Ähnlichkeiten besitzen diese Eigenschaft im allgemeinen nicht, jedoch läßt jede Ähnlichkeit mit dem Ähnlichkeitsfaktor $\lambda_\mu = 1$ die Normierung von $\vec{x}_\mu$ invariant.

Im Hinblick auf 5A-5C und 6D erhält man unmittelbar:

> <u>Satz 4</u>: Induziert ein CK-Raum $P^n_{r_o \ldots r_{\rho-1} | q_o \ldots q_\rho}$ im Sinn von 6D, Def. 1 in einer k-Ebene $P^k \subset P^n$ einen CK-Raum mit der Absolutfigur $F \cap P^k$ oder $(F \cap P^k)_*$, so folgt: Ist $B[F \cap P^k]$ jene Untergruppe der Bewegungsgruppe $B^n_{r_o \ldots r_{\rho-1} | q_o \ldots q_\rho}$, deren Bewegungen in P^k die Absolutfigur $F \cap P^k$ fix lassen, so induziert diese Untergruppe auf einem geeigneten Schauplatz $S \subset P^n$ die Geometrie $\{(S, B[F \cap P^k])\}$. Entsprechendes gilt für die Absolutfigur $(F \cap P^k)_*$ und bezüglich der Ähnlichkeitsgruppe $A^n_{r_o \ldots r_{\rho-1} | q_o \ldots q_\rho}$.

Beachtet man, daß eine auf einem Schauplatz S operierende

[1] Auf v. HELMHOLTZ[1]-[3] geht das Problem zurück, die Bewegungsgruppe des euklidischen Raumes durch ihren Grad an *freier Beweglichkeit* zu kennzeichnen. Siehe auch WEYL[2], BIRKHOFF[1], BUSEMANN[1].

Transformationsgruppe T nach 5A transitiv ist, wenn es zu je zwei Punkten $P,Q \in S$ ein $\tau \in T$ mit $\tau P = Q$ gibt, und beachtet man, daß ein Punkt $P \in F$ in einen Punkt $\tau P \in F$ übergeht (und nicht in einen Punkt $\tau P \in S\backslash F$), so folgt:

> Satz 5: In der Geometrie $\{(S, B^n_{r_o\ldots r_{\rho-1}|q_o\ldots q_\rho})\}$ operiert die Bewegungsgruppe $B^n_{r_o\ldots r_{\rho-1}|q_o\ldots q_\rho}$ des CK-Raumes $P^n_{r_o\ldots r_{\rho-1}|q_o\ldots q_\rho}$ mit der Absolutfigur $F \neq \emptyset$ auf dem Schauplatz $S \subset P^n$ nicht transitiv, wenn $F \cap S \neq \emptyset$ und $S \backslash F \neq \emptyset$.

Bemerkungen:

1) Nach 6A,Bem.4 kann man die Konstruktion der Absolutfigur eines CK-Raumes früher abbrechen, um eine modifizierte Absolutfigur zu erhalten. Die Verwendung einer beliebigen Quadrik

$$Q^{n-1}_{r_o q_o \ldots}: x_o^2 + \ldots + x_{p_o-1}^2 - (x_{p_o}^2 + \ldots + x_{r_o-1}^2) = 0$$

mit nichtleerer Spitze A^{n-r_o} ($\vec{x}_o^T E_o = \vec{o}_o^T$, also $x_o = \ldots = x_{r_o-1} = 0$) als Absolutfigur F ist ein Beispiel für dieses Vorgehen. In diesem Fall haben die F-Projektivitäten die Bauart

$$\left.\begin{aligned} \vec{x}_o &= U_o \vec{x}_o^* \\ \vec{x}_1 &= T_{1o}\vec{x}_o^* + U_1 \vec{x}_1^* \end{aligned}\right\} \text{ mit } \vec{x}_o = (x_o,\ldots,x_{r_o-1})^T,\ \vec{x}_1 = (x_{r_o},\ldots,x_n)^T.$$

Die (r_o,r_o)-Matrix U_o ist dabei q_o-orthogonal bis auf den Faktor λ_o; die $(n+1-r_o,r_o)$-Matrix T_{1o} und die $(n+1-r_o,n+1-r_o)$-Matrix U_1 sind beliebig. Die Gliederzahl dieser F-Projektivitäten beträgt ersichtlich $k = (n+1-r_o)(n+1) + \frac{1}{2}r_o(r_o-1)$. Man erhält also mehr unabhängige Parameter als bei den Ähnlichkeiten eines CK-Raumes.

2) Besonderes Interesse verdienen die 1-gliedrigen Untergruppen der Bewegungsgruppe eines CK-Raumes und die von seinen Punkten durchlaufenen Bahnen (speziell algebraische Bahnen) bei Anwendung einer 1-gliedrigen Untergruppe. Wir erwähnen in diesem Zusammenhang die von STRUBECKER[37]-[39] untersuchten nichteuklidischen Schraubungen. Dabei handelt es sich um 1-gliedrige Kollineationsgruppen des P^3, die alle Quadriken durch ein nicht notwendig reelles Erzeugendenvierseit invariant lassen, wobei eine dieser Quadriken als Absolutquadrik des $P^3_{|0}$, $P^3_{|1}$ oder $P^3_{|2}$ gewählt wird. Siehe auch PALMAN[3]-[5] und im Hinblick auf den quasielliptischen Raum $P^3_{2|00}$ die von WUNDERLICH[5] untersuchten 1-gliedrigen Kollineationsgruppen mit imaginärem Fixpunkttetraeder.

3) Bewegungs- und Ähnlichkeitsgruppe eines CK-Raumes sind Untergruppen der projektiven Gruppe des P^n. Untergruppen las-

sen sich auch auf andere Weise gewinnen. So kennzeichnet R.WAGNER[2] (bei archimedisch angeordnetem Grundkörper K) Untergruppen der projektiven Gruppe durch eine Art freie Beweglichkeit im Kleinen und verallgemeinert damit die klassischen Bewegungsgruppen. Siehe auch NASTOLD[1].

4) In der Frage der F-Projektivitäten einer Fläche F, die keine Quadrik ist, hat LIE das folgende bemerkenswerte Resultat erzielt: Außer den Quadriken sind die CAYLEY-Flächen die einzigen nichtabwickelbaren Flächen des P^3, die eine mehr als 2-gliedrige – nämlich eine mehrfach transitive 3-gliedrige – Gruppe von F-Projektivitäten zulassen (LIE[1][2] Bd.3, S.196, PASCAL[1] S.838). Die CAYLEY-Flächen sind windschiefe Flächen 3.Grades mit einer einzigen Torsallinie (2.Ordnung) und der projektiven Normalform $3x_0^2x_3 - 3x_0x_1x_2 + x_1^3 = 0$; sie sind zugleich Projektivsphären (KOCH [1] S.7).

Bezeichnet man eine 1-gliedrige Untergruppe der F-Projektivitäten des pseudoeuklidischen Raumes $P^3_{1|01}$ als *c-Grenzschraubung* (wobei c den dabei fix bleibenden Absolutkegelschnitt Q^1_{31} bezeichnet), so kann man die CAYLEY-Flächen als Wendelflächen der c-Grenzschraubungen ansehen (WUNDERLICH[3])[1], die eine 2-gliedrige Untergruppe der Gruppe der F-Projektivitäten einer CAYLEY-Fläche bilden (BRAUNER[10] S.80).

Die von BRAUNER[11] entwickelte Geometrie auf einer CAYLEY-Fläche verwendet die längs ihrer Torsallinie geschlitzte CAYLEY-Fläche als Schauplatz und die Gruppe ihrer F-Projektivitäten als Bewegungsgruppe. Diese Geometrie erfüllt die Inzidenz-, Anordnungs- und Stetigkeitsaxiome sowie das Parallelenaxiom der ebenen euklidischen Elementargeometrie. OEHLER[1] gibt eine axiomatische Begründung dieser Geometrie. Unter Verwendung eines geeigneten Kreisbegriffs kann auf einer CAYLEY-Fläche auch MÖBIUS- und LAGUERRE-Geometrie betrieben werden (BRAUNER[11][10] S.81). Räumliche Geometrien mit einer CAYLEY-Fläche als Absolutfigur untersucht KOCH[1].

Eine Klassifikation der algebraischen Flächen des P^3, die eine 2-gliedrige Gruppe von F-Projektivitäten zulassen, gibt FANO[1]. In diesen Themenkreis fallen auch Arbeiten von HERGLOTZ[2], MARCUS[1], STRUBECKER[40] und R.WAGNER[1].

5) Über Bewegungen und Ähnlichkeiten der CK-Räume (allgemeiner über F-Projektivitäten) existiert eine umfangreiche Literatur. Wir verweisen zuerst auf die diesbezüglichen Abschnitte in KLEIN[1][6], EFIMOW[1], ROSENFELD[1][2] und JASIŃSKA[1][2].

Bei allgemeinen CK-Räumen sind zu nennen: KARPOVA/KONJAEVA/

[1] Zu jeder c-Grenzschraubung gehört ein quadratischer Tangentenkomplex der Charakteristik [(321)] (der *Grenzkollineationskomplex*), der eine 5-gliedrige Gruppe von F-Projektivitäten besitzt (BRAUNER[12], KLEPPER[1]).

/L'VOVA[1], ROSENFELD/JAGLOM[1], JAGLOM/ROSENFELD/JASINSKAJA[1] sowie ABBASOV[1]-[3] und BOJA[4], speziell bei quasielliptischen Räumen $P^n_{r_o|00}$ ABBASOV[2] und ROSENFELD[5].

Mit den Bewegungen des hyperbolischen Raumes $P^3_{|1}$ befassen sich BECK[2][3], PERRON[7] und SCHILLING[4]. Für den $P^n_{|1}$ interessiert die Arbeit von FADLALLA[1]. Für den elliptischen Raum $P^3_{|0}$ siehe STUDY[3], für den Flaggenraum $P^3_{111|0000}$ BRAUNER[6](Teil I). Für die Räume $P^3_{12|010}$ und $P^3_{12|000}$ sind Arbeiten von STRUBECKER[5][6][9][11] und WÜNSCH[1] zu nennen.

Den Bewegungen und Ähnlichkeiten pseudoeuklidischer Räume widmen sich BEL'KO/FEDENKO[1], JUDOV[1], COXETER[12], LIBOIS[1], LALAN[1], GARNIER[4], BALTAG[1]-[3], BALTAG/ZAMORZAEV[1], KLEIN[12], TARAKANOV[1], KOPP[3][4], PEKLIČ[1].

Für die CK-Ebenen siehe FLADT[3][4], LIEBMANN[3][14], MILLMAN[1], SIMONART[1], NEUMANN/STANCIU[1], STRUBECKER[4][35], ŠNAJDER[1], CARATHÉODORY[1], DE CICCO[1], BECK[4], SCHWERDTFEGER[1], SZÁSZ[10], ACZÉL/MC KIERNAN[1], SKOPEC/JAGLOM[1].

D. Projektivspiegelungen, Streckungen

Die Projektivspiegelungen wurden in 2E, Satz 7 eingeführt und für $K = \mathbb{R}$ als Projektivitäten erkannt. Jede Projektivspiegelung $\kappa(Z,\Gamma)$ ist festgelegt durch ihr Zentrum Z und ihre Achse Γ. Der folgende Satz zeigt, daß in jedem CK-Raum Bewegungen existieren, die Projektivspiegelungen sind.

<u>Satz 1</u>: Jede Projektivspiegelung $\kappa(Z,\Gamma_Z)$, deren Zentrum $Z \in P^n$ nicht in der Absolutfigur F eines CK-Raumes $P^n_{r_o\ldots r_{\rho-1}|q_o\ldots q_\rho}$ liegt und deren Achse die Polarhyperebene Γ_Z bezüglich der absoluten Quadrik $Q^{n-1}_{r_oq_o} = \{X(x) \in P^n | F(x) = 0\}$ ist, stellt eine Bewegung des CK-Raumes dar, für die gilt: $X^*(x^*) := \kappa(Z,\Gamma_Z)X(x)$ mit

$$x^* = x - 2\,\frac{F(x,z)}{F(z)}\,z, \text{ also } \quad \vec{x}^*_o = \vec{x}_o - 2\,\frac{\vec{z}^{\,T}_o E_o \vec{x}_o}{\vec{z}^{\,T}_o E_o \vec{z}_o}\,\vec{z}_o, \tag{I}$$

bei Verwendung eines projektiven Koordinatensystems, in dem F die Normalform 6B(I) besitzt.[1)]

Beweis: Sei $Q^{n-1}_{r_oq_o}$ gegeben durch $F(x) = 0$. Dann beschreibt $F(x,z) = 0$ die Polarhyperebene Γ_Z des Zentrums $Z(z)$. Die Verbin-

1) Satz 1 ist nicht umkehrbar. Eine Bewegung eines CK-Raumes, die einen Punkt $Z \notin F$ und damit auch Γ_Z fix läßt, ist eine Drehung um Z, die im allgemeinen von der Projektivspiegelung $\kappa(Z,\Gamma_Z)$ verschieden ist.

dungsgerade eines Punktes $X(x)$ mit Z $(X \neq Z, X \notin \Gamma_Z)$ schneide Γ_Z in $T(t) := (Z + X) \cap \Gamma_Z$. Nach 2E(I) ist der Bildpunkt κX der vierte harmonische Punkt zu X und (T,Z). Nach 2A,Def.1 wird κ durch eine lineare Vektorabbildung $f\colon P^{n+1} \to P^{n+1}$ induziert. Wir zeigen, daß (I) gilt.

Zum Beweis setzen wir t und fx als Linearkombination von x und z an: $t = x + az$, $fx = x + bz$. Nach Voraussetzung liegt T polar zu Z und erfüllt daher die Polaritätsbedingung $F(t,z) = 0$. Also gilt:

$$F(t,z) = F(x+az,z) = F(x,z) + aF(z) = 0 \Rightarrow a = -\frac{F(x,z)}{F(z)}.$$

Nach 2D,Def.5 bilden in $DV(\kappa X\, X\, Z\, T)$ die Punkte $Z(-az)$ und $T(t)$ die Grundpunkte und $X(x)$ den Einheitspunkt eines projektiven Koordinatensystems. Dabei gilt: $x = -az + t$. Somit ist

$$fx = x + bz = -az + t + bz = -az(1 - \tfrac{b}{a}) + t.$$

Wegen $DV(\kappa X\, X\, Z\, T) = -1$ ist $1:(1 - \frac{b}{a}) = -1$, also $b = 2a$. Damit ist $fx = x + 2az$ und daraus folgt (I).

Wir zeigen nun, daß $\kappa(Z,\Gamma_Z)$ eine F-Projektivität ist. Zunächst gilt mit (I):

$$F(fx) = F(x) - 4\frac{F(x,z)}{F(z)}F(x,z) + 4\frac{F(x,z)^2}{F(z)^2}F(z) = F(x).$$

$F(x) = 0$ kennzeichnet die Punkte von $Q^{n-1}_{r_o q_o}$. Wegen $F(fx) = F(x)$ bleibt $Q^{n-1}_{r_o q_o}$ fix.

Nach 4E,Satz 7 enthält Γ_Z die Spitze A^{n_1} von $Q^{n-1}_{r_o q_o}$, in der alle weiteren absoluten Quadriken liegen. Nach 2E,Satz 7 läßt κ die Achse Γ_Z punktweise fix. Außer $Q^{n-1}_{r_o q_o}$ bleiben somit alle absoluten Quadriken punktweise fix. Die Projektivspiegelung κ ist also eine F-Projektivität. Außerdem besagt $F(fx) = F(x)$, daß κ die quadratische Form $\vec{x}_o^T E_o \vec{x}_o$ invariant läßt. Die quadratischen Formen $\vec{x}_i^T E_i \vec{x}_i$ $(1 \le i \le \rho)$ läßt κ ebenfalls invariant, da A^{n_1} punktweise fix bleibt. Die Projektivspiegelung κ ist somit eine Bewegung.

In einem CK-Raum, dessen absolute Quadrik $Q^{n-1}_{r_o q_o}$ keine Doppelhyperebene ist, betrachten wir nun alle Geraden des Bündels (3A, Satz 3) um ein Zentrum $Z \notin Q^{n-1}_{r_o q_o}$, die $Q^{n-1}_{r_o q_o}$ in genau zwei verschiedenen Punkten P, Q schneiden. Wir fragen nach allen Ähnlichkeiten des CK-Raumes, die jede Bündelgerade fix lassen und die verschieden sind von der Projektivspiegelung $\kappa(Z,\Gamma_Z)$, die stets P mit Q vertauscht. Dann bleiben auf jeder Bündelgeraden die Punkte Z,P,Q einzeln fix. Da jede F-Projektivität der gesuchten Art auf jeder Bündelgeraden g eine Projektivität

$$\pi_g: g \longrightarrow g \text{ mit } \pi P = P,\ \pi Q = Q,\ \pi Z = Z$$

induziert, ist π_g nach dem Hauptsatz über Projektivitäten (2D, Satz 3) die Identität. Sicher gibt es n linear unabhängige Geraden durch Z, auf denen die Identität induziert wird. Daraus folgt: Eine Ähnlichkeit eines CK-Raumes, die jede Gerade des Bündels um Z fix läßt und nicht die Projektivspiegelung $\kappa(Z,\Gamma_Z)$ darstellt, ist die Identität.

In einem CK-Raum, dessen absolute Quadrik $Q^{n-1}_{r_o q_o}$ eine Doppelhyperebene ist, schneidet jede Bündelgerade durch $Z \notin Q^{n-1}_{r_o q_o}$ die Absoluthyperebene (Fernhyperebene) A^{n-1} in einem Punkt P. In diesen CK-Räumen existieren ersichtlich von der Identität verschiedene Ähnlichkeiten, die jede Bündelgerade durch Z mit Z und P als Fixpunkten auf sich abbilden und die keine Projektivspiegelungen sind.

Daraus folgt:

<u>Satz 2</u>: Eine Ähnlichkeit eines CK-Raumes mit der Absolutfigur F, die jede Gerade des Bündels um ein Zentrum $Z \notin F$ fix läßt, heißt eine *Streckung* aus Z. Die Streckungen aus einem festen Zentrum Z bilden bezüglich der Verknüpfung eine Gruppe.

In einem CK-Raum existieren zu einem Zentrum $Z \notin F$ genau dann von der Identität und der Projektivspiegelung $\kappa(Z,\Gamma_Z)$ verschiedene Streckungen, wenn die absolute Quadrik $Q^{n-1}_{r_o q_o}$ eine Doppelhyperebene ist.

E. Ergänzungen

1. Hyperbolische Räume

Im hyperbolischen Raum $P^n_{|q_o}$ mit $n+1 = r_o \neq 2q_o$ (also mit Signatur $s_o \neq 0$) bestimmt die Absolutquadrik $Q^{n-1}_{n+1\,q_o}$ nach 4G, Satz 1 und 2 die projektivinvariant gekennzeichneten Punktmengen $AQ^{n-1}_{n+1\,q_o}$ und $IQ^{n-1}_{n+1\,q_o}$; im $P^n_{|q_o}$ lassen sich daher drei Bündel-Typen nach der Lage des Zentrums Z zur Absolutquadrik unterscheiden: *divergente Bündel* ($\Leftrightarrow Z \in AQ^{n-1}_{n+1\,q_o}$), *Parallelbündel* ($\Leftrightarrow Z \in Q^{n-1}_{n+1\,q_o}$) und *konvergente Bündel* ($\Leftrightarrow Z \in IQ^{n-1}_{n+1\,q_o}$).

Wir betrachten nun im hyperbolischen Raum $P^n_{|q_o}$ $(n+1 \neq 2q_o)$ die Drehungen um ein Zentrum $Z(\vec{z}_o)$ (siehe A, Satz 2),

$$\vec{x}_o = U_o \vec{x}^*_o, \quad U_o^T E_o U_o = E_o \text{ mit } \vec{z}_o = U_o \vec{z}_o. \tag{1}$$

Für $Z \in Q^{n-1}_{n+1\,q_o}$ liegt ein Parallelbündel vor, zu dem eine Grenzdrehung gehört.

Bei jeder Drehung um Z bleibt mit der Absolutquadrik $Q^{n-1}_{n+1\,q_o}$ und dem Zentrum Z der (eventuell nullteilige) Tangentenkegel aus Z an $Q^{n-1}_{n+1\,q_o}$ und damit die Polarhyperebene Γ_Z bezüglich $Q^{n-1}_{n+1\,q_o}$ fix. Für $Z \in Q^{n-1}_{n+1\,q_o}$ entartet der Tangentenkegel in die Tangentenhyperebene Γ_Z.

Das von $Q^{n-1}_{n+1\,q_o}$ und der doppelt zählenden Polarhyperebene Γ_Z aufgespannte Quadrikenbüschel (siehe 6C, Satz 2)

$$\alpha(\vec{z}_o^T E_o \vec{x}_o)^2 + \beta(\vec{x}_o^T E_o \vec{x}_o) = 0, \quad \alpha, \beta \in \mathbb{R}, \tag{2}$$

bleibt damit ebenfalls bei jeder Drehung um $Z(\vec{z}_o)$ fix. Ein Vergleich mit 4D(III) zeigt, daß dem Quadrikenbüschel für $\alpha = 1$, $\beta = -\vec{z}_o^T E_o \vec{z}_o$ der Tangentenkegel aus Z an $Q^{n-1}_{n+1\,q_o}$ angehört. Mit Ausnahme der doppelt zählenden Polarhyperebene Γ_Z hat jede Büschelquadrik mit $Q^{n-1}_{n+1\,q_o}$ längs $\Gamma_Z \cap Q^{n-1}_{n+1\,q_o}$ dieselben Tangentenhyperebenen.

Bei Anwendung einer Drehung (1) auf eine feste Büschelquadrik (2) folgt:

$$\alpha(\vec{z}_o^T E_o \vec{x}^*_o)^2 + \beta(\vec{x}^{*T}_o E_o \vec{x}^*_o) = 0, \quad \alpha, \beta \in \mathbb{R}. \tag{3}$$

Da eine Drehung um Z eine Bewegung ist, geht nach 7A die quadratische Form aus (2) in die quadratische Form aus (3) und daher jede Büschelquadrik in sich über. Wir erhalten damit:

<u>Satz 1</u>: Die Absolutquadrik $Q^{n-1}_{n+1\,q_o}$ eines hyperbolischen Raumes $P^n_{|q_o}$ spannt mit der doppelt zählenden Polarhyperebene Γ_Z eines Zentrums Z ein Quadrikenbüschel auf, das für $Z \notin Q^{n-1}_{n+1\,q_o}$ den (eventuell nullteiligen) Tangentenkegel aus Z an $Q^{n-1}_{n+1\,q_o}$ und für $Z \in Q^{n-1}_{n+1\,q_o}$ die doppelt zählende Tangentenhyperebene Γ_Z enthält. Eine Drehung um das Zentrum Z führt jede Büschelquadrik in sich über. Jede Büschelquadrik enthält daher die *Bahn* jedes ihrer Punkte bei den Drehungen um den Fixpunkt Z.

Bemerkung:

1) KOSOGLJAD[1] stellt im $P^3_{|1}$ die Bewegungsgleichungen eines Massenpunktes und eines Körpers variabler Masse auf.

2. SEMIEUKLIDISCHE RÄUME

Im semieuklidischen Raum $P^n_{1r_1\dots r_{\rho-1}|0q_1\dots q_\rho}$ lassen sich zwei Bündel-Typen nach der Lage des Zentrums Z zur Absoluthyperebene A^{n-1} unterscheiden: *Parallelbündel* ($\Leftrightarrow Z\in A^{n-1}$) und *konvergente Bündel* ($\Leftrightarrow Z\notin A^{n-1}$).

Bei einer Drehung um $Z\notin A^{n-1}$ bleibt jede kegelige Quadrik $Q^{n_\nu}_{r_\nu q_\nu}(Z)\subset(Z+A^{n_\nu})$ $(1\leq\nu\leq\rho)$ fix, die aus allen Verbindungsgeraden von Z mit einem Punkt der absoluten Quadrik $Q^{n_\nu-1}_{r_\nu q_\nu}$ besteht.

Die Drehungen um $Z\in A^{n-1}$ sind genau die *projektiven Fortsetzungen* auf $P^n_{1r_1\dots r_{\rho-1}|0q_1\dots q_\rho}$ der Drehungen um Z des in A^{n-1} induzierten CK-Raumes $P^{n-1}_{r_1\dots r_{\rho-1}|q_1\dots q_\rho}$. Man erhält aus den Drehungen des CK-Raumes $P^{n-1}_{r_1\dots r_{\rho-1}|q_1\dots q_\rho}$ diese projektiven Fortsetzungen etwa durch Wahl eines mit Z kollinearen Punktepaares U,V und eines mit Z kollinearen Bildpunktepaares U*, V* ($U,V,U^*,V^*\notin A^{n-1}$).

Aufgaben:

1) Man ermittle in normierten Koordinaten Abbildungsmatrizen für alle Ähnlichkeiten und Bewegungen des quasielliptischen Raumes $P^3_{2|00}$, des quasielliptischen Raumes vom Index 1 $P^3_{2|01}$, des dual-pseudogalileischen Raumes $P^3_{21|100}$ und des Flaggenraumes $P^3_{111|0000}$.

2) Man gebe in einem geeignet gewählten Koordinatensystem eines CK-Raumes mit der Absolutfigur F die Abbildungsmatrizen der Streckungen aus einem festen Zentrum $Z\notin F$ an. Welche dieser Abbildungsmatrizen gehört zur Projektivspiegelung $\kappa(Z,\Gamma_Z)$? Man ermittle die Gliederzahl der Gruppe der Streckungen aus Z.

3) Man zeige (siehe 7B,S.155): Die Gruppe der Drehungen um ein eigentliches Zentrum Z in a) der hyperbolischen Ebene $P^2_{|1}$, b) der elliptischen Ebene $P^2_{|0}$, c) der euklidischen Ebene $P^2_{1|00}$, d) der Flaggenebene $P^2_{11|000}$ ist eine eingliedrige Gruppe.

4) Man ermittle die Gliederzahl der Gruppe der Drehungen um eine Sekante Z^1 des hyperbolischen Raumes $P^3_{|1}$ (siehe 7B,S.155).

Kapitel 8. Abstands- und Winkelmetriken in Cayley/Klein-Räumen

A. Geraden und Absolutfiguren

Die Geraden eines CK-Raumes lassen sich im komplex erweiterten projektiven Raum $\hat{P}^n$ klassifizieren nach ihrer Lage zu seiner Absolutfigur **F**:

$$Q^{n-1}_{r_o q_o} \supset A^{n_1} \supset Q^{n_1-1}_{r_1 q_1} \supset \ldots \supset A^{n_\nu} \supset Q^{n_\nu-1}_{r_\nu q_\nu} \supset A^{n_{\nu+1}} \supset \ldots \supset A^{n_\rho} \supset Q^{n_\rho-1}_{r_\rho q_\rho} .$$

Wir geben im folgenden eine solche Klassifikation zur Vorbereitung der Abstandsmetriken in CK-Räumen.

Nach 4D,Satz 2 hat eine Gerade $g \subset A^{n_\nu}$, $g \not\subset A^{n_{\nu+1}}$ mit $A^{n_o} := P^n$, $n_o := n$ $(0 \leq \nu \leq \rho)$ zur absoluten Quadrik $Q^{n_\nu-1}_{r_\nu q_\nu}$ genau eine der folgenden Lagen (a_ν) - (d_ν):

$g \cap Q^{n_\nu-1}_{r_\nu q_\nu}$	Name der Geraden g
(a_ν) 2 konjugiert komplexe Punkte $\{U_\nu, \bar{U}_\nu\}$	*Passante* ν.*Art*
(b_ν) 2 zusammenfallende Punkte $\{T_\nu\}$	*reguläre Tangente* ν.*Art* ($T_\nu \notin A^{n_\nu+1}$ ist der Berührpunkt von g und ein regulärer Punkt von $Q^{n_\nu-1}_{r_\nu q_\nu}$) *singuläre Tangente* ν.*Art* ($T_\nu \in A^{n_\nu+1}$ ist der Treffpunkt von g und ein singulärer Punkt von $Q^{n_\nu-1}_{r_\nu q_\nu}$)
(c_ν) 2 reelle und verschiedene Punkte $\{U_\nu, V_\nu\}$	*Sekante* ν.*Art*
(d_ν) g	*Erzeugende* ν.*Art* $(g \not\subset A^{n_\nu+1})$

Jede Gerade g, die zur absoluten Quadrik $Q^{n_\nu-1}_{r_\nu q_\nu}$ eine der Lagen (a_ν) - (d_ν) einnimmt, liegt in A^{n_ν} und folglich auch in P^n, A^{n_1}, $\ldots, A^{n_{\nu-1}}$. Die Tabelle gibt eine vollständige Klassifikation aller Geraden eines CK-Raumes nach ihrer Lage zu seiner Absolutfigur **F**. Nach 6D,Satz 6 werden in den Passanten ν.Art, den Tangenten ν.Art und den Sekanten ν.Art 1-dimensionale CK-Räume induziert; die Passanten ν.Art sind elliptische Geraden $P^1_{|0}$, die Tangenten ν.Art sind euklidische Geraden $P^1_{1|00}$, und die Sekanten ν.Art sind hyperbolische Geraden $P^1_{|1}$.

Die Passanten, Tangenten, Sekanten und Erzeugenden jeweils 0.Art heißen kurz *Passanten, Tangenten, Sekanten* bzw. *Erzeugenden.*

Die Punkte U_ν, $\bar{U}_\nu$ einer Passanten ν.Art, der Punkt T_ν einer regulären oder singulären Tangente ν.Art und die Punkte U_ν, V_ν einer Sekanten ν.Art heißen ihre *Absolutpunkte*. Entfernt man bei einer regulären oder singulären Tangente ν.Art g den Absolutpunkt T_ν, so ist $g\setminus T_\nu$ vom Typ einer affinen Geraden, deren Punkte sich bekanntlich anordnen lassen. Entfernt man bei einer Sekanten ν.Art g die Absolutpunkte U_ν, V_ν, so besteht $g\setminus\{U_\nu,V_\nu\}$ aus zwei fremden Punktmengen, die ebenfalls vom Typ einer affinen Geraden sind.

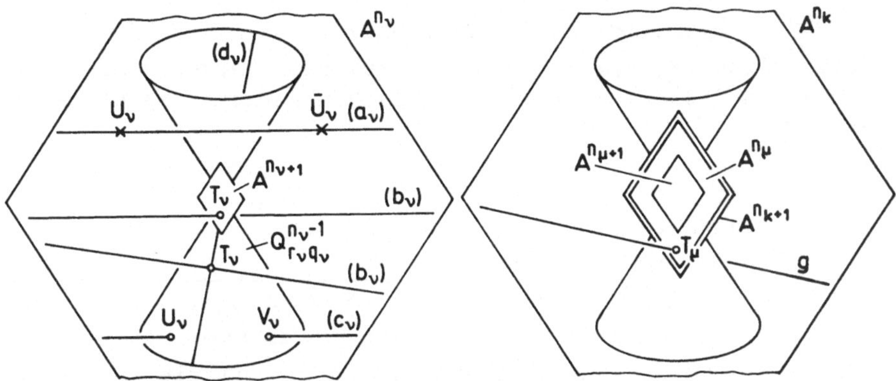

Die singulären Tangenten aller Arten k $(0 \leq k < \rho)$ werden in der folgenden Definition weiter klassifiziert:

<u>Def.1</u>: Eine singuläre Tangente k.Art g $(0 \leq k < \rho)$ eines CK-Raumes, welche die Absolutebene A^{n_μ} $(k < \mu)$ in einem Punkt $T_\mu \notin A^{n_{\mu+1}}$ trifft, heißt eine *euklidische Gerade* μ.Art $(k < \mu \leq \rho)$. Für eine euklidische Gerade ρ.Art ist $A^{n_{\rho+1}} = \emptyset$, d.h. jede singuläre Tangente k.Art $g \not\subset A^{n_\rho}$, $g \cap A^{n_\rho} \neq \emptyset$ ist eine euklidische Gerade ρ.Art (siehe 6A,Bem.1).

Eine euklidische Gerade μ.Art ist also eine singuläre Tangente entweder 0.Art oder 1.Art oder ...$(\mu-1)$.Art. Die euklidischen Geraden 1.Art heißen kurz *euklidische Geraden*. Die euklidischen Geraden sind also genau jene Geraden $g \subset P^n\setminus Q^{n-1}_{r_o q_o}$, die $A^{n_1}\setminus A^{n_2}$ treffen. Ist g eine euklidische Gerade μ.Art und damit eine singuläre Tangente k.Art, so gibt μ an, daß g die Absolutebene A^{n_μ} in $T_\mu \notin A^{n_{\mu+1}}$ trifft, und k gibt an, daß g in der Absolutebene A^{n_k} liegt.

Bemerkungen:

1) Die euklidischen Geraden μ.Art lassen sich nach der Lage von T_μ zum Absolutkegel $Q^{n_\mu-1}_{r_\mu q_\mu}$ weiter klassifizieren, je nachdem

$$T_\mu \in A(Q^{n_\mu-1}_{r_\mu q_\mu},F),\ T_\mu \in Q^{n_\mu-1}_{r_\mu q_\mu},\ T_\mu \in I(Q^{n_\mu-1}_{r_\mu q_\mu},F).$$

Ist die Signatur von $Q^{n_\mu-1}_{r_\mu q_\mu}$ nicht Null, so kann man $A(Q^{n_\mu-1}_{r_\mu q_\mu},F)$ und $I(Q^{n_\mu-1}_{r_\mu q_\mu},F)$ ersetzen durch $AQ^{n_\mu-1}_{r_\mu q_\mu}$ bzw. $IQ^{n_\mu-1}_{r_\mu q_\mu}$ (4G, Sätze 1 und 2).

2) Eine euklidische Gerade μ.Art verbindet T_μ mit einem Punkt aus
$A^{n_\mu-1}$ (und liegt dann in $A^{n_\mu-1}, A^{n_\mu-2},\dots, A^{n_1}, P^n$) oder
$A^{n_\mu-2}$ (und liegt dann in $A^{n_\mu-2},\dots, A^{n_1}, P^n$) oder
....
A^{n_1} (und liegt dann in A^{n_1}, P^n) oder
P^n (und liegt dann in keiner Absolutebene).

3) Ersichtlich ist die Art ν einer Passante, Tangente bzw. Sekante und die Art μ einer euklidischen Gerade projektivinvariant.

Aus der Bauart der Absolutfiguren der CK-Räume, der Klassifikation (a_ν) - (d_ν) der Geraden und der Unterklassifikation der singulären Tangenten aller Arten k nach Def.1 erkennt man die Gültigkeit des folgenden Satzes:

<u>Satz 2</u>: Für $n \geq 2$ sind die elliptischen Räume $P^n_{|0}$ die einzigen CK-Räume, in denen genau ein Geradentyp (Passanten) existiert.

Für $n \geq 3$ sind die euklidischen Räume $P^n_{1|00}$ und die dual-euklidischen Räume $P^n_{n|00}$ die einzigen CK-Räume, in denen genau zwei verschiedene Geradentypen existieren (euklidische Geraden und Passanten 1.Art in $P^n_{1|00}$, Passanten und euklidische Geraden 1.Art in $P^n_{n|00}$).

Die euklidische Ebene $P^2_{1|00}$, die dual-euklidische Ebene $P^2_{2|00}$, die pseudoeuklidische Ebene $P^2_{1|01}$ und die Flaggenebene $P^2_{11|000}$ sind die einzigen CK-Ebenen, in denen genau zwei Geradentypen existieren (euklidische Geraden und eine Passante 1.Art in $P^2_{1|00}$, Passanten und euklidische Geraden in $P^2_{2|00}$, euklidische Geraden und eine Sekante 1.Art in $P^2_{1|01}$, euklidische Geraden 1. und 2.Art in $P^2_{11|000}$).

Beim Aufbau von CAYLEY/KLEIN-Geometrien ist es vorteilhaft, im P^n Schauplätze so auszuwählen, daß in diesen möglichst wenig Geradentypen existieren, um eine möglichst einheitliche Längenmessung zu erhalten. Im elliptischen Raum $P^n_{|0}$ bietet sich der gesamte P^n als Schauplatz an. Im hyperbolischen Raum $P^n_{|1}$ ist das Innengebiet der ovalen Absolutquadrik besonders geeignet, in dem die Verbindungsgerade zweier Punkte stets eine Sekante ist. Im euklidischen Raum $P^n_{1|00}$ liegt es nahe, $P^n \backslash A^{n_1}$ als Schauplatz zu wählen.

Alle CK-Räume, deren Absolutkegel $Q^{n-1}_{r_0 q_0}$ eine Doppelhyperebene ist, besitzen keine Passanten, keine Sekanten und keine regulären Tangenten. In diesen Räumen ist jede Gerade, die nicht in der Absoluthyperebene A^{n-r_o} liegt, euklidisch. Es handelt sich dabei um die semieuklidischen Räume, speziell die GALILEI-Räume, die Flaggenräume, die euklidischen und die pseudoeuklidischen Räume.

Alle CK-Räume mit der Absolutquadrik $Q^{n-1}_{n+1\,q_o}$ besitzen nur Passanten, Sekanten, Tangenten und Erzeugende. Es handelt sich um die elliptischen Räume $P^n_{|0}$ (die nur Passanten besitzen) und um die hyperbolischen Räume $P^n_{|q_o}$ $(q_o > 0)$, deren Absolutquadrik die Normalform besitzt:

$$F := \vec{x}_o^T E_o \vec{x}_o = x_o^2 + \ldots + x_{p_o-1}^2 - x_{p_o}^2 - \ldots - x_n^2 = 0.$$

Wir betrachten nun in $P^n_{|q_o}$ $(q_o > 0)$ die Punkte $A(\vec{a}_o)$, $B(\vec{b}_o)$, $C(\vec{c}_o)$ mit

$$\vec{a}_o = (0,\ldots,0,x_{p_o}=1,0,\ldots,0)^T,\ \vec{b}_o = (0,\ldots,0,1)^T,\ \vec{c}_o = \lambda\vec{a}_o + \mu\vec{b}_o.$$

Wegen

$$\vec{a}_o^T E_o \vec{a}_o < 0,\ \vec{b}_o^T E_o \vec{b}_o < 0,\ \vec{c}_o^T E_o \vec{c}_o < 0 \text{ für } \lambda,\mu \in \mathbb{R}\setminus\{0\}$$

liegt jeder Punkt der für $p_o \neq n$ erklärten Verbindungsgeraden A+B in $I(Q^{n-1}_{n+1\,q_o}, F)$. Daraus folgt wegen $p_o + q_o = r_o = n+1$, daß jeder hyperbolische Raum $P^n_{|q_o}$ vom Index $q_o > 1$ Passanten besitzt, die ganz in $I(Q^{n-1}_{n+1\,q_o}, F)$ liegen. Der hyperbolische Raum $P^n_{|1}$ vom Index $q_o = 1$ hat eine ovale Absolutquadrik und besitzt daher diese Eigenschaft nicht (siehe Aufgabe S.95). Damit besteht die folgende Kennzeichnung des $P^n_{|1}$ unter den hyperbolischen Räumen $P^n_{|q_o}$ $(q_o > 0)$:

> Satz 3: Der hyperbolische Raum (LOBATSCHEWSKI-Raum) $P^n_{|1}$ ist der einzige hyperbolische Raum $P^n_{|q_o}$ vom Index $q_o > 0$, der in $I(Q^{n-1}_{n+1\,q_o}, F)$ – also für $2q_o < r_o = n+1$ im Innengebiet $IQ^{n-1}_{n+1\,q_o}$ seiner Absolutquadrik – keine Passanten besitzt.

B. Abstands- und Winkelmetriken

Wir entwickeln zunächst in einem CK-Raum *projektive Abstandsmetriken* auf den Passanten ν.Art, den Sekanten ν.Art $(0 \leq \nu \leq \rho)$ und den euklidischen Geraden μ.Art $(1 \leq \mu \leq \rho)$. Die CK-Räume werden damit zu *Räumen mit projektiver Metrik*. Die projektiven Abstandsmetriken erweisen sich je nach dem Typ der Geraden als invariant gegenüber den Bewegungen oder sogar den Ähnlichkeiten des CK-Raumes.

In der Absolutebene A^{n_ν} $(\vec{x}_o = \vec{o}_o, \ldots, \vec{x}_{\nu-1} = \vec{o}_{\nu-1})$ des CK-Raumes $P^n_{r_o\ldots r_{\rho-1}|q_o\ldots q_\rho}$ gilt für je zwei verschiedene Punkte $X(\vec{x})$, $Y(\vec{y})$

einer zugelassenen Geraden, die nicht in der absoluten Quadrik $Q^{n_\nu-1}_{r_\nu q_\nu} = \{Z \in A^{n_\nu} | F(\vec{z})=0\}$ liegen: $F(\vec{x}) \neq 0$, $F(\vec{y}) \neq 0$. Ihre Verbindungsgerade $X+Y$ schneide $Q^{n_\nu-1}_{r_\nu q_\nu}$ in den Punkten $P(\vec{p})$ und $\bar{P}(\vec{\bar{p}})$. Die Koordinatenvektoren $\vec{p}, \vec{\bar{p}}$ berechnen sich aus 4D(I):

$$F(\lambda\vec{x} + \mu\vec{y}) = \lambda^2 F(\vec{x}) + 2\lambda\mu F(\vec{x},\vec{y}) + \mu^2 F(\vec{y}) = 0$$

zu

$$\vec{p} = (-1+t)\vec{x} + k\vec{y}, \qquad \vec{\bar{p}} = (-1-t)\vec{x} + k\vec{y} \tag{1}$$

mit $k := F(\vec{x}) \neq 0$, $1 := F(\vec{x},\vec{y})$, $t^2 := F(\vec{x},\vec{y})^2 - F(\vec{x})F(\vec{y})$. Es sei $t > 0$, wenn $t^2 > 0$ und $t = it'$, $t' > 0$ $(i^2=-1)$, wenn $t^2 < 0$. Ersetzen von t durch $-t$ kennzeichnet die Vertauschung von P und $\bar{P}$, die vorerst keine Rolle spielt.

Die Gerade $X+Y$ ist für

(a_ν) $t \in i\mathbb{R}^+$ eine Passante ν.Art,

(b_ν) $t = 0$ eine reguläre oder singuläre Tangente ν.Art,

(c_ν) $t \in \mathbb{R}^+$ eine Sekante ν.Art.

Läßt man auf der Geraden $X+Y$ nachträglich die Punkte X und Y zusammenfallen ($X = Y \notin Q^{n_\nu-1}_{r_\nu q_\nu}$), so ist in ($a_\nu$) und ($c_\nu$) $t = 0$. Dies sei im folgenden zugelassen.

Im Fall (a_ν) gilt wegen $F(\vec{x})F(\vec{y}) > 0$ für alle Punktepaare $X(\vec{x})$, $Y(\vec{y})$ einer Passanten ν.Art:

$$(a'_\nu) \quad 0 \le A^2(\vec{x},\vec{y}) := \frac{F^2(\vec{x},\vec{y})}{F(\vec{x})F(\vec{y})} = \frac{(\vec{x}_\nu^T E_\nu \vec{y}_\nu)^2}{(\vec{x}_\nu^T E_\nu \vec{x}_\nu)(\vec{y}_\nu^T E_\nu \vec{y}_\nu)} \le 1.$$

Im Fall (b_ν) gilt:

$$(b'_\nu) \quad \frac{F^2(\vec{x},\vec{y})}{F(\vec{x})F(\vec{y})} = 1.$$

Im Fall (c_ν) ist $F(\vec{x})F(\vec{y}) > 0$ genau

für alle Punktepaare $X(\vec{x})$, $Y(\vec{y})$ einer Sekanten ν.Art, die nach 4C, Satz 7 in $A(Q^{n_\nu-1}_{r_\nu q_\nu}, F)$ liegen (wegen $F(\vec{x}) > 0$, $F(\vec{y}) > 0$) sowie

für alle Punktepaare $X(\vec{x})$, $Y(\vec{y})$ einer Sekanten ν.Art, die nach 4C, Satz 7 in $I(Q^{n_\nu-1}_{r_\nu q_\nu}, F)$ liegen (wegen $F(\vec{x}) < 0$, $F(\vec{y}) < 0$);

daher gilt für diese Punktepaare X,Y:

$$(c'_\nu) \quad 1 \le A^2(\vec{x},\vec{y}) := \frac{F^2(\vec{x},\vec{y})}{F(\vec{x})F(\vec{y})} = \frac{(\vec{x}_\nu^T E_\nu \vec{y}_\nu)^2}{(\vec{x}_\nu^T E_\nu \vec{x}_\nu)(\vec{y}_\nu^T E_\nu \vec{y}_\nu)} < \infty.$$

In (a'_ν) und (c'_ν) gilt das Gleichheitszeichen bei der 1 genau dann, wenn $t = 0$, also $X = Y$ ist. Das Gleichheitszeichen bei der

0 in (a'_ν) gilt genau dann, wenn X polar zu Y liegt.

Wir zeigen nun, daß $A^2(\vec{x},\vec{y})$ invariant ist gegenüber den Ähnlichkeiten des CK-Raumes $P^n_{r_0\ldots r_{\rho-1}|q_0\ldots q_\rho}$. Nach 7A, Satz 2 gilt nämlich:

$$F(\vec{x},\vec{y}) = \vec{x}_\nu^T E_\nu \vec{y}_\nu = \vec{x}_\nu^{*T} U_\nu^T E_\nu U_\nu \vec{y}_\nu^* = \lambda_\nu \vec{x}_\nu^{*T} E_\nu \vec{y}_\nu^* = \lambda_\nu F(\vec{x}^*,\vec{y}^*);$$

daraus folgt

$$A^2(\vec{x},\vec{y}) = \frac{F^2(\vec{x},\vec{y})}{F(\vec{x})F(\vec{y})} = \frac{\lambda_\nu^2 F^2(\vec{x}^*,\vec{y}^*)}{\lambda_\nu^2\, F(\vec{x}^*)F(\vec{y}^*)} = A^2(\vec{x}^*,\vec{y}^*).$$

Diese Invarianzeigenschaft bietet die Möglichkeit, auf den Passanten ν.Art und den Sekanten ν.Art eines CK-Raumes einen projektiven Abstand $\delta_\nu(X,Y)$ $(0 \le \nu \le \rho)$ zu definieren. Auf den regulären und singulären Tangenten ν.Art liefert $A(\vec{x},\vec{y})$ wegen (b'_ν) keinen sinnvollen Abstandsbegriff.

Wir setzen im Anschluß an (a'_ν) wegen $0 \le A^2(\vec{x},\vec{y}) \le 1$:

(a''_ν) $\cos^2\delta_\nu(X,Y) := A^2(\vec{x},\vec{y})$ für alle Paare $X(\vec{x}), Y(\vec{y})$ einer Passanten ν.Art.

Im Anschluß an (c'_ν) setzen wir wegen $1 \le A^2(\vec{x},\vec{y}) < \infty$:

(c''_ν) $\operatorname{ch}^2\delta_\nu(X,Y) := A^2(\vec{x},\vec{y})$ für alle Paare $X(\vec{x}), Y(\vec{y}) \notin Q^{n_\nu-1}_{r_\nu q_\nu}$ einer Sekanten ν.Art, die beide in $I(Q^{n_\nu-1}_{r_\nu q_\nu},F)$ oder in $A(Q^{n_\nu-1}_{r_\nu q_\nu},F)$ liegen.

Zur Vorbereitung eines Abstandsbegriffs auf den euklidischen Geraden μ.Art beachten wir, daß jede euklidische Gerade μ.Art g die Absolutebene A^{n_μ} in einem Punkt $T_\mu(\vec{t}) \in A^{n_\mu}\backslash A^{n_{\mu+1}}$ schneidet (siehe S.167, rechte Figur) mit $\vec{t} = (\vec{o}_0,\ldots,\vec{o}_{\mu-1},\vec{t}_\mu \neq \vec{o}_\mu,\ldots,\vec{t}_\rho)^T$. Da zwei verschiedene Punkte $X(\vec{x}), Y(\vec{y}) \in g\backslash T_\mu$ mit

$$\vec{x} = (\vec{x}_0 \ \ldots \ \vec{x}_{\mu-1} \ \vec{x}_\mu \ \ldots \ \vec{x}_\rho)^T, \quad \vec{y} = (\vec{y}_0 \ \ldots \ \vec{y}_{\mu-1} \ \vec{y}_\mu \ \ldots \ \vec{y}_\rho)^T$$

zu T_μ kollinear liegen, ist $\vec{x} = \alpha\vec{t} + \beta\vec{y}$. Die ersten μ Koordinatenvektoren stimmen daher ohne Einschränkung überein ($\vec{x}_i = \vec{y}_i$, $0 \le i \le \mu-1$); außerdem ist $\vec{x}_\mu \neq \vec{y}_\mu$ wegen $\vec{t}_\mu \neq \vec{o}_\mu$, d.h. $T_\mu \notin A^{n_{\mu+1}}$. Sei nun k der erste Index aus $\{0,\ldots,\mu-1\}$, für den $\vec{x}_k \neq \vec{o}_k$ ist. Dann liegt X und also auch g nach A, Bem.2 in der Absolutebene A^{n_k}; g ist damit eine singuläre Tangente k.Art. Wir können daher die Koordinaten der Punkte $X,Y \in g$ bezüglich des Absolutkegels $Q^{n_k-1}_{r_k q_k} \subset A^{n_k}$ nach 6B, Satz 1 normieren durch

$$\vec{x}_k^T E_k \vec{x}_k = \vec{y}_k^T E_k \vec{y}_k = \pm 1.$$

Damit zeigen wir, daß

$$D_\mu^2(X,Y) := (\vec{y}_\mu - \vec{x}_\mu)^T E_\mu (\vec{y}_\mu - \vec{x}_\mu)$$

sowie $d_\mu^2(X,Y) = |D_\mu^2(X,Y)|$ invariant sind gegenüber den Bewegungen des CK-Raumes. Der folgende Nachweis zeigt, daß keine Invarianz gegenüber den Ähnlichkeiten des CK-Raumes besteht.

Bei Anwendung einer Ähnlichkeit des CK-Raumes $P^n_{r_o \ldots r_{\rho-1}|q_o \ldots q_\rho}$ benötigt man nach 7A(II)

$$\vec{x}_\mu = T_{\mu o}\vec{x}^*_o + \ldots + T_{\mu\,\mu-1}\vec{x}^*_{\mu-1} + U_\mu \vec{x}^*_\mu, \qquad \vec{y}_\mu = T_{\mu o}\vec{y}^*_o + \ldots + T_{\mu\,\mu-1}\vec{y}^*_{\mu-1} + U_\mu \vec{y}^*_\mu .$$

Da der Begriff *euklidische Gerade* μ.*Art* projektivinvariant ist, gilt $\vec{x}^*_i = \vec{y}^*_i$ $(0 \le i \le \mu-1)$. Man erhält also

$$\vec{y}_\mu - \vec{x}_\mu = U_\mu(\vec{y}^*_\mu - \vec{x}^*_\mu),$$

wobei U_μ bis auf einen Ähnlichkeitsfaktor λ_μ eine q_μ-orthogonale Matrix ist. Damit folgt die Bewegungsinvarianz von $D_\mu^2(X,Y)$ und $d_\mu^2(X,Y)$, aber nicht die Ähnlichkeitsinvarianz.

Der Definition der Abstands- und Winkelmetrik eines CK-Raumes schicken wir nun noch die folgende Betrachtung voraus.

Nach 6E,Satz 1 existiert zu jedem CK-Raum

$$P^n_{r_o r_1 \ldots r_{\rho-1}|q_o q_1 \ldots q_\rho} \tag{2}$$

der duale CK-Raum

$$P^n_{r_\rho r_{\rho-1} \ldots r_1|q_\rho q_{\rho-1} \ldots q_o} . \tag{3}$$

Jede in (3) erklärte projektive Abstandsmetrik induziert über das Dualitätsprinzip der projektiven Räume eine *Winkelmetrik* in der Menge der Hyperebenen von (2). Auf diese Weise wird je zwei Hyperebenen $\Gamma(\vec{\gamma})$, $\Lambda(\vec{\lambda})$ aus (2) mit den Gleichungen

$$\vec{\gamma}^T\vec{x} = \gamma_o x_o + \ldots + \gamma_n x_n = 0, \qquad \vec{\lambda}^T\vec{x} = \lambda_o x_o + \ldots + \lambda_n x_n = 0$$

der Abstand der ihnen dual entsprechenden Punkte $\Gamma(\vec{\gamma}),\Lambda(\vec{\lambda})$ aus (3) als *Winkel* zugeordnet. Dabei wird das Dualitätsprinzip der projektiven Räume nach 3B,Satz 2 realisiert.

Wir formulieren nach diesen Vorbereitungen:

Satz 1: Ein CK-Raum $P^n_{r_o r_1 \ldots r_{\rho-1}|q_o q_1 \ldots q_\rho}$ mit der Absolutfigur

$$Q^{n-1}_{r_o q_o} \supset A^{n_1} \supset Q^{n_1-1}_{r_1 q_1} \supset A^{n_2} \supset \ldots \supset Q^{n_{\rho-1}-1}_{r_{\rho-1} q_{\rho-1}} \supset A^{n_\rho} \supset Q^{n_\rho - 1}_{r_\rho q_\rho}$$

gestattet eine *Abstandsmetrik* und mit Hilfe des dualen CK-Raumes $P^n_{r_\rho r_{\rho-1} \ldots r_1|q_\rho q_{\rho-1} \ldots q_o}$ mit der Absolutfigur[1])

[1]) In den Absolutfiguren entsprechen einander A^{n_ν} und $A^{n-n_{\rho-\nu+1}-1}$.

$$Q^{n-1}_{r_\rho q_\rho} \supset A^{n-n_\rho-1} \supset Q^{n-n_\rho-2}_{r_{\rho-1}q_{\rho-1}} \supset A^{n-n_{\rho-1}-1} \supset \dots \supset Q^{n-n_2-2}_{r_1 q_1} \supset A^{n-n_1-1} \supset Q^{n-n_1-2}_{r_o q_o}$$

eine *Winkelmetrik*. Abstands- und Winkelmetrik werden aufgrund von (a''_ν) und (c''_ν) wie folgt definiert:

Abstandsmetrik	*Winkelmetrik*[1]
$\cos\delta_\nu(X,Y) := \dfrac{\lvert \vec{x}_\nu^T E_\nu \vec{y}_\nu \rvert}{\sqrt{\vec{x}_\nu^T E_\nu \vec{x}_\nu \; \vec{y}_\nu^T E_\nu \vec{y}_\nu}}$ mit der Bedingung $0 \le \delta_\nu \le \frac{\pi}{2}$, für alle Paare $X(\vec{x})$, $Y(\vec{y})$ einer *Passanten* ν*. Art* $(0 \le \nu \le \rho)$;	$\cos\varphi_{\rho-\nu}(\Gamma,\Lambda) := \dfrac{\lvert \vec{\gamma}^T_{\rho-\nu} E_{\rho-\nu} \vec{\lambda}_{\rho-\nu} \rvert}{\sqrt{\vec{\gamma}^T_{\rho-\nu} E_{\rho-\nu} \vec{\gamma}_{\rho-\nu} \; \vec{\lambda}^T_{\rho-\nu} E_{\rho-\nu} \vec{\lambda}_{\rho-\nu}}}$ (I) mit der Bedingung $0 \le \varphi_{\rho-\nu} \le \frac{\pi}{2}$, für alle Paare $\Gamma(\vec{\gamma})$, $\Lambda(\vec{\lambda})$ einer *Passanten* ν*. Art* $(0 \le \nu \le \rho)$;
$\mathrm{ch}\,\delta_\nu(X,Y) := \dfrac{\lvert \vec{x}_\nu^T E_\nu \vec{y}_\nu \rvert}{\sqrt{\vec{x}_\nu^T E_\nu \vec{x}_\nu \; \vec{y}_\nu^T E_\nu \vec{y}_\nu}}$ mit der Bedingung $0 \le \delta_\nu < \infty$, für alle Paare $X(\vec{x})$, $Y(\vec{y})$ $\notin Q^{n_\nu-1}_{r_\nu q_\nu}$ einer *Sekanten* ν*. Art* $(0 \le \nu \le \rho)$, die in $I(Q^{n_\nu-1}_{r_\nu q_\nu},F)$ oder $A(Q^{n_\nu-1}_{r_\nu q_\nu},F)$ liegen;	$\mathrm{ch}\,\varphi_{\rho-\nu}(\Gamma,\Lambda) := \dfrac{\lvert \vec{\gamma}^T_{\rho-\nu} E_{\rho-\nu} \vec{\lambda}_{\rho-\nu} \rvert}{\sqrt{\vec{\gamma}^T_{\rho-\nu} E_{\rho-\nu} \vec{\gamma}_{\rho-\nu} \; \vec{\lambda}^T_{\rho-\nu} E_{\rho-\nu} \vec{\lambda}_{\rho-\nu}}}$ (II) mit der Bedingung $0 \le \varphi_{\rho-\nu} < \infty$, für alle Paare $\Gamma(\vec{\gamma})$, $\Lambda(\vec{\lambda})$ $\notin Q^{n-n_{\rho-\nu+1}-2}_{r_{\rho-\nu} q_{\rho-\nu}}$ einer *Sekanten* ν*. Art* $(0 \le \nu \le \rho)$, die in $I(Q^{n-n_{\rho-\nu+1}-2}_{r_{\rho-\nu} q_{\rho-\nu}},F)$ oder in $A(Q^{n-n_{\rho-\nu+1}-2}_{r_{\rho-\nu} q_{\rho-\nu}},F)$ liegen;
$d_\mu(X,Y) := \sqrt{\lvert(\vec{y}_\mu - \vec{x}_\mu)^T E_\mu (\vec{y}_\mu - \vec{x}_\mu)\rvert}$, gelegentlich auch $D_\mu(X,Y) := \sqrt{(\vec{y}_\mu - \vec{x}_\mu)^T E_\mu (\vec{y}_\mu - \vec{x}_\mu)}$ für alle Paare $X(\vec{x})$, $Y(\vec{y})$ $\notin A^{n_\mu}$ einer *euklidischen Geraden* μ*. Art* $(1 \le \mu \le \rho)$ mit den Koordinatenvektoren $\vec{x}$, $\vec{y}$ [2] und der Normierung	$f_{\rho-\mu}(\Gamma,\Lambda) := \sqrt{\lvert(\vec{\lambda}_{\rho-\mu} - \vec{\gamma}_{\rho-\mu})^T E_{\rho-\mu} (\vec{\lambda}_{\rho-\mu} - \vec{\gamma}_{\rho-\mu})\rvert}$, (III) gelegentlich auch $F_{\rho-\mu}(\Gamma,\Lambda) := \sqrt{(\vec{\lambda}_{\rho-\mu} - \vec{\gamma}_{\rho-\mu})^T E_{\rho-\mu} (\vec{\lambda}_{\rho-\mu} - \vec{\gamma}_{\rho-\mu})}$ (IV) für alle Paare $\Gamma(\vec{\gamma})$, $\Lambda(\vec{\lambda})$ $\notin A^{n-n_{\rho-\mu+1}-1}$ einer *euklidischen Geraden* μ*. Art* $(1 \le \mu \le \rho)$ mit den Koordinatenvektoren $\vec{\gamma}$, $\vec{\lambda}$ [2] und der Normierung

[1] In dieser Spalte gilt: $\Gamma(\vec{\gamma})$, $\Lambda(\vec{\lambda})$ sind als Punkte des dualen CK-Raumes $P^n_{r_\rho \dots r_1 | q_\rho \dots q_o}$ zu interpretieren. Die Passanten und Sekanten der Quadrik $Q^{n-n_{\rho-\nu+1}-2}_{r_{\rho-\nu}\, q_{\rho-\nu}}$ werden (wie bei $Q^{n_\nu-1}_{r_\nu q_\nu}$!) nach dem laufenden Index ν als Passanten ν.Art bzw. Sekanten ν.Art bezeichnet. Entsprechendes gilt für die euklidischen Geraden μ.Art: sie treffen $A^{n-n_{\rho-\mu+1}-1}$, aber nicht $A^{n-n_{\rho-\mu}-1}$.

[2] Siehe nächste Seite!

$\vec{p}_k^T E_k \vec{p}_k = \pm 1.$	$\vec{\alpha}_k^T E_k \vec{\alpha}_k = \pm 1.$

In jedem CK-Raum $P^n_{r_o \dots r_{\rho-1} | q_o \dots q_\rho}$ ist die Abstandsmetrik $\delta_\nu(X,Y)$ $(0 \le \nu \le \rho)$ der Passanten ν.Art (*Passantenmetrik*) und der Sekanten ν.Art (*Sekantenmetrik*) ähnlichkeitsinvariant und damit auch bewegungsinvariant. Die Abstandsmetriken $d_\mu(X,Y)$ und $D_\mu(X,Y)$ $(1 \le \mu \le \rho)$ der euklidischen Geraden μ.Art sind bewegungsinvariant, aber nicht ähnlichkeitsinvariant. Die Winkelmetriken $\varphi_{\rho-\nu}(\Gamma,\Lambda)$, $f_{\rho-\nu}(\Gamma,\Lambda)$ und $F_{\rho-\nu}(\Gamma,\Lambda)$ besitzen die entsprechenden Invarianzeigenschaften. Aus (I)-(IV) folgt die Symmetrie der Abstandsmetriken in X und Y sowie die Symmetrie der Winkelmetriken in Γ und Λ.

Im Anschluß an die Metrik (III) der euklidischen Geraden μ.Art beweisen wir:

Satz 2: Der Abstand zweier Punkte X,Y einer euklidischen Geraden μ.Art $(X,Y \notin A^{n_\mu})$ ist nach (III) nichtnegativ: $d_\mu(X,Y) \ge 0$ $(1 \le \mu \le \rho)$. Das Gleichheitszeichen gilt genau dann, wenn

$$X = Y \quad \text{oder} \quad X \neq Y \text{ und } (X+Y) \cap Q^{n_\mu - 1}_{r_\mu q_\mu} \neq \emptyset.$$

Eine euklidische Gerade μ.Art, die die absolute Quadrik $Q^{n_\mu-1}_{r_\mu q_\mu}$ trifft, heißt eine *isotrope Gerade* μ*.Art*.

Beweis: Eine euklidische Gerade μ.Art g trifft $A^{n_\mu} \setminus A^{n_\mu+1}$ in einem Punkt $T_\mu(\vec{t})$, $\vec{t} = (\vec{o}_o \dots \vec{o}_{\mu+1}\ \vec{t}_\mu \neq \vec{o}_\mu \dots \vec{t}_\rho)^T$.

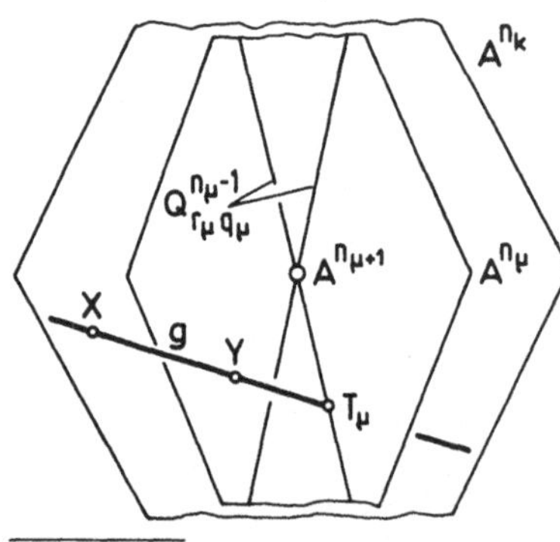

Wegen $Y(\vec{y}) \in X(\vec{x}) + T_\mu(\vec{t})$ gilt in nach (III) normierten Koordinaten ohne Einschränkung $\vec{x}_i = \vec{y}_i$ $(0 \le i \le \mu-1)$, also

$$\vec{t} = \pm(\vec{x} - \vec{y}), \text{ falls } X \neq Y.$$

Nach (III) ist stets $d_\mu(X,Y) \ge 0$, und das Gleichheitszeichen gilt genau, wenn $(\vec{y}_\mu - \vec{x}_\mu)^T E_\mu (\vec{y}_\mu - \vec{x}_\mu) = \vec{t}_\mu^T E_\mu \vec{t}_\mu = 0$, also genau für $T_\mu \in Q^{n_\mu-1}_{r_\mu q_\mu}$ oder $X = Y$.

2) $\vec{x} = (\vec{o}_o \dots \vec{o}_{k-1}\ \vec{p}_k \neq \vec{o}_k \dots \vec{p}_{\mu-1}\ \vec{x}_\mu \dots \vec{x}_\rho)^T$

$\vec{y} = (\vec{o}_o \dots \vec{o}_{k-1}\ \vec{p}_k \neq \vec{o}_k \dots \vec{p}_{\mu-1}\ \vec{y}_\mu \dots \vec{y}_\rho)^T$

$\vec{\gamma} = (\vec{o}_\rho \dots \vec{o}_{k+1}\ \vec{\alpha}_k \neq \vec{o}_k \dots \vec{\alpha}_{\rho-\mu+1}\ \vec{\gamma}_{\rho-\mu} \dots \vec{\gamma}_o)^T$

$\vec{\lambda} = (\vec{o}_\rho \dots \vec{o}_{k+1}\ \vec{\alpha}_k \neq \vec{o}_k \dots \vec{\alpha}_{\rho-\mu+1}\ \vec{\lambda}_{\rho-\mu} \dots \vec{\lambda}_o)^T$

Nach Abschnitt A, Bem. 2 verbindet eine euklidische Gerade μ.Art g ihren Fernpunkt $T_\mu \in A^{n_\mu} \setminus A^{n_{\mu+1}}$ mit einem Punkt $X \in A^{n_k}$ und ist damit singuläre Tangente k.Art $(1 \le k < \mu)$. Die Punkte des CK-Raumes, die mit X in einer euklidischen Geraden μ.Art liegen, erfüllen die längs $X + A^{n_{\mu+1}}$ geschlitzte $(n_\mu + 1)$-Ebene $E^{n_\mu+1} := (X + A^{n_\mu}) \setminus (X + A^{n_{\mu+1}})$. Ist $X \notin Q^{n_k-1}_{r_k q_k}$, so ist keine Gerade durch X eine Erzeugende von $Q^{n_k-1}_{r_k q_k}$, und genau für die Punkte $Y \in E^{n_\mu+1} \setminus A^{n_\mu}$ ist der Abstand $d_\mu(X,Y)$ zum Punkt X erklärt. Die Punkte Y aus $E^{n_\mu+1} \setminus A^{n_\mu}$, deren Abstand $d_\mu(X,Y)$ von X verschwindet, erfüllen nach Satz 2 und 4F, Satz 6 den Schnitt von $E^{n_\mu+1} \setminus A^{n_\mu}$ mit einer kegeligen Quadrik $Q^{n_\mu}_{r_\mu q_\mu}$ in $X + A^{n_\mu}$. Diese kegelige Quadrik mit der Spitze $X + A^{n_{\mu+1}}$ ist nach 4F, Satz 6 gegeben durch

$$Q^{n_\mu}_{r_\mu q_\mu} = \bigcup_{P \in Q^{n_\mu-1}_{r_\mu q_\mu}} (P + X)$$

Bemerkungen:

1) Für je zwei Punkte $X(\vec{x}), Y(\vec{y})$ einer Sekante ν.Art, die beide in $I(Q^{n_\nu-1}_{r_\nu q_\nu}, F)$ oder in $A(Q^{n_\nu-1}_{r_\nu q_\nu}, F)$ liegen, ist nach (II) wegen $\operatorname{ch}\delta_\nu(X,Y) \ge 1$ stets $\vec{x}_\nu^T E_\nu \vec{y}_\nu \ne 0$. Im Innen- und im Außengebiet einer Sekante ν.Art existieren also keine bezüglich $Q^{n_\nu-1}_{r_\nu q_\nu}$ polaren Punkte X,Y (Punkte mit $\vec{x}_\nu^T E_\nu \vec{y}_\nu = 0$). Dagegen existieren in jeder Sekante ν.Art und jeder Passante ν.Art stets bezüglich $Q^{n_\nu-1}_{r_\nu q_\nu}$ polare Punkte X,Y.

Die semieuklidischen Räume (deren Absolutkegel $Q^{n-1}_{r_0 q_0}$ eine Doppelhyperebene ist) sind die einzigen CK-Räume, in denen außerhalb der Absolutfigur **F** keine polaren Punkte existieren.

Die CK-Räume, deren Absolutkegel $Q^{n_{\rho-1}-1}_{r_{\rho-1} q_{\rho-1}}$ ein Doppelpunkt ist, sind die einzigen, deren duale CK-Räume als Absolutkegel $Q^{n-1}_{r_\rho q_\rho}$ eine Doppelhyperebene besitzen und in denen daher außerhalb der Absolutfigur **F** keine polaren Hyperebenen auftreten.

2) In den nach 6B, Satz 1 normierten Koordinaten (WEIERSTRASS-Koordinaten) lauten die Metriken (I) und (II):

$$\cos\delta_\nu(X,Y) = |\vec{x}_\nu^T E_\nu \vec{y}_\nu|, \qquad \cos\varphi_{\rho-\nu}(\Gamma,\Lambda) = |\vec{\gamma}^T_{\rho-\nu} E_{\rho-\nu} \vec{\lambda}_{\rho-\nu}|,$$

$$\operatorname{ch}\delta_\nu(X,Y) = |\vec{x}_\nu^T E_\nu \vec{y}_\nu|, \qquad \operatorname{ch}\varphi_{\rho-\nu}(\Gamma,\Lambda) = |\vec{\gamma}^T_{\rho-\nu} E_{\rho-\nu} \vec{\lambda}_{\rho-\nu}|.$$

3) Wird die Absolutfigur **F** nach 6B(II) in einem beliebigen projektiven Koordinatensystem dargestellt, so sind in (I)-(IV) die Matrizen E_ν, $E_{\rho-\nu}$, E_μ, $E_{\rho-\mu}$ zu ersetzen durch Matrizen A_ν, $A_{\rho-\nu}$, A_μ, $A_{\rho-\mu}$.

4) Ersetzt man in (I) und (II) δ_ν durch $c\delta_\nu$ ($c = \text{const.} \neq 0$), so erhält man keine wesentlich allgemeinere Metrik. Siehe dazu ACZÉL/VARGA[1], JAGLOM/ROSENFELD/JASINSKAJA[1]S.60.

5) Bei der Untersuchung spezieller CK-Räume verzichten manche Autoren in (I) und (III) auf die Betragzeichen.

6) Jede Isometrie (abstandstreue Bijektion) eines elliptischen Raumes $P^n_{|0}$ ist eine Bewegung und damit eine *lineare* Bijektion. Dies gilt nicht für alle CK-Räume. Beispiel: Die Abbildung

$$f: P^2_{11|000} \to P^2_{11|000}$$

$$X(x_1,x_2,x_3) \mapsto Y(y_o:=x_o,\, y_1:=x_1,\, y_2) \text{ mit } y_2:=\begin{cases} x_2+x_o & \text{für } x_1=x_o \\ x_2 & \text{sonst} \end{cases}$$

stellt in einem projektiven Koordinatensystem, in dem die Absolutfigur der Flaggenebene $P^2_{11|000}$ die Normalform 6B(I) besitzt, eine Isometrie der Flaggenebene dar, die nichtlinear (also keine Projektivität) ist.

Die Metriken (I) und (II) lassen projektive Deutungen mit Hilfe von Doppelverhältnissen zu, die nun hergeleitet werden.

Berechnet man nach 2D(V) auf der Geraden $X+Y$ das Doppelverhältnis der Punkte $X(1,0)$, $Y(0,1)$, $P(-1+t,k)$, $\bar{P}(-1-t,k)$, so folgt:

$$\mathrm{DV}(P\,\bar{P}\,X\,Y) = \frac{1+t}{1-t} = \left(\frac{F(\vec{x},\vec{y})}{\sqrt{F(\vec{x})F(\vec{y})}} + \sqrt{A^2(\vec{x},\vec{y})-1}\right)^2. \tag{4}$$

Ersetzt man in (1) t durch $-t$, so werden P und $\bar{P}$ vertauscht, und man erhält

$$\mathrm{DV}(\bar{P}\,P\,X\,Y) = \frac{1-t}{1+t} = \left(\frac{F(\vec{x},\vec{y})}{\sqrt{F(\vec{x})F(\vec{y})}} - \sqrt{A^2(\vec{x},\vec{y})-1}\right)^2 \tag{5}$$

in Übereinstimmung mit der Vertauschungsregel für Doppelverhältnisse nach 2D, Bem.4: $\mathrm{DV}(\bar{P}\,P\,X\,Y)\,\mathrm{DV}(P\,\bar{P}\,X\,Y) = 1$.

Aufgrund der Wahl von t und t' in (1) ist in (4) und (5) $t>0$, wenn $A^2(\vec{x},\vec{y})-1>0$, und $t = it'$, $t'>0$, wenn $A^2(\vec{x},\vec{y})-1<0$. Im Fall $t = it'$ ist das in (4) und (5) dargestellte Doppelverhältnis komplex. Aus (4) und (5) folgt durch Addition

$$4A^2(\vec{x},\vec{y}) = \mathrm{DV}(P\,\bar{P}\,X\,Y) + 2 + \mathrm{DV}(\bar{P}\,P\,X\,Y).^{1)} \tag{6}$$

Ersetzt man $A^2(\vec{x},\vec{y})$ nach (a''_ν) und (c''_ν), so entsteht für die Passanten- und Sekantenmetrik die folgende einheitliche Darstellung durch zwei Doppelverhältnisse, in der die Absolutpunkte P und $\bar{P}$ gleichberechtigt auftreten:

[1)] Aus (6) folgt wieder die Ähnlichkeitsinvarianz von $A^2(\vec{x},\vec{y})$ und damit von $\cos^2\delta_\nu(X,Y)$ und von $\mathrm{ch}^2\delta_\nu(X,Y)$.

$$\left.\begin{matrix}\cos^2\delta_\nu(X,Y)\\ \mathrm{ch}^2\delta_\nu(X,Y)\end{matrix}\right\} = \frac{1}{4}[DV(P\bar{P}XY) + 2 + DV(\bar{P}PXY)]. \tag{V}$$

Im folgenden ergänzen wir (V) durch eine Darstellung von $\cos\delta_\nu(X,Y)$ und $\mathrm{ch}\delta_\nu(X,Y)$, die nur ein Doppelverhältnis benötigt. Wir beachten dabei, daß nach Satz 1 gilt:

auf den *Passanten* ν. *Art*: $0 \le \delta_\nu \le \frac{\pi}{2}$, also $\cos\delta_\nu(X,Y) \ge 0$,

auf den *Sekanten* ν. *Art*: $0 \le \delta_\nu < \infty$, also $\mathrm{ch}\delta_\nu(X,Y) \ge 0$.

Außerdem gilt nach (a'_ν), (a''_ν), (c'_ν), (c''_ν):

$$\left.\begin{matrix}\cos^2\delta_\nu(X,Y)\\ \mathrm{ch}^2\delta_\nu(X,Y)\end{matrix}\right\} = A^2(\vec{x},\vec{y}) = \frac{F^2(\vec{x},\vec{y})}{F(\vec{x})F(\vec{y})}.$$

In (4) und (5) ist entweder $1 = F(\vec{x},\vec{y}) \ge 0$ oder $1 = F(\vec{x},\vec{y}) \le 0$.

Ist $F(\vec{x},\vec{y}) \ge 0$, so folgt aus (4):

$DV(P\bar{P}XY) = (\cos\delta_\nu + \sqrt{\cos^2\delta_\nu - 1})^2$	$DV(P\bar{P}XY) = (\mathrm{ch}\,\delta_\nu + \sqrt{\mathrm{ch}^2\delta_\nu - 1})^2$
$= (\cos\delta_\nu + i\sin\delta_\nu)^2 = e^{2i\delta_\nu}$	$= (\mathrm{ch}\,\delta_\nu + \mathrm{sh}\,\delta_\nu)^2 = e^{2\delta_\nu}$
$\delta_\nu(X,Y) = \frac{1}{2i}\ln DV(P\bar{P}XY)$.	$\delta_\nu(X,Y) = \frac{1}{2}\ln DV(P\bar{P}XY)$.

Ist $F(\vec{x},\vec{y}) \le 0$, so folgt aus (5):

$\delta_\nu(X,Y) = \frac{1}{2i}\ln DV(\bar{P}PXY)$.	$\delta_\nu(X,Y) = \frac{1}{2}\ln DV(\bar{P}PXY)$.

Beachtet man, daß die Winkelmetrik zur Abstandsmetrik dual ist, so erhält man mit den Bezeichnungen aus Satz 1:

Satz 3: Die Abstandsmetrik der *Passanten* ν. *Art* und der *Sekanten* ν. *Art* eines CK-Raumes $P^n_{r_0\ldots r_{\rho-1}|q_0\ldots q_\rho}$ und die Winkelmetrik der *Hyperpassanten* ν. *Art* und der *Hypersekanten* ν. *Art* (interpretiert als Abstandsmetrik im dualen CK-Raum $P^n_{r_\rho\ldots r_1|q_\rho\ldots q_0}$) gestattet für $F(\vec{x},\vec{y}) = \vec{x}_\nu^T E_\nu \vec{y}_\nu \ge 0$ bzw. $F'(\vec{\gamma},\vec{\lambda}) = \vec{\gamma}^T_{\rho-\nu}E_{\rho-\nu}\vec{\lambda}_{\rho-\nu} \ge 0$ die Darstellungen

Abstandsmetrik	*Winkelmetrik*
$\delta_\nu(X,Y) = \frac{1}{2i}\ln DV(P\bar{P}XY)$,	$\varphi_{\rho-\nu}(\Gamma,\Lambda) = \frac{1}{2i}\ln DV(\Pi\bar{\Pi}\Gamma\Lambda)$[1], (VI)
wobei X+Y mit $Q^{n_\nu-1}_{r_\nu q_\nu}$ in $P,\bar{P}$ inzidiert für alle Paare X,Y einer *Passanten* ν. *Art* $(0 \le \nu \le \rho)$;	wobei $\Gamma+\Lambda$ mit $Q^{n-n_{\rho-\nu+1}-2}_{r_{\rho-\nu}q_{\rho-\nu}}$ in $\Pi,\bar{\Pi}$ inzidiert für alle Paare Γ,Λ einer *Passanten* ν. *Art* $(0 \le \nu \le \rho)$;

[1] $\Pi,\bar{\Pi},\Gamma,\Lambda$ sind als Punkte des dualen CK-Raumes $P^n_{r_\rho\ldots r_1|q_\rho\ldots q_0}$ zu interpretieren.

$\boxed{\delta_\nu(X,Y) = \frac{1}{2}\ln DV(P\,\bar{P}\,X\,Y),}$	$\boxed{\varphi_{\rho-\nu}(\Gamma,\Lambda) = \frac{1}{2}\ln DV(\Pi\,\bar{\Pi}\,\Gamma\,\Lambda),}$	(VII)
wobei $X+Y$ mit $Q^{n_\nu-1}_{r_\nu q_\nu}$ in $P,\bar{P}$ inzidiert für alle Paare $X,Y \notin Q^{n_\nu-1}_{r_\nu q_\nu}$	wobei $\Gamma+\Lambda$ mit $Q^{n-n_{\rho-\nu+1}-2}_{r_{\rho-\nu}q_{\rho-\nu}}$ in $\Pi,\bar{\Pi}$ inzidiert für alle Paare $\Gamma,\Lambda \notin Q^{n-n_{\rho-\nu+1}-2}_{r_{\rho-\nu}q_{\rho-\nu}} =: Q'$	
einer *Sekanten* ν.*Art* $(0 \le \nu \le \rho)$, die in $I(Q^{n_\nu-1}_{r_\nu q_\nu},F)$ oder $A(Q^{n_\nu-1}_{r_\nu q_\nu},F)$ liegen.	einer *Sekanten* ν.*Art* $(0 \le \nu \le \rho)$, die in $I(Q',F')$ oder $A(Q',F')$ liegen.	

Für $F(\vec{x},\vec{y}) \le 0$ und $F'(\vec{\gamma},\vec{\lambda}) \le 0$ sind in (VI) und (VII) P und $\bar{P}$ bzw. Π und $\bar{\Pi}$ zu vertauschen. Die Unterscheidung nach dem Vorzeichen von F und F' entfällt, wenn man die rechten Seiten von (VI) und (VII) in Betragstriche einschließt.

Vertauscht man in (VI) und (VII) die Punkte X und Y, so folgt $\ln DV(P\,\bar{P}\,X\,Y) = -\ln DV(P\,\bar{P}\,Y\,X)$ und weiter $\delta_\nu(X,Y) = -\delta_\nu(Y,X)$. Die Formeln (VI) und (VII) bieten folglich die Möglichkeit, einen *orientierten Abstand* und einen *orientierten Winkel* einzuführen.

Die folgende Betrachtung motiviert die Bedingung $0 \le \delta_\nu \le \frac{\pi}{2}$, der die Abstandsmetrik (VI) der Passanten ν.Art nach (I) genügt. Aus (VI) folgt (man beachte die auf (VI) führende Rechnung):

$$DV(P\,\bar{P}\,X\,Y) = e^{2i\delta_\nu} = e^{2i(\delta_\nu + m\pi)} \qquad (m \in \mathbb{Z}).$$

Der Abstand $\delta_\nu(X,Y)$ zweier Punkte X,Y einer Passanten ν.Art ist also zunächst nur bis auf ganze Vielfache von π eindeutig bestimmt.[1] Aus 2D(III) mit 2D,Bem.4 entnimmt man, daß

$$X = Y \Leftrightarrow DV(P\bar{P}XY) = 1 \Leftrightarrow \delta_\nu(X,Y) = k\pi \ (k \in \mathbb{Z}).$$

Um jedem Punktepaar X,Y einer Passanten ν.Art einen eindeutig bestimmten Abstand $\delta_\nu(X,Y)$ zuordnen zu können, hält man X fest und variiert Y. Wegen der eindeutigen Bestimmtheit von $\delta_\nu(X,Y)$ bis auf ganzzahlige Vielfache von π ist $\delta_\nu(X,Y) = a + k\pi$, und für $X = Y$ gilt: $\delta_\nu(X,Y) = k\pi$. Jedem Punkt $Y \neq X$ ist die durch $a + k\pi$, $k = 0,\pm1,\pm2,\dots$ bestimmte Menge von Abständen $\delta_\nu(X,Y)$ zugeordnet, wobei negative Werte nach (I) ausscheiden. Für $Y \to X$ strebt jeder Wert $\delta_\nu(X,Y)$ gegen einen bestimmten Wert $\delta_\nu(X,Y) = k\pi$. Jener Wert $a + k\pi$, für den gilt:

[1] Der Grund liegt darin, daß in (VI) die komplexe Logarithmusfunktion auftritt, die für komplexe Argumente $z = |z|e^{i\alpha}$ lautet:

$$\ln z = \ln|z|e^{i\alpha} = \ln|z|e^{i(\alpha+2m\pi)} = \ln|z| + i(\alpha+2m\pi),\ m \in \mathbb{Z}.$$

Diese Darstellung zeigt, daß die unendliche Vieldeutigkeit der komplexen Logarithmusfunktion in ihrem Imaginärteil liegt.

$$\lim_{Y\to X} \delta_\nu(X,Y) = \lim_{Y\to X}(a + k\pi) = 0,$$

wird *Hauptwert* genannt und mit a_o bezeichnet. Ersichtlich stellt sich der Hauptwert auch dann ein, wenn man Y festhält und X variiert. Damit ist jedem Punktepaar X,Y einer Passanten ν. Art der ausgezeichnete Abstand $\delta_\nu(X,Y) = a_o$ $(0 \le \delta_\nu \le \frac{\pi}{2})$ zugeordnet. Bei Beschränkung auf den Hauptwert ist $\delta_\nu(X,Y)=0$ $(0 \le \nu \le \rho)$ genau für $X = Y$.

Durchläuft Y – ausgehend von X – eine Passante ν. Art g, dann kann der Limes des Hauptwertes,

$$\lim_{Y\to X} a_o(Y) \quad (Y \text{ durchläuft } g!),$$

als *Gesamtlänge* der Passanten ν. Art bezeichnet werden, falls dieser Limes existiert. Wir zeigen, daß gilt:

> Satz 4: Eine Passante ν. Art g hat die *Gesamtlänge* $\lim_{Y\to X} a_o(Y) = \pi$ (Y durchläuft g einfach!)

Beweis: Zum Beweis wird g in eine projektive Ebene P^2 eingebettet. In der komplex erweiterten projektiven Ebene $\hat{P}^2$ stellt g, zusammen mit den konjugiert komplexen Absolutpunkten $\{P,\bar{P}\} = g \cap F$ nach 6G die Absolutfigur einer euklidischen Ebene $P^2_{1|00}$ dar.

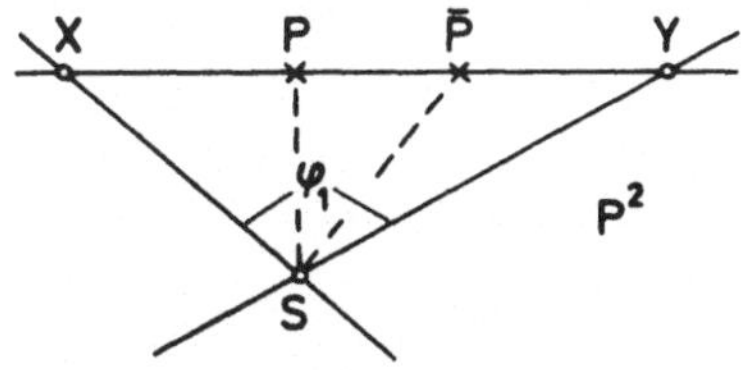

Ist nun $S \in P^2 \setminus g$ ein beliebiger Punkt, so stimmt das Doppelverhältnis der vier Punkte $P,\bar{P},X,Y$ überein mit dem Doppelverhältnis der Verbindungsgeraden dieser Punkte mit S:

$$DV(P\bar{P}XY) = DV(S{+}P\ S{+}\bar{P}\ S{+}X\ S{+}Y).$$

Der Abstand $\delta_\nu(X,Y)$ aus (VI) läßt sich damit deuten als der Winkel φ_1 der Geraden S+X, S+Y in der euklidischen Ebene $P^2_{1|00}$. In dieser Deutung lautet (VI):

$$\boxed{\delta_\nu(X,Y) = \frac{1}{2i}\ln DV(P\bar{P}XY) = \frac{1}{2i}\ln DV(S{+}P\ S{+}\bar{P}\ S{+}X\ S{+}Y) = \varphi_1(S{+}X,S{+}Y).} \quad \text{(VIII)}$$

(VIII) heißt die *LAGUERRE-Winkelformel* (LAGUERRE[2]).

Die beschriebene Konstruktion bildet die projektive Gerade g bijektiv auf das Geradenbüschel um S derart ab, daß sich die Abstandsmetrik auf g (Passantenmetrik) als Winkelmetrik im Büschel um S deuten läßt. Ist X fest und durchläuft Y – ausgehend von X – die Gerade g einfach, so durchläuft die Gerade S+Y das Büschel um S einfach und φ_1 und δ_ν durchlaufen das Intervall $[0,\pi)$.[1] Man erhält offenbar für jeden Punkt $S \in P^2\setminus g$ und in je-

[1] Wir verzichten auf den Nachweis der bekannten Tatsache, daß der Winkel $\varphi_1(S{+}X,S{+}Y)$ das Intervall $[0,\pi)$ (Hauptwert!) einfach durchläuft, wenn die euklidische Gerade S+Y das Büschel um S einfach durchläuft.

der Einbettungsebene P^2 dieses Ergebnis.

Satz 4 motiviert die Bedingung $0 \le \delta_\nu \le \frac{\pi}{2}$ in (I). Sie besagt, daß als Abstand $\delta_\nu(X,Y)$ von verschiedenen Werten δ_ν und $\pi-\delta_\nu$ der kleinere zu nehmen ist. Für die Winkelmetrik (VI) bei ihrer Deutung als Abstandsmetrik im dualen CK-Raum gilt Satz 4 entsprechend. Aus Satz 4 folgt, daß die elliptischen Räume P^n_{I0} keine "Unendlichkeit" besitzen. Dies steht in Einklang mit der Tatsache, daß in diesen Räumen keine Fernpunkte existieren.

In (VII) ist der Abstand $\delta_\nu(X,Y)$ zweier Punkte X,Y einer *Sekanten* ν.*Art* (die die Absolutpunkte $P,\bar{P}$ nicht trennen) durch die reelle Logarithmusfunktion eindeutig bestimmt. Aus (VII) folgt

$$DV(P\bar{P}XY) = e^{2\delta_\nu},$$

und unter Beachtung von 2D(III) und 2D,Bem.4 gilt:

$$X = Y \Leftrightarrow DV(P\bar{P}XY) = 1 \Leftrightarrow \delta_\nu(X,Y) = 0.$$

Außerdem gilt nach 2D(III) und 2D,Bem.4 für $X \neq Y$: $DV(P\bar{P}XP) = \infty$ sowie $DV(P\bar{P}\bar{P}Y) = DV(\bar{P}PY\bar{P}) = \infty$. Damit erhält man:

Für jede Sekante ν.Art ist die Gesamtlänge von $I(Q^{n_\nu-1}_{r_\nu q_\nu},F)$ und von $A(Q^{n_\nu-1}_{r_\nu q_\nu},F)$ unendlich.

Strebt auf einer *euklidischen Geraden* μ.*Art* der Punkt $Y(\vec{y})$ mit

$$\vec{y} = (\vec{o}_o \ldots \vec{o}_{k-1}\ \vec{p}_k \neq \vec{o}_k \ldots \vec{p}_{\mu-1}\ \vec{y}_\mu \ldots \vec{y}_\rho)^T, \quad \vec{p}_k^T E_k \vec{p}_k = \pm 1$$

unter Beibehaltung der Normierung gegen den Absolutpunkt $T_\mu(\vec{t})$ mit

$$\vec{t} = (\vec{o}_o \ldots\ \vec{t}_\mu \neq \vec{o}_\mu \ldots \vec{t}_\rho)^T,$$

so werden Koordinaten von $\vec{y}_\mu$ unbeschränkt wachsen, und mit (III) und Satz 2 folgt:

$$\lim_{Y\to T_\mu} d_\mu(X,Y) = \lim_{Y\to T_\mu} \sqrt{|(\vec{y}_\mu - \vec{x}_\mu)^T E_\mu (\vec{y}_\mu - \vec{x}_\mu)|} = \infty, \text{ falls } T_\mu \notin Q^{n_\mu-1}_{r_\mu q_\mu}.$$

Ebenso folgt

$$\lim_{Y\to T_\mu} D^2_\mu(X,Y) = \infty, \text{ falls } T_\mu \notin Q^{n_\mu-1}_{r_\mu q_\mu}.$$

Wir fassen zusammen:

Satz 5: Die Teilgebiete $I(Q^{n_\nu-1}_{r_\nu q_\nu},F)\cap g$ und $A(Q^{n_\nu-1}_{r_\nu q_\nu},F)\cap g$ einer Sekanten ν.Art g sowie eine euklidische Gerade μ.Art mit einem Absolutpunkt $T_\mu \notin Q^{n_\mu-1}_{r_\mu q_\mu}$ haben unendliche Gesamtlänge. Man sagt daher: Ein beliebiger Punkt $X \notin \{P,\bar{P}\}$ einer Sekanten ν.Art hat von jedem der Absolutpunkte $P,\bar{P}$ *unendlichen Abstand*; ein beliebiger Punkt $X \neq T_\mu \notin Q^{n_\mu-1}_{r_\mu q_\mu}$ einer euklidischen Geraden μ.Art hat vom Absolutpunkt T_μ *unendlichen Abstand.*[1]

Für die zugehörigen Winkelmetriken gilt Satz 5 – infolge ihrer Deutung als Abstandsmetriken im dualen CK-Raum – entsprechend.

Aus (VI) und (VII) erhält man die Additivität der Abstandsmetrik auf den Passanten ν.Art und den Sekanten ν.Art:

$$\delta_\nu(X,Y) + \delta_\nu(Y,Z) = \frac{1}{2\varepsilon}\ln DV(P\bar{P}XY) + \frac{1}{2\varepsilon}\ln DV(P\bar{P}YZ) \quad (\varepsilon = 1,i)$$

$$= \frac{1}{2\varepsilon}\ln\left(DV(P\bar{P}XY)\,DV(P\bar{P}YZ)\right) \underset{=}{\overset{2D(V)}{\sim}} \frac{1}{2\varepsilon}\ln DV(P\bar{P}XZ) = \delta_\nu(X,Z).$$

Wegen $0 \leq \delta_\nu \leq \frac{\pi}{2}$ gilt auf den Passanten ν.Art die Additivität bis auf das Vorzeichen mod π. Ebenso folgt dieselbe Additivität der entsprechenden Winkelmetriken.

Aus (III) folgt die Additivität der Abstandsmetrik auf den euklidischen Geraden μ.Art g. Dazu werden bei vier Punkten $X(\vec{x})$, $Y(\vec{y})$, $Z(\vec{z}) \in g\backslash A^{n_\mu}$, $T_\mu = g \cap A^{n_\mu}\backslash A^{n_\mu+1}$ die Koordinatenvektoren $\vec{y}$, $\vec{z}$ aus $\vec{t}$ und $\vec{x}$ wie folgt linear kombiniert:

$$\vec{t} = (\vec{o}_o \ldots \vec{o}_{\mu-1}\ \ \vec{t}_\mu \neq \vec{o}_\mu \ \ldots\ \vec{t}_\rho)^T,$$

$$\vec{x} = (\vec{x}_o \ldots \vec{x}_{\mu-1}\ \ \vec{x}_\mu \ \ldots\ \vec{x}_\rho)^T,$$

$$\vec{y} = (\vec{x}_o \ldots \vec{x}_{\mu-1}\ \ \lambda\vec{t}_\mu + \vec{x}_\mu \ \ldots\ \lambda\vec{t}_\rho + \vec{x}_\rho)^T,$$

$$\vec{z} = (\vec{x}_o \ldots \vec{x}_{\mu-1}\ \ \sigma\vec{t}_\mu + \vec{x}_\mu \ \ldots\ \sigma\vec{t}_\rho + \vec{x}_\rho)^T.$$

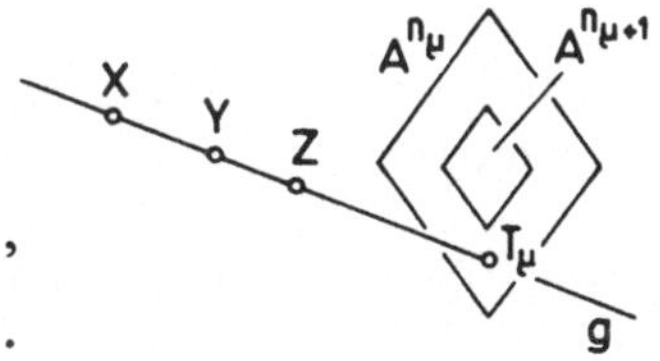

Dann gilt bei geeigneter Reihenfolge der Punkte X,Y,Z:

$$d_\mu(X,Z) = d_\mu(X,Y) + d_\mu(Y,Z)$$

oder

$$\sqrt{|(\vec{z}_\mu-\vec{x}_\mu)^T E_\mu(\vec{z}_\mu-\vec{x}_\mu)|} = \sqrt{|(\vec{y}_\mu-\vec{x}_\mu)^T E_\mu(\vec{y}_\mu-\vec{x}_\mu)|} + \sqrt{|(\vec{z}_\mu-\vec{y}_\mu)^T E_\mu(\vec{z}_\mu-\vec{y}_\mu)|}$$

oder

$$\sqrt{|\sigma\vec{t}_\mu^T E_\mu \sigma\vec{t}_\mu|} = \sqrt{|\lambda\vec{t}_\mu^T E_\mu \lambda\vec{t}_\mu|} + \sqrt{|(\sigma-\lambda)\vec{t}_\mu^T E_\mu(\sigma-\lambda)\vec{t}_\mu|}$$

wegen $\sigma = \lambda + (\sigma-\lambda)$ (bei geeigneter Reihenfolge der Punkte X,Y,Z). Die Additivität der Winkelmetrik folgt entsprechend.

Zusammenfassend gilt somit:

<u>Satz 6</u>: Die Abstands- und Winkelmetriken (III),(VI) und (VII) jedes CK-Raumes sind auf einer festen Geraden additiv, d.h. bei geeigneter Reihenfolge der kollinearen Punkte X,Y,Z gilt:

$$\delta_\nu(X,Y) + \delta_\nu(Y,Z) = \delta_\nu(X,Z) \quad \text{bzw.} \quad d_\mu(X,Y) + d_\mu(Y,Z) = d_\mu(X,Z).$$

---

1) Man verwendet diese Sprechweise, obwohl die Abstandsmetriken (I)-(III) die Absolutpunkte nicht einbeziehen.

Auf den Passanten ν.Art besteht Additivität bis aufs Vorzeichen mod π.

In Satz 1 wurde die Winkelmetrik eines CK-Raumes (2) eingeführt als die Abstandsmetrik des dualen CK-Raumes (3). Dabei repräsentiert

die Verbindungsgerade zweier Punkte $\Gamma(\vec{\gamma}),\ \Lambda(\vec{\lambda})$ aus (3)

die Schnitthypergerade der Hyperebenen $\Gamma(\vec{\gamma}),\ \Lambda(\vec{\lambda})$ aus (2).

Daran anschließend definieren wir:

Def.7: In einem CK-Raum $P^n_{r_0\ldots r_{\rho-1}|q_0\ldots q_\rho}$ heißt die Hyperebenenmenge $\Gamma\cap\Lambda$ [1] *H-Passante* ν.*Art*, *reguläre (singuläre) H-Tangente* ν.*Art*, *H-Sekante* ν.*Art*, *H-Erzeugende* ν.*Art*, *euklidische H-Gerade* μ.*Art*, wenn beziehungsweise

im dualen CK-Raum $P^n_{r_\rho\ldots r_1|q_\rho\ldots q_0}$ die Punktmenge $\Gamma+\Lambda$ [2]

Passante ν.Art, reguläre (singuläre) Tangente ν.Art, Sekante ν.Art, Erzeugende ν.Art[3], euklidische Gerade μ.Art ist.

H-Passanten ν.Art,...,H-Erzeugende ν.Art und euklidische H-Geraden μ.Art sind Hyperebenenmengen, die ein vorgesetztes H- als solche kennzeichnet. Lies: Hyperebenen-Passante ν. Art usw.

Für $\nu=0$ sprechen wir kurz von *H-Passanten*, ..., *H-Erzeugenden*, für $\mu=1$ von *euklidischen H-Geraden*.

Mit dem Begriff *euklidische H-Gerade* μ.*Art* folgt als Ergänzung zu Satz 2: Der Winkel zweier Hyperebenen Γ,Λ einer euklidischen H-Geraden μ.Art $(\Gamma,\Lambda\notin A^{n-n_{\rho-\mu+1}-1})$ ist nach (III) nichtnegativ: $f_{\rho-\mu}(\Gamma,\Lambda)\geq 0$ $(1\leq\mu\leq\rho)$. Das Gleichheitszeichen gilt genau dann, wenn

$$\Gamma=\Lambda \quad\text{oder}\quad \Gamma\neq\Lambda \text{ und } (\Gamma+\Lambda)\cap Q^{n-n_{\rho-\mu+1}-2}_{r_{\rho-\mu}q_{\rho-\mu}}\neq\emptyset.$$

Stellt man der Gesamtlänge einer Passanten ν.Art die *Gesamtöffnung* einer *H-Passanten* ν.*Art* gegenüber, so erhält man als Ergänzung zu Satz 4: Eine H-Passante ν.Art hat die Gesamtöffnung π.

Aufgabe:

Seien $A(\vec{a}),B(\vec{b}),C(\vec{c})$ Innenpunkte der Absolutfigur der hyperbolischen Ebene $P^2_{|1}$. Für die Geraden A+B, A+C gelte $\cos\varphi_0(A+B,A+C)=0$. Man beweise den *hyperbolischen Satz des PYTHAGORAS*: $\operatorname{ch}\delta_0(A,B)\operatorname{ch}\delta_0(A,C)=\operatorname{ch}\delta_0(B,C)$.

[1] Menge aller Hyperebenen, die mit der Hypergeraden $\Gamma\cap\Lambda$ inzidieren.

[2] Menge aller Punkte, die mit der Geraden $\Gamma+\Lambda$ inzidieren.

[3] — also Passante,...,Erzeugende von $Q^{n-n_{\rho-\nu+1}-2}_{r_{\rho-\nu}q_{\rho-\nu}}$ —

C. ERGÄNZUNGEN

Wir stellen die Absolutfiguren sowie die Abstands- und Winkelmetriken B(I) - B(III) einiger CK-Räume in Tabellenform zusammen; B(I) und B(II) werden stets in normierten Koordinaten angegeben. Die nach 6E,Satz 1 zueinander dualen CK-Räume stehen in der Tabelle nebeneinander; allein stehende CK-Räume sind selbstdual. Geraden, auf denen nach B,Satz 1 keine Metrik erklärt ist, werden weggelassen.

1. HYPERBOLISCHE RÄUME

$P^n_{|q_o}$ $(2 \le 2q_o < r_o$, siehe 4G,Sätze 1 und 2)

Absolutfigur in Normalform	$Q^{n-1}_{n+1\,q_o}$ (Oval- oder Ringquadrik) $\vec{x}_o^T E_o \vec{x}_o = x_o^2 + \dots + x_{p_o-1}^2 - x_{p_o}^2 - \dots - x_n^2 = 0$ $(p_o + q_o = n+1)$
Koordinaten	$\vec{x} = (\vec{x}_o)$; $\vec{x}_o = (x_o, \dots, x_n)^T$
Normierungen	$\vec{x}_o^T E_o \vec{x}_o = \pm 1$ in $P^n \setminus Q^{n-1}_{n+1\,q_o}$
Skizze	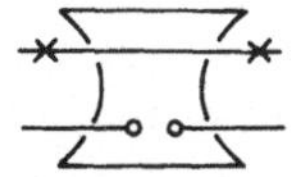 für $q_o > 1$ 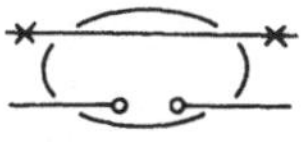 für $q_o = 1$
Geraden	Passanten, Sekanten
Abstände	$\cos\delta_o(X,Y) := \lvert \vec{x}_o^T E_o \vec{y}_o \rvert$ (Passante) $\mathrm{ch}\,\delta_o(X,Y) := \lvert \vec{x}_o^T E_o \vec{y}_o \rvert$ (Sekante, Innen- oder Außengebiet)
Winkel	$\cos\varphi_o(\Gamma,\Lambda) := \lvert \vec{\gamma}_o^T E_o \vec{\lambda}_o \rvert$ (H-Passante)[1] $\mathrm{ch}\,\varphi_o(\Gamma,\Lambda) := \lvert \vec{\gamma}_o^T E_o \vec{\lambda}_o \rvert$ (H-Sekante, Innen- oder Außengebiet)[1]

In der hyperbolischen Ebene $P^2_{|1}$ läßt der Winkel zweier Sekanten (Passanten) folgende Deutung zu: Sind $\Sigma(\vec{\sigma})$, $\Lambda(\vec{\lambda})$ zwei Sekanten (Passanten), ist $X \notin Q^1_{31}$ ihr Schnittpunkt, Γ_X seine Polare bezüglich des Absolutkegelschnitts Q^1_{31}, und ist $S := \Sigma \cap \Gamma_X$, $L := \Lambda \cap \Gamma_X$, so stimmt der Abstand der Punkte S,L mit dem Winkel der Geraden Σ, Λ überein: $\delta_o(S,L) = \varphi_o(\Sigma,\Lambda)$.

Zum Beweis kann man ein projektives Koordinatensystem, in dem Q^1_{31} Normalform besitzt, so legen, daß X ein Grundpunkt des Koordinatendreiecks und Γ_X die Verbindungsgerade der beiden anderen Grundpunkte ist. Die angegebenen Deutungen folgen dann mit B(I) und B(II).

---

[1] $\Gamma \cap \Lambda$ ist in $P^n_{|q_o}$ H-Passante (H-Sekante) genau dann, wenn die zu $\Gamma \cap \Lambda$ total polare Gerade Passante (Sekante) ist.

2. ELLIPTISCHE RÄUME

	$P^n_{\|0}$
Absolutfigur in Normalform	$Q^{n-1}_{n+1\,0}$ (nullteilige Quadrik) $\vec{x}_o^T E_o \vec{x}_o = x_o^2 + \ldots + x_n^2 = 0$
Koordinaten	$\vec{x} = (\vec{x}_o)$; $\vec{x}_o = (x_o, \ldots, x_n)^T$
Normierung	$\vec{x}_o^T E_o \vec{x}_o = +1$ in P^n
Skizze	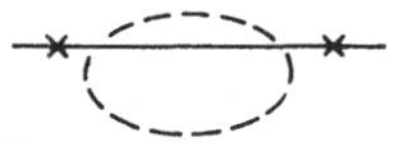
Geraden	Passanten
Abstand	$\cos\delta_o(X,Y) := \|\vec{x}_o^T E_o \vec{y}_o\|$ (Passante)
Winkel	$\cos\varphi_o(\Gamma,\Lambda) := \|\vec{\gamma}_o^T E_o \vec{\lambda}_o\|$ (H-Passante)

In der elliptischen Ebene $P^2_{|0}$ läßt der Winkel zweier Geraden (Passanten!) folgende Deutung zu: Sind $\Sigma(\vec{\sigma})$, $\Lambda(\vec{\lambda})$ zwei Geraden, ist X ihr Schnittpunkt, Γ_X seine Polare bezüglich des Absolutkegelschnitts, und ist $S := \Sigma \cap \Gamma_X$, $L := \Lambda \cap \Gamma_X$, so stimmt der Abstand der Punkte S, L mit dem Winkel der Geraden Σ, Λ überein: $\delta_o(S,L) = \varphi_o(\Sigma,\Lambda)$. Dieselbe Aussage läßt sich auch wie folgt formulieren: In der elliptischen Ebene $P^2_{|0}$ läßt sich der Winkel zweier Geraden (Passanten) Σ, Λ deuten als Abstand der Punkte dieser Geraden, die im Abstand $\frac{\pi}{2}$ vom Geradenschnittpunkt liegen.

Man beweist diese Aussage wie im Fall der hyperbolischen Ebene (siehe Unterabschnitt 1) unter Verwendung von B(I).

3. EUKLIDISCHE UND PSEUDOEUKLIDISCHE RÄUME

Die euklidischen und pseudoeuklidischen Räume $P^n_{1|0q_1}$ $(q_1 \geq 0)$ sind 1-fach entartete CK-Räume $(\rho = 1)$, denen nach 6E, Satz 1 quasihyperbolische Räume $P^n_{n|q_1 0}$ $(q_1 \geq 0)$ vom Index 0 dual gegenüberstehen:

	$P^n_{1\|00}$ (euklidisch)	$P^n_{n\|00}$ (dual-euklidisch)
	$P^n_{1\|01}$ (pseudoeuklidisch)	$P^n_{n\|10}$ (dual-pseudoeuklidisch)
	$P^n_{1\|0q_1}$ (pseudoeuklidisch vom Index q_1)	$P^n_{n\|q_1 0}$ (quasihyperbolisch vom Index 0)
Absolutfigur in Normalform	$Q^{n-1}_{1\,0} \supset A^{n-1} \supset Q^{n-2}_{n\,q_1}$ $Q^{n-1}_{1\,0}: \vec{x}_o^T E_o \vec{x}_o = x_o^2 = 0$	$Q^{n-1}_{n\,q_1} \supset A^o \supset Q^{-1}_{1\,0}$ $Q^{n-1}_{n\,q_1}: \vec{x}_o^T E_o \vec{x}_o = x_o^2 + \ldots - x^2_{n-q_1} - \ldots - x^2_{n-1} = 0$

	A^{n-1} : $x_o = 0$ $Q^{n-2}_{n\,q_1}$: $\vec{x}_1^T E_1 \vec{x}_1 =$ $= x_1^2 + \ldots - x^2_{n-q_1+1} - \ldots - x_n^2 = 0$	A^o : $x_o = \ldots = x_{n-1} = 0$ $Q^{-1}_{1\,0} = \emptyset$: $\vec{x}_1^T E_1 \vec{x}_1 = x_n^2 = 0$ [1]
Koordinaten-vektoren	$\vec{x} = (\vec{x}_o\ \vec{x}_1)^T$ mit $\vec{x}_o = (x_o),\ \vec{x}_1 = (x_1, \ldots, x_n)^T$	$\vec{x} = (\vec{x}_o\ \vec{x}_1)^T$ mit $\vec{x}_o = (x_o, \ldots, x_{n-1})^T,\ \vec{x}_1 = (x_n)$
Normierungen	$\vec{x}_o^T E_o \vec{x}_o = x_o^2 = 1$ in $P^n \backslash Q^{n-1}_{1\,0}$ Einführung affiner Koordinaten $\vec{x}_1^T E_1 \vec{x}_1 = \pm 1$ in $A^{n-1} \backslash Q^{n-2}_{n\,q_1}$	$\vec{x}_o^T E_o \vec{x}_o = \pm 1$ in $P^n \backslash Q^{n-1}_{n\,q_1}$ $\vec{x}_1^T E_1 \vec{x}_1 = x_n^2 = 1$ in A^o
Skizze	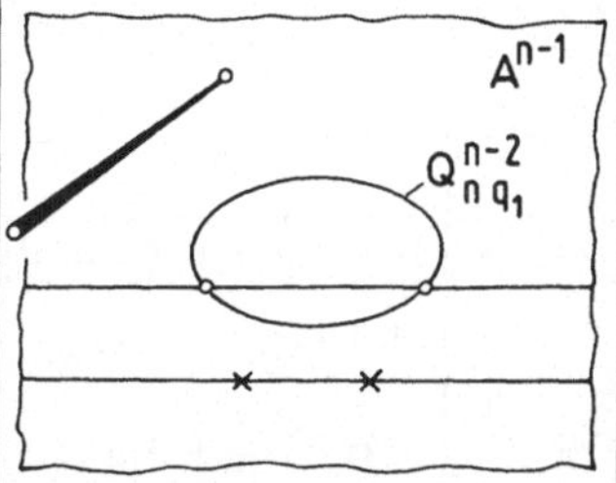 A^{n-1} $Q^{n-2}_{n\,q_1}$	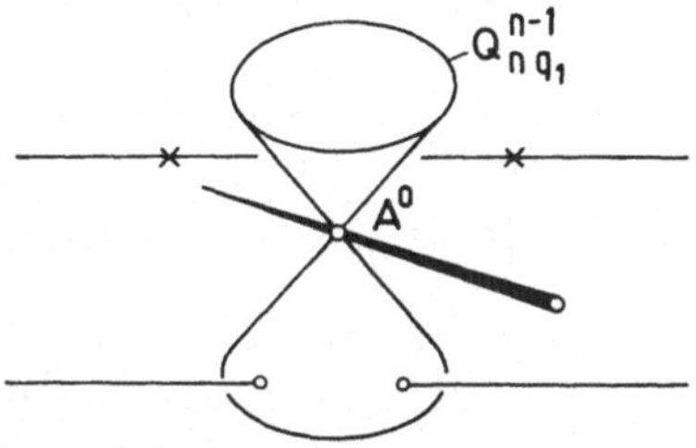 $Q^{n-1}_{n\,q_1}$ A^o
Geraden	keine Passanten keine Sekanten alle Treffgeraden von A^{n-1} sind euklidische Geraden Passanten 1.Art Sekanten 1.Art	Passanten Sekanten alle Treffgeraden von A^o sind euklidische Geraden keine Passanten 1.Art keine Sekanten 1.Art
Abstände $\vec{x}$ und $\vec{y}$ normiert	entfällt	$\cos\delta_o(X,Y) := \lvert \vec{x}_o^T E_o \vec{y}_o \rvert =$ $= \lvert x_o y_o + \ldots - x_{n-q_1} y_{n-q_1} - \ldots - x_{n-1} y_{n-1} \rvert$ (<u>Passante</u>) $\mathrm{ch}\,\delta_o(X,Y) := \lvert \vec{x}_o^T E_o \vec{y}_o \rvert$ (<u>Sekante</u>, $I(Q^{n-1}_{n\,q_1}, F)$ oder $A(Q^{n-1}_{n\,q_1}, F)$)
	$d_1^2(X,Y) := \lvert (\vec{y}_1 - \vec{x}_1)^T E_1 (\vec{y}_1 - \vec{x}_1) \rvert$ $= \lvert (y_1 - x_1)^2 + \ldots - \ldots - (y_n - x_n)^2 \rvert$ (<u>euklidische Gerade</u>)	$d_1^2(X,Y) := \lvert (\vec{y}_1 - \vec{x}_1)^T E_1 (\vec{y}_1 - \vec{x}_1) \rvert =$ $= (y_n - x_n)^2$ [2] (<u>euklidische Gerade</u>)

[1] Siehe 6A,Bem.3

[2] Siehe nächste Seite!

	$\cos\delta_1(X,Y):=\lvert\vec{x}_1^T E_1 \vec{y}_1\rvert =$ $=\lvert x_1y_1+\dots-x_{n-q_1+1}y_{n-q_1+1}-\dots-x_ny_n\rvert$ (Passante 1.Art) $\operatorname{ch}\delta_1(X,Y):=\lvert\vec{x}_1^T E_1 \vec{y}_1\rvert$ (Sekante 1.Art, $I(Q^{n-2}_{n\,q_1},F)$ oder $A(Q^{n-2}_{n\,q_1},F)$)	entfällt
Winkel $\vec{\gamma}$ und $\vec{\lambda}$ normiert	$\cos\varphi_1(\Gamma,\Lambda):=\lvert\vec{\gamma}_1^T E_1 \vec{\lambda}_1\rvert =$ $=\lvert \gamma_1\lambda_1+\dots-\gamma_{n-q_1+1}\lambda_{n-q_1+1}-\dots-\gamma_n\lambda_n\rvert$ (Passante in $P^n_{n\lvert q_1 0}$) $\operatorname{ch}\varphi_1(\Gamma,\Lambda):=\lvert\vec{\gamma}_1^T E_1 \vec{\lambda}_1\rvert$ (Sekante in $P^n_{n\lvert q_1 0}$, $I(Q^{n-1}_{n\,q_1},F)$ oder $A(Q^{n-1}_{n\,q_1},F)$)	entfällt
	$f_o^2(\Gamma,\Lambda):=\lvert(\vec{\lambda}_o-\vec{\gamma}_o)^T E_o(\vec{\lambda}_o-\vec{\gamma}_o)\rvert=$ $=(\lambda_o-\gamma_o)^2$ (euklidische Gerade in $P^n_{n\lvert q_1 0}$)	$f_o^2(\Gamma,\Lambda):=\lvert(\vec{\lambda}_o-\vec{\gamma}_o)^T E_o(\vec{\lambda}_o-\vec{\gamma}_o)\rvert=$ $=\lvert(\lambda_o-\gamma_o)^2+\dots-(\lambda_{n-q_1}-\gamma_{n-q_1})^2-$ $-\dots-(\lambda_{n-1}-\gamma_{n-1})^2\rvert$ (euklidische Gerade in $P^n_{1\lvert 0 q_1}$)
	entfällt	$\cos\varphi_o(\Gamma,\Lambda):=\lvert\vec{\gamma}_o^T E_o \vec{\lambda}_o\rvert =$ $=\lvert\gamma_o\lambda_o+\dots-\gamma_{n-q_1}\lambda_{n-q_1}-\dots-\gamma_{n-1}\lambda_{n-1}\rvert$ (Passante 1.Art in $P^n_{1\lvert 0 q_1}$) $\operatorname{ch}\varphi_o(\Gamma,\Lambda):=\lvert\vec{\gamma}_o^T E_o \vec{\lambda}_o\rvert$ (Sekante 1.Art in $P^n_{1\lvert 0 q_1}$, $I(Q^{n-2}_{n\,q_1},F)$ oder $A(Q^{n-2}_{n\,q_1},F)$ [1])

Der Absolutkegel $Q^{n-1}_{n\,q_1}\subset P^n_{n\lvert q_1 0}$ hat die Signatur $s:=p_1-q_1=n-2q_1$ und daher nach 4G, Satz 2 für $s>0$ ein projektivinvariantes Innengebiet $IQ^{n-1}_{n\,q_1}$ und Außengebiet $AQ^{n-1}_{n\,q_1}$. Für $q_1=1$ gilt in $IQ^{n-1}_{n\,q_1}$ auf allen nichteuklidischen Geraden die Sekantenmetrik B(II). Für $q_1=0$ (dual-euklidischer Raum $P^n_{n\lvert 00}$) ist $Q^{n-1}_{n\,0}$ ein nullteiliger Hyperkegel; in diesem Fall herrscht auf allen nichteuklidischen

[1]) Q^{-1}_{10} besitzt kein Innen- und kein Außengebiet; alle Punkte aus $P^n\setminus A^o$ erfaßt die Normierung $\vec{x}_o^T E_o \vec{x}_o=\pm 1$, die Normierung $\vec{x}_1^T E_1 \vec{x}_1=\pm 1$ trifft nur für A^o zu. Bei der Berechnung des euklidischen Abstandes $d_1(X,Y):=\lvert y_n-x_n\rvert$ sind x_n, y_n durch $\vec{x}_o^T E_o \vec{x}_o=\pm 1$ normiert.

Geraden einheitlich die Passantenmetrik B(I).

In $P^n_{1|0q_1} \setminus A^{n-1}$ herrscht einheitlich die euklidische Metrik B(III).

Die Punkte des CK-Raumes $P^n_{n|q_1 0}$ repräsentieren die Hyperebenen des CK-Raumes $P^n_{1|0q_1}$. Je zwei Punkte aus $P^n_{n|q_1 0}$ einer Passante oder Sekante des Absolutkegels $Q^{n-1}_{n q_1}$ repräsentieren zwei Hyperebenen aus $P^n_{1|0q_1}$, die einer H-Passanten oder H-Sekanten von $Q^{n-2}_{n q_1}$ angehören (8B,Def.7). Zwei mit A^o kollineare Punkte aus $P^n_{n|q_1 0}$ repräsentieren zwei mit A^{n-1} kollineare (zwei *parallele*) Hyperebenen aus $P^n_{1|0q_1}$ (siehe 2E,Def.1, 3C,Def.1).

Bemerkungen:

1) Hat in einem euklidischen oder pseudoeuklidischen Raum $P^n_{1|0q_1}$ eine Hyperebene Γ die Darstellung $\gamma_o x_o + \ldots + \gamma_n x_n = 0$ und läßt sich der Vektor $\vec{\gamma}_1 = (\gamma_1, \ldots, \gamma_n)^T$ normieren durch $\vec{\gamma}_1^T E_1 \vec{\gamma}_1 = \gamma_1^2 + \ldots - \gamma^2_{n-q_1+1} - \ldots - \gamma_n^2 = \pm 1$, so kann man $\vec{\gamma}_1$ bei Verwendung affiner Koordinaten ($x_o = 1$) als *Normaleneinheitsvektor* der Hyperebene Γ interpretieren; dann ist $\gamma_o + \gamma_1 x_1 + \ldots + \gamma_n x_n = 0$ die *HESSE-Form* der Hyperebene Γ. Sind Γ, Λ zwei solche Hyperebenen, so ist ihr Winkel $\varphi_1(\Gamma,\Lambda)$ nach (siehe B(I) und B(II))

$$\left.\begin{array}{l}\cos\varphi_1(\Gamma,\Lambda)\\ \mathrm{ch}\varphi_1(\Gamma,\Lambda)\end{array}\right\} = |\gamma_1\lambda_1 + \ldots - \gamma_{n-q_1+1}\lambda_{n-q_1+1} - \ldots - \gamma_n\lambda_n|$$

als *Winkel* der Normaleneinheitsvektoren $\vec{\gamma}_1$, $\vec{\lambda}_1$ und $\gamma_1\lambda_1 + \ldots - \gamma_n\lambda_n$ als deren *Skalarprodukt* interpretierbar.

Sind $[\vec{\gamma}], [\vec{\lambda}] \in P^n_{n|00}$ Punkte einer euklidischen Geraden, so sind die Normaleneinheitsvektoren $\vec{\gamma}_1$, $\vec{\lambda}_1$ linear abhängig, und die Hyperebenen Γ, Λ aus $P^n_{1|00}$ schneiden einander in A^{n-1} (sind parallel). Der Winkel φ_1 der (parallelen) Hyperebenen ist dann aufgrund von B,Satz 1 nicht definiert; die Formeln B(I), B(II) liefern $\varphi_1(\Gamma,\Lambda) = 0$. Der Winkel $f_o(\Gamma,\Lambda)$ stimmt überein mit dem Betrag der Differenz der orientierten Abstände von Γ und Λ vom Koordinatenursprung aufgrund der zugehörigen HESSE-Formen.

2) Nach Abschnitt B und dem Vorhergehenden stimmt die Winkelmetrik der CK-Räume $P^n_{1|0q_1}$ überein mit der Abstandsmetrik der dualen CK-Räume $P^n_{n|q_1 0}$. Ebenso stimmt die Abstandsmetrik der CK-Räume $P^n_{1|0q_1}$ überein mit der Winkelmetrik der CK-Räume $P^n_{n|q_1 0}$.

3) In der euklidischen Ebene $P^2_{1|00}$ und in der pseudoeuklidischen Ebene $P^2_{1|01}$ läßt sich der Winkel zweier Geraden $\Gamma(\vec{\gamma})$, $\Lambda(\vec{\lambda})$ deuten als Abstand der Schnittpunkte dieser Geraden mit der Absolutgeraden.

4. ISOTROPE RÄUME

$$P^n_{1\ n-1|000}$$

Absolutfigur in Normalform	$Q^{n-1}_{1\,0} \supset A^{n-1} \supset Q^{n-2}_{n-1\,0} \supset A^o \supset Q^{-1}_{1\,0}$ $Q^{n-1}_{1\,0}$: $\vec{x}_o^T E_o \vec{x}_o = x_o^2 = 0$ (Doppelhyperebene) A^{n-1} : $x_o = 0$ (Absoluthyperebene) $Q^{n-2}_{n-1\,0}$: $\vec{x}_1^T E_1 \vec{x}_1 = x_1^2 + \ldots + x_{n-1}^2 = 0$ (nullteiliger Absolutkegel) A^o : $x_1 = \ldots = x_{n-1} = 0$ (Absolutpunkt) $Q^{-1}_{1\,0} = \emptyset$: $\vec{x}_2^T E_2 \vec{x}_2 = x_n^2 = 0$ (Absolutquadrik)
Skizze	$Q^{n-2}_{n-1\,0}$, A^0, A^{n-1}, $Q^{n-1}_{1\,0}$
Koordinatenvektoren	$\vec{x} = (\vec{x}_o\ \vec{x}_1\ \vec{x}_2)^T$ mit $\vec{x}_o = (x_o)$, $\vec{x}_1 = (x_1, \ldots, x_{n-1})^T$, $\vec{x}_2 = (x_n)$
Normierungen	$\vec{x}_o^T E_o \vec{x}_o = x_o^2 = 1$ in $P^n \setminus A^{n-1}$ (Einführung affiner Koordinaten) $\vec{x}_1^T E_1 \vec{x}_1 = x_1^2 + \ldots + x_{n-1}^2 = 1$ in $A^{n-1} \setminus A^o$ $\vec{x}_2^T E_2 \vec{x}_2 = x_n^2 = 1$ in A^o, so daß $A^o = (0, \ldots, 0, 1)$
Geraden	keine Passanten keine Sekanten alle Treffgeraden von $A^{n-1} \setminus A^o$ sind euklidische Geraden (*nichtisotrope Geraden*) alle Geraden in A^{n-1}, die A^o nicht enthalten, sind Passanten 1.Art alle Treffgeraden von A^o sind euklidische Geraden 2.Art (*vollisotrope Geraden*) alle komplexen Geraden in $\hat{P}^n$, die $Q^{n-2}_{n-1\,0}$ treffen, heißen *isotrope Geraden*
Abstände $\vec{x}$ und $\vec{y}$ normiert	$d_1^2(X,Y) := \lvert (\vec{y}_1 - \vec{x}_1)^T E_1 (\vec{y}_1 - \vec{x}_1) \rvert = (y_1 - x_1)^2 + \ldots + (y_{n-1} - x_{n-1})^2$ für alle $X, Y \notin A^{n-1}$ einer euklidischen Geraden $\cos \delta_1(X,Y) := \lvert \vec{x}_1^T E_1 \vec{y}_1 \rvert$ für alle X,Y einer Passanten 1.Art $d_2^2(X,Y) := \lvert (\vec{y}_2 - \vec{x}_2)^T E_2 (\vec{y}_2 - \vec{x}_2) \rvert = (y_n - x_n)^2$ für alle $X, Y \notin A^o$ einer euklidischen Geraden 2.Art

Winkel $\vec{\gamma}$ und $\vec{\lambda}$ normiert	$f_1^2(\Gamma,\Lambda) := \lvert(\vec{\lambda}_1-\vec{\gamma}_1)^T E_1(\vec{\lambda}_1-\vec{\gamma}_1)\rvert = (\lambda_1-\gamma_1)^2+\ldots+(\lambda_{n-1}-\gamma_{n-1})^2$ für alle $\Gamma,\Lambda \not\ni A^o$ einer euklidischen H-Geraden (also für alle $\Gamma(\vec{\gamma}),\Lambda(\vec{\lambda})$, die A^o nicht enthalten und deren Schnitt nicht in A^{n-1} liegt)
	$\cos\varphi_1(\Gamma,\Lambda) := \lvert\vec{\gamma}_1^T E_1 \vec{\lambda}_1\rvert$ für alle Γ,Λ einer H-Passanten 1.Art (also für alle $\Gamma(\vec{\gamma}),\Lambda(\vec{\lambda})$, die beide A^o enthalten und deren Schnitt nicht in A^{n-1} liegt)
	$f_o^2(\Gamma,\Lambda) := \lvert(\vec{\lambda}_o-\vec{\gamma}_o)^T E_o(\vec{\lambda}_o-\vec{\gamma}_o)\rvert = (\lambda_o-\gamma_o)^2$ für alle $\Gamma,\Lambda \neq A^{n-1}$ einer euklidischen H-Geraden 2.Art (also für alle $\Gamma(\vec{\gamma}),\Lambda(\vec{\lambda}) \neq A^{n-1}$, deren Schnitt in A^{n-1} liegt[1])

D. Strecken und Sektoren

Die in B(I) und B(II) definierten Abstände $\delta_\nu(X,Y)$ $(0 \le \nu \le \rho)$ sind in X und Y symmetrisch und daher einem nicht geordneten Punktepaar X,Y einer Passanten ν.Art oder einer Sekanten ν.Art zugeordnet; bei einer Sekanten ν.Art gilt entweder $X,Y \in I(Q^{n_\nu-1}_{r_\nu q_\nu},F)$ oder $X,Y \in A(Q^{n_\nu-1}_{r_\nu q_\nu},F)$. Entsprechendes gilt für die in B(III) erklärten Abstände $d_\mu(X,Y)$ einer euklidischen Geraden μ.Art $(1 \le \mu \le \rho)$ (die stets singuläre Tangente k.Art $(0 \le k < \mu)$ ist).

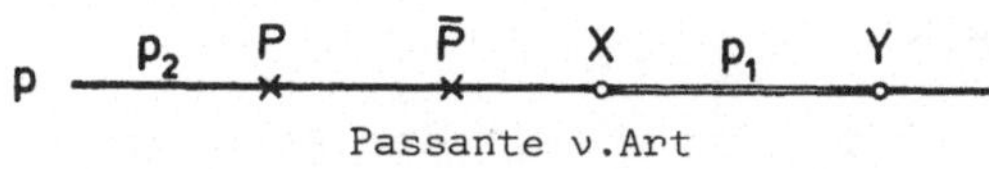

Passante ν.Art

s P s_1 X s_2 Y s_3 $\bar{P}$

Sekante ν.Art

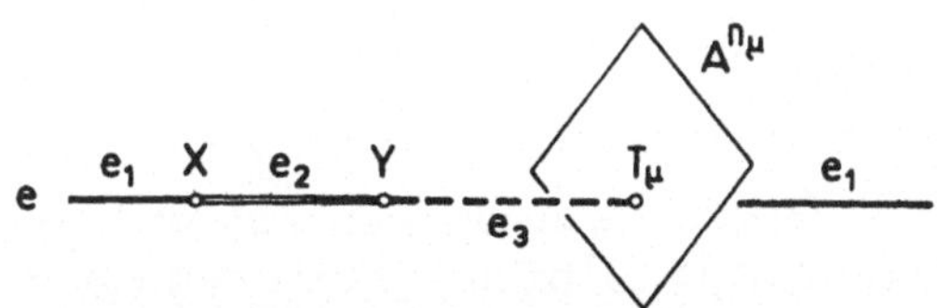

euklidische Gerade μ.Art

Wir beachten nun:

(1) Je zwei Punkte X,Y $(X \neq Y)$ einer Passanten ν.Art p zerlegen p in genau drei paarweise fremde Punktmengen:

$$p = \{X,Y\} \cup p_1 \cup p_2 .^{2)}$$

Nach B,Satz 4 hat p die Gesamtlänge π. Wir können daher den Abstand $\delta_\nu(X,Y)$ $(0 \le \delta_\nu \le \pi/2)$ nicht allein dem Punktepaar {X,Y}, sondern auch einer der beiden

[1] $\vec{\gamma}$ und $\vec{\lambda}$ sind normiert durch $\gamma_n = \lambda_n = 1$, wenn Γ,Λ beide den Absolutpunkt A^o nicht enthalten, und durch $\vec{\gamma}_1^T E_1 \vec{\gamma}_1 = \vec{\lambda}_1^T E_1 \vec{\lambda}_1 = 1$, wenn Γ,Λ beide A^o enthalten.

[2] Diese Zerlegung einer Passanten ν.Art läßt sich auch mit einer Parameterdarstellung beschreiben. Entsprechendes gilt für die Sekanten ν.Art und die euklidischen Geraden μ.Art.

Teilmengen p_1, p_2 (etwa p_1) als ihre *Länge* zuordnen. Der anderen Teilmenge (also etwa p_2) können wir dann $\pi - \delta_\nu(X,Y)$ als ihre *Länge* zuordnen. Wir nennen dann p_1 die *Strecke* $\overline{XY}$, p_2 die *Strecke* $\underline{XY}$ und schreiben $p_1 = \overline{XY}$, $p_2 = \underline{XY}$.

Die Frage, ob $\delta_\nu(X,Y) \neq \pi/2$ (siehe B,Satz 4) der Strecke $\overline{XY}$ oder der Strecke $\underline{XY}$ zuzuordnen ist, entscheiden wir mit Hilfe der beiden Punkte $X',Y' \in p$, für die gilt: $\delta_\nu(X,X') = \delta_\nu(Y,Y') = \pi/2$. X' und Y' liegen in *derselben* der beiden Strecken $\overline{XY}$, $\underline{XY}$. Dieser wird die *größere* (der andern die kleinere) der beiden Zahlen $\delta_\nu(X,Y)$, $\pi - \delta_\nu(X,Y)$ zugeordnet. (Die Annahme, daß X',Y' nicht in derselben der beiden Strecken $\overline{XY}$, $\underline{XY}$ liegen, führt auf einen Widerspruch zu B,Satz 4.)

(2) Bei einer Sekanten ν.Art s zerlegen je zwei Punkte X,Y $(X \neq Y)$ aus $I(Q^{n_\nu-1}_{r_\nu q_\nu},F)$ diese Punktmenge I in genau vier paarweise fremde Mengen:

$$I = \{X,Y\} \cup s_1 \cup s_2 \cup s_3 .$$

Dabei sei s_1 von P und X, s_2 von X und Y, s_3 von Y und $\bar{P}$ berandet. Nach B,Satz 5 hat X von P und Y von $\bar{P}$ unendlichen Abstand. Wir können daher den endlichen Abstand $\delta_\nu(X,Y)$ nicht allein dem Punktepaar $\{X,Y\}$, sondern auch der Teilmenge s_2 als ihre *Länge* zuordnen. Wir nennen dann s_2 die *Strecke* $\overline{XY}$ und schreiben $s_2 = \overline{XY}$. Entsprechendes gilt für je zwei Punkte X,Y $(X \neq Y)$ der Punktmenge $A(Q^{n_\nu-1}_{r_\nu q_\nu},F)$.

(3) Bei einer euklidischen Geraden μ.Art e mit dem Absolutpunkt $T_\mu := A^{n_\mu} \cap e$ zerlegen je zwei Punkte X,Y $(X \neq Y)$ aus $e \setminus T_\mu$ die Punktmenge $e \setminus T_\mu$ in genau vier paarweise fremde Mengen:

$$e \setminus T_\mu = \{X,Y\} \cup e_1 \cup e_2 \cup e_3 .$$

Dabei sei e_1 von T_μ und X, e_2 von X und Y und e_3 von Y und T_μ berandet. Im folgenden sei

$$T_\mu \notin Q^{n_\mu-1}_{r_\mu q_\mu} .$$

Dann haben X und Y nach B,Satz 5 von T_μ unendlichen Abstand. Damit läßt sich der endliche Abstand $d_\mu(X,Y)$ nicht allein dem Punktepaar $\{X,Y\}$, sondern auch der Teilmenge e_2 als ihre *Länge* zuordnen. Wir nennen dann e_2 die *Strecke* $\overline{XY}$ und schreiben $e_2 = \overline{XY}$.

Wir betrachten nun die den Abständen dual entsprechenden Winkel.

Die in B(I) und B(II) definierten Winkel $\varphi_{\rho-\nu}(\Gamma,\Lambda)$ $(0 \leq \nu \leq \rho)$ sind wegen der Symmetrie in Γ und Λ einem nichtgeordneten Hyperebenenpaar Γ,Λ einer H-Passanten ν.Art oder einer H-Sekanten ν.Art zugeordnet, also im dualen CK-Raum einem nicht geordneten Punktepaar Γ,Λ einer Passanten ν.Art oder einer Sekanten ν.Art, wobei im Fall einer Sekanten ν.Art entweder $\{\Gamma,\Lambda\} \subset I(Q_{r_{\rho-\nu}q_{\rho-\nu}}^{n-n_\rho-\nu+1-2},F)$ oder $\{\Gamma\ \Lambda\} \subset A(Q_{r_{\rho-\nu}q_{\rho-\nu}}^{n-n_\rho-\nu+1-2},F)$ gilt. Entsprechendes gilt für die in B(III) erklärten Winkel $f_{\rho-\mu}(\Gamma,\Lambda)$ zweier Hyperebenen Γ,Λ einer euklidischen H-Geraden μ.Art, der im dualen CK-Raum eine euklidische Gerade μ.Art $(1 \leq \mu \leq \rho)$ entspricht (8B,Def.7).

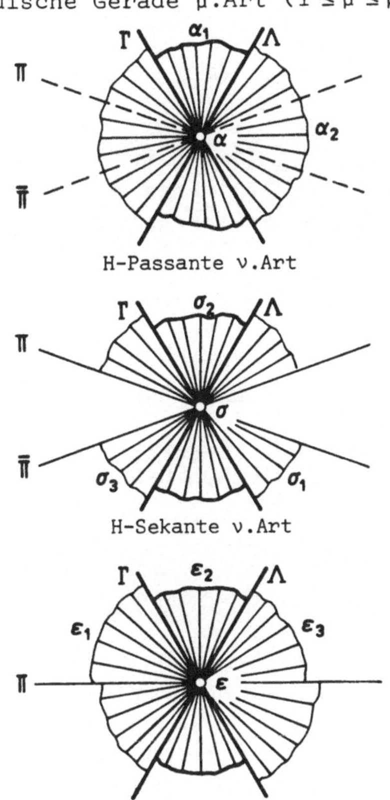

H-Passante ν.Art

H-Sekante ν.Art

euklidische H-Gerade μ.Art

Wir erkennen nun:

(1) Je zwei Hyperebenen Γ,Λ $(\Gamma \neq \Lambda)$ einer H-Passanten ν.Art α zerlegen α in genau drei paarweise fremde Hyperebenenmengen:

$$\alpha = \{\Gamma,\Lambda\} \cup \alpha_1 \cup \alpha_2,$$

wobei die H-Passante α nach B,Satz 4 die Gesamtöffnung π hat. Wir können daher den Winkel $\varphi_{\rho-\nu}(\Gamma,\Lambda)$ mit $0 \leq \varphi_{\rho-\nu} \leq \pi/2$ nicht allein dem Hyperebenenpaar Γ,Λ, sondern auch einer der beiden Teilmengen α_1, α_2 (etwa α_1) als ihre *Öffnung* zuordnen. Der anderen Teilmenge (also etwa α_2) ordnen wir dann $\pi-\varphi_{\rho-\nu}(\Gamma,\Lambda)$ als ihre *Öffnung* zu. Wir nennen dann α_1 den *Sektor* $\overline{\Gamma\Lambda}$, α_2 den *Sektor* $\underline{\Gamma\Lambda}$ und schreiben $\alpha_1 = \overline{\Gamma\Lambda}$, $\alpha_2 = \underline{\Gamma\Lambda}$.

Die Frage, ob $\varphi_{\rho-\nu}(\Gamma,\Lambda)$ dem Sektor $\overline{\Gamma\Lambda}$ oder dem Sektor $\underline{\Gamma\Lambda}$ zuzuordnen ist, wird wie bei den Strecken der Passanten ν.Art entschieden.

(2) Bei einer H-Sekanten ν.Art σ zerlegen je zwei Hyperebenen $\{\Gamma,\Lambda\} \subset I(Q_{r_{\rho-\nu}q_{\rho-\nu}}^{n-n_\rho-\nu+1-2},F)$ die Hyperebenenmenge $I = I(Q_{r_{\rho-\nu}q_{\rho-\nu}}^{n-n_\rho-\nu+1-2},F)$ in genau vier paarweise fremde Mengen:

$$I = \{\Gamma,\Lambda\} \cup \sigma_1 \cup \sigma_2 \cup \sigma_3 .$$

Dabei sei σ_1 von Π und Γ, σ_2 von Γ und Λ, σ_3 von Λ und $\overline{\Pi}$ berandet.

Im dualen CK-Raum erkennt man mit B,Satz 4, daß Γ und Π sowie Λ und Π unendliche Winkel bilden. Man kann daher den endlichen Winkel $\varphi_{\rho-\nu}(\Gamma,\Lambda)$ nicht allein dem Hyperebenenpaar $\{\Gamma,\Lambda\}$, sondern auch der Teilmenge σ_2 als ihre *Öffnung* zuordnen. Wir nennen dann σ_2 den *Sektor* $\overline{\Gamma\Lambda}$ und schreiben $\sigma_2 = \overline{\Gamma\Lambda}$. Entsprechendes gilt für je zwei Hyperebenen $\{\Gamma,\Lambda\} \subset A(Q_{r_{\rho-\nu}q_{\rho-\nu}}^{n-n_\rho-\nu+1-2},F)$.

(3) Bei einer euklidischen H-Geraden μ.Art ε mit der Absoluthyperebene Π zerlegen je zwei Hyperebenen $\{\Gamma,\Lambda\} \subset \varepsilon \backslash \{\Pi\}$ die Hyperebenenmenge $\varepsilon \backslash \{\Pi\}$ in genau vier paarweise fremde Mengen:

$$\varepsilon \backslash \{\Pi\} = \{\Gamma,\Lambda\} \cup \varepsilon_1 \cup \varepsilon_2 \cup \varepsilon_3 .$$

Dabei sei ε_1 von Π und Γ, ε_2 von Γ und Λ, ε_3 von Λ und Π berandet. Im dualen CK-Raum folgt unmittelbar, daß Γ mit Π und auch Λ mit Π einen unendlichen Winkel bildet, wenn ε singuläre H-Tangente k.Art $(0 \leq k < \mu)$ und

$$\varepsilon \cap Q^{n-n_{\rho-\mu+1}-2}_{r_{\rho-\mu} q_{\rho-\mu}} = \emptyset$$

ist. Damit läßt sich der endliche Winkel $f_{\rho-\mu}(\Gamma,\Lambda)$ nicht allein dem Hyperebenenpaar $\{\Gamma,\Lambda\}$, sondern auch der Teilmenge ε_2 als ihre *Öffnung* zuordnen. Wir nennen dann ε_2 den *Sektor* $\overline{\Gamma\Lambda}$ und schreiben $\varepsilon_2 = \overline{\Gamma\Lambda}$.

Damit stehen die folgenden Begriffe einander gegenüber:

Abstand zweier Punkte X,Y	*Winkel* zweier Hyperebenen Γ,Λ
Strecke $\overline{XY}$ oder $\underline{XY}$ einer Passanten ν.Art	*Sektor* $\overline{\Gamma\Lambda}$ oder $\underline{\Gamma\Lambda}$ einer H-Passanten ν.Art
Strecke $\overline{XY}$ einer Sekanten ν.Art (euklidischen Geraden μ.Art)	*Sektor* $\overline{\Gamma\Lambda}$ einer H-Sekanten ν.Art (euklidischen H-Geraden μ.Art)
Länge einer Strecke (*Streckenlänge*)	*Öffnung* eines Sektors (*Sektoröffnung*)

Bemerkungen:

1) Eine Teilmenge s_2 einer Sekanten ν.Art s ist auch dadurch vor s_1 und s_3 ausgezeichnet, daß keiner der Absolutpunkte P, $\bar{P}$ zu ihren Randpunkten zählt. Ebenso ist eine Teilmenge e_2 einer euklidischen Geraden μ.Art e auch dadurch vor e_1 und e_2 ausgezeichnet, daß P keiner ihrer Randpunkte ist. Entsprechendes gilt für die Hyperebenenmengen σ_2 und ε_2.

2) Die Randpunkte X,Y zählen nicht zu den Strecken $\overline{XY}$ und $\underline{XY}$, und die Randhyperebenen Γ,Λ zählen nicht zu den Sektoren $\overline{\Gamma\Lambda}$ und $\underline{\Gamma\Lambda}$. Offenbar ist $\overline{XY} = \overline{YX}$, $\underline{XY} = \underline{YX}$, $\overline{\Gamma\Lambda} = \overline{\Lambda\Gamma}$, $\underline{\Gamma\Lambda} = \underline{\Lambda\Gamma}$.

Wir wenden nun die Begriffe *Abstand*, *Strecke*, *Streckenlänge* und die Begriffe *Winkel*, *Sektor*, *Sektoröffnung* auf Dreiecke in CK-Ebenen an. Ein Dreieck ABC besteht aus drei Punkten (*Ecken*) A,B,C und drei Geraden (*Seiten*) A+B,B+C,C+A; A (B,C) heißt *Gegenecke* von B+C (C+A,A+B), und B+C (C+A,A+B) heißt *Gegenseite* von A (B,C).

Im folgenden betrachten wir nur Dreiecke, auf deren Seiten eine CK-Abstandsmetrik und in deren Ecken eine CK-Winkelmetrik definiert ist. Nur solche Dreiecke lassen eine Dreiecksberechnung (*Trigonometrie*) zu. Eine Dreieckseite ist dann eine Passante ν.Art, eine Sekante ν.Art oder eine euklidische Gerade μ.Art. Wir bezeichnen dann bei einem Dreieck ABC als

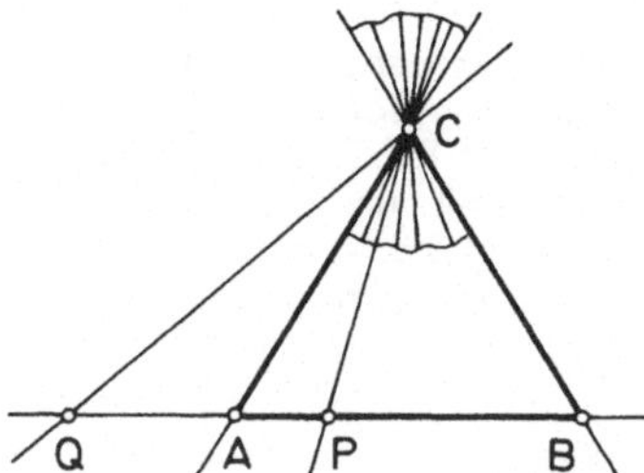

Innenstrecke von A+B die Strecke $\overline{AB}$,

Innensektor von C den Sektor

$$\{C+P \mid P \in \overline{AB}\},$$

Außenstrecke von A+B die zur Innenstrecke $\overline{AB}$ bezüglich A+B komplementäre Punktmenge

$$\{Q \mid Q \in A+B, Q \notin \overline{AB}, Q \neq A,B\},$$

Außensektor von C die zum Innensektor von C bezüglich C komplementäre Geradenmenge

$$\{C+Q \mid Q \in A+B,\ Q \notin \overline{AB},\ Q \neq A,B\}.$$

Ist in einem Dreieck ABC die Seite A+B eine Passante ν.Art, so läßt sich der Außensektor von C der Strecke $\underline{AB}$ zuordnen.

In einer CK-Ebene wird die Trigonometrie in jenen Gebieten, deren Dreiecke als Seiten Geraden einheitlichen Typs besitzen, besonders übersichtlich. Die Schauplätze der bekanntesten CK-Geometrien (siehe Kapitel 14ff) besitzen durchweg übersichtliche Trigonometrien, die wir allerdings im Rahmen dieser Darstellung nur kurz streifen können.

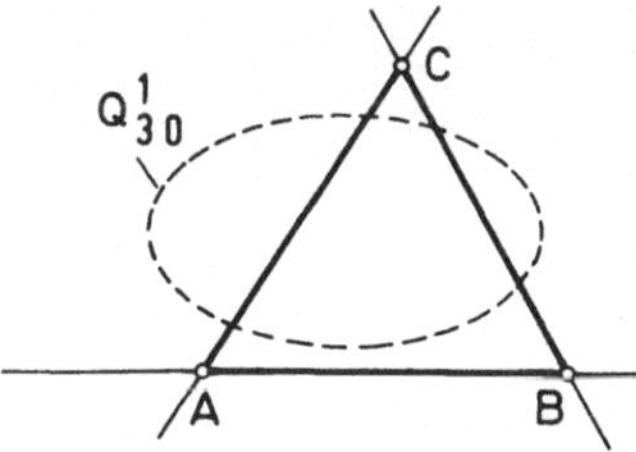

elliptische Ebene $P^2_{|0}$

Die wichtigsten Gebiete in CK-Ebenen, die übersichtliche Trigonometrien besitzen, sind: die elliptische Ebene $P^2_{|0}$ (alle Dreieckseiten sind Passanten), das Innengebiet des Absolutkegelschnitts Q^1_{31} einer hyperbolischen Ebene $P^2_{|1}$ (alle Dreieckseiten sind Sekanten) und die geschlitzte euklidische Ebene $P^2_{1|00} \setminus A^1$ (alle Dreieckseiten sind euklidische Geraden).

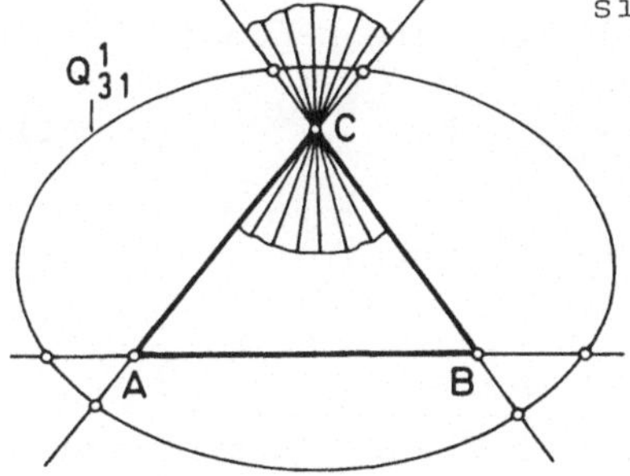

hyperbolische Ebene $P^2_{|1}$

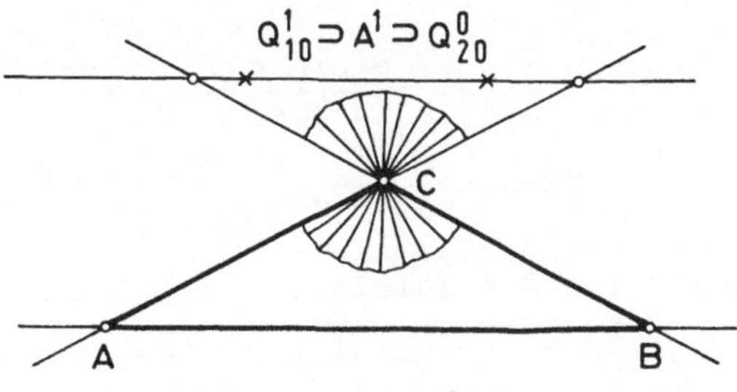

euklidische Ebene $P^2_{1|00}$

Kapitel 9. k-Ebenen in Cayley/Klein-Räumen

In 8A wurden die Geraden eines CK-Raumes nach ihrer Lage zu seiner Absolutfigur F klassifiziert. Eine analoge Klassifikation der k-Ebenen ($k > 1$) erbringt noch mehr verschiedene Typen. Wir geben in diesem Kapitel nur eine Grobeinteilung der k-Ebenen ($k \geq 0$), die keine Fern-k-Ebenen sind (also nicht in F liegen), nach ihrer Lage zu den Absolutebenen von **F**. Für $k=0$ handelt es sich um die eigentlichen Punkte, für $k=1$ um die Passanten, die Sekanten sowie die regulären und singulären Tangenten 0.Art (8A). Unser weiteres Ziel ist – anders als in 6D – die Untersuchung der Beziehungen verschiedener k-Ebenen eines CK-Raumes zueinander.

A. k-Ebenen und Absolutebenen

Wir unterscheiden im folgenden reguläre und singuläre k-Ebenen:

Def.1: Eine k-Ebene L^k eines CK-Raumes $P^n_{r_o\ldots r_{\rho-1}|q_o\ldots q_\rho}$ ($L^k \not\subset F$) heißt *regulär*, wenn sie

a) A^{n_1} nicht schneidet ($L^k \cap A^{n_1} = \emptyset$)

oder

b) A^{n_ν} schneidet ($L^k \cap A^{n_\nu} \neq \emptyset$), mit A^{n_ν} den P^n aufspannt ($L^k + A^{n_\nu} = P^n$) und $A^{n_{\nu+1}}$ nicht schneidet ($L^k \cap A^{n_{\nu+1}} = \emptyset$) $\Big\}$ ($0 < \nu < \rho$)

oder

c) A^{n_ρ} schneidet ($L^k \cap A^{n_\rho} \neq \emptyset$) und mit A^{n_ρ} den P^n aufspannt ($L^k + A^{n_\rho} = P^n$).

Andernfalls heißt L^k *singulär*.

Man kann a) betrachten als b) für $\nu = 0$ ($A^{n_o} := P^n$, $n_o := n$);
man kann c) betrachten als b) für $\nu = \rho$.

Die Anwendung der Dimensionsformel 1C(I) auf L^k und A^{n_ν} sowie auf L^k und $A^{n_{\nu+1}}$ ergibt mit Def.1 für reguläre k-Ebenen L^k:

$$k + n_\nu = \underbrace{\mathrm{Dim}(L^k \cap A^{n_\nu})}_{0 \leq d} + \underbrace{\mathrm{Dim}(L^k + A^{n_\nu})}_{n} \geq n, \tag{1}$$

$$k + n_{\nu+1} = \underbrace{\mathrm{Dim}(L^k \cap A^{n_{\nu+1}})}_{-1} + \underbrace{\mathrm{Dim}(L^k + A^{n_{\nu+1}})}_{n-d'(d' \geq 0)} < n. \tag{2}$$

Aus (1) und (2) folgt:

Satz 2: Die Dimension k einer regulären k-Ebene eines CK-Raumes genügt einer der $\rho+1$ Ungleichungen

$$n - n_\nu \leq k < n - n_{\nu+1} \quad (0 \leq \nu \leq \rho), \tag{3}$$

ausführlich:

a) $\nu = 0$: $0 \le k < n - n_1$, wenn $L^k \cap A^{n_1} = \emptyset$;

b) $0 < \nu < \rho$: $n - n_\nu \le k < n - n_{\nu+1}$, wenn $L^k \cap A^{n_\nu} \neq \emptyset$, $L^k + A^{n_\nu} = P^n$, $L^k \cap A^{n_{\nu+1}} = \emptyset$;

c) $\nu = \rho$: $n - n_\rho \le k \le n$, wenn $L^k \cap A^{n_\rho} \neq \emptyset$, $L^k + A^{n_\rho} = P^n$.

Eine reguläre k-Ebene, die A^{n_ν} schneidet, schneidet A^{n_ν} nach (1) in einer $(k + n_\nu - n)$-Ebene $(0 < \nu \le \rho)$; für deren Dimension folgt aus b):

$$0 \le k + n_\nu - n < r_\nu = n_\nu - n_{\nu+1}, \text{ also } 0 \le \mathrm{Dim}(L^k \cap A^{n_\nu}) < r_\nu .$$

Die *regulären Punkte* ($k = 0$) eines CK-Raumes sind nach Def.1 alle Punkte $L^o \in P^n \setminus F$.

Die *regulären Geraden* ($k = 1$) eines CK-Raumes sind nach Def.1 jene, die

a) A^{n_1} nicht schneiden oder notwendig

b) $n - 1 \le n_\nu$ genügen. Diese Bedingung läßt sich nur für $\nu = 0,1$ erfüllen; A^{n_1} ist dann eine Hyperebene.

Daraus folgt:

Satz 3: Die regulären Geraden eines CK-Raumes sind

a) seine Passanten, regulären Tangenten und Sekanten sowie

b) seine euklidischen Geraden, falls eine Absoluthyperebene existiert (also falls $r_o = 1$).

Die nichtentarteten CK-Räume $P^n_{|q_o}$ $(q_o \ge 0)$ besitzen keine Absolutebenen $(A^{n_1} = \emptyset)$. Ihre k-Ebenen L^k $(L^k \not\subset F)$ schneiden daher A^{n_1} nicht $(L^k \cap A^{n_1} = \emptyset$ für $0 \le k \le n)$; sie sind nach Def.1 a) regulär.

Die euklidischen und pseudoeuklidischen Räume $P^n_{1|0q_1}$ $(q_1 \ge 0)$ haben die Absolutfigur $Q^{n-1}_{1\,0} \supset A^{n-1} \supset Q^{n-2}_{n\,q_1}$. Sie besitzen genau eine Absolutebene $A^{n_1} = A^{n_\rho} = A^{n-1}$, die als Hyperebene von jeder k-Ebene $L^k \not\subset F$ $(k > 0)$ geschnitten wird und mit L^k den P^n aufspannt. L^k ist daher nach Def.1 c) regulär. Alle $L^k \not\subset F$ $(k = 0)$ sind ebenfalls regulär.

Die übrigen CK-Räume besitzen in A^{n_1} $(n_1 = n-1)$ eine Absolutebene A^{n_2} oder sie besitzen eine Absolutebene A^{n_1} $(n_1 < n-1)$. Die Geraden $L^1 \not\subset F$, die A^{n_2} schneiden, spannen mit A^{n_2} den P^n nicht auf und sind daher singulär. Ebenso sind die Treffgeraden von A^{n_1} $(n_1 < n-1)$ stets singulär.

Damit gilt:

Satz 4: Die einzigen CK-Räume mit nur regulären k-Ebenen $L^k \not\subset F$ $(k \ge 0)$ sind die nichtentarteten CK-Räume $P^n_{|q_o}$ $(q_o \ge 0)$, die euklidischen und die pseudoeuklidischen Räume $P^n_{1|0q_1}(q_1 \geq 0)$.

Beispiel:

Der quasielliptische Raum $P^3_{2|00}$ hat die Absolutfigur $Q^2_{2\,0} \supset A^1 \supset Q^0_{2\,0}$. Seine regulären Punkte $(k=0)$ sind alle Punkte in $P^3 \setminus A^1$.

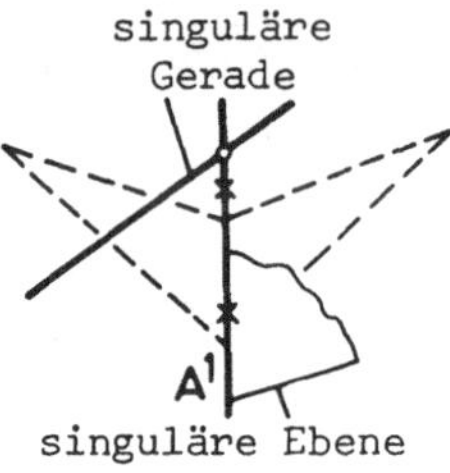

Seine regulären Geraden $(k=1)$ sind nach Satz 3 die Passanten. Seine singulären Geraden sind die singulären Tangenten (euklidische Geraden).

Seine regulären Ebenen $(k=2)$ sind nach Satz 2 c) (es gilt $2 \leq k < 3$) alle Ebenen, die A^1 schneiden, jedoch nicht enthalten. Seine singulären Ebenen sind die Büschelebenen um A^1.

Weitere Eigenschaften von k-Ebenen und Paaren von k-Ebenen findet man bei JASIŃSKA[1][2], JASINSKAJA[2][3] und ROSENFELD[2].

B. Totalpolare einer regulären k-Ebene

Def.1: Die *Totalpolare einer regulären k-Ebene* L^k *bezüglich der Absolutfigur* F *eines CK-Raumes* $P^n_{r_0 \ldots r_{\rho-1}|q_0 \ldots q_\rho}$ ist die Totalpolare von

L^k	bezüglich	$Q^{n-1}_{r_0 q_0}$	wenn L^k bezüglich F liegt wie in A, Def.1	a) $L^k \cap A^{n_1} = \emptyset$
$L^k \cap A^{n_\nu}$		$Q^{n_\nu - 1}_{r_\nu q_\nu}$		b) $L^k \cap A^{n_\nu} \neq \emptyset,\ L^k \cap A^{n_\nu+1} = \emptyset,\ L^k + A^{n_\nu} = P^n$
$L^k \cap A^{n_\rho}$		$Q^{n_\rho - 1}_{r_\rho q_\rho}$		c) $L^k \cap A^{n_\rho} \neq \emptyset,\ L^k + A^{n_\rho} = P^n$

Die Totalpolare einer regulären k-Ebene L^k bezüglich F liegt nach Def.1 in der Absolutebene A^{n_ν} und enthält (nach 4E, Satz 7) $A^{n_\nu+1}$, wenn $L^k \cap A^{n_\nu} \neq \emptyset$, $L^k \cap A^{n_\nu+1} = \emptyset$, $L^k + A^{n_\nu} = P^n$ $(0 \leq \nu \leq \rho)$. Wird die Totalpolare von L^k bezüglich F erklärt wie in Def.1, so erhält die Totalpolare von L^k die Dimension des zu L^k dualen projektiven Unterraumes bei Anwendung des Dualitätsprinzips der projektiven Räume (3A, Satz 3); diese Dimension ist unabhängig von den Absolutebenen:

Satz 2: Die Totalpolare einer regulären k-Ebene L^k bezüglich der Absolutfigur F eines CK-Raumes ist eine (n-k-1)-Ebene L^{n-k-1}_t $(0 \leq k \leq n)$.

Beweis:

a) $L^k \cap A^{n_1} = \emptyset$ $(0 \leq k < n-n_1)$: Dann ist nach 4E, Satz 8 die Totalpolare von L^k bezüglich $Q^{n-1}_{r_o q_o}$ eine (n-k-1)-Ebene L_t^{n-k-1}, die nach 4E, Satz 7 die Absolutebene A^{n_1} enthält. Genau für die k-Ebenen maximaler Dimension, die A^{n_1} nicht schneiden (also für $k = n - n_1 - 1$), ist $L_t^{n-k-1} = A^{n_1}$.

b) $L^k \cap A^{n_\nu} \neq \emptyset$, $L^k \cap A^{n_{\nu+1}} = \emptyset$, $L^k + A^{n_\nu} = P^n$ $(n-n_\nu \leq k < n-n_{\nu+1})$: Nach A, Satz 2 ist $\mathrm{Dim}(L^k \cap A^{n_\nu}) = k + n_\nu - n$, und nach A, Def. 1 ist $\mathrm{Dim}(L^k \cap A^{n_{\nu+1}}) = -1$. Nach 4E, Satz 8 hat daher die Totalpolare von $L^k \cap A^{n_\nu}$ bezüglich $Q^{n_\nu-1}_{r_\nu q_\nu}$ die Dimension $n_\nu-(k+n_\nu-n)-1 = n-k-1$. Genau für die k-Ebenen maximaler Dimension, die $A^{n_{\nu+1}}$ nicht schneiden (also für $k = n - n_{\nu+1}-1$), ist $L_t^{n-k-1} = A^{n_{\nu+1}}$.

c) $L^k \cap A^{n_\rho} \neq \emptyset$, $L^k + A^{n_\rho} = P^n$ $(n-n_\rho \leq k \leq n)$: Nach A, Satz 2 ist $\mathrm{Dim}(L^k \cap A^{n_\rho}) = k + n_\rho - n$; $Q^{n_\rho-1}_{r_\rho q_\rho}$ ist nichtentartet und hat daher $\emptyset$ als Spitze, deren Schnitt mit L^k die Dimension -1 besitzt. Nach 4E, Satz 8 hat daher die Totalpolare von $L^k \cap A^{n_\rho}$ die Dimension $n_\rho - (k + n_\rho - n) - 1 = n - k - 1$.

Im Fall a) ist nach dem Hauptsatz der Polarentheorie $L^k \subset L^m_{tt}$. Dabei ist nach 4E, Satz 8

$$m = n - (n-k-1) + d = k + 1 + d, \text{ mit } d := \mathrm{Dim}(L_t^{n-k-1} \cap A^{n_1}).$$

Daraus folgt $m = k$ genau für $d = -1$. Man erhält also nach 4E, Satz 9 in L^k und L_t^{n-k-1} genau dann *reziproke Polaren*, wenn $d = -1$ $(L_t^{n-k-1} \cap A^{n_1} = \emptyset)$ und $2k = n-1$ (Dimensionsgleichheit von L^k und L_t^{n-k-1}) gilt. Damit ist wegen $A^{n_1} \subset L_t^{n-k-1}$ (siehe 4E, Satz 7) notwendig $A^{n_1} = \emptyset$, also der CK-Raum nichtentartet.

Im Fall a) enthält die Totalpolare L_t^{n-k-1} von L^k bezüglich F nach 4E, Satz 7 stets die Spitze A^{n_1} von $Q^{n-1}_{r_o q_o}$. Ist $A^{n_1} \neq \emptyset$, so ist $L_t^{n-k-1} \cap A^{n_1} = A^{n_1} \neq \emptyset$, also auch $L_t^{n-k-1} \cap A^{n_\rho} \neq \emptyset$; außerdem ist $L_t^{n-k-1} + A^{n_\rho} \neq P^n$. Die Totalpolare L_t^{n-k-1} ist daher nach A, Def. 1 singulär. Für $A^{n_1} = \emptyset$ ist L_t^{n-k-1} regulär, wenn $L_t^{n-k-1} \not\subset F$.

Im Fall b) ist die Totalpolare L_t^{n-k-1} von L^k bezüglich F nach Def. 1 die Totalpolare von $L^k \cap A^{n_\nu}$ bezüglich $Q^{n_\nu-1}_{r_\nu q_\nu} \subset A^{n_\nu}$. Daraus folgt: $L_t^{n-k-1} \subset A^{n_\nu} \subset F$; L_t^{n-k-1} ist daher nach A, Def. 1 singulär.

Im Fall c) ist die Totalpolare L_t^{n-k-1} von L^k bezüglich F in A^{n_ρ} enthalten (also $L_t^{n-k-1} \cap A^{n_\rho} \neq \emptyset$). Die Bedingung $L_t^{n-k-1} + A^{n_\rho} = P^n$ ist nur für $\rho = 0$ erfüllt; L_t^{n-k-1} ist also nur für $\rho = 0$ regulär.

Somit gilt:

> <u>Satz 3</u>: Die Totalpolare L_t^{n-k-1} einer regulären k-Ebene L^k bezüglich der Absolutfigur F eines CK-Raumes ist genau dann regulär, wenn $L_t^{n-k-1} \not\subset F$ und der CK-Raum nichtentartet ist. L_t^{n-k-1} ist dann die Totalpolare von L^k bezüglich $Q_{r_o q_o}^{n-1}$ (Def.1). In einem entarteten CK-Raum ist L_t^{n-k-1} stets singulär.

Die Totalpolare L_t^{n-k-1} von L^k bezüglich einer nullteiligen nichtentarteten Quadrik $Q_{n+1\,0}^{n-1}$ hat mit L^k keine gemeinsamen Punkte. Gemeinsame Punkte wären reell, selbstpolar und also Punkte von $Q_{n+1\,0}^{n-1}$; $Q_{n+1\,0}^{n-1}$ besitzt jedoch keine reellen Punkte. L_t^{n-k-1} und L^k sind somit windschief. Die Dimensionsformel 1C(I) liefert daher $\mathrm{Dim}(L^k + L_t^{n-k-1}) = n$. Damit sind L_t^{n-k-1} und L^k sogar komplementär. Also gilt die Aussage (a) von

> <u>Satz 4</u>: (a) Die Totalpolare L_t^{n-k-1} einer regulären k-Ebene L^k bezüglich einer nullteiligen nichtentarteten Absolutquadrik $Q_{n+1\,0}^{n-1}$ ist zu L^k komplementär. Entsprechend gilt:
>
> (b) Die Totalpolare L_t^{n-k-1} einer regulären k-Ebene L^k, die nicht k-Tangente der Absolutquadrik $Q_{n+1\,q_o}^{n-1}$ $(q_o > 0)$ ist, bezüglich $Q_{n+1\,q_o}^{n-1}$ ist zu L^k komplementär.
>
> In (a) und (b) gilt daher: $L^k \cap L_t^{n-k-1} = \emptyset$, $L^k + L_t^{n-k-1} = P^n$
>
> oder: $\mathrm{Dim}(L^k \cap L_t^{n-k-1}) = -1$, $\mathrm{Dim}(L^k + L_t^{n-k-1}) = n$.

Aufgabe:

Man beweise Satz 4, Aussage (b).

C. Koordinatendarstellungen der Totalpolaren einer regulären k-Ebene

Eine reguläre k-Ebene L^k ist nach 1B, Satz 8 darstellbar als Verbindung von k+1 linear unabhängigen Punkten und nach 1B, Satz 9 als Schnitt von n-k linear unabhängigen Hyperebenen. Davon wird im folgenden Gebrauch gemacht.

a) <u>$L^k \cap A^{n_1} = \emptyset$ $(0 \le k < n-n_1)$</u>: L^k sei die Verbindung von k+1 linear unabhängigen Punkten

$$A_j(\vec{a}_j) \text{ mit } \vec{a}_j = (\vec{a}_{jo}\ \vec{a}_{j1} \ldots \vec{a}_{j\rho})^T \quad (0 \le j \le k).$$

Hat die absolute Quadrik $Q_{r_o q_o}^{n-1}$ die Normalform 6B(I)

$$\vec{x}_o^T E_o \vec{x}_o = 0 \text{ mit } \vec{x}_o = (x_o, \ldots, x_{r_o-1})^T,$$

so haben die Polarhyperebenen Γ_{A_j} bezüglich $Q^{n-1}_{r_o q_o}$ nach 4F(II) die Darstellung

$$\vec{a}^T_{jo} E_o \vec{x}_o = 0 \quad (0 \le j \le k). \tag{1}$$

Nach 4E, Satz 8 ist die Totalpolare L^{n-k-1}_t der Schnitt der (linear unabhängigen) Polarhyperebenen Γ_{A_j} $(0 \le j \le k)$. Die Lösungsmenge des linearen Gleichungssystems (1) stellt L^{n-k-1}_t als diesen Schnitt dar.

Der Vektor $\vec{a}_{jo}$ ist normierbar durch $\vec{a}^T_{jo} E_o \vec{a}_{jo} = \pm 1$ (6B, Satz 1), wenn $A_j \notin Q^{n-1}_{r_o q_o}$. Dies läßt sich ohne Einschränkung erreichen. Bildet man die Matrix $A_{r_o,k+1} := (\vec{a}_{oo}\ \vec{a}_{1o} \ldots \vec{a}_{ko})$, so erhält das lineare Gleichungssystem (1) die Darstellung

$$A^T_{r_o,k+1} E_o \vec{x}_o = \vec{o}_o. \tag{1a}$$

Mit $\vec{a}_{jo} = (a_{jo}, \ldots, a_{j\,r_o-1})^T$ $(0 \le j \le k)$ lautet (1a) ausführlich:

$$a_{jo}x_o + \ldots + a_{j,r_o-q_o-1}x_{r_o-q_o-1} \underbrace{-a_{j,r_o-q_o}x_{r_o-q_o} - \ldots - a_{j,r_o-1}x_{r_o-1}}_{q_o} = 0 \quad (0 \le j \le k).$$

Die Polarhyperebene $\Gamma_{A_j}(\vec{\gamma}_j)$ hat somit die Hyperebenenkoordinaten (3B, Satz 2):

$$\underbrace{\gamma_{jo} = a_{jo}, \ldots, \gamma_{j,r_o-q_o-1} = a_{j,r_o-q_o-1},\ \gamma_{j,r_o-q_o} = -a_{j,r_o-q_o}, \ldots, \gamma_{j,r_o-1} = -a_{j,r_o-1},}_{r_o \text{ Hyperebenenkoordinaten}}$$

$$\gamma_{j,r_o} = \ldots = \gamma_{j,n} = 0.$$

Die Hyperebenenkoordinaten aller $k+1$ Hyperebenen Γ_{A_j} kann man zusammenfassen in den Matrizen:

$$\Gamma_{k+1,r_o} = A_{r_o,k+1}E_o,\ \Gamma_{k+1,r_1} = O_1, \ldots,\ \Gamma_{k+1,r_\rho} = O_\rho. \tag{1b}$$

Ausgehend von einem beliebigen Punkt aus $P^n \backslash Q^{n-1}_{r_o q_o}$ kann man in $P^n \backslash Q^{n-1}_{r_o q_o}$ nach 4E, Satz 11 stets r_o (jedoch nicht mehr) linear unabhängige Punkte angeben, die bezüglich $Q^{n-1}_{r_o q_o}$ paarweise polar liegen. Wegen $k < n - n_1 = r_o$ kann man daher in L^k die $k+1$ linear unabhängigen Punkte $A_j(\vec{a}_j)$ stets paarweise polar bezüglich $Q^{n-1}_{r_o q_o}$ wählen. Die Vektoren $\vec{a}_{jo}$ genügen dann den Polaritätsbedingungen $\vec{a}^T_{jo} E_o \vec{a}_{j'o} = 0$ $(0 \le j, j' \le k,\ j \ne j')$; sie lassen sich mit den Normierungsbedingungen $\vec{a}^T_{jo} E_o \vec{a}_{jo} = \pm 1$ zusammenfassen zu:

$$A^T_{r_o,k+1} E_o A_{r_o,k+1} = E_o.$$

b) $L^k \cap A^{n_\nu} \neq \emptyset$, $L^k + A^{n_\nu} = P^n$, $L^k \cap A^{n_{\nu+1}} = \emptyset$ $(n-n_\nu \leq k < n-n_{\nu+1})$: Nach A,Satz 2 ist $\mathrm{Dim}(L^k \cap A^{n_\nu}) = k+n_\nu-n$. Sei $L^k \cap A^{n_\nu}$ dargestellt als Verbindung von $k+n_\nu-n+1$ linear unabhängigen Punkten $B_j(\vec{b}_j)$ mit

$$\vec{b}_j = (\vec{o}_o \ \dots \ \vec{o}_{\nu-1} \ \vec{b}_{j\nu} \ \dots \ \vec{b}_{j\rho})^T \quad (0 \leq j \leq k+n_\nu-n).$$

Hat der Absolutkegel $Q^{n_\nu-1}_{r_\nu q_\nu}$ die Normalform 6B(I), $\vec{x}_\nu^T E_\nu \vec{x}_\nu = 0$ mit $\vec{x}_\nu = (x_{n-n_\nu}, \dots, x_{n-n_{\nu+1}-1})^T$, so haben die (linear unabhängigen) Polarhyperebenen $\Gamma_{B_j} \subset A^{n_\nu}$ bezüglich $Q^{n_\nu-1}_{r_\nu q_\nu}$ nach 4F(II) die Darstellung:

$$\vec{b}_{j\nu}^T E_\nu \vec{x}_\nu = 0 \quad (0 \leq j \leq k+n_\nu-n). \tag{2}$$

Nach 4E,Satz 8 ist die Totalpolare L_t^{n-k-1} der Schnitt der Polarhyperebenen $\Gamma_{B_j} \subset A^{n_\nu}$ $(0 \leq j \leq k+n_\nu-n)$; L_t^{n-k-1} hat somit (2) als Darstellung durch ein lineares Gleichungssystem.

Der Vektor $\vec{b}_{j\nu}$ ist normierbar durch $\vec{b}_{j\nu}^T E_\nu \vec{b}_{j\nu} = \pm 1$ für $B_j \notin Q^{n_\nu-1}_{r_\nu q_\nu}$. Bildet man die Matrix $B_{r_\nu,k+n_\nu-n+1} := (\vec{b}_{o\nu} \ \vec{b}_{1\nu} \ \dots \ \vec{b}_{k+n_\nu-n,\nu})$, so erhält das lineare Gleichungssystem (2) die Darstellung

$$B^T_{r_\nu,k+n_\nu-n+1} E_\nu \vec{x}_\nu = \vec{o}_\nu \,. \tag{2a}$$

Mit $\vec{b}_{j\nu} = (b_{j,n-n_\nu}, \dots, b_{j,n-n_{\nu+1}-1})^T$ lautet (2) ausführlich:

$$b_{j,n-n_\nu} x_{n-n_\nu} + \dots - b_{j,n-n_{\nu+1}-q_\nu} x_{n-n_{\nu+1}-q_\nu} - \dots - b_{j,n-n_{\nu+1}-1} x_{n-n_{\nu+1}-1} = 0$$
$$(0 \leq j \leq k+n_\nu-n)\,.$$

Die Polarhyperebene $\Gamma_{B_j}(\vec{\gamma}_j)$ hat somit die Hyperebenenkoordinaten

$$\underbrace{\gamma_{j,n-n_\nu} = b_{j,n-n_\nu}, \dots, \gamma_{j,n-n_{\nu+1}-q_\nu} = -b_{j,n-n_{\nu+1}-q_\nu}, \dots, \gamma_{j,n-n_{\nu+1}-1} = -b_{j,n-n_{\nu+1}-1}}_{r_\nu \text{ Hyperebenenkoordinaten}},$$
$$\gamma_{j,n-n_{\nu+1}} = \dots = \gamma_{j,n} = 0.$$

Die Hyperebenenkoordinaten aller $k+n_\nu-n+1$ Hyperebenen Γ_{B_j} kann man zusammenfassen in den Matrizen

$$\Gamma_{k+n_\nu-n+1,r_\nu} = B^T_{r_\nu,k+n_\nu-n+1} E_\nu, \ \Gamma_{k+n_\nu-n+1,r_{\nu+1}} = 0_{\nu+1}, \ \dots, \ \Gamma_{-,r_\rho} = 0_\rho \,. \tag{2b}$$

Ausgehend von einem beliebigen Punkt aus $A^{n_\nu} \setminus Q^{n_\nu-1}_{r_\nu q_\nu}$ kann man in $A^{n_\nu} \setminus Q^{n_\nu-1}_{r_\nu q_\nu}$ stets r_ν (jedoch nicht mehr) linear unabhängige Punkte angeben, die bezüglich $Q^{n_\nu-1}_{r_\nu q_\nu}$ paarweise polar liegen. Wegen

$0 \le \mathrm{Dim}(L^k \cap A^{n_\nu}) < r_\nu$ kann man daher in $L^k \cap A^{n_\nu}$ die $k+n_\nu-n+1$ linear unabhängigen Punkte $B_j(\vec{b}_j)$ stets paarweise polar bezüglich $Q^{n_\nu-1}_{r_\nu q_\nu}$ wählen. Die Vektoren $\vec{b}_{j\nu}$ genügen dann den Polaritätsbedingungen $\vec{b}^T_{j\nu}E_\nu\vec{b}_{j'\nu} = 0$ $(0 \le j,j' \le k+n_\nu-n,\ j \ne j')$, die sich mit den Normierungsbedingungen $\vec{b}^T_{j\nu}E_\nu\vec{b}_{j\nu} = \pm 1$ zusammenfassen lassen zu:

$$B^T_{r_\nu,k+n_\nu-n+1}E_\nu B_{r_\nu,k+n_\nu-n+1} = E_\nu .$$

c) $L^k \cap A^{n_\rho} \ne \emptyset,\ L^k + A^{n_\rho} = P^n\ (n-n_\rho \le k \le n)$: $L^k \cap A^{n_\rho}$ hat nach A,Satz 2 die Dimension $k+n_\rho-n$ und sei dargestellt als Verbindung von $k+n_\rho-n+1$ linear unabhängigen Punkten:

$$C_j(\vec{c}_j) \text{ mit } \vec{c}_j = (\vec{o}_o \ldots \vec{o}_{\rho-1}\ \vec{c}_{j\rho})^T \quad (0 \le j \le k+n_\rho-n).$$

Dann entsprechen den Gleichungen (2)-(2b) nacheinander die Gleichungen:

$$\vec{c}^T_{j\rho}E_\rho\vec{x}_\rho = 0 \quad (0 \le j \le k+n_\rho-n), \tag{3}$$

$$C^T_{r_\rho,k+n_\rho-n+1}E_\rho\vec{x}_\rho = \vec{o}_\rho, \tag{3a}$$

$$\Gamma_{k+n_\rho-n+1,r_\rho} = C^T_{r_\rho,k+n_\rho-n+1}E_\rho . \tag{3b}$$

Ist $L^k \cap A^{n_\nu}$ (mit $\mathrm{Dim}(L^k \cap A^{n_\nu}) = k+n_\nu-n,\ 0 \le \nu \le \rho$) dargestellt als Schnitt von $n_\nu-(k+n_\nu-n) = n-k$ linear unabhängigen Hyperebenen Γ_j in A^{n_ν}, die die Absolutebene $A^{n_\nu+1}$ nicht treffen, so ist die Totalpolare L^{n-k-1}_t von $L^k \cap A^{n_\nu}$ bezüglich $Q^{n_\nu-1}_{r_\nu q_\nu}$ die Verbindung der Totalpolaren (Pole) der Γ_j $(0 \le j \le n-k-1)$.

D. Orthogonalität in Cayley/Klein-Räumen

<u>Def.1</u>: In einem CK-Raum $P^n_{r_o\ldots r_{\rho-1}|q_o\ldots q_\rho}$ mit der Absolutfigur F heißen eine reguläre

k-Ebene L^k mit der Totalpolaren L^{n-k-1}_t bezüglich F

und eine reguläre

m-Ebene S^m mit der Totalpolaren S^{n-m-1}_t bezüglich F

(zueinander) *orthogonal* $(L^k \perp S^m)$, wenn gilt:

L^k schneidet S^{n-m-1}_t und S^m schneidet L^{n-k-1}_t,

also $$L^k \perp S^m :\Leftrightarrow L^k \cap S^{n-m-1}_t \ne \emptyset,\ S^m \cap L^{n-k-1}_t \ne \emptyset. \tag{I}$$

(*Orthogonalitätsbedingungen*)

In einem CK-Raum sind nach B,Satz 3 die Totalpolaren L_t^{n-k-1}, S_t^{n-m-1} regulärer k- bzw. m-Ebenen L^k, S^m genau dann regulär, wenn sie nicht in der Absolutfigur F liegen und der CK-Raum nichtentartet ist, also F nur aus der Absolutquadrik $Q_{n+1\,q}^{n-1}$ besteht. Dann sind die Totalpolaren von L_t^{n-k-1} und S_t^{n-m-1} erklärt und regulär, und nach B,Satz 2 gilt:

$$L_{tt}^{n-(n-k-1)-1} = L_{tt}^k, \quad S_{tt}^{n-(n-m-1)-1} = S_{tt}^m.$$

Nach 4E,Satz 4 ist $L^k \subset L_{tt}^k$, $S^m \subset S_{tt}^m$, und wegen der Dimensionsgleichheit folgt: $L^k = L_{tt}^k$, $S^m = S_{tt}^m$. Also ist nach Def.1

$$L_t^{n-k-1} \perp S_t^{n-m-1} \iff L_t^{n-k-1} \cap S^m \neq \emptyset,\ S_t^{n-m-1} \cap L^k \neq \emptyset.$$

Somit gilt:

Satz 2: Genau in einem nichtentarteten CK-Raum ist mit einer k-Ebene $L^k \not\subset F$ auch deren Totalpolare L_t^{n-k-1} bezüglich F regulär, falls $L_t^{n-k-1} \not\subset F$. Die Totalpolare L_{tt}^k von L_t^{n-k-1} bezüglich F stimmt mit L^k überein, und falls $S^m \not\subset F$, $S_t^{n-m-1} \not\subset F$ gilt: $$L^k \perp S^m \iff L_t^{n-k-1} \perp S_t^{n-m-1}.$$

Im folgenden wenden wir in beliebigen CK-Räumen die Orthogonalitätsdefinition (Def.1) auf Paare regulärer Hyperebenen (regulärer Punkte) und Paare regulärer Hypergeraden (regulärer Geraden) an. Anschließend befassen wir uns mit Loten von regulären m-Ebenen.

(a) Für je zwei *reguläre Hyperebenen* L^{n-1}, S^{n-1} gilt nach Def.1:

$$L^{n-1} \perp S^{n-1} \iff S_t^o \in L^{n-1},\ L_t^o \in S^{n-1}.$$

Ist die Absolutebene A^{n_ρ} ein Punkt ($n_\rho=0$), so ist $L_t^o = A^{n_\rho} = S_t^o$. Wäre nun $A^{n_\rho} \subset L^{n-1}$, so wäre L^{n-1} nach A,Def.1 singulär; für $A^{n_\rho} \subset S^{n-1}$ wäre S^{n-1} singulär. In den CK-Räumen mit $n_\rho=0$ gibt es daher keine zueinander orthogonalen regulären Hyperebenen.

Für je zwei *reguläre Punkte* L^o, S^o gilt nach Def.1:

$$L^o \perp S^o \iff L^o \in S_t^{n-1},\ S^o \in L_t^{n-1}.$$

Ist die Absolutebene A^{n_1} eine Hyperebene ($n_1=n-1$), so ist $L_t^{n-1} = A^{n-1} = S_t^{n-1}$. Wäre nun $L^o \in A^{n-1}$, so wäre L^o nach A,Def.1 singulär. In den CK-Räumen mit $n_1=n-1$ gibt es daher keine zueinander orthogonalen regulären Punkte.

Somit gilt:

> Satz 3: Zwei reguläre Hyperebenen(Punkte) eines CK-Raumes mit der Absolutfigur F sind genau dann orthogonal, wenn jede mit dem Pol der anderen (jeder mit der Polarhyperebene des anderen) bezüglich F inzidiert.
>
> In den CK-Räumen mit einer Absoluthyperebene $A^{n_1} = A^{n-1}$ existieren keine orthogonalen Punkte.
>
> In den CK-Räumen mit einem Absolutpunkt $A^{n_\rho} = A^o$ existieren keine orthogonalen Hyperebenen.

Für eine *reguläre Hyperebene* L^k $(k = n-1)$ besteht in A,Satz 2 entweder der Fall

b) $n-n_\nu \leq n-1 < n-n_{\nu+1}$ $(0 < \nu < \rho)$ und zwar für $\nu = \rho-1$

(Es ist notwendig $n_{\nu+1} = 0$, also $A^{n_{\nu+1}}$ ein Punkt, also $A^{n_{\nu+1}} = A^{n_\rho} = A^o$; L^{n-1} schneidet $A^{n_{\rho-1}}$, $n_{\rho-1} \geq 1$, aber nicht A^{n_ρ}.)

oder der Fall

c) $n-n_\rho \leq n-1 < n$ für $\nu = \rho$.

(Es ist A^{n_ρ} kein Punkt; L^{n-1} schneidet A^{n_ρ}.)

Im Fall b) gibt es nach Satz 3 keine orthogonalen Hyperebenen. Im folgenden ist daher nur noch Fall c) zu untersuchen.

Die Totalpolare einer regulären Hyperebene L^{n-1} bezüglich F ist nach B,Def.1 im Fall c) die Totalpolare von $L^{n-1} \cap A^{n_\rho}$ bezüglich $Q^{n_\rho-1}_{r_\rho q_\rho}$. Dabei ist nach A,Satz 2

$$\mathrm{Dim}(L^k \cap A^{n_\rho}) = \mathrm{Dim}(L^{n-1} \cap A^{n_\rho}) = k+n_\rho-n = n-1+n_\rho-n = n_\rho-1;$$

$L^{n-1} \cap A^{n_\rho}$ ist also eine Hyperebene in A^{n_ρ}, deren Pol L^o_t bezüglich $Q^{n_\rho-1}_{r_\rho q_\rho}$ zu ermitteln ist. Nach Satz 3 ist dann

$$L^{n-1} \perp S^{n-1} \Longleftrightarrow L^o_t \in S^{n-1},\ S^o_t \in L^{n-1},$$

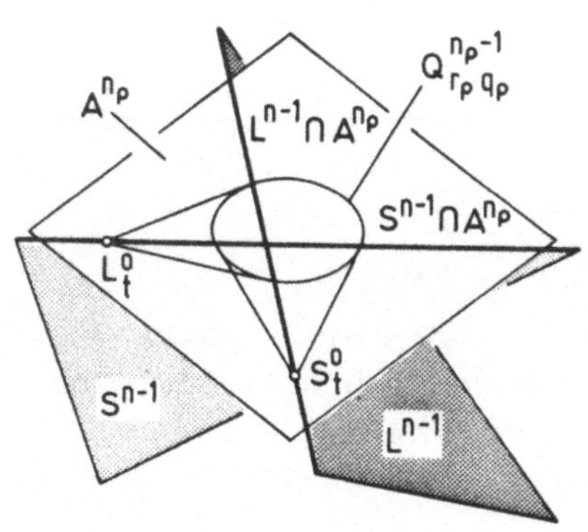

wobei die Pole L^o_t, S^o_t bezüglich der Absolutquadrik $Q^{n_\rho-1}_{r_\rho q_\rho}$ polar liegen.

Damit erfolgt die Kennzeichnung ganz in A^{n_ρ}. Die Orthogonalität zweier Hyperebenen L^{n-1}, S^{n-1} wird also nur anhand ihrer *Spuren* $L^{n-1} \cap A^{n_\rho}$, $S^{n-1} \cap A^{n_\rho}$ in A^{n_ρ} entschieden.

Haben die Punkte L^o_t, S^o_t die Koordinatenvektoren

$$(\vec{o}_o \ldots \vec{o}_{\rho-1}\, \vec{l}_\rho)^T, \quad (\vec{o}_o \ldots \vec{o}_{\rho-1}\, \vec{s}_\rho)^T,$$

so werden ihre Polarhyperebenen $L^{n-1} \cap A^{n_\rho}$, $S^{n-1} \cap A^{n_\rho}$ bezüglich der Absolutquadrik $Q^{n_\rho-1}_{r_\rho q_\rho}$ nach 4E beschrieben durch $\vec{l}^T_\rho E_\rho \vec{x}_\rho = 0$ bzw.

$\vec{s}_\rho^T E_\rho \vec{x}_\rho = 0$. Daraus folgt:

$$L^{n-1} \perp S^{n-1} \Longleftrightarrow L_t^o \in S^{n-1},\ S_t^o \in L^{n-1} \Longleftrightarrow \vec{l}_\rho^T E_\rho \vec{s}_\rho = 0.$$

Damit gilt:

> Satz 4: Für zwei reguläre Hyperebenen L^{n-1}, S^{n-1} eines CK-Raumes gilt entweder[1)]
>
> b) $L^{n-1} \cap A^{n_\rho - 1} \neq \emptyset$, $L^{n-1} \cap A^{n_\rho} = \emptyset$; $S^{n-1} \cap A^{n_\rho - 1} \neq \emptyset$, $S^{n-1} \cap A^{n_\rho} = \emptyset$ oder
>
> c) $L^{n-1} \cap A^{n_\rho} \neq \emptyset$; $S^{n-1} \cap A^{n_\rho} \neq \emptyset$.
>
> Im Fall b) sind L^{n-1}, S^{n-1} niemals orthogonal.
>
> Hat im Fall c) bezüglich der Absolutquadrik $Q^{n_\rho - 1}_{r_\rho q_\rho}$ der Pol L_t^o von $L^{n-1} \cap A^{n_\rho}$ den Koordinatenvektor $(\vec{o}_o \ldots \vec{o}_{\rho-1}\ \vec{l}_\rho)^T$ und der Pol S_t^o von $S^{n-1} \cap A^{n_\rho}$ den Koordinatenvektor $(\vec{o}_o \ldots \vec{o}_{\rho-1}\ \vec{s}_\rho)^T$, so gilt:
>
> $$L^{n-1} \perp S^{n-1} \Longleftrightarrow \vec{l}_\rho^T E_\rho \vec{s}_\rho = 0.$$

Für orthogonale Punkte findet man analoge Bedingungen.

(b) Für je zwei *reguläre Hypergeraden* L^{n-2}, S^{n-2} gilt nach Def.1:

$$L^{n-2} \perp S^{n-2} \Longleftrightarrow L^{n-2} \cap S_t^1 \neq \emptyset,\ S^{n-2} \cap L_t^1 \neq \emptyset,$$

und für je zwei *reguläre Geraden* L^1, S^1 gilt:

$$L^1 \perp S^1 \Longleftrightarrow L^1 \cap S_t^{n-2} \neq \emptyset,\ S^1 \cap L_t^{n-2} \neq \emptyset.$$

Man erhält also:

> Satz 5: Zwei reguläre Hypergeraden(Geraden) eines CK-Raumes mit der Absolutfigur F sind genau dann orthogonal, wenn jede die totalpolare Gerade(Hypergerade) der anderen bezüglich F trifft.

(c) Für eine *reguläre Gerade* L^1 und eine *reguläre m-Ebene* S^m gilt nach Def.1:

$$L^1 \perp S^m \Longleftrightarrow L^1 \cap S_t^{n-m-1} \neq \emptyset,\ S^m \cap L_t^{n-2} \neq \emptyset.$$

Dabei sind nach A,Satz 3 die regulären Geraden eines CK-Raumes seine Passanten, regulären Tangenten, Sekanten und (falls eine Absoluthyperebene existiert) seine euklidischen Geraden.

Aufgrund der Orthogonalitätsbedingungen schneidet jede zu S^m

---

1) Die folgenden Fälle b) und c) orientieren sich an der in A,Satz 2 getroffenen Unterscheidung. Fällt eine reguläre Hyperebene eines CK-Raumes unter Fall b), so gilt dies für jede Hyperebene. Entsprechendes gilt im Fall c).

orthogonale Gerade L^1 die Totalpolare S_t^{n-m-1} von S^m bezüglich F (im allgemeinen in einem Punkt Y), und S^m schneidet die totalpolare Hypergerade von L^1 bezüglich F. Die Dimensionsformel 1C(I), angewendet auf S^m und L_t^{n-2} liefert:

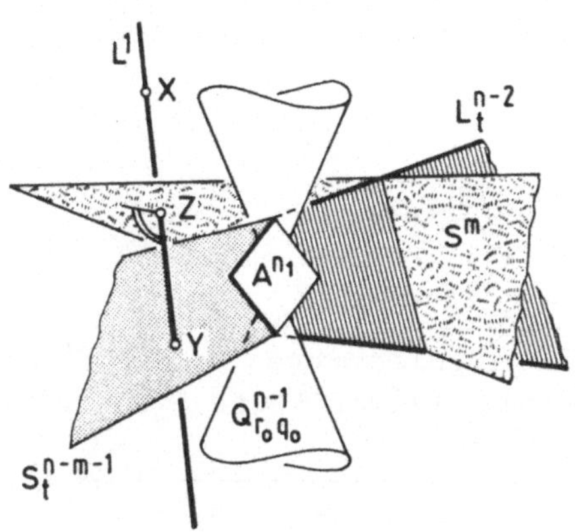

$$m+(n-2) = \mathrm{Dim}(S^m \cap L_t^{n-2}) + \mathrm{Dim}(S^m + L_t^{n-2}).$$

Ist die Bedingung $S^m \cap L_t^{n-2} \neq \emptyset$ nicht erfüllt, so ist $\mathrm{Dim}(S^m \cap L_t^{n-2}) = -1$, und es gilt

$$m+(n-2)+1 = \mathrm{Dim}(S^m + L_t^{n-2}) \underset{\text{(stets)}}{\leq} n, \quad m \leq 1.$$

Die Orthogonalitätsbedingung $S^m \cap L_t^{n-2} \neq \emptyset$ ist also höchstens für $m \leq 1$ verletzt und damit sonst stets erfüllt.

Für $m = 0$ lauten die Orthogonalitätsbedingungen: $L^1 \cap S_t^{n-1} \neq \emptyset$ (stets erfüllt) und $S^o \in L_t^{n-2}$. Für $m = 0$ sind also genau die regulären Punkte der totalpolaren Hypergeraden L_t^{n-2} von L^1 orthogonal zu L^1. Dieser Fall wird nicht weiter betrachtet.

Für $m = 1$ (Orthogonalität zweier regulärer Geraden) gilt Satz 5. Der Fall $m = 1$ wird daher ebenfalls nicht weiter betrachtet.

Für $m > 1$ zeigt die Dimensionsformel 1C(I), daß die Orthogonalitätsbedingung $S^m \cap L_t^{n-2} \neq \emptyset$ stets erfüllt ist. Daher gilt:

Satz 6: In einem CK-Raum ist eine reguläre Gerade L^1 zu einer regulären m-Ebene S^m $(m > 1)$ genau dann orthogonal, wenn L^1 die Totalpolare von S^m trifft:

$$L^1 \perp S^m \Leftrightarrow L^1 \cap S_t^{n-m-1} \neq \emptyset \quad (m > 1).$$

L^1 heißt ein *reguläres Lot* (eine *reguläre Normale*) von S^m $(1 \leq m \leq n-1)$, wenn $L^1 \cap S_t^{n-m-1} \neq \emptyset$, $L^1 \cap S^m \neq \emptyset$.

Eine singuläre Gerade L^1 mit $L^1 \cap S_t^{n-m-1} \neq \emptyset$, $L^1 \cap S^m \neq \emptyset$ heißt ein *singuläres Lot* (eine *singuläre Normale*) von S^m $(1 \leq m \leq n-1)$.

Der Schnittpunkt $Z := L^1 \cap S^m$ heißt *Lotfußpunkt* von L^1. Ist $X \in L^1$ $(X \notin S^m, X \notin S^{n-m-1})$ ein beliebiger Punkt, so heißt L^1 auch ein *Lot von* X *auf* S^m (*Fällen* von Loten!). Sätze, die angeben, ob in einem Punkt $X \in S^m$ ein Lot L^1 von S^m existiert, sind Sätze über das *Errichten* von Loten.

Nach Satz 6 besteht die Gesamtheit der zu einer regulären m-Ebene S^m orthogonalen Geraden aus allen regulären Treffgeraden der Totalpolaren S_t^{n-m-1} von S^m. Die regulären Treffgeraden von S_t^{n-m-1}, die zugleich S^m treffen, sind die regulären Lote von S^m. Damit reguläre Treffgeraden von S_t^{n-m-1} existieren, muß notwendig gelten:

entweder $S_t^{n-m-1} \not\supseteq A^{n_1}$ (dann ist $S^m \cap A^{n_1} = \emptyset$)

oder $n_1 = n-1$ und $S_t^{n-m-1} \not\supseteq A^{n_2}$ (dann ist $n_1 = n-1$ und $S^m \cap A^{n_2} = \emptyset$).

Ist die Absolutebene A^{n_1} keine Hyperebene ($n_1 < n-1$), so ist jede Treffgerade L^1 von A^{n_1} nach A,Def.1 singulär wegen $L^1 + A^{n_1} \neq P^n$. Ist $S^m \not\subset F$, $S^m \cap A^{n_1} = \emptyset$, so ist S^m regulär (A,Def.1) und $S_t^{n-m-1} \supset A^{n_1}$ (B,Def.1;4E,Satz 7). Daraus folgt mit Satz 6:

> Satz 7: In einem CK-Raum, in dem A^{n_1} keine Absoluthyperebene ist ($n_1 < n-1$), sind alle Treffgeraden von A^{n_1} und einer zu A^{n_1} windschiefen m-Ebene $S^m \not\subset F$ ($A^{n_1} \cap S^m = \emptyset$) singuläre Lote von S^m.

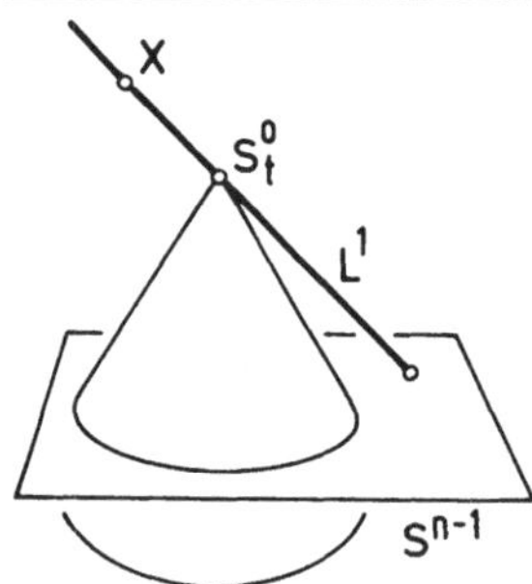

Ist S^m eine reguläre Hyperebene ($m = n-1$), so ist eine reguläre Gerade L^1 nach Satz 6 genau dann ein Lot von S^{n-1}, wenn sie den Pol S_t^0 von S^{n-1} bezüglich der Absolutfigur **F** enthält. Damit folgt:

> Satz 8: In einem CK-Raum gibt es auf jede reguläre Hyperebene S^{n-1} von jedem Punkt $X \neq S_t^0$ genau ein (reguläres oder singuläres) Lot L^1.

Wir untersuchen, ob diese Aussage für eine beliebige reguläre m-Ebene S^m ($m > 1$) ebenfalls gilt. Da jede zu S^m orthogonale Gerade L^1 die Totalpolare S_t^{n-m-1} von S^m bezüglich **F** in einem Punkt Y schneidet und ein Lot auf S^m zugleich S^m im Lotfußpunkt Z trifft, ist *jedes* Lot von X auf S^m die Verbindungsgerade von X mit einem gewissen Punkt $Y \in S_t^{n-m-1}$, aber auch die Verbindungsgerade von X mit dem Lotfußpunkt $Z \in S^m$. Ein eindeutiges Lot von X auf S^m ($X \notin S^m$, $X \notin S_t^{n-m-1}$) existiert daher genau dann, wenn

$$\mathrm{Dim}[(X + S^m) \cap S_t^{n-m-1}] = 0 \quad \text{oder} \quad \mathrm{Dim}[(X + S^{n-m-1}) \cap S^m] = 0$$

ist. Wegen $X \notin S^m$ ist $\mathrm{Dim}(X + S^m) = m+1$. Die Dimensionsformel 1C(I), angewendet auf $X + S^m$ und S_t^{n-m-1}, lautet:

$$n = \mathrm{Dim}[(X + S^m) \cap S_t^{n-m-1}] + \mathrm{Dim}[(X + S^m) + S_t^{n-m-1}] .$$

Da $\mathrm{Dim}[(X + S^m) \cap S_t^{n-m-1}] = 0$ sein soll, existiert von X auf S^m genau dann ein eindeutiges Lot, wenn

$$\mathrm{Dim}(X + S^m + S_t^{n-m-1}) = n .$$

Da X auf der Verbindungsgeraden des Lotfußpunktes $Z \in S^m$ mit einem Punkt $Y \in S_t^{n-m-1}$ liegt, ist $X \in S^m + S_t^{n-m-1}$, also $X + S^m + S_t^{n-m-1} = S^m + S_t^{n-m-1}$.

Damit gilt: Von einem Punkt X ($X \notin S^m$, $X \notin S_t^{n-m-1}$) existiert auf S^m genau dann ein eindeutiges Lot, wenn gilt: $S^m + S_t^{n-m-1} = P^n$ oder – damit äquivalent – $S^m \cap S_t^{n-m-1} = \emptyset$.

Nach B,Satz 3 ist die Totalpolare S_t^{n-m-1} genau dann regulär, wenn $S_t^{n-m-1} \not\subset F$ und der CK-Raum nichtentartet ist. Dann stimmt die Totalpolare von S_t^{n-m-1} mit S^m überein ($S_{tt}^{n-(n-m-1)-1} = S^m$).

Zusammenfassend gilt somit:

<u>Satz 9</u>: In einem CK-Raum existiert von einem Punkt X auf eine reguläre m-Ebene S^m ($X \notin S^m$, $X \notin S_t^{n-m-1}$, $m > 1$)[1] genau dann ein eindeutiges Lot L^1, wenn die m-Ebene S^m und ihre Totalpolare S_t^{n-m-1} bezüglich der Absolutfigur F zueinander komplementär sind, wenn also gilt:

$$S^m + S_t^{n-m-1} = P^n, \quad S^m \cap S_t^{n-m-1} = \emptyset, \qquad \text{(II)}$$

wobei

$$S^m + S_t^{n-m-1} = P^n \Leftrightarrow S^m \cap S_t^{n-m-1} = \emptyset.$$

Genau in den nichtentarteten CK-Räumen existiert unter derselben Bedingung auch ein eindeutiges Lot N^1 von X auf S_t^{n-m-1}. N^1 fällt mit L^1 zusammen[2] und heißt das *Gemeinlot* von S^m und S_t^{n-m-1} durch X.

$Z := L^1 \cap S^m$ heißt die *Normalprojektion* von X in S^m,

$Y := L^1 \cap S_t^{n-m-1}$ heißt in nichtentarteten CK-Räumen die *Normalprojektion* von X in S_t^{n-m-1}. Die Menge aller Normalen L^1 von S^m heißt die *Normalenkongruenz* von S^m, die in nichtentarteten CK-Räumen zugleich die Normalenkongruenz von S_t^{n-m-1} ist.

<u>Satz 10</u>: Jede (reguläre bzw. singuläre) Treffgerade L^1 einer regulären m-Ebene S^m ($m > 1$) und einer regulären p-Ebene T^p ($p > 1$) eines CK-Raumes, die Lot von S^m und von T^p ist, heißt ein (***reguläres*** bzw. ***singuläres***) *Gemeinlot* von S^m und T^p. L^1 ist genau dann Gemeinlot von S^m und T^p, wenn gilt (siehe Satz 6)

L^1 ist Lot auf S^m ($L^1 \cap S_t^{n-m-1} \neq \emptyset$, $L^1 \cap S^m \neq \emptyset$) und

L^1 ist Lot auf T^p ($L^1 \cap T_t^{n-p-1} \neq \emptyset$, $L^1 \cap T^p \neq \emptyset$).

Für reguläre Hyperebenen S^m und T^p ($m = p = n-1$) sind die Bedin-

[1] Für $m = 1$ gilt Satz 5.

[2] Jedes Lot von X auf S^m trifft S^m in Z und S_t^{n-m-1} in einem Punkt Y. Jedes Lot von X auf S_t^{n-m-1} trifft S_t^{n-m-1} in Z' und S^m in einem Punkt Y'. Wäre $L^1 \neq N^1$, so hätte jede Gerade durch X in der Ebene $L^1 + N^1$ die Eigenschaft, Lot von S^m und von S_t^{n-m-1} zu sein, im Widerspruch zur Eindeutigkeit des Lotes von X auf S^m.

gungen $L^1 \cap S^{n-1} \neq \emptyset$, $L^1 \cap T^{n-1} \neq \emptyset$ stets erfüllt. Die Bedingungen $L^1 \cap S^o_t \neq \emptyset$, $L^1 \cap T^o_t \neq \emptyset$ erfüllt genau die Verbindungsgerade $S^o_t + T^o_t$. Somit gilt:

> Satz 11: Zwei reguläre Hyperebenen S^{n-1}, T^{n-1} ($S^{n-1} \neq T^{n-1}$) mit verschiedenen Polen S^o_t, T^o_t bezüglich der Absolutfigur F eines CK-Raumes besitzen genau ein (reguläres oder singuläres) Gemeinlot, nämlich die Verbindungsgerade $S^o_t + T^o_t$ ihrer Pole. Die Pole S^o_t, T^o_t sind genau dann verschieden, wenn $n_\rho > 0$ und wenn $S^{n-1} \cap A^{n_\rho} \neq T^{n-1} \cap A^{n_\rho}$. Das eindeutig bestimmte Gemeinlot $S^o_t + T^o_t$ ist höchstens in nichtentarteten CK-Räumen regulär.

Ist etwa $Q^{n-1}_{r_o q_o}$ ein Absolutkegel mit punktförmiger Spitze ($A^{n_1} = A^o$), so haben S^{n-1} und T^{n-1} jede Gerade des Bündels um A^o als (singuläres) Gemeinlot.

Nach Satz 5 sind zwei reguläre Geraden S^1, L^1 eines CK-Raumes genau dann orthogonal, wenn jede die totalpolare Hypergerade der anderen bezüglich der Absolutfigur F trifft:

$$S^1 \perp L^1 \Longleftrightarrow S^1 \cap L^{n-2}_t \neq \emptyset,\ L^1 \cap S^{n-2}_t \neq \emptyset .$$

Sind nun S^1 (mit S^{n-2}_t) und ein Punkt $X \in S^1 + S^{n-2}_t$ vorgegeben, so ist jede Gerade durch X, die S^1 und S^{n-2}_t trifft, ein Lot L^1 von X auf S^1. Also ist jede Gerade durch X und

einen Punkt von $(X + S^1) \cap S^{n-2}_t$ (für $X \notin S^1$) oder

einen Punkt von $(X + S^{n-2}_t) \cap S^1$ (für $X \notin S^{n-2}_t$) oder

schließlich jede Gerade durch X in $S^1 + S^{n-2}_t$ (für $X \in S^1 \cap S^{n-2}_t$) ein Lot L^1 von X auf S^1. Wie bei Satz 9 ist das Lot L^1 eindeutig bestimmt genau dann, wenn gilt: $S^1 + S^{n-2}_t = P^n$ (oder $S^1 \cap S^{n-2}_t = \emptyset$) und $X \notin S^1$, $X \notin S^{n-2}_t$.

Damit gilt ergänzend zu Satz 9:

> Satz 12: In einem CK-Raum existiert von einem Punkt X auf eine reguläre Gerade S^1 ($X \notin S^1, X \notin S^{n-2}_t$) genau dann ein eindeutiges Lot L^1, wenn S^1 zu seiner totalpolaren Hypergeraden S^{n-2}_t bezüglich der Absolutfigur F windschief ist ($S^1 \cap S^{n-2}_t = \emptyset$). Dann ist
>
> $$L^1 := X + Z = X + W$$
>
> mit $$Z := (X + S^{n-2}_t) \cap S^1,\quad W := (X + S^1) \cap S^{n-2}_t .$$
>
> Ist L^1 regulär, so ist L^1 reguläres Lot, sonst singuläres Lot.

Bemerkung:

1) Nach A,Def.1 sind im 3-dimensionalen Flaggenraum $P^3_{111|0000}$ mit der Absolutfigur F: $Q^2_{10} \supset A^2 \supset Q^1_{10} \supset A^1 \supset Q^o_{10} \supset A^o \supset Q^{-1}_{10}$

genau jene Ebenen regulär, die weder die Absolutgerade A^1 noch den Absolutpunkt A^o enthalten. Ebenso findet man nach A,Def.1, daß unter den Geraden genau die euklidischen Geraden (sie treffen A^2, aber nicht A^1) regulär sind. Aus B,Def.1 und B,Satz 2 folgt, daß A^o die Totalpolare jeder regulären Geraden bezüglich F ist. Prüft man nach Def.1, wann zwei reguläre Ebenen, wann eine reguläre Ebene und eine reguläre Gerade und wann zwei reguläre Geraden im 3-dimensionalen Flaggenraum orthogonal sind, so zeigt sich, daß die Orthogonalitätsbedingungen niemals erfüllt sind. Def.1 enthält also nicht für jeden CK-Raum (zum Beispiel nicht für den 3-dimensionalen Flaggenraum) einen brauchbaren Orthogonalitätsbegriff.

Aufgaben:

1) Man ermittle im Anschluß an Bem.1 alle CK-Räume, für die 9D,Def.1 keinen brauchbaren Orthogonalitätsbegriff liefert.

2) Man bestimme im Anschluß an Satz 12 die Lote von einem Punkt X auf eine reguläre Gerade S^1 ($X \notin S^1$, $X \notin S^{n-2}_t$), wenn $S^1 \cap S^{n-2}_t \neq \emptyset$.

3) In einem n-dimensionalen CK-Raum ($n \geq 3$) sei L^1 eindeutiges Lot von einem Punkt X auf eine reguläre Gerade S^1 (siehe Satz 12). Der CK-Raum induziere in $X + S^1$ eine CK-Ebene (siehe 6D). Man untersuche, ob auch in dieser CK-Ebene S^1 regulär und L^1 eindeutiges Lot von X auf S^1 ist.

E. Ergänzungen

1. Hyperbolische Räume

Die Absolutquadrik $Q^{n-1}_{n+1\,q_o}$ eines hyperbolischen Raumes $P^n_{|q_o}$ ($q_o > 0$) enthält nach 4D,Satz 1 als Maximalerzeugende (q_o-1)-Ebenen ($r_o = p_o + q_o = n+1$), die nach A,Def.1 und A,Satz 4 die einzigen singulären k-Ebenen ($k \geq q_o-1$) des $P^n_{|q_o}$ sind und alle singulären k-Ebenen ($k \leq q_o-1$) des $P^n_{|q_o}$ enthalten.

<u>Satz 1</u>: Im hyperbolischen Raum $P^n_{|q_o}$ ($q_o > 0$) existiert von einem Punkt X auf eine reguläre m-Ebene S^m ($X \notin S^m, X \notin S^{n-m-1}_t$, $1 \leq m \leq n-1$) genau dann ein eindeutiges Lot l, wenn S^m keine reguläre m-Tangente (siehe 4E,Satz 5) der Absolutquadrik $Q^{n-1}_{n+1\,q_o}$ ist.

Beweis: Wegen D,Satz 9 und D,Satz 12 genügt es zu zeigen: S^m ist keine reguläre m-Tangente der Absolutquadrik $Q^{n-1}_{n+1\,q_o}$ genau dann, wenn $S^m \cap S_t^{n-m-1} = \emptyset$.

Ist S^m reguläre m-Tangente in einem regulären Quadrikpunkt $B \in Q^{n-1}_{n+1\,q_o}$, so ist $B \in S^m \cap S_t^{n-m-1} \neq \emptyset$. Ist umgekehrt $S^m \cap S_t^{n-m-1} \neq \emptyset$, etwa $C \in S^m \cap S_t^{n-m-1}$, so ist $C \in Q^{n-1}_{n+1\,q_o}$ und S^m liegt in der Tangentenhyperebene Γ_C von $Q^{n-1}_{n+1\,q_o}$ in C; also ist S^m reguläre m-Tangente von $Q^{n-1}_{n+1\,q_o}$ im regulären Quadrikpunkt C.

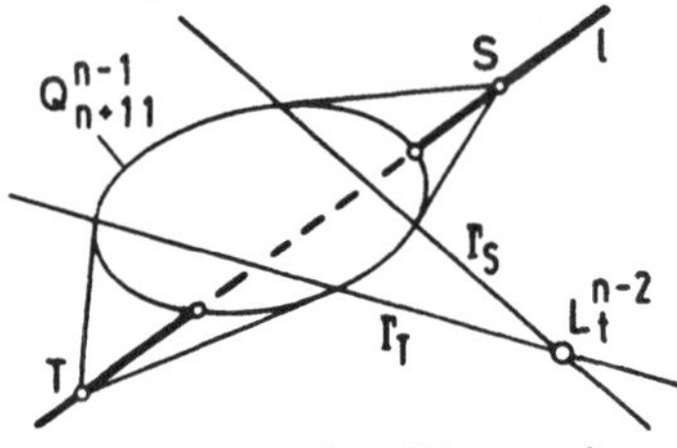

Im $P^n_{|q_o}$ $(q_o > 0)$ besitzen zwei verschiedene Hyperebenen Γ_S, Γ_T nach D,Satz 11 die Verbindungsgerade S+T ihrer Pole S,T bezüglich der Absolutquadrik als eindeutiges Gemeinlot l. Die Schnitthypergerade $L_t^{n-2} = \Gamma_S \cap \Gamma_T$ ist die Totalpolare von l. Wir zeigen in diesem Zusammenhang für $q_o=1$:

> Satz 2: Im hyperbolischen Raum $P^n_{|1}$ gilt: Das Gemeinlot l zweier Hyperebenen Γ_S, Γ_T enthält genau dann Innenpunkte der Absolutquadrik $Q^{n-1}_{n+1\,1}$, wenn die Schnitthypergerade $\Gamma_S \cap \Gamma_T$ ganz im Außengebiet der Absolutquadrik liegt ($\Gamma_S \cap \Gamma_T \subset AQ^{n-1}_{n+1\,1}$).

Beweis: Nach 4G,Satz 4 ist ein Punkt $X \in P^n$ genau dann Innenpunkt einer Ovalquadrik $Q^{n-1}_{n+1\,1}$, wenn seine Polarhyperebene Γ_X im Außengebiet $AQ^{n-1}_{n+1\,1}$ liegt. Außerdem enthält die Polarhyperebene Γ_P jedes Punktes $P \in l = S+T$ die Hypergerade $\alpha := \Gamma_S \cap \Gamma_T$ $(\alpha \subset \Gamma_P)$.

Ist nun $X \in l$ ein Innenpunkt, so liegt die Hypergerade α wegen 4G,Satz 4 im Außengebiet $(\alpha \subset \Gamma_X \subset AQ^{n-1}_{n+1\,1})$. Gilt umgekehrt $\alpha \subset AQ^{n-1}_{n+1\,1}$, dann gibt es nach 4G,Satz 5 eine Hyperebene Γ_X, so daß $\alpha \subset \Gamma_X \subset \subset AQ^{n-1}_{n+1\,1}$. Mit 4G,Satz 4 folgt $X \in IQ^{n-1}_{n+1\,1}$.

2. ELLIPTISCHE RÄUME

Ein elliptischer Raum $P^n_{|0}$ besitzt eine nullteilige Absolutquadrik $Q^{n-1}_{n+1\,0}$. Ist in $P^n_{|0}$ eine m-Ebene S^m $(1 \le m \le n-1)$ gegeben, so folgt $S^m \cap S_t^{n-m-1} = \emptyset$. Mit D,Satz 9 und D,Satz 12 folgt weiter

> Satz 1: In einem elliptischen Raum $P^n_{|0}$ existiert von jedem Punkt X auf eine m-Ebene S^m $(X \notin S^m,\ X \notin S_t^{n-m-1},\ 1 \le m \le n-1)$ ein eindeutiges reguläres Lot, das wegen $S_{tt}^{n-(n-m-1)-1} = S^m$ (D,Satz 2) auch eindeutiges reguläres Lot auf S_t^{n-m-1} (also ein Gemeinlot von S^m und S_t^{n-m-1}) ist. Die Menge aller Lote von S^m bildet die Norma-

lenkongruenz von S^m, die zugleich die Normalenkongruenz von S_t^{n-m-1} ist.

Für $X \in S^m$ $(m<n-1)$ oder $X \in S_t^{n-m-1}$ $(m>0)$ existiert kein eindeutiges Lot von X auf S^m bzw. von X auf S_t^{n-m-1}. Ist $X \in S^m$ $(m>1)$, so sind nach D,Satz 6 alle Geraden X+P, $P \in S_t^{n-m-1}$, in X errichtete reguläre Lote von S^m. Entsprechendes gilt für $X \in S_t^{n-m-1}$.

3. QUASIHYPERBOLISCHE UND QUASIELLIPTISCHE RÄUME

Die Absolutfigur F eines quasihyperbolischen oder quasielliptischen Raumes $P^n_{r_o|q_oq_1}$ lautet: $Q^{n-1}_{r_oq_o} \supset A^{n_1} \supset Q^{n_1-1}_{r_1q_1}$.

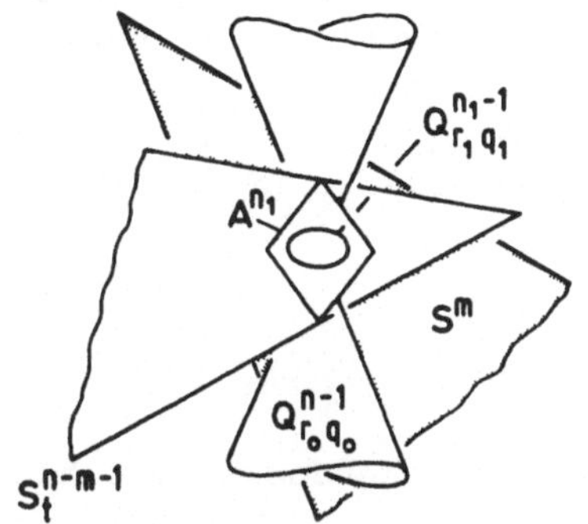

Sei S^m eine reguläre m-Ebene, die A^{n_1} nicht schneidet. Ihre Totalpolare S_t^{n-m-1} bezüglich F ist die Totalpolare bezüglich $Q^{n-1}_{r_oq_o}$, die nach 4E, Satz 7 A^{n_1} enthält und für $m = n-n_1-1 = r_o-1$ mit A^{n_1} zusammenfällt.

Für $n_1=0$ ist A^{n_1} ein Punkt, der Pol jeder regulären Hyperebene Γ. Durch jeden Punkt $X \neq A^o$ existiert genau ein (singuläres) Lot l auf Γ, nämlich $l = X+A^o$. Je zwei reguläre Hyperebenen Γ, Λ besitzen die Geraden des Bündels um A^o als (singuläre) Gemeinlote (D,Satz 10).

Ist $P^n_{r_o|q_oq_1}$ speziell ein *dual-euklidischer Raum* $P^n_{n|00}$, so ist der Absolutkegel $Q^{n-1}_{n\,0}$ ein nullteiliger Hyperkegel, A^{n_1} $(n_1 = n-r_o = 0)$ ist sein Absolutpunkt, und alle m-Ebenen S^m, die A^o nicht enthalten, sind regulär; alle übrigen m-Ebenen sind singulär. Für alle regulären m-Ebenen S^m ist $S^m \cap S_t^{n-m-1} = \emptyset$.[1] Daraus folgt mit D,Satz 9 und D,Satz 12:

<u>Satz 1</u>: Im dual-euklidischen Raum $P^n_{n|00}$ sind genau die m-Ebenen S^m, die den Absolutpunkt A^o nicht enthalten, regulär. Von jedem Punkt X $(X \notin S^m, X \notin S_t^{n-m-1}, 1 \le m \le n-1)$ existiert ein eindeutiges Lot l auf jede reguläre m-Ebene; für $m = n-1$ ist $l = X+A^o$.

[1] Wäre ein Schnittpunkt P vorhanden, so wäre P selbstpolar und damit $P \in Q^{n-1}_{n\,0}$; in Frage kommt dafür nur A^o. Andererseits muß P in S^m liegen, als reguläre m-Ebene trifft S^m jedoch A^o nicht. Nach 4E,Satz 7 ist $A^o \in S_t^{n-m-1}$.

Ist $P^n_{r_0|q_0q_1}$ speziell ein *quasielliptischer Raum vom Index* q_1, $P^n_{r_0|0q_1}$, und ist $r_0 = 2$, so ist $Q^{n-1}_{r_0 0}$ ein nullteiliges Hyperebenenpaar; $A^{n_1} = A^{n-2}$ ist eine Absoluthypergerade. In einem quasielliptischen Raum $P^n_{2|0q_1}$ schneiden alle m-Ebenen ($m > 1$) die Absoluthypergerade A^{n-2}. Die regulären Geraden ($m = 1$) schneiden A^{n-2} nicht. Für eine reguläre Gerade S^1 ist $S^{n-2}_t = A^{n-2}$. Daher existiert in $P^n_{2|0q_1}$ von einem Punkt X ($X \notin S^1$, $X \notin S^{n-2}_t$) kein reguläres Lot auf S^1 (siehe D,Satz 6; D,Satz 12; A,Def.1).

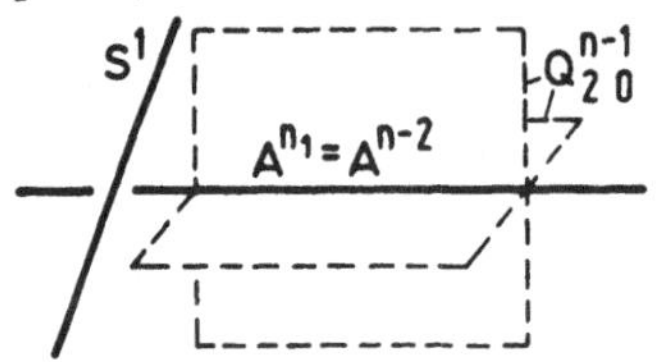

Bemerkung:

1) ŽELEZINA[1I2] bildet den 4-dimensionalen Geradenraum des quasielliptischen Raumes $P^3_{2|00}$ (die Treffgeraden der Absolutgeraden A^1 ausgenommen) auf die Ebene der verallgemeinerten komplexen Zahlen $\alpha = (a+be)+i(c+de)$, $i^2 = -1$, $e^2 = 1$, $ie = ei$ bijektiv ab; analoge Bijektionen beschreibt ŽELEZINA bei quasihyperbolischen Räumen $P^3_{r_0|q_0q_1}$. Siehe auch ALEKSANDROVA/DEMIDOVA[1] sowie ATANASJAN/ABDURAHMANOVA/GUR'EVA[1].

4. EUKLIDISCHE UND PSEUDOEUKLIDISCHE RÄUME

Die Absolutfigur F eines euklidischen oder pseudoeuklidischen Raumes $P^n_{1|0q_1}$ lautet:

$$Q^{n-1}_{1\,0} \supset A^{n-1} \supset Q^{n-2}_{n\,q_1}.$$

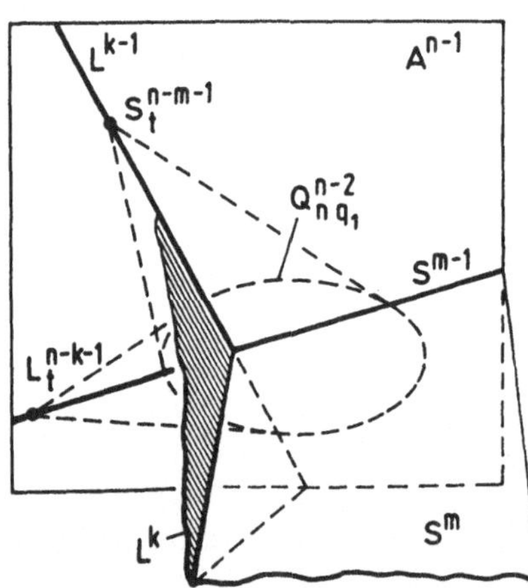

In $P^n_{1|0q_1}$ ist nach A,Satz 4 jede k-Ebene $L^k \not\subset F$ ($k \geq 0$) regulär. Die Totalpolare L^{n-k-1}_t einer k-Ebene $L^k \not\subset F$ bezüglich F ist nach B,Def.1 die Totalpolare der (k-1)-Ebene $L^k \cap A^{n-1} =: L^{k-1}$ bezüglich der Absolutquadrik $Q^{n-2}_{n\,q_1}$. L^{n-k-1}_t liegt in der Fernhyperebene A^{n-1} (also in F) und ist daher singulär (B,Satz 3). Entsprechendes gilt für die Totalpolare S^{n-m-1}_t einer m-Ebene $S^m \not\subset F$. Dann gilt nach D,Def.1:

$$L^k \perp S^m \Leftrightarrow L^k \cap S^{n-m-1}_t \neq \emptyset,\; S^m \cap L^{n-k-1}_t \neq \emptyset \Leftrightarrow L^{k-1} \cap S^{n-m-1}_t \neq \emptyset,\; S^{m-1} \cap L^{n-k-1}_t \neq \emptyset.$$

Demnach gilt:

a) für *zwei Hyperebenen* $(k = m = n-1)$:

$$L^{n-1} \perp S^{n-1} \Leftrightarrow L^{n-2} \cap S^{o}_{t} \neq \emptyset,\ S^{n-2} \cap L^{o}_{t} \neq \emptyset.$$

Die beiden Bedingungen $L^{n-2} \cap S^{o}_{t} \neq \emptyset$, $S^{n-2} \cap L^{o}_{t} \neq \emptyset$ sind nach 4E,Satz 6 zueinander äquivalent.

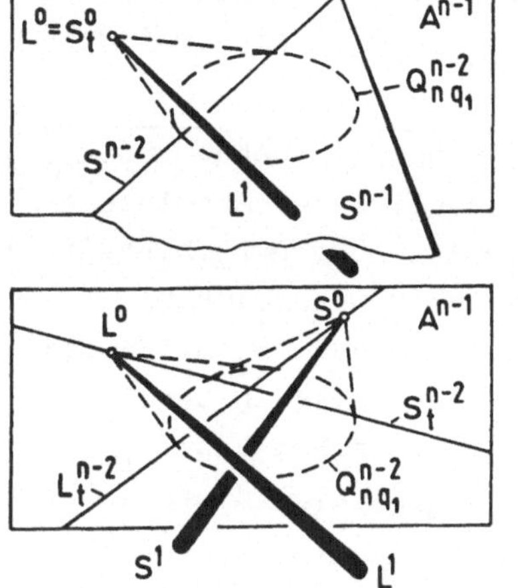

b) für eine *Gerade* $(k = 1)$ und eine *Hyperebene* $(m = n-1)$:

$$L^1 \perp S^{n-1} \Leftrightarrow L^o \cap S^{o}_{t} \neq \emptyset,\ S^{n-2} \cap L^{n-2}_{t} \neq \emptyset.$$

Dabei folgt $S^{n-2} \cap L^{n-2}_{t} \neq \emptyset$ aus $L^o = S^o_t$.

c) für *zwei Geraden* $(k = m = 1)$:

$$L^1 \perp S^1 \Leftrightarrow L^o \cap S^{n-2}_{t} \neq \emptyset,\ S^o \cap L^{n-2}_{t} \neq \emptyset.$$

Die beiden Bedingungen $L^o \cap S^{n-2}_{t} \neq \emptyset$ und $S^o \cap L^{n-2}_{t}$ sind nach 4E,Satz 6 zueinander äquivalent.

Aus a) - c) folgt

Satz 1: In den euklidischen und pseudoeuklidischen Räumen $P^n_{1|0q_1}$ gilt für reguläre Geraden und Hyperebenen:

a) Zwei Hyperebenen sind genau dann orthogonal, wenn der Pol der einen in der Fernhypergeraden der anderen liegt.

b) Jedes Lot einer Hyperebene Γ trifft den Pol von Γ, und jede Treffgerade dieses Pols ist ein Lot von Γ.

c) Zwei Geraden sind genau dann orthogonal, wenn der Fernpunkt der einen in der totalpolaren Fernhypergeraden der anderen liegt.

Weiter gilt:

Satz 2: In den euklidischen Räumen $P^n_{1|00}$ existiert von einem Punkt $X \notin \mathbf{F}$ auf eine reguläre m-Ebene S^m $(X \notin S^m,\ X \notin S^{n-m-1}_t,\ m \geq 1)$ genau ein reguläres Lot.

Beweis: S^{n-m-1}_t ist die Totalpolare von $S^m \cap A^{n-1}$ bezüglich der nullteiligen Absolutquadrik Q^{n-2}_{n0}. Dann ist $\mathrm{Dim}(S^m + S^{n-m-1}_t) = n$ nach B,Satz 4, und für $m > 1$ ist daher das Lotkriterium D,Satz 9 erfüllt. Daraus folgt Satz 2 für $m > 1$. Für $m = 1$ folgt Satz 2 aus D,Satz 12. (In den pseudoeuklidischen Räumen $P^n_{1|0q_1}$ $(q_1 > 0)$ ist das Lotkriterium D,Satz 9 für $m > 1$ sowie D,Satz 12 für $m = 1$ nicht stets erfüllt.)

Nach 4E, Satz 11 bilden n Punkte $E_i \in A^{n-1}(1 \le i \le n)$, die bezüglich $Q^{n-2}_{n\,q_1}$ paarweise polar liegen, ein Polsimplex bezüglich $Q^{n-2}_{n\,q_1}$. Zusammen mit einem beliebigen Punkt $E_o \notin A^{n-1}$ bilden die n+1 linear unabhängigen Punkte $\{E_o,\dots,E_n\}$ das Koordinatensimplex (1D, Satz 4) eines projektiven Koordinatensystems mit der Eigenschaft, daß die Geraden E_o+E_i nach Satz 1c) paarweise orthogonal sind. Nach Wahl eines Einheitspunktes E ist $\{E_o,\dots,E_n;E\}$ ein projektives Koordinatensystem in P^n.

<u>Satz 3</u>: In einem euklidischen oder pseudoeuklidischen Raum $P^n_{1|0q_1}$ bestimmt jedes Polsimplex $\{E_1,\dots,E_n\}$ bezüglich der Absolutquadrik $Q^{n-2}_{n\,q_1}$ zusammen mit jedem Punkt $E_o \notin A^{n-1}$ und jedem Einheitspunkt E ein projektives Koordinatensystem $\{E_o,\dots,E_n;E\}$. Die Geraden E_o+E_i $(1 \le i \le n)$ heißen die *Koordinatenachsen*, E_o heißt der *Ursprung* des projektiven Koordinatensystems. Ist in dem längs der Fernhyperebene A^{n-1} geschlitzten euklidischen Raum $P^n_{1|00}$ der Einheitspunkt E so gewählt, daß in $\{E_o,\dots,E_n;E\}$ die Absolutfigur F in Normalform vorliegt, so heißt $\{E_o,\dots,E_n;E\}$ ein *kartesisches Koordinatensystem.*

Die Absolutfigur F eines euklidischen oder pseudoeuklidischen Raumes $P^n_{1|0q_1}$ hat nach 6B(I) die Normalform

$$Q^{n-1}_{1\,0} \dots\ x_o^2 = 0, \quad A^{n-1} \dots\ x_o = 0,$$

$$Q^{n-2}_{n\,q_1} \dots\ x_1^2 + \dots + x^2_{n-q_1} - x^2_{n-q_1+1} - \dots - x_n^2 = \vec{x}_1^{\mathsf T} E_1 \vec{x}_1 = 0.$$

Die zugehörigen Koordinatenvektoren sind $\vec{x} = (\vec{x}_o, \vec{x}_1)^{\mathsf T}$, mit $\vec{x}_o = (x_o)$ und $\vec{x}_1 = (x_1,\dots,x_n)^{\mathsf T}$.

Die Koordinaten der Punkte $X(\vec{x}) \notin A^{n-1}$ sind in $P^n_{1|0q_1}$ (allgemeiner in jedem semieuklidischen Raum) durch $x_o=1$ normierbar und lauten dann $(1,x_1,\dots,x_n)$. Die Punkte $X \in A^{n-1} \setminus Q^{n-2}_{n\,q_1}$ haben die Koordinaten $(0,x_1,\dots,x_n)$ und sind in den euklidischen Räumen durch $\vec{x}_1^{\mathsf T} E_1 \vec{x}_1 = 1$, in den pseudoeuklidischen Räumen durch $\vec{x}_1^{\mathsf T} E_1 \vec{x}_1 = \pm 1$ normierbar.

Die Koordinatenachsen sind in den euklidischen und pseudoeuklidischen Räumen nach 8A euklidische Geraden, auf denen bei der Normierung $x_o=1$ die Abstandsmetrik 8B(III) besteht:

$$d_1^2(X,Y) := |(\vec{y}_1 - \vec{x}_1)^{\mathsf T} E_1 (\vec{y}_1 - \vec{x}_1)| =$$

$$= |(y_1-x_1)^2 + \dots + (y_{n-q_1} - x_{n-q_1})^2 - (y_{n-q_1+1} - x_{n-q_1+1})^2 - \dots - (y_n - x_n)^2|.$$

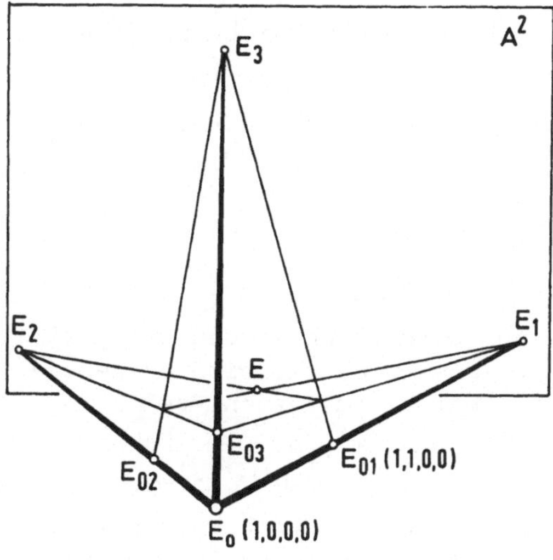

Durch den Einheitspunkt $E(1,\ldots,1)$ sind auf den Koordinatenachsen E_o+E_i die Punkte $E_{oi}(1,0,\ldots,0,x_i=1,0,\ldots,0)$ im Abstand $d_1(E_o,E_{oi})=1$ vom Ursprung E_o definiert. Die Punkte E_{oi} sind also *Einheitspunkte* der Koordinatenachsen.

Ersichtlich repräsentieren die geordneten Punktepaare E_o,E_{oi} Vektoren $\overrightarrow{E_oE_{oi}}$ im Sinn der linearen Algebra; $\{\overrightarrow{E_oE_{o1}},\ldots,\overrightarrow{E_oE_{on}}\}$ ist eine Orthonormalbasis des zum euklidischen bzw. pseudoeuklidischen Raum gehörenden Vektorraums, und $\{E_o;\overrightarrow{E_oE_{o1}},\ldots,\overrightarrow{E_oE_{on}}\}$ ist ein kartesisches Koordinatensystem im Sinn der Linearen Algebra.

Sind S^1,T^1 windschiefe Geraden ($S^1\cap T^1=\emptyset$) eines euklidischen Raumes, so liegen ihre Totalpolaren S_t^{n-2},T_t^{n-2} in der Fernhyperebene A^{n-1} (und sind Hyperebenen von A^{n-1}). S_t^{n-2} und T_t^{n-2} schneiden einander in einer Hypergeraden U^{n-3} von A^{n-1}. U^{n-3} ist bezüglich der nullteiligen Absolutquadrik $Q_{n\,0}^{n-2}$ totalpolar zur Verbindungsgeraden S^o+T^o. Nach B, Satz 4 ist $U^{n-3}\cap(S^o+T^o)=\emptyset$.

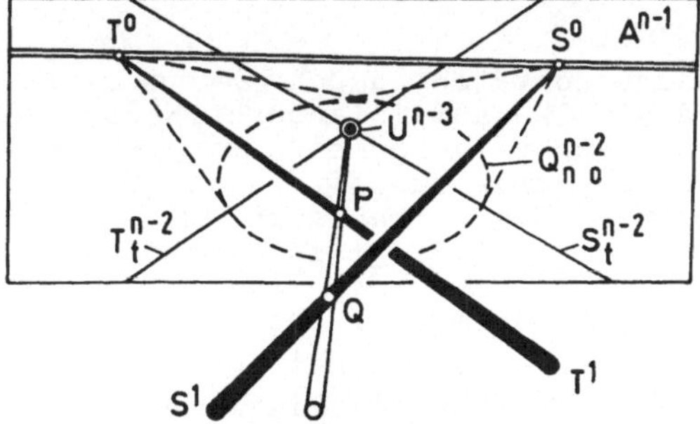

Die Verbindung $U^{n-3}+S^1$ ist eine Hyperebene des P^n, die T^1 – wie jede Gerade – in genau einem Punkt $P\neq T^o$ (wegen $U^{n-3}\cap(S^o+T^o)=\emptyset$) schneidet. Ebenso schneidet $U^{n-3}+T^1$ die Gerade S^1 in genau einem Punkt $Q\neq S^o$. Wegen $S^1\cap T^1=\emptyset$ ist $P\neq Q$. Damit ist $P+Q$ nach D, Satz 10 das einzige reguläre Gemeinlot von S^1 und T^1; S^o+T^o ist das einzige singuläre Gemeinlot. Also gilt:

<u>Satz 4</u>: Zwei windschiefe Geraden S^1,T^1 eines euklidischen Raumes $P_{1|00}^n$ ($n\geq 3$) besitzen genau ein reguläres und genau ein singuläres Gemeinlot. Das singuläre Gemeinlot verbindet die Fernpunkte von S^1 und T^1.

Kapitel 10. Projektive Nichtstandardmodelle von Cayley/Klein-Räumen

Zahlreiche mathematische Strukturen sind als CK-Räume interpretierbar. Wir geben dafür Beispiele in Form von Nichtstandardmodellen von CK-Räumen.

A. Bündelmodelle

Das Bündelmodell eines CK-Raumes $P^n_{r_o \dots r_{\rho-1}|q_o \dots q_\rho}$ mit der Absolutfigur F entsteht nach seiner Einbettung in den P^{n+1} wie folgt. Jedem Punkt P des CK-Raumes wird die Verbindungsgerade P+Z mit einem festen Punkt

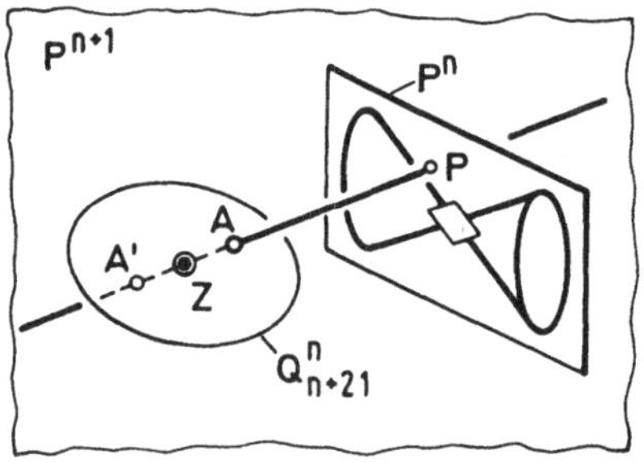

$$Z \in P^{n+1} \setminus P^n_{r_o \dots r_{\rho-1}|q_o \dots q_\rho}$$

zugeordnet. Dadurch entsteht eine Bijektion des CK-Raumes auf die Menge der Bündelgeraden P+Z. Das Geradenbündel

$$\{P+Z \mid P \in P^n_{r_o \dots r_{\rho-1}|q_o \dots q_\rho}\}$$

heißt das *Bündelmodell* des CK-Raumes, dessen *Punkte* die Bündelgeraden durch Z sind. Die Absolutfigur des Bündelmodells wird durch Z+F gegeben.

Das Bündelmodell eines CK-Raumes entsteht durch Zentralprojektion dieses CK-Raumes. Wird ein CK-Raum in anderer Weise derart projiziert, daß jeden seiner Punkte genau eine projizierende Gerade (allgemeiner: projizierende Kurve) trifft, so wird in der Menge der projizierenden Geraden (Kurven) ebenfalls ein Modell dieses CK-Raumes induziert. Ein Beispiel folgt in Abschnitt C.

Im folgenden betrachten wir das Bündelmodell des elliptischen Raumes $P^n_{|0}$, der dabei in einer Hyperebene $\Gamma_Z \subset P^{n+1}$ liegt. Die Bezeichnung Γ_Z erfolgt im Hinblick auf eine Darstellung der elliptischen Gruppe $B^n_{|0}$ in 16A.

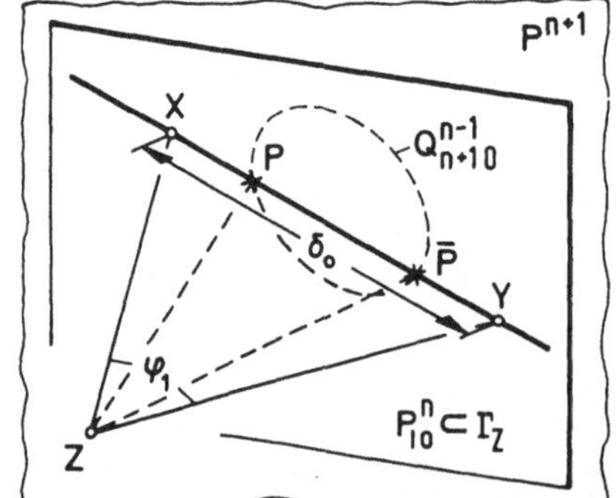

Aufgrund der Abstandsmetrik in $P^n_{|0} \subset \Gamma_Z$,

$$\delta_o(X,Y) = \frac{1}{2i} \ln DV(P\,\bar{P}\,X\,Y),$$

ist im Bündelmodell die Bewegungsinvariante $\delta_o(X,Y)$ dem Geradenpaar (Z+X,Z+Y) zugeordnet. Die Ebene X+Y+Z schneidet Γ_Z in X+Y und die Absolutquadrik $Q^{n-1}_{n+1\,0}$ des elliptischen Raumes $P^n_{|0}$ in den Absolutpunkten P und $\bar{P}$, die in X+Y eine nullteilige Quadrik Q^o_{20} darstellen.

In P^{n+1} bestimmen Γ_Z und $Q^{n-1}_{n+1\,0}$ die Absolutfigur eines (n+1)-dimensionalen euklidischen Raumes $P^{n+1}_{1|00}$. In X+Y+Z bestimmen daher X+Y und $\{P,\bar{P}\}$ die Absolutfigur einer euklidischen Ebene $P^2_{1|00}$, deren Geraden Z+X, Z+Y nach 8B,Satz 1 und 8B(VI) den Winkel

$$\varphi_1(Z{+}X,Z{+}Y) = \frac{1}{2i}\ln DV(Z{+}P\ Z{+}\bar{P}\ Z{+}X\ Z{+}Y)$$

als Ähnlichkeitsinvariante besitzen. Wegen $DV(Z{+}P\ Z{+}\bar{P}\ Z{+}X\ Z{+}Y) = DV(P\ \bar{P}\ X\ Y)$ ist daher $\delta_o(X,Y) = \varphi_1(Z{+}X,Z{+}Y)$. Die Abstandsmetrik $\delta_o(X,Y)$ in $P^n_{|0} \subset \Gamma_Z$ bedeutet somit im Bündelmodell die Winkelmetrik $\varphi_1(Z{+}X,Z{+}Y)$ der euklidischen Ebene X+Y+Z (siehe LAGUERRE-Winkelformel (VIII) in 8B,S.179).

Aufgrund der Winkelmetrik des elliptischen Raumes $P^n_{|0} \subset \Gamma_Z$,

$$\varphi_1(\alpha,\beta) = \frac{1}{2i}\ln DV(\pi\ \bar{\pi}\ \alpha\ \beta),$$ [1]

ist im Bündelmodell je zwei Hyperebenen Z+α, Z+β aus P^{n+1} die Ähnlichkeitsinvariante $\varphi_1(\alpha,\beta)$ zugeordnet. In dem aus P^{n+1} entstandenen euklidischen Raum $P^{n+1}_{1|00}$ mit der durch $\Gamma_Z \supset Q^{n-1}_{n+1\,0}$ festgelegten Absolutfigur besitzen je zwei Hyperebenen Z+α, Z+β den Winkel

$$\varphi_1(Z{+}\alpha,Z{+}\beta) = \frac{1}{2i}\ln DV(Z{+}\pi\ Z{+}\bar{\pi}\ Z{+}\alpha\ Z{+}\beta).$$

Wegen $DV(Z{+}\pi\ Z{+}\bar{\pi}\ Z{+}\alpha\ Z{+}\beta) = DV(\pi\ \bar{\pi}\ \alpha\ \beta)$ ist $\varphi_1(\alpha,\beta) = \varphi_1(Z{+}\alpha,Z{+}\beta)$. Die Winkelmetrik in $P^n_{|0} \subset \Gamma_Z$ bedeutet somit im Bündelmodell die Winkelmetrik $\varphi_1(Z{+}\alpha,Z{+}\beta)$ des euklidischen Raumes $P^{n+1}_{1|00}$.

Die nullteilige Absolutquadrik $Q^{n-1}_{n+1\,0}$ des elliptischen Raumes geht im Bündelmodell über in den nullteiligen Kegel $Q^n_{n+1\,0}$ mit der Spitze Z und der Leitquadrik $Q^{n-1}_{n+1\,0}$. Jeder Kegel eines komplex erweiterten euklidischen Raumes mit reeller Spitze Z und der Absolutquadrik des euklidischen Raumes als Leitquadrik heißt ein *isotroper Kegel*. Damit gilt zusammenfassend:

<u>Satz 1</u>: Im Bündelmodell des elliptischen Raumes $P^n_{|0}$ stimmt die Abstands- und Winkelmetrik überein mit der Winkelmetrik des 2- bzw. (n+1)-dimensionalen euklidischen Einbettungsraumes mit der durch $P^n_{|0}$ induzierten Absolutfigur. Die Absolutfigur des Bündelmodells des $P^n_{|0}$ ist der isotrope Kegel mit dem Bündelzentrum als Spitze.

Bemerkungen:

1) Das Bündelmodell des elliptischen Raumes $P^n_{|0}$ ist wegen der in Satz 1 enthaltenen Eigenschaften besonders beliebt. JANK[1] untersucht das Bündelmodell des $P^3_{|0}$ unter konstruktiven Gesichts-

---

[1] $\pi,\bar{\pi},\alpha,\beta$ sind in P^{n+1} Hypergeraden und in Γ_Z Hyperebenen.

punkten. STEPANOV[1] beschreibt das Bündelmodell der elliptischen Ebene $P^2_{|0}$ mit vorwiegend didaktischen Zielen.

2) Die Interpretation des elliptischen Raumes $P^n_{|0}$ in einem konvergenten Bündel (siehe 7E,S.165) des euklidischen Raumes $P^{n+1}_{1|00}$ läßt sich auf jeden CK-Raum übertragen: Der CK-Raum

$$P^n_{r_0\ldots r_{\rho-1}|q_0\ldots q_\rho}$$

ist analog interpretierbar in jedem konvergenten Bündel des CK-Raumes

$$P^{n+1}_{1r_0\ldots r_{\rho-1}|0q_0\ldots q_\rho} .$$

B. Gegenpunktmodelle auf Ovalquadriken, duale Modelle

Wählt man im Bündelmodell eines CK-Raumes das Bündelzentrum Z als Innenpunkt einer Ovalquadrik $Q^n_{n+2\,1}$, so wird in der Menge der mit Z kollinearen Punktepaare (A,A') dieser Quadrik (in der Menge der bezüglich Z *identifizierten Gegenpunkte* A,A' der Ovalquadrik, siehe S.216, erste Figur) ebenfalls ein projektives Modell des CK-Raumes mit der Absolutfigur F induziert; in diesem Modell ist $(Z+F)\cap Q^n_{n+2\,1}$ die Absolutfigur. Dieses projektive Modell heißt das *Gegenpunktmodell* des CK-Raumes $P^n_{r_0\ldots r_{\rho-1}|q_0\ldots q_\rho}$ *auf der Ovalquadrik* $Q^n_{n+2\,1}\subset P^{n+1}$ *zum Innenpunkt* Z.

Die Ovalquadrik $Q^n_{n+2\,1}$ mit bezüglich Z identifizierten Gegenpunkten kann man ersetzen durch eine mit einem halben *Äquator*

$$Q^n_{n+2\,1}\cap\Gamma \quad (Z\in\Gamma,\ \Gamma \text{ Hyperebene in } P^{n+1})$$

vereinigte *Halbquadrik*.

Die Gegenpunktmodelle auf Ovalquadriken entstehen durch Zentralprojektion des projektiven Standardmodells eines CK-Raumes aus Z auf $Q^n_{n+2\,1}$. Ersichtlich ist jede bijektive Zentralprojektion eines Punkt-Modells eines CK-Raumes zur Gewinnung eines weiteren Modells geeignet.

Aus jedem projektiven Modell eines CK-Raumes folgt durch Dualisieren ein neues projektives Modell dieses CK-Raumes. Der Übergang zum dualen Modell kann durch Dualisieren an der Absolutfigur erfolgen, wobei die Totalpolare einer regulären k-Ebene nach 9B zu bilden ist.

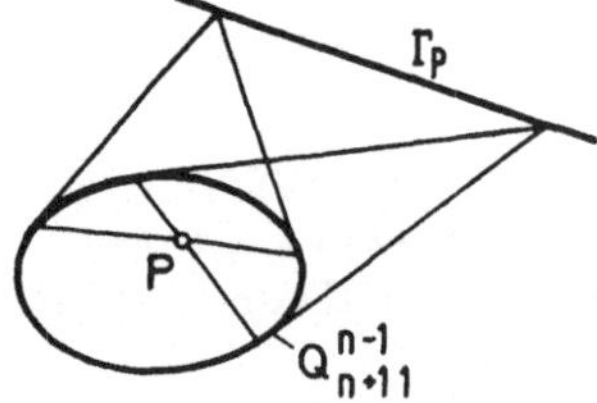

Im Fall des hyperbolischen Raumes $P^n_{|1}$ werden die Punkte des Standardmodells in ihre Polarhyperebenen bezüglich der ovalen Absolutquadrik $Q^{n-1}_{n+1\,1}$ übergeführt. Dabei gehen die Punkte $P\in IQ^{n-1}_{n+1\,1}$ in Hyperebenen Γ_P über, die ganz im Außengebiet

$AQ^{n-1}_{n+1\,1}$ liegen.

Bemerkung:

L.WAGNER[1] wendet diese *polare Abbildung* für n=2 auf Kurven in $IQ^1_{3\,1}$ und für n=3 auf Flächen in $IQ^2_{4\,1}$ an. Einer Kurve in $IQ^1_{3\,1}$ wird in $AQ^1_{3\,1}$ die Einhüllende der Polaren der Kurvenpunkte und einer Fläche in $IQ^2_{4\,1}$ die Einhüllende der Polarebenen der Flächenpunkte zugeordnet. Dabei zeigt sich, daß die CK-Krümmung der Bildkurve in einem ihrer Punkte der Reziprokwert der CK-Krümmung im entsprechenden Punkt der Originalkurve ist; CK-Krümmungs- und CK-Schmieglinien einer Fläche gehen in CK-Krümmungs- und CK-Schmieglinien sowie CK-Minimalflächen in CK-Minimalflächen über.

C. Geraden-Modell der hyperbolischen Ebene

Wir beschreiben im folgenden ein projektives Nichtstandardmodell der hyperbolischen Ebene $P^2_{|1}$. Dazu sei im P^3 eine Bildebene Π und eine nichtzerfallende Raumkurve 3.Ordnung k (die *Zentralkubik*) gegeben; k schneide Π in drei verschiedenen Punkten E_0, E_1, E_2.

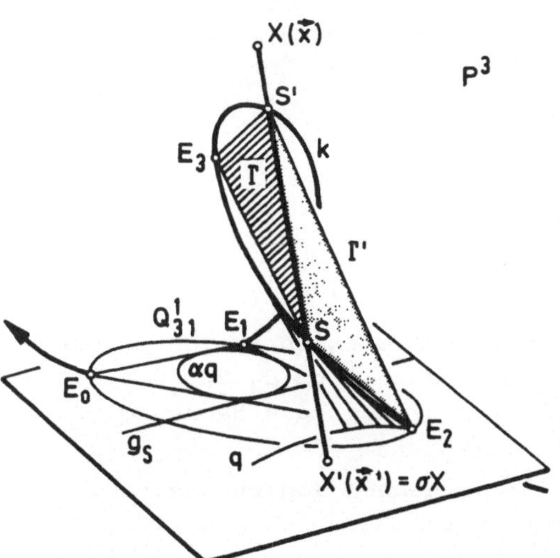

Jede Gerade des P^3, die k in $\hat{P}^3$ in zwei reellen oder konjugiert komplexen Punkten schneidet (die zusammenfallen können), heißt eine *Sehne* von k. Die Sehnen von k erfüllen eine algebraische *Kongruenz* vom *Bündelgrad* 1 und vom *Feldgrad* 3. Der Bündelgrad (Feldgrad) einer algebraischen Kongruenz gibt die Anzahl der Kongruenzgeraden an, die mit einem beliebigen Punkt (einer beliebigen Ebene) des P^3 inzidieren. Die Kongruenzgeraden in Π sind die Sehnen E_0+E_1, E_1+E_2, E_2+E_0. Für besondere Punkte und Ebenen des P^3 können Bündel- und Feldgrad einer algebraischen Kongruenz unendlich sein. Die Sehnenkongruenz der Zentralkubik k hat genau in den Punkten von k den Bündelgrad ∞, da genau jeder Punkt von k die Spitze eines Sehnenkegels $Q^2_{3\,1}$ ist.

Da die Sehnenkongruenz der Zentralkubik k durch jeden Raumpunkt $X \notin k$ genau eine Kongruenzgerade hindurchläßt, kann man den $P^3\backslash k$ mittels der Sehnen der Zentralkubik in die Bildebene Π projizieren. Diese von BRAUNER[4][5] ausführlich beschriebene *Sehnenprojektion* $\sigma: P^3\backslash k \to \Pi$ mit $X \mapsto \sigma X = X'$ ergänzt bekannte Projektionen wie die Zentralprojektion und die Netzprojektion (BEREIS[1], BEREIS/BRAUNER[1], BEREIS/KLIX[1], ECKHART[2], KLIX[2];siehe auch SKOPEC[3]-[5] und LUBAŚ[1][2]).

Zur Untersuchung der Sehnenprojektion dient ein projektives Koordinatensystem $\{E_o,\ldots,E_3;E\}$ mit $\{E_o,E_1,E_2\} = k\cap\Pi$; E_3 sei auf k der vierte harmonische Punkt zu (E_o,E_1) und E_2, der Einheitspunkt E sei vorläufig beliebig. Man kann k ansetzen als

$$k_i = \alpha_i + \beta_i t + \gamma_i t^2 + \delta_i t^3 \quad (0 \le i \le 3)$$

und kann fordern, daß die Parameterwerte $t=1$, $t=-1$, $t=0$, $t=\infty$ die Grundpunkte $E_o,\ldots,E_3$ festlegen. Nach passender Wahl des Einheitspunktes E erhält die Zentralkubik k die Parameterdarstellung

$$\vec{k}(t) = (t(1+t),\, t(1-t),\, 1-t^2,\, t(1-t^2))^T. \tag{1}$$

Eine beliebige Ebene Γ des Bündels um E_3 hat die Gleichung $u_o x_o + u_1 x_1 + u_2 x_2 = 0$ und schneidet k außer in E_3 noch in zwei Punkten S, S', deren Parameterwerte sich nach (1) berechnen aus

$$u_2 + (u_o + u_1)t + (u_o - u_1 - u_2)t^2 = 0. \tag{2}$$

Eine beliebige Ebene Γ' des Bündels um E_2 wird beschrieben durch $u'_o x_o + u'_1 x_1 + u'_3 x_3 = 0$. Die Restschnittpunkte der Ebene Γ' mit k bestimmt man analog zu (2) aus

$$(u'_o + u'_1 + u'_3) + (u'_o - u'_1)t - u'_3 t^2 = 0. \tag{3}$$

Die Bündelebenen Γ,Γ' haben nach (2) und (3) mit k dieselben Restschnittpunkte S,S', wenn

$$u'_o = u_o,\; u'_1 = -u_1,\; u'_3 = -u_o + u_1 + u_2.$$

Diese Gleichungen beschreiben eine durch die Sehnen von k vermittelte lineare Abbildung des Ebenenbündels um E_3 auf das Ebenenbündel um E_2. Diese lineare Abbildung legt die Sehnenkongruenz von k fest.

Um den durch einen Raumpunkt $X(\vec{x})$ gehenden Kongruenzstrahl s zu ermitteln, sucht man zusammengehörige Bündelebenen Γ,Γ', die $X(\vec{x})$ enthalten. Den Schnittpunkt $X'(\vec{x}')$ des Kongruenzstrahls s mit der Bildebene Π $(x_3=0)$ berechnet man sodann zu

$$\vec{x}' = (x'_o, x'_1, x'_2)^T = \begin{pmatrix} (x_1x_2 + x_1x_3 - x_2x_3)^{-1} \\ (x_ox_2 - x_ox_3 - x_2x_3)^{-1} \\ 2(2x_ox_1 - x_ox_3 - x_1x_3)^{-1} \end{pmatrix}. \tag{4}$$

Die durch (4) beschriebene Sehnenprojektion σ bildet jede allgemein liegende Gerade in eine Kurve 4.Ordnung ab und ist daher eine Abbildung 4.Grades. Die Sehnenprojektion σ ist nur dann nicht eindeutig, wenn

a) die Sehne in Π liegt oder

b) durch den abzubildenden Punkt X mehrere Sehnen gehen.

In a) handelt es sich um Punkte auf den Seiten des Dreiecks $E_oE_1E_2$. Für einen solchen Punkt X, etwa $X\in(E_1+E_2)$, fällt die Sehne mit E_1+E_2 zusammen, und der Bildpunkt σX wird unbestimmt auf E_1+E_2.

In b) handelt es sich um einen Punkt $S\in k$; S ist die Spitze eines Sehnenkegels Q^2_{31}, und σS wird unbestimmt auf der Spurkurve $Q^1_{31} := \Pi \cap Q^2_{31}$ dieses Sehnenkegels, die ein dem Dreieck $E_oE_1E_2$ umbeschriebener Kegelschnitt ist.

Wird nun S durch den Parameterwert t festgelegt, so erhält der Bildkegelschnitt $Q^1_{31}(t)$ die (von t abhängige) Gleichung

$$2(1-t^2)x'_ox'_1 - t(1-t)x'_ox'_2 - t(1+t)x'_1x'_2 = 0. \tag{5}$$

Der Sehnenkegel $Q^2_{31}(t)$ berührt die Tangentenfläche der Zentralkubik k, welche die Bildebene Π in einer rationalen Kurve 4.Ordnung q (der *Grenzquartik*) mit Spitzen in E_o, E_1, E_2 schneidet und

$$(x'_ox'_2 + x'_1x'_2)^2 + 8x'_ox'_1(x'_1x'_2 - x'_ox'_2 + 2x'_ox'_1) = 0 \tag{6}$$

als Gleichung besitzt.

Es ist zweckmäßig, auf die Bildebene Π noch eine quadratische Selbstabbildung

$$\alpha: \Pi \longrightarrow \Pi \text{ (aus} \rightarrow \text{in)}$$
$$X'(\vec{x}') \longmapsto (\alpha X')(\vec{y}')$$

anzuwenden, mit

$$\vec{y}' = (y'_o, y'_1, y'_2)^T = (x'^{-1}_o, x'^{-1}_1, x'^{-1}_2)^T = (x'_1x'_2, x'_2x'_o, x'_ox'_1)^T. \tag{7}$$

In der Abbildung α besitzen genau die Grundpunkte E_o, E_1, E_2 keine Bildpunkte. Man nennt daher $E_oE_1E_2$ das *Fundamentaldreieck* der Abbildung α.

Einem Raumpunkt $X(\vec{x})$ wird durch die Abbildung $\alpha\circ\sigma$ der Punkt $Y(\vec{y}') = \alpha\circ\sigma X \in \Pi$ als neuer Bildpunkt zugeordnet, der nach (4) und (7)

$$\vec{y}' = (2(x_1x_2+x_1x_3-x_2x_3), 2(x_ox_2-x_ox_3-x_2x_3), 2x_ox_1-x_ox_3-x_1x_3))^T$$

als Koordinatenvektor besitzt. Die Abbildung $\alpha\circ\sigma$ ist nach wie vor i.a. eindeutig. Während aber σ eine Abbildung 4.Grades ist, ist $\alpha\circ\sigma$ nur noch vom 2.Grad. Eindeutigkeit besteht jetzt auch für die in a) genannten Ausnahmepunkte von σ. Für die Punkte $S\in k$ ist der Bildpunkt $\alpha\circ\sigma S \in \Pi$ wieder unbestimmt und zwar auf der aus dem Kegelschnitt (5) entstehenden Geraden g_S

$$t(t+1)y_0' - t(t-1)y_1' + 2(t^2-1)y_2' = 0. \tag{8}$$

Diese Geraden sind die Tangenten jenes Inkegelschnittes αq des Dreiecks $E_0E_1E_2$, der aus der dreispitzigen Grenzquartik q entsteht. Der *Grenzkegelschnitt* αq wird zufolge (6) dargestellt durch

$$(y_0' + y_1')^2 + 8y_2'(y_0' - y_1' + 2y_2') = 0.$$

Die zwischen den Punkten $S \in k$ und den Tangenten von αq bestehende projektive Beziehung (8) gestattet folgende Deutung der Abbildung

$$\begin{aligned} \alpha\circ\sigma:\ & P^3\backslash k \to \Pi \\ & X \mapsto \alpha\circ\sigma X\,. \end{aligned}$$

Ist S+S' die Sehne von k durch X, so ergibt sich der Bildpunkt $\alpha\circ\sigma X$ als Schnitt der Tangenten g_S und $g_{S'}$ von αq. Damit kann $g_S \cap g_{S'}$ auch als Bild der Sehne S+S' aufgefaßt werden; $g_S \cap g_{S'}$ liegt für jede Sehne S+S', die k in zwei reellen (konjugiert komplexen) Punkten schneidet, im Außengebiet (Innengebiet) von αq.

Man kann nun die Zentralkubik k in P^3 als Absolutfigur wählen. Man findet dann eine 3-gliedrige Gruppe von k-Projektivitäten des P^3, die auch BURAU[4] S.110 erwähnt. Die k-Projektivitäten führen die Sehnen von k in Sehnen von k über. Den k-Projektivitäten in P^3 entsprechen in Π die Projektivitäten, die den Grenzkegelschnitt αq fix lassen. Daraus folgt:

<u>Satz 1</u>: Die Kongruenz der Sehnen einer Raumkubik $k \subset P^3$, die k in zwei reellen, konjugiert komplexen oder zusammenfallenden Punkten schneiden, ist eine hyperbolische Ebene $P^2_{|1}$ mit k als Absolutfigur und den Sehnen von k als *Punkten*. Die Menge der Sehnen, die k in zwei reellen (konjugiert komplexen) Punkten schneiden, ist das *Außengebiet* (*Innengebiet*) von k. Die 3-gliedrige Gruppe der k-Projektivitäten des P^3 ist die zugehörige Bewegungsgruppe.

Bemerkungen:

1) In der komplex erweiterten projektiven Ebene $\hat{P}^2$ untersucht HOHENBERG[3] das System aller Kegelschnitte mit einem gemeinsamen Poldreieck. Nach Auszeichnung eines Kegelschnitts Q^1_{31} als Absolutkegelschnitt einer hyperbolischen Ebene $P^2_{|1}$ gelingen hyperbolische Deutungen der Ergebnisse. Im $\hat{P}^n$ untersucht HOHENBERG[1] das System aller Quadriken, die ein Polsimplex gemeinsam haben und erzielt Deutungen im Rahmen der CK-Räume.

2) Als *zirkulare Kurven* der hyperbolischen Ebene $P^2_{|1}$ werden die Kurven n.Ordnung bezeichnet, die den Absolutkegelschnitt Q^1_{31} in n Punkten berühren. Die n Punkte können auf alle Arten zusammenfallen oder auch singuläre Kurvenpunkte sein. Diese Kurvenklasse untersucht HOHENBERG in [4].

D. Geraden-Modell des hyperbolischen Raumes P^5_{13}

Wir beschreiben in diesem Abschnitt ein projektives Modell des hyperbolischen Raumes P^5_{13}, dem eine Bijektion der Menge G^4 der Geraden des P^3 auf die Punkte der Absolutquadrik $Q^4_{6\,3}$ des P^5_{13} zugrundeliegt. Im Rahmen dieses Modells heißt $Q^4_{6\,3}$ die *PLÜCKER-* oder *KLEIN-Quadrik*. Die fragliche Bijektion

$$\pi: G^4 \to Q^4_{6\,3} \quad (G^4 \text{ Geradenraum des } P^3)$$
$$p \mapsto \pi p$$

heißt *PLÜCKER-* oder *KLEIN-Bijektion*; sie läßt sich im Hinblick auf 5C,Satz 1 und 5C,Def.3 zur *PLÜCKER-* oder *KLEIN-Übertragung* ausgestalten.

Die PLÜCKER-Quadrik $Q^4_{6\,3}$ hat die Normalform

$$x_o^2 + x_1^2 + x_2^2 - x_3^2 - x_4^2 - x_5^2 = 0;$$

sie trägt nach 4D,Satz 1 Punkte, Geraden und als Maximalerzeugende Ebenen. Nach Anwendung der projektiven Koordinatentransformation

$$x_o = p_1 + p_4, \quad x_1 = p_2 + p_5, \quad x_2 = p_3 + p_6,$$
$$x_3 = p_1 - p_4, \quad x_4 = p_2 - p_5, \quad x_5 = p_3 - p_6$$

erhält $Q^4_{6\,3}$ die Gleichung

$$p_1 p_4 + p_2 p_5 + p_3 p_6 = 0.$$

Zur Beschreibung der PLÜCKER-Bijektion beachten wir, daß man jede Gerade $p \subset P^3$ betrachten kann

a) als Verbindungsgerade zweier Punkte R,S (beschrieben durch eine Parameterdarstellung) oder

b) als Schnittgerade zweier Ebenen Γ, Λ (beschrieben durch ein homogenes lineares Gleichungssystem aus zwei linear unabhängigen Gleichungen).

Wir zeigen zunächst, ausgehend von a), daß jede Gerade $p = R+S$ $(R \neq S)$ des P^3 durch Koordinaten (gewisse homogene 6-Tupel) beschrieben werden kann. Dazu bildet man in einem projektiven Koordinatensystem $\{E_o,\dots,E_3;E\}$ zu $R(\vec{r})$ und $S(\vec{s})$ die Matrix mit Rang 2,

$$\begin{pmatrix} \vec{r}^{\,T} \\ \vec{s}^{\,T} \end{pmatrix} = \begin{pmatrix} r_o & r_1 & r_2 & r_3 \\ s_o & s_1 & s_2 & s_3 \end{pmatrix},$$

und deren 2-reihige Unterdeterminanten $p_{ik} := \begin{vmatrix} r_i & r_k \\ s_i & s_k \end{vmatrix}$ $(0 \le i,k \le 3)$.

Wegen $p_{ik} = -p_{ki}$, $p_{ii} = 0$ kann man aus p_{o1}, p_{o2}, p_{o3}, p_{23}, p_{31} und p_{12} alle übrigen 2-reihigen Unterdeterminanten berechnen. Man bildet daher das 6-Tupel

$$\vec{P} := (p_{o1},\ p_{o2},\ p_{o3},\ p_{23},\ p_{31},\ p_{12})^T \tag{1}$$

und schreibt $\vec{P} = \vec{r} \wedge \vec{s}$ für den aus $\vec{r}$ und $\vec{s}$ gebildeten *PLÜCKER-Vektor* $\vec{P}$. Das $\wedge$-Produkt beschreibt die Abbildung

$$f: P^4 \times P^4 \longrightarrow P^6$$
$$(\vec{r},\vec{s}) \longmapsto \vec{P} = \vec{r} \wedge \vec{s} \neq \vec{0}.$$

Man zeigt leicht, daß das $\wedge$-Produkt alternierend, bilinear und regulär ist:

alternierend: $\vec{r} \wedge \vec{s} = -\vec{s} \wedge \vec{r} \quad (\Rightarrow \vec{r} \wedge \vec{r} = \vec{0})$, (2)

bilinear: $\vec{r} \wedge (\lambda\vec{s} + \mu\vec{t}) = \lambda(\vec{r} \wedge \vec{s}) + \mu(\vec{r} \wedge \vec{t}) \overset{(2)}{\Rightarrow}$
$(\lambda\vec{s} + \mu\vec{t}) \wedge \vec{r} = \lambda(\vec{s} \wedge \vec{r}) + \mu(\vec{t} \wedge \vec{r})$, (3)

regulär: $\{\vec{a}_o, \vec{a}_1, \vec{a}_2, \vec{a}_3\}$ linear unabhängig in $P^4 \Rightarrow$ (4)
$\{\vec{a}_o \wedge \vec{a}_1,\ \vec{a}_o \wedge \vec{a}_2,\ \vec{a}_o \wedge \vec{a}_3,\ \vec{a}_2 \wedge \vec{a}_3,\ \vec{a}_3 \wedge \vec{a}_1,\ \vec{a}_1 \wedge \vec{a}_2\}$ linear unabhängig in P^6.

Man kann das $\wedge$-Produkt axiomatisch einführen, wenn man fordert, daß die Abbildung f die Eigenschaften (2)-(4) besitzt. Wählt man die linear unabhängigen Vektoren aus (4) als Basen in P^4 bzw. in P^6, so erhält der PLÜCKER-Vektor $\vec{P} = \vec{r} \wedge \vec{s}$ die Koordinatendarstellung (1).

<u>Satz 1</u>: Die Koordinaten p_{ik} des PLÜCKER-Vektors $\vec{P} = \vec{r} \wedge \vec{s}$ heissen die *PLÜCKER-* oder *Linienkoordinaten* der Geraden $R(\vec{r}) + S(\vec{s}) = p$ des projektiven Raumes P^3. Die PLÜCKER-Koordinaten sind homogen, unabhängig von der Wahl der Punkte $R,S \in p$ [1] und genügen der *PLÜCKER-Identität*

$$F(\vec{P}) := p_{o1}p_{23} + p_{o2}p_{31} + p_{o3}p_{12} = 0,$$

die mit $p_1 := p_{o1},\ p_2 := p_{o2},\ p_3 := p_{o3},\ p_4 := p_{23},\ p_5 := p_{31},\ p_6 := p_{12}$ in P^5 die PLÜCKER-Quadrik

$$Q^4_{6\,3} = \{P(\vec{P}) \in P^5 \mid F(\vec{P}) = p_1p_4 + p_2p_5 + p_3p_6 = 0\} \tag{I}$$

darstellt. Jedes 6-Tupel von PLÜCKER-Koordinaten beschreibt genau einen Punkt $P \in Q^4_{6\,3} \subset P^5$ und genau eine Gerade $p \subset P^3$, die einander entsprechen.[2] Zwei Geraden, deren PLÜCKER-Vektoren $\vec{P},\vec{Q}$ der Polaritätsbedingung

---

[1] Die PLÜCKER-Koordinaten sind also nicht einzelnen Punktepaaren (R,S), sondern der Geraden p global zugeordnet.

[2] Der Geradenraum G^4 des P^3 ist also ein Modell der PLÜCKER-Quadrik $Q^4_{6\,3} \subset P^5$ und umgekehrt.

$$2F(\vec{P},\vec{Q}) = p_1q_4 + p_2q_5 + p_3q_6 + p_4q_1 + p_5q_2 + p_6q_3 = 0 \qquad \text{(II)}$$

genügen, schneiden einander oder sind identisch.

Beweis: Ersetzt man $\vec{r},\vec{s}$ durch $\vec{r}\,' = \rho\vec{r}$, $\vec{s}\,' = \sigma\vec{s}$ $(\rho\sigma \neq 0)$ und bildet aus $\vec{r}\,',\vec{s}\,'$ die PLÜCKER-Koordinaten p'_{ik}, so folgt $p'_{ik} = \rho\sigma p_{ik}$. Die PLÜCKER-Koordinaten sind also homogen.

Ersetzt man die Punkte $R(\vec{r})$, $S(\vec{s})$ durch zwei andere Punkte $X(\vec{x})$, $Y(\vec{y}) \in p$ mit

$$\vec{x} = \lambda\vec{r} + \mu\vec{s}, \quad \vec{y} = \alpha\vec{r} + \beta\vec{s}, \quad \lambda\beta - \mu\alpha \neq 0,$$

so gilt mit (2) und (3)

$$\vec{x} \wedge \vec{y} = (\lambda\vec{r} + \mu\vec{s}) \wedge (\alpha\vec{r} + \beta\vec{s}) = (\lambda\beta - \mu\alpha)(\vec{r} \wedge \vec{s}).$$

Die Wahl eines Punktepaares $X,Y \in p$ führt also auf ein proportionales 6-Tupel, das wegen der Homogenität der PLÜCKER-Koordinaten mit dem ursprünglichen 6-Tupel übereinstimmt. Aus der Proportionalität von $\vec{x} \wedge \vec{y}$ und $\vec{r} \wedge \vec{s}$ folgt, daß jeder Geraden $p \subset P^3$ genau ein 1-dimensionaler Untervektorraum $[\vec{P}] \subset \mathcal{P}^6$, also genau ein Punkt $P(\vec{P}) \in P^5$ zugeordnet ist.

Zum Nachweis der PLÜCKER-Identität bildet man aus $\vec{r}$ und $\vec{s}$ die folgende verschwindende 4-reihige Determinante:

$$\begin{vmatrix} r_o & r_1 & r_2 & r_3 \\ s_o & s_1 & s_2 & s_3 \\ r_o & r_1 & r_2 & r_3 \\ s_o & s_1 & s_2 & s_3 \end{vmatrix} = 0.$$

Durch Entwicklung dieser Determinante und Einführung der PLÜKKER-Koordinaten p_{ik} erhält man:

$$p_{o1}p_{23} + p_{o2}p_{31} + p_{o3}p_{12} = F(\vec{P}) = 0.$$

Die PLÜCKER-Koordinaten jedes Punktes $P(\vec{P}) \in P^5$, der Bildpunkt einer Geraden $p \subset P^3$ ist, genügen also der PLÜCKER-Identität; daher ist $P \in Q^4_{6\,3}$.

Wir betrachten nun die Polaritätsbedingung (II) für die PLÜKKER-Vektoren

$$\vec{P} = \vec{r} \wedge \vec{s} = (p_1,\ldots,p_6)^T, \quad \vec{Q} = \vec{x} \wedge \vec{y} = (q_1,\ldots,q_6)^T$$

der Geraden $R(\vec{r}) + S(\vec{s})$ bzw. $X(\vec{x}) + Y(\vec{y})$. Dann zeigt die Entwicklung der 4-reihigen Determinante $\det(\vec{r}\ \vec{s}\ \vec{x}\ \vec{y})$ nach ihren ersten beiden Zeilen, daß $2F(P,Q) = \det(\vec{r}\ \vec{s}\ \vec{x}\ \vec{y})$. Daraus folgt:

$$F(\vec{P},\vec{Q}) = 0 \iff R(\vec{r}),S(\vec{s}),X(\vec{x}),Y(\vec{y}) \text{ komplanar} \iff (R+S) \cap (X+Y) \neq \emptyset.$$

Die Geraden $R+S$, $X+Y$ schneiden also einander oder sind identisch!

Wir zeigen nun, daß jeder Punkt $P(\vec{P}) \in Q^4_{6\,3}$, $\vec{P} = (p_1,\ldots,p_6)^T \neq \vec{0}$, eine Gerade $p \subset P^3$ repräsentiert.

Sei $p_1 \neq 0$. Dann setzen wir in der Basis $\{\vec{a}_o,\ldots,\vec{a}_3\} \subset P^4$

$$\vec{r} := p_1\vec{a}_1 + p_2\vec{a}_2 + p_3\vec{a}_3, \qquad \vec{s} := -p_1\vec{a}_o + p_6\vec{a}_2 - p_5\vec{a}_3;$$

$\vec{r}$ und $\vec{s}$ repräsentieren zwei Punkte $R(\vec{r})$, $S(\vec{s}) \in P^3$. Die PLÜCKER-Koordinaten p'_i ihrer Verbindungsgeraden p' berechnen sich aus

$$\begin{pmatrix} 0 & p_1 & p_2 & p_3 \\ -p_1 & 0 & p_6 & -p_5 \end{pmatrix}$$

zu

$$p'_1 = p_1^2 \;, \quad p'_3 = p_1p_3 \;, \qquad\qquad p'_5 = p_1p_5 \;,$$
$$p'_2 = p_1p_2 \;, \quad p'_4 = -p_2p_5 - p_3p_6 \overset{(I)}{=} p_1p_4 \;, \quad p'_6 = p_1p_6 \;.$$

Wegen $p_1 \neq 0$ folgt $p'_i = p_1p_i$; der Bildpunkt der Geraden p' ist also gerade der Punkt $P(\vec{P}) \in Q^4_{6\,3}$. Ist $p_1 = 0$, so verfährt man entsprechend für ein $p_i \neq 0$. Jeder Punkt der PLÜCKER-Quadrik ist also Bildpunkt einer Geraden $p' \subset P^3$.

Wir zeigen, daß die Gerade p' eindeutig bestimmt ist. Seien p', q' zwei verschiedene Geraden, deren PLÜCKER-Vektoren $\vec{P}, \vec{Q}$ denselben Punkt der PLÜCKER-Quadrik repräsentieren. Dann ist $\vec{Q} = \lambda\vec{P}$ $(\lambda \neq 0)$, und für die Bilinearform $F(\vec{P},\vec{Q})$ gilt:

$$F(\vec{P},\vec{Q}) = F(\vec{P},\lambda\vec{P}) = \lambda F(\vec{P}) = 0.$$

Die Geraden p', q' sind damit nach (II) schneidend oder identisch. Sind p', q' schneidend und ist $R(\vec{r}) = p' \cap q'$, so kann man setzen:

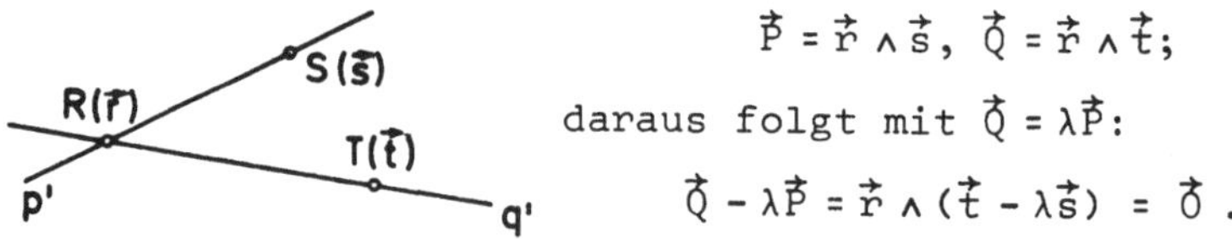

$$\vec{P} = \vec{r} \wedge \vec{s}, \quad \vec{Q} = \vec{r} \wedge \vec{t};$$

daraus folgt mit $\vec{Q} = \lambda\vec{P}$:

$$\vec{Q} - \lambda\vec{P} = \vec{r} \wedge (\vec{t} - \lambda\vec{s}) = \vec{0}\,.$$

Sind $\vec{r}$ und $\vec{t}-\lambda\vec{s}$ linear unabhängige Vektoren, so ist wegen der Regularitätseigenschaft des $\wedge$-Produkts auch $\vec{r} \wedge (\vec{t}-\lambda\vec{s})$ linear unabhängig. Der Nullvektor $\vec{r} \wedge (\vec{t}-\lambda\vec{s}) = \vec{0}$ ist jedoch linear abhängig. Die Vektoren $\vec{r}$ und $\vec{t}-\lambda\vec{s}$ können also nicht linear unabhängig angenommen werden, daher gilt: $\vec{t} - \lambda\vec{s} = \mu\vec{r}$. Damit sind die Punkte $R(\vec{r})$, $S(\vec{s})$, $T(\vec{t})$ kollinear; die Geraden p', q' sind identisch, p' ist also eindeutig bestimmt.

Bemerkung:

1) Die Geraden des P^3 wurden zur Gewinnung ihrer PLÜCKER-Koordinaten als Verbindungsgeraden zweier Punkte festgelegt. Dual sind die Geraden des P^3 als Schnittgeraden zweier Ebenen Γ, Λ bestimmt. Sei $p = \Gamma(\vec{\gamma}) \cap \Lambda(\vec{\lambda})$, und Γ, Λ seien in einem projekti-

ven Koordinatensystem $\{E_o,\ldots,E_3;E\}$ beschrieben durch

$$\vec{\gamma}^T\vec{x} = \gamma_o x_o + \ldots + \gamma_3 x_3 = 0 \text{ mit } \vec{\gamma} = (\gamma_o,\ldots,\gamma_3)^T,$$

$$\vec{\lambda}^T\vec{x} = \lambda_o x_o + \ldots + \lambda_3 x_3 = 0 \text{ mit } \vec{\lambda} = (\lambda_o,\ldots,\lambda_3)^T.$$

Bildet man von der Matrix mit Rang 2,

$$\begin{pmatrix} \vec{\gamma}^T \\ \vec{\lambda}^T \end{pmatrix} = \begin{pmatrix} \gamma_o & \gamma_1 & \gamma_2 & \gamma_3 \\ \lambda_o & \lambda_1 & \lambda_2 & \lambda_3 \end{pmatrix},$$

die 2-reihigen Unterdeterminanten $a_{ik} := \begin{vmatrix} \gamma_i & \gamma_k \\ \lambda_i & \lambda_k \end{vmatrix}$ $(0 \le i,k \le 3)$, so gibt es wegen $a_{ik} = -a_{ki}$, $a_{ii} = 0$ sechs wesentlich verschiedene Determinanten, die man zu einem PLÜCKER-Vektor zusammenfassen kann:

$$\vec{A} := \vec{\gamma} \barwedge \vec{\lambda} := (a_{23}, a_{31}, a_{12}, a_{o1}, a_{o2}, a_{o3})^T.$$

Dabei zeigt sich, daß die a_{ik} in ihrer Gesamtheit mit den p_{ik} übereinstimmen, es gilt:

$$a_{23}:a_{31}:a_{12}:a_{o1}:a_{o2}:a_{o3} = p_{o1}:p_{o2}:p_{o3}:p_{23}:p_{31}:p_{12}.$$

Die a_{ik} sind wie die p_{ik} homogen und heißen die *Achsenkoordinaten* einer Geraden $p \subset P^3$.

Im folgenden untersuchen wir, welche Geradenmengen des P^3 den Geraden (Erzeugenden) und den Ebenen (Maximalerzeugenden) der PLÜCKER-Quadrik in der PLÜCKER-Bijektion entsprechen.

Geraden in der PLÜCKER-Quadrik:

Sind $P(\vec{P})$, $Q(\vec{Q})$ ($\vec{P},\vec{Q}$ linear unabhängig) verschiedene Punkte der PLÜCKER-Quadrik $Q^4_{6\,3}$, so gilt nach (I) $F(\vec{P}) = F(\vec{Q}) = 0$. Alle Punkte $X(\lambda\vec{P}+\mu\vec{Q})$ der Verbindungsgeraden $P + Q$ liegen in $Q^4_{6\,3}$, wenn für alle λ,μ

$$F(\lambda\vec{P}+\mu\vec{Q}) = \lambda^2\underbrace{F(\vec{P})}_{=0} + 2\lambda\mu F(\vec{P},\vec{Q}) + \mu^2\underbrace{F(\vec{Q})}_{=0} = 0 \iff F(\vec{P},\vec{Q}) = 0.$$

Daraus folgt unter Verwendung der Polaritätsbedingung (II), daß die Gerade $P + Q$ genau dann in $Q^4_{6\,3}$ liegt, wenn die Punkte $P(\vec{P})$, $Q(\vec{Q})$ schneidende Geraden $p,q \subset P^3$ darstellen:

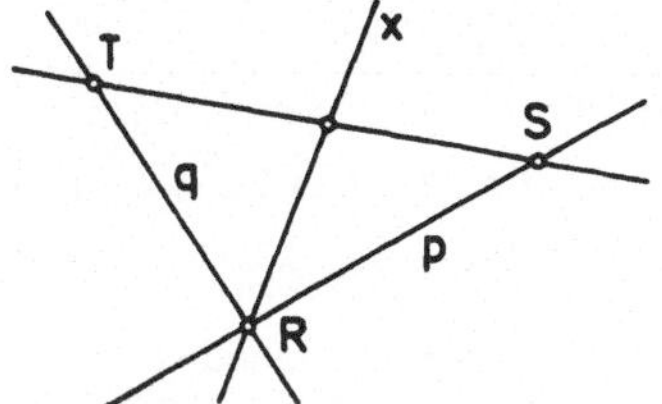

$$p = R(\vec{r}) + S(\vec{s}) \text{ mit } \vec{P} = \vec{r} \wedge \vec{s},$$

$$q = R(\vec{r}) + T(\vec{t}) \text{ mit } \vec{Q} = \vec{r} \wedge \vec{t}.$$

Wegen $P \neq Q$ können die Geraden p,q nicht identisch sein. Aus

$$\lambda\vec{P} + \mu\vec{Q} = \lambda\vec{r} \wedge \vec{s} + \mu\vec{r} \wedge \vec{t} \overset{(3)}{=} \vec{r} \wedge (\lambda\vec{s} + \mu\vec{t})$$

folgt, daß den Punkten $X \in (P + Q)$ die Geraden x des von p und q aufgespannten Geradenbüschels bijektiv entsprechen. Damit gilt

> Satz 2: Die PLÜCKER-Quadrik enthält genau dann mit zwei verschiedenen Punkten P,Q die Verbindungsgerade P + Q, wenn P, Q schneidende Geraden $p,q \subset P^3$ darstellen. Jedem Geradenbüschel in P^3 entspricht dann eine Gerade (*Punktreihe*) in $Q^4_{6\,3}$ und umgekehrt. Insgesamt liegen ∞^5 Geraden in $Q^4_{6\,3}$.[1)]

Die letzte Sprechweise besagt nach 5A,S.101, daß die Geraden in $Q^4_{6\,3}$ eine 5-gliedrige Menge bilden. Diese Aussage folgt, da im P^3 ∞^3 Punkte und durch jeden Punkt ∞^2 Geradenbüschel – also im P^3 insgesamt ∞^5 Geradenbüschel – existieren.

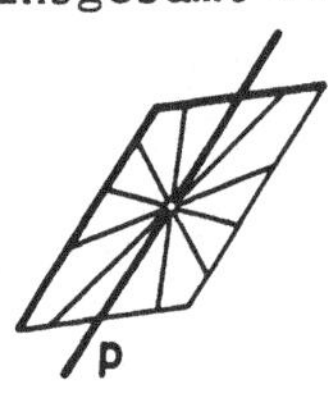

Wir fragen: Wieviele Geraden in $Q^4_{6\,3}$ gehen durch einen Punkt $P \in Q^4_{6\,3}$? Diese Frage lautet im P^3: Wieviele Geradenbüschel enthalten eine feste Gerade p? Auf p gibt es ∞^1 Büschelzentren und in jedem Zentrum ∞^1 Büschel mit der verlangten Eigenschaft. Jede feste Gerade des P^3 liegt also in ∞^2 Geradenbüscheln. Also gilt:

> Satz 3: Durch jeden Punkt der PLÜCKER-Quadrik $Q^4_{6\,3}$ gehen ∞^2 Erzeugende.

Jede Gerade, die nicht ganz in $Q^4_{6\,3}$ liegt, ist Sekante, Tangente oder Passante der PLÜCKER-Quadrik. Den Sekantenschnittpunkten mit $Q^4_{6\,3}$ entsprechen in P^3 zwei Geraden, dem Tangentenberührpunkt entspricht in P^3 eine Gerade.

Ebenen in der PLÜCKER-Quadrik:

Sind $P(\vec{P})$, $Q(\vec{Q})$, $R(\vec{R})$ ($\vec{P},\vec{Q},\vec{R}$ linear unabhängig) nicht kollineare Punkte der PLÜCKER-Quadrik $Q^4_{6\,3}$, so gilt nach (I) $F(\vec{P}) = F(\vec{Q}) = F(\vec{R}) = 0$. Alle Punkte $X(\lambda\vec{P}+\mu\vec{Q}+\nu\vec{R})$ der Verbindungsebene P + Q + R liegen in $Q^4_{6\,3}$, wenn für alle λ,μ,ν

$$F(\lambda\vec{P}+\mu\vec{Q}+\nu\vec{R}) = \lambda^2F(\vec{P}) + \mu^2F(\vec{Q}) + \nu^2F(\vec{R}) + 2\lambda\mu F(\vec{P},\vec{Q}) + 2\lambda\nu F(\vec{P},\vec{R}) + 2\mu\nu F(\vec{Q},\vec{R}) = 0$$

$$\Longleftrightarrow \quad F(P,Q) = F(P,R) = F(Q,R) = 0.$$

Daraus erhält man:

> Satz 4: Die PLÜCKER-Quadrik enthält genau dann mit drei nicht kollinearen Punkten P,Q,R die Verbindungsebene P + Q + R, wenn P,Q,R paarweise schneidende Geraden $p,q,r \subset P^3$ darstellen. Die-

1) Zum Vergleich: Ein Kegel des P^3 enthält ∞^1 Geraden, eine Ringquadrik des P^3 enthält genau zwei Scharen von je ∞^1 Geraden. Die PLÜCKER-Bijektion zeigt insbesondere, *wieviele* Punkte, Geraden und Ebenen in $Q^4_{6\,3}$ liegen.

se bestimmen:
entweder ein Geradenbündel ($\Longleftrightarrow$ p,q,r inzident mit einem festen Punkt B)
oder ein Geradenfeld ($\Longleftrightarrow$ p,q,r inzident mit einer festen Ebene β).
Jedem Geradenbündel in P^3 entspricht eine *Ebene 1.Art* (ein *Punktfeld 1.Art*) in $Q^4_{6\,3}$;
jedem Geradenfeld in P^3 entspricht eine *Ebene 2.Art* (ein *Punktfeld 2.Art*) in $Q^4_{6\,3}$ und umgekehrt.
Ingesamt liegen ∞^3 Ebenen 1.Art und ∞^3 Ebenen 2.Art in $Q^4_{6\,3}$.

Die letzte Aussage folgt daraus, daß in P^3 genau ∞^3 Bündel und genau ∞^3 Felder existieren.

Wir untersuchen in der PLÜCKER-Quadrik $Q^4_{6\,3}$ die gegenseitige Lage zweier Ebenen L^2, M^2 $(L^2 \neq M^2)$:

a) L^2, M^2 von derselben Art: Dann gilt, wenn L^2, M^2 von
1.Art: L^2, M^2 entsprechen Bündel im P^3, die genau die Verbindungsgerade ihrer Zentren gemeinsam haben;
2.Art: L^2, M^2 entsprechen Felder im P^3, die genau die Schnittgerade ihrer Trägerebenen gemeinsam haben.

Zwei verschiedene Ebenen 1. oder 2.Art haben somit genau einen gemeinsamen Punkt.

b) L^2, M^2 von verschiedener Art: Dann entspricht ohne Einschränkung L^2 ein Bündel, M^2 ein Feld in P^3.

Liegt das Bündelzentrum nicht in der Trägerebene des Feldes, dann ist keine Bündelgerade Feldgerade, und daher ist $L^2 \cap M^2 = \emptyset$.
Liegt das Bündelzentrum in der Trägerebene des Feldes, dann haben Bündel und Feld genau ein Büschel gemeinsam, und daher ist $L^2 \cap M^2 =: g$.

Satz 5: In der PLÜCKER-Quadrik $Q^4_{6\,3}$ haben zwei verschiedene Ebenen derselben Art genau einen gemeinsamen Punkt; zwei Ebenen verschiedener Art sind entweder windschief oder haben genau eine gemeinsame Gerade.

Wir fragen nun nach allen Ebenen in $Q^4_{6\,3}$ durch einen festen Punkt $P \in Q^4_{6\,3}$.
Die Ebenen 1.Art durch P entsprechen in P^3 den ∞^1 Bündeln, deren Zentren auf einer festen Geraden p liegen.
Die Ebenen 2.Art durch P entsprechen in P den ∞^1 Feldern, deren Trägerebenen eine feste Gerade p enthalten.
Somit gilt:

Satz 6: Durch jeden festen Punkt P der PLÜCKER-Quadrik $Q^4_{6\,3}$ gehen ∞^1 Ebenen 1.Art und ∞^1 Ebenen 2.Art, die nach 4F,Satz 9 in der Tangentenhyperebene Γ_P von $Q^4_{6\,3}$ eine Quadrik $Q^3_{4\,2}$ bilden.

Die Ebenen $L^2 \not\subset Q^4_{6\,3}$ können – wie die Geraden – verschiedene Lagen zur PLÜCKER-Quadrik einnehmen. Ist $L^2 \cap Q^4_{6\,3}$ ein nichtentarteter Kegelschnitt, so entspricht ihm in P^3 eine Erzeugendenschar einer Ringquadrik (ein *Regulus*). Die zu L^2 bezüglich $Q^4_{6\,3}$ totalpolare Ebene L^2_t trifft $Q^4_{6\,3}$ ebenfalls in einem nichtentarteten Kegelschnitt, dem in P^3 die andere Erzeugendenschar derselben Ringquadrik entspricht.

Nach 4D, Satz 1 enthält die PLÜCKER-Quadrik keine Hypergeraden und keine Hyperebenen. Man kann jedoch die Schnitte dieser projektiven Unterräume mit $Q^4_{6\,3}$ unter Verwendung der PLÜCKER-Bijektion untersuchen.

Hypergeradenschnitte mit der PLÜCKER-Quadrik:

Einen Überblick über die Schnittquadriken $Q^2_{r\,q} = \gamma \cap Q^4_{6\,3}$ und die ihnen entsprechenden Geradenmengen in P^3 erhält man mit Hilfe der Totalpolaren der Hypergeraden γ bezüglich $Q^4_{6\,3}$, die nach 4E, Satz 8 eine Gerade g und damit Erzeugende, Tangente, Sekante oder Passante von $Q^4_{6\,3}$ ist. Da $Q^4_{6\,3}$ nichtentartet ist, gilt nach 4D, Satz 2:

$g \cap Q^4_{6\,3}$	g
g	Erzeugende
{S}	reguläre Tangente
{U,V}	Sekante
∅	Passante

Die Punkte $Q(\vec{Q}) \in Q^2_{r\,q} = \gamma \cap Q^4_{6\,3}$ sind polar zu allen Punkten $P(\vec{P})$ des Schnittes $g \cap Q^4_{6\,3}$, genügen also der Polaritätsbedingung $F(\vec{P},\vec{Q})=0$. Nach (II) in Satz 1 entspricht jedem Punktepaar P,Q aus $Q^4_{6\,3}$ mit $F(\vec{P},\vec{Q}) = 0$ ein schneidendes oder zusammenfallendes Geradenpaar in P^3. Die Schnittquadrik $Q^2_{r\,q}$ wird daher in P^3 durch ∞^2 Geraden q repräsentiert, welche die Geraden p schneiden, die den Punkten $P(\vec{P}) \in (g \cap Q^4_{6\,3})$ entsprechen sowie durch alle Geraden q, die mit diesen Geraden p inzidieren, falls selbstpolare Punkte (P = Q) vorliegen. Wir diskutieren die vier möglichen Fälle:

g Erzeugende: Einer Punktreihe $g \subset Q^4_{6\,3}$ entspricht in P^3 ein Geradenbüschel (Z,Γ). Die PLÜCKER-Bijektion von $Q^2_{r\,q}$ ist die Vereinigung des Bündels um Z mit dem Feld in Γ. Bündel und Feld haben genau

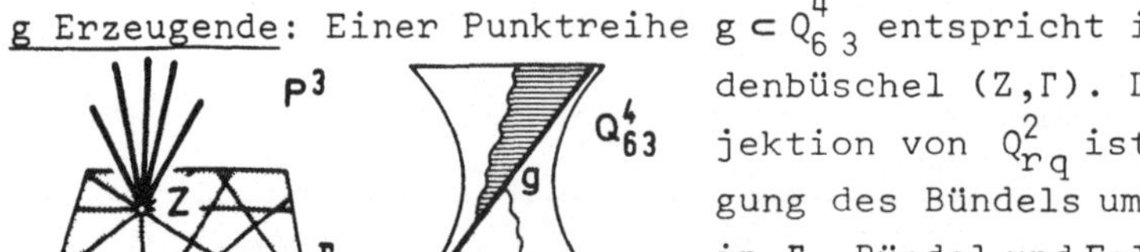

das Büschel (Z,Γ) gemeinsam, dem auf Q^4_{63} die Gerade g entspricht. Die Schnittquadrik Q^2_{rq} ist daher ein Ebenenpaar $(r=2, q=1)$, bestehend aus einer Ebene 1.Art und einer Ebene 2.Art, die einander in g schneiden.

g Sekante: Den Schnittpunkten $\{U,V\} = g \cap Q^4_{63}$ entsprechen windschiefe Geraden $u, v \in P^3$. Die PLÜCKER-Bijektion von Q^2_{rq} ist die Menge der Treffgeraden von u und v, die ein *hyperbolisches Netz* (eine *hyperbolische lineare Kongruenz*) heißt. Das hyperbolische Netz ist auf zwei verschiedene Arten in ∞^1 Geradenbüschel zerlegbar, je nachdem die Büschelzentren auf u oder v liegen. Jedem Büschel entspricht in Q^4_{63} eine Gerade der Schnittquadrik Q^2_{rq}. Auf Q^2_{rq} liegen somit zwei verschiedene Geradenscharen; Q^2_{rq} ist daher eine Ringquadrik $(r=4, q=2)$.

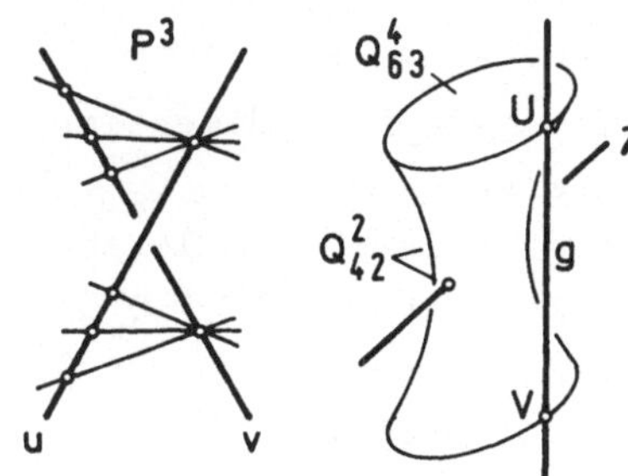

g Passante: Im $\hat{P}^5$ schneidet g die PLÜCKER-Quadrik Q^4_{63} in zwei konjugiert komplexen Punkten U und $\bar{U}$, denen zwei windschiefe konjugiert komplexe Geraden $u, \bar{u} \subset \hat{P}^3$ entsprechen.[1)] Auch bei komplexer Erweiterung entspricht jedem Punktepaar $P, Q \in Q^4_{63}$ mit $F(\vec{P}, \vec{Q}) = 0$ ein schneidendes oder zusammenfallendes Geradenpaar in P^3. Die PLÜCKER-Bijektion von Q^2_{rq} ist daher die Menge der reellen Treffgeraden von u und $\bar{u}$, die ein *elliptisches Netz* (eine *elliptische lineare Kongruenz*) heißt. Je zwei Geraden a, b eines elliptischen Netzes sind windschief. Wären a und b

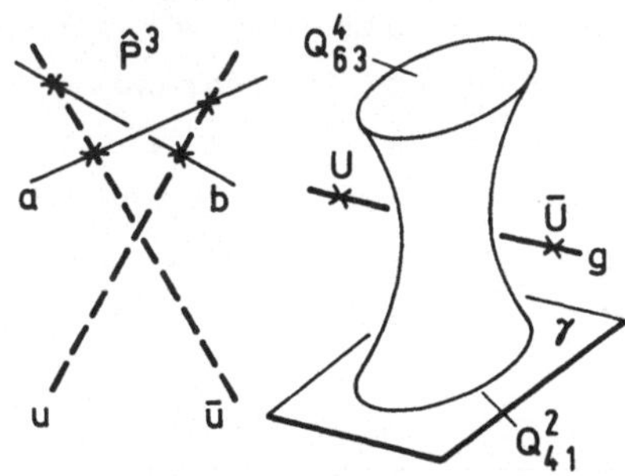

1) Im komplex erweiterten projektiven Raum $\hat{P}^3$ gilt: Eine Gerade g heißt *hochkomplex* oder *hochimaginär*, wenn sie mit keinem reellen Punkt (also auch keiner reellen Ebene) inzidiert und daher zu ihrer konjugiert komplexen Geraden $\bar{g}$ windschief ist; windschiefe konjugiert komplexe Geraden heißen auch *konjugiert hochkomplex*. Eine Gerade g heißt *niederkomplex* oder *niederimaginär*, wenn sie mit genau einem reellen Punkt (dem Schnittpunkt mit der konjugiert komplexen Geraden $\bar{g}$) inzidiert, also auch in einer reellen Ebene liegt (der Verbindungsebene von g und $\bar{g}$); schneidende konjugiert komplexe Geraden heißen auch *konjugiert niederkomplex*.

schneidend, so wären die beiden *Brennlinien* u und $\bar{u}$ schneidende Geraden in der Ebene $a+b$. Das elliptische Netz enthält daher keine reellen Geradenbüschel; Q^2_{rq} enthält daher keine Geraden und ist somit eine Ovalquadrik ($r=4$, $q=1$).

<u>g reguläre Tangente</u>: Die Totalpolare γ von g bezüglich $Q^4_{6\,3}$ ist der Schnitt der Tangentenhyperebene Γ_S von $Q^4_{6\,3}$ im Berührpunkt S von g mit der Polarhyperebene Γ_A eines beliebigen Punktes $A\in g\backslash S$. Γ_A schneidet jede der 2-dimensionalen Maximalerzeugenden von $Q^4_{6\,3}$ in den 1-dimensionalen Maximalerzeugenden der Quadrik $Q^4_{6\,3}\cap\Gamma_A = Q^3_{5\,2}$.[1] Da $\Gamma_S\cap\Gamma_A$ Tangenten-3-Ebene von $Q^3_{5\,2}$ ist, ist nach 4F, Satz 9

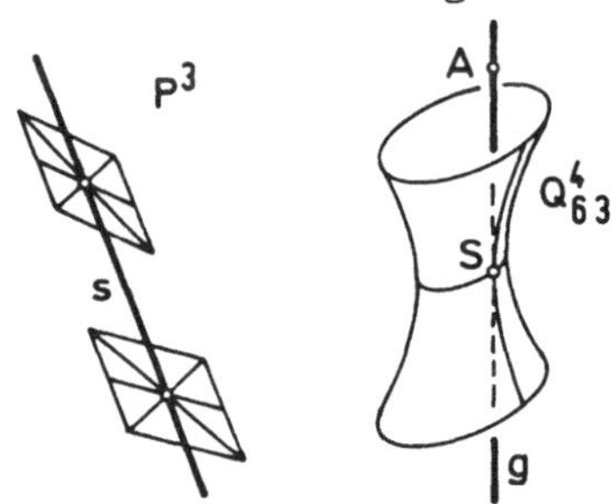

$$Q^4_{6\,3}\cap\Gamma_S\cap\Gamma_A = Q^3_{5\,2}\cap(\Gamma_S\cap\Gamma_A) = Q^2_{3\,1} = Q^2_{rq} \quad (r=3, q=1).$$

Der Kegel $Q^2_{3\,1}$ besitzt die Spitze S, da S wegen $Q^2_{3\,1}\subset\Gamma_S$ zu allen Punkten von $Q^2_{3\,1}$ polar ist.

Die PLÜCKER-Bijektion einer Erzeugenden $e\subset Q^2_{3\,1}$ ist ein Büschel, dem die Gerade s angehört, die S entspricht. Die PLÜCKER-Bijektion des Schnittkegels $Q^2_{3\,1}$ besteht somit aus ∞^1 Büscheln mit der gemeinsamen Geraden s und heißt ein *parabolisches Netz* (eine *parabolische lineare Kongruenz*). Die projektive Abbildung der Büschelzentren längs s auf die Büschelebenen um s heißt *Berührkorrelation*. Ein parabolisches Netz ist sowohl Grenzfall eines hyperbolischen als auch Grenzfall eines elliptischen Netzes.

Zusammenfassend gilt:

<u>Satz 7</u>: Der Schnittquadrik Q^2_{rq} einer Hypergeraden $\gamma\subset P^5$ mit der PLÜCKER-Quadrik $Q^4_{6\,3}$ entspricht im P^3 die folgende Geradenmenge:

Schnittquadrik Q^2_{rq}	Geradenmenge in P^3	Totalpolare g von γ bzgl. $Q^4_{6\,3}$
Ebenenpaar $Q^2_{2\,1}$	Bündel $\cup$ Feld	Erzeugende
Ringquadrik $Q^2_{4\,2}$	hyperbolisches Netz	Sekante
Ovalquadrik $Q^2_{4\,1}$	elliptisches Netz	Passante
Kegel $Q^2_{3\,1}$	parabolisches Netz	reguläre Tangente

[1] Den Index der Schnittquadrik erhält man aus 4D, Satz 1.

Hyperebenenschnitte mit der PLÜCKER-Quadrik:

Jede Hyperebene $\Gamma_P \subset P^5$ schneidet die PLÜCKER-Quadrik $Q^4_{6\,3}$ in einer Quadrik $Q^3_{r\,q} \subset \Gamma_P$ (4A, Satz 3). Die Schnittquadriken $\Gamma_P \cap Q^4_{6\,3} = Q^3_{r\,q}$ und die ihnen entsprechenden Geradenmengen in P^3 lassen sich mit Hilfe des Pols P von Γ_P bezüglich $Q^4_{6\,3}$ in zwei Klassen einteilen:

a) $P(\vec{P}) \in Q^4_{6\,3} \Rightarrow \Gamma_P$ ist Tangentenhyperebene von $Q^4_{6\,3}$ in P;

b) $P(\vec{P}) \notin Q^4_{6\,3} \Rightarrow \Gamma_P$ ist nicht Tangentenhyperebene von $Q^4_{6\,3}$ in P.

Die PLÜCKER-Quadrik besitzt die Signatur s=0; folglich lassen sich Außen- und Innengebiet projektiv nicht unterscheiden (4G, Satz 1 und 4G, Satz 2). Die Klasse b) kann daher bezüglich des Außen- und Innengebiets nicht unterteilt werden. Die Polarhyperebene Γ_P mit $\vec{P} = (p_1,\dots,p_6)^T$ wird nach (II) beschrieben durch:

$$F(\vec{P},\vec{Q}) = p_1q_4 + p_2q_5 + p_3q_6 + p_4q_1 + p_5q_2 + p_6q_3 = 0,$$

wobei die Hyperebenenpunkte $Q(\vec{Q}) \in Q^3_{r\,q}$ mit $\vec{Q} = (q_1,\dots,q_6)^T$ Geraden des P^3 repräsentieren.

In a) entspricht dem Pol P eine Gerade p des P^3, und den ∞^3 Punkten $Q \in Q^3_{r\,q}$ $(Q \neq P)$ entsprechen nach (II) wegen $F(\vec{P},\vec{Q}) = 0$ die ∞^3 Treffgeraden von p. Dem Punkt $P \in Q^3_{r\,q}$ entspricht die Gerade p. Man nennt die ∞^3 Treffgeraden einer festen Geraden $p \subset P^3$ ein *Gebüsch* oder einen *singulären linearen Komplex;* p heißt *Gebüschachse*.

In b) entspricht dem Pol P (wegen $P \notin Q^4_{6\,3}$) keine Gerade des P^3. Den ∞^3 Punkten der Schnittquadrik $Q^3_{r\,q}$ entsprechen in P^3 jedoch ∞^3 Geraden, die man ein *Gewinde* oder einen *regulären linearen Komplex* nennt.

Somit gilt:

Satz 8: Der Schnittquadrik $Q^3_{r\,q}$ einer Hyperebene $\Gamma_P \subset P^5$ mit der PLÜCKER-Quadrik $Q^4_{6\,3}$ entspricht im P^3 ein
Gebüsch (singulärer linearer Komplex) $\Leftrightarrow$ Pol $P \in Q^4_{6\,3} \Leftrightarrow r=4,\ q=2$, ein
Gewinde (regulärer linearer Komplex) $\Leftrightarrow$ Pol $P \notin Q^4_{6\,3} \Leftrightarrow r=5,\ q=2$.

Damit besteht eine Bijektion der linearen Komplexe (Gewinde und Gebüsche) des P^3 auf die Punkte des hyperbolischen Raumes $P^5_{|3}$. Die linearen Komplexe des P^3 stellen somit ein projektives Geradenmodell des hyperbolischen Raumes $P^5_{|3}$ dar, in dem die Menge der Gebüsche die Absolutfigur ist. Außerdem besteht eine Übertragung der Geraden des P^3 auf die Punkte der PLÜCKER-Quadrik $Q^4_{6\,3}$.

Die in Satz 8 angegebenen Rang- und Indexzahlen r,q erhält man aus 4D,Satz 1 und 4F,Satz 9 wie auf S.232.

Bemerkungen (Fortsetzung):

2) Die PLÜCKER-Übertragung wird auch als *KLEINsches Übertragungsprinzip*, die PLÜCKER- oder KLEIN-Quadrik auch als *KLEINsches Punktmodell der Geradenmenge des* P^3 bezeichnet (ANZBÖCK[1], KARGER[1]). Die Idee der PLÜCKER-Koordinaten stammt von PLÜCKER[1], [2]. Der Gedanke, die Geraden des P^3 als die Punkte einer Quadrik Q^4_{63} aufzufassen, der die Möglichkeit bietet, den Geradenraum des P^3 (und seine Anwendungen in Kinematik, Mechanik und Optik) auf der PLÜCKER-Quadrik zu studieren, geht auf KLEIN[11] und [6] S.262 zurück.

3) Unter Verzicht auf einen invarianten Parameter entwickelt ANZBÖCK[1] auf der PLÜCKER-Quadrik die projektive Kurventheorie und ihre Deutung im Geradenraum des P^3 als projektive Regelflächentheorie. ROSENFELD[4] prägt dem P^3 eine elliptische Metrik auf und bildet die Menge der Geraden des $P^3_{|0}$ auf die PLÜCKER-Quadrik ab, die dann auf ∞^2 Arten in ∞^2 *Quadratiken* zerlegbar ist; G.WEISS[1] behandelt dieses Thema eingehend bei Ersetzung des P^3 durch den euklidischen Raum $P^3_{1|00}$ (siehe dazu 14E1,Bem.3). KARGER[1] charakterisiert die PLÜCKER-Quadrik für die Geradenmenge des hyperbolischen Raumes $P^3_{|1}$, des elliptischen Raumes $P^3_{|0}$ und des euklidischen Raumes $P^3_{1|00}$ in der Sprache der LIEschen Gruppen und Algebren. Siehe auch ROSENFELD[6].

4) STUDY[4] entwickelt eine Übertragung der Geraden des längs seiner Absolutebene geschlitzten euklidischen Raumes $P^3_{1|00}\backslash A^2$ auf die dualen Punkte der Einheitssphäre, die auch die metrischen Eigenschaften der Geradenmenge des $P^3_{1|00}\backslash A^2$ erfaßt. Eine zugänglichere Darstellung dieser Übertragung geben BLASCHKE[33], S.263 und HAACK[1]. Zu diesem Themenkreis siehe auch BARANOVA/UZDENOV[1] und ROSENFELD[1].

E. Matrizen-Modell des hyperbolischen Raumes $P^3_{|2}$

Nach 2C,Satz 1 besitzt eine projektive Selbstabbildung π einer projektiven Geraden P^1,

$$\pi:\ P^1\backslash A^m \to P^1,\ A^m \subset P^1,$$

in einem projektiven Koordinatensystem $\{E_o,E_1;E\}\subset P^1$ die Matrizendarstellung

$$\vec{y} = A\vec{x} = \begin{pmatrix} a_{oo} & a_{o1} \\ a_{1o} & a_{11} \end{pmatrix} \vec{x}.$$

Da die Abbildungsmatrix A bis auf einen konstanten Faktor $c \neq 0$ bestimmt ist, kann man A durch den Punkt $X(\vec{x}) \in P^3$ mit den projektiven Koordinaten $(x_o,x_1,x_2,x_3):=(a_{oo},a_{o1},a_{1o},a_{11})$ repräsentieren. Damit sind die von der Nullabbildung verschiedenen projektiven Selbstabbildungen einer projektiven Geraden – beschrieben durch die von der (2,2)-Nullmatrix verschiedenen reellen (2,2)-Matrizen A – auf die Punkte $X \in P^3$ bijektiv abgebildet. Diese *STÉPHANOS-Bijektion* (die sich nach 5C, Satz 1 und 5C, Def. 3 zur *STÉPHANOS-Übertragung* ausgestalten läßt) untersucht STÉPHANOS[1] und beschreibt mit ihrer Hilfe die in 11A betrachteten Drehungen des euklidischen Raumes $P^3_{1|00}$.

In der STÉPHANOS-Bijektion entsprechen den (2,2)-Matrizen A mit $\det A = 0$ (den nicht injektiven projektiven Selbstabbildungen von P^1) die Punkte $X(\vec{x})$ der Ringquadrik $Q^2_{4\,2}(x_0x_3 - x_1x_2 = 0)$ des P^3. Den (2,2)-Matrizen A mit $\det A \neq 0$ (den Projektivitäten von P^1) entsprechen die Punkte $X \in P^3 \setminus Q^2_{4\,2}$. Damit gilt:

> Satz 1: Die STÉPHANOS-Bijektion bildet die projektiven Selbstabbildungen von P^1 mit von der (2,2)-Nullmatrix verschiedenen reellen, singulären (2,2)-Matrizen auf die Punkte einer Ringquadrik $Q^2_{4\,2} \subset P^3$ und die projektiven Selbstabbildungen von P^1 mit reellen, regulären (2,2)-Matrizen auf die Punkte $X \in P^3 \setminus Q^2_{4\,2}$ bijektiv ab. Der projektive Raum P^3 wird dadurch ein hyperbolischer Raum $P^3_{|2}$. Die von der (2,2)-Nullmatrix verschiedenen reellen homogenen (2,2)-Matrizen stellen somit ein reelles projektives Modell (das STÉPHANOS-Modell) des $P^3_{|2}$ dar.

Bemerkungen:

1) In Satz 1 wird mit Hilfe der projektiven (2,2)-Matrizen die Gruppe der Projektivitäten einer projektiven Geraden als Raum $P^3 \setminus Q^2_{4\,2}$ gedeutet. Allgemein nennt man eine als Raum interpretierte Gruppe aus bijektiven Selbstabbildungen eines Raumes einen *Gruppen-* oder *Parameterraum* (siehe etwa BACHMANN[1] S.246, KARZEL [1], H.R.MÜLLER[1] S.63ff, STRUBECKER[2] S.163,203). Ein Gruppenraum ist gegebenenfalls zu einem projektiven Raum erweiterungsfähig, wie in Satz 1 im Fall der Projektivitäten von P^1 (siehe etwa SCHÜTTE [1]). Wir lernen in Kapitel 11 weitere Gruppenräume kennen.

2) Die Literatur enthält die Grundzüge der STÉPHANOS-Bijektion in verschiedener Gestalt (oft unter Verwendung normierter HAMILTON-Quaternionen anstelle projektiver (2,2)-Matrizen), so bei BACHMANN[1], BLASCHKE[10], BURAU[1][2] S.144, CARTAN[1], COXETER [1], HORNIAČEK[1], KLEIN[1], KOMMERELL[1], MEDEK[1][3][4], H.R.MÜLLER[1], SCHÜTTE[1], E.A.WEISS[2] und WU[1]. Die bei BURAU[2] angedeutete matrizentheoretische Behandlung dieses Fragenkreises hat GEISE [1] aufgenommen. Die projektiven (2,2)-, (2,3)- und (2,4)-Matrizen treten unter diesem Gesichtspunkt auch bei E.A.WEISS[3] und die (3,3)-Matrizen bei MEDEK[2] auf. Eine Verallgemeinerung der STÉPHANOS-Bijektion mittels (m+1,n+1)-Matrizen gibt GEISE[2].

KAPITEL 11. KINEMATISCHE MODELLE VON CAYLEY/KLEIN-RÄUMEN

Gelingt es, die Elemente τ (allgemeiner: Mengen der Elemente τ) einer k-gliedrigen Gruppe – eventuell nach Erweiterung durch uneigentliche Elemente – bijektiv auf die Punkte eines Raumes abzubilden, so entsteht ein *kinematisches Modell* dieses Raumes. Wir betrachten in diesem Kapitel kinematische Modelle von CK-Räumen, denen Bewegungsgruppen von CK-Räumen zugrundeliegen.

A. KINEMATISCHES MODELL DES ELLIPTISCHEN RAUMES P^3_{10}

In der Mechanik der starren Körper spielen die Drehungen des euklidischen Raumes $P^3_{1|00}$ um ein eigentliches Zentrum O eine Rolle. Nach EULER ist jede Drehung um O eine Drehung durch einen (aus der Linearen Algebra bekannten) orientierten Drehwinkel δ um eine Achse mit Richtungsvektor a, $|a|=1$, durch O.

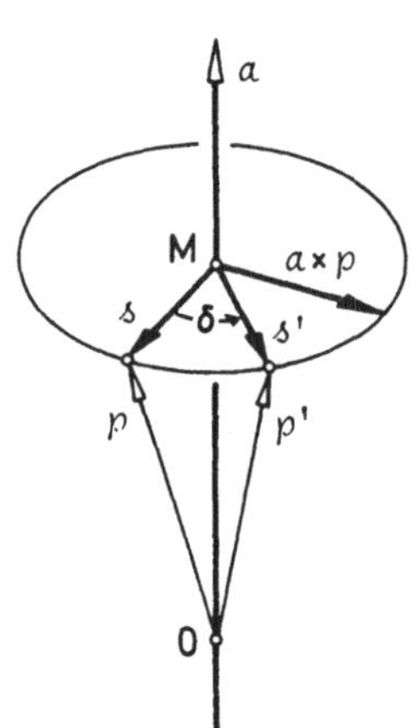

Ein Punkt P des starren Körpers beschreibt bei einer Drehung (O,a,δ) einen Kreisbogen $\widehat{PP'}$, dessen Mittelpunkt M auf der Drehachse liegt und dessen Ebene zu a senkrecht steht. Der Vektor $\overrightarrow{OP}=p$ wird um den Drehwinkel $\delta = \sphericalangle PMP'$ in den Vektor $\overrightarrow{OP'}=p'$ gedreht. Dann gilt mit $\overrightarrow{MP}=s$, $\overrightarrow{MP'}=s'$:[1]

$$s' = s\cos\delta + (a\times p)\sin\delta .$$

Ersetzt man s und s' durch

$$s = p - a(ap), \quad s' = p' - a(ap'),$$

so folgt:

$$p' = p\cos\delta + (a\times p)\sin\delta + a(ap)(1-\cos\delta). \quad (1)$$

Gilt in einem kartesischen Koordinatensystem $\{O;\overrightarrow{OE}_1,\overrightarrow{OE}_2,\overrightarrow{OE}_3\}$ mit $\overrightarrow{OE}_1\times\overrightarrow{OE}_2=\overrightarrow{OE}_3$ (also in einem *Rechtssystem*), dessen Ursprung das Zentrum O ist,

$$p=(x,y,z)^T,\quad p'=(x',y',z')^T,\quad a=(\alpha,\beta,\gamma)^T,\quad \alpha^2+\beta^2+\gamma^2=1,$$

so folgen aus (1) die *EULER-Formeln* für eine Drehung (O,a,δ):

$$\left.\begin{aligned} x' &= x\cos\delta + (\beta z-\gamma y)\sin\delta + \alpha(\alpha x+\beta y+\gamma z)(1-\cos\delta),\\ y' &= y\cos\delta + (\gamma x-\alpha z)\sin\delta + \beta(\alpha x+\beta y+\gamma z)(1-\cos\delta),\\ z' &= z\cos\delta + (\alpha y-\beta x)\sin\delta + \gamma(\alpha x+\beta y+\gamma z)(1-\cos\delta). \end{aligned}\right\} \quad (2)$$

Wegen $\alpha^2+\beta^2+\gamma^2=1$ enthalten die EULER-Formeln in $\alpha,\beta,\gamma,\delta$ drei wesentliche Parameter. Setzt man nun

$$\tan\frac{\delta}{2}=t,\quad \text{also}\quad \sin\delta=\frac{2t}{1+t^2},\quad \cos\delta=\frac{1-t^2}{1+t^2}, \quad (3)$$

[1] $x\times y$ bedeutet das Vektorprodukt und xy das Skalarprodukt im 3-dimensionalen euklidischen Vektorraum.

und weiter

$$\alpha t a_o = a_1,\ \beta t a_o = a_2,\ \gamma t a_o = a_3,\quad t^2 a_o^2 = a_1^2 + a_2^2 + a_3^2\ , \tag{4}$$

so folgt mit $N := a_o^2+a_1^2+a_2^2+a_3^2 \neq 0$

$$N\cos\delta = a_o^2-a_1^2-a_2^2-a_3^2,\quad N\sin\delta = 2a_o\sqrt{a_1^2+a_2^2+a_3^2}\ . \tag{5}$$

Ersetzt man in den EULER-Formeln den Drehwinkel δ durch $-\delta$ und verwendet anschließend die Substitutionen (3) und (4), so entstehen die *CAYLEY-Formeln*, welche die Drehungen des $P^3_{1|00}$ um 0 derart beschreiben, daß die Koeffizienten rationale Funktionen der homogenen Parameter $a_o,\dots,a_3$ sind. Führt man in $P^3_{1|00}$ noch homogene Koordinaten ein durch

$$x = \frac{x_1}{x_o},\quad y = \frac{x_2}{x_o},\quad z = \frac{x_3}{x_o}\ ,$$

so erhalten die CAYLEY-Formeln die Bauart (siehe auch STRUBEKKER[2]S.162):

$$\left.\begin{aligned}
x'_o &= (a_o^2+a_1^2+a_2^2+a_3^2)x_o\ ,\\
x'_1 &= (a_o^2+a_1^2-a_2^2-a_3^2)x_1 + 2(a_oa_3+a_1a_2)x_2 + 2(a_1a_3-a_oa_2)x_3\ ,\\
x'_2 &= 2(a_1a_2-a_oa_3)x_1 + (a_o^2-a_1^2+a_2^2-a_3^2)x_2 + 2(a_oa_1+a_2a_3)x_3\ ,\\
x'_3 &= 2(a_oa_2+a_1a_3)x_1 + 2(a_2a_3-a_oa_1)x_2 + (a_o^2-a_1^2-a_2^2+a_3^2)x_3\ .
\end{aligned}\right\} \tag{6}$$

Die vier homogenen Parameter $(a_o,\dots,a_3)$ heißen die *EULER-Parameter* der Drehung $(0,a,\delta)$ in $P^3_{1|00}$. Jedes Quadrupel von EULER-Parametern bestimmt genau einen Punkt $A(\vec{a}) \in P^3$, $\vec{a} = (a_o,\dots,a_3)^T$. Umgekehrt bestimmt jeder Punkt $A(\vec{a}) \in P^3$, $\vec{a} = (a_o,\dots,a_3)^T$ die EULER-Parameter genau einer Drehung $(0,a,\delta)$ in $P^3_{1|00}$.

Wird der euklidische Raum $P^3_{1|00}$ auf das gewählte kartesische Koordinatensystem mit Ursprung 0 bezogen, so repräsentiert der Drehachsenpunkt $A(a_o=1,\ a_1=t\alpha,\ a_2=t\beta,\ a_3=t\gamma)$, der vom Ursprung 0 den euklidischen Abstand $t = \tan\frac{\delta}{2}$ besitzt, die Drehung $(0,a,\delta)$.

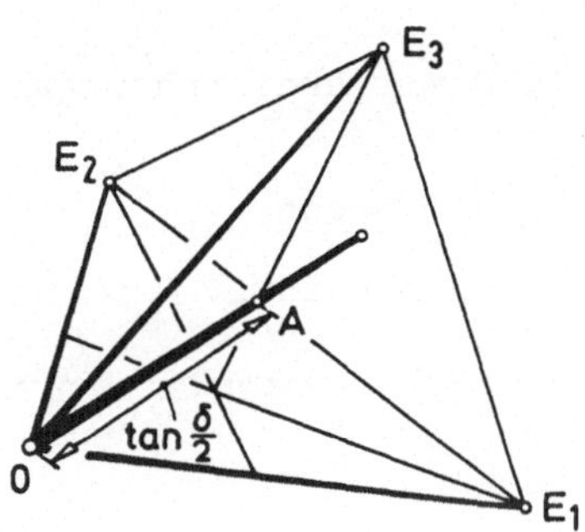

Ist $a_o = 0$, so ist $a_1^2+a_2^2+a_3^2 \neq 0$ wegen $(a_o,\dots,a_3) \neq (0,\dots,0)$. Nach (5) ist daher $\cos\delta = -1$ und somit ist $\delta = \pi$. Die Spiegelung $(0,a,\pi)$ an einer Drehachse $(0,a)$ ist also dem Fernpunkt der Drehachse zugeordnet. Das Zentrum 0 repräsentiert die Identität.

Damit besteht eine Bijektion σ der 3-gliedrigen Gruppe $B^3_{1|00}(0)$ der

Drehungen $(0,\alpha,\delta)$ des $P^3_{1|00}$ auf die Punkte des P^3:

$$\boxed{\begin{aligned}&\sigma:\ B^3_{1|00}(0) \longrightarrow P^3\\ &\quad(0,\alpha,\delta) \longmapsto (a_0,a_1,a_2,a_3),\ N = a_0^2+a_1^2+a_2^2+a_3^2 \neq 0.\end{aligned}} \qquad \text{(I)}$$

Die Bijektion σ heißt die *kinematische Abbildung* der Drehungen des $P^3_{1|00}$ um das eigentliche Zentrum 0. Eine durch die EULER-Parameter $a_0,\dots,a_3$ gegebene Drehung $(0,\alpha,\delta)$ wird im folgenden auch als Drehung $\vec{a} = (a_0,\dots,a_3)^T$ bezeichnet.

Wird die Drehung $\vec{a}' = (a'_0,\dots,a'_3)^T$ nach der Drehung $\vec{a} = (a_0,\dots,a_3)^T$ ausgeführt, so entsteht eine Drehung $\vec{a}'' = (a''_0,\dots,a''_3)$, die mit $\vec{a}$ und $\vec{a}'$ verknüpft ist durch:

$$\left.\begin{aligned} a''_0 &= a'_0a_0 - a'_1a_1 - a'_2a_2 - a'_3a_3,\\ a''_1 &= a'_0a_1 + a'_1a_0 - a'_2a_3 + a'_3a_2,\\ a''_2 &= a'_0a_2 + a'_1a_3 + a'_2a_0 - a'_3a_1,\\ a''_3 &= a'_0a_3 - a'_1a_2 + a'_2a_1 + a'_3a_0. \end{aligned}\right\} \qquad (7)$$

Daraus folgt:

> <u>Satz 1</u>: Im euklidischen Raum $P^3_{1|00}$ hängen die EULER-Parameter des Produkts $(0,\alpha,\delta)\circ(0,\alpha',\delta')$ zweier Drehungen $(0,\alpha,\delta),(0,\alpha',\delta')$ um einen festen eigentlichen Punkt 0 von den EULER-Parametern der Drehungen $(0,\alpha,\delta)$ und $(0,\alpha',\delta')$ jeweils linear ab.

Folgt auf eine *feste* Drehung $\vec{a} = (a_0,\dots,a_3)^T$ eine *variable* Drehung $\vec{a}' = (a'_0,\dots,a'_3)^T$, so gilt für die Produkt-Drehung $\vec{a}'' = (a''_0,\dots,a''_3)^T$ nach (7)

$$\vec{a}'' = \begin{bmatrix} a_0 & -a_1 & -a_2 & -a_3\\ a_1 & a_0 & -a_3 & a_2\\ a_2 & a_3 & a_0 & -a_1\\ a_3 & -a_2 & a_1 & a_0 \end{bmatrix}\vec{a}' =: U\vec{a}'. \qquad (8)$$

Nach der Normierung $N = 1$ kann die Matrix U mit drei inhomogenen Parametern geschrieben werden, zum Beispiel:

$$a_0^2 + a_1^2 = \cos^2\alpha\ ;\quad a_0 = \cos\alpha\cos\lambda,\quad a_1 = \cos\alpha\sin\lambda,$$
$$a_2^2 + a_3^2 = \sin^2\alpha\ ;\quad a_2 = \sin\alpha\cos\mu,\quad a_3 = \sin\alpha\sin\mu.$$

Folgt umgekehrt auf eine *variable* Drehung $\vec{a} = (a_0,\dots,a_3)^T$ eine *feste* Drehung $\vec{a}' = (a'_0,\dots,a'_3)^T$, so gilt für die Produkt-Drehung $\vec{a}'' = (a''_0,\dots,a''_3)^T$ nach (7)

$$\vec{a}'' = \begin{bmatrix} a_0' & -a_1' & -a_2' & -a_3' \\ a_1' & a_0' & a_3' & -a_2' \\ a_2' & -a_3' & a_0' & a_1' \\ a_3' & a_2' & -a_1' & a_0' \end{bmatrix} \vec{a} =: V\vec{a} \,. \tag{9}$$

In (8) und (9) liegen zwei 3-gliedrige Gruppen von Projektivitäten des P^3 (mit orthogonalen Matrizen bei $N = 1$) vor, die also Untergruppen der 6-gliedrigen Bewegungsgruppe B^3_{I0} des elliptischen Raumes P^3_{I0} sind und daher seine Absolutquadrik $Q^2_{4\,0}$,

$$a_0^2 + a_1^2 + a_2^2 + a_3^2 = 0,$$

fix lassen. Die Untergruppen (8) und (9) sind miteinander vertauschbar ($UV = VU$) und erzeugen die 6-gliedrige eigentliche Bewegungsgruppe B^{3+}_{I0} des elliptischen Raumes P^3_{I0}.

Es ist daher naheliegend, auf dem projektiven Raum P^3 – und damit auf der Menge der Drehungen des P^3_{1I00} um O – die Bewegungsgruppe B^{3+}_{I0} operieren zu lassen. Man erhält somit das Ergebnis von STÉPHANOS[1]:

> <u>Satz 2</u>: Der Raum der Drehungen des euklidischen Raumes P^3_{1I00} um ein eigentliches Zentrum O ist ein elliptischer Raum P^3_{I0}. Die Bijektion auf das Standardmodell erfolgt mit Hilfe der kinematischen Abbildung σ (siehe (I)).[1]

In der Passantenmetrik 8B(I) befindet sich der Drehachsenpunkt A, der die Drehung $(0,\mathbf{a},\delta)$ repräsentiert, im Abstand $\delta_0(0,A) = |\frac{\delta}{2}|$ von O. Ist A der Fernpunkt der Drehachse, so ist $\delta_0(0,A) = \pi/2$.

Bemerkungen:

1) Die Vorschrift (7) gibt an, wie die EULER-Parameter $(a_0,\dots,a_3)$ und $(a_0',\dots,a_3')$ zum Quadrupel $(a_0'',\dots,a_3'')$ zu verknüpfen sind. Schreibt man die EULER-Parameter als *HAMILTON-Quaternion* (höhere komplexe Zahl mit 4-gliedriger Basis $e_0,\dots,e_3$; siehe STRUBECKER[2]S.158ff),

$$a := a_0e_0 + a_1e_1 + a_2e_2 + a_3e_3, \quad a_i \in \mathbb{R} \ (i = 0,1,2,3),$$

so ist (7) äquivalent zu einer Verknüpfungsvorschrift für $e_0,\dots,e_3$, die folgende Produkttafel angibt:

	$\circ e_0$	$\circ e_1$	$\circ e_2$	$\circ e_3$
$e_0\circ$	e_0	e_1	e_2	e_3
$e_1\circ$	e_1	$-e_0$	e_3	$-e_2$
$e_2\circ$	e_2	$-e_3$	$-e_0$	e_1
$e_3\circ$	e_3	e_2	$-e_1$	$-e_0$

.

[1] Satz 2 läßt sich auch mit dem Begriff *STÉPHANOS-Bijektion* formulieren.

2) Die HAMILTON-Quaternionen sind bei dem Versuch entstanden, den Erweiterungsprozeß des Körpers der reellen Zahlen zum Körper der komplexen Zahlen auf die komplexen Zahlen erneut anzuwenden. Dabei zeigt sich, daß nicht wieder ein Körper, sondern nur ein Schiefkörper erreichbar ist (die Multiplikation ist nicht kommutativ). Sind in $a_o e_o + a_1 e_1 + a_2 e_2 + a_3 e_3$ die Koeffizienten $a_o, \ldots, a_3$ aus einem kommutativen Ring R mit Einselement, so nennt man die assoziative R-Algebra mit der 4-gliedrigen Basis $e_o, \ldots, e_3$ (e_o Einselement) und der in Bem.1 angegebenen Produkttafel die *Quaternionenalgebra* über R und ihre Elemente *allgemeine Quaternionen*.

3) Die HAMILTON-Quaternionen ermöglichen eine elegante Beschreibung des elliptischen Raumes $P^3_{|0}$ (siehe H.ROTHE[1]). Sie sind nicht auf höhere Dimensionen übertragbar. Für ihre Anwendung in Mechanik und Physik ist dies unwesentlich. Mit ihrer Hilfe bildet H.R.MÜLLER[5] die Gruppe der Drehungen des euklidischen Raumes $P^3_{1|00}$ um ein festes eigentliches Zentrum O auf die Punkte des elliptischen Raumes $P^3_{|0}$ ab und untersucht auf diese Weise 1- und 2-gliedrige Bewegungsvorgänge zusammen mit ihren Bildern.

4) Jede eigentliche Bewegung eines elliptischen Raumes $P^3_{|0}$ läßt sich in einem projektiven Koordinatensystem, in dem die Absolutfigur Normalform besitzt, eindeutig als Produkt zweier Bewegungen (8) und (9) – sogenannter *CLIFFORD-Schiebungen* – auffassen (siehe etwa HARTL[2], STRUBECKER[2]). Die Vertauschbarkeit dieser CLIFFORD-Schiebungen (UV = VU) zeigt sich in $P^3_{1|00}$ in der Assoziativität der Drehungen um das eigentliche Zentrum O.

B. Kinematisches Modell des hyperbolischen Raumes $P^7_{|4}$

Wir erweitern in diesem Abschnitt die STÉPHANOS-Bijektion der Drehungen des euklidischen Raumes $P^3_{1|00}$ um ein Zentrum O zu einer Übertragung der eigentlichen Bewegungen 7A(II)

$$\vec{x} = \begin{pmatrix} \vec{x}_o \\ \vec{x}_1 \end{pmatrix} = \begin{pmatrix} 1 & \vec{o}^T \\ T_{1o} & U_1 \end{pmatrix} \begin{pmatrix} \vec{x}'_o \\ \vec{x}'_1 \end{pmatrix} = \begin{pmatrix} 1 & \vec{o}^T \\ T_{1o} & E_1 \end{pmatrix} \begin{pmatrix} 1 & \vec{o}^T \\ \vec{o} & U_1 \end{pmatrix} \begin{pmatrix} \vec{x}'_o \\ \vec{x}'_1 \end{pmatrix}$$

des euklidischen Raumes $P^3_{1|00}$, mit orthogonaler (3,3)-Drehmatrix U_1 und beliebiger (3,1)-Translationsmatrix T_{1o}. Eine Bewegung werde erzeugt durch eine Drehung um ein festes Zentrum O und eine anschließende Translation. Den Drehanteil beschreibt ein homogenes Quadrupel $\vec{a} = (a_o, a_1, a_2, a_3)^T$ von EULER-Parametern, das über die CAYLEY-Formeln A(6) eindeutig bestimmt ist oder die in EULER-Parametern geschriebene Koeffizientenmatrix der CAYLEY-Formeln A(6), also die Matrix

$$U_1 = \frac{1}{N}\begin{pmatrix} a_o^2+a_1^2-a_2^2-a_3^2 & 2(a_1a_2+a_oa_3) & 2(a_1a_3-a_oa_2) \\ 2(a_1a_2-a_oa_3) & a_o^2-a_1^2+a_2^2-a_3^2 & 2(a_2a_3+a_oa_1) \\ 2(a_1a_3+a_oa_2) & 2(a_2a_3-a_oa_1) & a_o^2-a_1^2-a_2^2+a_3^2 \end{pmatrix}. \quad (1)$$

Den Translationsanteil beschreibt die Matrix $T_{1o} = (t_{1o}\ t_{2o}\ t_{3o})^T$.

Das Quadrupel $(0,t_{1o},t_{2o},t_{3o})^T =: \vec{t}_o$ deuten wir nun momentan als ein Quadrupel von EULER-Parametern. Dann kann man nach A(8) das homogene Quadrupel von EULER-Parametern $\vec{t} = (t_o,t_1,t_2,t_3)^T$ eindeutig so bestimmen, daß

$$-2\vec{t} = U\,\vec{t}_o.^{1)} \quad (2)$$

Wir beachten nun, daß die inverse Drehung zu (a_o,a_1,a_2,a_3) repräsentiert wird durch das Quadrupel $(a_o,-a_1,-a_2,-a_3)$. Beschreibt in A(8) die Matrix U die Drehung (a_o,a_1,a_2,a_3), so beschreibt $U^T = NU^{-1}$ $(N \neq 0)$ die inverse Drehung $(a_o,-a_1,-a_2,-a_3)$. Aus (2) folgt daher

$$N\vec{t}_o = -2U^T\vec{t} \quad (3)$$

oder ausführlich

$$0 = t_oa_o + t_1a_1 + t_2a_2 + t_3a_3\ , \quad (3a)$$
$$Nt_{1o} = -2(-t_oa_1 + t_1a_o + t_2a_3 - t_3a_2), \quad (3b)$$
$$Nt_{2o} = -2(-t_oa_2 - t_1a_3 + t_2a_o + t_3a_1), \quad (3c)$$
$$Nt_{3o} = -2(-t_oa_3 + t_1a_2 - t_2a_1 + t_3a_o).^{2)} \quad (3d)$$

Wir bilden nun zu einer gegebenen eigentlichen Bewegung $\vec{x}_1 = T_{1o} + U_1\vec{x}_1'$, die auch durch

$$\vec{a} = (a_o,a_1,a_2,a_3)^T \quad \text{und} \quad T_{1o} = (t_{1o}\ t_{2o}\ t_{3o})^T$$

beschrieben wird, das 8-Tupel $(a_o,a_1,a_2,a_3,t_o,t_1,t_2,t_3)$, das (3a) genügt. Wir deuten dieses 8-Tupel als homogene Punktkoordinaten im projektiven Raum P^7. Werden in diesem 8-Tupel die a_i und t_i ersetzt durch λa_i, λt_i $(0 \le i \le 3)$, so ändert sich das homogene Quadrupel von EULER-Parametern $(a_o,\ldots,a_3)$ nicht, die Verträglichkeitsbedingung (3a) bleibt erfüllt, und aus (3b) - (3d)

[1] In (2) steht die Matrix U aus A(8), nicht U_1! Die Erweiterung der STÉPHANOS-Bijektion auf die eigentlichen Bewegungen des $P^3_{1|00}$ erfolgt in der Literatur auch mit Hilfe von Biquaternionen (siehe E.A.WEISS[1], TERHEGGEN[1], H.R.MÜLLER[11]). Mit Rücksicht darauf wird der homogenisierende Faktor -2 verwendet.

[2] Die Gleichungen (3a) - (3d) entstehen auch aus A(7), indem man ersetzt:

$$(a_o,a_1,a_2,a_3) \to (-2a_o,2a_1,2a_2,2a_3),$$
$$(a_o',a_1',a_2',a_3') \to (t_o,t_1,t_2,t_3),$$
$$(a_o'',a_1'',a_2'',a_3'') \to (0,Nt_{1o},Nt_{2o},Nt_{3o}).$$

lassen sich die (inhomogenen!) Elemente t_{1o}, t_{2o}, t_{3o} der Translationsmatrix T_{1o} eindeutig berechnen. Nach (3) ist der Translationsanteil $\vec{t}_o$ bzw. T_{1o} einer eigentlichen Bewegung durch zwei Drehungen $\vec{t}$ und $\vec{a}$ (bzw. U^T), die (3a) genügen, und von denen $\vec{a}$ den Drehanteil der Bewegung beschreibt, eindeutig bestimmt. Umgekehrt bestimmen Translations- und Drehanteil einer eigentlichen Bewegung zwei geordnete homogene Quadrupel $\vec{t}$ und $\vec{a}$, die (3a) genügen und von denen $\vec{a}$ den Drehanteil beschreibt, eindeutig. Translations- und Drehanteil einer eigentlichen Bewegung bestimmen damit umkehrbar eindeutig einen Punkt $(a_o,\dots,a_3,t_o,\dots,t_3)$ der Quadrik (3a) des P^7. Die projektive Koordinatentransformation

$$t_i = x_i + x_{i+4}, \quad a_i = x_i - x_{i+4} \qquad (i=0,\dots,3)$$

zeigt, daß (3a) eine Quadrik $Q^6_{8\,4} \subset P^7$ mit der Normalform

$$x_o^2 + x_1^2 + x_2^2 + x_3^2 - x_4^2 - x_5^2 - x_6^2 - x_7^2 = 0$$

darstellt, die nach 4D, Satz 1 3-Ebenen als Maximalerzeugenden trägt. Wir erhalten damit

> <u>Satz 1</u>: Die eigentlichen Bewegungen des euklidischen Raumes $P^3_{1|00}$ gestatten eine Bijektion auf die Punkte einer Ringquadrik $Q^6_{8\,4} \subset P^7$. Jedes 8-Tupel $(a_o,a_1,a_2,a_3,t_o,t_1,t_2,t_3)$ bestimmt genau einen Punkt $P \in Q^6_{8\,4} \subset P^7$ und genau eine eigentliche Bewegung $\tau \in B^{3+}_{1|00}$, die einander entsprechen.
> Das 8-Tupel $(a_o = 1,0,\dots,0)$ bestimmt die Identität.

Für $t_{1o} = t_{2o} = t_{3o} = 0$ ist eine eigentliche Bewegung eine Drehung; (3a) - (3d) stellen dann ein homogenes lineares Gleichungssystem für $t_o,\dots,t_3$ dar, dessen Koeffizientendeterminante $N^2 = (a_o^2+\dots+a_3^2)^2 \neq 0$ ist. Die Drehungen des euklidischen Raumes $P^3_{1|00}$ um O werden daher auf die durch $t_o = t_1 = t_2 = t_3 = 0$ gegebene 3-Ebene $B^3 \subset Q^6_{8\,4}$ abgebildet.

Für $a_o = 1$, $a_1 = a_2 = a_3 = 0$ ist eine eigentliche Bewegung eine Translation; (3a) - (3d) lauten dann

$$t_o = 0, \quad t_1 = -\tfrac{1}{2} N t_{1o}, \quad t_2 = -\tfrac{1}{2} N t_{2o}, \quad t_3 = -\tfrac{1}{2} N t_{3o}.$$

Die Translationen des euklidischen Raumes $P^3_{1|00}$ werden also auf die durch $t_o = a_1 = a_2 = a_3 = 0$ gegebene 3-Ebene $T^3 \subset Q^6_{8\,4}$ abgebildet. Die 3-Ebenen B^3 und T^3 haben genau den Punkt $(1,0,\dots,0)$ gemeinsam, der die Identität repräsentiert.

Nun sei eine eigentliche Bewegung τ durch

$$\begin{pmatrix}\vec{x}_o\\ \vec{x}_1\end{pmatrix} = \begin{pmatrix}1 & \vec{o}^T\\ T_{1o} & U_1\end{pmatrix}\begin{pmatrix}\vec{x}'_o\\ \vec{x}'_1\end{pmatrix}$$

oder durch ein 8-Tupel $(a_o,\dots,a_3,t_o,\dots,t_3)$ mit

$$t_o a_o + t_1 a_1 + t_2 a_2 + t_3 a_3 = 0 \text{ und } N := a_o^2 + a_1^2 + a_2^2 + a_3^2 \neq 0$$

gegeben. Entsprechend sei eine eigentliche Bewegung τ' gegeben. Die eigentliche Bewegung $\tau'' = \tau \circ \tau'$ wird dann beschrieben durch

$$\begin{pmatrix} \vec{x}_o \\ \vec{x}_1 \end{pmatrix} = \begin{pmatrix} 1 & \vec{o}^T \\ T_{1o} & U_1 \end{pmatrix} \begin{pmatrix} 1 & \vec{o}^T \\ T'_{1o} & U'_1 \end{pmatrix} \begin{pmatrix} \vec{x}''_o \\ \vec{x}''_1 \end{pmatrix} = \begin{pmatrix} 1 & \vec{o}^T \\ T_{1o} + U_1 T'_{1o} & U_1 U'_1 \end{pmatrix} \begin{pmatrix} \vec{x}''_o \\ \vec{x}''_1 \end{pmatrix} = \begin{pmatrix} 1 & \vec{o}^T \\ T''_{1o} & U''_1 \end{pmatrix} \begin{pmatrix} \vec{x}''_o \\ \vec{x}''_1 \end{pmatrix}$$

oder durch ein 8-Tupel $(a''_o,\dots,a''_3,t''_o,\dots,t''_3)$ mit

$$t''_o a''_o + t''_1 a''_1 + t''_2 a''_2 + t''_3 a''_3 = 0 \text{ und } N'' := a''^2_o + a''^2_1 + a''^2_2 + a''^2_3 \neq 0.$$

Aus $U''_1 = U_1 U'_1$ erhält man unter Beachtung von (1) die EULER-Parameter $(a''_o, a''_1, a''_2, a''_3)$ des Drehanteils der Bewegung τ''. Aus $T''_{1o} = T_{1o} + U_1 T'_{1o}$ findet man den Translationsanteil $T''_{1o} = (t''_{1o}, t''_{2o}, t''_{3o})^T$ von τ''. Sodann berechnet man aus den für τ'' angeschriebenen Gleichungen (3a)-(3d) die Elemente $t''_o,\dots,t''_3$ des 8-Tupels

$$(a''_o,\dots,a''_3,t''_o,\dots,t''_3).$$

In der Darstellung der Bewegungen des $P^3_{1|00}$ durch Biquaternionen – etwa bei E.A.WEISS[1] – entspricht der Verknüpfung zweier Bewegungen die Zusammensetzung der entsprechenden Biquaternionen.

Das in Satz 1 beschriebene Modell der Bewegungen des euklidischen Raumes $P^3_{1|00}$ besteht aus der Menge der Punkte der nichtentarteten Absolutquadrik $Q^6_{8\,4}$ des $P^7_{|4}$. Davon ausgehend findet man wie folgt ein kinematisches Modell des hyperbolischen Raumes $P^7_{|4}$. Man betrachte den nichtleeren Schnitt der Absolutquadrik $Q^6_{8\,4}$ mit der Polarhyperebene Γ_P eines beliebigen Punktes P des $P^7_{|4}$:

$$Q^5_{rq} := Q^6_{8\,4} \cap \Gamma_P\ ;$$

dabei ist $(r,q) = (7,3)$ oder $(r,q) = (6,3)$. Beachtet man, daß die Schnittquadrik Q^5_{rq} als Repräsentant des Punktes $P \in P^7_{|4}$ dienen kann, so folgt:

> <u>Satz 2</u>: Die Punkte des hyperbolischen Raumes $P^7_{|4}$ mit der Absolutquadrik $Q^6_{8\,4}$ entsprechen bijektiv den durch die Punkte der Schnittquadriken $Q^6_{8\,4} \cap \Gamma_P$, $P \in P^7_{|4}$, repräsentierten Mengen von eigentlichen Bewegungen des euklidischen Raumes $P^3_{1|00}$. Die durch $Q^6_{8\,4} \cap \Gamma_P$ beschriebenen Mengen von eigentlichen Bewegungen des $P^3_{1|00}$ stellen ein kinematisches Modell des $P^7_{|4}$ dar.

C. Kinematisches Modell des quasielliptischen Raumes $P^3_{2|\infty}$

Jede eigentliche Bewegung der euklidischen Ebene $P^2_{1|\infty}$ besitzt nach 7A, Satz 2 die Darstellung

$$\begin{pmatrix}\vec{x}_o\\ \vec{x}_1\end{pmatrix}=\begin{pmatrix}\vec{x}^*_o\\ T_{1o}\vec{x}^*_o+U_1\vec{x}^*_1\end{pmatrix} \quad \text{mit} \quad \vec{x}_o=(x_o),\ \vec{x}_1=(x_1,x_2)^T, \qquad (1)$$

mit beliebiger Translationsmatrix $T_{1o}=(\beta_1\ \beta_2)^T$ und orthogonaler Drehmatrix

$$U_1=\begin{pmatrix}\cos\varphi & -\sin\varphi\\ \sin\varphi & \cos\varphi\end{pmatrix},$$

in der das Argument φ der Sinus- und Kosinusfunktionen im Intervall $0\leq\varphi<2\pi$ liegt. Führt man vermöge

$$\tan\frac{\varphi}{2}=\frac{a_o}{a_1},\ D:=a_o^2+a_1^2\neq 0 \quad \text{mit} \quad D\sin\varphi=2a_oa_1,\ D\cos\varphi=a_1^2-a_o^2 \qquad (2)$$

und weiters durch

$$D\beta_1=2(a_oa_2+a_1a_3),\quad D\beta_2=2(a_oa_3-a_1a_2)$$

anstelle von φ, β_1, β_2 die homogenen Parameter $a_o,\dots,a_3$ ein, so erhalten die eigentlichen Bewegungen der euklidischen Ebene die Darstellung:

$$\left.\begin{aligned} D\,x_o &= (a_o^2+a_1^2)x_o^*,\\ D\,x_1 &= 2(a_oa_2+a_1a_3)x_o^*+(a_1^2-a_o^2)x_1^*-2a_oa_1x_2^*,\\ D\,x_2 &= 2(a_oa_3-a_1a_2)x_o^*+2a_oa_1x_1^*+(a_1^2-a_o^2)x_2^*.\end{aligned}\right\} \qquad (3)$$

Für $\varphi=0$ (also $a_o=0$, $a_1\neq 0$) ist die Bewegung (1) eine *Translation* mit

$$\beta_1=2\frac{a_3}{a_1},\quad \beta_2=-2\frac{a_2}{a_1}.$$

Für $0<\varphi<2\pi$ (also $a_o\neq 0$) ist die Bewegung (1) eine *Drehung* durch den Drehwinkel φ um den Fixpunkt

$$F\left(f_o=1,\ f_1=\frac{a_2}{a_o},\ f_2=\frac{a_3}{a_o}\right)$$

(man setze in (3) $\vec{x}^*=\vec{x}$). Die homogenen Parameter $a_o,\dots,a_3$ lassen sich daher im Fall einer Drehung – mit der Normierung $a_o=1$ und unter Beachtung von (2) – deuten als

$$(a_o,a_1,a_2,a_3)=(1,\cot\frac{\varphi}{2},f_1,f_2)$$

und im Fall einer Translation ($a_o=0$) mit der Normierung $a_1=1$ als

$$(a_o,a_1,a_2,a_3)=(0,1,-\frac{\beta_2}{2},\frac{\beta_1}{2}).$$

Die vier homogenen reellen Parameter (a_o,a_1,a_2,a_3) heißen die *STUDY-Parameter* einer eigentlichen Bewegung der euklidischen

Ebene $P^2_{1|00}$. Jedes Quadrupel von STUDY-Parametern kann in einem projektiven Koordinatensystem $\{E_o,\ldots,E_3;E\}$ des P^3 als Koordinatenquadrupel $(a_o,\ldots,a_3)$ aufgefaßt werden. Umgekehrt läßt sich jedes Koordinatenquadrupel des P^3 mit $D\neq 0$ als ein Quadrupel von STUDY-Parametern einer eigentlichen Bewegung der euklidischen Ebene deuten.

Ein Quadrupel $(0,0,a_2,a_3)$ der Geraden $A^1\subset P^3$ $(a_o=a_1=0)$ repräsentiert keine Bewegung in $P^2_{1|00}$. Damit läßt sich eine Bijektion σ des Gruppenraumes der 3-gliedrigen eigentlichen Bewegungsgruppe $B^{2+}_{1|00}$ auf die Punkte von $P^3\backslash A^1$ angeben:

$$\begin{array}{rcl} \sigma\colon\ B^{2+}_{1|00} & \longrightarrow & P^3\backslash A^1\,, \\ \text{Drehung }\tau & \longmapsto & (a_o,a_1,a_2,a_3),\ a_o\neq 0, \\ \text{Translation }\tau & \longmapsto & (\,0\,,a_1,a_2,a_3),\ a_1\neq 0. \end{array} \qquad \text{(I)}$$

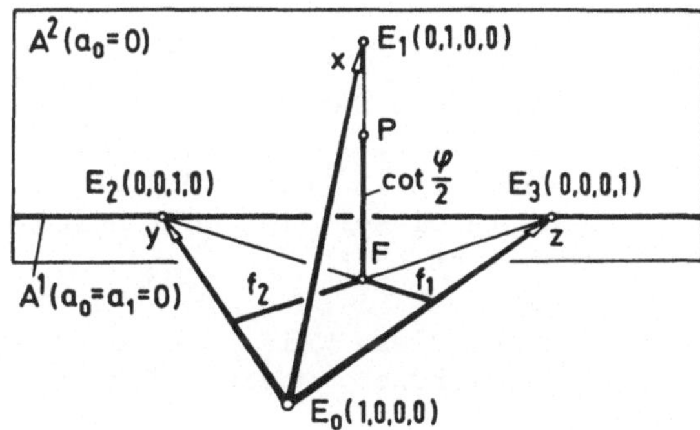

Die Bijektion σ heißt die *kinematische Abbildung* der eigentlichen Bewegungen der euklidischen Ebene.

Die Ebene $a_o=0$ des P^3, in welche die Translationen der euklidischen Ebene abgebildet werden, wird gelegentlich als Fernebene eines euklidischen Raumes $P^3_{1|00}$ gewählt (etwa bei STRUBECKER[2] und in der später folgenden konstruktiven Deutung).

Wir erhalten damit

<u>Satz 1</u>: Die eigentlichen Bewegungen der euklidischen Ebene $P^2_{1|00}$ gestatten eine Bijektion auf die Punkte $P(a_o,a_1,a_2,a_3)$ des längs einer Geraden A^1 $(a_o=a_1=0)$ geschlitzten projektiven Raumes P^3. Jedes Quadrupel (a_o,a_1,a_2,a_3) mit $D=a_o^2+a_1^2\neq 0$ bestimmt genau einen Punkt $P\in P^3\backslash A^1$ und genau eine eigentliche Bewegung $\tau\in B^{2+}_{1|00}$, die einander entsprechen. Die Translationen τ entsprechen den Punkten der geschlitzten Ebene $A^2(a_o=0)\backslash A^1$, die Drehungen τ entsprechen den Punkten $P\in P^3\backslash A^2$. Das Quadrupel $E_1(0,1,0,0)$ bestimmt die Identität.

Man kann die kinematische Abbildung σ zu einer Bijektion auf P^3 ausgestalten, wenn man die Sprechweise vereinbart, daß jedem Punkt $S(0,0,a_2,a_3)\in A^1$ eine *singuläre Bewegung* in $P^2_{1|00}$ entspricht (STRUBECKER[2]). Der Gruppenraum der eigentlichen Bewegungen der euklidischen Ebene ist also projektiv erweiterungsfähig.

Die Bijektion der *Drehungen* der euklidischen Ebene um einen Fixpunkt $F(1,f_1,f_2)$ auf $P^3\backslash A^2$ $(A^2 = E_1+E_2+E_3)$ läßt sich wie folgt konstruktiv angeben. Für diesen Zweck wird der projektive Raum P^3 durch einen euklidischen Raum $P^3_{1|00}$ ersetzt. In diesem seien E_o+E_1, E_o+E_2, E_o+E_3 die x-, y- bzw. z-Achse eines kartesischen Koordinatensystems. Man betrachtet dann nach BLASCHKE und GRÜNWALD (siehe KLEIN[6]S.328ff) eine beliebige Gerade g des Geradenbündels um ein Zentrum $P \in P^3\backslash A^2$, die A^1 nicht trifft.

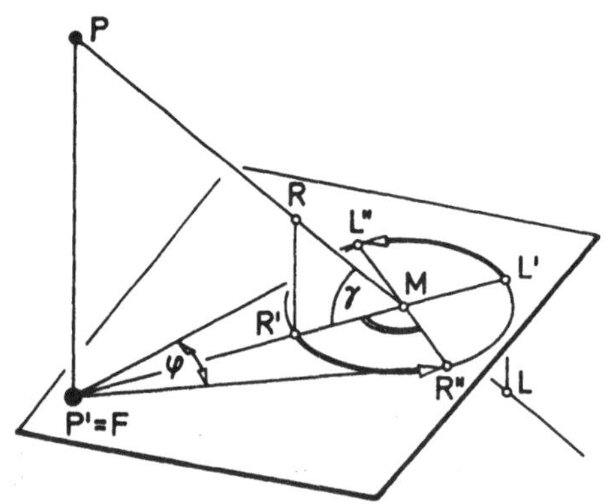

Die Gerade g schneide die yz-Ebene Π unter dem Winkel γ in M.[1)] Die Punkte $L,R \in g$ im Abstand 1 von Π werden in die Ebene Π auf L',R' normal projiziert.[2)] Die Projektionen L', R' mit

$$d_1(M,L') = d_1(M,R') = \cot\gamma$$

legen die Gerade g in Π fest. Führt man in Π einen positiven Drehsinn ein und dreht L', R' in diesem Sinn um M durch den Winkel $\pi/2$ nach L",R", so legen auch L",R" die Gerade g fest.

Die Geraden $g \subset P^3$ $(g \cap A^1 = \emptyset)$ werden auf diese Weise den geordneten Punktepaaren $R'',L'' \in \Pi$ bijektiv zugeordnet. Wegen (siehe Figur!)

$$d_1(M,F) = \cot\frac{\varphi}{2}\cot\gamma\,, \quad d_1(M,R'') = d_1(M,R')$$

wird

$$\frac{d_1(M,F)}{d_1(M,R'')} = \cot\frac{\varphi}{2} \quad \text{(unabhängig von } \gamma\text{ !)}\,.$$

Für alle Geraden g durch P, die A^1 nicht treffen, schließen daher die zugehörigen Geraden F+R", F+L" *denselben Winkel* φ ein. Den Punkten $P(a_o,a_1,a_2,a_3) \in P^3\backslash A^2$ entsprechen deshalb die durch

$$(a_o,a_1,a_2,a_3) = (1,\cot\frac{\varphi}{2}, f_1, f_2)$$

gekennzeichneten eigentlichen Bewegungen einer euklidischen Ebene. (Für die durch $(a_o,a_1,a_2,a_3) = (0,1,\frac{-\beta_2}{2},\frac{\beta_1}{2})$ gekennzeichneten Translationen gilt die angegebene Konstruktion nicht, da für jede Translation der Bildpunkt P ein Fernpunkt ist.)

Wir machen nun den P^3 durch Einführung einer Absolutfigur

1) Ist n das in M auf Π errichtete Lot, so ist in der euklidischen Ebene n+g der Winkel $\varphi_1(g,n)$ erklärt und es ist $\gamma := \pi/2 - \varphi_1(g,n)$.

2) Es ist also $d_1(L,L') = d_1(R,R') = 1$.

$Q^2_{20} \supset A^1 \supset Q^o_{20}$ zum quasielliptischen Raum $P^3_{2|00}$ und ermitteln für seine Punkte die in $P^3_{2|00}$ auftretenden Abstände; A^1 sei durch $a_o = a_1 = 0$ gegeben. Es zeigt sich, daß diese Invarianten im Gruppenraum der eigentlichen Bewegungen der euklidischen Ebene $P^2_{1|00}$ leicht deutbar sind. Wir beachten dabei, daß die Ebene $a_o=0$ in der kinematischen Abbildung σ eine Sonderrolle spielt, da ihre Punkte die Translationen darstellen.

(a) Sind $X(1, \cot\frac{\alpha}{2}, f_1, f_2) = X(\vec{x})$ mit $\vec{x} = (\vec{x}_o \; \vec{x}_1)^T$ und

$Y(1, \cot\frac{\beta}{2}, g_1, g_2) = Y(\vec{y})$ mit $\vec{y} = (\vec{y}_o \; \vec{y}_1)^T \; (0 \le \alpha, \beta < 2\pi)$

Punkte einer *Passanten* des quasielliptischen Raumes $P^3_{2|00}$, so ist

$$\vec{x}_o^T E_o \vec{y}_o = (1, \cot\tfrac{\alpha}{2}) \begin{pmatrix} 1 & 0 \\ 0 & 1 \end{pmatrix} \begin{pmatrix} 1 \\ \cot\frac{\beta}{2} \end{pmatrix}, \quad \vec{x}_o^T E_o \vec{x}_o = 1 + \cot^2(\tfrac{\alpha}{2}),$$

und ihr quasielliptischer Abstand $\delta_o(X,Y)$ berechnet sich aus

$$\cos\delta_o(X,Y) = \left|\cos\frac{\alpha-\beta}{2}\right| = \begin{cases} \cos\frac{\alpha-\beta}{2} & \text{für } 0 \le \cos\frac{\alpha-\beta}{2} \le 1 \\ \cos(\pi - \frac{\alpha-\beta}{2}) & \text{für } -1 \le \cos\frac{\alpha-\beta}{2} \le 0 \end{cases} \quad \text{zu}$$

$$\delta_o(X,Y) = \begin{cases} \left|\frac{\alpha-\beta}{2}\right| & \text{für } -\frac{\pi}{2} \le \frac{\alpha-\beta}{2} \le \frac{\pi}{2}, \\ \pi - \left|\frac{\alpha-\beta}{2}\right| & \text{für } -\pi \le \frac{\alpha-\beta}{2} \le -\frac{\pi}{2} \text{ oder } \frac{\pi}{2} \le \frac{\alpha-\beta}{2} \le \pi. \end{cases}$$

Dieses Ergebnis steht in Einklang mit 8B, Satz 4, wonach jede Passante die Gesamtlänge π besitzt.

(b) Sind $X(1, \cot\frac{\alpha}{2}, f_1, f_2)$, $Y(1, \cot\frac{\beta}{2}, g_1, g_2)$ Punkte einer *euklidischen Geraden* des quasielliptischen Raumes $P^3_{2|00}$, so ist $\alpha = \beta$ und ihr quasielliptischer Abstand stimmt mit dem euklidischen Abstand der zugehörigen Fixpunkte

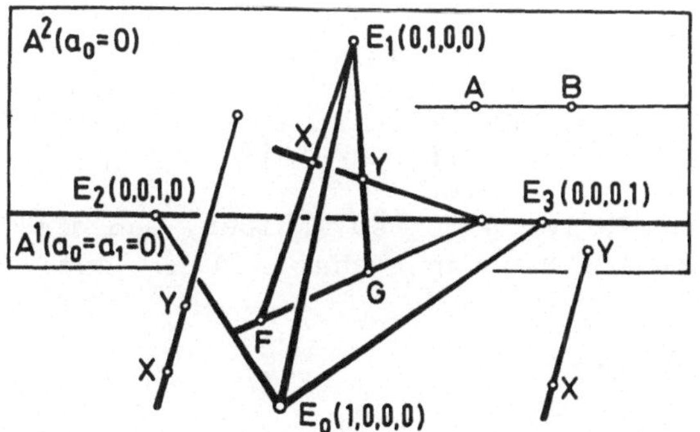

$F(1, f_1, f_2)$, $G(1, g_1, g_2)$

aus $P^2_{1|00}$ überein: $d_1(X,Y) = \sqrt{(g_1 - f_1)^2 + (g_2 - f_2)^2} = d_1(F,G)$.

Die Punkte X, Y repräsentieren also Drehungen um F bzw. G mit gleichem Drehwinkel $(\alpha = \beta)$.

Die Punkte $A(0, 1, \frac{-\alpha_2}{2}, \frac{\alpha_1}{2})$, $B(0, 1, \frac{-\beta_2}{2}, \frac{\beta_1}{2})$ liegen stets auf einer *euklidischen Geraden* der Ebene $a_o=0$ im Abstand

$$d_1(A,B) = \frac{1}{2}\sqrt{(\alpha_1 - \beta_1)^2 + (\alpha_2 - \beta_2)^2},$$

der in $P^2_{1|00}$ deutbar ist als halbe Länge der Differenz der Schiebvektoren $(\alpha_1,\alpha_2)^T$, $(\beta_1,\beta_2)^T$.

(c) Für zwei Punkte $X(1,\cot\frac{\varphi}{2}, f_1, f_2)$, $Y(0,1,\frac{-\eta_2}{2},\frac{\eta_1}{2})$ $(0\le\varphi<2\pi)$ einer *Passanten* ist

$$\delta_o(X,Y) = \begin{cases} \frac{\varphi}{2} & \text{für } 0\le\varphi\le\pi \\ \pi-\frac{\varphi}{2} & \text{für } \pi\le\varphi<2\pi. \end{cases}$$

Die Metrik auf der Absolutgeraden $A^1(a_o = a_1 = 0)$ des quasielliptischen Raumes $P^3_{2|00}$ – der einzigen *Passanten 1.Art* – bleibt außer Betracht, da die Punkte auf A^1 die singulären Bewegungen darstellen.

Die Verknüpfung zweier eigentlicher Bewegungen in der euklidischen Ebene $P^2_{1|00}$ ist wieder eine eigentliche Bewegung in $P^2_{1|00}$. Es interessiert daher, wie sich die STUDY-Parameter der Produktbewegung $(a''_o,\ldots,a''_3)$ aus den STUDY-Parametern der Einzelbewegungen $(a_o,\ldots,a_3)$, $(a'_o,\ldots,a'_3)$ berechnen. Dazu ist es zweckmäßig, die längs A^1 geschlitzte euklidische Ebene $P^2_{1|00}\setminus A^1$ als GAUSSsche Zahlenebene zu betrachten und die Koordinatendarstellung (1) unter Verwendung der komplexen Zahlen

$$z := x + iy,\quad \omega = \omega_1 + i\omega_2,\quad \varepsilon = \cos\varphi + i\sin\varphi \quad (\varepsilon\bar{\varepsilon} = 1)$$

und der inhomogenen Koordinaten $x := \frac{x_1}{x_o}$, $y := \frac{x_2}{x_o}$ anzugeben als

$$z' = \omega + \varepsilon z.$$

Führt man homogene Koordinaten (z_o, z_1) ein durch

$$z = x + iy = \frac{x_1 + ix_2}{x_o} = \frac{z_1}{z_o},$$

so ist jede eigentliche Bewegung darstellbar als

$$\frac{z'_1}{z'_o} = \omega + \varepsilon\frac{z_1}{z_o} \quad \text{oder} \quad \left.\begin{aligned} z'_1 &= \rho\omega z_o + \rho\varepsilon z_1 \\ z'_o &= \rho z_o \end{aligned}\right\} \quad \rho\in\mathbb{C}\setminus\{0\}.$$

Der komplexe homogenisierende Faktor ρ ist so wählbar, daß die Determinante $-\varepsilon\rho^2$ reell ausfällt. Man kann daher (3) in der komplexen Form schreiben:

$$\begin{aligned} z'_o &= (-a_1 + ia_o)z_o, \\ z'_1 &= 2i(a_2 + ia_3)z_o - (a_1 + ia_o)z_1. \end{aligned} \tag{4}$$

Dabei ist ρ so gewählt, daß $\varepsilon\rho^2 = a_o^2 + a_1^2 = D$.[1] Nach (4) wird die Bewegung $(a_o,\ldots,a_3)$ beschrieben durch die einfach gebaute

[1] Man erhält die homogene reelle Darstellung (3) aus der homogenen komplexen Darstellung (4), indem man (4) mit dem homogenisierenden Faktor $-(a_1+ia_o)$ multipliziert und Reelles und Imaginäres trennt. Dann steht in (3) links als homogenisierender Faktor $-(a_1+ia_o)$ statt D.

Matrix

$$A = \begin{pmatrix} -a_1+ia_o & 0 \\ 2i(a_2+ia_3) & -a_1-ia_o \end{pmatrix},$$

während nach (1) zwei Matrizen erforderlich sind und nach (3) zwar eine, aber komplizierter gebaute Matrix nötig ist. Berechnet man $A'' = A'A$, so wird die Produktbewegung $(a''_o,\dots,a''_3)$ beschrieben durch

$$\left.\begin{aligned} a''_o &= -a'_o a_1 - a'_1 a_o, \\ a''_1 &= a'_o a_o - a'_1 a_1, \\ a''_2 &= a'_o a_3 - a'_1 a_2 - a'_2 a_1 - a'_3 a_o, \\ a''_3 &= -a'_o a_2 - a'_1 a_3 + a'_2 a_o - a'_3 a_1. \end{aligned}\right\} \tag{5}$$

<u>Satz 2</u>: In der euklidischen Ebene $P^2_{1|00}$ sind die STUDY-Parameter zweier eigentlicher Bewegungen $(a_o,\dots,a_3)$, $(a'_o,\dots,a'_3)$ mit den STUDY-Parametern der eigentlichen Produktbewegung

$$(a''_o,\dots,a''_3) = (a'_o,\dots,a'_3)\circ(a_o,\dots,a_3)$$

jeweils linear nach (5) verknüpft.

Die Bewegungen $(a_o,\dots,a_3) =: \vec{a}^T$, $(a'_o,\dots,a'_3) =: \vec{a}'^T$ werden in $P^3\backslash A^1$ repräsentiert durch die Punkte $P(\vec{a})$, $P'(\vec{a}')$, deren Koordinaten im folgenden normiert seien durch (siehe 6B, Satz 1):

$$a_o^2 + a_1^2 = 1, \quad a_o'^2 + a_1'^2 = 1 .$$

Folgt auf eine *feste* Bewegung $(a_o,\dots,a_3)$ eine *variable* Bewegung $(a'_o,\dots,a'_3)$, so entsteht als Produkt eine Bewegung $(a''_o,\dots$ $\dots,a''_3) =: \vec{a}''^T$ mit dem Bildpunkt $P''(\vec{a}'') \in P^3\backslash A^1$, und nach (5) gilt:

$$\vec{a}'' = \begin{bmatrix} -a_1 & -a_o & 0 & 0 \\ a_o & -a_1 & 0 & 0 \\ a_3 & -a_2 & -a_1 & -a_o \\ -a_2 & -a_3 & a_o & -a_1 \end{bmatrix} \vec{a}' = \begin{bmatrix} \cos\phi & \sin\phi & 0 & 0 \\ -\sin\phi & \cos\phi & 0 & 0 \\ a_3 & -a_2 & \cos\phi & \sin\phi \\ -a_2 & -a_3 & -\sin\phi & \cos\phi \end{bmatrix} \vec{a}' =: U\vec{a}' . \tag{6}$$

Die vorletzte Gleichheit besteht wegen $a_o^2 + a_1^2 = 1$ mit der Substitution $a_o = -\sin\phi$, $a_1 = -\cos\phi$.

Läßt man umgekehrt auf eine *variable* Bewegung $(a_o,\dots,a_3)$ eine *feste* Bewegung $(a'_o,\dots,a'_3)$ folgen, so entsteht als Produkt eine Bewegung $(a''_o,\dots,a''_3) =: \vec{a}''^T$, und nach (5) gilt:

$$\vec{a}'' = \begin{bmatrix} -a'_1 & -a'_o & 0 & 0 \\ a'_o & -a'_1 & 0 & 0 \\ -a'_3 & -a'_2 & -a'_1 & a'_o \\ a'_2 & -a'_3 & -a'_o & -a'_1 \end{bmatrix} \vec{a} = \begin{bmatrix} \cos\phi' & \sin\phi' & 0 & 0 \\ -\sin\phi' & \cos\phi' & 0 & 0 \\ -a'_3 & -a'_2 & \cos\phi' & -\sin\phi' \\ a'_2 & -a'_3 & \sin\phi' & \cos\phi' \end{bmatrix} \vec{a} =: V\vec{a} , \tag{7}$$

wobei die vorletzte Gleichheit wegen $a_0'^2 + a_1'^2 = 1$ mit der Substitution $a_0' = -\sin\phi'$, $a_1' = -\cos\phi'$ folgt.

Die Matrizen U aus (6) und V aus (7) beschreiben je eine 3-gliedrige Gruppe von Projektivitäten ($\vec{x} = U\vec{x}^*$, $\vec{x} = V\vec{x}^*$) des P^3, die Untergruppen der allgemeinen 6-gliedrigen Bewegungsgruppe $B^3_{2|00}$ des quasielliptischen Raumes $P^3_{2|00}$ sind und daher seine Absolutfigur $Q^2_{2\,0} \supset A^1 \supset Q^o_{2\,0}$ mit

$$Q^2_{2\,0} \ldots x_o^2 + x_1^2 = 0, \quad A^1 \ldots x_o = x_1 = 0, \quad Q^o_{2\,0} \ldots x_o = x_1 = x_2^2 + x_3^2 = 0$$

fix lassen. Die Matrizen U und V sind miteinander vertauschbar und erzeugen von der eigentlichen Bewegungsgruppe $B^{3+}_{2|00}$ eine 6-gliedrige Untergruppe, deren Bewegungen jede der absoluten Ebenen von $Q^2_{2\,0}$ ($(x_o+ix_1)(x_o-ix_1) = 0$) und jeden der Absolutpunkte von $Q^o_{2\,0}$ ((0,0,i,-1),(0,0,i,+1)) fix lassen (siehe 7A,Bem.6 und 7A,Bem.8):

$$VU = UV = \begin{bmatrix} \cos(\phi+\phi') & \sin(\phi+\phi') & 0 & 0 \\ -\sin(\phi+\phi') & \cos(\phi+\phi') & 0 & 0 \\ t_{2o} & t_{21} & \cos(\phi-\phi') & \sin(\phi-\phi') \\ t_{3o} & t_{31} & -\sin(\phi-\phi') & \cos(\phi-\phi') \end{bmatrix} \quad \text{mit } \det(UV) = +1.$$

Wir erhalten somit

<u>Satz 3</u>: Der Raum der eigentlichen und der singulären Bewegungen der euklidischen Ebene $P^2_{1|00}$ ist der quasielliptische Raum $P^3_{2|00}$. Die Bijektion auf das Standardmodell des $P^3_{2|00}$ erfolgt mit Hilfe der auf die singulären Bewegungen erweiterten kinematischen Abbildung σ (siehe (I)).

Bemerkungen:

1) Eine quasielliptische Bewegung $\tau \in B^3_{2|00}$ bildet jeden Punkt $P \in A^1$ in einen Punkt $\tau P \in A^1$ ab (nicht in einen Punkt aus $P^3 \setminus A^1$). Die quasielliptische Bewegungsgruppe $B^3_{2|00}$ operiert also nicht transitiv auf $P^3_{2|00}$, und die Gruppe $B^{2+}_{1|00}$ der eigentlichen Bewegungen der euklidischen Ebene $P^2_{1|00}$ operiert nicht transitiv auf der Menge der eigentlichen und singulären Bewegungen von $P^2_{1|00}$.

2) Die uneigentlichen Bewegungen der euklidischen Ebene $P^2_{1|00}$ besitzen die Darstellung (1) mit $\det U_1 = -1$. Die uneigentlichen Bewegungen lassen sich ebenfalls durch homogene Parameterquadrupel $(a_o,\ldots,a_3)$ darstellen; sie sind nach BLASCHKE[7][8] auf die *Ebenen* des (selbstdualen!) quasielliptischen Raumes $P^3_{2|00}$, welche seine Absolutgerade A^1 nicht enthalten, bijektiv abbildbar und lassen sich (ergänzt durch singuläre uneigentliche Bewegungen) als die Grundelemente des quasielliptischen Ebenenraumes $P^3_{2|00}$ auffassen. In diesem Zusammenhang sei auch BLASCHKE[9] erwähnt.

3) Schreibt man die STUDY-Parameter $(a_0,\dots,a_3)$ als *STUDY-Quaternion* (höhere komplexe Zahl mit 4 Einheiten $e_0,\dots,e_3$)

$$a := a_0e_0 + a_1e_1 + a_2e_2 + a_3e_3,$$

so ist zu (5) die folgende Produkttafel für $e_0,\dots,e_3$ äquivalent:

	$\circ e_0$	$\circ e_1$	$\circ e_2$	$\circ e_3$
$e_0\circ$	e_1	$-e_0$	$-e_3$	e_2
$e_1\circ$	$-e_0$	$-e_1$	$-e_2$	$-e_3$
$e_2\circ$	e_3	$-e_2$	0	0
$e_3\circ$	$-e_2$	$-e_3$	0	0

Die HAMILTON-Quaternionen eignen sich zur Beschreibung des elliptischen Raumes $P^3_{|0}$, die STUDY-Quaternionen zur Beschreibung des quasielliptischen Raumes $P^3_{2|00}$.

4) Die Bijektion der 3-gliedrigen Gruppe $B^{2+}_{1|00}$ der eigentlichen Bewegungen der euklidischen Ebene auf den längs A^1 geschlitzten projektiven Raum P^3 ist so beschaffen, daß den Geraden durch den Punkt $E_1(0,1,0,0)$ (der die Identität aus $B^{2+}_{1|00}$ darstellt) eingliedrige Untergruppen aus $B^{2+}_{1|00}$ entsprechen. Den Punkten einer beliebigen Geraden $g\subset P^3, g\neq A^1$, entsprechen jene eigentlichen Bewegungen in $P^2_{1|00}$, die einen bestimmten Punkt X_L in einen bestimmten Punkt X_R überführen. Man erhält so eine *kinematische Geradenabbildung*

$$\gamma: P^3\setminus A^1 \text{(Geradenraum)} \longrightarrow P^2_{1|00}\times P^2_{1|00}$$
$$g \longmapsto (X_L,X_R),$$

die jeder von A^1 verschiedenen Geraden des P^3 ein Punktepaar der euklidischen Ebene $P^2_{1|00}$ umkehrbar eindeutig zuordnet. Die hierfür grundlegenden Ideen gehen auf BLASCHKE[7][8] und GRÜNWALD[1] zurück. BEREIS[1] stellt die kinematische Betrachtungsweise unter Verwendung komplexer Zahlen und den Zusammenhang mit der Netzprojektion in den Vordergrund. Weitere kinematische Abbildungen beschreibt H.R.MÜLLER[9]. SKOPEC[2] überträgt die kinematische Abbildung von BLASCHKE und GRÜNWALD auf den hyperbolischen Raum $P^3_{|1}$, PEKLIČ[1] auf die pseudoeuklidische Ebene $P^2_{1|01}$ und STRUBECKER[2]S.203 auf die Flaggenebene $P^2_{11|000}$.

Durch die inverse Abbildung der kinematischen Abbildung σ und durch die kinematische Geradenabbildung γ wird die Theorie der Raumkurven und Regelflächen des quasielliptischen Raumes $P^3_{2|00}$ auf die Kinematik der euklidischen Ebene $P^2_{1|00}$ übertragen (BLASCHKE[7], BLASCHKE/MÜLLER[1]).

Es gibt einige mit der kinematischen Geradenabbildung γ verwandte Geradenabbildungen, die LÜBBERT[8] einheitlich beschreibt und weitgehend verallgemeinert.

5) Eine Bijektion der orientierten eigentlichen Geraden (*Speere*) des euklidischen Raumes $P^3_{1|00}$ auf die dualen Punkte einer Einheitssphäre S^2 geht auf STUDY[4] zurück und wird als *STUDYs Übertragungsprinzip* in BLASCHKE[33]§120 beschrieben (siehe dazu auch HAACK[1]25.). Eine verwandte Bijektion der Speere des elliptischen Raumes $P^3_{|0}$ auf die geordneten Paare von Punkten, die man zwei euklidischen Einheitssphären S^2_1, S^2_2 entnehmen kann, wird ebenfalls als *STUDYsches Übertragungsprinzip* bezeichnet (siehe STUDY[1],[5]Teil II sowie SALKOWSKI[1]). Beide Bijektionen verknüpfen die betrachteten Speere mit der sphärischen Kinematik. Siehe auch FUBINI[4], HJELMSLEV[1], BLASCHKE[11], H.R.MÜLLER[1] und STRUBECKER[8].

ECKHART[1] und REHBOCK[1] beschreiben eine Geradenabbildung aus dem P^3, in dem eine Ringquadrik $Q^2_{4\ 2}$ ausgezeichnet ist, auf Punktepaare der hyperbolischen Ebene $P^2_{|1}$. Hier kann $P^3 \setminus Q^2_{4\ 2}$ auf die Bewegungsgruppe der hyperbolischen Ebene übertragen werden. WUNDERLICH[6] bringt die ECKHART/REHBOCKsche Geradenabbildung mit einem STUDYschen Übertragungsprinzip in Verbindung.

Aufgaben:

1) Man betrachte die Gruppe der Drehungen der euklidischen Ebene $P^2_{1|00}$ um ein eigentliches Zentrum O

a) als Untergruppe der Gruppe der Drehungen des euklidischen Raumes $P^3_{1|00}$ um ein eigentliches Zentrum O (siehe A),

b) als Untergruppe der Gruppe der eigentlichen Bewegungen der euklidischen Ebene $P^2_{1|00}$ (siehe C).

Man ermittle die Bedingungen an die EULER-Parameter sowie an die STUDY-Parameter, die sich für diese beiden Untergruppen ergeben, und setze die Ergebnisse zueinander in Beziehung.

2) Man betrachte im euklidischen Raum $P^3_{1|00}$ die Gruppe der Schraubungen mit der z-Achse als Schraubachse. Welche Punkte des $P^7_{|4}$ entsprechen diesen Schraubungen bei der in B,Satz 1 angesprochenen Bijektion?

3) Wie ändert sich die Darstellung C(3) der eigentlichen Bewegungen der euklidischen Ebene $P^2_{1|00}$, wenn man in $P^2_{1|00}$ ein anderes kartesisches Koordinatensystem einführt?

4) Welche der STUDY-Quaternionen (siehe C,Bem.3) sind invertierbar, welche sind eindeutig invertierbar? Man begründe die Antwort durch explizite Berechnung anhand der Produkttafel aus C,Bem.3 und zusätzlich soweit möglich durch Interpretation der STUDY-Quaternionen im quasielliptischen Raum $P^3_{2|00}$.

Kapitel 12. Clifford-Parallelität in elliptischen Räumen

A. Historische Motivation

Neben anderen Eigenschaften kennzeichnet in der euklidischen Elementargeometrie jede der folgenden Eigenschaften (α),(β) parallele Geraden g,h:

(α) g schneidet h in einem Fernpunkt.

(β) g und h sind Fixgeraden unter einer 1-gliedrigen Gruppe von Bewegungen. Dann existieren *Parallelverschiebungen*, die g in sich und h in sich *verschieben*.

Aufgrund der Eigenschaften (α) und (β) lassen sich in den CK-Räumen zwei Parallelitätsbegriffe (die α- und die β-Parallelität) einführen. Man wird zwei eigentliche Geraden eines CK-Raumes α-parallel nennen, wenn sie einander in einem Punkt der Absolutfigur (einem Fernpunkt) schneiden; man wird sie β-parallel nennen, wenn (β) erfüllt ist. In 14B wird die α-Parallelität in den hyperbolischen Räumen $P^n_{|1}$ verwendet.

Zwei α-parallele Geraden eines CK-Raumes sind nicht notwendig β-parallel und umgekehrt. So existiert in der hyperbolischen Ebene $P^2_{|1}$ außer der Identität keine Bewegung, die zwei α-parallele Geraden fix läßt. Umgekehrt wird die *CLIFFORD-Parallelität* in elliptischen Räumen zeigen, daß β-parallele Geraden nicht notwendig α-parallel sind. Die α-Parallelität verlangt nämlich die Existenz reeller Absolutpunkte, die in den elliptischen Räumen fehlen. Die dort nicht vorhandene α-Parallelität wurde von BELTRAMI als Mangel empfunden (SCHOENFLIES[1]S.295), den CLIFFORD [1] im 3-dimensionalen elliptischen Raum mit einer Idee behob, die auf die β-Parallelität führt und die wir nun kurz beschreiben.

Die Absolutquadrik $Q^2_{4\,0}$ des elliptischen Raumes $P^3_{|0}$ besitzt zwei verschiedene 1-parametrige Scharen {e},{f} von komplexen (hochimaginären[1]) Erzeugenden. Unterwirft man die Normalform

$$x_o^2 + x_1^2 + x_2^2 + x_3^2 = 0$$

der Absolutquadrik im komplex erweiterten elliptischen Raum $\hat{P}^3_{|0}$ der Koordinatentransformation

$$\sigma x_o = y_2 + y_o,\quad \sigma x_1 = y_1 - y_3,\quad \sigma x_2 = i(y_2 - y_o),\quad \sigma x_3 = -i(y_1 + y_3),$$

so erhält sie die Darstellung

$$y_o y_2 - y_1 y_3 = 0,$$

aus der man die Scharen {e} {f} wie folgt abliest:

$$\{e\}:\ y_o = \lambda y_3,\ y_1 = \lambda y_2,\ \lambda \in \mathbb{R},$$
$$\{f\}:\ y_o = \mu y_1,\ y_3 = \mu y_2,\ \mu \in \mathbb{R}.$$

---

[1] Siehe S.231, Fußnote [1].

Wir betrachten nun die beiden 3-gliedrigen Untergruppen 11A(8) und 11A(9) der 6-gliedrigen Bewegungsgruppe $B^3_{|0}$ des elliptischen Raumes $P^3_{|0}$. Aus den dort auftretenden reellen homogenen Quadrupeln (a_o, a_1, a_2, a_3) der EULER-Parameter bilden wir die komplexen Zahlen

$$a := a_o + ia_2, \quad b := a_1 + ia_3.$$

Damit erhält 11A(8) die Darstellung

$$\vec{y} = \begin{bmatrix} a & -\bar{b} & 0 & 0 \\ b & \bar{a} & 0 & 0 \\ 0 & 0 & \bar{a} & b \\ 0 & 0 & -\bar{b} & a \end{bmatrix} \begin{bmatrix} y_o^* \\ y_1^* \\ y_2^* \\ y_3^* \end{bmatrix} =: F\vec{y}^*,$$

und aus 11A(9) folgt

$$\vec{y} = \begin{bmatrix} a & 0 & 0 & b \\ 0 & a & b & 0 \\ 0 & -\bar{b} & \bar{a} & 0 \\ -\bar{b} & 0 & 0 & \bar{a} \end{bmatrix} \begin{bmatrix} y_o^* \\ y_1^* \\ y_2^* \\ y_3^* \end{bmatrix} =: E\vec{y}^*.$$

Wendet man eine Bewegung $\vec{y} = F\vec{y}^*$ auf die Scharen {e},{f} an, so folgt:

(1) Jede Erzeugende der Schar {e} geht in sich über.

(2) Jede Erzeugende der Schar {f} geht in eine Erzeugende der Schar {f} über.[1] Die Erzeugenden von {f} sind gekoppelt durch

$$\mu^* = \frac{\bar{a}\mu + \bar{b}}{-b\mu + a}.$$[2]

Daraus folgt für $\mu = \mu^*$, daß in {f} genau zwei verschiedene Erzeugende punktweise fix bleiben. Da mit jeder Erzeugenden auch die konjugiert komplexe Gerade eine Erzeugende der Absolutquadrik ist und da eine elliptische Bewegung eine reelle Projektivität ist und als solche mit jeder Fixgeraden auch die konjugiert komplexe Gerade fix läßt, enthält die Schar {f} bei einer elliptischen Bewegung $\vec{y} = F\vec{y}^*$ genau zwei konjugiert komplexe Fix-

[1] Dies entnimmt man aus den folgenden Gleichungen. Eine Erzeugende der Schar {e}: $y_o = \lambda y_3$, $y_1 = \lambda y_2$ geht über in:

$$a(y_o^* - \lambda y_3^*) - \bar{b}(y_1^* - \lambda y_2^*) = 0, \quad b(y_o^* - \lambda y_3^*) + \bar{a}(y_1^* - \lambda y_2^*) = 0, \text{ mit } a\bar{a} + b\bar{b} \neq 0.$$

Damit geht jede Erzeugende der Schar {e} in sich über. Eine Erzeugende der Schar {f}: $y_o = \mu y_1$, $y_3 = \mu y_2$ geht über in:

$$(a - \mu b)y_o^* = (\bar{b} + \mu\bar{a})y_1^*, \quad (a - \mu b)y_3^* = (\bar{b} + \mu\bar{a})y_2^*.$$

Damit geht jede Erzeugende der Schar {f} wieder in eine Erzeugende dieser Schar über.

[2] Man sagt auch: Die Erzeugenden der Schar {f} werden in projektiver Weise vertauscht.

erzeugenden $F^1, \bar{F}^1$; diese bleiben punktweise fix.

Die Fixerzeugenden $F^1, \bar{F}^1$ bestimmen eine elliptische lineare Kongruenz (10D,S.231), bestehend aus allen reellen Treffgeraden von $F^1, \bar{F}^1$, den Kongruenzgeraden. Durch jeden Punkt des elliptischen Raumes $P^3_{|0}$ geht genau eine Treffgerade von F^1 und $\bar{F}^1$. Eine elliptische Bewegung $\vec{y} = F\vec{y}^*$ mit den Fixerzeugenden F^1, $\bar{F}^1$ hält jede Kongruenzgerade als Ganzes fix (da ihre Schnittpunkte mit den Brennlinien $F^1, \bar{F}^1$ des elliptischen Netzes fix bleiben). Damit haben die 1-gliedrigen Untergruppen von $y = Fy^*$, die F^1 und $\bar{F}^1$ fix lassen, geradlinige Bahnen, die mit den Kongruenzgeraden übereinstimmen. Aufgrund dieser Beobachtung heißen die elliptischen Bewegungen $\vec{y} = F\vec{y}^*$ *CLIFFORD-Schiebungen 1.Art*, *F-Schiebungen* oder *Linksschiebungen*. Eine 1-gliedrige Gruppe von F-Schiebungen operiert weitgehend wie eine 1-gliedrige Gruppe von Parallelverschiebungen des euklidischen Raumes $P^3_{1|00}$. Im Gegensatz zu den Parallelverschiebungen des euklidischen Raumes $P^3_{1|00}$ sind die geradlinigen Bahnen der F-Schiebungen zueinander windschief. Man nennt die Kongruenzgeraden *CLIFFORD-Parallelen 1.Art*, *F-Parallelen* oder *Linksparallelen*.

Wendet man eine Bewegung $\vec{y} = E\vec{y}^*$ auf die Scharen {e},{f} an,so folgt:

(1) Jede Erzeugende der Schar {f} geht in sich über.

(2) Jede Erzeugende der Schar {e} geht in eine Erzeugende der Schar {e} über, wobei ebenfalls genau zwei konjugiert komplexe Erzeugende $E^1, \bar{E}^1$ punktweise fix bleiben. Die Fixerzeugenden E^1, $\bar{E}^1$ bestimmen ebenfalls eine elliptische lineare Kongruenz. Die elliptischen Bewegungen $y = Ey^*$ heißen daher *CLIFFORD-Schiebungen 2.Art*, *E-Schiebungen* oder *Rechtsschiebungen*. Die Kongruenzgeraden heißen *CLIFFORD-Parallelen 2.Art*, *E-Parallelen* oder *Rechtsparallelen*.

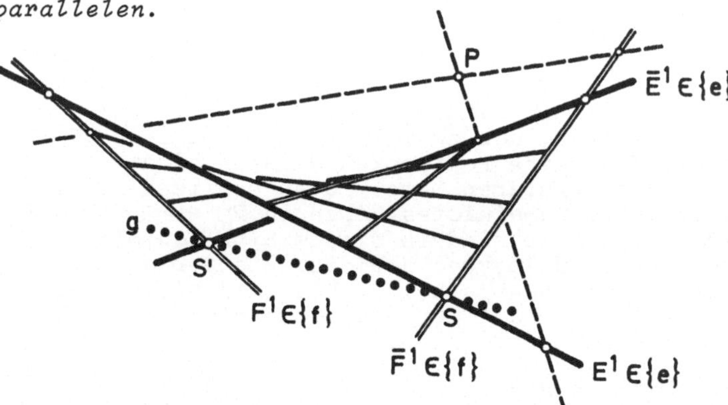

Ist nun g eine beliebige reelle Gerade des elliptischen Raumes $P^3_{|0}$, so gehen durch die Schnittpunkte $\{S,S'\} := g \cap Q^2_{4\,0}$ genau zwei Erzeugende $E^1, \bar{E}^1$ der Schar {e} und genau zwei Erzeugende

$F^1, \bar{F}^1$ der Schar {f}. Wir fassen nun $E^1, \bar{E}^1$ als die Fixerzeugenden einer E-Schiebung auf und $F^1, \bar{F}^1$ als die Fixerzeugenden einer F-Schiebung. Dann ist die Treffgerade von $E^1, \bar{E}^1$ durch einen Punkt $P \notin g$ die eindeutig bestimmte E-Parallele zu g durch P, und die Treffgerade von $F^1, \bar{F}^1$ durch P ist die eindeutig bestimmte F-Parallele zu g durch P.[1] Damit gilt:

Satz 1: Zu jeder Geraden g des elliptischen Raumes $P^3_{|0}$ gibt es durch einen Punkt $P \notin g$ genau eine E-Parallele und genau eine F-Parallele.

Lediglich wenn P in der reziproken Polaren g_t von g bezüglich der Absolutquadrik $Q^2_{4\,0}$ liegt, fällt die E-Parallele zu g mit der F-Parallelen zu g zusammen und stimmt überein mit g_t.

Nach 11A sind die 3-gliedrigen Untergruppen $\vec{y} = E\vec{y}^*$ und $\vec{y} = F\vec{y}^*$ miteinander vertauschbar und erzeugen die 6-gliedrige eigentliche Bewegungsgruppe $B^{3+}_{|0}$ des elliptischen Raumes $P^3_{|0}$. Damit erhält man:

Satz 2: Jede eigentliche Bewegung des elliptischen Raumes $P^3_{|0}$ kann eindeutig in eine CLIFFORDsche E-Schiebung und eine CLIFFORDsche F-Schiebung zerlegt werden, die miteinander vertauschbar sind.

Dieser Satz zeigt deutlich die Wirkung einer eigentlichen elliptischen Bewegung und die Brauchbarkeit der CLIFFORD-Parallelität. Die Verknüpfung von $\vec{y} = E\vec{y}^*$ und $\vec{y} = F\vec{y}^*$ läßt erkennen, daß eine eigentliche elliptische Bewegung jede der beiden Erzeugendenscharen {e},{f} der Absolutquadrik $Q^2_{4\,0}$ in sich überführt. Dabei werden die Erzeugenden jeder Schar in projektiver Weise vertauscht. E- und F-Parallelität sind ersichtlich gleichberechtigt.

Bemerkungen:

1) Man zeigt unschwer, daß zwei CLIFFORD-Parallele (E- oder F-Parallele), die keine reziproken Polaren sind, eine 1-parametrige Schar von regulären Gemeinloten besitzen (siehe dazu 9E2)[2]. Die Fußpunkte jedes Gemeinlotes haben in $P^3_{|0}$ denselben Abstand. Zwei CLIFFORD-Parallele sind in diesem Sinn äquidistant (KLEIN[1] S.235). Umgekehrt sind je zwei äquidistante Geraden des elliptischen Raumes $P^3_{|0}$ CLIFFORD-parallel. Die CLIFFORD-Parallelität teilt also die Eigenschaft der Äquidistanz mit der Parallelität der euklidischen Elementargeometrie.

2) Die Menge aller Punkte des elliptischen Raumes $P^3_{|0}$ mit konstantem Abstand d von einer festen Geraden g heisst eine *CLIFFORD-Fläche*. Die CLIFFORD-Flächen sind Analoga der euklidischen Kreiszylinder. Eine CLIFFORD-Fläche ist eine Ringquadrik.

[1] Diese Konstruktion beschreibt auch KLEIN[1]S.234.

[2] Die Gemeinlote zweier reziproker Polaren sind ihre Treffgeraden (9D, Satz 6), die ein hyperbolisches Netz erfüllen.

Die Erzeugenden ihrer einen Erzeugendenschar sind untereinander E-parallel, die der anderen Erzeugendenschar sind untereinander F-parallel. Eine CLIFFORD-Fläche ist eine 2-dimensionale euklidische *CLIFFORD/KLEINsche Raumform* von endlichem Flächeninhalt (KLINGENBERG[1]S.132,134). Weitere Eigenschaften der CLIFFORD-Flächen findet man bei KLEIN[1].

3) In den 3-dimensionalen CK-Räumen läßt sich die CLIFFORD-Parallelität neben dem elliptischen Raum $P^3_{|0}$ auch im quasielliptischen Raum $P^3_{2|00}$ und im isotropen Raum $P^3_{12|000}$ einführen. In allen drei Räumen findet man zwei Gruppen von CLIFFORD-Schiebungen, deren vertauschbares Produkt die eigentliche Bewegungsgruppe dieser Räume darstellt (STRUBECKER[2]). In den CK-Ebenen ist keine CLIFFORD-Parallelität erklärt. In den folgenden Abschnitten verallgemeinern wir die CLIFFORD-Parallelität von Geraden im $P^3_{|0}$ auf (q-1)-Ebenen in elliptischen Räumen ungerader Dimension $2q-1 \geq 3$. Deren Absolutquadriken enthalten zwei Scharen von Maximalerzeugenden der Dimension q-1, die den Erzeugendenscharen {e} und {f} der Absolutquadrik $Q^2_{4\,0}$ entsprechen. Wir folgen dabei weitgehend dem Vorgehen von TYRRELL/SEMPLE[1], die auf WONG[1] zurückgreifen, wonach jeder Satz über isoklinale q-Ebenen im euklidischen Raum $P^{2q}_{1|00}$ einen Satz über CLIFFORD-parallele (q-1)-Ebenen im elliptischen Raum $P^{2q-1}_{|0}$ induziert und umgekehrt; siehe auch WONG[2].

4) Im P^3 gibt es genau eine Quadrik (eine Ringquadrik), die drei vorgegebene, paarweise windschiefe Geraden enthält. Wir bemerken nun, daß zwei windschiefe Geraden $g,h \subset P^3_{|0}$ genau dann CLIFFORD-parallel sind, wenn sie mit ihren bezüglich der Absolutquadrik $Q^2_{4\,0}$ reziproken Polaren g_t, h_t vier Erzeugende einer Erzeugendenschar einer Ringquadrik (eines *Regulus*) bilden. Diese Kennzeichnung CLIFFORD-paralleler Geraden, die CLIFFORD[1] zu ihrer Definition heranzog und die deshalb bemerkenswert ist, weil sie ohne die Scharen {e} und {f} auskommt, verwenden wir im folgenden Abschnitt D zur Verallgemeinerung der CLIFFORD-Parallelität.

5) CLIFFORD-Parallelität und CLIFFORD-Flächen werden u.a. auch angesprochen bei BIANCHI[1], BLANUŠA[6], BLASCHKE[1], BONOLA[1], BOTTEMA[1], BRAUNER[1], VAN BUGGENHAUT[1], FUBINI[4], GIERING[1], L. HOFMANN[2], KLEIN[1][5][6][8][11], KNOTHE[1], LIEBMANN[1], H.R.MÜLLER [11], PIEL[1], ROESER[1], ROŞCA[2][3][7], STRUBECKER[1][2][38][44][45], STUDY[5], VANEY[1], WUNDERLICH[1][2][5][6].

B. Vorbereitungen

Bei der CLIFFORD-Parallelität in elliptischen Räumen ungerader Dimension $P^{2q-1}_{|0}$ $(q \geq 2)$ spielt die nullteilige Absolutquadrik $Q^{2q-2}_{2q\,0}$ – wie schon im $P^3_{|0}$ für q = 2 – eine erhebliche Rolle. Wiederum ist es zweckmäßig, im komplex erweiterten elliptischen Raum $\hat{P}^{2q-1}_{|0}$ zu arbeiten. Außerdem empfiehlt es sich, in einem gegebenen projektiven Koordinatensystem, den Koordinatenvektor $\vec{p}$ eines Punktes $P(\vec{p}) \in \hat{P}^{2q-1}_{|0}$ zu bezeichnen als:

$$\vec{p} = (\vec{x},\vec{y}) := (x_0,\ldots,x_{q-1};y_0,\ldots,y_{q-1})^T ; \quad x_i,y_i \in \mathbb{C},\ 0 \le i \le q-1 .$$

Die Gesamtheit der Punkte des $\hat{P}^{2q-1}_{|0}$, die in diesem Koordinatensystem dargestellt werden durch

$$(\vec{x},\vec{o}) = (x_0,\ldots,x_{q-1};0,\ldots,0)^T ,$$

bilden eine Koordinaten-(q-1)-Ebene, die wir mit X^{q-1} bezeichnen und die komplementär ist zur Koordinaten-(q-1)-Ebene Y^{q-1} mit der Darstellung

$$(\vec{o},\vec{y}) = (0,\ldots,0;y_0,\ldots,y_{q-1})^T .$$

X^{q-1} und Y^{q-1} heißen die *(q-1)-Achsen* des Koordinatensystems.

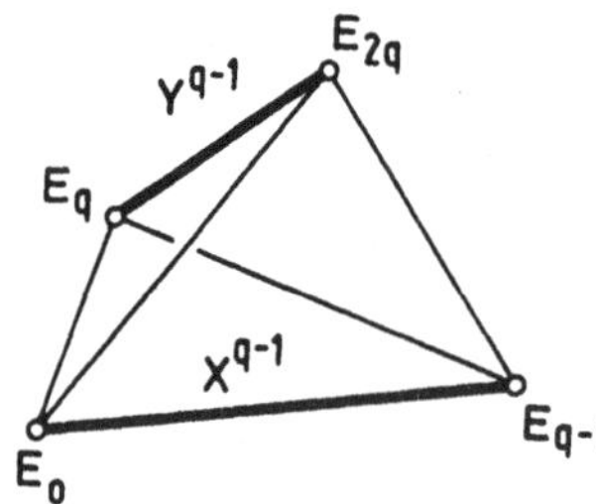

Jede zu Y^{q-1} windschiefe (q-1)-Ebene A^{q-1} wird beschrieben durch $(\vec{x} \neq \vec{o},\vec{y})$ mit

$$\vec{y} = \begin{bmatrix} y_0 \\ \vdots \\ y_{q-1} \end{bmatrix} = \begin{bmatrix} a_{00} & \cdots & a_{0,q-1} \\ \vdots & & \vdots \\ a_{q-1,0} & \cdots & a_{q-1,q-1} \end{bmatrix} \begin{bmatrix} x_0 \\ \vdots \\ x_{q-1} \end{bmatrix} = A\vec{x} ,$$

wobei A eine beliebige (q,q)-Matrix ist; wir schreiben dann $A^{q-1}(\vec{x},A\vec{x})$. Ist A die (q,q)-Nullmatrix, so erhält man die (q-1)-Achse $X^{q-1}(\vec{x},\vec{o})$.[1)]

<u>Satz 1</u>: Eine (q-1)-Ebene $A^{q-1}(\vec{x},A\vec{x}) \subset \hat{P}^{2q-1}_{|0}$ ist genau dann zur (q-1)-Achse $X^{q-1}(\vec{x},\vec{o})$ windschief, wenn $\det A \neq 0$.

Beweis: (⇐) Für $\det A \neq 0$ ist wegen $\vec{x} \neq \vec{o}$ auch $\vec{y} = A\vec{x} \neq \vec{o}$. Also ist $A^{q-1} \cap X^{q-1} = \emptyset$. Damit ist A^{q-1} windschief zu X^{q-1}.

(⇒) Seien $A^{q-1}(\vec{x},A\vec{x})$ und $X^{q-1}(\vec{x},\vec{o})$ windschief. Dann ist $A\vec{x} \neq \vec{o}$ für alle $\vec{x} \neq \vec{o}$. Damit ist $\det A \neq 0$.

Wir zeigen weiter, daß gilt:

<u>Satz 2</u>: Zwei (q-1)-Ebenen $A^{q-1}(\vec{x},A\vec{x})$, $B^{q-1}(x,Bx)$ sind genau dann windschief, wenn $\det(A-B) \neq 0$.

Beweis: (⇔) A^{q-1}, B^{q-1} sind genau dann windschief, wenn nur $\vec{x}=\vec{o}$ die Schnittbedingung $A\vec{x} = B\vec{x}$, also $(A-B)\vec{x} = \vec{o}$, erfüllt. Genau dann ist $\det(A-B) \neq 0$.

Die weiteren Vorbereitungen zur CLIFFORD-Parallelität betreffen Darstellung und Eigenschaften der Absolutquadrik $Q^{2q-2}_{2q\,0}$ des elliptischen Raumes $P^{2q-1}_{|0}$, die wir im folgenden stets als komplex erweiterte Quadrik $\hat{Q}^{2q-2}_{2q\,0} \subset \hat{P}^{2q-1}_{|0}$ betrachten.

Für die Zwecke der CLIFFORD-Parallelität ist es günstig, zwei verschiedene Normalformen der Absolutquadrik $\hat{Q}^{2q-2}_{2q\,0}$ zu verwenden.

1) In der Bezeichnung der (q-1)-Ebenen eines komplex erweiterten elliptischen Raumes verzichten wir auf den Akzent ^ .

1.Normalform von $\hat{Q}^{2q-2}_{2q\,0}$ sei die Normalform 4C(II), die mit der Schreibweise $\vec{p} = (\vec{x},\vec{y})$ die Form

$$x_o^2 + \ldots + x_{q-1}^2 + y_o^2 + \ldots + y_{q-1}^2 = 0$$

oder

$$\boxed{\vec{x}^T\vec{x} + \vec{y}^T\vec{y} = 0} \qquad (I)$$

annimmt. Ein Koordinatensimplex, in dem $\hat{Q}^{2q-2}_{2q\,0}$ die Normalform (I) besitzt, ist nach 4F,Satz 5 ein Polsimplex von $\hat{Q}^{2q-2}_{2q\,0}$. Die Polarhyperebene jeder Simplexecke ist die von den übrigen Simplexekken aufgespannte Gegenhyperebene. Daraus folgt:

Satz 3: Hat die Absolutquadrik $\hat{Q}^{2q-2}_{2q\,0}$ in $\hat{P}^{2q-1}_{|0}$ die Normalform (I), $\vec{x}^T\vec{x} + \vec{y}^T\vec{y} = 0$, so gilt: Die (q-1)-Achsen $X^{q-1}(\vec{x},\vec{o})$, $Y^{q-1}(\vec{o},\vec{y})$ des zugehörigen Koordinatensystems sind reziproke Polaren bezüglich (I) (siehe 4E,Satz 9). Umgekehrt kann jedes windschiefe zueinander bezüglich $\hat{Q}^{2q-2}_{2q\,0}$ totalpolare Paar von (q-1)-Ebenen als Paar von (q-1)-Achsen eines Koordinatensystems gewählt werden, in dem $\hat{Q}^{2q-2}_{2q\,0}$ die Normalform (I) besitzt.

2.Normalform von $\hat{Q}^{2q-2}_{2q\,0}$ sei die aus (I) durch die komplexe Koordinatentransformation

$$x_k = p_k + q_k, \quad y_k = i(p_k - q_k) \quad (0 \le k \le q-1) \qquad (1)$$

und anschließende Ersetzung von $\vec{p}$ durch $\vec{x}$ und $\vec{q}$ durch $\vec{y}$ entstehende Gleichung:

$$\vec{x}^T\vec{y} = x_o y_o + \ldots + x_{q-1}y_{q-1} = 0,$$

in symmetrischer Darstellung

$$\boxed{\vec{x}^T\vec{y} + \vec{y}^T\vec{x} = 0.} \qquad (II)$$

Aus $\vec{x}^T\vec{y} = 0$ erhält man nach Anwendung der reellen Koordinatentransformation

$$x_k = p_k + q_k, \quad y_k = p_k - q_k \qquad (0 \le k \le q-1)$$

die Normalform 4C(III) der Absolutquadrik $Q^{2q-2}_{2q\,q}$ des nichtentarteten CK-Raumes $P^{2q-1}_{|q}$, die nun als komplex erweiterte Quadrik $\hat{Q}^{2q-2}_{2q\,q}$ in $\hat{P}^{2q-1}_{|q}$ zu betrachten ist. Wir transformieren also die nullteilige Absolutquadrik des komplex erweiterten elliptischen Raumes $\hat{P}^{2q-1}_{|0}$ in die komplex erweiterte Absolutquadrik des komplex erweiterten nichtentarteten CK-Raumes $\hat{P}^{2q-1}_{|q}$. Daraus folgt, daß die komplexen Erweiterungen dieser nichtentarteten CK-Räume nicht unterscheidbar sind, wohl aber ihre reellen Ausschnitte. Darin liegt der Grund der Verwendung von (II). Anhand des reellen Ausschnitts $Q^{2q-1}_{2q\,q}$ von $\hat{Q}^{2q-1}_{2q\,q} = \hat{Q}^{2q-1}_{2q\,0}$ werden wir auf der nullteiligen Absolutquadrik des elliptischen Raumes $P^{2q-1}_{|0}$ zwei verschiedene Scharen von (q-1)-Erzeugenden finden, die wir in den elliptischen Räumen zur Einführung der CLIFFORD-Parallelität heranziehen.

Dem zur Normalform (I) gehörenden Satz 3 stellen wir bezüglich der Normalform (II) den folgenden Satz zur Seite:

> Satz 4: Hat die Absolutquadrik $\hat{Q}^{2q-2}_{2q\,0}$ in $\hat{P}^{2q-1}_{|0}$ die Normalform (II), $\vec{x}^T\vec{y} = 0$, so gilt: Die (q-1)-Achsen $X^{q-1}(\vec{x},\vec{o})$, $Y^{q-1}(\vec{o},\vec{y})$ sind windschiefe (q-1)-Erzeugende von $\hat{Q}^{2q-2}_{2q\,0}$ und als solche jeweils selbstpolar bezüglich $\hat{Q}^{2q-2}_{2q\,0}$. Umgekehrt kann jedes Paar von windschiefen (q-1)-Erzeugenden der Quadrik $\hat{Q}^{2q-2}_{2q\,0}$ als Paar von (q-1)-Achsen eines Koordinatensystems gewählt werden, in dem $\hat{Q}^{2q-2}_{2q\,0}$ die Normalform (II) hat.

Die (q-1)-Achsen X^{q-1}, Y^{q-1} sind bezüglich der Normalform (I) lediglich zueinander totalpolar (nicht selbstpolar und keine (q-1)-Erzeugenden). Bezüglich der Normalform (II) sind die (q-1)-Achsen X^{q-1}, Y^{q-1} zu sich selbst totalpolar, also (q-1)-Erzeugenden.

Im folgenden kennzeichnen wir sowohl mit Hilfe von (I) als auch mit Hilfe von (II) verschiedene Lagen der (q-1)-Ebenen $A^{q-1}(\vec{x},A\vec{x})$ zur Absolutquadrik.

> Satz 5: Sei $A^{q-1}(\vec{x},A\vec{x})$ eine (q-1)-Ebene des komplex erweiterten elliptischen Raumes $\hat{P}^{2q-1}_{|0}$. Die Absolutquadrik $\hat{Q}^{2q-2}_{2q\,0}$ habe die Normalform
>
> | | |
> |---|---|
> | $\vec{x}^T\vec{x} + \vec{y}^T\vec{y} = 0.$ (I) | $\vec{x}^T\vec{y} = 0.$ (II) |
>
> Dann gilt:
>
> a) Der Schnitt $\hat{Q}^{2q-2}_{2q\,0} \cap A^{q-1}$ ist genau für
>
> | | |
> |---|---|
> | $\det(E + A^TA) \neq 0$ | $\det(A + A^T) \neq 0$ |
>
> eine nichtentartete Quadrik in A^{q-1}, wobei E die (q,q)-Einheitsmatrix ist.
>
> b) Die Totalpolare von A^{q-1} bezüglich $\hat{Q}^{2q-2}_{2q\,0}$ ist
>
> | | |
> |---|---|
> | $A^{q-1}_t(\vec{x},-(A^{-1})^T\vec{x})$ für $\det A \neq 0$, also für $A^{q-1} \cap X^{q-1} = \emptyset$ nach Satz 1. | $A^{q-1}_t(\vec{x},-A^T\vec{x})$. |
>
> c) $A^{q-1} \subset \hat{Q}^{2q-2}_{2q\,0}$ (also A^{q-1} selbstpolar) gilt genau für
>
> | | |
> |---|---|
> | $A^TA = -E.$ | $A = -A^T$ (A schiefsymmetrisch). |

Beweis: a)$(\Leftrightarrow)$ Der Schnitt $\hat{Q}^{2q-2}_{2q\,0} \cap A^{q-1}$ wird beschrieben durch

$\vec{x}^T\vec{x} + \vec{y}^T\vec{y} = \vec{x}^T\vec{x} + \vec{x}^T A^T A\,\vec{x} = 0$,	$\vec{x}^T\vec{y} + \vec{y}^T\vec{x} = \vec{x}^T A\,\vec{x} + \vec{x}^T A^T\vec{x} = 0$,
also durch	also durch
$\vec{x}^T(E + A^T A)\vec{x} = 0.$	$\vec{x}^T(A + A^T)\vec{x} = 0.$

Diese Gleichung stellt in A^{q-1} genau dann eine nichtentartete Quadrik dar, wenn

$\det(E + A^T A) \neq 0.$	$\det(A + A^T) \neq 0.$

b) Die Totalpolare von A^{q-1} bezüglich $\hat{Q}^{2q-2}_{2q\,0}$ hat nach 4E,Satz 8 die Dimension q-1. Die Polaritätsbedingung für $A^{q-1}(\vec{x},A\vec{x})$ und $B^{q-1}(\vec{y},B\vec{y})$ lautet im Anschluß an die Normalform (I) bzw.(II):

$\vec{x}^T\vec{y} + \vec{x}^T A^T B\,\vec{y} = \vec{x}^T(E + A^T B)\,\vec{y} = 0$.	$\vec{x}^T B\,\vec{y} + \vec{x}^T A^T\vec{y} = \vec{x}^T(B + A^T)\,\vec{y} = 0$.

Damit die Polaritätsbedingung für alle $\vec{x},\vec{y} \in \mathbb{C}^q$ erfüllt ist, muß gelten:

$B = -(A^{-1})^T$.[1]	$B = -A^T$.

c) $A^{q-1} \subset \hat{Q}^{2q-2}_{2q\,0}$ wird nach b) gekennzeichnet durch (man setze $B = A$):

$A^T A = -E.$	$A = -A^T$.

C. Erzeugendenscharen der Absolutquadrik

Nach 4D,Satz 1 enthält die Absolutquadrik $Q^{2q-2}_{2q\,q}$ des nichtentarteten CK-Raumes $P^{2q-1}_{|q}$ als Maximalerzeugende (q-1)-Erzeugende. Bei komplexer Erweiterung macht der folgende Satz eine zu 4F, Satz 13 analoge und darüber hinausgehende Aussage, die wir wegen der Projektiväquivalenz von $\hat{P}^{2q-1}_{|0}$ und $\hat{P}^{2q-1}_{|q}$ für den komplex erweiterten elliptischen Raum $\hat{P}^{2q-1}_{|0}$ formulieren.

<u>Satz 1</u>: Die Absolutquadrik $\hat{Q}^{2q-2}_{2q\,0}$ des komplex erweiterten elliptischen Raumes $\hat{P}^{2q-1}_{|0}$ besitzt zwei verschiedene $\binom{q}{2}$-gliedrige Scharen[2] von Maximalerzeugenden, die als Schar $\{E^{q-1}\}$ und als Schar $\{F^{q-1}\}$ bezeichnet werden.

Der Schnitt zweier (q-1)-Erzeugenden aus $\{E^{q-1}\}$ (oder zweier (q-1)-Erzeugenden aus $\{F^{q-1}\}$) ist für

q *gerade*: leer[3] oder eine Gerade, 3-Ebene,...,(q-3)-Ebene,

---

[1] Dabei verwenden wir $(A^{-1})^T = (A^T)^{-1}$. [2] $\binom{q}{2} := \frac{q(q-1)}{2}$

[3] Dies ist der in Abschnitt A im Rahmen der Motivation der CLIFFORD-Parallelität auftretende Fall.

q *ungerade*: ein Punkt oder eine Ebene,...,(q-3)-Ebene.

Der Schnitt einer (q-1)-Erzeugenden aus $\{E^{q-1}\}$ mit einer (q-1)-Erzeugenden aus $\{F^{q-1}\}$ ist für

q *gerade*: ein Punkt[1] oder eine Ebene,...,(q-2)-Ebene,

q *ungerade*: leer oder eine Gerade, 3-Ebene,...,(q-2)-Ebene.

Beweis: $\hat{Q}^{2q-2}_{2q\,0}$ sei in der Normalform $\vec{x}^T\vec{y} = 0$ gegeben. Dann gilt nach B,Satz 5c), daß eine – zur (q-1)-Achse Y^{q-1} windschiefe – (q-1)-Ebene $A^{q-1}(\vec{x},A\vec{x})$ genau dann eine (q-1)-Erzeugende von $\hat{Q}^{2q-2}_{2q\,0}$ ist, wenn die Matrix A schiefsymmetrisch ist ($A = -A^T$). Da eine schiefsymmetrische (q,q)-Matrix genau $\binom{q}{2}$ frei wählbare Elemente enthält, stellt $A^{q-1}(\vec{x},\vec{y})$ mit

$$\vec{y} = A\vec{x} = \begin{bmatrix} 0 & a_{o1} & \cdots & a_{o,q-1} \\ -a_{o1} & 0 & \cdots & a_{1,q-1} \\ \vdots & & 0 \ddots & \vdots \\ \vdots & & \ddots & a_{q-2,q-1} \\ -a_{o,q-1} & \cdots & \cdots & 0 \end{bmatrix} \begin{bmatrix} x_o \\ x_1 \\ \vdots \\ x_{q-2} \\ x_{q-1} \end{bmatrix} \tag{1}$$

bereits eine $\binom{q}{2}$-gliedrige Schar von (q-1)-Erzeugenden – die Schar $\{E^{q-1}\}$ – der Absolutquadrik $\hat{Q}^{2q-2}_{2q\,0}$ dar. Zu jedem fest gewählten $\binom{q}{2}$-Tupel von Parametern $a_{o1},\dots,a_{q-2,q-1}$ gehört genau eine (q-1)-Erzeugende aus $\{E^{q-1}\}$.[2]

Wir ermitteln nun eine zweite Schar von (q-1)-Erzeugenden auf $\hat{Q}^{2q-2}_{2q\,0}$. Wir verwenden dazu die Projektivspiegelung $\kappa(Z,\Gamma_Z)$ mit dem Zentrum $Z(1,0,\dots,0;1,0,\dots,0)$ und der Achse $\Gamma_Z(x_o + y_o = 0)$, die die Polarhyperebene von Z bezüglich der Absolutquadrik $\hat{Q}^{2q-2}_{2q\,0}$ darstellt. Ist

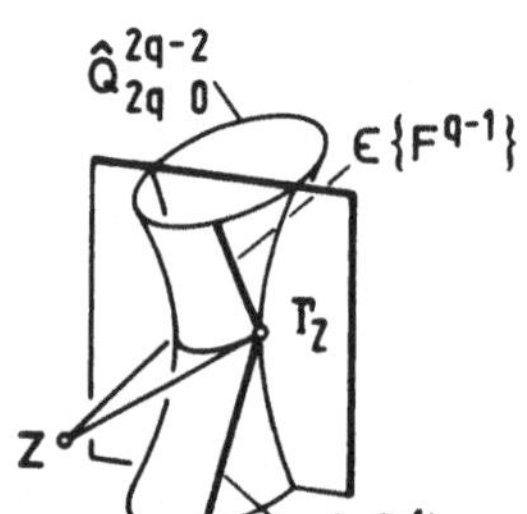

$$P(x_o,x_1,\dots,x_{q-1};y_o,y_1,\dots,y_{q-1})$$

ein beliebiger Punkt, so ist nach 7D(I) sein Bildpunkt

$$\kappa P(y_o,-x_1,\dots,-x_{q-1};x_o,-y_1,\dots,-y_{q-1}). \tag{2}$$

Aus der in (1) angegebenen Gestalt von A ergibt sich: Für $x_o \neq 0$, $x_1 = \dots = x_{q-1} = 0$ ist $y_o = 0$, also $\kappa P \in Y^{q-1}$; folglich ist κA^{q-1} nicht windschief zu Y^{q-1}. Die Projektivspiegelung $\kappa(Z,\Gamma_Z)$ führt somit jede (q-1)-Erzeugende aus $\{E^{q-1}\}$ über in eine (q-1)-Ebene,

[1] Siehe S.261, Fußnote [3].

[2] Nach Ausführung der komplexen Koordinatentransformation $x_k = p_k + q_k$, $y_k = i(p_k - q_k)$ $(0 \le k \le q-1)$ (siehe B(1)) zeigt sich von jeder (q-1)-Erzeugenden aus der Schar $\{E^{q-1}\}$ auf der *reellen* Quadrik $Q^{2q-2}_{2q\,q}$ ein reeller Anteil.

die nicht zu $\{E^{q-1}\}$ gehört.

Nach 7D, Satz 1 läßt $\kappa(Z,\Gamma_Z)$ die Absolutquadrik $\hat{Q}^{2q-2}_{2q\,0}$ fix. Die Projektivspiegelung κ führt daher auf der Absolutquadrik die Schar $\{E^{q-1}\}$ in eine Schar $\{F^{q-1}\}$ über.

Die Schar $\{E^{q-1}\}$ besteht aus allen (q-1)-Erzeugenden von $\hat{Q}^{2q-2}_{2q\,0}$, die zu der (q-1)-Erzeugenden Y^{q-1} windschief sind. Die Schar $\{F^{q-1}\}$ besteht aus allen (q-1)-Erzeugenden von $\hat{Q}^{2q-2}_{2q\,0}$, die zu Y^{q-1} nicht windschief sind. Die Scharen $\{E^{q-1}\}, \{F^{q-1}\}$ sind also verschieden.

Wir betrachten nun den Schnitt zweier (q-1)-Erzeugenden $A^{q-1}(\vec{x}, A\vec{x})$ und $A'^{q-1}(\vec{x}', A'\vec{x}')$ der Schar $\{E^{q-1}\}$. Damit diese (q-1)-Erzeugenden einen gemeinsamen Punkt besitzen, muß gelten:

$$\vec{x} = \sigma\vec{x}', \quad A\vec{x} = \sigma A'\vec{x}' \ .$$

Diese Bedingungen führen explizit auf das homogene lineare Gleichungssystem

$$(A - A')\vec{x} = \vec{o}$$

aus q Gleichungen in den Unbekannten $x_o, \dots, x_{q-1}$. Die schiefsymmetrische (q,q)-Koeffizientenmatrix $A - A'$ hat stets den geraden Rang r' (siehe GRÖBNER[1] S.137). Nach 1E, Satz 3 stellt die Lösungsmenge von $(A - A')\vec{x} = \vec{o}$ eine (q-r'-1)-Ebene dar.

Daraus folgt:

Ist q *gerade*, so ist der Schnitt $A^{q-1} \cap A'^{q-1}$ leer oder eine Gerade, 3-Ebene, ..., (q-3)-Ebene.

Ist q *ungerade*, so ist der Schnitt $A^{q-1} \cap A'^{q-1}$ ein Punkt (zumindest!) oder eine Ebene, ..., (q-3)-Ebene.

Entsprechendes gilt für die (q-1)-Erzeugenden der Schar $\{F^{q-1}\}$.

Zu betrachten bleibt noch der Schnitt einer (q-1)-Erzeugenden $A^{q-1}(\vec{x}, A\vec{x})$ der Schar $\{E^{q-1}\}$ mit einer (q-1)-Erzeugenden B'^{q-1} der Schar $\{F^{q-1}\}$. B'^{q-1} ist nicht windschief zu Y^{q-1}, kann also nicht ebenso dargestellt werden wie die (q-1)-Erzeugenden aus $\{E^{q-1}\}$. Man kann aber setzen:

$$B'^{q-1} = \kappa B^{q-1} \text{ mit } B^{q-1}(\vec{x}', B\vec{x}'),\ (b_{ki}) = B = -B^T \ (0 \le i,k \le q-1).$$

In diesem Fall führt die Schnittbedingung

$$\kappa B^{q-1}(\vec{x}', B\vec{x}') = A^{q-1}(\vec{x}, A\vec{x}) \text{ mit } (a_{ki}) = A = -A^T \ (0 \le i,k \le q-1)$$

unter Verwendung von (2) auf

$$\sum_{i=o}^{q-1} b_{oi}x'_i = x_o,\ x'_i = -x_i \ (1 \le i \le q-1),\ x'_o = \sum_{i=1}^{q-1} a_{oi}x_i \quad \text{sowie auf}$$

$$\sum_{i=o}^{q-1} b_{ki} x_i' = -\sum_{i=o}^{q-1} a_{ki} x_i \quad (1 \leq k \leq q-1).$$

Bei Ersetzung von x_i' durch $-x_i$ $(1 \leq i \leq q-1)$ findet man ein homogenes lineares Gleichungssystem aus q+1 Gleichungen in den q+1 Unbekannten $x_o', x_o, \ldots, x_{q-1}$. Dessen Koeffizientenmatrix ist ebenfalls schiefsymmetrisch und hat daher geraden Rang r". Nach 1E, Satz 3 stellt die Lösungsmenge dieses Gleichungssystems eine (q-r")-Ebene dar.

Daraus folgt:

Ist q *gerade*, so ist der Schnitt $A^{q-1} \cap B'^{q-1}$ ein Punkt (zumindest!) oder eine Ebene,...,(q-2)-Ebene.

Ist q *ungerade*, so ist der Schnitt $A^{q-1} \cap B'^{q-1}$ leer oder eine Gerade, 3-Ebene,...,(q-2)-Ebene.

D. (1,q-1)-Reguli, Clifford-parallele (q-1)-Ebenen

Im Hinblick auf die in $\hat{P}_{|0}^{2q-1}$ zu definierende CLIFFORD-Parallelität führen wir im komplex erweiterten projektiven Raum $\hat{P}^{2q-1}$ den Begriff des *(1,q-1)-Regulus* ein. Wir betrachten dazu drei paarweise windschiefe (q-1)-Ebenen L^{q-1}, M^{q-1}, N^{q-1}, die dann auch paarweise komplementär sind.[1] Je zwei dieser (q-1)-Ebenen spannen also $\hat{P}^{2q-1}$ auf. Sei nun $L \in L^{q-1}$ ein beliebiger Punkt und sei $L^q := L + M^{q-1}$. Dann folgt mit der auf L^q und N^{q-1} angewendeten Dimensionsformel 1C(I): $\mathrm{Dim}\,(L^q \cap N^{q-1}) = 0$.

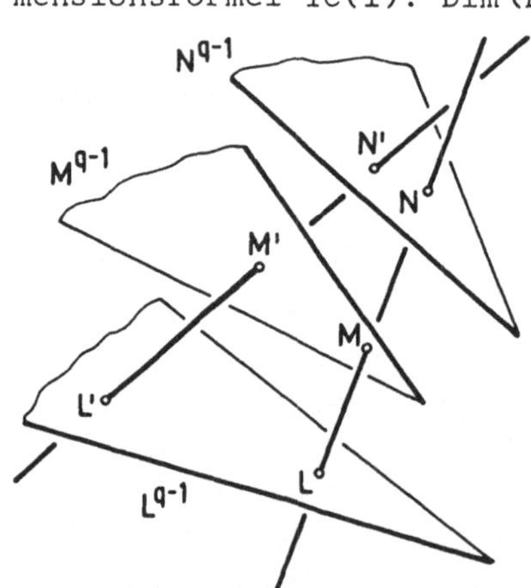

Damit geht durch jeden Punkt P aus L^{q-1} genau eine Treffgerade von L^{q-1}, M^{q-1} und N^{q-1}. Es sei

$$N := L^q \cap N^{q-1}, \quad M := (L+N) \cap M^{q-1}.$$

Ist $L' \in L^{q-1}$ $(L' \neq L)$ ein weiterer Punkt, und ist $N' \in N^{q-1}$ der Schnittpunkt der eindeutig bestimmten Treffgeraden von L^{q-1}, M^{q-1}, N^{q-1} durch L', so ist $N' \neq N$. Wäre $N' = N$, so wären L, L', M, M', N = N' Punkte einer Ebene. Dann hätten L + L' und M + M' einen Schnittpunkt. Damit wären L^{q-1} und M^{q-1} nicht windschief im Widerspruch zur Voraussetzung.

[1] Die Dimensionsformel 1C(I) liefert: $\mathrm{Dim}(L^{q-1} + M^{q-1}) = \mathrm{Dim}(M^{q-1} + N^{q-1}) = \mathrm{Dim}(N^{q-1} + L^{q-1}) = 2q-1$.

Die Treffgeraden der drei paarweise windschiefen (q-1)-Ebenen L^{q-1}, M^{q-1}, N^{q-1} bilden also je zwei dieser (q-1)-Ebenen bijektiv aufeinander ab. Da zur Definition dieser Abbildung nur die linearen Operationen des Schneidens und Verbindens Verwendung finden, haben kollineare Punkte stets kollineare Bildpunkte. Die Treffgeradenmenge von drei paarweise windschiefen (q-1)-Ebenen des $\hat{P}^{2q-1}$ definiert also nach 2E,Def.1 eine Kollineation zwischen je zweien dieser (q-1)-Ebenen. Betrachtet man auf jeder Treffgeraden L+N den Punkt Z, der mit L, M, N ein festes Doppelverhältnis bildet, so erfüllt die Menge aller Punkte Z eine (q-1)-Ebene Z^{q-1}. Je zwei (q-1)-Ebenen Z^{q-1} sind windschief.

Aufgrund dieser Überlegungen formulieren wir

> Satz 1: Im projektiven Raum $\hat{P}^{2q-1}$ heißt die Treffgeradenmenge von drei paarweise windschiefen (q-1)-Ebenen $L^{q-1}, M^{q-1}, N^{q-1}$ zusammen mit der Menge der (q-1)-Ebenen Z^{q-1}, die so liegen, daß $Z^{q-1}, L^{q-1}, M^{q-1}, N^{q-1}$ die Treffgeraden in Punktequadrupeln von konstantem Doppelverhältnis schneiden, ein *(1,q-1)-Regulus*. Die Treffgeraden heißen die *Leitgeraden* und die (q-1)-Ebenen die *Erzeugenden* des (1,q-1)- Regulus. Je drei Erzeugende bestimmen einen (1,q-1)-Regulus eindeutig.[1)]

Im folgenden seien $A_1^{q-1}(\vec{x}_1, A_1\vec{x}_1)$, $A_2^{q-1}(\vec{x}_2, A_2\vec{x}_2)$ zwei beliebige (stets zueinander komplementäre) Erzeugenden eines (1,q-1)-Regulus R. Die durch die Leitgeraden von R zwischen den Punkten von A_1^{q-1} und A_2^{q-1} vermittelte Kollineation sei beschrieben durch die reguläre (q,q)-Matrix T :

$$\vec{x}_2 = \sigma T \vec{x}_1 \quad \text{mit } \sigma \det T \neq 0 .$$

Dann ist $(\vec{x}_2, A_2\vec{x}_2) = (\sigma T\vec{x}_1, A_2\sigma T\vec{x}_1)$. Nach Linearkombination von $(\vec{x}_1, A_1\vec{x}_1)$ und $(\sigma T\vec{x}_1, A_2\sigma T\vec{x}_1)$ erhält der (1,q-1)-Regulus R die Darstellung $(\vec{x} = (\lambda E + \mu\sigma T)\vec{x}_1,\ \vec{y} = (\lambda A_1 + \mu A_2 \sigma T)\vec{x}_1)$; $\lambda,\mu \in \mathbb{R}$, $\lambda^2 + \mu^2 \neq 0$.

Für $\vec{x}_1 = (x_0, \ldots, x_{q-1})^T = \text{const}$ erhält man bei variablem $\lambda:\mu$ eine Leitgerade von R; umgekehrt wird jede Leitgerade von R durch einen Vektor $\vec{x}_1 = \text{const}$ dargestellt. Für $\lambda:\mu = \text{const}$ erhält man eine Erzeugende von R, wenn die Koordinaten von $\vec{x}_1$ als Parameter fungieren; umgekehrt wird jede Erzeugende von R auf diese Weise dargestellt.

---

1) In Abschnitt A dienten die Erzeugendenscharen {e},{f} der Absolutquadrik $Q^2_{4\,0}$ zur Motivation der CLIFFORD-Parallelität. Nach Satz 1 bilden die Geraden der Schar {e} die Leitgeraden und die Geraden der Schar {f} die Erzeugenden eines (1,1)-Regulus (und umgekehrt).

Sei nun $A_i^{q-1}(\vec{x}_i, A_i\vec{x}_i)$ $(i \neq 1,2)$ eine weitere (zu A_1^{q-1} und zu A_2^{q-1} komplementäre) Erzeugende von **R**. Dann ist $\det(A_i - A_2) \neq 0$ nach B,Satz 2. Nach Definition der (q,q)-Matrix T liegen entsprechende Punkte der Erzeugenden $A_1^{q-1}(\vec{x}_1, A_1\vec{x}_1)$ und $A_2^{q-1}(\sigma T\vec{x}_1, A_2\sigma T\vec{x}_1)$ auf einer Leitgeraden, die $A_i^{q-1}(\vec{x}_i, A_i\vec{x}_i)$ trifft; genauer gibt es $\lambda_i, \mu_i \in \mathbb{R}$, $\lambda_i^2 + \mu_i^2 \neq 0$ und für jedes $\vec{x}_1 \in \mathbb{R}^q$ ein $\vec{x}_i \in \mathbb{R}^q$, so daß gilt:

$$\vec{x}_i = \lambda_i\vec{x}_1 + \mu_i\vec{x}_2 = \lambda_i\vec{x}_1 + \mu_i\sigma T\vec{x}_1 = (\lambda_i E + \mu_i\sigma T)\,\vec{x}_1,$$

$$A_i\vec{x}_i = \lambda_i A_1\vec{x}_1 + \mu_i A_2\vec{x}_2 = \lambda_i A_1\vec{x}_1 + \mu_i A_2\sigma T\vec{x}_1 = (\lambda_i A_1 + \mu_i A_2\sigma T)\vec{x}_1,$$

also

$$A_i(\lambda_i E + \mu_i\sigma T) = \lambda_i A_1 + \mu_i A_2\sigma T.$$

Daraus berechnet man die Kollineationsmatrix T als

$$\boxed{\sigma T = -\frac{\lambda_i}{\mu_i}(A_2 - A_i)^{-1}(A_1 - A_i).} \qquad \text{(I)}$$

Nach Satz 1 bestimmen im $\hat{P}^{2q-1}$ drei paarweise windschiefe (q-1)-Ebenen einen (1,q-1)-Regulus eindeutig. Zwischen je zweien seiner Erzeugenden ist dann eine Kollineation gegeben, die durch die reguläre (q,q)-Matrix T beschrieben wird, wenn die Erzeugenden zu Y^{q-1} windschief sind. Wir formulieren nun ein Kriterium, das angibt, wann neben drei definierenden (q-1)-Ebenen eine vierte dem (1,q-1)-Regulus angehört, wann also ein (1,q-1)-Regulus vier gegebene (q-1)-Ebenen als Erzeugende enthält.

<u>Satz 2</u>: Im projektiven Raum $\hat{P}^{2q-1}$ gehören vier paarweise windschiefe (q-1)-Ebenen $A_i^{q-1}(\vec{x}, A_i\vec{x})$ – deren (q,q)-Matrizen A_i nach B,Satz 2 durch $\det(A_i - A_j) \neq 0$ $(i,j = 1,\ldots,4)$ gekennzeichnet sind – genau dann demselben (1,q-1)-Regulus R an, wenn ein Skalar c $\in \mathbb{C}\setminus\{0,1\}$ existiert, so daß gilt:

$$(A_1 - A_3)(A_1 - A_4)^{-1}(A_2 - A_4)(A_2 - A_3)^{-1} = cE, \qquad \text{(II)}$$

wobei E die (q,q)-Einheitsmatrix ist. In Anlehnung an 2D(V) heißt c das *Doppelverhältnis* der vier Erzeugenden A_i^{q-1} oder das *Doppelverhältnis* der Matrizen A_i. Wir schreiben daher auch

$$DV(A_1^{q-1} A_2^{q-1} A_3^{q-1} A_4^{q-1}) = DV(A_1 A_2 A_3 A_4) = c.$$

Beweis: (⇔) Durch Linksmultiplikation mit $(A_1 - A_3)^{-1}$ und Rechtsmultiplikation mit $A_2 - A_3$ wird (II) äquivalent zu

$$(A_1-A_4)^{-1}(A_2-A_4)=c(A_1-A_3)^{-1}(A_2-A_3).$$

Diese Gleichung besagt wegen (I): Die durch die Leitgeraden des (1,q-1)-Regulus mit den Erzeugenden A_1^{q-1}, A_2^{q-1}, A_4^{q-1} vermittelte Kollineation zwischen A_1^{q-1} und A_2^{q-1} stimmt überein mit der durch die Leitgeraden des (1,q-1)-Regulus mit den Erzeugenden A_1^{q-1}, A_2^{q-1}, A_3^{q-1} vermittelten Kollineation zwischen A_1^{q-1} und A_2^{q-1}. Das ist genau dann der Fall, wenn die Leitgeraden beider (1,q-1)-Reguli übereinstimmen, also genau dann, wenn die beiden (1,q-1)-Reguli zusammenfallen. Dies ist äquivalent damit, daß A_1^{q-1}, A_2^{q-1}, A_3^{q-1}, A_4^{q-1} in demselben (1,q-1)-Regulus liegen.

Zur Ermittlung von c beachten wir, daß die Erzeugenden A_3^{q-1} und A_4^{q-1} genau dann dem durch A_1^{q-1}, A_2^{q-1} und T bestimmten (1,q-1)-Regulus angehören, wenn sich in (I) für i=3 und i=4 bis auf einen skalaren Faktor dieselbe Kollineationsmatrix T ergibt und daher gilt:

$$\frac{\lambda_3}{\mu_3}(A_2-A_3)^{-1}(A_1-A_3) = \frac{\lambda_4}{\mu_4}(A_2-A_4)^{-1}(A_1-A_4),$$

also auch

$$(A_1-A_3)(A_1-A_4)^{-1}(A_2-A_4)(A_2-A_3)^{-1} = \frac{\lambda_4\mu_3}{\lambda_3\mu_4}E.$$

Dabei ist $c := \frac{\lambda_4\mu_3}{\lambda_3\mu_4} \neq 0$ und $\neq 1$, da die vier Erzeugenden $A_1^{q-1},\dots,A_4^{q-1}$ paarweise verschieden vorausgesetzt sind (siehe Aufgabe 2, S.269).

Nach der Bereitstellung von (II) definieren wir nun im elliptischen Raum $P_{|0}^{2q-1}$ – wie in A, Bem.4 angekündigt – CLIFFORD-parallele (q-1)-Ebenen:

Satz 3: Im elliptischen Raum $P_{|0}^{2q-1}$ heißen zwei windschiefe (q-1)-Ebenen L^{q-1}, M^{q-1} (zueinander) *CLIFFORD-parallel*, wenn sie mit ihren reziproken Polaren L_t^{q-1}, M_t^{q-1} bezüglich der Absolutquadrik $Q_{2q\,0}^{2q-2}$ vier verschiedene Erzeugende eines (1,q-1)-Regulus bilden.

Nach dieser Definition ist L^{q-1} weder zu sich selbst, noch zu L_t^{q-1} CLIFFORD-parallel. Eine (q-1)-Ebene L^{q-1} heißt daher sowohl zu sich selbst als auch zu L_t^{q-1} *trivialparallel*.

Zwei zur (q-1)-Achse Y^{q-1} (siehe S.258) und zueinander windschiefe (q-1)-Ebenen L^{q-1}, M^{q-1} sind genau dann CLIFFORD-parallel, wenn bei Verwendung der Normalform B(II) die Matrizen von

$$L^{q-1}(\vec{x},L\vec{x}),\ L_t^{q-1}(\vec{x},-L^T\vec{x}),\ M^{q-1}(\vec{x},M\vec{x}),\ M_t^{q-1}(\vec{x},-M^T\vec{x})$$

der Bedingung (II) genügen: $(L+L^T)(L+M^T)^{-1}(M+M^T)(M+L^T)^{-1} = cE$.

Bemerkungen:

1) Sind L^{q-1}, M^{q-1} CLIFFORD-parallel, so sind L^{q-1}, L_t^{q-1}, M^{q-1}, M_t^{q-1} notwendig paarweise windschief und paarweise CLIFFORD-parallel.

2) Sind $L^{q-1}(\vec{x},L\vec{x})$, $M^{q-1}(\vec{x},M\vec{x})$ – zur (q-1)-Achse Y^{q-1} und zueinander – windschiefe (q-1)-Ebenen, so kennzeichnet $\det(L-M)\neq 0$ nach B,Satz 2 die windschiefe Lage. Auch die Totalpolaren sind zu Y^{q-1} windschief; sie besitzen eine Darstellung $L_t^{q-1}(\vec{x},-L^T\vec{x})$, $M_t^{q-1}(\vec{x},-M^T\vec{x})$ und sind dann wegen $\det(M^T-L^T)\neq 0$ ebenfalls windschief. Außerdem sind in $P_{|0}^{2q-1}$ die reziproken Polaren L^{q-1} und L_t^{q-1} stets windschief. Folglich gilt: Mit (L^{q-1}, M^{q-1}) sind unter den (q-1)-Ebenen L^{q-1}, L_t^{q-1}, M^{q-1}, M_t^{q-1} notwendig die (q-1)-Ebenen der folgenden Paare windschief: (L^{q-1}, L_t^{q-1}), (L_t^{q-1}, M_t^{q-1}), (M_t^{q-1}, M^{q-1}); sind alle (q-1)-Ebenen paarweise windschief und liegen sie in einem (1,q-1)-Regulus, dann sind L^{q-1}, M^{q-1} nach Satz 3 CLIFFORD-parallel.

3) Im elliptischen Raum $P_{|0}^{2q-1}$ sind nach 9A,Satz 4 alle k-Ebenen $(k\geq 0)$ – also auch die (q-1)-Ebenen und die Geraden – regulär. Nach 9D,Satz 6 ist im elliptischen Raum $P_{|0}^{2q-1}$ eine Gerade g zu einer (q-1)-Ebene L^{q-1} genau dann orthogonal, wenn g die reziproke Polare L_t^{q-1} bezüglich der Absolutquadrik $Q_{2q\,0}^{2q-2}$ trifft. Wegen $L_{tt}^{q-1} = L^{q-1}$ sind die Treffgeraden von L^{q-1} und L_t^{q-1} sowohl zu L^{q-1} als auch zu L_t^{q-1} orthogonal und bilden somit die Gemeinlote von L^{q-1} und L_t^{q-1}. Da die reziproken Polaren L^{q-1}, L_t^{q-1} komplementär sind, gilt:

$$\mathrm{Dim}(L^{q-1}+L_t^{q-1}) = 2q-1.$$

Nach 9D,Satz 9 existiert daher von jedem Punkt X des elliptischen Raumes $P_{|0}^{2q-1}$ auf eine (q-1)-Ebene L^{q-1} $(X\notin L^{q-1}, X\notin L_t^{q-1})$ genau ein Lot, das zugleich Gemeinlot von L^{q-1} und L_t^{q-1} ist. Die Menge aller Gemeinlote von L^{q-1} und L_t^{q-1} bildet die $(q-1)\times(q-1)$-gliedrige *Normalenkongruenz* von L^{q-1} und L_t^{q-1} (9D,Satz 9).

Der Durchschnitt der Menge der Gemeinlote von L^{q-1}, L_t^{q-1} mit der Menge der Gemeinlote von M^{q-1}, M_t^{q-1} ergibt die Menge der Gemeinlote (Treffgeraden) von L^{q-1}, L_t^{q-1}, M^{q-1}, M_t^{q-1}.[1] Die Treffgeradenmenge von L^{q-1}, L_t^{q-1}, M^{q-1}, M_t^{q-1} ist der Durchschnitt der Leitgeradenmengen der durch je drei der (q-1)-Ebenen L^{q-1}, L_t^{q-1}, M^{q-1}, M_t^{q-1} bestimmten vier (1,q-1)-Reguli. Sind diese vier (1,q-1)-Reguli identisch, so liegen L^{q-1}, L_t^{q-1}, M^{q-1}, M_t^{q-1} in genau einem (1,q-1)-Regulus. Dessen Leitgeraden bilden eine (q-1)-gliedrige Schar und sind die Gemeinlote von L^{q-1}, L_t^{q-1}, M^{q-1}, M_t^{q-1}; die (q-1)-Ebenen L^{q-1}, M^{q-1} sind CLIFFORD-parallel.

4) Im $\hat{P}_{|0}^{2q-1}$ sind die (q-1)-Ebenen $L^{q-1}(\vec{x},L\vec{x})$, die zu ihrer totalpolaren (q-1)-Ebene $L_t^{q-1}(x,-L\,x)$ bezüglich der Absolutquadrik

[1] Bei dem in Abschnitt A beschriebenen Fall q=2 handelt es sich um die Ge-

$\hat{Q}^{2q-2}_{2q\,0}$ windschief sind, nach B, Satz 2 durch $\det(L+L^T) \neq 0$ gekennzeichnet und zusammen mit B, Satz 5a) außerdem dadurch, daß

$$\hat{Q}^{2q-2}_{2q\,0} \cap L^{q-1} \text{ in } L^{q-1} \qquad \hat{Q}^{2q-2}_{2q\,0} \cap L^{q-1}_t \text{ in } L^{q-1}_t$$

nichtentartete Schnittquadriken sind.[1] Die (q-1)-Ebenen L^{q-1} mit den äquivalenten Eigenschaften

a) die reziproken Polaren L^{q-1}, L^{q-1}_t sind windschief,
b) die Schnittquadriken der Absolutquadrik mit L^{q-1} und L^{q-1}_t sind nichtentartet,
c) $\det(L+L^T) \neq 0$

sind (q-1)-Sekanten der Absolutquadrik $\hat{Q}^{2q-2}_{2q\,0}$. Umgekehrt hat jede (q-1)-Sekante der Absolutquadrik die Eigenschaften a) - c). Die Tatsache, daß in den (nicht komplex erweiterten) elliptischen Räumen $P^{2q-1}_{|0}$ keine (q-1)-Sekanten, keine (q-1)-Tangenten und keine (q-1)-Erzeugenden der Absolutquadrik existieren, sondern nur (q-1)-Passanten, vereinfacht die CLIFFORD-Parallelität erheblich.

Aufgaben:

1) Man beschreibe einen (1,q-1)-Regulus (siehe Satz 1) analytisch. Man gebe die Kollineation, die zwischen je zweien seiner Erzeugenden durch deren Treffgeraden induziert wird, explizit an und stelle eine beliebige Erzeugende Z^{q-1} mit Hilfe der Bedingung $DV(Z^{q-1}\, L^{q-1}\, M^{q-1}\, N^{q-1}) = \text{const}$ dar (siehe Satz 1).

2) Man zeige im Anschluß an Satz 2, daß der Skalar c aus Formel (II) übereinstimmt mit dem Doppelverhältnis der vier Schnittpunkte einer beliebigen Leitgeraden des (1,q-1)-Regulus R mit den Erzeugenden $A^{q-1}_1, \ldots, A^{q-1}_4$ (Projektivinvarianz von c).

E. Clifford-Reguli

Wir kennzeichnen nun die Menge aller (q-1)-Ebenen des elliptischen Raumes $P^{2q-1}_{|0}$, die zu einer gegebenen (q-1)-Ebene CLIFFORD-

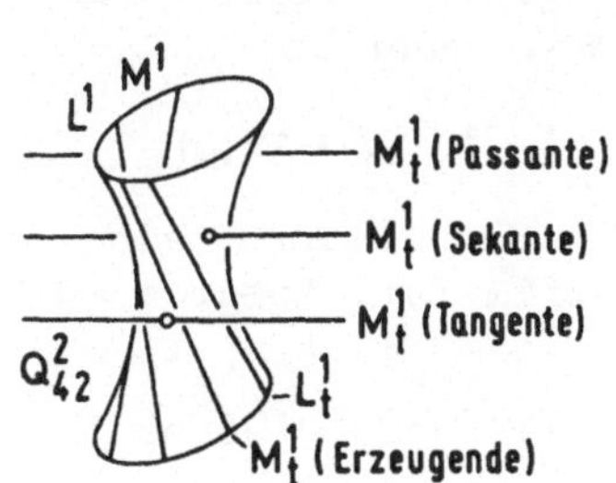

raden L^1, L^1_t, M^1, M^1_t. Bestimmen L^1, L^1_t, M^1 eine Ringquadrik $Q^2_{4\,2}$, so ist M^1_t Passante, Sekante, Tangente oder Erzeugende von $Q^2_{4\,2}$, die dann notwendig derselben Schar wie L^1, L^1_t, M^1 angehört. Demgemäß besitzen L^1, L^1_t, M^1, M^1_t kein Gemeinlot, ein Gemeinlot, zwei Gemeinlote oder eine 1-gliedrige Schar von Gemeinloten.

[1] Besitzt die Absolutquadrik die Normalform $\vec{x}^T\vec{y} = 0$, so wird die Schnittquadrik mit $L^{q-1}(\vec{x}, L\vec{x})$ bestimmt durch $\vec{x}^T A\, \vec{x} = 0$.

parallel sind. Wir verwenden die Absolutquadrik $Q^{2q-2}_{2q\,0}$ in der Normalform $\vec{x}^T\vec{x}+\vec{y}^T\vec{y}=0$ und legen die gegebene (q-1)-Ebene (nach B, Satz 3 ohne Einschränkung) in die (q-1)-Achse $X^{q-1}(\vec{x},\vec{o})$. Die (q,q)-Nullmatrix $A=0$ kennzeichnet unter den (q-1)-Ebenen $A^{q-1}(\vec{x},A\vec{x})$ die (q-1)-Achse $X^{q-1}(\vec{x},\vec{o})$, die wegen $\det(E+A^TA)=\det E\neq 0$ nach B, Satz 5 a) – wie auch Y^{q-1} – eine (q-1)-Sekante der Absolutquadrik $\hat{Q}^{2q-2}_{2q\,0}$ (also eine (q-1)-Passante von $Q^{2q-2}_{2q\,0}$) ist. Die (q-1)-Achsen $X^{q-1}(\vec{x},\vec{o})$, $Y^{q-1}(\vec{o},\vec{y})=X^{q-1}_t$ sind nach 4E, Satz 9 reziproke Polaren bezüglich $Q^{2q-2}_{2q\,0}$.

Eine analytische Kennzeichnung der zu X^{q-1} CLIFFORD-parallelen (q-1)-Ebenen A^{q-1} gibt nun

> <u>Satz 1</u>: Im elliptischen Raum $P^{2q-1}_{|0}$, dessen Absolutquadrik $Q^{2q-2}_{2q\,0}$ in der Normalform $\vec{x}^T\vec{x}+\vec{y}^T\vec{y}=0$ vorliegt, ist eine zur (q-1)-Achse Y^{q-1} windschiefe (q-1)-Ebene $A^{q-1}(\vec{x},A\vec{x})$ genau dann CLIFFORD-parallel zu $X^{q-1}(\vec{x},\vec{o})$, wenn
>
> $$A^TA=aE,\ a>0, \tag{I}$$
>
> wobei E die (q,q)-Einheitsmatrix ist.

Beweis: Nach D, Satz 3 sind X^{q-1}, A^{q-1} genau dann CLIFFORD-parallel, wenn gilt: X^{q-1}, $X^{q-1}_t=Y^{q-1}$, $A^{q-1}(\vec{x},A\vec{x})$, $A^{q-1}_t(\vec{x},-(A^{-1})^T\vec{x})$ [1] sind vier verschiedene Erzeugende eines (1,q-1)-Regulus R.

(⇒) Bilden X^{q-1}, Y^{q-1}, A^{q-1}, A^{q-1}_t vier verschiedene Erzeugende eines (1,q-1)-Regulus R, so enthält jede Leitgerade von R vier einander zugeordnete Punkte

$$X_o(\vec{x}_o,\vec{o})\in X^{q-1},\quad X_1(\vec{o},\vec{y}_1)\in Y^{q-1},\quad X_2(\vec{x}_2,A\vec{x}_2)\in A^{q-1}\quad \text{sowie}$$
$$X_3(\vec{x}_3,-(A^{-1})^T\vec{x}_3)\in A^{q-1}_t.$$

Da die Leitgerade durch $X_1(\vec{o},\vec{y}_1)$ geht, ist ohne Einschränkung

$$\vec{x}_o=\vec{x}_2=\vec{x}_3=:\vec{x}\,;$$

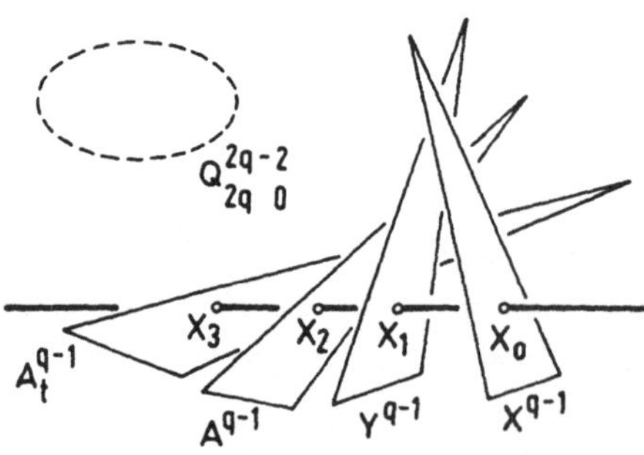

da sie den Punkt $X_o(\vec{x},\vec{o})$ enthält, sind $A\vec{x}$, $-(A^{-1})^T\vec{x}$ linear abhängig. Dies gilt für alle $x\in\mathbb{R}^q$. Daher ist

$$A=a(A^{-1})^T,\ a\in\mathbb{R}\setminus\{0\},$$

also $A^TA=aE$. Da $A\neq 0$ eine reelle Matrix ist, folgt $a>0$.

(⇐) Ist umgekehrt $A^TA=aE, a>0$, so liegen die verschiedenen Punkte

[1] Nach B, Satz 5b).

$X_o(\vec{x},\vec{o}) \in X^{q-1}$, $X_1(\vec{o},(1+\frac{1}{a})A\vec{x}) \in Y^{q-1}$, $X_2(\vec{x},A\vec{x}) \in A^{q-1}$ sowie

$$X_3(\vec{x},-(A^{-1})^T\vec{x}) = X_3(\vec{x},-\frac{1}{a}A\vec{x}) \in A_t^{q-1}$$

auf einer Geraden; ihr Doppelverhältnis ist $DV(X_o X_1 X_2 X_3) = -a$.

Nach D,Satz 1 liegen also X^{q-1}, Y^{q-1}, A^{q-1}, A_t^{q-1} in einem (1,q-1)-Regulus; folglich ist A^{q-1} CLIFFORD-parallel zu X^{q-1}.

Unter Beibehaltung der bisherigen Bezeichnungen ermitteln wir nun Eigenschaften des durch X^{q-1}, Y^{q-1}, A^{q-1} bestimmten (1,q-1)-Regulus R. Eine beliebige von Y^{q-1} verschiedene Erzeugende von R ist windschief zu Y^{q-1}, also darstellbar als $B^{q-1}(\vec{x},\lambda A\vec{x})$, $\lambda \in \mathbb{R}$, und hat nach B,Satz 5b) die reziproke Polare $B_t^{q-1}(\vec{x},-(\lambda A^T)^{-1}\vec{x})$, wobei (I) gilt, also auch

$$A^T = a\,A^{-1}.$$

Damit folgt für B_t^{q-1}:

$$\vec{y} = -(\lambda A^T)^{-1}\vec{x} = -(\lambda a A^{-1})^{-1}\vec{x} = -\frac{1}{\lambda a}A\vec{x}.$$

Diese Darstellung zeigt, daß auch B_t^{q-1} dem (1,q-1)-Regulus R angehört. Mit $B_t^{q-1}(\vec{x},\lambda_t A\vec{x})$ folgt

$$\lambda\lambda_t = -\frac{1}{a}.$$

Für $\lambda = \lambda_t$ ist $B^{q-1} = B_t^{q-1} \subset \hat{Q}_{2q\,0}^{2q-2}$.

Aus diesen Ergebnissen erhalten wir:

Satz 2: Im elliptischen Raum $P_{|0}^{2q-1}$ heißt jeder aus (q-1)-Ebenen bestehende (1,q-1)-Regulus R, der bezüglich der Absolutquadrik $Q_{2q\,0}^{2q-2}$ selbstpolar ist (in dem Sinn, daß die reziproke Polare jeder Erzeugenden von R eine Erzeugende von R ist) ein *CLIFFORD-Regulus*. Dann gilt:

a) Ein CLIFFORD-Regulus enthält genau zwei verschiedene, bezüglich $Q_{2q\,0}^{2q-2}$ selbstpolare – und damit in $\hat{Q}_{2q\,0}^{2q-2}$ liegende – komplexe Erzeugende, seine *Grenzerzeugenden*.

b) Es gibt genau einen CLIFFORD-Regulus R, der zwei gegebene CLIFFORD-parallele (q-1)-Ebenen A^{q-1} und X^{q-1} – sowie deren reziproke Polaren A_t^{q-1} und X_t^{q-1} – enthält (*verbindet*). Die von den Grenzerzeugenden verschiedenen Erzeugenden von R sind untereinander entweder CLIFFORD-parallel oder, wenn reziproke Polaren vorliegen, trivialparallel.

Die 1-parametrige Schar der Erzeugenden $B^{q-1}(\vec{x},\lambda A\vec{x})$ eines CLIFFORD-Regulus wird ausführlich gegeben durch

$$\vec{y}=\begin{bmatrix} y_o \\ \vdots \\ y_{q-1}\end{bmatrix}=\lambda A\vec{x}=\lambda\begin{bmatrix} a_{oo}\cdots\cdots a_{o,q-1} \\ \vdots \\ a_{q-1,o}\cdots a_{q-1,q-1}\end{bmatrix}\begin{bmatrix} x_o \\ \vdots \\ x_{q-1}\end{bmatrix}=\lambda\begin{bmatrix} a_{oo}x_o+\cdots\cdots+a_{o,q-1}x_{q-1} \\ \vdots \\ a_{q-1,o}x_o+\cdots+a_{q-1,q-1}x_{q-1}\end{bmatrix}.$$

Nach Elimination von λ erhält man die q-1 Quadrikgleichungen

$$y_o(a_{io}x_o+\dots+a_{i\,q-1}x_{q-1}) = y_i(a_{oo}x_o+\dots+a_{o\,q-1}x_{q-1}) \quad (1\le i\le q-1).$$

Ein CLIFFORD-Regulus liegt also im Durchschnitt von q-1 Quadriken des $P^{2q-1}_{|0}$. Speziell für q=2 erfüllen die Erzeugenden (und die Leitgeraden) eines CLIFFORD-Regulus eine Ringquadrik (siehe Abschnitt A).

Ein CLIFFORD-Regulus enthält in seinen Grenzerzeugenden zwei windschiefe (q-1)-Erzeugende der Absolutquadrik $\hat{Q}^{2q-2}_{2q\,0}$. Sind zwei (q-1)-Erzeugende der Absolutquadrik windschief, dann gilt aufgrund der Eigenschaften ihrer Scharen $\{E^{q-1}\}$ und $\{F^{q-1}\}$ nach C, Satz 1: Ist q gerade, so liegen die Grenzerzeugenden in derselben Schar, entweder in $\{E^{q-1}\}$ oder in $\{F^{q-1}\}$ (siehe Abschnitt A für q=2). Ist q ungerade, so liegen die Grenzerzeugenden in verschiedenen Scharen, die eine in $\{E^{q-1}\}$, die andere in $\{F^{q-1}\}$. Aufgrund dieses Sachverhaltes definiert man für gerades q:

Def.3: Im elliptischen Raum $P^{2q-1}_{|0}$ ($q\ge 2$, q gerade) heißen zwei CLIFFORD-parallele (q-1)-Ebenen A^{q-1}, B^{q-1}

CLIFFORD-Parallele 1.Art, *F-Parallele* oder *Linksparallele*
oder
CLIFFORD-Parallele 2.Art, *E-Parallele* oder *Rechtsparallele*,

je nachdem die Grenzerzeugenden des A^{q-1} und B^{q-1} verbindenden CLIFFORD-Regulus (siehe Satz 2) in den Erzeugendenscharen $\{F^{q-1}\}$ oder $\{E^{q-1}\}$ der Absolutquadrik liegen.

Bemerkungen:

1) Für ungerades q gibt es die Begriffe F-Parallele und E-Parallele nicht.
2) Die beiden Erzeugendenscharen $\{E^{q-1}\}$ $\{F^{q-1}\}$ können durch eine Projektivspiegelung $\kappa(Z,\Gamma_Z)$, deren Achse Γ_Z die Polarhyperebene eines Punktes $Z\in P^{2q-1}_{|0}$ bezüglich der Absolutquadrik ist, vertauscht werden. Die Scharen $\{E^{q-1}\}$ $\{F^{q-1}\}$ sind also voreinander nicht ausgezeichnet. Daher sind auch *Linksparallelität* und *Rechtsparallelität* voreinander nicht ausgezeichnet.
3) Ist in (I) a=1, so liegen X^{q-1}, Y^{q-1}, A^{q-1}, A^{q-1}_t harmonisch in dem Sinn, daß ihre Schnittpunkte mit jeder Leitgeraden harmonisch liegen.

F. Zur Transitivität der Clifford-Parallelität

Nach D,Satz 3 ist eine (q-1)-Ebene des elliptischen Raumes $P_{|0}^{2q-1}$ zu sich selbst trivialparallel; ist E^{q-1} zu F^{q-1} CLIFFORD-parallel, dann ist auch F^{q-1} zu E^{q-1} CLIFFORD-parallel. Die CLIFFORD-Parallelität ist also reflexiv und symmetrisch. Im Gegensatz zur Parallelität in affinen Räumen ist die CLIFFORD-Parallelität im allgemeinen nicht transitiv; sie induziert also im elliptischen Raum $P_{|0}^{2q-1}$ keine Äquivalenzrelation. Wir können jedoch angeben, wann Transitivität besteht.

<u>Satz 1</u>: Im elliptischen Raum $P_{|0}^{2q-1}$, dessen Absolutquadrik $Q_{2q\,0}^{2q-2}$ in der Normalform $\vec{x}^T\vec{x} + \vec{y}^T\vec{y} = 0$ vorliegt, sei

$$A^{q-1}(\vec{x},A\vec{x}) \neq X^{q-1} \text{ CLIFFORD-parallel zu } X^{q-1}(\vec{x},\vec{o}) \;(\Leftrightarrow A^TA = aE,\ a>0),$$

$$X^{q-1}(\vec{x},\vec{o}) \neq B^{q-1} \text{ CLIFFORD-parallel zu } B^{q-1}(\vec{x},B\vec{x}) (\Leftrightarrow B^TB = bE,\ b>0).$$

Dann ist

$$A^{q-1} \text{ CLIFFORD-parallel zu } B^{q-1} \text{ und } A^{q-1} \neq B^{q-1}$$

genau dann, wenn

$$A^TB + B^TA = kE \quad (k \neq a+b,\ -k \neq ab+1). \qquad \text{(I)}$$

Beweis: ($\Leftrightarrow$) Nach D,Satz 3 sind A^{q-1}, B^{q-1} genau dann CLIFFORD-parallel, wenn sie mit ihren reziproken Polaren (siehe B, Satz 5b))

$$A_t^{q-1}(\vec{x},-(A^{-1})^T\vec{x}),\ B_t^{q-1}(\vec{x},-(B^{-1})^T\vec{x}),$$

für die nach E(I)

$$(A^{-1})^T = \frac{1}{a}A\ ,\ (B^{-1})^T = \frac{1}{b}B \qquad (1)$$

gilt, vier verschiedene Erzeugende eines (1,q-1)-Regulus bilden, also genau dann, wenn sie paarweise windschief sind und D(II) genügen:

$$(A+(A^{-1})^T)(A+(B^{-1})^T)^{-1}(B+(B^{-1})^T)(B+(A^{-1})^T)^{-1} = cE,\ c\in\mathbb{R}\setminus\{0,1\}. \qquad (2)$$

Durch Verwendung von (1) und anschließende Rechtsmultiplikation mit $(B+\frac{1}{a}A)\frac{1}{b}B^T(A+\frac{1}{b}B)\frac{1}{a}A^T$ folgt aus (2) die Beziehung:

$$(1+\frac{1}{a})(1+\frac{1}{b})E = c(B+\frac{1}{a}A)\frac{1}{b}B^T(A+\frac{1}{b}B)\frac{1}{a}A^T$$

und damit nach Multiplikation mit ab:

$$[(a+1)(b+1)-c(ab+1)]E \;=\; c(BA^T+AB^T).$$

Durch Multiplikation mit B^T von links und mit $\frac{1}{b}B$ von rechts erhält man (I), wobei $k = \frac{1}{c}((ab+1)(1-c)+a+b) \neq a+b$ wegen $a>0$, $b>0$, $c\neq 1$ gilt.

Alle vorgenommenen Umformungen sind äquivalent unter der Voraussetzung, daß A^{q-1}, A_t^{q-1}, B^{q-1}, B_t^{q-1} paarweise windschief sind; diese Voraussetzung ist noch zu überprüfen. Dazu berechnen wir mit (I) und E(I)

$$(A-B)^T(A-B) = A^TA + B^TB - (A^TB + B^TA) = (a+b-k)E \; .$$

Folglich sind A^{q-1}, B^{q-1} nach B,Satz 2 windschief (wegen $k \neq a+b$). Damit sind auch A_t^{q-1}, B_t^{q-1} windschief.

Im elliptischen Raum $P_{|0}^{2q-1}$ sind A^{q-1}, A_t^{q-1} sowie B^{q-1}, B_t^{q-1} stets windschief. A^{q-1}, B_t^{q-1} sind nach B,Satz 2 genau dann windschief, wenn $\det(A+\frac{1}{b}B) \neq 0$, also (wegen $\det A^T \neq 0$) genau dann, wenn

$$\det(aE + \frac{1}{b}A^TB) \neq 0 \; .$$

Damit äquivalent ist: B^{q-1}, A_t^{q-1} sind windschief genau dann, wenn $\det(B+\frac{1}{a}A) \neq 0$, also genau dann, wenn

$$\det(bE + \frac{1}{a}B^TA) \neq 0 .$$

Insgesamt ergibt sich: Die vier (q-1)-Ebenen A^{q-1}, B^{q-1}, A_t^{q-1}, B_t^{q-1} sind paarweise windschief genau dann, wenn

$$0 \neq \det(aE + \frac{1}{b}A^TB)\det(bE + \frac{1}{a}B^TA) = \det(abE + B^TA + A^TB + E) =$$
$$= \det((ab+1)E + B^TA + A^TB) = \det((ab+1+k)E).$$

Dies ist genau dann der Fall, wenn in (I) gilt: $-k \neq ab+1$.

Betrachtet man in einem affinen Raum drei paarweise parallele Geraden e, f und g, so ist g auch zu jeder Geraden des e und f verbindenden Parallelbüschels parallel. Diese Aussage hat im Rahmen der CLIFFORD-Parallelität ein Analogon, das wir mit Hilfe des soeben bewiesenen Satz 1 erhalten:

> Satz 2: Sind im elliptischen Raum $P_{|0}^{2q-1}$ die (q-1)-Ebenen A^{q-1}, B^{q-1}, C^{q-1} paarweise CLIFFORD-parallel, so ist B^{q-1} bis auf höchstens vier Erzeugende zu jeder Erzeugenden des CLIFFORD-Regulus, der A^{q-1} und C^{q-1} verbindet, CLIFFORD-parallel.

Beweis: Wir verwenden die bisherigen Bezeichnungen und setzen ohne Einschränkung $C^{q-1} = X^{q-1}(\vec{x},\vec{o})$. Da $A^{q-1}(\vec{x},A\vec{x})$, $B^{q-1}(\vec{x},B\vec{x})$ CLIFFORD-parallel sind, erfüllen A und B die Bedingungen (I) und E(I).

Sei nun R der A^{q-1} und X^{q-1} verbindende CLIFFORD-Regulus. Dann sind die Erzeugenden von R nach E,Satz 2 untereinander entweder CLIFFORD-parallel oder, wenn reziproke Polaren vorliegen, trivialparallel. Damit sind zu X^{q-1} alle Erzeugenden von R CLIFFORD-parallel, ausgenommen die reziproke Polare $Y^{q-1} = X_t^{q-1}$. Nach E, Satz 2 (Beweis) ist $L^{q-1}(x,\lambda Ax)$ eine beliebige Erzeugende von R. Für $\lambda = 0$ ist $L^{q-1} = X^{q-1}$, für $\lambda \to \infty$ erhält man $L^{q-1} = Y^{q-1}$. Nach Voraussetzung ist B^{q-1} CLIFFORD-parallel zu X^{q-1}; nach D, Satz 3 gehören daher B^{q-1}, B_t^{q-1}, X^{q-1}, $X_t^{q-1} = Y^{q-1}$ zu einem CLIFFORD-Regulus.

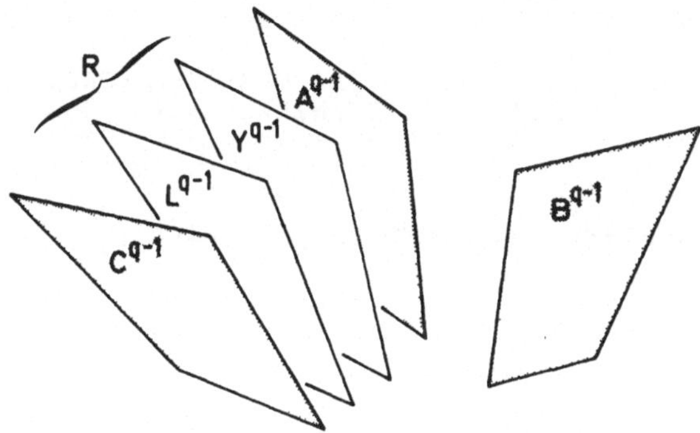

Also ist B^{q-1} auch CLIFFORD-parallel zu Y^{q-1}.

Damit bleibt noch zu klären, welche Erzeugenden $L^{q-1}(\vec{x},\lambda A\vec{x})$ mit $\lambda \notin \{0,\infty\}$ zu B^{q-1} CLIFFORD-parallel sind. Dazu halten wir zunächst fest, daß für L^{q-1} nach E, Satz 1 die Beziehung E(I) in der Form

$$(\lambda A)^T \lambda A = \lambda^2 aE$$

erfüllt ist. Weiter verwenden wir Satz 1, wobei $A^{q-1}(\vec{x},A\vec{x})$ durch $L^{q-1}(\vec{x},\lambda A\vec{x})$ zu ersetzen ist. Nach Satz 1 ist dann L^{q-1} CLIFFORD-parallel zu B^{q-1} genau dann, wenn

$$(\lambda A)^T B + B^T(\lambda A) = \lambda kE \qquad (\lambda k \neq \lambda^2 a + b,\ -\lambda k \neq \lambda^2 ab + 1)\ .$$

Somit ergibt sich: Es gibt höchstens vier Erzeugende $L^{q-1}(\vec{x},\lambda A\vec{x})$ des A^{q-1} und X^{q-1} verbindenden CLIFFORD-Regulus R, die zu B^{q-1} nicht CLIFFORD-parallel sind. Dabei handelt es sich um die Erzeugenden, deren λ-Werte die quadratischen Gleichungen

$$a\lambda^2 - k\lambda + b = 0,\ ab\lambda^2 + k\lambda + 1 = 0$$

erfüllen.

Bemerkung:

1) Der CLIFFORD-Regulus R, der A^{q-1} und C^{q-1} verbindet, enthält im allgemeinen B^{q-1} nicht als Erzeugende. Ist dies jedoch der Fall, so sind alle Erzeugenden von R zu B^{q-1} CLIFFORD-parallel bis auf B^{q-1} und B_t^{q-1}, die zu B^{q-1} trivialparallel sind.

Kapitel 13. Lorentz-Raum und spezielle Relativitätstheorie

Wir beginnen mit einem Zitat aus EINSTEIN[1]S.20: "Bezüglich des Bezugsraumes war zwar bereits die Newtonsche Mechanik relativ... Man sprach von Raumpunkten wie von absoluten Realitäten, ebenso wie von Zeitpunkten. Es wurde nicht beachtet, daß das wahre Element der raumzeitlichen Beschreibung das Ereignis sei..."

Zur Vertiefung können dienen: BLASCHKE[23], EINSTEIN[1][2], JAGLOM[2], KLEIN[12], LORENTZ/EINSTEIN/MINKOWSKI[1], NEVANLINNA[1], WEYL[1].

A. Galilei-Transformationen und Galilei-Raum $P^4_{11|000}$

Zur Beschreibung des raumzeitlichen Verlaufs von Naturvorgängen legt der Physiker den Anschauungsraum zugrunde sowie Uhren, die die gleichförmig ablaufende Zeit t messen. Der Anschauungsraum wird meist beschrieben durch den längs seiner Fernebene A^2 geschlitzten euklidischen Raum $P^3_{1|00}$; seine Punkte werden in einem kartesischen (x,y,z)-Koordinatensystem $K:=\{E_0, E_1,E_2,E_3;E\}$ (9E4,Satz 3) zahlenmäßig erfaßt. Ein reelles Quadrupel $(x,y,z,t)\in\mathbb{R}^4$ beschreibt ein *Ereignis*, etwa den Zerfall eines radioaktiven Atoms, das zur Zeit t am Ort mit den Koordinaten x,y,z stattfindet. Statt des Koordinatensystems K kann man ein gleichartiges K^* und andere gleichgebaute Uhren verwenden. Die Maßeinheiten für Länge und Zeit werden in allen Systemen durch die gleiche Meßvorschrift definiert, die Längeneinheit etwa über die Wellenlänge einer bestimmten Spektrallinie.

Das Koordinatensystem K^* kann gegenüber K gedreht sein. Die Koordinatenachsen ändern aber ihre Richtung (ihre Fernpunkte) im Laufe der Zeit nicht. Außerdem darf sich K^* mit konstanter Geschwindigkeit $\vec{v}$ (gemessen in K) bewegen. Das Ereignis $(0,0,0,0)$ habe im System K^* die Koordinaten $(\bar{x},\bar{y},\bar{z},\bar{t})$. Zwischen den Koordinaten desselben Ereignisses (x,y,z,t) in K und (x^*,y^*,z^*,t^*) in K^* besteht dann eine *GALILEI-Transformation*

$$t^* = \bar{t} + t,$$

$$\vec{x}^*_2 = \vec{\bar{x}}_2 + U_2(\vec{x}_2 - \vec{v}t).$$

Dabei ist $\vec{x}^*_2 = (x^*,y^*,z^*)^T$, $\vec{x}_2 = (x,y,z)^T$, $\vec{\bar{x}}_2 = (\bar{x},\bar{y},\bar{z})^T$, $\vec{v} = (v_x,v_y,v_z)^T$, und U_2 ist eine orthogonale (3,3)-Drehmatrix; dabei sei $\det U_2 = +1$ (man verwendet eigentliche Bewegungen). Die GALILEI-Transformationen bilden die 10-gliedrige *GALILEI-Gruppe* der klassischen GALILEI/NEWTON-Mechanik (U_2, $\vec{v}$, $\vec{\bar{x}}_2$ hängen von je drei Parametern ab, ein weiterer Parameter ist $\bar{t}$).

Bei Verwendung normierter projektiver Koordinaten ($x_o = x_o^* = 1$) können wir einer GALILEI-Transformation die Matrizenform 7A(II) geben:

$$\begin{bmatrix} 1 \\ t^* \\ x^* \\ y^* \\ z^* \end{bmatrix} = \begin{bmatrix} 1 & 0 & 0 & 0 & 0 \\ \bar{t} & 1 & 0 & 0 & 0 \\ \bar{x} & t_{21} & u_{22} & u_{23} & u_{24} \\ \bar{y} & t_{31} & u_{32} & u_{33} & u_{34} \\ \bar{z} & t_{41} & u_{42} & u_{43} & u_{44} \end{bmatrix} \begin{bmatrix} 1 \\ t \\ x \\ y \\ z \end{bmatrix} .$$

Zu dieser Darstellung gehören die partitionierten Vektoren

$$\vec{x}_o^* = (x_o^*) = (1), \quad \vec{x}_1^* = (x_1^*) = (t^*), \quad \vec{x}_2^* = (x^*, y^*, z^*)^T,$$

$$\vec{x}_o = (x_o) = (1), \quad \vec{x}_1 = (x_1) = (\,t\,), \quad \vec{x}_2 = (\,x\,,\,y\,,\,z\,)^T,$$

die Translationsmatrizen

$$T_{1o} = (\bar{t}), \quad T_{2o} = (\bar{x}\ \bar{y}\ \bar{z})^T, \quad T_{21} = -U_2\vec{v} = (t_{21}\, t_{31}\, t_{41})^T$$

und die Drehmatrizen

$$U_o = (1), \quad U_1 = (1), \quad U_2 = \begin{bmatrix} u_{22} & u_{23} & u_{24} \\ u_{32} & u_{33} & u_{34} \\ u_{42} & u_{43} & u_{44} \end{bmatrix} .$$

Daraus folgt:

<u>Satz 1</u>: Die GALILEI-Transformationen der klassischen GALILEI/NEWTON-Mechanik sind die eigentlichen Bewegungen des GALILEI-Raumes $P^4_{11|000}$, der nach 6B und 6C,Def.1(S.117) die Absolutfigur

$$Q_{10}^3 \supset A^3 \supset Q_{10}^2 \supset A^2 \supset Q_{30}^1$$

$$\begin{aligned} &x_o^2=0\,,\ x_o=0,\ x_o=0\,,\ x_o=0,\ x_o=0, \\ &\qquad\qquad x_1^2=0\,,\ x_1=0,\ x_1=0, \\ &\qquad\qquad\qquad x_2^2 + x_3^2 + x_4^2 = 0 \end{aligned}$$

besitzt.

Um Rechnungen zu vereinfachen, beschränkt man sich in der Literatur meist auf Koordinatensysteme mit gleichsinnig parallelen Achsen,[1] setzt also für U_2 die (3,3)-Einheitsmatrix.

Die der GALILEI/NEWTON-Mechanik zugrundeliegenden GALILEI-Transformationen lassen wegen der Gültigkeit des GALILEIschen Trägheitsgesetzes die Grundgleichungen der klassischen Mechanik invariant. Die MAXWELL-Gleichungen der Elektrodynamik sind jedoch nicht invariant gegenüber GALILEI-Transformationen. Somit ist die mathematische Gestalt der elektrodynamischen Gesetze abhängig vom Bewegungszustand des Koordinatensystems, also des Laboratoriums, in dem experimentiert wird. Das führt zu einer

[1] Es handelt sich um die α-Parallelität aus 12A,S.253.

großen Zahl nachprüfbarer Folgerungen, die alle bestätigen, daß die so selbstverständlich erscheinenden GALILEI-Transformationen im Bereich der Elektrodynamik nicht zutreffen. Sorgfältige Experimente haben gezeigt, daß die GALILEI-Transformationen auch im Bereich der Mechanik nur Näherungen darstellen.

B. Lichtausbreitung

Die Beobachtung des elektrodynamischen Vorgangs der Lichtausbreitung liefert einen Ansatzpunkt zur Bestimmung der an die Stelle der GALILEI-Transformationen zu setzenden Beziehungen.

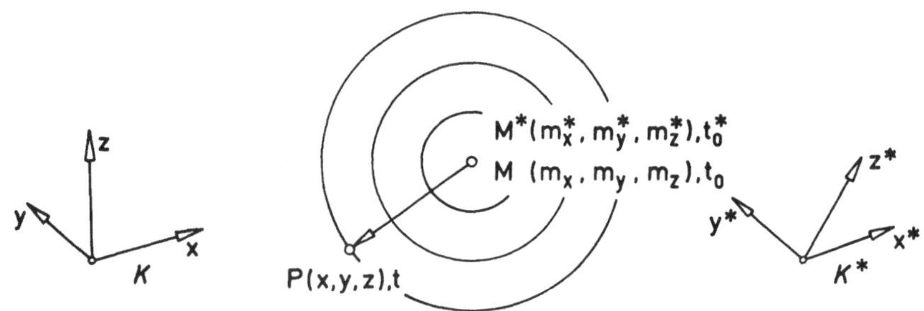

Am Ort M, der im Koordinatensystem *K* die Raumkoordinaten m_x, m_y, m_z besitze, werde zur Zeit t_o ein Lichtblitz ausgelöst. Dieses Ereignis (m_x, m_y, m_z, t_o) wird im System *K** am Ort M* zur Zeit t_o^* als Ereignis (m_x^*, m_y^*, m_z^*, t_o^*) registriert. Die Uhr, an der t_o^* abgelesen wird, ruht im System *K**. Das Licht breitet sich bezüglich *K* als Kugelwelle mit dem Mittelpunkt M aus. Die Kugelwelle hat zur Zeit t den Radius $c(t-t_o)$; c bezeichnet die Lichtgeschwindigkeit im Vakuum. Die Koordinaten (x,y,z,t) des Ereignisses *L: Zur Zeit t kommt im Punkt P(x,y,z) die Lichtwelle an*, genügen in *K* der Gleichung

$$(x-m_x)^2+(y-m_y)^2+(z-m_z)^2-c^2(t-t_o)^2=0\,. \tag{1}$$

Für einen Beobachter im System *K**, das sich gegenüber *K* gleichförmig bewegt, ergibt sich ein erstaunlicher Befund (MICHELSON-Versuche): Auch er stellt fest, daß sich das Licht als Kugelwelle um den Mittelpunkt M* und mit derselben Geschwindigkeit c ausbreitet. Die Lichtgeschwindigkeit c ist also in zwei gleichförmig gegeneinander bewegten Bezugssystemen gleich und in allen Richtungen gleich groß. Die Koordinaten (x*, y*, z*, t*) des Ereignisses *L* erfüllen also bezüglich *K** ebenfalls eine Gleichung

$$(x^*-m_x^*)^2+(y^*-m_y^*)^2+(z^*-m_z^*)^2-c^2(t^*-t_o^*)^2=0\,. \tag{2}$$

Die Gleichungen (1) und (2) legen – zusammen mit der Forderung, daß die Transformation der Ereigniskoordinaten linear erfolgen soll – eine Transformationsgruppe fest, die im folgenden näher untersucht wird.

C. Minkowski-Welt, Lorentz-Transformationen

Mit dem Begriff Ereignis ist der $\mathbb{R}^4$ als Raum der Ereignisse – von MINKOWSKI als *Welt* bezeichnet – gegeben. Der durch die MICHELSON-Versuche experimentell gesicherte Befund über die Lichtausbreitung (siehe Abschnitt B) wirkt weniger paradox, wenn man bedenkt, daß die 4-dimensionale *MINKOWSKI-Welt* keine Gegenstände im Sinn der naiven Anschauung enthält. Ein Bierkrug wird üblicherweise gedacht als Punktmenge des 3-dimensionalen Anschauungsraumes, wobei den einzelnen Punkten physikalische Eigenschaften (Masse, Farbe, Ladung usw.) zugeordnet werden, die insgesamt den Gegenstand Bierkrug physikalisch vollständig beschreiben. In der 4-dimensionalen MINKOWSKI-Welt induziert der Bierkrug eine Menge von Ereignissen, etwa die Reflexion von Lichtquanten an seiner Oberfläche. Ein in bezug auf ein Koordinatensystem ruhender Massenpunkt (*Weltpunkt*) ist in der MINKOWSKI-Welt eine Gerade parallel zur Zeitachse. Ein Elementarteilchen, das in einer Nebelkammer eine Tröpfchenspur zieht, erscheint in der MINKOWSKI-Welt als Kurve (*Weltlinie*) k, auf der die Ereignisse der Tröpfchenerzeugung liegen. Die beobachtete Tröpfchenspur ist die Projektion von k parallel zur Zeitachse in den Anschauungsraum. Die x-Achse eines Koordinatensystems gehört in der MINKOWSKI-Welt zu den Ereignissen $(x,0,0,t)$, $x,t \in \mathbb{R}$. Ein Koordinatensystem des Anschauungsraumes, etwa realisiert durch drei einander treffende Kanten eines materiellen Würfels, kann immer nur momentan mit den räumlichen x-, y-, z-Achsen eines (x,y,z,t)-Weltkoordinatensystems zusammenfallen. Wir beschreiben nun, wie durch konsequente Übertragung der Befunde (1) und (2) aus Abschnitt B in die Sprache der 4-dimensionalen MINKOWSKI-Welt der Ereignisse diese Befunde erklärbar werden.

Dazu seien die in Abschnitt A eingeführten kartesischen Koordinatensysteme *K* und *K** durch Zeitachsen zu kartesischen Weltkoordinatensystemen K und K* ergänzt. Dann hat man im $\mathbb{R}^4$ alle Koordinatentransformationen

$$\begin{bmatrix} x^* \\ y^* \\ z^* \\ t^* \end{bmatrix} = A \begin{bmatrix} x \\ y \\ z \\ t \end{bmatrix} + \begin{bmatrix} \bar{x} \\ \bar{y} \\ \bar{z} \\ \bar{t} \end{bmatrix}, \quad \det A = \det(a_{ik}) \neq 0, \qquad (1)$$

mit folgender Eigenschaft *E* zu ermitteln: *Wenn die* K-*Koordinaten* *zweier Ereignisse die Gleichung* B(1) *erfüllen, dann genügen die* K**-Koordinaten dieser Ereignisse der Gleichung* B(2) *und umgekehrt.*

Wir definieren nun:

> Def.1: Im $\mathbb{R}^4$ heißt eine Koordinatentransformation (1) mit der Eigenschaft *E* (allgemeine) *LORENTZ-Transformation*. Eine LORENTZ-Transformation heißt
>
> *inhomogen*, wenn $(\bar{x},\bar{y},\bar{z},\bar{t}) \neq (0,0,0,0)$,
> *homogen*, wenn $(\bar{x},\bar{y},\bar{z},\bar{t}) = (0,0,0,0)$.

Die LORENTZ-Transformationen bilden ersichtlich eine Gruppe, die *LORENTZ-Gruppe*. Untergruppen bilden zum Beispiel:
die homogenen LORENTZ-Transformationen sowie
die (homogenen) *speziellen LORENTZ-Transformationen*, die solche Koordinatensysteme *K* und *K** verknüpfen, die sich parallel zur x-Achse mit in *K* konstanter Geschwindigkeit $\vec{v} = (v_x,0,0)^T$ gegeneinander bewegen, wobei noch $y^* = y$, $z^* = z$ gilt. (Durch Verstellen der Uhrzeiger kann man erreichen, daß *K** zur Zeit $t = 0 = t^*$ mit *K* zusammenfällt.)

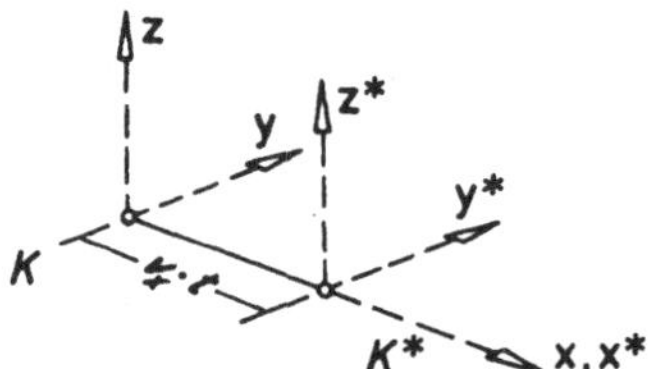

Ermittlung der allgemeinen Lorentz-Transformationen: Seien K, K* zwei Weltkoordinatensysteme, deren zugehörige Koordinatensysteme *K* (K für festes t_1) und *K** (K* für festes t_2) gleichförmig gegeneinander bewegt sind. Bezüglich *K* hat *K** stets allgemeine Lage. Dann ist die Abhängigkeit der Koordinaten (x^*, y^*, z^*, t^*) in K* von den Koordinaten (x,y,z,t) in K gegeben durch eine Koordinatentransformation (1) mit der Eigenschaft *E*.

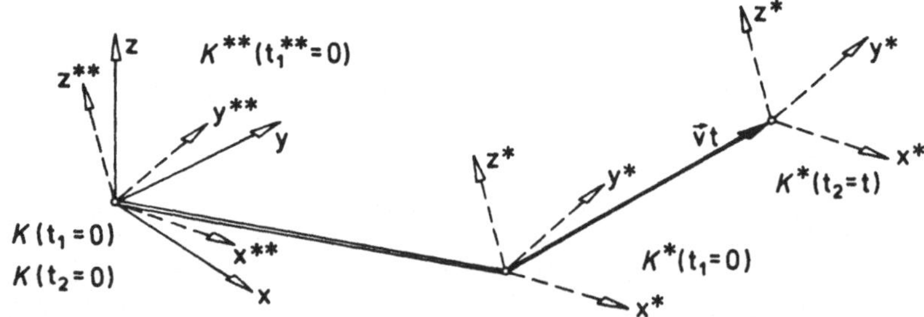

Nun kann man zunächst im Raum der Ereignisse (der MINKOWSKI-Welt) durch eine Translation

$$\begin{bmatrix} x^{**} \\ y^{**} \\ z^{**} \\ t^{**} \end{bmatrix} = \begin{bmatrix} x^{*} \\ y^{*} \\ z^{*} \\ t^{*} \end{bmatrix} - \begin{bmatrix} \bar{x} \\ \bar{y} \\ \bar{z} \\ \bar{t} \end{bmatrix}, \qquad (2)$$

die einer Translation von K^* im Anschauungsraum und einem Verstellen der Uhrzeiger in K^* entspricht, von K^* zu einem System K^{**} übergehen, so daß der Koordinatenursprung von K^{**} zur Zeit $t_1 = 0$ mit dem Ursprung von K zusammenfällt und die Uhren von K^{**} die Zeit $t_1^{**} = 0$ anzeigen. Im Hinblick auf die allgemeinen Koordinatentransformationen (1) verbleibt dann noch

$$\begin{bmatrix} x^{**} \\ y^{**} \\ z^{**} \\ t^{**} \end{bmatrix} = A \begin{bmatrix} x \\ y \\ z \\ t \end{bmatrix} . \tag{3}$$

Weiter kann man durch eine orthogonale (3,3)-Drehmatrix P von K zu einem System K_s und durch eine orthogonale (3,3)-Drehmatrix Q von K^{**} zu K_s^{**} gelangen, so daß die x_s- und x_s^{**}-Achse parallel zum Geschwindigkeitsvektor $\vec{v}$ sind und sowohl die y_s- und y_s^{**}-Achse als auch die z_s- und z_s^{**}-Achse untereinander parallel sind. Dann sind die Systeme K_s und K_s^{**} durch eine spezielle LORENTZ-Transformation verknüpft, denn zum Zeitpunkt $(t_s^{**})_1 = 0 = (t_s)_1$ ist

$$y_s^{**} = y_s, \quad z_s^{**} = z_s ,$$

und diese beiden Gleichungen bleiben erhalten (sind zeitunabhängig), da $\vec{v}$ parallel ist zur x_s- und x_s^{**}-Achse:

$$\begin{bmatrix} x_s^{**} \\ y_s^{**} \\ z_s^{**} \\ t_s^{**} \end{bmatrix} = S \begin{bmatrix} x_s \\ y_s \\ z_s \\ t_s \end{bmatrix} \quad \text{mit} \quad S = \begin{bmatrix} s_{11} & s_{12} & s_{13} & s_{14} \\ 0 & 1 & 0 & 0 \\ 0 & 0 & 1 & 0 \\ s_{41} & s_{42} & s_{43} & s_{44} \end{bmatrix} . \tag{4}$$

Die durch P und Q vermittelten Transformationen sind:

$$\begin{bmatrix} x_s \\ y_s \\ z_s \\ t_s \end{bmatrix} = \left[\begin{array}{c|c} P & \begin{matrix}0\\0\\0\end{matrix} \\ \hline 0\;0\;0 & 1 \end{array}\right] \begin{bmatrix} x \\ y \\ z \\ t \end{bmatrix} \quad \text{bzw.} \quad \begin{bmatrix} x_s^{**} \\ y_s^{**} \\ z_s^{**} \\ t_s^{**} \end{bmatrix} = \left[\begin{array}{c|c} Q & \begin{matrix}0\\0\\0\end{matrix} \\ \hline 0\;0\;0 & 1 \end{array}\right] \begin{bmatrix} x^{**} \\ y^{**} \\ z^{**} \\ t^{**} \end{bmatrix} . \tag{5}$$

(es gilt $t_s = t$) (es gilt $t_s^{**} = t^{**}$)

Aus (2) - (5) folgt:

$$\begin{bmatrix} x^* \\ y^* \\ z^* \\ t^* \end{bmatrix} = \left[\begin{array}{c|c} Q^{-1} & \begin{matrix}0\\0\\0\end{matrix} \\ \hline 0\;0\;0 & 1 \end{array}\right] S \left[\begin{array}{c|c} P & \begin{matrix}0\\0\\0\end{matrix} \\ \hline 0\;0\;0 & 1 \end{array}\right] \begin{bmatrix} x \\ y \\ z \\ t \end{bmatrix} + \begin{bmatrix} \bar{x} \\ \bar{y} \\ \bar{z} \\ \bar{t} \end{bmatrix} = A \begin{bmatrix} x \\ y \\ z \\ t \end{bmatrix} + \begin{bmatrix} \bar{x} \\ \bar{y} \\ \bar{z} \\ \bar{t} \end{bmatrix} . \tag{6}$$

Damit ist der Zusammenhang zwischen den allgemeinen Transformationen (1) und den speziellen LORENTZ-Transformationen (4) aufgedeckt. Die Transformationen (5) sind LORENTZ-Transformationen, wie man leicht nachprüft; sie führen wegen der Orthogonalität der Matrizen P und Q die Summe der positiven Quadrate in sich über, und wegen $t_s = t$ und $t_s^{**} = t^{**}$ bleibt das negative Quadrat invariant.

D. MINKOWSKI-WELT UND LORENTZ-RAUM $P^4_{1|01}$

Die Formel C(1) beschreibt eine Koordinatentransformation im $\mathbb{R}^4$. Man kann sie auch als Bijektion des $\mathbb{R}^4$ betrachten; diese Interpretation wird im folgenden vorausgesetzt. Außerdem wird der $\mathbb{R}^4$ zum (reellen) projektiven Raum P^4 erweitert, und in P^4 wird ein projektives Koordinatensystem mit Koordinaten $(x_0,\dots,x_4)$ eingeführt:

$$\frac{x_1}{x_0} := x,\quad \frac{x_2}{x_0} := y,\quad \frac{x_3}{x_0} := z,\quad \frac{x_4}{x_0} := ct\ .$$

Mit

$$\frac{m_1}{m_0} := m_x,\quad \frac{m_2}{m_0} := m_y,\quad \frac{m_3}{m_0} := m_z,\quad \frac{x_{4,0}}{m_0} := ct_0$$

lautet die Gleichung B(1) in projektiven Koordinaten

$$(m_0x_1 - m_1x_0)^2 + (m_0x_2 - m_2x_0)^2 + (m_0x_3 - m_3x_0)^2 - (m_0x_4 - x_{4,0}x_0)^2 = 0\ . \tag{1}$$

Analog lautet die aus B(2) folgende Gleichung (1') in projektiven Koordinaten.

Betrachtet man den $\mathbb{R}^4$ als affinen Raum, dann sind die LORENTZ-Transformationen C(1) Affinitäten des $\mathbb{R}^4$. Sie lassen somit im P^4 die Hyperebene $x_0 = 0$ fix. Die projektiven Koordinaten der Schnittpunkte der Quadriken (1) und (1') mit der Fernhyperebene $x_0 = 0$ bzw. $x_0' = 0$ genügen daher den Gleichungen:

$$x_1^2 + x_2^2 + x_3^2 - x_4^2 = 0,\quad x_1'^2 + x_2'^2 + x_3'^2 - x_4'^2 = 0. \tag{2}$$

Eine LORENTZ-Transformation C(1), gedeutet als Projektivität des P^4 in normierten Koordinaten (siehe 6B, Satz 1), hat die Bauart

$$\begin{bmatrix} 1 \\ x^* \\ y^* \\ z^* \\ ct^* \end{bmatrix} = \left[\begin{array}{c|cccc} 1 & 0 & 0 & 0 & 0 \\ \hline \bar{x} & & & & \\ \bar{y} & & U_1 & & \\ \bar{z} & & & & \\ c\bar{t} & & & & \end{array}\right] \begin{bmatrix} 1 \\ x \\ y \\ z \\ ct \end{bmatrix}\ . \tag{3}$$

Sie läßt in der Fernhyperebene die nichtentartete Quadrik (2) fix und führt normierte Koordinaten in normierte Koordinaten über, läßt also auch die zu (2) gehörende quadratische Form fix.

Die LORENTZ-Transformationen sind somit die Bewegungen des pseudoeuklidischen Raumes $P^4_{1|01}$, der auch als *LORENTZ-Raum*[1] oder *MINKOWSKI-Raum* bezeichnet wird. Die MINKOWSKI-Welt enthält nicht die Fernhyperebene des LORENTZ-Raumes!

Satz 1: Die LORENTZ-Transformationen der MINKOWSKI-Welt sind (nach projektiver Erweiterung) die Bewegungen des LORENTZ-Raumes $P^4_{1|01}$, der die Absolutfigur

$$Q^3_{10} \supset A^3 \supset Q^2_{41}$$

$$x_o^2=0,\ x_o=0,\ x_o=0,$$
$$x_1^2+x_2^2+x_3^2-x_4^2=0$$

besitzt.

Da in der Fernhyperebene $x_o=0$ keine realen Ereignisse liegen, genügt $P^4\backslash A^3$ als Schauplatz der MINKOWSKI-Welt. Die Verbindungsgerade zweier Punkte $X(\vec{x})$, $Y(\vec{y})$ aus $P^4\backslash A^3$ ist stets eine euklidische Gerade. Eine Bewegung des LORENTZ-Raumes (LORENTZ-Transformation) läßt nach 8B, Satz 1 ihr Abstandsquadrat, bei normierten Koordinaten ($x_o=y_o=1$) gegeben durch

$$D_1^2(X,Y) := (y_1-x_1)^2+(y_2-x_2)^2+(y_3-x_3)^2-(y_4-x_4)^2,$$

invariant. Wird das Ereignis aus Abschnitt B *Aussendung eines Lichtblitzes im Punkt M* im LORENTZ-Raum durch den Punkt A dargestellt, und wird das Ereignis *Eintreffen des Lichtblitzes im Punkt P* im LORENTZ-Raum durch den Punkt B dargestellt, dann ergibt sich $D_1^2(A,B)=0$ nach B(1).

Gilt für zwei verschiedene Punkte A,B der MINKOWSKI-Welt eine der Beziehungen

$$D_1^2(A,B)>0,\quad D_1^2(A,B)=0,\quad D_1^2(A,B)<0,$$

so gilt sie für je zwei Punkte X,Y der Verbindungsgeraden A + B. Dadurch wird die folgende Klassifikation der Geraden g := A + B der MINKOWSKI-Welt (sowie der durch die Vektoren $\overrightarrow{AB}$ gegebenen *Richtungen* im Sinn der linearen Algebra, siehe 9E4, S.215) nahegelegt:

Satz 2: Eine Gerade g der MINKOWSKI-Welt heißt

raumartig, *lichtartig*, *zeitartig*,

wenn für je zwei verschiedene (eigentliche) Punkte $A,B\in g$ gilt:

$$D_1^2(A,B)>0,\quad D_1^2(A,B)=0,\quad D_1^2(A,B)<0.$$

[1] Bei Verzicht auf eine Raumkoordinate entsteht der pseudoeuklidische Raum $P^3_{1|01}$. Bei Verzicht auf zwei Raumkoordinaten entsteht die pseudoeuklidische Ebene $P^2_{1|01}$. Gelegentlich werden auch $P^3_{1|01}$, $P^2_{1|01}$ und allgemein $P^n_{1|01}$ als LORENTZ-Räume bezeichnet.

Die lichtartigen Geraden durch einen Punkt S bilden den *Lichtkegel* (einen Kegel $Q^3_{4\,1}$) mit der Spitze S. Nach projektiver Erweiterung der MINKOWSKI-Welt enthält jeder Lichtkegel die Absolutquadrik $Q^2_{4\,1}$ des LORENTZ-Raumes $P^4_{1|01}$.

Durch eine LORENTZ-Transformation läßt sich jede raumartige Gerade auf die Gerade $x_2 = x_3 = x_4 = 0$ abbilden; entsprechend läßt sich jede zeitartige Gerade auf die Gerade $x_1 = x_2 = x_3 = 0$ abbilden.

E. Spezielle Lorentz-Transformationen

Nach Abschnitt C verknüpfen die speziellen LORENTZ-Transformationen solche Koordinatensysteme *K* und *K**, die sich parallel zur x-Achse mit in *K* konstanter Geschwindigkeit gegeneinander bewegen, wobei noch $y^* = y$, $z^* = z$ gilt.[1] Sie lauten daher nach D(3) in normierten projektiven Koordinaten:

$$\begin{bmatrix} 1 \\ x^* \\ y^* \\ z^* \\ ct^* \end{bmatrix} = \begin{bmatrix} 1 & 0 & 0 & 0 & 0 \\ 0 & u_{11} & u_{12} & u_{13} & u_{14} \\ 0 & 0 & 1 & 0 & 0 \\ 0 & 0 & 0 & 1 & 0 \\ 0 & u_{41} & u_{42} & u_{43} & u_{44} \end{bmatrix} \begin{bmatrix} 1 \\ x \\ y \\ z \\ ct \end{bmatrix} \quad \begin{matrix} \text{mit } U_1^T E_{41} U_1 = E_{41} \\ \text{(siehe 7A,Def.1,S.149).} \end{matrix} \qquad (1)$$

Die Matrix U_1 ist 1-orthogonal, da jede LORENTZ-Transformation die Absolutquadrik fix läßt. Daraus erhält man für die Matrixelemente:

$$u_{11}^2 - u_{41}^2 = 1, \quad u_{14}^2 - u_{44}^2 = -1,$$
$$u_{11}u_{14} - u_{41}u_{44} = 0,$$
$$u_{12} = u_{13} = u_{42} = u_{43} = 0.$$

Diese Bedingungen werden erfüllt durch

$$u_{11} = \pm\cosh u, \quad u_{14} = \pm\sinh u,$$
$$u_{41} = \pm\sinh u, \quad u_{44} = \pm\cosh u,$$

wenn die Vorzeichen mit $u_{11}u_{14} = u_{41}u_{44}$ verträglich sind.

Der Ursprung O* des Systems *K** bewegt sich im Anschauungsraum auf der x-Achse des Systems *K*. Das Ereignis *Eintreffen von* O* *an der Stelle* $x = vt$ *zur Zeit* t hat im Weltkoordinatensystem K die

[1] Wegen $y^* = y$, $z^* = z$ findet man die wesentlichen Eigenschaften der speziellen LORENTZ-Transformationen bereits in der pseudoeuklidischen Ebene $P^2_{1|01}$.

Koordinaten $(vt,0,0,t)$, in K^* die Koordinaten $(0,0,0,t^*)$. Die Weltlinie von O^* ist also in beiden Weltkoordinatensystemen eine Gerade. Dieses Ereignis hat in K die projektiven Koordinaten $(1,\frac{v}{c}x_4,0,0,\frac{1}{c}x_4)$, in K^* die projektiven Koordinaten $(1,0,0,0,\frac{1}{c}x_4^*)$. Diese normierten projektiven Koordinaten sind vermöge

$$(x_0=1,\ x_1=x,\ x_2=y,\ x_3=z,\ x_4=ct)$$

und

$$(x_0^*=1, x_1^*=x^*, x_2^*=y^*, x_3^*=z^*, x_4^*=ct^*)$$

nach (1) verknüpft. Beachten wir dabei, daß $u_{12}=u_{13}=0$, $x_1=\frac{v}{c}x_4$, $x_1^*=0$, so folgt:

$$0 = u_{11}\frac{v}{c}x_4 + u_{14}x_4$$

und weiter

$$\frac{v}{c} = -\frac{u_{14}}{u_{11}} = \pm\tanh u, \tag{2}$$

also

$$u_{11} = \pm\cosh u = \frac{\pm 1}{\sqrt{1-\frac{v^2}{c^2}}} = \pm u_{44},$$

$$u_{14} = \pm\sinh u = \frac{\pm\frac{v}{c}}{\sqrt{1-\frac{v^2}{c^2}}} = \pm u_{41}.$$

Verlangt man, daß die Ereignisse $(x,0,0,0)$ mit $x>0$ (also die positive x-Achse von *K* zur Zeit $t=0$) positive x^*-Koordinaten haben sollen (daß also x- und x^*-Achse gleich gerichtet sind), dann ist

$$u_{11} = \frac{1}{\sqrt{1-\frac{v^2}{c^2}}}$$

zu wählen. Verlangt man weiter, daß für Ereignisse (x,y,z,t_1), (x,y,z,t_2) mit $t_1<t_2$ auch $t_1^*<t_2^*$ gilt (daß also die Zeit in K^* zunimmt, wenn sie in *K* zunimmt), so gilt $u_{44}=u_{11}$. Wegen (2) gilt dann weiter

$$u_{14} = u_{41} = \frac{-\frac{v}{c}}{\sqrt{1-\frac{v^2}{c^2}}} .$$

Unter diesen beiden zuletzt getroffenen Voraussetzungen lautet eine spezielle LORENTZ-Transformation in normierten projektiven Koordinaten $(x_0^*=x_0=1)$:

$$
\begin{aligned}
x_1^* &= x^* = \frac{x_1 - \frac{v}{c}x_4}{\sqrt{1-\frac{v^2}{c^2}}} = \frac{x - vt}{\sqrt{1-\frac{v^2}{c^2}}}\,,\\
x_2^* &= y^* = x_2 = y\,,\\
x_3^* &= z^* = x_3 = z\,,\\
x_4^* &= ct^* = \frac{-\frac{v}{c}x_1 + x_4}{\sqrt{1-\frac{v^2}{c^2}}} = \frac{-\frac{v}{c}x + ct}{\sqrt{1-\frac{v^2}{c^2}}}\,;\quad t^* = \frac{-\frac{v}{c^2}x + t}{\sqrt{1-\frac{v^2}{c^2}}}\,.
\end{aligned}
\tag{I}
$$

Man erkennt, daß die speziellen LORENTZ-Transformationen (I) für $c \to \infty$ (oder für $v \ll c$) in die GALILEI-Transformationen

$$x^* = x - vt, \quad y^* = y, \quad z^* = z, \quad t^* = t$$

übergehen. Man erkennt außerdem, daß es im Anschauungsraum kein System K^* geben kann, das sich mit einer Geschwindigkeit $v \geq c$ bezüglich des Systems K eines Beobachters bewegt.

Die speziellen LORENTZ-Transformationen (I) kann man nach den Koordinaten (x,y,z,ct) auflösen:

$$x = \frac{x^* + vt^*}{\sqrt{1-\frac{v^2}{c^2}}}, \quad y = y^*, \quad z = z^*, \quad ct = \frac{\frac{v}{c}x^* + ct^*}{\sqrt{1-\frac{v^2}{c^2}}}\,. \tag{3}$$

Diese Gleichungen beschreiben den Übergang vom System K^* zum System K, das sich mit der Geschwindigkeit $-v$ relativ zu K^* bewegt. Nach (I) und (3) erweisen sich K und K^* als völlig gleichberechtigt. Kein Bezugssystem ist vor dem anderen ausgezeichnet. In C(6) wurden die speziellen LORENTZ-Transformationen mit den komplizierter gebauten allgemeinen LORENTZ-Transformationen verknüpft. Die physikalisch wichtigen Folgerungen kann man jedoch schon aus den speziellen LORENTZ-Transformationen gewinnen. Wir beschreiben Folgerungen über die Längen- und Zeitmessung.

Längenmessung: Im Anschauungsraum bewege sich das System K^* (x^*-Achse) mit der konstanten Geschwindigkeit v längs des Systems K (x-Achse).

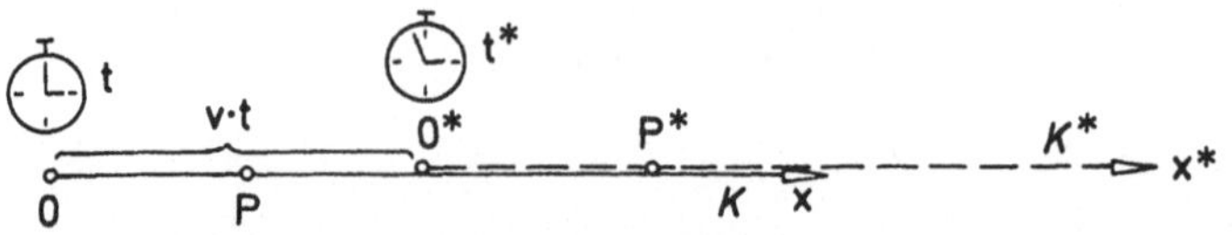

Dieser physikalischen Situation entspricht in der 2-dimensionalen MINKOWSKI-Welt ein (x,ct)-(Ruh)-Koordinatensystem K und ein (x*,ct*)-Koordinatensystem K*.

Nun werde ein Stab der (physikalischen) Länge l_o so in das System *K** gelegt, daß seine Endpunkte in O* und P* liegen (Definition von P* in *K**!). Dann bewegt sich der Stab in x-Richtung mit der Geschwindigkeit v relativ zu *K*. In *K* kann man die Länge des bewegten Stabes nur dadurch messen, daß man gleichzeitig (etwa zur Zeit t=0) die x-Koordinate des Anfangs- und Endpunkts abliest. Die Ablesung besteht in K aus den Ereignissen (x=0, t=0) und (x=l,t=0) und in K* aus den Ereignissen (x*=0,t*=0) und (x*= l_o,ct*). Aus der ersten Gleichung (I) folgt dann sofort:

$$\boxed{l = l_o\sqrt{1-\frac{v^2}{c^2}} \le l_o .} \tag{II}$$

Dieselbe Längenverkürzung (*LORENTZ-Kontraktion*) wird in *K** an einem in *K* ruhenden Stab festgestellt (Messung zur Zeit t*=0).

<u>Satz 1</u>: Ein Stab der Ruhlänge l_o erscheint verkürzt auf die Länge l (siehe (II)), wenn er sich mit konstanter Geschwindigkeit v bewegt und dabei parallel zur Bewegungsrichtung liegt. Die (physikalische) Länge l_o ist also im allgemeinen keine Invariante bei LORENTZ-Transformationen.

Zeitmessung: Im Ursprung O* von *K** sei eine Uhr angebracht. Wir fragen nach der Zeit, die man von dieser Uhr im Ruhsystem *K* abliest. Für die Ablesung (Koordinaten (vt,t) in K,(0,t*) in *K**) liefert die letzte Gleichung (I):

$$\boxed{t^* = t\sqrt{1-\frac{v^2}{c^2}} \le t .} \tag{III}$$

<u>Satz 2</u>: Eine Uhr, die sich geradlinig (auf der x-Achse) mit der konstanten Geschwindigkeit v bewegt und zur Zeit t=0 den Punkt x=0 passiert, zeigt bei der Vorbeifahrt im Punkt x=vt die verkürzte Zeit t* an (siehe (III)). Die bewegte Uhr geht langsamer. Die Zeit ist also im allgemeinen keine Invariante bei LORENTZ-Transformationen.

Vertauscht man die Rollen von *K* und *K**, so folgt dieselbe Aussage für die von *K** aus abgelesene Uhr in O. Auch sie geht langsamer!

Die Systeme *K* und *K** erscheinen bei Längen- und Zeitmessung völlig gleichberechtigt. Dies ist der zentrale Inhalt von EINSTEINs spezieller Relativitätstheorie. Alle gleichförmig gegeneinander bewegten Bezugssysteme (*Inertialsysteme*) sind physikalisch gleichwertig. Die Frage, welches von zwei Systemen ruht und welches sich geradlinig gleichförmig bewegt, ist durch Experimente nicht entscheidbar.

KAPITEL 14. CAYLEY/KLEIN-GEOMETRIEN IN NICHTENTARTETEN CAYLEY/ KLEIN-RÄUMEN

A. VORBEMERKUNGEN ÜBER CAYLEY/KLEIN-GEOMETRIEN

Die CK-Räume führen im Sinne von 5A,Def.3, 5B,Def.2 und 5C, Def.4 zu den *CAYLEY/KLEIN-Geometrien(CK-Geometrien)*. Jede CK-Geometrie wird anhand ihres projektiven *Standardmodells* (S,T) eingeführt. Dabei wird in einem CK-Raum ein von seiner Absolutfigur F abhängiger *Standardschauplatz* S gewählt. Als die auf S wirkende Transformationsgruppe T, die F fix läßt, wird die Ähnlichkeitsgruppe A oder die Bewegungsgruppe B des CK-Raumes verwendet, die in Kapitel 7 ermittelt wurden; auch andere Transformationsgruppen T sind von Interesse. In einem festen CK-Raum erhält man bei verschiedenen Standardschauplätzen und Transformationsgruppen die projektiven Standardmodelle von im allgemeinen verschiedenen CK-Geometrien. Wir stellen die wichtigsten CK-Geometrien vor, wobei wir die Ähnlichkeitsgeometrien {(S,A)} (die wegen 7A,Satz 3 nicht stets gesondert interessieren) weniger beachten als die Bewegungsgeometrien {(S,B)}. Wegen $B \subset A$ ist jede Bewegungsgeometrie {(S,B)} eine Obergeometrie der zugehörigen Ähnlichkeitsgeometrie {(S,A)} (5B,Satz 3). Beide Geometrien unterscheiden sich nur in ihren Invarianten: die Ähnlichkeitsinvarianten sind geometrische Größen in {(S,A)} und {(S,B)}, die Bewegungsinvarianten sind nur geometrische Größen in {(S,B)}. Nach 7A, Satz 2 lassen die Bewegungen eines CK-Raumes

$$P^n_{r_o \ldots r_{\rho-1}|q_o \ldots q_\rho}$$

die quadratischen Formen $\vec{x}_i^T E_i \vec{x}_i$ und die Bilinearformen $\vec{x}_i^T E_i \vec{y}_i$ $(0 \le i \le \rho)$ invariant. Diese Formen sind folglich Bewegungsinvarianten jeder CK-Geometrie $\{(S, B^n_{r_o \ldots r_{\rho-1}|q_o \ldots q_\rho})\}$; sie sind aber im allgemeinen keine Ähnlichkeitsinvarianten der CK-Geometrie $\{(S, A^n_{r_o \ldots r_{\rho-1}|q_o \ldots q_\rho})\}$,[1] Ähnlichkeitsinvarianten sind die Quotienten $\vec{x}_i^T E_i \vec{x}_i : \vec{p}_i^T E_i \vec{p}_i$ und $\vec{x}_i^T E_i \vec{y}_i : \vec{p}_i^T E_i \vec{q}_i$. Alle auf Doppelverhältnisse gegründeten Größen sind Ähnlichkeits- und Bewegungsinvarianten.

Nach 5A,Def.4 heißen in einer CK-Geometrie {(S,T)} zwei Figuren $F,F' \subset S$ T-kongruent, wenn es eine Transformation $\tau \in T$ gibt mit $\tau F = F'$. Für T = A heißen nun F,F' *ähnlich* und für T = B *kon-*

[1] Zum Beispiel deuten wir in 17B4 die quadratische Form $\vec{x}_o^T E_o \vec{x}_o$ in der engeren LAGUERRE-Geometrie.

gruent.

Die Aussagen, die in einem gewählten Schauplatz S Gültigkeit haben, erhält man unter Verwendung der Theorie der CK-Räume. Diejenigen CK-Geometrien, deren Schauplätze CK-Räume sind – etwa die elliptische Geometrie – sind besonders eng verwandt mit der Theorie dieser CK-Räume. So kann man die euklidische Geometrie auf dem euklidischen Raum $P^n_{1|00}$ oder auf dem geschlitzten euklidischen Raum $P^n_{1|00}\setminus A^{n-1}$ als Schauplatz definieren; die zugehörigen Ähnlichkeits- und Bewegungsgeometrien unterscheiden sich nur unwesentlich.

Eine mathematische Disziplin kann unabhängig von ihrer Anwendbarkeit betrieben werden. Besonders wertvoll ist es, wenn sie Anwendungen zuläßt. Die Anwendungen der CK-Räume und der CK-Geometrien (überhaupt aller Geometrien) bestehen vorwiegend darin, daß sie Beschreibungsmöglichkeiten (Interpretationen, Modelle) liefern. So läßt sich die physikalische Welt mit Hilfe der euklidischen, aber auch der pseudoeuklidischen und der hyperbolischen Geometrie beschreiben. Die euklidische Geometrie eignet sich im Rahmen unserer Meßgenauigkeit zur Beschreibung der metrischen Verhältnisse des Erfahrungsraumes. Werden auch zeitabhängige physikalische Größen und die Gravitation in die Beschreibung einbezogen, wie in der speziellen und allgemeinen Relativitätstheorie, so sind die pseudoeuklidische und die hyperbolische Geometrie zweckmäßiger. Für diese und andere Anwendungen sind die 2-, 3- und 4-dimensionalen CK-Geometrien besonders wichtig.

Eine weitere Anwendung der CK-Geometrien besteht in der einfacheren Fassung gewisser projektiver Sätze. So entspricht der projektiven Fassung des Satzes "Das DV($P\bar{P}XY$) zweier Punkte X,Y einer Geraden und ihrer Schnittpunkte $P,\bar{P}$ ($P \neq \bar{P}$) mit der Quadrik $Q^{n-1}_{n+1\,0}$ ist invariant bezüglich der Projektivitäten, die $Q^{n-1}_{n+1\,0}$ fix lassen" die einfachere CK-Fassung "Im elliptischen Raum $P^n_{|0}$ ist der Abstand zweier Punkte X,Y bewegungsinvariant" (7A, Satz 3, 8B, Satz 3).

Die älteste Anwendung der ebenen hyperbolischen Geometrie besteht im Nachweis der Unabhängigkeit des euklidischen Parallelenaxioms von den übrigen Axiomen der ebenen euklidischen Geometrie. Die hyperbolische Geometrie wurde sogar zu diesem Zweck entwickelt.

In den 2-dimensionalen CK-Geometrien sind hervorzuheben: die Ähnlichkeits- und Kongruenzsätze (die Bedingungen, die angeben, wann zwei Dreiecke ähnlich bzw. kongruent sind) und die Trigonometrie (die Formeln zur Dreiecksberechnung). Ähnlichkeitssätze, Kongruenzsätze und Trigonometrie sind auch für die n-dimensionalen CK-Geometrien von Bedeutung, da sie im allgemeinen Ebenen besitzen, in denen 2-dimensionale CK-Geometrien induziert werden. In den nichtentarteten CK-Räumen sind nach 7A,Satz 3 die Bewegungen die einzigen Ähnlichkeiten; daher existieren in diesen Räumen keine Ähnlichkeitssätze.

In den folgenden Abschnitten B - F werden CK-Geometrien in nichtentarteten CK-Räumen skizziert. Da auf den gewählten Schauplätzen nur eine Bewegungsgruppe (keine Ähnlichkeitsgruppe) operieren kann, stehen in den Überschriften dieser Abschnitte die Namen der skizzierten Geometrien im *Singular*. In Kapitel 15 werden CK-Geometrien in entarteten CK-Räumen skizziert, in denen auch Ähnlichkeitsgruppen existieren. Daher werden die Abschnitte 15A - 15C mit den Namen der skizzierten Geometrien im *Plural* überschrieben. Zur Unterscheidung sprechen wir von euklidischer, quasielliptischer,... Ähnlichkeits- und Bewegungsgeometrie.

B. Hyperbolische Geometrie

Wir skizzieren im folgenden das Standardmodell der hyperbolischen Geometrie, das KLEIN[5] für n=2,3 auf der Basis der von CAYLEY[1] betrachteten Projektivitäten, die einen Kegelschnitt fix lassen, angibt. Das Standardmodell – in der Literatur oft *Cayley/Klein-Modell* genannt – ist zur Entwicklung der hyperbolischen Geometrie sehr geeignet.

1. Grundbegriffe

Def.1: Im *Standardmodell der hyperbolischen Geometrie* ist der Standardschauplatz S das Innengebiet $IQ^{n-1}_{n+1\,1}$ der ovalen Absolutquadrik $Q^{n-1}_{n+1\,1}$ des (selbstdualen) hyperbolischen Raumes $P^n_{|1}$ ($n \geq 2$). Jeder Punkt $X \in S$ heißt ein *h-Punkt*. Jeder nichtleere Durchschnitt $L^k \cap S =: L^k_h$ heißt eine *h-k-Ebene*; L^k heißt die zu L^k_h gehörende *projektiv abgeschlossene k-Ebene*. Die Schnittpunkte von L^k mit $Q^{n-1}_{n+1\,1}$ sind nach 6A,Def.1 die *Fernpunkte* von L^k. L^k_h und S^m_h heißen *windschief*, wenn L^k und S^m windschief sind.

Bewegungsgruppe $B^n_{|1}$ (*hyperbolische Gruppe*) ist die Gruppe der Bewegungen $\vec{x}_o = U_o\vec{x}^*_o$ mit 1-orthogonaler (n+1,n+1)-Matrix U_o ($E_o = U_o^TE_oU_o$), wenn die Absolutquadrik die Darstellung 6B(I) besitzt. Die Bewegungen $\tau \in B^n_{|1}$ bilden den Schauplatz S bijektiv auf sich ab. Nach 7A,Satz 3 sind in $P^n_{|1}$ die Bewegungen die einzigen Ähnlichkeiten.

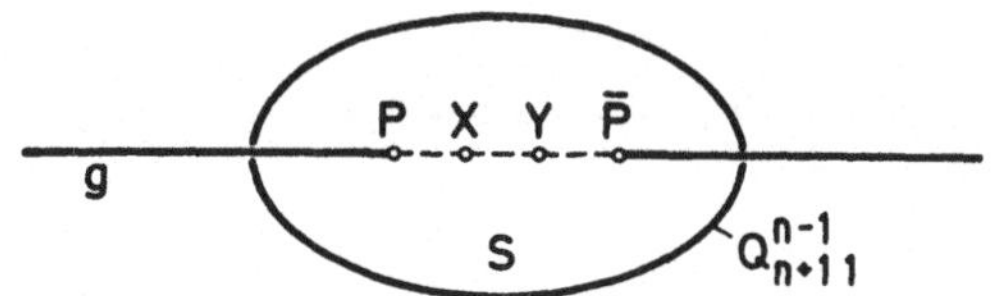

Geraden, Abstandsmetrik: Eine Gerade g des hyperbolischen Raumes $P^n_{|1}$ ist genau dann Sekante von $Q^{n-1}_{n+1\,1}$, wenn $g \cap S \neq \emptyset$. Da alle h-Geraden in Sekanten von $Q^{n-1}_{n+1\,1}$ liegen, besitzt die hyperbolische Geometrie nach 8B,Satz 1 einheitlich für je zwei Punkte $X(\vec{x}_o)$, $Y(\vec{y}_o)$ aus S die bewegungsinvariante Sekantenmetrik 8B(II) als Abstandsmetrik:

$$\operatorname{ch}\delta_o(X,Y) := \frac{|\vec{x}_o^T E_o \vec{y}_o|}{\sqrt{\vec{x}_o^T E_o \vec{x}_o \ \vec{y}_o^T E_o \vec{y}_o}} \qquad (0 \le \delta_o < \infty)\ .$$

Nach 8B,Satz 3 ist

$$\delta_o(X,Y) = \tfrac{1}{2}\ln \mathrm{DV}(P\,\bar{P}\,X\,Y),$$

wobei $X+Y$ mit $Q^{n-1}_{n+1\,1}$ in $\{P,\bar{P}\}$ inzidiert.

Hypergeraden, Winkelmetrik: Eine Hypergerade α des hyperbolischen Raumes $P^n_{|1}$ sei als Schnitt zweier Hyperebenen dargestellt: $\alpha = \Gamma(\vec{\gamma}_o) \cap \Lambda(\vec{\lambda}_o)$. Im dualen CK-Raum wird α durch die Verbindungsgerade $\Gamma+\Lambda$ repräsentiert.[1] Dann gilt nach 8B,Def.7: $\Gamma \cap \Lambda$ ist der Reihe nach H-Passante, H-Sekante, reguläre H-Tangente von $Q^{n-1}_{n+1\,1}$ und enthält genau zwei (konjugiert komplexe, reell verschiedene, reell zusammenfallende) Tangentenhyperebenen $\Pi, \bar{\Pi}$ von $Q^{n-1}_{n+1\,1}$, wenn $\Gamma+\Lambda$ Passante, Sekante, reguläre Tangente von $Q^{n-1}_{n+1\,1}$ ist. Genau dann, wenn $\Gamma \cap \Lambda$ H-Passante von $Q^{n-1}_{n+1\,1}$ ist, schneidet die Hypergerade α den Schauplatz S.

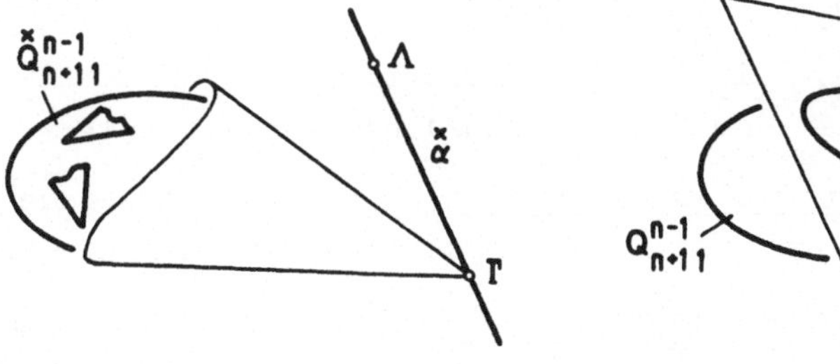

[1] Man realisiere das Dualitätsprinzip an $Q^{n-1}_{n+1\,1}$ durch die bijektive Zuordnung Pol - Polarhyperebene. Wegen der Selbstdualität des hyperbolischen Raumes $P^n_{|1}$ ist der zu $P^n_{|1}$ duale CK-Raum wieder der $P^n_{|1}$.

Für die Winkelmetrik sind nicht allein die h-Hypergeraden von Interesse, sondern alle Hypergeraden $\alpha \subset P^n_{|1}$, da sie stets

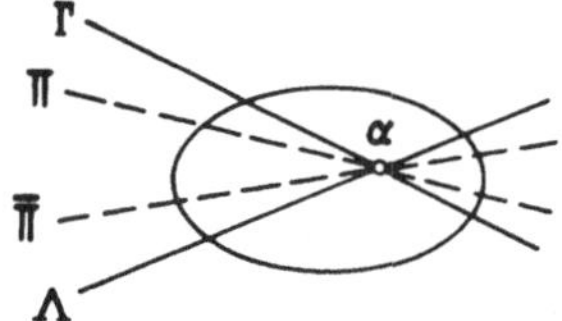

Schnitt zweier Hyperebenen $\Gamma(\vec{\gamma}_o)$, $\Lambda(\vec{\lambda}_o)$ mit $\Gamma \cap S \neq \emptyset$, $\Lambda \cap S \neq \emptyset$ sind. Die Hypergeraden $\Gamma \cap \Lambda$ sind H-Sekanten, reguläre H-Tangenten oder H-Passanten von $Q^{n-1}_{n+1\,1}$. Die Winkelmetrik der hyperbolischen Geometrie ist also nicht einheitlich![1] Nach 8B, Satz 1 gilt für alle Paare Γ, Λ, deren Schnitthypergerade eine H-Passante von $Q^{n-1}_{n+1\,1}$ ist:

$$\cos\varphi_o(\Gamma,\Lambda) := \frac{|\vec{\gamma}_o^T E_o \vec{\lambda}_o|}{\sqrt{\vec{\gamma}_o^T E_o \vec{\gamma}_o \; \vec{\lambda}_o^T E_o \vec{\lambda}_o}} \qquad \left(0 \le \varphi_o \le \frac{\pi}{2}\right)$$

und nach 8B, Satz 3 gilt:

$$\varphi_o(\Gamma,\Lambda) = \frac{1}{2i} \ln DV(\Pi\,\bar{\Pi}\,\Gamma\,\Lambda),$$

wobei $\Gamma + \Lambda$ mit $Q^{n-1}_{n+1\,1}$ in $\{\Pi,\bar{\Pi}\}$ inzidiert.[2]

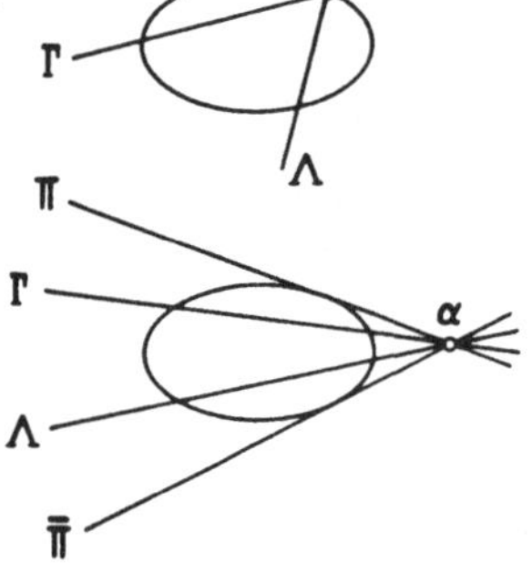

Schneiden sich zwei Hyperebenen Γ,Λ in einer regulären H-Tangente von $Q^{n-1}_{n+1\,1}$, so ist nach 8B keine Winkelmetrik erklärt.

Für alle Paare Γ,Λ, deren Schnitthypergerade eine H-Sekante von $Q^{n-1}_{n+1\,1}$ ist, gilt nach 8B, Satz 1:

$$\operatorname{ch}\varphi_o(\Gamma,\Lambda) := \frac{|\vec{\gamma}_o^T E_o \vec{\lambda}_o|}{\sqrt{\vec{\gamma}_o^T E_o \vec{\gamma}_o \; \vec{\lambda}_o^T E_o \vec{\lambda}_o}} \qquad (0 \le \varphi_o < \infty),$$

und nach 8B, Satz 3 gilt:

$$\varphi_o(\Gamma,\Lambda) = \frac{1}{2} \ln DV(\Pi\,\bar{\Pi}\,\Gamma\,\Lambda),$$

wobei $\Gamma + \Lambda$ mit $Q^{n-1}_{n+1\,1}$ in $\{\Pi,\bar{\Pi}\}$ inzidiert.

Nach 8B, Satz 1 ist der Winkel $\varphi_o(\Gamma,\Lambda)$ bewegungsinvariant.

<u>Gegenseitige Lage zweier h-Geraden</u>: Die zu zwei h-Geraden a_h, b_h $(a_h \neq b_h)$ gehörenden projektiv abgeschlossenen Geraden a,b sind

[1] Aus der einheitlichen Abstandsmetrik und der Selbstdualität des hyperbolischen Raumes $P^n_{|1}$ folgt nicht, daß die Winkelmetrik der hyperbolischen Geometrie einheitlich ist. Denn der Schauplatz der hyperbolischen Geometrie ist nicht der $P^n_{|1}$!

[2] $Q^{n-1}_{n+1\,1}$ entsteht nach 8B, Satz 1, Fußnote [1], aus $Q^{n-n_{\rho-\nu+1}-2}_{r_{\rho-\nu}q_{\rho-\nu}}$ für $\rho=\nu=0$, $n_1=-1$.

windschief($a \cap b = \emptyset$) oder nicht windschief($a \cap b \neq \emptyset$).

Sind a und b windschief, so sind a_h und b_h windschief. Aus der Dimensionsformel 1C(I) folgt $\mathrm{Dim}(a+b)=3$; windschiefe h-Geraden a_h, b_h spannen also eine h-3-Ebene auf.

Sind a und b nicht windschief, so haben a und b einen Schnittpunkt C und spannen die Ebene $P^2 := a+b \subset P^n$ auf. Der Schnittpunkt C kann die folgenden Lagen einnehmen:

$$C = a_h \cap b_h \in S; \quad C \in Q^{n-1}_{n+1\,1} \Rightarrow a_h \cap b_h = \emptyset; \quad C \in AQ^{n-1}_{n+1\,1} \Rightarrow a_h \cap b_h = \emptyset.$$

Damit erhält man:

<u>Satz 2</u>: Im Standardschauplatz S der hyperbolischen Geometrie sind zwei verschiedene h-Geraden a_h, b_h
entweder windschief und spannen dann eine h-3-Ebene auf
oder schneiden einander in einem Punkt $C \in S$
oder ihre projektiv abgeschlossenen Geraden a,b schneiden einander in einem Punkt $C \in Q^{n-1}_{n+1\,1}$ – dann heißen a_h und b_h *parallel* (auch *randparallel*) –
oder ihre projektiv abgeschlossenen Geraden a,b schneiden einander in einem Punkt $C \in AQ^{n-1}_{n+1\,1}$ – dann heißen a_h und b_h *überparallel* – .

In einer projektiven Ebene $P^2 \subset P^n$ schneiden zwei Geraden a,b nach 1C(I) einander stets. In einer h-Ebene besteht nach Satz 2 (wie in einer affinen Ebene) die Möglichkeit, daß zwei h-Geraden einander nicht schneiden. In der hyperbolischen Geometrie existieren daher Parallelen (α-Parallelität, siehe 12A). Ist nun in einer hyperbolischen Ebene $P^2_{|1}$ eine beliebige h-Gerade g_h gegeben und sind $P, \bar{P}$ die Schnittpunkte von g mit dem absoluten Kegelschnitt $Q^1_{3\,1}$, so existieren durch einen beliebigen h-Punkt $A \notin g_h$ genau zwei Parallelen (Randparallelen) und unendlich viele Überparallelen.

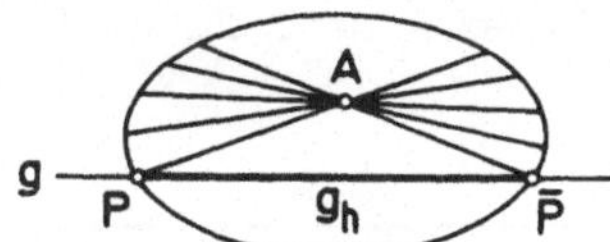

Bemerkungen:

1) Bekanntlich kann man beim axiomatischen Aufbau der ebenen euklidischen Geometrie das "Parallelenaxiom" verwenden. Seine schwächste Fassung lautet: Es gibt eine Gerade g, einen Punkt P ($P \notin g$) und höchstens eine Parallele (Nichtschneidende) zu g durch P. Generationen von Mathematikern haben etwa 2000 Jahre lang versucht, dieses Axiom aus den übrigen Axiomen zu beweisen. Man schätzt, daß über 200 ernstzunehmende, jedoch falsche Beweise angegeben wurden. D'ALEMBERT nannte es einen Skandal, daß die Frage, ob es entbehrlich ist, immer noch nicht entschieden sei. Dann entdeckten etwa um 1830 J.BOLYAI (1802-1860), N.I.LO-

BATSCHEWSKI (1793-1856) und C.F.GAUSS (1777-1855) die ebene ($n=2$) und räumliche ($n=3$) hyperbolische Geometrie, in der alle euklidischen Axiome gelten – bis auf das Parallelenaxiom. Damit ist gezeigt, daß es aus den anderen Axiomen nicht folgt, falls die hyperbolische Geometrie widerspruchsfrei ist. Ihre relative Widerspruchsfreiheit zeigte KLEIN durch Angabe des Standardmodells der hyperbolischen Geometrie. Die hyperbolische Geometrie ist ca. 40 Jahre älter als das 1872 von KLEIN[4] publizierte *Erlanger Programm*. Die Rolle von GAUSS bei der Entwicklung der hyperbolischen Geometrie beschreibt REICHARDT[1]. Siehe auch GARDNER[1].

2) Die ältere Entwicklung der hyperbolischen Geometrie, besonders aus axiomatischer Sicht, beschreiben BONOLA[1], ENGEL/STÄCKEL[1], PASCH/DEHN[1] und SOMMERVILLE[1]. Siehe auch KLEIN[10].

Gegenseitige Lage zweier h-Hyperebenen: Die zu zwei h-Hyperebenen Γ_h, Λ_h ($\Gamma_h \neq \Lambda_h$) gehörenden projektiv abgeschlossenen Hyperebenen Γ, Λ schneiden einander in einer Hypergeraden α und die Absolutquadrik $Q^{n-1}_{n+1\,1}$ in einer Ovalquadrik $Q^{n-2}_{n\,1}(\Gamma) := Q^{n-1}_{n+1\,1} \cap \Gamma$ bzw. $Q^{n-2}_{n\,1}(\Lambda) := Q^{n-1}_{n+1\,1} \cap \Lambda$. Die Hypergerade α kann zum Schauplatz S die folgenden Lagen einnehmen:

a) $\alpha \cap S \neq \emptyset$,

b), c) $\alpha \cap S = \emptyset$ und $\alpha \cap Q^{n-1}_{n+1\,1}$ b) $= \emptyset$, c) $\neq \emptyset$ (dann ist $\alpha \cap Q^{n-1}_{n+1\,1}$ genau ein Punkt B)[1].

In a) ist α eine H-Passante, in b) eine H-Sekante und in c) ist α eine reguläre H-Tangente von $Q^{n-1}_{n+1\,1}$.

Damit erhält man:

> Satz 3: Im Standardschauplatz S der hyperbolischen Geometrie sind zwei verschiedene h-Hyperebenen Γ_h, Λ_h, deren projektiv abgeschlossene Hyperebenen Γ, Λ die Schnitthypergerade $\alpha := \Gamma \cap \Lambda$ besitzen
>
> entweder schneidend (wenn $\alpha \cap S \neq \emptyset$)
>
> oder nichtschneidend (wenn $\alpha \cap S = \emptyset$) – dann heißen Γ_h, Λ_h
>
> *parallel*, wenn $\alpha \cap Q^{n-1}_{n+1\,1} = \{B\}$ und
>
> *überparallel*, wenn $\alpha \cap Q^{n-1}_{n+1\,1} = \emptyset$.

Hat eine Hypergerade α mit der Absolutquadrik $Q^{n-1}_{n+1\,1}$ genau einen Punkt B gemeinsam, dann ist α nach 4E, Satz 5 eine reguläre Hypertangente von $Q^{n-1}_{n+1\,1}$ in B; B ist der einzige gemeinsame Punkt der Schnittquadriken $Q^{n-2}_{n\,1}(\Gamma)$ und $Q^{n-2}_{n\,1}(\Lambda)$.

[1] Wären zwei verschiedene Schnittpunkte vorhanden, so wären auch Schnittpunkte mit S vorhanden und man hätte den Fall $\alpha \cap S \neq \emptyset$.

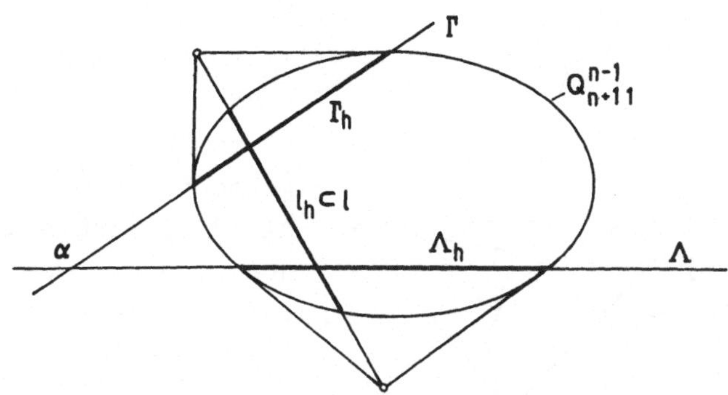

Aus Satz 3 und 9E1,Satz 2 folgt:

<u>Satz 4</u>: Zwei überparallele h-Hyperebenen Γ_h, Λ_h besitzen genau ein h-Gemeinlot $l_h \subset l$, wobei l das Gemeinlot von Γ und Λ ist. Zwei parallele oder schneidende h-Hyperebenen besitzen kein h-Gemeinlot.

<u>Gegenseitige Lage einer h-Geraden und einer h-Hyperebene</u>: Nach 1C,Satz 1 schneidet eine Hyperebene Γ eine nicht in ihr liegende Gerade g in einem Punkt P. Daraus folgt unmittelbar:

<u>Satz 5</u>: Im Standardschauplatz S der hyperbolischen Geometrie sind eine h-Gerade g_h und eine h-Hyperebene Γ_h mit $g \not\subset \Gamma, P := g \cap \Gamma$ genau für $P \in IQ^{n-1}_{n+1\,1} = S$ schneidend; g_h und Γ_h heißen
parallel, wenn $P \in Q^{n-1}_{n+1\,1}$,
überparallel, wenn $P \in AQ^{n-1}_{n+1\,1}$.

<u>In h-k-Ebenen induzierte CK-Geometrien</u>: Jede k-Sekante L^k der Absolutquadrik $Q^{n-1}_{n+1\,1}$ des hyperbolischen Raumes $P^n_{|1}$ schneidet die Absolutquadrik in einer Ovalquadrik $Q^{k-1}_{k+1\,1} \subset L^k$. Ist $B^k_{|1}$ die zugehörige Bewegungsgruppe, bestehend aus den Einschränkungen aller Bewegungen $\tau \in B^n_{|1}$ auf L^k, die L^k – und damit $Q^{k-1}_{k+1\,1}$ – fix lassen, so gilt mit 7A,Satz 3: In jeder h-k-Ebene $L^k_h \subset S$ wird das projektive Standardmodell der hyperbolischen Geometrie $\{(L^k_h, B^k_{|1})\}$ induziert.

Speziell wird in jeder h-Ebene L^2_h das projektive Standardmodell der ebenen hyperbolischen Geometrie induziert. In diesem Modell lassen sich leicht Sätze der ebenen hyperbolischen Geometrie aus Sätzen über Kegelschnitte im P^2 gewinnen. Wir geben dafür ein Beispiel, anknüpfend an den folgenden leicht beweis-

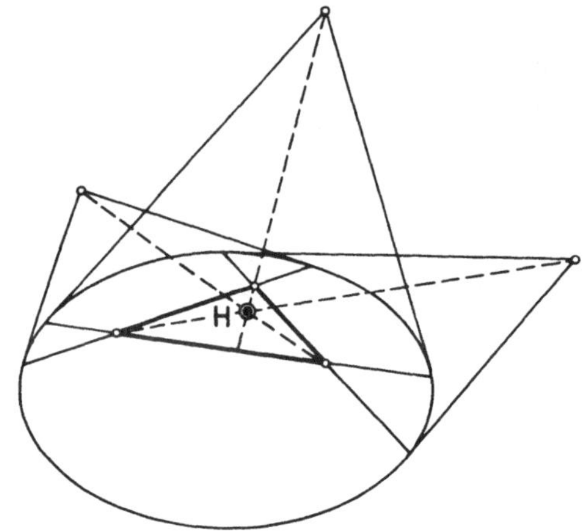

baren Satz: Verbindet man im P^2 jede Ecke eines Dreiecks mit dem Pol der Gegenseite bezüglich eines Kegelschnitts $Q^2_{3\,1}$, so sind die drei Verbindungsgeraden eindeutig bestimmt, falls keine Dreiecksecke Pol der Gegenseite ist, und sie schneiden einander in einem Punkt H.[1)]

Daraus folgt:

> Satz 6: Schneiden zwei h-Höhen eines h-Dreiecks einander in einem h-Punkt H, so geht auch die dritte h-Höhe durch H.

Genauer läßt sich zeigen: In spitz- und rechtwinkligen h-Dreiecken schneiden die h-Höhen einander in einem h-Punkt. Es gibt jedoch stumpfwinklige h-Dreiecke, deren Höhen einander nicht in einem h-Punkt schneiden! (BALDUS/LÖBELL[1] S.99). Mit den h-Höhen befaßt sich auch BECK[9].

2. PARALLELKEGEL

Wir betrachten im Standardschauplatz der hyperbolischen Geometrie eine h-Hyperebene Γ_h, einen h-Punkt $V \notin \Gamma_h$ und die in Γ ovale Schnittquadrik $Q^{n-2}_{n\,1}(\Gamma) := Q^{n-1}_{n+1\,1} \cap \Gamma$. Die Tangentenhyperebenen α von $Q^{n-2}_{n\,1}(\Gamma)$ sind reguläre Hypertangenten der Absolutquadrik $Q^{n-1}_{n+1\,1}$ und berühren $Q^{n-2}_{n\,1}(\Gamma)$ in genau einem Punkt B.

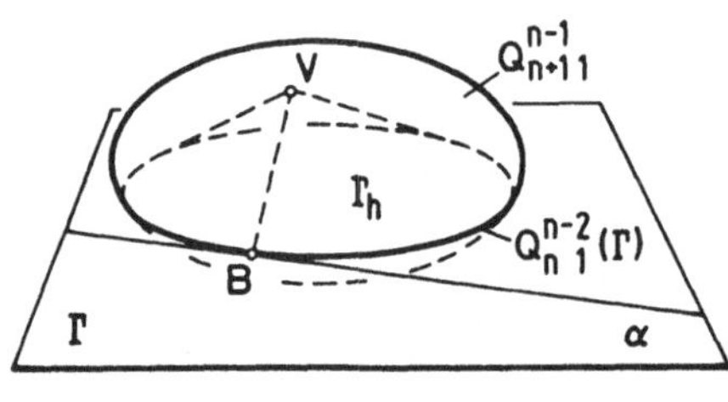

Dann gilt:

> Satz 1: Die projektiv abgeschlossenen Parallelen einer h-Hyperebene Γ_h durch einen h-Punkt $V \notin \Gamma_h$ sind die Verbindungsgeraden $V+B$, $B \in Q^{n-2}_{n\,1}(\Gamma) = Q^{n-1}_{n+1\,1} \cap \Gamma$; sie bilden den *Parallelkegel* $Q^{n-1}_{n\,1}$ von V bezüglich Γ_h. Der Parallelkegel $Q^{n-1}_{n\,1}$ besitzt die Spitze V, die *Leitquadrik* $Q^{n-2}_{n\,1}(\Gamma)$ und die Tangentenhyperebenen $V+\alpha$, wobei α die Tangentenhyperebenen von $Q^{n-2}_{n\,1}(\Gamma)$ durchläuft. Der Parallelkegel von V bezüglich Γ_h schneidet den Standardschau-

[1)] Beziehungen zwischen Sätzen der projektiven Geometrie und Sätzen von CK-Geometrien betrachten auch ROSENFELD/LEVINOV[1] und DŽAVADOV[2].

platz S im *h-Parallelkegel* von V bezüglich Γ_h.

Das Analogon des h-Parallelkegels im geschlitzten euklidischen Raum $P^n_{1|00} \setminus A^{n-1}$ ist die Parallelhyperebene zu Γ durch V.

Wir beweisen weiter:

<u>Satz 2</u>: Jede Erzeugende V+B des Parallelkegels von V bezüglich Γ_h schneidet die Absolutquadrik $Q^{n-1}_{n+1\,1}$ des hyperbolischen Raumes $P^n_{|1}$ in einem weiteren Punkt B'. Die Punkte $B' \in Q^{n-1}_{n+1\,1}$ liegen in einer Hyperebene $\Gamma' \subset P^n$. Der Parallelkegel von V bezüglich Γ_h ist daher zugleich der Parallelkegel von V bezüglich Γ'_h. Das h-Gemeinlot l_h von Γ_h und Γ'_h trifft V.

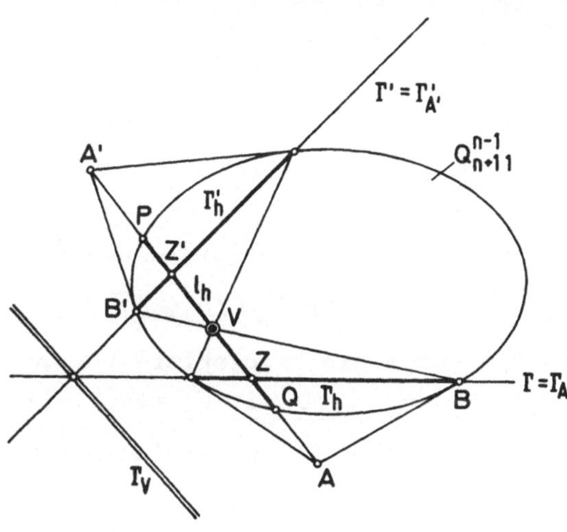

Beweis: Wir betrachten die Projektivspiegelung $\kappa(V,\Gamma_V)$, die $Q^{n-1}_{n+1\,1}$ nach 7E, Satz 1 fix läßt. Jede Erzeugende V+B schneidet $Q^{n-1}_{n+1\,1}$ in einem weiteren Punkt B'. Da eine Projektivität Hyperebenen in Hyperebenen abbildet, liegen die Punkte $B' \in Q^{n-1}_{n+1\,1}$ in einer Hyperebene $\Gamma'_{A'} \subset P^n$. Da eine Projektivität außerdem polare Lage erhält, liegt der Pol A' von $\Gamma'_{A'}$ bezüglich $Q^{n-1}_{n+1\,1}$ auf der Verbindungsgeraden V+A der Spitze V mit dem Pol A der Hyperebene $\Gamma = \Gamma_A$. Das h-Gemeinlot l_h von Γ_h und Γ'_h trifft also V.

Die Projektivspiegelung $\kappa(V,\Gamma_V)$ vertauscht die Hyperebenen Γ_A und $\Gamma'_{A'}$ und als $Q^{n-1}_{n+1\,1}$-Projektivität außerdem die Schnittpunkte $\{P,Q\} = l \cap Q^{n-1}_{n+1\,1}$, $l_h \subset l$. Die Projektivspiegelung $\kappa(V,\Gamma_V)$ vertauscht daher auch die h-Lotfußpunkte $Z = l_h \cap \Gamma_h$, $Z' = l_h \cap \Gamma'_h$ des h-Gemeinlots l_h von Γ_h und Γ'_h. Die Projektivspiegelung $\kappa(V,\Gamma_V)$ führt somit die Punkte P,Q,V,Z der Reihe nach über in die Punkte Q,P,V,Z'. Da jede Projektivität die Doppelverhältnisse invariant läßt, folgt zusammen mit 2D,Bem.4:

$$DV(P\,Q\,V\,Z) = DV(Q\,P\,V\,Z') = DV(P\,Q\,Z'\,V).$$

Mit der in Unterabschnitt 1 angegebenen Abstandsmetrik folgt daraus:

$$\delta_o(V,Z) = \delta_o(Z',V).$$

Die Absolutquadrik $Q^{n-1}_{n+1\,1}$ schneidet die vom Gemeinlot l der Hyperebenen Γ_A, $\Gamma'_{A'}$ und einer beliebigen Erzeugenden $V+B =: e$ des Parallelkegels aufgespannte Ebene in einem Kegelschnitt $Q^1_{3\,1}$. Die Schnittebene enthält den Pol A von Γ_A und den dazu polaren h-Lotfußpunkt $Z \in \Gamma_A$.

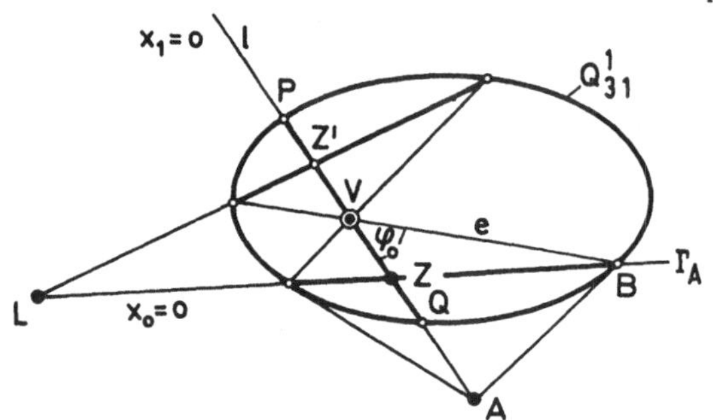

Sei nun L der Pol des Gemeinlots l bezüglich Q^1_{31}. Dann bilden A, L, Z ein Poldreieck bezüglich Q^1_{31} (4E, Satz 11). Wir wählen seine Ecken als Grundpunkte eines projektiven Koordinatensystems:

$$A = E_o(1,0,0),\quad L = E_1(0,1,0),\quad Z = E_2(0,0,1).$$

Dann hat $Q^1_{3\,1}$ die Normalform $x_o^2 + x_1^2 - x_2^2 = 0$ mit $Z \in IQ^1_{3\,1}$. Für die Kegelspitze $V(\vec{v}_o)$ mit $\vec{v}_o = (1,0,v)^T$ gilt $1 - v^2 < 0$ wegen $V \in IQ^1_{31}$.

Gleichung des Gemeinlotes $l(\vec{l}_o)$: $x_1 = 0$ mit $\vec{l}_o = (0,1,0)^T$.

Gleichung der Erzeugenden $e(\vec{e}_o)$ durch die Kegelspitze $V(1,0,v)$ und den Punkt $B(0,1,1) \in (Q^1_{3\,1} \cap \Gamma_A)$: $vx_o + x_1 - x_2 = 0$ mit $\vec{e}_o = (v,1,-1)^T$.

Nach der in Unterabschnitt 1 angegebenen Winkelmetrik gilt für den Winkel $\varphi_o(l,e)$: [1]

$$\cos\varphi_o(l,e) = \frac{|\vec{l}_o^T E_o \vec{e}_o|}{\sqrt{\vec{l}_o^T E_o \vec{l}_o\;\vec{e}_o^T E_o \vec{e}_o}} = \frac{1}{|v|}.$$

Für den Abstand $\delta_o(V,Z)$ gilt nach Unterabschnitt 1:

$$\operatorname{ch}\delta_o(V,Z) = \frac{|\vec{v}_o^T E_o \vec{z}_o|}{\sqrt{\vec{v}_o^T E_o \vec{v}_o\;\vec{z}_o^T E_o \vec{z}_o}} = \frac{|v|}{\sqrt{v^2-1}} = \frac{1}{\sqrt{1-1/v^2}} = \frac{1}{\sqrt{1-\cos^2\varphi_o}} = \frac{1}{\sin\varphi_o}.$$

Der Winkel $\varphi_o(l,e)$ ist also mit dem Abstand $\delta_o(V,Z)$ wie folgt verknüpft:

$$\boxed{\operatorname{ch}\delta_o(V,Z) = \frac{1}{\sin\varphi_o(l,e)}.} \qquad \text{(I)}$$

Beachtet man die Beziehung

[1] Man beachte, daß l und e Hyperebenen der Ebene $l+L$ sind.

$$e^{\delta_o} + e^{-\delta_o} = 2\operatorname{ch}\delta_o = \frac{2}{\sin\varphi_o},$$

so folgt nach Multiplikation mit $e^{-\delta_o}$

$$(e^{-\delta_o})^2 - \frac{2}{\sin\varphi_o} e^{-\delta_o} + 1 = 0$$

und weiter

$$e^{-\delta_o} = \frac{1 (\pm) \cos\varphi_o}{\sin\varphi_o} = \tan\frac{\varphi_o}{2}.$$

Das bei $\cos\varphi_o$ eingeklammerte Vorzeichen führt auf $\cot\frac{\varphi_o}{2}$, das verwendete negative Vorzeichen führt auf $\tan\frac{\varphi_o}{2}$. Ersetzt man im ersten Fall φ_o durch $\pi - \varphi_o$ (siehe 8B,Satz 4), so folgt ebenfalls $\tan\frac{\varphi_o}{2}$. Bei passender Wahl von φ_o gilt somit (für $n=2$ siehe BALDUS/LÖBELL[1] S.85):

$$\boxed{e^{-\delta_o(V,Z)} = \tan\frac{\varphi_o(l,e)}{2}.} \tag{II}$$

Aufgrund von (I) oder (II) erhalten wir im Standardmodell den folgenden Satz der hyperbolischen Geometrie:

<u>Satz 3</u>: Alle Erzeugenden e_h des h-Parallelkegels eines Punktes V bezüglich einer h-Hyperebene Γ_h bilden mit dem h-Lot l_h von V auf Γ_h denselben Winkel $\varphi_o(l,e)$. Dieser hängt nach (I) oder (II) nur ab vom Abstand $\delta_o(V,Z)$ der Kegelspitze V vom h-Lotfußpunkt $Z \in \Gamma_h$. Der h-Parallelkegel von V bezüglich Γ_h ist daher – wie der h-Parallelkegel von V bezüglich Γ_h' – ein *h-Drehkegel*. Es gilt $\delta_o(V,Z) = \delta_o(Z',V)$.

Der nur vom Abstand δ_o abhängige Winkel φ_o heißt (seit LOBATSCHEWSKI) der *Parallelwinkel* zum Abstand δ_o.

3. FUNDAMENTALFLÄCHEN

In 7E1 wurden im hyperbolischen Raum $P^n_{|1}$ drei Bündel-Typen unterschieden: die divergenten Bündel, die Parallelbündel und die konvergenten Bündel. Dementsprechend existieren in der hyperbolischen Geometrie drei Typen von *h-Bündeln*.[1] Jedes *divergente h-Bündel* ist die Menge aller h-Normalen einer h-Hyperebene, der *Basis* des divergenten h-Bündels; jedes *h-Parallelbündel* ist die Menge aller h-Geraden mit demselben Fernpunkt, und jedes *konvergente h-Bündel* ist die Menge aller h-Geraden durch einen h-Punkt.

Nach 7E1,Satz 1 spannt die Absolutquadrik $Q^{n-1}_{n+1\,1}$ des $P^n_{|1}$ mit der

[1] Für n=2 siehe GERGELY[2].

(doppelt zählenden) Polarhyperebene Γ_Z eines Bündelzentrums Z ein Quadrikenbüschel auf. Eine Drehung mit Z als Zentrum führt jede Büschelquadrik in sich über. In der hyperbolischen Geometrie sind alle Büschelquadriken von Interesse, die Punkte im Schauplatz S $= IQ^{n-1}_{n+1\,1}$ besitzen. Man erkennt:

Für $Z \in AQ^{n-1}_{n+1\,1}$ zerfällt jede Büschelquadrik mit Punkten in S in zwei fremde Halbquadriken in S und in die Ovalquadrik

$$Q^{n-2}_{n\,1} := \Gamma_Z \cap Q^{n-1}_{n+1\,1} .$$

Für $Z \in Q^{n-1}_{n+1\,1}$ liegt jede Büschelquadrik mit Punkten in S bis auf das Bündelzentrum Z ganz in S.

Für $Z \in IQ^{n-1}_{n+1\,1}$ liegt jede Büschelquadrik mit Punkten in S ganz in S.

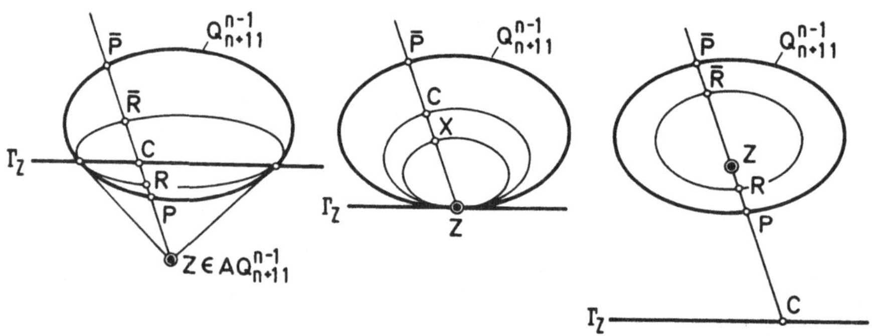

Wir stellen nun eine Bündelgerade durch ein Bündelzentrum $Z(\vec{z}_o) \notin \Gamma_Z$ dar als Verbindungsgerade mit einem Punkt $C(\vec{c}_o) \in \Gamma_Z$; C erfüllt die Polaritätsbedingung $\vec{z}_o^{\,T} E_o \vec{c}_o = 0$. Ein beliebiger Punkt $X(\vec{x}_o) \in Z + C$, $\vec{x}_o = \vec{z}_o + \lambda \vec{c}_o$ liegt genau dann auf einer Büschelquadrik, wenn gilt (siehe 6C, Satz 2):

$$(\vec{z}_o^{\,T} E_o \vec{x}_o)^2 + \omega(\vec{x}_o^{\,T} E_o \vec{x}_o) = 0 \quad \text{mit } \vec{x}_o = \vec{z}_o + \lambda \vec{c}_o .$$

Daraus folgt, daß die Schnittpunkte R, $\bar{R}$ von Z + C mit einer festen Büschelquadrik festgelegt sind durch

$$\lambda^2 = - \frac{(\vec{z}_o^{\,T} E_o \vec{z}_o)^2 + \omega(\vec{z}_o^{\,T} E_o \vec{z}_o)}{\omega(\vec{c}_o^{\,T} E_o \vec{c}_o)} . \tag{1}$$

Daraus entnimmt man für $\omega \to \infty$, daß die Schnittpunkte $\{P, \bar{P}\} = (Z+C) \cap Q^{n-1}_{n+1\,1}$ gegeben sind durch

$$\mu^2 = - \frac{\vec{z}_o^{\,T} E_o \vec{z}_o}{\vec{c}_o^{\,T} E_o \vec{c}_o} . \tag{2}$$

In einem projektiven Koordinatensystem der Bündelgeraden Z+C mit den Grundpunkten Z und C haben somit die Punkte $P,\bar{P}$ und $R,\bar{R}$ die Koordinaten $Z(1,0)$, $C(0,1)$; $P(1,\mu)$, $\bar{P}(1,-\mu)$; $R(1,\lambda)$, $\bar{R}(1,-\lambda)$. Daraus folgt $DV(ZCR\bar{R}) = -1$ sowie

$$DV(P\bar{P}RC) = DV(P\bar{P}C\bar{R}) = \frac{\lambda - \mu}{\lambda + \mu} \quad \text{(bei divergentem Bündel)},$$

und mit Hilfe der Abstandsmetrik folgt $\delta_o(R,C) = \delta_o(C,\bar{R})$; ebenso folgt

$$DV(P\bar{P}RZ) = DV(P\bar{P}Z\bar{R}) = -\frac{\lambda-\mu}{\lambda+\mu} \quad \text{(bei konvergentem Bündel)}$$

und mit Hilfe der Abstandsmetrik: $\delta_o(R,Z) = \delta_o(Z,\bar{R})$. Der Quotient $(\lambda-\mu):(\lambda+\mu)$ erweist sich nach (1) und (2) bei den divergenten und den konvergenten Bündeln unabhängig von $C(\vec{c}_o)$.

Für $Z \in Q^{n-1}_{n+1\,1}$ ist Z Zentrum eines Parallelbündels; die Polarhyperebene Γ_Z bezüglich $Q^{n-1}_{n+1\,1}$ ist die Tangentenhyperebene in Z. Wir wählen nun durch einen festen Parameterwert $\omega = \omega_1$ eine Büschelquadrik aus und legen eine Bündelgerade Z+C fest als die Verbindungsgerade des Zentrums $Z(\vec{z}_o)$ mit einem beliebigen Punkt $C(\vec{c}_o) \neq Z$ der fest gewählten Büschelquadrik. Dann gilt

$$(\vec{z}_o^T E_o \vec{c}_o)^2 + \omega_1(\vec{c}_o^T E_o \vec{c}_o) = 0.$$

Ein beliebiger Punkt $X(\vec{x}_o) \in Z+C$, $\vec{x}_o = \vec{z}_o + \lambda\vec{c}_o$, liegt genau dann auf einer durch $\omega_2 \neq \omega_1$ gegebenen Büschelquadrik, wenn gilt:

$$(\vec{z}_o^T E_o \vec{x}_o)^2 + \omega_2(\vec{x}_o^T E_o \vec{x}_o) = 0, \text{ mit } \vec{x}_o = \vec{z}_o + \lambda\vec{c}_o .$$

Daraus folgt:

$$\lambda = 0 \quad \text{(festgelegt wird das Bündelzentrum Z)}$$

und

$$\lambda = \frac{-2\omega_2 \vec{z}_o^T E_o \vec{c}_o}{(\vec{z}_o^T E_o \vec{c}_o)^2 + \omega_2(\vec{c}_o^T E_o \vec{c}_o)} = \frac{2\omega_2}{\omega_1 - \omega_2} \, \frac{\vec{z}_o^T E_o \vec{c}_o}{\vec{c}_o^T E_o \vec{c}_o}$$

(festgelegt wird ein weiterer Punkt der durch ω_2 gegebenen Büschelquadrik). Daraus entnimmt man für $\omega_2 \to \infty$, daß der Schnittpunkt $Q \neq Z$ von Z+C mit der Absolutquadrik $Q^{n-1}_{n+1\,1}$ gegeben wird durch

$$\mu = -2(\vec{z}_o^T E_o \vec{c}_o):(\vec{c}_o^T E_o \vec{c}_o).$$

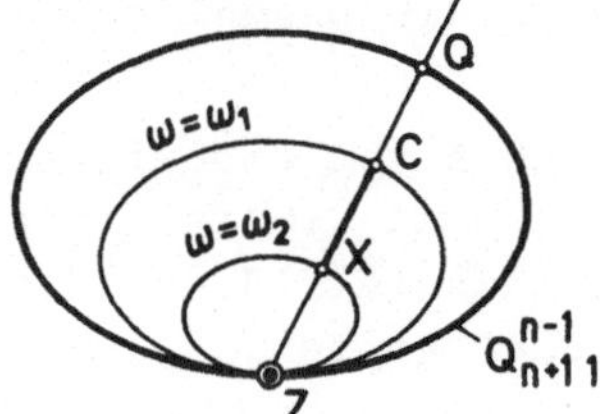

In einem projektiven Koordinatensystem der Bündelgeraden Z+C mit den Grundpunkten $Z(1,0)$ und $C(0,1)$ haben somit die Punkte Q und X die Koordinaten $Q(1,\mu)$, $X(1,\lambda)$. Daraus folgt:

$$DV(ZQXC) = \frac{\lambda}{\lambda-\mu} = \frac{\omega_2}{\omega_1} \Rightarrow \delta_o(X,C) = \frac{1}{2}\ln\frac{\omega_2}{\omega_1}.$$

Aus den im Standardmodell gefundenen Ergebnissen erhalten wir den folgenden Satz der hyperbolischen Geometrie, in dem wir den Schnitt einer Büschelquadrik mit dem Schauplatz als *h-Büschelquadrik* bezeichnen.

Satz 1: a) Bei divergenten und konvergenten h-Bündeln gilt: Das Zentrum Z und der Schnittpunkt $C \neq Z$ einer Bündelgeraden mit der Polarhyperebene Γ_Z bezüglich der Absolutquadrik $Q^{n-1}_{n+1\,1}$ trennen die Schnittpunkte $R,\bar{R}$ mit jeder zugehörigen Büschelquadrik harmonisch.

b) Die h-Normalen der Basis $(\Gamma_Z)_h$ eines divergenten h-Bündels werden von jeder zugehörigen nichtleeren h-Büschelquadrik in Punkten konstanten h-Abstandes von der Basis geschnitten. Diese zugehörigen h-Büschelquadriken heißen die *Abstandsflächen* (für n=2 *Abstandslinien*) von $(\Gamma_Z)_h$.

c) Der h-Abstand des Zentrums Z eines konvergenten h-Bündels von den h-Punkten einer zugehörigen h-Büschelquadrik ist konstant. Die zugehörigen h-Büschelquadriken heißen die *h-Sphären* (für n=2 *h-Kreise*) mit Mittelpunkt Z.

d) Bei h-Parallelbündeln gilt: Je zwei zugehörige h-Büschelquadriken schneiden die h-Bündelgeraden in h-Punktepaaren konstanten h-Abstandes. Die zugehörigen h-Büschelquadriken heißen die *Grenzsphären, Horo-* oder *Orisphären* (für n=2 *Grenzkreise, Horo-* oder *Orizykel*) zum Fernpunkt Z.

Die Abstandsflächen, h-Sphären und Grenzsphären heißen die *Fundamentalflächen* der hyperbolischen Geometrie.

Bemerkungen:

1) Formel (I) aus Unterabschnitt **2** gibt den Parallelwinkel φ_o zum Abstand δ_o an. Aus dieser Formel folgt, daß alle Punkte einer Abstandsfläche zu einer vorgegebenen Basis bezüglich dieser Basis gleiche Parallelwinkel besitzen.

2) Die *innere Geometrie* der Fundamentalflächen ist ein wichtiges Kapitel der hyperbolischen Geometrie. Man versteht darunter alle Aussagen über Figuren einer Fundamentalfläche, die unabhängig vom umgebenden hyperbolischen Raum gelten, in den die Fundamentalfläche eingebettet ist (für n=3 siehe NORDEN[4]).

Wie man leicht zeigt, ist die innere Geometrie einer Grenzsphäre die euklidische Geometrie (für n=3 siehe NORDEN[4]S.121 ff. und LENZ[1]S.190). Die Grenzsphären spielen in den Untersuchungen von BOLYAI und LOBATSCHEWSKI eine große Rolle. Siehe auch MIHĂILEANU[11], EŽOVA-GUSEVA[1], GORBUNOVA[1].

Die Horozykel und Horosphären verwendet SANTALÓ[5][8] zur Entwicklung der hyperbolischen Integralgeometrie. CECIL/RYAN[1] untersuchen gewisse Distanzfunktionen und verwenden Horosphären als Niveauflächen.

4. KONGRUENZSÄTZE

Zwei Figuren F,F' heißen nach Abschnitt A,S.288/289 *kongruent*, wenn es eine Bewegung τ gibt, so daß $F' = \tau F$ ist. Sind F,F' zwei h-Dreiecke, so kann man in Form von *Kongruenzsätzen* Bedingungen angeben, welche die Kongruenz von h-Dreiecken garantieren. Die in den Kongruenzsätzen formulierten Bedingungen werden an die Längen der Innenstrecken (kurz: "Seiten") und an die Öffnungen der Innensektoren (kurz: "Winkel") eines h-Dreiecks gestellt (siehe 8D).

Zu jeder Innenstrecke gehören die Öffnungen von genau zwei Innensektoren (kurz: genau zwei "anliegende Winkel") sowie die Öffnung des dritten Innensektors (kurz: ihr "Gegenwinkel"). Zu je zwei Innenstrecken gehört die Öffnung genau eines Innensektors (kurz: der "eingeschlossene Winkel").[1)]

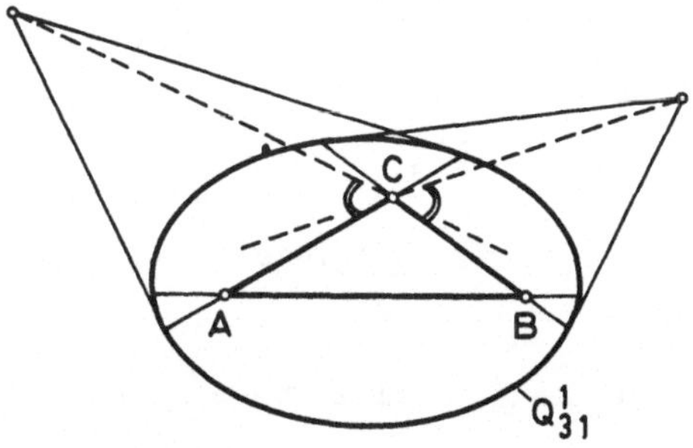

Wir bemerken, daß nach 8D der "eingeschlossene Winkel" zweier Innenstrecken eines h-Dreiecks eindeutig bestimmt ist. Denn in jeder Ecke existieren die h-Lote der diese Ecke enthaltenden Dreieckseiten, und diese h-Lote liegen stets in demselben Sektor. Diesem Sektor wird die größere (dem andern die kleinere) der beiden Zahlen φ_o, $\pi - \varphi_o$ als "Winkel" zugeordnet.

Den Kongruenzsätzen der ebenen hyperbolischen Geometrie schikken wir den folgenden Satz voraus.

[1)] Die Begriffe "Seite", "Winkel", "anliegender Winkel", "Gegenwinkel" und "eingeschlossener Winkel" werden eingeführt, um die Kongruenzsätze in den üblichen Formulierungen zu erhalten. In anderen CK-Ebenen - etwa der euklidischen Ebene, siehe S.400 - kann man entsprechend vorgehen.

> Satz 1: In der ebenen hyperbolischen Geometrie $\{(S{:=}IQ^1_{3\,1}, B^2_{|1})\}$ gibt es genau zwei Bewegungen $\tau_1, \tau_2 \in B^2_{|1}$, die ein gegebenes gerichtetes Linienelement[1], festgelegt durch ein geordnetes Punktepaar (P,Q) mit $P \in S$, $Q \in Q^1_{3\,1}$, in ein gegebenes gerichtetes Linienelement, festgelegt durch ein geordnetes Punktepaar (P',Q') mit $P' \in S$, $Q' \in Q^1_{3\,1}$, überführen.

Beweis der Existenz: Im folgenden wird eine Bewegung $\tau \in B^2_{|1}$ als Produkt zweier Projektivspiegelungen[2] κ, σ angegeben ($\tau := \sigma\kappa$), so daß $\tau P = P'$ und $\tau Q = Q'$ ist. Die Projektivspiegelungen κ, σ werden so gewählt, $\kappa P = P'$, $\kappa Q = Q_1$ ($Q_1 \in Q^1_{3\,1}$ beliebig) und $\sigma P' = P'$, $\sigma Q_1 = Q'$.

Sei M der durch $\delta_o(P,M) = \delta_o(M,P')$ eindeutig bestimmte h-Mittelpunkt der Punkte P, P', l das Lot von $P+P'$ in M, und L der Pol von l bezüglich $Q^1_{3\,1}$. Dann liegt L auf $P+P'$, und für die Projektivspiegelung $\kappa(L,l)$ (Zentrum L, Achse l) gilt: $\kappa P = P'$, $\kappa Q =: Q_1 \in Q^1_{3\,1}$. (Falls $P = P'$, sei l eine beliebige Gerade durch $P = P'$, L der Pol von l bezüglich $Q^1_{3\,1}$ und $\kappa := \kappa(L,l)$.)

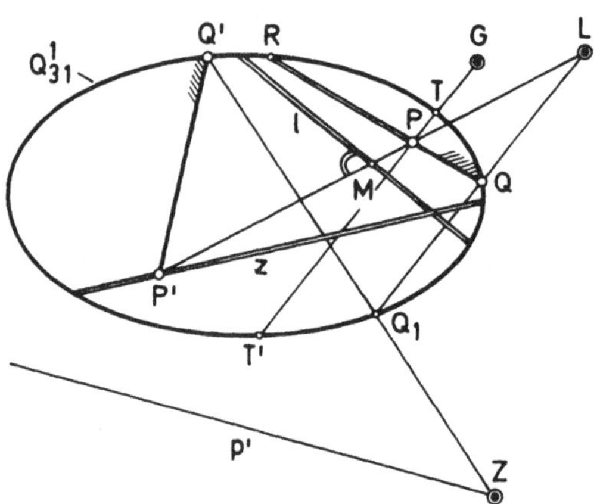

Sei nun Z der Schnittpunkt der Geraden $Q'+Q_1$ mit der Polaren p' von P' bezüglich $Q^1_{3\,1}$, z die Polare von Z bezüglich $Q^1_{3\,1}$. Dann liegt P' auf z, und für die Projektivspiegelung $\sigma(Z,z)$ mit Zentrum Z und Achse z gilt: $\sigma P' = P'$, $\sigma Q_1 = Q'$. (Falls $Q_1 = Q'$, sei $z := Q'+P'$, Z der Pol von z bezüglich $Q^1_{3\,1}$ und $\sigma := \sigma(Z,z)$.)

Für $\tau := \sigma\kappa$ gilt: $\tau P = P'$, $\tau Q = Q'$, $\tau Q^1_{3\,1} = Q^1_{3\,1}$, also $\tau \in B^2_{|1}$.

Beweis der Zweideutigkeit: Seien $\tau_1, \tau_2 \in B^2_{|1}$ Bewegungen mit $\tau_1 P = \tau_2 P = P'$ und $\tau_1 Q = \tau_2 Q = Q'$. Für $\pi := \tau_2^{-1}\tau_1$ gilt: $\pi P = P$, $\pi Q = Q$. Folglich ist $P+Q =: g$ Fixgerade bei π. Also sind auch der zweite Schnittpunkt R von g mit $Q^1_{3\,1}$ sowie der Pol G von g bezüglich

[1] Ein Linienelement ist ein Punkt mit inzidenter Gerade. Bei einem gerichteten Linienelement ist die Gerade gerichtet.

[2] Siehe 2E, Satz 7 und 7D, Satz 1.

Q^1_{31} Fixpunkte von π. Für die beiden Schnittpunkte T,T' von P+G mit Q^1_{31} gilt $\pi T = T$ oder $\pi T = T'$. Im ersten Fall stimmt π auf den vier Punkten Q, R, G, T in allgemeiner Lage überein mit der Identität; also ist π nach 2D,Satz 3 selbst die Identität. Im zweiten Fall stimmt π auf denselben Punkten überein mit der Projektivspiegelung $\kappa(G,g)$; also ist $\pi = \kappa(G,g)$. Es gibt somit höchstens zwei verschiedene Bewegungen aus $B^2_{|1}$, die ein vorgegebenes gerichtetes Linienelement in ein vorgegebenes gerichtetes Linienelement überführen. Führt andererseits τ_2 das gerichtete Linienelement (P,Q) mit $P \in S$, $Q \in Q^1_{31}$ über in das gerichtete Linienelement (P',Q') mit $P' \in S$, $Q' \in Q^1_{31}$, so auch $\tau_1 := \tau_2\kappa(G,g)$.

Nun seien ABC und A'B'C' zwei gegebene h-Dreiecke. Dann verknüpfen wir jedes dieser h-Dreiecke mit einem gerichteten Linienelement:

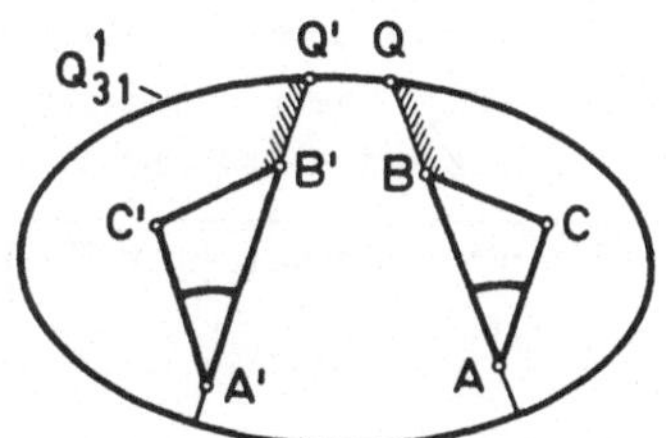

ABC mit (A,Q), $Q \in Q^1_{31} \cap (A+B)$ und B zwischen A und Q,[1]

A'B'C' mit (A',Q'), $Q' \in Q^1_{31} \cap (A'+B')$ und B' zwischen A' und Q.[1]

Mit Satz 1 folgt dann unmittelbar die Kongruenzaussage a) des folgenden Satzes. Die Kongruenzaussagen b) - d) folgen ebenfalls in einfacher Weise. Die Kongruenzaussage e) folgt etwa mit Hilfe des 2. h-Kosinussatzes (siehe den folgenden Unterabschnitt 5,Satz 1) aus der Kongruenzaussage c).

<u>Satz 2</u>: Zwei h-Dreiecke sind kongruent, wenn sie übereinstimmen in:

a) zwei "Seiten" und dem "eingeschlossenen Winkel" (1.Kongruenzsatz, sws),

b) einer "Seite" und den "anliegenden Winkeln" oder einer "Seite", einem "anliegenden Winkel" und dem "Gegenwinkel" der "Seite" (2.Kongruenzsatz, wsw bzw. sww),

c) den drei "Seiten" (3.Kongruenzsatz, sss),

d) zwei "Seiten" und dem "Gegenwinkel" der größeren (4.Kongruenzsatz, ssw),

e) den drei "Winkeln" (5.Kongruenzsatz, www).

---

[1] Auf jeder durch ihre Absolutpunkte abgeschlossenen h-Geraden existiert ersichtlich ein zwischen-Begriff.

Bemerkung:

1) Der 5.Kongruenzsatz gilt in der ebenen euklidischen Geometrie nicht. Es gilt jedoch der *Ähnlichkeitssatz*: Zwei Dreiecke sind ähnlich, wenn sie in den drei "Winkeln" übereinstimmen. In der hyperbolischen Geometrie gibt es wegen 7A,Satz 3 keine Ähnlichkeitssätze.

5.TRIGONOMETRIE

Im vorausgehenden Unterabschnitt 4,S.303 wurden die "Seiten" und die "Winkel" eines h-Dreiecks eingeführt. Die Formeln, welche die "Seiten" und "Winkel" eines h-Dreiecks verknüpfen, ermittelt die hyperbolische Trigonometrie.

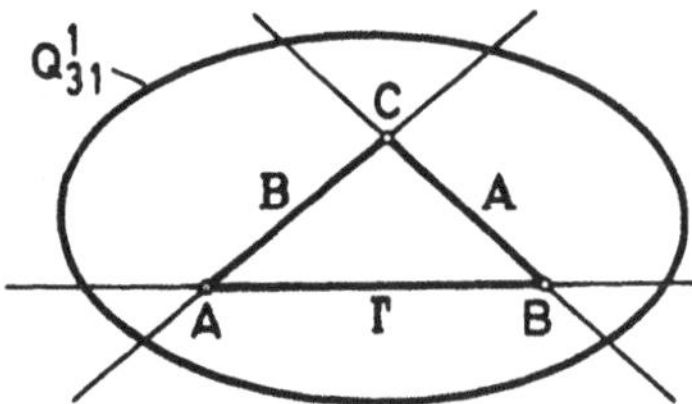

Die Literatur enthält zahlreiche Darstellungen der hyperbolischen Trigonometrie, auf die wir am Ende dieses Unterabschnitts und in 20A1 hinweisen. Aus diesem Grunde stellen wir in einem h-Dreieck ABC lediglich den h-Sinussatz und die beiden h-Kosinussätze vor.

<u>Satz 1</u>: In einem h-Dreieck ABC mit den "Seiten" (Längen der Innenstrecken, siehe 8B,Satz 1 und 8D)

$$a := \delta_o(B,C),\quad b := \delta_o(C,A),\quad c := \delta_o(A,B)$$

und den "Winkeln" (Öffnungen der Innensektoren, siehe 8B,Satz 1 und 8D)

$$\alpha := \varphi_o(B,\Gamma),\quad \beta := \varphi_o(\Gamma,A),\quad \gamma := \varphi_o(A,B)$$

gilt:[1]

$$\sin\alpha : \sin\beta : \sin\gamma = \operatorname{sh} a : \operatorname{sh} b : \operatorname{sh} c \quad (\textit{h-Sinussatz}),$$

$$\operatorname{ch} a = \operatorname{ch} b \operatorname{ch} c - \operatorname{sh} b \operatorname{sh} c \cos\alpha \quad (\textit{1.h-Kosinussatz}),$$

$$\cos\beta = -\cos\alpha\cos\gamma + \sin\alpha\sin\gamma \operatorname{ch} b \quad (\textit{2.h-Kosinussatz}).$$

Die im Standardmodell nicht ganz einfachen Beweise lassen sich in einem projektiven Koordinatensystem der Ebene A+B+C, in dem der Kegelschnitt $Q^1_{3\,1} := Q^{n-1}_{n+1\,1} \cap (A+B+C)$ Normalform hat, durch Rechnung führen.

Bemerkungen:

1) Wir verzichten auf einen Beweis von Satz 1, da sich die hyperbolische Trigonometrie etwa im POINCARÉ-Modell (20A1) oder bei Interpretation des Standardmodells im euklidischen Raum (17 B1) einfacher aufbauen läßt (siehe etwa LENZ[1]Kap.4,§5). SCHILLING[1]-[3] entwickelt die hyperbolische Trigonometrie in der hy-

[1] Siehe etwa LENZ[1]S.97,99.

perbolischen Ebene, nicht nur im Schauplatz der hyperbolischen Geometrie. Siehe auch COXETER[1].

2) Einen axiomatisch begründeten (modellfreien) Aufbau der hyperbolischen Trigonometrie geben PERRON[1][6] und SZÁSZ[9]. Auch GERRETSEN[1] begründet die hyperbolische Trigonometrie axiomatisch, jedoch unter Verwendung der nicht zum Schauplatz zählenden Fernpunkte. Siehe auch LIEBMANN[16][17] und AHRENS[1].

3) BOLYAI und LOBATSCHEWSKI leiten die hyperbolische Trigonometrie mit Hilfe der räumlichen hyperbolischen Geometrie ab. Beide verwenden, daß auf den Grenzsphären die euklidische Geometrie induziert wird, wobei die Grenzkreise als Geraden fungieren. SZÁSZ[18] beschreitet mit Abänderungen ebenfalls den von BOLYAI und LOBATSCHEWSKI eingeschlagenen Weg.

Aufgaben:

1) In der ebenen hyperbolischen Geometrie sei ABC ein bei C rechtwinkliges Dreieck mit den "Seiten" a,b,c (siehe Satz 1). Man beweise im Standardmodell die Ungleichungen $a<c$, $b<c$, $c<a+b$ sowie die Formel $\sin\alpha = \operatorname{sh} a/\operatorname{sh} c$. Außerdem beweise man für ein beliebiges Dreieck ABC die Dreiecksungleichung.

2) Man zeige im Standardmodell: In der ebenen hyperbolischen Geometrie besitzen zwei nicht parallele h-Geraden (siehe Unterabschnitt 1, Satz 5) entweder einen eindeutigen h-Schnittpunkt oder ein eindeutig bestimmtes gemeinsames h-Lot. Wann existiert zu drei Geraden ein gemeinsames h-Lot?

3) Im Standardmodell der ebenen hyperbolischen Geometrie klassifiziere man die h-Kegelschnitte bezüglich ihrer Lage zum Absolutkegelschnitt $Q^1_{3\,1}$. Hinweis: Als *h-Kegelschnitte* bezeichnet man die nichtleeren Durchschnitte der einteiligen Kegelschnitte der projektiven Ebene P^2 mit dem Standardschauplatz $S := IQ^1_{3\,1} \subset P^2$.

6. BLICK IN DIE LITERATUR[1)]

Unter den CK-Geometrien ist die hyperbolische Geometrie, besonders die ebene hyperbolische Geometrie, weit entwickelt. Einführungen geben BALDUS/LÖBELL[1], BIEBERBACH[1], BONOLA[1], KLEIN [1], COXETER[1], LENZ[1], LIEBMANN[1], MESCHKOWSKI[2], MIHĂILEANU[5], NORDEN[4], PERRON[1], ROESER[1], ROSENFELD[1][2], SCHILLING[7][8], SMOGORSCHEWSKI[3], ROSENFELD/JAGLOM[3].

Die hyperbolische *Elementargeometrie* enthält zahlreiche Ana-

1) Die in diesem Abschnitt zitierten Arbeiten betreffen die hyperbolischen Räume und die hyperbolische Geometrie; ihre Zuordnung zu nur einem dieser Themenkreise ist oft nicht möglich.

loga zu euklidischen Sätzen (BALDUS/LÖBELL[1], PERRON[1]). PERRON [3] beweist zwei h-Peripheriewinkelsätze, aus denen der entsprechende euklidische Satz durch einen geeigneten Grenzprozeß folgt; in [1] findet PERRON einen h-Sekantentangentensatz und in [2] einen h-Satz von PTOLEMÄUS. Ptolemäische Sätze wurden in der hyperbolischen Geometrie mehrfach untersucht (PERRON[4][11], KURNIK/VOLENEC[1][2], KUBOTA[1], VALENTINE[1], VALENTINE/ANDALAFTE[1], ZEITLER[2]). In [5] gewinnt PERRON h-Sätze von CEVA und MENELAOS, auch für die zahlreichen "Grenzfälle"; der Schnittpunkt der Seitenhalbierenden und der Höhen im h-Dreieck wird bestimmt, und es wird gezeigt, daß die Schnittpunkte der drei Höhen, der Mitteltransversalen und der Umkreismittelpunkt genau dann auf einer Geraden liegen (*EULERsche Gerade*), wenn das h-Dreieck gleichschenklig ist; siehe auch BALDUS[2]. PERRON[4] deutet h-Kreise, Grenzkreise und Abstandslinien als Erzeugnisse projektiver Geradenbüschel. Dabei ergibt sich für die hyperbolische Ebene der PASCALsche Satz über die einer Kreisform (h-Kreis, Grenzkreis, Abstandskreis) einbeschriebenen Sechsecke. Zur hyperbolischen Elementargeometrie siehe auch BITAY[1][2], BOTTEMA[2][3][8], GLUŠKOV [1]-[4], JAGLOM[3], MOLNÁR[3], NEUMANN/STANCIU[2], SANTALÓ[3], SKOPEC[1], KURNIK[1][2], VALEIRAS[1], VINZENZ[1], ZACHARIAS[1], COXETER [8][15][16], LAPTEV[1], J.E.HOFMANN[1], SMOGORSCHEVSKY[4], COXETER/FEJES TÓTH[1], FEJES TÓTH[8].

LÖBELL[8][9] untersucht im hyperbolischen Raum $P^3_{|1}$ die räumlichen rechtwinkligen Fünfecke als Verallgemeinerung des GAUSSschen Pentagramma Mirificum und erhält so einen Zugang zur Trigonometrie; dabei werden die Geraden des $P^3_{|1}$ (nach KLEIN) durch ihre Schnittpunkte mit der Absolutquadrik Q^2_{41} beschrieben, die als RIEMANNsche Zahlenkugel aufgefaßt wird; siehe auch COXETER[5], BÖHM[5]. COXETER[4] und GARNER[1][2] entwickeln die Theorie der regulären Polytope. BÖHM/HERTEL[1] untersuchen allgemeine hyperbolische Polyeder. PESCHL[1] beweist Winkelrelationen am allgemeinen Simplex des $P^n_{|1}$. BACKES[1] überträgt den Satz von MORLEY/PETERSEN in den hyperbolischen Raum $P^3_{|1}$.

BILINSKI[4] untersucht die Geradenkoordinaten der hyperbolischen Ebene und ihre Beziehungen zu HILBERTs Endenrechnung und zu den BELTRAMIschen Punktkoordinaten. Weitere Beiträge zur analytischen Geometrie hyperbolischer Räume geben BILINSKI[5]-[7], FLADT[5]-[9], PERRON[13][14][16], MASHANOV[10].

Die hyperbolische *Theorie der Konstruktionen* hat eine ausgedehnte Literatur (STROMMER[1]-[10], VERMES[11], PERRON[3], HANDEST [1], MOKRIŠČEV[1], SMOGORSCHEVSKY[1][2], NESTOROWITSCH[1]-[4], MARTYNENKO[1], GAFUROV[1], LIEBMANN[4]-[10], SEMENOVIČ[1][2]). Hervorzuheben ist ein Beweis des Satzes von NESTOROWITSCH, der in der hyperbolischen Theorie der Konstruktionen grundlegend ist (VERMES[11]) sowie die Tatsache, daß jede in der hyperbolischen Geometrie mit Zirkel und Lineal ausführbare Konstruktion auch mit dem Zirkel allein ausführbar ist (STROMMER[4]). Aus der Tatsache, daß auf den Grenzsphären der räumlichen hyperbolischen Geometrie (n=3) die euklidische Geometrie herrscht, hat schon J.BOLYAI geschlossen, daß in der hyperbolischen Geometrie alle regulären Polygone konstruierbar sind, deren Konstruktion in der euklidischen Geometrie möglich ist; eine explizite Konstruktion des regulären h-Fünfecks gibt PERRON[3]. SZÁSZ[11] behandelt Rektifizierbarkeitsfragen in der hyperbolischen Ebene.

Die *diskrete hyperbolische Geometrie* hat zahlreiche Resultate aufzuweisen (BÖRÖCZKY/FLORIAN[1], COXETER[6], FEJES TÓTH[1]-[5], IMRE[1], GARNER[1][2], HORVÁTH[1], KÁRTESZI[1], MAKAROV[2][3], POGORELOV[1], ROBINSON[1], VERMES[1]-[11], ZEITLER[11]; siehe auch MOLNÁR[1][2] und den Bericht von BARANOWSKII[1]S.241-244). Im Bereich des HILBERTschen Parkettierungsproblems gibt VERMES[1]-[3] einen vollständigen Überblick über die homogenen Dreiecksmosaike eines Schauplatzes der ebenen hyperbolischen Geometrie sowie über die aus gleichwinkligen Vierecken gebildeten Mosaike; außerdem gibt VERMES sämtliche aus kongruenten regelmäßigen Prismen gebildeten Raummosaike an. Im Anschluß an Untersuchungen von FEJES TÓTH[1][2] über die dichteste Kreis- und Grenzkreisausfüllung konnte VERMES[4]-[6] zeigen, daß die obere Grenze der Zellendichte bei der dichtesten Lagerung von Bereichen, die durch je zwei Äste kongruenter Abstandslinien begrenzt sind, übereinstimmt mit der Dichte der dichtesten Grenzkreisausfüllung.

Mit den *Kegelschnitten* der ebenen hyperbolischen Geometrie befassen sich EPŠTEĬN[1], FLADT[2][5][7], GERGELY[4], PEVZNER[1][4][5] und SCHILLING[6]. PEVZNER[4] gibt eine vollständige und detailliertere Klassifikation als das Lehrbuch von V.F.KAGAN[2]Kap.14.

Die *Quadriken* der räumlichen hyperbolischen Geometrie untersucht FLADT[6], die Quadriken im $P^n_{|1}$ untersucht PEVZNER[3]. Die Quadriken des $P^3_{|2}$ klassifiziert PEVZNER[2] in neun verschiedene Klassen und beschreibt sie durch Normalformen. Siehe auch VALENTINE[2], EPŠTEĬN[2], ERMOLAEV [1], FEDOROVA [1].

HOHENBERG[4] untersucht insbesondere für n=2,3,4 die *algebraischen Kurven* n-ter Ordnung der hyperbolischen Ebene $P^2_{|1}$, die den Absolutkegelschnitt in n Punkten berühren (zirkulare Kurven). Weitere Beiträge zur Theorie der algebraischen Kurven in hyperbolischen Räumen geben FLADT[8], EPŠTEĬN[3], TAZZI CANTALUPI[1], PALMAN[7].

Mit speziellen (nicht notwendig algebraischen) Kurven der hyperbolischen Ebene befassen sich FLADT[9], MAKAROV[1], FULTON[1], FILLMORE[1].

BELTRAMI[1][2] zeigte 1868, daß im 3-dimensionalen euklidischen Raum $P^3_{1|00}$ die ebene hyperbolische Geometrie lokal auf einer Fläche Φ konstanter negativer Krümmung realisierbar ist (etwa auf der *Pseudosphäre*, siehe SCHILLING[7]). Dabei sind die Geodätischen aus Φ lokal die h-Geraden, und als Abstands- und Winkelmetrik fungiert die vom $P^3_{1|00}$ auf Φ induzierte Metrik. Die bekannten Flächen konstanter negativer Krümmung besitzen jedoch singuläre Flächenkurven, über die hinaus eine stetige Fortsetzung der Geodätischen unmöglich ist. KLEIN[7] Bd.I,S.247 hatte daher schon 1871 vermutet, daß sich die ebene hyperbolische Geometrie nicht global auf einer Fläche Φ des $P^3_{1|00}$ realisieren läßt, auf welcher der $P^3_{1|00}$ die Metrik der hyperbolischen Ebene $P^2_{|1}$ induziert.[1] HILBERT[1](Anhang V) hat diese Vermutung 1901 bewiesen. Er zeigte, daß es im $P^3_{1|00}$ keine singularitätenfreie überall analytische Fläche konstanter negativer Krümmung gibt.[2] Die BELTRAMIsche lokale Realisierung der ebenen hyperbolischen Geometrie läßt sich damit auf einer analytischen Fläche des $P^3_{1|00}$ global nicht durchführen. Offen blieb die Frage, ob es in euklidischen Räumen höherer Dimension singularitätenfreie Flächen konstanter negativer Krümmung derart gibt, daß sie als Schauplatz der ebenen hyperbolischen Geometrie dienen können (siehe dazu VRANCEANU [1][2]). BIEBERBACH[4] gab 1932 im "unendlichdimensionalen euklidischen Raum" (HILBERT-Raum) eine solche Fläche an. Damit ist der Schauplatz der ebenen hyperbolischen Geometrie isometrisch und singularitätenfrei in den HILBERT-Raum einbettbar. Wie sich die Formeln BIEBERBACHs, welche die *Einbettung* beschreiben, auf den n-dimensionalen hyperbolischen Raum $P^n_{|1}$ verallgemeinern lassen, ist nicht ersichtlich. BLANUŠA[1] gibt 1953 andere Formeln an,die leicht verallgemeinerungsfähig sind; er findet so eine isometrische und singularitätenfreie Einbettung des $P^n_{|1}$ in den HILBERT-Raum; 1955 zeigt BLANUŠA[2], daß der Schauplatz der ebenen hyperbolischen Geometrie in den 6-dimensionalen euklidischen Raum $P^6_{1|00}$ und der Schauplatz der n-dimensionalen hyperbolischen Geometrie in den $P^{6n-5}_{1|00}$ isometrisch und singularitätenfrei einbettbar ist. Die Einbettungen sind von der Differentiationsklasse C^∞ (nicht analytisch), selbstdurchdringungsfrei und durch Formeln angegeben; die Dimension 6n-5 ist nicht notwendig scharf.

Einbettungsfragen behandeln auch BLANUŠA[3]-[5], BRILL[1], POZNJAK[1]. AMINOV[3] behandelt lokale Einbettungen des $P^n_{|1}$ in den $P^{2n-1}_{1|00}$ und nennt weitere Literatur. KADOMCEV[1] befaßt sich mit

[1] Damit besteht auf Φ konstante negative Krümmung, deren Kenntnis zur Interpretation der ebenen hyperbolischen Geometrie jedoch nicht erforderlich ist

[2] Die Voraussetzungen lassen sich abschwächen. Es gibt keine viermal stetig differenzierbare Fläche dieser Art (BLASCHKE/LEICHTWEISS[1]S.287). Siehe auch BIEBERBACH[3]; diese Arbeit enthält eine Kritik vorausgehender Beweise.

der Unmöglichkeit spezieller isometrischer Einbettungen.

VALETTE[1] behandelt Konvexitätsfragen.

Die *Schraubungen* des hyperbolischen Raumes $P^3_{|2}$ untersucht eingehend PALMAN[3]-[5], anknüpfend an STRUBECKER[49]. Eine Schraubung des $P^3_{|2}$ (eine *nichteuklidische Schraubung*) ist eine 1-gliedrige Gruppe von Projektivitäten des P^3, die alle Quadriken durch ein festes (reelles) Erzeugendenvierseit einzeln fix lassen. Eine dieser Ringquadriken dient als Absolutquadrik des $P^3_{|2}$. Eine nichteuklidische Schraubung besteht dann aus Bewegungen des $P^3_{|2}$ mit den Diagonalen des Fixvierseits als *Schraubachsen*. Untersucht werden *nichteuklidische Schraublinien* (Bahnen der Punkte des $P^3_{|2}$ unter einer nichteuklidischen Schraubung) und der Bahntangentenkomplex mit seinen Komplexkurven, Komplexflächen und Kongruenzen. Siehe auch WUNDERLICH[1] und BARNER/KUNLE[1].

FARRAHI[1] kennzeichnet die *Bewegungen* der hyperbolischen Geometrie als jene Transformationen des Schauplatzes, die für ein festes $\delta_o \in \mathbb{R}^+$ den Abstand δ_o invariant lassen.

C. Möbius-Geometrie

Die Absolutfigur des hyperbolischen Raumes $P^n_{|1}$ gibt neben der in Abschnitt B skizzierten hyperbolischen Geometrie auch Anlaß zur MÖBIUS-Geometrie, deren Anfänge auf MÖBIUS[1] zurückgehen und deren Standardmodell wir anschließend skizzieren.

1. Grundbegriffe

<u>Def.1</u>: Im *Standardmodell der MÖBIUS-Geometrie* ist der <u>Standardschauplatz</u> S die Absolutquadrik $Q^{n-1}_{n+1\,1}$ des (selbstdualen) hyperbolischen Raumes $P^n_{|1}$, vereinigt mit deren Außengebiet ($n \geq 2$):

$$S := Q^{n-1}_{n+1\,1} \cup AQ^{n-1}_{n+1\,1} = P^n \setminus IQ^{n-1}_{n+1\,1}.$$

Jeder Punkt $X \in Q^{n-1}_{n+1\,1}$ heißt ein *M-Punkt* (*MÖBIUS-Punkt*), jeder Punkt $X \in AQ^{n-1}_{n+1\,1}$ heißt ein *M_A-Punkt*.

<u>Bewegungsgruppe</u> $B^n_{|1}$ (*MÖBIUS-Gruppe*) ist die Gruppe der Bewegungen $\vec{x}_o = U_o \vec{x}^*_o$ mit 1-orthogonaler (n+1,n+1)-Matrix U_o ($U_o^T E_o U_o = E_o$), wenn die Absolutquadrik die Darstellung 6B(I) besitzt.[1] Die Bewegungen $\tau \in B^n_{|1}$ bilden den Schauplatz S bijektiv auf sich ab und heißen *MÖBIUS-Transformationen*. Die $B^n_{|1}$-Invarianten heißen *MÖBIUS-Invarianten*.

[1] In der hyperbolischen Geometrie heißt diese Gruppe nach 14B1,Def.1 die *hyperbolische Gruppe*.

Der Schauplatz S der MÖBIUS-Geometrie zerfällt in genau zwei Teilmengen ($Q^{n-1}_{n+1\,1}$ und $AQ^{n-1}_{n+1\,1}$) mit der Eigenschaft, daß alle Punkte von $Q^{n-1}_{n+1\,1}$ stets in Punkte von $Q^{n-1}_{n+1\,1}$ und daher alle Punkte von $AQ^{n-1}_{n+1\,1}$ stets in Punkte von $AQ^{n-1}_{n+1\,1}$ übergehen. Die MÖBIUS-Gruppe $B^n_{|1}$ operiert daher nicht transitiv auf S (siehe 5A, Satz 1).

Aus 9A, Def.1 und 9A, Satz 4 folgt:

> Satz 2: Jeder M-Punkt X ist (wegen $X \in Q^{n-1}_{n+1\,1} = F$) singulär; jeder M_A-Punkt und jede k-Ebene L^k $(k \geq 1)$ ist regulär.

Da nach Satz 2 keine singulären k-Ebenen existieren, sprechen wir statt von regulären k-Ebenen kurz von k-Ebenen.

Von jedem M_A-Punkt X existiert ein reeller Tangentenkegel an die Absolutquadrik, der sie längs der Ovalquadrik $\Gamma_X \cap Q^{n-1}_{n+1\,1}$ berührt. Umgekehrt existiert zu jeder Quadrik $\Gamma_X \cap Q^{n-1}_{n+1\,1}$ der Pol X der Hyperebene Γ_X bezüglich $Q^{n-1}_{n+1\,1}$ eindeutig. Die Zuordnung

$$P \mapsto \Gamma_P \cap Q^{n-1}_{n+1\,1} \quad \text{für alle } M_A\text{-Punkte},$$
$$P \mapsto P \quad \text{für alle M-Punkte}$$

ist daher bijektiv. Daraus folgt:

> Satz 3: Der Standardschauplatz der MÖBIUS-Geometrie ist auf die Vereinigungsmenge der Quadriken $\Gamma_P \cap Q^{n-1}_{n+1\,1}$ $(P \in AQ^{n-1}_{n+1\,1})$ und der M-Punkte der Absolutquadrik $Q^{n-1}_{n+1\,1}$ bijektiv abbildbar.

Bemerkung:

1) In 4G, Satz 2 ergab sich: Ist $Q^{n-1}_{r\,q}$ eine Quadrik mit Signatur $s > 0$, ist $IQ^{n-1}_{r\,q} \neq \emptyset$ und ist Γ_X die Polarhyperebene von X bezüglich $Q^{n-1}_{r\,q}$, dann gilt: Die Schnittquadrik $Q^{n-2}_{r'q'} := \Gamma_X \cap Q^{n-1}_{r\,q}$ hat

genau für alle $X \in AQ^{n-1}_{r\,q}$ die Signatur $s' = s-1$

und

genau für alle $X \in IQ^{n-1}_{r\,q}$ die Signatur $s' = s+1$.

Innengebiet $IQ^{n-1}_{r\,q}$ und Außengebiet $AQ^{n-1}_{r\,q}$ sind damit projektivinvariant gekennzeichnet, und die Punkte des Innengebiets $IQ^{n-1}_{r\,q}$ (Aussengebiets $AQ^{n-1}_{r\,q}$) entsprechen eineindeutig den Schnittquadriken $Q^{n-2}_{r'q'}$ mit Signatur $s' = s+1$ $(s' = s-1)$, falls $r = n+1$.

Wird nun etwa $Q^{n-1}_{n+1\,q} \cup AQ^{n-1}_{n+1\,q}$ als Standardschauplatz einer CK-Geometrie gewählt, dann läßt sich dieser Schauplatz wie im Fall q=1 der MÖBIUS-Geometrie bijektiv auf die Vereinigungsmenge der Schnittquadriken $Q^{n-2}_{r'q'}$ $(s' = s-1)$ und der Quadrikpunkte $P \in Q^{n-1}_{n+1\,q}$ abbilden.

Wir kehren zurück zur MÖBIUS-Geometrie und lenken die Aufmerksamkeit auf die Geraden, die Abstandsmetrik, die Hypergeraden, die Winkelmetrik und die in k-Ebenen induzierten Geometrien.

<u>Geraden, Abstandsmetrik</u>: Eine Gerade $g \subset P^n_{|1}$ ist

$$\left.\begin{array}{ll}\text{entweder} & \text{Passante}\\ \text{oder reguläre} & \text{Tangente}\\ \text{oder} & \text{Sekante}\end{array}\right\} \text{ von } Q^{n-1}_{n+1\,1} \Longleftrightarrow g \cap Q^{n-1}_{n+1\,1} = \left\{\begin{array}{l}\emptyset\\ \{T\}\\ \{P,\bar{P}\}.\end{array}\right.$$

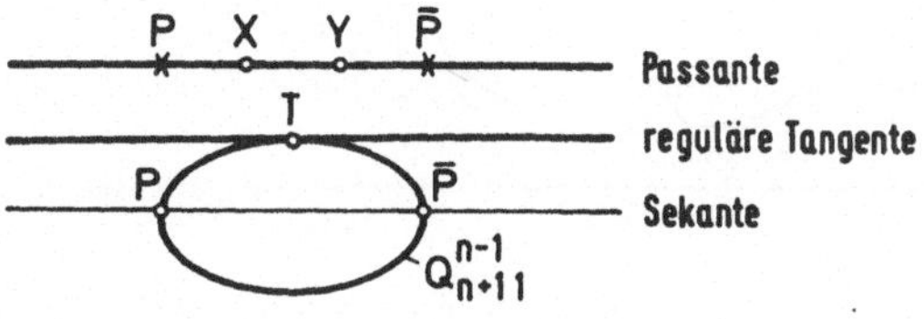

Für jede Gerade $g \subset P^n_{|1}$ ist $g \cap S \neq \emptyset$; ihre Eigenschaft, Passante, reguläre Tangente oder Sekante der Absolutquadrik zu sein, ist ersichtlich MÖBIUS-invariant.

Auf den regulären Tangenten der Absolutquadrik $Q^{n-1}_{n+1\,1}$ ist keine Abstandsmetrik erklärt. Die auf ihren Passanten erklärte Abstandsmetrik ist nach 8B, Satz 1 für je zwei M_A-Punkte $X(\vec{x}_o), Y(\vec{y}_o)$ gegeben durch:

$$\cos \delta_o(X,Y) := \frac{|\vec{x}_o^T E_o \vec{y}_o|}{\sqrt{\vec{x}_o^T E_o \vec{x}_o \; \vec{y}_o^T E_o \vec{y}_o}} \qquad (0 \leq \delta_o \leq \tfrac{\pi}{2}) \;.$$

Nach βB, Satz 3 ist

$$\delta_o(X,Y) := \frac{1}{2i} \ln DV(P\,\bar{P}\,X\,Y),$$

wobei $X+Y$ mit $Q^{n-1}_{n+1\,1}$ in $\{P,\bar{P}\}$ inzidiert. Auf einer Sekanten ist die Abstandsmetrik für je zwei M_A-Punkte $X(\vec{x}_o)$, $Y(\vec{y}_o)$ erklärt als (siehe 8B, Satz 1):

$$\operatorname{ch} \delta_o(X,Y) := \frac{|\vec{x}_o^T E_o \vec{y}_o|}{\sqrt{\vec{x}_o^T E_o \vec{x}_o \; \vec{y}_o^T E_o \vec{y}_o}} \qquad (0 \leq \delta_o < \infty) \;;$$

nach 8B, Satz 3 gilt

$$\delta_o(X,Y) := \frac{1}{2} \ln DV(P\,\bar{P}\,X\,Y),$$

wobei $X+Y$ mit $Q^{n-1}_{n+1\,1}$ in $\{P,\bar{P}\}$ inzidiert.

Nach 8B, Satz 1 ist $\delta_o(X,Y)$ bewegungsinvariant.

<u>Hypergeraden, Winkelmetrik</u>: Eine Hypergerade α des hyperbolischen Raumes $P^n_{|1}$ sei dargestellt als Schnitt zweier Hyperebenen:

$\alpha = \Gamma(\vec{\gamma}_o) \cap \Lambda(\vec{\lambda}_o)$. $\Gamma \cap \Lambda$ enthält genau zwei (konjugiert komplexe, reell verschiedene, reell zusammenfallende) Tangentenhyperebenen $\Pi, \bar{\Pi}$ von $Q^{n-1}_{n+1\,1}$ und ist somit H-Passante, H-Sekante oder reguläre H-Tangente. Auf den regulären H-Tangenten ist keine Winkelmetrik erklärt.

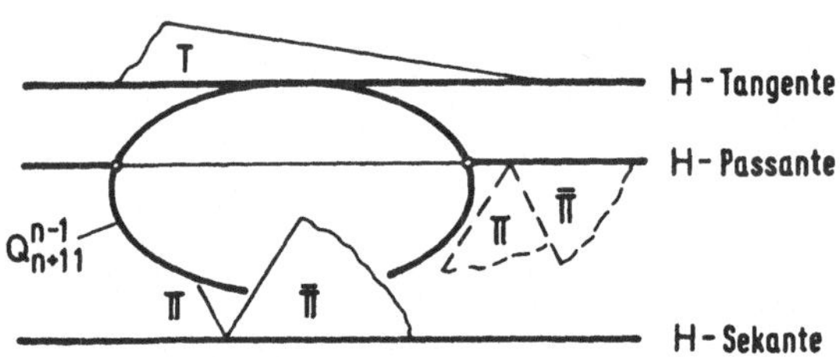

Die auf den H-Passanten erklärte Winkelmetrik ist nach 8B, Satz 1 für je zwei Hyperebenen $\Gamma(\vec{\gamma}_o), \Lambda(\vec{\lambda}_o)$ gegeben durch:

$$\cos\varphi_o(\Gamma,\Lambda) := \frac{|\vec{\gamma}_o^T E_o \vec{\lambda}_o|}{\sqrt{\vec{\gamma}_o^T E_o \vec{\gamma}_o \; \vec{\lambda}_o^T E_o \vec{\lambda}_o}} \qquad (0 \le \varphi_o \le \tfrac{\pi}{2}) .$$

Nach 8B, Satz 3 ist

$$\varphi_o(\Gamma,\Lambda) = \frac{1}{2i} \ln DV(\Pi\; \bar{\Pi}\; \Gamma\; \Lambda) .$$

Die auf den H-Sekanten erklärte Winkelmetrik ist nach 8B, Satz 1

$$\operatorname{ch}\varphi_o(\Gamma,\Lambda) := \frac{|\vec{\gamma}_o^T E_o \vec{\lambda}_o|}{\sqrt{\vec{\gamma}_o^T E_o \vec{\gamma}_o \; \vec{\lambda}_o^T E_o \vec{\lambda}_o}} \qquad (0 \le \varphi_o < \infty),$$

und nach 8B, Satz 3 ist

$$\varphi_o(\Gamma,\Lambda) = \frac{1}{2} \ln DV(\Pi\; \bar{\Pi}\; \Gamma\; \Lambda) .$$

<u>In k-Ebenen induzierte CK-Geometrien</u>: Nach 6D, Satz 4 induziert der CK-Raum $P^n_{|1}$ in jeder k-Ebene $L^k \subset P^n_{|1}$ einen CK-Raum. Als Absolutfigur in $\hat{L}^k$ $(k \ge 1)$ kann auftreten:

$$\left.\begin{array}{ll} \text{a) eine nullteilige Quadrik} & Q^{k-1}_{k+1\,0} \\ \text{b) eine Ovalquadrik} & Q^{k-1}_{k+1\,1} \\ \text{c) ein nullteiliger Hyperkegel} & Q^{k-1}_{k\,0} \end{array}\right\} \Leftrightarrow L^k \cap Q^{n-1}_{n+1\,1} \left\{\begin{array}{l} = \emptyset , \\ \neq \emptyset \text{ und } \neq \{P\}, \\ = \{P\}. \end{array}\right.$$

In den Fällen a) - c) wird in L^k induziert:

a) die elliptische Geometrie $\{(L^k, B^k_{|0})\}$ (siehe Abschnitt D),

b) die MÖBIUS-Geometrie $\{(L^k \setminus IQ^{k-1}_{k+1\,1}, B^k_{|1})\}$,

c) die dualeuklidische Geometrie $\{(L^k, B^k_{k|00})\}$ mit der Absolutfigur $Q^{k-1}_{k\,0} \supset A^o \supset Q^{-1}_{1\,0}$.

2. ORTHOGONALITÄT

In der MÖBIUS-Geometrie ist die Orthogonalität im Hinblick auf nichtprojektive Modelle besonders wichtig. Nach 9D, Satz 3 gilt:

<u>Satz 1</u>: Zwei M_A-Punkte S,T sind genau dann orthogonal, wenn jeder mit der Polarhyperebene des anderen bezüglich der Absolutquadrik $Q^{n-1}_{n+1\,1}$ inzidiert. Genau dann sind auch die Polarhyperebenen Γ_S, Γ_T orthogonal. Jede Schnittquadrik $Q^{n-2}_{n\,1} := \Gamma \cap Q^{n-1}_{n+1\,1}$ heißt eine *M-Quadrik*. Die M-Quadriken in Γ_S, Γ_T heißen *orthogonal*, wenn die Pole S,T orthogonal sind:

$$(\Gamma_S \cap Q^{n-1}_{n+1\,1}) \perp (\Gamma_T \cap Q^{n-1}_{n+1\,1}) :\Longleftrightarrow S \perp T .$$

Offenbar ist S zu jedem M_A-Punkt aus Γ_S und T zu jedem M_A-Punkt aus Γ_T orthogonal.

Aus 9D, Def. 1 folgt unmittelbar:

<u>Satz 2</u>: Zu einer Geraden S+T ist die Hypergerade $\Gamma_S \cap \Gamma_T$ orthogonal. Jeder M_A-Punkt in S+T ist daher orthogonal zu jedem M_A-Punkt in $\Gamma_S \cap \Gamma_T$. Ist S+T Tangente der Absolutquadrik im Punkt B, so ist $\Gamma_S \cap \Gamma_T$ die zu S+T orthogonale Hypertangente der Absolutquadrik in B. Genau für n=3 sind S+T und $\Gamma_S \cap \Gamma_T$ dimensionsgleich (reziproke Polaren).

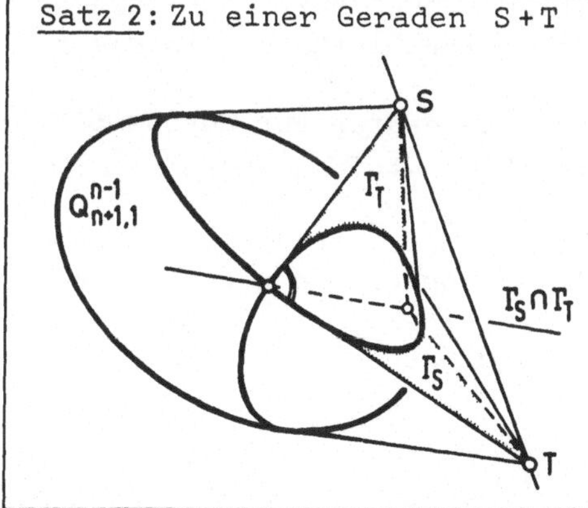

3. MÖBIUS-BÜNDEL

Im hyperbolischen Raum $P^n_{|1}$ unterscheidet man drei Bündeltypen nach der Lage des Bündelzentrums Z zur Absolutfigur: die divergenten Bündel ($\Leftrightarrow Z \in AQ^{n-1}_{n+1\,1}$), die Parallelbündel ($\Leftrightarrow Z \in Q^{n-1}_{n+1\,1}$) und die konvergenten Bündel ($\Leftrightarrow Z \in IQ^{n-1}_{n+1\,1}$) ($n \geq 2$).

In der MÖBIUS-Geometrie ist jedes *divergente M-Bündel* die Menge aller Geraden des P^n durch Z, aus denen die Innenpunkte von $Q^{n-1}_{n+1\,1}$ entfernt sind. Analoges gilt für jedes *Parallel-M-Bündel* und jedes *konvergente M-Bündel*. Beim Parallel-M-Bündel mit dem Zentrum Z gehören nur die Bündelgeraden in der Tangentenhyperebene Γ_Z von $Q^{n-1}_{n+1\,1}$ vollständig zum Parallel-M-Bündel. Beim divergenten M-Bündel mit dem Zentrum Z gehören alle Bündelgeraden im Innengebiet des Tangentenkegels aus Z an $Q^{n-1}_{n+1\,1}$ nicht vollständig zum divergenten M-Bündel; alle M-Bündel-Geraden sind ***M-Normalen*** der Polarhyperebene Γ_Z. Bei einem konvergenten M-Bündel gilt Entsprechendes; es enthält keine Bündelgerade durch Z, die vollständig zum konvergenten M-Bündel gehört.

Zu den M-Bündeln gehören – auch formelmäßig – dieselben Drehungen des $P^n_{|1}$ um Z wie in der hyperbolischen Geometrie (siehe B3 und 7E1,Satz 1).

4. BLICK IN DIE LITERATUR

Einführungen in die 3-dimensionale MÖBIUS-Geometrie (nicht immer unter Verwendung des Standardmodells) findet man bei BIEBERBACH[1], BLASCHKE[23], BENZ[1], KUNLE/FLADT/SÜSS[1] und SCHWERDTFEGER[3]. Speziell mit den MÖBIUS-Transformationen befassen sich ACZÉL/MCKIERNAN[1], SKOPEC/JAGLOM[1], CARATHÉODORY[1], LEISENRING [2], SCHWERDTFEGER[1]-[3]. HARTL[1] gibt eine Einführung in die n-dimensionale MÖBIUS-Geometrie.

Als Ergänzung nennen wir neben der Literatur zur MÖBIUS-Differentialgeometrie (siehe 23A) FLADT[13], GRAF[1], MEHMKE[1], STRUBECKER[51], TAMÁSSY[1].

LANGOV[2] beschreibt für n=3 ein liniengeometrisches Modell der MÖBIUS-Geometrie. In diesem Modell entsprechen den Punkten der ovalen Absolutquadrik $Q^2_{3\,1}$ die Geraden einer elliptischen Geradenkongruenz des P^3; den Punkten aus $AQ^2_{3\,1}$ entsprechen gewisse Ringquadriken aus dieser Kongruenz.

D. ELLIPTISCHE GEOMETRIE

Die in ihren Anfängen auf RIEMANNs Habilitationsschrift[1] und auf SCHLÄFLI[1][2] zurückgehende elliptische Geometrie zählt wie die hyperbolische Geometrie zu den ältesten CK-Geometrien. Wir skizzieren im folgenden das Standardmodell der n-dimensionalen elliptischen Geometrie.

1. GRUNDBEGRIFFE

Def.1: Im *Standardmodell der elliptischen Geometrie* ist der Standardschauplatz S der (selbstduale) elliptische Raum $P^n_{|0}$, dessen Absolutfigur die nullteilige Quadrik $Q^{n-1}_{n+1\,0}$ ist. Standardschauplatz ist somit der projektive Raum P^n.

Bewegungsgruppe $B^n_{|0}$ (*elliptische Gruppe*) ist die Gruppe der Bewegungen $\vec{x}_o = U_o\vec{x}^*_o$ mit orthogonaler (n+1,n+1)-Matrix U_o ($E_o = U_o^T E_o U_o$), wenn die Absolutquadrik die Darstellung 6B(I) besitzt. Nach 7A, Satz 3 sind in $P^n_{|0}$ die Bewegungen die einzigen Ähnlichkeiten.

Da die Absolutquadrik eines elliptischen Raumes $P^n_{|0}$ keine reellen Punkte besitzt, besteht kein Grund, bei der Wahl des Schauplatzes S den elliptischen Raum $P^n_{|0}$ einzuschränken.

Geraden, Abstandsmetrik: Alle Geraden $g \subset P^n_{|0}$ sind Passanten der Absolutquadrik $Q^{n-1}_{n+1\,0}$. Die elliptische Geometrie besitzt daher einheitlich für je zwei Punkte $X(\vec{x}_o)$, $Y(\vec{y}_o)$ aus S die bewegungsinvariante Passantenmetrik 8B(I):

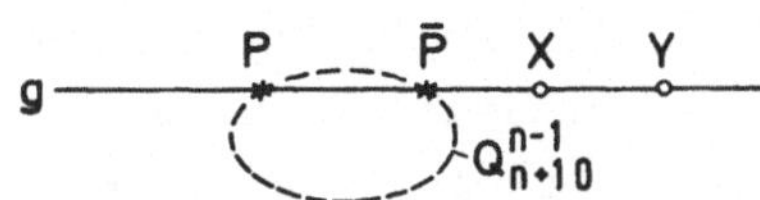

$$\cos\delta_o(X,Y) := \frac{|\vec{x}_o^T E_o \vec{y}_o|}{\sqrt{\vec{x}_o^T E_o \vec{x}_o \; \vec{y}_o^T E_o \vec{y}_o}} \quad (0 \le \delta_o \le \tfrac{\pi}{2}).$$

Nach 8B, Satz 3 ist

$$\delta_o(X,Y) = \frac{1}{2i}\ln \mathrm{DV}(P\,\bar{P}\,X\,Y),$$

wobei X+Y mit $Q^{n-1}_{n+1\,0}$ in $\{P,\bar{P}\}$ inzidiert.

Hypergeraden, Winkelmetrik: Eine Hypergerade $\alpha \subset P^n_{|0}$ sei dargestellt als Schnitt zweier Hyperebenen: $\alpha = \Gamma(\vec{\gamma}_o) \cap \Lambda(\vec{\lambda}_o)$; $\Gamma \cap \Lambda$ enthält stets zwei konjugiert komplexe Tangentenhyperebenen $\Pi, \bar{\Pi}$ der Absolutquadrik $Q^{n-1}_{n+1\,0}$ und ist daher H-Passante von $Q^{n-1}_{n+1\,0}$. Die elliptische Geometrie besitzt folglich für je zwei Hyperebenen $\Gamma(\vec{\gamma}_o)$, $\Lambda(\vec{\lambda}_o) \subset S$ die bewegungsinvariante Winkelmetrik 8B (I):

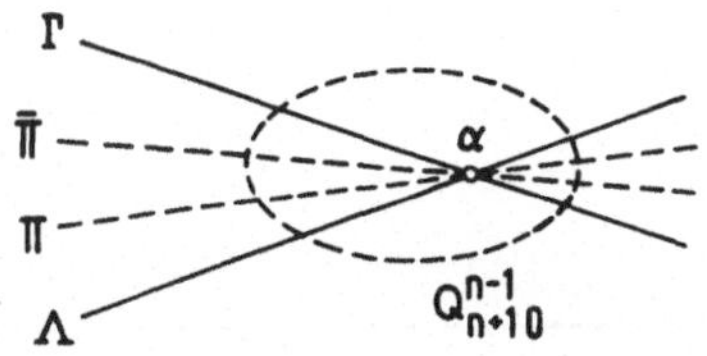

$$\cos\varphi_o(\Gamma,\Lambda) := \frac{|\vec{\gamma}_o^T E_o \vec{\lambda}_o|}{\sqrt{\vec{\gamma}_o^T E_o \vec{\gamma}_o \; \vec{\lambda}_o^T E_o \vec{\lambda}_o}} \quad (0 \le \varphi_o \le \tfrac{\pi}{2}),$$

und nach 8B, Satz 3 gilt

$$\varphi_o(\Gamma,\Lambda) = \frac{1}{2i}\ln \mathrm{DV}(\Pi\,\bar{\Pi}\,\Gamma\,\Lambda),$$

wobei $\Gamma \cap \Lambda$ mit der Tangentenhyperebenenmenge von $\hat{Q}^{n-1}_{n+1\,0}$ in $\{\Pi,\bar{\Pi}\}$ inzidiert.

Hat die Absolutquadrik $Q^{n-1}_{n+1\,0}$ die Normalform 6B(I), $\vec{x}_o^T E_o \vec{x}_o = 0$, und sind $A(\vec{a}_o)$, $B(\vec{b}_o)$ zwei Punkte des elliptischen Raumes $P^n_{|0}$, so sind $\Gamma_A(\vec{a}_o^T \vec{x}_o = 0)$, $\Gamma_B(\vec{b}_o^T \vec{x}_o = 0)$ nach 4F(II) ihre Polarhyperebenen bezüglich der Absolutquadrik $Q^{n-1}_{n+1\,0}$. Daraus folgt im Hinblick auf die Abstands- und Winkelmetrik des elliptischen Raumes: $\delta_o(A,B) = \varphi_o(\Gamma_A,\Gamma_B)$. Also gilt:

> Satz 2: Im elliptischen Raum $P^n_{|0}$ stimmt der Abstand zweier Punkte A,B überein mit dem Winkel ihrer Polarhyperebenen Γ_A, Γ_B bezüglich der Absolutquadrik $Q^{n-1}_{n+1\,0}$.

Gegenseitige Lage zweier k-Ebenen: Je zwei k-Ebenen $(0 \le k \le n-1)$ des elliptischen Raumes $P^n_{|0}$ sind k-Ebenen des projektiven Raumes P^n und daher entweder schneidend oder windschief. Je zwei verschiedene Hyperebenen schneiden einander stets in einer Hypergeraden (1C,Satz 1). In der elliptischen Geometrie existiert daher kein Parallelitätsbegriff, der sich auf nichtschneidende Hyperebenen gründet.

In k-Ebenen induzierte Geometrien: Jede k-Ebene $L^k \subset P^n_{|0}$ $(0 \le k \le n-1)$ schneidet nach komplexer Erweiterung die nullteilige Absolutquadrik $Q^{n-1}_{n+1\,0}$ des elliptischen Raumes $P^n_{|0}$ in einer nullteiligen Quadrik $Q^{k-1}_{k+1\,0} \subset L^k$ und ist daher ein k-dimensionaler elliptischer Raum mit $Q^{k-1}_{k+1\,0}$ als Absolutfigur. Ist $B^k_{|0}$ die zugehörige Bewegungsgruppe, so gilt mit 7A,Satz 3: In jeder k-Ebene L^k des elliptischen Raumes $P^n_{|0}$ wird das Standardmodell der elliptischen Geometrie $\{(L^k,B^k_{|0})\}$ induziert.

2. ORTHOGONALITÄT

Aus $\delta_o(A,B) = \varphi_o(\Gamma_A,\Gamma_B) = \frac{\pi}{2}$ folgt:

> Satz 1: Im elliptischen Raum $P^n_{|0}$ sind zwei Punkte A,B genau dann orthogonal, wenn ihre Polarhyperebenen orthogonal sind.

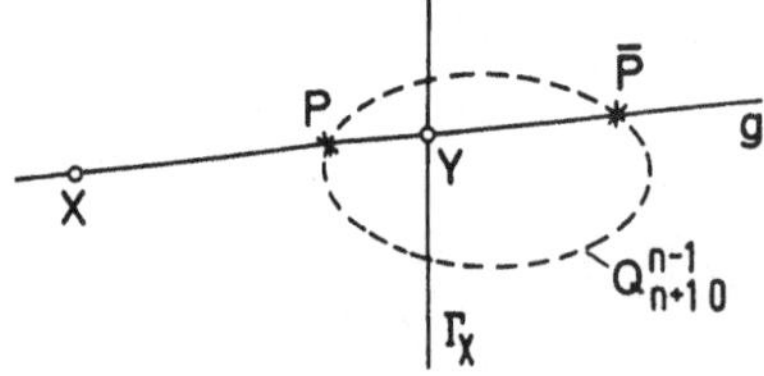

Ist $X \in P^n$ ein beliebiger Punkt, Γ_X seine Polarhyperebene bezüglich der Absolutquadrik $Q^{n-1}_{n+1\,0}$, ist g eine beliebige Gerade durch X (also ein Lot von X auf Γ_X) und $Y := g \cap \Gamma_X$,

$\{P,\bar{P}\} := g \cap Q^{n-1}_{n+1\,0}$, so gilt (nach 4E, Satz 1): $DV(P\,\bar{P}\,X\,Y) = -1$. Daraus folgt:

$$\delta_o(X,Y) = \frac{1}{2i}\ln(-1) = \frac{1}{2i}(\ln 1 + i\pi) = \frac{\pi}{2}\,.\ ^{1)}$$

Zusammen mit 8B, Satz 4, wonach jede Gerade des elliptischen Raumes $P^n_{|0}$ die Gesamtlänge π hat, folgt:

<u>Satz 2</u>: Im elliptischen Raum $P^n_{|0}$ beträgt der Abstand eines Punktes X von seiner Polarhyperebene Γ_X bezüglich der Absolutquadrik $Q^{n-1}_{n+1\,0}$ auf allen Loten $\frac{\pi}{2}$. X und der Lotfußpunkt $Y \in \Gamma_X$ teilen die Gerade $X+Y$ in zwei Strecken der gleichen Länge $\frac{\pi}{2}$.

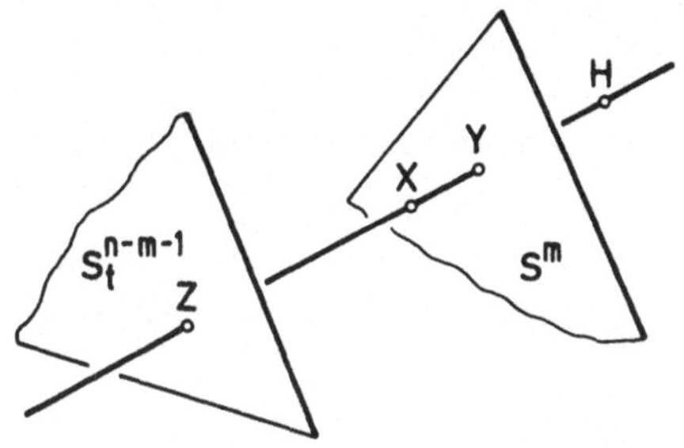

Nach 9E2, Satz 1 existiert im elliptischen Raum $P^n_{|0}$ durch jeden Punkt X ein eindeutiges Gemeinlot einer m-Ebene S^m und ihrer Totalpolaren S^{n-m-1}_t $(X \notin S^m, X \notin S^{n-m-1}_t)$ mit den Lotfußpunkten $Y \in S^m$ und $Z \in S^{n-m-1}_t$. Im Anschluß daran formulieren wir:

<u>Satz 3</u>: Im elliptischen Raum $P^n_{|0}$ sei S^m eine k-Ebene und S^{n-m-1}_t ihre Totalpolare; $Y \in S^m$ und $Z \in S^{n-m-1}_t$ seien die Lotfußpunkte des Gemeinlots von S^m und S^{n-m-1}_t durch einen Punkt X $(X \notin S^m, X \notin S^{n-m-1}_t)$. Dann heißt der vierte harmonische Punkt H, der zusammen mit X das Paar (Y,Z) harmonisch trennt (damit gilt $DV(H\,X\,Y\,Z) = -1$ nach 2D(IV)) der *Spiegelpunkt* von X an S^m (und von X an S^{n-m-1}_t).

Die Abbildung

$$\sigma:\ P^n_{|0} \to P^n_{|0}$$
$$X \mapsto \begin{cases} \sigma X, & DV(\sigma X\,X\,Y\,Z) = -1 \text{ für } X \neq Y, X \neq Z, \\ \sigma Y = Y, & \\ \sigma Z = Z & \end{cases}$$

heißt die *Spiegelung* $\sigma(S^m, S^{n-m-1}_t)$. Sie ist eine Bewegung des $P^n_{|0}$, also auch eine Projektivität. Für m=0 erhält man die Projektivspiegelung $\kappa(S^o, S^{n-1}_t)$ mit dem Zentrum S^o und der Achse S^{n-1}_t (siehe 2E, Satz 7).

Beweis: Wählt man zu einem Polsimplex $\{E_o,\ldots,E_m\}$ von $S^m \cap Q^{n-1}_{n+1\,0}$ und einem Polsimplex $\{E_{m+1},\ldots,E_n\}$ von $S^{n-m-1}_t \cap Q^{n-1}_{n+1\,0}$ einen Punkt E geeignet, so hat in dem projektiven Koordinatensystem $\{E_o,\ldots,E_n;E\}$ die Absolutquadrik $Q^{n-1}_{n+1\,0}$ die Normalform $x_o^2 + \ldots + x_n^2 = 0$. Die m-

[1] Anwendung der Formel: $\ln z = \ln(|z|e^{i\phi}) = \ln(|z|e^{i(\phi+2m\pi)}) = \ln|z| + i(\phi+2m\pi)$, $m \in \mathbb{Z}$ für $\phi = \pi$ und m=0 (Hauptwert).

Ebene S^m wird beschrieben durch $x_{m+1} = \ldots = x_n = 0$, die (n-m-1)-Ebene S_t^{n-m-1} durch $x_o = \ldots = x_m = 0$.

Das nach 9E2,Satz 1 eindeutig bestimmte Gemeinlot von S^m und S_t^{n-m-1} durch $X(x_o,\ldots,x_n) \notin S^m \cup S_t^{n-m-1}$ ist die Verbindungsgerade g der Punkte $Y(x_o,\ldots,x_m,0,\ldots,0) \in S^m$ und $Z(0,\ldots,0,x_{m+1},\ldots,x_n) \in S_t^{n-m-1}$. Für die Koordinatenvektoren der Punkte $X(\vec{x}_o)$, $Y(\vec{y}_o)$, $Z(\vec{z}_o)$ gilt: $\vec{x}_o = \vec{y}_o + \vec{z}_o$. Verwendet man auf g das projektive Koordinatensystem $\{Y,Z;X\}$, so folgt mit 2D,Def.5 und 2D,Def.7: $\sigma X = H(\vec{h}_o) = H(\vec{y}_o - \vec{z}_o)$. Unter Verwendung der Einsmatrix $E_{n+1\,n-m}$ mit Rang n+1 und Index n-m (siehe S.114, Fußnote [1]) gilt daher:

$$\vec{h}_o = E_{n+1\,n-m}\vec{x}_o \tag{1}$$

für alle $X \in P^n \setminus (S^m \cup S_t^{n-m-1})$. Da (1) bei Einschränkung auf S^m und auf S_t^{n-m-1} die Identität liefert, wird σ auf ganz P^n durch (1) dargestellt; σ ist also eine Projektivität. Die Abbildungsmatrix $E_{n+1\,n-m}$ aus (1) ist orthogonal, folglich ist σ eine Bewegung des elliptischen Raumes $P^n_{|0}$.

Da durch jeden Punkt $X \in P^n_{|0}$, $X \notin S^m \cup S_t^{n-m-1}$ ein eindeutiges Gemeinlot von S^m und S_t^{n-m-1} existiert, treffen zwei verschiedene Gemeinlote einander höchstens in S^m oder in S_t^{n-m-1}; anderenfalls entsteht ein Widerspruch zur Eindeutigkeit des Gemeinlots durch X ($X \notin S^m \cup S_t^{n-m-1}$). Ist die Spiegelung σ eine Projektivspiegelung, so treffen je zwei "Gemeinlote" von S^o und S_t^{n-1} einander in S^o.

Nach Satz 3 ist eine Spiegelung σ eine Bewegung des elliptischen Raumes $P^n_{|0}$. Mit der Bewegungsinvarianz des Abstandes folgt daher:

$$\delta_o(X,Y) = \delta_o(Y,H) \quad \text{und} \quad \delta_o(X,Z) = \delta_o(Z,H)\,, \quad H := \sigma X.$$

3.DUALITÄTSPRINZIP

In der elliptischen Geometrie, deren Standardschauplatz der projektive Raum P^n ist, gilt das Dualitätsprinzip des P^n, jedoch ausgedehnt auf die metrischen Sätze, die aus den zueinander dualen Abstands- und Winkelmetriken folgen. Das Dualitätsprinzip kann realisiert werden, indem man den k-Ebenen L^k ihre Totalpolaren L_t^{n-k-1} bezüglich der Absolutquadrik $Q^{n-1}_{n+1\,0}$ zuordnet. Wird davon Gebrauch gemacht, so sind zueinander duale metrische Begriffe:

Abstand $\delta_o(X,Y)$ zweier Punkte X,Y	⟷	Winkel $\varphi_o(\Gamma_X,\Gamma_Y)$ ihrer Polarhyperebenen Γ_X,Γ_Y

orthogonale Punkte X,Y $\leftrightarrow$ orthogonale Polarhyperebenen Γ_X, Γ_Y
$(\delta_O(X,Y)=\pi/2)$ $(\varphi_O(\Gamma_X,\Gamma_Y)=\pi/2)$

Die Hyperebenenmenge des elliptischen Raumes $P^n_{|O}$ stellt den zum Standardschauplatz dualen Schauplatz der elliptischen Geometrie dar.

Aufgaben:

1) In der ebenen elliptischen Geometrie sei ABC ein Dreieck mit den "Winkeln" α,β,γ und den "Seiten" a,b,c. Die Polaren $\Gamma_A,\Gamma_B,\Gamma_C$ der Ecken A,B,C bezüglich des Absolutkegelschnitts $Q^1_{3\,O}$ erzeugen das *Polardreieck* $A'B'C'$ von Dreieck ABC mit den Ecken $A':=\Gamma_B\cap\Gamma_C$, $B':=\Gamma_C\cap\Gamma_A$, $C':=\Gamma_A\cap\Gamma_B$, mit den "Winkeln" α',β',γ' und den "Seiten" a',b',c'.
Man zeige im Standardmodell: a) $A'B'C'$ ist genau dann Polardreieck von Dreieck ABC, wenn ABC Polardreieck von Dreieck $A'B'C'$ ist.
b) Genau die Dreiecke ABC mit $a=b=c=\frac{\pi}{2}$, $\alpha=\beta=\gamma=\frac{\pi}{2}$ sind selbstpolar.

2) In der ebenen elliptischen Geometrie sei $k(M,r):=\{X\in P^2_{|O} \mid \delta_O(M,X)=r\}$ der *Abstandskreis* mit dem Mittelpunkt M und dem Radius r $(0<r<\pi,\ r=\text{const})$. Man zeige im Standardmodell: a) Ein Abstandskreis $k(M,r\neq\frac{\pi}{2})$ ist ein Kegelschnitt, der den Absolutkegelschnitt $Q^1_{3\,O}$ der elliptischen Ebene $P^2_{|O}$ in zwei Punkten berührt; $k(M,r=\frac{\pi}{2})$ ist die doppelt zählende Polare des Mittelpunktes M bezüglich $Q^1_{3\,O}$. b) Die Geraden durch M treffen $k(M,r)$ orthogonal.

4. BLICK IN DIE LITERATUR

Einführungen geben COXETER[1], GANS[2], KLEIN[1], ROESER[1], ROSENFELD[1][2], ROSENFELD/JAGLOM[3], STRUBECKER[2].

Wie die hyperbolische, so enthält auch die elliptische *Elementargeometrie* Analoga zu elementargeometrischen euklidischen Sätzen: bei VALENTINE[3] ein Analogon zum Satz des PTOLEMÄUS, bei ZEITLER[2] zum Sehnenviereck, bei SCHILLING[10] zu den Brennpunktseigenschaften der Ellipse, bei RICHMOND[1] zum Tetraedervolumen; VAN GRUTING[1] behandelt den Satz des PTOLEMÄUS im Rahmen einer umfassenden Betrachtung über Dreiecke und Kreise.

Kegelschnitte in der elliptischen Ebene untersuchen GOODNER[1] und NGUEN[1]; UŠPALENE[1] betrachtet Regelquadriken im $P^3_{|O}$.

Mit den sechs *regulären Einteilungen* des 3-dimensionalen elliptischen Raumes $P^3_{|O}$ befaßt sich COXETER[2]. Ausgangspunkt ist das in 11A, Satz 2 formulierte Ergebnis von STÉPHANOS. Man erhält damit aus den endlichen Drehungsgruppen der gewöhnlichen regulären Polyeder gewisse endliche Punktgruppen, die zu den Ecken der betrachteten regulären Einteilungen des elliptischen Raumes P^3_{I0} führen. Dabei ergibt sich eine Deutung der EULERschen Quadrate der Ordnungen n=4 und n=5 als (n,n)-Matrizen, in denen jede Zeile und jede Spalte dieselben n Symbole enthält. In [10] betrachtet COXETER reguläre Kugellagerungen im P^3_{I0}. Zur *diskreten Geometrie* der elliptischen Ebene siehe FEJES TÓTH[6]. Eine lehrbuchartige Behandlung *elliptischer Polyeder* sowie *elliptischer Orthoscheme* und ihrer kombinatorisch-topologischen Eigenschaften geben BÖHM/HERTEL[1]; siehe auch BÖHM[7].

Konstruierbarkeitsfragen in der elliptischen Ebene behandeln NEKRASOVA[1] und STROMMER[9].

Beiträge zur analytischen Geometrie elliptischer Räume geben BOTTEMA[7] und SEIDEL[1]-[3]. SEIDEL[2][3] behandelt, ausgehend von einem definierten Skalarprodukt, in einheitlicher Weise metrische Fragen in n-dimensionalen euklidischen, hyperbolischen, elliptischen und sphärischen Räumen. In [1] legt SEIDEL in n-dimensionalen elliptischen und sphärischen Räumen die Lage einer k-Ebene zu einer l-Ebene durch metrische Invarianten fest. Zur analytischen Liniengeometrie des elliptischen Raumes P^3_{I0} siehe ABBASOV[1].

Der *konstruktiven Behandlung* des elliptischen Raumes P^3_{I0} widmen sich HOHENBERG[2], KRUPPA[1][2], WUNDERLICH[1][6].

STRUBECKER[37][38] untersucht ausführlich die *Schraubungen* des elliptischen Raumes P^3_{I0}. Eine Schraubung des P^3_{I0} ist eine eingliedrige Gruppe von Projektivitäten des P^3, die alle Quadriken durch ein windschiefes Erzeugendenvierseit (bestehend aus hochimaginären Geraden, siehe 10D, S.231) einzeln fix lassen, wobei eine nullteilige Fixquadrik als Absolutquadrik des P^3_{I0} gewählt wird; die reellen Fixquadriken sind CLIFFORD-Flächen. In [8] gibt STRUBECKER eine eineindeutige Abbildung der Punkte des P^3_{I0} auf die orientierten Tangenten einer Sphäre an. Siehe auch STUDY[1][3] und STRUBECKER[39][45][46].

Isometrische Einbettungen elliptischer Räume in euklidische und nichteuklidische Räume diskutieren eingehend BLANUŠA[7]-[10] und SOLODOVNIKOV[1].

Außerdem seien genannt: BOMPIANI[1], HJELMSLEV[1], KRONSBEIN[1].

E. PROJEKTIVE LINIENGEOMETRIE, PLÜCKER-GEOMETRIE

1. GRUNDBEGRIFFE

In 10D wurde durch die PLÜCKER-Bijektion jeder Geraden des P^3 genau ein Punkt der PLÜCKER-Quadrik $Q^4_{6\,3}$ zugeordnet und umgekehrt. Die PLÜCKER-Bijektion führte auf ein Geradenmodell des hyperbolischen Raumes $P^5_{|3}$. Dieses Modell gibt Anlaß zur projektiven Liniengeometrie und zur PLÜCKER-Geometrie. Wir erklären die Standardmodelle dieser Geometrien wie folgt:

<u>Def.1</u>: Im *Standardmodell der projektiven Liniengeometrie* ist der <u>Standardschauplatz</u> S die ringartige Absolutquadrik $Q^4_{6\,3}$ (*PLÜKKER- oder KLEIN-Quadrik*) des (selbstdualen) hyperbolischen Raumes $P^5_{|3}$.

Im *Standardmodell der PLÜCKER-Geometrie* ist der <u>Standardschauplatz</u> S der hyperbolische Raum $P^5_{|3}$.

<u>Bewegungsgruppe</u> $B^5_{|3}$ (*PLÜCKER-Gruppe*) ist die Gruppe der Bewegungen (*PLÜCKER-Bewegungen*) $\vec{x}_o = U_o\vec{x}^*_o$ mit 3-orthogonaler Matrix U_o ($U^T_oE_{63}U_o = E_{63}$, siehe 7A(I)), wenn die PLÜCKER-Quadrik die Normalform 4C(III) besitzt. Nach 7A, Satz 3 sind die PLÜCKER-Bewegungen die einzigen Ähnlichkeiten im $P^5_{|3}$.

Nach der in 10D, S.223 erklärten PLÜCKER-Bijektion $\pi: G^4 \to Q^4_{6\,3}$ ist der Geradenraum (*Strahl-, Linien-* oder *PLÜCKER-Raum*) des P^3 ein besonders anschaulicher Schauplatz der projektiven Liniengeometrie, der für ihre Entwicklung bestens geeignet ist. Die PLÜCKER-Quadrik als Schauplatz zeigt, daß die in 8B erklärten Abstands- und Winkelmetriken in der projektiven Liniengeometrie unbrauchbar sind; Ersatzmetriken werden nicht eingeführt. In dieser Hinsicht bestehen analoge Verhältnisse wie in den LAGUERRE-Geometrien (siehe 15A).

Wir geben nun eine naheliegende Kennzeichnung der PLÜCKER-Bewegungen, die – wie aus 10D folgt – stets die Punkte, Geraden und Ebenen der PLÜCKER-Quadrik in ihre Punkte, Geraden bzw. Ebenen überführen. Jeder PLÜCKER-Bewegung $\alpha \in B^5_{|3}$ entspricht vermöge der PLÜCKER-Bijektion im P^3 eine Bijektion σ der Geradenmenge des P^3, die wir ebenfalls PLÜCKER-Bewegung nennen. Im P^3 (aufgefaßt als Punkt- bzw.Ebenenraum) kennen wir zwei Typen geradentreuer Bijektionen:

1) die Autokollineationen $\kappa: P^3 \to P^3$ (2E,Def.1), die nach 2E, Satz 6 Projektivitäten sind,

2) die Korrelationen $\delta: P^3 \to \overset{\times}{P}{}^3$ (Ebenenmenge des P^3)(3C,Def.1).

Wir zeigen, daß auch die Umkehrung gilt:

<u>Satz 1</u>: Jede PLÜCKER-Bewegung σ wird erzeugt von einer Autokollineation $\kappa: P^3 \to P^3$ oder einer Korrelation $\delta: P^3 \to \overset{\times}{P}{}^3$.

Beweis: Wir untersuchen die Wirkung einer PLÜCKER-Bewegung σ auf die Geradenbündel des P^3. Jedem Geradenbündel entspricht in der PLÜCKER-Quadrik $Q^4_{6\,3}$ eine Ebene 1.Art (10D,Satz 4), die durch α — die PLÜCKER-Bewegung, die σ in der PLÜCKER-Bijektion entspricht — in eine Ebene 1. oder 2.Art übergeführt wird. Daher führt σ jedes Bündel in ein Bündel oder in ein Feld über.

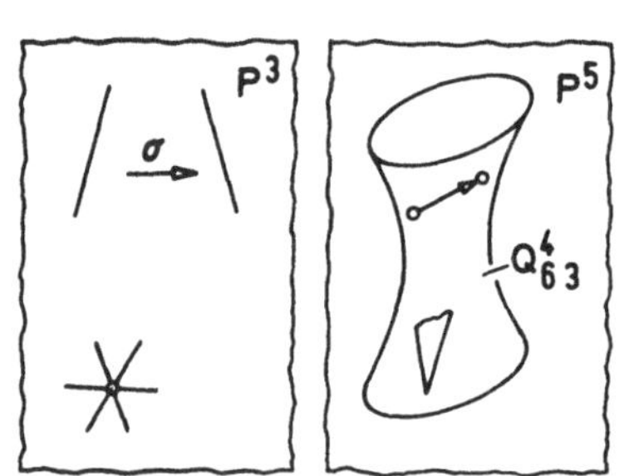

Fall 1: Es gibt ein Bündel (b), so daß σ(b) ein Bündel ist. Wir zeigen, daß dann jedes beliebige Bündel (c) in ein Bündel σ(c) übergeht. Zum Beweis nehmen wir an, σ(c) sei ein Feld. Dann ist $\sigma(b) \cap \sigma(c)$ leer oder ein Büschel. Nun ist aber $(b) \cap (c)$ eine Gerade und daher $\sigma(b) \cap \sigma(c)$ weder leer noch ein Büschel, im Widerspruch zur Annahme. Damit führt σ jedes Bündelzentrum in ein Bündelzentrum über; dasselbe gilt für $(\sigma)^{-1}$. σ stellt also zugleich eine bijektive Punktabbildung $\kappa: P^3 \to P^3$ dar, die geradentreu und damit eine Autokollineation ist; σ wird von κ erzeugt.

Fall 2: σ führt alle Bündel in Felder über. Alle Bündelzentren gehen dann über in die Trägerebenen der Felder. Dann folgt analog: σ wird erzeugt von einer Korrelation $\delta: P^3 \to \overset{\times}{P}{}^3$.

Operiert also die PLÜCKER-Gruppe $B^5_{|3}$ vermöge der PLÜCKER-Bijektion auf dem Geradenraum des P^3, so besteht sie genau aus den Autokollineationen $\kappa: P^3 \to P^3$ und den Korrelationen $\delta: P^3 \to \overset{\times}{P}{}^3$.

Bemerkungen:

1) Da jede PLÜCKER-Bewegung $\alpha \in B^5_{|3}$ eine Projektivität des P^5 ist, die eine Ebene L^2 der PLÜCKER-Quadrik in eine Ebene αL^2 der

PLÜCKER-Quadrik überführt, sind alle Projektivinvarianten aus L^2 (etwa das Doppelverhältnis von vier kollinearen Punkten $\{P,Q,R,S\} \subset L^2$) Invarianten der projektiven Liniengeometrie und der PLÜCKER - Geometrie. Ebenso sind alle projektivinvarianten Sätze aus L^2 zugleich Sätze dieser beiden CK-Geometrien.

2) In 10D zeigte die Diskussion der PLÜCKER-Bijektion $\pi: G^4 \to Q^4_{6\,3}$ (siehe S.223), daß der Raum der linearen Komplexe des P^3 ein Schauplatz der PLÜCKER-Geometrie ist. In der PLÜCKER-Geometrie kann man zu einem Pol $P \notin Q^4_{6\,3}$ und seiner Polarhyperebene Γ_P die Projektivspiegelung $\kappa(P,\Gamma_P)$ betrachten; $\kappa(P,\Gamma_P)$ ist eine PLÜCKER-Bewegung, welche die Schnittquadrik $Q^4_{6\,3} \cap \Gamma_P$ punktweise fix läßt. Im P^3 heißt die entsprechende PLÜCKER-Bewegung, die das durch P bestimmte Gewinde geradenweise fix läßt, das *Nullsystem* des Gewindes. Das Nullsystem ist eine Korrelation $\delta: P^3 \to \check{P}^3$ (Ebenenmenge des P^3).

3) Nach 10D überträgt die PLÜCKER-Bijektion die Menge der Geraden des P^3 auf die Menge der Punkte der PLÜCKER-Quadrik $Q^4_{6\,3} \subset P^5_{|3}$. Wird der P^3 durch den euklidischen Raum $P^3_{1|00}$ ersetzt, so entsteht die Frage nach einer Übertragung der euklidischen Liniengeometrie und ihres Formelapparates sowie der zugehörigen Differentialgeometrie in den $P^5_{|3}$. Diesen Gegenstand behandelt G. WEISS[1]; siehe auch KLIX[1].

4) Der P^3 ist unter den projektiven Räumen P^n $(n \geq 1)$ dadurch ausgezeichnet, daß die Geraden selbstdual sind. Die projektive Liniengeometrie ist daher einfacher und symmetrischer als Liniengeometrien, die den Geradenraum eines P^n $(n \neq 3)$ als Schauplatz besitzen.

2.BLICK IN DIE LITERATUR

Die projektive Liniengeometrie wird meist im Geradenraum des P^3 und in enger Verbindung mit der projektiven und euklidischen Theorie der Regelflächen, Kongruenzen und Komplexe betrieben. Ausführliche Darstellungen, die auch die zugehörige Differentialgeometrie berücksichtigen, findet man bei FINIKOW[1], HAACK[1], HLAVATÝ[1], HOSCHEK[2], MÜLLER/KRAMES[2], SAUER[1], ŠVEC [1], ZEÏLIGER[1], E.A.WEISS[1], ZINDLER[1]. Zur Behandlung der Regelflächentheorie des P^3 im $P^5_{|3}$ siehe ANZBÖCK[1]. Siehe auch KARGER[1], BARNER[3], COXETER[13], GERRETSEN[3], ROSENFELD[4], TRET'JAKOV[1], SHIROKOV[3].

Aufgabe:

Man zeige: Das Doppelverhältnis von vier kollinearen Punkten P,Q,R,S einer Geraden g der PLÜCKER-Quadrik $Q^4_{6\,3}$ stimmt überein mit dem Doppelverhältnis der vier Büschelgeraden p,q,r,s, die den Punkten P,Q,R,S vermöge der PLÜCKER-Bijektion entsprechen.

F. LIE-GEOMETRIE

Wir konzipieren die LIE-Geometrie derart, daß es im Sinn des Ordnungsprinzips des Erlanger Programms möglich ist, durch Aussonderung von Untergruppen der LIE-Gruppe in 16A die MÖBIUS-Geometrie (nach geeigneter Faktorisierung) und in 16C die engere LAGUERRE-Geometrie zu gewinnen.

1. GRUNDBEGRIFFE

Wir erklären das Standardmodell der n-dimensionalen LIE-Geometrie.

Def.1: Im *Standardmodell der LIE-Geometrie* ist der Standardschauplatz S die Absolutquadrik $Q^n_{n+2\,2}$ (*LIE-Quadrik*) des (selbstdualen) (n+1)-dimensionalen hyperbolischen Raumes $P^{n+1}_{|2}$ vom Index 2 ($n \geq 3$) mit der Normalform 4C(III):

$$x_0^2 + \ldots + x_{n-1}^2 - x_n^2 - x_{n+1}^2 = 0. \qquad (1)$$

Bewegungsgruppe $B^{n+1}_{|2}$ (*LIE-Gruppe*) ist die Gruppe der Bewegungen $\vec{x}_0 = U_0\vec{x}^*_0$ mit 2-orthogonaler Matrix U_0 ($U_0^T E_{n+2\,2} U_0 = E_{n+2\,2}$, siehe 7A(I)), wenn die LIE-Quadrik die Darstellung (1) besitzt. Die Bewegungen (*LIE-Bewegungen*) $\beta \in B^{n+1}_{|2}$ bilden den Schauplatz S auf sich ab. Die $B^{n+1}_{|2}$-Invarianten heißen *LIE-Invarianten*. Nach 7A, Satz 3 sind die LIE-Bewegungen die einzigen Ähnlichkeiten in $P^{n+1}_{|2}$.

Die LIE-Quadrik $Q^n_{n+2\,2}$ besitzt für $n \geq 3$ die Signatur $s = p - q = n-2 > 0$ und ein nichtleeres Innengebiet $IQ^n_{n+2\,2} \neq \emptyset$). Nach 4G, Satz 2 sind Innen- und Außengebiet projektivinvariant gekennzeichnet. Nach 4D, Satz 1 besitzt die LIE-Quadrik $Q^n_{n+2\,2}$ als Maximalerzeugende 1-Erzeugende.

2. BLICK IN DIE LITERATUR

Einführungen in die LIE-Geometrie (vorwiegend für n=3 und meist nicht im Standardmodell) geben BENZ[1], BIEBERBACH[1], BLASCHKE [23] und KUNLE/FLADT/SÜSS [1]. Ergänzungen findet man bei BECK[12] [13], HLAVATÝ[2], KUBOTA[3], STRUBECKER[48], STUDY[7] und YAGLOM[4].

PIMIÄ[1] studiert ein Modell der LIE-Geometrie auf einer höheren komplexen Geraden. BRAUNER[9] entwickelt die LIE-Geometrie der isotropen Ebene (Flaggenebene) und skizziert deren LAGUERRE- und MÖBIUS-Geometrie durch Spezialisierung der LIE-Geometrie. ARAPOVA[2] gibt eine Verallgemeinerung der klassischen LIE-Geometrie (n=3) auf allgemeine CK-Räume.

KAPITEL 15. CAYLEY/KLEIN-GEOMETRIEN IN ENTARTETEN CAYLEY/KLEIN-RÄUMEN

A. LAGUERRE-GEOMETRIEN

Die Anfänge der nach LAGUERRE benannten CK-Geometrien finden sich in Arbeiten von LAGUERRE[1] S.592-670. Wir erklären die Standardmodelle der LAGUERRE-Geometrien für beliebige endliche Dimension n-1.

1. GRUNDBEGRIFFE

Def.1: Im *Standardmodell der LAGUERRE-Ähnlichkeitsgeometrie* und der *LAGUERRE-Bewegungsgeometrie (vom Index* q_o) ist der Standardschauplatz S im quasihyperbolischen Raum

$$P^n_{n|q_o0} \quad (q_o \geq 1, \text{ Absolutfigur: } Q^{n-1}_{n\,q_o} \supset A^o \supset Q^{-1}_{1\,0})$$

der Absolutkegel $Q^{n-1}_{n\,q_o}$ ohne den Absolutpunkt A^o. Die Absolutfigur hat die Normalform:

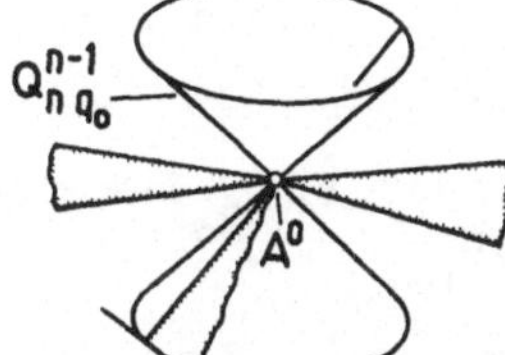

$$Q^{n-1}_{n\,q_o}: \vec{x}_o^T E_o \vec{x}_o = x_o^2 + \ldots - x^2_{n-q_o} - \ldots - x^2_{n-1} = 0,$$
$$A^o: \quad x_o = \ldots = x_{n-1} = 0,$$
$$Q^{-1}_{1\,0}: \vec{x}_1^T E_1 \vec{x}_1 = x_n^2 = 0.$$

Dualer Standardschauplatz $\overset{x}{S}$ ist im (zu $P^n_{n|q_o0}$ dualen) pseudoeuklidischen Raum vom Index q_o (siehe 6C, Def.1 und 8C3)

$$\overset{x}{P}{}^n_{1|0q_o} \quad (q_o \geq 1, \text{ Absolutfigur: } Q^{n-1}_{1\,0} \supset A^{n-1} \supset Q^{n-2}_{n\,q_o})$$

die Absolutquadrik $Q^{n-2}_{n\,q_o}$ (aufgefaßt als Klassenquadrik) ohne die Absoluthyperebene A^{n-1}. Die Absolutfigur hat die Normalform:

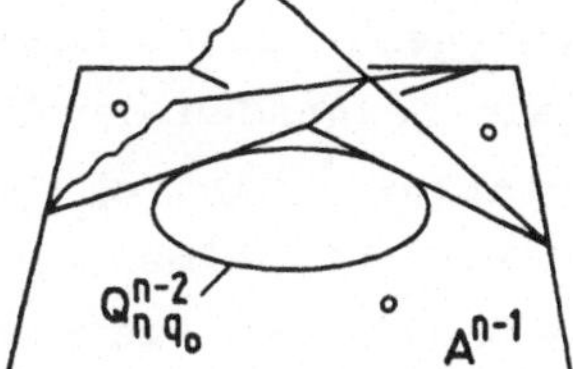

$$Q^{n-1}_{1\,0}: \vec{x}_o^T E_o \vec{x}_o = x_o^2 = 0,$$
$$A^{n-1}: \quad x_o = 0,$$
$$Q^{n-2}_{n\,q_o}: \vec{x}_1^T E_1 \vec{x}_1 = x_1^2 + \ldots - x^2_{n-q_o+1} - \ldots - x_n^2 = 0.$$

Ähnlichkeitsgruppe (*volle LAGUERRE-Gruppe*) $A^n_{n|q_o0}$ ist die Gruppe der F-Projektivitäten (Ähnlichkeiten) des quasihyperbolischen

Raumes $P^n_{n|q_o0}$,

$$\vec{x}_o = U_o\vec{x}^*_o \qquad \vec{x}_o = \begin{pmatrix} x_o \\ \vdots \\ x_{n-1} \end{pmatrix}, \quad \vec{x}_1 = (x_n),$$
$$\vec{x}_1 = T_{1o}\vec{x}^*_o + U_1\vec{x}^*_1$$

mit beliebiger (1,n)-Translationsmatrix T_{1o}, einer (n,n)-Drehmatrix U_o, die q_o-orthogonal ist bis auf einen konstanten Faktor λ_o und mit $U_1 = (\lambda_1)$. Dabei ist die Absolutfigur **F** in der Normalform 6B(I) gegeben.

Ähnlichkeitsgruppe (*duale volle LAGUERRE-Gruppe*) $\check{A}^n_{1|0q_o}$ ist die Gruppe der F-Projektivitäten (Ähnlichkeiten) von $\check{P}^n_{1|0q_o}$,

$$\vec{x}_o = \check{U}_o\vec{x}^*_o \qquad \vec{x}_o = (x_o), \quad \vec{x}_1 = \begin{pmatrix} x_1 \\ \vdots \\ x_n \end{pmatrix},$$
$$\vec{x}_1 = \check{T}_{1o}\vec{x}^*_o + \check{U}_1\vec{x}^*_1$$

mit beliebiger (n,1)-Translationsmatrix $\check{T}_{1o}$, mit $\check{U}_o = (\check{\lambda}_o)$ und einer (n,n)-Drehmatrix $\check{U}_1$, die q_o-orthogonal ist bis auf einen konstanten Faktor $\check{\lambda}_1$.

Bewegungsgruppe (*engere LAGUERRE-Gruppe*) $B^n_{n|q_o0}$ ist die für $\lambda_o = \lambda_1 = 1$ entstehende Untergruppe von $A^n_{n|q_o0}$.

Bewegungsgruppe (*duale engere LAGUERRE-Gruppe*) $\check{B}^n_{1|0q_o}$ ist die für $\check{\lambda}_o = \check{\lambda}_1 = 1$ entstehende Untergruppe von $\check{A}^n_{1|0q_o}$.

Die Invarianten bezüglich einer LAGUERRE-Gruppe heißen *LAGUERRE-Invarianten*. Ähnlichkeiten und Bewegungen heißen auch *LAGUERRE-Transformationen*.

Nach Def.1 erhält man bei festem Index q_o über der vollen LAGUERRE-Gruppe die *LAGUERRE-Geometrie* $\{(Q^{n-1}_{n\,q_o}\setminus A^o, A^n_{n|q_o0})\}$ *vom Index* q_o und über der engeren LAGUERRE-Gruppe die *LAGUERRE-Geometrie* $\{(Q^{n-1}_{n\,q_o}\setminus A^o, B^n_{n|q_o0})\}$ *vom Index* q_o. Der Standardschauplatz S ist jeweils ein in seiner Spitze punktierter Hyperkegel, dessen Maximalerzeugende q_o-Erzeugende sind. Die Maximalerzeugenden der Absolutquadrik $Q^{n-2}_{n\,q_o}$ des dualen Standardschauplatzes $\check{S}$ sind (q_o-1)-Erzeugende. Die LAGUERRE-Geometrien vom Index $q_o = 1$ heißen kurz *volle* bzw. *engere LAGUERRE-Geometrie*. Beide LAGUERRE-Geometrien zählt man - wie die MÖBIUS-Geometrie - zu den Kreis- und Kugelgeometrien.[1] Den Grund dafür zeigt ihr (euklidisches) Speer-

[1] Eine einheitliche lehrbuchmäßige und grundlagengeometrische Behandlung der Kreisgeometrien von MÖBIUS, LAGUERRE, LIE und MINKOWSKI (Kreisgeometrie in der pseudoeuklidischen Ebene) gibt BENZ[1].

Modell besonders deutlich (siehe 17B4).

Die Abstandsmetriken der CK-Räume sind in den LAGUERRE-Geometrien nicht von Interesse, da im CK-Raum $P^n_{n|q_o 0}$ je zwei Punkte X, Y des Schauplatzes $S = Q^{n-1}_{n\,q_o} \setminus A^o$ Punkte der Absolutfigur sind. Entsprechendes gilt für die Winkelmetriken im dualen CK-Raum $\overset{*}{P}{}^n_{1|0q_o}$.

Jede Ähnlichkeit aus $A^n_{n|q_o 0}$ läßt das Hyperebenenbündel (und damit jedes k-Ebenen-Bündel, $1 \leq k \leq n-1$) mit dem Zentrum A^o fix; speziell bleibt die Menge der Tangentenhyperebenen des Absolutkegels $Q^{n-1}_{n\,q_o}$ als Ganzes fix. Ebenso läßt jede Ähnlichkeit aus $\overset{*}{A}{}^n_{1|0q_o}$ das Punktfeld A^{n-1}, insbesondere die Ordnungsquadrik $Q^{n-2}_{n\,q_o} \subset A^{n-1}$ fix.

Jede Ähnlichkeit aus $A^n_{n|q_o 0}$ führt eine Schnittquadrik $Q^{n-1}_{n\,q_o} \cap \Gamma$ wieder in eine solche über. Jede Ähnlichkeit aus $\overset{*}{A}{}^n_{1|0q_o}$ führt eine Schnittquadrik $Q^{n-2}_{n\,q_o} \cap P$ [1)] wieder in eine solche über. (Eine Schnittquadrik $Q^{n-2}_{n\,q_o} \cap P^o$ ist ein Klassenkegel, aufzufassen als Menge seiner Tangentenhyperebenen.)

Ist α eine Hypergerade, so ist für jedes Hyperebenenquadrupel $(\Gamma_1, \Gamma_2, \Gamma_3, \Gamma_4)$ aus dem Hyperebenenbüschel um α das Doppelverhältnis $DV(\Gamma_1\,\Gamma_2\,\Gamma_3\,\Gamma_4)$ eine Projektivinvariante. Diese Feststellung führt wie folgt zu LAGUERRE-Invarianten:

<u>Satz 2</u>: Sei α eine Hypergerade des quasihyperbolischen Raumes $P^n_{n|q_o 0}$, die den Absolutpunkt A^o nicht enthält, und seien $\Gamma_1, \ldots, \Gamma_4$ Hyperebenen aus dem Hyperebenenbüschel um α. Dann gilt: Das Doppelverhältnis $DV(\Gamma_1\,\Gamma_2\,\Gamma_3\,\Gamma_4)$ ist in jeder LAGUERRE-Geometrie eine Invariante des Quadrupels der Schnittquadriken $Q^{n-1}_{n\,q_o} \cap \Gamma_i$ $(i = 1, \ldots, 4)$, falls diese im Schauplatz $S = Q^{n-1}_{n\,q_o} \setminus A^o$ liegen.

Je drei in S liegenden Schnittquadriken $Q^{n-1}_{n\,q_o} \cap \Gamma_i$ $(i = 1,2,3)$ kann man das Doppelverhältnis $DV(\Gamma_1\Gamma_2\Gamma_3\Gamma_4)$ als LAGUERRE-Invariante zuordnen, wenn $Q^{n-1}_{n\,q_o} \cap \Gamma_4 = A^o$ ist und $\Gamma_1, \ldots, \Gamma_4$ einem Hyperebenenbüschel angehören.

Satz 2 zeigt, daß die im Schauplatz S liegenden Quadriken für die LAGUERRE-Geometrien von besonderem Interesse sind. Man untersucht daher nicht allein, wie die volle und die engere LAGUERRE-Gruppe auf S operieren, man untersucht auch ihre Wirkung auf der Menge dieser Quadriken.

[1)] Schnitt der Klassenquadrik $Q^{n-2}_{n\,q_o}$ mit dem Hyperebenenbündel um P!

2. BLICK IN DIE LITERATUR

Einführungen in die LAGUERRE-Geometrien (meist nicht im Standardmodell) findet man für n=3 in den Lehrbüchern von BENZ[1], BIEBERBACH[1], BLASCHKE[23] und – mit konstruktiven Methoden – bei ECKHART[2] und MÜLLER/KRAMES[1]. Einführungen geben außerdem BLASCHKE[13][15], INZINGER[1], JOHANSSON[1] und KUNLE/FLADT/SÜSS[1]. Eine Verallgemeinerung auf CK-Räume gibt PARNASSKIĬ[1]. Zur Darstellung der LAGUERRE-Geometrien für n=3 in der euklidischen Ebene mittels dualer Zahlen siehe SCHEFFERS[1], GRÜNWALD[2] und YAGLOM[1]. Weitere Beiträge liefern GRAF[1][4], E.MÜLLER[1], MATSUMURA[1], STRUBECKER[47][52], WUNDERLICH[19], BRICARD[1], ARVESEN[2]. Mit den LAGUERRE-Transformationen, den LAGUERRE-Gruppen und ihren Untergruppen befassen sich ARAPOVA[1], JOHANSSON [1], SKOPEC/JAGLOM[1][2], LOEHRL[1], KUBOTA[2], YAGLOM[3].

B. QUASIELLIPTISCHE GEOMETRIEN

Die 3-dimensionalen quasielliptischen Geometrien entdeckten BLASCHKE[8] und GRÜNWALD[1] bei Untersuchungen zur ebenen euklidischen Kinematik (siehe 11C); Standardschauplatz ist der selbstduale quasielliptische Raum $P^3_{2|00}$.

Wir definieren die n-dimensionalen quasielliptischen Geometrien mit Hilfe des quasielliptischen Raumes $P^n_{r_o|00}$ $(n \geq 3)$, der nach 6C,Def.1 die Absolutfigur

$$Q^{n-1}_{r_o 0} \supset A^{n-r_o} \supset Q^{n-r_o-1}_{r_1 0}$$

besitzt und verlangen, daß er selbstdual ist, also mit $P^n_{r_1|00}$ übereinstimmt. Dies ist genau für $r_1 = r_o$, also wegen $r_o + r_1 = n+1$ genau für

$$r_o = \frac{n+1}{2} \geq 2$$

der Fall. Die Absolutebene $A^{\frac{n-1}{2}}$ ist der einzige reelle Bestandteil der Absolutfigur.

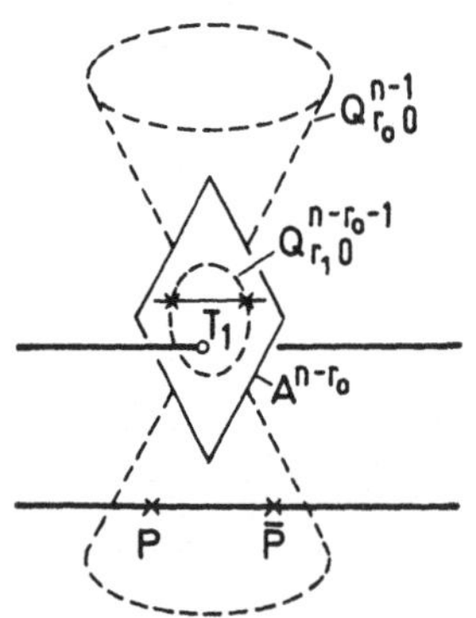

Derart definierte quasielliptische Geometrien existieren ersichtlich nur in Räumen ungerader Dimension. Genau in den 3-dimensionalen quasielliptischen Geometrien ist der Absolutkegel ein nullteiliges Hyperebenenpaar $(r_o = 2)$; die Absolutquadrik ist dann ein konjugiert komplexes Punktepaar $(r_1 = r_o = 2)$.

Die quasielliptischen Geometrien verdanken ihren Namen der Tatsache, daß die Absolutfigur des quasielliptischen Raumes $P^n_{r_o|00}$ nach 6C,Satz 2 durch einen Grenzübergang aus der Absolutquadrik $Q^{n-1}_{n+1\,0}$ des elliptischen Raumes $P^n_{|0}$ entsteht.

1. GRUNDBEGRIFFE

Def.1: Im *Standardmodell der quasielliptischen Ähnlichkeits- und Bewegungsgeometrie* ist der

Standardschauplatz S der quasielliptische Raum $P^n_{r_o|00}$ ($n \geq 3$, n ungerade, $2r_o = n+1$).

Ähnlichkeitsgruppe (*volle quasielliptische Gruppe*) $A^n_{r_o|00}$ ist nach 7A, Satz 2 die Gruppe der Ähnlichkeiten von $P^n_{r_o|00}$,

$$\vec{x} = \begin{pmatrix} \vec{x}_o \\ \vec{x}_1 \end{pmatrix} = \begin{pmatrix} U_o \vec{x}^*_o \\ T_{1o}\vec{x}^*_o + U_1\vec{x}^*_1 \end{pmatrix} \qquad \begin{matrix} \vec{x}_o = (x_o, \ldots, x_{r_o-1})^T \\ \vec{x}_1 = (x_{r_o}, \ldots, x_n)^T, \end{matrix}$$

mit beliebiger (r_o, r_o)-Translationsmatrix T_{1o}, einer bis auf einen konstanten Faktor λ_o orthogonalen (r_o, r_o)-Drehmatrix U_o und einer bis auf einen konstanten Faktor λ_1 orthogonalen $(n-r_o+1, n-r_o+1) = (r_o, r_o)$-Drehmatrix U_1. Dabei ist die Absolutfigur F in der Normalform 6B(I) gegeben.

Bewegungsgruppe (*engere quasielliptische Gruppe*) $B^n_{r_o|00}$ ist die für $\lambda_o = \lambda_1 = 1$ entstehende Untergruppe von $A^n_{r_o|00}$.

Geraden, Abstandsmetrik: Die Geraden g des quasielliptischen Raumes $P^n_{r_o|00}$ lassen sich bezüglich ihrer Lage zur Absolutebene A^{n-r_o} in drei Klassen einteilen:

$$g \cap A^{n-r_o} = \begin{Bmatrix} \emptyset \\ \{T_1\} \\ g \end{Bmatrix}. \text{ Dann ist } g \begin{Bmatrix} \text{Passante} \\ \text{euklidische Gerade} \\ \text{Passante 1.Art} \end{Bmatrix} \text{ (siehe 8A).}$$

Nach 8B(I) und 8B(III) bestehen auf den Geraden des quasielliptischen Raumes $P^n_{r_o|00}$ die Abstandsmetriken $\delta_o(X,Y)$ (Passanten), $d_1(X,Y)$ (euklidische Geraden) und $\delta_1(X,Y)$ (Passanten 1.Art). Dabei ist

$$\cos \delta_o(X,Y) = \frac{|\vec{x}_o^T E_o \vec{y}_o|}{\sqrt{\vec{x}_o^T E_o \vec{x}_o \; \vec{y}_o^T E_o \vec{y}_o}} \qquad (0 \leq \delta_o \leq \tfrac{\pi}{2}),$$

und nach 8B, Satz 3 ist

$$\delta_o(X,Y) = \frac{1}{2i} \ln DV(P\bar{P}XY),$$

wobei $X+Y$ mit $Q^{n-1}_{r_o\,0}$ in $\{P, \bar{P}\}$ inzidiert; weiterhin ist

$$d_1(X,Y) = \sqrt{|(\vec{y}_1 - \vec{x}_1)^T E_1 (\vec{y}_1 - \vec{x}_1)|}$$

und

$$\cos\delta_1(X,Y) = \frac{|\vec{x}_1^T E_1 \vec{y}_1|}{\sqrt{\vec{x}_1^T E_1 \vec{x}_1\ \vec{y}_1^T E_1 \vec{y}_1}} \quad (0 \le \delta_o \le \tfrac{\pi}{2})$$

sowie

$$\delta_1(X,Y) = \frac{1}{2i} \ln DV(P\ \bar{P}\ X\ Y)\ ,$$

wobei $X+Y$ mit $\hat{Q}^{n-r_o-1}_{r_1\,0}$ in $\{P,\bar{P}\}$ inzidiert.

<u>Hypergeraden, Winkelmetrik</u>: Jeder Hypergeraden $\alpha \subset P^n_{r_o|00}$ entspricht in diesem selbstdualen CK-Raum eine Gerade, die bezüglich der selbstdualen Absolutfigur Passante, euklidische Gerade oder Passante 1.Art ist. Damit bestehen drei Typen von Hypergeraden: H-Passanten, euklidische H-Geraden, H-Passanten 1.Art. Wendet man auf α und A^{n-r_o} die Dimensionsformel 1C(I) an, so folgt: Eine H-Gerade (Menge aller Hyperebenen durch eine Hypergerade α) ist

$$\left.\begin{array}{l}\text{H-Passante}\\ \text{euklidische H-Gerade}\\ \text{H-Passante 1.Art}\end{array}\right\} \Longleftrightarrow \operatorname{Dim}(\alpha \cap A^{n-r_o}) = \left\{\begin{array}{l} n-r_o-2\\ n-r_o-1\\ n-r_o\end{array}\right. .$$

Auf den H-Geraden des selbstdualen quasielliptischen Raumes $P^n_{r_o|00}$ bestehen nach 8B(I) und 8B(III) die – zu den Abstandsmetriken dualen – Winkelmetriken $\varphi_1(\Gamma,\Lambda)$ (H-Passanten), $f_o(\Gamma,\Lambda)$ (euklidische H-Geraden) und $\varphi_o(\Gamma,\Lambda)$ (H-Passanten 1.Art). Dabei ist

$$\cos\varphi_1(\Gamma,\Lambda) = \frac{|\vec{\gamma}_1^T E_1 \vec{\lambda}_1|}{\sqrt{\vec{\gamma}_1^T E_1 \vec{\gamma}_1\ \vec{\lambda}_1^T E_1 \vec{\lambda}_1}} \quad (0 \le \varphi_1 \le \tfrac{\pi}{2}),$$

und nach 8B, Satz 3 ist

$$\varphi_1(\Gamma,\Lambda) = \frac{1}{2i} \ln DV(\Pi\ \bar{\Pi}\ \Gamma\ \Lambda),$$

wobei $\Gamma \cap \Lambda$ mit $Q^{n-1}_{r_1\,0}$ in $\{\Pi,\bar{\Pi}\}$ inzidiert; weiterhin ist

$$f_o(\Gamma,\Lambda) = |(\vec{\lambda}_o - \vec{\gamma}_o)^T E_o (\vec{\lambda}_o - \vec{\gamma}_o)|$$

und

$$\cos\varphi_o(\Gamma,\Lambda) = \frac{|\vec{\gamma}_o^T E_o \vec{\lambda}_o|}{\sqrt{\vec{\gamma}_o^T E_o \vec{\gamma}_o\ \vec{\lambda}_o^T E_o \vec{\lambda}_o}} \quad (0 \le \varphi_o \le \tfrac{\pi}{2})$$

sowie

$$\varphi_o(\Gamma,\Lambda) = \frac{1}{2i} \ln DV(\Pi\ \bar{\Pi}\ \Gamma\ \Lambda),$$

wobei $\Gamma \cap \Lambda$ mit $Q^{r_o-2}_{r_o\,0}$ in $\{\Pi,\bar{\Pi}\}$ inzidiert.

Reguläre und singuläre k-Ebenen: Für eine k-Ebene $L^k \not\subset F$ eines quasielliptischen Raumes $P^n_{r_o|00}$ gilt nach 9A, Def. 1 und 9A, Satz 2: L^k ist regulär, wenn

$$L^k \cap A^{n-r_o} = \emptyset \quad \text{(dann ist } 0 \le k < r_o\text{) oder wenn}$$

$$L^k \cap A^{n-r_o} \ne \emptyset \text{ und } L^k + A^{n-r_o} = P^n \quad \text{(dann ist } r_o \le k \le n\text{)}.$$

Andernfalls ist L^k singulär.

2. BLICK IN DIE LITERATUR

In die quasielliptischen Geometrien des $P^3_{2|00}$ (vorwiegend in die quasielliptische Bewegungsgeometrie) führen ein: BLASCHKE[7][8], BLASCHKE/MÜLLER[1], GRÜNWALD[1], MÜLLER/KRUPPA[1]S.255ff. und STRUBECKER[2]. Beziehungen zu den quasielliptischen Geometrien des $P^3_{2|00}$ finden sich auch bei BLASCHKE[9] und in der differentialgeometrischen Literatur des $P^3_{2|00}$ (siehe 23B). ŽELEZINA[1] und L'VOVA[1] behandeln liniengeometrische Aspekte des $P^3_{2|00}$ (bezüglich des $P^3_{2|01}$ siehe GUR'EVA[1]).

ROSENFELD/KARPOVA/ANDREEVA[1] sowie ES'KINA/SKAKALSKAJA[1] bestimmen in quasielliptischen (und quasihyperbolischen) Räumen Invarianten von k-Ebenen und Paaren von k-Ebenen; ABBASOV[2] untersucht Spiegelungen an k-Ebenen. PTICYNA/PUČKOVA/RUMJANCEVA [1] und PEVZNER[6] ermitteln Quadrikinvarianten und Normalformen der Quadriken quasielliptischer (und quasihyperbolischer) Räume. Siehe auch ROSENFELD[5].

C. EUKLIDISCHE UND PSEUDOEUKLIDISCHE GEOMETRIEN, ISOTROPE GEOMETRIEN, GALILEI- UND FLAGGEN-GEOMETRIEN

1. GRUNDBEGRIFFE

Bei den CK-Räumen $P^n_{r_o \ldots r_{\rho-1}|q_o \ldots q_\rho}$, die eine Absoluthyperebene A^{n-1} besitzen, liegt es nahe, $P^n \setminus A^{n-1}$ als Standardschauplatz S einer CK-Geometrie zu wählen. Da ein längs einer Hyperebene A^{n-1} geschlitzter projektiver Raum P^n meist als affiner Raum untersucht wird, aber die Einbeziehung affiner Räume diese Darstellung sprengen würde, weisen wir nur kurz auf die wichtigsten CK-Geometrien dieser Art hin. Dabei beschränken wir uns auf die zugehörigen Bewegungsgruppen. Bei Verwendung der Ähnlichkeitsgruppen gilt Analoges.

Die Geometrie $\{(P^n \setminus A^{n-1}, B^n_{1|0q_1})\}$ heißt *pseudoeuklidische Bewegungsgeometrie vom Index q_1*, für $q_1=0$ *euklidische Bewegungsgeometrie*, für $q_1=1$ *pseudoeuklidische Bewegungsgeometrie*. Die Bewegungsgruppe $B^n_{1|0q_1}$ ist die Gruppe der Bewegungen

$$\begin{aligned}\vec{x}_o &= U_o\vec{x}^*_o\\ \vec{x}_1 &= T_{1o}\vec{x}^*_o + U_1\vec{x}^*_1\end{aligned} \qquad \vec{x}_o = (x_o),\ \vec{x}_1 = (x_1,\dots,x_n)^T$$

mit $U_o = (1)$, q_1-orthogonaler (n,n)-Drehmatrix U_1 ($U_1^T E_{n\,q_1} U_1 = E_{n\,q_1}$, siehe 7A(I)) und beliebiger $(n,1)$-Translationsmatrix T_{1o}. Die Absolutfigur $Q^{n-1}_{1\,0} \supset A^{n-1} \supset Q^{n-2}_{n\,q_1}$ hat dabei die Normalform 6B(I).

Die Geometrie $\{(P^n \setminus A^{n-1}, B^n_{1\,n-1|0q_10})\}$ heißt *isotrope Bewegungsgeometrie vom Index q_1*, für $q_1=0$ *isotrope Bewegungsgeometrie*, für $q_1=1$ *pseudoisotrope Bewegungsgeometrie*. Ihre Bewegungsgruppe läßt sich nach 7A einfach angeben.

Die Geometrie $\{(P^n \setminus A^{n-1}, B^n_{1\cdots1|0\cdots0q_p})\}$ heißt *GALILEI-Bewegungsgeometrie*, speziell die Geometrie $\{(P^n \setminus A^{n-1}, B^n_{1\cdots1|0\cdots00})\}$ mit der Gruppe der Bewegungen (Flaggen-Bewegungen)

$$\begin{aligned}x_o &= x^*_o,\\ x_1 &= a_{1o}x^*_o + x^*_1,\\ &\dots\dots\dots\dots\\ x_n &= a_{no}x^*_o + a_{n1}x^*_1 + \dots + x^*_n,\end{aligned}$$

heißt *Flaggen-Bewegungsgeometrie*.

2. BLICK IN DIE LITERATUR

Wir beschränken uns auf Literaturhinweise zu den pseudoeuklidischen und isotropen Geometrien, den GALILEI- und Flaggen-Geometrien.

Die pseudoeuklidische Bewegungsgeometrie $\{(P^3 \setminus A^2, B^3_{1|01})\}$ erfährt unter dem Namen *C-Geometrie* bei MÜLLER/KRAMES[1] (III. Kapitel) eine ausführliche konstruktive Behandlung. Einen kurzen Abriß über den $P^3_{1|01}$ gibt KLEIN[1]S.141ff. Zur pseudoeuklidischen Ebene $P^2_{1|01}$ siehe BENZ[1], SZÁSZ[17] und VALQUI[1]. Unter Verwendung einer komplexen Affinität überträgt SCHAAL[5] euklidische Sätze über Kreise und gleichseitige Hyperbeln in pseudoeuklidische Sätze. Zur pseudoeuklidischen Trigonometrie siehe PUIU[1]; im $P^n_{1|01}$ gibt PUIU [2] eine Klassifikation der Quadriken. BOJA[3] beweist Sinus- und Kosinussätze auf pseudoeuklidischen Hypersphären. DŽAVADOV[1] gibt Darstellungen der konformen Abbildungen euklidischer und pseudoeuklidischer Räume durch gebrochene lineare Transformationen. SEGERCRANTZ[1] schneidet eine Einheitssphäre des MINKOWSKI-Raums $P^4_{1|01}$ mit geeigneten Hyperebenen und konstruiert so Modelle der ebenen hyperbolischen und elliptischen Geometrie. Für die pseudoeuklidische Grenzschraubung gibt WUNDERLICH[3] eine konstruktive Behandlung. Siehe auch ROSENFELD/JAGLOM[3].

Die Geometrien der Flaggenebene (Minimalebene, isotrope Ebene) $P^2_{11|000}$ – auch *ebene GALILEI-Geometrien* genannt –, denen Arbeiten von BECK[1], BERWALD[2], KOWALEWSKI[1], MAKAROVA [1]-[3][5], FOG [1], GLASS[1], BOLOTIN[1], KUIPER[1] und NOI[2] gewidmet sind, hat vor allem STRUBECKER[4][9][35][36] wesentlich gefördert. Eine ausgezeichnete Lehrbuchdarstellung gibt YAGLOM[2].

Die Kreisgeometrien der Flaggenebene untersuchen BRAUNER[9], BECK[1], GRAF[1], GRÜNER[1] und MAKAROVA[3][4].

Die Geometrien der 3-dimensionalen isotropen Räume $P^3_{12|000}$ und $P^3_{12|010}$ stellt STRUBECKER[5][6][19][32] ausführlich dar. Weitere Beiträge liefern WÜNSCH[1](kugeltreue Transformationen), SACHS[3] (Sphären), VASIL'EVA/KONJAEVA/LIBERMAN[1](Quadriken) und PROSKURINA[1] (Interpretationen). LÜBBERT[6][7] kennzeichnet die Grenzgruppe des $P^3_{12|000}$ und betrachtet Zerlegungen der Grenzgruppe des n-dimensionalen isotropen Raumes $P^n_{1\,n-1|000}$. SACHS[1] betrachtet in diesem Raum lineare Hypersphärenmannigfaltigkeiten.

BRAUNER[6] entwickelt ausführlich die 3-dimensionale Flaggen-Bewegungsgeometrie. Den n-dimensionalen Flaggenraum untersuchen ROSENFELD/EŽOVA-GUSEVA/SEMENOVA[1] (metrische Invarianten und Kovarianten von Ebenenpaaren) und PENNER[1] (Quadriken, Bilinearformen).

Die Differentialgeometrien der pseudoeuklidischen und isotropen Räume sowie der GALILEI- und Flaggenräume sind ebenfalls weit entwickelt (siehe 23B und 23C).

Aufgaben:

1) Sei $P^n_{r_o|00}$ $(3 \leq n = 2r_o - 1)$ ein quasielliptischer Raum.

a) Man zeige: Der quasielliptische Raum $P^n_{r_o|00}$ induziert in der Fernebene A^{n-r_o} einen elliptischen Raum; die quasielliptische Ähnlichkeitsgeometrie in $P^n_{r_o|00}$ induziert in A^{n-r_o} ein Modell der elliptischen Geometrie.

b) Welche Ähnlichkeiten (Bewegungen) von $P^n_{r_o|00}$ induzieren in A^{n-r_o} ein und dieselbe Bewegung?

c) Jede Bewegung von A^{n-r_o} wird bereits induziert durch eine Bewegung aus der engeren quasielliptischen Gruppe $B^n_{r_o|00}$.

2) Warum ist der Winkel zweier Geraden einer euklidischen Ebene $P^2_{1|00}$ eine Ähnlichkeitsinvariante, der Winkel zweier Geraden einer Flaggenebene $P^2_{11|000}$ hingegen nicht?

KAPITEL 16. BEZIEHUNGEN ZWISCHEN CAYLEY/KLEIN-GEOMETRIEN

Wir entwickeln in diesem Abschnitt Beziehungen verschiedener CK-Geometrien zueinander, indem wir die nichtentartete Absolutquadrik eines hyperbolischen Raumes $P^{n+1}_{|q_o}$ $(n \geq 1)$ vom Index $q_o \geq 1$ durch einen Punkt vergrößern. Die Idee der geeigneten *Vergrößerung einer Absolutfigur* (etwa durch einen Punkt, eine Gerade, ...) läßt sich stets anwenden, um (im allgemeinen echte) Untergruppen der Bewegungs- oder Ähnlichkeitsgruppe eines CK-Raumes zu finden.

A. BEWEGUNGSGRUPPE $B^N_{|Q_o-1}$ ALS FAKTORGRUPPE DER BEWEGUNGSGRUPPE $B^{N+1}_{|Q_o}$

Die nichtentartete Absolutquadrik $Q^n_{n+2\,q_o}$ $(q_o \geq 1)$ des CK-Raumes $P^{n+1}_{|q_o}$ $(n \geq 1)$ sei in der Normalform 4C(III) gegeben:

$$F(\vec{x}) = x_o^2 + \ldots + x^2_{n-q_o+1} - x^2_{n-q_o+2} - \ldots - x^2_{n+1} = 0. \tag{1}$$

Wegen $q_o \geq 1$ ist $I(Q^n_{n+2\,q_o},F) \neq \emptyset$ und $A(Q^n_{n+2\,q_o},F) \neq \emptyset$ (siehe 4G). Nach 4F,Satz 5 liegen genau die Punkte $E_{n-q_o+2},\ldots,E_{n+1}$ eines Koordinatensimplex $\{E_o,\ldots,E_{n+1}\}$, in dem die Absolutquadrik $Q^n_{n+2\,q_o}$ die Normalform (1) besitzt, in $I(Q^n_{n+2\,q_o},F)$. Wir wählen einen festen Punkt $Z \in I(Q^n_{n+2\,q_o},F)$[1] – ohne Einschränkung $Z = E_{n+1}(0,\ldots,0,1)$ – und betrachten die aus den Drehungen um Z bestehende Untergruppe $B^{n+1}_{|q_o}(Z)$

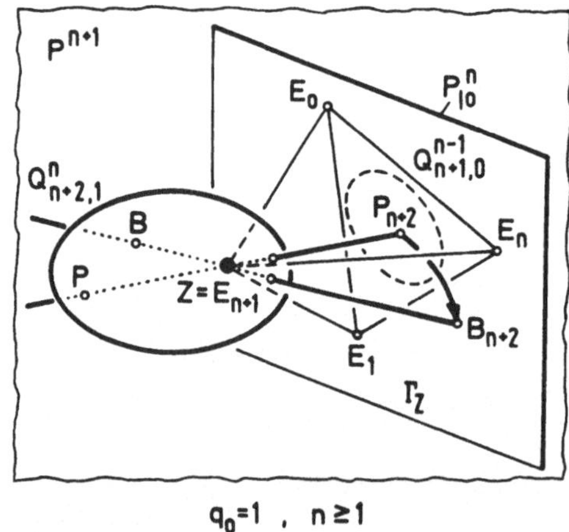

$q_0=1$, $n \geq 1$

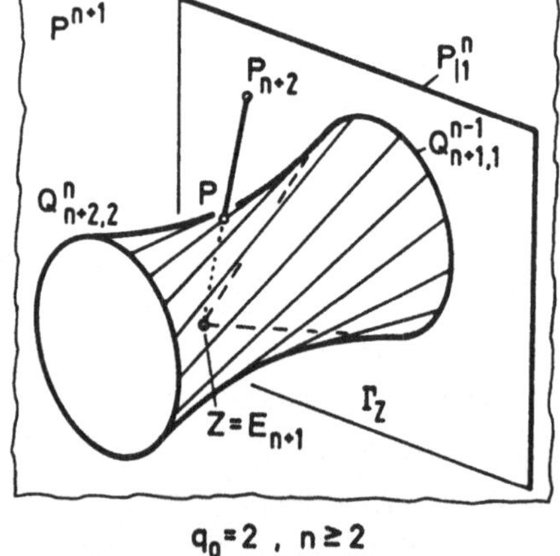

$q_0=2$, $n \geq 2$

[1] Hat die Absolutquadrik $Q^n_{n+2\,q_o}$ positive Signatur $s_o = n+2-2q_o > 0$, so besitzt die Absolutquadrik nach 4G,Satz 2 ein projektivinvariantes Innen- und Außengebiet ($IQ^n_{n+2\,q_o}$ bzw. $AQ^n_{n+2\,q_o}$).

der Bewegungsgruppe $B^{n+1}_{|q_o}$. Die Drehungen um Z sind die Bewegungen $\tilde{\vec{x}}_o = \tilde{U}_o\tilde{\vec{x}}^*_o$ mit q_o-orthogonaler (n+2,n+2)-Bewegungsmatrix $\tilde{U}_o$ (siehe 7A,Def.1),

$$\tilde{U}^T_o\tilde{E}_o\tilde{U}_o = \tilde{E}_o = E_{n+2\ q_o},$$

die den Punkt Z fix lassen. Mit Z bleibt auch die Polarhyperebene $\Gamma_Z(x_{n+1}=0)$ sowie die Schnittquadrik

$$Q^{n-1}_{n+1\,q_o-1} := Q^n_{n+2\,q_o} \cap \Gamma_Z$$

$(x_{n+1} = x_o^2+\ldots+x^2_{n-q_o+1} - x^2_{n-q_o+2} - \ldots - x_n^2 = 0)$ fix. Die Drehungen aus $B^{n+1}_{|q_o}(Z)$ haben daher die Bauart:

$$\tilde{\vec{x}}_o = \begin{pmatrix} \vec{x}_o \\ x_{n+1} \end{pmatrix} = \begin{pmatrix} U_o & \vec{o} \\ \vec{o}^T & 1 \end{pmatrix}\begin{pmatrix} \vec{x}^*_o \\ x^*_{n+1} \end{pmatrix} = \tilde{U}_o\tilde{\vec{x}}^*_o, \quad \vec{x}_o = (x_o,\ldots,x_n)^T$$

mit (q_o-1)-orthogonaler (n+1,n+1)- Matrix U_o:

$$U^T_oE_oU_o = E_o = E_{n+1\ q_o-1}.$$

Da die Drehungen aus $B^{n+1}_{|q_o}(Z)$ in der Polarhyperebene Γ_Z die Quadrik $Q^{n-1}_{n+1\,q_o-1}$ fix lassen und in Γ_Z durch $\vec{x}_o = U_o\vec{x}^*_o$ beschrieben werden, wirken sie auf Γ_Z als Bewegungen des CK-Raumes $P^n_{|q_o-1}$.

Wir zeigen nun, daß umgekehrt jede Bewegung β des CK-Raumes $P^n_{|q_o-1} \subset \Gamma_Z$ von genau zwei Bewegungen π_1, $\pi_2 \in B^{n+1}_{|q_o}(Z)$ induziert wird, die sich nur um die Projektivspiegelung $\kappa(Z,\Gamma_Z)$ unterscheiden:

$$\pi_2 = \kappa(Z,\Gamma_Z)\circ\pi_1 .$$

Nach 7A,Satz 2 und 7A,Satz 3 ist jede Bewegung β des CK-Raumes $P^n_{|q_o-1}$ eine F-Projektivität der nichtentarteten Absolutquadrik $Q^{n-1}_{n+1\,q_o-1}$ und umgekehrt. Zum Beweis sei daher $Z = P_o = B_o$, und in Γ_Z seien $P_1,\ldots,P_{n+2}$ Punkte in allgemeiner Lage. Ihre Bildpunkte bei Anwendung von β seien $B_k := \beta P_k \in \Gamma_Z$ $(k=1,\ldots,n+2)$. Nach dem Hauptsatz über Projektivitäten (2D,Satz 3) ist β durch Vorgabe der Punkte P_k und B_k $(k=1,\ldots,n+2)$ — jeweils in allgemeiner Lage — bestimmt. Sei

P ein Schnittpunkt von $Z+P_{n+2}$ mit $Q^n_{n+2\,q_o}$

und B ein Schnittpunkt von $Z+B_{n+2}$ mit $Q^n_{n+2\,q_o}$.[1)]

---

1) Man kann ohne Einschränkung $P \in Q^n_{n+2\,q_o}$ reell annehmen und den Schnittpunkt $(Z+P)\cap\Gamma_Z$ als Punkt P_{n+2} verwenden, da β auch P_{n+2} einen Bildpunkt

Dann befinden sich sowohl die Punkte $P_0, P_1, \ldots, P_{n+1}; P$ als auch die Punkte $B_0, B_1, \ldots, B_{n+1}; B$ im P^{n+1} in allgemeiner Lage; im P^{n+1} sind damit zwei projektive Koordinatensysteme gegeben. Nach 2D, Satz 3 existiert genau eine Projektivität $\pi_1 : P^{n+1} \to P^{n+1}$ mit

$$\pi_1 P_j = B_j \quad (j = 0, \ldots, n+1), \quad \pi_1 P = B;$$

π_1 läßt Z und Γ_Z fix und stimmt in Γ_Z mit β überein. Wir zeigen, daß π_1 auch $Q^n_{n+2\,q_0}$ fix läßt und somit ein Element der Untergruppe $B^{n+1}_{|q_0}(Z)$ ist.

Die Doppelhyperebene Q^n_{10} mit der Spitze Γ_Z und der Kegel $Q^n_{n+1q_0-1}$ mit der Spitze Z und der Leitquadrik $Q^{n-1}_{n+1\,q_0-1}$ [1] spannen ein Quadrikenbüschel auf:

$$\lambda Q^n_{10} + Q^n_{n+1\,q_0-1} = 0 .$$

Dieses Büschel enthält die Absolutquadrik $Q^n_{n+2\,q_0}$. Da sowohl $Q^n_{1\,0}$ als auch $Q^n_{n+1\,q_0-1}$ bei π_1 fix bleiben, bleibt bei π_1 das ganze Quadrikenbüschel fix. Damit liegt auch $\pi_1 Q^n_{n+2\,q_0}$ im Büschel. Wegen $P \in Q^n_{n+2\,q_0}$ und $\pi_1 P = B \in Q^n_{n+2\,q_0}$ folgt $\pi_1 Q^n_{n+2\,q_0} = Q^n_{n+2\,q_0}$. Also ist $\pi_1 \in B^{n+1}_{|q_0}(Z)$.

Die bisherigen Überlegungen zeigen, daß nur eine weitere Möglichkeit besteht, die Bewegung β des CK-Raumes $P^n_{|q_0-1}$ zu einer Bewegung aus $B^{n+1}_{|q_0}(Z)$ fortzusetzen. Man erhält diese Möglichkeit, wenn man P durch den zweiten Schnittpunkt P' von $Z+P_{n+2}$ mit der Quadrik $Q^n_{n+2\,q_0}$ ersetzt. Diese weitere Möglichkeit führt auf eine Projektivität π_2, die durch Verknüpfung von π_1 mit der Projektivspiegelung $\kappa(Z,\Gamma_Z)$ entsteht ($\pi_2 = \kappa \circ \pi_1$).

Damit gilt:

<u>Satz 1</u>: a) Die Bewegungsgruppe $B^n_{|q_0-1}$ ($q_0 \geq 1, n \geq 1$) ist isomorph zur Faktorgruppe der Drehungsgruppe $B^{n+1}_{|q_0}(Z)$, $Z \in I(Q^n_{n+2\,q_0}, F)$, nach dem Normalteiler, der aus der Identität $Id_{P^{n+1}}$ auf dem projek-

---

zuweist. Wegen $Z \in I(Q^n_{n+2\,q_0}, F)$ und $P \in Q^n_{n+2\,q_0}$ ist $P_{n+2} \in A(Q^{n-1}_{n+1\,q_0-1}, G)$. Da eine Bewegung β des CK-Raumes $P^n_{|q_0-1}$ die quadratische Form G, die $Q^{n-1}_{n+1\,q_0-1}$ beschreibt, fix läßt, läßt β jede der Punktmengen $I(Q^{n-1}_{n+1\,q_0-1}, G)$ und $A(Q^{n-1}_{n+1\,q_0-1}, G)$ fix. Daher ist mit P auch B reell.

[1] Für $q_0=1$ ist $Q^n_{n+1\,0}$ ein Doppelpunkt (nullteiliger Hyperkegel mit Spitze Z und Leitquadrik $Q^{n-1}_{n+1\,0}$).

tiven Raum P^{n+1} und der Projektivspiegelung $\kappa(Z,\Gamma_Z)$ besteht. Daraus folgt für $q_o=1$ und $q_o=2$:

$q_o=1$: Die *elliptische Gruppe* $B^n_{|0}$ $(n\geq 1)$ ist isomorph zu einer Untergruppe der Drehungsgruppe $B^{n+1}_{|1}(Z)$, $Z\in IQ^n_{n+2\,1}$, der *MÖBIUS-Gruppe* $B^{n+1}_{|1}$.

$q_o=2$: Die *MÖBIUS-Gruppe* $B^n_{|1}$ $(n\geq 2)$ ist isomorph zur Faktorgruppe der in der *LIE-Gruppe* $B^{n+1}_{|2}$ enthaltenen Drehungsgruppe $B^{n+1}_{|2}(Z)$, $Z\in I(Q^n_{n+2\,2},F)$, nach dem Normalteiler $\{Id_{P^{n+1}},\kappa(Z,\Gamma_Z)\}$.

b) $q_o=1$: Die *n-dimensionale elliptische Geometrie* $(n\geq 1)$ ist isomorph zu jener Obergeometrie der *(n+1)-dimensionalen MÖBIUS-Geometrie*, die durch Vergrößerung ihrer Absolutquadrik $Q^n_{n+2\,1}$ um genau einen Innenpunkt Z entsteht und die ovale Absolutquadrik $Q^n_{n+2\,1}$ mit identifizierten Gegenpunkten bezüglich Z als Schauplatz besitzt (Zentralprojektion des Schauplatzes Γ_Z der n-dimensionalen elliptischen Geometrie auf $Q^n_{n+2\,1}$ aus Z!).

$q_o=2$: Die *n-dimensionale MÖBIUS-Geometrie* $(n\geq 2)$ ist isomorph zu jener Obergeometrie der *n-dimensionalen LIE-Geometrie*, die durch Vergrößerung ihrer Absolutquadrik $Q^n_{n+1\,2}$ um genau einen Innenpunkt Z entsteht und die ringartige Absolutquadrik $Q^n_{n+1\,2}$ mit identifizierten Gegenpunkten bezüglich Z als Schauplatz besitzt(Zentralprojektion des Schauplatzes $P^n_{|1}\setminus IQ^{n-1}_{n+1\,1}$ der n-dimensionalen MÖBIUS-Geometrie auf $Q^n_{n+2\,2}$ aus Z!).

Die Projektivspiegelung $\kappa(Z,\Gamma_Z)$ vertauscht alle Gegenpunktpaare von $Q^n_{n+2\,q_o}$ bezüglich Z. Die einer Bewegung β des CK-Raumes $P^n_{|q_o-1}$ entsprechenden Bewegungen π_1,π_2 sind nur bis auf die Projektivspiegelung $\kappa(Z,\Gamma_Z)$ bestimmt. Jedem Punkt X des CK-Raumes $P^n_{|q_o-1}$ entspricht auf der Bündelgeraden X+Z genau ein Gegenpunktpaar.

B. Bewegungsgruppe $B^N_{|Q_o}$ als Faktorgruppe der Bewegungsgruppe $B^{N+1}_{|Q_o}$

Wir verwenden wie in Abschnitt A die nichtentartete Absolutquadrik $Q^n_{n+2\,q_o}$ $(q_o\geq 1)$ des CK-Raumes $P^{n+1}_{|q_o}$ $(n\geq 1,\ n+2>2q_o)$[1] in der Nor-

[1] Für $n+2=2q_o$ ist $A(Q^n_{n+2\,q_o},F)=I(Q^n_{n+2\,q_o},-F)$, und $-F$ ist durch Umnumerierung der Koordinaten auf die Normalform 4C(III) zu bringen. In diesem Fall ist nicht der folgende Satz 1, sondern A,Satz 1 anwendbar.

malform

$$F(\vec{x}) = x_0^2 + \dots + x_{n-q_o+1}^2 - x_{n-q_o+2}^2 - \dots - x_{n+1}^2 = 0 \; .$$

Wir wählen einen festen Punkt $Z \in AQ^n_{n+2\,q_o}$ – ohne Einschränkung $Z = E_o(1,0,\dots,0)$ – und betrachten nun die aus den Drehungen um Z bestehende Untergruppe $B^{n+1}_{|q_o}(Z)$ der Bewegungsgruppe $B^{n+1}_{|q_o}$, deren Bewegungen $\tilde{\vec{x}}_o = \tilde{U}_o \tilde{\vec{x}}_o^*$ mit q_o-orthogonaler $(n+2,n+2)$-Bewegungsmatrix $\tilde{U}_o$ den Punkt Z fix lassen. Mit Z bleibt die Polarhyperebene Γ_Z $(x_o = 0)$ sowie die Schnittquadrik

$$Q^{n-1}_{n+1\,q_o} := Q^n_{n+2\,q_o} \cap \Gamma_Z$$

$(x_o = x_1^2 + \dots + x_{n-q_o+1}^2 - x_{n-q_o+2}^2 - \dots - x_{n+1}^2 = 0)$ fix.[1] Die Drehungen aus $B^{n+1}_{|q_o}(Z)$ haben folglich die Bauart:

$$\tilde{\vec{x}}_o = \begin{pmatrix} x_o \\ \vec{y} \end{pmatrix} = \begin{pmatrix} 1 & \vec{o}^{\,T} \\ \vec{o} & U_o \end{pmatrix} \begin{pmatrix} x_o^* \\ \vec{y}^* \end{pmatrix} = \tilde{U}_o \tilde{\vec{x}}_o^*, \quad \vec{y} = (x_1,\dots,x_{n+1})^T,$$

mit q_o-orthogonaler $(n+1,n+1)$-Matrix U_o:

$$U_o^T E_o U_o = E_o = E_{n+1\,q_o} \, .$$

Diese Bewegungen aus $B^{n+1}_{|q_o}$ lassen in Γ_Z die Schnittquadrik $Q^{n-1}_{n+1\,q_o}$ fix und wirken daher auf Γ_Z als Bewegungen des hyperbolischen Raumes $P^n_{|q_o}$.

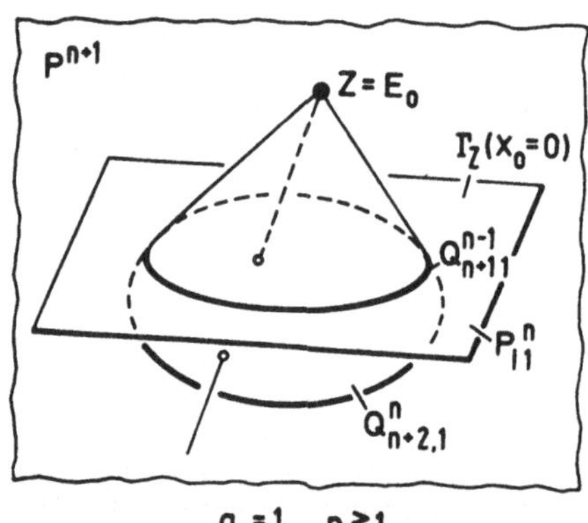

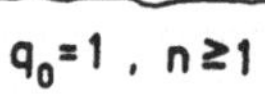

$q_0 = 1\ ,\ n \geq 1$

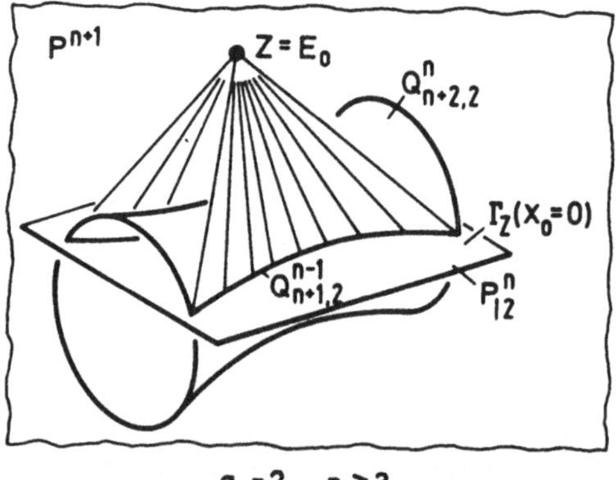

$q_0 = 2\ ,\ n \geq 3$

Umgekehrt wird in Γ_Z jede Bewegung β von genau zwei Bewegungen $\pi_1, \pi_2 \in B^{n+1}_{|q_o}(Z)$ mit $\pi_2 = \kappa(Z,\Gamma_Z) \circ \pi_1$ induziert. Diese Umkehrung folgt wie die entsprechende Aussage in Abschnitt A.

[1] Wegen $n+2 > 2q_o$ hat die Schnittquadrik $Q^{n-1}_{n+1\,q_o}$ die angegebene Normalform und den Index q_o.

Für $q_o=1$ gilt: Γ_Z zerlegt die Ovalquadrik $Q^n_{n+2\,1}$ in den Äquator $\Gamma_Z \cap Q^n_{n+2\,1}$ und zwei Halbquadriken (Schalen).[1] Genau eine der Bewegungen π_1, π_2 führt jede der beiden Halbquadriken in sich über (die andere vertauscht die beiden Halbquadriken). Die Gesamtheit der Bewegungen mit dieser Eigenschaft bildet eine Untergruppe G der Drehungsgruppe $B^{n+1}_{|1}(Z)$, die zur Bewegungsgruppe $B^n_{|1}$ des hyperbolischen Raumes $P^n_{|1} \subset \Gamma_Z$ isomorph ist. Die Isomorphie läßt sich durch Zentralprojektion des Innengebiets $IQ^{n-1}_{n+1\,1}$ aus Z auf eine der Halbquadriken herstellen.

Somit gilt:

<u>Satz 1</u>: a) Die Bewegungsgruppe $B^n_{|q_o}$ ($q_o \geq 1, n \geq 1, n+2 > 2q_o$) ist isomorph zur Faktorgruppe der Drehungsgruppe $B^{n+1}_{|q_o}(Z)$, $Z \in AQ^n_{n+2\,q_o}$, nach dem Normalteiler $\{Id_{P^{n+1}}, \kappa(Z,\Gamma_Z)\}$. Daraus folgt für $q_o=1$ und $q_o=2$:

$q_o=1$: Die *hyperbolische Gruppe* $B^n_{|1}$ ($n \geq 1$) ist isomorph zu einer Untergruppe der Drehungsgruppe $B^{n+1}_{|1}(Z)$, $Z \in AQ^n_{n+2\,1}$, der *MÖBIUS-Gruppe* $B^{n+1}_{|1}$.

$q_o=2$: Die *LIE-Gruppe* $B^n_{|2}$ ($n \geq 3$) ist isomorph zur Faktorgruppe der in der *LIE-Gruppe* $B^{n+1}_{|2}$ enthaltenen Drehungsgruppe $B^{n+1}_{|2}(Z)$, $Z \in AQ^n_{n+2\,2}$, nach dem Normalteiler $\{Id_{P^{n+1}}, \kappa(Z,\Gamma_Z)\}$.

b) $q_o=1$: Die *n-dimensionale hyperbolische Geometrie* ($n \geq 1$) ist isomorph zu jener Obergeometrie der *(n+1)-dimensionalen MÖBIUS-Geometrie*, die durch Vergrößerung ihrer Absolutquadrik $Q^n_{n+2\,1}$ um einen Außenpunkt Z entsteht und $Q^n_{n+2\,1} \setminus Q^{n-1}_{n+1\,1}$ mit bezüglich Z identifizierten Gegenpunkten (Zentralprojektion von $IQ^{n-1}_{n+1\,1}$ auf $Q^n_{n+2\,1}$ aus Z!) oder eine der durch $Q^{n-1}_{n+1\,1}$ bestimmten Halbquadriken als Schauplatz besitzt. Dabei ist $Q^{n-1}_{n+1\,1} = Q^n_{n+2\,1} \cap \Gamma_Z$.

$q_o=2$: Die *(n-1)-dimensionale LIE-Geometrie* ($n \geq 3$) ist isomorph zu jener Obergeometrie der *n-dimensionalen LIE-Geometrie*, die durch Vergrößerung ihrer Absolutquadrik $Q^n_{n+2\,2}$ um genau einen Außenpunkt Z entsteht und die Schnittquadrik $Q^n_{n+2\,2} \cap \Gamma_Z$ als Schauplatz besitzt.

[1] Die beiden Halbquadriken bilden die affine Quadrik $Q^n_{n+2\,1} \setminus \Gamma_Z$ (ein *zweischaliges Hyperboloid*). Für $q_o > 1$ zerlegt Γ_Z die Quadrik $Q^n_{n+2\,q_o}$ in den Äquator $\Gamma_Z \cap Q^n_{n+2\,q_o}$ und die affine Quadrik $Q^n_{n+2\,q_o} \setminus \Gamma_Z$; es entstehen keine Halbquadriken.

C. Bewegungsgruppe $B^N_{N|q_0-1\,0}$ als Untergruppe der Bewegungsgruppe $B^{N+1}_{|q_0}$

Die Absolutquadrik $Q^n_{n+2\,q_0}$ des CK-Raumes $P^{n+1}_{|q_0}$ $(n\geq 1)$ habe im projektiven Koordinatensystem $\{E_0,E_1,\ldots,E_n,E_{n+1};E\}$ die Normalform

$$F(\vec{x}) = x_0^2+\ldots+x^2_{n-q_0+1}-x^2_{n-q_0+2}-\ldots-x^2_{n+1} = 0\,.$$

Nach 4F,Satz 5 ist das Koordinatensimplex $\{E_0,\ldots,E_{n+1}\}$ für die Quadrik $Q^n_{n+2\,q_0}$ ein Polsimplex.

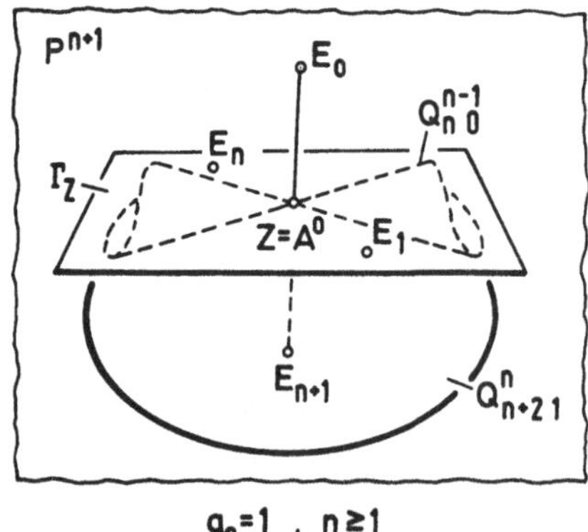

$q_0=1\,,\ n\geq 1$

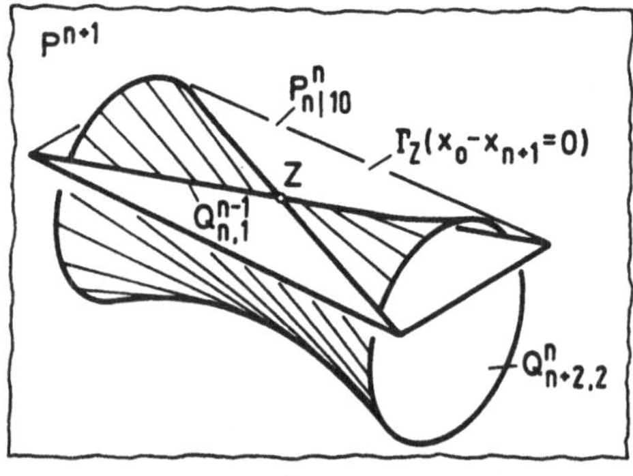

$q_0=2\,,\ n\geq 2$

Wir wählen nun einen festen Punkt $Z\in Q^n_{n+2\,q_0}$ und betrachten die aus den Drehungen (*Grenzdrehungen*) um Z bestehende Untergruppe $B^{n+1}_{|q_0}(Z)$ der Bewegungsgruppe $B^{n+1}_{|q_0}$. Als Zentrum Z wird ohne Einschränkung von den Schnittpunkten $Q^n_{n+2\,q_0}\cap(E_0+E_{n+1})$ der Punkt Z mit den Koordinaten $(1,0,\ldots,0,1)$ gewählt. Jede Drehung um Z,

$$\tilde{\vec{x}}_0 = \begin{pmatrix} x_0 \\ \vec{x} \\ x_{n+1} \end{pmatrix} = \begin{pmatrix} u_{00} & \vec{a}^T & u_{0\,n+1} \\ \vec{b} & U_0 & \vec{d} \\ u_{n+1\,0} & \vec{c}^T & u_{n+1\,n+1} \end{pmatrix} \begin{pmatrix} x_0^* \\ \vec{x}^* \\ x^*_{n+1} \end{pmatrix} = \tilde{U}_0\tilde{\vec{x}}^*_0\,,\quad \vec{x} = \begin{pmatrix} x_1 \\ \vdots \\ x_n \end{pmatrix}, \tag{1}$$

mit q_0-orthogonaler $(n+2,n+2)$-Bewegungsmatrix $\tilde{U}_0$ ($\tilde{U}_0^T\tilde{E}_0\tilde{U}_0 = \tilde{E}_0 = E_{n+2\,q_0}$, siehe 7A,Def.1) läßt mit Z auch die Tangentenhyperebene Γ_Z $(x_0-x_{n+1}=0)$ sowie den Hyperkegel $Q^{n-1}_{n\,q_0-1} := Q^n_{n+2\,q_0}\cap\Gamma_Z$ mit der Darstellung

$$x_0-x_{n+1} = x_1^2+\ldots+x^2_{n-q_0+1}-x^2_{n-q_0+2}-\ldots-x_n^2 = 0$$

fix. Die n-dimensionale Tangentenhyperebene Γ_Z wird durch ihren Schnitt mit $Q^n_{n+2\,q_0}$ zu einem CK-Raum $P^n_{n|q_0-1\,0}$ mit der Absolutfigur

$$Q^{n-1}_{n\,q_o-1} \supset A^o = Z \supset Q^{-1}_{1\,0}\,.$$

Die n+1 linear unabhängigen Punkte $E_1,\dots,E_n,Z$ spannen Γ_Z auf und bilden ein Polsimplex für $Q^{n-1}_{n\,q_o-1}$. Nach Anwendung der projektiven Koordinatentransformation

$$\hat{x}_o = x_o - x_{n+1},\quad \hat{x}_i = x_i \quad (i = 1,\dots,n+1) \tag{2}$$

sind $E_1,\dots,E_n,Z$ die Grundpunkte eines projektiven Koordinatensystems in $\Gamma_Z(\hat{x}_o = 0)$, in dem $Q^{n-1}_{n\,q_o-1}$ die Normalform

$$\hat{x}_1^2 + \dots + \hat{x}^2_{n-q_o+1} - \hat{x}^2_{n-q_o+2} - \dots - \hat{x}_n^2 = 0$$

besitzt.

Wir ermitteln nun die Bauart der (n+2,n+2)-Bewegungsmatrix $\tilde{U}_o$. Das Zentrum Z ist genau dann Fixpunkt, wenn in der nach (1) partitionierten Matrix $\tilde{U}_o$ gilt:

$$\vec{b} + \vec{d} = \vec{o},\quad u_{oo} + u_{o\,n+1} = 1,\quad u_{n+1\,o} + u_{n+1\,n+1} = 1\,.$$

Damit $\tilde{U}_o$ q_o-orthogonal ($\tilde{U}_o^T\tilde{E}_o\tilde{U}_o = \tilde{E}_o = E_{n+2\,q_o}$) ist, muß in (1) U_o (q_o-1)-orthogonal ($U_o^T E_o U_o = E_o = E_{n\,q_o-1}$) sein, und außerdem muß gelten:

$$\vec{c} = \vec{a} = -U_o^T E_{n\,q_o-1}\vec{b},\quad \vec{b}^T E_{n\,q_o-1}\vec{b} = 2(1-u_{oo}),\quad u_{oo} + u_{n+1\,n+1} = 2\,.$$

Die Drehungen um Z erhalten damit die Bauart:

$$\tilde{x}_o = \begin{pmatrix} x_o \\ \vec{x} \\ x_{n+1} \end{pmatrix} = \begin{pmatrix} t & -\vec{b}^T E_{n\,q_o-1}U_o & 1-t \\ \vec{b} & U_o & -\vec{b} \\ t-1 & -\vec{b}^T E_{n\,q_o-1}U_o & 2-t \end{pmatrix} \begin{pmatrix} x_o^* \\ \vec{x}^* \\ x^*_{n+1} \end{pmatrix} \tag{3}$$

mit

$$t = u_{oo},\quad U_o^T E_o U_o = E_o = E_{n\,q_o-1},\quad \vec{b}^T E_o \vec{b} = 2(1-t)\,.$$

Nach Anwendung der Koordinatentransformation (2) in (3) zeigt sich, daß jede Drehung um Z in der Tangentenhyperebene $\Gamma_Z(\hat{x}_o = 0)$ eine Bewegung des CK-Raumes $P^n_{n|q_o-1\,0}$ in der Darstellung

$$\begin{pmatrix} \hat{\vec{x}} \\ \hat{x}_{n+1} \end{pmatrix} = \begin{pmatrix} U_o & \vec{o} \\ -\vec{b}^T E_{n\,q_o-1} U_o & 1 \end{pmatrix} \begin{pmatrix} \hat{\vec{x}}^* \\ \hat{x}^*_{n+1} \end{pmatrix} \tag{4}$$

mit (q_o-1)-orthogonaler (n,n)-Matrix U_o induziert. Diese Darstellung stimmt mit den nach 7A, Satz 2 dargestellten Bewegungen des dual-pseudoeuklidischen Raumes $P^n_{n|q_o-1\,0}$ (vom Index q_o-1) überein.

Die Nebenbedingung $\vec{b}^T E_o \vec{b} = 2(1-t)$ aus (3) stellt in Γ_Z keine Bedingung dar, da t in (4) nicht auftritt; damit ist $\vec{b}^T E_{n\,q_o-1} U_o$ in Γ_Z ein beliebiger Vektor!

Ist umgekehrt im CK-Raum $P^n_{n|q_o-1\,0} \subset \Gamma_Z$ eine Bewegung in der Darstellung (4) mit $T_{1o} := -\vec{b}^T E_{n\,q_o-1} U_o$ gegeben, so sind U_o und $\vec{b}^T = -T_{1o}(E_{n\,q_o-1} U_o)^{-1} = -T_{1o} U_o^T E_{n\,q_o-1}$ in (3) festgelegt. Wegen $\vec{b}^T E_o \vec{b} = 2(1-t)$ ist in (3) auch t bestimmt. Jede Bewegung β des CK-Raumes $P^n_{n|q_o-1\,0}$ bestimmt daher eindeutig eine Drehung um Z, die β in Γ_Z induziert.

Somit gilt:

Satz 1: a) Die Bewegungsgruppe $B^n_{n|q_o-1\,0}$ des dual-pseudoeuklidischen Raumes $P^n_{n|q_o-1\,0}$ (vom Index q_o-1, $q_o \geq 1$) ist isomorph zur Untergruppe $B^{n+1}_{|q_o}(Z)$, $Z \in Q^n_{n+2\,q_o}$, der Bewegungsgruppe $B^{n+1}_{|q_o}$ des hyperbolischen Raumes $P^{n+1}_{|q_o}$ vom Index q_o. Daraus folgt für $q_o=1$ und $q_o=2$:

$q_o=1$: Die *dualeuklidische Gruppe* $B^n_{n|00}$ $(n \geq 1)$ ist isomorph zur Untergruppe $B^{n+1}_{|1}(Z), Z \in Q^n_{n+2\,1}$, der *MÖBIUS-Gruppe* $B^{n+1}_{|1}$.

$q_o=2$: Die *engere LAGUERRE-Gruppe* $B^n_{n|10}$ $(n \geq 2)$ des dual-pseudoeuklidischen Raumes $P^n_{n|10}$ ist isomorph zur Untergruppe $B^{n+1}_{|2}(Z), Z \in Q^n_{n+2\,2}$, der Bewegungsgruppe $B^{n+1}_{|2}$ des hyperbolischen Raumes $P^{n+1}_{|2}$ vom Index 2.

b) $q_o=1$: Die *n-dimensionale dual-euklidische Geometrie* $\{(P^n_{n|00}, B^n_{n|00})\}$ wird in jeder Tangentenhyperebene der ovalen Absolutquadrik $Q^n_{n+2\,1}$ des *(n+1)-dimensionalen hyperbolischen Raumes* $P^{n+1}_{|1}$ durch die Gruppe der Grenzdrehungen um ihren Berührpunkt induziert.

$q_o=2$: Die *(n-1)-dimensionale engere LAGUERRE-Geometrie* $\{(Q^{n-1}_{n\,1}\backslash Z, B^n_{n|10})\}$ wird im punktierten Schnittkegel $Q^{n-1}_{n\,1}\backslash Z$ jeder Tangentenhyperebene der ringartigen Absolutquadrik $Q^n_{n+2\,2}$ des *hyperbolischen Raumes* $P^{n+1}_{|2}$ *vom Index* 2 durch die Gruppe der Grenzdrehungen um den Berührpunkt Z induziert.

In Satz 1b) handelt es sich um die Vergrößerung der Absolutfigur (der ovalen Absolutquadrik $Q^n_{n+2\,1}$ des $P^{n+1}_{|1}$ bzw. der ringartigen Absolutquadrik $Q^n_{n+2\,2}$ des $P^{n+1}_{|2}$) durch Hinzunahme eines ihrer Punkte Z. Außerdem sind jeweils die Bewegungsgruppen $B^n_{n|00}, B^n_{n|10}$ isomorph zu den Untergruppen $B^{n+1}_{|1}(Z)$, $B^{n+1}_{|2}(Z)$ der Bewegungsgruppen $B^{n+1}_{|1}$, $B^{n+1}_{|2}$. Damit sind im Sinn von 5B,Satz 3 die Geometrie-Modelle $(P^n_{n|00}, B^n_{n|00})$, $(Q^{n-1}_{n\,1}\backslash Z, B^n_{n|10})$ Obermodelle von $(P^{n+1}_{|1}, B^{n+1}_{|1})$, $(P^{n+1}_{|2}, B^{n+1}_{|2})$.

Bemerkungen:

1) PALMAN[6] beschreibt die Geometrie auf einer nichtentarteten Quadrik $Q^2_{4\,q_o} \subset P^3$, die entsteht, wenn man die Absolutfigur $Q^2_{4\,q_o}$ durch einen Punkt $Z \notin Q^2_{4\,q_o}$ vergrößert, gibt jedoch die in A,Satz 1 und B,Satz 1 beschriebene Isomorphie nicht an.

2) KUNLE/FLADT/SÜSS[1] betrachten die in A,Satz 1 angegebene Isomorphie für $n=2$, $q_o=1$ und geben eine Einordnung der elliptischen Geometrie in die MÖBIUS-Geometrie. Die in B,Satz 1 angegebene Isomorphie der hyperbolischen Gruppe $B^n_{|1}$ zu einer Untergruppe $B^{n+1}_{|1}(Z)$, $Z \in AQ^n_{n+2\,1}$, der MÖBIUS-Gruppe $B^{n+1}_{|1}$ wird für $n=2$ ebenfalls beschrieben.

Aufgaben:

1) Man vergrößere die Absolutfigur **F** eines nichtentarteten CK-Raumes $P^n_{|q_o}$ $(q_o \geq 0)$ durch eine l-Ebene S^l, betrachte ihre Totalpolare S^{n-l-1}_t bezüglich **F** (siehe 4E,Satz 8 und 9B,Def.1) und untersuche die Wirkung der Untergruppe $B^n_{|q_o}(S^l) \subset B^n_{|q_o}$ auf S^{n-l-1}_t, zunächst für $l=1$.

2) Nach 6A,Bem.7 wird der P^3 zu einem biaxialen Raum, wenn man zwei reelle oder konjugiert imaginäre windschiefe Geraden $p, \bar{p}$ als Absolutfigur **F** auszeichnet. a) Man ermittle die **F**-Projektivitäten. b) Man vergrößere **F** durch einen Punkt Z zur Absolutfigur **G** und ermittle die **G**-Projektivitäten für $Z \notin (p \cup \bar{p})$ und für $Z \in (p \cup \bar{p})$. c) Ergeben sich Beziehungen zu CK-Räumen sowie ihren Ähnlichkeits- und Bewegungsgruppen?

3) Man zeige: a) Die elliptische Gruppe $B^n_{|0}$ $(n \geq 1)$ ist isomorph zu einer Untergruppe der dual-euklidischen Gruppe $B^{n+1}_{n+1|00}$, die in $P^{n+1}_{n+1|00}$ eine Hyperebene Γ fix läßt, die nicht durch die Spitze A^o des Absolutkegels $Q^n_{n+1\,0}$ geht.
b) Die MÖBIUS-Gruppe $B^n_{|1}$ $(n \geq 2)$ ist isomorph zu einer Untergruppe der dual-pseudoeuklidischen Gruppe $B^{n+1}_{n+1|10}$, die in $P^{n+1}_{n+1|10}$ eine Hyperebene Γ fix läßt, die nicht durch die Spitze A^o des Absolutkegels $Q^n_{n+1\,1}$ geht.
c) Die MÖBIUS-Gruppe $B^n_{|1}$ $(n \geq 2)$ ist isomorph zur Drehungsgruppe $B^{n+1}_{1|01}(Z)$, $Z \notin A^{n-1}$, der pseudoeuklidischen Gruppe $B^{n+1}_{1|01}$.

Kapitel 17. Nichtstandardmodelle der Cayley/Klein-Geometrien

A. Projektive Nichtstandardmodelle

Die in 10A und 10B beschriebenen projektiven Nichtstandardmodelle von *CK-Räumen* (die Bündelmodelle, die Gegenpunktmodelle auf Ovalquadriken und die dualen Modelle) sind projektive Schauplätze aller *CK-Geometrien*, deren Standardschauplatz der zugehörige CK-Raum ist. Im folgenden betrachten wir projektive Nichtstandardmodelle von CK-Geometrien, deren Standardschauplatz im zugehörigen CK-Raum echt enthalten ist. Solche CK-Geometrien sind zum Beispiel die hyperbolische Geometrie, die MÖBIUS-Geometrie und die PLÜCKER-Geometrie.

1. Involutionen-Modell der ebenen hyperbolischen Geometrie

Sei $Z(\vec{z})$ ein Punkt des Standardschauplatzes $IQ^1_{3\,1}$ der ebenen hyperbolischen Geometrie. Dann ist in der hyperbolischen Ebene $P^2_{|1}$ jede Gerade $\Gamma(\vec{u}^T\vec{x}=0)$ des Geradenbüschels mit Z als Zentrum eine Sekante des Absolutkegelschnitts $Q^1_{3\,1}$. Sind S,S' ihre Schnittpunkte mit $Q^1_{3\,1}$, so ist

$$\phi_Z : Q^1_{3\,1} \to Q^1_{3\,1}$$
$$S \mapsto S' := \phi_Z S$$

eine von der Identität $\varepsilon: Q^1_{3\,1} \to Q^1_{3\,1}$ verschiedene Bijektion des Absolutkegelschnitts mit der Eigenschaft $\phi_Z \circ \phi_Z = \varepsilon$, also eine *Involution* (siehe etwa BRAUNER [7] S.215). Hat $Q^1_{3\,1}$ die Normalform:

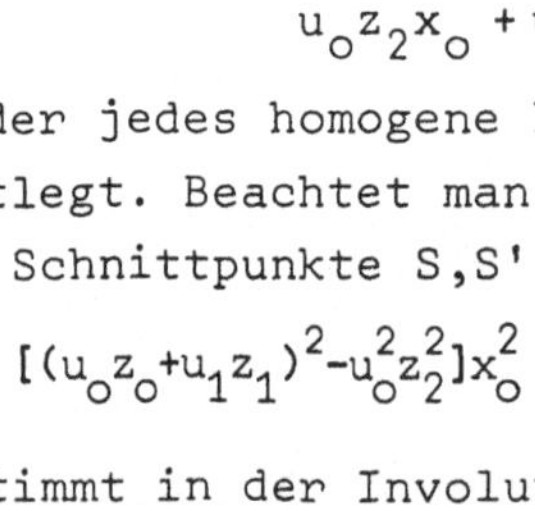

$$x_0^2 + x_1^2 - x_2^2 = 0 \tag{1}$$

und ist $\vec{z} = (z_0\ z_1\ z_2)^T$, $\vec{u} = (u_0\ u_1\ u_2)^T$, so gilt

$$z_0^2 + z_1^2 - z_2^2 < 0 \quad \text{mit } z_2 \neq 0.$$

Wegen $Z \in \Gamma$ hat Γ die Darstellung

$$u_0 z_2 x_0 + u_1 z_2 x_1 - (u_0 z_0 + u_1 z_1) x_2 = 0, \tag{2}$$

in der jedes homogene Paar (u_0, u_1) genau eine Gerade durch Z festlegt. Beachtet man (2) in (1), so gilt für die Koordinaten der Schnittpunkte S,S':

$$[(u_0z_0+u_1z_1)^2-u_0^2z_2^2]x_0^2 - 2u_0u_1z_2^2x_0x_1 + [(u_0z_0+u_1z_1)^2-u_1^2z_2^2]x_1^2 = 0. \tag{3}$$

Stimmt in der Involution ϕ_Z ein Punkt S mit seinem Bildpunkt S' überein, so ist S ein Fixpunkt (Doppelpunkt) der Involution. Die Definition von ϕ_Z zeigt unmittelbar, daß ϕ_Z keine reellen Fixpunkte besitzt. Wird jedoch die projektive Ebene P^2 komplex erweitert zu $\hat{P}^2$, so existieren komplexe Fixpunkte, die durch das Verschwinden der Diskriminante von (3) bestimmt sind:

$$(u_o z_o + u_1 z_1)^2 [(u_o^2 + u_1^2) z_2^2 - (u_o z_o + u_1 z_1)^2] = 0 \ .$$

Für $u_o z_o + u_1 z_1 = 0$ stellt (2) die Gerade $u_o x_o + u_1 x_1 = 0$ dar, die den Absolutkegelschnitt in zwei verschiedenen reellen Punkten (also keinem Fixpunkt) schneidet. Die Fixpunkte der Involution ϕ_Z werden daher beschrieben durch

$$(u_o^2 + u_1^2) z_2^2 - (u_o z_o + u_1 z_1)^2 = 0.$$

Man erhält daraus zwei Fixpunkte $F = F'$ und $\bar{F} = \bar{F}'$, die auf $\hat{Q}^1_{3\,1}$ ausgeschnitten werden von den Büschelgeraden mit den Geradenvektoren:

$$\left.\begin{aligned} \vec{u} &= (u_o\ u_1\ u_2)^T = (z_o z_1 + z_2\sqrt{z_o^2+z_1^2-z_2^2}\quad z_2^2 - z_o^2\quad -z_1 z_2 - z_o\sqrt{z_o^2+z_1^2-z_2^2}\,)^T, \\ \bar{\vec{u}} &= (\bar{u}_o\ \bar{u}_1\ \bar{u}_2)^T = (z_o z_1 - z_2\sqrt{z_o^2+z_1^2-z_2^2}\quad z_2^2 - z_o^2\quad -z_1 z_2 + z_o\sqrt{z_o^2+z_1^2-z_2^2}\,)^T. \end{aligned}\right\} \quad (4)$$

Durch das Büschelzentrum Z sind die konjugiert komplexen Fixpunkte $F, \bar{F}$ der Involution ϕ_Z nach (4) eindeutig bestimmt. Die Geradenkoordinaten der Büschelgeraden, die den Absolutkegelschnitt in den Fixpunkten $F, \bar{F}$ schneiden, stimmen nach (4) in der mittleren Koordinate überein ($u_1 = \bar{u}_1$), die wegen der Homogenität der Geradenkoordinaten für $u_1 \neq 0$ so wählbar ist, daß

$$1 - u_1 = \left(\frac{u_o + \bar{u}_o}{u_2 + \bar{u}_2}\right)^2. \qquad (5)$$

In Einklang mit (5) kann man ohne Einschränkung $z_2 = 1$ setzen und findet

$$\left.\begin{aligned} (z_o\ z_1\ z_2) &= \left(-\frac{u_o + \bar{u}_o}{u_2 + \bar{u}_2} \quad -\tfrac{1}{2}(u_2 + \bar{u}_2) \quad 1\right) \text{ für } z_1 \neq 0, \\ (z_o\ z_1\ z_2) &= \left(-\frac{u_2}{u_o} \quad 0 \quad 1\right) \text{ für } z_1 = 0. \end{aligned}\right\} \quad (6)$$

Aus (6) folgt, daß umgekehrt die konjugiert komplexen Fixpunkte $F, \bar{F}$ der Involution ϕ_Z das Büschelzentrum Z eindeutig bestimmen.

Damit besteht eine Bijektion des Schauplatzes $IQ^1_{3\,1}$ der ebenen hyperbolischen Geometrie auf die durch die Punkte $Z \in IQ^1_{3\,1}$ bestimmten Involutionen des Absolutkegelschnitts.

Satz 1: Jedes Geradenbüschel der hyperbolischen Ebene $P^2_{|1}$, dessen Zentrum Z im Standardschauplatz $IQ^1_{3\,1}$ der hyperbolischen Geometrie liegt, induziert auf dem Absolutkegelschnitt $Q^1_{3\,1}$ eine Involution mit genau zwei konjugiert komplexen Fixpunkten (*elliptische Involution*[1])). Die elliptischen Involutionen auf $Q^1_{3\,1}$ und die Büschelzentren $Z \in IQ^1_{3\,1}$ sind vermöge (4) und (6) bijektiv aufeinander bezogen. Die Menge der elliptischen Involutionen auf dem Absolutkegelschnitt $Q^1_{3\,1}$ (oder auch die Menge ihrer konjugiert komplexen Fixpunktpaare auf $\hat{Q}^1_{3\,1}$) stellt somit einen projektiven Schauplatz der ebenen hyperbolischen Geometrie dar.

Bemerkungen:

1) Nach Satz 1 ist jeder Punkt $Z \in IQ^1_{3\,1}$ auf dem Absolutkegelschnitt durch eine elliptische Involution repräsentierbar. Wie die stereographische Projektion (18D, Satz 1) zeigt, ist der Absolutkegelschnitt zu einer projektiven Geraden P^1 projektiv isomorph (siehe auch 1A, Bem. 8). Der in Satz 1 beschriebene projektive Schauplatz ist daher übertragbar auf die Menge der elliptischen Involutionen einer (komplex erweiterten) projektiven Geraden P^1. Das auf diesem Schauplatz bestehende Modell der ebenen hyperbolischen Geometrie beschreibt BILINSKI[3] (*BILINSKI-Modell*); auch GYARMATHI[3] betrachtet dieses Modell. Im Anschluß an BILINSKI[3] verwendet KUČINIĆ[3][4] die Schar der Kegelschnitte durch drei nicht kollineare Grundpunkte und ihre Schnitte mit einer Geraden zur Konstruktion eines Modells der ebenen hyperbolischen Geometrie.

2) Das BILINSKI-Modell sowie Satz 1 stehen in engem Zusammenhang mit der von HILBERT[1](Anhang III),[2] allein aufgrund ebener Axiome ohne Verwendung von Stetigkeitsaxiomen gegebenen Begründung der ebenen hyperbolischen Geometrie. In dieser Begründung führte HILBERT rein synthetisch für die Fernpunkte (*Enden*) der h-Geraden die Operationen der Addition und Multiplikation ein. Auf dem so definierten algebraischen Körper der Enden entstand die *Endenrechnung*, die sich für die Entwicklung der ebenen hyperbolischen Geometrie als nützlich erwiesen hat. Die Ideen HILBERTs haben LIEBMANN[2], VARIĆAK[1], KERÉKJÁRTÓ[1], GERRETSEN[1][2] sowie in neuerer Zeit SZÁSZ[1]-[7] und GYARMATHI[1][2] aufgenommen und weiterentwickelt. Ausgehend von der Endenrechnung HILBERTs liegt die Idee nahe, die komplex erweiterte projektive Gerade oder auch die geordnete Menge der Enden der hyperbolischen Ebene, dargestellt als algebraischer Körper im Sinne der Endenrechnung, zu einem Modell der ebenen hyperbolischen Geometrie auszugestal-

[1]) Eine Involution mit genau zwei reellen Fixpunkten $F, \bar{F}$ heißt *hyperbolisch* für $F \neq \bar{F}$, *parabolisch* für $F = \bar{F}$.

ten.

Eine Bijektion der Punkte einer projektiven Ebene P^2 auf Punktepaare einer projektiven Geraden P^1 hat bereits HESSE[1] verwendet. Diese *HESSE-Bijektion*, die auch BLASCHKE[10]S.75 beschreibt, haben KLEIN[3], STUDY[1] und BIEBERBACH[1] weiter ausgebaut.

Die Idee der Identifizierung der Punkte (bzw. Geraden) einer Ebene mit den Involutionen auf einer Geraden findet sich auch bei CARTAN[1] und BACHMANN[1].

2. GEGENPUNKTMODELL DER MÖBIUS-GEOMETRIE

Nach 14C1 ist der Standardschauplatz der MÖBIUS-Geometrie eine mit ihrem Außengebiet vereinigte Ovalquadrik:

$$Q^{n-1}_{n+1\,1} \cup AQ^{n-1}_{n+1\,1} \; (n \geq 2).$$

Ist $Q^{n-1}_{n+1\,1}$ in der Normalform $x_o^2 + \ldots + x_{n-1}^2 - x_n^2 = 0$ gegeben, so läßt sich die Ovalquadrik $Q^{n-1}_{n+1\,1}$ im P^{n+1} darstellen als Schnitt einer Ringquadrik $Q^n_{n+2\,2}$ in der Normalform

$$x_o^2 + \ldots + x_{n-1}^2 - x_n^2 - x_{n+1}^2 = 0$$

mit der Polarhyperebene $\Gamma_Z (x_{n+1} = 0)$ des Innenpunktes $Z = E_{n+1}(0,\ldots,0,1)$ von $Q^n_{n+2\,2}$. Dann schneidet die Verbindungsgerade des Punktes Z mit einem Punkt $X(x_o,\ldots,x_n,0) \in AQ^{n-1}_{n+1\,1} \subset \Gamma_Z$ die Ringquadrik $Q^n_{n+2\,2}$ in den beiden Punkten

$$X^+(x_o,\ldots,x_n,+x_{n+1}),$$

$$X^-(x_o,\ldots,x_n,-x_{n+1}),$$

während die Verbindungsgerade Z+X, $X \in Q^{n-1}_{n+1\,1}$ Tangente der Ringquadrik $Q^n_{n+2\,2}$ im Punkt X ist.

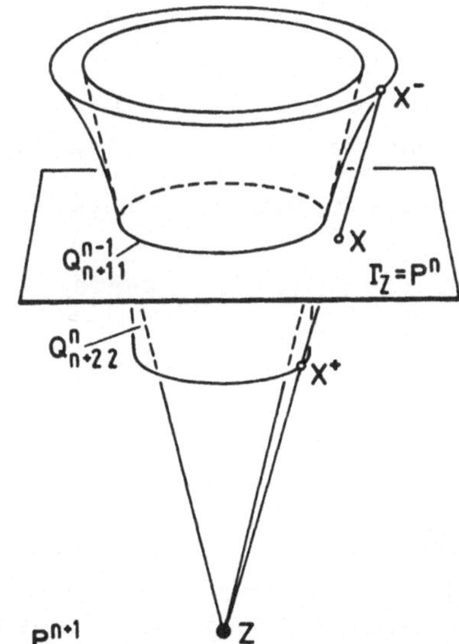

Daraus folgt:

Satz 1: Werden im projektiven Raum P^{n+1} $(n \geq 2)$ die Punkte einer Ovalquadrik $Q^{n-1}_{n+1\,1} \subset Q^n_{n+2\,2}$ und ihres Außengebiets $AQ^{n-1}_{n+1\,1} \subset \Gamma_Z$ aus dem Pol Z der Polarhyperebene Γ_Z bezüglich der Ringquadrik $Q^n_{n+2\,2} \subset P^{n+1}$ auf die Ringquadrik $Q^n_{n+2\,2}$ projiziert, so ist die mit

$Q^{n-1}_{n+1\,1}$ vereinigte Menge der Gegenpunktpaare X^+, X^- von $Q^n_{n+2\,2}$ (X^+, X^-, Z kollinear) ein projektiver Schauplatz der n-dimensionalen MÖBIUS-Geometrie $\{(Q^{n-1}_{n+1\,1} \cup AQ^{n-1}_{n+1\,1}, B^n_{|1})\}$; die Bewegungsgruppe (MÖBIUS-Gruppe) $B^n_{|1}$ ist isomorph zur Faktorgruppe der Drehungsgruppe $B^{n+1}_{|2}(Z)$ der LIE-Gruppe $B^{n+1}_{|2}$ nach dem Normalteiler $\{Id_{P^{n+1}}, \kappa(Z,\Gamma_Z)\}$ (siehe 16A, Satz 1).

B. Modelle von Cayley/Klein-Geometrien in Cayley/Klein-Räumen

Ausgehend vom Standardmodell (S,T) einer CK-Geometrie findet man bequem weitere Modelle der CK-Geometrie {(S,T)}, wenn man den projektiven Schauplatz $S \subset P^n$ auf eine Punktmenge S_o eines CK-Raumes $P^n_{r_o \ldots r_{\rho-1}|q_o \ldots q_\rho}$ bijektiv abbildet:

$$\pi_o: S \longrightarrow S_o \quad (S \subset P^n,\ S_o \subset P^n_{r_o \ldots r_{\rho-1}|q_o \ldots q_\rho}).$$

Dabei kann die Absolutfigur F des CK-Raumes $P^n_{r_o \ldots r_{\rho-1}|q_o \ldots q_\rho}$ mit S_o einen nichtleeren reellen Durchschnitt besitzen! Eine Bijektion $\pi_o: S \rightarrow S_o$ bewirkt, daß die Begriffe der CK-Geometrie {(S T)} im CK-Raum $P^n_{r_o \ldots r_{\rho-1}|q_o \ldots q_\rho}$ interpretierbar werden. Insbesondere gestattet jedes projektive Modell eine Interpretation in einem CK-Raum.

Modelle von CK-Geometrien im euklidischen Raum $P^n_{1|00}$ werden besonders häufig betrachtet. Sie bieten den Vorteil, dass alle in den euklidischen Räumen entwickelten Kalküle verwendbar sind. Wir stellen im folgenden solche Modelle vor (siehe auch 23D). Als Bijektion π_o dient häufig eine Zentralprojektion.

1. Modelle der hyperbolischen Geometrie im euklidischen Raum

Euklidische Interpretation des Standardmodells (CAYLEY/KLEIN-Modells): Der Standardschauplatz $S = IQ^{n-1}_{n+1\,1} \subset P^n_{|1}$ der hyperbolischen Geometrie wird durch eine Bijektion π_o abgebildet auf das Innengebiet IS^{n-1} einer Sphäre S^{n-1} — speziell einer Einheitssphäre — des euklidischen Raumes $P^n_{1|00}$ (die seine Absoluthyperebene A^{n-1} in der Absolutquadrik $Q^{n-2}_{n\,0}$ schneidet):

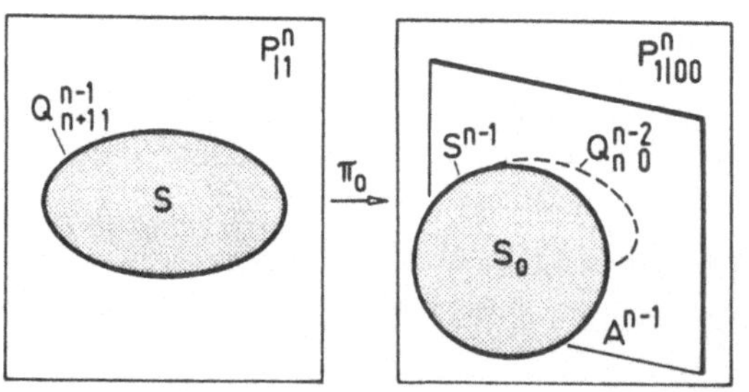

$$\pi_o: S = IQ^{n-1}_{n+1\,1} \longrightarrow S_o := IS^{n-1}.$$

Dabei wird eine projektive Abbildung $\pi: P^n_{|1} \to P^n_{1|00}$ so gewählt, daß π_o durch π induziert wird.

Für n=3 wird oft als Schauplatz S_o das Innengebiet einer Einheitssphäre $S^2 \subset P^3_{1|00}$ verwendet, für n=2 das Innengebiet eines Einheitskreises der euklidischen Ebene $P^2_{1|00}$ (gelegentlich das Innengebiet einer Parabel, siehe BILINSKI[4]; bezüglich weiterer Varianten siehe KUČINIĆ[1][2]).

Bemerkungen:

1) GANS[1] projiziert $IS^1 \subset P^2_{1|00}$ normal zu IS^1 auf eine IS^1 im Mittelpunkt berührende Einheitshalbkugel und anschließend aus dem Kugelmittelpunkt nach $P^2_{1|00}$ zurück. Auf diese Weise entsteht ein Schauplatz der ebenen hyperbolischen Geometrie in der euklidischen Ebene, in dem die Geraden durch die (offenen) Zweige von Hyperbeln repräsentiert werden. LIEBOLD[1] beschreibt im Anschluß an GANS[1] ein Modell der elliptischen Ebene.

2) Aus dem euklidisch interpretierten CAYLEY/KLEIN-Modell entsteht das *HEFFTER-Modell* (siehe HEFFTER[1] und [2]S.182-188), indem man jeden Punkt $P \in IS^{n-1}$ durch den im Mittelpunkt 0 der Einheitssphäre S^{n-1} angehefteten Ortsvektor $\vec{OP} = p\mathfrak{e}$ ($|\mathfrak{e}| = 1, 0 \leq p < 1$) erfaßt und auf den Ortsvektor $\vec{OP'} = (\text{Arth } p)\mathfrak{e}$ abbildet. Der Areatangens (hyperbolicus) bildet das Intervall $0 \leq p < 1$ bijektiv auf das Intervall $0 \leq p < \infty$ ab. Das Innengebiet IS^{n-1} wird daher auf den längs seiner Fernhyperebene geschlitzten euklidischen Raum $P^n_{1|00}$ bijektiv abgebildet, der somit im HEFFTER-Modell zum Schauplatz der hyperbolischen Geometrie wird.

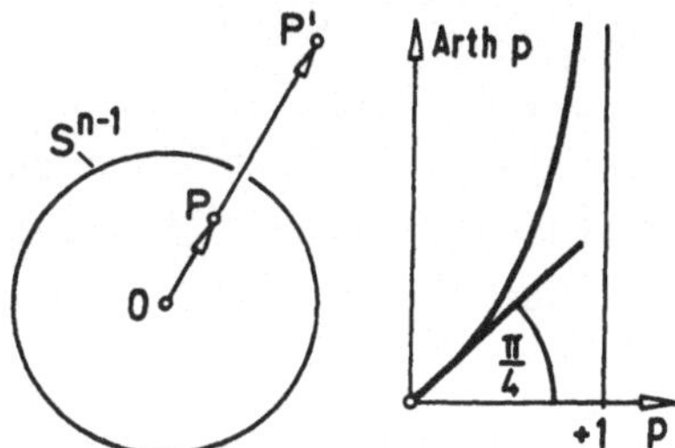

Jede h-Gerade des euklidisch interpretierten CAYLEY/KLEIN-Modells, die ein Durchmesser von S^{n-1} ist, geht in eine euklidische Gerade durch 0 über. Dabei zeigt sich, daß auf den durch 0 laufenden h-Geraden des HEFFTER-Modells in der euklidischen Metrik gemessen wird; auch der Winkel zweier Geraden mit dem Scheitel in 0 wird euklidisch gemessen. Jede h-Gerade des euklidisch interpretierten CAYLEY/KLEIN-Modells, die kein Durchmesser von S^{n-1} ist, stellt im HEFFTER-Modell eine hyperbelastähnliche Kurve mit zwei Asymptoten dar.

Auch ZEITLER[9] macht die geschlitzte euklidische Ebene $P^2_{1|00} \setminus A^1$ zum Schauplatz der ebenen hyperbolischen Geometrie.

3) Das euklidisch interpretierte CAYLEY/KLEIN-Modell eignet sich zur Entwicklung der Darstellenden Geometrie im $P^3_{|1}$, etwa nach KRUPPA[2] und WUNDERLICH[1]; Analoges gilt im $P^3_{|0}$. Siehe auch TÄ-

NĂSESCU[1][2] sowie KIRIŠČIEV[1]-[3], der sich im $P^3_{|1}$ mit Projektionen befaßt.

4) Bereits HILBERT[1](Anhang I) entwarf axiomatisch eine Geometrie, deren Schauplatz das Innengebiet eines konvexen Körpers ist. FUNK[1] kennzeichnete diese Geometrie für n=2 als spezielle FINSLER-Geometrie und ihren Schauplatz als FINSLER-Raum konstanter negativer Krümmung. Nach BERWALD[3] ist dieses Ergebnis dimensionsunabhängig. VARGA[2] gibt eine neue Herleitung der Ergebnisse von FUNK und BERWALD.

Halbsphäremodell: In 16B wurde die hyperbolische Gruppe $B^n_{|1}$ als Faktorgruppe der MÖBIUS-Gruppe $B^{n+1}_{|1}$ erkannt. Dazu wurde der hyperbolische Raum $P^n_{|1}$ in der Polarhyperebene Γ_Z eines Aussenpunktes Z einer Ovalquadrik $Q^n_{n+2\,1} \subset P^{n+1}$ dargestellt. Die ovale Absolutquadrik des $P^n_{|1}$ ergab sich als die Schnittquadrik

$$Q^{n-1}_{n+1\,1} = Q^n_{n+2\,1} \cap \Gamma_Z .$$

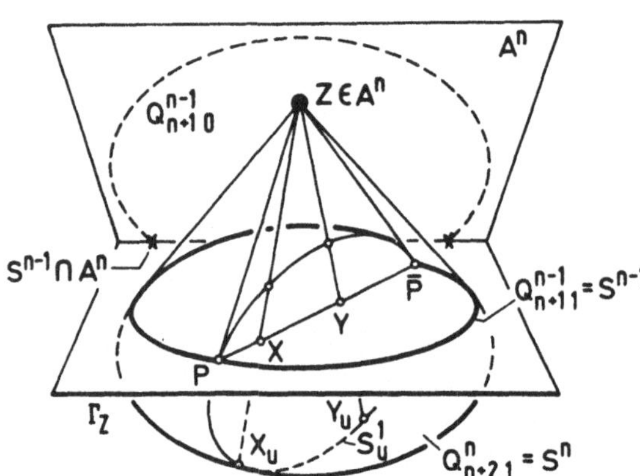

Tritt nun anstelle des projektiven Raumes P^{n+1} ein euklidischer Raum $P^{n+1}_{1|00}$, und wird die Absoluthyperebene A^n seiner Absolutfigur

$$Q^n_{1\,0} \supset A^n \supset Q^{n-1}_{n+1\,0}$$

so gewählt, daß sie Z enthält und A^n die Absolutquadrik $Q^n_{n+2\,1}$ in $Q^{n-1}_{n+1\,0}$ schneidet, so ist $Q^n_{n+2\,1}$ eine Sphäre S^n, und $Q^{n-1}_{n+1\,1}$ ist eine Großsphäre $S^{n-1} \subset S^n$. Durch Projektion des Innengebiets IS^{n-1} aus Z auf eine der durch S^{n-1} bestimmten Halbsphären von S^n – die wir *untere Halbsphäre* S^n_u nennen – entsteht das *Halbsphäremodell* der n-dimensionalen hyperbolischen Geometrie. Im euklidischen Raum $P^{n+1}_{1|00}$ ist die Projektion aus Z die zu Γ_Z normale Parallelprojektion.

Zwei *Punkten* X,Y einer h-Geraden in IS^{n-1} entsprechen zwei Bildpunkte X_u, Y_u auf dem zu Γ_Z orthogonalen Halbkreis $S^1_u := (X+Y+Z) \cap S^n_u$. Zur Übertragung der Abstandsmetrik in das Halbsphäremodell wählen wir in der euklidischen Ebene X+Y+Z den Mittelpunkt O des Kreises $(X+Y+Z) \cap S^n$ als Ursprung eines kartesischen Koordinatensystems. Das Koordinatensystem sei weiterhin so gewählt, daß die Punkte X,Y der h-Geraden X+Y, ihre Fernpunkte $P,\bar{P}$ und die Bildpunkte X_u, Y_u die folgenden Koordinaten erhalten:

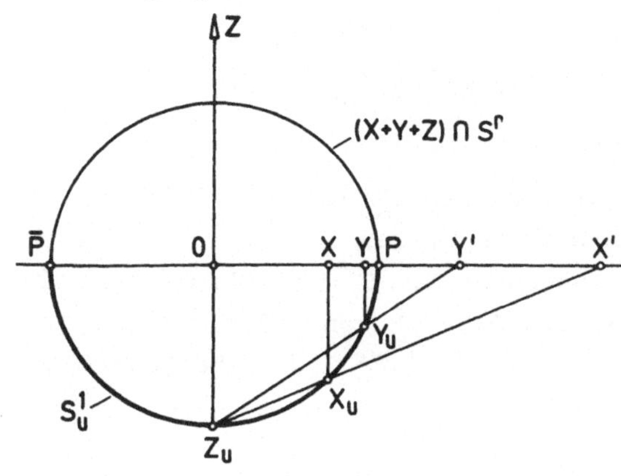

$X(x_o, x_1, 0)$, $Y(y_o, y_1, 0)$;

$P(1, 1, 0)$, $\bar{P}(1, -1, 0)$;

$X_u(x_o, x_1, -\sqrt{x_o^2 - x_1^2})$,

$Y_u(y_o, y_1, -\sqrt{y_o^2 - y_1^2})$.

Man erhält dann mit 2D(V):

$$DV(P\,\bar{P}\,X\,Y) = \frac{x_1 - x_o}{x_1 + x_o} : \frac{y_1 - y_o}{y_1 + y_o}. \quad (1)$$

Unter Verwendung von $Z_u := (1, 0, -1)$ erhalten die Punkte $X' := (Z_u + X_u) \cap (P + \bar{P})$, $Y' := (Z_u + Y_u) \cap (P + \bar{P})$ die Koordinaten:

$$X'(x_o - \sqrt{x_o^2 - x_1^2},\ x_1,\ 0), \qquad Y'(y_o - \sqrt{y_o^2 - y_1^2},\ y_1,\ 0).$$

Damit ergibt sich:[1)]

$$DV(P\,\bar{P}\,X_u\,Y_u) = DV(Z_u + P\ \ Z_u + \bar{P}\ \ Z_u + X_u\ \ Z_u + Y_u) = DV(P\,\bar{P}\,X'\,Y').$$

Mit 2D(V) erhält man:

$$DV(P\,\bar{P}\,X_u\,Y_u)^2 = \frac{x_1 - x_o}{x_1 + x_o} : \frac{y_1 - y_o}{y_1 + y_o}\,. \quad (2)$$

Aus (1) und (2) folgt

$$DV(P\,\bar{P}\,X_u\,Y_u)^2 = DV(P\,\bar{P}\,X\,Y)$$

und weiter mit 8B(VII):

$$\boxed{\begin{array}{c} \delta_o(X,Y) = \frac{1}{2}\ln DV(P\,\bar{P}\,X\,Y) = \ln DV(P\,\bar{P}\,X_u\,Y_u) \\ \text{mit } X_u := S_u^1 \cap (Z+X),\ Y_u := S_u^1 \cap (Z+Y). \end{array}} \quad (I)$$

[1)] Sind $P, \bar{P}, X_u, Y_u$ vier Punkte eines Kegelschnitts $Q^1_{3\,1}$, so hat nach einem Satz von STEINER für jeden von $P, \bar{P}, X_u, Y_u$ verschiedenen Punkt $Z_u \in Q^1_{3\,1}$ das Doppelverhältnis $DV(Z_u + P\ \ Z_u + \bar{P}\ \ Z_u + X_u\ \ Z_u + Y_u)$ denselben Wert. Man setzt dann

$$DV(P\,\bar{P}\,X_u\,Y_u) := DV(Z_u + P\ \ Z_u + \bar{P}\ \ Z_u + X_u\ \ Z_u + Y_u).$$

Fällt Z_u mit einem der Punkte $P, \bar{P}, X_u, Y_u$ zusammen, etwa mit P, so gilt dieselbe Aussage, wenn $Z_u + P$ durch die Kegelschnittstangente im Punkt P ersetzt wird. (Siehe etwa GANS[4]S.357)

Zwei *Hyperebenen* α,β aus Γ_Z, deren Schnitthypergerade $\alpha\cap\beta$ eine h-Hypergerade aus IS^{n-1} enthält, entsprechen zwei zu Γ_Z orthogonale Halbsphären:

$$S_u^{n-1}(\alpha) := (Z+\alpha)\cap S_u^n, \quad S_u^{n-1}(\beta) := (Z+\beta)\cap S_u^n .$$

Aufgrund der Winkelmetrik 8B(VI) in $IS^{n-1}\subset\Gamma_Z$,

$$\varphi_o(\alpha,\beta) = \frac{1}{2i}\ln DV(\pi\,\bar\pi\,\alpha\,\beta), \tag{3}$$

ist im Halbsphäremodell den Halbsphären $S_u^{n-1}(\alpha)$, $S_u^{n-1}(\beta)$ die Invariante $\varphi_o(\alpha,\beta)$ als Winkel zugeordnet. Dabei sind $\pi,\bar\pi$ in Γ_Z die Tangentenhyperebenen an die Absolutsphäre S^{n-1} im Büschel um die Schnitthypergerade $\alpha\cap\beta$. Die Pole $A,B,P,\bar P$ von $\alpha,\beta,\pi,\bar\pi$ bezüglich S^{n-1} (die zugleich die Pole von $Z+\alpha$, $Z+\beta$, $Z+\pi$, $Z+\bar\pi$ bezüglich S^n sind) liegen kollinear, und es gilt:

$$DV(\pi\,\bar\pi\,\alpha\,\beta) = DV(P\,\bar P\,A\,B). \tag{4}$$

Da $\pi,\bar\pi$ konjugiert komplexe Tangentenhyperebenen von S^{n-1} sind, sind ihre konjugiert komplexen Pole $P,\bar P$ ihre Berührpunkte mit S^{n-1}. Die Verbindungsgerade der Pole A,B enthält die Berührpunkte $P,\bar P$, ist also Passante von S^{n-1} und von S^n.

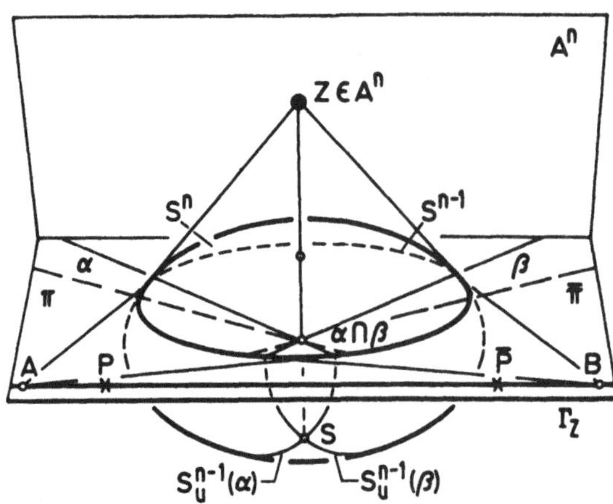

Der Schnitthypergeraden $(\alpha\cap\beta)\subset\Gamma_Z$ entspricht im Halbsphäremodell der nichtleere Schnitt der Halbsphären $S_u^{n-1}(\alpha)$, $S_u^{n-1}(\beta)$. Sei nun $S\in S_u^{n-1}(\alpha)\cap S_u^{n-1}(\beta)$ ein beliebiger Punkt. Dann ist S polar zu der Geraden $A+B$ bezüglich der Sphäre S^n. Folglich ist die Ebene $S+A+B$ eine reguläre 2-Tangente von S^n in dem regulären Punkt $S\in S^n$. Daher schneidet $S+A+B$ die Sphäre S^n in einem konjugiert komplexen Geradenpaar $p,\bar p$ mit $P\in p$, $\bar P\in\bar p$. Die beiden Geraden $p,\bar p$ treffen die Absoluthyperebene A^n des euklidischen Raumes $P_{1|00}^{n+1}$ in zwei zueinander konjugiert komplexen Punkten $P',\bar P'$; die Geraden $S+A$, $S+B$ treffen A^n in zwei (mit $P',\bar P'$ kollinearen) Punkten A',B'. Damit gilt:

$$\mathrm{DV}(P\ \bar{P}\ A\ B) = \mathrm{DV}(S+P\ S+\bar{P}\ S+A\ S+B) = \mathrm{DV}(P'\ \bar{P}'\ A'\ B'). \qquad (5)$$

Die Geraden S+A, S+B spannen die euklidische Ebene $P^2_{1|00} = S+A+B$ mit $A^n \cap (S+A+B) = A'+B' = P'+\bar{P}'$ als Absolutgerade und $\{P',\bar{P}'\}$ als Absolutquadrik auf. Dann ist der Winkel φ_1 der Geraden S+A, S+B nach 8B(VIII) gegeben durch:

$$\boxed{\begin{array}{c}\cos\varphi_1(S+A,S+B) = \frac{1}{2i}\ln \mathrm{DV}(S+P'\ S+\bar{P}'\ S+A'\ S+B')^{1)} \\ \text{mit}\quad S \in S^{n-1}_u(\alpha) \cap S^{n-1}_u(\beta).\end{array}} \qquad (II)$$

Aus (3)-(5) und (II) folgt, daß die den Halbsphären $S^{n-1}_u(\alpha)$ und $S^{n-1}_u(\beta)$ als Winkel zugeordnete Invariante $\varphi_o(\alpha,\beta)$ durch den euklidischen Winkel $\varphi_1(S+A,S+B)$ gemessen wird, der nach (5) unabhängig ist von der Wahl des Punktes $S \in S^{n-1}_u(\alpha) \cap S^{n-1}_u(\beta)$.

Somit gilt:

<u>Satz 1</u>: Im Halbsphäremodell der n-dimensionalen hyperbolischen Geometrie $\{(IQ^{n-1}_{n+1\,1}, B^n_{|1})\}$ stimmt der Winkel zweier Halbsphären $S^{n-1}_u(\alpha)$, $S^{n-1}_u(\beta)$ überein mit dem (euklidischen) Winkel zweier Geraden S+A und S+B, die einen Punkt $S \in S^{n-1}_u(\alpha) \cap S^{n-1}_u(\beta)$ mit den Polen A,B der Sphären $S^{n-1}(\alpha)$, $S^{n-1}(\beta)$ aus S^n verbinden.

Die Bewegungen der hyperbolischen Gruppe $B^n_{|1}$ bestehen im Halbsphäremodell aus allen Projektivitäten des euklidischen Raumes $P^{n+1}_{1|00}$, die $S^n \cup \{Z\}$ sowie S^n_u – aber nicht die Absolutfigur von $P^{n+1}_{1|00}$ – fix lassen (siehe 16B, Satz 1).

Wegen der in Satz 1 enthaltenen euklidischen Winkelmessung wird das Halbsphäremodell beim Aufbau der hyperbolischen Geometrie gelegentlich bevorzugt.

<u>POINCARÉ/MINKOWSKI/JANSEN-Modell</u>: Dieses Modell ist eine Variante des Halbsphäremodells. Es entsteht, indem man den hyperbolischen Raum $P^n_{|1}$ in die Absolutebene (Fernhyperebene) A^n eines euklidischen Raumes $P^{n+1}_{1|00}$ legt und die ovale Absolutquadrik $Q^{n-1}_{n+1\,1}$ ($x_o = x_1^2 + \ldots + x_n^2 - x_{n+1}^2 = 0$) des hyperbolischen Raumes $P^n_{|1}$ als Schnitt einer Ovalquadrik $Q^n_{n+2\,1}$ ($x_o^2 + \ldots + x_n^2 - x_{n+1}^2 = 0$) mit der Absolutebene A^n ($x_o = 0$) darstellt.

Im euklidischen Raum $P^{n+1}_{1|00}$ ist $Q^n_{n+2\,1}$ ein zweischaliges Hyperboloid; sein Mittelpunkt ist der Pol $Z(1,0,\ldots,0)$ der Fernhyper-

[1] Die Winkelmetrik in der euklidischen Ebene $P^2_{1|00}$ ist die Abstandsmetrik in der dual-euklidischen Ebene $P^2_{2|00}$, die durch 8B(VIII) gegeben wird.

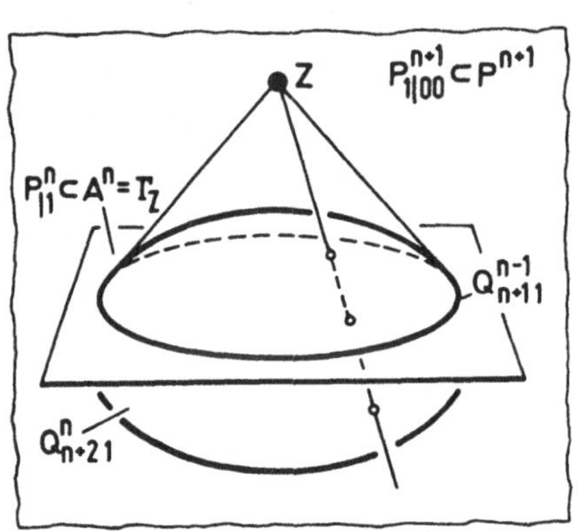

ebene $A^n = \Gamma_Z$ bezüglich $Q^n_{n+2\,1}$.

Projiziert man aus dem Mittelpunkt Z den Schauplatz $IQ^{n-1}_{n+1\,1}$ der hyperbolischen Geometrie auf die Schalen des zweischaligen Hyperboloids und identifiziert die Gegenpunkte bezüglich Z, so entsteht aus dem Standardmodell das *POINCARÉ/MINKOWSKI/JANSEN-Modell.* Die Bewegungen der hyperbolischen Gruppe $B^n_{|1}$ sind nun alle Projektivitäten des P^{n+1}, die $Q^n_{n+2\,1} \cup \{Z\}$ fix lassen (siehe 16B, Satz 1). Dabei handelt es sich um alle Affinitäten, die ein zweischaliges Hyperboloid fix lassen.

Wie beim Halbsphäremodell kann man auf die Identifizierung der Gegenpunkte bezüglich Z verzichten und $IQ^{n-1}_{n+1\,1}$ nur auf eine der beiden Hyperboloidschalen projizieren. Ein Vorteil dieses Modells besteht darin, daß seine Fernpunkte zugleich Fernpunkte des einbettenden euklidischen Raumes sind.

Das POINCARÉ/MINKOWSKI/JANSEN-Modell beschreibt JANSEN[1] ausführlich für n=2; Abstandsmetrik, Winkelmetrik und Flächeninhalt werden in einfacher Weise dargestellt. Dasselbe Modell beschreiben HEFFTER[2]S.181, MIHĂILEANU[6], NEUMANN[1], BICĂ/NEUMANN/STANCIU [3], TĂNĂSESCU[1] und (auf einer imaginären Hyperboloidschale) SCHILLING[5]S.121ff. sowie RIESZ[1]; RIESZ[1] beschreibt auch den Zusammenhang dieses Modells mit dem CAYLEY/KLEIN-Modell, dem POINCARÉ-Modell und dem 3-dimensionalen LORENTZ-Raum $P^3_{1|01}$; ausführlich werden die zugehörigen LORENTZ-Bewegungen behandelt. Siehe auch COXETER[11] und VARGA[1].

2. MODELLE DER MÖBIUS-GEOMETRIE IM EUKLIDISCHEN RAUM

Euklidische Interpretation des Standardmodells: Der Standardschauplatz $S = (P^n \setminus IQ^{n-1}_{n+1\,1}) \subset P^n_{|1}$ der MÖBIUS-Geometrie wird durch eine Bijektion π_o abgebildet auf eine mit ihrem Außengebiet AS^{n-1} vereinigte Sphäre S^{n-1} — speziell eine Einheitssphäre — des euklidischen Raumes $P^n_{1|00}$ (die seine Absoluthyperebene A^{n-1} in der Absolutquadrik $Q^{n-2}_{n\,0}$ schneidet):

$$\pi_o:\ S = (P^n \setminus IQ^{n-1}_{n+1\,1}) \rightarrow S_o := (P^n_{1|00} \setminus IS^{n-1}).$$

Wie in Unterabschnitt 1 wird eine projektive Abbildung $\pi: P^n_{|1} \rightarrow$

$P^n_{1|00}$ gewählt, die π_o induziert. Gemäß 14C1,Def.1 werden die Punkte $P \in S^{n-1}$ als *M-Punkte*, die Punkte $P \in AS^{n-1}$ als *M_A-Punkte* bezeichnet.

Sphärenmodell: Jedem M_A-Punkt $P \in AS^{n-1}$ ist seine Polarhyperebene Γ_P bezüglich S^{n-1} und weiter die Sphäre $S^{n-2}_P := S^{n-1} \cap \Gamma_P$ bijektiv zugeordnet. Jedem M-Punkt $P \in S^{n-1}$ entspricht bijektiv seine Tangentenhyperebene Γ_P bezüglich S^{n-1} und weiter die *Nullsphäre* $P = S^{n-1} \cap \Gamma_P$ (14C1,Satz 3). Jede auf dem Schauplatz $S_o = P^n_{1|00} \setminus IS^{n-1}$ operierende Bewegung $\tau \in B^n_{|1}$ führt eine Sphäre $S^{n-2}_P \subset S^{n-1}$ in die Sphäre $S^{n-2}_{\tau P} \subset S^{n-1}$ und eine Nullsphäre $P \in S^{n-1}$ in die Nullsphäre $\tau P \in S^{n-1}$ über. Diese Überlegungen führen zu der folgenden Bijektion σ des Schauplatzes S_o auf den Schauplatz S_1, bestehend aus den Nullsphären und den Sphären S^{n-2} in der Sphäre S^{n-1} (also den nichtleeren Hyperebenenschnitten von S^{n-1}):

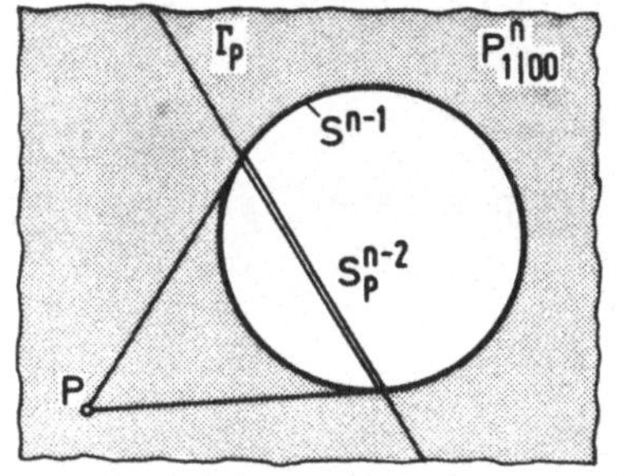

$$\begin{aligned} \sigma:\ S_o = (P^n_{1|00} \setminus IS^{n-1}) &\longrightarrow S_1 = \{S^{n-1} \cap \Gamma_P \mid P \in S_o\} \\ P \in S^{n-1} &\longmapsto P = S^{n-1} \cap \Gamma_P \\ P \in AS^{n-1} &\longmapsto S^{n-2}_P = S^{n-1} \cap \Gamma_P . \end{aligned}$$

Speziell den Punkten $P \in A^{n-1}$ entsprechen die *Großsphären* der Sphäre S^{n-1} (für n=3 die *Großkreise* von S^2). Da die MÖBIUS-Geometrie einen aus Sphären bestehenden Schauplatz besitzt, heißt sie eine *Sphären-* oder *Kugelgeometrie*, für n=3 eine *Kreisgeometrie*.

In den Schauplätzen S und S_o der MÖBIUS-Geometrie besitzen je vier kollineare Punkte A,B,C,D das Doppelverhältnis DV(A B C D) als MÖBIUS-Invariante. Die zugehörigen Sphären $S^{n-1} \cap \Gamma_P$ (P = A,B, C,D), unter denen höchstens zwei Nullsphären auftreten, besitzen somit ebenfalls DV(A B C D) als MÖBIUS-Invariante. Deutungen dazu findet man in 20B1. Weitere MÖBIUS-Invarianten, einschließlich MÖBIUS-geometrischer Interpretationen, findet man bei HARTL[1].

Konvexes Modell: Das konvexe Modell entsteht aus dem Sphärenmodell, indem man neben der Einheitssphäre S^{n-1} eine Eifläche E^{n-1} betrachtet und jede Tangentenhyperebene Γ_P von S^{n-1} festlegt durch ihren Berührpunkt P und den ins Außengebiet AS^{n-1} zeigenden Normaleneinheitsvektor $p = \overrightarrow{MP}$; M ist der Mittelpunkt von S^{n-1}. Die Tangentenhyperebenen von E^{n-1} seien in derselben Weise gegeben.

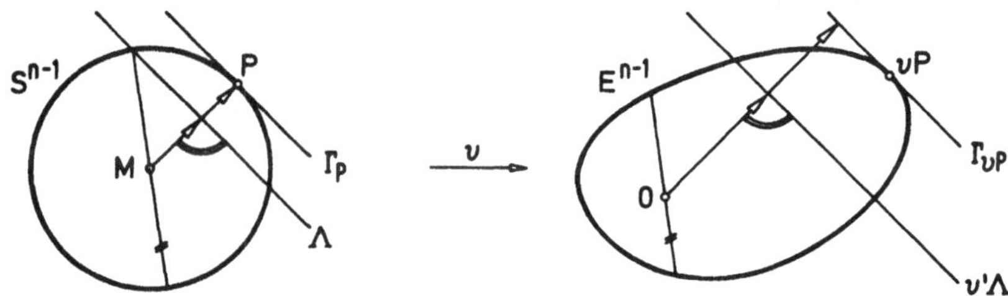

Nun sei υ die durch parallele Tangentenhyperebenen Γ_P, $\Gamma_{\upsilon P}$ mit demselben Normaleneinheitsvektor p vermittelte Bijektion von S^{n-1} auf E^{n-1}:

$$\upsilon\colon S^{n-1} \to E^{n-1}$$
$$P \mapsto \upsilon P \text{ mit } \Gamma_P(p) \parallel \Gamma_{\upsilon P}(p).$$

Die Abbildung υ wird nach Wahl eines festen Innenpunktes O von E^{n-1} wie folgt fortgesetzt zu einer Bijektion υ' der Hyperebenenschnitte von S^{n-1} auf die Hyperebenenschnitte von E^{n-1}:

1) Der (positive) Abstand der Tangentenhyperebene $\Gamma_{\upsilon P}$ von O wird gleich l(P) gesetzt.
2) Der Schnitthyperebene $\Lambda \parallel \Gamma_P$ von S^{n-1} mit dem in M angreifenden Stützvektor dp $(0 \le d \le 1)$ wird die Schnitthyperebene $\upsilon'\Lambda \parallel \Gamma_{\upsilon P}$ von E^{n-1} mit dem in O angreifenden Stützvektor $d\,l(P)p$ zugeordnet.

Damit bilden die Hyperebenenschnitte einer Eifläche $E^{n-1} \subset P^n_{1|00}$ einen Schauplatz der MÖBIUS-Geometrie $\{(P^n \setminus IQ^{n-1}_{n+1\,1}, B^n_{|1})\}$.

3. MODELLE DER ELLIPTISCHEN GEOMETRIE IM EUKLIDISCHEN RAUM

Euklidische Interpretation des Standardmodells: Der Standardschauplatz $S = P^n$ wird bijektiv abgebildet auf den euklidischen Raum $P^n_{1|00}$:

$$\pi_o\colon S = P^n \to S_o = P^n_{1|00}.$$

Wird im P^n die Absolutfigur $Q^{n-1}_{1\,0} \supset A^{n-1} \supset Q^{n-2}_{n\,0}$ des $P^n_{1|00}$ ausgezeichnet, so kann π_o als die Identität gewählt werden. Die nullteilige Absolutquadrik $Q^{n-1}_{n+1\,0}$ des Standardschauplatzes der elliptischen Geometrie stellt im euklidischen Raum $P^n_{1|00}$ eine nullteilige Absolutsphäre dar. Die Absolutquadrik $Q^{n-2}_{n\,0}$ des $P^n_{1|00}$ kann speziell als Schnitt von $Q^{n-1}_{n+1\,0}$ mit der Fernhyperebene A^{n-1} des $P^n_{1|00}$ gewählt werden.

Sphäremodell: Das *Bündelmodell* der n-dimensionalen elliptischen Geometrie besitzt nach 10A das Geradenbündel um einen Punkt $Z \in P^{n+1}_{1|00} \setminus A^n$ als Schauplatz.

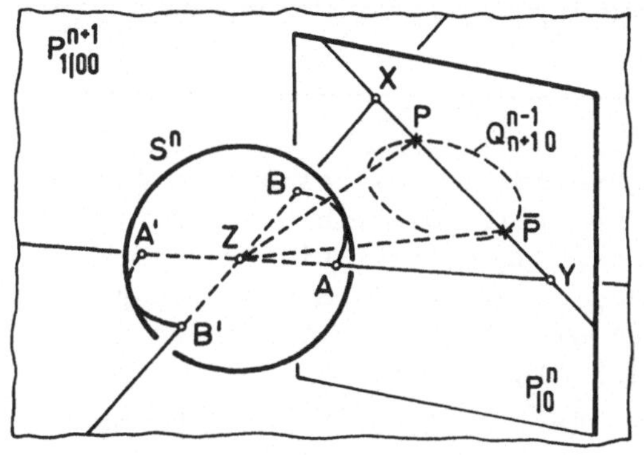

Wird das Geradenbündel um Z mit einer Sphäre S^n um Z als Mittelpunkt geschnitten, so entsteht in Übereinstimmung mit 16A als Schauplatz der n-dimensionalen elliptischen Geometrie die Sphäre S^n mit identifizierten Gegenpunkten (*Sphäremodell*). Ist S^n die Einheitssphäre um Z, so folgt mit 10A, Satz 1, daß der Abstand zweier Punkte (also zweier Gegenpunktpaare (A,A'),(B,B')) durch die euklidische Länge des kleineren der sie verbindenden Großkreisbögen gemessen wird. Ebenso folgt, daß der Winkel zweier Hyperebenen (also zweier Großsphären $S^{n-1}_\Gamma = \Gamma \cap S^n$, $S^{n-1}_\Lambda = \Lambda \cap S^n$; $\Gamma, \Lambda \subset P^{n+1}$, $Z \in \Gamma$, $Z \in \Lambda$) durch den euklidischen Winkel der Hyperebenen $\Gamma, \Lambda \subset P^{n+1}_{1|00}$ — und damit durch den kleineren zu Γ und Λ orthogonalen Großkreisbogen in S^n — gemessen wird.

Zusammenfassend erhält man:

Satz 1: Im Sphäremodell der n-dimensionalen elliptischen Geometrie $\{(P^n_{|0}, B^n_{|0})\}$ besteht der Schauplatz aus den identifizierten Gegenpunkten einer Einheitssphäre $S^n \subset P^{n+1}_{1|00}$ mit Mittelpunkt $Z \in P^{n+1}_{1|00} \setminus P^n_{|0}$. Die Abstandsmetrik ist die euklidische Abstandsmetrik auf Einheitskreisbögen in S^n; die Winkelmetrik ist die euklidische Winkelmetrik in $P^{n+1}_{1|00}$. Die Absolutfigur des Sphäremodells besteht aus der Einheitssphäre S^n und der (in allen Sphären des $P^{n+1}_{1|00}$ liegenden) nullteiligen Leitquadrik $Q^{n-1}_{n+1\,0} \subset P^n_{|0}$ der isotropen Kegel des euklidischen Raumes $P^{n+1}_{1|00}$.

Die ***elliptische Trigonometrie*** kann man in einer elliptischen Ebene $P^2_{|0}$ entwickeln, deren Sphäremodell eine Einheitssphäre $S^2 \subset P^3_{1|00}$ mit identifizierten Gegenpunkten als Schauplatz besitzt. Jedes elliptische Dreieck ist in S^2 ein Tripel von Gegenpunktpaaren, das stets durch die Ecken eines ***EULER-Dreiecks*** (eines Dreiecks mit Seiten $\leq \pi$) repräsentierbar ist. Ein Vorzug des Sphäremodells besteht deshalb darin, daß man in ihm die elliptische Trigonometrie auf die sphärische Trigonometrie der EULER-Dreiecke zurückführen kann (die ganz in einer Halbsphäre liegen).

Damit gelten die Sätze der sphärischen Trigonometrie, zum Beispiel(siehe 14B4,S.303,insbesondere Fußnote [1]):

> Satz 2: In der elliptischen Geometrie ist die "Winkel"-Summe jedes Dreiecks größer als π.

Bemerkungen:

1) Ein weiterer Vorzug des Sphäremodells besteht darin, daß sich in ihm die elliptische Differentialgeometrie übersichtlich darstellen läßt. Der elliptische Raum erweist sich dann als ein RIEMANNscher Raum konstanter positiver GAUSSscher Krümmung. Jede geschlossene singularitätenfreie Fläche konstanter positiver GAUSSscher Krümmung erweist sich als Sphäre.

2) GYARMATHI[5] verwendet das Sphäremodell zur Kennzeichnung der 4-dimensionalen elliptischen Geometrie durch Quaternionen.

4. MODELLE DER LAGUERRE-GEOMETRIEN IM EUKLIDISCHEN RAUM

Wir beschreiben im folgenden die bekanntesten Modelle der (vollen und engeren) LAGUERRE-Geometrie.

Speer-Modell: Wir knüpfen an die in 15A beschriebenen Standardmodelle der LAGUERRE-Geometrien an und betrachten den Absolutkegel des dualpseudoeuklidischen Raumes $P^n_{n|10}$,

$$Q^{n-1}_{n\,1}:\ \vec{x}_o^T E_o \vec{x}_o = x_o^2 + \ldots + x_{n-2}^2 - x_{n-1}^2 = 0\ ,$$

sowie seine ovale Schnittquadrik mit der Koordinatenhyperebene $\Gamma_n(x_n = 0)$, $Q^{n-2}_{n\,1} := Q^{n-1}_{n\,1} \cap \Gamma_n$, die gegeben ist durch

$$x_n = x_o^2 + \ldots + x_{n-2}^2 - x_{n-1}^2 = 0.$$

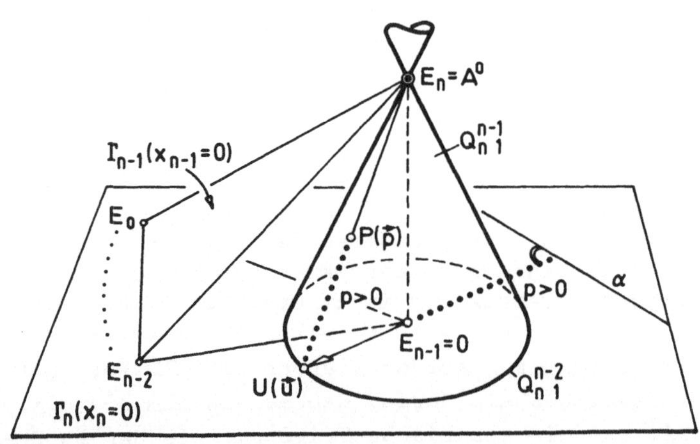

Wählt man die Koordinatenhyperebene $\Gamma_{n-1}(x_{n-1}=0)$, die den Absolutkegel $Q^{n-1}_{n\,1}$ in seiner Spitze $A^o(0,\ldots,0,1)$ schneidet, als Fernhyperebene eines euklidischen Raumes $P^n_{1|00}$, so können die Punkte des Schauplatzes $S=Q^{n-1}_{n\,1}\setminus A^o$ der LAGUERRE-Geometrien in normierten Koordinaten (kartesischen Koordinaten) $(x_o,\ldots,x_{n-2},x_{n-1}=1,x_n)$ beschrieben werden. In dem längs Γ_{n-1} geschlitzten euklidischen Raum $P^n_{1|00}$ ist E_{n-1} der Ursprung 0 des durch $\{E_o,\ldots,E_n\}$ und einen passenden Einheitspunkt bestimmten kartesischen Koordinatensystems. 0 ist auch der Ursprung des durch $\{E_o,\ldots,E_{n-1}\}$ und einen passenden Einheitspunkt in $\Gamma_n\setminus\omega$, $\omega:=\Gamma_n\cap\Gamma_{n-1}$ bestimmten kartesischen Koordinatensystems.

Damit erhält der Absolutkegel $Q^{n-1}_{n\,1}$ die Gleichung:

$$x_o^2+\ldots+x_{n-2}^2=1 \tag{1}$$

und stellt einen Drehzylinder mit der Drehachse $0+A^o$ dar, der in der Koordinatenhyperebene Γ_n die Einheitssphäre $S^{n-2}:=Q^{n-1}_{n\,1}\cap\Gamma_n$ mit dem Mittelpunkt 0 als Leitquadrik besitzt. Der Punkt $U(\vec{u})$ mit

$$\vec{u}=(u_o,\ldots,u_{n-2},1,0)^T,\quad u_o^2+\ldots+u_{n-2}^2=1,$$

ist ein beliebiger Punkt der Einheitssphäre S^{n-2}, den auch der Ortsvektor $\vec{u}:=(u_o,\ldots,u_{n-2})^T$ festlegt. Der Punkt $P(\vec{p})$ mit

$$\vec{p}=(u_o,\ldots,u_{n-2},1,p)^T,\quad u_o^2+\ldots+u_{n-2}^2=1, \tag{2}$$

— im folgenden auch mit $P(\vec{u},p)$ bezeichnet — ist ein beliebiger Punkt des Drehzylinders $Q^{n-1}_{n\,1}$ auf der Erzeugenden $(U+A^o)\setminus\{A^o\}$.

Wir ordnen nun einem nach (2) gegebenen Punkt $P(\vec{u},p)\in S$ die *orientierte Hyperebene* $\alpha(\vec{u},p)$ aus Γ_n mit der Gleichung

$$u_ox_o+\ldots+u_{n-2}x_{n-2}+p=0,\quad u_o^2+\ldots+u_{n-2}^2=1, \tag{3}$$

zu. Dabei ist $\alpha(\vec{u},p)$ die Hyperebene $\alpha\subset\Gamma_n$ mit der durch den Einheitsvektor $\vec{u}$ gegebenen *Orientierung*; $\alpha(-\vec{u},-p)$ ist dieselbe Hyperebene $\alpha\subset\Gamma_n$ mit der durch $-\vec{u}$ gegebenen Orientierung, sie ist dem Punkt $P(-\vec{u},-p)\in S$ zugeordnet. Daraus erhält man:

Satz 1: Die Abbildung

$$f:\ S\longrightarrow\Lambda,\qquad P(\vec{u},p)\longmapsto\alpha(\vec{u},p)$$

stellt eine Bijektion der Punkte $P(\vec{u},p)$ des Standardschauplatzes S der (vollen oder engeren) LAGUERRE-Geometrie auf die

Menge Λ der orientierten Hyperebenen (*Speere*) α der längs $\omega := \Gamma_n \cap \Gamma_{n-1}$ geschlitzten euklidischen Hyperebene Γ_n dar (*Speer-Modell*).

Der Ortsvektor $\vec{u} := (u_o, \ldots, u_{n-2})^T$ eines Punktes $U(\vec{u})$ der Einheitssphäre $S^{n-2} \subset \Gamma_n$ repräsentiert für jeden Speer $\alpha(\vec{u}, p) \subset \Gamma_n$, der einem Punkt $P(\vec{u}, p) \in (U + A^o) \setminus A^o$ zugeordnet ist, einen Normaleneinheitsvektor; die Konstante p bedeutet den vorzeichenbehafteten Abstand des Ursprungs O von α.[1] Liegt O in jenem (abgeschlossenen) Halbraum von α, in den $\vec{u}$ zeigt, so ist $p \geq 0$, liegt O im anderen Halbraum, so ist $p \leq 0$. In (3) gibt

$$u_o x_o + \ldots + u_{n-2} x_{n-2} + p$$

den vorzeichenbehafteten euklidischen Abstand eines beliebigen Punktes $X(\vec{x}) \in \Gamma_n \setminus \omega$, $\vec{x} = (x_o, \ldots, x_{n-2}, 1, 0)^T$ von α an; (3) heißt die *HESSE-Form* der Gleichung von α in Γ_n.[1] Die Menge Λ der Speere $\alpha(\vec{u}, p) \subset \Gamma_n$ heißt die *LAGUERRE-Hyperebene* Λ. Den Punkten einer Erzeugenden $(U + A^o) \setminus A^o$ des Drehzylinders $Q^{n-1}_{n\,1}$ entspricht in der Bijektion $f: S \longrightarrow \Lambda$ ein Büschel paralleler gleichgerichteter Speere (*Speerbüschel*).

In Satz 1 kann man die Hyperebene Γ_n ersetzen durch eine beliebige von Γ_{n-1} verschiedene Hyperebene des Hyperebenenbüschels um die Hypergerade $\omega = \Gamma_n \cap \Gamma_{n-1}$.

Im folgenden betrachten wir die Hyperebenenschnitte des Drehzylinders $Q^{n-1}_{n\,1}$ mit der Gleichung (1), die A^o nicht enthalten. Die Schnitte sind Ovalquadriken (Ellipsoide und Sphären), die gegeben sind durch (1) und die Gleichung einer Schnitthyperebene Σ:

$$a_o x_o + \ldots + a_{n-2} x_{n-2} + a_{n-1} + x_n = 0 \; . \tag{4}$$

Der Koordinatenvektor $\vec{p}$ jedes Punktes $P(\vec{p})$ einer Schnittquadrik $Q^{n-1}_{n\,1} \cap \Sigma$ genügt (2) und (4), also auch der Gleichung

$$a_o u_o + \ldots + a_{n-2} u_{n-2} + a_{n-1} + p = 0 \; . \tag{5}$$

Die Bijektion $f: S \longrightarrow \Lambda$ führt jeden Punkt $P(\vec{p}) \in (Q^{n-1}_{n\,1} \cap \Sigma)$ in einen Speer $\alpha(\vec{u}, p) \subset \Gamma_n$ mit der HESSE-Form (3) über. Die linke Seite von (3) gibt für $x_o = a_o, \ldots, x_{n-2} = a_{n-2}$ den vorzeichenbehafteten euklidischen Abstand des Punktes $A(\vec{a}) \in \Gamma_n \setminus \omega$, $\vec{a} = (a_o, \ldots, a_{n-2}, 1, 0)^T$ von α an. Dieser Abstand ist für alle Punkte $P(\vec{p}) \in (Q^{n-1}_{n\,1} \cap \Sigma)$ konstant

[1] Siehe 8C3, Bem.1 (S.187).

und zwar

$$a_o u_o + \ldots + a_{n-2} u_{n-2} + p = -a_{n-1} = \text{const.}$$

Dieses Ergebnis führt mit Satz 1 zu

Satz 2: In der Bijektion $f: S \longrightarrow \Lambda$ entsprechen den Punkten einer (ovalen) Schnittquadrik

$$Q^{n-1}_{n\,1} \cap \Sigma : \begin{cases} x_o^2 + \ldots + x_{n-2}^2 = 1 \\ a_o x_o + \ldots + a_{n-2} x_{n-2} + a_{n-1} + x_n = 0 \end{cases}$$

in der LAGUERRE-Hyperebene Λ alle Speere $\alpha(\vec{u},p)$, die von dem festen Punkt $A(\vec{a}) \in \Gamma_n \backslash \omega$, $\vec{a} = (a_o, \ldots, a_{n-2}, 1, 0)^T$, den festen vorzeichenbehafteten euklidischen Abstand $r := -a_{n-1}$ besitzen. Die Menge dieser Speere, die in $\Gamma_n \backslash \omega$ die orientierte Sphäre S^{n-1} mit dem Mittelpunkt $A(\vec{a})$ und dem Radius $r \in \mathbb{R}$ umhüllen, heißt der ***LAGUERRE-Zykel***, kurz ***Zykel***[1]), (A,r) der LAGUERRE-Hyperebene Λ, für $r=0$ ein ***Nullzykel***. Umgekehrt entspricht jedem Zykel aus Λ genau eine Schnittquadrik $Q^{n-1}_{n\,1} \cap \Sigma$. Den Zykeln mit demselben Mittelpunkt, aber entgegengesetztem Radius entsprechen als Urbilder bei f zum Ursprung O punktsymmetrische Schnittquadriken $Q^{n-1}_{n\,1} \cap \Sigma$.

Bemerkungen:

1) Ein Nullzykel besteht aus allen mit einem Punkt $A(\vec{a}) \in \Gamma_n \backslash \omega$ inzidenten Speeren. Wegen $r=0$ entspricht jedem Nullzykel als Urbild bei f eine Schnittquadrik $Q^{n-1}_{n\,1} \cap \Sigma$, wobei Σ den Ursprung O enthält. Es gibt Ähnlichkeiten der vollen LAGUERRE-Gruppe und Bewegungen der engeren LAGUERRE-Gruppe, die eine mit dem Ursprung O inzidente Hyperebene Σ in eine mit O nicht inzidente Hyperebene überführen. Der Begriff ***Nullzykel*** ist daher weder eine Invariante der vollen noch der engeren LAGUERRE-Geometrie. In der LAGUERRE-Hyperebene Λ operieren die Ähnlichkeiten und Bewegungen auf der Menge ihrer Speere $\alpha(\vec{u},p)$; sie sind in Λ keine Punkttransformationen!

2) Die Zykel der LAGUERRE-Hyperebene Λ lassen sich nach Satz 2 im pseudoeuklidischen Raum $P^n_{n|10}$ durch lineare Gebilde (die Hyperebenen, die A^o nicht enthalten) repräsentieren. Damit besteht eine Analogie zur MÖBIUS-Geometrie; auch die M-Sphären (siehe 20B1, Satz 1) sind im hyperbolischen Raum $P^n_{|1}$ durch lineare Gebilde (die Polarhyperebenen der Punkte in $AQ^{n-1}_{n+1\,1}$) darstellbar. Für die Zykel der 2- und 3-dimensionalen LAGUERRE-Hyperebene Λ gibt CHIANG[1] eine einfache Matrixdarstellung an.

[1]) Den Begriff *Zykel* verwendet schon LAGUERRE[1].

Jeder Aussage der vollen oder engeren LAGUERRE-Geometrie im Standardschauplatz S entspricht eine Aussage in ihrem Speer-Modell. Wir geben dafür

Beispiele:

1) Wir betrachten Paare von Zykeln, die genau einen Speer gemeinsam haben.

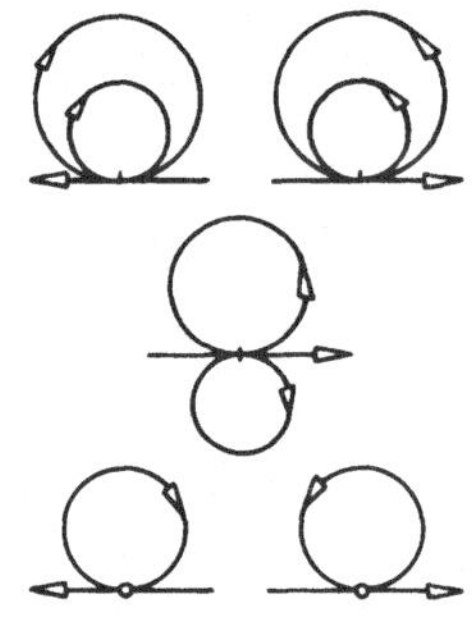

Solchen Zykeln ist im Standardschauplatz S ein Paar von Schnittquadriken $Q^{n-1}_{n\,1} \cap \Sigma_1$, $Q^{n-1}_{n\,1} \cap \Sigma_2$ zugeordnet, die genau einen gemeinsamen Punkt besitzen. Damit ist $\Sigma_1 \cap \Sigma_2$ eine reguläre Hypertangente von $Q^{n-1}_{n\,1}$. Man sagt daher, zwei Zykel *berühren* einander, wenn sie genau einen Speer gemeinsam haben; *Zykelberührung* heißt Speerinzidenz in genau einem Speer. Der Speerinzidenz in der LAGUERRE-Hyperebene Λ entspricht im Standardschauplatz S die Punktinzidenz. Man findet leicht: zwei verschiedene Zykel inzidieren in ∞^{n-3} Speeren (denen im Standardschauplatz S die Punkte einer Ovalquadrik $Q^{n-3}_{n-1\,1}$ entsprechen) oder in keinem oder in genau einem Speer.

2) Von Interesse sind die Schnittquadriken $Q^{n-1}_{n\,1} \cap \Sigma$, deren Hyperebenen Σ einem Hyperebenenbüschel um eine Hypergerade σ angehören und deren Bild in Λ ein *Zykelbüschel* genannt wird. Die Zykelbüschel lassen sich klassifizieren nach der Lage von σ zu S. Da $Q^{n-1}_{n\,1}$ Geraden als Maximalerzeugende besitzt, liegt σ höchstens für n=3 in $Q^{n-1}_{n\,1}$; sonst schneidet σ die Absolutquadrik $Q^{n-1}_{n\,1}$ nach 4A,Satz 3 in einer Quadrik $Q^{n-3}_{r\,q} \subset \sigma$. Da es durch jeden Punkt $P \in S$ eine Hyperebene Σ gibt, die σ enthält, tritt in einem Zykelbüschel jeder Speer der LAGUERRE-Hyperebene Λ auf. Die Zykelbüschel einer LAGUERRE-Ebene Λ (n=3) beschreiben KUNLE/FLADT/SÜSS[1]S.212-213. Die Schnittquadriken $Q^{n-1}_{n\,1} \cap \Sigma$, deren Hyperebenen Σ einem Hyperebenenbündel angehören, lassen sich analog diskutieren; ihr Bild in Λ heißt ein *Zykelbündel*.

3) Die Bewegungen der engeren LAGUERRE-Gruppe $B^n_{n|10}$ lassen nach 7A,Satz 2 nicht nur den Absolutkegel $Q^{n-1}_{n\,1}$ fix, zusätzlich bleibt die quadratische Form $\vec{x}_o^T E_o \vec{x}_o$ invariant. Damit ist $\vec{x}_o^T E_o \vec{x}_o$ eine Invariante der engeren LAGUERRE-Gruppe. Zur Interpretation dieser Invariante setzen wir $\vec{x}$ gleich der Differenz zweier Vektoren:

$$\vec{x} = \begin{pmatrix} \vec{x}_o \\ \vec{x}_1 \end{pmatrix} = \vec{a} - \vec{a}\,' = \begin{pmatrix} \vec{a}_o - \vec{a}_o' \\ \vec{a}_1 - \vec{a}_1' \end{pmatrix} = (a_o - a_o', \dots, a_n - a_n')^T .$$

Dann ist

$$\vec{x}_o^T E_o \vec{x}_o = (a_o - a_o')^2 + \dots + (a_{n-2} - a_{n-2}')^2 - (a_{n-1} - a_{n-1}')^2 .$$

Wir deuten nun die Koordinaten von $\vec{a}, \vec{a}'$ als die Hyperebenenkoordinaten zweier Hyperebenen Σ, Σ', die A^o nicht enthalten. Wegen $A^o \notin \Sigma$, $A^o \notin \Sigma'$ kann man ohne Einschränkung $a_n = a'_n = 1$ setzen und hat somit:

$$\Sigma: a_o x_o + \ldots + a_{n-1} x_{n-1} + x_n = 0,$$
$$\Sigma': a'_o x_o + \ldots + a'_{n-1} x_{n-1} + x_n = 0.$$

Den Schnittquadriken $Q^{n-1}_{n\,1} \cap \Sigma$, $Q^{n-1}_{n\,1} \cap \Sigma'$ entsprechen in der LAGUERRE-Hyperebene Λ nach Satz 2 zwei Zykel mit den Mittelpunkten M, M' und den Radien r, r':

$$M(\vec{m}) \text{ mit } \vec{m} = (a_o, \ldots, a_{n-2}, 1, 0)^T; \quad r = -a_{n-1},$$
$$M'(\vec{m}') \text{ mit } \vec{m}' = (a'_o, \ldots, a'_{n-2}, 1, 0)^T; \quad r' = -a'_{n-1}.$$

In der LAGUERRE-Hyperebene Λ beträgt das (euklidische) Abstandsquadrat der Mittelpunkte M, M':

$$d(M,M')^2 = (a_o - a'_o)^2 + \ldots + (a_{n-2} - a'_{n-2})^2.$$

Nehmen wir nun an, die Zykel (M,r), (M',r') besitzen einen gemeinsamen Speer mit den Berührpunkten B, B', so findet man in dem ebenen Viereck $B\,B'M\,M'$ das Quadrat des Berührpunktabstandes:

$$d(B,B')^2 = (a_o - a'_o)^2 + \ldots + (a_{n-2} - a'_{n-2})^2 - (a_{n-1} - a'_{n-1})^2.$$

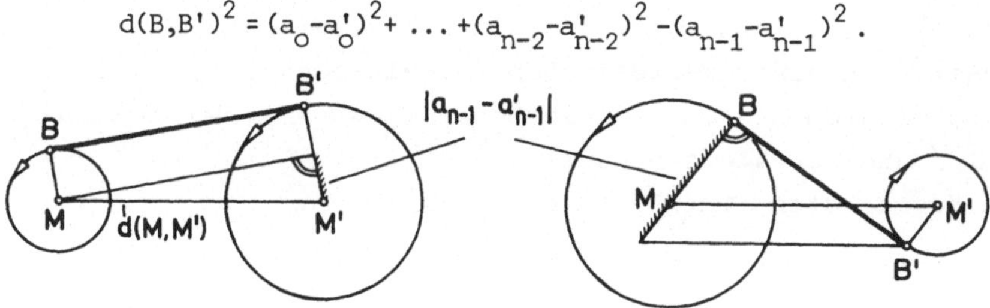

Damit folgt aus Beispiel 3):

> Satz 3: Der Berührpunktabstand[1] $d(B,B') \geq 0$ eines gemeinsamen Speers zweier Zykel ist LAGUERRE-invariant unter der engeren LAGUERRE-Gruppe $B^n_{n|10}$.

Die Ähnlichkeiten der vollen LAGUERRE-Gruppe $A^n_{n|10}$ bewirken, daß die quadratische Form $\vec{x}^T_o E_o \vec{x}_o$ mit einem Faktor $\lambda_o \neq 0$ multipliziert wird; λ_o hängt nur von den Koeffizienten der Abbildungsgleichungen ab, nicht von den Figuren, die einer Ähnlichkeit unterworfen werden. Wählt man als Figuren Zykelpaare, so folgt:

> Satz 4: Sind B,B' die Berührpunkte eines gemeinsamen Speers eines 1. Zykelpaars und P,P' die Berührpunkte eines gemeinsamen Speers

[1] Bei MÜLLER/KRAMES[1]S.27 heißt der Berührpunktabstand die *Tangentialentfernung* (kurz: die *Entfernung*) der beiden Zykel.

eines 2.Zykelpaars, so gilt: Das Verhältnis der Berührpunktabstände, also d(B,B'):d(P,P'), ist LAGUERRE-invariant unter der vollen LAGUERRE-Gruppe $A^n_{n|10}$.

C-Modell: Das C-Modell der vollen und engeren LAGUERRE-Geometrie entsteht durch euklidische Interpretation ihres dualen Standardschauplatzes $\check{S}$; $\check{S}$ besteht aus den von der Absoluthyperebene A^{n-1} verschiedenen Hyperebenen des P^n, die eine reguläre (n-2)-Tangente der ovalen Absolutquadrik $Q^{n-2}_{n\,1} \subset A^{n-1}$ enthalten. Dabei entsprechen den Schnittquadriken $(Q^{n-1}_{n\,1} \cap \Gamma) \subset S$, $A^o \notin \Gamma$ als Verbindungsquadriken die Kegel

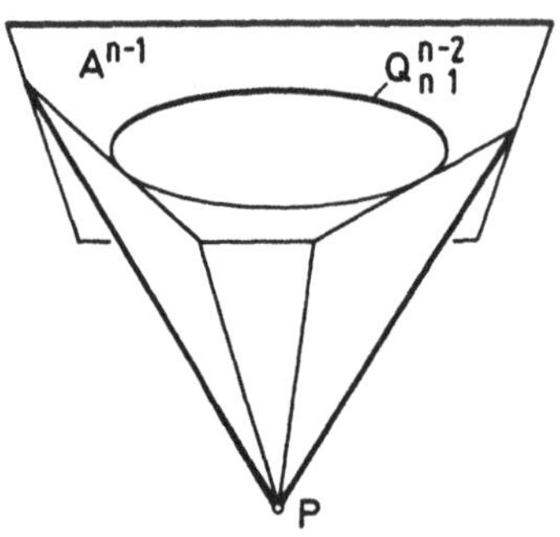

$$(Q^{n-2}_{n\,1} \cap P) \subset \check{S},\quad P \notin A^{n-1},$$

die — wie der Punkt P — als Hyperebenenmengen aufzufassen sind.

Wählt man die Absoluthyperebene A^{n-1} des pseudoeuklidischen Raumes $P^n_{1|01}$ als Fernhyperebene eines euklidischen Raumes $P^n_{1|00}$, so besitzt in einem kartesischen Koordinatensystem des $P^n_{1|00}$ mit den Koordinaten $(1,x_1,\ldots,x_n)$ ein Kegel $Q^{n-2}_{n\,1} \cap P$ mit der Fernleitquadrik $Q^{n-2}_{n\,1}$ und der stets eigentlichen Spitze P mit den kartesischen Koordinaten $(1,p_1,\ldots,p_n{=}r)$ die Gleichung

$$(x_1-p_1)^2+\ldots+(x_{n-1}-p_{n-1})^2-(x_n-r)^2=0.^{1)} \qquad (6)$$

Je zwei Kegel (6) sind translationsgleich. Ein Kegel (6) schneidet die Koordinatenhyperebene $x_n=0$ in einer Sphäre S^{n-2} mit der Gleichung

$$(x_1-p_1)^2+\ldots+(x_{n-1}-p_{n-1})^2-r^2=0. \qquad (7)$$

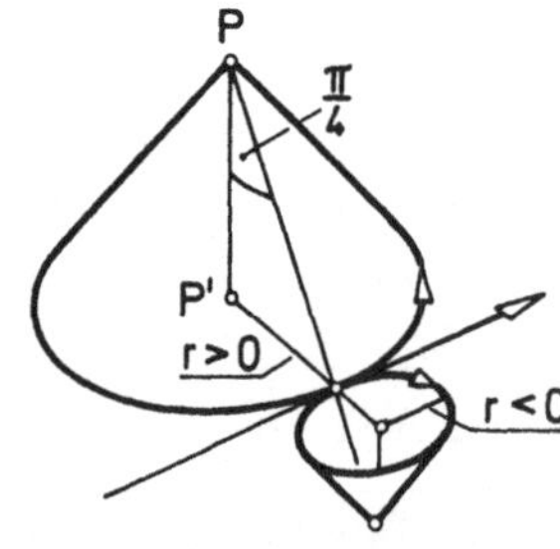

Jeder Kegel (6) ist daher im euklidischen Raum $P^n_{1|00}$ ein Drehkegel mit zur x_n-Achse paralleler Drehachse und dem Öffnungswinkel $\frac{\pi}{4}$, den eine beliebige Drehkegelerzeugende mit der Drehachse bildet.

Nach diesen Vorüberlegungen erhalten wir:

[1)] Diese Gleichung beschreibt die Hüllquadrik der oben erwähnten Hyperebenenmenge $(Q^{n-2}_{n\,1} \cap P) \subset \check{S}$.

Satz 5: Im euklidischen Raum $P^n_{1|00}$ mit der Absoluthyperebene A^{n-1} heißen die durch die Hyperebenenmenge $Q^{n-2}_{n\,1} \cap P$ eingehüllten translationsgleichen Drehkegel (mit der Leitquadrik $C := Q^{n-2}_{n\,1} \subset A^{n-1}$ und der Spitze P), deren Öffnungswinkel $\frac{\pi}{4}$ beträgt, *C-Kegel*[1]; ihre Tangentenhyperebenen — also die Hyperebenen aus $Q^{n-2}_{n\,1}$ — heißen *C-Hyperebenen*. Die Menge der C-Hyperebenen ist ein Schauplatz der vollen und engeren LAGUERRE-Geometrie (*C-Modell*).

Jeder C-Kegel ist durch seine Spitze P eindeutig bestimmt und besitzt mit der Hyperebene $x_n=0$ eine eindeutige, positiv oder negativ orientierte Schnittsphäre (7). Es liegt nahe, die Menge der Speere der Hyperebene $x_n=0$ als LAGUERRE-Hyperebene Λ zu verwenden und die folgende Bijektion ζ der Punkte $P \in P^n_{1|00} \setminus A^{n-1}$ auf die Menge Λ_Z der Zykel $(P',r) \subset \Lambda$, $r \in \mathbb{R}$, zu betrachten.

Def.6: Die Bijektion

$$\zeta: P^n_{1|00} \setminus A^{n-1} \to \Lambda_Z$$
$$P \mapsto (P',r)$$

der Spitzen P der C-Kegel auf die Zykel (P',r) der Hyperebene $x_n=0$, die jedem Punkt $P(1,p_1,\ldots,p_n=r)$ die orientierte Sphäre S^{n-2} mit dem Mittelpunkt $P'(1,p_1,\ldots,p_{n-1})$ und dem Radius r zuordnet — und damit die C-Hyperebenen des $P^n_{1|00}$ auf ihre orientierten Schnitte mit der Hyperebene $x_n=0$, also auf die Speere der LAGUERRE-Hyperebene Λ bijektiv abbildet — heißt *zyklographische Abbildung.*[2]

Die zyklographische Abbildung führt zur *zyklographischen Übertragung* des Speer-Modells der vollen und engeren LAGUERRE-Geometrie auf das C-Modell.

Als typische Aufgabe, die im Rahmen dieser Modelle einfach lösbar ist, nennen wir für n=3 das *Berührungsproblem des APOLLONIUS* von Perga: In einer Ebene sind drei Kreise gegeben; gesucht sind alle gemeinsamen Berührkreise. Im Rahmen der LAGUERRE-Geometrien werden die Kreise orientiert, also als Zykel betrachtet. Dann lautet die Aufgabe: Gegeben sind drei Zykel, gesucht sind alle gemeinsamen Berührzykel. Zur Lösung der ursprünglichen

[1] nach MÜLLER/KRAMES[1]S.9ff. Bei KUNLE/FLADT/SÜSS[1]S.215 heißen die C-Kegel *isotrope Kegel*.

[2] Die zyklographische Abbildung der Punkte $P \in P^n_{1|00} \setminus A^{n-1}$ auf die Zykel $(P',r) \in \Lambda_Z$ kann als eineindeutig eingerichtete Projektion der Absolutquadrik $Q^{n-2}_{n\,1}$ durch die isotropen Kegel in die LAGUERRE-Hyperebene angesehen werden. In dieser Auffassung spricht man auch von *isotroper Projektion*.

Aufgabe sind alle Tripel von Zykeln zu diskutieren, die sich aufgrund der Orientierungsmöglichkeiten der gegebenen Kreise ergeben. Durch jeden Zykel geht genau ein C-Kegel. Jeder Kegelpunkt hat genau einen Bildzykel, der den gegebenen Zykel berührt; umgekehrt gehört zu jedem Berührzykel genau ein Kegelpunkt. Folglich liefert jeder gemeinsame Punkt der drei C-Kegel einen gemeinsamen Berührzykel von drei gegebenen Zykeln. Offenbar läßt sich jeder gemeinsame Berührkreis von drei gegebenen Kreisen auf diese Weise ermitteln. Weitere Anwendungen findet man in MÜLLER/KRAMES[1]. Siehe auch ARVESEN[1]. SCHOUTE[1]S.281ff. und HOHENBERG [5][6] behandeln das Problem des APOLLONIUS im n-dimensionalen euklidischen Raum; siehe auch STUDY[6] und GYARMATHI[6].

Bemerkungen (Fortsetzung):

3) Die zyklographische Abbildung — auch *Zyklographie* genannt — ist in MÜLLER/KRAMES[1] für n=3 ausführlich beschrieben; eine kurze Einführung findet man bei ECKHART[2]. Eine Verallgemeinerung der Zyklographie gibt BRAUNER[22]. FLADT[12] überträgt die Zyklographie auf den hyperbolischen Raum $P^3_{|1}$ und den elliptischen Raum $P^3_{|0}$. Siehe auch SKOPEC/KAZAKOVA[1] und PARNASSKIĬ[2].

4) Nach 13D, Satz 1 sind die LORENTZ-Transformationen der MINKOWSKI-Welt die Bewegungen des pseudoeuklidischen Raumes (LORENTZ-Raumes) $P^4_{1|01}$, der für n=4 dem C-Modell zugrunde liegt. Für n=4 bestehen somit Querverbindungen des C-Modells der engeren LAGUERRE-Geometrie zur speziellen Relativitätstheorie. Die duale engere LAGUERRE-Gruppe $\overset{\times}{B}{}^4_{1|01}$ läßt die quadratische Form $x_1^2+x_2^2+x_3^2-x_4^2$ invariant und ist daher isomorph zur Gruppe der LORENTZ-Transformationen (siehe 13D). Siehe auch TAKASU[9]. H.R.MÜLLER[10] untersucht die Kinematik der speziellen Relativitätstheorie in zyklographischer Sicht.

5) Weitere Modelle der LAGUERRE-Geometrien geben DUBIKAJITIS/GUŠCIORA[1]-[5] und INZINGER[1]. Die ebenen LAGUERRE-Geometrien werden meist mit den Methoden der Zyklographie oder im C-Modell behandelt; auch die dualen Zahlen werden herangezogen (GRÜNWALD [2], J.MAEDA[2], YAGLOM[1]). Unter Verwendung von Quaternionen und Biquaternionen untersucht JOHANNSON[1] die Ähnlichkeiten und Bewegungen des 3-dimensionalen euklidischen Raumes und – nach isotroper Projektion – ihre Wirkungen in der LAGUERRE-Ebene; siehe auch ARAPOVA[1], KUBOTA[2], LOEHRL[1]. STRUBECKER entwickelt invariante Konstruktionen für Probleme der engeren LAGUERRE-Geometrie. BECK[10] untersucht eine CREMONAsche Raumgeometrie (Ternionengeometrie) und bringt sie mit der 3-dimensionalen vollen LAGUERRE-Geometrie in Beziehung; in diesem Rahmen betrachtet BECK die 11-gliedrige Gruppe der reellen kugeltreuen Transformationen des pseudoisotropen Raumes $P^3_{12|010}$, jedoch ohne Angabe

der Beziehungen zu den CK-Räumen.

6) GRAF[2][3] entwickelt LAGUERRE-Geometrien in CK-Ebenen und CK-Räumen. Den Kreisgeometrien von MÖBIUS, LAGUERRE und LIE in der Flaggenebene sind Arbeiten von BRAUNER[9] und GRAF[1] gewidmet. Auch NISHIUCHI/KASHIWAGI[1] und KASHIWAGI[1] bearbeiten diesen Themenkreis. YAGLOM[1] und SKOPEC/JAGLOM[1][2] betrachten MÖBIUS- und LAGUERRE-Transformationen in CK-Ebenen. ORDOWSKI[1] untersucht in der 3-dimensionalen LAGUERRE-Hyperebene Λ 1-parametrige Scharen von Speeren (*L-Torsen*) als Bilder von Kurven in Q^3_{41}; Eigenschaften und Begleitfiguren dieser Kurven lassen sich auf die entsprechenden L-Torsen übertragen und dort deuten.

5. MODELLE DER QUASIELLIPTISCHEN GEOMETRIEN IM EUKLIDISCHEN RAUM

Euklidische Interpretation des Standardmodells: Die Absolutfigur des euklidischen Raumes $P^n_{1|00}$ ungerader Dimension $n \geq 3$ sei in einem projektiven Koordinatensystem $\{E_o,\dots,E_n;E\}$ in Normalform gegeben:

$$Q^{n-1}_{1\,0}(x_o^2=0) \supset A^{n-1}(x_o=0) \supset Q^{n-2}_{n\,0}(x_o = x_1^2+\dots+x_n^2=0)\ .$$

Die Grundpunkte $\{E_1,\dots,E_n\}$ bilden ein Polsimplex bezüglich der Absolutquadrik $Q^{n-2}_{n\,0}$ (4E, Satz 11; 4F, Satz 5). Nach 9E4, Satz 1 bestimmt jedes Polsimplex $\{E_1,\dots,E_n\}$ bezüglich $Q^{n-2}_{n\,0}$ zusammen mit $E_o \notin A^{n-1}$ und einem geeigneten Einheitspunkt E ein projektives Koordinatensystem $\{E_o,\dots,E_n;E\}$, das im euklidischen Raum $P^n_{1|00}$ ein kartesisches Koordinatensystem ist. Die Fernpunkte der n Koordinatenachsen E_o+E_i $(i=1,\dots,n)$ sind die Punkte $E_1,\dots,E_n$.

In diesem projektiven Koordinatensystem $\{E_o,\dots,E_n;E\}$ ist die Absolutfigur eines quasielliptischen Raumes $P^n_{r_o|00}$ $(n \geq 3)$,

$$Q^{n-1}_{r_o\,0} \supset A^{n-r_o} \supset Q^{n-r_o-1}_{r_1\,0}\ ,\quad r_o = r_1 = \frac{n+1}{2}\ ,$$

zu interpretieren. Die Absolutfigur sei im Koordinatensystem $\{E_o,\dots,E_n;E\}$ in Normalform gegeben:

$$Q^{n-1}_{r_o\,0}\dots:\ x_o^2+\dots+x_{r_o-1}^2=0\ ,$$

$$A^{n-r_o}\dots:\ x_o=\dots=x_{r_o-1}=0\ ,$$

$$Q^{n-r_o-1}_{r_1\,0}\dots:\ x_o=\dots=x_{r_o-1}=x_{r_o}^2+\dots+x_n^2=0\ .$$

Die Spitze A^{n-r_o} des nullteiligen Absolutkegels $Q^{n-1}_{r_o\,0}$ ist der Schnitt der Fernhyperebene $(x_o=0)$ mit den r_o-1 ersten Koordinatenhyperebenen ($x_1 = \ldots = x_{r_o-1} = 0$), den Gegenhyperebenen der r_o-1 ersten Fernpunkte $E_1,\ldots,E_{r_o-1}$. Die in A^{n-r_o} liegende Absolutquadrik des quasielliptischen Raumes ist der Schnitt der Absolutquadrik $Q^{n-2}_{n\,0}$ des euklidischen Raumes mit der Spitze A^{n-r_o}:

$$Q^{n-r_o-1}_{r_1\,0} = Q^{n-2}_{n\,0} \cap A^{n-r_o}.$$

Für n=3 besitzt der quasielliptische Raum $P^3_{2|00}$ die Absolutfigur $Q^2_{2\,0} \supset A^1 \supset Q^0_{2\,0}$. Die Absolutgerade A^1 ist die Ferngerade der Koordinatenebene $x_1 = 0$. Das nullteilige Punktepaar $Q^0_{2\,0}$ besteht aus den Absolutpunkten[1)] der in der Koordinatenebene $x_1=0$ induzierten euklidischen Ebene $P^2_{1|00}$; der Absolutkegel $Q^2_{2\,0}$ ist ein nullteiliges Ebenenpaar mit der Schnittgeraden A^1.

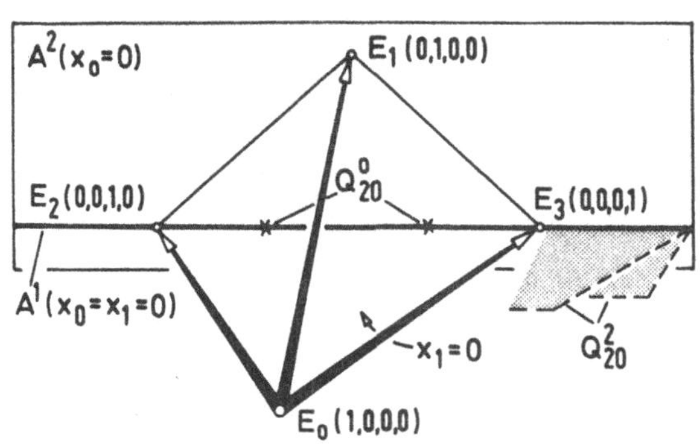

6. MODELLE DER GALILEI-GEOMETRIEN IM ZUGEORDNETEN PSEUDOEUKLIDISCHEN RAUM

Pseudoeuklidische Interpretation des Standardmodells: In diesem Unterabschnitt heißt der pseudoeuklidische Raum $P^n_{1|0q_1}$ vom Index $q_1=q_\rho$ der dem GALILEI-Raum $P^n_{1\cdots1|0\cdots0q_\rho}$ vom Index q_ρ zugeordnete pseudoeuklidische Raum.

Die Absolutfigur des pseudoeuklidischen Raumes $P^n_{1|0q_\rho}$ sei in einem projektiven Koordinatensystem $\{E_o,\ldots,E_n;E\}$ in Normalform gegeben:

$$Q^{n-1}_{1\,0}(x_o^2=0) \supset A^{n-1}(x_o=0) \supset Q^{n-2}_{n\,q_\rho}(x_o = x_1^2+\ldots+x^2_{n-q_\rho} - x^2_{n-q_\rho+1} - \ldots - x_n^2 = 0).$$

Die Absoluthyperebene A^{n-1} sei nach 6A,Def.1 als Fernhyperebene bezeichnet.

Im projektiven Koordinatensystem $\{E_o,\ldots,E_n;E\}$ ist nun die Absolutfigur des GALILEI-Raumes $P^n_{1\cdots1|0\cdots0q_\rho}$ zu interpretieren; sie sei im Koordinatensystem $\{E_o,\ldots,E_n;E\}$ in Normalform gegeben:

$$Q^{n-1}_{1\,0}(x_o^2=0) \supset A^{n-1}(x_o=0) \supset Q^{n-2}_{1\,0}(x_o=x_1^2=0) \supset A^{n-2}(x_o=x_1=0) \supset \ldots\ldots\ldots$$

---

1) Alle Kreise der in $x_1=0$ induzierten euklidischen Ebene $P^2_{1|00}$ enthalten die Absolutpunkte $Q^0_{2\,0}$. Die Absolutpunkte einer euklidischen Ebene $P^2_{1|00}$ heißen daher auch ihre *Kreispunkte*.

$$\ldots \supset A^{n-\rho}(x_o = \ldots = x_{\rho-1} = 0) \supset Q^{n-\rho-1}_{n-\rho+1\ q_\rho}(x_o = \ldots = x_{\rho-1} = x_\rho^2 + \ldots + x^2_{n-q_\rho} - \ldots - x_n^2 = 0).$$

Dann ist im pseudoeuklidischen Raum $P^n_{1|0q_\rho}$:

A^{n-1} die Fernhyperebene,

A^{n-2} die Fernhypergerade der Koordinatenhyperebene $x_1=0$,

A^{n-3} die Fern-(n-3)-Ebene der Koordinatenhypergeraden $x_1 = x_2 = 0$,

....

$A^{n-\rho}$ die Fern-(n-ρ)-Ebene der Koordinaten-(n-ρ+1)-Ebene $x_1 = \ldots = x_{\rho-1} = 0$,

$Q^{n-\rho-1}_{n-\rho+1\ q_\rho}$ die Absolutquadrik in $A^{n-\rho}$, die von der Absolutquadrik $Q^{n-2}_{n\ q_\rho}$ des pseudoeuklidischen Raumes $P^n_{1|0q_\rho}$ aus $A^{n-\rho}$ ausgeschnitten wird:

$$Q^{n-\rho-1}_{n-\rho+1\ q_\rho} = Q^{n-2}_{n\ q_\rho} \cap A^{n-\rho}.$$

Für $q_\rho=0$ erhält man die euklidische Interpretation des Standardmodells der Flaggen-Geometrien (siehe 15C), speziell für n=3 der 3-dimensionalen Flaggen-Geometrien, die auch die zweifach isotropen Geometrien heißen (siehe 6F, S.136). Die Absolutgerade A^1 ist die Ferngerade der Koordinatenebene $x_1 = 0$, der Absolutpunkt A^o ist der Fernpunkt der Koordinatenachse $x_1 = x_2 = 0$.

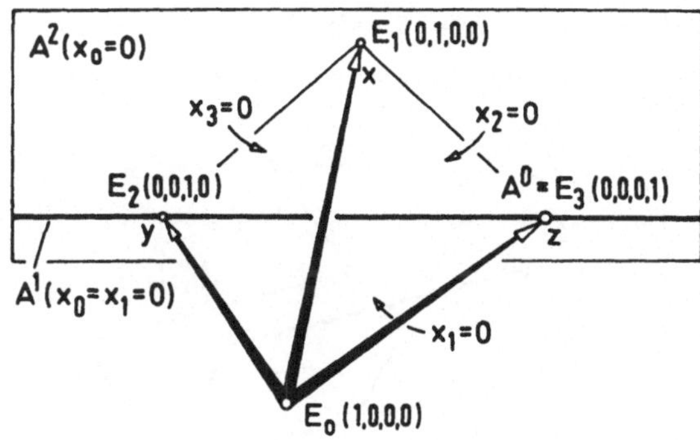

Zur Untersuchung der 3-dimensionalen Flaggen-Geometrien deutet man die Koordinaten $(x_o \neq 0, x_1, x_2, x_3) = (1,x,y,z)$ als kartesische Koordinaten des euklidischen Raumes $P^3_{1|00}$ und verwendet die Projektion aus dem Absolutpunkt A^o auf die Ebene $E_o+E_1+E_2$ als Grundriß (siehe BRAUNER[6]).

Aufgabe:

Man zeige: Im euklidisch interpretierten Standardmodell $(IS^{n-1}, B^n_{|1})$ der hyperbolischen Geometrie stimmt für zwei verschiedene Hyperebenen Γ, Λ durch den Mittelpunkt 0 der Sphäre S^{n-1} der hyperbolische Winkel $\varphi_o(\Gamma,\Lambda)$ überein mit dem euklidischen Winkel $\varphi_1(\Gamma,\Lambda)$.

Kapitel 18. Stereographische Projektion

A. Begriff der stereographischen Projektion

Nach 14C1, Satz 3 kann der Standardschauplatz der n-dimensionalen MÖBIUS-Geometrie ganz auf die ovale Absolutquadrik $Q^{n-1}_{n+1\,1}$ verlegt werden, nach 14E1, Def. 1 ist der Standardschauplatz der projektiven Liniengeometrie die PLÜCKER-Quadrik $Q^{4}_{6\,3}$, und nach 15A1, Def. 1 ist der punktierte Kegel $Q^{n-1}_{n\,1}\setminus A^{o}$ der Standardschauplatz der (n-1)-dimensionalen LAGUERRE-Geometrien (vom Index q=1).

Gelegentlich ist es zweckmäßig, einen k-dimensionalen Quadrikschauplatz möglichst einfach in eine k-Ebene abzubilden. Diesem Zweck dient neben anderen Abbildungen[1] die stereographische Projektion.

Nun sei im projektiven Raum P^{n} eine einteilige Quadrik $Q^{n-1}_{r\,q}$ ($\vec{x}^{T}E\,\vec{x} = 0$, siehe 4C, Def. 6), ein fester als *Nordpol* bezeichneter Quadrikpunkt $N(\vec{n})$ ($\vec{n}^{T}E\,\vec{n} = 0$) und eine Hyperebene Π ($\vec{a}^{T}\vec{x}=0$), $N \notin \Pi$, gegeben.

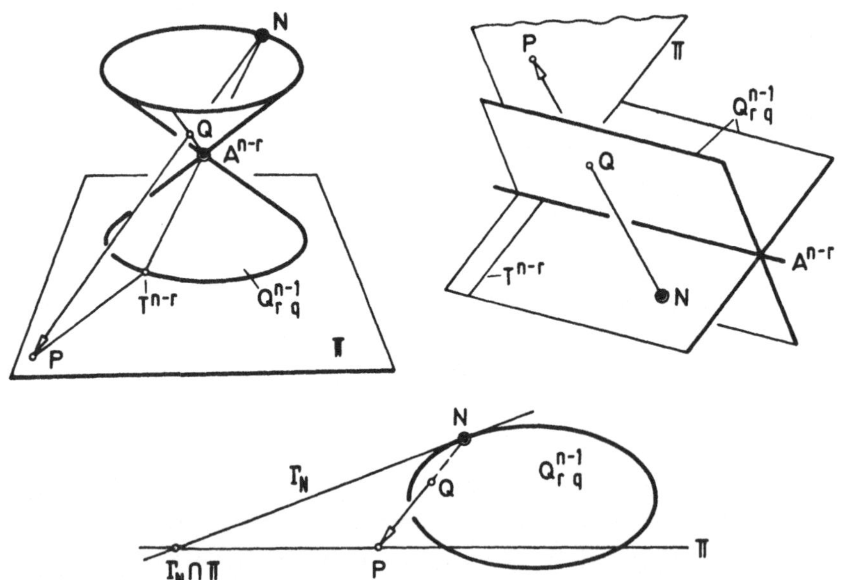

Die Verbindungsgerade eines Quadrikpunktes $Q \neq N$ mit N schneidet Π nach 1C, Satz 1 in genau einem Punkt P. Es liegt daher nahe,

[1] Man denke an die Zentralprojektion im Zusammenhang mit den Bündel-, Sphäre- und Halbsphäremodellen.

die im Nordpol N punktierte Quadrik Q^{n-1}_{rq} aus N mit Hilfe der Verbindungsgeraden $N+Q$, $Q \in Q^{n-1}_{rq} \setminus \{N\}$, in die Hyperebene Π zu projizieren.

Ist der Nordpol N ein Punkt der Spitze $A^{n-r} \subset Q^{n-1}_{rq}$, so liegt jede Gerade $N+Q$, $Q \in Q^{n-1}_{rq} \setminus \{N\}$, nach 4D, Satz 7 ganz in der Quadrik Q^{n-1}_{rq}, folglich auch der Schnittpunkt $P := \Pi \cap (N+Q)$. Die Projektion der punktierten Quadrik $Q^{n-1}_{rq} \setminus \{N\}$ liegt daher in der Schnittquadrik $Q^{n-1}_{rq} \cap \Pi =: Q^{n-2}_{rq}$; jeder Punkt $P \in Q^{n-2}_{rq}$ tritt als Bildpunkt auf und besitzt alle Punkte $Q \in (P+N) \setminus \{N\}$ als Urbilder.

Im folgenden sei der Nordpol N kein Punkt der Spitze A^{n-r}. Dann liegt jede Gerade $N+S$, $S \in A^{n-r}$, in Q^{n-1}_{rq}, und der Schnittpunkt $P = \Pi \cap (N+S)$ ist Quadrikpunkt und Bildpunkt aller Punkte $Q \in (N+S) \setminus \{N\}$.

Die Verbindung $A^{n-r}+N$ ist eine $(n-r+1)$-Ebene, die die Hyperebene Π nach 1C, Satz 1 in einer $(n-r)$-Ebene $T^{n-r} \subset Q^{n-1}_{rq}$ schneidet.

Im folgenden sei $N \in Q^{n-1}_{rq} \setminus A^{n-r}$ ein beliebiger Punkt. Eine Gerade $N+Q$ ist dann nach 4D, Satz 2 Sekante, reguläre Tangente mit dem Berührpunkt N oder Erzeugende von Q^{n-1}_{rq}. Insbesondere ist jede Gerade $N+S$, $S \in A^{n-r}$, eine Erzeugende; jede Erzeugende $N+S$ liegt in der Tangentenhyperebene Γ_N der Quadrik Q^{n-1}_{rq} im Nordpol N. Jeder Quadrikpunkt Q ($Q \neq N$) hat einen eindeutigen Bildpunkt P in Π. Umgekehrt besitzt jeder Punkt $P \in \Pi$, der nicht in der Hypergeraden $\Gamma_N \cap \Pi$ liegt, einen eindeutigen Originalpunkt $Q \in Q^{n-1}_{rq}$ ($Q \neq N$). Die regulären Quadriktangenten durch N projizieren keinen Quadrikpunkt; jede Erzeugende durch N projiziert jeden ihrer Punkte $\neq N$.

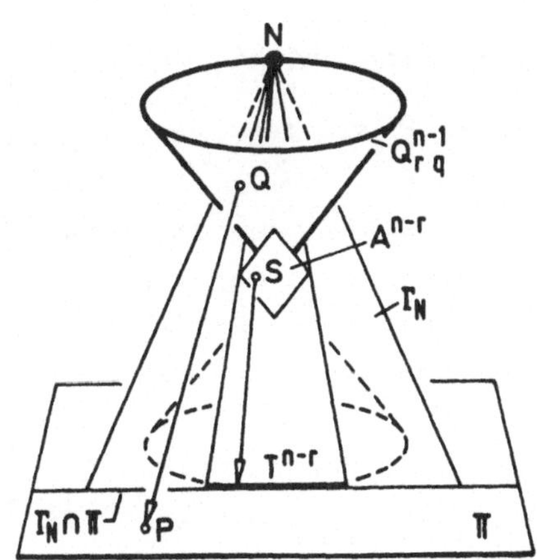

Um die Projektion der einteiligen Quadrik Q^{n-1}_{rq} aus N in eine Hyperebene Π zu einer Bijektion auszugestalten, wird für $r > 2$ die Hyperebene Π

a) geschlitzt längs der Hypergeraden $\Gamma_N \cap \Pi$ und

b) erweitert um eine Punktmenge, die sich bijektiv abbilden läßt auf die Punkte der kegeligen Schnittquadrik $\Gamma_N \cap Q^{n-1}_{rq} = Q^{n-2}_{r-2\,q-1}$.

Damit wird Π im wesentlichen erweitert um eine Quadrik $Q^{n-2}_{r-2\,q-1}$, die auch den mit ∞ bezeichneten Bildpunkt des Nordpols N enthält und sich in ihre Erzeugenden g_i ($i \in I$) durch ∞ einteilen läßt. Als Indexmenge I eignet sich etwa $Q^{n-1}_{r\,q} \cap \Gamma_N \cap \Pi$.

Damit erhalten wir:

Satz 1: Sei $Q^{n-1}_{r\,q} \subset P^n$ eine einteilige Quadrik mit der Spitze A^{n-r}. $N \in Q^{n-1}_{r\,q} \setminus A^{n-r}$ sei ein (als *Nordpol* bezeichneter, regulärer) Quadrikpunkt, Γ_N sei die Tangentenhyperebene von $Q^{n-1}_{r\,q}$ in N, und Π sei eine Hyperebene in P^n mit $N \notin \Pi$. Außerdem sei $r > 2$.

Ist $Q^{n-2}_{r-2\,q-1}$ eine (kegelige) Quadrik und

$$\beta: \Gamma_N \cap Q^{n-1}_{r\,q} \to Q^{n-2}_{r-2\,q-1}$$

eine Bijektion[1], so ist die Abbildung

$$\sigma: Q^{n-1}_{r\,q} \to (\Pi \setminus \Gamma_N) \cup Q^{n-2}_{r-2\,q-1}$$

$$Q \mapsto \begin{cases} P = \Pi \cap (N + Q), & \text{wenn } Q \notin \Gamma_N \\ P = \beta(Q), & \text{wenn } Q \in \Gamma_N \end{cases}$$

eine Bijektion. Dabei heißen:

der Schauplatz $(\Pi \setminus \Gamma_N) \cup Q^{n-2}_{r-2\,q-1}$ *(r-2,q-1)-konforme Hyperebene*[2],

die Quadrik $Q^{n-2}_{r-2\,q-1}$ *konformer Abschluß* von $\Pi \setminus \Gamma_N$,

die Punkte von $Q^{n-2}_{r-2\,q-1}$ *Fernpunkte*,

der Bildpunkt des Nordpols $\sigma N =: \infty$ der *Punkt* ∞ oder das *Fernzentrum*, die Geraden $g \subset Q^{n-2}_{r-2\,q-1}$ die *Ferngeraden* der (r-2,q-1)-konformen Hyperebene und σ die *stereographische Projektion* der einteiligen Quadrik $Q^{n-1}_{r\,q}$ aus dem Nordpol N auf die (r-2, q-1)-konforme Hyperebene.

Für $n \geq 3$ und $r = n+1$ ist $Q^{n-1}_{r\,q}$ eine Oval- oder Ringquadrik, für $n \geq 3$ und $r = n$ ein Hyperkegel. Für $n = 2$ ist $Q^1_{r\,q}$ ein nichtentarteter Kegelschnitt (kein Geradenpaar). Das σ-Bild einer k-Ebene $A^k \subset Q^{n-1}_{r\,q}$ ist eine (um $\beta(A^k \cap \Gamma_N)$ erweiterte) k-Ebene in $\Pi \setminus \Gamma_N$, wenn $N \notin A^k$, andernfalls eine k-Erzeugende von $Q^{n-2}_{r-2\,q-1}$.

Wird anstelle des projektiven Raumes P^n ein euklidischer Raum Raum $P^n_{1|00}$ gewählt, so legt man seine Absoluthyperebene A^{n-1} zweck-

[1] Wird β durch eine projektive Abbildung induziert, so gehen die Erzeugenden von $\Gamma_N \cap Q^{n-1}_{r\,q}$ in Erzeugende von $Q^{n-2}_{r-2\,q-1}$ über.

[2] Die (n-1,0)-konforme Hyperebene ist die durch den Punkt ∞ erweiterte konf forme Hyperebene; sie wird kurz als *konforme Hyperebene* Π_∞ bezeichnet.

mäßig durch die Hypergerade $\Gamma_N \cap \Pi$.

Bei BURAU[6][2]S.312ff. spielt die stereographische Projektion zur Untersuchung der Grundmannigfaltigkeiten der projektiven Geometrie eine wichtige Rolle. Bei LIE/SCHEFFERS[1]S.165ff. findet man eine Verallgemeinerung der stereographischen Projektion auf Drehflächen.

B. Koordinatendarstellungen

Wir geben nun Koordinatendarstellungen der stereographischen Projektion σ und ihrer Umkehrabbildung σ^{-1}. Wir gehen aus von den Koordinatendarstellungen

$$Q^{n-1}_{rq}(\vec{x}^T E\,\vec{x}=0),\quad \Pi\,(\vec{a}^T\vec{x}=0),\quad N(\vec{n}),\quad \Gamma_N(\vec{n}^T E\,\vec{x}=0)$$

mit den Voraussetzungen:

$$N\in Q^{n-1}_{rq}(\vec{n}^T E\,\vec{n}=0),\quad N\notin A^{n-r}(\vec{n}^T E\neq\vec{o}),\quad N\notin\Pi\,(\vec{a}^T\vec{n}\neq 0)\,,$$

sowie

$$N,P,Q \text{ kollinear } (\lambda\vec{p}+\mu\vec{q}-\nu\vec{n}=\vec{o}).$$

Für $r=n+1$ ist die Spitze $A^{n-r}=\emptyset$; für $r=n$ besteht die Spitze A^{n-r} aus dem Punkt $A^0(0,\ldots,0,1)$.

Die gesuchten Koordinatendarstellungen erhält man nun wie folgt:

σ-Bild	σ^{-1}-Bild
Gegeben ist:	
$Q(\vec{q})\in Q^{n-1}_{rq} \Rightarrow \vec{q}^T E\,\vec{q}=0$	$P(\vec{p})\in\Pi \Rightarrow \vec{a}^T\vec{p}=0$
$Q\neq N$	$P\notin\Gamma_N\cap\Pi \Rightarrow \vec{n}^T E\,\vec{p}\neq 0$
Gesucht ist:	
$P(\vec{p})=\sigma Q\in\Pi$	$Q(\vec{q})=\sigma^{-1}P\in Q^{n-1}_{rq}$
Ohne Einschränkung ist:	
$\lambda\vec{p}=\nu\vec{n}-\mu\vec{q}\quad(\lambda=1)$	$\mu\vec{q}=\nu\vec{n}-\lambda\vec{p}\quad(\mu=1)$
Bedingung:	
$\vec{a}^T(\nu\vec{n}-\mu\vec{q})=0$	$(\nu\vec{n}-\lambda\vec{p})^T E\,(\nu\vec{n}-\lambda\vec{p})=0$
$\dfrac{\nu}{\mu}=\dfrac{\vec{a}^T\vec{q}}{\vec{a}^T\vec{n}}$	$\dfrac{\nu}{\lambda}=\dfrac{1}{2}\dfrac{\vec{p}^T E\,\vec{p}}{\vec{n}^T E\,\vec{p}}$
$(\vec{a}^T\vec{n}\neq 0$ wegen $N\notin\Pi)$	$(\vec{n}^T E\,\vec{p}\neq 0$ wegen $P\notin\Gamma_N)$

Man erhält somit:

$$\boxed{\vec{p} = (\vec{a}^T\vec{q})\vec{n} - (\vec{a}^T\vec{n})\vec{q}\ , \quad \vec{q} = (\vec{p}^T E\,\vec{p})\vec{n} - 2(\vec{n}^T E\,\vec{p})\vec{p}.} \tag{I}$$

Zu jedem Quadrikpunkt $Q \neq N$ existiert also der Bildpunkt $\sigma Q = P \in \Pi$ eindeutig; für $Q \in \Pi$ ist $\nu = \vec{a}^T\vec{q} = 0$ und daher ist $P(\vec{p}) = Q(\vec{q})$. Zu jedem Punkt $P \in \Pi \setminus \Gamma_N$ existiert der Originalpunkt $\sigma^{-1}P = Q \in Q^{n-1}_{r\,q}$ ebenfalls eindeutig.

Die in A, Satz 1 auftretende Bijektion $\beta: \Gamma_N \cap Q^{n-1}_{r\,q} \to Q^{n-2}_{r-2\,q-1}$ wird von Fall zu Fall angegeben.

Für eine Ovalquadrik $Q^{n-1}_{n+1\,1}$ mit der Normalform[1]

$$-x_0^2 + x_1^2 + \ldots + x_n^2 = 0 \tag{1}$$

entfällt die Angabe der Bijektion β, da $Q^{n-2}_{r-2\,q-1}$ nur genau einen Punkt enthält, der notwendig das Bild ∞ des Nordpols N ist. Im Falle einer Ovalquadrik wird der geschlitzten Hyperebene $\Pi \setminus \Gamma_N$ nur das Fernzentrum ∞ adjungiert. Der Schauplatz $\Pi_\infty := (\Pi \setminus \Gamma_N) \cup \{\infty\}$ heißt nach A, Satz 1 konforme Hyperebene; der Punkt ∞ heißt der konforme Abschluß von $\Pi \setminus \Gamma_N$.

Eine Ringquadrik $Q^{n-1}_{n+1\,q}$ $(q \geq 2)$ hat die Normalform

$$-(x_0^2 + \ldots + x_{q-1}^2) + (x_q^2 + \ldots + x_n^2) = 0 \quad (p+q = r = n+1); \tag{2}$$

ihre Maximalerzeugenden sind nach 4D, Satz 1 (q-1)-Ebenen. Die Ringquadriken mit Index q=2 sind also die einzigen, durch deren Nordpol nur eine diskrete Anzahl von Erzeugenden hindurchgehen.

Ein Hyperkegel $Q^{n-1}_{n\,q}$ hat die Normalform

$$-(x_0^2 + \ldots + x_{q-1}^2) + (x_q^2 + \ldots + x_{n-1}^2) = 0 \quad (p+q = r = n) \tag{3}$$

und trägt nach 4D, Satz 1 q-Ebenen als Maximalerzeugende. Die Hyperkegel vom Index q=1 sind also die einzigen, durch deren Nordpol genau eine Erzeugende hindurchgeht.

Eine beliebige einteilige Quadrik $Q^{n-1}_{r\,q}$ hat die Normalform

$$-(x_0^2 + \ldots + x_{q-1}^2) + (x_q^2 + \ldots + x_{r-1}^2) = 0 \quad (1 \leq r \leq n+1). \tag{4}$$

Doppelhyperebenen (r=1) sind für die stereographische Projektion uninteressant; Hyperebenenpaare (r=2) wurden ausgeschlossen.

[1] In den folgenden Gleichungen (1)-(4) werden die Normalformen in einer von 4C(III) abweichenden Indizierung verwendet.

Die Koordinatendarstellungen (I) erhalten eine speziellere Bauart, wenn die zu projizierenden Quadriken in den Normalformen (1) - (4) verwendet werden, wenn der Nordpol $N(\vec{n})$ den Koordinatenvektor

$$\vec{n} = (n_o=1,0,\ldots,0,n_q=1,0,\ldots,0)^T$$

besitzt, und die Hyperebene $\Pi(\vec{a}^T\vec{x}=0)$ mit $\vec{a}=(0,\ldots,0,a_q=1,0,\ldots,0)^T$ die Gleichung

$$x_q = 0 \tag{5}$$

erhält. Dann lautet (I):

$$\boxed{\begin{aligned}&\vec{p} = (p_o,p_1,\ldots,p_{q-1},p_q,p_{q+1},\ldots,p_n)^T =\\&\quad = (q_q-q_o,-q_1,\ldots,-q_{q-1},0,-q_{q+1},\ldots,-q_n)^T\\[1em]&\vec{q} = (q_o,q_1,\ldots,q_{q-1},q_q,q_{q+1},\ldots,q_n)^T =\\&\quad = (\vec{p}^T E\vec{p}+2p_o^2,\, 2p_op_1,\ldots,2p_op_{q-1},\vec{p}^T E\vec{p},\, 2p_op_{q+1},\ldots,2p_op_n)^T\\&\text{mit}\\&\vec{p}^T E\vec{p} := -p_o^2-\ldots-p_{q-1}^2+p_q^2+\ldots+p_{r-1}^2 \text{ für } Q_{r\,q}^{n-1}\\&\text{und } p_q = 0 \text{ wegen (5).}\end{aligned}} \tag{II}$$

Verwendet man die durch (II) beschriebene stereographische Projektion σ im euklidischen Raum $P^n_{1|00}$, so hat die Absoluthyperebene A^{n-1} die Gleichung $x_o=0$, und in den Abbildungsgleichungen (II) ist die Koordinate x_o der Punkte $X(\vec{x})\notin A^{n-1}$ zu normieren ($x_o=1$). Die Ovalquadrik $Q^{n-1}_{n+1\,1}$ ist dann eine Einheitssphäre S^{n-1} mit der aus (1) folgenden Gleichung[1)]

$$x_1^2+\ldots+x_n^2 = 1. \tag{6}$$

Die Punkte $X\notin A^{n-1}$ der Ringquadrik $Q^{n-1}_{n+1\,q}$ werden beschrieben durch

$$-(x_1^2+\ldots+x_{q-1}^2)+(x_q^2+\ldots+x_n^2) = 1, \tag{7}$$

die Punkte $X\notin A^{n-1}$ des Hyperkegels $Q^{n-1}_{n\,q}$ durch

$$-(x_1^2+\ldots+x_{q-1}^2)+(x_q^2+\ldots+x_{n-1}^2)=1, \tag{8}$$

und die Punkte $X\notin A^{n-1}$ einer beliebigen einteiligen Quadrik $Q^{n-1}_{r\,q}$ durch

$$-(x_1^2+\ldots+x_{q-1}^2)+(x_q^2+\ldots+x_{r-1}^2)=1. \tag{9}$$

Im euklidischen Raum $P^n_{1|00}$ werden die stereographische Projektion σ und ihre Umkehrabbildung σ^{-1} wie folgt beschrieben:

[1)] Ist die Absoluthyperebene A^{n-1} eine (n-1)-Sekante der Ovalquadrik, so entsteht ein zweischaliges Hyperboloid. Ist A^{n-1} eine Tangentenhyperebene der Ovalquadrik, so entsteht ein elliptisches Paraboloid.

$$\left.\begin{aligned} p_i &= \frac{q_i}{1-q_q}, \quad i\in\{1,\dots,n\}\setminus\{q\},\quad p_q = 0;\\ q_i &= \frac{2p_i}{2+A}, \quad i\in\{1,\dots,n\}\setminus\{q\},\quad q_q = \frac{A}{2+A}\\ &\text{mit } A := \vec{p}^{\,T}E\vec{p} \text{ (siehe (II) für } p_o=1, p_q=0). \end{aligned}\right\} \tag{10}$$

Die Abbildungsgleichungen (10) erfassen nur die Quadrikpunkte $Q\notin A^{n-1}$.

Liegt eine Ovalquadrik $Q^{n-1}_{n+1\,1}$ vor, so beginnen die Gleichungen (10) mit $p_1 = p_q = 0$, $q_1 = q_q = A:(2+A)$ und lauten (wegen q=1):

$$\boxed{\begin{array}{ll} p_1 = 0 \text{ (Gleichung von } \Pi), & q_1 = \dfrac{-1+p_2^2+\dots+p_n^2}{1+p_2^2+\dots+p_n^2},\\ p_2 = \dfrac{q_2}{1-q_1}, & q_2 = \dfrac{2p_2}{1+p_2^2+\dots+p_n^2},\\ \vdots & \vdots\\ p_n = \dfrac{q_n}{1-q_1}, & q_n = \dfrac{2p_n}{1+p_2^2+\dots+p_n^2}. \end{array}} \tag{III}$$

Der Nordpol $N(n_1=1,0,\dots,0)$ ist der Einheitspunkt der x_1-Achse; die Hyperebene Π ist die Koordinatenhyperebene $x_1 = 0$.

Für die Ringquadriken $Q^{n-1}_{n+1\,q}$ spezialisieren sich die Abbildungsgleichungen (10) in entsprechender Weise.

Liegt ein Hyperkegel mit Index q=1 vor, so folgt aus (3) mit $x_o=1$

$$x_1^2 + \dots + x_{n-1}^2 = 1. \tag{11}$$

Seine Spitze $A^{n-r} = A^o$ ist der Fernpunkt der x_n-Achse des Hyperzylinders (11). Der Nordpol $N(n_1=1,0,\dots,0)$ liegt im Einheitspunkt der x_1-Achse. Die Hyperebene Π ist die Koordinatenhyperebene $x_1 = 0$. Die Abbildungsgleichungen (10) lauten nun:

$$\boxed{\begin{array}{ll} p_1 = 0 \text{ (Gleichung von } \Pi), & p_i = \dfrac{q_i}{1-q_1},\ i\in\{2,\dots,n\}\\ q_1 = \dfrac{-1+p_2^2+\dots+p_{n-1}^2}{1+p_2^2+\dots+p_{n-1}^2}, & q_i = \dfrac{2p_i}{1+p_2^2+\dots+p_{n-1}^2},\ i\in\{2,\dots,n\}. \end{array}} \tag{IV}$$

C. Stereographische Projektion der Sphären

Wird eine Ovalquadrik $Q^{n-1}_{n+1\,1} \subset P^n$ interpretiert als Sphäre S^{n-1} eines euklidischen Raumes $P^n_{1|00}$, dessen Absoluthyperebene A^{n-1} die Hypergerade $\Gamma_N \cap \Pi$ enthält, so bewirkt die stereographische Projektion σ eine Bijektion der Menge aller Sphären $S^{n-2} \subset S^{n-1}$ auf die Menge der Hypersphären der konformen Hyperebene Π_∞ vereinigt mit der Menge der Hyperebenen von Π_∞. Dabei werden die Hypersphären der euklidischen Hyperebene $\Pi_\infty \setminus \{\infty\}$ als die Hypersphären der konformen Hyperebene Π_∞ und die um den Punkt ∞ erweiterten Hyperebenen π von $\Pi_\infty \setminus \{\infty\}$ als die Hyperebenen π_∞ von Π_∞ bezeichnet.

Zum Beweis dieser Aussage zeigen wir zweierlei:

1. Das σ-Bild einer Sphäre $S^{n-2} \subset S^{n-1}$ liegt in einer Hypersphäre $K^{n-2} \subset \Pi_\infty$ oder in einer Hyperebene $\pi_\infty \subset \Pi_\infty$.

2. Das σ^{-1}-Bild einer Hypersphäre $K^{n-2} \subset \Pi_\infty$ sowie das σ^{-1}-Bild einer Hyperebene $\pi_\infty \subset \Pi_\infty$ liegt in einer Sphäre $S^{n-2} \subset S^{n-1}$.

Daraus folgt die Aussage, wenn man beachtet, daß eine Hyperebene $\pi_\infty \subset \Pi_\infty$ nicht ganz in einer davon verschiedenen Hyperebene $\pi'_\infty \subset \Pi_\infty$ liegt, und daß Analoges für die Hypersphären $K^{n-2} \subset \Pi_\infty$ sowie für die Sphären $S^{n-2} \subset S^{n-1}$ gilt. Ist nämlich nach 1. etwa $\sigma S^{n-2} \subset K^{n-2}$ und nach 2. $\sigma^{-1} K^{n-2} \subset \bar{S}^{n-2} \subset S^{n-1}$, so folgt insgesamt:

$$S^{n-2} = \sigma^{-1}(\sigma S^{n-2}) \subset \sigma^{-1} K^{n-2} \subset \bar{S}^{n-2} .$$

Da aber S^{n-2} nicht ganz in einer davon verschiedenen Sphäre $\bar{S}^{n-2}$ liegt, ist $S^{n-2} = \bar{S}^{n-2}$. Also ist $\sigma S^{n-2} = K^{n-2}$ und $\sigma^{-1} K^{n-2} = S^{n-2}$.

Beweis von 1.: Eine Sphäre $S^{n-2} \subset S^{n-1}$ sei dargestellt als Schnitt von S^{n-1} und einer Hyperebene $\Sigma \subset P^n_{1|00}$ mit der Gleichung

$$a_o + a_1 x_1 + \ldots + a_n x_n = 0.$$

Wir unterscheiden nun im Hinblick auf den Nordpol $N(x_1=1, x_2=0, \ldots, x_n=0)$ zwei Fälle:

I. <u>$N \notin S^{n-2}$ ($\Leftrightarrow a_o + a_1 \neq 0$)</u>: Man erhält eine notwendige Bedingung für für die Bildpunkte

$$P(p_1=0, p_2, \ldots, p_n) = \sigma Q \in \Pi_\infty$$

der Punkte $Q \in S^{n-2}$, indem man die Abbildungsgleichungen B(III) für σ^{-1} in der Hyperebenengleichung verwendet und umformt zu:

$$(p_2+\frac{a_2}{a_o+a_1})^2+\ldots+(p_n+\frac{a_n}{a_o+a_1})^2=\frac{-a_o^2+a_1^2+\ldots+a_n^2}{(a_o+a_1)^2}.$$

Diese Gleichung stellt eine Hypersphäre $K^{n-2}\subset\Pi_\infty$ dar.

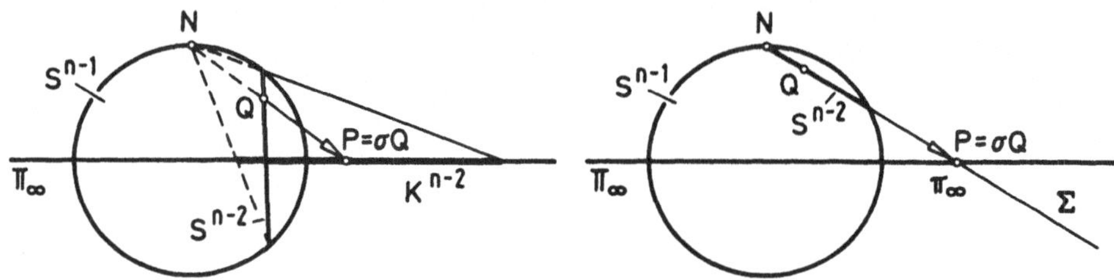

II. $N\in S^{n-2}$ ($\Leftrightarrow a_o+a_1=0$): In diesem Fall liegt jede Gerade $N+Q$, $Q\in S^{n-2}$, in der Hyperebene Σ ($N\in\Sigma$):

$$a_o+a_1x_1+\ldots+a_nx_n=0.$$

Das σ-Bild σS^{n-2} liegt daher im Schnitt $\Sigma\cap\Pi_\infty$ der Hyperebene $\Sigma\subset P^n_{1|00}$ mit Π_∞ ($x_1=0$), also in der Hyperebene $\pi_\infty\subset\Pi_\infty$:

$$a_o+a_2x_2+\ldots+a_nx_n=0.$$

Damit gilt:

<u>Satz 1</u>: Sei $S^{n-1}\subset P^n_{1|00}$ die Einheitssphäre mit dem Ursprung eines kartesischen Koordinatensystems als Mittelpunkt, sei $\Sigma(a_o+a_1x_1+\ldots+a_nx_n=0)\subset P^n_{1|00}$ eine die Sphäre S^{n-1} in $S^{n-2}:=S^{n-1}\cap\Sigma$ schneidende Hyperebene und $\sigma: S^{n-1}\to\Pi_\infty$ die stereographische Projektion aus dem Nordpol $N(1,0,\ldots,0)\in S^{n-1}$ auf die konforme Hyperebene $\Pi_\infty(x_1=0)$. Dann gilt:

I. Ist $N\notin S^{n-2}$ ($\Leftrightarrow a_o+a_1\neq 0$), so liegt das σ-Bild σS^{n-2} in einer Hypersphäre $K^{n-2}\subset\Pi_\infty$ mit dem Mittelpunkt

$$M(-\frac{a_2}{a_o+a_1},\ldots,-\frac{a_n}{a_o+a_1})$$

und dem Radius r mit

$$r^2=\frac{-a_o^2+a_1^2+\ldots+a_n^2}{(a_o+a_1)^2}.$$

II. Ist $N\in S^{n-2}$ ($\Leftrightarrow a_o+a_1=0$), so liegt das σ-Bild σS^{n-2} in der Hyperebene

$$\pi_\infty(a_o+a_2x_2+\ldots+a_nx_n=0)\subset\Pi_\infty.$$

Beweis von 2.: Wir zeigen, daß das σ^{-1}-Bild einer Hypersphäre $K^{n-2} \subset \Pi_\infty$ in einer Sphäre $S^{n-2} \subset S^{n-1}$ liegt.

Dazu sei K^{n-2} gegeben durch die Gleichung

$$(p_2-m_2)^2+ \ldots +(p_n-m_n)^2 = r^2. \qquad (1)$$

Verwendet man in dieser Hypersphärengleichung die Abbildungsgleichungen B(III) für σ^{-1}, so entsteht als notwendige Bedingung für die Punkte $Q(q_o,\ldots,q_n) = \sigma^{-1}P, P \in K^{n-2}$, nach leichter Umformung:

$$q_2^2+\ldots+q_n^2-2(1-q_1)(m_2q_2+\ldots+m_nq_n)+(1-q_1)^2(m_2^2+\ldots+m_n^2-r^2) = 0 .$$

Wegen $Q \in S^{n-1}$ ist $q_2^2+\ldots+q_n^2 = 1-q_1^2$. Man erhält daher nach Division durch $1-q_1 \neq 0$ (der Nordpol N tritt als σ^{-1}-Bildpunkt nicht auf!):

$$1+q_1-2(m_2q_2+\ldots+m_nq_n) + (1-q_1)(m_2^2+ \ldots +m_n^2-r^2) = 0.$$

Alle Punkte $\sigma^{-1}P$, $P \in K^{n-2}$, liegen also im Schnitt der Sphäre S^{n-1} mit der Hyperebene

$$(m_2^2+\ldots+m_n^2-r^2-1)q_1 + 2m_2q_2+\ldots+2m_nq_n = m_2^2+\ldots+m_n^2-r^2+1 . \qquad (2)$$

Beachtet man, daß das σ^{-1}-Bild einer Hyperebene $\pi_\infty \subset \Pi_\infty$ ganz in der Sphäre $S^{n-2} := (N+\pi_\infty) \cap S^{n-1}$ liegt, so erhält man zusammenfassend:

> <u>Satz 2</u>: Sei $S^{n-1} \subset P^n_{1|00}$ die Einheitssphäre mit dem Ursprung eines kartesischen Koordinatensystems als Mittelpunkt, und sei σ: $S^{n-1} \to \Pi_\infty$ die stereographische Projektion aus dem Nordpol $N(1,0,\ldots,0)$ auf die konforme Hyperebene $\Pi_\infty(x_1=0)$. Dann gilt:
>
> Das σ^{-1}-Bild einer *Hypersphäre* $K^{n-2} \subset \Pi_\infty$ mit der Gleichung (1) liegt in der Sphäre S^{n-2}, welche die Hyperebene des $P^n_{1|00}$ mit der Gleichung (2) aus S^{n-1} ausschneidet.
>
> Das σ^{-1}-Bild einer *Hyperebene* $\pi_\infty \subset \Pi_\infty$ ist die Sphäre
>
> $$S^{n-2} := (N+\pi_\infty) \cap S^{n-1} .$$
>
> Dabei ist $\sigma^{-1}\infty = N$.

Das σ-Bild des Schnittes der Hypersphäre S^{n-1} mit einer k-Ebene $L^k \subset P^n_{1|00}$ läßt sich leicht angeben, wenn L^k als Schnitt von n-k linear unabhängigen Hyperebenen des $P^n_{1|00}$ dargestellt wird (siehe 1B,Satz 9). Das σ-Bild einer Sphäre $S^{k-1} := L^k \cap S^{n-1}$ ist dann der Schnitt von $n-k = (n-1)-(k-1)$ Hypersphären bzw. Hyperebenen in Π_∞, also entweder eine konforme (k-1)-Ebene oder eine Sphäre $\bar{S}^{k-1}$ in Π_∞. Diese Überlegung gilt für $0 \le k \le n-1$ und sogar für k=n. Damit hat man

> Satz 3: Sei $S^{n-1} \subset P^n_{1|00}$ die Einheitssphäre mit dem Ursprung eines kartesischen Koordinatensystems als Mittelpunkt, und sei $\sigma: S^{n-1} \to \Pi_\infty$ die stereographische Projektion aus dem Nordpol $N(1,0,\dots,0)$ auf die konforme Hyperebene $\Pi_\infty(x_1=0)$. Eine Sphäre S^{k-1} $(0 \le k \le n)$ sei gegeben als Schnitt einer k-Ebene $L^k \subset P^n_{1|00}$ mit S^{n-1} $(S^{k-1} := L^k \cap S^{n-1})$. Dann ist in der konformen Hyperebene Π_∞ das σ-Bild σS^{k-1} eine Sphäre $\bar{S}^{k-1}$ oder eine konforme (k-1)-Ebene.
>
> Diese Aussage gilt ersichtlich auch dann, wenn $S^{n-1} \subset P^n_{1|00}$ eine beliebige Sphäre, $N \in S^{n-1}$ ein beliebiger Punkt und Π eine beliebige zur Tangentenhyperebene Γ_N von S^{n-1} in N parallele Hyperebene ist, die N nicht enthält.

Für $S^{k-1} = S^{n-1}$ folgt mit Satz 3:

$$\sigma S^{n-1} = \Pi_\infty .$$

Wir untersuchen nun die σ-Bilder zweier Kreise $S^1_u, S^1_v \subset S^{n-1}$, die einander im Nordpol $N \in S^{n-1}$ und in einem Punkt $P \neq N$ schneiden.

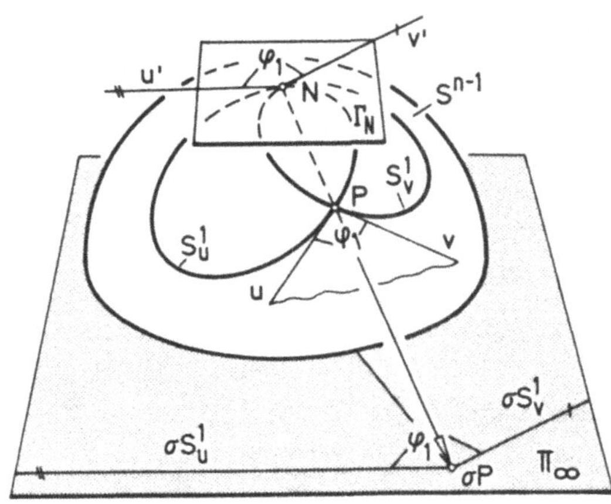

Sei u die Tangente von S^1_u und v die Tangente von S^1_v in P. Dann ist

$$S^1_u = S^{n-1} \cap (N+u),$$
$$S^1_v = S^{n-1} \cap (N+v).$$

Aus 9E4, Satz 1 folgt, daß die Gerade N+P im Mittelpunkt der Strecke $\overline{NP}$ eine eindeutige Lothyperebene Λ besitzt. Die Tangente u' von S^1_u im Nordpol N liegt symmetrisch zu u bezüglich Λ, und die Tangente v' von S^1_v in N liegt symmetrisch zu v bezüglich Λ (sogar bezüglich einer 2-Ebene in Λ).

Nach 8B, Satz 1 ist die Winkelmetrik bewegungsinvariant. Man zeigt leicht, daß die Spiegelung an Λ (Projektivspiegelung mit Λ als Achse und dem Pol von Λ bezüglich S^{n-1} als Zentrum) eine Bewegung ist. Diese Bewegung führt die Ebene u+v in die Ebene u'+v' derart über, daß u in u', v in v' und die Verbindungsgeraden von P mit den Absolutpunkten in u+v in die Verbindungsgeraden von N mit den Absolutpunkten in u'+v' übergehen. Daher schließen die Tangenten u,v und u',v' denselben Winkel ein: $\varphi_1(u,v)=\varphi_1(u',v')$ (Winkelmetrik in den regulären 2-Tangenten u+v und u'+v' der Hypersphäre S^{n-1}!).

Nach Satz 1 und Satz 3 sind die σ-Bilder σS^1_u, σS^1_v Geraden in Π_∞ mit dem Schnittpunkt σP. Wegen der Parallelität $\Pi \| \Gamma_N$ ist $\sigma S^1_u = \Pi \cap (N+u) \| \Gamma_N \cap (N+u) = u'$; ebenso ist $\sigma S^1_v \| v'$.

Man zeigt ebenfalls leicht, daß der Winkel $\varphi_1(u',v')$ invariant ist gegenüber der Translation im euklidischen Raum $P^n_{1|00}$, die u' in σS^1_u und v' in σS^1_v überführt. Daher ist

$$\varphi_1(\sigma S^1_u, \sigma S^1_v) = \varphi_1(u',v') = \varphi_1(u,v) .$$

Zusammenfassend gilt also:

> Satz 4: Sei $S^{n-1} \subset P^n_{1|00}$ eine Hypersphäre, $N \in S^{n-1}$ und Π_∞ eine zur Tangentenhyperebene Γ_N von S^{n-1} in N parallele konforme Hyperebene. Dann gilt: Schneiden zwei Kreise S^1_u, $S^1_v \subset S^{n-1}$ einander im Nordpol N und in $P \neq N$, und ist u die Tangente von S^1_u in P, v die Tangente von S^1_v in P, so sind die σ-Bilder σS^1_u, σS^1_v Geraden und es gilt:
>
> $$\varphi_1(\sigma S^1_u, \sigma S^1_v) = \varphi_1(u,v).$$
>
> Kurz: Die stereographische Projektion der Kreise durch den Nordpol N ist (euklidisch) winkeltreu.

Das σ-Bild der Kreise S^1_u, S^1_v besteht aus den Geraden σS^1_u, σS^1_v, die einander in σP und im Punkt ∞ schneiden. Wegen $\varphi_1(u',v') = \varphi_1(u,v)$ ist es sinnvoll, $\varphi_1(u,v)$ auch als Winkel der Geraden σS^1_u, σS^1_v im Punkt ∞ zu definieren. Die stereographische Projektion ist dann nicht nur in $S^{n-1} \setminus N$, sondern auf ganz S^{n-1} winkeltreu.

D. Ergänzungen im P^2 und P^3

Wir geben Ergänzungen zur stereographischen Projektion für n=2 und n=3.

Kegelschnitt $Q^1_{3\,1} \subset P^2$, Gerade Π:

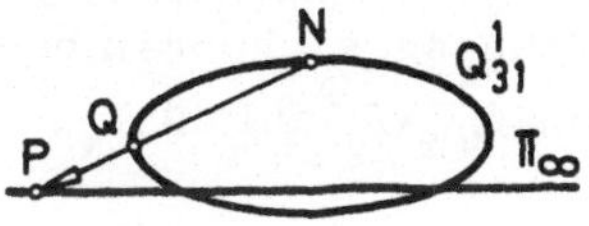

Bekanntlich entsteht durch den projektiven Abschluß einer affinen Geraden (durch einen Fernpunkt A^o) eine projektive Gerade P^1. Durch den konformen Abschluß einer affinen Geraden (durch den Punkt ∞) entsteht eine konforme Gerade Π_∞. Wählt man $A^o = \infty$, so ist $P^1 = \Pi_\infty$.

Die stereographische Projektion σ: $Q^1_{3\,1} \to \Pi_\infty$ bildet einen Kegelschnitt $Q^1_{3\,1}$ bijektiv auf eine konforme Gerade Π_∞ ab.

Damit gilt:

> Satz 1: Eine konforme Gerade Π_∞ und eine projektive Gerade P^1 sind Punktmengen gleicher Mächtigkeit. Eine projektive Gerade P^1 und eine konforme Gerade Π_∞ können bei geeigneter Bijektion (etwa stereographischer Projektion) als Modell eines Kegelschnitts $Q^1_{3\,1}$ dienen.

BILINSKI[3] verwendet diese Eigenschaft zur Konstruktion eines Modells der ebenen hyperbolischen Geometrie auf einer projektiven Geraden P^1. Den Punkten des Standardmodells entsprechen die elliptischen Involutionen auf P^1, den Geraden entsprechen die hyperbolischen Involutionen auf P^1.

Ovalquadrik $Q^2_{4\,1} \subset P^3$, Ebene Π:

Die stereographische Projektion σ: $Q^2_{4\,1} \to \Pi_\infty$ bildet die Ovalquadrik $Q^2_{4\,1}$ bijektiv auf die konforme Ebene $\Pi_\infty := (\Pi \setminus \Gamma_N) \cup \{\infty\}$ ab. Die konforme Ebene Π_∞ ist die *komplexe Zahlenebene*, und die Ovalquadrik $Q^2_{4\,1}$ — verwendet als Einheitssphäre S^2 — ist die *Zahlenkugel* der Theorie der Funktionen einer komplexen Veränderlichen. Die konforme Ebene heißt daher auch *funktionentheoretische Ebene*. Sie entsteht aus der längs einer Geraden geschlitzten projektiven Ebene P^2 durch Erweiterung um den Punkt ∞.

Die Abbildungsgleichungen, die σ im euklidischen Raum $P^3_{1|00}$ beschreiben, folgen aus B(III) für n=3.

Ringquadrik $Q^2_{4\,2} \subset P^3$, Ebene Π:

Die stereographische Projektion σ: $Q^2_{4\,2} \to (\Pi \setminus \Gamma_N) \cup Q^1_{2\,1}$ bildet die Ringquadrik $Q^2_{4\,2}$ $(-x_0^2-x_1^2+x_2^2+x_3^2=0)$ bijektiv auf die (2,1)-konforme Ebene ab.

Nun gilt: $N(1,0,1,0)$, $\Gamma_N(-x_0+x_2=0)$, $\Pi(x_2=0)$, $\Gamma_N \cap \Pi\,(x_0=x_2=0)$, und die Abbildungsgleichungen B(II) lauten:

$$\vec{p} = \begin{bmatrix} p_0 \\ p_1 \\ p_2 \\ p_3 \end{bmatrix} = \begin{bmatrix} q_2-q_0 \\ -q_1 \\ 0 \\ -q_3 \end{bmatrix}, \quad \vec{q} = \begin{bmatrix} q_0 \\ q_1 \\ q_2 \\ q_3 \end{bmatrix} = \begin{bmatrix} \vec{p}^{\,T} E \vec{p} + 2p_0^2 \\ 2p_0p_1 \\ \vec{p}^{\,T} E \vec{p} \\ 2p_0p_3 \end{bmatrix}$$

mit $\vec{p}^{\,T} E \vec{p} = -p_0^2-p_1^2+p_3^2$ und $p_2=0$. Diese Abbildungsgleichungen beschreiben die stereographische Projektion von $Q^2_{4\,2} \setminus \Gamma_N$ auf $\Pi \setminus \Gamma_N$.

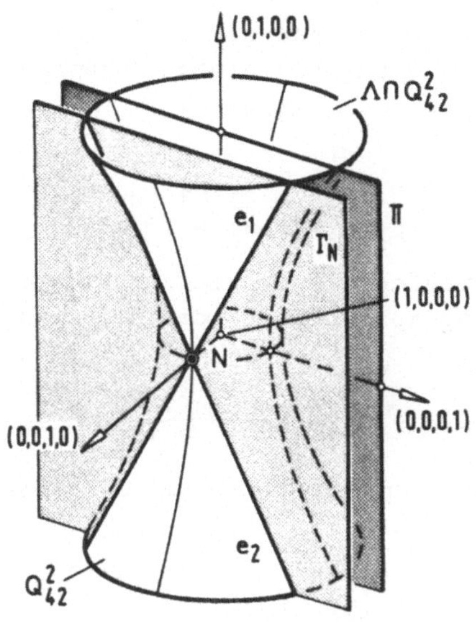

Dem Nordpol N ist nach A, Satz 1 der Punkt ∞ zugeordnet.

Die kegelige Schnittquadrik $\Gamma_N \cap Q^2_{4\,2} = Q^1_{2\,1}$ ist ein Geradenpaar e_1, e_2 mit dem Schnittpunkt N. $e_1 \setminus N$ enthält die Punkte $(\lambda,1,\lambda,1)$, $\lambda \in \mathbb{R}$; $e_2 \setminus N$ enthält die Punkte $(\lambda,1,\lambda,-1)$, $\lambda \in \mathbb{R}$.

Als bijektives Bild von $Q^1_{2\,1}$ wählt man in der Ebene Π $(p_2=0)$ einen Klassenkegelschnitt, nämlich das (als Geradenmenge aufzufassende) Punktepaar

$(0,1,0,1)$, $(0,1,0,-1)$.

Die hier gewählte Abbildung

$$\beta: \Gamma_N \cap Q^2_{4\,2} \rightarrow Q^1_{2\,1}$$

besitzt die Koordinatendarstellung:

$$\beta: \begin{cases} X(\lambda,1,\lambda,1) \mapsto p_1 - p_3 = -\lambda p_o,\ p_2 = 0, \\ X(\lambda,1,\lambda,-1) \mapsto p_1 + p_3 = -\lambda p_o,\ p_2 = 0, \\ N(1,0,1,0) \mapsto p_o = 0,\ p_2 = 0. \end{cases}$$

Die den Punkten $X \in e_1 \cup e_2 \setminus \{N\}$ zugeordneten Geraden heißen *Medianen*. Die Zweckmäßigkeit der Definition von β zeigt sich bei der Untersuchung der σ-Bilder der ebenen Nichttangentialschnitte $\Lambda \cap Q^2_{42}$. Eine Ebene Λ sei gegeben durch

$$\vec{a}^T \vec{q} = a_o q_o + a_1 q_1 + a_2 q_2 + a_3 q_3 = 0 \quad \text{mit} \quad -a_o^2 - a_1^2 + a_2^2 + a_3^2 \neq 0.$$

Das σ-Bild $\sigma(\Lambda \cap (Q^2_{4\,2} \setminus e_1 \cup e_2))$ wird unter Verwendung von

$$q_o = p_o^2 - p_1^2 + p_3^2,\quad q_1 = 2p_o p_1,\quad q_2 = -p_o^2 - p_1^2 + p_3^2,\quad q_3 = 2p_o p_3$$

beschrieben durch

$$(a_o + a_2)(p_3^2 - p_1^2) + 2a_3 p_o p_3 + 2a_1 p_o p_1 + (a_o - a_2) p_o^2 = 0.$$

In der Ebene Π kann man normierte Koordinaten $(p_o=1)$ verwenden, da die Punkte der Geraden $\Gamma_N \cap \Pi$ $(x_o = x_2 = 0)$ als σ-Bildpunkte nicht auftreten. Für $p_o = 1$ folgt:

$$(a_o + a_2)(p_3^2 - p_1^2) + 2a_3 p_3 + 2a_1 p_1 + a_o - a_2 = 0.$$

Wird $\Pi \setminus \Gamma_N$ als Schauplatz der ebenen euklidischen Geometrien interpretiert, so handelt es sich

für $a_o+a_2=0$ um eine Gerade (die genau für $N\in\Lambda$ entsteht)[1],
für $a_o+a_2\neq 0$ um eine *gleichseitige Hyperbel* mit den folgenden Medianen als Asymptoten (Hyperbeltangenten in den Fernpunkten (0,1,0,1), (0,1,0,-1))

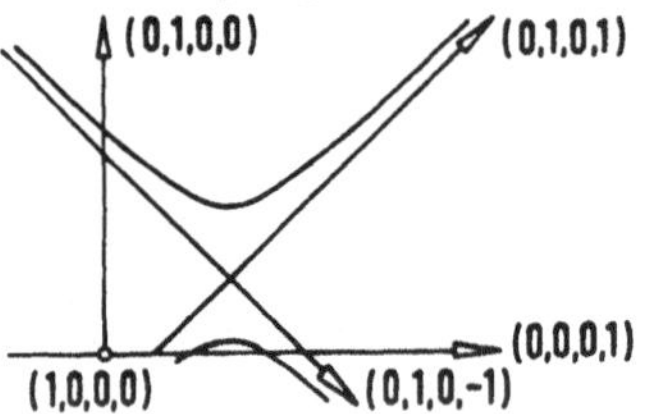

$$(a_o+a_2)(p_1-p_3) = (a_1+a_3)p_o,$$
$$(a_o+a_2)(p_1+p_3) = (a_1-a_3)p_o.$$

Die Asymptoten dieser gleichseitigen Hyperbel sind ersichtlich die stereographischen Bilder der Schnittpunkte $\Lambda\cap(e_1\cup e_2)$:

$$(\lambda,1,\lambda,1) \text{ mit } \lambda = -\frac{a_1+a_3}{a_o+a_2}, \quad (\lambda,1,\lambda,-1) \text{ mit } \lambda = -\frac{a_1-a_3}{a_o+a_2}.$$

Wird $\Pi\backslash\Gamma_N$ als Schauplatz der ebenen pseudoeuklidischen Geometrien interpretiert, so handelt es sich

für $a_o+a_2=0$ um eine Gerade (die genau für $N\in\Lambda$ entsteht)[1],
für $a_o+a_2\neq 0$ um einen *pseudoeuklidischen Kreis*, der durch seine Asymptoten (aufgefaßt als σ-Bilder zweier Punkte aus $e_1\cup e_2$) abgeschlossen ist.

Sei nun umgekehrt der (durch seine Asymptoten abgeschlossene) pseudoeuklidische Kreis

$$A(p_3^2-p_1^2) + Bp_3 + Cp_1 + D = 0 \text{ mit } 4AD-B^2+C^2\neq 0$$

gegeben. Die Nebenbedingung garantiert, daß kein Geradenpaar vorliegt. Dann folgt unmittelbar, daß sein σ^{-1}-Bild der durch

$$Bq_3 + Cq_1 + (A-D)q_2 + (A+D)q_o = 0$$

gegebene Nichttangentialschnitt von $Q^2_{4\,2}$ ist. Die Nebenbedingung $4AD-B^2+C^2\neq 0$ garantiert einen Nichttangentialschnitt. Für A=0 ist eine Gerade gegeben; ihr σ^{-1}-Bild ist ein ebener Schnitt $\Lambda\cap Q^2_{4\,2}, N\in\Lambda$.

Damit erhält man:

Satz 2: Sei σ die stereographische Projektion der Ringquadrik $Q^2_{4\,2}$ aus einem Nordpol $N\in Q^2_{4\,2}$ auf eine (2,1)-konforme Ebene $(\Pi\backslash\Gamma_N)\cup Q^1_{2\,1}$. Dann gilt bei geeigneter Interpretation von $\Pi\backslash\Gamma_N$ als pseudoeuklidische Ebene und von $Q^1_{2\,1}$ als Klassenkegelschnitt in Π: Das σ-Bild jedes ebenen Nichttangentialschnitts der Quadrik $Q^2_{4\,2}$ ist ein um seine Asymptoten erweiterter pseudoeuklidischer Kreis, wenn die Schnittebene den Nordpol N nicht enthält und eine um die Ferngerade erweiterte Gerade, wenn N in der Schnittebene liegt. Umgekehrt ist das σ^{-1}-Bild jedes um seine

[1] Das σ-Bild von N ist der Punkt ∞, im Klassenkegelschnitt repräsentiert durch die Ferngerade $p_o=p_2=0$.

Asymptoten erweiterten pseudoeuklidischen Kreises ein ebener Schnitt von $Q^2_{4\,2}$, der N nicht enthält, und das σ^{-1}-Bild jeder um die Ferngerade erweiterten Geraden ist ein ebener Schnitt von $Q^2_{4\,2}$ durch N.

Kegel $Q^2_{3\,1} \subset P^3$, Ebene Π:

Die stereographische Projektion $\sigma: Q^2_{3\,1} \to (\Pi \setminus \Gamma_N) \cup Q^1_{10}$ bildet den Kegel $Q^2_{3\,1}$ $(-x_o^2 + x_1^2 + x_2^2 = 0)$ bijektiv ab auf die (1,0)-konforme Ebene.

Dabei gilt: $N(1,1,0,0)$, $\Gamma_N(-x_o + x_1 = 0)$, $\Pi(x_1 = 0)$, $\Gamma_N \cap \Pi (x_o = x_1 = 0)$, und die Abbildungsgleichungen B(II) lauten:

$$p_o = q_1 - q_o, \quad p_1 = 0, \quad p_2 = -q_2, \quad p_3 = -q_3,$$
$$q_o = p_o^2 + p_2^2, \quad q_1 = -p_o^2 + p_2^2, \quad q_2 = 2p_op_2, \quad q_3 = 2p_op_3.$$

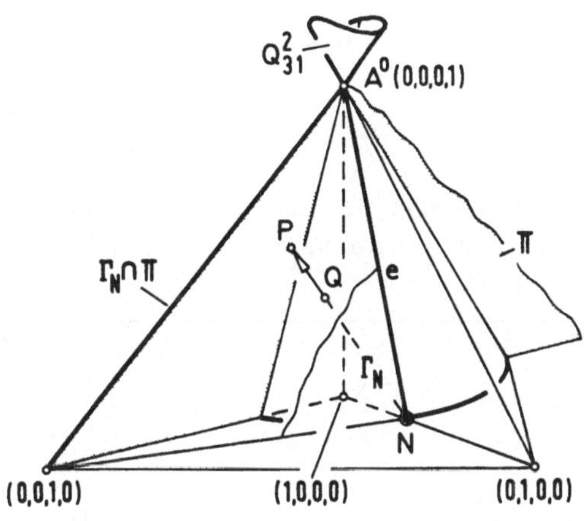

Diese Abbildungsgleichungen beschreiben die stereographische Projektion von $Q^2_{3\,1} \setminus \Gamma_N$ auf $\Pi \setminus \Gamma_N$. Nach A, Satz 1 ist der Nordpol N dem Punkt ∞ zugeordnet; $(Q^2_{31} \cap \Gamma_N) \setminus N$ besteht aus den Punkten

$$(\lambda, \lambda, 0, 1), \quad \lambda \in \mathbb{R}.$$

Eine Bijektion

$$\beta: Q^2_{31} \cap \Gamma_N =: e \to Q^1_{10} =: g \;^{1)}$$

wird gegeben durch

$$\beta: \begin{cases} (\lambda, \lambda, 0, 1) \mapsto \lambda \in \mathbb{R}, \\ N \mapsto \infty. \end{cases}$$

Bei geeigneter Interpretation der stereographischen Projektion σ im euklidischen Raum $P^3_{1|00}$, dessen Absolutebene die Gerade $\Gamma_N \cap \Pi$ enthält, ist $Q^2_{3\,1}$ ein Drehzylinder mit Radius 1.

Interpretiert man in Π die Gerade $\Gamma_N \cap \Pi$ als Absolutgerade und die Spitze A^o des Kegels Q^2_{31} als Absolutpunkt, so stellt Π eine Flaggenebene (isotrope Ebene) dar.

Wir untersuchen nun die σ-Bilder der ebenen Schnitte $\Lambda \cap Q^2_{3\,1}$, welche die Kegelspitze A^o nicht enthalten. Sei Λ gegeben durch

$$\vec{a}^T \vec{q} = a_o q_o + a_1 q_1 + a_2 q_2 + q_3 = 0.$$

Die Normierung $a_3 = 1$, die $A^o \notin \Lambda$ bewirkt, garantiert zugleich, daß Λ keine Tangentenebene von $Q^2_{3\,1}$ ist; Λ schneidet die Kegelerzeu-

[1] e und g sind projektive Geraden!

gende e im Punkt $(\lambda,\lambda,0,1)$ mit $\lambda=-1:(a_o+a_1)$. Das σ-Bild von $\Lambda\cap(Q^2_{31}\setminus e)$ wird mit Hilfe der Abbildungsgleichungen für σ^{-1} gegeben durch

$$(a_o+a_1)p_2^2+2a_2p_op_2+2p_op_3+(a_o-a_1)p_o^2=0.$$

In Π kann man normierte Koordinaten einführen ($p_o=1$), da die Punkte der Geraden $\Gamma_N\cap\Pi$ $(x_o=x_1=0)$ als Bildpunkte nicht auftreten. Für $p_o=1$ folgt:

$$p_3=-\tfrac{1}{2}(a_o+a_1)p_2^2-a_2p_2+\tfrac{1}{2}(a_1-a_o)\,.$$

Wird $\Pi\setminus\Gamma_N$ als Schauplatz der ebenen euklidischen Geometrien interpretiert, so handelt es sich

für $a_o+a_1=0$ um eine Gerade (die genau für $N\in\Lambda$ entsteht),

für $a_o+a_1\neq 0$ um eine *Parabel* mit p_3-paralleler Achse.

Wird $\Pi\setminus\Gamma_N$ als Schauplatz der ebenen Flaggengeometrien interpretiert, so handelt es sich

für $a_o+a_1=0$ um eine Gerade (die genau für $N\in\Lambda$ entsteht),

für $a_o+a_1\neq 0$ um einen *isotropen Kreis*.

Umgekehrt ist Λ zu einem gegebenen isotropen Kreis oder einer gegebenen Geraden eindeutig bestimmt.

Beachtet man, daß das σ-Bild des ebenen Schnittes $\Lambda\cap(Q^2_{31}\setminus e)$ noch zu ergänzen ist durch das σ-Bild $(-1:(a_o+a_1)$ bzw. $\infty)$ des Schnittpunktes $\Lambda\cap e$, so erhält man:

<u>Satz 3</u>: Sei σ die stereographische Projektion des Kegels $Q^2_{3\,1}$ mit der Spitze A^O aus einem Nordpol $N\in Q^2_{3\,1}\setminus A^O$ auf eine (1,0)-konforme Ebene $(\Pi\setminus\Gamma_N)\cup Q^1_{10}$. Dann gilt bei geeigneter Interpretation von Π als Flaggenebene:

Das σ-Bild jedes ebenen Schnittes des Kegels $Q^2_{3\,1}$ (der die Kegelspitze A^O nicht enthält) ist ein um genau einen Punkt erweiterter isotroper Kreis, wenn die Schnittebene den Nordpol N nicht enthält und eine um den Punkt ∞ erweiterte Gerade, wenn N in der Schnittebene liegt.

Umgekehrt ist das σ^{-1}-Bild jedes um genau einen geeigneten Punkt erweiterten isotropen Kreises ein ebener Schnitt von $Q^2_{3\,1}$, der N nicht enthält, und das σ^{-1}-Bild jeder um den Punkt ∞ erweiterten Geraden ist ein ebener Schnitt von $Q^2_{3\,1}$ durch N.

Bemerkungen:

1) Die stereographische Projektion eines Kegels $Q^2_{3\,1}$ mit der Spitze A^O auf eine (als Flaggenebene $P^2_{11|000}$ interpretierte)

Tangentenebene dient GRÜNER[1][2] zur Untersuchung der isotropen MÖBIUS-Ebene. Dabei gehen die Schnitte von $Q^2_{3\,1}$ mit Ebenen nicht durch A^0 in die Kreise der geeignet abgeschlossenen Ebene $P^2_{11|00}\setminus A^1$, $A^1 := \Pi \cap \Gamma_N$ über. Die nach 7C, Satz 1 7-gliedrige Gruppe der $Q^2_{3\,1}$-Projektivitäten enthält eine 6-gliedrige Gruppe winkeltreuer MÖBIUS-Transformationen.

2) WÜNSCH[1] verwendet zur Untersuchung der kugeltreuen Transformationen des isotropen Raumes $P^3_{12|000}$ die Tatsache, daß dieser CK-Raum mit Hilfe des stereographischen Bildes eines Kegels $Q^3_{4\,1}$ beschrieben werden kann.

Aufgaben:

1) Nach Abschnitt C ist $\sigma: S^{n-1} \to \Pi_\infty$ die stereographische Projektion der Sphäre $S^{n-1} \subset P^n_{1|00}$ aus dem Nordpol N auf die konforme Äquatorhyperebene Π_∞. Ihre Einschränkung $\sigma' := \sigma/S^{n-1}\setminus\{N\}$ ist zugleich die Einschränkung auf $S^{n-1}\setminus\{N\}$ der Zentralprojektion π des $P^n_{1|00}$ aus N auf Π.

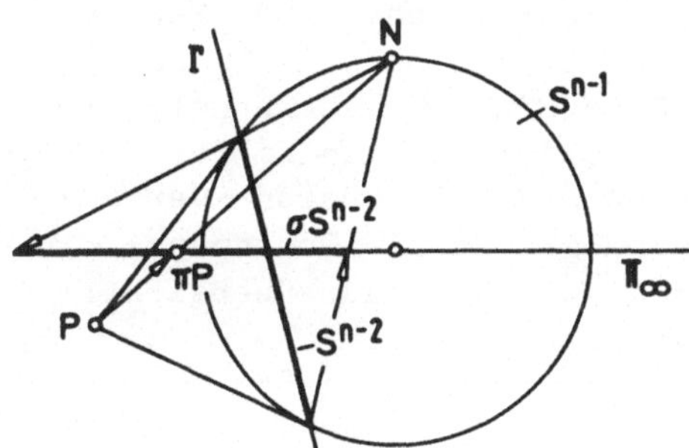

a) Sei $\Gamma \subset P^n_{1|00}$ eine Hyperebene in $P^n_{1|00}$ und $S^{n-2} := S^{n-1} \cap \Gamma$ eine Sphäre in S^{n-1}, die den Nordpol N nicht enthält. Man zeige: Das Bild πP des Pols P von Γ bezüglich S^{n-1} ist der Mittelpunkt der Sphäre σS^{n-1}.

b) Sei $\Gamma \subset P^n_{1|00}$ eine Hyperebene in $P^n_{1|00}$ und $S^{n-2} := S^{n-1} \cap \Gamma$ eine Sphäre in S^{n-1}, die den Nordpol N enthält. Man zeige: Das Bild πP des Pols P von Γ bezüglich S^{n-1} ist in dem in Π induzierten euklidischen Raum $P^{n-1}_{1|00}$ der Fernpunkt jeder Normalen der Hyperebene $\sigma' S^{n-1}$.

2) Sei L^2 eine Ebene in $P^n_{1|00}$, die die Sphäre S^{n-1} in einem Kreis S^1 schneidet. Für je vier Punkte $A,B,C,D \in S^1$ ist nach S.353, Fußnote [1] ein Doppelverhältnis DV(A B C D) erklärt. Man zeige: Bei stereographischer Projektion $\sigma: S^{n-1} \to \Pi_\infty$ von S^{n-1} aus einem Nordpol $N \notin \{A,B,C,D\}$ auf eine konforme Hyperebene $\Pi_\infty := (\Pi\setminus\Gamma_N) \cup \{\infty\}$ ist das Doppelverhältnis invariant:

$$DV(\sigma A\ \sigma B\ \sigma C\ \sigma D) = DV(A\,B\,C\,D).$$

Dabei ist $DV(\sigma A\ \sigma B\ \sigma C\ \sigma D)$ in Π nach S.353, Fußnote [1] erklärt, falls $N \notin L^2$ und nach 2D, Def.5, falls $N \in L^2$.

Kapitel 19. Inversion

A. Begriff der Inversion, Koordinatendarstellung

Nach 4E, Satz 5 sind alle Punkte der Polarhyperebene Γ_P eines Pols P bezüglich einer Quadrik Q^{n-1} polar zu P. Es liegt nahe, einen zu P polaren Punkt $Q \in \Gamma_P$ dadurch auszuzeichnen, daß man neben der Quadrik Q^{n-1} einen festen Punkt O ($O \notin Q^{n-1}$ oder $O \in Q^{n-1}$) wählt und

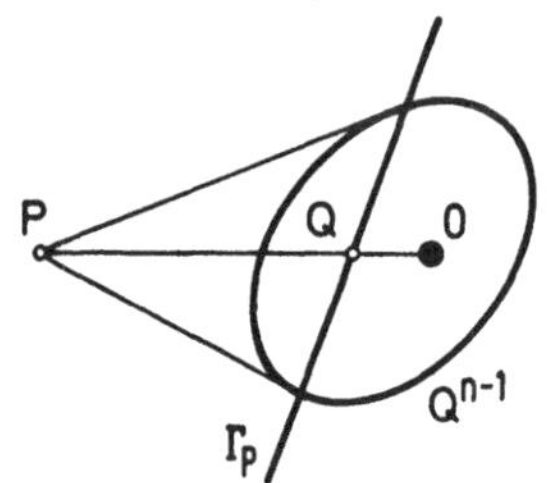

$$Q := (P+O) \cap \Gamma_P \tag{1}$$

setzt, falls die Verbindungsgerade P+O existiert und $P+O \not\subset \Gamma_P$. Man erhält auf diese Weise eine Abbildung aus dem P^n in den P^n.

Diese Abbildung hat den Nachteil, daß sie allen Punkten $P \in \Gamma_O$ den festen Punkt O zuordnet. Dieser Nachteil wird beseitigt, wenn die Abbildung nicht im P^n, sondern unter Verwendung eines CK-Raumes mit Absoluthyperebene A^{n-1} untersucht wird. Man setzt dabei $A^{n-1} = \Gamma_O$ und entfernt die Absoluthyperebene A^{n-1}. Häufig wird der geschlitzte euklidische Raum $P^n_{1|00} \setminus A^{n-1}$ verwendet, unter Heranziehung einer Sphäre S^{n-1}_ι als Quadrik Q^{n-1} und ihres Mittelpunktes als Punkt O. Diese Abbildung — die Inversion — vertauscht Innen- und Außengebiet von S^{n-1}_ι, ermöglicht die Gewinnung weiterer Modelle für CK-Geometrien und eignet sich zur übersichtlichen Darstellung von Bewegungen gewisser CK-Räume.

<u>Def.1</u>: Im geschlitzten euklidischen Raum $E^n := P^n_{1|00} \setminus A^{n-1}$ versteht man unter der *Inversion* an der Sphäre S^{n-1}_ι mit Radius r und Mittelpunkt O die aus (1) folgende Bijektion

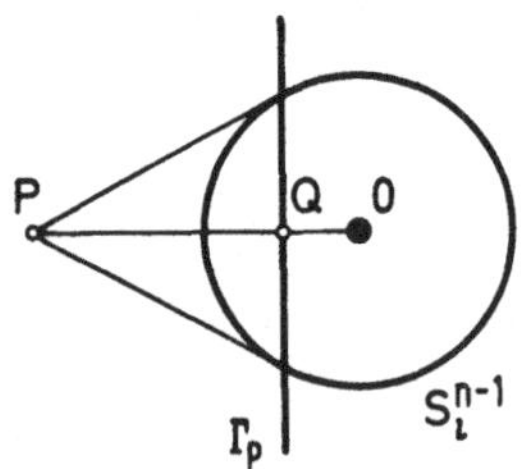

$$\begin{aligned} \iota:\ & E^n \setminus \{O\} \longrightarrow E^n \setminus \{O\} \\ & P \longmapsto \iota P = Q,\ d_1(O,P)\, d_1(O,Q) = r^2. \end{aligned} \tag{2}$$

Entsprechende Punkte P,Q liegen mit dem Mittelpunkt O, dem *Inversionszentrum*, kollinear; O liegt nicht zwischen P und Q. Man kann ohne Einschränkung r=1 setzen; die Abstände $d_1(O,P)$ und $d_1(O,Q)$ sind dann zueinander invers oder reziprok. Die Inversion heißt daher auch *Abbildung durch reziproke Radien*; S^{n-1}_ι heißt *Inversionssphäre*.

Die Inversion ι kann erweitert werden zu einer Bijektion des E^n auf den in O punktierten konformen Raum $E^n \cup \{\infty\}$ (siehe 18A, S.374, Fußnote [2]))

$$\begin{aligned} \iota_O:\ & E^n \longrightarrow (E^n \cup \{\infty\}) \setminus \{O\} \\ & P \longmapsto \iota P, \text{ für } P \in (E^n \setminus \{O\}) \\ & O \longmapsto \infty \end{aligned} \tag{3}$$

sowie zu einer Bijektion des konformen E^n auf sich:

$$\begin{aligned} \iota_\infty : E^n \cup \{\infty\} &\longrightarrow E^n \cup \{\infty\} \\ P &\longmapsto \iota P, \text{ für } P \in (E^n \setminus \{0\}) \\ 0 &\longmapsto \infty \\ \infty &\longmapsto 0 . \end{aligned} \tag{4}$$

Neben (2) werden auch (3) und (4) als *Inversion* bezeichnet. Inversionseigenschaften, die für eine dieser Varianten hergeleitet werden, lassen sich bei Beachtung der Definitionen für $\iota, \iota_0, \iota_\infty$ leicht auf die anderen übertragen.

In einem kartesischen Koordinatensystem des E^n hat die Inversionssphäre S_ι^{n-1} mit Radius r und dem Ursprung 0 als Mittelpunkt die Darstellung

$$\vec{x}_1^T\vec{x}_1 = x_1^2 + \ldots + x_n^2 = r^2, \quad \vec{x}_1 = (x_1, \ldots, x_n)^T.$$

In der Abstandsmetrik des euklidischen Raumes gilt mit $O(\vec{o}), P(\vec{p})$ und $Q(\vec{q})$:

$$d_1^2(O,P) = \vec{p}_1^T\vec{p}_1, \quad d_1^2(O,Q) = \vec{q}_1^T\vec{q}_1.$$

Die Inversionsbedingung aus (2) erhält daher die Darstellung

$$(\vec{p}_1^T\vec{p}_1)(\vec{q}_1^T\vec{q}_1) = r^4.$$

Damit ergibt sich als Koordinatendarstellung der Inversion ι und ihrer Umkehrabbildung ι^{-1}:

$$\vec{q}_1 = \frac{r^2}{\vec{p}_1^T\vec{p}_1}\vec{p}_1 \quad \text{bzw.} \quad \vec{p}_1 = \frac{r^2}{\vec{q}_1^T\vec{q}_1}\vec{q}_1 \tag{I}$$

Aus Def.1 und (I) folgt:

Satz 2: Die Inversion ι und ι_∞ ist eine quadratische, bijektive und involutorische Abbildung.

Bemerkung:

1) Die (vom Nordpol N und Südpol S verschiedenen) Punkte $A(\vec{a}_1)$ der Inversionssphäre S_ι^{n-1} ($\vec{x}_1^T\vec{x}_1 = x_1^2+\ldots+x_n^2 = r^2$) lassen sich wie folgt in die Äquatorhyperebene $\Gamma(x_n=0)$ abbilden: Man projiziere jeden Punkt $A \in S^{n-1}$ ($A \neq N, A \neq S$) durch die Tangente von S_ι^{n-1} in A, welche die Verbindungsgerade $N+S$ $(x_1 = \ldots = x_{n-1} = 0)$ trifft. Unter Verwendung des Schnittpunktes der Tangentenhyperebene Γ_A von S_ι^{n-1} mit $N+S$,

$$\Gamma_A \cap (N+S) =: T(t_o = a_n, t_1 = 0, \ldots, t_{n-1} = 0, t_n = r^2),$$

erhält der Schnittpunkt A' der projizierenden Tangente $T+A$ mit Γ die Koordinaten:

$$a_i' = \frac{r^2}{a_1^2 + \ldots + a_{n-1}^2} a_i \quad (i = 1, \ldots, n-1).$$

Die als Abbildungsmittel dienenden Tangenten von S_ι^{n-1}, welche die Sekante $N+S$ treffen, bilden für $n=3$ die Treffgeradenkongruenz von $N+S$ im Tangentenkomplex von S_ι^{n-1}.

Mit A hat nur noch der an Γ gespiegelte Punkt B den Bildpunkt A'. Ein Vergleich der Koordinaten von A' mit (I) zeigt, daß man die Projektion A' von A auch durch Parallelprojektion von A in Γ und anschließende Inversion an $S_\iota^{n-2} := \Gamma \cap S_\iota^{n-1}$ erhält.

Die beschriebene Tangentenprojektion läßt sich bei Ersetzung von S_ι^{n-1} durch eine nichtentartete Quadrik $Q_{n+1\,q}^{n-1}$ projektiv fassen (mit gewissen Einschränkungen des Definitionsbereichs). Die Sekante $N+S$, die den Pol der Bildhyperebene Γ bezüglich $Q_{n+1\,q}^{n-1}$ enthält, kann durch eine Passante oder eine Tangente ersetzt werden.

B. Eigenschaften der Inversion

Wir betrachten zunächst in a)-e) einige selbstinverse Punktmengen:

a) Jeder Punkt der Inversionssphäre S_ι^{n-1} ist selbstinvers.

b) Jedes Paar (P,Q) inverser Punkte P,Q ist selbstinvers.

c) Jede Gerade — und damit jede k-Ebene ($1 \leq k \leq n-1$) — die das Inversionszentrum O enthält, ist selbstinvers.

d) Die Inversion induziert in jeder k-Ebene L^k, die O enthält, die Inversion an der Sphäre $S_\iota^{k-1} := L^k \cap S_\iota^{n-1}$. Daher ist auch jede Sphäre S^1 einer Ebene L^2 durch O selbstinvers, die die Inversionssphäre $S_\iota^1 := L^2 \cap S_\iota^{n-1}$ orthogonal schneidet (im Sinne der in L^2 induzierten euklidischen Metrik).

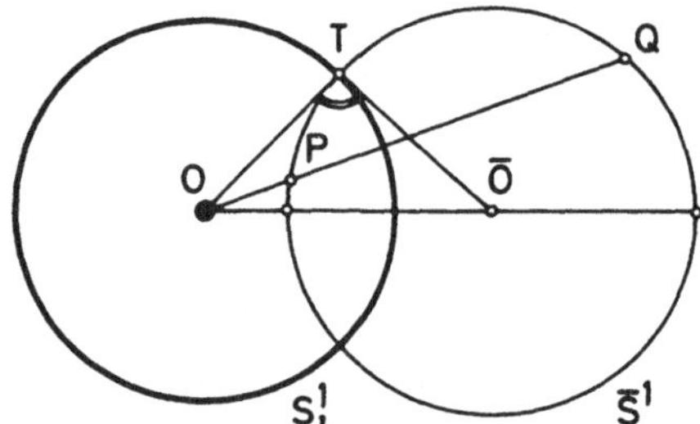

Zum Beweis schneide die Sphäre $\bar{S}^1 \subset L^2$ mit Mittelpunkt $\bar{O}$ die Inversionssphäre S_ι^1 in T orthogonal. Dann ist $O+T$ Tangente von $\bar{S}^1$ in T, und nach dem Sekantentangentensatz gilt für O, T und je zwei mit O kollineare Punkte P,Q von $\bar{S}^1$:

$$d_1(O,P)\, d_1(O,Q) = d_1^2(O,T) = r^2 .$$

Da die Punkte P, Q bezüglich S_ι^1 zueinander invers sind, ist $\bar{S}^1$ selbstinvers. Die Punkte der Sphäre $\bar{S}^1$, die im Innengebiet von S_ι^1 liegen, gehen in Punkte von $\bar{S}^1$ über, die im Außengebiet von S_ι^1 liegen und umgekehrt. Insbesondere sind die Punkte $(O+\bar{O}) \cap \bar{S}^1$ zueinander invers; $O+\bar{O}$ heißt die *Zentrale* von S_ι^1 und $\bar{S}^1$.

Weiter erkennt man, daß in der Ebene L^2 jede durch zwei zueinander inverse Punkte P,Q gehende Sphäre $\bar{S}^1$ die Inversionssphäre S_ι^1 orthogonal schneidet.

e) Allgemeiner ist jede in einer k-Ebene L^k durch das Inversionszentrum 0 ($1 \le k \le n$) liegende Sphäre $\bar{S}^{k-1}$, die die Inversionssphäre $S_\iota^{k-1} := L^k \cap S_\iota^{n-1}$ orthogonal schneidet, selbstinvers. Zum Beweis betrachte man jedes mit 0 kollineare Punktepaar P,Q der Sphäre $\bar{S}^{k-1}$ in einer Ebene L^2 durch 0 und verwende d).

Wir betrachten nun nicht selbstinverse Punktmengen.

Die Hyperebene mit der Gleichung $\vec{a}_1^T\vec{p}_1 = b \neq 0$, die das Inversionszentrum 0 nicht enthält, wird durch die Inversion A(I) übergeführt in eine Sphäre S^{n-1} durch 0 mit der Gleichung

$$(b\vec{q}_1^T - r^2\vec{a}_1^T)\vec{q}_1 = 0 .$$

Die Sphäre S_1^{n-1} mit Radius r_1 und Mittelpunkt $O_1(\vec{o}_1)$ hat die Gleichung:

$$(\vec{p}_1 - \vec{o}_1)^T(\vec{p}_1 - \vec{o}_1) = r_1^2 .$$

Enthält S_1^{n-1} das Inversionszentrum 0 nicht, so ist $\vec{o}_1^T\vec{o}_1 - r_1^2 \neq 0$, und S_1^{n-1} wird durch die Inversion A(I) übergeführt in die Sphäre ιS_1^{n-1}:

$$(\vec{q}_1 - \frac{r^2}{\vec{o}_1^T\vec{o}_1 - r_1^2}\vec{o}_1)^T(\vec{q}_1 - \frac{r^2}{\vec{o}_1^T\vec{o}_1 - r_1^2}\vec{o}_1) = \frac{r_1^2 r^4}{(\vec{o}_1^T\vec{o}_1 - r_1^2)^2}.$$

Enthält S_1^{n-1} das Inversionszentrum 0, so ist $\vec{o}_1^T\vec{o}_1 - r_1^2 = 0$, und S_1^{n-1} wird durch A(I) übergeführt in die Hyperebene mit der Gleichung

$$r^2 - 2\vec{q}_1^T\vec{o}_1 = 0 .$$

Zusammenfassend gilt:

<u>Satz 1</u>: Die Inversion an der Inversionssphäre S_ι^{n-1} (Radius r, Mittelpunkt 0) führt ineinander über:

Hyperebene durch 0	$\leftrightarrow$	Hyperebene durch 0
Hyperebene nicht durch 0	$\leftrightarrow$	Sphäre S^{n-1} durch 0
Sphäre S^{n-1} nicht durch 0	$\leftrightarrow$	Sphäre S^{n-1} nicht durch 0

Die Zuordnung der Punkte 0 und ∞ erfolgt dabei wie in A,Def.1. Nennt man im konformen Raum $E^n \cup \{\infty\}$ die (um den Punkt ∞ erweiterten) Hyperebenen und die Sphären S^{n-1} die *Kugeln* K^{n-1} (für n = 2 auch die *Kreise* K^1) des $E^n \cup \{\infty\}$, so gilt: Die Inversion ist kugeltreu (für n = 2 kreistreu).

Da jede Kugel K^m ($0 \le m \le n-1$) als Schnitt von n-m Kugeln K^{n-1} darstellbar ist, gilt außerdem: Die Inversion ist unterkugeltreu.

Nach A,Def.1 liegt das inverse Bild Q eines Punktes P auf der Geraden 0 + P im Abstand $r^2/d_1(0,P)$ von 0; 0 liegt nicht zwischen P und Q. Das inverse Bild einer Geraden g_i an der Inversionssphäre S_ι^{n-1} ist daher das inverse Bild von g_i am Schnittkreis $S_\iota^{n-1} \cap (O + g_i)$.

Seien nun g_1, g_2 einander in $G \neq \infty$ schneidende Geraden. Das Inversionszentrum O liege nicht notwendig in der Verbindungsebene $g_1 + g_2$. Wir betrachten in $g_1 + g_2$ den (euklidischen) Winkel der beiden Geraden, also $\varphi_1(g_1, g_2)$.

Sind g_1 und g_2 selbstinvers ($G = O$), so ist $\varphi_1(g_1, g_2) = \varphi_1(\iota_\infty g_1, \iota_\infty g_2)$.

Ist g_1 selbstinvers ($O \in g_1$) und g_2 nicht selbstinvers, so ist das inverse Bild von g_2 in der Ebene $O + g_2$ ein Kreis durch O mit zu g_2 paralleler Tangente t_2 in O. Daher ist

$$\varphi_1(g_1, g_2) = \varphi_1(\iota_\infty g_1, t_2) = \\ =: \varphi_1(\iota_\infty g_1, \iota_\infty g_2). \tag{1}$$

Durch (1) erklären wir den Winkel eines Kreises mit einer seiner Sekanten als Winkel der Sekante mit der Kreistangente in einem Sekantenschnittpunkt.

Sind g_1 und g_2 nicht selbstinvers, so schneiden die inversen Bilder $\iota_\infty g_1$, $\iota_\infty g_2$ einander in O und in $\iota_\infty G$. Sind t_1, t_2 die Tangenten der Kreise $\iota_\infty g_1$, $\iota_\infty g_2$ in O und u_1, u_2 ihre Tangenten in $\iota_\infty G$, so hat man aus Symmetriegründen $\varphi_1(t_1, t_2) = \varphi_1(u_1, u_2)$. Damit bestehen die Winkelgleichheiten:

$$\varphi_1(g_1, g_2) = \varphi_1(t_1, t_2) = \varphi_1(u_1, u_2) =: \varphi_1(\iota_\infty g_1, \iota_\infty g_2)\,. \tag{2}$$

Durch (2) erklären wir den Winkel zweier Kreise mit gemeinsamer Sekante als Winkel der Kreistangenten in den Sekantenschnittpunkten.

Zusammenfassend gilt:

<u>Satz 2</u>: Sind g_1, g_2 Geraden des konformen Raumes $E \cup \{\infty\}$, die einander in einem Punkt $G \neq \infty$ (sowie stets im Punkt ∞) schneiden, so schneiden die inversen Bilder $\iota_\infty g_1, \iota_\infty g_2$ einander unter demselben Winkel:

$$\varphi_1(g_1, g_2) = \varphi_1(\iota_\infty g_1, \iota_\infty g_2).$$

Kurz: Die Inversion schneidender Geraden ist winkeltreu.

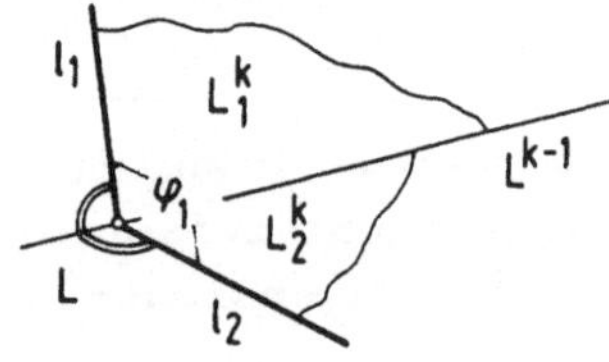

Sind L_1^k, L_2^k einander in der (k-1)-Ebene L^{k-1} schneidende k-Ebenen des euklidischen Raumes $P^n_{1|00}$, die nicht in seiner Fernhyperebene liegen, und sind

$$l_1 \subset L_1^k, \quad l_2 \subset L_2^k$$

Lote auf L^{k-1} mit dem gemeinsamen eigentlichen Lotfußpunkt L, so ist

$$\varphi_1(L_1^k, L_2^k) = \varphi_1(l_1, l_2).^{1)}$$

Im Hinblick auf die Inversion betrachten wir L_1^k, L_2^k, l_1 und l_2 ohne Fernpunkte und schreiben dafür $\bar{L}_1^k, \bar{L}_2^k, \bar{l}_1$ und $\bar{l}_2$.

Da die Inversion der einander in L schneidenden Geraden $\bar{l}_1, \bar{l}_2$ nach Satz 2 winkeltreu ist, ist die Inversion schneidender k-Ebenen $\bar{L}_1^k$, $\bar{L}_2^k$ mit einer Schnitt-(k-1)-Ebene ebenfalls winkeltreu.

Im E^n parallele k-Ebenen $\bar{L}_1^k$, $\bar{L}_2^k$ schneiden einander im konformen Raum $E^n \cup \{\infty\}$ im Punkt ∞. Ihre inversen Bilder haben daher im Inversionszentrum O dieselbe k-Tangentenebene (die mit $\bar{L}_i^k$ übereinstimmt, wenn $\bar{L}_i^k$ selbstinvers ist). Parallele k-Ebenen werden somit ebenfalls winkeltreu abgebildet.

Es gilt

Satz 3: Die Inversion schneidender k-Ebenen des konformen Raumes $E^n \cup \{\infty\}$ mit einer Schnitt-(k-1)-Ebene ist winkeltreu.

Im Zusammenhang mit der Inversion ist auch der folgende Satz von Interesse, der für n=3 auf MÖBIUS zurückgeht (siehe STRUBECKER [7]III,S.103):

Satz 4: Jede kugeltreue Abbildung des konformen Raumes $E^n \cup \{\infty\}$, $n \geq 3$, ist entweder eine Ähnlichkeit oder die Verknüpfung einer Ähnlichkeit und einer Inversion. Insgesamt bilden diese kugeltreuen Abbildungen eine $\frac{1}{2}(n+1)(n+2)$-gliedrige Gruppe, die Gruppe der *MÖBIUSschen Kugeltransformationen*.

Bemerkungen:

1) Schneiden einander zwei Geraden g_1, g_2 des konformen Raumes $E^n \cup \{\infty\}$ nur im Punkt ∞, so kann man ihren Winkel im Punkt ∞ als den Winkel ihrer inversen Bilder $\iota_\infty g_1$, $\iota_\infty g_2$ im Inversionszentrum $O = \iota_\infty \infty$ einer Inversionssphäre S_ι^{n-1} erklären.

2) Der Winkel zweier schneidender C^1-Kurven in einem ihrer Schnittpunkte G wird als Winkel ihrer Tangenten in G erklärt. Daher ist mit Satz 2 auch die Inversion schneidender C^1-Kurven winkeltreu. C^1 bezeichnet die Differenzierbarkeitsklasse.

3) H.SCHMIDT[1] beschreibt die Inversion und ihre Anwendungen für n=2 und n=3. Siehe auch R.ROTHE[1] und VOSS[1]. TRESSE[1] und SMOGORSCHEWSKI[3] verwenden die Inversion zur Herleitung bekannter Eigenschaften der ebenen hyperbolischen Geometrie.

---

1) Die k-Ebenen L_1^k, L_2^k des $P_{1|00}^n$, die einander in L^{k-1} schneiden, spannen eine (k+1)-Ebene auf und sind Hyperebenen dieser (k+1)-Ebene. Ihr Winkel ist der in $P_{1|00}^{k+1}$ erklärte Winkel dieser Hyperebenen (siehe 6D, Satz 2).

C. Kugelbündel

Die Kugeln K^{n-1} des konformen Raumes $E^n \cup \{\infty\}$, die eine Inversionssphäre S_ι^{n-1} (etwa mit der Gleichung $x_1^2 + \ldots + x_n^2 = r^2$) orthogonal schneiden, sind nach Abschnitt B (siehe c) und e)) selbstinvers. Umgekehrt sind alle selbstinversen Kugeln K^{n-1} Orthogonalkugeln von S_ι^{n-1}. Man definiert:

> Def.1: Im konformen Raum $E^n \cup \{\infty\}$ heißt die Menge aller Orthogonalkugeln einer Inversionssphäre S_ι^{n-1} ein *hyperbolisches Kugelbündel* (für n=2 auch ein *hyperbolisches Kreisbündel*).

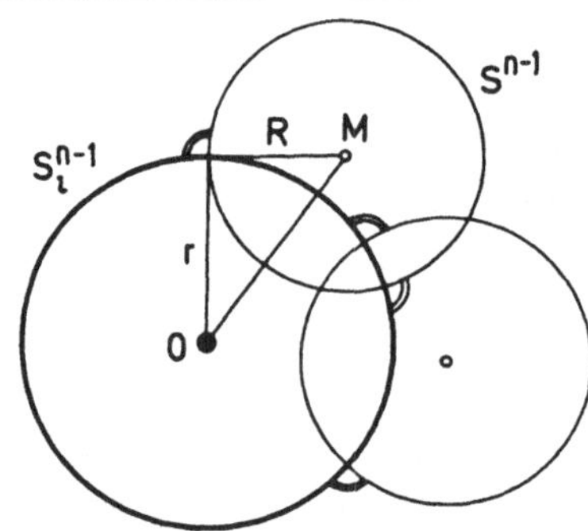

Besitzt in einem kartesischen Koordinatensystem des E^n die Inversionssphäre S_ι^{n-1} den Mittelpunkt O(0,...,0) und den Radius r und besitzt eine Orthogonalsphäre S^{n-1} von S_ι^{n-1} den Mittelpunkt $M(m_1,\ldots,m_n)$ und den Radius R, so gilt nach dem Satz des PYTHAGORAS:

$$R^2 + r^2 = m_1^2 + \ldots + m_n^2 .$$

Die Sphäre S^{n-1} mit Mittelpunkt M und Radius R des konformen Raumes $E^n \cup \{\infty\}$, welche die Inversionssphäre S_ι^{n-1} nach einer *Großsphäre* schneidet, hat die Gleichung

$$(x_1-m_1)^2+\ldots+(x_n-m_n)^2 = R^2 = m_1^2+\ldots+m_n^2+r^2. \qquad (1)$$

Im komplex erweiterten konformen Raum $E^n \cup \{\infty\}$ gilt daher

$$R^2 + (ir)^2 = m_1^2 + \ldots + m_n^2, \quad i^2 = -1 .$$

Mit dieser Beziehung (Satz des PYTHAGORAS!) erhält man:

> Satz 2: Die Menge aller Kugeln K^{n-1}, die eine Inversionssphäre S_ι^{n-1} nach Großsphären schneiden, besteht im komplex erweiterten konformen Raum $E^n \cup \{\infty\}$ aus den Orthogonalkugeln der Sphäre $\bar{S}^{n-1}$ mit Radius ir ($i^2=-1$) um das Inversionszentrum O als Mittelpunkt und heißt ein *elliptisches Kugelbündel* (für n=2 auch ein *elliptisches Kreisbündel*).

Die Schnittpunkte P,Q einer beliebigen Geraden durch das Inversionszentrum O mit der Parameterdarstellung

$$x_i = \alpha_i t \ (i=1,\ldots,n), \quad t \in \mathbb{R}, \quad \alpha_1^2+\ldots+\alpha_n^2 = 1$$

und der Bündelkugel (1) mit Mittelpunkt $M(m_1,\ldots,m_n)$ werden festgelegt durch die Lösungen p,q der in t quadratischen Gleichung

$$t^2 - 2(\alpha_1 m_1 + \ldots + \alpha_n m_n)t - r^2 = 0.$$

Nach dem VIETAschen Wurzelsatz ist $pq = -r^2$. Beachtet man die Abstände der Schnittpunkte P,Q von O:

$$d_1(O,P) = \sqrt{(\alpha_1^2 + \ldots + \alpha_n^2)p^2} = |p|,$$

$$d_1(O,Q) = \sqrt{(\alpha_1^2 + \ldots + \alpha_n^2)q^2} = |q|,$$

so folgt

$$\pm d_1(O,P)\, d_1(O,Q) = pq = -r^2 .$$

Aus dieser Beziehung entnimmt man: Jede Sphäre S^{n-1}, welche die Inversionssphäre S_1^{n-1} mit Radius r nach einer Großsphäre schneidet, ist selbstinvers bezüglich der Sphäre $\bar{S}^{n-1}$ mit Radius ir um das Inversionszentrum O.

Geht im hyperbolischen und im elliptischen Kugelbündel der Radius r der Inversionssphäre S^{n-1} bzw. $\bar{S}^{n-1}$ gegen Null, so erhält man als Grenzfall alle Kugeln K^{n-1} durch das Inversionszentrum O.

Def.3: Die Kugeln K^{n-1} durch einen festen Punkt O des konformen Raumes $E^n \cup \{\infty\}$ heißen ein *parabolisches Kugelbündel* (für n=2 auch ein *parabolisches Kreisbündel*).

Bemerkungen:

1) Man kann ein hyperbolisches, elliptisches und parabolisches Kugelbündel zur Konstruktion der *Kugelbündelmodelle* der hyperbolischen, elliptischen bzw. euklidischen Geometrie heranziehen. Siehe dazu FLADT[10].

2) Eine Anwendung der Inversion macht WUNDERLICH[2] bei der Untersuchung der Torusloxodromen. ABRAMESCU[1] untersucht Kurven, die invariant sind bei Inversion an einem Kreis.

Aufgaben:

1) Sei $\sigma: S^{n-1} \to \Pi_\infty$ die stereographische Projektion einer Sphäre $S^{n-1} \subset P^n_{1|00}$ aus einem Nordpol $N \in S^{n-1}$ in die zugehörige konforme Äquatorhyperebene Π_∞ von S^{n-1}. Man ermittle das Urbild in S^{n-1} eines hyperbolischen (eines elliptischen, eines parabolischen) Kugelbündels in Π_∞.

2) Man zeige durch Anwendung von Inversionen: Die Kugeln, die zwei hyperbolischen Kugelbündeln angehören, gehören zugleich unendlich vielen weiteren hyperbolischen Kugelbündeln an.

KAPITEL 20. KONFORME NICHTSTANDARDMODELLE

Als *konformes Modell* wird jedes Modell einer (n-1)-dimensionalen CK-Geometrie bezeichnet, dessen Schauplatz S in einer (r-2, q-1)-konformen Hyperebene $(\Pi\setminus\Gamma_N)\cup Q^{n-2}_{r-2\,q-1}$ liegt (siehe 18A, Satz 1). Wir verwenden in den folgenden Abschnitten A bis D die zur stereographischen Projektion einer Ovalquadrik gehörende konforme Hyperebene Π_∞ (siehe 18C); in Abschnitt E benötigen wir die (n-2,q-1)-konforme Hyperebene. Aus Platzgründen ist es meist nur möglich, die erforderlichen Bijektionen vorzustellen. Auf eine Untersuchung der bijektiven Bilder aller im Standardmodell einer CK-Geometrie erklärten Begriffe müssen wir verzichten.

A. KONFORME MODELLE DER HYPERBOLISCHEN GEOMETRIE

1. POINCARÉ-MODELL

Nach 17B1, S.352ff. ist die untere Halbsphäre S^n_u einer Sphäre $S^n\subset P^{n+1}_{1|00}$ der Schauplatz des Halbsphäremodells der n-dimensionalen hyperbolischen Geometrie $\{(IQ^{n-1}_{n+1\,1}, B^n_{|1})\}$. Durch stereographische Projektion der unteren Halbsphäre S^n_u aus dem Nordpol $N\in S^n$ in die konforme Äquatorhyperebene Π_∞ entsteht das (konforme) *POINCARÉ-Modell*. Die stereographische Projektion führt den Halbsphäreschauplatz S^n_u in das Innengebiet von $S^{n-1}:=S^n\cap\Pi_\infty$ über; S^{n-1} ist die Absolutsphäre des konformen Modells.

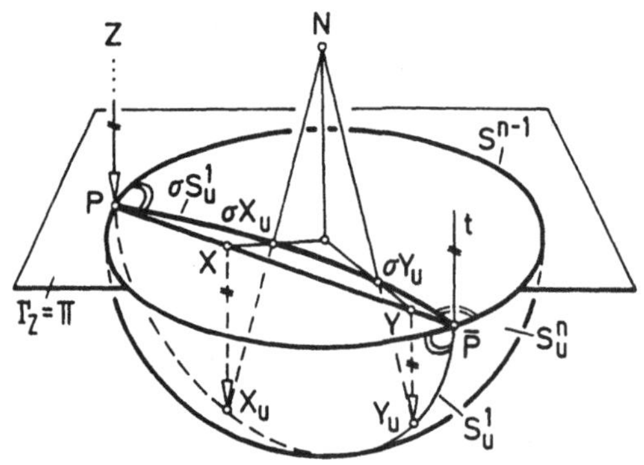

Nach 17B1, S.352 sind im Halbsphäremodell die h-Geraden die zu Π_∞ orthogonalen Halbkreise $S^1_u:=(X+Y+Z)\cap S^n_u$ mit $\Pi_\infty=(\Gamma_Z\setminus\Gamma_N)\cup\{\infty\}$ und Z Pol von Γ_Z bezüglich der Sphäre S^n. Der Halbkreis S^1_u liegt im Kreis $S^1:=(X+Y+Z)\cap S^n$; S^1 schneidet die Äquatorsphäre S^{n-1} (und damit Π_∞) in zwei Punkten $P,\bar{P}$. S^1_u heißt in P *orthogonal* zu Π_∞, da die Tangente t von S^1 in P zu Π_∞ orthogonal ist.

Die Tangentenhyperebene von S^{n-1} in P wird durch n-1 linear unabhängige Tangenten $t_i\subset\Pi_\infty$ $(1\le i\le n-1)$ aufgespannt. Damit ist t orthogonal zu jeder Tangente t_i; somit ist S^1 und damit S^1_u in P orthogonal zur Äquatorsphäre S^{n-1}.

Wir ersetzen nun S^1 durch den Kreis $S_o^1 := (N+t) \cap S^n$. Die Kreise S^1 und S_o^1 besitzen in P dieselbe Tangente t. Wie man leicht nachrechnet, bleibt diese Eigenschaft bei stereographischer Projektion erhalten. Nun ersetzen wir die Tangenten t_i durch die Kreise $S_i^1 := (N+t_i) \cap S^n$, die in P die Tangenten t_i $(1 \leq i \leq n-1)$ besitzen. Jeder Kreis S_i^1 schneidet den Kreis S^1 in P und damit in N orthogonal (siehe 18C, S.382). Daraus erhält man mit 18C (insbesondere Satz 3 und Satz 4), daß das σ-Bild σS^1 von S^1 ein Orthogonalkreis (oder eine Orthogonalgerade) zu S^{n-1} ist.

Daraus folgt:

<u>Satz 1</u>: Das POINCARÉ-Modell der n-dimensionalen hyperbolischen Geometrie entsteht aus dem Halbsphäremodell (17B1) durch stereographische Projektion des Schauplatzes S_u^n aus dem Nordpol N der Sphäre S^n in die (zur Tangentenhyperebene von S^n in N parallele) konforme Äquatorhyperebene Π_∞ der Sphäre S^n.

Im POINCARÉ-Modell[1] der n-dimensionalen hyperbolischen Geometrie sind die h-Geraden die Orthogonalkreisbogen der Absolutsphäre S^{n-1}, die im Innengebiet IS^{n-1} liegen sowie die Durchmesser von S^{n-1}. Die h-k-Ebenen sind die in IS^{n-1} liegenden Teile der zu S^{n-1} orthogonalen Kugeln S^k.

Wegen der (euklidischen) Winkeltreue der stereographischen Projektion (18C, Satz 4) wird der Winkel schneidender h-Geraden im POINCARÉ-Modell als Winkel von Orthogonalkreisbogen bzw. Durchmessern von S^{n-1} euklidisch gemessen. Um dies einzusehen, ersetze man einander in $P_u \in S_u^n$ schneidende Halbkreise S_u^1, $\bar{S}_u^1$ mit den Tangenten $t_u, \bar{t}_u$ in P_u durch die Kreise $(t_u+N) \cap S^n$, $(\bar{t}_u+N) \cap S^n$.

Im Hinblick auf die Abstandsmetrik im POINCARÉ-Modell beachten wir, daß die stereographische Projektion $\sigma: S^n \to \Pi_\infty$ die Punkte P, $\bar{P}, X_u, Y_u$ des Kreises S^1 in die Punkte $P, \bar{P}, \sigma X_u, \sigma Y_u$ des Kreises σS^1 überführt, daß die Doppelverhältnisse $DV(P\bar{P}X_uY_u)$, $DV(P\bar{P}\sigma X_u \sigma Y_u)$ nach 17B1, S.353, Fußnote [1] erklärt sind und aufgrund dieser Erklärung bei Zentralprojektion aus N invariant bleiben. Zusammen mit 17B(I) folgt somit:

$$\boxed{\delta_o(\sigma X_u, \sigma Y_u) = \ln DV(P\bar{P}\,\sigma X_u \sigma Y_u) = \delta_o(X,Y).} \qquad \text{(I)}$$

[1] Für n=2 siehe POINCARÉ[1]-[3].

Das POINCARÉ-Modell bietet für die Entwicklung der hyperbolischen Trigonometrie wegen des euklidisch zu messenden Winkels zweier h-Geraden manche Vorteile. Als Beispiel beweisen wir im ebenen POINCARÉ-Modell den Satz über die "Winkel"-Summe[1] in einem h-Dreieck.

Satz 2: In jedem h-Dreieck ist die "Winkel"-Summe kleiner als π.

Beweis: Wegen der Invarianz der Winkelmetrik bei h-Bewegungen ändert sich die "Winkel"-Summe eines h-Dreiecks nicht, wenn man das h-Dreieck so bewegt, daß eine Ecke – etwa A – in den Mittelpunkt des Absolutkreises S^1 fällt.[2] In dieser Lage enthalten zwei Dreieckseiten – A+B und A+C – je einen Kreisdurchmesser; die dritte Seite enthält einen Orthogonalkreisbogen von S^1. Durch Vergleich des euklidischen Dreiecks ABC mit dem h-Dreieck ABC folgt unmittelbar Satz 2.

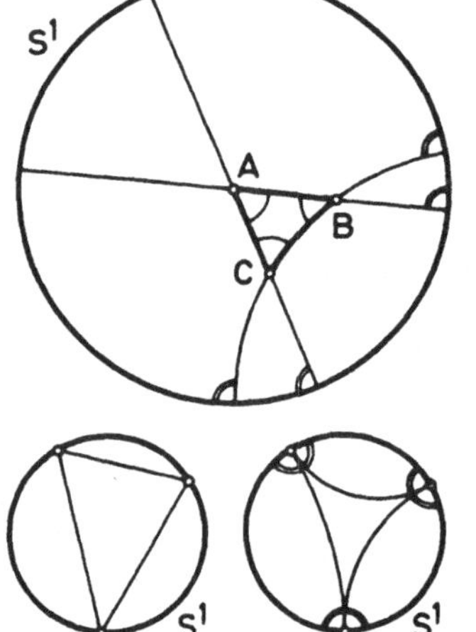

Bemerkungen:

1) Alle euklidischen Dreiecke haben dieselbe "Winkel"-Summe π. Die h-Dreiecke haben nicht alle dieselbe "Winkel"-Summe $<\pi$. Ein Dreieck der hyperbolischen Ebene, dessen Ecken dem Absolutkreis S^1 (also nicht dem Schauplatz S der hyperbolischen Geometrie) angehören, bezeichnet man als *asymptotisches Dreieck*. Die h-Dreiecke, die einem asymptotischen Dreieck beliebig nahe kommen, haben sogar eine beliebig kleine "Winkel"-Summe! Im euklidisch interpretierten Standardmodell der ebenen hyperbolischen Geometrie werden die Ecken eines asymptotischen Dreiecks durch Sehnen des Absolutkreises S^1 verbunden; im POINCARÉ-Modell werden die Ecken durch Orthogonalkreisbogen oder Durchmesser von S^1 verbunden.

2) Wendet man nach 19A,Bem.1 die Tangentenprojektion einer Sphäre S^n, mit $S^{n-1} := S^n \cap \Pi_\infty$, auf die untere Halbsphäre S^n_u an, so erhält man $AS^{n-1} \subset \Pi_\infty$ als Schauplatz der n-dimensionalen hyperbolischen Geometrie. Die h-Geraden dieses Schauplatzes entstehen nach 19A,Bem.1) durch Inversion der in IS^{n-1} gelegenen Orthogonalkreisbogen von S^{n-1} an S^{n-1}.

---

[1] Zur Bezeichnungsweise siehe 14B4,S.303, insbesondere Fußnote [1].

[2] *Prinzip der speziellen Lage*, häufig verwendet in BALDUS/LÖBELL[1]. Bringt man Figuren eines CK-Raumes durch Bewegungen (Ähnlichkeiten) in spezielle Lagen, in denen sich bewegungsinvariante (ähnlichkeitsinvariante) Beziehungen einfach untersuchen lassen, so spricht man vom *Prinzip der speziellen Lage*.

3) Projiziert man die untere Halbsphäre S^n_u aus dem Pol Z der Äquatorhyperebene $\Gamma_Z = \Pi$ von S^n in die Äquatorhyperebene Π, danach $IS^{n-1} \subset \Pi$ aus dem Nordpol $N \in S^n$ auf S^n_u, sodann wieder S^n_u aus Z in die Äquatorhyperebene Π, so kann man weitere Modelle der n-dimensionalen hyperbolischen Geometrie entwickeln.

4) V.F.KAGAN[1] gibt eine unendliche Folge von Modellen an, die "zwischen" dem POINCARÉ-Modell und dem Standardmodell liegen. KELLY[1] betrachtet das POINCARÉ-Modell zusammen mit der von BARBILIAN[3] eingeführten Metrik, in die sich die Abstandsmetrik der hyperbolischen Ebene einordnet.

5) MESCHKOWSKI[1] entwickelt die wichtigsten trigonometrischen Formeln der hyperbolischen Geometrie im POINCARÉ-Modell. Auch SZÁSZ[8][16], HAJÓS/SZÁSZ[1], EVES/HOGGATT[1], FLADT[10] und ZEITLER [3] betreiben die hyperbolische Trigonometrie im POINCARÉ-Modell.

2. VARIANTEN DES POINCARÉ-MODELLS

Hyperbolisches Kugelbündelmodell: Eine Variante des POINCARÉ-Modells entsteht, wenn man in der konformen Hyperebene Π_∞ das Innengebiet IS^{n-1}_ι der Inversion ι an der Sphäre S^{n-1} mit dem Mittelpunkt 0 von S^{n-1}_ι als Inversionszentrum unterwirft. Als Schauplatz S dieses Modells wird $IS^{n-1} \cup \iota IS^{n-1}$ gewählt. Die h-Hyperebenen dieses Modells bilden ein hyperbolisches Kugelbündel, aus dessen Kugeln die Schnitte mit S^{n-1}_ι entfernt sind (siehe 19C). In diesem ***hyperbolischen Kugelbündelmodell*** sind die h-Punkte die Paare inverser Punkte; die h-Geraden sind die selbstinversen Orthogonalkreise von S^{n-1}_ι sowie die Geraden durch 0, jeweils ohne ihre Schnittpunkte mit S^{n-1}_ι. Die h-k-Ebenen sind die selbstinversen Orthogonalsphären $S^k_\bullet$ von S^{n-1}_ι sowie die das Inversionszentrum 0 enthaltenden (konformen) k-Ebenen, jeweils ohne ihre Schnittsphären mit S^{n-1}.

Bemerkungen:

1) Gelegentlich unterwirft man das hyperbolische Kugelbündelmodell einer Inversion, welche die Inversionssphäre S^{n-1}_ι in eine Hyperebene überführt. Diese Variante des hyperbolischen Kugelbündelmodells wählt HOHENBERG[2] zur Untersuchung von Parallelprojektionen im hyperbolischen Raum $P^3_{|1}$.

2) Die wohl erste darstellend-geometrische Untersuchung eines konformen Modells der hyperbolischen Geometrie gibt KRUPPA[1]. Im hyperbolischen Kugelbündel wird das Grund- und Aufrißverfahren nachgebildet und eine Darstellende Geometrie des hyperbolischen Raumes entwickelt. Als Bildebenen Π_1, Π_2 dienen zwei ortho-

gonale Durchmesserebenen der Inversionssphäre S_ι^2. Die h-Punkte werden durch h-Geraden auf Π_1, Π_2 normal projiziert. Nach Umklappung von Π_1 in Π_2 liegen die Bilder der h-Punkte auf Ordnern, den zu $\Pi_1 \cap \Pi_2$ orthogonalen h-Geraden (Kreise eines hyperbolischen Büschels). Es zeigt sich, daß die h-Drehkegel mit eigentlicher h-Spitze Spindel- und Hornzykliden sind; die h-Drehkegel mit uneigentlicher h-Spitze sind Ringzykliden. Die CLIFFORD-Flächen einer h-Geraden sind Spindel- und Hornzykliden mit Knoten in den Fernpunkten der Geraden. Die Konstruktionen vereinfachen sich, wenn die Inversionssphäre in eine Ebene Γ $(\Gamma \perp \Pi_1, \Gamma \perp \Pi_2)$ ausartet.

POINCARÉsches Halb-n-Ebene-Modell: Eine weitere Variante des POINCARÉ-Modells entsteht, wenn man den Schauplatz des Halbsphäremodells der n-dimensionalen hyperbolischen Geometrie — nach 17B1, S.352-355 die untere Halbsphäre S_u^n einer Sphäre $S^n \subset P_{1|00}^{n+1}$ — aus einem Punkt N der Großsphäre S^{n-1} in die zu N als Nordpol gehörende konforme Äquatorhyperebene Π_∞ stereographisch projiziert.

Vor der näheren Untersuchung dieser Variante sei daran erinnert, daß jede Hyperebene Γ, die Innenpunkte einer Sphäre (Ovalquadrik $Q_{n+2\,1}^n$) enthält, diese in den Schnitt $\Gamma \cap S^n$ und zwei Halbsphären zerlegt.[1] Jedes stereographische Bild des Schnittes $\Gamma \cap S^n$ (also jede Sphäre $S^{n-1} \subset \Pi_\infty$ und jede konforme Hypergerade $L_\infty^{n-1} \subset \Pi_\infty$) zerlegt also die konforme Hyperebene Π_∞ in drei paarweise fremde Teilmengen: in das Innen- und Außengebiet einer Sphäre S^{n-1} sowie in S^{n-1} oder in zwei (offene) *Halb-n-Ebenen* und in eine konforme Hyperebene L_∞^{n-1}.

Die stereographische Projektion aus $N \in S^{n-1}$ führt den Halbsphäreschauplatz S_u^n in eine Halb-n-Ebene der konformen Äquatorhyperebene Π_∞ über, die *POINCARÉsche Halb-n-Ebene* (für n=2 auch *POINCARÉsche Halbebene*). Die so entstehende Variante des POINCARÉ-Modells wird als *POINCARÉsches Halb-n-Ebene-Modell* (für n=2 auch *POINCARÉsches Halbebene-Modell*) bezeichnet und besitzt als Absolutfigur die konforme Hypergerade σS^{n-1} (die nicht zum Schauplatz des Modells zählt). Die POINCARÉsche Halb-n-Ebene entsteht auch durch Inversion des Schauplatzes IS^{n-1} des POINCARÉ-Modells aus Unterabschnitt 1, Satz 1, wenn der Mittelpunkt O der Inversionssphäre $S_\iota^{n-1} \subset \Pi_\infty$ in S^{n-1} liegt.

Da $\sigma S^{n-1} \subset \Pi_\infty$ die konforme Hyperebene Π_∞ in σS^{n-1} und in zwei

[1] Für eine Quadrik $Q_{n+2\,q}^n$ mit Index $q > 1$ trifft dies nicht zu; siehe 16B, S.341.

Halb-n-Ebenen zerlegt, heißen die Durchschnitte der POINCARÉschen Halb-n-Ebene mit Geraden und Kreisen, die mit beiden Halb-n-Ebenen Punkte gemeinsam haben, *Halbgeraden* bzw. *Halbkreise*; *Halb-k-Ebenen* und *Halbsphären* S_u^k werden entsprechend erklärt.

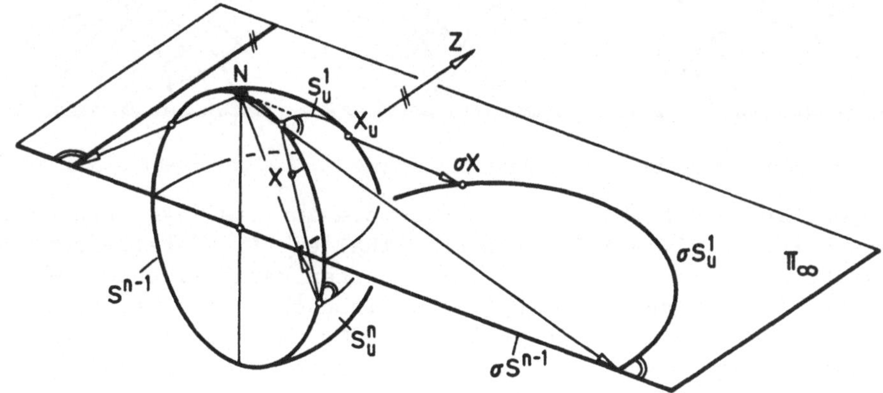

Analog zu Unterabschnitt 1,Satz 1 beweist man:

<u>Satz 1</u>: Im POINCARÉschen Halb-n-Ebene-Modell der hyperbolischen Geometrie sind die h-Geraden die zur absoluten konformen Hypergeraden σS^{n-1} orthogonalen Halbkreise und Halbgeraden der POINCARÉschen Halb-n-Ebene. Die h-k-Ebenen sind die zu σS^{n-1} orthogonalen Halbsphären S_u^k und Halb-k-Ebenen der POINCARÉschen Halb-n-Ebene.

Im hyperbolischen Raum $P_{|1}^n$ gibt es nach 7E1 drei Bündel-Typen. Diese Bündel sind für n=2 Büschel, die wir in der POINCARÉschen Halbebene kurz vorstellen. Zuvor erwähnen wir, daß die Menge aller Kreise und Geraden einer konformen Ebene, die durch zwei verschiedene feste Punkte hindurchgehen, ein *hyperbolisches Kreisbüschel* genannt wird; die Menge ihrer Orthogonalkreise und -geraden heißt ein *elliptisches Kreisbüschel*, und die Menge aller Kreise und Geraden, die ein festes *Linienelement*[1] enthalten, heißt ein *parabolisches Kreisbüschel*. Die Menge der Orthogonalkreise und -geraden bildet ebenfalls ein parabolisches Kreisbüschel (siehe dazu 20B2,Satz 2).

In der POINCARÉschen Halbebene erkennt man nun unmittelbar:

[1] Ein Linienelement ist ein Punkt mit inzidenter Gerade.— Die Hinzunahme der Geraden zu den Kreisen der konformen Ebene erklärt sich aus den Eigenschaften der stereographischen Projektion σ der Halbsphäre S_u^n aus N auf Π_∞ (n=2). Die σ-Bilder der Kreise auf S^n durch N sind die Geraden in Π_∞!

Ein divergentes Büschel besteht aus allen zu einer festen h-Geraden (der *Basis*) orthogonalen h-Geraden. Diese liegen in einem elliptischen Kreisbüschel. Die Basis liegt im hyperbolischen Or-

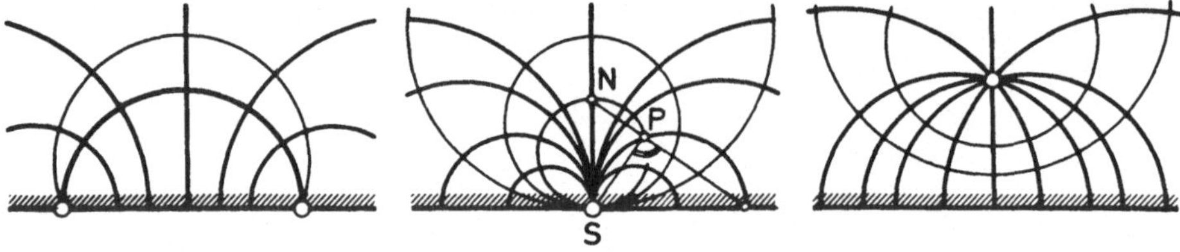

divergentes Büschel Parallelbüschel konvergentes Büschel

thogonalkreisbüschel, dessen Kreise die zur Basis gehörenden Abstandslinien (siehe 14B3,Satz 1) enthalten. Ein Parallelbüschel besteht aus allen h-Geraden, die in einem parabolischen Kreisbüschel liegen; dessen Orthogonalkreisbüschel ist ebenfalls parabolisch und enthält die zugehörigen Grenzkreise.[1] Ein konvergentes Büschel besteht aus allen h-Geraden, die in einem hyperbolischen Kreisbüschel liegen. Die zugehörigen Abstandskreise liegen im elliptischen Orthogonalkreisbüschel.

Die divergenten Büschel finden Anwendung bei der Konstruktion des h-Lotes von einem h-Punkt A auf eine h-Gerade B+C. Die Konstruktion verwendet die Tatsache, daß in der POINCARÉschen Halbebene die Winkelmetrik euklidisch ist[2];sie verwendet die Abstandslinie zu B+C durch A, das durch B+C und diese Abstandslinie bestimmte hyperbolische Kreisbüschel sowie sein elliptisches Orthogonalkreisbüschel, in dem das gesuchte h-Lot liegt.

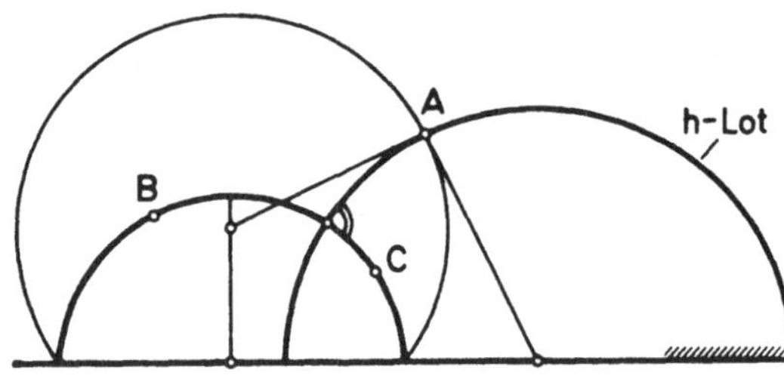

Bemerkungen (Fortsetzung):

3) ZEITLER[1] entwickelt in der POINCARÉschen Halb-3-Ebene (im POINCARÉschen Halbraum) eine generelle Methode zur Berechnung von Inhaltsmaßzahlen gewisser hyperbolischer Rotationskörper (z. B. h-Kegel, h-Kugelsegmente, h-Kugelzonen, h-Tori). Auch bei LIEB-

[1] Aus der Parallelbüschel-Figur erkennt man unmittelbar: Die stereographische Projektion σ der Punkte P einer Sphäre S^n aus ihrem Nordpol N auf ihre Tangentenhyperebene Π_∞ im Südpol S erhält man auch, indem man die projizierende Gerade N+P ersetzt durch den projizierenden Kreis in der Ebene N+P+S aus dem Parallelbüschel durch das Linienelement (S,S+N). Als Abbildungsmittel dienen bei dieser Interpretation Kreisbogen, die sich als h-Geraden deuten lassen.

[2] Siehe 17B1,Satz 1 und 18C,Satz 4 sowie LENZ[1]S.107.

MANN[1] und W.KAGAN[1] findet man solche Inhaltsbestimmungen, die zum Teil in anderer Weise vorgenommen werden. Siehe auch ZEITLER[7], SCHLÄFLI[2], SOMMERVILLE[3], COXETER[4].

4) Über das POINCARÉ-Modell und die POINCARÉsche Halbebene (n=2) gibt es zahlreiche elementare Untersuchungen (CALAPSO[2], LONY[1], MESCHKOWSKI[2], SZYBIAK[2], WUNDERLICH[7], ZEITLER[4][5]).

BAIER[1] gibt einen elementaren Beweis der Dreiecksungleichung in der POINCARÉschen Halbebene, der sich auf eine Minimumbetrachtung und elementartrigonometrische Betrachtungen stützt. COXETER[3] beachtet — wie auch schon LIEBMANN[22] — daß sich die zur konformen Ebene σS^2 (siehe 18C) orthogonalen abgeschlossenen Halbsphären und Halbebenen ihren Schnitten mit σS^2 bijektiv zuordnen lassen und gewinnt auf diese Weise eine Fülle von Resultaten. NEUMANN[2] beschreibt die Punkte der POINCARÉschen Halbebene durch die elliptischen und die Geraden durch die hyperbolischen Involutionen der absoluten Randgeraden. GARNER[3] beschreibt gruppentheoretisch den "lokalen euklidischen Charakter" der ebenen hyperbolischen Geometrie. MESCHKOWSKI[1], MOLNÁR[4], SZÁSZ[8][13][16], ZEITLER[3] u.a. verwenden das POINCARÉ-Modell und seine Varianten zur Herleitung der hyperbolischen Trigonometrie.

5) Die Funktionentheorie verknüpft für n=2 den Schauplatz IS^1 des POINCARÉ-Modells mit der POINCARÉschen Halbebene durch eine gebrochen lineare *konforme Abbildung* der z-Ebene auf die w-Ebene.

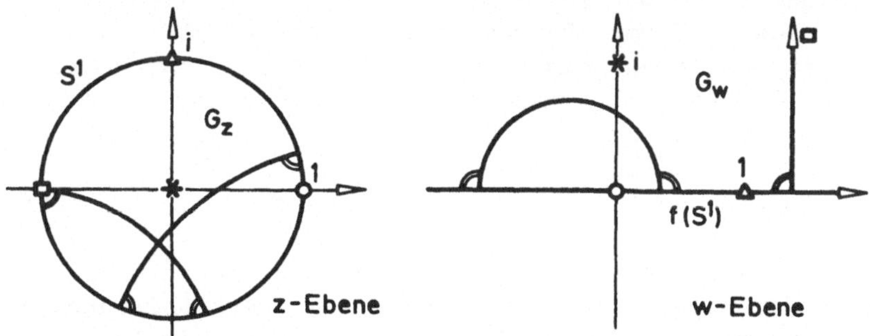

Eine konforme Abbildung $w = f(z)$ ist (abgesehen vom Winkeldrehsinn) eine euklidisch winkeltreue Abbildung eines Gebiets G_z der z-Ebene auf ein Gebiet G_w der w-Ebene. Eine konforme Abbildung wird durch eine analytische Funktion $f(z)$ beschrieben; sie bildet jedes hinreichend kleine Dreieck in G_z auf ein nahezu ähnliches Dreieck in G ab. Die ältere Literatur nennt daher die konformen Abbildungen "in den kleinsten Teilen ähnlich".

Die linearen Abbildungen

$$w = \frac{az + b}{cz + d} \quad (ad-bc \neq 0)$$

sind winkel- und kreistreu; sie sind durch Vorgabe von drei Paaren einander entsprechender Punkte eindeutig bestimmt.

Der Schauplatz $G_z := IS^1$ des POINCARÉ-Modells wird durch

$$w = i\frac{1-z}{1+z}$$

auf die POINCARÉsche Halbebene G_w abgebildet. Diese lineare Abbildung ist durch die Punktzuordnung

$$z = 1 \leftrightarrow w = 0, \quad z = i \leftrightarrow w = 1, \quad z = -1 \leftrightarrow w = \infty$$

eindeutig bestimmt. Da $z = 0$ in $w = i$ übergeführt wird, ist aus Stetigkeitsgründen garantiert, daß das Innengebiet IS^1 in die obere w-Halbebene übergeht. Zahlreiche Sätze der ebenen hyperbolischen Geometrie (etwa 14B4,Satz 1) lassen sich in G_w funktionentheoretisch einfach beweisen.

In der Theorie der automorphen Funktionen, der KLEIN[7],Bd.3 und POINCARÉ[4] wichtige Arbeiten gewidmet haben, die auch mit dem Erlanger Programm zusammenhängen, spielt die POINCARÉsche Halbebene eine große Rolle.

6) Nach Bem.5 wird eine konforme Abbildung einer konformen z-Ebene (n=2) auf eine konforme w-Ebene durch eine analytische Funktion f(z) beschrieben. Umgekehrt beschreibt jede analytische Funktion f(z) eine konforme Abbildung, jedoch ist f(z) für $n = 2$ im allgemeinen nicht kreistreu.

Nach einem Satz von LIOUVILLE ist eine (analytische) konforme Abbildung des konformen Raumes ($n \geq 3$) stets kugel- und krümmungslinientreu.[1] Aus einer dieser drei Eigenschaften folgen die beiden anderen. Die konformen Abbildungen des konformen Raumes (n=3) sind also wesentlich spezieller als die konformen Abbildungen der konformen Ebene.

Allgemein gibt es für $n > 2$ außer Translationen, eigentlichen und uneigentlichen Bewegungen (orthogonalen Transformationen) und Inversionen keine weiteren konformen Abbildungen des konformen Raumes.[2] Darin enthalten sind die allgemeinen Ähnlichkeiten, bestehend aus den zentrischen Streckungen, den eigentlichen und den uneigentlichen Bewegungen; diese Transformationen sind linear. Die Inversionen sind nichtlinear.

7) Eine Variante der POINCARÉschen Halbebene beschreibt GYARMATHI[1][2]. Als Schauplatz wird die obere w-Halbebene G_w beibehalten. Geraden sind jedoch die in G_w liegenden Bogen jener Kreise der w-Ebene, die mit einem festen Punkt P der unteren w-Halbebene inzidieren. Im Gegensatz zur POINCARÉschen Halbebene ist in der *GYARMATHIschen Halbebene* die Winkelmetrik nicht euklidisch.

1) Siehe STRUBECKER[7]Bd.III,S.104.

2) Siehe NAAS/SCHMID[1]Bd.I,S.838.

8) Jede Bijektion des Schauplatzes $IQ^{n-1}_{n+1\,1}$ gibt Anlaß zu einem Modell der n-dimensionalen hyperbolischen Geometrie. Diese Modelle sind meist von geringerem Interesse, wenn sie den projektiven Charakter des Standardmodells oder den konformen Charakter des POINCARÉ-Modells verlieren (für n=2 siehe V.F.KAGAN [3], POLOZKOV[1], YABLONOVSKIĬ/YAMPOL'SKIĬ[1]).

9) BLONSKI[1] untersucht Isometrien anhand eines verallgemeinerten POINCARÉ-Modells.

3. ANWENDUNGEN

Wir skizzieren zwei Anwendungen konformer Modelle der hyperbolischen Geometrie.

a) Das POINCARÉ-Modell (und das Standardmodell) der hyperbolischen Geometrie erlangten große Bedeutung bei der heftig diskutierten Frage der Widerspruchsfreiheit der von BOLYAI, GAUSS und LOBATSCHEWSKI axiomatisch begründeten ebenen hyperbolischen Geometrie. Ihre relative Widerspruchsfreiheit wurde bewiesen, indem man für die ebene hyperbolische Geometrie Modelle entwickelte, die in der euklidischen Geometrie interpretierbar sind, wie das POINCARÉ-Modell (und das euklidisch interpretierte Standardmodell). Die hyperbolische Geometrie ist damit ebenso widerspruchsfrei wie die euklidische, die durch die Analytische Geometrie beschrieben werden kann. Die Widerspruchsfreiheit der hyperbolischen Geometrie wird so auf die Widerspruchsfreiheit der Arithmetik zurückgeführt. Diese wird schließlich auf die Widerspruchsfreiheit der natürlichen Zahlen zurückgespielt.

b) In der Theorie der konformen Abbildung kreisförmiger Gebiete besagt das SCHWARZsche Lemma: Ist $IS^1=\{z\in\mathbb{C}\,|\,|z|<1\}$ die offene Einheitskreisscheibe, $S^1=\{z\in\mathbb{C}\,|\,|z|=1\}$ ihr Rand und f(z) auf IS^1 holomorph mit f(0)=0 und $|f(z)|\leq 1$ für alle $z\in IS^1$, so gilt:

(1) $|f'(0)|\leq 1$ und $|f(z)|\leq|z|$ für alle $z\in IS^1$.

(2) Ist $|f'(0)|=1$, so ist mit einem $\alpha\in S^1$ $f(z)=\alpha z$ für alle $z\in IS^1$.

Nach (1) werden bei der von f(z) bewirkten konformen Abbildung die Entfernungen vom Mittelpunkt des Einheitskreises S^1 nicht vergrößert ($|f(z)|\leq|z|$!). Wählt man IS^1 als Schauplatz des POINCARÉ-Modells, so werden nach PICK[1] durch f(z) alle h-Abstände, h-Bogenelemente und h-Bogenlängen verkleinert, es sei denn, daß eine solche Abmessung ungeändert bleibt; in diesem Fall bleiben alle Abmessungen ungeändert, f(z) ist linear und bildet IS^1 schlicht auf sich ab.

Eine Verallgemeinerung der Aussagen von SCHWARZ und PICK gibt

BARBILIAN[2]. Bei CONSTANTINESCU[1] findet man zahlreiche funktionentheoretische Anwendungen der hyperbolischen Metrik. Ebenfalls erwähnt sei die Theorie der automorphen Funktionen von FRICKE/KLEIN[1], in der das POINCARÉ-Modell eine umfassende Anwendung findet.

B. Konformes Modell der Möbius-Geometrie

1. Grundbegriffe

Nach 17B2,S.356f. ist $P^n_{1|00}\setminus IS^{n-1}$ der euklidisch interpretierte Standardschauplatz der MÖBIUS-Geometrie. Die M-Punkte sind die Punkte $P\in S^{n-1}$, die M_A-Punkte sind die Punkte $P\in AS^{n-1}$.

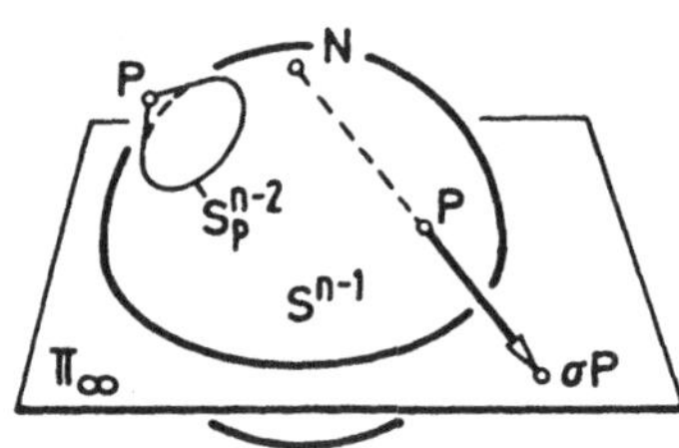

Im Sphärenmodell (17B2,S.357) wird der Schauplatz der MÖBIUS-Geometrie auf die Sphäre S^{n-1} übertragen, indem jeder M-Punkt P sich selbst und jeder M_A-Punkt P der Sphäre $S_P^{n-2}:=S^{n-1}\cap\Gamma_P$ zugeordnet wird.

Nach 18C,Satz 1 bewirkt die auf die M-Punkte $P\in S^{n-1}$ und die Sphären $S_P^{n-2}\subset S^{n-1}$ angewendete stereographische Projektion

$$\sigma:\ S^{n-1}\rightarrow\Pi_\infty$$

der Sphäre S^{n-1} aus ihrem Nordpol N auf ihre konforme Äquatorhyperebene Π_∞ die Zuordnungen:

$$P\in S^{n-1}\leftrightarrow\ \sigma P\in\Pi_\infty\ (\sigma N=\infty),$$

$$S_P^{n-2}\subset S^{n-1}\leftrightarrow\ \sigma S_P^{n-2}=K_P^{n-2}\subset\Pi_\infty,\ \text{für } N\notin S_P^{n-2}\ ,$$

$$S_P^{n-2}\subset S^{n-1}\leftrightarrow\ \sigma S_P^{n-2}=K_P^{n-2}=\pi_\infty\subset\Pi_\infty,\ \text{für } N\in S_P^{n-2}\ .$$

Da eine MÖBIUS-Bewegung die M-Punkte in M-Punkte und die M_A-Punkte in M_A-Punkte überführt, führen die auf Π_∞ übertragenen MÖBIUS-Bewegungen die Punkte aus Π_∞ in Punkte aus Π_∞ über. Die Sphären $K_P^{n-2}\subset\Pi_\infty$ gehen in Sphären K_P^{n-2} oder in konforme (n-2)-Ebenen von Π_∞ über. Dasselbe gilt für die konformen (n-2)-Ebenen $\pi_\infty\subset\Pi_\infty$. Es liegt daher nahe, wie folgt zu definieren:

<u>Satz 1</u>: Die Menge der Punkte der konformen Äquatorhyperebene Π_∞, vereinigt mit der Menge der Sphären $K_P^{n-2}\subset\Pi_\infty$ und der konformen (n-2)-Ebenen $\pi_\infty\subset\Pi_\infty$ heißt die *MÖBIUS-Hyperebene* M. M ist

der Schauplatz eines konformen Modells der MÖBIUS-Geometrie. In M heißen die Punkte $P \in \Pi_\infty$ die *M-Punkte*, und die konformen (n-2)-Ebenen π_∞ sowie die Sphären K_P^{n-2} heißen die ***M-Sphären*** (für n=3 auch die ***M-Kreise***). Die auf M wirkenden MÖBIUS-Bewegungen bilden die Menge der M-Punkte und die Menge der M-Sphären bijektiv auf sich ab.

Den M_A-Punkten P einer Geraden g des Standardschauplatzes S der MÖBIUS-Geometrie entsprechen in der MÖBIUS-Hyperebene M-Sphären K_P^{n-2}; den M-Punkten $g \cap Q_{n+1\,1}^{n-1}$ entsprechen M-Punkte. Da jede Gerade $g \subset P^n$ von je zwei ihrer Punkte $A(a), B(b) \in S$ aufgespannt wird und jeder Punkt $P \in (g \cap S)$ darstellbar ist als $P(\lambda a + \mu b)$ mit $\lambda, \mu \in \mathbb{R}$ (siehe 1B), lassen sich auch die M-Sphären $K_P^{n-2} \in M$, $P \in (g \cap S)$, und die zugehörigen M-Punkte in M aufspannen von je zwei dieser M-Sphären K_A^{n-2}, K_B^{n-2} und darstellen als $K_P^{n-2}(\lambda a + \mu b)$. Jede dieser M-Sphären K_A^{n-2}, K_B^{n-2} darf in einen M-Punkt aus M entarten.

Man kann daher die folgende Definition aussprechen:

<u>Def. 2</u>: Sei g eine Gerade des projektiven Raumes P^n und $S := P^n \setminus IQ_{n+1\,1}^{n-1}$ der Standardschauplatz der n-dimensionalen MÖBIUS-Geometrie. Dann heißt die Menge der den M- und M_A-Punkten aus $g \cap S$ in der MÖBIUS-Hyperebene M entsprechenden M-Punkte und M-Sphären ein ***Sphärenbüschel***. Das Sphärenbüschel heißt

$$\left.\begin{array}{l} \textit{hyperbolisch}, \\ \textit{parabolisch}, \\ \textit{elliptisch}, \end{array}\right\} \text{ wenn g } \left\{\begin{array}{l} \text{Passante} \\ \text{reguläre Tangente} \\ \text{Sekante} \end{array}\right.$$

der Absolutquadrik $Q_{n+1\,1}^{n-1}$ ist.

Die im Standardmodell gefundenen MÖBIUS-Invarianten lassen sich in das vorliegende konforme Modell übertragen. Nach 17B2 ist das Doppelverhältnis von vier M- oder M_A-Punkten A,B,C,D einer Geraden $g \subset P_{1|00}^n$ eine MÖBIUS-Invariante. Die Totalpolare von g bezüglich der Absolutsphäre S^{n-1} ist nach 4E, Satz 8 eine Hypergerade γ, in der sich die Polarhyperebenen $\Gamma_A, \Gamma_B, \Gamma_C, \Gamma_D$ schneiden, die aus S^{n-1} die Sphären $S_A^{n-2}, \ldots, S_D^{n-2}$ ausschneiden; höchstens zwei dieser Sphären entarten in M-Punkte. Deren σ-Bilder $K_A^{n-2}, \ldots$ $\ldots, K_D^{n-2}$ liegen in dem durch g bestimmten Sphärenbüschel der MÖBIUS-Hyperebene M, wobei höchstens zwei dieser σ-Bilder in M-Punkte entarten. Daher gilt:

Satz 3: In der MÖBIUS-Hyperebene M besitzen vier M-Sphären $K_A^{n-2}, K_B^{n-2}, K_C^{n-2}, K_D^{n-2}$ eines Sphärenbüschels (von denen höchstens zwei in einen M-Punkt entarten) ihr Doppelverhältnis

$$DV(K_A^{n-2}\,K_B^{n-2}\,K_C^{n-2}\,K_D^{n-2}) := DV(A\,B\,C\,D)$$

als MÖBIUS-Invariante.

Das Doppelverhältnis von vier Elementen eines Sphärenbüschels in M läßt — wie man durch elementare Rechnung zeigt — verschiedene euklidische Deutungen zu, je nachdem, wieviele M-Punkte und konforme (n-2)-Ebenen aus Π_∞ den vier gegebenen Elementen angehören. Handelt es sich um vier Sphären, so ist ihr Doppelverhältnis gleich dem Doppelverhältnis der (kollinearen) Mittelpunkte dieser Sphären (siehe 2D,Def.5). Handelt es sich in Π_∞ um vier konforme (n-2)-Ebenen, so stimmt ihr Doppelverhältnis überein mit ihrem Doppelverhältnis in $\Pi \supset \Pi_\infty \setminus \{\infty\}$ (siehe 3A,Bem.3 und 18A,Satz 1). Handelt es sich um drei Sphären und eine konforme (n-2)-Ebene, so stimmt ihr Doppelverhältnis überein mit dem Teilverhältnis der drei (kollinearen) Sphärenmittelpunkte (in geeigneter Reihenfolge dieser Punkte in $\Pi \setminus \Gamma_N$).

Nach 14C1,S.313 besitzen je zwei M_A-Punkte X,Y einer Passanten oder Sekanten der Absolutquadrik $Q_{n+1\,1}^{n-1}$ ihren Abstand $\delta_o(X,Y)$ als MÖBIUS-Invariante. Dieselbe MÖBIUS-Invariante läßt sich ihren Polarhyperebenen Γ_X, Γ_Y bezüglich $Q_{n+1\,1}^{n-1}$ bzw. S^{n-1}, den Sphären S_X^{n-2}, S_Y^{n-2} und ihren σ-Bildern K_X^{n-2}, K_Y^{n-2} in der MÖBIUS-Hyperebene M zuordnen. Da je zwei Schauplätze der MÖBIUS-Geometrie bijektiv aufeinander bezogen sind, erhält man

Satz 4: In der MÖBIUS-Hyperebene M besitzen je zwei M-Sphären K_X^{n-2}, K_Y^{n-2} den Abstand $\delta_o(X,Y)$ mit $\{X,Y\} \subset AQ_{n+1\,1}^{n-1}$ als MÖBIUS-Invariante (die verschwindet, wenn K_X^{n-2}, K_Y^{n-2} in einem parabolischen Sphärenbüschel liegen).

Bemerkungen:

1) Die Normale einer M-Sphäre K_X^{n-2} in einem ihrer Punkte P ($P \neq \infty$) ist die Verbindungsgerade von P mit dem Mittelpunkt von K_X^{n-2}, wenn K_X^{n-2} eine Sphäre ist, und ihr Lot in P, wenn $K_X^{n-2} \setminus \{\infty\}$ eine Hypergerade in der (euklidischen) Hyperebene $\Pi_\infty \setminus \{\infty\}$ ist.

Haben in Satz 4 zwei M-Sphären K_X^{n-2}, K_Y^{n-2} einen gemeinsamen Punkt $P \neq \infty$, so ist das von K_X^{n-2}, K_Y^{n-2} aufgespannte Sphärenbüschel hyperbolisch oder parabolisch, und $\delta_o(X,Y)$ ist der Winkel der Normalen von K_X^{n-2} und K_Y^{n-2} in P. Der Beweis erfolgt durch elementare Rechnung unter Verwendung des euklidischen Kosinussatzes.

2) Wir betrachten den Schauplatz der MÖBIUS-Geometrie, der aus den Punkten $P \in S^{n-1}$ und den Sphären $S_P^{n-2} = S^{n-1} \cap \Gamma_P$ $(P \in AS^{n-1})$ besteht. Projiziert man diesen Schauplatz in die Äquatorhyperebene Π der Sphäre S^{n-1} (aus dem Pol von Π bezüglich S^{n-1}), so gehen die Sphären S_P^{n-2} in Ovalquadriken $Q_{n\,1}^{n-2} \subset (\Pi \cap IS^{n-1})$ über. Jede dieser Ovalquadriken besitzt genau zwei — bezüglich Π symmetrische — Originalsphären S_P^{n-2}. Durch Orientierung der Ovalquadriken und Punkte von $\Pi \cap IS^{n-1}$ läßt sich die beschriebene Projektion zu einer Bijektion ausgestalten.

3) Die enge Verwandtschaft der MÖBIUS-Ebene M der 3-dimensionalen MÖBIUS-Geometrie[1)] mit der konformen Ebene Π_∞ und folglich auch mit der komplexen Zahlenebene legt es nahe, die 3-dimensionale MÖBIUS-Geometrie mit komplexen Zahlen $z = x + iy$ zu beschreiben. Eine MÖBIUS-Bewegung stellt sich dann dar als eine *lineare Abbildung I.Art*:

$$w = \frac{az + b}{cz + d}$$

oder als eine *lineare Abbildung II.Art*:

$$w = \frac{a\bar{z} + b}{c\bar{z} + d},$$

jeweils mit komplexen Zahlen a,b,c,d und $ad - bc \neq 0$. Nach 7C,Satz 1 ist die Bewegungsgruppe $B_{|1}^3$ der 3-dimensionalen MÖBIUS-Geometrie 6-gliedrig. Nach Normierung einer der komplexen Zahlen a,b,c,d (etwa a=1) erkennt man in den linearen Abbildungen I. und II.Art sechs reelle Parameter.

4) Die MÖBIUS-Gruppe $B_{|1}^3$ wurde unter verschiedenen Gesichtspunkten sowie zusammen mit anderen Gruppen ausführlich untersucht. Wir verweisen auf die leicht lesbaren Darstellungen in BENZ[1] (mit zahlreichen Literaturangaben) und KUNLE/FLADT/SÜSS[1]. Wir erwähnen außerdem: ACZÉL/MCKIERNAN[1], BOJA[2], YAGLOM[1][3], YAGLOM/YAGLOM[1], SCHWERDTFEGER[1]-[3], SKOPEC/JAGLOM[1], DE CICCO[1], MÖBIUS[1], CARATHÉODORY[1].

Nach KUNLE/FLADT/SÜSS[1]S.204 kann man jede MÖBIUS-Bewegung aus $B_{|1}^3$ durch Verknüpfung von MÖBIUS-Inversionen (euklidischen Geradenspiegelungen und Inversionen an Kreisen, siehe dazu Kapitel 19) erzeugen. MÖBIUS-Involutionen behandelt STRUBECKER[51] konstruktiv und FLADT[13] analytisch.

5) Die MÖBIUS-Ebene M ist die Menge aller Punkte der konformen Ebene Π_∞, vereinigt mit der Menge der Kreise und Geraden aus Π_∞. Dabei sind die Kreise aus Π_∞ die Kreise der euklidischen Ebene $P_{1|00}^2$. TAMÁSSY[1] ersetzt $P_{1|00}^2$ durch die pseudoeuklidische Ebene $P_{1|01}^2$ und die euklidischen Kreise durch die pseudoeuklidischen

[1)] Die in der MÖBIUS-Ebene M entwickelte MÖBIUS-Geometrie wird gelegentlich als "ebene" oder "2-dimensionale" MÖBIUS-Geometrie bezeichnet. Ausgehend vom Standardmodell (siehe 14C) folgen wir diesem Sprachgebrauch nicht.

Kreise (gleichseitige Hyperbeln). An die Stelle der *Kreisverwandtschaften* treten dabei *Hyperbelverwandtschaften*, die vermöge der stereographischen Projektion der Ringquadrik $Q^2_{4\,2}$ $(x^2-y^2+z^2=1)$ aus dem Punkt (0,0,-1) mit den Bewegungen des hyperbolischen Raumes $P^3_{|2}$ zusammenhängen.

Allgemein kann man in einem (eventuell geeignet geschlitzten) CK-Raum Hypersphären erklären, die Gruppe der hypersphärentreuen Transformationen ermitteln und auf einem geeigneten Schauplatz operieren lassen. Die entstehende Geometrie kann man als *MÖBIUS-Geometrie des CK-Raumes* bezeichnen. In diesem Sinn behandelt WÜNSCH[1] die MÖBIUS-Geometrie des isotropen Raumes $P^3_{12|000}$; GRÜNER[1][2] untersucht die MÖBIUS-Geometrie der Flaggenebene (isotropen Ebene) $P^2_{11|000}$, deren Schauplatz als isotrope Möbiusebene bezeichnet wird.

2. ORTHOGONALITÄT

Nach 14C2, Satz 2 ist jeder M_A-Punkt einer Geraden $S+T$ orthogonal zu jedem M_A-Punkt der Hypergeraden $\Gamma_S \cap \Gamma_T$.[1] Genau für $n=3$ sind $S+T$ und $\Gamma_S \cap \Gamma_T$ dimensionsgleich.

In der MÖBIUS-Hyperebene M repräsentiert ein Sphärenbüschel die M- und M_A-Punkte einer Geraden S+T des Standardschauplatzes.

Wir definieren daher:

Def. 1: In der MÖBIUS-Hyperebene M heißt die (n-2)-gliedrige Menge der M-Punkte und M-Sphären, welche die M- und M_A-Punkte der Hypergeraden $\Gamma_S \cap \Gamma_T$ repräsentieren, die *Orthogonalsphärenkongruenz* des Sphärenbüschels, dessen M-Punkte und M-Sphären den M- und M_A-Punkten der Geraden $S+T$ entsprechen.

Dann gilt:

Satz 2: Jedes Element der Orthogonalsphärenkongruenz eines Sphärenbüschels hat mit jedem Element des Sphärenbüschels mindestens einen Punkt gemeinsam.

Jede M-Sphäre der Orthogonalsphärenkongruenz eines Sphärenbüschels ist orthogonal (siehe Unterabschnitt 1, Bem. 1) zu jeder M-Sphäre des Sphärenbüschels.

Die (n-2)-gliedrige Orthogonalsphärenkongruenz eines Sphärenbüschels ist genau für n=3 ein Orthogonalsphärenbüschel.

Für n=3 gilt: Jedes hyperbolische Kreisbüschel besitzt ein elliptisches Orthogonalkreisbüschel. Jedes elliptische Kreisbü-

[1] Die M-Punkte sind nach 9A, Def. 1 singuläre Punkte; für sie ist in 9D, Def. 1 keine Orthogonalität erklärt.

schel besitzt ein hyperbolisches Orthogonalkreisbüschel. Jedes parabolische Kreisbüschel besitzt ein parabolisches Orthogonalkreisbüschel.

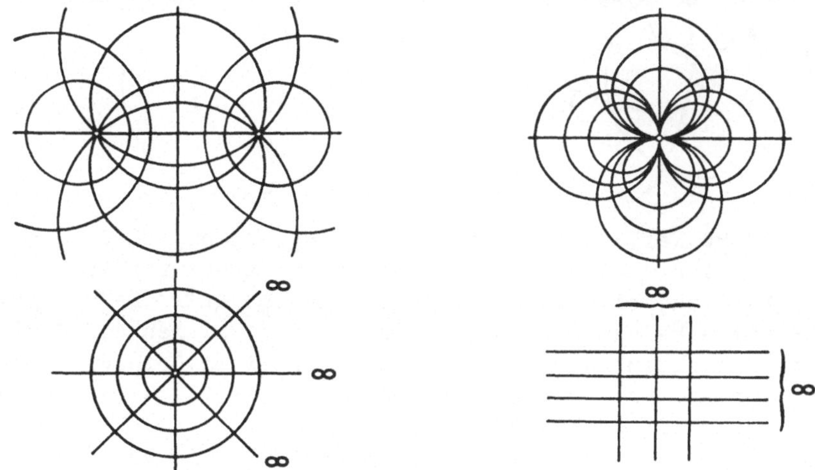

Ist die Gerade S+T eine Sekante, so ist die Hypergerade $\Gamma_S \cap \Gamma_T$ eine Hyperpassante. Die durch $\Gamma_S \cap \Gamma_T$ gegebene Orthogonalsphärenkongruenz enthält daher keine M-Punkte; sie ist vom Typ eines hyperbolischen Kreisbüschels.

Ist die Gerade S+T eine Passante, so ist die Hypergerade $\Gamma_S \cap \Gamma_T$ eine Hypersekante. Die durch $\Gamma_S \cap \Gamma_T$ gegebene Orthogonalsphärenkongruenz enthält daher M-Punkte, die $(\Gamma_S \cap \Gamma_T) \cap S^{n-1}$ entsprechen. Die Orthogonalsphärenkongruenz ist vom Typ eines elliptischen Kreisbüschels.

3. ANWENDUNG

Eine typische Anwendung des in 1 und 2 besprochenen konformen Modells der MÖBIUS-Geometrie — wie auch des C-Modells der vollen und engeren LAGUERRE-Geometrie, siehe 17B4, S.367f. — besteht in eleganten Lösungen gewisser Kreisaufgaben.

Gegeben seien drei M-Kreise K_A^1, K_B^1, K_C^1 in der MÖBIUS-Ebene **M** der 3-dimensionalen MÖBIUS-Geometrie. Gesucht sind alle gemeinsamen Orthogonal-M-Kreise von K_A^1, K_B^1, K_C^1.

Liegen K_A^1, K_B^1, K_C^1 in einem Kreisbüschel, so haben alle M-Kreise des Orthogonalkreisbüschels (und nur diese) die verlangte Eigenschaft.

Liegen K_A^1, K_B^1, K_C^1 in keinem Kreisbüschel, so erfolgt die Lösung im euklidisch interpretierten Standardmodell, in dem die Punkte A,B,C die gegebenen M-Kreise repräsentieren. Nach Unterabschnitt

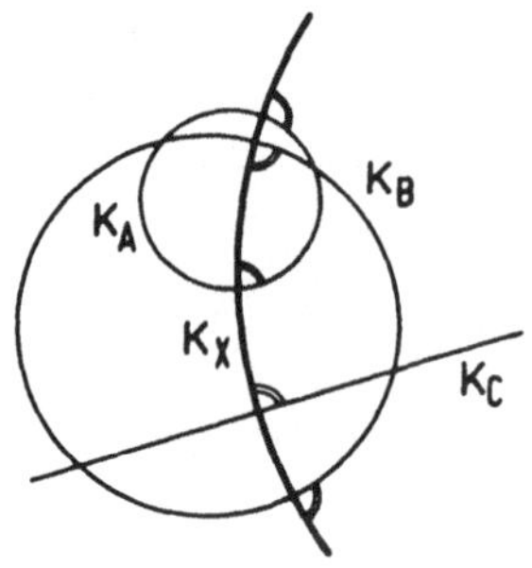

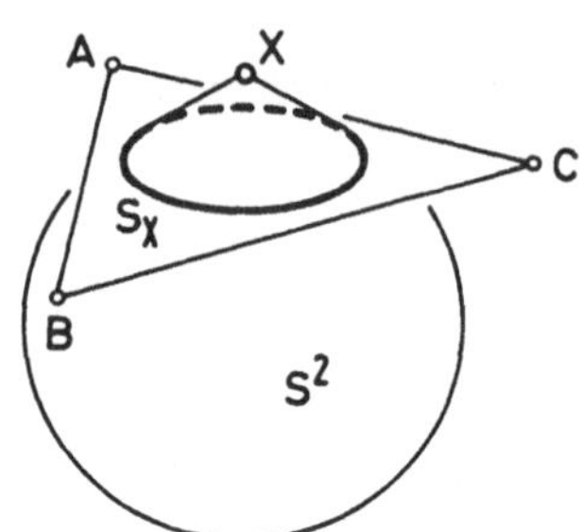

1,Bem.1 und 9D,Def.1 entsprechen die zu K_A^1, K_B^1 und K_C^1 orthogonalen M-Kreise den zu A,B und C bezüglich der Absolutsphäre S^2 polaren M_A-Punkten, also den M_A-Punkten aus $\Gamma_A \cap \Gamma_B \cap \Gamma_C$. Da die gegebenen M-Kreise keinem Kreisbüschel angehören, liegen A,B,C nicht kollinear. Folglich kommt als Punkt X, der einen Orthogonal-M-Kreis K_X^1 von K_A^1, K_B^1, K_C^1 repräsentiert, nur der Pol X der Ebene A+B+C bezüglich S^2 in Frage.

Daraus folgt: Ein gemeinsamer Orthogonal-M-Kreis von drei gegebenen M-Kreisen K_A^1, K_B^1, K_C^1, die keinem Kreisbüschel angehören, existiert genau dann, wenn die Verbindungsebene A+B+C die Absolutsphäre S^2 in einem Kreis S_X^1 schneidet.

Nach demselben Prinzip löst man die folgende

Aufgabe:

Gegeben seien zwei M-Kreise K_A^1, K_B^1 sowie ein M-Punkt P in der MÖBIUS-Ebene M der 3-dimensionalen MÖBIUS-Geometrie. Gesucht sind alle Orthogonal-M-Kreise von K_A^1 und K_B^1, die durch den M-Punkt P gehen.

C. Konformes Modell der elliptischen Geometrie

Durch stereographische Projektion einer Sphäre S^{n-1} aus einem Nordpol auf die zugehörige konforme Äquatorhyperebene entstand in Abschnitt B ein konformes Modell der n-dimensionalen MÖBIUS-Geometrie.

Nach 17B3,S.359f. ist jede Sphäre S^n mit identifizierten Gegenpunkten ein Schauplatz der n-dimensionalen elliptischen Geometrie (Sphäremodell). Durch stereographische Projektion σ einer Sphäre $S^n \subset P^{n+1}_{1|00}$ aus einem Nordpol N auf die zugehörige konforme Äquatorhyperebene Π_∞ entsteht ein konformes Modell der elliptischen Geometrie, ihr *POINCARÉ-Modell*. Die stereographische Projektion

$$\sigma : S^n \longrightarrow \Pi_\infty$$

führt jedes Gegenpunktepaar $A,A' \in S^n$ in ein Punktepaar $\sigma A, \sigma A' \in \Pi_\infty$ über. Betrachtet man den ebenen Schnitt $(A+N+A') \cap S^n$, so gilt im rechtwinkligen Dreieck $\sigma A N \sigma A'$ unter Verwendung des Mittelpunkts Z und des Radius r von S^n:

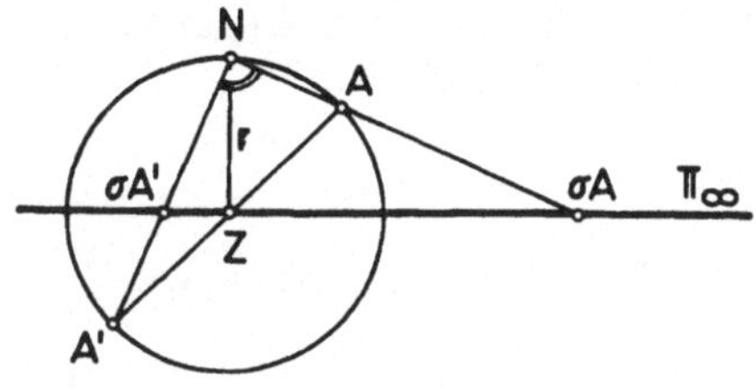

$$d_1(Z,\sigma A)\, d_1(Z,\sigma A') = r^2 .$$

Daraus folgt, daß die Bildpunkte σA und $\sigma A'$ durch Inversion an S^n (und damit an $S^{n-1} := S^n \cap \Pi_\infty$) und nachfolgende Spiegelung am Mittelpunkt Z von S^n (und damit von S^{n-1}) miteinander verknüpft sind. Im folgenden ist ohne Einschränkung meist r=1 gesetzt.

Die Großkreise $S^1 \subset S^n$, die im Sphäremodell die Rolle der Geraden spielen, führt die stereographische Projektion σ in Kreise oder Geraden σS^1 der konformen Hyperebene Π_∞ über, die in S^{n-1} liegen (wenn $S^1 \subset S^{n-1}$) oder S^{n-1} in einem Gegenpunktepaar schneiden; zu letzteren gehören auch die Sekanten von S^{n-1} durch Z. Die Endpunkte jeder Sehne durch Z eines Kreises σS^1 entsprechen einem Gegenpunktepaar der Sphäre S^n.

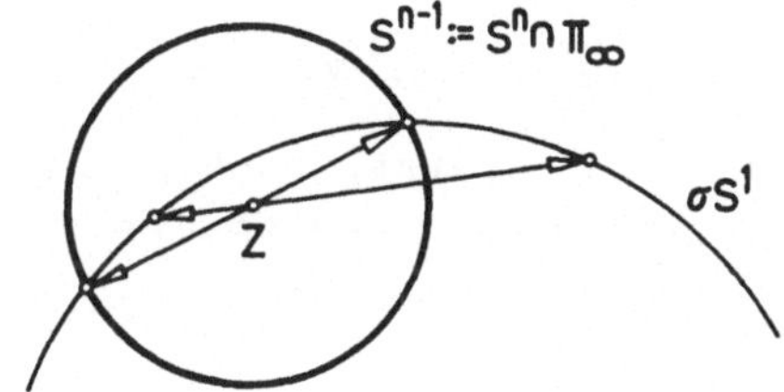

Zum Studium der Abstandsmetrik ermitteln wir die Absolutfigur des POINCARÉ-Modells als das σ-Bild der Absolutfigur des Sphäremodells. Nach 17B3, Satz 1 fungiert im Sphäremodell (neben der Sphäre S^n selbst) die nullteilige Schnittquadrik $Q^{n-1}_{n+1\,0}$ der Sphäre S^n $(-x_0^2 + x_1^2 + \ldots + x_{n+1}^2 = 0)$ mit der Fernhyperebene $A^n(x_0=0)$ des euklidischen Raumes $P^{n+1}_{1|00}$ als Absolutfigur; $Q^{n-1}_{n+1\,0}$ ist nullteilige Leitquadrik der isotropen Kegel des $P^{n+1}_{1|00}$, liegt in S^n und ist gegeben durch

$$x_0 = x_1^2 + \ldots + x_{n+1}^2 = 0 .$$

Ein beliebiger Punkt $Q \in Q^{n-1}_{n+1\,0} \subset S^n$ hat die Koordinaten

$$(q_0 = 0,\ q_1, \ldots, q_n,\ q_{n+1} = \pm i\sqrt{q_1^2 + \ldots + q_n^2}\,).$$

Wird Q der stereographischen Projektion $\sigma: S^n \to \Pi_\infty$ unterworfen, deren Abbildungsgleichungen nach 18B(III) bei nichtnormierten Koordinaten von Q lauten:

$$p_1 = 0 \text{ (Gleichung von } \Pi_\infty), \quad p_i = \frac{q_i}{q_0 - q_1} \quad (2 \le i \le n+1) ,$$

so ergibt sich in Π_∞ $(p_1 = 0)$ als stereographisches Bild der Absolutfigur die nullteilige Sphäre $S^{n-1}_{n+1\,0}$ mit dem Mittelpunkt Z und dem Radius i $(i^2=-1)$. $S^{n-1}_{n+1\,0}$ ist in normierten Koordinaten $(p_o = =1)$ gegeben durch

$$p_2^2+\ldots+p_n^2+p_{n+1}^2 = -1$$

und wird als *Absolutsphäre* des POINCARÉ-Modells bezeichnet.

Zur Übertragung der Abstandsmetrik sind die Geraden des POINCARÉ-Modells zu betrachten, also die Großkreise in $S^{n-1} \subset \Pi_\infty$ sowie die Kreise und Geraden in Π_∞, die S^{n-1} in einem Gegenpunktepaar treffen. Da jeder (reelle) Kreis $S^1 \subset S^n$ die nullteilige Schnittquadrik $Q^{n-1}_{n+1\,0} = S^n \cap A^n$ in genau zwei (konjugiert komplexen) Punkten $\sigma^{-1}P$, $\sigma^{-1}\bar{P}$ schneidet, trifft jede Gerade des POINCARÉ-Modells die nullteilige Absolutsphäre $S^{n-1}_{n+1\,0}$ in genau zwei konjugiert komplexen Punkten $P,\bar{P}$. Im Schauplatz Π_∞ des POINCARÉ-Modells der elliptischen Geometrie ergibt sich dann der Abstand zweier Punkte X,Y mit $(X+Y) \cap S^{n-1}_{n+1\,0} = \{P,\bar{P}\}$ als

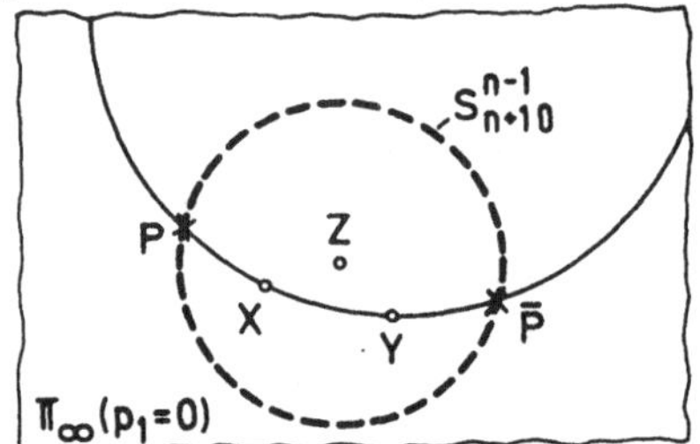

$$\delta_o(X,Y) = \delta_o(\sigma^{-1}X,\sigma^{-1}Y)\,.$$

Wählt man S^n als Einheitssphäre, so ist nach 17B3, Satz 1 und 8B(VI)

$$\delta_o(X,Y) = \frac{1}{2i}\ln DV(\sigma^{-1}P\;\sigma^{-1}\bar{P}\;\hat{X}\;\hat{Y})$$

$$\text{mit } \hat{X}:=(Z+\sigma^{-1}X)\cap A^n,\; \hat{Y}:=(Z+\sigma^{-1}Y)\cap A^n\,.$$

Wie in 17B1, S.353 folgt durch kurze Rechnung:

$$\delta_o(X,Y) = \frac{1}{i}\ln DV(\sigma^{-1}P\;\sigma^{-1}\bar{P}\;\sigma^{-1}X\;\sigma^{-1}Y).$$

Da $DV(\sigma^{-1}P\;\sigma^{-1}\bar{P}\;\sigma^{-1}X\;\sigma^{-1}Y)$ (siehe 17B1, S.353, Fußnote [1]) bei der stereographischen Projektion $\sigma: S^n \to \Pi_\infty$ invariant bleibt, folgt insgesamt

$$\boxed{\delta_o(X,Y) = -i\ln DV(P\;\bar{P}\;X\;Y).} \qquad \text{(I)}$$

Das nach 17B1, S.353 erklärte Doppelverhältnis $DV(P\bar{P}XY)$ stimmt für kollineare Punkte $P,\bar{P},X,Y$ überein mit dem Doppelverhältnis aus 2D(V).

Im Sphäremodell der elliptischen Geometrie spielen die Großsphären $U^{n-1} \subset S^n$ die Rolle der Hyperebenen. Ihre σ-Bilder $\sigma U^{n-1} \subset \Pi_\infty$ sind Hyperebenen durch Z (genau für $N \in U^{n-1}$) oder Hypersphären.

Jedes σ-Bild σU^{n-1} schneidet $S^{n-1} = S^n \cap \Pi_\infty$ in einer Großsphäre von S^{n-1}. Je zwei Großsphären $U^{n-1}, V^{n-1} \subset S^n$ sowie ihren σ-Bildern $\sigma U^{n-1}, \sigma V^{n-1} \subset \Pi_\infty$ ist ihr Winkel als Bewegungsinvariante zugeordnet.

Wir verzichten auf eine Diskussion der Winkelmetrik. Wir geben jedoch eine Anwendung der nach 18C,Satz 4 bestehenden (euklidischen) Winkeltreue der stereographischen Projektion von S^n. Wir verwenden dabei eine Variante des POINCARÉ-Modells, indem wir als Schauplatz nur IS^{n-1} und die Gegenpunktepaare auf S^{n-1} wählen. Auf diesem Schauplatz ist jedes Gegenpunktepaar aus S^n durch mindestens einen Partner repräsentiert. Dieser Schauplatz ist das σ-Bild der Südhalbsphäre von S^n einschließlich ihres Äquators S^{n-1}.

Wir betrachten nun in einer Teilsphäre $S^2 \subset S^n (2 \leq n)$ — in der die ebene elliptische Geometrie induziert wird — ein Dreieck.

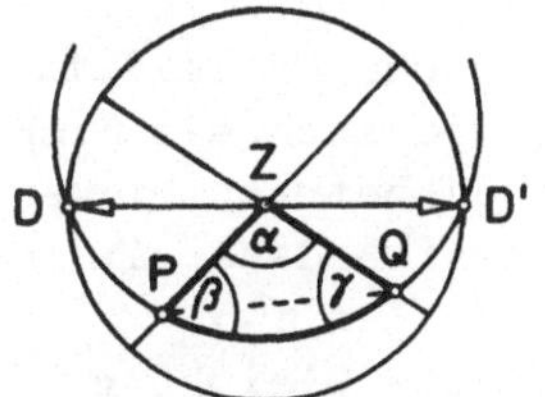

Durch eine elliptische Bewegung (eine Drehung von S^n um Z) können wir eine Ecke des Dreiecks in den Südpol legen.[1] Dabei bleiben die Winkel des Dreiecks invariant. Ohne Einschränkung seien die Dreiecksecken durch Punkte der Südhalbsphäre und des Äquators S^{n-1} von S^n repräsentiert. Im POINCARÉ-Modell sind dann zwei Dreieckseiten Sekanten des Äquators S^{n-1} durch Z, und Z ist eine Ecke des Dreiecks. Die beiden anderen Ecken seien P und Q.

Damit folgt unter Verwendung des "Winkel"-Begriffs (siehe 14B4, S.303, insbesondere Fußnote [1] sowie A1, Satz 2, S.400):

<u>Satz 1</u>: In jedem elliptischen Dreieck ist die "Winkel"-Summe größer als π.

Ebenso wie nicht alle h-Dreiecke dieselbe "Winkel"-Summe < π besitzen (siehe A1,Bem.1), haben nicht alle elliptischen Dreiecke dieselbe "Winkel"-Summe > π. Ist $D, D' \in S^{n-1}$ ein Gegenpunktepaar in der Dreiecksebene $Z+P+Q$, so läßt sich für $P \to D$ $(P \neq D)$ und $Q \to D'$ $(Q \neq D')$ erreichen:

$$\alpha \to \pi \,(\alpha \neq \pi), \quad \beta \to \frac{\pi}{2} \,(\beta \neq \frac{\pi}{2}), \quad \gamma \to \frac{\pi}{2} \,(\gamma \neq \frac{\pi}{2}) .$$

Wir entnehmen daraus, daß elliptische Dreiecke existieren, deren "Winkel"-Summe beliebig nahe bei 2π liegt.

---

[1] Prinzip der speziellen Lage, siehe A1,S.400.

Bemerkungen:

1) Nach A1, Satz 1, S.399 sind im POINCARÉ-Modell der n-dimensionalen hyperbolischen Geometrie die h-Hyperebenen die Teile der zur Absolutsphäre S^{n-1} orthogonalen Kugeln K^{n-1}, die im Innengebiet IS^{n-1} liegen.

Im POINCARÉ-Modell der n-dimensionalen elliptischen Geometrie sind die Hyperebenen die σ-Bilder der Großsphären $U^{n-1} \subset S^n$; diese schneiden $S^{n-1} = S^n \cap \Pi_\infty$ in Großsphären $S^{n-1} \cap \sigma U^{n-1}$. Sie sind nach 19C, Satz 2 die Orthogonalkugeln der Sphäre $\bar{S}^{n-1}$, die denselben Mittelpunkt Z wie S^{n-1} und den Radius ir ($i^2=-1$) besitzt, wenn r der Radius von S^{n-1} ist. Sie sind also die Orthogonalkugeln von $S^{n-1}_{n+1\,0}$. Wählt man Z als gemeinsamen Mittelpunkt der Absolutsphäre S^{n-1} (des POINCARÉ-Modells der hyperbolischen Geometrie) und der Absolutsphäre $S^{n-1}_{n+1\,0}$ (des POINCARÉ-Modells der elliptischen Geometrie), so unterscheiden sich S^{n-1} und $S^{n-1}_{n+1\,0}$ nur in ihren Radien (etwa 1 und i). Aufgrund dieses geringen Unterschiedes sind analoge Eigenschaften der POINCARÉ-Modelle der hyperbolischen und elliptischen Geometrie nicht überraschend.

2) Schauplatz des POINCARÉ-Modells der 2-dimensionalen elliptischen Geometrie ist die konforme Ebene Π_∞, die auch als funktionentheoretische Ebene (GAUSSsche Zahlenebene) betrachtet werden kann. Die ebene elliptische Geometrie läßt sich daher in ihrem POINCARÉ-Modell vorteilhaft mit komplexen Zahlen $z=x+iy$ beschreiben. Der nullteilige Absolutkreis erhält die Gleichung $z\bar{z}+1=0$.

Die konforme Ebene Π_∞ ist eng verwandt mit der MÖBIUS-Ebene M, dem Schauplatz des konformen Modells der 3-dimensionalen MÖBIUS-Geometrie (siehe B1, Satz 1). M ist die Menge der M-Punkte in Π_∞, vereinigt mit der Menge der M-Kreise in Π_∞. Man erkennt dann: Die elliptischen Bewegungen sind im POINCARÉ-Modell jene MÖBIUS-Bewegungen, die den nullteiligen Absolutkreis $z\bar{z}+1=0$ fixlassen. Daraus erhält man für die elliptischen Bewegungen in komplexen Zahlen zunächst die Darstellung $w=\pm(az+b)/(-\bar{b}z+\bar{a})$ $(a,b\in\mathbb{C})$. Bei jeder Bewegung sind die komplexen Parameter a,b (nach Wahl des Vorzeichens + oder -) nur bis auf einen gemeinsamen reellen Faktor $\rho\neq 0$ eindeutig bestimmt. Daher besitzt jede Bewegung mit der Darstellung $w=-(az+b)/(-\bar{b}z+\bar{a})$ auch eine Darstellung $w= +(cz+d)/(-\bar{d}z+\bar{c})$ (man setze a=ic, b=id). Die 3-gliedrige elliptische Bewegungsgruppe $B^2_{|0}$ wird also gegeben durch:

$$w=\frac{az+b}{-\bar{b}z+\bar{a}} \quad (a,b\in\mathbb{C});$$

sie ist isomorph zur Gruppe der Drehungen einer Sphäre S^2, die sich auch übersichtlich durch Quaternionen beschreiben lassen (siehe BLASCHKE[11]).

3) Angeregt durch Arbeiten von V.F.KAGAN[1], MELLER[1] und ES'KINA/L'VOVA/SIBASOV[1] konstruiert LIEBOLD[2] eine einparametrige Schar von Modellen der elliptischen Ebene $P^2_{|0}$, die eine Zwischenstellung zwischen dem euklidisch interpretierten Standardmodell und dem POINCARÉ-Modell einnehmen. LIEBOLD projiziert dabei das Sphäremodell der elliptischen Ebene $P^2_{|0}$ (die Einheitssphäre S^2, deren Mittelpunkt im Ursprung eines kartesischen (x,y,z)-Koordinatensystems liegt) aus dem Punkt T(0,0,-t) in die Ebene π (z = 1-t).

4) Das POINCARÉ-Modell der hyperbolischen Geometrie (siehe A1) entspricht im systematischen Aufbau nicht dem POINCARÉ-Modell der elliptischen Geometrie, sondern jener Variante, die in der Herleitung von Satz 1 auftritt. Das POINCARÉ-Modell der elliptischen Geometrie entspricht — wie Bem.1 und 19C,Satz 2 nahelegen — dem hyperbolischen Kugelbündelmodell (siehe A2, S.401f.); man kann es daher auch als ***elliptisches Kugelbündelmodell*** bezeichnen.

D. Konformes Modell der Lie-Geometrie

Nach 14F1 ist die LIE-Quadrik $Q^n_{n+2\,2} \subset P^{n+1}$ der Standardschauplatz der n-dimensionalen LIE-Geometrie $\{(Q^n_{n+2\,2}, B^{n+1}_{|2})\}$, $n \geq 3$. Es sei

$$-x_0^2 + x_1^2 + \ldots + x_n^2 - x_{n+1}^2 = 0 \tag{1}$$

die Normalform der LIE-Quadrik. Genau die Grundpunkte E_0 und E_{n+1} eines Koordinatensimplex $\{E_0, \ldots, E_{n+1}\}$, in dem $Q^n_{n+2\,2}$ die Normalform (1) besitzt, liegen im Innengebiet $IQ^n_{n+2\,2} \neq \emptyset$.

Wir gewinnen nun ein konformes Modell der LIE-Geometrie in zwei Schritten:

1. Wir projizieren die LIE-Quadrik $Q^n_{n+2\,2}$ aus einem festen Innenpunkt $Z \in IQ^n_{n+2\,2}$ in seine Polarhyperebene P^n_Z bezüglich $Q^n_{n+2\,2}$. Wählt man — ohne Einschränkung — $Z = E_{n+1}(0,\ldots,0,1)$, so hat P^n_Z die Gleichung $x_{n+1} = 0$. Jedes Gegenpunktepaar A^+, A^- von $Q^n_{n+2\,2}$ bezüglich Z hat in P^n_Z denselben Bildpunkt

$$A(-a_0, a_1, \ldots, a_n, a_{n+1} = 0);^{1)} \tag{2}$$

P^n_Z schneidet die LIE-Quadrik $Q^n_{n+2\,2}$ in einer Ovalquadrik $Q^{n-1}_{n+1\,1} := Q^n_{n+2\,2} \cap P^n_Z$ mit der Gleichung

---

[1] Das Vorzeichen der nullten Koordinate von A wird so gewählt, daß die Polarhyperebene Γ_A von A bezüglich der Schnittquadrik $Q^n_{n+2\,2} \cap P^n_Z$ die Gleichung $a_0 + a_1x_1 + \ldots + a_nx_n = 0$ erhält. Die Punkte A^+, A^- eines Gegenpunktepaares von $Q^n_{n+2\,2}$ bezüglich Z fallen genau für $A^+ \in P^n_Z$ zusammen.

$$-x_0^2 + x_1^2 + \ldots + x_n^2 = 0 .$$

Das Bild des Schauplatzes $Q^n_{n+2\,2}$ bei der Zentralprojektion aus Z in P^n_Z ist ersichtlich $Q^{n-1}_{n+1\,1} \cup AQ^{n-1}_{n+1\,1}$; dieses Bild stimmt also überein mit dem Standardschauplatz der n-dimensionalen MÖBIUS-Geometrie.

2. Wir ersetzen nun P^n_Z durch einen euklidischen Raum $P^n_{1|00}$, in dem die Ovalquadrik $Q^{n-1}_{n+1\,1}$ eine Einheitssphäre S^{n-1} ist. Wir beabsichtigen die stereographische Projektion der Einheitssphäre S^{n-1} aus einem Nordpol $N \in S^{n-1}$ auf die in 18A, Satz 1 eingeführte konforme Hyperebene $\Pi_\infty := (\Pi \setminus \Gamma_N) \cup \{\infty\}, \Pi \subset P^n_Z$. Wir ersetzen daher die Bildpunkte $A \notin S^{n-1}$ (siehe (2)) durch die von ihren Polarhyperebenen Γ_A bezüglich S^{n-1} aus S^{n-1} ausgeschnittenen Sphären

$$S^{n-2}_A := S^{n-1} \cap \Gamma_A .$$

Dem Radius jeder Sphäre S^{n-2}_A werden wir ein Vorzeichen zuordnen. Dadurch werden die Sphären S^{n-2}_A orientiert, und die Abbildung des Schauplatzes $Q^n_{n+2\,2}$ der LIE-Geometrie auf die orientierten Sphären $S^{n-2}_{A^+}$, $S^{n-2}_{A^-}$ von S^{n-1} wird bijektiv:

$$A^+,\ A^- \in Q^n_{n+2\,2} \mapsto S^{n-2}_{A^+},\ S^{n-2}_{A^-} \subset S^{n-1} .$$

Dabei erhält man $S^{n-2}_{A^+}$, $S^{n-2}_{A^-}$ aus S^{n-2}_A bei positiv bzw. negativ gewähltem Radius r von S^{n-2}_A. Über die Wahl des Vorzeichens von r in Abhängigkeit von den Punkten A^+, A^- wurde bisher nicht entschieden; sie kann zunächst für jede Sphäre willkürlich erfolgen. Im folgenden wird sich jedoch eine bestimmte Zuordnung der Punktepaare A^+, A^- zu den Vorzeichen der Radien als naheliegend herausstellen (siehe die folgenden Gleichungen (7) und (I)).

Wählt man – ohne Einschränkung – den Punkt

$$N(x_0=1,\ x_1=1,\ 0,\ldots,0,\ x_{n+1}=0) \in Q^{n-1}_{n+1\,1} \subset Q^n_{n+2\,2} \subset P^{n+1},$$

der im euklidischen Raum $P^n_{1|00} \subset P^{n+1}$ die normierten Koordinaten

$$N(x_0=1, x_1=1, 0,\ldots,0, x_n=0) \in S^{n-1}$$

besitzt, als Nordpol (Projektionszentrum) der stereographischen Projektion $\sigma\colon S^{n-1} \to \Pi_\infty$, so wird die konforme Hyperebene Π_∞ nach 18B(III) beschrieben durch $x_1 = 0$.

Im folgenden werden im euklidischen Raum $P^n_{1|00} \subset P^{n+1}$ stets normierte Koordinaten mit $x_0 = 1$ verwendet. Die normierte Koordinate

$x_o = 1$ wird dabei weggelassen. Bei Angaben in der konformen Hyperebene Π_∞ wird auch die Koordinate $x_1 = 0$ weggelassen.

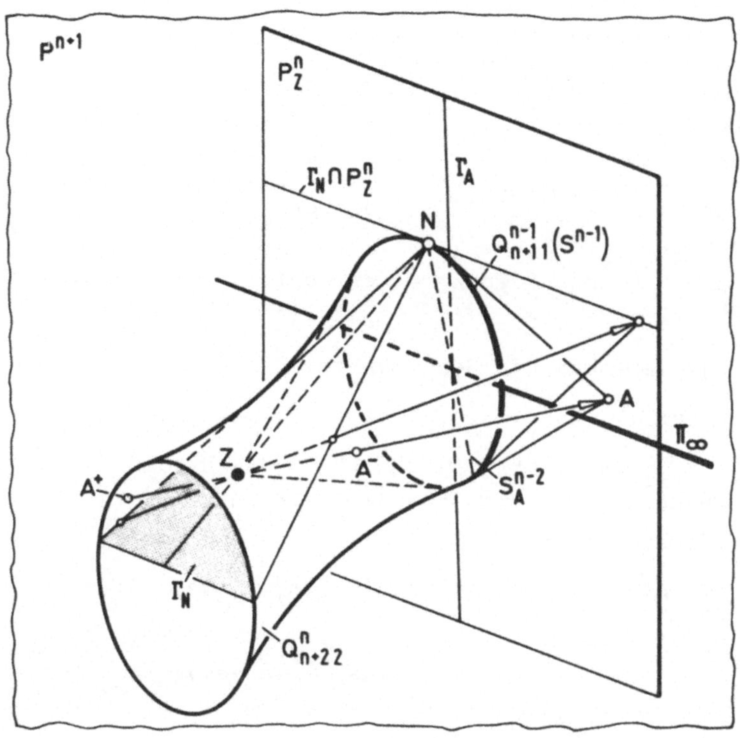

Ist nun Γ_A $(a_o + a_1x_1 + \ldots + a_nx_n = 0) \subset P^n_{1|00}$ eine die Einheitssphäre S^{n-1} in

$$S^{n-2}_A := S^{n-1} \cap \Gamma_A$$

schneidende Hyperebene, dann gilt nach 18C,S.379 und 18C,Satz 1:

I. Für $N \notin S^{n-2}_A$ ($\Leftrightarrow$ $a_o + a_1 \neq 0$) ist das σ-Bild σS^{n-2}_A die Hypersphäre $K^{n-2} \subset \Pi_\infty$ mit dem Mittelpunkt

$$M(m_2 = \frac{-a_2}{a_o + a_1}, \ldots, m_n = \frac{-a_n}{a_o + a_1}) \tag{3}$$

und dem Radius r, wobei

$$r^2 = (-a_o^2 + a_1^2 + \ldots + a_n^2)/(a_o + a_1)^2. \tag{4}$$

II. Für $N \in S^{n-2}_A$ ($\Leftrightarrow$ $a_o + a_1 = 0$) ist das σ-Bild σS^{n-2}_A die Hyperebene $\pi_\infty \subset \Pi_\infty$ mit der Gleichung

$$a_o + a_2x_2 + \ldots + a_nx_n = 0. \tag{5}$$

Genau dann, wenn ein Gegenpunktepaar A^+,A^- dem Schnitthyperkegel $Q^{n-1}_{n\,1}$ der LIE-Quadrik $Q^n_{n+2\,2}$ mit ihrer Tangentenhyperebene Γ_N angehört, liegt der Bildpunkt A in der Tangentenhyperebene $\Gamma_N \cap P^n_Z$ von S^{n-1} in N, und genau dann ist $N \in S^{n-2}_A$.

Wir ermitteln nun die Abbildungsgleichungen für die Abbildung

I. der Punkte $A^+,A^- \in Q^n_{n+2\,2} \setminus Q^{n-1}_{n\,1}$ auf die orientierten Hypersphären (*LIE-Zykel*, kurz *Zykel* (M,r), $M \in \Pi_\infty \setminus \{\infty\}$, $r \in \mathbb{R}$[1]) $K^{n-2}_{A^+}, K^{n-2}_{A^-} \subset \Pi_\infty$ und

II. der Punkte $A^+,A^- \in Q^{n-1}_{n\,1} \setminus \{N\}$ auf die orientierten Hyperebenen (*Speere*) $\pi_{\infty A^+}, \pi_{\infty A^-} \subset \Pi_\infty$.

Dem Nordpol N wird der Punkt ∞ der konformen Hyperebene Π_∞ zugeordnet.[2]

Zu I: Projiziert man die Gegenpunkte

$$A^+(\sigma x_o,\dots,\sigma x_n,\sigma x^+_{n+1}),\quad A^-(\sigma x_o,\dots,\sigma x_n,\sigma x^-_{n+1})$$

mit $x^-_{n+1} = -x^+_{n+1}$ aus $Z = E_{n+1}(0,\dots,0,1)$ in die Hyperebene $P^n_Z \subset P^{n+1}$ mit der Gleichung $x_{n+1}=0$, dann hat der Bildpunkt A unter Verwendung von (2) die Koordinaten:

$$A(\sigma x_o,\dots,\sigma x_n,0) = A(-a_o,a_1,\dots,a_n,0). \tag{6}$$

Aus (3) und (4) folgt

$$a_2 = -(a_o+a_1)m_2,\dots,a_n = -(a_o+a_1)m_n$$

und

$$\frac{a_o-a_1}{a_o+a_1} = m_2^2 + \dots + m_n^2 - r^2.$$

Nach Normierung der projektiven Koordinaten $a_o,\dots,a_n$ durch $a_o+a_1 = -2$ findet man die Abbildungsgleichungen:

$$\left.\begin{aligned}
\sigma x_o &= m_2^2 + \dots + m_n^2 - r^2 + 1,\\
\sigma x_1 &= m_2^2 + \dots + m_n^2 - r^2 - 1,\\
\sigma x_2 &= 2m_2,\\
&\dots\dots\\
\sigma x_n &= 2m_n,\\
\sigma x_{n+1} &= 2r.
\end{aligned}\right\} \tag{7}$$

In (7) werden die Koordinaten $(\sigma x_o,\dots,\sigma x_{n+1})$ der Gegenpunkte A^+, A^- mit den Koordinaten des Mittelpunktes $M(m_2,\dots,m_n)$ und dem Radius r des LIE-Zykels (M,r) verknüpft. Dabei ist σx_{n+1} bis auf

[1] Die LIE-Zykel mit r=0 sind die Punkte der konformen Hyperebene $\Pi_\infty \setminus \{\infty\}$.

[2] Der Punkt ∞ kann als LIE-Zykel mit r=0 aufgefaßt werden.

das Vorzeichen durch die Forderung $A^+, A^- \in Q^n_{n+2\,2}$ bestimmt. Die Wahl des Vorzeichens – etwa vermöge $\mathrm{sign}(x_n x_{n+1}) = \mathrm{sign}(m_n r)$ – ist willkürlich. Die Orientierung der LIE-Zykel (M,r) kommt nur in der zum Radius r proportionalen Koordinate x_{n+1} zum Ausdruck; die Koordinaten $x_o,\ldots,x_n$ hängen nicht von $\mathrm{sign}(r)$ ab.

Zu II: Um Abbildungsgleichungen zu finden, die mit (7) verwandt sind, legen wir einen Speer aus Π_∞ in der folgenden HESSE-Form (siehe 8C3,Bem.1) fest:

$$(m_2^2+\ldots+m_n^2-r^2) - 2m_2x_2 - \ldots - 2m_nx_n = 0 \tag{8}$$

mit $4m_2^2+\ldots+4m_n^2 = 1$. Dann folgt durch Vergleich mit (5) und wegen $a_o+a_1=0$ im vorliegenden Fall II:

$$\begin{aligned} a_o &= m_2^2+\ldots+m_n^2-r^2, \\ a_1 &= -m_2^2-\ldots-m_n^2+r^2, \\ a_2 &= -2m_2, \\ &\ldots\ldots\ldots \\ a_n &= -2m_n. \end{aligned}$$

Da weiterhin (6) gilt, erhält man die Abbildungsgleichungen:

$$\left.\begin{aligned} \sigma x_o &= m_2^2+\ldots+m_n^2-r^2, \\ \sigma x_1 &= m_2^2+\ldots+m_n^2-r^2, \\ \sigma x_2 &= 2m_2, \\ &\ldots\ldots\ldots\ldots \\ \sigma x_n &= 2m_n, \\ \sigma x_{n+1} &= 1\,. \end{aligned}\right\} \tag{9}$$

In (9) ist σx_{n+1} bis auf das Vorzeichen durch die Forderung A^+, $A^- \in Q^n_{n+2\,2}$ bestimmt. Wählt man $\sigma x_{n+1}=-1$, so erhält man nach Multiplikation aller Koordinaten mit -1 die Gleichungen (9) für den umorientierten Speer, dessen Gleichung aus (8) durch Multiplkation mit -1 entsteht. Die in (9) gewählte Abbildung der Gegenpunkte A^+, A^- auf die durch ihre HESSE-Form (8) gegebenen Speere wird im folgenden stets verwendet.

Die Abbildungsgleichungen (7) und (9) lassen sich wie folgt zusammenfassen:

$$\begin{array}{|lcl|}\hline \sigma x_o & = & m_2^2 + \ldots + m_n^2 - r^2 + \varepsilon, \\ \sigma x_1 & = & m_2^2 + \ldots + m_n^2 - r^2 - \varepsilon, \\ \sigma x_2 & = & 2m_2, \\ \ldots\ldots\ldots\ldots & & \\ \sigma x_n & = & 2m_n, \\ \sigma x_{n+1} & = & (2r-1)\varepsilon + 1. \\ \hline \end{array} \qquad \text{(I)}$$

Die Formeln (I) beschreiben die Abbildung der LIE-Zykel für $\varepsilon = 1$ und die Abbildung der Speere für $\varepsilon = 0$.

Zusammenfassend gilt

<u>Satz 1</u>: In der Bijektion der Punkte der LIE-Quadrik $Q^n_{n+2\,2} \subset P^{n+1}$ auf die Menge der Speere, der LIE-Zykel und des Punktes ∞ der $(n-1)$-dimensionalen konformen Hyperebene Π_∞ entsprechen

1. den Punkten $A^+, A^- \in Q^n_{n+2\,2} \setminus Q^{n-1}_{n\,1}$ die LIE-Zykel $K^{n-2}_{A^+}, K^{n-2}_{A^-} \subset \Pi_\infty$,
2. den Punkten $A^+, A^- \in Q^{n-1}_{n\,1} \setminus \{N\}$ die Speere $\pi_{\infty A^+}, \pi_{\infty A^-} \subset \Pi_\infty$,
3. dem Nordpol N der Punkt $\infty \in \Pi_\infty$.

Diese Bijektion wird durch (I) beschrieben. Die Menge der Speere, der LIE-Zykel und des Punktes ∞ heißt die *LIE-Ebene* Λ_∞, ihre Elemente (LIE-Zykel, Speere, Punkt ∞) heißen einheitlich *LIE-Sphären*.

Bemerkungen:

1) Die LIE-Gruppe $B^{n+1}_{|2}$ besteht aus den F-Projektivitäten der LIE-Quadrik $Q^n_{n+2\,2}$, den LIE-Bewegungen (14F1,Def.1). Da eine LIE-Bewegung im allgemeinen weder N noch den Hyperkegel $Q^n_{n+2\,2} \cap \Gamma_N =: Q^{n-1}_{n\,1}$ fix läßt, bildet eine auf der LIE-Ebene Λ_∞ wirkende LIE-Bewegung die Menge der LIE-Sphären (aber im allgemeinen nicht die Menge der LIE-Zykel, die Menge der Speere und den Punkt ∞) auf sich ab.

2) Das Berührungsproblem des APOLLONIUS VON PERGA, das in 17B4, S.367-368 im C-Modell der LAGUERRE-Geometrie behandelt wurde, läßt sich auch im Rahmen der LIE-Geometrie einfach lösen; siehe KUNLE/FLADT/SÜSS[1]S.220f. Berührungsprobleme bei Kreisen behandeln auch EVELYN/MONEY-COUTTS/TYRRELL[1], TYRRELL/POWELL[1] und RIGBY[1].

3) Für n=4 liefert Satz 1 eine Bijektion der Punkte der LIE-Quadrik $Q^4_{6\,2} \subset P^5$ mit der Normalform

$$-x_o^2 + x_1^2 + x_2^2 + x_3^2 + x_4^2 - x_5^2 = 0$$

auf die LIE-Sphären der 3-dimensionalen konformen Hyperebene Π_∞.

Daneben kennen wir aus 10D eine Bijektion der Geraden des P^3 auf die Punkte der PLÜCKER-Quadrik $Q^4_{6\,3} \subset P^5$ mit der Normalform

$$y_o^2 + y_1^2 + y_2^2 - y_3^2 - y_4^2 - y_5^2 = 0.$$

Die (komplexe) Transformation

$$y_j = x_j, \; j = 1,2,5$$
$$y_k = i x_k, \; k = 0,3,4 \; (i^2 = -1)$$

bildet die LIE-Quadrik $Q^4_{6\,2}$ auf die PLÜCKER-Quadrik $Q^4_{6\,3}$ ab und kann daher als *Geraden-Kugel-Transformation* interpretiert werden. Diese Transformation führt Geraden in Kugeln und schneidende Geraden in berührende Kugeln über. Über Geraden-Kugel-Transformationen existiert unter verschiedenen Gesichtspunkten eine ausführliche Literatur. Wir nennen BLASCHKE[23][31], LIEBMANN[23], BECK[5][11], FILLMORE[2], GEISE[5], KLEIN[6], LIE/SCHEFFERS[1], STRUBECKER[8][48], E.A.WEISS[2][4][5].

4) In Verallgemeinerung des in diesem Abschnitt beschriebenen Verfahrens ist es möglich, die Absolutquadrik $Q^n_{n+2\,k}$ $(k \geq 2)$ des CK-Raumes $P^{n+1}_{|k}$ unter Heranziehung der $(n-1,k-2)$-konformen Hyperebene abzubilden. Siehe auch BRAUNER[9] und ARAPOVA[2].

E. Konforme Modelle der Laguerre-Geometrien

Nach 15A1,Def.1 ist der Standardschauplatz der $(n-1)$-dimensionalen LAGUERRE-Ähnlichkeits- und LAGUERRE-Bewegungsgeometrie (vom Index q) der Absolutkegel $Q^{n-1}_{n\,q}$ $(q \geq 1)$ ohne den Absolutpunkt A^o des quasihyperbolischen Raumes $P^n_{n|q0}$ (des dual-pseudoeuklidischen Raumes für q=1).

Nach 18A ist

$$\sigma: \; Q^{n-1}_{n\,q} \to (\pi \setminus \Gamma_N) \cup Q^{n-2}_{n-2\,q-1}$$
$$Q \mapsto \sigma Q = P$$

die stereographische Projektion des Absolutkegels $Q^{n-1}_{n\,q}$ aus einem Nordpol $N \neq A^o$. Die Einschränkung von σ auf $Q^{n-1}_{n\,q} \setminus \{A^o\}$ liefert eine Bijektion

$$\sigma': \; Q^{n-1}_{n\,q} \setminus \{A^o\} \to ((\pi \setminus \Gamma_N) \cup Q^{n-2}_{n-2\,q-1}) \setminus \{\sigma A^o\}$$

des Standardschauplatzes der $(n-1)$-dimensionalen LAGUERRE-Geometrien auf die in σA^o punktierte $(n-2,q-1)$-konforme Hyperebene; sie wird als Schauplatz eines konformen Modells dieser Geometrien verwendet.

Die Maximalerzeugenden von $Q^{n-1}_{n\,q}$ sind q-Ebenen (siehe 4D, Satz 1); die Maximalerzeugenden durch einen Nordpol $N \neq A^o$ erfüllen eine kegelige Quadrik $Q^{n-1}_{n\,q} \cap \Gamma_N$ mit Rang n-2 und Index q-1 (siehe 4F).

In 18B(3) erhielt der Absolutkegel $Q^{n-1}_{n\,q}$ die Normalform

$$-(x_o^2+\ldots+x_{q-1}^2)+(x_q^2+\ldots+x_{n-1}^2)=0\,. \tag{1}$$

Mit $N(1,0,\ldots,0,n_q=1,0,\ldots,0)$, $\Gamma_N(-x_o+x_q=0)$, $A^o(0,\ldots,0,1)$, $\Pi(x_q=0)$, $P(p_o,\ldots,p_n)=\sigma Q\in\Pi\backslash\Gamma_N$ und $Q(q_o,\ldots,q_n)\in Q^{n-1}_{n\,q}\backslash\Gamma_N$ ergaben sich für die stereographische Projektion σ (und zugleich für σ') die Abbildungsgleichungen (siehe 18B(II))

$$\left.\begin{aligned} p_o &= q_q-q_o,\\ p_q &= 0 \quad (\text{Gleichung von } \Pi),\\ p_i &= -q_i\,(1\le i\le n,\ i\neq q) \end{aligned}\right\} \tag{2}$$

sowie

$$\left.\begin{aligned} q_o &= p_o^2-p_1^2-\ldots-p_{q-1}^2+p_q^2+\ldots+p_{n-1}^2,\\ q_q &= -p_o^2-p_1^2-\ldots-p_{q-1}^2+p_q^2+\ldots+p_{n-1}^2,\\ q_i &= 2p_op_i \quad (1\le i\le n,\ i\neq q) \end{aligned}\right\} \tag{3}$$

für σ^{-1} (und zugleich für σ'^{-1}).

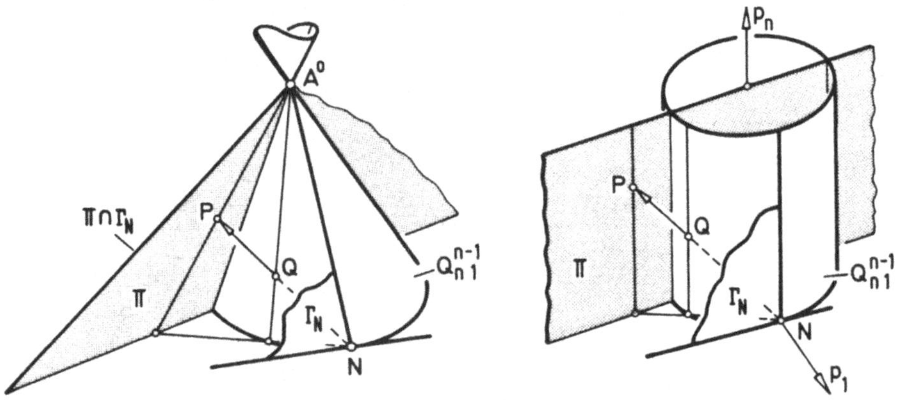

Die Abbildungsgleichungen (2) und (3) erfassen die Hypergerade $\Pi\cap\Gamma_N$ nicht. Es liegt daher nahe, die Hyperebene Π durch Auszeichnung einer Absolutfigur, die $\Pi\cap\Gamma_N$ als Absolutebene A^{n-2} enthält, zu einem (notwendig semieuklidischen) CK-Raum auszugestalten und die Einschränkung von σ auf $Q^{n-1}_{n\,q}\backslash\Gamma_N$ in diesem CK-Raum zu deuten. Die Bildpunkte $P=\sigma Q\in\Pi\backslash\Gamma_N$ können bei dieser Deutung durch normierte Koordinaten $(1,p_1,\ldots,p_{q-1},0,p_{q+1},\ldots,p_n)$ erfaßt werden.

In den LAGUERRE-Geometrien sind die Schnitte der Absolutfigur $Q^{n-1}_{nq}\setminus\{A^o\}$ mit Hyperebenen $\Lambda\subset P^n$ von Interesse.[1] Wir bestimmen zunächst das σ-Bild eines Schnittes $\Lambda\cap(Q^{n-1}_{nq}\setminus\Gamma_N)$. Dazu sei eine Hyperebene Λ gegeben durch

$$\vec{a}^T\vec{q} = a_o q_o + \ldots + a_n q_n = 0. \tag{4}$$

Daraus folgt mit (3)

$$\begin{aligned}(a_o-a_q)p_o^2 + (a_o+a_q)(-p_1^2-\ldots-p_{q-1}^2+p_{q+1}^2+\ldots+p_{n-1}^2) +\\ + 2p_o(a_1p_1+\ldots+a_{q-1}p_{q-1}+a_{q+1}p_{q+1}+\ldots+a_np_n) = 0\end{aligned} \tag{5}$$

als notwendige Bedingung für die in $\Pi\setminus\Gamma_N$ gelegenen Bildpunkte $P=\sigma Q$, $Q\in\Lambda\cap(Q^{n-1}_{nq}\setminus\Gamma_N)$.

Falls <u>$N\in\Lambda$ ($\Leftrightarrow a_o+a_q=0$) und $\Lambda\neq\Gamma_N$</u>, ist das σ-Bild von $\Lambda\cap(Q^{n-1}_{nq}\setminus\Gamma_N)$ in $\Pi\setminus\Gamma_N$ die Hyperebene $\Lambda\cap(\Pi\setminus\Gamma_N)$. Die Gleichung der Hyperebene $\Lambda\cap(\Pi\setminus\Gamma_N)$ in $\Pi(p_q=0)$ – ohne $\Pi\cap\Gamma_N$ $(p_o=p_q=0)$ – lautet in normierten Koordinaten $(p_o=1)$:

$$a_o-a_q+2(a_1p_1+\ldots+a_{q-1}p_{q-1}+a_{q+1}p_{q+1}+\ldots+a_np_n)=0. \tag{6}$$

Falls <u>$N\in\Lambda$ ($\Leftrightarrow a_o+a_q=0$) und $\Lambda=\Gamma_N$</u> ($\Leftrightarrow a_1=\ldots=a_{q-1}=a_{q+1}=\ldots=a_n=0$), ist das σ-Bild von $\Lambda\cap(Q^{n-1}_{nq}\setminus\Gamma_N)$ in $\Pi\setminus\Gamma_N$ leer, und (6) hat keine Lösung, da dann $a_o-a_q\neq 0$ ist.

Falls <u>$N\notin\Lambda$ ($\Leftrightarrow a_o+a_q\neq 0$)</u>, ist das σ-Bild von $\Lambda\cap(Q^{n-1}_{nq}\setminus\Gamma_N)$ in $\Pi\setminus\Gamma_N$ enthalten in einer Quadrik in $\Pi(p_q=0)$, die in normierten Koordinaten $(p_o=1)$ in $\Pi\setminus\Gamma_N$ folgende Gleichung besitzt:

$$\begin{aligned}&-\sum_{i=1}^{q-1}\left(p_i-\frac{a_i}{a_o+a_q}\right)^2+\sum_{i=q+1}^{n-1}\left(p_i+\frac{a_i}{a_o+a_q}\right)^2+\\ &+2\frac{a_n}{a_o+a_q}p_n+\frac{1}{(a_o+a_q)^2}\left(\sum_{i=o}^{q-1}a_i^2-\sum_{i=q}^{n-1}a_i^2\right)=0.\end{aligned} \tag{7}$$

Für <u>$A^o\in\Lambda$ ($\Leftrightarrow a_n=0$)</u> ist (7) die Gleichung eines Kegels in Π mit der Spitze $A^o\in\Pi\cap\Gamma_N$.

Für <u>$A^o\notin\Lambda$ ($\Leftrightarrow a_n\neq 0$)</u> ist (7) die Gleichung einer nichtentarteten <u>Quadrik</u> in Π $(p_q=0)$, die die Hyperebene $\Pi\cap\Gamma_N$ $(p_o=0)$ von Π im

[1] Siehe dazu 15A1, Satz 2.

Punkt A^o als Tangentenhyperebene besitzt.

Will man die σ-Bilder der Hyperebenenschnitte $\Lambda \cap (Q^{n-1}_{n\,q} \setminus \Gamma_N)$ in einem CK-Raum deuten, so liegt es nahe, in der Hyperebene $\Pi \cap \Gamma_N = {:}\, A^{n-2}$ von Π eine Quadrik auszuzeichnen, in der die in (7) auftretende quadratische Form

$$F(x_1,\ldots,x_{q-1},x_{q+1},\ldots,x_n) := -\sum_{i=1}^{q-1} x_i^2 + \sum_{i=q+1}^{n-1} x_i^2 \tag{8}$$

eine Rolle spielt. Zeichnet man die Quadrik

$$Q^{n-3}_{n-2\,q-1} := \{X(\vec{x}) \in A^{n-2} \mid F(x_1,\ldots,x_{q-1},x_{q+1},\ldots,x_n) = 0\}$$

als Absolutkegel aus, so wird in Π eindeutig der isotrope Raum $P^{n-1}_{1\,n-2|0\,q-1\,0}$ vom Index q-1 bestimmt (siehe 6C,Def.1), da in der Spitze A^o von $Q^{n-3}_{n-2\,q-1}$ als nichtentartete Quadrik $Q^{-1}_{1\,0}$ nur die leere Menge $\emptyset$ möglich ist. Der Absolutkegel $Q^{n-3}_{n-2\,q-1}$ ist zugleich die Schnittquadrik $Q^{n-1}_{n\,q} \cap (\Pi \cap \Gamma_N)$.

Will man Π zu einem 1-fach entarteten CK-Raum ausgestalten, so wähle man etwa in A^{n-2} eine nichtentartete Absolutquadrik, deren Schnitt mit der Hyperebene $H^{n-3}(x_n = 0)$ in A^{n-2} übereinstimmt mit dem Schnitt $H^{n-3} \cap Q^{n-3}_{n-2\,q-1}$; im vorliegenden Koordinatensystem empfiehlt sich die Quadrik

$$Q^{n-3}_{n-1\,q-1} := \left\{X(\vec{x}) \in A^{n-2} \mid -\sum_{i=1}^{q-1} x_i^2 + \sum_{i=q+1}^{n} x_i^2 = 0\right\}.$$

Dadurch wird Π für q>1 zu einem pseudoeuklidischen Raum $P^{n-1}_{1|0\,q-1}$ vom Index q-1, für q=1 zu einem euklidischen Raum $P^{n-1}_{1|0\,0}$ (6C,Def.1).

Interpretiert man Π als isotropen Raum $P^{n-1}_{1\,n-2|0\,q-1\,0}$ vom Index q-1, so ist (7) für $A^o \in \Lambda$ die Gleichung eines *Drehzylinders mit isotropen Erzeugenden*, für $A^o \notin \Lambda$ die Gleichung einer *isotropen Sphäre*.

Interpretiert man Π für q>1 als pseudoeuklidischen Raum $P^{n-1}_{1|0\,q-1}$ und für q=1 als euklidischen Raum $P^{n-1}_{1|0\,0}$, so ist (7) für $A^o \in \Lambda$ die Gleichung eines *Drehzylinders mit p_n-parallelen Erzeugenden*, für $A^o \notin \Lambda$ die Gleichung eines *Drehparaboloids mit p_n-paralleler Achse*, das eine (n-2)-Ebene $p_n = c$ in einem *Abstands-Hyperkreis* mit dem Mittelpunkt $(1,ka_1,\ldots,ka_{q-1},0,-ka_{q+1},\ldots,-ka_{n-1},c)$, $k := \frac{1}{a_o+a_q}$, schneidet.

Die σ-Bilder der Hyperebenenschnitte $\Lambda \cap (Q^{n-1}_{n\,q} \setminus \{A^o\})$ des Standardschauplatzes der LAGUERRE-Geometrien erhält man, indem man die σ-Bilder der Hyperebenenschnitte $\Lambda \cap (Q^{n-1}_{n\,q} \setminus \Gamma_N)$ erweitert um die σ-Bilder von $(\Lambda \cap (Q^{n-1}_{n\,q} \setminus \{A^o\})) \cap \Gamma_N$.

Speziell für q=1 wird durch die angegebenen Rechnungen die Erzeugende $e := N+A^o$ des Absolutkegels $Q^{n-1}_{n\,q}$ nicht erfaßt. Da A^o nicht zum Schauplatz der LAGUERRE-Geometrien gehört, folgt für $q=1$: Das σ-Bild eines Hyperebenenschnittes $\Lambda \cap (Q^{n-1}_{n\,1} \setminus \{A^o\})$ mit $A^o \notin \Lambda$ ist das um den Punkt $\sigma(e \cap \Lambda)$ erweiterte σ-Bild von $\Lambda \cap (Q^{n-1}_{n\,1} \setminus \Gamma_N)$; das σ-Bild eines Hyperebenenschnittes $\Lambda \cap (Q^{n-1}_{n\,1} \setminus \{A^o\})$ mit $A^o \in \Lambda$ ist im Rahmen der LAGUERRE-Geometrien nicht zu erweitern.

Wir fassen zusammen:

Satz 1: Sei $Q^{n-1}_{n\,q}$ der Absolutkegel mit Spitze A^o des quasihyperbolischen Raumes $P^n_{n|q0}$ (für q=1 des dual-pseudoeuklidischen Raumes $P^n_{n|10}$). Es sei $N \in Q^{n-1}_{nq} \setminus \{A^o\}$ Nordpol der stereographischen Projektion

$$\sigma: Q^{n-1}_{n\,q} \to (\Pi \setminus \Gamma_N) \cup Q^{n-2}_{n-2\,q-1}$$

(siehe 18A, Satz 1); dabei sei $A^o \in \Pi$, und der Index der Schnittquadrik $\Pi \cap Q^{n-1}_{n\,q}$ sei gleich q.

Dann wird Π nach Auszeichnung von $\Pi \cap \Gamma_N$ als Absoluthyperebene A^{n-2} und

von $Q^{n-3}_{n-2\,q-1} := Q^{n-1}_{n\,q} \cap (\Pi \cap \Gamma_N)$ als Absolutkegel in A^{n-2} eindeutig zu einem isotropen Raum $P^{n-1}_{1\,n-2|0\,q-1\,0}$, vom Index q-1, für q=1 also zu einem isotropen Raum $P^{n-1}_{1\,n-2|000}$.	einer Absolutquadrik $Q^{n-3}_{n-1\,q-1} \subset A^{n-2}$ (deren Schnitt mit einer Hyperebene $H^{n-3} \subset A^{n-2}$, $A^o \notin H^{n-3}$, übereinstimmt mit $H^{n-3} \cap Q^{n-1}_{n\,q}$) zu einem pseudoeuklidischen Raum $P^{n-1}_{1|0\,q-1}$ vom Index q-1, für q=1 also zu einem euklidischen Raum $P^{n-1}_{1|00}$.

Damit gilt:

Das σ-Bild eines Hyperebenenschnitts $\Lambda \cap (Q^{n-1}_{n\,q} \setminus \Gamma_N)$ ist in

$P^{n-1}_{1\,n-2|0\,q-1\,0}$	$P^{n-1}_{1|0\,q-1}$

für $N \in \Lambda$ eine Hyperebene (oder die leere Menge $\emptyset$, falls $\Lambda = \Gamma_N$),
für $N \notin \Lambda$, $A^o \in \Lambda$ ein Drehzylinder mit

isotropen Erzeugenden,	p_n-parallelen Erzeugenden,

für $N \notin \Lambda$, $A^o \notin \Lambda$

eine isotrope Sphäre.	ein Drehparaboloid mit p_n-paralleler Drehachse.

Die Bijektion

$$\sigma': Q^{n-1}_{n\,q} \setminus \{A^o\} \to ((\Pi \setminus \Gamma_N) \cup Q^{n-2}_{n-2\,q-1}) \setminus \{\sigma A^o\}$$

bildet den Standardschauplatz der (n-1)-dimensionalen LAGUERRE-Geometrien (vom Index q) auf die im Punkt A^o punktierte (n-2,q-1)-konforme Hyperebene ab.

Speziell für q=1 entsteht das σ'-Bild des Hyperebenenschnittes $\Lambda \cap (Q^{n-1}_{n\,1} \setminus \{A^o\})$ aus dem σ-Bild des Hyperebenenschnittes $\Lambda \cap (Q^{n-1}_{n\,1} \setminus \Gamma_N)$ durch Erweiterung um den Punkt $\sigma'(\Lambda \cap (N+A^o))$; für $A^o \in \Lambda$ findet keine Erweiterung statt.

Bemerkungen:

1) Für n=3 läßt sich die Ebene Π als Flaggenebene mit der Absolutgeraden $\Pi \cap \Gamma_N$ und dem Absolutpunkt A^o interpretieren (siehe 18D,S.387-389). Für $n > 3$ ist eine Interpretation von Π als Flaggenraum nur möglich, wenn neben der Absoluthypergeraden $\Pi \cap \Gamma_N$ und dem Absolutpunkt A^o weitere Absolut-k-Ebenen ($1 \le k \le n-3$) eingeführt werden.

2) Die Bijektion $\sigma': Q^{n-1}_{n\,1} \setminus \{A^o\} \to ((\Pi \setminus \Gamma_N) \cup Q^{n-2}_{n-2\,0}) \setminus \{\sigma A^o\}$ des Standardschauplatzes der (n-1)-dimensionalen LAGUERRE-Geometrien (vom Index q=1) bildet eine Erzeugende $g \neq e := (A^o+N) \setminus \{A^o\}$ des Drehzylinders $Q^{n-1}_{n\,1} \setminus \{A^o\}$ in eine p_n-Parallele $\sigma' g$ ab. Da nach 17B4,Satz 1 den Punkten von $g \neq e$ im Speer-Modell der LAGUERRE-Geometrien (vom Index q=1) ein Büschel paralleler, gleichgerichteter Speere entspricht, werden die Punkte der Geraden σg — und die Bildpunkte der Erzeugenden e — gelegentlich *parallel* genannt (BENZ [1], S.21).

3) Die stereographische Projektion einer Sphäre, $\sigma: S^2 \to (\Pi \setminus \Gamma_N) \cup \{\infty\}$, erfolgt auf die GAUSSsche Zahlenebene, die man zweckmäßig mit komplexen Zahlen $x+iy$ ($i^2=-1$) beschreibt.

Die stereographische Projektion eines Drehzylinders,

$$\sigma': Z^2 \to (\Pi \setminus \Gamma_N) \cup Q^1_{10} \setminus \{\sigma A^o\} \text{ mit } Z^2 := Q^2_{3\,1} \setminus \{A^o\},$$

erfolgt auf die längs ihrer Absolutgeraden geschlitzte und um eine punktierte Gerade erweiterte Flaggenebene; man beschreibt sie vorteilhaft mit dualen Zahlen $x+\varepsilon y$ ($\varepsilon^2=0$) (siehe etwa YAGLOM [1]).

4) Projiziert man einen Drehzylinder Z^{n-1} aus einem Punkt O seiner Achse auf eine Sphäre S^{n-1} um O, so erhält man als Bild — und damit als Schauplatz der LAGUERRE-Geometrien (vom Index q=1) — die im Nord- und Südpol punktierte Sphäre S^{n-1}.

Kapitel 21. Lokale Kurventheorie in Cayley/Klein-Räumen

A. Kurvenbegriff, Schmieg-k-Ebenen

Wir verwenden zur Entwicklung einer lokalen Kurventheorie der CK-Räume einen unkomplizierten Kurvenbegriff, um die für CK-Räume typischen Überlegungen besser hervortreten zu lassen.

Def.1: In der Kurventheorie heißen die Elemente t eines offenen Intervalls $I \subset \mathbb{R}$ *Kurvenparameter* (kurz: *Parameter*). Eine injektive C^r-Abbildung $(r \geq 1)$[1)]

$$\varphi: I \longrightarrow P^n_{r_o \dots r_{\rho-1}|q_o \dots q_\rho}$$
$$t \longmapsto X(x(t)) =: X(t)$$

mit linear unabhängigen Vektoren $x(t), \dot{x}(t)$ für alle $t \in I$ [2)] heißt *C^r-Einbettung* von I in den CK-Raum. Eine Punktmenge

$$X(I) \subset P^n_{r_o \dots r_{\rho-1}|q_o \dots q_\rho}$$

heißt *einfache C^r-Kurve*, wenn ein offenes Intervall $I \subset \mathbb{R}$ und eine C^r-Einbettung φ von I in den CK-Raum existieren, so daß $\varphi(I) = X(I)$ ist; $x(t)$ heißt eine *Parametrisierung* von X(I), I heißt *Parameterintervall*.

Wegen $X = [x] = [\omega x]$ für $\omega \neq 0$ stellen für beliebige C^r-Funktionen $\omega(t) \neq 0$ die C^r-Einbettungen

$$\varphi_\omega: I \longrightarrow P^n_{r_o \dots r_{\rho-1}|q_o \dots q_\rho}$$
$$t \longmapsto X(y(t)),\ y(t) := \omega(t)x(t)$$

dieselbe einfache C^r-Kurve dar. Aus der linearen Unabhängigkeit von $x, \dot{x}$ folgt die lineare Unabhängigkeit von $y, \dot{y}$. Im folgenden Abschnitt C wird bei der Einführung normierter Koordinaten über $\omega(t)$ verfügt. Man nennt $\omega(t)$ eine *Normierungs-* oder *Umnormungsfunktion*. Wir beweisen:

Satz 2: Der Begriff *einfache C^r-Kurve* ist projektivinvariant und somit ein Begriff jedes CK-Raumes.

Beweis: Die Anwendung einer (nach 2D bijektiven) Projektivität $\pi: P^n \rightarrow P^n$ auf eine einfache C^r-Kurve X(I) eines CK-Raumes

1) C^r bezeichnet die zugrundegelegte Differentiationsklasse.

2) Die Punkte $[x]$, $[\dot{x}]$ sind also stets verschieden.

erhält ihre definierenden Eigenschaften aus Def.1; $\pi X(I)$ ist somit auch eine einfache C^r-Kurve.

Die Parametrisierung einer einfachen C^r-Kurve hängt nach Def.1 vom gewählten Parameter t ab und prägt ihr eine Orientierung auf, etwa mit wachsendem t. Wir untersuchen, wie sich ein Wechsel der Parametrisierung auswirkt. Dazu sei eine einfache C^r-Kurve $X(I)$ wie in Def.1 durch eine C^r-Einbettung φ $(r \geq 1)$ mit mit linear unabhängigen Vektoren $x(t), \dot{x}(t)$ für alle $t \in I$ gegeben, sowie eine C^r-Bijektion f $(r \geq 1)$ eines offenen Intervalls $J \subset \mathbb{R}$ auf $I \subset \mathbb{R}$:

$$\left.\begin{aligned} f\colon J &\longrightarrow I \\ u &\longmapsto f(u) = t \end{aligned}\right\} \text{mit } \frac{df}{du} \neq 0 \text{ auf } J.$$

Dann ist die injektive Abbildung

$$\begin{aligned} \psi := \varphi \circ f\colon J &\longrightarrow P^n_{r_0 \ldots r_{\rho-1} | q_0 \ldots q_\rho} \\ u &\longmapsto X(x(f(u))) \end{aligned}$$

mit linear unabhängigen Vektoren $x(f(u))$, $\dot{x}(t)\frac{df}{du}$ für alle $u \in J$ ebenfalls eine C^r-Einbettung, welche dieselbe Punktmenge parametrisiert.

Die C^r-Bijektion f bewirkt einen Wechsel der Parametrisierung von $X(I)$:

$X(I)$ hat die Parametrisierung $x(t) \in C^r$,

$X(J)$ hat die Parametrisierung $x(f(u)) =: x(u) \in C^r$.

Wir formulieren damit

<u>Satz 3</u>: Ein Wechsel der Parametrisierung einer einfachen C^r-Kurve $X(I)$ durch eine C^r-Bijektion $f\colon J \longrightarrow I$ $(r \geq 1)$ mit $\dot{f} = \frac{df}{du} \neq 0$ auf J heißt eine *C^r-Parametertransformation*. Wegen $\dot{f} \neq 0$ auf J, ist auf J entweder

$\dot{f} > 0$ (*gleichsinnige C^r-Parametertransformation*)

oder $\dot{f} < 0$ (*gegensinnige C^r-Parametertransformation*).

Eine C^r-Parametertransformation führt eine C^r-Einbettung in eine C^r-Einbettung über, die in anderer Parametrisierung dieselbe Punktmenge eines CK-Raumes darstellt.

Ein bei einfachen C^r-Kurven $X(I)$ gebildeter Begriff ist ein Begriff einer CK-Geometrie $\{(S,T)\}$, wenn er in ihrem Standardmodell (S,T) – oder in einem anderen Modell – bewegungsinvariant (ähnlichkeitsinvariant) und parameterinvariant ist; er heißt ein *(CK-)geometrischer Begriff von* X(I). Ein bei X(I) gebildeter projektivinvarianter Begriff heißt *mit* X(I) *projektiv verknüpft*. Entsprechend heißt ein Begriff *mit* X(I) *bewegungsinvariant (ähnlichkeitsinvariant) verknüpft*.

Bemerkungen:

1) Die Parameterinvarianz ist zu fordern, um die Abhängigkeit eines bei einfachen C^r-Kurven gebildeten Begriffs von der zufälligen Parametrisierung zu eliminieren. Dies läßt sich auch mit einem parameter- und bewegungsinvarianten (ähnlichkeitsinvarianten) Parameter erreichen; davon machen wir später Gebrauch. Man verlangt oft nur Parameterinvarianz gegenüber den gleichsinnigen C^r-Parametertransformationen oder den C^p-Parametertransformationen, wenn der als invariant nachzuweisende Begriff maximal die Differentiationsklasse C^p verlangt.

2) Eine einfache C^r-Kurve eines CK-Raumes ist eine 1-parametrige Punktmenge X(I). Ihr entspricht bei Anwendung des Dualitätsprinzips der projektiven Räume im dualen CK-Raum eine 1-parametrige Hyperebenenmenge $\Gamma(I)$, die man *einfache* C^r-*Hypertorse* nennt.

Def.4: Wir nehmen im folgenden an, daß in einer Parametrisierung $\mathfrak{x}(t)$ einer einfachen C^r-Kurve X(I) $(r \geq 1)$ alle auftretenden Ableitungen stetig existieren und für jedes $t_o \in I$ die Vektoren

$$\mathfrak{x}(t_o),\ \dot{\mathfrak{x}}(t_o),\dots,\ \overset{(n-1)}{\mathfrak{x}}(t_o)$$

und damit die Punkte

$$X(t_o),\ \dot{X}(t_o):=[\dot{\mathfrak{x}}(t_o)],\dots,\ \overset{(n-1)}{X}(t_o):=[\overset{(n-1)}{\mathfrak{x}}(t_o)]$$

linear unabhängig sind. Wir verzichten daher auf die Angabe von C^r und nennen jede einfache C^r-Kurve dieser Art kurz *Kurve* und jede C^r-Parametertransformation kurz *Parametertransformation*.

In einem CK-Raum sei nun eine Kurve X(I) durch eine Parametrisierung $\mathfrak{x}(t), t \in I$, gegeben; $X(t_o)$ sei ein fester und $X(t_o+\Delta t)$ mit $\Delta t \neq 0$ ein benachbarter Kurvenpunkt. Nach Def.1 ist die Kurve X(I) ein injektives Bild eines offenen Intervalls I; daher ist $X(t_o) \neq X(t_o+\Delta t)$. Die Verbindungsgerade $X(t_o) + X(t_o+\Delta t)$ hat die Parametrisierung

$$\lambda\, \mathfrak{x}(t_o) + \mu\, \mathfrak{x}(t_o+\Delta t) \quad (\lambda,\mu \in \mathbb{R},\ \lambda^2+\mu^2 \neq 0)$$

und enthält den Punkt

$$X\left(\frac{x(t_o+\Delta t) - x(t_o)}{\Delta t}\right).$$

Nach Def.1 sind $x(t_o)$, $\dot{x}(t_o)$ linear unabhängig. Für $\Delta t \to 0$ existiert daher die Grenzlage $\dot{X}(t_o) := \dot{X}(\dot{x}(t_o)) \neq X(t_o)$.

Die Verbindungsgerade $X(t_o) + \dot{X}(t_o)$ heißt die *Tangente* der Kurve $X(I)$ im Punkt $X(t_o)$. Die Menge aller Tangenten von $X(I)$ heißt die *Tangentenfläche* der Kurve $X(I)$.

Eine Parametertransformation $t = f(u)$ ändert den Punkt $\dot{X}(t_o)$ nicht, wegen

$$\frac{dx}{du} = \dot{x}(t)\,\frac{df}{du}.$$

Eine Umnormung $\omega(t)$ ändert den Punkt $\dot{X}(t_o)$ in der Tangente $X(t_o) + \dot{X}(t_o)$. Eine Projektivität führt die Tangente $X(t_o) + \dot{X}(t_o)$ in die ebenso festgelegte Tangente der Bildkurve über. Die Tangente einer Kurve $X(I)$ in $X(t_o)$ ist daher projektiv mit $X(I)$ verknüpft; sie hat die Parametrisierung

$$\lambda\, x(t_o) + \mu\, \dot{x}(t_o) \quad (\lambda, \mu \in \mathbb{R}, \lambda^2 + \mu^2 \neq 0).$$

Nun betrachten wir zu einem festen Kurvenpunkt $X(t_o)$ benachbarte Kurvenpunkte $X(t_o+\Delta t_j)$, $\Delta t_j \neq 0$, $1 \leq j \leq k$. Sind diese k+1 Kurvenpunkte linear unabhängig, so ist ihre Verbindung

$$X(t_o) + X(t_o+\Delta t_1) + \ldots + X(t_o+\Delta t_k)$$

eine k-Ebene T^k $(2 \leq k \leq n-1)$ mit der Parametrisierung

$$\lambda_o x(t_o) + \lambda_1 x(t_o+\Delta t_1) + \ldots + \lambda_k x(t_o+\Delta t_k);$$

dabei ist $\lambda_o, \ldots, \lambda_k \in \mathbb{R}$, $\lambda_o^2 + \ldots + \lambda_k^2 \neq 0$. Für $\Delta t_j \to 0$ $(1 \leq j \leq k)$ existiert die Grenzlage S^k der k-Ebene T^k; S^k besitzt die Parametrisierung

$$\lambda_o x(t_o) + \lambda_1 \dot{x}(t_o) + \ldots + \lambda_k \overset{(k)}{x}(t_o),$$

mit $\lambda_o, \ldots, \lambda_k \in \mathbb{R}$, $\lambda_o^2 + \ldots + \lambda_k^2 \neq 0$.[1] Die Vektoren $x(t_o), \dot{x}(t_o), \ldots$ $\ldots, \overset{(k)}{x}(t_o)$ sind nach Def.4 linear unabhängig. Die Grenzlage S^k ist somit die Verbindungs-k-Ebene

$$X(t_o) + \dot{X}(t_o) + \ldots + \overset{(k)}{X}(t_o);$$

[1] Die Existenz von S^k läßt sich nachweisen, indem man die k+1 linear unabhängigen Punkte $X(t_o)$, $X(t_o+\Delta t_j)$, $1 \leq j \leq k$, der Kurve $X(I)$ mit Hilfe ihrer Taylorentwicklung in $X(t_o)$ darstellt und geeignete Linearkombinationen bildet, die für $\Delta t_j \to 0$ die k+1 linear unabhängigen Punkte $X(t_o)$, $\dot{X}(t_o), \ldots, \overset{(k)}{X}(t_o)$ festlegen.

S^k $(0 \leq k < n)$ heißt die ***Schmieg-k-Ebene*** der Kurve X(I) im Punkt $X(t_o)$. Die Schmieg-0-Ebene S^o der Kurve X(I) in $X(t_o)$ ist der Punkt $X(t_o)$; die Schmieg-1-Ebene S^1 ist die Tangente $X(t_o)+\dot{X}(t_o)$. Die Schmieg-2-Ebene S^2 heißt kurz ***Schmiegebene,*** die Schmieg-(n-1)-Ebene S^{n-1} auch ***Schmieghyperebene*** der Kurve X(I) im Punkt $X(t_o)$.

Wie die Tangente, so ist jede Schmieg-k-Ebene von X(I) in $X(t_o)$ mit X(I) projektiv und parameterinvariant verknüpft. In jedem Kurvenpunkt $X(t_o)$ enthält die Schmieg-k-Ebene S^k jede Schmieg-l-Ebene S^l $(0 \leq l \leq k)$. Die Schmieg-k-Ebenen sind ***projektive Begleitfiguren*** von X(I).

In jedem Kurvenpunkt $X(t_o)$ bilden die Schmieg-k-Ebenen S^k $(0 \leq k < n)$ die Absolutfigur eines Flaggenraumes.

Dual zu Def.4 heißt eine einfache C^r-Hypertorse $\Gamma(I)$ mit einer Parametrisierung, in der alle auftretenden Ableitungen stetig existieren und die Hyperebenen

$$\Gamma(t_o),\ \dot{\Gamma}(t_o),\ \ldots,\ \overset{(n-1)}{\Gamma}(t_o)$$

linear unabhängig sind, kurz ***Torse.*** Mit einer Torse $\Gamma(I)$ ist in $\Gamma(t_o)$ die ***Grenzhypergerade*** $\Gamma(t_o) \cap \dot{\Gamma}(t_o)$ sowie die ***Kehl-(n-k-1)-Ebene***

$$\Gamma(t_o) \cap \dot{\Gamma}(t_o) \cap \ldots \cap \overset{(k)}{\Gamma}(t_o)$$

projektiv und parameterinvariant verknüpft. Die Kehl-0-Ebene heißt auch der ***Kehlpunkt*** der Torse in der Hyperebene $\Gamma(t_o)$.

B. Begleitsimplex der Hauptkurven

Nach 6A,Def.1 heißen die Punkte eines CK-Raumes, die seiner Absolutfigur nicht angehören, eigentliche Punkte. Wir betrachten nun in CK-Räumen Kurven X(I), deren Punkte eigentlich sind und nennen sie ***eigentliche Kurven.***

In jedem Kurvenpunkt $X(t_o)$ bestimmen die n linear unabhängigen Punkte $X(t_o), \dot{X}(t_o), \ldots, \overset{(n-1)}{X}(t_o)$ die Schmieg-k-Ebenen

$$S^k = X(t_o) + \dot{X}(t_o) + \ldots + \overset{(k)}{X}(t_o) \quad (1 \leq k < n)$$

einer eigentlichen Kurve. S^k enthält mit $X(t_o)$ einen eigentlichen Kurvenpunkt und ist daher nicht k-Erzeugende einer absoluten Quadrik des CK-Raumes. Wir beabsichtigen nun, 6H,Satz 1 anzuwenden und definieren daher:

Def.1: Eine eigentliche Kurve X(I) eines CK-Raumes

$$P^n_{r_o \ldots r_{\rho-1}|q_o \ldots q_\rho}$$

heißt *Hauptkurve*, wenn für jeden Parameter $t_o \in I$ gilt:

a) Die Schmieg-$(n-n_\nu-1)$-Ebene $S^{n-n_\nu-1}$ ist windschief zur Absolutebene A^{n_ν}:

$$S^{n-n_\nu-1} \cap A^{n_\nu} = \emptyset \quad (0 \le \nu \le \rho)$$ [1]

sowie

b) die l_ν-Ebene $S^{k_\nu} \cap A^{n_\nu}$ $(l_\nu := k_\nu + n_\nu - n,\ n-n_\nu \le k_\nu < n-n_{\nu+1})$ ist *l_ν-Passante* oder *l_ν-Sekante* der absoluten Quadrik

$$Q^{n_\nu-1}_{r_\nu q_\nu} \quad (0 \le \nu \le \rho).$$

Ergänzt man die n linear unabhängigen Punkte $X(t_o), \dot{X}(t_o), \ldots \ldots, \overset{(n-1)}{X}(t_o)$ zu n+1 linear unabhängigen Punkten, so ist in jedem Punkt $X(t_o) = P_o$ einer Hauptkurve X(I) mit der Parametrisierung $x(t)$ nach 6H, Satz 1 ein Simplex $\{P_o(p_o), \ldots, P_n(p_n)\}$ eindeutig festgelegt; dieses Simplex ist ein Polsimplex der Absolutfigur des CK-Raumes, und die Repräsentanten $p_o, \ldots, p_n$ sind durch die Repräsentanten der n+1 linear unabhängigen Ausgangspunkte nach der Formelgruppe aus 6H, Satz 1 eindeutig bestimmt. Damit gilt:

Satz 2: Eine Hauptkurve X(I) eines CK-Raumes $P^n_{r_o \ldots r_{\rho-1}|q_o \ldots q_\rho}$ besitzt in jedem ihrer Punkte $X(t) = X(x(t)) =: P_o$ ein eindeutig bestimmtes Polsimplex $\{P_o, \ldots, P_n\}$ der Absolutfigur mit der Eigenschaft, daß die Simplexecken $P_o, \ldots, P_k$ die Schmieg-k-Ebene S^k von X(I) in P_o aufspannen. Das Polsimplex $\{P_o, \ldots, P_n\}$ heißt das *Begleitsimplex* von X(I) in P_o. Die Simplexgerade $P_o + P_2$ heißt die *Hauptnormale* von X(I) in P_o. Ist $Q^{n-1}_{r_o q_o} \cap S^2$ nichtentartet, so ist die Hauptnormale von X(I) in P_o orthogonal zur Kurventangente $P_o + P_1$ bezüglich dieses Kegelschnitts.

Das Begleitsimplex einer Hauptkurve X(I) in einem ihrer Punkte P_o ist nach 6H wie folgt konstruiert.

Von den Schmieg-k-Ebenen S^k $(0 \le k \le n-1)$ schneidet man ausgehend von S^o die zu A^{n_1} windschiefen mit dem Absolutkegel

[1] $S^{n-n_\nu-1}$ und A^{n_ν} sind dann sogar komplementär.

$Q^{n-1}_{r_o q_o}$. Dies sind die Schmieg-k-Ebenen $S^o, \dots, S^{n-n_1-1}$; sie sind l_o-Passanten oder l_o-Sekanten $(0 \le l_o \le n-n_1-1)$ von $Q^{n-1}_{r_o q_o}$. Der Pol von S^{l_o} bezüglich

$$Q^{n-1}_{r_o q_o} \cap S^{l_o+1} \quad (0 \le l_o < n-n_1-1)$$

ist jeweils eindeutig bestimmt und wird als Simplexecke P_{l_o+1} gewählt; man erhält (auf P_o folgend) die Simplexecken $P_1, \dots$ $\dots, P_{n-n_1-1}$.

Die erste zu A^{n_1} nicht windschiefe Schmieg-k-Ebene ist die Schmieg-$(n-n_1)$-Ebene S^{n-n_1}. Sie schneidet die Absolutebene A^{n_1} in genau einem Punkt, der als Simplexecke P_{n-n_1} gewählt wird.

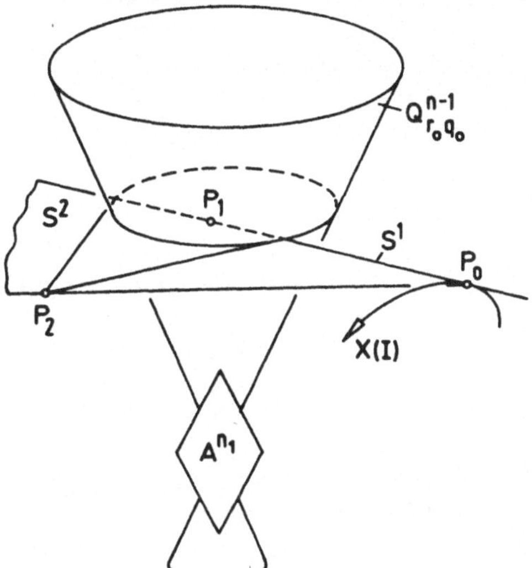

Von den Schmieg-k-Ebenen S^k $(n-n_1 \le k \le n-1)$ schneidet man ausgehend von S^{n-n_1} die zu A^{n_2} windschiefen mit A^{n_1}. Dies sind die Schmieg-k-Ebenen $S^{n-n_1}, \dots$ $\dots, S^{n-n_2-1}$. Man erhält die l_1-Ebenen

$$T^o := S^{n-n_1} \cap A^{n_1} = P_{n-n_1},$$
$$\dots\dots\dots\dots\dots$$
$$T^{n_1-n_2-1} := S^{n-n_2-1} \cap A^{n_1}.$$

Diese l_1-Ebenen sind nach Voraussetzung l_1-Passanten oder l_1-Sekanten der absoluten Quadrik $Q^{n_1-1}_{r_1 q_1}$ $(0 \le l_1 \le n_1-n_2-1)$. Der Pol von T^{l_1} bezüglich

$$Q^{n_1-1}_{r_1 q_1} \cap T^{l_1+1} \quad (0 \le l_1 < n_1-n_2-1)$$

ist jeweils eindeutig bestimmt und wird als Simplexecke gewählt; man erhält (auf P_{n-n_1} folgend) die Simplexecken $P_{n-n_1+1}, \dots$ $\dots, P_{n-n_2-1}$.

Die erste zu A^{n_2} nicht windschiefe Schmieg-k-Ebene ist die Schmieg-$(n-n_2)$-Ebene S^{n-n_2}. Sie schneidet A^{n_2} in genau einem Punkt, der als Simplexecke P_{n-n_2} gewählt wird usw.

Allgemein liegen $P_{n-n_\nu}, \dots, P_{n-n_{\nu+1}-1}$ in $A^{n_\nu} \setminus A^{n_{\nu+1}}$ $(0 \le \nu \le \rho)$; speziell liegen $P_o, \dots\dots, P_{n-n_1-1}$ in $P^n \setminus A^{n_1}$ und $P_{n-n_\rho}, \dots$ $\dots, P_n$ in A^{n_ρ}.

Bemerkungen:

1) Für $r_o = 1$ und folglich $q_o = 0$ ist der CK-Raum semieuklidisch. Der Absolutkegel $Q^{n-1}_{r_o q_o}$ ist eine Doppelhyperebene, und die Kurventangente S^1 in einem Kurvenpunkt $X = P_o$ ist eine euklidische Gerade und zugleich die erste zur Absoluthyperebene $A^{n_1} = A^{n-1}$ nicht windschiefe Schmieg-k-Ebene einer Hauptkurve X(I).

Die Tangente S^1 schneidet A^{n-1} im Fernpunkt von S^1. Dieser ist (nach der Satz 2 zugrundeliegenden Konstruktion) die Begleitsimplexecke P_1. Die weiteren Begleitsimplexecken $P_2, \ldots, P_n$ findet man in der Absoluthyperebene A^{n-1} durch Fortführung dieser Konstruktion. Alle Hauptkurven eines semieuklidischen Raumes besitzen in jedem Kurvenpunkt ein Begleitsimplex der beschriebenen Art. Da die Simplexecken $P_1, \ldots, P_n$ n paarweise orthogonale Vektoren mit dem Anfangspunkt P_o bestimmen, heißt dieses Begleitsimplex auch ***begleitendes n-Bein*** der Hauptkurve X(I).

2) Spezielle semieuklidische Räume sind die euklidischen Räume $P^n_{1|00}$, die pseudoeuklidischen Räume $P^n_{1|0q_1}$, die isotropen Räume $P^n_{1\,n-1|0q_1 0}$ und die Flaggenräume $P^n_{1\cdots 1|0\cdots 00}$.

Für die Hauptkurven der Flaggenräume ist stets S^m die erste zur Absolutebene A^{n-m} nicht windschiefe Schmieg-k-Ebene. Für das Begleitsimplex $\{P_o, \ldots, P_n\}$ gilt $P_m = S^m \cap A^{n-m}$ $(0 \le m \le n)$.

C. Invariante Parametrisierung der Hauptkurven

Für die weiteren Untersuchungen sei der CK-Raum

$$P^n_{r_o \cdots r_{\rho-1}|q_o \cdots q_\rho}$$

auf ein projektives Koordinatensystem bezogen, in dem seine Absolutfigur F – siehe 6A(I) – die Normalform 6B(I) besitzt:

$$\begin{array}{ccccccccccccc}
Q^{n-1}_{r_o q_o} & \supset & A^{n_1} & \supset & Q^{n_1-1}_{r_o q_o} & \supset \ldots \supset & A^{n_\nu} & \supset & Q^{n_\nu-1}_{r_\nu q_\nu} & \supset \ldots \supset & A^{n_\rho} & \supset & Q^{n_\rho-1}_{r_\rho q_\rho} \\
\vec{x}_o^T E_o \vec{x}_o = 0, & & \vec{x}_o = \vec{o}_o, & & \vec{x}_o = \vec{o}_o, & \ldots & ,\vec{x}_o = \vec{o}_o, & & \vec{x}_o = \vec{o}_o, & \ldots & ,\vec{x}_o = \vec{o}_o, & & \vec{x}_o = \vec{o}_o \\
 & & & & \vec{x}_1^T E_1 \vec{x}_1 = 0, & \ldots, & \vdots & & \vdots & & \vdots & & \vdots \\
 & & & & & & \vec{x}_{\nu-1} = \vec{o}_{\nu-1} & & \vdots & & \vdots & & \vdots \\
 & & & & & & & & \vec{x}_\nu^T E_\nu \vec{x}_\nu = 0, & \ldots, & \vdots & & \vdots \\
 & & & & & & & & & & \vec{x}_{\rho-1} = \vec{o}_{\rho-1} & & \vdots \\
 & & & & & & & & & & & & \vec{x}_\rho^T E_\rho \vec{x}_\rho = 0
\end{array}$$

Ist dann $\vec{x}_o(t)$, $t \in I$ eine Parametrisierung einer Hauptkurve X(I) mit dem von t abhängigen Begleitsimplex $\{X_o(\vec{x}_o(t)),\dots,X_n(\vec{x}_n(t))\}$[1], so besteht die folgende

Darstellung der partitionierten Koordinatenvektoren $\vec{x}_o(t),\dots,\vec{x}_n(t)$ *der Begleitsimplexecken* $X_o,\dots,X_n$ *mit*

$$\alpha := n-n_1-1 \qquad \gamma := n-n_2-1 \qquad \varepsilon := n-n_\nu$$

$$\beta := n-n_1 \qquad \delta := n-n_2 \qquad \pi := n-n_{\nu+1}-1$$

$$\begin{array}{rl}
\vec{x}_o(t) = & (\vec{x}_{oo}(t),\ \vec{x}_{o1}(t),\ \vec{x}_{o2}(t),\dots,\ \vec{x}_{o\nu}(t),\dots,\ \vec{x}_{o\rho}(t))^T \;{}^{2)} \\
\dots & \dots \\
\vec{x}_{n-n_1-1}(t) = & (\vec{x}_{\alpha o}(t),\ \vec{x}_{\alpha 1}(t),\ \vec{x}_{\alpha 2}(t),\dots,\ \vec{x}_{\alpha\nu}(t),\dots,\ \vec{x}_{\alpha\rho}(t))^T \\
\vec{x}_{n-n_1}(t) = & (\ \vec{o}_o,\ \vec{x}_{\beta 1}(t),\ \vec{x}_{\beta 2}(t),\dots,\ \vec{x}_{\beta\nu}(t),\dots,\ \vec{x}_{\beta\rho}(t))^T \\
\dots & \dots \\
\vec{x}_{n-n_2-1}(t) = & (\ \vec{o}_o,\ \vec{x}_{\gamma 1}(t),\ \vec{x}_{\gamma 2}(t),\dots,\ \vec{x}_{\gamma\nu}(t),\dots,\ \vec{x}_{\gamma\rho}(t))^T \\
\vec{x}_{n-n_2}(t) = & (\ \vec{o}_o,\ \vec{o}_1,\ \vec{x}_{\delta 2}(t),\dots,\ \vec{x}_{\delta\nu}(t),\dots,\ \vec{x}_{\delta\rho}(t))^T \\
\dots & \dots \\
\vec{x}_{n-n_\nu}(t) = & (\ \vec{o}_o,\ \vec{o}_1,\dots,\ \vec{o}_{\nu-1},\ \vec{x}_{\varepsilon\nu}(t),\dots,\ \vec{x}_{\varepsilon\rho}(t))^T \\
\dots & \dots \\
\vec{x}_{n-n_{\nu+1}-1}(t) = & (\ \vec{o}_o,\ \vec{o}_1,\dots,\ \vec{o}_{\nu-1},\ \vec{x}_{\pi\nu}(t),\dots,\ \vec{x}_{\pi\rho}(t))^T \\
\dots & \dots \\
\vec{x}_n(t) = & (\ \vec{o}_o,\ \vec{o}_1,\dots\dots,\ \vec{o}_{\rho-1},\ \vec{x}_{n\rho}(t))^T.
\end{array} \qquad \text{(I)}$$

Im folgenden verwenden wir nach 6B,Satz 1 normierte Koordinaten (WEIERSTRASS-Koordinaten). Die partitionierten Vektoren von

$$\vec{x}_o(t),\dots,\vec{x}_n(t)$$

genügen dann den

---

[1] Das Begleitsimplex $\{P_o,\dots,P_n\}$ aus B,Satz 2 wird nun bezeichnet mit $\{X_o(\vec{x}_o(t)),\dots,X_n(\vec{x}_n(t))\}$.

[2] Bei $\vec{x}_{i\nu}(t)$ zeigt der erste (kursive) Index i die Ecke des Begleitsimplex an; der zweite Index ν bezeichnet den partitionierten Vektor mit den von $n-n_\nu$ bis $n-n_{\nu+1}-1$ laufenden projektiven Koordinaten:

$$\vec{x}_{i\nu}(t) = (x_{i,\,n-n_\nu}(t),\dots,\ x_{i,\,n-n_{\nu+1}-1}(t))^T.$$

Normierungsbedingungen

$$\vec{x}_{i\nu}^T E_\nu \vec{x}_{i\nu} = \pm 1, \quad n-n_\nu \le i \le n-n_{\nu+1}-1, \quad 0 \le \nu \le \rho .$$

Normierung der Koordinaten der r_ν Begleitsimplexecken $X_{n-n_\nu}, \dots, X_{n-n_{\nu+1}-1}$ bezüglich der absoluten Quadrik $Q^{n_\nu-1}_{r_\nu q_\nu}$. (II)

Dabei gilt die Normierung $\vec{x}_{i\nu}^T E_\nu \vec{x}_{i\nu} = \pm 1$, wenn sich $\vec{y}_{i\nu}^T E_\nu \vec{y}_{i\nu} \gtrless 0$ für die unnormierten Koordinatenvektoren $\vec{y}_{i\nu}$ ergibt.

Die auf $X_{n-n_\nu}, \dots, X_{n-n_{\nu+1}-1}$ folgenden $n_{\nu+1}+1$ Begleitsimplexecken $X_{n-n_{\nu+1}}, \dots, X_n$ liegen in der Spitze $A^{n_{\nu+1}}$ der absoluten Quadrik $Q^{n_\nu-1}_{r_\nu q_\nu}$. Ihre Koordinatenvektoren $\vec{x}_{i\nu}$, $n-n_{\nu+1} \le i \le n$, erfüllen daher die Gleichung dieser Quadrik und ihrer Spitze, sie erfüllen also die

Inzidenzbedingungen

$$\left.\begin{aligned} \vec{x}_{i\nu}^T E_\nu \vec{x}_{i\nu} &= 0 \\ \vec{x}_{i\nu}^T E_\nu &= \vec{o}_\nu^T \end{aligned}\right\} \quad n-n_{\nu+1} \le i \le n, \quad 0 \le \nu \le \rho. \qquad \text{(III)}$$

Weiter ist jede der Simplexecken $X_{n-n_\nu}, \dots, X_{n-n_{\nu+1}-1}$ polar zu jeder anderen dieser Begleitsimplexecken und zu jeder folgenden (weil in $A^{n_{\nu+1}}$ gelegenen) Begleitsimplexecke bezüglich $Q^{n_\nu-1}_{r_\nu q_\nu}$. Die Koordinatenvektoren der Begleitsimplexecken genügen daher den

Polaritätsbedingungen

$$\vec{x}_{i\nu}^T E_\nu \vec{x}_{j\nu} = 0, \quad n-n_\nu \le i,j \le n, \quad i \neq j, \quad 0 \le \nu \le \rho. \qquad \text{(IV)}$$

Wir beachten nun, daß in jedem Kurvenpunkt X_o die Tangente einer Hauptkurve X(I) (siehe die Konstruktion ihres Begleitsimplexes!) entweder *Passante* oder *Sekante* oder *euklidische Gerade* (singuläre Tangente) des Absolutkegels $Q^{n-1}_{r_o q_o}$ ist. Letzteres ist genau dann der Fall, wenn A^{n_1} eine Absoluthyperebene ist, wenn also ein *semieuklidischer Raum* vorliegt. Im Hinblick auf eine invariante Parametrisierung der Hauptkurven beachten wir weiter die auf den Passanten, Sekanten und euklidischen Geraden in 8B, (I)-(III) eingeführten Abstandsmetriken:

Passanten............. $\cos\delta_o(X,Y) = |\vec{x}_o^T E_o \vec{y}_o|$,

Sekanten.............. $\operatorname{ch}\delta_o(X,Y) = |\vec{x}_o^T E_o \vec{y}_o|$,

euklidische Geraden... $d_1(X,Y) = \sqrt{|(\vec{y}_1-\vec{x}_1)^T E_1 (\vec{y}_1-\vec{x}_1)|}$,

mit den Normierungen $\vec{x}_o^T E_o \vec{x}_o = \vec{y}_o^T E_o \vec{y}_o = \pm 1$, $\vec{x}_1^T E_1 \vec{x}_1 = \vec{y}_1^T E_1 \vec{y}_1 = \pm 1$. Diese Metriken motivieren die folgenden invarianten Parametrisierungen von Hauptkurven:

<u>Satz 1:</u> Genügt die Parametrisierung $\vec{x}_o(s)$ einer Hauptkurve $X(I)$ eines CK-Raumes $P^n_{r_o\dots r_{\rho-1}|q_o\dots q_\rho}$ der Bedingung:

für $r_o > 1$:
$$\left|\frac{d\vec{x}^T_{oo}}{ds} E_o \frac{d\vec{x}_{oo}}{ds}\right| = 1$$
oder $ds = \sqrt{|d\vec{x}^T_{oo} E_o d\vec{x}_{oo}|}$,

so ist
$$s = \int_{t_o}^{t_o'} \sqrt{|\dot{\vec{x}}^T_{oo} E_o \dot{\vec{x}}_{oo}|}\,dt \qquad \text{(V)}$$

für $r_o = 1$:
$$\left|\frac{d\vec{x}^T_{o1}}{ds} E_1 \frac{d\vec{x}_{o1}}{ds}\right| = 1$$
oder $ds = \sqrt{|d\vec{x}^T_{o1} E_1 d\vec{x}_{o1}|}$,

so ist
$$s = \int_{t_o}^{t_o'} \sqrt{|\dot{\vec{x}}^T_{o1} E_1 \dot{\vec{x}}_{o1}|}\,dt \qquad \text{(VI)}$$

ein bezüglich Bewegungen und gleichsinnigen Parametertransformationen invarianter Parameter; s heißt ***natürlicher Parameter*** oder die ***CK-Bogenlänge*** der Hauptkurve $X(I)$ von $X_o(t_o)$ bis $X_o(t_o')$ mit $t_o, t_o' \in I$.

Beweis: Bewegungsinvarianz: Im CK-Raum sei eine Bewegung 7A(II) gegeben. Zur Prüfung der Invarianz von s benötigt man für $r_o > 1$ aus 7A(II) $\vec{x}_{oo}(t) = U_o \vec{x}^*_{oo}(t)$ mit q_o-orthogonaler (r_o, r_o)-Drehmatrix U_o. Daraus folgt $\dot{\vec{x}}_{oo}(t) = U_o \dot{\vec{x}}^*_{oo}(t)$. Aus

$$|\dot{\vec{x}}^T_{oo}(t) E_o \dot{\vec{x}}_{oo}(t)| = |\dot{\vec{x}}^{*T}_{oo}(t) U_o^T E_o U_o \dot{\vec{x}}^*_{oo}(t)| = |\dot{\vec{x}}^{*T}_{oo}(t) E_o \dot{\vec{x}}^*_{oo}(t)|$$

folgt die Bewegungsinvarianz von s für $r_o > 1$. Für $r_o = 1$ benötigt man aus 7A(II) $\vec{x}_{o1}(t) = T_{1o}\vec{x}^*_{oo}(t) + U_1 \vec{x}^*_{o1}(t)$ mit q_1-orthogonaler (r_1, r_1)-Drehmatrix U_1, beliebiger Translationsmatrix T_{1o} und mit $\vec{x}^*_{oo}(t) = (x_{oo}) = (1)$ (wegen $r_o = 1$). Daraus folgt $\dot{\vec{x}}_{o1}(t) = U_1 \dot{\vec{x}}^*_{o1}(t)$. Damit ergibt sich die Bewegungsinvarianz von s wie im Fall $r_o > 1$.

Parameterinvarianz: Durch $t = f(u)$, $\dot{f}(u) > 0$ sei auf dem offenen Intervall J eine Parametertransformation gegeben. Dann gilt für $r_o > 1$:

$$\int_{t_o}^{t'_o} \sqrt{|\dot{\vec{x}}_{oo}^T E_o \dot{\vec{x}}_{oo}|}\, dt = \int_{t_o}^{t'_o} \sqrt{\left|\frac{d\vec{x}_{oo}^T}{du} E_o \frac{d\vec{x}_{oo}}{du}\right| \left(\frac{du}{dt}\right)^2}\, dt =$$

$$= \int_{t_o}^{t'_o} \left|\frac{du}{dt}\right| \sqrt{\left|\frac{d\vec{x}_{oo}^T}{du} E_o \frac{d\vec{x}_{oo}}{du}\right|}\, dt = \int_{u_o}^{u'_o} \sqrt{\left|\frac{d\vec{x}_{oo}^T}{du} E_o \frac{d\vec{x}_{oo}}{du}\right|}\, du.$$

Dabei können die Betragstriche bei $\left|\frac{du}{dt}\right|$ wegen $\frac{du}{dt} > 0$ wegfallen. In derselben Weise folgt die Parameterinvarianz für $r_o = 1$.

Bemerkungen:

1) In Satz 1 besteht bezüglich $Q^{n-1}_{r_o q_o}$ die Normierung $\vec{x}_{oo}^T E_o \vec{x}_{oo} = \pm 1$; der CK-Raum ist semieuklidisch für $r_o = 1$, nicht semieuklidisch für $r_o > 1$.

2) Gegensinnige Parametertransformationen ändern das Vorzeichen der CK-Bogenlänge s. Bei gleich- und gegensinnigen Parametertransformationen ist also nur $|s|$ invariant.

3) Offenbar läßt sich die CK-Bogenlänge s im allgemeinen schon bei eigentlichen Kurven einführen. Ist X(I) keine Hauptkurve und sind über einem Teilintervall $I_\mu \subset I$ die Tangenten von $X(I_\mu)$ euklidische Geraden μ.Art, so läßt sich die CK-Bogenlänge s der Kurve $X(I_\mu)$ erklären mit Hilfe von

$$ds^2 = |d\vec{x}_{o\mu}^T E_\mu d\vec{x}_{o\mu}| \quad (1 \le \mu \le \rho).$$

4) Nach Satz 1 erfolgt die Berechnung der CK-Bogenlänge in einem projektiven Koordinatensystem, in dem die Absolutfigur des CK-Raumes die Normalform 6B(I) besitzt. In einem beliebigen projektiven Koordinatensystem treten anstelle der Matrizen E_o, E_1, E_μ allgemeine Matrizen A_o, A_1, A_μ.

5) Nach H.VOGEL[1] läßt sich die CK-Bogenlänge s einer Hauptkurve X(I) von $X(t_o)$ bis $X(t'_o)$ (wie in den euklidischen Räumen) als obere Grenze der Menge der CK-Längen aller X(I) von $X(t_o)$ bis $X(t'_o)$ einbeschriebenen Sehnenzüge deuten, wenn über dem offenen Intervall $(a,b) \subset I$, $a < t_o$, $t'_o < b$ alle Tangenten S^1 von X(I) entweder Passanten oder Sekanten von $Q^{n-1}_{r_o q_o}$ oder euklidische Geraden μ.Art sind.

6) Die Kurven eines CK-Raumes, die in der Absolutebene A^{n_ν}, aber nicht in $A^{n_{\nu+1}}$ liegen, enthalten nur Fernpunkte. Diese Kurven können als ***Fernkurven*** ν.***Art*** und (unter geeigneten Voraussetzungen) als ***Hauptfernkurven*** ν.***Art*** bezeichnet und wie die Hauptkurven untersucht werden.

D. Ableitungsgleichungen

Durchläuft das Begleitsimplex $\{X_o(t),\dots,X_n(t)\}$ einer Hauptkurve X(I) eines CK-Raumes $P^n_{r_o\dots r_{\rho-1}|q_o\dots q_\rho}$ die Hauptkurve, so beschreiben die Simplexecken im allgemeinen selbst Kurven mit den Parametrisierungen $\vec{x}_i(t)$ und den Ableitungsvektoren $\dot{\vec{x}}_i(t)$ $(0 \le i \le n)$. Jeder Ableitungsvektor $\dot{\vec{x}}_i(t)$ läßt sich aus den Vektoren $\vec{x}_o(t),\dots,\vec{x}_n(t)$ linear kombinieren:

$$\dot{\vec{x}}_i = \sum_{j=o}^{n} \alpha_i^j \vec{x}_j = \alpha_i^j \vec{x}_j{}^{1)} \quad \text{mit} \quad \vec{x}_j = \begin{pmatrix} \vec{x}_{jo}(t) \\ \cdots\cdots \\ \vec{x}_{j\nu}(t) \\ \cdots\cdots \\ \vec{x}_{j\rho}(t) \end{pmatrix} \quad (0 \le i,j \le n).$$

Diese Linearkombination lautet bei Verwendung der partitionierten Koordinatenvektoren aus C(I) (und bei Beachtung von $\vec{x}_{j\nu} = \vec{o}_\nu$ für $n-n_{\nu+1} \le j \le n$ nach C(I)):

$$\dot{\vec{x}}_{i\nu} = \sum_{j=o}^{n-n_{\nu+1}-1} \alpha_i^j \vec{x}_{j\nu} \quad (0 \le \nu \le \rho).$$

Wir ermitteln nun Eigenschaften der Koeffizientenmatrix (α_i^j) aufgrund der Bedingungen C(I) - C(IV), denen die partitionierten Koordinatenvektoren der Simplexecken $X_i(t)$ genügen.

Zunächst folgt aus den Polaritätsbedingungen C(IV) (für $i \neq j$) sowie aus den Normierungs- und Inzidenzbedingungen C(II), C(III) (für $i = j$) durch Ableiten nach dem Kurvenparameter t :

$$\dot{\vec{x}}_{i\nu}^{T} E_\nu \vec{x}_{j\nu} + \vec{x}_{i\nu}^{T} E_\nu \dot{\vec{x}}_{j\nu} = 0 \quad \text{für } n-n_\nu \le i,j \le n,\ 0 \le \nu \le \rho .$$

Verwendet man in diesen Bedingungen den Ansatz für $\dot{\vec{x}}_{i\nu}$, so er-

[1] Wir verwenden die EINSTEINsche Summenkonvention: Über einen Index, der in einem Produkt einmal als oberer und einmal als unterer Index auftritt, ist von 1 bis n zu summieren; das Summenzeichen wird weggelassen.

hält man bei Ersetzung des Summationsindex j durch k:

$$\sum_{k=0}^{n-n_{\nu+1}-1} (\alpha_i^k \vec{x}_{k\nu}^T E_\nu \vec{x}_{j\nu} + \alpha_j^k \vec{x}_{i\nu}^T E_\nu \vec{x}_{k\nu}) = 0 \quad (n-n_\nu \le i,j \le n) \tag{1}$$

und nach Aufspaltung der Summe:

$$\sum_{k=0}^{n-n_\nu-1} (\alpha_i^k \vec{x}_{k\nu}^T E_\nu \vec{x}_{j\nu} + \alpha_j^k \vec{x}_{i\nu}^T E_\nu \vec{x}_{k\nu}) + \sum_{k=n-n_\nu}^{n-n_{\nu+1}-1} (\alpha_i^k \vec{x}_{k\nu}^T E_\nu \vec{x}_{j\nu} + \alpha_j^k \vec{x}_{i\nu}^T E_\nu \vec{x}_{k\nu}) = 0$$

Auf die erste Summe sind die Polaritätsbedingungen C(IV) wegen $0 \le k \le n-n_\nu-1$ nicht anwendbar. In der zweiten Summe gilt nach den Polaritätsbedingungen C(IV): $\vec{x}_{k\nu}^T E_\nu \vec{x}_{j\nu} = 0$ für $k \neq j$ und $\vec{x}_{i\nu}^T E_\nu \vec{x}_{k\nu} = 0$ für $k \neq i$.

Setzt man aufgrund der Normierungsbedingungen C(II) und der Inzidenzbedingungen C(III)

$$\vec{x}_{l\nu}^T E_\nu \vec{x}_{l\nu} =: \varepsilon_{l\nu} = \begin{Bmatrix} \pm 1 \text{ für } n-n_\nu \le l \le n-n_{\nu+1}-1 \\ 0 \text{ für } n-n_{\nu+1} \le l \le n \end{Bmatrix} \quad (0 \le \nu \le \rho), \tag{2}$$

so folgt mit $l = i,j$ aus (1)

$$\sum_{k=0}^{n-n_\nu-1} (\alpha_i^k \vec{x}_{k\nu}^T E_\nu \vec{x}_{j\nu} + \alpha_j^k \vec{x}_{i\nu}^T E_\nu \vec{x}_{k\nu}) + \alpha_i^j \varepsilon_{j\nu} + \alpha_j^i \varepsilon_{i\nu} = 0 \quad (n-n_\nu \le i,j \le n)^{1)} \tag{3}$$

Für $\nu = 0$ entfällt in (3) die Summation von $k=0$ bis $k=n-n_\nu-1$. Man findet dann aus (3):

$$\alpha_i^j \varepsilon_{j0} + \alpha_j^i \varepsilon_{i0} = 0 \qquad \text{für } 0 \le i,j \le n, \tag{4}$$

und weiter mit (2)

$$\alpha_j^i = -(\varepsilon_{i0}\varepsilon_{j0})\alpha_i^j \qquad \text{für } 0 \le i,j \le n-n_1-1, \tag{5}$$

also für $i=j$

$$\alpha_i^i = 0 \qquad \text{für } 0 \le i \le n-n_1-1. \tag{6}$$

Außerdem folgt aus (4) mit (2)

$$\alpha_j^i = 0 \quad \text{für} \begin{Bmatrix} 0 \le i \le n-n_1-1 \\ n-n_1 \le j \le n \end{Bmatrix}. \tag{7}$$

Für $\nu = 1$ lautet (3):

$$\sum_{k=0}^{n-n_1-1} (\alpha_i^k \vec{x}_{k1}^T E_1 \vec{x}_{j1} + \alpha_j^k \vec{x}_{i1}^T E_1 \vec{x}_{k1}) + \alpha_i^j \varepsilon_{j1} + \alpha_j^i \varepsilon_{i1} = 0 \quad (n-n_1 \le i,j \le n).$$

[1)] Über i und j nicht summieren! Dies betrifft alle entsprechenden Stellen dieses Abschnitts.

Daraus folgt mit (7):

$$\alpha_i^j \varepsilon_{j1} + \alpha_j^i \varepsilon_{i1} = 0 \qquad \text{für } n-n_1 \le i,j \le n \tag{8}$$

und weiter mit (2)

$$\alpha_j^i = -(\varepsilon_{i1}\varepsilon_{j1})\alpha_i^j \qquad \text{für } n-n_1 \le i,j \le n-n_2-1, \tag{9}$$

also für $i=j$

$$\alpha_i^i = 0 \qquad \text{für } n-n_1 \le i \le n-n_2-1 \tag{10}$$

sowie

$$\alpha_j^i = 0 \quad \text{für} \left\{ \begin{matrix} n-n_1 \le i \le n-n_2-1 \\ n-n_2 \le j \le n \end{matrix} \right\}. \tag{11}$$

Betrachtet man (3) weiter für $\nu = 2,\ldots,\rho$, so ergibt sich:

$$\left.\begin{array}{lll} \alpha_i^j \varepsilon_{j\nu} + \alpha_j^i \varepsilon_{i\nu} = 0 & & \text{für } n-n_\nu \le i,j \le n, \\ \alpha_j^i & = -(\varepsilon_{i\nu}\varepsilon_{j\nu})\alpha_i^j & \text{für } n-n_\nu \le i,j \le n-n_{\nu+1}-1, \\ \alpha_i^i & = 0 & \text{für } n-n_\nu \le i \le n-n_{\nu+1}-1, \\ \alpha_j^i & = 0 & \text{für} \left\{ \begin{matrix} n-n_\nu \le i \le n-n_{\nu+1}-1 \\ n-n_{\nu+1} \le j \le n \end{matrix} \right\}, \end{array}\right\} (0 \le \nu \le \rho). \tag{I}$$

Nach (I) hat die Matrix (α_j^i) für das Begleitsimplex $\{X_o,\ldots,X_n\}$ einer Hauptkurve X(I) die Bauart:

$$(\alpha_j^i) = \begin{pmatrix} B^{n-n_1} & & \\ 0\ldots0 & \ldots B^{n_\nu-n_{\nu+1}} & \\ \vdots \quad \vdots & 0\ldots\ldots0 & \\ \vdots \quad \vdots & \vdots \qquad \vdots & \ldots B^{n_\rho+1} \\ 0\ldots0 & 0\ldots\ldots0 & \end{pmatrix}.$$

Die Block-Hauptdiagonale enthält $\rho+1$ quadratische Matrizen $B^{n_\nu-n_{\nu+1}}$ $(0 \le \nu \le \rho)$, deren Hauptdiagonalen mit Nullen besetzt sind:

$$B^{n_\nu-n_{\nu+1}} = \begin{pmatrix} 0 & & \alpha_i^j \\ & \ddots & \\ \alpha_j^i & & 0 \end{pmatrix}, \quad \alpha_j^i = -(\varepsilon_{i\nu}\varepsilon_{j\nu})\alpha_i^j.$$

Dabei ist $n-n_1=r_o,\ldots, n_\nu-n_{\nu+1}=r_\nu,\ldots, n_\rho+1=r_\rho$, also (siehe 6A, Def.1) $n+1 = r_o + r_1 + \ldots + r_\rho$.

Unterhalb der Block-Hauptdiagonale stehen Nullen, oberhalb stehen unbekannte Elemente.

Wir beachten nun, daß in jedem Kurvenpunkt $X_0(t)$ die Begleitsimplexkante $X_0 + X_1$ die Kurventangente S^1 und $X_0 + \ldots + X_k$ die Schmieg-k-Ebene S^k der Hauptkurve X(I) ist. Dann gilt nach Abschnitt A:

$$S^k = X_0 + \ldots + X_k = X(t) + \dot{X}(t) + \ldots + \overset{(k)}{X}(t) \quad (0 \le k < n, 0 \le k < n),$$

woraus folgt:

$$\vec{x}_k \in [\vec{x}_0, \dot{\vec{x}}_0, \ldots, \overset{(k)}{\vec{x}}_0].$$

Daraus ergibt sich durch Ableiten nach dem Kurvenparameter t:

$$\dot{\vec{x}}_k \in [\vec{x}_0, \dot{\vec{x}}_0, \ldots, \overset{(k+1)}{\vec{x}}_0] = [\vec{x}_0, \ldots, \vec{x}_{k+1}].$$

Da somit die Vektoren $\vec{x}_{k+2}, \ldots, \vec{x}_n$ an der Darstellung $\dot{\vec{x}}_k = \sum_{j=0}^{n} \alpha_k^j \vec{x}_j$ nicht beteiligt sind, verschwinden in der Matrix (α_k^j) alle Elemente oberhalb der oberen Nebendiagonale:

$$\boxed{\alpha_k^j = 0 \quad \text{für } j \ge k+2.} \qquad \text{(II)}$$

Aus (I) und (II) erhält man:

$$\dot{\vec{x}}_0 = \alpha_0^1 \vec{x}_1,$$

$$\dot{\vec{x}}_i = -(\varepsilon_{i-1\nu}\varepsilon_{i\nu})\alpha_{i-1}^i \vec{x}_{i-1} + \alpha_i^{i+1}\vec{x}_{i+1} \left\{ \begin{matrix} n-n_\nu+1 \le i \le \min(n-1, n-n_{\nu+1}) \\ 0 \le \nu \le \rho \end{matrix} \right\},$$

$$\dot{\vec{x}}_n = \begin{cases} -(\varepsilon_{n-1\rho-1}\varepsilon_{n\rho-1})\alpha_{n-1}^n \vec{x}_{n-1} = \vec{o} & \text{für } n_\rho = r_\rho - 1 = 0, \\ -(\varepsilon_{n-1\rho}\varepsilon_{n\rho})\alpha_{n-1}^n \vec{x}_{n-1} & \text{für } n_\rho = r_\rho - 1 > 0. \end{cases}$$

Bei Parametrisierung der Hauptkurve X(I) mit der CK-Bogenlänge s setzen wir

$$\kappa_j := \alpha_j^{j+1} \quad (0 \le j \le n-1).$$

Die Ableitungen nach s bezeichnen wir mit Strichen ($\vec{x}_i'$ usw.). Dann gilt:

<u>Satz 1</u>: Eine mit der CK-Bogenlänge s parametrisierte Hauptkurve eines CK-Raumes

$$P^n_{r_0 \ldots r_{\rho-1} | q_0 \ldots q_\rho}$$

besitzt die *Ableitungsgleichungen* (FRENET-*Formeln*):

$$\left.\begin{array}{l}
\vec{x}_0' = \qquad \kappa_0\vec{x}_1,\\
\vec{x}_i' = -(\varepsilon_{i-1\nu}\varepsilon_{i\nu})\kappa_{i-1}\vec{x}_{i-1} + \kappa_i\vec{x}_{i+1} \left\{\begin{array}{c} n-n_\nu+1 \le i \le \min(n-1, n-n_{\nu+1}) \\ 0 \le \nu \le \rho \end{array}\right\},\\
\vec{x}_n' = \left\{\begin{array}{ll} -(\varepsilon_{n-1\rho-1}\varepsilon_{n\rho-1})\kappa_{n-1}\vec{x}_{n-1} = \vec{o} & \text{für } n_\rho = r_\rho - 1 = 0,\\ -(\varepsilon_{n-1\rho}\varepsilon_{n\rho})\kappa_{n-1}\vec{x}_{n-1} & \text{für } n_\rho = r_\rho - 1 > 0, \end{array}\right.
\end{array}\right\} \text{(III)}$$

$$\text{mit } \varepsilon_{i\nu} := \vec{x}_{i\nu}^{\,T} E_\nu \vec{x}_{i\nu} = \left\{\begin{array}{ll} \pm 1 \text{ für } & n-n_\nu \le i \le n-n_{\nu+1}-1 \\ 0 \text{ für } & n-n_{\nu+1} \le i \le n; n_{\rho+1} := -1 \end{array}\right\} (0 \le \nu \le \rho),$$

also mit $\varepsilon_{i-1\nu}\varepsilon_{i\nu} = 0$ für $i = n-n_{\nu+1}$ $(0 \le \nu \le \rho-1)$.

Infolge der Parametrisierung der Hauptkurve mit ihrer CK-Bogenlänge s gilt

$$\left\{\begin{array}{ll} \text{für } r_0 > 1 \text{ nach C(V):} & |\vec{x}_{00}'^{\,T} E_0 \vec{x}_{00}'| = 1,\\ \text{für } r_0 = 1 \text{ nach C(VI):} & |\vec{x}_{01}'^{\,T} E_1 \vec{x}_{01}'| = 1. \end{array}\right.$$

Beachtet man diese Beziehungen in der Konstruktion der Begleitsimplexecke $X_1(\vec{x}_1)$ aus $X_0(\vec{x}_0)$ und $X_0'(\vec{x}_0')$ nach 6H, so folgt $\vec{x}_0' = \vec{x}_1$. Damit stimmt die Ableitung des (normierten) Vektors $\vec{x}_0(s)$ des laufenden Hauptkurvenpunktes X_0 mit dem (normierten) Vektor $\vec{x}_1(s)$ der Begleitsimplexecke X_1 überein. Folglich ist

$$\kappa_0 = 1.$$

Die Beziehung $\vec{x}_0' = \vec{x}_1$ zählt meist nicht zu den Ableitungsgleichungen, da kein κ_i auftritt.

In den semieuklidischen Räumen $P^n_{1r_1\ldots r_{\rho-1}|0q_1\ldots q_\rho}$ ist $\varepsilon_{00}\varepsilon_{10} = 0$ wegen $n-n_1 = r_0 = 1$.
In diesen Räumen sind die *Fernpunkte* X_i $(1 \le i \le n)$ bestimmt durch die mit $\vec{e}_i$ bezeichneten (normierten) Vektoren $\vec{e}_i := \vec{x}_i$ $(\vec{e}_{i\nu}^{\,T} E_\nu \vec{e}_{i\nu} = \pm 1$, $n-n_\nu \le i \le n-n_{\nu+1}-1$, $1 \le \nu \le \rho$, $n-n_1 = r_0 = 1)$; die FRENET-*Formeln* lauten sodann im *begleitenden n-Bein*[1] $\{\vec{e}_1,\ldots,\vec{e}_n\}$:

$$\left.\begin{array}{l}
\vec{e}_1' = \qquad \kappa_1\vec{e}_2,\\
\vec{e}_i' = -(\varepsilon_{i-1\nu}\varepsilon_{i\nu})\kappa_{i-1}\vec{e}_{i-1} + \kappa_i\vec{e}_{i+1} \left\{\begin{array}{c} n-n_\nu+1 \le i \le \min(n-1, n-n_{\nu+1}) \\ 1 \le \nu \le \rho \end{array}\right\},\\
\vec{e}_n' = -(\varepsilon_{n-1\rho}\varepsilon_{n\rho})\kappa_{n-1}\vec{e}_{n-1} \text{ für } n_\rho > 0, \quad \vec{e}_n' = \vec{o} \text{ für } n_\rho = 0.
\end{array}\right\} \text{(IV)}$$

[1] Siehe B, Bem. 1!

$\kappa_i(s)$ $(1 \leq i \leq n-1)$ heißt die *i-te Krümmung* und $\kappa_i = \kappa_i(s)$ die *i-te natürliche Gleichung* der Hauptkurve X(I).

Wir berechnen nun die i-te Krümmung κ_i $(1 \leq i \leq n-1)$ aus der FRENET-Formel (III):

$$\vec{x}_i' = -(\varepsilon_{i-1\nu}\varepsilon_{i\nu})\kappa_{i-1}\vec{x}_{i-1} + \kappa_i\vec{x}_{i+1} \quad \left\{\begin{matrix} n-n_\nu+1 \leq i \leq \min(n-1, n-n_{\nu+1}) \\ 0 \leq \nu \leq \rho \end{matrix}\right\} .$$

(1) Die i-te Krümmung κ_i $(n-n_\nu+1 \leq i \leq n-n_{\nu+1}-2,\ 0 \leq \nu \leq \rho)$ ergibt sich durch Multiplikation der ν-ten partitionierten Vektoren mit $E_\nu\vec{x}_{i+1\nu}$, also aus

$$\vec{x}_{i\nu}'^T E_\nu \vec{x}_{i+1\nu} = -(\varepsilon_{i-1\nu}\varepsilon_{i\nu})\kappa_{i-1}\vec{x}_{i-1\nu}^T E_\nu \vec{x}_{i+1\nu} + \kappa_i \vec{x}_{i+1\nu}^T E_\nu \vec{x}_{i+1\nu} .$$

Wir beachten, daß nach den Polaritätsbedingungen C(IV) gilt:

$$\vec{x}_{i-1\nu}^T E_\nu \vec{x}_{i+1\nu} = 0 \quad \text{für} \quad n-n_\nu+1 \leq i \leq n-1.$$

Man erhält somit

$$\vec{x}_{i\nu}'^T E_\nu \vec{x}_{i+1\nu} = \kappa_i \vec{x}_{i+1\nu}^T E_\nu \vec{x}_{i+1\nu} \quad \text{für} \quad n-n_\nu+1 \leq i \leq \min(n-1, n-n_{\nu+1}).$$

Weiter gilt nach den Normierungsbedingungen C(II)

$$\varepsilon_{i+1\nu} = \vec{x}_{i+1\nu}^T E_\nu \vec{x}_{i+1\nu} = \pm 1 \quad \text{für} \quad n-n_\nu-1 \leq i \leq n-n_{\nu+1}-2$$

und nach den Inzidenzbedingungen C(III)

$$\vec{x}_{i+1\nu}^T E_\nu \vec{x}_{i+1\nu} = 0 \quad \text{für} \quad n-n_{\nu+1}-1 \leq i \leq n-1.$$

Man erhält also

$$\boxed{\kappa_i(s) = \varepsilon_{i+1\nu}\vec{x}_{i\nu}'^T E_\nu \vec{x}_{i+1\nu} \quad \text{für} \left\{\begin{matrix} n-n_\nu+1 \leq i \leq n-n_{\nu+1}-2 \\ 0 \leq \nu \leq \rho \end{matrix}\right\}.} \qquad \text{(V)}$$

(2) Die i-te Krümmung κ_i $(i = n-n_{\nu+1}-1,\ 0 \leq \nu \leq \rho-1)$ ergibt sich, indem man die FRENET-Formel (III) für die $(\nu+1)$-ten partitionierten Vektoren verwendet, mit $E_{\nu+1}\vec{x}_{i+1\nu+1}$ multipliziert und nach C(II)

$$\varepsilon_{i+1\nu+1} := \vec{x}_{i+1\nu+1}^T E_{\nu+1} \vec{x}_{i+1\nu+1} = \pm 1$$

für $i = n-n_{\nu+1}-1$ benützt. Man erhält dann

$$\vec{x}'^T_{i\nu+1}E_{\nu+1}\vec{x}_{i+1\nu+1} = -(\varepsilon_{i-1\nu}\varepsilon_{i\nu})\kappa_{i-1}\vec{x}^T_{i-1\nu+1}E_{\nu+1}\vec{x}_{i+1\nu+1} + \kappa_i\varepsilon_{i+1\nu+1}.$$

Daraus folgt

$$\boxed{\begin{gathered}\kappa_i(s) = \varepsilon_{i+1\nu+1}(\vec{x}'^T_{i\nu+1} + \varepsilon_{i-1\nu}\varepsilon_{i\nu}\kappa_{i-1}\vec{x}^T_{i-1\nu+1})E_{\nu+1}\vec{x}_{i+1\nu+1}\\ \text{für } i = n-n_{\nu+1}-1,\ 0 \le \nu \le \rho-1.\end{gathered}} \qquad \text{(VI)}$$

Dabei ist κ_{i-1} bereits bekannt.

(3) Die i-te Krümmung κ_i ($i = n-n_{\nu+1}$, $0 \le \nu \le \rho-1$) ergibt sich schließlich aus der FRENET-Formel (man beachte in (III) die Beziehung $\varepsilon_{i-1\nu}\varepsilon_{i\nu} = 0$ für $i = n-n_{\nu+1}$):

$$\vec{x}'_i = \kappa_i\vec{x}_{i+1} \text{ für } i = n-n_{\nu+1}.$$

Nach Multiplikation der (ν+1)-ten partitionierten Vektoren mit $E_{\nu+1}\vec{x}_{i+1\nu+1}$, falls

$$\varepsilon_{i+1\nu+1} := \vec{x}^T_{i+1\nu+1}E_{\nu+1}\vec{x}_{i+1\nu+1} = \pm 1 \text{ für } i = n-n_{\nu+1},$$

und nach Multiplikation der (ν+2)-ten partitionierten Vektoren mit $E_{\nu+2}\vec{x}_{i+1\nu+2}$, falls $\varepsilon_{i+1\nu+1} = 0$ für $i = n-n_{\nu+1}$[1], und bei Verwendung von

$$\varepsilon_{i+1\nu+2} := \vec{x}^T_{i+1\nu+2}E_{\nu+2}\vec{x}_{i+1\nu+2} = \pm 1 \text{ für } i = n-n_{\nu+1},$$

erhält man:

$$\boxed{\begin{aligned}&\kappa_i(s) = \varepsilon_{i+1\nu+1}\vec{x}'^T_{i\nu+1}E_{\nu+1}\vec{x}_{i+1\nu+1} \text{ für } \begin{cases} i = n-n_{\nu+1},\ r_{\nu+1} > 1,\\ 0 \le \nu \le \rho-1\end{cases}\\ &\text{bzw.}\\ &\kappa_i(s) = \varepsilon_{i+1\nu+2}\vec{x}'^T_{i\nu+2}E_{\nu+2}\vec{x}_{i+1\nu+2} \text{ für } \begin{cases} i = n-n_{\nu+1},\ r_{\nu+1} = 1,\\ 0 \le \nu \le \rho-2.\end{cases}\end{aligned}} \qquad \text{(VII)}$$

---

[1] Aus den in Satz 1 definierten $\varepsilon_{i\nu}$ folgt

$$\varepsilon_{i+1\nu+1} = \begin{cases} \pm 1 \text{ für } n-n_{\nu+1}-1 \le i \le n-n_{\nu+2}-2\\ 0 \text{ für } n-n_{\nu+2}-1 \le i \le n-1.\end{cases}$$

Folglich ist $\varepsilon_{i+1\nu+1} = 0$, falls $i = n-n_{\nu+1} = n-n_{\nu+2}-1$, also $n_{\nu+1} = n_{\nu+2}+1$ und somit $r_{\nu+1} = 1$. Dieser Fall tritt zum Beispiel in den Flaggenräumen auf.

Bemerkungen:

1) In (VI) handelt es sich um die i-ten Krümmungen κ_i, $i=n-n_1-1$, $n-n_2-1,\dots,n-n_\rho-1$ und in (VII) um die j-ten Krümmungen κ_j, $j=n-n_1$, $n-n_2,\dots,n-n_\rho$ (mit $n-n_1=r_0$, $n-n_2=r_0+r_1,\dots,n-n_\rho=r_0+\dots+r_{\rho-1}$).

2) Die $(n-1)$-te Krümmung κ_{n-1} hat nach (V) für $i=n-1$, $\nu=\rho$, $n_\rho>1$ und nach (VII) für $i=n-1$ ($\nu=\rho-1$, $n_\rho=1$ bzw. $\nu=\rho-2$, $n_{\rho-1}=1$) die Darstellung:

$$\kappa_{n-1}=\varepsilon_{n\rho}\vec{x}'^{\,T}_{n-1\rho}\cdot E_\rho\vec{x}_{n\rho}\,.$$

Aus (VI) findet man für $i=n-1$, $\nu=\rho-1$, $n_\rho=0$, $n_{\rho-1}>1$ ($n_{\rho-1}=1$ siehe (VII)!):

$$\kappa_{n-1}=\varepsilon_{n\rho}(\vec{x}'^{\,T}_{n-1\rho}+\varepsilon_{n-2\rho-1}\varepsilon_{n-1\rho-1}\kappa_{n-2}\vec{x}^{\,T}_{n-2\rho})E_\rho\vec{x}_{n\rho}\,.$$

Die Konstruktion der Punkte des Begleitsimplex $\{X_0(s),\dots,X_n(s)\}$ einer Hauptkurve $X(I)$ eines CK-Raumes in einem festen Punkt $X_0(s)\in X(I)$ verwendet nur die Absolutfigur sowie die (parameter- und bewegungsinvarianten) Schmieg-k-Ebenen S^k $(0\le k\le n-1)$ von $X(I)$ im Punkt $X_0(s)$. Ist $\{X_0^*(s),\dots,X_n^*(s)\}$ das Begleitsimplex der Bildkurve $X^*(I)$ von $X(I)$ bei einer (eigentlichen oder uneigentlichen) Bewegung π des CK-Raumes, so gilt $X_i^*(s)=\pi X_i(s)$ $(0\le i\le n)$ und folglich $\{X_0^*(s),\dots,X_n^*(s)\}=\{X_0(s),\dots,X_n(s)\}^*$.

Wird die Bewegung π nach 7A, Satz 2 durch die Bewegungsmatrix A dargestellt, so kann man als normierten Repräsentanten für $\pi X_0(s)$ (in einem nicht semieuklidischen Raum) entweder $A\vec{x}_0(s)$ oder $-A\vec{x}_0(s)$ wählen.[1] Man erhält dann nach 6H, Satz 1 zwei verschiedene Systeme von normierten Repräsentanten der Punkte $X_i^*(s)$. Sind $\vec{x}_i^*(s)$ die zu $A\vec{x}_0(s)$ gehörenden Repräsentanten, so gehören zu $-A\vec{x}_0(s)$ die Repräsentanten $-\vec{x}_i^*(s)$ $(0\le i<n)$ und $(-1)^n\vec{x}_n^*(s)$; denn in der Linearkombination von $\vec{x}_i^*(s)$ $(0\le i<n)$ aus $\vec{x}_0^*(s)$ und den Ableitungen $\vec{x}_0^{*\prime}(s),\dots,\frac{d^i}{ds^i}\vec{x}_0^*(s)$ ist der Faktor bei $\frac{d^i}{ds^i}\vec{x}_0^*$ nach 6H positiv, und die Vorzeichenbedingung

$$\det(-\vec{x}_0^*,-\vec{x}_1^*,\dots,-\vec{x}_{n-1}^*,(-1)^n\vec{x}_n^*)=1$$

---

[1] In einem semieuklidischen Raum ist der Koordinatenvektor $\vec{x}_0=(\vec{x}_{00},\dots,\vec{x}_{0\rho})^T$ eines eigentlichen Punktes $X_0(\vec{x}_0)$ durch $\vec{x}_{00}=(1)$ normiert. Diese Normierung bleibt nur bei der Bewegungsmatrix $A=(a_{ik})$ $(0\le i,k\le n)$ mit $a_{00}=1$, aber nicht bei $-A$ erhalten!

ist erfüllt. In einem semieuklidischen Raum sind die Repräsentanten $\vec{x}_i^*(s)$ $(0 \le i \le n)$ eindeutig bestimmt.

Wählt man als Repräsentanten für $\pi X_0(s)$ ohne Einschränkung $A\vec{x}_0(s)$, so erhält man als Repräsentanten der Punkte $X_i^*(s)$ die Vektoren $\vec{x}_i^* = A\vec{x}_i$ $(0 \le i < n)$ und $\vec{x}_n^* = (\det A)A\vec{x}_n$; denn in der Linearkombination von $\vec{x}_i(s)$ aus $\vec{x}_0(s)$ und den Ableitungen $\vec{x}_0'(s)$, $\dots, \frac{d^i}{ds^i}\vec{x}_0(s)$ ist der Faktor bei $\frac{d^i}{ds^i}\vec{x}_0(s)$ positiv, und in der Linearkombination von $\vec{x}_i^*(s)$ aus $\vec{x}_0^*(s) = A\vec{x}_0(s)$ und den Ableitungen $\vec{x}_0^{*\prime}(s), \dots, \frac{d^i}{ds^i}\vec{x}_0^*(s)$ ist der Faktor bei $\frac{d^i}{ds^i}\vec{x}_0^* = A\frac{d^i}{ds^i}\vec{x}_0$ positiv, und mit der Vorzeichenbedingung $\det(\vec{x}_0, \dots, \vec{x}_n) = 1$ folgt aus

$$1 = \det(A\vec{x}_0, \dots, A\vec{x}_{n-1}, \varepsilon A\vec{x}_n) = \varepsilon \det A \det(\vec{x}_0, \dots, \vec{x}_n)$$

die Beziehung $\varepsilon = \det A$.

Mit den in der Absolutebene A^{n_ν} $(\vec{x}_0 = \vec{o}_0, \dots, \vec{x}_{\nu-1} = \vec{o}_{\nu-1})$ geltenden Bewegungsgleichungen $\vec{x}_\nu = U_\nu \vec{x}_\nu^*$ (siehe 7A(II) für $\lambda_0 = \dots = \lambda_\rho = 1$) erhält man:

$$\varepsilon_{i\nu} = \vec{x}_{i\nu}^T E_\nu \vec{x}_{i\nu} = \vec{x}_{i\nu}^{*T} U_\nu^T E_\nu U_\nu \vec{x}_{i\nu}^* = \vec{x}_{i\nu}^{*T} E_\nu \vec{x}_{i\nu}^* = \varepsilon_{i\nu}^* ,$$

also die Bewegungsinvarianz der $\varepsilon_{i\nu}$.

Außerdem ändern die (eigentlichen und uneigentlichen) Bewegungen weder die Produkte $\vec{x}_{i\nu}^T E_\nu \vec{x}_{j\nu}$ noch die Produkte $\vec{x}_{i\nu}'^T E_\nu \vec{x}_{j\nu}$ für $i,j < n$. Für $i = n$ (aber nicht $i = j = n$) ändern diese Produkte bei uneigentlichen Bewegungen ihre Vorzeichen; für $i = j = n$ bleiben diese Produkte ungeändert. Daher ändert die $(n-1)$-te Krümmung κ_{n-1} ihr Vorzeichen bei uneigentlichen Bewegungen. Diese Änderung ist besonders in den semieuklidischen Räumen und in den CK-Räumen ungerader Dimension von Interesse.

Nach diesen Vorbereitungen erhält man aus (V)-(VII) unter Verwendung der jeweiligen partitionierten Vektoren die Invarianz aller i-ten Krümmungen $\kappa_i(s)$ $(1 \le i \le n-2)$ und von $|\kappa_{n-1}|$ bei eigentlichen und uneigentlichen Bewegungen.

Unsere Überlegungen führen auf

Satz 2: In (V)-(VII) sind die i-ten Krümmungen $\kappa_i(s)$ $(1 \le i \le n-1)$ einer Hauptkurve X(I) eines CK-Raumes auf die bei gleichsinnigen Parametertransformationen invariante CK-Bogenlänge s bezogen; außerdem sind $\kappa_1(s),\ldots,\kappa_{n-2}(s)$ sowie $|\kappa_{n-1}(s)|$ bewegungsinvariant dargestellt. Damit sind $\kappa_1(s),\ldots,\kappa_{n-2}(s)$ und $|\kappa_{n-1}(s)|$ CK-geometrische Begriffe einer Hauptkurve X(I) bezüglich Bewegungen und gleichsinnigen Parametertransformationen; die $(n-1)$-te Krümmung $\kappa_{n-1}(s)$ ist ein geometrischer Begriff von X(I) bezüglich eigentlichen Bewegungen und gleichsinnigen Parametertransformationen.

E. Ergänzungen

1. Hyperbolische Räume

Im hyperbolischen Raum $P^n_{|q_o}$ ist das Begleitsimplex $\{X_0(\vec{x}_0),\ldots,X_n(\vec{x}_n)\}$ einer Hauptkurve X(I) ein Polsimplex der nichtentarteten Absolutquadrik $Q^{n-1}_{n+1q_o}$. Nach B,Def.1 ist wegen $\rho=\nu=0$ und $A^{n_o}=P^n$ jede Schmieg-k-Ebene S^k $(0\le k\le n-1)$ eine k-Passante oder k-Sekante von $Q^{n-1}_{n+1q_o}$. Der Koordinatenvektor $\vec{x}_i(t)$ einer Begleitsimplexecke X_i $(0\le i\le n)$ ist nicht partitioniert, es ist $\vec{x}_i(t)=(\vec{x}_{io}(t))$. Nach C(V) ist t genau dann die CK-Bogenlänge, wenn $|\vec{x}^T_{oo}E_o\vec{x}_{oo}|=1$.

Die FRENET-Formeln D(III) lauten speziell im hyperbolischen Raum $P^n_{|1}$ mit der ovalen Absolutquadrik Q^{n-1}_{n+11} für die in ihrem Innengebiet verlaufenden Hauptkurven wegen $\varepsilon_{oo}=\vec{x}^T_{oo}E_o\vec{x}_{oo}=-1$ und $\varepsilon_{io}=\vec{x}^T_{io}E_o\vec{x}_{io}=+1$ für $1\le i\le n$:

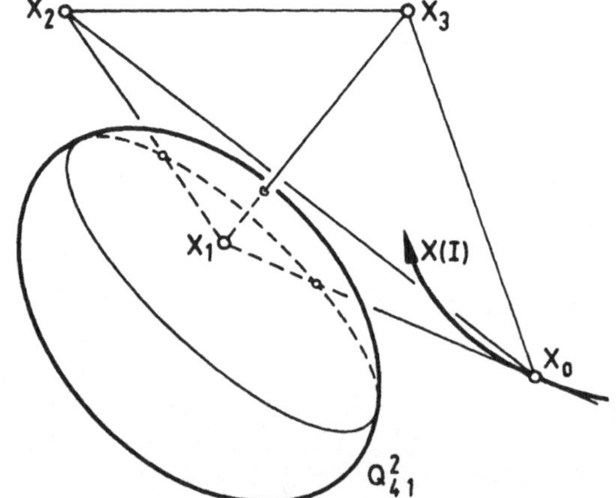

$$\begin{aligned}
\vec{x}_0' &= \vec{x}_1,\\
\vec{x}_1' &= \vec{x}_0+\kappa_1\vec{x}_2,\\
\vec{x}_2' &= -\kappa_1\vec{x}_1+\kappa_2\vec{x}_3,\\
&\ldots\ldots\\
\vec{x}_{n-1}' &= -\kappa_{n-2}\vec{x}_{n-2}+\kappa_{n-1}\vec{x}_n,\\
\vec{x}_n' &= -\kappa_{n-1}\vec{x}_{n-1}.
\end{aligned}$$

Im $P^n_{|q_o}$ existieren keine Fernkurven (siehe C,Bem.6).

2. ELLIPTISCHE RÄUME

Im elliptischen Raum $P^n_{|0}$ ist das Begleitsimplex $\{X_o(\vec{x}_o),\dots,X_n(\vec{x}_n)\}$ einer Hauptkurve X(I) ein Polsimplex der nullteiligen nichtentarteten Absolutquadrik Q^{n-1}_{n+10}. Wegen $\rho = \nu = 0$ und $A^{n_o} = P^n$ ist nach B,Def.1 jede Schmieg-k-Ebene S^k $(0 \le k \le n-1)$ eine k-Passante von Q^{n-1}_{n+10}. Die Vektoren $\vec{x}_i(t)$ $(0 \le i \le n)$ sind nicht partitioniert – es ist $\vec{x}_i(t) = (\vec{x}_{io}(t))$ – und genau für $|\dot{\vec{x}}^T_{oo} E_o \dot{\vec{x}}_{oo}| = 1$ auf die CK-Bogenlänge bezogen. Alle Punkte $X_o \in P^n_{|0}$ liegen im Außengebiet der Absolutquadrik Q^{n-1}_{n+10}. In den FRENET-Formeln D(III) ist daher $\varepsilon_{io} = \vec{x}^T_{io} E_o \vec{x}_{io} = +1$ für $0 \le i \le n$; sie lauten:

$$\vec{x}'_o = \vec{x}_1,$$

$$\vec{x}'_i = -\kappa_{i-1}\vec{x}_{i-1} + \kappa_i \vec{x}_{i+1} \quad (1 \le i \le n-1,\ \kappa_o = 1),$$

$$\vec{x}'_n = -\kappa_{n-1}\vec{x}_{n-1}.$$

Im $P^n_{|0}$ existieren keine Fernkurven (siehe C,Bem.6).

3. QUASIHYPERBOLISCHE UND QUASIELLIPTISCHE RÄUME

Im quasihyperbolischen Raum $P^n_{r_o|q_o q_1}$ (notwendig gilt $2 \le r_o \le n$, siehe 6C,Def.1) ist das Begleitsimplex $\{X_o(\vec{x}_o),\dots,X_n(\vec{x}_n)\}$ einer Hauptkurve X(I) ein Polsimplex seiner Absolutfigur

$$Q^{n-1}_{r_o q_o} \supset A^{n_1} \supset Q^{n_1-1}_{r_1 q_1} \quad (n_1 = n - r_o,\ r_o + r_1 = n+1).$$

Die Hauptkurven sind nach B,Def.1 genau jene eigentlichen Kurven X(I), die für jeden Parameter $t \in I$ wegen $\rho = 1$ und $0 \le \nu \le 1$ die folgenden Eigenschaften a) und b) besitzen:

a) Die Schmieg-(r_o-1)-Ebene S^{r_o-1} ist windschief zur (einzigen) Absolutebene $A^{n_1} = A^{n-r_o}$.

b) Die Schmieg-k_o-Ebene S^{k_o} $(0 \le k_o \le r_o-1)$ ist k_o-Passante oder k_o-Sekante von $Q^{n-1}_{r_o q_o}$, und die l_1-Ebene $S^{k_1} \cap A^{n_1}$ $(l_1 := k_1 - r_o,\ r_o \le k_1 \le n)$ ist l_1-Passante oder l_1-Sekante der Absolutquadrik $Q^{n_1-1}_{r_1 q_1}$.

Die Koordinatenvektoren $\vec{x}_o(t),\dots,\vec{x}_n(t)$ sind wie folgt partitioniert:

$$\vec{x}_o(t) = (\vec{x}_{oo}(t),\ \vec{x}_{o1}(t))^T,$$

$$\dots\dots\dots\dots\dots\dots\dots\dots$$

$$\vec{x}_{r_o-1}(t) = (\vec{x}_{r_o-1o}(t),\ \vec{x}_{r_o-11}(t))^T,$$

$$\vec{x}_{r_o}(t) = (\vec{o}_o, \vec{x}_{r_o 1}(t))^T,$$
$$\cdots\cdots\cdots\cdots\cdots\cdots$$
$$\vec{x}_n(t) = (\vec{o}_o, \vec{x}_{n1}(t))^T.$$

Genau für $|\dot{\vec{x}}_{oo}^T E_o \dot{\vec{x}}_{oo}| = 1$ ist der Parameter t die CK-Bogenlänge.

Wegen $\varepsilon_{r_o o} = 0$ lauten die FRENET-Formeln D(III):

$$\begin{aligned}
\vec{x}_o' &= \vec{x}_1, \\
\vec{x}_i' &= -(\varepsilon_{i-1 0}\varepsilon_{i0})\kappa_{i-1}\vec{x}_{i-1} + \kappa_i\vec{x}_{i+1} \quad (1 \le i \le r_o-1), \\
\vec{x}_{r_o}' &= \kappa_{r_o}\vec{x}_{r_o+1}, \\
\vec{x}_i' &= -(\varepsilon_{i-1 1}\varepsilon_{i1})\kappa_{i-1}\vec{x}_{i-1} + \kappa_i\vec{x}_{i+1} \quad (r_o+1 \le i \le n-1), \\
\vec{x}_n' &= -(\varepsilon_{n-1 1}\varepsilon_{n1})\kappa_{n-1}\vec{x}_{n-1} \text{ für } n_1 > 0,\ \vec{x}_n' = \vec{o} \text{ für } n_1 = 0.
\end{aligned}$$

Im quasielliptischen Raum $P^n_{r_o|oo}$ (notwendig gilt $2 \le r_o \le n$, siehe 6C,Def.1) ist das Begleitsimplex $\{X_o(\vec{x}_o),\ldots,X_n(\vec{x}_n)\}$ einer Hauptkurve X(I) ein Polsimplex seiner Absolutfigur

$$Q^{n-1}_{r_o 0} \supset A^{n_1} \supset Q^{n_1-1}_{r_1 0} \quad (n_1 = n - r_o,\ r_o + r_1 = n+1),$$

deren einziger reeller Bestandteil die Absolutebene A^{n_1} ist. Die Hauptkurven in $P^n_{r_o|oo}$ sind – wie aus B,Def.1 folgt – genau jene eigentlichen Kurven X(I), deren Schmieg-(r_o-1)-Ebene S^{r_o-1} für jeden Parameter $t \in I$ zur Absolutebene A^{n_1} windschief ist.

Die Vektoren $\vec{x}_o(t),\ldots,\vec{x}_n(t)$ sind wie in den quasihyperbolischen Räumen partitioniert und genau für $|\dot{\vec{x}}_{oo}^T E_o \dot{\vec{x}}_{oo}| = 1$ auf die CK-Bogenlänge bezogen.

Die Begleitsimplexecken X_i liegen für $0 \le i \le r_o-1$ im Außengebiet des Absolutkegels $Q^{n-1}_{r_o 0}$ und für $r_o \le i \le n$ im Außengebiet der Absolutquadrik $Q^{n_1-1}_{r_1 0}$. Folglich ist $\varepsilon_{io} = \vec{x}_{io}^T E_o \vec{x}_{io} = +1$ für $0 \le i \le r_o-1$ und $\varepsilon_{r_o o} = 0$ sowie $\varepsilon_{i1} = \vec{x}_{i1}^T E_1 \vec{x}_{i1} = +1$ für $r_o \le i \le n$. Damit lauten die FRENET-Formeln D(III):

$$\begin{aligned}
\vec{x}_o' &= \vec{x}_1, \\
\vec{x}_i' &= -\kappa_{i-1}\vec{x}_{i-1} + \kappa_i\vec{x}_{i+1} \quad (1 \le i \le r_o-1), \\
\vec{x}_{r_o}' &= \kappa_{r_o}\vec{x}_{r_o+1}, \\
\vec{x}_i' &= -\kappa_{i-1}\vec{x}_{i-1} + \kappa_i\vec{x}_{i+1} \quad (r_o+1 \le i \le n-1), \\
\vec{x}_n' &= -\kappa_{n-1}\vec{x}_{n-1} \text{ für } n_1 > 0,\ \vec{x}_n' = \vec{o} \text{ für } n_1 = 0.
\end{aligned}$$

4. EUKLIDISCHE UND PSEUDOEUKLIDISCHE RÄUME

In diesen semieuklidischen Räumen ist das Begleitsimplex $\{X_0(\vec{x}_0),\dots,X_n(\vec{x}_n)\}$ einer Hauptkurve $X(I)$ ein Polsimplex der Absolutfigur

$$Q^{n-1}_{1\,0} \supset A^{n-1} \supset Q^{n-2}_{n\,q_1}.$$

Die Begleitsimplexecken $X_1,\dots,X_n$ sind Fernpunkte und bilden in der Absoluthyperebene A^{n-1} ein Polsimplex der Absolutquadrik $Q^{n-2}_{n\,q_1}$. Aus B,Def.1 folgt, daß eine eigentliche Kurve $X(I)$ genau dann Hauptkurve ist, wenn für jeden Parameter $t\in I$ gilt: Die Fern-(k_1-1)-Ebene der Schmieg-k_1-Ebene S^{k_1} $(1\le k_1\le n-1)$ ist eine (k_1-1)-Passante oder eine (k_1-1)-Sekante der Absolutquadrik $Q^{n-2}_{n\,q_1}$. Diese Bedingung ist im euklidischen Raum $P^n_{1\|00}$ stets erfüllt.

Die Vektoren $\vec{x}_0(t),\dots,\vec{x}_n(t)$ sind wie folgt partitioniert:

$$\vec{x}_0 = (1,\vec{x}_{01}(t))^T,\quad \vec{x}_1 = (0,\vec{x}_{11}(t))^T,\dots,\quad \vec{x}_n = (0,\vec{x}_{n1}(t))^T$$

mit $\vec{x}_1 =:\vec{e}_1,\dots,\vec{x}_n =:\vec{e}_n$ (nach D,Satz 1). Genau für $|\dot{\vec{x}}^T_{01}E_1\dot{\vec{x}}_{01}|=1$ ist der Parameter t die CK-Bogenlänge von $X(I)$.

Wegen $\varepsilon_{10}=0$ lauten die FRENET-Formeln D(IV)

$$\begin{aligned}
\vec{e}\,'_1 &= \kappa_1\vec{e}_2,\\
\vec{e}\,'_i &= -(\varepsilon_{i-1}\,\varepsilon_{i1})\kappa_{i-1}\vec{x}_{i-1} + \kappa_i\vec{e}_{i+1}\quad (2\le i\le n-1),\\
\vec{e}\,'_n &= -(\varepsilon_{n-1\,1}\varepsilon_{n1})\kappa_{n-1}\vec{e}_{n-1}.
\end{aligned}$$

Im euklidischen Raum $P^n_{1\|00}$ ist die Absolutquadrik $Q^{n-2}_{n\,q_1}$ nullteilig $(q_1=0)$. In den FRENET-Formeln D(IV) ist daher

$$\varepsilon_{i1} = \dot{\vec{x}}^T_{i1}E_1\vec{x}_{i1} = +1 \quad \text{für } 1\le i\le n.$$

Speziell im euklidischen Raum $P^3_{1\|00}$ lauten die FRENET-Formeln D(IV):

$$\vec{e}\,'_1 = \kappa_1\vec{e}_2,\quad \vec{e}\,'_2 = -\kappa_1\vec{e}_1 + \kappa_2\vec{e}_3,\quad \vec{e}\,'_3 = -\kappa_2\vec{e}_2.$$

Im $P^3_{1\|00}$ heißt κ_1 *Krümmung* und κ_2 *Torsion*. Die Begleitsimplexecken X_1,X_2,X_3 bilden ein Poldreieck des Absolutkegelschnitts $Q^1_{3\,0}$; $\{\vec{e}_1,\vec{e}_2,\vec{e}_3\}$ bestimmen in jedem Kurvenpunkt $X_0\in X(I)$ das *begleitende 3-Bein* (siehe B,Bem.1).

5. FLAGGENRÄUME

Im Flaggenraum $P^n_{1\dots1|0\dots00}$ ist das Begleitsimplex $\{X_0(\vec{x}_0),\dots,X_n(\vec{x}_n)\}$ einer Hauptkurve $X(I)$ ein Polsimplex der Absolutfigur

$$Q_{1\,0}^{n-1} \supset A^{n-1} \supset Q_{1\,0}^{n-2} \supset A^{n-2} \supset \ldots \supset Q_{1\,0}^{1} \supset A^{1} \supset Q_{1\,0}^{o} \supset A^{o} \supset Q_{1\,0}^{-1}.$$

Ein Blick auf B,Def.1 zeigt, daß im Flaggenraum eine eigentliche Kurve X(I) schon dann eine Hauptkurve ist, wenn in jedem Kurvenpunkt X_o die Schmieg-k-Ebene S^k windschief ist zur Absolutebene A^{n-k-1}. Die Koordinatenvektoren $\vec{x}_o(t),\ldots,\vec{x}_n(t)$ sind wegen $\rho=n$ wie folgt partitioniert (siehe C(I)!):

$$\begin{aligned}
\vec{x}_o(t) &= (\vec{x}_{oo}(t)=(1),\ \vec{x}_{o1}(t)=(x_{o1}),\ldots,\vec{x}_{on}(t)=(x_{on}))^T,\\
\vec{x}_1(t) &= (\vec{x}_{1o}(t)=(0),\ \vec{x}_{11}(t)=(\ 1\ ),\ldots,\vec{x}_{1n}(t)=(x_{1n}))^T,\\
&\cdots\cdots\cdots\cdots\cdots\cdots\cdots\cdots\cdots\cdots\cdots\cdots\\
\vec{x}_n(t) &= (\vec{x}_{no}(t)=(0),\ \vec{x}_{n1}(t)=(\ 0\ ),\ldots,\vec{x}_{nn}(t)=(\ 1\ ))^T.
\end{aligned}$$

Nach C(VI) ist der Parameter t genau dann die CK-Bogenlänge, wenn $|\dot{\vec{x}}_{o1}^T E_1 \dot{\vec{x}}_{o1}| = 1$ mit $E_1=(1)$. Wegen

$$r_\nu = 1,\ q_\nu = 0,\ n-n_\nu = \nu \quad \text{für} \quad 0 \le \nu \le \rho = n$$

und wegen (siehe D,Satz 1)

$$\kappa_o = 1 \text{ und } \varepsilon_{i\nu} = 0 \quad \text{für} \quad n-n_{\nu+1} = \nu+1 \le i \le n$$

lauten die FRENET-Formeln D(III):

$$\vec{x}_o' = \vec{x}_1,\ \vec{x}_i' = \kappa_i \vec{x}_{i+1} \quad (1 \le i \le n-1),\quad \vec{x}_n' = \vec{o}.$$

Daraus (oder aus D(VII) für $\varepsilon_{i+1\,\nu+2}=1$, $i+1=\nu+2$, $1 \le i \le n-1$) erhält man für die i-te Krümmung $\kappa_i(s)$:

$$\kappa_i(s) = \vec{x}_{i\,i+1}'^{\,T} E_{i+1} \vec{x}_{i+1\,i+1} \qquad (1 \le i \le n-1).$$

Aufgaben:

1) Man ermittle die FRENET-Formeln D(III) für die 3-dimensionalen CK-Räume (siehe 6F) und stelle wenn möglich auch die Form D(IV) her. Man berechne die 1-te Krümmung κ_1 und die 2-te Krümmung κ_2.
2) Man ermittle und diskutiere in einem CK-Raum die Hauptkurven mit konstanten i-ten Krümmungen κ_i $(1 \le i \le n-1)$. Siehe dazu die in BOL[1] beschriebenen *W-Kurven* sowie RUD'[1].

KAPITEL 22. LOKALE HYPERFLÄCHENTHEORIE IN CAYLEY/KLEIN-RÄUMEN

A. HYPERFLÄCHENBEGRIFF

Zum Aufbau einer lokalen Hyperflächentheorie der CK-Räume entwickeln wir einen unkomplizierten Hyperflächenbegriff, um die für CK-Räume typischen Überlegungen besser in den Vordergrund treten zu lassen.

<u>Def.1</u>: In der Hyperflächentheorie heißen die Elemente u^α $(1 \le \alpha \le n-1,\ 3 \le n)$ der $(n-1)$-Tupel $(u^1,\dots,u^{n-1})$ eines offenen Gebietes $G \subset \mathbb{R}^{n-1} = \mathbb{R}\times\dots\times\mathbb{R}$ *Flächenparameter* (kurz: *Parameter*). Eine injektive C^r-Abbildung $(r \ge 1)$

$$\begin{aligned} \varphi:\ G &\longrightarrow P^n_{r_0\dots r_{\rho-1}|q_0\dots q_\rho} \\ (u^\alpha) &\longmapsto X(x(u^\alpha)) =: X(u^\alpha) \end{aligned}$$

mit linear unabhängigen Vektoren $x,\ x_{;1},\dots,\ x_{;n-1}$[1] für alle $(u^\alpha) \in G$ heißt *C^r-Einbettung* von G in den CK-Raum. Eine Punktmenge

$$X(G) \subset P^n_{r_0\dots r_{\rho-1}|q_0\dots q_\rho}$$

heißt *einfache C^r-Hyperfläche*, wenn ein offenes Gebiet $G \subset \mathbb{R}^{n-1}$ und eine C^r-Einbettung φ von G in den CK-Raum existieren, so daß $\varphi(G) = X(G)$ ist; $x(u^\alpha)$ heißt eine *Parametrisierung* von $X(G)$, G heißt *Parametergebiet*.

Wegen $X = [x] = [\omega x]$ für $\omega \neq 0$ stellen für beliebige C^r-Funktionen $\omega(u^\alpha) \neq 0$ die C^r-Einbettungen

$$\begin{aligned} \varphi_\omega:\ G &\longrightarrow P^n_{r_0\dots r_{\rho-1}|q_0\dots q_\rho} \\ (u^\alpha) &\longmapsto X(y(u^\alpha)),\ y(u^\alpha) := \omega(u^\alpha)x(u^\alpha) \end{aligned}$$

---

[1] (u^α) ist eine Kurzschreibweise für $(u^1,\dots,u^{n-1})$; $x_{;\alpha}$ bezeichnet die partielle Ableitung $\frac{\partial x}{\partial u^\alpha}$, $\vec{x}_{;\alpha}$ bezeichnet $\frac{\partial \vec{x}}{\partial u^\alpha}$.
Sind nur die Vektoren $x_{;1},\dots,x_{;n-1}$ linear unabhängig, so spannen die Punkte $[x],[x_{;1}],\dots,[x_{;n-1}]$ nicht notwendig eine Hyperebene auf (eine Tangentenhyperebene, siehe den folgenden Abschnitt B). Beispiel im P^3: $x(u,v) = (u^2, 1-u-v, 1+u-v-(1+u+v)^3, 0)^T$ stellt in $x^3=0$ eine ebene Punktmenge dar. Die Vektoren $x, x_{;u}, x_{;v}$ sind für $u=v=0$ linear abhängig, es gilt $x(0,0) = -2x_{;u}(0,0) + x_{;v}(0,0)$; sie bestimmen keine Ebene!

dieselbe einfache C^r-Hyperfläche dar. Aus der linearen Unabhängigkeit von $x, x_{;1}, \dots, x_{;n-1}$ folgt mit $y_{;\alpha} = \omega_{;\alpha} x + \omega x_{;\alpha}$ $(1 \le \alpha \le n-1)$ die lineare Unabhängigkeit von $y, y_{;1}, \dots, y_{;n-1}$. Die C^r-Funktion $\omega(u^\alpha)$ heißt eine *Normierungs-* oder *Umnormungsfunktion*. Im folgenden Abschnitt C wird bei der Einführung normierter Koordinaten über $\omega(u^\alpha)$ verfügt; damit entfallen Umnormungen.

In einem projektiven Koordinatensystem des CK-Raumes wird eine Parametrisierung einer einfachen C^r-Hyperfläche X(G) durch einen Koordinatenvektor

$$\vec{x}(u^\alpha) = (x^o(u^\alpha), \dots, x^n(u^\alpha))^T \neq \vec{o}$$

dargestellt, wobei die projektiven Koordinaten $(x^o, \dots, x^n)$ eines Hyperflächenpunktes $X(\vec{x}(u^\alpha)) = X(u^\alpha)$ im Hinblick auf die Anwendung der EINSTEINschen Summenkonvention (siehe 21D) obere Indizes erhalten.

Die lineare Unabhängigkeit der Vektoren $x, x_{;1}, \dots, x_{;n-1}$ wird dann durch die lineare Unabhängigkeit der Koordinatenvektoren $\vec{x}, \vec{x}_{;1}, \dots, \vec{x}_{;n-1}$ gegeben oder auch durch die Forderung, daß die zugehörige Funktionalmatrix maximalen Rang besitzt:

$$\operatorname{Rg}\begin{pmatrix} \vec{x}^T \\ \vec{x}^T_{;1} \\ \dots \\ \vec{x}^T_{;n-1} \end{pmatrix} = \operatorname{Rg}\begin{pmatrix} x^o(u^\alpha) & \dots & x^n(u^\alpha) \\ \frac{\partial x^o}{\partial u^1} & \dots & \frac{\partial x^n}{\partial u^1} \\ \dots & \dots & \dots \\ \frac{\partial x^o}{\partial u^{n-1}} & \dots & \frac{\partial x^n}{\partial u^{n-1}} \end{pmatrix} =: \operatorname{Rg}\begin{pmatrix} x^i(u^\alpha) \\ \frac{\partial x^i}{\partial u^\alpha} \end{pmatrix} = n$$

$$\text{für alle } (u^\alpha) \in G \quad (1 \le \alpha \le n-1, 0 \le i \le n).$$

Wie in der Kurventheorie (21A, Satz 2) beweisen wir:

> Satz 2: Der Begriff *einfache C^r-Hyperfläche* ist projektivinvariant und somit ein Begriff jedes CK-Raumes.

Beweis: Eine (nach 2D bijektive) Projektivität $\pi: P^n \to P^n$ erhält die Eigenschaften einer einfachen C^r-Hyperfläche X(G) aus Def.1. Folglich ist auch $\pi X(G)$ eine einfache C^r-Hyperfläche.

Wir untersuchen nun, wie sich bei einer einfachen C^r-Hyperfläche X(G) ein Wechsel ihres Parametergebiets G auswirkt. Dazu sei X(G) gegeben durch eine C^r-Einbettung $(r \ge 1)$

$$\varphi: \quad G \to P^n_{r_o \cdots r_{\rho-1} | q_o \cdots q_\rho}$$
$$(u^\alpha) \mapsto X(x(u^\alpha))$$

mit linear unabhängigen Vektoren $x, x_{;1}, \ldots, x_{;n-1}$ für alle (u^α) aus G. Außerdem sei eine C^r-Bijektion f $(r \geq 1)$ eines offenen Gebiets $G' \subset \mathbb{R}^{n-1}$ auf $G \subset \mathbb{R}^{n-1}$ gegeben:

$$f: \quad G' \to G$$
$$(u^{\sigma'}) \mapsto f(u^{\sigma'}) = (u^\alpha) = (f^\alpha(u^{1'}, \ldots, u^{(n-1)'})).$$ [1]

Dann existiert die Umkehrabbildung f^{-1}, und mit f ist auch f^{-1} eine C^r-Bijektion, wenn die JACOBI-Determinante

$$J_f := \begin{vmatrix} f^1_{;1'} & \cdots & f^{n-1}_{;1'} \\ \cdots & \cdots & \cdots \\ f^1_{;(n-1)'} & \cdots & f^{n-1}_{;(n-1)'} \end{vmatrix} \neq 0 \text{ auf } G' \text{ mit } f^\alpha_{;\sigma'} := \frac{\partial f^\alpha}{\partial u^{\sigma'}}.$$

Wir betrachten sodann die injektive C^r-Abbildung

$$\varphi' := \varphi \circ f: \quad G' \to P^n_{r_o \cdots r_{\rho-1} | q_o \cdots q_\rho}$$
$$(u^{\sigma'}) \mapsto \varphi(f(u^{\sigma'})),$$

die zeigt, daß durch φ und φ' dieselbe Punktmenge (einfache C^r-Hyperfläche) parametrisiert wird. Es gilt:

$$X(G) = \varphi(G) = \varphi'(G') = X(G').$$

Die C^r-Bijektion f bewirkt einen Wechsel der Parametrisierung von X(G):

X(G) hat die Parametrisierung $x(u^\alpha) \in C^r$,

X(G') hat die Parametrisierung $x(f(u^{\sigma'})) =: x(u^{\sigma'}) \in C^r$.

φ und φ' sind C^r-Einbettungen. Zum Nachweis der linearen Unabhängigkeit der Vektoren $x, x_{;1'}, \ldots, x_{;(n-1)'}$ beachten wir, daß bei einem durch

$$u^\alpha = f^\alpha(u^{\sigma'}) \quad (1 \leq \alpha, \sigma' \leq n-1)$$

gegebenen Parameterwechsel $f: G' \to G$ die ersten partiellen Ableitungen der Parametrisierung $x(u^\alpha)$ einer einfachen C^r-Hyperfläche X(G) wie folgt transformiert werden:

---

[1] Die Bezeichnung der Flächenparameter aus G' erfolgt im Hinblick auf die Anwendung der EINSTEINschen Summenkonvention.

$$x_{;\sigma'} = x_{;\alpha} f^{\alpha}_{;\sigma'} \quad \text{mit} \quad J_f = \det(f^{\alpha}_{;\sigma'}) \neq 0 \text{ auf } G',$$

wobei nach einem Satz der linearen Algebra die Vektoren $x_{;1'}, \ldots, x_{;(n-1)'}$ in $(u^{\sigma'}) \in G'$ genau dann linear unabhängig sind, wenn $J_f \neq 0$ in $(u^{\sigma'}) \in G'$. (I)

Beachten wir noch, daß beim Wechsel der Parametrisierung von $X(G)$ wegen $J_f \neq 0$ auf G' entweder $J_f > 0$ oder $J_f < 0$ ist, so erhalten wir

Satz 3: Ein Wechsel der Parametrisierung einer einfachen C^r-Hyperfläche $X(G)$ durch eine C^r-Bijektion $f: G' \to G$ $(r \geq 1)$ mit

$$J_f = \det(f^{\alpha}_{;\sigma'}) \neq 0 \text{ auf } G' \quad (1 \leq \alpha, \sigma' \leq n-1)$$

heißt eine *C^r-Parametertransformation*. Wegen $J_f \neq 0$ auf G' ist auf G' entweder

$J_f > 0$ (*gleichsinnige C^r-Parametertransformation*)

oder $J_f < 0$ (*gegensinnige C^r-Parametertransformation*).

Eine C^r-Parametertransformation führt eine C^r-Einbettung in eine C^r-Einbettung über, die in anderer Parametrisierung dieselbe Punktmenge eines CK-Raumes darstellt.

Ein bei einfachen C^r-Hyperflächen $X(G)$ gebildeter Begriff ist ein Begriff einer CK-Geometrie $\{(S,T)\}$, wenn er in ihrem Standardmodell (S,T) – oder in einem anderen Modell – bewegungsinvariant (ähnlichkeitsinvariant) und parameterinvariant ist; er heißt ein *(CK-)geometrischer Begriff von* $X(G)$. Ein bei $X(G)$ gebildeter projektivinvarianter Begriff heißt *mit* $X(G)$ *projektiv verknüpft*. Entsprechend heißt ein Begriff *mit* $X(G)$ *bewegungsinvariant (ähnlichkeitsinvariant) verknüpft*.

Bemerkungen:

1) Die Parameterinvarianz ist zu fordern, um die Abhängigkeit eines bei einfachen C^r-Hyperflächen gebildeten Begriffs von der zufälligen Parametrisierung zu eliminieren. Im Gegensatz zur Kurventheorie läßt sich dies nicht durch einen bewegungsinvarianten (ähnlichkeitsinvarianten) Parameter erreichen, da ein solcher nicht zur Verfügung steht. Man verlangt oft nur Parameterinvarianz gegenüber den gleichsinnigen C^r-Parametertransformationen oder den C^p-Parametertransformationen, wenn der als invariant nachzuweisende Begriff maximal die Differentiationsklasse C^p verlangt.

2) Eine einfache C^r-Hyperfläche eines CK-Raumes ist eine (n-1)-parametrige Punktmenge X(G). Ihr entspricht bei Anwendung des Dualitätsprinzips der projektiven Räume im dualen CK-Raum eine (n-1)-parametrige Hyperebenenmenge $\Gamma(G)$, die man ebenfalls eine einfache C^r-Hyperfläche nennt (aufgefaßt als Hyperebenenmenge, nicht als Punktmenge).

Def.4: Wir nehmen im folgenden an, daß in einer Parametrisierung $x(u^\alpha)$ einer einfachen CR-Hyperfläche X(G) $(r \geq 1)$ alle auftretenden Ableitungen stetig existieren. Wir verzichten daher auf die Angabe der Differentiationsklasse C^r und nennen jede einfache C^r-Hyperfläche kurz *Hyperfläche* (kürzer: *Fläche*) und jede C^r-Parametertransformation kurz *Parametertransformation*.

Nach Def.1 sind für jedes (n-1)-Tupel $(u_o^\alpha) \in G$ die aus einer Parametrisierung $x(u^\alpha)$ einer Hyperfläche X(G) gebildeten Vektoren

$$x(u_o^\alpha),\ x_{;1}(u_o^\alpha), \ldots,\ x_{;n-1}(u_o^\alpha)$$

und damit die Punkte

$$[x(u_o^\alpha)],\ [x_{;1}(u_o^\alpha)], \ldots, [x_{;n-1}(u_o^\alpha)]$$

linear unabhängig.

B. Flächenkurven, Tangentenhyperebenen

Wir beginnen mit

Def.1: Eine Teilmenge X(I) einer Hyperfläche X(G) eines CK-Raumes heißt eine *Hyperflächenkurve* (kurz: *Flächenkurve*) von $X(G) = \varphi(G)$, $G \subset \mathbb{R}^{n-1}$, mit

$$\varphi:\ G \longrightarrow P^n_{r_o \ldots r_{\rho-1} | q_o \ldots q_\rho}$$
$$(u^\alpha) \longmapsto X(u^\alpha),$$

wenn ein offenes Intervall $I \subset \mathbb{R}$ und eine Abbildung

$$\varphi':\ I \longrightarrow G$$
$$t \longmapsto u^\alpha(t)$$

existieren, so daß $(\dot u^1(t), \ldots, \dot u^{n-1}(t)) \neq (0, \ldots, 0)$ und

$$\varphi \circ \varphi'(I) = X(I) \subset X(G)$$

eine Kurve ist.

Wird das kartesische Produkt $\mathbb{R}^{n-1}$ in einen projektiven Raum P^{n-1} eingebettet, so ist $\varphi'(I)$ eine Kurve in P^{n-1}.

Mit Def.1, mit A,Def.1 und 21A,Def.1 folgt, daß $x(u^\alpha(t))$ eine Parametrisierung einer Flächenkurve $X(I) \subset X(G)$ ist. Als Parameter t kann auch die CK-Bogenlänge s von $X(I)$ verwendet werden, eventuell nach vorausgehender Parametertransformation.

In einem festen Flächenpunkt $X(t_o) := X(u^\alpha(t_o)) \in X(I) \subset X(G)$ existiert wegen der linearen Unabhängigkeit der Vektoren $x, x_{;1}, \ldots, x_{;n-1}$ (siehe A,D4) und wegen $(\dot{u}^1, \ldots, \dot{u}^{n-1}) \neq (0, \ldots, 0)$ die Verbindungsgerade

$$X(x(t_o)) + \dot{X}(\dot{x}(t_o)) \text{ mit } \begin{cases} x(t_o) = x(u^\alpha(t_o)), \\ \dot{x}(t_o) = x_{;\alpha}(t_o)\dot{u}^\alpha(t_o).^{1)} \end{cases} \qquad \text{(I)}$$

Die Gerade $X(t_o) + \dot{X}(t_o)$ ist nach 21A die Tangente der Flächenkurve $X(I) \subset X(G)$ in $X(t_o) \in X(I)$, die wir eine *Flächentangente* von $X(G)$ in $X(t_o)$ nennen. Jede Flächentangente von $X(G)$ ist mit $X(G)$ ersichtlich projektiv verknüpft.

Zum Studium der Hyperflächen betrachten wir nun jene speziellen Flächenkurven, die man erhält, wenn in einer Parametrisierung $x(u^\alpha)$ alle Flächenparameter bis auf einen konstant gehalten werden:

Def.2: Eine Flächenkurve einer Hyperfläche $X(G)$ mit der Parametrisierung
$$x(u_o^1, \ldots, u_o^{\gamma-1}, t, u_o^{\gamma+1}, \ldots, u_o^{n-1}),$$
mit $u^\alpha = u_o^\alpha = \text{const}$ für alle $\alpha \in \{1, \ldots, n-1\} \setminus \{\gamma\}$ und $t := u^\gamma \in I$ heißt γ-*Parameterkurve* (kurz: γ-*Kurve*) in $X(G)$ $(1 \le \gamma \le n-1)$.

Die γ-Kurven einer Hyperfläche $X(G)$ sind Flächenkurven, die von der Parametrisierung von $X(G)$ abhängen; sie ändern sich im allgemeinen bei einer Parametertransformation von $X(G)$. Durch jeden Punkt von $X(G)$ geht genau eine γ-Kurve.

Die Tangente der γ-Kurve von $X(G)$ in einem festen Flächenpunkt $X(t_o)$ ist die Verbindungsgerade

$$X(x(t_o)) + X_\gamma(\dot{x}(t_o))$$

---

1) Wir verwenden die EINSTEINsche Summenkonvention aus 21D. Griechische Summationsindizes laufen von 1 bis n-1, lateinische und kursive von 1 bis n, wenn nichts anderes angegeben ist.

mit

$$X_\gamma := [\dot{x}(t_o)] \text{ und}$$

$$\dot{x}(t_o) = \frac{d}{dt} x(u_o^1,\ldots,u_o^{\gamma-1},t,u_o^{\gamma+1},\ldots,u_o^{n-1}) \text{ für } t=t_o$$

$$= x_{;\gamma}(u^\alpha) \text{ für } u^\gamma = t_o,\ u^\alpha = u_o^\alpha,\ \alpha\in\{1,\ldots,n-1\}\setminus\{\gamma\}.$$

In jedem Flächenpunkt $X \in X(G)$ sind die $n-1$ Flächentangenten $X + X_\gamma$ (wegen der linearen Unabhängigkeit der Punkte $[x],[x_{;1}],\ldots,[x_{;n-1}]$, siehe A,Def.4) *linear unabhängig*, d.h. ihre Verbindung ist eine Hyperebene $\Gamma(X) := X+X_1+\ldots+X_{n-1}$.

Wird durch $u^\alpha = f^\alpha(u^{\sigma'})$ $(1 \le \alpha,\sigma' \le n-1)$ eine Parametertransformation $f\colon G' \to G$ gegeben, so transformieren sich die ersten partiellen Ableitungen einer Parametrisierung $x(u^\alpha)$ einer Hyperfläche $X(G)$ nach A(I). Daraus folgt in jedem Punkt $X \in X(G)$:

$$[x_{;\sigma'}] \in [x_{;1}] + \ldots + [x_{;n-1}],$$

also

$$X_{\sigma'} \in X_1 + \ldots + X_{n-1}.$$

Jeder Punkt $X_{\sigma'}$ $(1 \le \sigma' \le n-1)$ liegt demnach in der Hypergeraden $X_1+\ldots+X_{n-1}$. Die Hypergerade $X_1+\ldots+X_{n-1}$ und die Hyperebene $\Gamma(X)$ sind daher parameterinvariant. Die Hypergerade $X_1+\ldots+X_{n-1}$ ist jedoch nicht invariant bei Umnormungen durch eine Umnormungsfunktion $\omega(u^\alpha)$ (siehe Abschnitt A).

Da eine Hyperfläche $X(G)$ nach A,Satz 2 projektivinvariant ist, da jede Flächentangente von $X(G)$ mit $X(G)$ projektiv verknüpft ist und die Hyperebene $\Gamma(X)$ von $X(G)$ parameterinvariant ist, erhält man:

> Satz 3: Die Hyperebene $\Gamma(X) := X+X_1+\ldots+X_{n-1}$ ist in jedem Punkt X einer Hyperfläche $X(G)$ mit $X(G)$ projektiv und parameterinvariant verknüpft; $\Gamma(X)$ heißt die *Tangentenhyperebene* von $X(G)$ im Punkt $X \in X(G)$, X heißt *Berührpunkt* von $\Gamma(X)$.

Koordinatendarstellungen der Tangentenhyperebenen: Sei in einem projektiven Koordinatensystem

$$\vec{x}(u^\alpha) = (x^0(u^\alpha),\ldots,x^n(u^\alpha))^T \neq \vec{o}$$

eine Parametrisierung einer Hyperfläche $X(G)$. Dann hat ihre Tangentenhyperebene $\Gamma(X) =: \Gamma(u^\alpha)$ nach 1E die von den Flächenparametern $(u^\alpha) \in G$ abhängige Darstellung:

$$\vec{\gamma}^T\vec{y} = \gamma_o(u^\alpha)y^o + \ldots + \gamma_n(u^\alpha)y^n = 0, \quad Rg(\gamma_o,\ldots,\gamma_n) = 1, \; 1 \le \alpha \le n-1.$$

Die Tangentenhyperebene $\Gamma(X) = \Gamma(u^\alpha)$ ist auch darstellbar als[1])

$$\det(\vec{y}\;\vec{x}\;\vec{x}_{;1}\;\cdots\;\vec{x}_{;n-1}) = \begin{vmatrix} y^o & y^1 & \cdots & y^n \\ x^o(u^\alpha) & x^1(u^\alpha) & \cdots & x^n(u^\alpha) \\ x^o_{;1}(u^\alpha) & x^1_{;1}(u^\alpha) & \cdots & x^n_{;1}(u^\alpha) \\ \cdots & \cdots & \cdots & \cdots \\ x^o_{;n-1}(u^\alpha) & x^1_{;n-1}(u^\alpha) & \cdots & x^n_{;n-1}(u^\alpha) \end{vmatrix} = 0.$$

$\Gamma(u^\alpha)$ hat also die Hyperebenenkoordinaten $(\gamma_o(u^\alpha),\ldots,\gamma_n(u^\alpha))$ mit

$$\gamma_o(u^\alpha) = \rho(u^\alpha)\begin{vmatrix} x^1(u^\alpha) & \cdots & x^n(u^\alpha) \\ \cdots & \cdots & \cdots \\ x^1_{;n-1}(u^\alpha) & \cdots & x^n_{;n-1}(u^\alpha) \end{vmatrix},$$

$$\cdots\cdots\cdots\cdots\cdots\cdots$$

$$\gamma_n(u^\alpha) = (-1)^n\rho(u^\alpha)\begin{vmatrix} x^o(u^\alpha) & & x^{n-1}(u^\alpha) \\ \cdots & \cdots & \cdots \\ x^o_{;n-1}(u^\alpha) & \cdots & x^{n-1}_{;n-1}(u^\alpha) \end{vmatrix}.$$

Die homogenisierende Funktion $\rho(u^\alpha)$ wird später (in Abschnitt E durch die Normierungsbedingung $\vec{n}_\rho^T E_\rho \vec{n}_\rho = \pm 1$) bestimmt.

Im Hinblick auf A,Bem.2 finden wir mit Hilfe der Koordinatendarstellungen der Tangentenhyperebenen $\Gamma(u^\alpha)$:

<u>Satz 4</u>: Die Hyperfläche $X(G)$ eines CK-Raumes ist eine $(n-1)$-parametrige Punktmenge. Wird jedem Hyperflächenpunkt $X \in X(G)$ die Tangentenhyperebene $\Gamma(X)$ zugeordnet, so ist $\Gamma(G)$ eine $(n-1)$-parametrige Hyperebenenmenge. Dabei entsprechen:

den *Punkten* $X(u^\alpha(t))$ einer Flächenkurve $X(I) \subset X(G)$
die *Tangentenhyperebenen* $\Gamma(u^\alpha(t))$ von $X(G)$ längs $X(I)$,

den *Kurventangenten* $X(u^\alpha(t)) + \dot{X}(\vec{x}_{;\alpha}\dot{u}^\alpha(t))$
die *Grenzhypertangenten* $\Gamma(u^\alpha(t)) \cap \dot{\Gamma}(\vec{\gamma}_{;\alpha}\dot{u}^\alpha(t))$,

der *Flächenkurve* $X(I) \subset X(G)$
die *Flächentorse* $\Gamma(I) \subset \Gamma(G)$.

Bemerkungen:

1) In dem zu $P^n_{r_o\cdots r_{\rho-1}|q_o\cdots q_\rho}$ dualen CK-Raum $P^n_{r_\rho\cdots r_1|q_\rho\cdots q_o}$ existiert zur Tangentenhyperebenenmenge

$$\Gamma(G) \subset P^n_{r_o\cdots r_{\rho-1}|q_o\cdots q_\rho}$$

1) Zum Beweis setze man die Koordinaten der Punkte $X, X_1,\ldots,X_{n-1}$ ein.

im allgemeinen[1] eine Hyperfläche $\check{X}(G)$, zu $\Gamma(I)\subset\Gamma(G)$ eine Flächenkurve $\check{X}(I)\subset\check{X}(G)$ usw.

2) Wird von einer Quadrik $Q^{n-1}_{r\,q}$ die Spitze entfernt, und verbleibt dabei im CK-Raum eine nicht leere Punktmenge Q, so kann man zeigen, daß Q lokal eine Hyperfläche ist und daß die Tangentenhyperebenen nach 4D, Satz 3 mit den Tangentenhyperebenen nach Satz 3 übereinstimmen.

C. HAUPTFLÄCHEN

Die bisherigen Betrachtungen bei Hyperflächen waren projektiver Natur. Wir verwenden nun erstmals Eigenschaften des CK-Raumes, indem wir auf seine Absolutebenen Bezug nehmen und untersuchen die wie folgt erklärten eigentlichen Hyperflächen:

> Def.1: Eine Hyperfläche eines CK-Raumes, die nur eigentliche Punkte enthält, heißt *eigentliche Hyperfläche.*

Zunächst beachten wir: Die Verbindung einer beliebigen Tangentenhyperebene $\Gamma(X)$ einer eigentlichen Hyperfläche $X(G)$ mit der Absolutebene A^{n_ν} $(0\le\nu\le\rho)$ ist

$$\text{entweder } \Gamma(X)+A^{n_\nu}=P^n$$
$$\text{oder } \Gamma(X)+A^{n_\nu}=\Gamma(X).$$

Im Hinblick auf die Möglichkeit $\Gamma(X)+A^{n_\nu}=\Gamma(X)$ definieren wir:

> Def.2: Die Punkte X einer eigentlichen Hyperfläche $X(G)$ eines CK-Raumes, in denen die Tangentenhyperebene $\Gamma(X)$ eine Absolutebene A^{n_ν} $(0\le\nu\le\rho)$ enthält (also $\Gamma(X)+A^{n_\nu}=\Gamma(X)$ gilt), heißen *singulär*. Sie bleiben im folgenden außer Betracht.[2]

Aus Def.2 folgt unmittelbar

> Satz 3: Ein Punkt X einer eigentlichen Hyperfläche $X(G)$ ist genau dann singulär, wenn die Tangentenhyperebene $\Gamma(X)$ die Absolutebene A^{n_ρ} enthält.

Im Fall $\Gamma(X)+A^{n_\nu}=P^n$ $(0\le\nu\le\rho)$, der im folgenden stets betrachtet wird, liefert die Dimensionsformel 1C(I):

$$\mathrm{Dim}(\Gamma(X)\cap A^{n_\nu})=n_\nu-1 \text{ für } 0\le\nu\le\rho.$$

---

[1] Dies gilt zum Beispiel dann nicht, wenn die Hyperfläche $X(G)$ eine Hyperebene Λ ist; im dualen CK-Raum entspricht der (n-1)-parametrigen Hyperebenenmenge $\Lambda(G)$ ein Punkt!

[2] In der projektiven Hyperflächentheorie heißt manchmal ein Hyperflächenpunkt, in dem die Tangentenhyperebene nicht erklärt ist, *singulär*. Eine eigentliche Hyperfläche $X(G)$ besitzt keinen solchen Punkt; siehe A, Def.4.

Jede Absolutebene A^{n_ν} wird also von einer Tangentenhyperebene $\Gamma(X)$ in einer Hyperebene $H^{n_\nu -1}$ von A^{n_ν} geschnitten. Diese Schnitteigenschaft ist äquivalent mit $A^{n_\nu} \not\subset \Gamma(X)$.

Schneidet $\Gamma(X)$ die Absolutebene A^{n_1} in einer Hyperebene $H^{n_1-1} \subset A^{n_1}$, so ist $\Gamma(X)$ keine Tangentenhyperebene Γ_P des Absolutkegels $Q^{n-1}_{r_o q_o}$. Denn mit 4D, Satz 3 und 4F, Satz 1 folgt, daß Γ_P die Spitze A^{n_1} von $Q^{n-1}_{r_o q_o}$ enthält. Diese Eigenschaft hätte dann auch die Tangentenhyperebene $\Gamma(X)$ im Widerspruch zu

$$\mathrm{Dim}(\Gamma(X) \cap A^{n_1}) = n_1 - 1 .$$

Ebenso ist $\Gamma(X) \cap A^{n_\nu}$ in A^{n_ν} keine Tangentenhyperebene des Absolutkegels $Q^{n_\nu -1}_{r_\nu q_\nu}$ $(1 \le \nu \le \rho-1)$;[1] $\Gamma(X) \cap A^{n_\nu}$ – also auch $\Gamma(X)$ – würde sonst die Spitze $A^{n_{\nu+1}}$ von $Q^{n_\nu -1}_{r_\nu q_\nu}$ enthalten im Widerspruch zu

$$\mathrm{Dim}(\Gamma(X) \cap A^{n_{\nu+1}}) = n_{\nu+1} - 1 .$$

Wir beachten nun, daß gilt:

$$\boxed{\mathrm{Dim}(\Gamma \cap A^{n_\nu}) = n_\nu - 1 = n - r_o - \ldots - r_{\nu-1} - 1 \quad (0 \le \nu \le \rho).} \qquad \text{(I)}$$

Daraus folgt, daß $\Gamma \cap A^{n_\nu}$ von $n-r_o-\ldots-r_{\nu-1}$ linear unabhängigen Punkten aufgespannt und daher von $n-r_o-\ldots-r_{\nu-1}$ linear unabhängigen Flächentangenten in X getroffen wird. Aufgrund dieses Sachverhaltes nehmen wir an, die Parametrisierung der eigentlichen Hyperfläche $X(G)$ sei so eingerichtet, daß für jeden Flächenpunkt $X \in X(G)$ die Absolutebene

A^{n_ρ}	von	$n-r_o-r_1-\ldots-r_{\rho-1} = r_\rho - 1$	linear unabhängigen Flächentangenten,
$A^{n_{\rho-1}} \setminus A^{n_\rho}$	von	$r_{\rho-1}$	linear unabhängigen Flächentangenten,
.....	.....	.....	.....
$A^{n_2} \setminus A^{n_3}$	von	r_2	linear unabhängigen Flächentangenten,
$A^{n_1} \setminus A^{n_2}$	von	r_1	linear unabhängigen Flächentangenten getroffen wird,
während		$r_o - 1$	linear unabhängige Flächentangenten keine Absolutebene treffen. Damit ist über die
		$n \quad -1$	

Flächentangenten der γ-Kurven $(1 \le \gamma \le n-1)$ durch $X \in X(G)$ – die wir dann γ-*Tangenten* nennen – teilweise verfügt.

[1] In Def. 4a) fordern wir diese Eigenschaft auch für $\nu = \rho$.

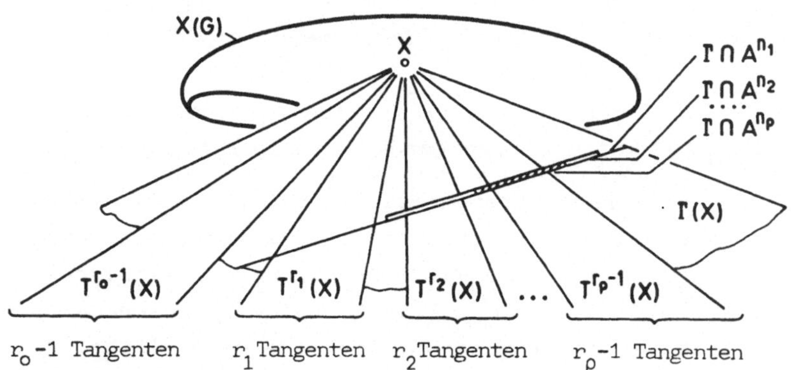

Die γ-Kurven einer eigentlichen Hyperfläche $X(G)$ sind also bei passender Indizierung derart gewählt, daß in jedem Punkt $X \in X(G)$ mit den in 8A eingeführten Bezeichnungen gilt:

die γ-Tangenten mit $1 \leq \gamma \leq r_0-1$ sind *Passanten, reguläre Tangenten* oder *Sekanten,*

die γ-Tangenten mit $r_0 \leq \gamma \leq r_0+r_1-1$ sind *euklidische Geraden,*

die γ-Tangenten mit $r_0+r_1 \leq \gamma \leq r_0+r_1+r_2-1$ sind *euklidische Geraden 2.Art*, usw.

Der Hyperflächenpunkt $X \in X(G)$ spannt zusammen mit den r_0-1 ersten γ-Tangenten die (r_0-1)-Ebene $T^{r_0-1}(X) := X + X_1 + \ldots + X_{r_0-1} \subset \Gamma(X)$ auf, die die Absolutebene A^{n_1} nicht schneidet. Zusammen mit den r_1 folgenden γ-Tangenten spannt der Punkt $X \in X(G)$ die r_1-Ebene $T^{r_1}(X) := X + X_{n-n_1} + \ldots + X_{n-n_2-1}$ auf, die A^{n_1} in einer (r_1-1)-Ebene schneidet. Die r_ν-Ebene $T^{r_\nu}(X)$ ist für $1 < \nu < \rho$ entsprechend erklärt, enthält X und schneidet A^{n_ν} in einer $(r_\nu-1)$-Ebene. Die $(r_\rho-1)$-Ebene $T^{r_\rho-1}$ wird von den $r_\rho-1$ letzten γ-Tangenten aufgespannt, falls $r_\rho-1 = n_\rho > 0$. Für $r_\rho-1 = n_\rho = 0$ wird $A^{n_\rho} = A^0 \not\subset \Gamma(X)$ (siehe Def.2) von keiner γ-Tangente getroffen. In diesem Fall spannen die $r_{\rho-1}$ letzten γ-Tangenten die $r_{\rho-1}$-Ebene $T^{r_{\rho-1}}$ auf!

Diese Überlegungen gelten für die eigentlichen Hyperflächen (ohne singuläre Punkte) aller CK-Räume. Im Hinblick auf die weitere Entwicklung der Hyperflächentheorie definieren wir:

Def.4: Eine eigentliche Hyperfläche $X(G)$ (ohne singuläre Punkte) eines CK-Raumes heißt *Hauptfläche*, wenn in jedem Punkt $X \in X(G)$ die folgenden Eigenschaften erfüllt sind:

a) Die $(n_\rho-1)$-Ebene $\Gamma(X) \cap A^{n_\rho}$ ist keine Tangentenhyperebene und (für $n_\rho = 1$) keine 0-Erzeugende der Absolutquadrik $Q^{n_\rho-1}_{r_\rho q_\rho}$.

b) $X(G)$ ist derart parametrisiert, daß gilt: Die γ-Tangenten sind für $1 \leq \gamma \leq r_o-1$ Passanten oder Sekanten, für $r_o \leq \gamma \leq r_o + r_1 - 1$ euklidische Geraden, für $r_o+r_1 \leq \gamma \leq r_o+r_1+r_2-1$ euklidische Geraden 2.Art, ..., für $r_o+\ldots+r_{\rho-1} \leq \gamma \leq n-1$ euklidische Geraden ρ.Art.

Eine Parametertransformation, die eine Hauptfläche in eine Hauptfläche überführt, heißt *zulässige Parametertransformation*.

Ist im CK-Raum ein projektives Koordinatensystem gegeben, in dem seine Absolutfigur F die Normalform 6B(I) besitzt, und werden die Punkte

$$X(\vec{x}(u^\alpha)), \quad \vec{x}(u^\alpha) = (\vec{x}_o(u^\alpha), \ldots, \vec{x}_\rho(u^\alpha))^T \neq \vec{o}$$

einer Hauptfläche $X(G)$ nach 6B, Satz 1 durch normierte Koordinaten (WEIERSTRASS-Koordinaten) beschrieben, so besteht bezüglich $Q^{n-1}_{r_o q_o}$ die

$$\boxed{\textit{Normierungsbedingung}\ \vec{x}_o^T E_o \vec{x}_o = \pm 1.^{1)}} \tag{II}$$

Aus (II) folgen die

$$\boxed{\textit{Polaritätsbedingungen}\ \vec{x}_{o;\gamma}^T E_o \vec{x}_o = 0 \quad (1 \leq \gamma \leq n-1).} \tag{III}$$

Aus (III) folgt

Satz 5: In einem CK-Raum gilt:

a) Die Punkte $X_\gamma = [\vec{x}_{;\gamma}]$ $(1 \leq \gamma \leq n-1)$ der Tangentenhyperebene

$$\Gamma(X) = X + X_1 + \ldots + X_{n-1}$$

(siehe B, Satz 3) einer Hauptfläche $X(G)$ liegen polar zum Berührpunkt X von $\Gamma(X)$ bezüglich des Absolutkegels $Q^{n-1}_{r_o q_o}$.

b) Die Hypergerade $X_1 + \ldots + X_{n-1}$ ist die Schnitthypergerade der Tangentenhyperebene $\Gamma(X)$ mit der Polarhyperebene Γ_X von X bezüglich $Q^{n-1}_{r_o q_o}$: $X_1 + \ldots + X_{n-1} = \Gamma(X) \cap \Gamma_X$.

---

1) Die in Abschnitt A erwähnte Umnormungsfunktion $\omega(u^\alpha)$ ist damit festgelegt.

c) Jede γ-Tangente $X + X_\gamma \subset \Gamma(X)$ verbindet die bezüglich $Q^{n-1}_{r_o q_o}$ polaren Punkte X und X_γ.

Beachten wir, daß jeder Punkt der Absolutebene $A^{n_{\mu+1}}$ zu jedem Punkt der Absolutebene A^{n_μ} polar ist bezüglich des Absolutkegels $Q^{n_\mu -1}_{r_\mu q_\mu}$ (siehe 4E, Satz 5), so folgt

<u>Satz 6</u>: In einem CK-Raum gilt in jedem Punkt X einer Hauptfläche $X(G)$ über die Punkte $X_\gamma = [\vec{x}_{;\gamma}]$ $(1 \le \gamma \le n-1)$:

a) Die r_o-1 ersten Punkte $X_1,\ldots,X_{n-n_1-1}$ liegen polar zu $\{X_{n-n_1},\ldots,X_{n-1}\} \subset A^{n_1}$ und die Punkte $X_{n-n_1},\ldots,X_{n-1}$ liegen paarweise polar bezüglich $Q^{n-1}_{r_o q_o}$:

$$\vec{x}^T_{o;\alpha} E_o \vec{x}_{o;\beta} = 0 \quad \text{für} \begin{cases} 1 \le \alpha \le n-1 \\ r_o = n-n_1 \le \beta \le n-1 \end{cases}.$$

b) Die r_μ Punkte $\{X_{n-n_\mu},\ldots,X_{n-n_{\mu+1}-1}\} \subset A^{n_\mu}$ liegen polar zu $\{X_{n-n_{\mu+1}},\ldots,X_{n-1}\} \subset A^{n_{\mu+1}}$, und die Punkte $X_{n-n_{\mu+1}},\ldots,X_{n-1}$ liegen paarweise polar bezüglich $Q^{n_\mu -1}_{r_\mu q_\mu}$ $(1 \le \mu \le \rho-2)$:

$$\vec{x}^T_{\mu;\alpha} E_\mu \vec{x}_{\mu;\beta} = 0 \quad \text{für} \begin{cases} n-n_\mu \le \alpha \le n-1 \\ n-n_{\mu+1} \le \beta \le n-1 \end{cases}.$$

c) Für $n_\rho = r_\rho - 1 > 0$ liegen die $r_{\rho-1}$ Punkte $\{X_{n-n_{\rho-1}},\ldots, X_{n-n_\rho-1}\} \subset A^{n_{\rho-1}}$ polar zu den $r_\rho-1$ letzten Punkten $\{X_{n-n_\rho},\ldots, X_{n-1}\} \subset A^{n_\rho}$, und die Punkte $X_{n-n_\rho},\ldots,X_{n-1}$ liegen paarweise polar bezüglich $Q^{n_{\rho-1}-1}_{r_{\rho-1} q_{\rho-1}}$:

$$\vec{x}^T_{\rho-1;\alpha} E_{\rho-1} \vec{x}_{\rho-1;\beta} = 0 \quad \text{für} \begin{cases} n-n_{\rho-1} \le \alpha \le n-1 \\ n-n_\rho \le \beta \le n-1 \end{cases}.$$

Für $n_\rho = r_\rho - 1 = 0$ liegen die $r_{\rho-1}$ letzten Punkte $\{X_{n-n_{\rho-1}},\ldots,X_{n-1}\} \subset A^{n_{\rho-1}}$ polar zu $A^{n_\rho} = A^o$ bezüglich $Q^{n_{\rho-1}-1}_{r_{\rho-1} q_{\rho-1}}$:

$$\vec{x}^T_{\rho-1;\alpha} E_{\rho-1} \vec{a} = 0 \quad \text{für} \begin{cases} n-n_{\rho-1} \le \alpha \le n-1 \\ \vec{a} = (o,\ldots,o,1)^T. \end{cases}$$

Bemerkungen:

1) Die in Def. 4a) verlangte Eigenschaft ist unabhängig von der Parametrisierung der Hauptfläche. Diese Eigenschaft wird im

Beweis zu D,Satz 1 erstmals benötigt. In einem CK-Raum mit nullteiliger Absolutquadrik ist Def.4a stets erfüllt.

2) Die in Def.4b verlangte Eigenschaft ist eine Forderung an die Parametrisierung der Hauptfläche. In Def.4b werden γ-Tangenten, die reguläre Tangenten des Absolutkegels $Q^{n-1}_{r_o q_o}$ sind, nicht zugelassen, da auf diesen γ-Tangenten in 8B keine Abstandsmetrik erklärt wurde.

3) Die Überlegungen zu Def.4 zeigen, daß in jedem (nicht singulären) Punkt X einer eigentlichen Hyperfläche X(G) stets n-1 linear unabhängige γ-Tangenten (*Linienelemente*) der verlangten Art existieren. Auf hinreichende Bedingungen für die Integrierbarkeit der n-1 *linear unabhängigen Linienelementfelder* – und damit auf die Frage der Existenz der in Def.4 vorausgesetzten Parametrisierung – gehen wir in dieser Darstellung nicht ein; siehe dazu KAMKE[1],S.104.

4) Bei einer zulässigen Parametertransformation bleiben die (r_o-1)-Ebenen T^{r_o-1} im allgemeinen nicht invariant. Dasselbe gilt für $T^{r_1},\dots,T^{r_{\rho-1}},T^{r_\rho-1}$.

5) Wegen $\vec{x}_{;\sigma'} = \vec{x}_{;\alpha} f^\alpha_{;\sigma'}$ ist bei jeder zulässigen Parametertransformation einer Hauptfläche $f^\alpha_{;\sigma'} = 0$ für $n-n_\mu \le \sigma' \le n-1$, $1 \le \alpha \le n-n_\mu-1$, $1 \le \mu \le \rho$.

6) Bei speziellen Parametrisierungen einer Hauptfläche X(G) können neben (III) weitere Polaritätsbedingungen erfüllt sein (etwa wenn $X_1,\dots,X_{r_o-1}$ paarweise polar sind bzgl. $Q^{n-1}_{r_o q_o}$).

Beispiele:

1) Pseudoisotroper Raum $P^3_{12|010}$ ($r_o=1$, $r_1=2$, $r_2=1$, $\rho=2$; siehe 6F).

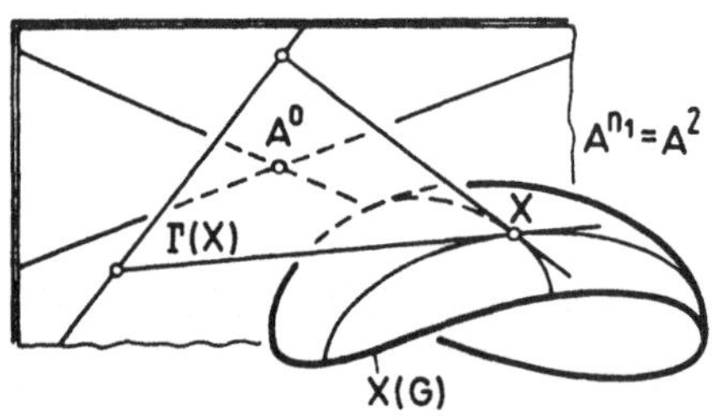

In diesem CK-Raum gilt in jedem Punkt X einer Hauptfläche X(G): 0 γ-Tangenten treffen keine Absolutebene, 2 γ-Tangenten treffen $A^{n_1}\backslash A^{n_2} = A^2\backslash A^o$, 0 γ-Tangenten treffen $A^{n_2} = A^o$. Die (r_o-1)-Ebene $T^{r_o-1}(X)$ ist der Flächenpunkt X; weiter ist $T^{r_1}(X) = \Gamma(X)$ und $T^{r_2-1}(X) = X$.

Ein Punkt X einer eigentlichen Fläche X(G) ist nach Satz 3 genau dann singulär, wenn die Tangentenebene $\Gamma(X)$ den Absolutpunkt A^o enthält. Die singulären Punkte von X(G) erfüllen also genau die Berührkurve des X(G) umschriebenen Kegels mit der Spitze A^o.

2) Quasielliptischer Raum $P^3_{2|00}$ ($r_o=2$, $r_1=2$, $\rho=1$; siehe 6F).

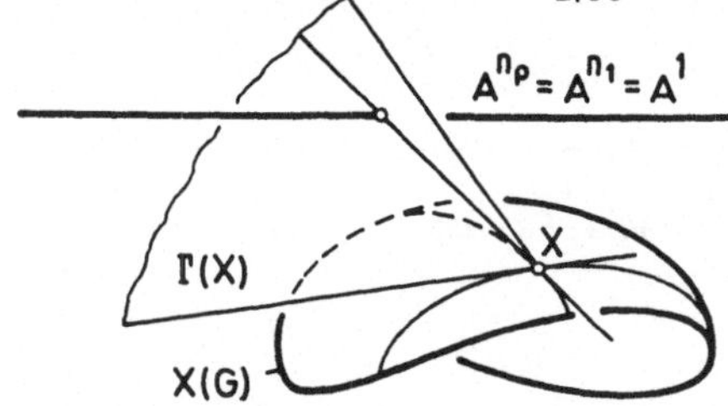

In diesem CK-Raum gilt in jedem Punkt X einer Hauptfläche X(G): 1 γ-Tangente trifft keine Absolutebene, 1 γ-Tangente trifft $A^{n_1} = A^1$. Die A^1 treffende γ-Tangente ist eindeutig bestimmt. Die (r_o-1)-Ebene $T^{r_o-1}(X)$ und die (r_1-1)-Ebene $T^{r_1-1}(X)$ bestehen aus je einer Flächentangente.

Aufgabe:

Man gebe für eine eigentliche Hyperfläche X(G) in einer Umgebung eines nicht singulären Punktes $X \in X(G)$ eine Parametrisierung an, die Def.4b genügt. Hinweis: Man wähle einen Punkt $P \in A^{n_\rho} \setminus \Gamma(X)$ zu n-1 γ-Tangenten $t_1, \ldots, t_{n-1}$ in X und betrachte die Schnittkurven $(P+t_i) \cap X(G)$ $(1 \le i \le n-1)$.

D. Abstandsmetrik der Hauptflächen, erste Grundformen

Im folgenden nehmen wir an, der CK-Raum $P^n_{r_o \ldots r_{\rho-1}|q_o \ldots q_\rho}$ sei auf ein projektives Koordinatensystem bezogen, in dem seine Absolutfigur F die Normalform 6B(I) besitzt. Im CK-Raum sei eine Hauptfläche X(G) gegeben durch die bezüglich des Absolutkegels $Q^{n-1}_{r_o q_o}$ normierte Parametrisierung

$$\vec{x}(u^\alpha) = (\vec{x}_o(u^\alpha), \ldots, \vec{x}_\rho(u^\alpha))^T \neq \vec{o} \quad (1 \le \alpha \le n-1)$$

mit

$$\vec{x}_o = (x^o(u^\alpha), \ldots\ldots, x^{n-n_1-1}(u^\alpha))^T,$$

$$\ldots\ldots\ldots\ldots\ldots\ldots\ldots\ldots$$

$$\vec{x}_\rho = (x^{n-n_\rho}(u^\alpha), \ldots\ldots\ldots, x^n(u^\alpha))^T.$$

Eine stückweise mit ihrer CK-Bogenlänge s parametrisierbare Flächenkurve $X(I) \subset X(G)$ sei dort durch $\vec{x}(u^\alpha(s))$ gegeben.

Für das Differential ds – das *CK-Bogenelement* von X(I) – gilt in jedem offenen Teilintervall $I_o \subset I$, in dem die Tangenten von $X(I_o)$ Passanten oder Sekanten von $Q^{n-1}_{r_o q_o}$ sind, nach 21C(V):

$$ds^2 = |d\vec{x}_o^T E_o d\vec{x}_o|.\ ^{1)}$$

[1] Siehe folgende Seite!

Sind die Tangenten von $X(I)$ in einem offenen Intervall $I_\mu \subset I$ euklidische Geraden μ.Art, so gilt für das CK-Bogenelement ds nach 21C(VI) und 21C,Bem.3:

$$ds^2 = |d\vec{x}_\mu^T E_\mu d\vec{x}_\mu| \quad (1 \le \mu \le \rho;\ d\vec{x}_o = \vec{o}_o, \dots, d\vec{x}_{\mu-1} = \vec{o}_{\mu-1}).$$ [2]

Bei Verwendung der CK-Bogenlänge s als Parameter ist (siehe B(I)):

$$\frac{d\vec{x}}{ds} = \vec{x}_{;\alpha}\frac{du^\alpha}{ds} \quad \text{mit} \quad \vec{x}_{;\alpha} = (\vec{x}_{o;\alpha}, \dots, \vec{x}_{\rho;\alpha})^T.$$

Damit erhält das CK-Bogenelement ds einer Flächenkurve $X(I) \subset X(G)$ auf den Teilintervallen I_μ $(0 \le \mu \le \rho)$ im gegebenen projektiven Koordinatensystem die einheitliche Darstellung:

$$ds^2 = |(\vec{x}_{\mu;\alpha}du^\alpha)^T E_\mu(\vec{x}_{\mu;\beta}du^\beta)| \quad (0 \le \mu \le \rho;\ 1 \le \alpha,\beta \le n-1)$$

oder

$$I^{(\mu)} := ds^2 = |g^{(\mu)}_{\alpha\beta}du^\alpha du^\beta| \quad \text{mit} \quad g^{(\mu)}_{\alpha\beta} := \vec{x}^T_{\mu;\alpha} E_\mu \vec{x}_{\mu;\beta}. \qquad \text{(I)}$$

Die Betragzeichen entfallen, wenn die quadratische Differentialform $g^{(\mu)}_{\alpha\beta}du^\alpha du^\beta$ positiv definit ist.

Mit (I) und 21C erhalten wir:

<u>Satz 1</u>: In einer Hauptfläche X(G) eines CK-Raumes induzieren die Abstandsmetriken 8B,(I)-(III)

$$\text{für} \begin{Bmatrix} n_\rho > 0 \text{ genau } \rho+1 \\ n_\rho = 0 \text{ genau } \rho \end{Bmatrix} \text{ quadratische Differentialformen}$$

$$g^{(\mu)}_{\alpha\beta}du^\alpha du^\beta := \vec{x}^T_{\mu;\alpha}E_\mu\vec{x}_{\mu;\beta}du^\alpha du^\beta,\ 1 \le \alpha,\beta \le n-1 \begin{Bmatrix} 0 \le \mu \le \rho & \text{für } n_\rho > 0 \\ 0 \le \mu \le \rho-1 & \text{für } n_\rho = 0 \end{Bmatrix},$$

welche die Abstandsmetrik in X(G) regeln und die *(abstands)-metrischen Fundamentalformen* oder die *ersten Grundformen* von X(G) heißen. Die Koeffizienten $g^{(\mu)}_{\alpha\beta}$ $(1 \le \alpha,\beta \le n-1)$ heißen die *(abstands)metrischen Fundamentalgrößen* oder die *Fundamental-*

---

[1] In 21C,Satz 1 wurde $X(I_o)$ als Hauptkurve vorausgesetzt. Um ds erklären zu können genügt es, die Tangenten von $X(I_o)$ als Passanten oder Sekanten von $Q^{n-1}_{r_o q_o}$ vorauszusetzen. Auf den kursiven Index *o* in 21C(V), der die *o*-te Begleitsimplexecke einer Hauptkurve anzeigt, wird jetzt verzichtet.

[2] Zu jedem Parameter $u \in I$ und zu jedem offenen Teilintervall $J \subset I$ mit $u \in J$ gibt es ein offenes Teilintervall $J' \subset J$, so daß in J' die CK-Bogenlänge einheitlich gemessen wird oder in J' nicht definiert ist.

größen 1.Ordnung von X(G) bezüglich der vorliegenden Parametrisierung; sie sind symmetrisch in den Indizes α und β:

$$g^{(\mu)}_{\alpha\beta} = g^{(\mu)}_{\beta\alpha} \quad (1 \le \alpha, \beta \le n-1).$$

Berechnung der ersten Grundformen $I^{(\mu)} := |g^{(\mu)}_{\alpha\beta} du^\alpha du^\beta|$:

$\underline{I^{(o)}}$: Die Tangenten einer Flächenkurve $X(I_o)$ sind Passanten oder Sekanten des Absolutkegels $Q^{n-1}_{r_o q_o}$ und liegen in einem Hauptflächenpunkt $X \in X(I_o)$ nicht notwendig in der (r_o-1)-Ebene [1]

$$T^{r_o-1}(X) = X(\vec{x}) + X_1(\vec{x}_{;1}) + \ldots + X_{r_o-1}(\vec{x}_{;r_o-1}) \subset \Gamma(X).$$

Hat $X(I_o)$ die Parametrisierung $\vec{x}(u^\delta(s))$, so folgt $d\vec{x} = \vec{x}_{;\delta} du^\delta$ $(1 \le \delta \le n-1)$. Nach C,Satz 6 und mit Satz 1 gilt in (I):

$$g^{(o)}_{\beta\alpha} = g^{(o)}_{\alpha\beta} := \vec{x}^T_{o;\alpha} E_o \vec{x}_{o;\beta} = 0 \quad \text{für} \begin{cases} 1 \le \alpha \le n-1 \\ r_o = n-n_1 \le \beta \le n-1. \end{cases}$$

Man erhält also

$$I^{(o)} := |g^{(o)}_{\alpha\beta} du^\alpha du^\beta| \quad \text{mit} \quad 1 \le \alpha, \beta \le n-n_1-1. \tag{II}$$

$\underline{I^{(\mu)} (1 \le \mu \le \rho-1)}$: Die Tangenten einer Flächenkurve $X(I_\mu)$ sind euklidische Geraden μ.Art und liegen daher in jedem Hauptflächenpunkt $X \in X(I_\mu)$ in der n_μ-Ebene

$$X(\vec{x}) + X_{n-n_\mu}(\vec{x}_{;n-n_\mu}) + \ldots + X_{n-1}(\vec{x}_{;n-1}) \subset \Gamma(X). \tag{1}$$

Aus der Parametrisierung $\vec{x}(u^\delta(s))$ von $X(I_\mu)$ folgt zunächst $d\vec{x} = \vec{x}_{;\delta} du^\delta$. Daraus folgt mit (1):

$$du^\delta = 0 \quad \text{für} \quad 1 \le \delta \le n-n_\mu-1.$$

Man findet also

$$I^{(\mu)} := |g^{(\mu)}_{\alpha\beta} du^\alpha du^\beta| \quad \text{mit} \quad n-n_\mu \le \alpha, \beta \le n-n_{\mu+1}-1, \tag{III}$$

wobei mit Satz 1 und C,Satz 6 gilt:

$$g^{(\mu)}_{\beta\alpha} = g^{(\mu)}_{\alpha\beta} := \vec{x}^T_{\mu;\alpha} E_\mu \vec{x}_{\mu;\beta} = 0 \quad \text{für} \begin{cases} n-n_\mu \le \alpha \le n-1 \\ n-n_{\mu+1} \le \beta \le n-1. \end{cases}$$

[1] Siehe C, Beispiel 2.

$\underline{\underline{I^{(\rho)}}}$: Für $n_\rho = r_\rho - 1 = 0$ wird nach Satz 1 keine quadratische Differentialform $I^{(\rho)}$ induziert.

Für $n_\rho = r_\rho - 1 > 0$ gilt: Die Tangenten einer Flächenkurve $X(I_\rho)$ sind euklidische Geraden ρ.Art und liegen daher in jedem Hauptflächenpunkt $X \in X(I_\rho)$ in der $(r_\rho-1)$-Ebene

$$T^{r_\rho - 1}(X) = X(\vec{x}) + X_{n-n_\rho}(\vec{x}_{;n-n_\rho}) + \ldots + X_{n-1}(\vec{x}_{;n-1}) \subset \Gamma(X).$$

Ist $\vec{x}(u^\delta(s))$ die Parametrisierung von $X(I_\rho)$, so folgt $d\vec{x} = \vec{x}_{;\delta} du^\delta$ und daraus mit der Darstellung von $T^{r_\rho - 1}(X)$:

$du^\delta = 0$ für $1 \le \delta \le n-n_\rho-1$.
Man erhält also
$I^{(\rho)} := \lvert g^{(\rho)}_{\alpha\beta} du^\alpha du^\beta \rvert$ mit $n-n_\rho \le \alpha,\beta \le n-1$,
wobei mit Satz 1 gilt: $g^{(\rho)}_{\beta\alpha} = g^{(\rho)}_{\alpha\beta}$.

(IV)

Zur Messung des Bogenelements ds aller Flächenkurven $X(I_o)$, $X(I_\mu)$, $X(I_\rho)$ sind also der Reihe nach nur die metrischen Fundamentalgrößen

$$g^{(o)}_{\alpha\beta} \quad (1 \le \alpha,\beta \le n-n_1-1),$$

$$g^{(\mu)}_{\alpha\beta} \quad (n-n_\mu \le \alpha,\beta \le n-n_{\mu+1}-1;\ 1 \le \mu \le \rho-1),$$

$$g^{(\rho)}_{\alpha\beta} \quad (n-n_\rho \le \alpha,\beta \le n-1)$$

und die zugehörigen Differentiale erforderlich.

Man zeigt leicht, daß die metrischen Fundamentalgrößen $g^{(\mu)}_{\alpha\beta}$ bewegungsinvariant sind. Sie sind jedoch nicht parameterinvariant und genügen daher einem *Transformationsgesetz*, das wir ermitteln. Dazu sei eine zulässige Parametertransformation gegeben,

$$f\colon\ G' \to G$$
$$(u^{\sigma'}) \mapsto f(u^{\sigma'}) = (u^\alpha) = (f^\alpha(u^{1'},\ldots,u^{(n-1)'}))$$

mit der JACOBI-Determinante $J_f = \det(f^\alpha_{;\sigma'}) \neq 0$ auf G'. Dann gilt

$$du^\alpha = f^\alpha_{;\sigma'} du^{\sigma'}.$$

Nun seien im gegebenen projektiven Koordinatensystem (in dem die Absolutfigur F des CK-Raumes die Normalform 6B(I) besitzt)

$\vec{x}(u^\alpha)$, $\vec{x}(u^{\sigma'})$ zwei Parametrisierungen derselben Hauptfläche. Dann folgt

$$\vec{x}_{\mu;\sigma'} = \vec{x}_{\mu;\alpha} f^{\alpha}_{;\sigma'}$$

und damit

$$\boxed{\begin{aligned} g^{(\mu)}_{\sigma'\tau'} &= \vec{x}^{T}_{\mu;\sigma'} E_{\mu}\, \vec{x}_{\mu;\tau'} = \vec{x}^{T}_{\mu;\alpha} f^{\alpha}_{;\sigma'} E_{\mu}\, \vec{x}_{\mu;\beta} f^{\alpha}_{;\tau'} = \\ &= g^{(\mu)}_{\alpha\beta} f^{\alpha}_{;\sigma'} f^{\beta}_{;\tau'} = g^{(\mu)}_{\alpha\beta} \frac{\partial u^{\alpha}}{\partial u^{\sigma'}} \frac{\partial u^{\beta}}{\partial u^{\tau'}}\ (0 \le \mu \le \rho). \end{aligned}} \tag{V}$$

Mit dem Transformationsgesetz (V) erhält man

$$g^{(\mu)}_{\sigma'\tau'} du^{\sigma'} du^{\tau'} = g^{(\mu)}_{\alpha\beta} f^{\alpha}_{;\sigma'} f^{\beta}_{;\tau'} du^{\sigma'} du^{\tau'} = g^{(\mu)}_{\alpha\beta} du^{\alpha} du^{\beta}.$$

Daraus folgt zusammen mit der Bewegungsinvarianz der metrischen Fundamentalgrößen $g^{(\mu)}_{\alpha\beta}$ und der Differentiale du^{α}:

<u>Satz 2:</u> Die ersten Grundformen einer Hauptfläche eines CK-Raumes sind bewegungsinvariant und invariant bei gleich- und gegensinnigen zulässigen Parametertransformationen. Sie sind daher CK-geometrische Begriffe einer Hauptfläche bei zulässigen Parametertransformationen.

Aus den metrischen Fundamentalgrößen $g^{(\mu)}_{\alpha\beta}$ bilden wir die folgende (n-1)-reihige *Determinante der ersten Grundformen*:

$$\boxed{\det\left(g^{(\mu)}_{\alpha\beta}\right) := \det\begin{bmatrix} (g^{(0)}_{\alpha\beta}) & & 0 \\ & \ddots\ (g^{(\mu)}_{\alpha\beta})\ \ddots & \\ 0 & & (g^{(\rho)}_{\alpha\beta}) \end{bmatrix} \quad \begin{array}{ll} 1 \le \alpha,\beta \le n-n_1-1 & (\mu=0), \\ n-n_{\mu} \le \alpha,\beta \le n-n_{\mu+1}-1 & (1 \le \mu \le \rho-1), \\ n-n_{\rho} \le \alpha,\beta \le n-1 & (\mu=\rho). \end{array}} \tag{VI}$$

Diese Determinante genügt dem folgenden Transformationsgesetz, das sich unter Verwendung von (V) und C,Bem.5 ergibt:

$$\boxed{\det\left(g^{(\mu)}_{\sigma'\tau'}\right) = \det\left(g^{(\mu)}_{\alpha\beta} f^{\alpha}_{;\sigma'} f^{\beta}_{;\tau'}\right) = \det\left(g^{(\mu)}_{\alpha\beta}\right) J_f^2\ .} \tag{VII}$$

Wir beweisen nun

<u>Satz 3:</u> In einem CK-Raum gilt in jedem Punkt X einer Hauptfläche X(G)

$$\det\left(g^{(\mu)}_{\alpha\beta}\right) \neq 0.$$

Die in (VI) erklärte Matrix $\left(g^{(\mu)}_{\alpha\beta}\right)$ enthält für $n_1 = n-1$ $(r_o = 0)$

kein $(g_{\alpha\beta}^{(o)})$ und für $n_\rho = 0$ $(r_\rho = 1)$ kein $(g_{\alpha\beta}^{(\rho)})$. Bei der Betrachtung der Matrizen $(g_{\alpha\beta}^{(\mu)})$ ist der Indexlauf $0 \leq \mu \leq \rho$ stets mit dieser Einschränkung zu verstehen!

Beweis: In Abschnitt C wurden in der Tangentenhyperebene $\Gamma(X)$ eines Hauptflächenpunktes X die k-Ebenen $(k = r_o-1, r_1, \ldots, r_{\rho-1}, r_\rho-1)$ betrachtet, die X und die r_o-1 ersten, X und die r_1 folgenden,..., X und die $r_\rho-1$ letzten γ-Tangenten aufspannen. Im Beweis seien diese k-Ebenen wie folgt bezeichnet:

$$T^{(o)} := T^{r_o-1}(X),\quad T^{(\mu)} := T^{r_\mu}(X)\ (1 \leq \mu \leq \rho-1),\quad T^{(\rho)} := T^{r_\rho-1}(X).$$

Nach C,Def.4a) ist $\Gamma(X) \cap A^{n_\rho}$ und somit $T^{(\rho)} \cap A^{n_\rho}$ in A^{n_ρ} nicht Tangentenhyperebene und (für $n_\rho = 1$) nicht 0-Erzeugende der Absolutquadrik $Q_{r_\rho q_\rho}^{n_\rho -1}$.

Für $0 \leq \mu \leq \rho-1$ ist nach Abschnitt C der Schnitt $T^{(\mu)} \cap A^{n_\mu}$ in A^{n_μ} komplementär zur Spitze $A^{n_{\mu+1}}$ von $Q_{r_\mu q_\mu}^{n_\mu -1}$. Wäre $(T^{(\mu)} \cap A^{n_\mu}) \subset \subset Q_{r_\mu q_\mu}^{n_\mu -1}$, so wäre jeder Punkt $S \in T^{(\mu)} \cap A^{n_\mu}$ polar zu $T^{(\mu)} \cap A^{n_\mu}$ und polar zu $A^{n_{\mu+1}}$ bezüglich $Q_{r_\mu q_\mu}^{n_\mu -1}$. Damit läge ein Punkt $S \in T^{(\mu)} \cap A^{n_\mu}$ in der Spitze $A^{n_{\mu+1}}$ von $Q_{r_\mu q_\mu}^{n_\mu -1}$ im Widerspruch zu $S \in T^{(\mu)} \cap A^{n_\mu}$ und $T^{(\mu)} \cap A^{n_\mu}$ komplementär zu $A^{n_{\mu+1}}$. Folglich ist $T^{(\mu)} \cap A^{n_\mu}$ keine Erzeugende von $Q_{r_\mu q_\mu}^{n_\mu -1}$.

Für $0 \leq \mu \leq \rho$ ist daher $Q^{(\mu)} := (T^{(\mu)} \cap A^{n_\mu}) \cap Q_{r_\mu q_\mu}^{n_\mu -1}$ eine Quadrik. Die Quadrik $Q^{(\rho)}$ ist nicht entartet, da $T^{(\rho)} \cap A^{n_\rho}$ in A^{n_ρ} nicht Tangentenhyperebene und (für $n_\rho = 1$) nicht 0-Erzeugende von $Q_{r_\rho q_\rho}^{n_\rho -1}$ ist. Wäre für $0 \leq \mu \leq \rho-1$ die Quadrik $Q^{(\mu)}$ entartet, so wäre jeder Punkt S der Spitze von $Q^{(\mu)}$ polar zu $T^{(\mu)} \cap A^{n_\mu}$ und zu der dazu in A^{n_μ} komplementären Spitze $A^{n_{\mu+1}}$ von $Q_{r_\mu q_\mu}^{n_\mu -1}$ bezüglich $Q_{r_\mu q_\mu}^{n_\mu -1}$; S wäre also schon ein Punkt der Spitze von $Q_{r_\mu q_\mu}^{n_\mu -1}$, im Widerspruch zu $S \in T^{(\mu)} \cap A^{n_\mu}$. Damit ist $Q^{(\mu)}$ für $0 \leq \mu \leq \rho$ nicht entartet.

In dem projektiven Koordinatensystem

$\{X_1(\vec{x}_{;1}),\ldots,X_{r_o-1}(\vec{x}_{;r_o-1});E_o(\vec{x}_{;1}+\ldots+\vec{x}_{;r_o-1})\}$ für $\mu = 0$,

$\{X_{n-n_\mu}(\vec{x}_{;n-n_\mu}),\ldots,X_{n-n_{\mu+1}-1}(\vec{x}_{;n-n_{\mu+1}-1});E_\mu(\vec{x}_{;n-n_\mu}+\ldots+\vec{x}_{;n-n_{\mu+1}-1})\}$ $1 \le \mu$, $\mu \le \rho-1$,

$\{X_{n-n_\rho}(\vec{x}_{;n-n_\rho}),\ldots,X_{n-1}(\vec{x}_{;n-1});E_\rho(\vec{x}_{;n-n_\rho}+\ldots+\vec{x}_{;n-1})\}$ für $\mu = \rho$

hat die Schnittquadrik $Q^{(\mu)}$ die Gleichung

$$\vec{y}^T(g^{(\mu)}_{\alpha\beta})\vec{y} = 0.$$

Da $Q^{(\mu)}$ für $0 \le \mu \le \rho$ nicht entartet ist, gilt

$$\det(g^{(\mu)}_{\alpha\beta}) \neq 0 \text{ für jedes } \mu \in \{0,\ldots,\rho\}.$$

Daraus folgt Satz 3.

In jedem Hauptflächenpunkt existiert wegen $\det\left(g^{(\mu)}_{\alpha\beta}\right) \neq 0$ die inverse Matrix der (n-1)-reihigen Matrix $\left(g^{(\mu)}_{\alpha\beta}\right)$. Sei

$$(g^{\gamma\delta}_{(\mu)}) := (g^{(\mu)}_{\alpha\beta})^{-1} \quad (0 \le \mu \le \rho).$$

Dann gilt:

$$\begin{bmatrix} \underbrace{(g^{\gamma\delta}_{(o)})}_{r_o-1} & & & 0 \\ & \ddots & & \\ & & \underbrace{(g^{\gamma\delta}_{(\mu)})}_{r_\mu} & \\ & & & \ddots \\ 0 & & & \underbrace{(g^{\gamma\delta}_{(\rho)})}_{r_\rho-1} \end{bmatrix} \begin{bmatrix} \underbrace{(g^{(o)}_{\alpha\beta})}_{r_o-1} & & & 0 \\ & \ddots & & \\ & & \underbrace{(g^{(\mu)}_{\alpha\beta})}_{r_\mu} & \\ & & & \ddots \\ 0 & & & \underbrace{(g^{(\rho)}_{\alpha\beta})}_{r_\rho-1} \end{bmatrix} = \begin{bmatrix} 1 & & 0 \\ & \ddots 1 \ddots & \\ 0 & & 1 \end{bmatrix}.$$

Bei Beachtung der Multiplikationsregel für partitionierte Matrizen folgt, wenn E_r $(r = r_o-1, r_\mu, r_\rho-1)$ die Einheitsmatrix mit Rang r bezeichnet:

$(g^{\gamma\delta}_{(o)})(g^{(o)}_{\alpha\beta}) = E_{r_o-1}$, $\quad 1 \le \alpha,\beta,\gamma,\delta \le r_o-1$,

$(g^{\gamma\delta}_{(\mu)})(g^{(\mu)}_{\alpha\beta}) = E_{r_\mu}$, $\quad n-n_\mu \le \alpha,\beta,\gamma,\delta \le n-n_{\mu+1}-1$; $1 \le \mu \le \rho-1$,

$(g^{\gamma\delta}_{(\rho)})(g^{(\rho)}_{\alpha\beta}) = E_{r_\rho-1}$ $\quad n-n_\rho \le \alpha,\beta,\gamma,\delta \le n-1$,

sowie

$$g^{\gamma\alpha}_{(o)}g^{(o)}_{\alpha\beta} = \delta^{\gamma}_{\beta},\quad g^{\gamma\alpha}_{(1)}g^{(1)}_{\alpha\beta} = \delta^{\gamma}_{\beta},\quad \ldots,\quad g^{\gamma\alpha}_{(\rho)}g^{(\rho)}_{\alpha\beta} = \delta^{\gamma}_{\beta}\ ^{1)} \tag{VIII}$$

und

$$\det(g^{\gamma\delta}_{(\mu)})\det(g^{(\mu)}_{\alpha\beta}) = 1;\quad g^{\gamma\delta}_{(\mu)} = g^{\delta\gamma}_{(\mu)} \qquad (0 \leq \mu \leq \rho). \tag{IX}$$

Mit (VIII) findet man für die $g^{\gamma\delta}_{(\mu)}$ bei zulässigen Parametertransformationen das Transformationsgesetz:

$$g^{\gamma'\delta'}_{(\mu)} = g^{\sigma\tau}_{(\mu)} \frac{\partial u^{\gamma'}}{\partial u^{\sigma}} \frac{\partial u^{\delta'}}{\partial u^{\tau}} \qquad (0 \leq \mu \leq \rho). \tag{X}$$

Aufgaben:

1) Im nichtentarteten CK-Raum $P^3_{|q_o}$ sei eine Hauptfläche X(G) gegeben in der Parametrisierung

$$\vec{x}(u^1, u^2) := \vec{y}(u^1) + \vec{z}(u^2).$$

Man gebe die metrischen Fundamentalgrößen von X(G) an.

2) Im CK-Raum $P^n_{r_o \cdots r_{\rho-1}|q_o \cdots q_\rho}$ seien über demselben Parametergebiet G zwei Hauptflächen X(G), Y(G) mit den Parametrisierungen $\vec{x}(u^\alpha)$, $\vec{y}(u^\alpha)$ gegeben. Die beiden Hauptflächen X(G), Y(G) heißen zueinander *CK-isometrisch*, wenn auf G ihre metrischen Fundamentalgrößen übereinstimmen. Man gebe in einem 3-dimensionalen CK-Raum zwei Hauptflächen an, die zueinander CK-isometrisch sind, aber nicht durch eine Bewegung auseinander hervorgehen.

---

1) δ^{γ}_{β} bezeichnet das KRONECKER-Symbol.

E. Begleitsimplex der Hauptflächen

Wir verknüpfen nun mit jedem Punkt X einer Hauptfläche X(G) das aus n+1 linear unabhängigen Punkten bestehende Simplex

$$\{X(\vec{x}(u^\alpha), X_1(\vec{x}_{;1}), \ldots, X_{n-1}(\vec{x}_{;n-1}), X_\Gamma(\vec{x}_\Gamma)\}.$$

Ecke X: Der Hauptflächenpunkt $X \in X(G)$ ist eine Ecke des Simplex, das X(G) in X zugeordnet wird.

Ecken X_γ $(1 \leq \gamma \leq n-1)$: Nach C, Satz 5 ist $X(\vec{x}(u^\alpha)) + X_\gamma(\vec{x}(u^\alpha)_{;\gamma})$ die γ-Tangente von X(G) in X. Die Punkte X und X_γ inzidieren nach C, Satz 5 mit der Tangentenhyperebene $\Gamma(X) = \Gamma(\vec{\gamma}(u^\alpha))$ von X(G) in X. Die Inzidenz $X \in \Gamma(X)$ wird beschrieben durch

$$\vec{\gamma}(u^\alpha)^T \vec{x}(u^\alpha) = 0;$$

die Inzidenz $X_\gamma \in \Gamma(\vec{\gamma}(u^\alpha))$ ist enthalten in

$$\vec{\gamma}(u^\alpha)^T \vec{x}(u^\alpha)_{;\gamma} = 0 \quad (1 \leq \gamma \leq n-1).$$

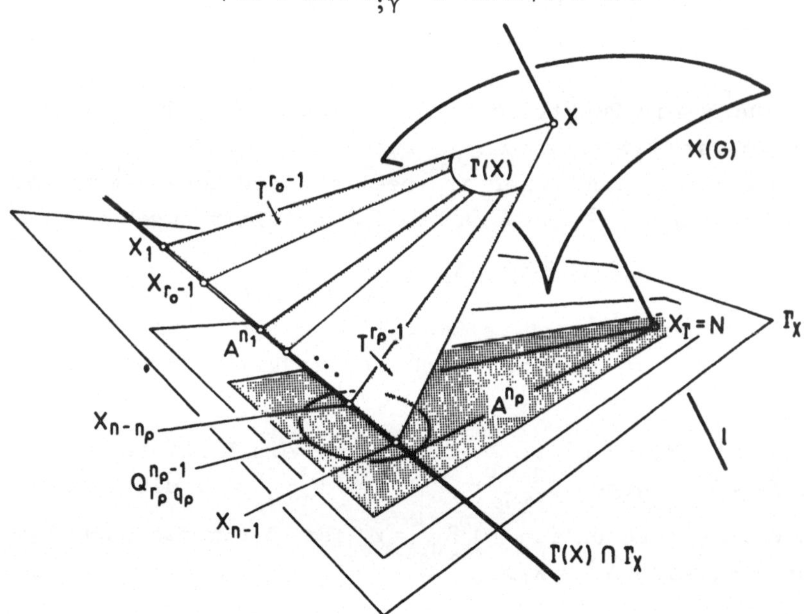

Die Koordinatenvektoren $\vec{x}(u^\alpha) = (\vec{x}_o(u^\alpha), \ldots, \vec{x}_\rho(u^\alpha))^T$ der Punkte $X \in X(G)$ seien (siehe C(II)) normiert bezüglich des Absolutkegels $Q^{n-1}_{r_o q_o}$:

$$\vec{x}_o^T E_o \vec{x}_o = \pm 1.$$

Daraus folgt durch partielles Ableiten nach u^γ die Polaritätsbedingung C(III):

$$\vec{x}_o(u^\alpha)^T_{;\gamma} E_o \vec{x}_o = 0 \quad (1 \le \gamma \le n-1).$$

Die n-1 Simplexecken $X_\gamma (1 \le \gamma \le n-1)$ liegen folglich in der Polarhyperebene Γ_X des Hauptflächenpunktes X bezüglich der Absolutfigur F (also bezüglich des Absolutkegels $Q^{n-1}_{r_o q_o}$); Γ_X enthält die Absolutebene A^{n_1} und somit $A^{n_2}, \ldots, A^{n_\rho}$ (siehe 4E, Satz 7). Die Hypergerade $X_1 + \ldots + X_{n-1}$ ist die Schnitthypergerade $\Gamma(X) \cap \Gamma_X$ (siehe C, Satz 5).

Ecke X_Γ: Als Simplexecke X_Γ wählen wir den in 9B, Def. 1 erklärten Pol der Tangentenhyperebene $\Gamma(X)$ bezüglich der Absolutfigur F des CK-Raumes, also den Pol von $\Gamma(X) \cap A^{n_\rho}$ bezüglich $Q^{n_\rho - 1}_{r_\rho q_\rho}$. Nach C, Def. 4 ist $\Gamma(X) \cap A^{n_\rho}$ keine Tangentenhyperebene der Absolutquadrik $Q^{n_\rho - 1}_{r_\rho q_\rho}$; X_Γ liegt daher nicht in $\Gamma(X) \cap A^{n_\rho}$ und somit auch nicht in $\Gamma(X)$. Die n+1 Simplexecken $X, X_1, \ldots, X_{n-1}, X_\Gamma$ sind also linear unabhängig. Der Pol X_Γ von $\Gamma(X)$ liegt in der Polarhyperebene Γ_X von X bezüglich F sowie in der Absolutebene A^{n_ρ}.

Ist $\Gamma(X) \cap A^{n_\rho}$ ein Punkt, so ist A^{n_ρ} eine $\Gamma(X)$ schneidende Gerade, und es ist $\Gamma(X) \cap A^{n_\rho} = X_{n-1}$. Die Absolutquadrik $Q^{n_\rho - 1}_{r_\rho q_\rho}$ ist stets nichtentartet und daher ein reelles oder konjugiert komplexes Punktepaar $P, \bar{P}$ in A^{n_ρ}; X_Γ ist bestimmt durch

$$DV(P \bar{P} X_{n-1} X_\Gamma) = -1.$$

Ist $\Gamma(X) \cap A^{n_\rho}$ der projektive Raum P^n, so ist der CK-Raum nichtentartet, und X_Γ ist der Pol von $\Gamma(X)$ bezüglich der Absolutquadrik $Q^{n-1}_{r_o q_o}$.

Ist $\Gamma(X) \cap A^{n_\rho} = \emptyset$, so gilt: $A^{n_\rho} \not\subset \Gamma(X)$ ist ein Punkt $(n_\rho = 0)$. Dann ist $X_\Gamma = A^{n_\rho}$ (wegen $Q^{n_\rho - 1}_{r_\rho q_\rho} \subset A^{n_\rho}$ ist $Q^{n_\rho - 1}_{r_\rho q_\rho} = \emptyset$; die Totalpolare von $\emptyset$ in A^{n_ρ} bezüglich $Q^{n_\rho - 1}_{r_\rho q_\rho} = \emptyset$ ist der ganze punktförmige Raum A^{n_ρ}, also $A^{n_\rho} = X_\Gamma$).

Für $A^{n_\rho} \not\subset \Gamma(X)$ ist die Tangentenhyperebene $\Gamma(X)$ nach 9A, Def. 1 eine reguläre Hyperebene des CK-Raumes; für $A^{n_\rho} \subset \Gamma(X)$ ist $\Gamma(X)$ eine singuläre Hyperebene des CK-Raumes. Damit gilt: Genau in den singulären Punkten einer eigentlichen Hyperfläche ist ihre Tangentenhyperebene eine singuläre Hyperebene. Da eine Hauptfläche X(G) eines CK-Raumes nach C,Def.4 keine singulären Punkte enthält, folgt mit 9D,Satz 6:

> Satz 1: In einem Punkt X einer Hauptfläche X(G) ist die Tangentenhyperebene $\Gamma(X)$ eine reguläre Hyperebene des CK-Raumes; $\Gamma(X)$ besitzt im Berührpunkt $X \in X(G)$ genau ein Lot $l := X + X_\Gamma$, die *Normale* der Hauptfläche X(G) in X. Die Begleitsimplexecke $N(\vec{n}) := X_\Gamma \in A^{n_\rho}$ heißt *der Normalenpunkt* von X(G) in X.

Bemerkungen:

1) Mit 9A,Def.1 folgt: Die Normale $l = X + X_\Gamma$ der Hauptfläche X(G) in X ist genau in den nichtentarteten und in den einfach entarteten semieuklidischen CK-Räumen eine reguläre Gerade, sonst ist l eine singuläre Gerade.

2) Nach 8A ist die Normale $X + X_\Gamma$ einer Hauptfläche X(G) in X in einem entarteten CK-Raum eine euklidische Gerade ρ.Art, in einem nichtentarteten CK-Raum eine Passante oder Sekante der Absolutquadrik.

Wir beachten nun, daß der Normalenpunkt $N(\vec{n})$ einer Hauptfläche X(G) in X der Pol von $\Gamma(X) \cap A^{n_\rho}$ bezüglich $Q^{n_\rho - 1}_{r_\rho q_\rho}$ ist. Für $n_\rho > 0$ liegen daher die Simplexecken $X_\gamma(\vec{x}_{;\gamma})$ $(n - n_\rho \leq \gamma \leq n-1)$ in $\Gamma(X) \cap A^{n_\rho}$, $N(\vec{n}) = X_\Gamma$ ist polar zu jeder dieser Ecken X_γ, und die Koordinaten des Normalenpunktes $N(\vec{n})$ lassen sich bezüglich der Absolutquadrik $Q^{n_\rho - 1}_{r_\rho q_\rho}$ normieren. Für $n_\rho = 0$ ist $\vec{n} = (0,\dots,0,1)^T$, $\vec{n}_\rho = (1)$ und $Q^{n_\rho - 1}_{r_\rho q_\rho} = \emptyset$. Somit gilt:

$$\begin{array}{l} \vec{x}^T_{\rho;\gamma} E_\rho \vec{n}_\rho = 0, \quad \vec{n}^T_\rho E_\rho \vec{n}_\rho = \pm 1 \quad (n - n_\rho \leq \gamma \leq n-1) \text{ für } n_\rho > 0 \\ \vec{n} = (0,\dots,0,1)^T, \quad \vec{n}_\rho = (1) \quad \text{für } n_\rho = 0. \end{array} \tag{I}$$

Das mit jedem Hauptflächenpunkt $X \in X(G)$ verknüpfte Simplex $\{X, X_1, \dots, X_{n-1}, X_\Gamma\}$ kann auch durch seine Hyperebenen beschrieben werden. Es lautet als Hyperebenen-Simplex:

$$\{\Gamma, \Gamma_1, \ldots, \Gamma_{n-1}, \Gamma_X\}$$

mit

$$\begin{aligned}
\Gamma_X &= \quad X_\Gamma + X_1 + \ldots + X_{n-2} + X_{n-1}, \\
\Gamma(X) &= X + \quad X_1 + \ldots + X_{n-2} + X_{n-1}, \\
\Gamma_1 &= X + X_\Gamma + \quad \ldots + X_{n-2} + X_{n-1}, \\
&\ldots\ldots\ldots\ldots\ldots\ldots\ldots\ldots \\
\Gamma_{n-1} &= X + X_\Gamma + X_1 + \ldots + X_{n-2} \quad .
\end{aligned}$$

Wir fassen zusammen:

Satz 2: In einem CK-Raum läßt sich mit jedem Punkt X einer Hauptfläche $X(G)$ ein Punkt-Simplex $\{X, X_1, \ldots, X_{n-1}, X_\Gamma\}$ als *Begleitsimplex* verknüpfen, das auch als Hyperebenen-Simplex $\{\Gamma, \Gamma_1, \ldots, \Gamma_{n-1}, \Gamma_X\}$ aufgefaßt werden kann; Γ_X ist die Polarhyperebene des Punktes X bezüglich des Absolutkegels $Q^{n-1}_{r_o q_o}$, und X_Γ ist der Pol der $(n_\rho-1)$-Ebene $\Gamma(X) \cap A^{n_\rho}$ bezüglich der Absolutquadrik $Q^{n_\rho -1}_{r_\rho q_\rho}$.

Die Simplexecke X_γ $(1 \le \gamma \le n-1)$ ist der Schnittpunkt der γ-Tangente von $X(G)$ in X mit der Hypergeraden $\Gamma \cap \Gamma_X$; $\Gamma \cap \Gamma_X$ heißt die *Hypernormale* von $X(G)$ in X. Γ_γ $(1 \le \gamma \le n-1)$ enthält die Normale $X_\Gamma + X$ und alle Simplexecken, ausgenommen X_γ.

Die Simplexecken X und X_Γ und die Simplexhyperebenen Γ und Γ_X sind als einzige unabhängig von der Parametrisierung der Hauptfläche $X(G)$.

Bemerkungen (Fortsetzung):

3) Die Hypernormale $\Gamma \cap \Gamma_X$ ist in einem nichtentarteten CK-Raum und in einem einfach entarteten semieuklidischen Raum die Totalpolare der Normalen $X_\Gamma + X$ bezüglich der Absolutfigur F (siehe 9B, Def. 1).

4) In der projektiven Hyperflächentheorie kann man durch einen Punkt X einer Hyperfläche $X(G)$ die Normale (nicht in $\Gamma(X)$) und in der Tangentenhyperebene $\Gamma(X)$ die Hypernormale (nicht durch X) vorgeben (BOL[1], 3. Teil, §§ 169, 172). Die Normale heißt auch *Normale 1. Art*, die Hypernormale auch *Normale 2. Art*. Normale und Hypernormale machen $X(G)$ zu einer normalisierten Fläche im Sinne von NORDEN[1].

Berechnung der Koordinaten des Normalenpunktes $N(\vec{n})$:

Wir berechnen $\vec{n}$ in einem projektiven Koordinatensystem, in dem die Absolutfigur F die Normalform 6B(I) hat. Zunächst hat die Tangentenhyperebene $\Gamma(X) = \Gamma(u^\alpha) = \Gamma(\vec{\gamma}(u^\alpha))$ in jedem projektiven Koordinatensystem die in Abschnitt B angegebene Gleichung

$$\gamma_o(u^\alpha)x^o + \ldots + \gamma_n(u^\alpha)x^n = 0,\ \mathrm{Rg}(\gamma_o,\ldots,\gamma_n)=1.$$

Die Absolutebene A^{n_ρ} wird nach 6B(I) beschrieben durch

$$x^o = \ldots = x^{n-r_\rho} = 0 \quad (n-r_\rho = n-n_\rho-1).$$

Für $n_\rho = r_\rho - 1 > 0$ hat somit die $(n_\rho-1)$-Ebene $A^{n_\rho} \cap \Gamma(X)$ als Schnitt von $n-r_\rho+2$ linear unabhängigen Hyperebenen die Darstellung:

$$x^o = \ldots = x^{n-r_\rho} = \gamma_{n-r_\rho+1}x^{n-r_\rho+1} + \ldots + \gamma_n x^n = 0.$$

Der Pol $N(\vec{n}) \in A^{n_\rho}$ von $\Gamma \cap A^{n_\rho}$ bezüglich der Absolutquadrik $Q^{n_\rho-1}_{r_\rho q_\rho}$ (siehe 6B(I)),

$$x^o = \ldots = x^{n-r_\rho} = (x^{n-r_\rho+1})^2 + \ldots - (x^{n-q_\rho+1})^2 - \ldots - (x^n)^2 = 0,$$

hat daher die Koordinaten:

$$\boxed{\begin{array}{l} \vec{n} = (\vec{o}_o,\ldots,\vec{o}_{\rho-1}, \vec{n}_\rho)^T \quad \text{mit} \\ \vec{n}_\rho = (\gamma_{n-r_\rho+1},\ldots,\gamma_{n-q_\rho}, -\gamma_{n-q_\rho+1},\ldots,-\gamma_n)^T \\ \text{für } n_\rho = r_\rho - 1 > 0; \\ \vec{n} = (0,\ldots,0,1)^T \quad \text{mit } N(\vec{n}) = A^{n_\rho} = A^o \\ \text{für } n_\rho = r_\rho - 1 = 0. \end{array}} \qquad \text{(II)}$$

Die Koordinaten $\gamma_{n-r_\rho+1}(u^\alpha), \ldots, \gamma_n(u^\alpha)$ wurden in Abschnitt B aus $\vec{x}(u^\alpha), \vec{x}_{;1}, \ldots, \vec{x}_{;n-1}$ berechnet.

F. Ergänzungen

1. Hyperbolische Räume

Ein hyperbolischer Raum $P^n_{|q_o}$ besitzt als Absolutfigur eine nichtentartete Quadrik Q^{n-1}_{n+1,q_o}. In jedem Hauptflächenpunkt sind folglich die n-1 γ-Tangenten stets Passanten oder Sekanten von Q^{n-1}_{n+1,q_o}. Im hyperbolischen Raum $P^n_{|1}$ ist jede Flächentangente einer im Innengebiet $IQ^{n-1}_{n+1,1}$ gelegenen Hauptfläche eine Sekante.

Das Begleitsimplex $\{X,X_1,\ldots,X_{n-1},X_\Gamma\}$ einer Hauptfläche in einem ihrer Punkte X besteht neben X aus den Schnittpunkten $X_1,\ldots,X_{n-1}$ der n-1 γ-Tangenten in X mit der Polarhyperebene Γ_X und dem Pol X_Γ der Tangentenhyperebene $\Gamma(X)$ bezüglich der Absolutquadrik Q^{n-1}_{n+1,q_o}. Im hyperbolischen Raum $P^n_{|1}$ ist $\Gamma(X)$ niemals Tangentenhyperebene der Absolutquadrik, wenn die Fläche X(G) in $IQ^{n-1}_{n+1,1}$ (also im Schauplatz der hyperbolischen Geometrie) liegt. Jede Fläche $X(G) \subset IQ^{n-1}_{n+1,1}$ mit einer Parametrisierung $\vec{x}(u^\alpha)$ ist also eine Hauptfläche. Die Hypernormale $\Gamma\cap\Gamma_X$ ist die Totalpolare der Normalen $X_\Gamma+X$ bezüglich der Absolutquadrik.

2. ELLIPTISCHE RÄUME

Ein elliptischer Raum $P^n_{|0}$ besitzt als Absolutfigur eine nullteilige Quadrik $Q^{n-1}_{n+1,0}$. In jedem Hauptflächenpunkt sind daher die n-1 γ-Tangenten Passanten der Absolutquadrik.

Im Begleitsimplex $\{X,X_1,\ldots,X_{n-1},X_\Gamma\}$ einer Hauptfläche ist X Hauptflächenpunkt; $X_1,\ldots,X_{n-1}$ sind die Schnittpunkte der γ-Tangenten in X mit der Polarhyperebene Γ_X bezüglich $Q^{n-1}_{n+1,0}$, und X_Γ ist der Pol der Tangentenhyperebene Γ_X bezüglich der Absolutquadrik. Die Hypernormale $\Gamma\cap\Gamma_X$ ist totalpolar zur Normalen $X_\Gamma+X$ bezüglich $Q^{n-1}_{n+1,0}$. Jede Fläche $X(G) \subset P^n_{|0}$ mit einer Parametrisierung $\vec{x}(u^\alpha)$ ist eine Hauptfläche.

3. QUASIELLIPTISCHE RÄUME

Ein quasielliptischer Raum $P^n_{r_o|00}$ $(r_o > 1)$ besitzt die Absolutfigur

$$Q^{n-1}_{r_o 0} \supset A^{n_1} \supset Q^{n_1-1}_{r_1 0} \quad (r_o + r_1 = n+1).$$

Das Begleitsimplex $\{X,X_1,\ldots,X_{n-1},X_\Gamma\}$ einer Hauptfläche in einem ihrer Punkte X besteht aus dem Hauptflächenpunkt X, den Schnittpunkten $X_1,\ldots,X_{r_o-1}$ der r_o-1 ersten γ-Tangenten (Passanten oder Sekanten!) mit der Polarhyperebene Γ_X bezüglich des Absolutkegels $Q^{n-1}_{r_o 0}$, den Schnittpunkten $X_{r_o},\ldots,X_{n-1}$ der $n-r_o = r_1-1$ letzten γ-Tangenten (euklidische Geraden!) mit der Absolutebene A^{n_1} und dem Punkt X_Γ. Die Begleitsimplexecke X_Γ ist in $A^{n_\rho} = A^{n_1} = A^{n-r_o}$ der Pol von $\Gamma(X)\cap A^{n_\rho}$ bezüglich der nullteiligen Absolutquadrik $Q^{n_1-1}_{r_1 0}$. Alle Tangentenhyperebenen $\Gamma(X)$, welche die Hyperebene $\Gamma(X)\cap A^{n_\rho}$ von A^{n_ρ} enthalten, besitzen denselben Normalenpunkt $N = X_\Gamma \in A^{n_\rho} \subset \Gamma_X$.

4. EUKLIDISCHE UND PSEUDOEUKLIDISCHE RÄUME

Ein euklidischer oder pseudoeuklidischer Raum $P^n_{1|0q_1}$ besitzt die Absolutfigur

$$Q^{n-1}_{1\,0} \supset A^{n-1} \supset Q^{n-2}_{n\,q_1} \quad (0 \le q_1).$$

Das Begleitsimplex $\{X, X_1, \ldots, X_{n-1}, X_\Gamma\}$ einer Hauptfläche in einem Hauptflächenpunkt X besteht neben X aus den Schnittpunkten $X_1, \ldots, X_{n-1}$ der n-1 letzten γ-Tangenten (euklidische Geraden!) mit $\Gamma_X = A^{n-1}$ und aus dem Punkt X_Γ. Die Begleitsimplexecke X_Γ ist in der Absoluthyperebene A^{n-1} der Pol von $\Gamma(X) \cap A^{n-1}$ bezüglich der Absolutquadrik $Q^{n-2}_{n\,q_1}$, die in den euklidischen Räumen

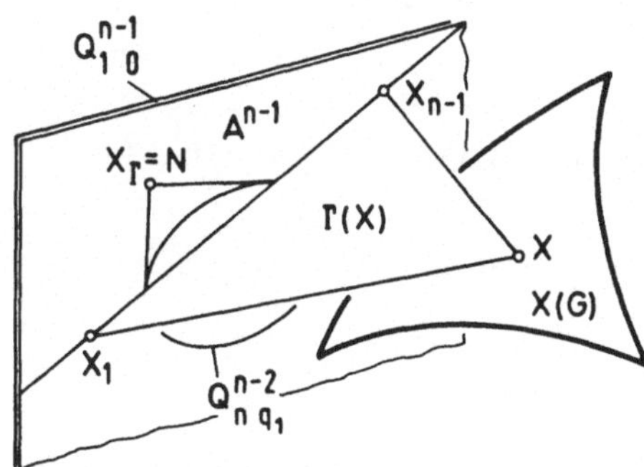

nullteilig ist ($q_1 = 0$). Die Hypernormale $\Gamma \cap \Gamma_X$ ist totalpolar zur Hauptflächennormale $X_\Gamma + X$ bezüglich der Absolutfigur. Alle Tangentenhyperebenen aus dem Büschel um $\Gamma(X) \cap A^{n-1}$ sind *parallel* und haben denselben Normalenpunkt $N = X_\Gamma \in \Gamma_X = A^{n-1}$. Jeder Punkt $N \in A^{n-1} \setminus Q^{n-2}_{n\,q_1}$ legt eine *Normalenrichtung* fest.

5. ISOTROPE RÄUME

Ein isotroper Raum $P^n_{1\,n-1|000}$ besitzt die Absolutfigur

$$Q^{n-1}_{1\,0} \supset A^{n-1} \supset Q^{n-2}_{n-1\,0} \supset A^0 \supset Q^{-1}_{1\,0}.$$

Ein isotroper Raum $P^n_{1\,n-1|000}$ besitzt als 2-fach entarteter CK-Raum genau zwei Absolutebenen: die Absoluthyperebene $A^{n-1} = A^{n_\rho - 1}$, in der ein nullteiliger Absolutkegel liegt, sowie dessen Spitze $A^o = A^{n_2} = A^{n_\rho}$. Wegen $r_o = 1$, $r_1 = n-1$, $r_2 = 1$ sind in jedem Hauptflächenpunkt alle γ-Tangenten euklidische Geraden.

Im Begleitsimplex $\{X, X_1, \ldots, X_{n-1}, X_\Gamma\}$ einer Hauptfläche ist X Hauptflächenpunkt; $X_1, \ldots, X_{n-1}$ sind die Schnittpunkte der $r_1 = n-1$ γ-Tangenten in X mit der Polarhyperebene $\Gamma_X = A^{n-1}$ bezüglich $Q^{n-1}_{1\,0}$. Die Simplexecke X_Γ liegt im Absolutpunkt A^o, der zugleich der Normalenpunkt einer Hauptfläche in jedem Hauptflächenpunkt X ist.

6. FLAGGENRÄUME

Ein Flaggenraum $P^n_{1\ldots1|0\ldots00}$ besitzt die Absolutfigur

$$Q^{n-1}_{10}\supset A^{n-1}\supset Q^{n-2}_{10}\supset A^{n-2}\supset\ldots\supset Q^{1}_{10}\supset A^{1}\supset Q^{o}_{10}\supset A^{o}\supset Q^{-1}_{10}.$$

Das Begleitsimplex $\{X,X_1,\ldots,X_{n-1},X_\Gamma\}$ einer Hauptfläche in einem Hauptflächenpunkt X besteht aus dem Punkt X, dem Punkt $X_1\in$ $\in(A^{n-1}\backslash A^{n-2})$ der 1-Tangente, dem Punkt $X_2\in(A^{n-2}\backslash A^{n-3})$ der 2-Tangente,..., dem Punkt $X_{n-1}\in(A^1\backslash A^o)$ der (n-1)-Tangente und dem Absolutpunkt $A^o=X_\Gamma=N$; N ist der Normalenpunkt für jeden Punkt X einer Hauptfläche.

G. ABLEITUNGSGLEICHUNGEN DER HAUPTFLÄCHEN

Wir ermitteln in diesem Abschnitt die Ableitungsgleichungen von GAUSS und WEINGARTEN für die in C,Def.4 erklärten Hauptflächen. Wir setzen dabei

$$\vec{x}_{;\gamma\delta}:=\frac{\partial^2\vec{x}}{\partial u^\gamma\partial u^\delta},\quad \vec{n}_{;\gamma}=\frac{\partial\vec{n}}{\partial u^\gamma}.$$

Die *Ableitungsgleichungen von GAUSS* sind die Linearkombinationen der zweiten Ableitungen $\vec{x}_{;\gamma\delta}$ des Koordinatenvektors $\vec{x}$ eines Hauptflächenpunktes $X(\vec{x}(u^\alpha))$ in den Koordinatenvektoren der Ecken des Begleitsimplexes

$$\{X(\vec{x}),\ X_1(\vec{x}_{;1}),\ldots,X_{n-1}(\vec{x}_{;n-1}),N(\vec{n})\}$$

einer Hauptfläche $X(G)$. Wir machen den Ansatz:

$$\vec{x}_{;\gamma\delta}=p_{\gamma\delta}\vec{x}+\Gamma^\alpha_{\gamma\delta}\vec{x}_{;\alpha}+H_{\gamma\delta}\vec{n}\qquad(1\le\alpha,\gamma,\delta\le n-1).\tag{1}$$

A. <u>Der CK-Raum sei entartet</u> $(n_\rho<n,\ \rho>0)$
Dann lautet (1) ausführlich (mit $1\le\mu\le\rho-1$):

$$\vec{x}_{;\gamma\delta}=p_{\gamma\delta}\vec{x}+\sum_{\alpha_o=1}^{n-n_1-1}\Gamma^{\alpha_o}_{\gamma\delta}\vec{x}_{;\alpha_o}+\ldots+\sum_{\alpha_\mu=n-n_\mu}^{n-n_{\mu+1}-1}\Gamma^{\alpha_\mu}_{\gamma\delta}\vec{x}_{;\alpha_\mu}+\ldots+\sum_{\alpha_\rho=n-n_\rho}^{n-1}\Gamma^{\alpha_\rho}_{\gamma\delta}\vec{x}_{;\alpha_\rho}+H_{\gamma\delta}\vec{n},$$

in partitionierter Schreibweise (in der verwendet wird, daß eine in A^{n_μ} $(1\le\mu\le\rho)$ liegende Begleitsimplexecke $B(\vec{b})$ einen partitionierten Koordinatenvektor $(\vec{o}_o,\ldots,\vec{o}_{\mu-1},\vec{b}_\mu,\ldots,\vec{b}_\rho)^T$ besitzt):

$$\vec{x}_{o;\gamma\delta} = p_{\gamma\delta}\vec{x}_o + \sum_{\alpha_o=1}^{n-n_1-1} \Gamma^{\alpha_o}_{\gamma\delta}\vec{x}_{o;\alpha_o}, \qquad (1_o)$$

$$\vec{x}_{1;\gamma\delta} = p_{\gamma\delta}\vec{x}_1 + \sum_{\alpha_o=1}^{n-n_1-1} \Gamma^{\alpha_o}_{\gamma\delta}\vec{x}_{1;\alpha_o} + \sum_{\alpha_1=n-n_1}^{n-n_2-1} \Gamma^{\alpha_1}_{\gamma\delta}\vec{x}_{1;\alpha_1}, \qquad (1_1)$$

....

$$\vec{x}_{\mu;\gamma\delta} = p_{\gamma\delta}\vec{x}_\mu + \sum_{\alpha_o=1}^{n-n_1-1} \Gamma^{\alpha_o}_{\gamma\delta}\vec{x}_{\mu;\alpha_o} + \dots + \sum_{\alpha_\mu=n-n_\mu}^{n-n_{\mu+1}-1} \Gamma^{\alpha_\mu}_{\gamma\delta}\vec{x}_{\mu;\alpha_\mu}, \qquad (1_\mu)$$

....

$$\vec{x}_{\rho;\gamma\delta} = p_{\gamma\delta}\vec{x}_\rho + \sum_{\alpha_o=1}^{n-n_1-1} \Gamma^{\alpha_o}_{\gamma\delta}\vec{x}_{\rho;\alpha_o} + \dots\dots\dots + \sum_{\alpha_\rho=n-n_\rho}^{n-1} \Gamma^{\alpha_\rho}_{\gamma\delta}\vec{x}_{\rho;\alpha_\rho} + H_{\gamma\delta}\vec{n}_\rho .^{1)} \qquad (1_\rho)$$

Die Koeffizienten $\Gamma^{\alpha}_{\gamma\delta}$ $(1 \le \alpha,\gamma,\delta \le n-1)$ heißen *CHRISTOFFEL-Symbole 2.Art.*

Die Vektoren $\vec{x}_{;\alpha}$ sind abhängig von der Parametrisierung der Hauptfläche X(G). Die Koeffizienten der Linearkombinationen (1) sind daher im Gegensatz zu den Koeffizienten der FRENET-Formeln 21D(III) keine Invarianten, die auf CK-geometrische Begriffe führen. Die Gleichungen (1) ermöglichen aber die Ersetzung aller zweiten Ableitungen von $\vec{x}(u^\alpha)$ durch Linearkombinationen in $\vec{x}$, $\vec{x}_{;\alpha}$ und $\vec{n}$.

Berechnung der Koeffizienten $p_{\gamma\delta}$ $(1 \le \gamma,\delta \le n-1)$:

Wir erhalten durch Multiplikation von (1_o) mit $E_o\vec{x}_o$ die skalaren Gleichungen:

$$\vec{x}^T_{o;\gamma\delta}E_o\vec{x}_o = p_{\gamma\delta}\vec{x}^T_oE_o\vec{x}_o + \sum_{\alpha_o=1}^{n-n_1-1} \Gamma^{\alpha_o}_{\gamma\delta}\vec{x}^T_{o;\alpha_o}E_o\vec{x}_o .$$

Da der Hauptflächenpunkt X zu den Begleitsimplexecken X_{α_o} polar liegt bezüglich $Q^{n-1}_{r_oq_o}$, gilt $\vec{x}^T_{o;\alpha_o}E_o\vec{x}_o = 0$. Da $X \notin Q^{n-1}_{r_oq_o}$, ist $\varepsilon(\vec{x}_o) := \vec{x}^T_oE_o\vec{x}_o = \pm 1$.

Somit folgt:

$$p_{\gamma\delta} = \varepsilon(\vec{x}_o)\,\vec{x}^T_{o;\gamma\delta}E_o\vec{x}_o .$$

Da der Hauptflächenpunkt X zu jeder Begleitsimplexecke X_γ polar liegt bezüglich $Q^{n-1}_{r_oq_o}$, gilt:

---

1) Für $n_\rho = 0$ ist (1_ρ) eine einzige skalare Gleichung.

$$\vec{x}^{T}_{o;\gamma}E_o\vec{x}_o = 0.$$

Durch Ableiten folgt

$$\vec{x}^{T}_{o;\gamma\delta}E_o\vec{x}_o + \vec{x}^{T}_{o;\gamma}E_o\vec{x}_{o;\delta} = 0.$$

Beachtet man, daß nach D(II) gilt:

$$g^{(o)}_{\gamma\delta} = g^{(o)}_{\delta\gamma} = \vec{x}^{T}_{o;\gamma}E_o\vec{x}_{o;\delta} = 0 \quad \text{für} \begin{cases} 1 \le \gamma \le n-1 \\ n-n_1 \le \delta \le n-1 \end{cases},$$

so folgt:

$$p_{\delta\gamma} = p_{\gamma\delta} = \varepsilon(\vec{x}_o)\vec{x}^{T}_{o;\gamma\delta}E_o\vec{x}_o = -\varepsilon(\vec{x}_o)g^{(o)}_{\gamma\delta} \quad (1 \le \gamma,\delta \le n-1)$$

mit $p_{\gamma\delta} = 0$ für $1 \le \gamma \le n-1$, $n-n_1 \le \delta \le n-1$. (I)

Speziell in den semieuklidischen Räumen gilt wegen $r_o = n-n_1 = 1$:

$$p_{\gamma\delta} = 0 \quad \text{für alle} \quad 1 \le \gamma,\delta \le n-1.$$

Berechnung der CHRISTOFFEL-Symbole 2.Art $\Gamma^{\alpha}_{\gamma\delta}$ $(1 \le \alpha,\gamma,\delta \le n-1)$:[1)]

Zunächst werden die in D,Satz 1 erklärten metrischen Fundamentalgrößen $g^{(\mu)}_{\gamma\delta} := \vec{x}^{T}_{\mu;\gamma}E_\mu\vec{x}_{\mu;\delta}$ $(0 \le \mu \le \rho)$ partiell abgeleitet. Dabei ergibt sich

$$\left.\begin{aligned} -g^{(\mu)}_{\gamma\beta;\delta} &= -\vec{x}^{T}_{\mu;\gamma\delta}E_\mu\vec{x}_{\mu;\beta} - \vec{x}^{T}_{\mu;\beta\delta}E_\mu\vec{x}_{\mu;\gamma} \\ g^{(\mu)}_{\beta\delta;\gamma} &= \vec{x}^{T}_{\mu;\beta\gamma}E_\mu\vec{x}_{\mu;\delta} + \vec{x}^{T}_{\mu;\delta\gamma}E_\mu\vec{x}_{\mu;\beta} \\ g^{(\mu)}_{\delta\gamma;\beta} &= \vec{x}^{T}_{\mu;\delta\beta}E_\mu\vec{x}_{\mu;\gamma} + \vec{x}^{T}_{\mu;\gamma\beta}E_\mu\vec{x}_{\mu;\delta} \end{aligned}\right\} \quad (1 \le \beta,\gamma,\delta \le n-1).$$

Nach Addition dieser Gleichungen erhalten wir

Satz 1: Die Größen

$$\Gamma^{(\mu)}_{\beta\gamma\delta} := \frac{1}{2}(g^{(\mu)}_{\delta\gamma;\beta} + g^{(\mu)}_{\beta\delta;\gamma} - g^{(\mu)}_{\gamma\beta;\delta}) = \vec{x}^{T}_{\mu;\beta\gamma}E_\mu\vec{x}_{\mu;\delta} \tag{II}$$

mit $0 \le \mu \le \rho$, $1 \le \beta,\gamma,\delta \le n-1$
sind in den Indizes β,γ symmetrisch und heißen *CHRISTOFFEL-Symbole 1.Art*.

In (II) ersetzen wir $\vec{x}_{\mu;\beta\gamma}$ durch den Ansatz (1_μ) $(0 \le \mu \le \rho)$ für

1) In diesem Abschnitt wird von der EINSTEINschen Summenkonvention unter Verwendung der Summationsindizes ϕ, ϕ_μ $(0 \le \mu \le \rho)$ Gebrauch gemacht. Für $n_\rho = 0$ gilt in diesem Abschnitt $0 \le \mu \le \rho-1$ statt $0 \le \mu \le \rho$.

die Ableitungsgleichungen von GAUSS:

$$\Gamma^{(\mu)}_{\beta\gamma\delta} = \vec{x}^{T}_{\mu;\beta\gamma}E_\mu\vec{x}_{\mu;\delta} = (p_{\beta\gamma}\vec{x}_\mu + \Gamma^{\phi}_{\beta\gamma}\vec{x}_{\mu;\phi} + H_{\beta\gamma}\vec{n}_\mu)^T E_\mu\vec{x}_{\mu;\delta}$$

mit $1 \le \phi \le n-n_{\mu+1}-1$ für $0 \le \mu \le \rho-1$,
$1 \le \phi \le n-1$ für $\mu = \rho$.

Daraus folgt

$$\Gamma^{(\mu)}_{\beta\gamma\delta} = p_{\beta\gamma}\vec{x}^T_\mu E_\mu\vec{x}_{\mu;\delta} + \Gamma^{\phi}_{\beta\gamma}\vec{x}^T_{\mu;\phi}E_\mu\vec{x}_{\mu;\delta} + H_{\beta\gamma}\vec{n}^T_\mu E_\mu\vec{x}_{\mu;\delta}\,.$$

Mit E(I) und E(II) ($\vec{n}_\mu = \vec{o}_\mu$ für $0 \le \mu \le \rho-1$) finden wir:

$$\boxed{\begin{array}{ll} \vec{n}^T_\mu E_\mu \vec{x}_{\mu;\delta} = 0 & (0 \le \mu \le \rho-1,\ 1 \le \delta \le n-1), \\ \vec{n}^T_\rho E_\rho \vec{x}_{\rho;\delta} = 0 & (n-n_\rho \le \delta \le n-1,\ n_\rho > 0).^{1)} \end{array}} \qquad \text{(III)}$$

Wir erhalten damit:

$$\Gamma^{(\mu)}_{\beta\gamma\delta} = p_{\beta\gamma}\vec{x}^T_\mu E_\mu\vec{x}_{\mu;\delta} + \Gamma^{\phi}_{\beta\gamma}g^{(\mu)}_{\phi\delta} \quad (1 \le \phi \le n-n_{\mu+1}-1 \text{ für } 0 \le \mu \le \rho-1),$$

$$\Gamma^{(\rho)}_{\beta\gamma\delta} = p_{\beta\gamma}\vec{x}^T_\rho E_\rho\vec{x}_{\rho;\delta} + \Gamma^{\phi}_{\beta\gamma}g^{(\rho)}_{\phi\delta} + H_{\beta\gamma}\vec{n}^T_\rho E_\rho\vec{x}_{\rho;\delta} \quad (1 \le \phi \le n-1).$$

Beachten wir die Polaritätsbedingungen C(III),

$$\vec{x}^T_o E_o \vec{x}_{o;\delta} = 0 \quad (1 \le \delta \le n-1),$$

so entstehen zur Berechnung der CHRISTOFFEL-Symbole 2.Art die folgenden $\rho+1$ linearen Gleichungssysteme:

$$\Gamma^{(o)}_{\beta\gamma\delta} = \Gamma^{\phi}_{\beta\gamma}g^{(o)}_{\phi\delta} \quad (1 \le \phi \le n-n_1-1), \qquad (2_o)$$

$$\Gamma^{(1)}_{\beta\gamma\delta} = p_{\beta\gamma}\vec{x}^T_1 E_1\vec{x}_{1;\delta} + \Gamma^{\phi}_{\beta\gamma}g^{(1)}_{\phi\delta} \quad (1 \le \phi \le n-n_2-1), \qquad (2_1)$$

....

$$\Gamma^{(\rho)}_{\beta\gamma\delta} = p_{\beta\gamma}\vec{x}^T_\rho E_\rho\vec{x}_{\rho;\delta} + \Gamma^{\phi}_{\beta\gamma}g^{(\rho)}_{\phi\delta} + H_{\beta\gamma}\vec{n}^T_\rho E_\rho\vec{x}_{\rho;\delta} \quad (1 \le \phi \le n-1). \qquad (2_\rho)$$

Bemerkung:

1) Speziell in den semieuklidischen Räumen ($r_o = n-n_1 = 1$) ist nach (I)

$$p_{\beta\gamma} = \varepsilon(\vec{x}_o)\vec{x}^T_{o;\beta\gamma}E_o\vec{x}_o = -\varepsilon(\vec{x}_o)g^{(o)}_{\beta\gamma} = 0$$

und folglich

---

1) Für $n_\rho = 0$ genügen die Gleichungen (1_o)-$(1_{\rho-1})$ zur Bestimmung der CHRISTOFFEL-Symbole 2.Art.

$$\Gamma^{(o)}_{\beta\gamma\delta} = \vec{x}^T_{o;\beta\gamma} E_o \vec{x}_{o;\delta} = 0 \ (1 \le \beta,\gamma,\delta \le n-1).$$

Wir verwenden nun die Abkürzungen:

$$u^{(\mu)}_\delta := \vec{x}^T_\mu E_\mu \vec{x}_{\mu;\delta} \ (1 \le \delta \le n-1,\ 0 \le \mu \le \rho),$$

wobei aufgrund der Wahl der Begleitsimplexecken $X, X_1, \ldots, X_{n-1}$ (siehe Abschnitt E) gilt:

$$u^{(o)}_\delta = \vec{x}^T_o E_o \vec{x}_{o;\delta} = 0 \text{ für } 1 \le \delta \le n-1, \tag{IV}$$

$$u^{(\mu)}_\delta = \vec{x}^T_\mu E_\mu \vec{x}_{\mu;\delta} = 0 \text{ für } \begin{matrix} 1 \le \mu \le \rho-2, \\ n-n_{\mu+1} \le \delta \le n-1, \end{matrix}$$

$$u^{(\rho-1)}_\delta = \vec{x}^T_\mu E_\mu \vec{x}_{\mu;\delta} = 0 \text{ für } \begin{matrix} \mu = \rho-1, \\ n-n_\rho \le \delta \le n-1, n_\rho > 0. \end{matrix}$$

Unter Verwendung der $u^{(\mu)}_\delta$ aus (IV) erhalten wir aus (2_o)-(2_ρ) die folgenden $\rho+1$ linearen Gleichungssysteme:

$$\Gamma^{(o)}_{\beta\gamma\delta} = \underline{\Gamma^{\phi_o}_{\beta\gamma} g^{(o)}_{\phi_o\delta}} \qquad 1 \le \phi_o, \delta \le n-n_1-1 \tag{3_o}$$

$$\Gamma^{(1)}_{\beta\gamma\delta} = p_{\beta\gamma} u^{(1)}_\delta + \Gamma^{\phi_o}_{\beta\gamma} g^{(1)}_{\phi_o\delta} + \underline{\Gamma^{\phi_1}_{\beta\gamma} g^{(1)}_{\phi_1\delta}} \qquad n-n_1 \le \phi_1, \delta \le n-n_2-1 \tag{3_1}$$[1]

....

$$\Gamma^{(\mu)}_{\beta\gamma\delta} = p_{\beta\gamma} u^{(\mu)}_\delta + \Gamma^{\phi_o}_{\beta\gamma} g^{(\mu)}_{\phi_o\delta} + \ldots + \underline{\Gamma^{\phi_\mu}_{\beta\gamma} g^{(\mu)}_{\phi_\mu\delta}} \ \begin{cases} 1 \le \mu \le \rho-1 \\ n-n_\mu \le \phi_\mu, \delta \le n-n_{\mu+1}-1 \end{cases} \tag{3_μ}$$

....

$$\Gamma^{(\rho)}_{\beta\gamma\delta} = p_{\beta\gamma} u^{(\rho)}_\delta + \Gamma^{\phi_o}_{\beta\gamma} g^{(\rho)}_{\phi_o\delta} + \ldots + \underline{\Gamma^{\phi_\rho}_{\beta\gamma} g^{(\rho)}_{\phi_\rho\delta}} + H_{\beta\gamma} \vec{n}^T_\rho E_\rho \vec{x}_{\rho;\delta} \qquad n-n_\rho \le \phi_\rho, \delta \le n-1. \tag{3_ρ}$$

Durch sukzessive Auflösung dieser $\rho+1$ linearen Gleichungssysteme lassen sich nun die CHRISTOFFEL-Symbole 2.Art berechnen. Die auftretenden Koeffizientendeterminanten $\det(g^{(\mu)}_{\phi_\mu\delta})$ $(0 \le \mu \le \rho)$ sind nach Abschnitt D ungleich Null, und in (3_ρ) ist nach (III) $\vec{n}^T_\rho E_\rho \vec{x}_{\rho;\delta} = 0$. Man erhält:

$$\Gamma^{(o)}_{\beta\gamma\delta} g^{\delta\alpha_o}_{(o)} = \Gamma^{\phi_o}_{\beta\gamma} \delta^{\alpha_o}_{\phi_o} = \underline{\Gamma^{\alpha_o}_{\beta\gamma}} \qquad 1 \le \alpha_o, \phi_o, \delta \le n-n_1-1$$

$$(\Gamma^{(1)}_{\beta\gamma\delta} - p_{\beta\gamma} u^{(1)}_\delta - \Gamma^{\phi_o}_{\beta\gamma} g^{(1)}_{\phi_o\delta}) g^{\delta\alpha_1}_{(1)} = \Gamma^{\phi_1}_{\beta\gamma} \delta^{\alpha_1}_{\phi_1} = \underline{\Gamma^{\alpha_1}_{\beta\gamma}} \qquad n-n_1 \le \alpha_1, \phi_1, \delta \le n-n_2-1$$

....

[1] In (3_1) wird wegen $n-n_1 \le \delta \le n-n_2-1$ nur ein Teil der Gleichungen (2_1) $(1 \le \delta \le n-1)$ verwendet! Entsprechendes gilt für alle $0 \le \mu \le \rho$.

$$(\Gamma^{(\mu)}_{\beta\gamma\delta} - p_{\beta\gamma}u^{(\mu)}_{\delta} - \Gamma^{\phi_o}_{\beta\gamma}g^{(\mu)}_{\phi_o\delta} - \ldots - \Gamma^{\phi_{\mu-1}}_{\beta\gamma}g^{(\mu)}_{\phi_{\mu-1}\delta})g^{\delta\alpha_\mu}_{(\mu)} = \Gamma^{\phi_\mu}_{\beta\gamma}\delta^{\alpha_\mu}_{\phi_\mu} = \underline{\Gamma^{\alpha_\mu}_{\beta\gamma}}, \quad \text{(V)}$$
$$n-n_\mu \le \alpha_\mu, \phi_\mu, \delta \le n-n_{\mu+1}-1,\ 1 \le \mu \le \rho-1,$$

....

$$(\Gamma^{(\rho)}_{\beta\gamma\delta} - p_{\beta\gamma}u^{(\rho)}_{\delta} - \Gamma^{\phi_o}_{\beta\gamma}g^{(\rho)}_{\phi_o\delta} - \ldots - \Gamma^{\phi_{\rho-1}}_{\beta\gamma}g^{(\rho)}_{\phi_{\rho-1}\delta})g^{\delta\alpha_\rho}_{(\rho)} = \Gamma^{\phi_\rho}_{\beta\gamma}\delta^{\alpha_\rho}_{\phi_\rho} = \underline{\Gamma^{\alpha_\rho}_{\beta\gamma}},$$
$$n_\rho > 0,\ n-n_\rho \le \alpha_\rho, \phi_\rho, \delta \le n-1.$$

Berechnung der Koeffizienten $H_{\gamma\delta}$ $(1 \le \gamma, \delta \le n-1)$:

Aus dem Ansatz (1_ρ) für $\vec{x}_{;\gamma\delta}$ folgt durch Multiplikation mit $E_\rho\vec{n}_\rho$

$$\vec{x}^T_{\rho;\gamma\delta}E_\rho\vec{n}_\rho = p_{\gamma\delta}\vec{x}^T_\rho E_\rho\vec{n}_\rho + \Gamma^\alpha_{\gamma\delta}\vec{x}^T_{\rho;\alpha}E_\rho\vec{n}_\rho + H_{\gamma\delta}\vec{n}^T_\rho E_\rho\vec{n}_\rho,$$
$$1 \le \alpha, \gamma, \delta \le n-1.$$

Wegen $N \notin Q^{n_\rho-1}_{r_\rho q_\rho}$ besteht nach E(I) die Normierung $\varepsilon(\vec{n}_\rho) := \vec{n}^T_\rho E_\rho \vec{n}_\rho = \pm 1$. Da außerdem die Begleitsimplexecken $X_\alpha(\vec{x}_{;\alpha})$ $(n-n_\rho \le \alpha \le n-1)$ für $n_\rho > 0$ bezüglich $Q^{n_\rho-1}_{r_\rho q_\rho}$ zum Normalenpunkt N polar liegen, ist

$$\vec{x}^T_{\rho;\alpha}E_\rho\vec{n}_\rho = 0 \text{ für } n_\rho > 0,\ n-n_\rho \le \alpha \le n-1.$$

Damit erhält man

$$H_{\gamma\delta} = \varepsilon(\vec{n}_\rho)[h_{\gamma\delta} - p_{\gamma\delta}\vec{x}^T_\rho E_\rho\vec{n}_\rho - \sum_{\alpha=1}^{n-n_\rho-1}\Gamma^\alpha_{\gamma\delta}\vec{x}^T_{\rho;\alpha}E_\rho\vec{n}_\rho] \text{ mit}$$
$$h_{\gamma\delta} := \vec{x}^T_{\rho;\gamma\delta}E_\rho\vec{n}_\rho \quad (1 \le \gamma, \delta \le n-1). \quad \text{(VI)}$$

Bemerkungen (Fortsetzung):

2) In den semieuklidischen Räumen ist $p_{\gamma\delta} = 0$ nach Bem.1. In den 1-fach entarteten semieuklidischen Räumen (also insbesondere in den euklidischen Räumen) ist außerdem wegen $n_\rho = n_1 = n-1$ in (VI) die Summe

$$\sum_{\alpha=1}^{n-n_\rho-1}\Gamma^\alpha_{\gamma\delta}\vec{x}^T_{\rho;\alpha}E_\rho\vec{n}_\rho$$

nicht vorhanden; die Koeffizienten $H_{\gamma\delta}$ haben dann die Bauart $H_{\gamma\delta} = \varepsilon(\vec{n}_\rho)h_{\gamma\delta}$.

3) In den Flaggenräumen sind die Gleichungen (3_o) und (3_ρ) nicht vorhanden. Die Gleichungen $(3_1),\ldots,(3_{\rho-1})$ bestehen aus jeweils einer Gleichung.

B. *Der CK-Raum sei nichtentartet* ($n_\rho = n$, $\rho = 0$)
In den nichtentarteten CK-Räumen ist der projektive Raum P^n als Absolutebene A^{n_ρ} aufzufassen; es ist also $n_\rho = n$ und $\rho = 0$. Dann lautet (1_ρ):

$$\vec{x}_{o;\gamma\delta} = p_{\gamma\delta}\vec{x}_o + \Gamma^\alpha_{\gamma\delta}\vec{x}_{o;\alpha} + H_{\gamma\delta}\vec{n}_o \quad (1 \le \alpha,\gamma,\delta \le n-1). \qquad (1'_o)$$

Die Multiplikation mit $E_o\vec{x}_o$ liefert bei Beachtung von $\vec{n}_o^T E_o\vec{x}_o = 0$, $\vec{x}^T_{o;\alpha}E_o\vec{x}_o = 0$ $(1 \le \alpha \le n-1)$ und $\varepsilon(\vec{x}_o) = \vec{x}_o^T E_o\vec{x}_o = \pm 1$:

$$\boxed{p_{\delta\gamma} = p_{\gamma\delta} = \varepsilon(\vec{x}_o)\vec{x}^T_{o;\gamma\delta}E_o\vec{x}_o = -\varepsilon(\vec{x}_o)g^{(o)}_{\gamma\delta} \quad (1 \le \gamma,\delta \le n-1).} \qquad (I')$$

Verwendet man (II) für $\mu = 0$, ersetzt $\vec{x}_{o;\beta\gamma}$ durch $(1'_o)$ und beachtet man die Polaritätsbeziehungen

$$\vec{x}_o^T E_o\vec{x}_{o;\delta} = \vec{n}_o^T E_o\vec{x}_{o;\delta} = 0 \quad (1 \le \delta \le n-1),$$

so entsteht zur Berechnung der CHRISTOFFEL-Symbole 2.Art anstelle von (3_o) - (3_ρ) das lineare Gleichungssystem

$$\Gamma^{(o)}_{\beta\gamma\delta} = \Gamma^\alpha_{\beta\gamma}g^{(o)}_{\alpha\delta} \quad (1 \le \alpha,\beta,\gamma,\delta \le n-1).$$

Man findet daraus die CHRISTOFFEL-Symbole 2.Art:

$$\boxed{\Gamma^{(o)}_{\beta\gamma\delta}g^{\delta\alpha}_{(o)} = \underline{\Gamma^\alpha_{\beta\gamma}} \quad (1 \le \alpha,\beta,\gamma,\delta \le n-1).} \qquad (V')$$

Die Koeffizienten $H_{\beta\gamma}$ berechnet man aus dem Ansatz $(1'_o)$ durch Multiplikation mit $E_o\vec{n}_o$:

$$\vec{x}^T_{o;\gamma\delta}E_o\vec{n}_o = p_{\gamma\delta}\vec{x}_o^T E_o\vec{n}_o + \Gamma^\alpha_{\gamma\delta}\vec{x}^T_{o;\alpha}E_o\vec{n}_o + H_{\gamma\delta}\vec{n}_o^T E_o\vec{n}_o$$

zu

$$\boxed{H_{\gamma\delta} = \varepsilon(\vec{n}_o)h_{\gamma\delta} \text{ mit } h_{\gamma\delta} := \vec{x}^T_{o;\gamma\delta}E_o\vec{n}_o \ (1 \le \gamma,\delta \le n-1).} \qquad (VI')$$

Die Formel (VI') entsteht auch aus (VI) für $\rho = 0$.

Die Formel (III) ist in den nichtentarteten CK-Räumen zu ersetzen durch

$$\boxed{\vec{n}_o^T E_o\vec{x}_{o;\delta} = \vec{n}_o^T E_o\vec{x}_o = 0 \ (1 \le \delta \le n-1).} \qquad (III')$$

Zusammenfassend gilt:

Ableitungsgleichungen von GAUSS:

$$\vec{x}_{;\gamma\delta} = p_{\gamma\delta}\vec{x} + \Gamma^{\alpha}_{\gamma\delta}\vec{x}_{;\alpha} + H_{\gamma\delta}\vec{n} \quad (1 \le \alpha,\gamma,\delta \le n-1).$$

Dabei gilt: In den entarteten CK-Räumen ($n_\rho < n$, $\rho > 0$) sind die Koeffizienten

$p_{\gamma\delta}$ bestimmt nach (I),

$\Gamma^{\alpha}_{\gamma\delta}$ bestimmt nach (II),(IV),(V),

$H_{\gamma\delta}$ bestimmt nach (VI);

in den nichtentarteten CK-Räumen ($n_\rho = n$, $\rho = 0$) sind die Koeffizienten $p_{\gamma\delta}$ bestimmt nach (I'), $\Gamma^{\alpha}_{\gamma\delta}$ nach (II),(V'), $H_{\gamma\delta}$ nach (VI'). (VII)

Ergänzend beachten wir, daß aus (III) für $\mu = \rho > 0$ folgt:

$$\vec{x}^{T}_{\rho;\gamma\delta}E_\rho\vec{n}_\rho + \vec{x}^{T}_{\rho;\gamma}E_\rho\vec{n}_{\rho;\delta} = 0 \quad \text{für} \begin{cases} 1 \le \delta \le n-1 \\ n-n_\rho \le \gamma \le n-1. \end{cases}$$

Damit gilt:

$$h_{\gamma\delta} = \vec{x}^{T}_{\rho;\gamma\delta}E_\rho\vec{n}_\rho = -\vec{x}^{T}_{\rho;\gamma}E_\rho\vec{n}_{\rho;\delta}$$

für $1 \le \delta \le n-1$, $n-n_\rho \le \gamma \le n-1$, $\rho > 0$. (VIII)

Für $\rho = 0$ folgt aus (III')

$$\vec{x}^{T}_{o;\gamma\delta}E_o\vec{n}_o + \vec{x}^{T}_{o;\gamma}E_o\vec{n}_{o;\delta} = 0 \quad \text{für} \quad 1 \le \gamma,\delta \le n-1.$$

Damit gilt:

$$h_{\gamma\delta} = \vec{x}^{T}_{o;\gamma\delta}E_o\vec{n}_o = -\vec{x}^{T}_{o;\gamma}E_o\vec{n}_{o;\delta}$$

für $1 \le \gamma,\delta \le n-1$, $\rho = 0$. (VIII')

Bemerkungen (Fortsetzung):

4) Nach (I) und (I') ist $p_{\gamma\delta} = p_{\delta\gamma}$ für $1 \le \gamma,\delta \le n-1$. Nach (II) ist $\Gamma^{(\mu)}_{\beta\gamma\delta} = \Gamma^{(\mu)}_{\gamma\beta\delta}$ für $0 \le \mu \le \rho$, $1 \le \beta,\gamma,\delta \le n-1$, und damit folgt aus (V) und (V'):

$$\Gamma^{\alpha}_{\beta\gamma} = \Gamma^{\alpha}_{\gamma\beta} \quad \text{für } 1 \le \alpha,\beta,\gamma \le n-1.$$

Nach (VI) und (VI') ist außerdem

$$h_{\gamma\delta} = h_{\delta\gamma} \quad \text{für } 1 \le \gamma,\delta \le n-1.$$

Also folgt aus (VI) und (VI'):

$$H_{\gamma\delta} = H_{\delta\gamma} \quad \text{für } 1 \leq \gamma,\delta \leq n-1.$$

5) Setzt man $\Gamma^{o}_{\gamma\delta} := p_{\gamma\delta}$, $\vec{x}_{;o} := \vec{x}$ und $\Gamma^{n}_{\gamma\delta} := H_{\gamma\delta}$, $\vec{x}_{;n} := \vec{n}$, so läßt sich (1) schreiben als

$$\vec{x}_{;\gamma\delta} = \sum_{\mu=o}^{\rho} \sum_{\alpha_\mu = n-n_\mu}^{n-n_{\mu+1}-1} \Gamma^{\alpha_\mu}_{\gamma\delta}\, \vec{x}_{;\alpha_\mu}.$$

Der Rechenaufwand wird dadurch nicht geringer.

Die *Ableitungsgleichungen von WEINGARTEN* sind die Linearkombinationen der Ableitungen $\vec{n}_{;\gamma}$ des Koordinatenvektors $\vec{n}(u^\alpha)$ des Normalenpunktes $N(\vec{n}(u^\alpha))$ in den Koordinatenvektoren der Begleitsimplexecken von X(G):

$$\vec{n}_{;\gamma} = \Lambda^{o}_{\gamma}\vec{x} + \Lambda^{\alpha}_{\gamma}\vec{x}_{;\alpha} + \Lambda^{n}_{\gamma}\vec{n} \quad (1 \leq \alpha,\gamma \leq n-1).$$[1)]

Setzt man $\vec{x}_{;o} := \vec{x}$ und $\vec{x}_{;n} := \vec{n}$, so ist

$$\vec{n}_{;\gamma} = \sum_{\alpha=o}^{n} \Lambda^{\alpha}_{\gamma}\vec{x}_{;\alpha} \quad (1 \leq \gamma \leq n-1). \tag{4}$$

Da der Normalenpunkt $N(\vec{n})$ in der Absolutebene A^{n_ρ} liegt, liegen die Punkte $N_\gamma(\vec{n}_{;\gamma} \neq \vec{o})$[2)] ebenfalls in A^{n_ρ}. Die Vektoren $\vec{n}_{;\gamma}$ sind also notwendig Linearkombinationen der linear unabhängigen Vektoren $\vec{x}_{;\alpha}$ $(n-n_\rho \leq \alpha \leq n-1)$. Daraus folgt:

$$\boxed{\Lambda^{\alpha}_{\gamma} = 0 \quad \text{für } 0 \leq \alpha \leq n-n_\rho-1.} \tag{IX}$$

Lediglich für die nichtentarteten CK-Räume $(n_\rho = n)$ ergeben sich durch (IX) keine verschwindenden Koeffizienten $\Lambda^{\alpha}_{\gamma}$.

Berechnung der Koeffizienten $\Lambda^{\alpha}_{\gamma}$ $(n-n_\rho \leq \alpha \leq n;\ n_\rho > 0)$:

Wegen (IX) und $\vec{n} = (\vec{o}_o,\dots,\vec{o}_{\rho-1},\vec{n}_\rho)^T$ ist (4) äquivalent mit

---

1) Für $n_\rho = 0$ ist $\vec{n} = (0,\dots,0,1)^T$, folglich ist $\vec{n}_{;\gamma} = \vec{o}$ $(1 \leq \gamma \leq n-1)$ und $\Lambda^{i}_{\gamma} = 0$ $(1 \leq \gamma \leq n-1,\ 0 \leq i \leq n)$. Bei der Herleitung der Ableitungsgleichungen von WEINGARTEN kann daher im folgenden $n_\rho > 0$ vorausgesetzt werden.

2) Zum Beispiel existiert für $n_\rho = 0$ wegen $\vec{n}_{;\gamma} = \vec{o}$ kein Punkt N_γ; siehe Fußnote [1)]!

$$\vec{n}_{\rho;\gamma} = \sum_{\alpha=n-n_\rho}^{n} \Lambda_\gamma^\alpha \vec{x}_{\rho;\alpha} \quad (1 \le \gamma \le n-1). \tag{5}$$

Genau in den nichtentarteten CK-Räumen ($n_\rho = n$), in denen wegen $\rho = 0$ die Koordinatenvektoren nicht partitioniert sind, stimmt (5) mit (4) überein.

Zunächst folgt durch Multiplikation von (5) mit $E_\rho \vec{n}_\rho$ unter Verwendung von $\vec{n}_\rho = \vec{x}_{\rho;n}$

$$\vec{n}^T_{\rho;\gamma} E_\rho \vec{n}_\rho = \sum_{\alpha=n-n_\rho}^{n-1} \Lambda_\gamma^\alpha \vec{x}^T_{\rho;\alpha} E_\rho \vec{n}_\rho + \Lambda_\gamma^n \vec{n}^T_\rho E_\rho \vec{n}_\rho \quad (1 \le \gamma \le n-1).$$

Aus der in E(I) vorgenommenen Normierung $\vec{n}^T_\rho E_\rho \vec{n}_\rho = \pm 1$ finden wir

$$\vec{n}^T_{\rho;\gamma} E_\rho \vec{n}_\rho = 0 \quad (1 \le \gamma \le n-1).$$

Beachten wir außerdem nach (III) und (III') die polare Lage des des Normalenpunktes N zu jeder Begleitsimplexecke $X_{n-n_\rho}, \ldots, X_{n-1}$ (für $n_\rho = n$ zu $X = X_o, X_1, \ldots, X_{n-1}$) bezüglich der Absolutquadrik, also

$$\vec{x}^T_{\rho;\alpha} E_\rho \vec{n}_\rho = 0 \quad (n-n_\rho \le \alpha \le n-1),$$

so folgt

$$\boxed{\Lambda_\gamma^n = 0 \quad (1 \le \gamma \le n-1).} \tag{X}$$

Zur Ermittlung der Koeffizienten Λ_γ^α ($n-n_\rho \le \alpha \le n-1$; $n_\rho > 0$) multiplizieren wir (5) wie folgt:
Für $n_\rho < n$ (also $\rho > 0$) multiplizieren wir (5) nacheinander mit $E_\rho \vec{x}_{\rho;n-n_\rho}, \ldots, E_\rho \vec{x}_{\rho;n-1}$ und finden bei Beachtung von (IX):

$$\vec{n}^T_{\rho;\gamma} E_\rho \vec{x}_{\rho;\pi} = \sum_{\alpha=n-n_\rho}^{n-1} \Lambda_\gamma^\alpha \vec{x}^T_{\rho;\alpha} E_\rho \vec{x}_{\rho;\pi} \quad (1 \le n-n_\rho \le \pi \le n-1, 1 \le \gamma \le n-1).$$

Für $n_\rho = n$ (also $\rho = 0$) multiplizieren wir (5) zunächst mit $E_o \vec{x}_{o;o} = E_o \vec{x}_o$ und finden $\Lambda_\gamma^o = 0$. Anschließend multiplizieren wir (5) nacheinander mit $E_o \vec{x}_{o;1}, \ldots, E_o \vec{x}_{o;n-1}$ und finden:

$$\vec{n}^T_{o;\gamma} E_o \vec{x}_{o;\pi} = \sum_{\alpha=1}^{n-1} \Lambda_\gamma^\alpha \vec{x}^T_{o;\alpha} E_o \vec{x}_{o;\pi} \quad (1 \le \pi \le n-1,\ 1 \le \gamma \le n-1).$$

Nach (VIII) und (VIII') ist $\vec{n}^T_{\rho;\gamma} E_\rho \vec{x}_{\rho;\pi} = -h_{\pi\gamma}$ für $1 \leq \pi,\gamma \leq n-1$, falls $\rho = 0$, und $n-n_\rho \leq \pi,\gamma \leq n-1$, falls $\rho > 0$. Damit entsteht für $n_\rho \leq n$ (also $\rho \geq 0$) einheitlich das lineare Gleichungssystem:

$$-h_{\pi\gamma} = \Lambda^\alpha_\gamma g^{(\rho)}_{\alpha\pi} \quad \begin{cases} 1 \leq \alpha,\gamma,\pi \leq n-1 & (\rho=0) \\ 1 \leq \gamma \leq n-1, n-n_\rho \leq \alpha,\pi \leq n-1 & (\rho>0) \end{cases}$$

$$\text{mit } \det\left(g^{(\rho)}_{\alpha\pi}\right) \neq 0 \text{ (D,Satz 3).}$$

Wir erhalten die Lösungen:

$$-h_{\pi\gamma} g^{\pi\beta}_{(\rho)} = \Lambda^\alpha_\gamma g^{(\rho)}_{\alpha\pi} g^{\pi\beta}_{(\rho)} = \Lambda^\alpha_\gamma \delta^\beta_\alpha = \Lambda^\beta_\gamma \quad \begin{cases} 1 \leq \alpha,\beta,\gamma,\pi \leq n-1 & (\rho=0) \\ 1 \leq \gamma \leq n-1, n-n_\rho \leq \alpha,\beta,\pi \leq n-1 & (\rho>0) \end{cases} \tag{XI}$$

sowie $\Lambda^0_\gamma = 0$ $(1 \leq \gamma \leq n-1)$ für $n_\rho = n$ (also $\rho = 0$).

Zusammenfassend gilt:

Ableitungsgleichungen von WEINGARTEN:

$$\vec{n}_{0;\gamma} = \sum_{\beta=1}^{n-1} \Lambda^\beta_\gamma \vec{x}_{0;\beta} \ (1 \leq \gamma \leq n-1) \text{ für } n_\rho = n \text{ (also } \rho=0),$$

$$\vec{n}_{\rho;\gamma} = \sum_{\beta=n-n_\rho}^{n-1} \Lambda^\beta_\gamma \vec{x}_{\rho;\beta} \ (1 \leq \gamma \leq n-1) \text{ für } n_\rho < n \text{ (also } \rho>0), \tag{XII}$$

$$\vec{n}_{;\gamma} = \vec{o} \ (1 \leq \gamma \leq n-1) \text{ für } n_\rho = 0.$$

Dabei gilt: Die Koeffizienten Λ^β_γ sind bestimmt durch (XI) mit (VIII) und (VIII').

Bemerkungen (Fortsetzung):

6) Die Ableitungsgleichungen von WEINGARTEN zeigen, daß die Punkte $N_\gamma(\vec{n}_{;\gamma} \neq \vec{o}) \in A^{n_\rho}$ $(1 \leq \gamma \leq n-1)$ – wie auch die Begleitsimplexecken $X_\gamma(\vec{x}_{;\gamma})$ $(1 \leq \gamma \leq n-1)$, siehe Abschnitt E – in der Hypergeraden $\Gamma(X) \cap \Gamma_X$ des Begleitsimplexes einer Hauptfläche X(G) (also in der Hypernormale von X(G) in X, siehe E,Satz 2) liegen. Genauer gilt sogar $N_\gamma(\vec{n}_{;\gamma} \neq \vec{o}) \in \Gamma(X) \cap A^{n_\rho}$ für $1 \leq \gamma \leq n-1$!

7) Nach E,Satz 2 kann das mit jedem Hauptflächenpunkt $X \in X(G)$ verknüpfte Begleitsimplex als Punkt-Simplex $\{X, X_1, \ldots, X_{n-1}, X_\Gamma\}$

und als Hyperebenen-Simplex

$$\{\Gamma,\Gamma_1,\ldots,\Gamma_{n-1},\Gamma_X\}$$

aufgefaßt werden. Den Ableitungsgleichungen von GAUSS und WEINGARTEN für das Punkt-Simplex lassen sich Ableitungsgleichungen für das Hyperebenen-Simplex gegenüberstellen.

Aufgaben:

1) Die Ableitungsgleichungen einer Hauptfläche X(G) des euklidischen Raumes $P^n_{1|00}$ lauten:

$$\vec{x}_{;\gamma\delta} = \Gamma^{\alpha}_{\gamma\delta}\,\vec{x}_{;\alpha} + h_{\gamma\delta}\vec{n} \quad (1 \le \alpha,\gamma,\delta \le n-1) \text{ (GAUSS)},$$

$$\vec{n}_{1;\gamma} = -h_{\pi\gamma}\,g^{\pi\beta}_{(1)}\,\vec{x}_{;\beta} \quad (1 \le \beta,\gamma,\pi \le n-1) \text{ (WEINGARTEN)}.$$

Man ermittle diese Ableitungsgleichungen ausgehend von den Ableitungsgleichungen von GAUSS (VII) und WEINGARTEN (XII).

2) Man ermittle in weiteren speziellen CK-Räumen die Ableitungsgleichungen ihrer Hauptflächen.

H. Zweite Grundform der Hauptflächen

Nach E,Satz 2 sind im Begleitsimplex $\{X,X_1,\ldots,X_{n-1},N = X_\Gamma\}$ einer Hauptfläche X(G) nur der Hauptflächenpunkt $X(\vec{x})$ und der Normalenpunkt $N(\vec{n})$ unabhängig von der Parametrisierung. Dabei ist

$$\vec{x} = (\vec{x}_0,\ldots,\vec{x}_\rho)^T,\ \vec{n} = (\vec{o}_0,\ldots,\vec{o}_{\rho-1},\vec{n}_\rho)^T.$$

Es liegt daher nahe, in den Hauptflächenpunkten, in denen $d\vec{n}_\rho$ nicht die Nullform ist (also höchstens in Hauptflächenpunkten eines CK-Raumes mit $n_\rho > 0$ [1]), die quadratische Differentialform

$$d\vec{x}_\rho^T E_\rho d\vec{n}_\rho \quad \text{mit } d\vec{x}_\rho = \vec{x}_{\rho;\gamma}du^\gamma,\ d\vec{n}_\rho = \vec{n}_{\rho;\sigma}du^\sigma \ (1 \le \gamma,\sigma \le n-1)$$

zu betrachten.

[1] In den CK-Räumen mit $n_\rho = 0$ ist nach G(XII) $d\vec{n}_\rho$ die Nullform. Die CK-Räume mit $n_\rho = 0$ sind also ausgeschlossen. Nach 6C und 6E sind dies die dual-semieuklidischen Räume. Auch in anderen CK-Räumen gibt es Hauptflächen X(G) mit Flächenpunkten, in denen $d\vec{n}_\rho$ die Nullform ist!

Def.1: In einem CK-Raum mit $n_\rho > 0$ heißt die quadratische Differentialform

$$II := -d\vec{x}_\rho^T E_\rho d\vec{n}_\rho = -\vec{x}_{\rho;\gamma}^T E_\rho \vec{n}_{\rho;\sigma} du^\gamma du^\sigma \quad (1 \le \gamma,\sigma \le n-1) \tag{I}$$

die *zweite Grundform* einer Hauptfläche X(G).

Wir verwenden in (I) die Ableitungsgleichungen von WEINGARTEN für $n_\rho > 0$ aus G(XII) mit G(XI) und beachten außerdem D(VIII) sowie G(VI) und G(VI'). Dann gilt:

$$-\vec{x}_{\rho;\gamma}^T E_\rho \vec{n}_{\rho;\sigma} = -\vec{x}_{\rho;\gamma}^T E_\rho \Lambda_\sigma^\beta \vec{x}_{\rho;\beta} \quad \begin{cases} 1 \le \beta \le n-1 \text{ für } n_\rho = n \\ n-n_\rho \le \beta \le n-1 \text{ für } n_\rho < n \end{cases}$$

$$= -\Lambda_\sigma^\beta g_{\gamma\beta}^{(\rho)}$$

$$= h_{\pi\sigma} g_{(\rho)}^{\pi\beta} g_{\gamma\beta}^{(\rho)} = h_{\pi\sigma}\delta_\gamma^\pi \quad \text{(siehe G(XI) und D(VIII)!)}$$

$$= h_{\gamma\sigma} = \vec{x}_{\rho;\gamma\sigma}^T E_\rho \vec{n}_\rho \quad \text{(siehe G(VI)!)}.$$

Damit gilt:

Satz 2: Die zweite Grundform einer Hauptfläche eines CK-Raumes mit $n_\rho > 0$ läßt sich auch darstellen als

$$II = h_{\gamma\sigma} du^\gamma du^\sigma = \vec{x}_{\rho;\gamma\sigma}^T E_\rho \vec{n}_\rho du^\gamma du^\sigma \quad (1 \le \gamma,\sigma \le n-1). \tag{II}$$

Die Koeffizienten $h_{\gamma\sigma} = h_{\sigma\gamma} = \vec{x}_{\rho;\gamma\sigma}^T E_\rho \vec{n}_\rho$, die erstmals in den Ableitungsgleichungen von GAUSS (siehe G(VII) mit G(VI) und G(VI')!) auftraten, heißen die *Fundamentalgrößen 2.Ordnung* von X(G).

Man überzeugt sich leicht, daß die Fundamentalgrößen 2.Ordnung $h_{\gamma\delta}$ (wie die Fundamentalgrößen 1.Ordnung $g_{\alpha\beta}^{(\mu)}$, siehe Abschnitt D) invariant sind gegenüber den Bewegungen des CK-Raumes. Sie sind jedoch nicht parameterinvariant und genügen (wie die metrischen Fundamentalgrößen, siehe D(V)) einem Transformationsgesetz. Zur Ermittlung dieses Transformationsgesetzes sei nach Abschnitt A und C,Def.4 eine zulässige Parametertransformation gegeben:

$$f:\ G' \longrightarrow G$$
$$(u^{\sigma'}) \longmapsto f(u^{\sigma'}) = (u^\alpha) = (\ f^\alpha(u^{1'},\dots,u^{(n-1)'})\ )$$

mit

$$J_f = \det(f^{\alpha}_{;\sigma'}) \neq 0 \quad \text{auf } G'.$$

Diese zulässige Parametertransformation verknüpft zwei Parametrisierungen $\vec{x}(u^{\alpha})$, $\vec{x}(u^{\sigma'})$ derselben Hauptfläche $X(G)$ eines CK-Raumes, der auf ein projektives Koordinatensystem bezogen ist, in dem seine Absolutfigur F die Normalform 6B(I) besitzt. Dann gilt mit A(I)

$$\vec{x}_{\rho;\sigma'} = \vec{x}_{\rho;\alpha} f^{\alpha}_{;\sigma'} \quad (1 \leq \alpha, \sigma' \leq n-1).$$

Der Normalenpunkt $N(\vec{n})$ von $X(G)$ in X ist nach Abschnitt E der Pol der Tangentenhyperebene $\Gamma(X)$ bezüglich der Absolutfigur F. Er kann sich bei einer zulässigen Parametertransformation nicht ändern. Seine Koordinaten ändern sich deshalb – wie die Koordinaten eines Flächenpunktes – nicht, jedoch wird bei gegensinnigen zulässigen Parametertransformationen eine Vorzeichenänderung eintreten. Daraus folgt

$$\vec{n}_{\rho;\tau'} = \operatorname{sgn} J_f \, \vec{n}_{\rho;\alpha} f^{\alpha}_{;\tau'} \quad (1 \leq \alpha, \tau' \leq n-1).$$

Die Normierung $\varepsilon(\vec{n}_{\rho}) := \vec{n}^{T}_{\rho} E_{\rho} \vec{n}_{\rho} = \pm 1$ ändert sich nicht bei zulässigen Parametertransformationen, da N fest bleibt. Nach diesen Vorbereitungen erhalten wir:

$$\begin{aligned} h_{\sigma'\tau'} &= -\vec{x}^{T}_{\rho;\sigma'} E_{\rho} \vec{n}_{\rho;\tau'} = -\vec{x}^{T}_{\rho;\alpha} f^{\alpha}_{;\sigma'} E_{\rho} \vec{n}_{\rho;\beta} f^{\beta}_{;\tau'} \operatorname{sgn} J_f , \\ &= -\vec{x}^{T}_{\rho;\alpha} E_{\rho} \vec{n}_{\rho;\beta} f^{\alpha}_{;\sigma'} f^{\beta}_{;\tau'} \operatorname{sgn} J_f , \\ &= \operatorname{sgn} J_f \, h_{\alpha\beta} f^{\alpha}_{;\sigma'} f^{\beta}_{;\tau'} . \end{aligned}$$

Die Fundamentalgrößen 2.Ordnung genügen somit dem Transformationsgesetz:

$$\boxed{h_{\sigma'\tau'} = \operatorname{sgn} J_f \, h_{\alpha\beta} f^{\alpha}_{;\sigma'} f^{\beta}_{;\tau'} \quad (1 \leq \alpha, \beta, \sigma', \tau' \leq n-1).} \qquad \text{(III)}$$

Mit (III) erhält man:

$$h_{\sigma'\tau'} du^{\sigma'} du^{\tau'} = \operatorname{sgn} J_f \, h_{\alpha\beta} f^{\alpha}_{;\sigma'} f^{\beta}_{;\tau'} du^{\sigma'} du^{\tau'} = \operatorname{sgn} J_f \, h_{\alpha\beta} du^{\alpha} du^{\beta} .$$

Daraus folgt mit der Bewegungsinvarianz der Fundamentalgrößen

2.Ordnung:

> Satz 3: Die zweite Grundform einer Hauptfläche eines CK-Raumes mit $n_\rho > 0$ ist bewegungsinvariant und invariant bei gleichsinnigen zulässigen Parametertransformationen; sie ist also ein CK-geometrischer Begriff einer Hauptfläche bei gleichsinnigen zulässigen Parametertransformationen.

Wir ermitteln noch das Transformationsverhalten der Determinante der zweiten Grundform:

$$\det(h_{\sigma'\tau'}) = \det(\operatorname{sgn} J_f h_{\alpha\beta} f^\alpha_{;\sigma'} f^\beta_{;\tau'}),$$

$$= \det(\operatorname{sgn} J_f h_{\alpha\beta}) \det(f^\alpha_{;\sigma'}) \det(f^\beta_{;\tau'}),$$

$$\boxed{\det(h_{\sigma'\tau'}) = (\operatorname{sgn} J_f)^{n-1} \det(h_{\alpha\beta})\, J_f^2 \quad (1 \le \alpha,\beta,\sigma',\tau' \le n-1).} \qquad \text{(IV)}$$

Wir fragen nun, wann in einem Punkt X einer Hauptfläche $X(G)$ die zur zweiten Grundform gehörende Bilinearform $\delta\vec{x}_\rho^T E_\rho d\vec{n}_\rho$ verschwindet.

Dazu sei eine Flächenkurve $X(I) \subset X(G)$ gegeben, deren Tangente $X+\dot{X}$ im Punkt $X \in X(I)$ den Schnitt $A^{n_\rho} \cap \Gamma_X$ der Absolutebene A^{n_ρ} mit der Polarebene Γ_X des Hauptflächenpunktes X bezüglich der Absolutfigur F in $\dot{X}$ treffe.[1] Der Punkt $\dot{X} \in A^{n_\rho}$ wird festgelegt durch den Koordinatenvektor

$$d\vec{x}_\rho = \vec{x}_{\rho;\sigma} du^\sigma \neq \vec{o} \quad (1 \le \sigma \le n-1), \quad du^1 = \ldots = du^{n-n_\rho-1} = 0$$

und sei mit $\dot{X}(d\vec{x}_\rho)$ bezeichnet.

Durchläuft der Punkt X die Flächenkurve $X(I)$, so durchlaufe der Normalenpunkt N von $X(G)$ (in A^{n_ρ}) die *Normalenpunktkurve* $N(I)$ mit der Tangente $N+\dot{N}$ im Punkt $N \in N(I)$; der Punkt $\dot{N} \in A^{n_\rho}$ wird festgelegt durch den Koordinatenvektor

$$d\vec{n}_\rho = \vec{n}_{\rho;\sigma} du^\sigma \neq \vec{o} \quad (1 \le \sigma \le n-1)$$

und sei mit $\dot{N}(d\vec{n}_\rho)$ bezeichnet.

Wir betrachten nun unter den Ableitungsvektoren $\vec{n}_{;\gamma}$ $(1 \le \gamma \le n-1)$

[1] In den entarteten CK-Räumen mit $n_\rho > 0$ ist $A^{n_\rho} \cap \Gamma_X = A^{n_\rho}$, in den nichtentarteten CK-Räumen ist $A^{n_\rho} \cap \Gamma_X = \Gamma_X$! Die folgenden Überlegungen betreffen zunächst nur die entarteten CK-Räume mit $n_\rho > 0$.

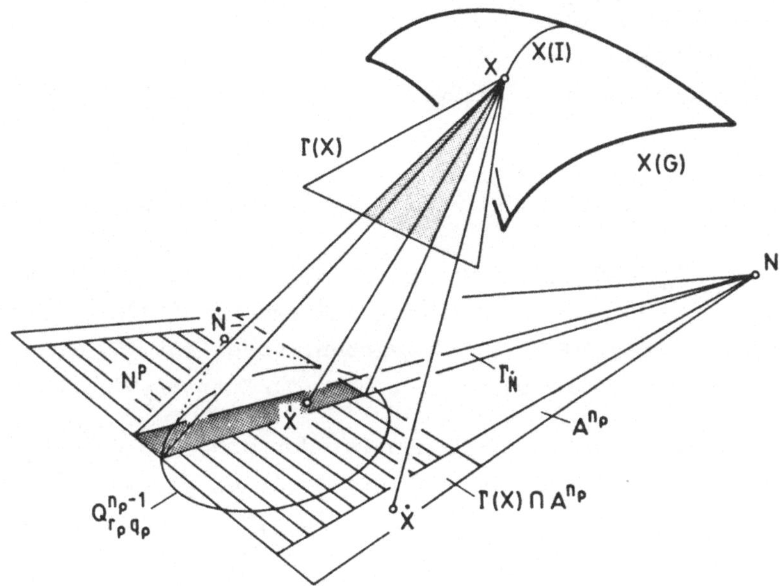

die Vektoren $\vec{n}_{;\gamma} \neq \vec{o}$ und die dadurch definierten Punkte $N_\gamma(\vec{n}_{;\gamma})$. Die Vektoren $\vec{n}_{;\gamma}$ sind durch die Ableitungsgleichungen von WEINGARTEN G(XII) bestimmt. Wir beachten, daß wegen G,Bem.6 jeder Punkt $\dot{N}(d\vec{n}_\rho) \in A^{n_\rho}$, $d\vec{n}_\rho = \vec{n}_{\rho;\sigma}du^\sigma \neq \vec{o}_\rho$ $(1 \le \sigma \le n-1)$ in der $(n_\rho-1)$-Ebene $\Gamma(X) \cap A^{n_\rho}$ liegt:

$$\dot{N}(d\vec{n}_\rho) \in N_1+\ldots+N_{n-1} \subset \Gamma(X) \cap A^{n_\rho}.^{1)} \tag{1}$$

Die (im allgemeinen n-1) Punkte N_γ spannen nicht notwendig die $(n_\rho-1)$-Ebene $\Gamma(X) \cap A^{n_\rho}$ auf! Ist $N_1+\ldots+N_{n-1} =: N^p$ eine p-Ebene $(0 \le p \le n_\rho-1)$, dann kann als Punkt $\dot{N}(d\vec{n}_\rho)$ nur ein Punkt aus $N^p \subset \Gamma(X) \cap A^{n_\rho}$ auftreten.

Das Verschwinden der Bilinearform zur zweiten Grundform,

$$\delta\vec{x}_\rho^T E_\rho d\vec{n}_\rho = 0, \tag{2}$$

stellt bezüglich der Absolutquadrik $Q^{n_\rho-1}_{r_\rho q_\rho}$ eine Polaritätsbedingung dar, die in der Form

$$\vec{y}_\rho^T E_\rho d\vec{n}_\rho = 0 \text{ bei festem } d\vec{n}_\rho \neq \vec{o}_\rho \text{ und variablem } \vec{y}_\rho$$

dem Punkt $\dot{N}(d\vec{n}_\rho) \in A^{n_\rho}$ seine Polarhyperebene $\Gamma_{\dot{N}} \subset A^{n_\rho}$ $(\vec{y}_\rho^T E_\rho d\vec{n}_\rho = 0)$ bezüglich der Absolutquadrik zuordnet und umgekehrt. Da $\dot{N}(d\vec{n}_\rho)$ nach (1) stets in der Hyperebene $\Gamma(X) \cap A^{n_\rho}$ der Absolutebene A^{n_ρ} liegt, inzidiert die $(n_\rho-1)$-Polarhyperebene $\Gamma_{\dot{N}}$ von $\dot{N}$ mit dem Pol N von $\Gamma(X) \cap A^{n_\rho}$ bezüglich der Absolutquadrik.

1) Für $\vec{n}_{;\gamma} = \vec{o}$ sei $N_\gamma(\vec{n}_{;\gamma}) = \emptyset$.

Ein Punkt $\dot{X}(\delta\vec{x}_\rho) \in A^{n_\rho}$ mit $\delta\vec{x}_\rho = \vec{x}_{\rho;\gamma}du^\gamma \neq \vec{o}$ $(1 \leq \gamma \leq n-1)$ ist stets ein Punkt der Hyperebene $\Gamma(X) \cap A^{n_\rho}$ der Absolutebene A^{n_ρ};[1] seine $(n_\rho-1)$-Polarhyperebene $\Gamma_{\dot{X}}$ bezüglich $Q^{n_\rho-1}_{r_\rho q_\rho}$ inzidiert ebenfalls mit dem Pol N von $\Gamma(X) \cap A^{n_\rho}$. Die n_ρ linear unabhängigen Begleitsimplexecken $X_{n-n_\rho}, \ldots, X_{n-1}$ spannen die $(n_\rho-1)$-Ebene $\Gamma(X) \cap A^{n_\rho}$ auf. Folglich kann als Punkt $\dot{X}(\delta\vec{x}_\rho)$ jeder Punkt aus $\Gamma(X) \cap A^{n_\rho}$ auftreten!

Ist nun $\dot{N}(d\vec{n}_\rho) \in N^p \subset \Gamma(X) \cap A^{n_\rho}$ gegeben, so erfaßt (2) alle Punkte $\dot{X} \in \Gamma(X) \cap A^{n_\rho}$, die in der $(n_\rho-2)$-Ebene $\Gamma_{\dot{N}} \cap \Gamma(X) \cap A^{n_\rho}$ liegen. (Ist umgekehrt $\dot{X}(\delta\vec{x}_\rho) \in \Gamma(X) \cap A^{n_\rho}$ gegeben, so erfaßt (2) alle Punkte $\dot{N} \in \Gamma(X) \cap A^{n_\rho}$, die in der p- oder (p-1)-Ebene $\Gamma_{\dot{X}} \cap N^p$ liegen.)

In den nichtentarteten CK-Räumen ist der projektive Raum P^n als Absolutebene A^{n_ρ} und die Absolutquadrik $Q^{n-1}_{r_o q_o}$ als $Q^{n_\rho-1}_{r_\rho q_\rho}$ aufzufassen. Im Begleitsimplex $\{X, X_1, \ldots, X_{n-1}, N\}$ einer Hauptfläche sind $X_1, \ldots, X_{n-1}$ die Schnittpunkte der γ-Tangenten $X+X_\gamma$ mit der Polarhyperebene Γ_X von X bezüglich $Q^{n-1}_{r_o q_o}$. Der Punkt $\dot{X}$ einer Flächentangente $X+\dot{X}$ liegt in der Hypergeraden $\Gamma(X) \cap \Gamma_X$, und der zugehörige Punkt $\dot{N}$ liegt in einer p-Ebene $N^p := N_1 + \ldots + N_{n-1}$, die ihrerseits in $\Gamma(X) \cap \Gamma_X$ liegt. Ist $\dot{N} \in N^p$ gegeben, so erfaßt die Polaritätsbedingung (2) (für $\rho=0$) alle Punkte $\dot{X} \in \Gamma_{\dot{N}}$. Damit wird dem Punkt $\dot{X}$ durch (2) in $\Gamma(X) \cap \Gamma_X$ die (n-3)-Ebene $\Gamma_{\dot{N}} \cap \Gamma(X) \cap \Gamma_X$ zugeordnet.

Wir erhalten somit:

<u>Satz 4</u>: In einem CK-Raum mit $n_\rho > 0$ sei:
$X(\vec{x})$ ein Punkt einer Hauptfläche X(G),
$N(\vec{n})$ der Normalenpunkt von X(G) in X,
$N^p := N_1(\vec{n}_{;1}) + \ldots + N_{n-1}(\vec{n}_{;n-1})$ die von den Punkten $N_\sigma(\vec{n}_{;\sigma} \neq \vec{o})$ aufgespannte p-Ebene,[2]
X(I) eine Flächenkurve durch X, deren Tangente $X+\dot{X}$ für $\rho > 0$ die Absolutebene A^{n_ρ} und für $\rho = 0$ die Polarhyperebene Γ_X in $X(d\vec{x}_\rho)$ trifft, deren Normalenpunktkurve N(I) existiert und in N die Tangente $N+\dot{N}$, $\dot{N}(d\vec{n}_\rho) \in N^p$, besitzt.

<u>Dann gilt:</u>

[1] Bei $\delta\vec{x}_\rho$ gilt daher für $\rho > 0$ und $n_\rho > 0$: $\delta u^1 = \ldots = \delta u^{n-n_\rho-1} = 0$.

[2] Für $\vec{n}_{;\gamma} = \vec{o}$ sei $N_\gamma(\vec{n}_{;\gamma}) = \emptyset$.
Für $\rho > 0$ gilt: $N^p \subset \Gamma(X) \cap A^{n_\rho}$, für $\rho = 0$ gilt: $N^p \subset \Gamma(X) \cap \Gamma_X$ (siehe die Satz 4 vorausgehenden Überlegungen).

a) Ein dem Punkt $\dot{N} \in N^p$ durch die verschwindende Bilinearform zur zweiten Grundform von X(G) in X,

$$\delta\vec{x}_\rho^T E_\rho d\vec{n}_\rho,$$

zugeordneter Punkt $\dot{X}$ ($\dot{X} \in \Gamma(X) \cap A^{n_\rho}$ für $\rho > 0$, $\dot{X} \in \Gamma(X) \cap \Gamma_X$ für $\rho = 0$) liegt zu $\dot{N}$ polar bezüglich der Absolutquadrik $Q^{n_\rho - 1}_{r_\rho q_\rho}$. Folglich gilt:

$$\dot{X} \in \Gamma_{\dot{N}} \cap \Gamma(X) \cap A^{n_\rho} \text{ für } \rho > 0, \quad \dot{X} \in \Gamma_{\dot{N}} \cap \Gamma(X) \cap \Gamma_X \text{ für } \rho = 0.$$

Die zugehörigen Flächentangenten $X+\dot{X}$ und $X+\dot{X}$ heißen *CK-konjugiert*. Die Gesamtheit der zu $X+\dot{X}$ CK-konjugierten Flächentangenten bildet die (zu $X+\dot{X}$ *CK-konjugierte*)

Flächen-$(n_\rho-1)$-Tangente $X+(\Gamma_{\dot{N}} \cap \Gamma(X) \cap A^{n_\rho})$ für $\rho > 0$

und die

Flächenhypertangente $X+(\Gamma_{\dot{N}} \cap \Gamma(X) \cap \Gamma_X)$ für $\rho = 0$.

b) Für $\rho > 0$ gilt: $N^p = \Gamma(X) \cap A^{n_\rho} \Leftrightarrow p = n_\rho - 1$.
Ist in diesem Fall eine Flächen-$(n_\rho-1)$-Tangente in X gegeben, die A^{n_ρ} in einer $(n_\rho-2)$-Ebene $\dot{X}^{n_\rho-2}$ schneidet, so sind nacheinander eindeutig bestimmt: die $(n_\rho-1)$-Ebene $\Gamma_{\dot{N}} = \dot{X}^{n_\rho-2}+N$, ihr Pol $\dot{N}(d\vec{n}_\rho = \vec{n}_{\rho;\sigma}du^\sigma)$ bezüglich $Q^{n_\rho-1}_{r_\rho q_\rho}$, der Punkt $\dot{X}(d\vec{x}_\rho = \vec{x}_{\rho;\sigma}du^\sigma)$ und die Flächentangente $X+\dot{X}$.
In diesem Fall sind die Flächentangente $X+\dot{X}$ und die Flächen-$(n_\rho-1)$-Tangente $X+(\Gamma_{\dot{N}} \cap \Gamma(X) \cap A^{n_\rho})$ *zueinander* CK-konjugiert.

Für $\rho = 0$ gilt: $N^p = \Gamma(X) \cap A^{n_\rho} \Leftrightarrow p = n-2$.
Ist in diesem Fall eine Flächenhypertangente in X gegeben, die Γ_X in einer $(n-3)$-Ebene $\dot{X}^{n-3}$ schneidet, so sind nacheinander eindeutig bestimmt: die $(n-2)$-Ebene $\Gamma_{\dot{N}} = \dot{X}^{n-3}+N$, ihr Pol $\dot{N}(d\vec{n} = \vec{n}_{;\sigma}du^\sigma)$ bezüglich $Q^{n-1}_{r_o q_o} \cap \Gamma_X$, der Punkt $\dot{X}(d\vec{x} = \vec{x}_{;\sigma}du^\sigma)$ und die Flächentangente $X+\dot{X}$.
In diesem Fall sind die Flächentangente $X+\dot{X}$ und die Flächenhypertangente $X+(\Gamma_{\dot{N}} \cap \Gamma(X) \cap \Gamma_X)$ *zueinander* CK-konjugiert.

Beispiel (siehe KREYSZIG[1], S.208-210):
Im euklidischen Raum $P^3_{1|00}$ ist $\rho = 1$, $\Gamma(X) \cap A^2$ eine Gerade, und wegen $n_\rho = 2$ ist $0 \le p \le 1$.

Für $p = 1$ ist $N^p = N^1 = N_1 + N_2 = \Gamma(X) \cap A^2$ (siehe (1)!). Die zu einer Flächentangente $X+\dot{X}$ CK-konjugierte Flächen-$(n_\rho-1)$-Tangente $X+(\Gamma_{\dot{N}} \cap \Gamma(X) \cap A^2)$ ist die Flächentangente $X+\dot{X}$; $X+\dot{X}$ und $X+\dot{X}$ sind zueinander CK-konjugiert.

Für $p=0$ ist $N^p = N^o$. In diesem Fall ist zu jeder Flächentangente $X+\dot{X}$ ein und dieselbe Flächentangente $X+\dot{X}$ konjugiert.

Bemerkungen:

1) Wir verzichten auf die Klassifikation der Hauptflächenpunkte, die sich aufgrund der Dimension der p-Ebene N^p ($0 \leq p \leq n_\rho - 1$ für $\rho > 0$, $0 \leq p \leq n-2$ für $\rho = 0$; siehe (1)!) durchführen läßt.

2) Genau für die 1-fach entarteten semieuklidischen Räume ist die Absolutebene A^{n_ρ} eine Hyperebene ($n_\rho = n-1$). Genau in diesen CK-Räumen existiert zu *jeder* Flächentangente $X+\dot{X}$ die nach Satz 4 erklärte CK-konjugierte Flächenhypertangente.

3) Sei $X(I)$ eine Flächenkurve einer Hauptfläche $X(G)$ mit der Flächentangente $X+\dot{X}$, und sei $\Gamma(I)$ die $X(G)$ längs $X(I)$ umschriebene Flächentorse. Dann wird im Rahmen der projektiven Differentialgeometrie in einem Hauptflächenpunkt X die Grenzhypertangente $\Gamma \cap \dot{\Gamma}$ (B, Satz 4) als zu $X+\dot{X}$ *konjugiert* bezeichnet. Wir untersuchen nicht die Frage, wann die Begriffe *konjugiert* und *CK-konjugiert* übereinstimmen.

4) Die Flächenkurven einer Hauptfläche $X(G)$, die durch das Verschwinden der zweiten Grundform, also nach (I) durch

$$d\vec{x}_\rho^T E_\rho d\vec{n}_\rho = 0,$$

definiert sind, heißen die *CK-Schmieglinien* von $X(G)$. Ihre Tangenten sind wegen Satz 4 zu sich selbst CK-konjugiert.

5) Betrachtet man in einem entarteten CK-Raum mit $\mathrm{Dim}\, A^{n_\rho} < n-1$ nicht nur Flächentangenten $X+\dot{X}$, die A^{n_ρ} treffen, sondern alle Flächentangenten einer Hauptfläche $X(G)$ in X, so ordnet die verschwindende Bilinearform zur zweiten Grundform von $X(G)$ in X, also $\delta\vec{x}_\rho^T E_\rho d\vec{n}_\rho = 0$, jeder Flächentangente $X+\dot{X}$, $\dot{X}(d\vec{x}) \in \Gamma(X) \cap \Gamma_X$, die Menge M aller Flächentangenten $X+\dot{X}$, $\dot{X}(\delta\vec{x}) \in \Gamma(X) \cap \Gamma_X$, zu, für die diese Bilinearform verschwindet. Für $d\vec{n}_\rho \neq \vec{o}_\rho$ ist M eine Hypertangente von $X(G)$ in X, für $d\vec{n}_\rho = \vec{o}_\rho$ die Tangentenhyperebene $\Gamma(X)$.

6) In Satz 4 wurde vorausgesetzt, daß die Normalenpunktkurve $N(I)$ in N die Tangente $N+\dot{N}$, $\dot{N}(d\vec{n}_\rho) \in N^p$, besitzt. Ist diese Voraussetzung nicht erfüllt, also $d\vec{n}_\rho = \vec{o}_\rho$ in N, so ist $\delta\vec{x}_\rho^T E_\rho d\vec{n}_\rho = 0$ für alle $\delta\vec{x}_\rho$ erfüllt. Zu $X+\dot{X}$ ist dann ganz $\Gamma(X) \cap A^{n_\rho}$ CK-konjugiert, für $\rho = 0$ also ganz $\Gamma(X)$.

I. Winkelmetrik der Hauptflächen, dritte Grundformen

Sei $X(G)$ eine Hauptfläche eines CK-Raumes $P^n_{r_0 \dots r_{\rho-1}|q_0 \dots q_\rho}$. Neben den Punkten $X(u^\alpha(t))$ einer Flächenkurve $X(I)$ von $X(G)$ mit der Parametrisierung

$$\vec{x}(u^\alpha(t)) = (\vec{x}_0(u^\alpha(t)), \dots, \vec{x}_\rho(u^\alpha(t))^T$$

betrachten wir nun die Tangentenhyperebenen $\Gamma(u^\alpha(t))$ einer Flächentorse $\Gamma(I)$ von $X(G)$ (siehe B,Satz 4) mit der Parametrisierung

$$\gamma(u^\alpha(t)) = (\vec{\gamma}_0(u^\alpha(t)), \dots, \vec{\gamma}_\rho(u^\alpha(t))^T.$$ [1)]

Ist $\Gamma(I)$ die Flächentorse der Hauptfläche $X(G)$ längs $X(I)$, so genügen die Parametrisierungen von $X(I)$ und $\Gamma(I)$ der Inzidenzbedingung

$$\vec{\gamma}^T\vec{x} = \vec{\gamma}_0^T\vec{x}_0 + \dots + \vec{\gamma}_\rho^T\vec{x}_\rho = \gamma_i(u^\alpha)x^i(u^\alpha) = 0 \quad (0 \le i \le n) \tag{1}$$

sowie wegen $X_\beta \in \Gamma(X)$ $(1 \le \beta \le n-1)$(siehe E,Satz 2) der Inzidenz-

---

1) Die homogenen Hyperebenenkoordinaten $(\gamma_0(u^\alpha), \dots, \gamma_n(u^\alpha))$ lassen sich nach Abschnitt B aus den Punktkoordinaten $x^i(u^\alpha)$ und ihren partiellen Ableitungen $x^i_{;\gamma}(u^\alpha)$ $(1 \le \gamma \le n-1)$ berechnen: Die Tangentenhyperebene $\Gamma(X)$ ist die Verbindung der Begleitsimplexecken $X(\vec{x})$, $X_1(\vec{x}_{;1}), \dots, X_{n-1}(\vec{x}_{;n-1})$; $\Gamma(X)$ besitzt daher die Gleichung

$$\det(\vec{y}\ \vec{x}\ \vec{x}_{;1} \cdots \vec{x}_{;n-1}) = \begin{vmatrix} y^0 & x^0 & x^0_{;1} & \cdots & x^0_{;n-1} \\ y^1 & x^1 & x^1_{;1} & \cdots & x^1_{;n-1} \\ \cdots & \cdots & \cdots & \cdots & \cdots \\ y^n & x^n & x^n_{;1} & \cdots & x^n_{;n-1} \end{vmatrix} = 0.$$

Daraus folgt:

$$\gamma_i(u^\alpha) = (-1)^i \rho(u^\alpha) \begin{vmatrix} x^0 & x^0_{;1} & \cdots & x^0_{;n-1} \\ \cdots & \cdots & \cdots & \cdots \\ x^{i-1} & x^{i-1}_{;1} & \cdots & x^{i-1}_{;n-1} \\ x^{i+1} & x^{i+1}_{;1} & \cdots & x^{i+1}_{;n-1} \\ \cdots & \cdots & \cdots & \cdots \\ x^n & x^n_{;1} & \cdots & x^n_{;n-1} \end{vmatrix} \quad (0 \le i \le n).$$

Die homogenisierende Funktion $\rho(u^\alpha)$ wird nach E(I) und E(II) durch die Normierung $\vec{\gamma}_\rho^T E_\rho \vec{\gamma}_\rho = \pm 1$ bis auf das Vorzeichen bestimmt.

bedingung

$$\vec{\gamma}^T \vec{x}_{;\beta} = \gamma_i(u^\alpha) x^i_{;\beta}(u^\alpha) = 0 \quad (0 \le i \le n,\ 1 \le \beta \le n-1). \tag{2}$$

Aus (1) folgt $\vec{\gamma}^T_{;\beta}\vec{x} + \vec{\gamma}^T\vec{x}_{;\beta} = 0$. Daraus folgt mit (2) die weitere Inzidenzbedingung

$$\vec{\gamma}^T_{;\beta}\vec{x} = \gamma_{i;\beta}(u^\alpha) x^i(u^\alpha) = 0 \quad (0 \le i \le n,\ 1 \le \beta \le n-1). \tag{3}$$

Nach Abschnitt D wird das CK-Bogenelement ds der Flächenkurve X(I) in einem offenen Teilintervall $I_\mu \subset I$ gegeben durch

$$ds^2 = |d\vec{x}^T_\mu E_\mu d\vec{x}_\mu| \quad (0 \le \mu \le \rho).$$

Dabei sind die Tangenten der Flächenkurve X(I) für $\mu = 0$ Passanten oder Sekanten des Absolutkegels $Q^{n-1}_{r_o q_o}$ des CK-Raumes $P^n_{r_o \cdots r_{\rho-1}|q_o \cdots q_\rho}$; für $1 \le \mu \le \rho$ sind die Tangenten euklidische Geraden μ.Art. Außerdem ist die Parametrisierung $\vec{x}(u^\alpha(t))$ bezüglich des Absolutkegels $Q^{n-1}_{r_o q_o}$ normiert ($\vec{x}^T_o E_o \vec{x}_o = \pm 1$, siehe C(II)).

Dem *CK-Abstandsbogenelement* ds einer Flächenkurve X(I) entspricht – im Hinblick auf die nach 8B zur *Abstandsmetrik* duale *Winkelmetrik* – das *CK-Winkelbogenelement* $d\sigma$ einer Flächentorse $\Gamma(I')$. Wir sprechen im folgenden kurz vom *CK-Bogenelement* ds einer Flächenkurve X(I) und vom *CK-Bogenelement* $d\sigma$ einer Flächentorse $\Gamma(I')$.

In einem offenen Teilintervall $I'_\mu \subset I'$ ist $d\sigma$ gegeben durch

$$d\sigma^2 = |d\vec{\gamma}^T_{\rho-\mu} E_{\rho-\mu} d\vec{\gamma}_{\rho-\mu}| \quad (0 \le \mu \le \rho).$$

Denn der Flächentorse $\Gamma(I')$ von X(G) im CK-Raum $P^n_{r_o \cdots r_{\rho-1}|q_o \cdots q_\rho}$ mit der Absolutfigur

$$Q^{n-1}_{r_o q_o} \supset A^{n_1} \supset \ldots \supset A^{n_\rho} \supset Q^{n_\rho - 1}_{r_\rho q_\rho} \tag{4}$$

entspricht im dualen CK-Raum $P^n_{r_\rho \cdots r_1|q_\rho \cdots q_o}$ mit der Absolutfigur (siehe 6E)

$$Q^{n-1}_{r_\rho q_\rho} \supset A^{n-n_\rho-1} \supset \ldots \supset A^{n-n_1-1} \supset Q^{r_o-2}_{r_o q_o} \tag{5}$$

im allgemeinen eine Kurve $\overset{\times}{\Gamma}(I')$ mit dem CK-Bogenelement $d\sigma^2 = |d\vec{\gamma}_{\rho-\mu} E_{\rho-\mu} d\vec{\gamma}_{\rho-\mu}|$. Setzt man die Hyperebenen $\Gamma(\vec{\gamma}(u^\alpha))$, $\Gamma_\alpha(\vec{\gamma}_{;\alpha})$ $(1 \le \alpha \le n-1)$ linear unabhängig voraus, so stellt $\overset{\times}{\Gamma}(G)$ im dualen CK-Raum eine Hyperfläche dar (siehe A,Def.4), und $\overset{\times}{\Gamma}(I')$ kann als Flächenkurve von $\overset{\times}{\Gamma}(G)$ betrachtet werden. Die Tangenten dieser Flächenkurve sind im dualen CK-Raum für $\mu = 0$ Passanten oder Sekanten seines Absolutkegels $Q^{n-1}_{r_\rho q_\rho}$ und für $1 \le \mu \le \rho$ euklidische Geraden $(\rho-\mu)$.Art.[1] Die Parametrisierung $\vec{\gamma}(u^\alpha(t))$ ist bezüglich des Absolutkegels $Q^{n-1}_{r_\rho q_\rho}$ normiert $(\vec{\gamma}_\rho^T E_\rho \vec{\gamma}_\rho = \pm 1)$. Mit

$$d\vec{\gamma}_{\rho-\mu} = \vec{\gamma}_{\rho-\mu;\alpha} du^\alpha$$

erhält das CK-Bogenelementquadrat $d\sigma^2$ die Darstellung

$$d\sigma^2 = |(\vec{\gamma}_{\rho-\mu;\alpha} du^\alpha)^T E_{\rho-\mu} (\vec{\gamma}_{\rho-\mu;\beta} du^\beta)| \quad (0 \le \mu \le \rho;\ 1 \le \alpha,\beta \le n-1)$$

oder

$$III^{(\rho-\mu)} := d\sigma^2 = |\lambda^{(\rho-\mu)}_{\alpha\beta} du^\alpha du^\beta| \text{ mit } \lambda^{(\rho-\mu)}_{\alpha\beta} := \vec{\gamma}^T_{\rho-\mu;\alpha} E_{\rho-\mu} \vec{\gamma}_{\rho-\mu;\beta} \qquad \text{(I)}$$

Die Betragstriche entfallen, wenn die quadratische Differentialform $\lambda^{(\rho-\mu)}_{\alpha\beta} du^\alpha du^\beta$ positiv definit ist.

Für die Winkelmetrik der Hauptflächen ist es wünschenswert, daß das CK-Bogenelement $d\sigma$ entsprechende Eigenschaften besitzt wie das CK-Bogenelement ds (siehe Abschnitt D). Man findet diese Eigenschaften, indem man anstelle

der $(n-1)$-parametrigen Hyperebenenmenge $\Gamma(G) \subset P^n_{r_0 \cdots r_{\rho-1} | q_0 \cdots q_\rho}$

die $(n-1)$-parametrige Punktmenge $\overset{\times}{\Gamma}(G) \subset P^n_{r_\rho \cdots r_1 | q_\rho \cdots q_0}$

betrachtet und *voraussetzt*, daß $\overset{\times}{\Gamma}(G) \subset P^n_{r_\rho \cdots r_1 | q_\rho \cdots q_0}$ in der Parametrisierung $\vec{\gamma}(u^{n-1},\ldots,u^1)$ mit $(u^1,\ldots,u^{n-1}) \in G$ eine Hauptfläche ist.[2] Dann lassen sich die für $d\sigma^2$ gewünschten Eigenschaften unmittelbar aus Abschnitt D entnehmen. Wir definieren daher:

---

1) Sei $X(I) \subset X(G)$ eine Flächenkurve in $P^n_{r_0 \cdots r_{\rho-1} | q_0 \cdots q_\rho}$ und $\Gamma(I)$ die Flächentorse von $X(G)$ längs $X(I)$. Gilt

$ds^2 = |d\vec{x}^T_\mu E_\mu d\vec{x}_\mu|$ für das CK-Bogenelement ds von $X(I)$ und

$d\sigma^2 = |d\vec{\gamma}^T_{\rho-\nu} E_{\rho-\nu} d\vec{\gamma}_{\rho-\nu}|$ für das CK-Bogenelement $d\sigma$ von $\Gamma(I)$,

so ist im allgemeinen $\mu \neq \nu$ und $\mu \neq \rho-\nu$.

2) Es ist zweckmäßig, im dualen CK-Raum $P^n_{r_\rho \cdots r_1 | q_\rho \cdots q_0}$ das Parameter-$(n-1)$-Tupel in der Form $(u^{n-1},\ldots,u^1)$ zu schreiben. Diese Schreibweise ist von Vorteil bei der Untersuchung von $\overset{\times}{\Gamma}(G)$.

<u>Def.1</u>: Im CK-Raum $P^n_{r_0\cdots r_{\rho-1}|q_0\cdots q_\rho}$ heißt eine Hauptfläche $X(G)$ mit der Parametrisierung $\vec{x}(u^1,\dots,u^{n-1})$, $(u^1,\dots,u^{n-1})\in G$, eine *totale Hauptfläche*, wenn ihre Tangentenhyperebenenmenge $\Gamma(G)$ mit der Parametrisierung $\vec{\gamma}(u^{n-1},\dots,u^1)$, $(u^1,\dots,u^{n-1})\in G$, im dualen CK-Raum $P^n_{r_\rho\cdots r_1|q_\rho\cdots q_0}$ – also interpretiert als Punktmenge $\overset{\times}{\Gamma}(G)$ – ebenfalls eine Hauptfläche darstellt.

Im folgenden sei $X(G)$ eine totale Hauptfläche.[1] Dann erhalten wir aus (I) mit Blick auf (4) und (5) den D,Satz 1 entsprechenden Satz:

<u>Satz 2</u>: In einer totalen Hauptfläche $X(G)$ eines CK-Raumes induzieren die Winkelmetriken 8B,(I)-(III)

für $\left\{\begin{matrix} n-n_1-1>0 \text{ genau } \rho+1 \\ n-n_1-1=0 \text{ genau } \rho \end{matrix}\right\}$ quadratische Differentialformen

$$\lambda^{(\rho-\mu)}_{\alpha\beta}du^\alpha du^\beta = \vec{\gamma}^T_{\rho-\mu;\alpha}E_{\rho-\mu}\vec{\gamma}_{\rho-\mu;\beta}du^\alpha du^\beta, \quad 1\le\alpha,\beta\le n-1$$

mit $\left\{\begin{matrix} 0\le\mu\le\rho & \text{für } n-n_1-1>0 \\ 0\le\mu\le\rho-1 & \text{für } n-n_1-1=0 \end{matrix}\right\}$, welche die Winkelmetrik in $X(G)$ regeln und die *(winkel)metrischen Fundamentalformen* oder die *dritten Grundformen* von $X(G)$ heißen. Die Koeffizienten $\lambda^{(\rho-\mu)}_{\alpha\beta}$ $(1\le\alpha,\beta\le n-1)$ heißen die *(winkel)metrischen Fundamentalgrößen* oder die *Fundamentalgrößen 3.Ordnung* von $X(G)$ bezüglich der vorliegenden Parametrisierung; sie sind symmetrisch in den Indizes α und β:

$$\lambda^{(\rho-\mu)}_{\alpha\beta} = \lambda^{(\rho-\mu)}_{\beta\alpha} \quad (1\le\alpha,\beta\le n-1).$$

---

[1] Damit eine Hauptfläche $X(G)$ eine totale Hauptfläche ist, sind zwei Zusatzvoraussetzungen erforderlich: 1) Die Vektoren $\vec{\gamma},\vec{\gamma}_{;1},\dots,\vec{\gamma}_{;n-1}$ müssen linear unabhängig sein. 2) $\overset{\times}{\Gamma}(G)\subset P^n_{r_\rho\cdots r_1|q_\rho\cdots q_0}$ muß in den Parametern $(u^{n-1},\dots,u^1)$ parametrisierbar sein wie $X(G)$ in C,Def.4 b). Einerseits erfüllt nicht jede Hauptfläche $X(G)$ die Voraussetzung 2), wie einfache Beispiele (etwa im quasielliptischen Raum $P^3_{2|00}$) zeigen. Andererseits ist die Voraussetzung 2) stets erfüllt in den nichtentarteten CK-Räumen und in den 1-fach entarteten CK-Räumen, deren Absolutebene $A^{n_1}=A^{n_\rho}$ eine Dimension $n_1 \neq \frac{n-1}{2}$ besitzt, also speziell in den 1-fach entarteten CK-Räumen gerader Dimension.

Ist die Absolutquadrik $Q^{n_\rho -1}_{r_\rho q_\rho}$ nullteilig ($q_\rho = 0$), so zeigt die Berechnung der Koordinaten des Normalenpunktes $N(\vec{n})$ in E(II), daß $\vec{\gamma}_\rho = \vec{n}_\rho$ gilt für $n_\rho \geq 0$. In den CK-Räumen mit nullteiliger Absolutquadrik kann daher nach (I) für $\mu = 0$ (dann ist notwendig $n_\rho > 0$) das CK-Bogenelementquadrat $d\sigma^2$ einer Flächentorse $\Gamma(I')$ mit Hilfe der Punktkoordinaten des Normalenpunktes $N(\vec{n})$ geschrieben werden:

$$d\sigma^2 = |d\vec{\gamma}_\rho^T E_\rho d\vec{\gamma}_\rho| = |d\vec{n}_\rho^T E_\rho d\vec{n}_\rho| \; (\mu = 0).$$

Aus den Fundamentalgrößen 1.Ordnung wurde in D(VI) die Determinante der ersten Grundformen $g^{(\mu)}_{\alpha\beta}$ $(0 \leq \mu \leq \rho)$ gebildet. Aus den Fundamentalgrößen 3.Ordnung bilden wir entsprechend die folgende (n-1)-reihige *Determinante der dritten Grundformen:*

$$\det\left(\lambda^{(\rho-\mu)}_{\alpha\beta}\right) := \det \begin{bmatrix} (\lambda^{(\rho)}_{\alpha\beta}) & & & 0 \\ & \ddots & & \\ & & (\lambda^{(\rho-\mu)}_{\alpha\beta}) & \\ & & & \ddots \\ 0 & & & (\lambda^{(o)}_{\alpha\beta}) \end{bmatrix} \begin{matrix} n-n_\rho \leq \alpha,\beta \leq n-1 \; (\mu = 0) \\ n-n_{\rho-\mu} \leq \alpha,\beta \leq n-n_{\rho-\mu+1}-1 \;^{1)} \\ 1 \leq \alpha,\beta \leq r_o-1 \; (\mu = \rho). \end{matrix} \quad \text{(II)}$$

J. Oberfläche einer Hauptfläche, Betrag der Gauss-Krümmung

Wir entwickeln den Begriff der Oberfläche einer nach C,Def.4 über einem offenen Gebiet $G \subset \mathbb{R}^{n-1}$ gegebenen Hauptfläche X(G) eines CK-Raumes. Eine Abbildung ω von X(G) in $\mathbb{R}$,

$$\begin{aligned} \omega: X(G) &\longrightarrow \mathbb{R} \\ X &\longmapsto \omega X \end{aligned} \quad (1)$$

wird dabei als *Funktion auf* X(G) bezeichnet und durch Vorsetzen der Abbildung φ mit $\varphi(G) = X(G)$ (siehe A,Def.1) analytisch beschrieben. Man nennt dann $A(u^\alpha)$, mit

$$\begin{aligned} A := \omega\circ\varphi: G &\longrightarrow \mathbb{R} \\ (u^\alpha) &\longmapsto A(u^\alpha), \end{aligned} \quad (2)$$

eine *Parametrisierung von* ω.

Zur Entwicklung des Begriffs der Oberfläche von X(G) verwenden wir Gebietsintegrale:

$$\int_{B\subset G} A(u^\alpha)du^1 \cdots du^{n-1}. \quad (3)$$

---

1) $1 \leq \mu \leq \rho-1$; für $\rho = 0$ ist $1 \leq \alpha,\beta \leq n-1$ zu setzen.

Ist $A(u^\alpha) \in C^0$ und das Integrationsgebiet B in $\mathbb{R}^{n-1}$ beschränkt und offen oder abgeschlossen, so existiert das Integral (3) im Sinne von LEBESGUE.[1] Ist B beschränkt und im RIEMANNschen Sinne meßbar, so existiert das Integral (3) sogar im Sinne von RIEMANN.

Das Integrationsgebiet $B \subset \mathbb{R}^{n-1}$ wird oft wegzusammenhängend, beschränkt und als abgeschlossene Hülle eines offenen Gebiets B' gewählt. Dann ist $B = B' + \partial B'$; $\partial B'$ ist der Rand von B. Auch wir treffen diese Wahl und definieren:

Def.1: Sei (wie in A,Def.1) $G \subset \mathbb{R}^{n-1}$ ein offenes Gebiet und X(G) eine Hauptfläche eines CK-Raumes, definiert durch eine C^r-Einbettung

$$\varphi: \quad G \longrightarrow P^n_{r_0 \ldots r_{\rho-1}|q_0 \ldots q_\rho}$$
$$(u^\alpha) \longmapsto X(u^\alpha),$$

die C,Def.4 genügt; weiter sei $B' \subset G$ ein beschränktes offenes Teilgebiet, B die abgeschlossene Hülle von B',

$$\varphi_{B'}: B' \longrightarrow X(G)$$
$$(u^\alpha) \longmapsto X(u^\alpha)$$

eine C^r-Einbettung und ω eine C^0-Funktion auf X(B') mit der Parametrisierung

$$A(u^\alpha) = \omega \circ \varphi = \sqrt{\left|\det\left(g^{(\mu)}_{\alpha\beta}\right)\right|} > 0$$

unter Verwendung der Determinante der ersten Grundformen D(VI) von X(G). Dann heißt

$$O := \int_{X(B)} dO := \int_B \sqrt{\left|\det\left(g^{(\mu)}_{\alpha\beta}\right)\right|}\, du^1 \ldots du^{n-1} \qquad \text{(I)}$$

die *Oberfläche* und dO das *Oberflächenelement* von $X(B) \subset X(G)$.[2]

Wir beweisen nun

Satz 2: Die Oberfläche und das Oberflächenelement von $X(B) \subset X(G)$ sind CK-geometrische Begriffe bezüglich gleichsinniger zulässiger Parametertransformationen ($J_f > 0$).

Beweis: Aus der Bewegungsinvarianz der metrischen Fundamental-

---

[1] v.MANGOLDT/KNOPP[1],Bd.4,S.125,156,172

[2] X(B) ist nach A,Def.1 keine einfache C^r-Hyperfläche, da B abgeschlossen ist; jedoch ist X(B') eine einfache C^r-Hyperfläche nach A,Def.1.

größen $g^{(\mu)}_{\alpha\beta}$ folgt die Bewegungsinvarianz der Determinante der ersten Grundformen. Folglich ist auch dO sowie $\int dO$ (als RIEMANNsches und als LEBESGUEsches Integral) bewegungsinvariant.

Zum Nachweis der Parameterinvarianz sei nach A und C, Def. 4

$$\left.\begin{array}{l} f: G' \longrightarrow G \\ (u^{\sigma'}) \longmapsto f(u^{\sigma'}) = (u^{\alpha}) = (f^{\alpha}(u^{\sigma'})) \end{array}\right\} \text{ mit } J_f = \det(f^{\alpha}_{;\sigma'}) \neq 0 \text{ auf } G'$$

eine zulässige C^r-Parametertransformation. Dann gilt mit Hilfe des Transformationsgesetzes D(VII):

$$\int\limits_B \sqrt{\left|\det\left(g^{(\mu)}_{\alpha\beta}\right)\right|}\, du^1 \cdots du^{n-1} = \int\limits_{f^{-1}(B)} \sqrt{\frac{1}{J_f^2}\left|\det\left(g^{(\mu)}_{\sigma'\tau'}\right)\right|}\, J_f\, du^{1'} \cdots du^{(n-1)'}$$

$$= \int\limits_{f^{-1}(B)} \frac{J_f}{|J_f|} \sqrt{\left|\det\left(g^{(\mu)}_{\sigma'\tau'}\right)\right|}\, du^{1'} \cdots du^{(n-1)'}$$

$$= \operatorname{sgn} J_f \int\limits_{f^{-1}(B)} \sqrt{\left|\det\left(g^{(\mu)}_{\sigma'\tau'}\right)\right|}\, du^{1'} \cdots du^{(n-1)'} .$$

Daraus folgt die behauptete Parameterinvarianz der Oberfläche und dieselbe Parameterinvarianz des Oberflächenelementes.

Speziell in einem nichtentarteten CK-Raum $P^n_{|q_0}$ besitzt eine Hauptfläche $X(G)$ mit einer Parametrisierung

$$\vec{x}(u^{\alpha}) = (\vec{x}_0(u^{\alpha}))$$

die metrischen Fundamentalgrößen

$$\dot{g}^{(o)}_{\alpha\beta} = \vec{x}^{T}_{o;\alpha} E_o \vec{x}_{o;\beta} \quad (1 \leq \alpha, \beta \leq n-1).$$

Nach (I) ist dann die Oberfläche von $X(B) \subset X(G)$:

$$O = \int\limits_B \sqrt{\left|\det\left(g^{(o)}_{\alpha\beta}\right)\right|}\, du^1 \cdots du^{n-1} .$$

Bemerkungen:

1) Die Oberfläche von $X(B)$ aus Def. 1 ändert ihr Vorzeichen bei gegensinnigen zulässigen Parametertransformationen. Es handelt sich also um eine orientierte Oberfläche (und um ein orientiertes Oberflächenelement). Die nicht orientierte Oberfläche $|O|$ ist invariant bei gleich- und gegensinnigen zulässigen Parametertransformationen.

2) Ist die Determinante der ersten Grundformen positiv – wie in den euklidischen Räumen $P^n_{1|00}$ $(\det(g^{(1)}_{\alpha\beta}) > 0)$ – , so können in Def.1 die Betragzeichen wegfallen.

3) Die Definition der Oberfläche von $X(B)$ wird motiviert durch das folgende klassische Ergebnis aus dem euklidischen Raum $P^3_{1|00}$ [1]: Es sei $z_1,\ldots,z_k,\ldots$ eine Folge von Dreieckszerlegungen eines ebenen abgeschlossenen Gebietes B_1 $(B \subset B_1 \subset G,\ B = B' + \partial B')$, für welche die längste bei z_k auftretende Dreieckseite l_k gegen Null strebt. Von den Dreiecken der Zerlegung z_k werden alle betrachtet, die ganz in B' liegen und beliebig viele, die Punkte von $\partial B'$ enthalten. Die Innenwinkel der Dreiecke seien nicht größer als $\pi-\delta$ $(0 < \delta < \pi/3,\ \delta = \text{const})$.

F_k sei das der Zerlegung z_k entsprechende und $X(B)$ einbeschriebene Dreieckspolyeder, das entsteht, wenn man je drei Punkte von $X(B)$, die den Ecken eines Dreiecks aus z_k entsprechen, durch ein ebenes Dreieck verbindet.

O_k sei die Oberfläche von F_k, die ermittelt wird als Summe der elementaren Inhalte der Einzeldreiecke, die F_k bilden.

Dann strebt bei jeder Folge $z_1,\ldots,z_k,\ldots$ für $k \to \infty$ die Folge der reellen Zahlen O_k gegen einen bestimmten Grenzwert O, nämlich

$$O = \int \sqrt{\det(g^{(1)}_{\alpha\beta})}\, du^1 du^2 .$$

Verwendet man Dreieckszerlegungen z_k, die schwächeren Voraussetzungen genügen, so braucht der Grenzwert O nicht zu existieren. SCHWARZ[1] konstruierte auf einer drehzylindrischen Fläche mit Hilfe von Dreiecksfältelungen ein Beispiel dieser Art. Der Grenzwert O läßt sich einfacher unter Verwendung von $X(B)$ umbeschriebenen Polyedern ermitteln.

Den ersten Grundformen $I^{(\mu)}$ der Hauptflächen, die das CK-Bogenelementquadrat ds^2 der Flächenkurven messen, stehen bei totalen Hauptflächen die dritten Grundformen $III^{(\rho-\mu)}$, die das CK-Bogenelementquadrat $d\sigma^2$ der Flächentorsen messen, dual gegenüber. Wird eine totale Hauptfläche nicht als Menge ihrer Punkte $X(u^\alpha)$, sondern als Menge ihrer Tangentenhyperebenen $\Gamma(u^\alpha)$ betrachtet, so kann das *duale Oberflächenelement* mit Hilfe der Fundamentalgrößen 3.Ordnung angegeben werden als

$$\boxed{d\overset{\times}{O} = \sqrt{\left|\det\left(\lambda^{(\rho-\mu)}_{\alpha\beta}\right)\right|}\, du^{n-1}\ldots du^1 .} \tag{II}$$

[1] Siehe etwa v.MANGOLDT/KNOPP[1],Bd.3,S.372ff.

Nach 3A,Bem.1 ist der Dualraum $\overset{\times}{P}{}^n$ eines projektiven Raumes P^n ein Modellraum des P^n gleicher Dimension. Ebenso bedeutet der Übergang von einem CK-Raum $P^n_{r_o\cdots r_{\rho-1}|q_o\cdots q_\rho}$ zum dualen CK-Raum $P^n_{r_\rho\cdots r_1|q_\rho\cdots q_o}$ lediglich eine durch das Dualitätsprinzip der projektiven Räume bewirkte Uminterpretation des CK-Raumes $P^n_{r_o\cdots r_{\rho-1}|q_o\cdots q_\rho}$. Daher ist neben dO auch $d\overset{\times}{O}$ ein CK-geometrischer Begriff bezüglich gleichsinniger zulässiger Parametertransformationen ($J_f > 0$).

Aufgrund dieser Feststellung können wir den Betrag der GAUSS-Krümmung einer totalen Hauptfläche wie folgt als CK-Invariante einführen:

<u>Satz 3</u>: Sei $G \subset \mathbb{R}^{n-1}$ ein offenes Gebiet, $B' \subset G$ ein offenes Teilgebiet, X(G) eine totale Hauptfläche eines CK-Raumes $P^n_{r_o\cdots r_{\rho-1}|q_o\cdots q_\rho}$ und $X \in X(B') \subset X(G)$ ein Punkt der totalen Hauptfläche X(G). Dann heißt der Grenzwert

$$|K| := \frac{d\overset{\times}{O}}{dO}\Big/_X = \lim_{B\to X} \frac{\Delta\overset{\times}{O}}{\Delta O} = \frac{\sqrt{\left|\det\left(\lambda_{\alpha\beta}^{(\rho-\mu)}\right)\right|}}{\sqrt{\left|\det\left(g_{\alpha\beta}^{(\mu)}\right)\right|}} \qquad \text{(III)}$$

der Betrag der *GAUSS-Krümmung* der totalen Hauptfläche X(G) im Punkt X. |K| ist eine CK-Invariante bei zulässigen Parametertransformationen.

Schreibt man in (III) die Fundamentalgrößen 1. und 3.Ordnung explizit, so erhält der Betrag der GAUSS-Krümmung die Darstellung

$$|K| = \frac{\sqrt{\left|\det\left(\vec{\gamma}^T_{\rho-\mu;\alpha} E_{\rho-\mu} \vec{\gamma}_{\rho-\mu;\beta}\right)\right|}}{\sqrt{\left|\det\left(\vec{x}^T_{\mu;\alpha} \quad E_\mu \quad \vec{x}_{\mu;\beta}\right)\right|}} .$$

Dabei entstehen die Fundamentalgrößen 3.Ordnung nach Abschnitt I aus den partitionierten Vektoren $\vec{\gamma}_o,\ldots,\vec{\gamma}_\rho$ der Gleichung

$$\vec{\gamma}^T\vec{y} = \vec{\gamma}^T_o\vec{y}_o + \ldots + \vec{\gamma}^T_\rho\vec{y}_\rho = \gamma_i(u^\alpha)y^i = 0 \quad (0 \le i \le n)$$

der Tangentenhyperebene $\Gamma(X)$, also aus ihren Hyperebenenkoordinaten.

K. Ergänzungen

1. Nichtentartete Cayley/Klein-Räume

In einem nichtentarteten CK-Raum $P^n_{|q_o}$ $(n \geq 3,\ \rho = 0)$ besitzt jede totale Hauptfläche $X(G)$ eine Parametrisierung

$$x(u^\alpha) = (x_o(u^\alpha)).$$

Wegen $\rho = 0$ sind

$$g^{(o)}_{\alpha\beta} := \vec{x}^{\mathsf{T}}_{o;\alpha} E_o \vec{x}_{o;\beta} \quad (1 \leq \alpha, \beta \leq n-1)$$

die Fundamentalgrößen 1.Ordnung,

$$\lambda^{(o)}_{\alpha\beta} := \vec{\gamma}^{\mathsf{T}}_{o;\alpha} E_o \vec{\gamma}_{o;\beta} \quad (1 \leq \alpha, \beta \leq n-1)$$

die Fundamentalgrößen 3.Ordnung, und nach J(III) ist

$$|K| = \frac{\sqrt{|\det(\lambda^{(o)}_{\alpha\beta})|}}{\sqrt{|\det(g^{(o)}_{\alpha\beta})|}} = \frac{\sqrt{|\det(\vec{\gamma}^{\mathsf{T}}_{o;\alpha} E_o \vec{\gamma}_{o;\beta})|}}{\sqrt{|\det(\vec{x}^{\mathsf{T}}_{o;\alpha} E_o \vec{x}_{o;\beta})|}}.$$

Die Tangentenhyperebene $\Gamma(X)$ wird nach Gleichung (1) aus Abschnitt I gegeben durch

$$\vec{\gamma}^{\mathsf{T}}_o \vec{y}_o = \gamma_o y^o + \ldots + \gamma_{n-q_o} y^{n-q_o} + \gamma_{n-q_o+1} y^{n-q_o+1} + \ldots + \gamma_n y^n = 0.$$

Die Polarhyperebene des Normalenpunktes $N(\vec{n})$, $\vec{n} = (\vec{n}_o)$ mit $\vec{n}_o = (n^o, \ldots, n^n)^{\mathsf{T}}$, bezüglich der nichtentarteten Absolutquadrik Q^{n-1}_{n+1,q_o} in der Normalform 6B(I) hat die Gleichung

$$n^o y^o + \ldots + n^{n-q_o} y^{n-q_o} - n^{n-q_o+1} y^{n-q_o+1} - \ldots - n^n y^n = 0.$$

Da der Normalenpunkt $N(\vec{n})$ der Pol der Tangentenhyperebene $\Gamma(X)$ bezüglich Q^{n-1}_{n+1,q_o} ist, folgt

$$\vec{\gamma}_o = (n^o, \ldots, n^{n-q_o}, -n^{n-q_o+1}, \ldots, -n^n)^{\mathsf{T}}$$

und somit

$$\vec{\gamma}^{\mathsf{T}}_{o;\alpha} E_o \vec{\gamma}_{o;\beta} = \vec{n}^{\mathsf{T}}_{o;\alpha} E_o \vec{n}_{o;\beta}.$$

Nach G(XI) und G(XII) (Ableitungsgleichungen von WEINGARTEN) ist

$$\vec{n}_{o;\alpha} = \Lambda^\tau_\alpha \vec{x}_{o;\tau} = -h_{\alpha\beta}\, g^{\beta\tau}_{(o)} \vec{x}_{o;\tau};$$

summiert wird über β und τ mit $1 \leq \beta, \tau \leq n-1$. Also ist

$$\vec{n}^{\mathsf{T}}_{o;\alpha} E_o \vec{n}_{o;\beta} = \Lambda^\tau_\alpha \vec{x}^{\mathsf{T}}_{o;\tau} E_o \Lambda^\nu_\beta \vec{x}_{o;\nu} = \Lambda^\tau_\alpha \Lambda^\nu_\beta \vec{x}^{\mathsf{T}}_{o;\tau} E_o \vec{x}_{o;\nu} = \Lambda^\tau_\alpha \Lambda^\nu_\beta\, g^{(o)}_{\tau\nu}.$$

Folglich ist

$$\det(\vec{\gamma}^{\,T}_{o;\alpha} E_o \vec{\gamma}_{o;\beta}) = \det(\Lambda^\tau_\alpha \Lambda^\nu_\beta g^{(o)}_{\tau\nu}) = \det(\Lambda^\tau_\alpha)\det(\Lambda^\nu_\beta)\det(g^{(o)}_{\tau\nu}).$$

Mit G(XI) findet man

$$\det(\vec{\gamma}^{\,T}_{o;\alpha} E_o \vec{\gamma}_{o;\beta}) = (\det(h_{\alpha\beta}))^2 \det(g^{\omega\tau}_{(o)}).$$

Damit erhält man für den Betrag der GAUSS-Krümmung die Darstellung:

$$|K| = \frac{\sqrt{(\det(h_{\alpha\beta}))^2 |\det(g^{\omega\tau}_{(o)})|}}{\sqrt{|\det(g^{(o)}_{\alpha\beta})|}} = \frac{|\det(h_{\alpha\beta})|}{|\det(g^{(o)}_{\alpha\beta})|} \quad (1 \le \alpha,\beta \le n-1).$$

2. EUKLIDISCHE RÄUME

Wir zeigen, daß gilt:

> Satz 1: In den euklidischen Räumen $P^n_{1|00}$ $(n \ge 3, \rho = 1)$ folgt aus der Definition J(III) des Betrages der GAUSS-Krümmung einer totalen Hauptfläche die Darstellung:
>
> $$|K| = \frac{|\det(h_{\alpha\beta})|}{|\det(g^{(1)}_{\alpha\beta})|} \quad (1 \le \alpha,\beta \le n-1).$$

Beweis: Zunächst betrachten wir neben dem euklidischen Raum $P^n_{1|00}$ den zur Winkelmessung in $P^n_{1|00}$ erforderlichen dualeuklidischen Raum $P^n_{n|00}$. Beide CK-Räume sind 1-fach entartet $(\rho = 1)$.

$P^n_{1\|00}$	$P^n_{n\|00}$
Absolutfigur: $Q^{n-1}_{1\,0} \supset A^{n-1} \supset Q^{n-2}_{n\,0}$ mit	Absolutfigur: $Q^{n-1}_{n\,0} \supset A^{o} \supset Q^{-1}_{1\,0}$ mit
$Q^{n-1}_{1\,0} \ldots\ x_o^2 = 0$ und $E_\mu = E_o = (1)$	$Q^{n-1}_{n\,0} \ldots \gamma_n^2 + \ldots + \gamma_1^2 = 0,\ E_{\rho-\mu} = E_{1-0} = E_1$ [1]
$A^{n-1} \ldots\ x_o = 0$	$A^o \quad \ldots \gamma_n = \ldots = \gamma_1 = 0$
$Q^{n-2}_{n\,0} \ldots\ x_1^2 + \ldots + x_n^2 = 0,\ E_\rho = E_1$ [1]	$Q^{-1}_{1\,0} \ldots \gamma_o^2 = 0$ [2] und $E_{\rho-\mu} = E_o = (1)$
Koordinatenvektor:	Koordinatenvektor:
$\vec{x}(u^\alpha) = (\vec{x}_o(u^\alpha), \vec{x}_1(u^\alpha))^T$ mit	$\vec{\gamma}(u^\alpha) = (\vec{\gamma}_o(u^\alpha), \vec{\gamma}_1(u^\alpha))^T$ mit
$\vec{x}_o = (x^o(u^\alpha))$	$\vec{\gamma}_o = (\gamma_o(u^\alpha))$
$\vec{x}_1 = (x^1(u^\alpha), \ldots, x^n(u^\alpha))^T$	$\vec{\gamma}_1 = (\gamma_1(u^\alpha), \ldots, \gamma_n(u^\alpha))^T$

[1] E_1 ist die n-reihige Einheitsmatrix.

[2] Die leere Menge Q^{-1}_{10} wird beschrieben durch $\gamma_n = \ldots = \gamma_o = 0$!

Normierungen:
$x^o = 1$ für $[\vec{x}] \in P^n \backslash A^{n-1}$
$(x^1)^2 + \ldots + (x^n)^2 = 1$ für $[\vec{x}] \in A^{n-1}$

Normierungen:
$\vec{\gamma}_1^T E_1 \vec{\gamma}_1 = 1$ für $[\vec{\gamma}] \in P^n \backslash A^o$

Im nächsten Schritt stellen wir die Fundamentalgrößen 3.Ordnung (siehe I(I)!),[1)]

$$\lambda_{\alpha\beta}^{(\rho-\mu)} := \vec{\gamma}_{\rho-\mu;\alpha}^T E_{\rho-\mu} \vec{\gamma}_{\rho-\mu;\beta},$$

für $\rho = 1$, $\mu = 0$ in Punktkoordinaten dar. Wir betrachten dazu die Tangentenhyperebene $\Gamma(X)$ in einem Punkt X einer totalen Hauptfläche $X(G)$ in der Darstellung

$$\vec{\gamma}^T \vec{x} = \vec{\gamma}_o^T \vec{x}_o + \vec{\gamma}_1^T \vec{x}_1 = \gamma_o x^o + \gamma_1 x^1 + \ldots + \gamma_n x^n = 0.$$

In normierten Koordinaten ($x^o = 1$, $\gamma_1^2 + \ldots + \gamma_n^2 = 1$) lautet diese Darstellung

$$\gamma_o + \gamma_1 x^1 + \ldots + \gamma_n x^n = 0,$$

in der bekanntlich $\gamma_1, \ldots, \gamma_n$ die Koordinaten eines Normaleneinheitsvektors von $\Gamma(X)$ sind. Ist daher

$$N(\vec{n}) \text{ mit } \vec{n} = (\vec{n}_o, \vec{n}_1)^T,\ \vec{n}_o = (0),\ \vec{n}_1 = (n^1, \ldots, n^n)^T$$

[1)] Der Vollständigkeit halber seien alle Grundformen auf den euklidischen Raum $P^n_{1|00}$ spezialisiert:

1. Grundformen: (siehe D(I); wegen $\rho = 1$ ist $\mu = 0,1$)

$I^{(o)} := ds^2 = |g_{\alpha\beta}^{(o)} du^\alpha du^\beta|$ mit $g_{\alpha\beta}^{(o)} := \vec{x}_{o;\alpha}^T E_o \vec{x}_{o;\beta} = \vec{x}_{o;\alpha}^T (1) \vec{x}_{o;\beta} = 0$ aufgrund der Normierung $\vec{x}_o(u^\alpha) = (x^o(u^\alpha) \equiv 1)$.

$I^{(1)} := ds^2 = |g_{\alpha\beta}^{(1)} du^\alpha du^\beta|$ mit $g_{\alpha\beta}^{(1)} := \vec{x}_{1;\alpha}^T E_1 \vec{x}_{1;\beta}$ $(1 \le \alpha, \beta \le n-1)$.

2. Grundform: (siehe H(II) und H(I) für $\rho = 1$)

$II := h_{\gamma\sigma} du^\gamma du^\sigma = \vec{x}_{1;\gamma\sigma}^T E_1 \vec{n}_1 du^\gamma du^\sigma = -d\vec{x}_1^T E_1 d\vec{n}_1$.

3. Grundformen: (siehe I(I); wegen $\rho = 1$ ist $\mu = 0,1$)

$III^{(1)} := d\sigma^2 = |\lambda_{\alpha\beta}^{(1)} du^\alpha du^\beta|$ mit $\lambda_{\alpha\beta}^{(1)} := \vec{\gamma}_{1;\alpha}^T E_1 \vec{\gamma}_{1;\beta}$ $(1 \le \alpha, \beta \le n-1)$.

Die 3.Grundform $III^{(o)}$ (für $\rho = \mu = 1$) entfällt (siehe I, Satz 2).

der Normalenpunkt von $X(G)$ in X, so hat man

$$\vec{n}_1 = (n^1,\dots,n^n)^T = (\gamma_1,\dots,\gamma_n)^T.$$

Das durch die dritte Grundform $III^{(1)}$ gegebene euklidische Winkelbogenelementquadrat $d\sigma^2$ stimmt also mit dem euklidischen Abstandsbogenelementquadrat einer Einheitssphäre des $P^n_{1|00}$ überein:

$$d\sigma^2 = |d\vec{n}_1^T E_1 d\vec{n}_1| = |d\vec{\gamma}_1^T E_1 d\vec{\gamma}_1| .$$

In der euklidischen Differentialgeometrie wird die dritte Grundform $III^{(1)}$ durch diese Beziehung definiert.

Im euklidischen Raum $P^n_{1|00}$ läßt sich nun der Betrag der GAUSS-Krümmung wie folgt berechnen:

$$|K| = \frac{\sqrt{|\det(\lambda^{(1-\mu)}_{\alpha\beta})|}}{\sqrt{|\det(g^{(\mu)}_{\alpha\beta})|}} = \frac{\sqrt{|\det(\lambda^{(1)}_{\alpha\beta})|}}{\sqrt{|\det(g^{(1)}_{\alpha\beta})|}} = \frac{\sqrt{|\det(\vec{\gamma}^T_{1;\alpha}E_1\vec{\gamma}_{1;\beta})|}}{\sqrt{|\det(\vec{x}^T_{1;\alpha}E_1\vec{x}_{1;\beta})|}} .$$

Dabei ist $\vec{\gamma}_1 = \vec{n}_1$. Ersetzt man $\vec{n}_{1;\alpha}$ durch die Ableitungsgleichungen von WEINGARTEN G(XII), so folgt:

$$\vec{\gamma}^T_{1;\alpha}E_1\vec{\gamma}_{1;\beta} = \vec{n}^T_{1;\alpha}E_1\vec{n}_{1;\beta} = \Lambda^\sigma_\alpha\vec{x}^T_{1;\sigma}E_1\Lambda^\tau_\beta\vec{x}_{1;\tau} = \Lambda^\sigma_\alpha\Lambda^\tau_\beta\, g^{(1)}_{\sigma\tau} .$$

Damit erhält man unter Verwendung von G(XI)

$$\det(\vec{n}^T_{1;\alpha}E_1\vec{n}_{1;\beta}) = (\det(h_{\alpha\beta}))^2\det(g^{\omega\tau}_{(1)}) .$$

Der Betrag der GAUSS-Krümmung erhält somit die Darstellung

$$|K| = \frac{\sqrt{(\det(h_{\alpha\beta}))^2\det(g^{\omega\tau}_{(1)})}}{\sqrt{\det(g^{(1)}_{\alpha\beta})}} = \frac{|\det(h_{\alpha\beta})|}{|\det(g^{(1)}_{\alpha\beta})|} \quad (1\le\alpha,\beta\le n-1).$$

L. Normalkrümmung, Meusnier-Formeln

Nach D,Satz 2 sind in jedem CK-Raum die ersten Grundformen $I^{(\mu)}$ $(0\le\mu\le\rho)$ einer Hauptfläche CK-geometrische Begriffe bei zulässigen Parametertransformationen, und nach H,Satz 3 ist die zweite Grundform II in den CK-Räumen mit $n_\rho > 0$ ein CK-geometrischer Begriff bei gleichsinnigen zulässigen Parametertransformationen. Daraus folgt

<u>Satz 1</u>: In den CK-Räumen mit $n_\rho > 0$ ist der Quotient

$$\kappa_n := \frac{II}{I^{(\mu)}} = \frac{h_{\alpha\beta}du^\alpha du^\beta}{|g^{(\mu)}_{\alpha\beta}du^\alpha du^\beta|} = -\frac{\vec{x}^T_{\rho;\alpha}E_\rho \vec{n}_{\rho;\beta}du^\alpha du^\beta}{|\vec{x}^T_{\mu;\alpha}E_\mu \vec{x}_{\mu;\beta}du^\alpha du^\beta|} = -\frac{d\vec{x}^T_\rho E_\rho d\vec{n}_\rho}{|d\vec{x}^T_\mu E_\mu d\vec{x}_\mu|} \qquad \text{(I)}$$

mit

$$\left\{\begin{array}{lll} 1 \le \alpha,\beta \le n-n_1-1 & \text{für} & \mu = 0 \\ n-n_\mu \le \alpha,\beta \le n-n_{\mu+1}-1 & \text{für} & 1 \le \mu \le \rho-1 \\ n-n_\rho \le \alpha,\beta \le n-1 & \text{für} & \mu = \rho \end{array}\right\} \text{ bei den ersten Grundformen } I^{(\mu)}, \text{ wenn } \rho > 0 \text{ nach D(II)-D(IV)}$$

$$1 \le \alpha,\beta \le n-1 \quad \text{für} \quad \mu = 0 \quad \text{bei der ersten Grundform } I^{(o)}, \text{ wenn } \rho = 0$$

und

$$1 \le \alpha,\beta \le n-1 \quad \text{bei der zweiten Grundform II nach H(I),H(II)}$$

für $I^{(\mu)} \neq 0$ ein CK-geometrischer Begriff bei gleichsinnigen zulässigen Parametertransformationen.

In jedem Punkt X einer Hauptfläche X(G) sind $g^{(\mu)}_{\alpha\beta}$ und $h_{\alpha\beta}$ Konstanten. Sind auch du^α, du^β konstant, so ist in X nach B(I) eine Flächentangente $X(\vec{x})+\dot{X}(d\vec{x})$, $\dot{X} \in \Gamma(X)\cap\Gamma_X$ und (in A^{n_ρ}) im Normalenpunkt $N(\vec{n})$ von X(G) in X die Tangente $N(\vec{n})+\dot{N}(d\vec{n})$ der Normalenpunktkurve bestimmt, falls $\vec{n}$ und $d\vec{n}$ linear unabhängig sind. κ_n heißt die *Normalkrümmung* der Hauptfläche X(G) im Punkt X bezüglich der Flächentangente $X+\dot{X}$. Eine Flächentangente heißt *CK-Schmiegtangente* der Hauptfläche X(G) in X, wenn $\kappa_n = 0$ (siehe H,Bem.4). Ein Punkt $X \in X(G)$ heißt *Nabelpunkt*, wenn $h_{\alpha\beta} = \rho_X g^{(\mu)}_{\alpha\beta}$ $(\rho_X \neq 0, 0 \le \mu \le \rho, 1 \le \alpha,\beta \le n-1)$; $X \in X(G)$ heißt *Flachpunkt*, wenn $h_{\alpha\beta} = 0$ $(1 \le \alpha,\beta \le n-1)$.

Die Normalkrümmung κ_n einer Hauptfläche X(G) wird in einem festen Punkt $X \in X(G)$ bezüglich einer festen Flächentangente $X(\vec{x})+\dot{X}(d\vec{x})$ durch feste du^α $(1 \le \alpha \le n-1)$ bestimmt. Wird $I^{(\mu)}$ ersetzt durch $I^{(\mu)} = ds^2$ und beachtet man H(I), H(II), so folgt im Anschluß an (I) für die Normalkrümmung κ_n die Darstellung:

$$\kappa_n = \frac{\vec{x}^T_{\rho;\alpha\beta}du^\alpha du^\beta}{ds^2} E_\rho \vec{n}_\rho .$$

Daraus folgt mit

$$\frac{d\vec{x}}{ds} = \vec{x}_{;\alpha}\frac{du^\alpha}{ds}, \quad \frac{d^2\vec{x}}{ds^2} = \frac{d}{ds}\left(\frac{d\vec{x}}{ds}\right) = \frac{d}{ds}\left(\vec{x}_{;\alpha}\frac{du^\alpha}{ds}\right) = \vec{x}_{;\alpha\beta}\frac{du^\alpha}{ds}\frac{du^\beta}{ds} + \vec{x}_{;\alpha}\frac{d^2u^\alpha}{ds^2}$$

$$\kappa_n = \left(\frac{d^2\vec{x}}{ds^2}\right)^T_\rho E_\rho \vec{n}_\rho - \vec{x}^T_{\rho;\alpha} E_\rho \vec{n}_\rho \frac{d^2u^\alpha}{ds^2}$$

und mit $\frac{d\vec{x}}{ds} = \vec{x}_1$ (siehe 21D, Satz 1), $\frac{d^2\vec{x}}{ds^2} = \frac{d\vec{x}_1}{ds}$

$$\kappa_n = \left(\frac{d\vec{x}_1}{ds}\right)^T_\rho E_\rho \vec{n}_\rho - \vec{x}^T_{\rho;\alpha} E_\rho \vec{n}_\rho \frac{d^2u^\alpha}{ds^2}; \qquad \text{(II)}$$

dabei ist

$$\vec{x}^T_{\rho;\alpha} E_\rho \vec{n}_\rho = 0 \text{ für} \begin{cases} \rho = 0 \text{ und falls} \\ \rho > 0 \text{ für } n-n_\rho \le \alpha \le n-1. \end{cases}$$

Die folgenden Überlegungen dienen der Herleitung von MEUSNIER-Formeln. Dazu sei durch den Flächenpunkt $X \in X(G)$ eine Flächenkurve $X(I) \subset X(G)$ gegeben. Da $X(G)$ als Hauptfläche eigentlich ist, ist auch $X(I)$ eigentlich. Erfüllt die Flächenkurve $X(I)$ (aufgefaßt als Kurve des CK-Raumes) 21B, Def. 1 [1], so ist $X(I)$ so-

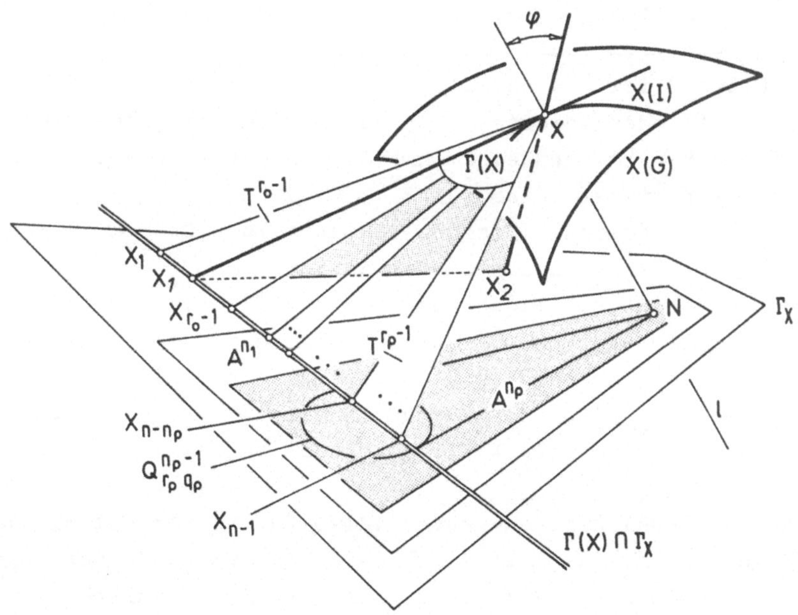

[1] Damit gilt zusätzlich: a) Die Schmieg-$(n-n_\nu-1)$-Ebene $S^{n-n_\nu-1}$ ist windschief zur Absolutebene A^{n_ν} $(0 \le \nu \le \rho)$ sowie b) die l_ν-Ebene $S^{k_\nu} \cap A^{n_\nu}$ $(l_\nu := k_\nu + n_\nu - n,\ n-n_\nu \le k_\nu < n-n_{\nu+1})$ ist eine l_ν-Passante oder l_ν-Sekante der absoluten Quadrik $Q^{n_\nu-1}_{r_\nu q_\nu}$ $(0 \le \nu \le \rho)$.

gar eine Hauptkurve, die nach 21B ein Begleitsimplex

$$\{X(\vec{x}) = X_0(\vec{x}_0), X_1, X_2, \ldots, X_n\}^{1)}$$

besitzt und den Ableitungsgleichungen 21D(III) genügt.

Wir verlangen im folgenden nur, daß die Flächenkurve X(I) die beiden ersten Ableitungsgleichungen 21D(III) erfüllt:

$$\frac{d\vec{x}_0}{ds} = \vec{x}_1 \qquad \text{mit } X_1(\vec{x}_1) \in \Gamma(X) \cap \Gamma_X$$

$$\frac{d\vec{x}_1}{ds} = -(\varepsilon_{00}\varepsilon_{10})\vec{x}_0 + \kappa_1\vec{x}_2 \text{ mit } X_0(\vec{x}_0) = X(\vec{x}) \in X(G), X_2(\vec{x}_2) \in \Gamma_X.$$

Dabei ist der Koordinatenvektor $\vec{x}_0 = \vec{x}$ normiert bezüglich $Q^{n-1}_{r_0 q_0}$.

Verwendet man die zweite Ableitungsgleichung in der Darstellung (II) der Normalkrümmung κ_n von X(G) in X bezüglich $X+X_1$, so folgt:

$$\boxed{\kappa_n = (-(\varepsilon_{00}\varepsilon_{10})\vec{x}_0 + \kappa_1\vec{x}_2)^T_\rho E_\rho \vec{n}_\rho - \vec{x}^T_{\rho;\alpha} E_\rho \vec{n}_\rho \frac{d^2u^\alpha}{ds^2}.} \qquad \text{(III)}$$

Nach E,Bem.2 ist die Normale X+N einer Hauptfläche X(G) in X eine Passante oder Sekante, wenn der CK-Raum nichtentartet ist (also für $A^{n\rho} = P^n$), und eine euklidische Gerade ρ.Art, wenn der CK-Raum entartet ist (also für $A^{n\rho} \neq P^n$).

In den nicht semieuklidischen Räumen (also für $r_0 > 1$) ist die Kurventangente $X+X_1$ Passante oder Sekante von $Q^{n-1}_{r_0 q_0}$ (nur Passanten und Sekanten ermöglichen nach 6H und 21B die Konstruktion der Begleitsimplexecken X_1 und X_2 !). Die in der Schmiegebene $S^2 = X+X_1+X_2$ liegende und in S^2 bezüglich eines nichtentarteten Kegelschnitts $Q^{n-1}_{r_0 q_0} \cap S^2$ zur Kurventangente $X+X_1$ nach 21B,Satz 2 orthogonale Hauptnormale $X+X_2$ ist daher ebenfalls Sekante oder Passante von $Q^{n-1}_{r_0 q_0}$.

In den semieuklidischen Räumen (also für $r_0 = 1$) mit $r_1 > 1$ ist die Kurventangente $X+X_1$ eine euklidische Gerade. Kurventangente $X+X_1$ und Hauptnormale $X+X_2$ sind nach 9A,Def.1 reguläre Geraden. Die in der Schmiegebene $S^2 = X+X_1+X_2$ zur Kurventangente $X+X_1$ nach

---

1) Die Begleitsimplexecken von X(I) werden wie in 21C mit $X_0, \ldots, X_n$ und die Begleitsimplexecken von X(G) wie in Abschnitt E mit $X, X_1, \ldots, X_{n-1}, N$ bezeichnet. Dabei ist $X = X_0$.

9D, Satz 3 orthogonale Hauptnormale $X+X_2$ ist ebenfalls eine euklidische Gerade.

Im folgenden setzen wir voraus, daß die Hauptnormale $X+X_2$ und die Hauptflächennormale $X+N$ eine Ebene aufspannen, die *Normalebene* $X+X_2+N$ der Flächenkurve $X(I)$ in X.

Wir behandeln nun nichtentartete CK-Räume ($A^{n\rho} = P^n$) und entartete CK-Räume ($A^{n\rho} \neq P^n$) getrennt.

Der CK-Raum sei nichtentartet ($A^{n\rho} = P^n$, $\rho = 0$): Dann sind Hauptnormale $X+X_2$ und Hauptflächennormale $X+N$ Passanten oder Sekanten in der durch den CK-Raum in der Normalebene $X+X_2+N$ induzierten CK-Ebene $P^2_{|1}$, $P^2_{|0}$, $P^2_{2|10}$ oder $P^2_{2|00}$

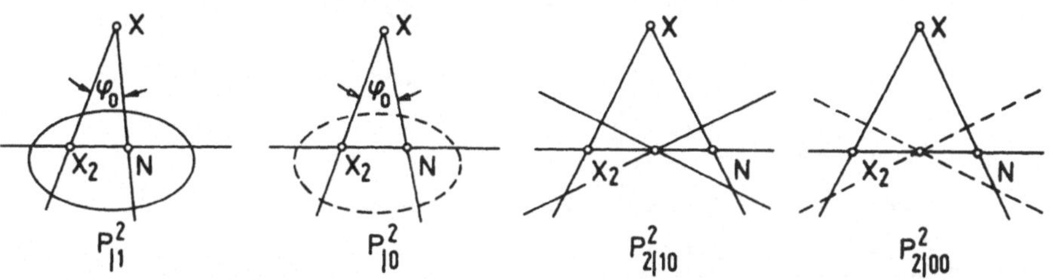

Dabei werden die CK-Ebenen $P^2_{2|10}$ und $P^2_{2|00}$ nur dann induziert, wenn die Normalebene $X+X_2+N$ eine Tangentenebene der Absolutquadrik $Q^{n-1}_{r_o q_o}$ ist. Wir schließen diese Fälle als singulär aus und nehmen im folgenden an, daß die Normalebene $X+X_2+N$ die Absolutquadrik in einem nichtentarteten Kegelschnitt schneidet.

Wir beachten nun die in 8C1 und 8C2 erwähnte Eigenschaft, wonach in den CK-Ebenen $P^2_{|1}$ und $P^2_{|0}$ der Winkel φ_o der Geraden $X+X_2$, $X+N$ (Passanten, Sekanten) übereinstimmt mit dem Abstand ihrer Schnittpunkte X_2, N mit der Polaren von X bezüglich des Absolutkegelschnitts in $P^2_{|1}$ bzw. $P^2_{|0}$.

Für den Winkel φ_o der Geraden $X+X_2$, $X+N$ erhält man daher unter Beachtung von 8B(I), (II), der Normierung von $\vec{n}_\rho$ (in der nichtentarteten CK-Ebene $X+X_2+N$ also von $\vec{n}_o$!) nach E(I), $\vec{n}_o^T E_o \vec{n}_o = \pm 1$, und der Normierung $\vec{x}_{2o}^T E_o \vec{x}_{2o} = \pm 1$ von $\vec{x}_{2o}$ die Beziehung

$$\cos\varphi_o = \cos\delta_o(X_2, N) = |\vec{x}_{2o}^T E_o \vec{n}_o|, \tag{1}$$

wenn X_2+N Passante des Absolutkegelschnitts in der Normalebene $X+X_2+N$ ist (und die Geraden $X+X_2$, $X+N$ beide Passanten oder Sekanten des Absolutkegelschnitts sind) und die Beziehung

$$\operatorname{ch}\varphi_o = \operatorname{ch}\delta_o(X_2,N) = |\vec{x}_{2o}^T E_o \vec{n}_o|, \tag{2}$$

wenn X_2+N Sekante des Absolutkegelschnitts in der Normalebene $X+X_2+N$ ist (und die Geraden $X+X_2, X+N$ beide Passanten oder Sekanten des Absolutkegelschnitts sind).

Beachtet man schließlich, daß in den nichtentarteten CK-Räumen ($\rho = 0$) der Normalenpunkt $N(\vec{n})$ zum Hauptflächenpunkt $X(\vec{x})$ und den Punkten $X_\alpha(\vec{x}_{;\alpha})$ $(1 \le \alpha \le n-1)$ polar liegt bezüglich $Q^{n-1}_{r_o q_o}$ ($\vec{x}_o^T E_o \vec{n}_o = 0$, $\vec{x}^T_{o;\alpha} E_o \vec{n}_o = 0$ für $1 \le \alpha \le n-1$), so folgen aus (III) mit den Beziehungen (1),(2) die

> *MEUSNIER-Formeln* in nichtentarteten CK-Räumen:
>
> $\kappa_n = \pm\kappa_1 \begin{Bmatrix} \cos\varphi_o \\ \operatorname{ch}\varphi_o \end{Bmatrix}$ mit $\varphi_o(X+X_2, X+N)$, wenn gilt:
>
> $(X+X_2+N) \cap Q^{n-1}_{r_o q_o}$ ist ein nichtentarteter Kegelschnitt,
>
> X_2+N ist eine $\begin{Bmatrix} \text{Passante} \\ \text{Sekante} \end{Bmatrix}$ und
>
> $X+X_2, X+N$ sind beides Passanten oder Sekanten dieses Kegelschnitts. (IV)

Der CK-Raum sei entartet ($A^{n\rho} \neq P^n, \rho > 0$): Dann ist die Hauptnormale $X+X_2$ im CK-Raum (nach Konstruktion der Begleitsimplexecke X_2 von $X(I)$) eine Passante, Sekante oder eine euklidische Gerade μ.Art ($\mu = 1,2$). Die Hauptflächennormale $X+N$ ist stets eine euklidische Gerade ρ.Art. In der Normalebene $X+X_2+N$ wird daher eine der CK-Ebenen $P^2_{2|10}, P^2_{2|00}, P^2_{1|01}, P^2_{1|00}, P^2_{11|000}$ induziert:

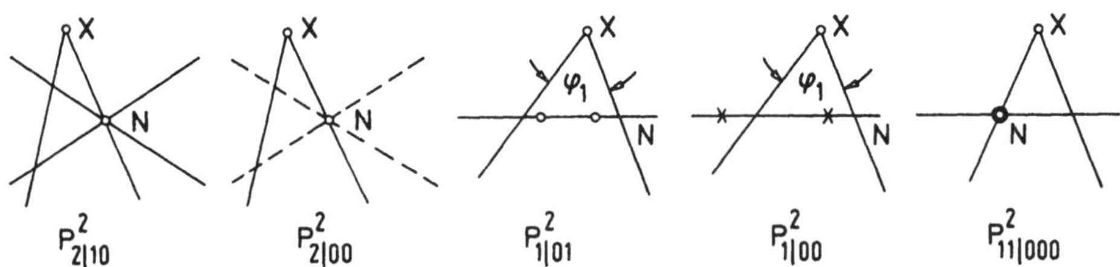

Im Fall der CK-Ebenen $P^2_{2|10}, P^2_{2|00}, P^2_{11|000}$ trifft die Hauptflächennormale $X+N$ notwendig den Absolutpunkt der CK-Ebene. Nach 8B(I) -8B(III) ist in diesen Fällen für die Geraden $X+X_2, X+N$ kein Winkel erklärt. Wir scheiden daher die Fälle, in denen in der Normalebene $X+X_2+N$ eine der CK-Ebenen $P^2_{2|10}, P^2_{2|00}, P^2_{11|000}$ induziert wird, als singulär aus.

Wir beschränken uns nun auf diejenigen entarteten CK-Räume, in denen (wie in den nichtentarteten CK-Räumen) in (III) die Summe

$$\vec{x}^T_{\rho;\alpha} E_\rho \vec{n}_\rho \frac{d^2u^\alpha}{ds^2} \tag{3}$$

stets verschwindet. Dies ist nach (II) genau für $n_\rho = n-1$, also genau in den 1-fach entarteten semieuklidischen Räumen der Fall. Dann liegt der Normalenpunkt N sowie der Punkt X_2 in der Absoluthyperebene A^{n-1}.

Wird nun in der Normalebene $X+X_2+N$ eine CK-Ebene $P^2_{1|01}$ oder $P^2_{1|00}$ induziert, so ist die Gerade X_2+N die Absolutgerade dieser CK-Ebene. Verwenden wir die in 8C3 erwähnte Eigenschaft, wonach in den CK-Ebenen $P^2_{1|01}, P^2_{1|00}$ der Winkel φ_1 der Geraden $X+X_2$ und $X+N$ gleich dem Abstand ihrer Schnittpunkte X_2, N mit der Absolutgeraden dieser CK-Ebenen ist, so gilt bei Beachtung der Normierungen

$$\vec{x}^T_{21}E_1\vec{x}_{21} = \pm 1, \quad \vec{n}^T_1 E_1 \vec{n}_1 = \pm 1$$

in einer euklidischen Ebene $P^2_{1|00}$ nach 8B(I):

$$\cos\varphi_1 = \cos\delta_1(X_2,N) = |\vec{x}^T_{21}E_1\vec{n}_1|,$$

in einer pseudoeuklidischen Ebene $P^2_{1|01}$ nach 8B(II):

$$\operatorname{ch}\varphi_1 = \operatorname{ch}\delta_1(X_2,N) = |\vec{x}^T_{21}E_1\vec{n}_1|,$$

wenn das Punktepaar X_2,N die Absolutpunkte nicht trennt.

Damit folgt aus (III):

$$\kappa_n = -(\varepsilon_{00}\varepsilon_{10})\vec{x}^T_{01}E_1\vec{n}_1 \pm \kappa_1\begin{cases}\cos\varphi_1\\ \operatorname{ch}\varphi_1\end{cases}.$$

Beachtet man schließlich, daß in den semieuklidischen Räumen nach 21D, Satz 1 das Produkt $\varepsilon_{00}\varepsilon_{10} = 0$ ist, so erhält man die

MEUSNIER-Formeln in 1-fach entarteten semieuklidischen Räumen: $\kappa_n = \pm\kappa_1\begin{cases}\cos\varphi_1\\ \operatorname{ch}\varphi_1\end{cases}$ mit $\varphi_1(X+X_2,X+N)$, wenn gilt: der CK-Raum induziert in der Normalebene $X+X_2+N$ eine $\begin{cases}\text{euklidische Ebene}\\ \text{pseudoeuklidische Ebene}\end{cases}$. X_2+N ist deren Absolutgerade $\begin{cases}\text{Passante 1.Art}\\ \text{Sekante 1.Art}\end{cases}$. (Das Punktepaar X_2,N darf die Absolutpunkte der Sekante 1.Art nicht trennen; siehe 8B(II)!)

(V)

Wir fassen zusammen:

> <u>Satz 2</u>: Sei $X(G)$ eine Hauptfläche eines CK-Raumes mit $n_\rho > 0$ (siehe Satz 1) und $X(I) \subset X(G)$ eine Flächenkurve durch den Flächenpunkt $X \in X(G)$, die den beiden ersten Ableitungsgleichungen für Hauptkurven genügt:
>
> $$\frac{d\vec{x}_0}{ds} = \vec{x}_1, \quad \frac{d\vec{x}_1}{ds} = -(\varepsilon_{00}\varepsilon_{10})\vec{x}_0 + \kappa_1\vec{x}_2.$$
>
> Sei $X{+}X_1$ die Tangente der Flächenkurve $X(I)$, κ_n die Normalkrümmung von $X(G)$ bezüglich $X{+}X_1$ und κ_1 die erste Krümmung von $X(I)$ in X. In X existiere die Normalebene $X{+}X_2{+}N$ der Flächenkurve $X(I)$, und in $X{+}X_2{+}N$ sei der Winkel der Hauptnormale $X{+}X_2$ mit der Hauptflächennormale $X{+}N$ erklärt.
>
> Dann gelten in einem nichtentarteten CK-Raum $P^n_{|q_0}$ die MEUSNIER-Formeln (IV), und in einem 1-fach entarteten semieuklidischen Raum $P^n_{1|0q_1}$ gelten die MEUSNIER-Formeln (V).

Bemerkungen:

1) Die erste MEUSNIER-Formel fand MEUSNIER[1] für Flächen des euklidischen Raumes $P^3_{1|00}$. In den CK-Räumen, in denen (3) nicht verschwindet, läßt sich die Normalkrümmung κ_n nicht allein durch κ_1 und φ_0 bzw. φ_1 darstellen.

2) Ist in (IV) $X_2{+}N$ Passante und $\varphi_0 \neq \frac{\pi}{2}$ oder Sekante und ist in (V) $X_2{+}N$ Passante 1.Art und $\varphi_1 \neq \frac{\pi}{2}$ oder Sekante 1.Art, so läßt sich κ_1 aus κ_n und φ_0 bzw. φ_1 berechnen.

Ist in (IV) $X_2{+}N$ Passante und $\varphi_0 = \frac{\pi}{2}$ und ist in (V) $X_2{+}N$ Passante 1.Art und $\varphi_1 = \frac{\pi}{2}$, so liegt die Schmiegebene S^2 der Flächenkurve $X(I) \subset X(G)$ im Flächenpunkt $X \in X(G)$ in der Tangentenhyperebene $\Gamma(X)$. Dann ist κ_1 aus κ_n und φ_0 bzw. φ_1 nicht bestimmbar.

3) Ist in (V) der 1-fach entartete semieuklidische Raum speziell ein euklidischer Raum $P^n_{1|00}$, so ist die Normalebene $X{+}X_2{+}N$ stets eine euklidische Ebene, und $X_2{+}N$ ist stets eine Passante 1.Art. Die MEUSNIER-Formel lautet somit $\kappa_n = \pm\kappa_1\cos\varphi_1$. Ersetzt man gegebenenfalls φ_1 durch $\pi-\varphi_1$, so erhält die MEUSNIER-Formel die in der euklidischen Differentialgeometrie übliche Form $\kappa_n = \kappa_1\cos\varphi_1$.

In einem nichtentarteten CK-Raum $P^n_{|q_0}$ ist in (IV) $\kappa_n = \pm\kappa_1$ für $\varphi_0 = 0$, und in einem 1-fach entarteten semieuklidischen Raum

$P^n_{1|0q_1}$ ist in (V) $\kappa_n = \pm\kappa_1$ für $\varphi_1 = 0$. Mit der folgenden Definition erhält man daraus Satz 4.

Def.3: In einem Punkt X einer Hauptfläche X(G) eines CK-Raumes heißt ihr Schnitt mit der Ebene $X+\dot{X}+N$, die aufgespannt wird von der Hauptflächennormale X+N und der Flächentangente $X+\dot{X}$, der *Normalschnitt* von X(G) bezüglich $X+\dot{X}$.

Satz 4: In den nichtentarteten CK-Räumen $P^n_{|q_0}$ und in den 1-fach entarteten semieuklidischen Räumen $P^n_{1|0q_1}$ stimmen in einem Hauptflächenpunkt X die Normalkrümmung κ_n einer Hauptfläche X(G) bezüglich einer Flächentangente $X+\dot{X}$ und die erste Krümmung κ_1 des Normalschnitts von X(G) bezüglich $X+\dot{X}$ in ihren Beträgen überein, wenn bezüglich $X+\dot{X}$ die MEUSNIER-Formel (IV) oder (V) gilt; κ_n heißt daher auch die *Normalschnittkrümmung* von X(G) bezüglich $X+\dot{X}$.

Aus den MEUSNIER-Formeln (IV) und (V) folgt:

Satz 5: In den nichtentarteten CK-Räumen $P^n_{|q_0}$ und in den 1-fach entarteten semieuklidischen Räumen $P^n_{1|0q_1}$ besitzen alle den MEUSNIER-Formeln (IV) bzw. (V) genügenden Flächenkurven einer Hauptfläche X(G), die einen Punkt $X \in X(G)$ mit derselben (nicht in der Tangentenhyperebene $\Gamma(X)$ gelegenen) Schmiegebene durchlaufen, in X dieselbe erste Krümmung κ_1.

Kapitel 23. Blick in die differentialgeometrische Literatur

A. Nichtentartete Cayley/Klein-Räume

HYPERBOLISCHE RÄUME $P^n_{|q_o}$ ($q_o \geq 1$): Die folgenden Angaben betreffen die Differentialgeometrie *hyperbolischer Räume* sowie die Differentialgeometrie der *hyperbolischen Geometrie* und der *MÖBIUS-Geometrie*. Die erwähnte Literatur enthält zum Teil auch Ergebnisse zur elliptischen Differentialgeometrie.

MIHĂILEANU[1][5] behandelt ausführlich die Differentialgeometrie des $P^3_{|1}$. Seine Monographie [1] führt in die *Kurven-* und *Flächentheorie* ein. Die Krümmungseigenschaften der Flächen werden ausführlich diskutiert, die Integrabilitätsbedingungen angegeben. Die wichtigsten Flächenkurven und Flächen (Minimalflächen, WEINGARTEN-Flächen, TITEICA-Flächen) werden behandelt. Die Theorie der Geradenkongruenzen wird nach dem Vorbild der Flächentheorie aufgebaut. Nach VRANCEANU wird die Differentialgeometrie des $P^3_{|1}$ in den Ideenkreis der RIEMANNschen Flächentheorie einbezogen. Im Anhang wird mit Hilfe der CLIFFORD-Flächen das elliptische Analogon entwickelt. Der euklidische Fall wird durch Grenzübergänge erfaßt. Auf Ergebnisse von BARBILIAN[1] und MIHĂILEANU[7]-[11] wird besonders hingewiesen; siehe auch BOJA[1]. Lehrbuchmäßige Beiträge zur Differentialgeometrie der hyperbolischen Ebene $P^2_{|1}$ und der hyperbolischen Räume $P^n_{|1}$ ($n \geq 3$) geben auch BERWALD[1], BIANCHI[1] und LENZ[1]. Erste deutschsprachige Darstellungen einer nichteuklidischen Kurven- und Flächentheorie findet man bei KILLING[1]§10-§13 und RATH[1][2].

MOKRIŠČEV[2] untersucht Kurvenpaare im $P^3_{|1}$, auch solche mit gemeinsamen Hauptnormalen (BERTRAND-Kurven). KALLENBERG[7] nennt im $P^3_{|1}$ und $P^3_{|0}$ Flächenpunkte, in denen die Normalkrümmung κ_n unabhängig ist von der Wahl der Flächentangente, Nabelpunkte und gibt notwendige und hinreichende Bedingungen dafür an, daß ein Punkt einer Quadrik Nabelpunkt ist. Die FRENET-Formeln im $P^n_{|1}$ und $P^n_{|0}$ findet man bei MIHĂILEANU[4]; siehe auch BOČINA/IGNATENKOV[1] sowie EFREMOVIČ/TIHOMIROVA[1].

CH.FRANK[1] baut die Differentialgeometrie des hyperbolischen Raumes $P^3_{|1}$ mit Methoden der äußeren Formen auf, die auch L.WAGNER [1] verwendet, der für Kurven im $P^2_{|1}$ und Flächen im $P^3_{|1}$ ein Analogon zur sphärischen Abbildung der euklidischen Differentialgeometrie beschreibt (wegen des grundlegenden Unterschieds der Parallelitätsbegriffe wird die euklidische sphärische Abbildung mit dem Begriff der Polarität übertragen; einer Fläche wird als sphärisches Bild die Menge der Pole der Tangentialebenen der Fläche bezüglich der Absolutquadrik zugeordnet). Auch VAKARCHUK

[2][3] befaßt sich mit der sphärischen Abbildung von Kurven und Flächen. BILINSKI[2][6], KALLENBERG[1][2][5] und JUSUPOV[1] befassen sich mit der Kurventheorie der hyperbolischen Ebene; KALLENBERG[1] und HAUPT[1] beweisen Vierscheitelsätze. SANIELEVICI[1] entwickelt die ebene und räumliche hyperbolische Geometrie ausgehend vom hyperbolischen Bogenelement. Elementare Fragen der analytischen Geometrie und der Differentialgeometrie des $P^3_{|1}$ behandelt auch BEREZINA[4].

Im hyperbolischen Raum $P^3_{|1}$ widmet sich SAKANJAN[1] dem CHRISTOFFEL-Problem, und VLADIMIROVA/VOLKOV[1] untersuchen die Realisierung gewisser 2-dimensionaler RIEMANNscher Metriken; ČERNAVSKAJA [1] befaßt sich mit infinitesimalen Flächenverbiegungen und TJURIKOV[1] mit Starrheitsfragen bei berandeten Flächen vom Geschlecht $p \geq 1$. VYDRA[1] untersucht Drehflächen, POGORELOV[2] konvexe Flächen, und MATHÉEV[5] untersucht Vektorfelder. FLADT[1] studiert den Parallelismus von LEVI-CIVITÀ im elliptischen Raum $P^n_{|0}$ und im hyperbolischen Raum $P^n_{|1}$. ARTYKBAEV/GAJUBOV[1] untersuchen im hyperbolischen Raum $P^3_{|2}$ (der im 4-dimensionalen pseudoeuklidischen Raum $P^4_{1|02}$ als Hypersphäre mit imaginärem Radius dargestellt wird) Flächen konstanter mittlerer und GAUSSscher Krümmung. ALEXANDER/PORTNOY[1], FERUS[1] und NOMIZU[1] studieren isometrische Immersionen zwischen hyperbolischen Räumen. AMINOV[1] konstruiert eine analytische lokale Immersion des $P^n_{|1}$ in den (2n-1)-dimensionalen euklidischen Raum.

Die *Kinematik* der hyperbolischen Ebene $P^2_{|1}$ findet das Interesse zahlreicher Geometer. BLASCHKE[6] beschreibt in tetrazyklischen Koordinaten den Zusammenhang mit der hyperbolischen Raumgeometrie und der komplex erweiterten Kinematik der Kugeldrehungen. H.FRANK[1] entwickelt die ebene hyperbolische Kinematik im Rahmen der projektiven Kinematik. TÖLKE[1] überträgt zahlreiche klassisch-euklidische Resultate und findet Sätze, die keine euklidischen Analoga besitzen. GARNIER[1][2] untersucht Krümmungseigenschaften der Hüllfläche einer Fläche, die einem Zwanglauf unterworfen wird und gibt eine nichteuklidische Version der EULER/SAVARY-Formel der ebenen euklidischen Kinematik. REHBOCK[1] überträgt die Kinematik der elliptischen und hyperbolischen Ebene konstruktiv in den 3-dimensionalen projektiven Punkt- und Ebenenraum. Zur Kinematik des $P^3_{|1}$ siehe auch KRJUKOV[1][2], SHIROKOV [1] und GARNIER[3].

Mit der Theorie der ***Regelflächen*** des $P^3_{|1}$ befassen sich SALAEVA [1], GERGELY[3], NAKHIMOVSKAYA/ZARTAISKAYA[1], VAKARCHUK[1] und MASHANOV[1][3]-[5]. PORTNOY[1] untersucht abwickelbare Regelflächen im $P^3_{|1}$. MATEEV[1] betrachtet Regelflächen mit gemeinsamer Striktionslinie im elliptischen Raum $P^3_{|0}$ und im hyperbolischen Raum $P^3_{|1}$. MASHANOV/PLASTININA[1] untersuchen Regelflächen im $P^3_{|2}$.

Eine systematische Darstellung der Theorie der *Kongruenzen* im $P^3_{|1}$ gibt BEREZINA[1]-[3]. Im Stil von FINIKOW[1] werden speziell Normalenkongruenzen, parabolische und pseudosphärische Kongruenzen sowie schichtbildende Kongruenzpaare untersucht. Für den hyperbolischen, elliptischen und euklidischen Raum wird eine einheitliche Darstellung angestrebt.

Auch MASHANOV[6] und MATHÉEV[1]-[3] entwickeln im $P^3_{|1}$ die Theorie der Kongruenzen in ihren Grundzügen. GEĬDEL'MAN[1] gibt mit Methoden der äußeren Formen notwendige und hinreichende Bedingungen für die Verbiegung von Geradenkongruenzen im $P^3_{|1}$ an. Spezielle Kongruenzen untersuchen ZARETSKAYA[1][2] und SOLIMAN[1]. Kongruenzpaare im $P^3_{|q_0}$ betrachtet KUZNECOV[1]. Siehe auch MIHĂILEANU[2][3], BARANOVA/ŪZDENOV[2].

Im $P^n_{|1}$ befaßt sich GEĬDEL'MAN[2] mit k-parametrigen Pseudokongruenzen von (k-1)-Ebenen, welche die Absolutquadrik nicht schneiden. Siehe auch GEĬDEL'MAN[6]. Pseudokongruenzen im $P^4_{|1}$ untersucht SENILOV[1]. Im hyperbolischen Raum $P^4_{|q_0}$ gibt IGNATENKOVA-BOČINA[1] Begleitsysteme 3-parametriger Geradenkongruenzen an.

KOVANCOV[2], KOVANCOV/ĪLLJAŠENKO[1][2] und MATÊEV[1][2] leisten Beiträge zur Theorie der *Geradenkomplexe* in hyperbolischen Räumen; MATÉEV untersucht die Umgebung zweiter Ordnung und die Inflexionszentren einer Komplexgeraden, die er aus einer Gleichung 4.Grades bestimmt.

ABEL'[1] betrachtet im $P^n_{|q_0}$ Flächen, die sich als r-parametrige Schar von m-Ebenen erzeugen lassen; auch in [2] und [3] untersucht ABEL' spezielle Flächen im $P^n_{|q_0}$. GEĬDEL'MAN[4] untersucht Hyperflächen im $P^4_{|q_0}$.

Mit konvexen Kurven und Flächen in hyperbolischen Räumen $P^n_{|1}$ ($n \geq 2$) befassen sich ALEXANDROV[1], POGORELOV[2], SANTALÓ[4][5][8], VLADIMIROVA/VOLKOV[1]. EVSEEV[1] betrachtet die Mannigfaltigkeit der hyperbolischen Ebenen eines hyperbolischen Raumes.

HARTL[1] entwickelt die Streifentheorie der n-dimensionalen *MÖBIUS-Differentialgeometrie* derart, daß sie die Kurventheorie umfaßt; ein parametrisierter Streifen wird durch die Streifenkurve und eine Schar von Berühr-M-Sphären beschrieben, die mit dem Streifen bei gegebener Parameterverteilung invariant verknüpft ist. HARTL[1] untersucht außerdem 1-parametrige Scharen von M-Sphären (M-Kurven). PENDL[1] behandelt die Streifentheorie des 3-dimensionalen MÖBIUS-Raumes und stellt sie ebenfalls so dar, daß die Kurventheorie enthalten ist. Siehe auch SABUNCUOĞLU/HACISALIHOĞLU[1]. BARNER[1] entwickelt den von HARTL[1] und PENDL[1] verwendeten Kalkül in der MÖBIUS-Ebene. Auf BARNER[1], GÖTZ[1], PENDL[1][2] und THOMSEN[1] aufbauend erfolgt bei PENDL [3] ein weiterer Ausbau der Kurventheorie des MÖBIUS-Raumes.

TÖLKE[2] ergänzt die Kurventheorie der MÖBIUS-Ebene durch eine Deutung der γ-Hauptkreise im Standardmodell. DEGEN/HARTMANN[1], HARTMANN[1], JANKOVSKÝ[1]-[4] und LEHMANN[1] behandeln die Kinematik der MÖBIUS-Ebene. Kreis- und Kugelkongruenzen untersuchen KIRSCHE[1], GEĬDEL'MAN [9][10], MATSUMURA[1]. H.FRANK[8] zeigt im Rahmen der MÖBIUS-Geometrie, daß die k-Transformierten eines euklidischen Flächenstreifens, der kein Krümmungsstreifen ist, integralfrei darstellbar sind.

Aus der älteren Literatur seien erwähnt: BERWALD[5], BLASCHKE [23], FIALKOW[1][2], HAANTJES[1], LAGRANGE[1][2], LAUFFER[1], LIEBMANN[20][21], J.MAEDA[3][4], MÜHLBACH[1], SCHUBARTH[1], TAKASU[10], VAN DER WOUDE[1].

ELLIPTISCHE RÄUME $P^n_{|0}$: Eine lehrbuchartige Einführung in die Differentialgeometrie des elliptischen Raumes $P^3_{|0}$ gibt BLASCHKE [1][1]: Teil I enthält verschiedene Zugänge (ausgehend von der Tatsache, daß die EULER-Parameter der Drehungen des $P^3_{1|00}$ um einen festen Punkt einen $P^3_{|0}$ bilden; siehe 11A, Satz 2); als Hilfsmittel dienen durchweg Quaternionen. Teil II führt in die Mechanik des elliptischen Raumes ein. Teil III enthält die eigentliche elliptische Differentialgeometrie, die mit Methoden der äußeren Formen einen einfachen Aufbau erfährt. Zum Inhalt gehören: Ableitungsgleichungen, 1-parametrige Geradenscharen (siehe auch BLASCHKE[3]), Streifen, Grundformeln für Flächen, theorema egregium von GAUSS, Integralsatz von GAUSS-BONNET, abwickelbare Flächen von BIANCHI[1][2][2], Minimalflächen (BIANCHI[3], BERWALD [1]), Quadriken von CLIFFORD, 2-parametrige Geradenscharen (Kongruenzen), Normalscharen, isotrope Scharen (BIANCHI[4], COOLIDGE [1], BERWALD[1]). Spätere Arbeiten BLASCHKEs (etwa [2]) ergänzen diese Darstellung.

Mit den auf BIANCHI zurückgehenden asymptotischen Transformationen, die mit den BERTRAND-Kurven zusammenhängen, bereichert

---

[1] Nach Vorarbeiten von BIANCHI[1][5]-[15], BORTOLOTTI[1], CALAPSO[1], CESÀRO[1]-[3], FUBINI[1]-[3], RAZZABONI[1], SBRANA[1], SEGRE[1] und SIGNORINI[1] zur nichteuklidischen (vorwiegend elliptischen) Differentialgeometrie.

[2] Die innere Geometrie dieser Flächen im Großen hängt mit dem von CLIFFORD, KLEIN[1][2], KILLING[1][2], HOPF[1], LÖBELL[1]-[7] u.a. behandelten CLIFFORD/KLEINschen Raumproblem zusammen. Die Entdeckung der CLIFFORD-Fläche, einer geschlossenen Fläche im elliptischen Raum $P^3_{|0}$ vom topologischen Typ des Torus, die eine innere Metrik der GAUSS-Krümmung $K = 0$ besitzt, veranlaßte KLEIN, das Problem der Bestimmung aller CLIFFORD/KLEINschen Raumformen aufzuwerfen. Eine n-dimensionale CLIFFORD/KLEINsche Raumform ist ein vollständiger metrischer Raum, in dem jeder Punkt eine Umgebung besitzt, die isometrisch zum Innern einer Sphäre S^{n-1} des reellen n-dimensionalen euklidischen, sphärischen oder hyperbolischen Raumes ist.

ROŞCA[2]-[4] die Kurventheorie des elliptischen Raumes P_{10}^3. LOTZE[1] und STRANSKY[1] ermitteln die Ableitungsgleichungen der Raumkurven des P_{10}^3. SALKOWSKI[1] entwickelt die Kurventheorie des P_{10}^3 auf der Grundlage der STUDY-Übertragung der Liniengeometrie; STACHEL[2] betrachtet elliptische Schiebnetze, DWINGER[1] den Satz von BONNET für Regelflächen, POGORELOV[3] stellt konvexe Flächen in den Vordergrund. H.R.MÜLLER[1] verknüpft die Kurven- und Flächentheorie des elliptischen Raumes P_{10}^3 mit der sphärischen Kinematik. Dabei spielen die flächentreuen Abbildungen der (euklidischen) Kugel und die dichtetreuen Abbildungen ihrer Großkreise eine Rolle. Zahlreiche Besonderheiten der elliptischen Flächentheorie führen, kinematisch auf die Kugel übertragen, zu Sätzen der Kugel und der sphärischen Kinematik. BOTTEMA[1] untersucht im P_{10}^3 die Flächen mit euklidischer Metrik, die gerade die Flächen mit der GAUSS-Krümmung $K = 0$ sind, für die schon BIANCHI[1] eine Erzeugung angibt. Mit Hilfe der Differentialgeometrie des P_{10}^3 untersucht H.R.MÜLLER[6] flächenläufige Bewegungsvorgänge des euklidischen Raumes P_{1100}^3; die Kinematik des elliptischen Raumes P_{10}^3 entwickelt H.R.MÜLLER weitgehend in [4]. In diesen Themenkreis fällt auch die umfassende Arbeit [2] von STRUBECKER, ebenso die Arbeit [3] von GARNIER. REHBOCK[1] liefert einen Beitrag zur Kinematik der elliptischen Ebene. SANTALÓ[1] überträgt die von KURITA im P_{1100}^n gefundenen Verallgemeinerungen des Satzes von HOLDITCH der ebenen euklidischen Kinematik in den P_{10}^n.

Zur Differentialgeometrie der *Regelflächen* des elliptischen Raumes P_{10}^3 liegen zahlreiche Arbeiten vor. BLASCHKE[3] untersucht die Regelflächen anhand der STUDY-Übertragung der Geraden des P_{10}^3 auf die dualen Punkte einer Sphäre und kennzeichnet die Regelflächen durch vier Integralinvarianten. H.R.MÜLLER betrachtet in [2] den Drall einer Regelfläche, in [8] Striktionslinien von Regelflächen und in [7] Böschungslinien des elliptischen Raumes P_{10}^3. LÜBBERT[1]-[3] untersucht in P_{10}^3 Regelflächen konstanten Dralls und konstanter Striktion, geschlossene Regelflächen sowie verallgemeinerte Begleittetraeder von Regelflächen und Kurven und findet zum euklidischen Fall analoge Sätze über Zentralnormalenflächen und Krümmungsachsenflächen; weiter untersucht LÜBBERT[4][5] Böschungsflächen und Regelflächen mit speziellen Schmiegquadriken. Auch PETRUŠKIN[1], A.MATHÉEV[4][6], ST.MATEEV [1], UŠPALENE[1] und MASHANOV[2] widmen sich Regelflächen im elliptischen Raum P_{10}^3; PETKANTSCHIN[1][8] betrachtet Regelflächen mit durchweg isotropen Erzeugenden. ABBASOV[1] verwendet die Regelflächentheorie des P_{10}^3, um Spinor-Darstellungen von Bewegungsgruppen zu interpretieren.

Die Theorie der *Kongruenzen* des elliptischen Raumes $P^3_{|0}$ behandeln ROSENFELD[7], BLASCHKE[4][5](mittels Quaternionen) und später MASHANOV[7]-[9](mit einheitlichem Kalkül für die Räume $P^3_{|0}$, $P^3_{|1}$ und $P^3_{1|00}$). ZEĬLIGER[1] gibt der Regelflächen- und Kongruenzentheorie in den Räumen $P^3_{|0}$, $P^3_{|1}$ und $P^3_{1|00}$ eine einheitliche Darstellung in Plückerkoordinaten. GABADADZE[1] verwendet komplexe und duale Zahlen zur Untersuchung der Kongruenzen, BRITAN[1] bedient sich der Tensormethode. H.R.MÜLLER[3] ergänzt die Formeln von HAMILTON und MANNHEIM aus der euklidischen Kongruenzentheorie durch elliptische Gegenstücke im $P^3_{|0}$. ROŞCA[1][5]-[8] behandelt die Kongruenzen des elliptischen Raumes $P^n_{|0}$ $(n \geq 3)$ lehrbuchmäßig und in Originalarbeiten im CARTAN-Kalkül; siehe auch ROŞCA/CALAPSO[1] und ROŞCA/VANHECKE/VERSTRAELEN[1]-[4]. ROSENFELD/L'VOVA/SEMENOVA[1] widmen sich (n-m)-parametrigen Systemen (Kongruenzen) von m-Ebenen im elliptischen Raum $P^n_{|0}$.

Zur Theorie der *Komplexe* in elliptischen Räumen siehe KOVANCOV[1], SOLIMAN[2] und SOLEĬMAN[1][3][4]. MASHANOV[5] skizziert eine einheitliche Theorie der Komplexe für die Räume $P^3_{|0}$, $P^3_{|1}$, $P^3_{1|00}$.

HERGLOTZ[1] und SANTALÓ[2] verallgemeinern die STEINER-Formel für Parallelflächen auf Parallelhyperflächen im $P^n_{|0}$ und $P^n_{|1}$.

GULIDA[1] untersucht konvexe Flächen im $P^n_{|0}$.

ZUM INHALTSBEGRIFF IN NICHTENTARTETEN CK-RÄUMEN: Der Inhaltsbegriff in nichtentarteten CK-Räumen wurde vielfältig untersucht. Die Inhaltslehre der hyperbolischen Ebene (LOBATSCHEWSKI-Ebene) läßt sich elementar begründen, indem man den Dreiecksinhalt durch den aus den Dreieckswinkeln α, β, γ gebildeten *Defekt*

$$\pi - (\alpha + \beta + \gamma)$$

erklärt und sodann eine Inhaltslehre für Polygone und krummlinig begrenzte Figuren aufbaut. Mit der elementaren Inhaltslehre der hyperbolischen Ebene befassen sich BICĂ/NEUMANN/STANCIU[1][2], BILINSKI[1], HAZANOV[1][2], KELLER/LIEBOLD[1], LEISENRING[1] und PERRON[1]. MUNKHOLM[1] betrachtet geodätische n-Simplexe maximalen Volumens im $P^n_{|1}$.

In diesen Zusammenhang fallen auch die Untersuchungen zur Inhaltsmessung in Räumen konstanter Krümmung, die BÖHM/HERTEL[1] einheitlich darstellen. Zur Ergänzung siehe LOBATSCHEWSKI[1], SCHLÄFLI[1]S.169, COXETER[1], BÖHM[1]-[9], MAIER[1][2], MAIER/EFFENBERGER[1][2], MÖLLER[1], VAN DER VAART[1][2] und FEJES TÓTH[7].

B. Einfach entartete Cayley/Klein-Räume

QUASIELLIPTISCHE UND QUASIHYPERBOLISCHE RÄUME $P^n_{r_0|q_0q_1}$: Die Kurven- und Flächentheorie des quasielliptischen Raumes $P^3_{2|00}$, (eng verknüpft mit der Kinematik der euklidischen Ebene) begründet BLASCHKE[7]; sie wird bei BLASCHKE/MÜLLER[1] unter Verwendung von Quaternionen lehrbuchmäßig behandelt. Auch HATIPOV [1], BURDAKOV[1] und CYRENOVA/ŠČERBAKOV[1] entwickeln die Flächentheorie des quasielliptischen Raumes $P^3_{2|00}$.

BLASCHKE stellt die Frage nach allen Flächen des $P^3_{2|00}$, die unendlich viele quasielliptische Schiebnetze tragen. Einem solchen Schiebnetz ist bei kinematischer Abbildung ein 2-parametriger Bewegungsvorgang zugeordnet. BLANK/MOTORNYJ[1] geben eine kennzeichnende Bedingung für diese Flächen. Im Anschluß daran beweist STACHEL[3] im komplex erweiterten $P^3_{2|00}$: Außer den CLIFFORDschen Links- und Rechtszylindern existieren nur fünf Typen analytischer Flächen des $P^3_{2|00}$ mit unendlich vielen quasielliptischen Schiebnetzen (die Drehfläche von MOTORNYJ[1], die quasielliptische Wendelfläche (nach WUNDERLICH[1]), ein gewisser Kegel, eine gewisse kubische Fläche und die allgemeine Regelfläche 3.Grades). STACHEL[1]-[4] untersucht die quasielliptischen Schiebflächen, speziell die Schraubschiebflächen, in [7] deren Netzprojektion und in [5] mehrfach zerlegbare ebene Bewegungsvorgänge in quasielliptischer Sicht. Einen Überblick gibt BLANK[2]. In [6] entwickelt STACHEL die Differentialgeometrie des $P^3_{2|00}$ unter Verwendung des Tensorkalküls, der gegenüber früheren Ansätzen den Vorteil aufweist, für allgemeine Flächenparameter gültig zu sein. Dabei sind im Zusammenhang mit der quasielliptischen GAUSSschen Krümmung K die Flächen mit $K = 0$ von Interesse, die sich nach STRUBECKER[1] als Teilklasse der zweisinnigen Komplexflächen durch CLIFFORD-Schiebungen ihrer Schmieglinien aneinander erzeugen lassen. Beiträge zur quasielliptischen Differentialgeometrie liefern auch MEYER[1], BLANK/KOSAČEVSKAJA[1], KOSAČEVSKAJA[1], STRUBECKER[2] und STACHEL[8]. MOTORNYJ/TRYKOVA[1] geben Bedingungen dafür an, daß ein Kurvennetz einer Fläche eines quasihyperbolischen Raumes ein Schiebnetz ist. Quasielliptische Interpretationen im Rahmen euklidischer Fragestellungen verwenden BRAUNER[1]-[3], SCHAAL[1] und STRUBECKER[3].

Kongruenzen von m-Ebenen in einem quasielliptischen Raum behandeln ROSENFELD/L'VOVA/SEMENOVA[1]; VOJTENKO[1][2] betrachtet Pseudo-Geradenkongruenzen. ROSENFELD[5], L'VOVA[1][2] und ŽELEZINA[1][2] bearbeiten liniengeometrische Fragen im $P^3_{2|00}$; STACHEL

[9] skizziert die Regelflächentheorie im $P^3_{2|00}$ unter Beachtung der Arbeiten von VOJTENKO[1][2], L'VOVA[1][2] und CYRENOVA/ŠČERBAKOV[1]. Mit Hilfe der BLASCHKE/GRÜNWALD-Abbildung gewinnt STACHEL[10] Sätze über 2-parametrige ebene euklidische Bewegungsvorgänge aus Ergebnissen der Flächentheorie des $P^3_{2|00}$.

L'VOVA[3] betrachtet Kurven im Raum der geordneten Paare zueinander polarer euklidischer Geraden des $P^3_{2|00}$.

ABDURAHMANOVA[1] untersucht Flächen im quasihyperbolischen Raum $P^3_{2|11}$.

EUKLIDISCHE RÄUME $P^n_{1|00}$: Wir verzichten auf Literaturhinweise zur hinlänglich bekannten euklidischen Differentialgeometrie.

PSEUDOEUKLIDISCHE RÄUME $P^n_{1|01}$: Zur pseudoeuklidischen Differentialgeometrie, insbesondere zur Kurven- und Flächentheorie, sind Arbeiten zu nennen von JARUTKIN[1], KRAWCZYK[1][2], PETTY[1], MACDUFFEE[1][2], NOŽIČKA[1], PETRŮV[1], SARNA/KUKLEWSKI[1], REICHARDT[2], VILHELM[1], VITNER[1][2] und L.WAGNER[3].

DORNFELD[1] untersucht isotrope Regelflächen, L.WAGNER[2] isotrope Strahlensysteme und TUULMETS[1] 3-Kongruenzen im $P^4_{1|01}$. H.FRANK[2] entwickelt die Strahlkinematik des pseudoeuklidischen Raumes $P^3_{1|01}$. W.O.VOGEL[2] widmet sich der isometrischen Einbettung geschlossener orientierbarer Flächen mit singulärer Metrik in einen pseudoeuklidischen Raum. GUREVICH[1] betrachtet im $P^3_{1|01}$ konvexe Flächen im Sinn von A.D.ALEXANDROW, SOKOLOV[1] beweist im $P^3_{1|01}$ Existenz- und Eindeutigkeitssätze für konvexe Flächen, speziell für konvexe Mützen, und SOVERTKOV[1] untersucht im $P^n_{1|01}$ konvexe Flächen mit Hilfe der Stützfunktion.

Weitere Themen behandeln ALEKSANDROV[1], GAJUBOV[1], GRAVES[1], KOPP[1], KORNEEVA/NORDEN[1], KOROBENOK/OREŠČENKO[1], LAPKOVSKIĬ [1], RUDJAK[1].

Die volle und engere LAGUERRE-Geometrie besitzt nach 14E Schauplätze im quasihyperbolischen Raum $P^n_{n|10}$ und im dazu dualen pseusoeuklidischen Raum $P^n_{1|01}$. Wir streifen daher in diesem Abschnitt die Literatur zur *LAGUERRE-Differentialgeometrie*. BLASCHKEs Lehrbuch[23], dem BLASCHKEs Arbeiten [13]-[22] vorausgehen, wird ergänzt durch Arbeiten zur Kurventheorie (BOL[2], J.MAEDA[1][2], K.MAEDA [1], SCHATZ[3][4], SCHOBER[1]), zur Theorie der Flächenstreifen (H.FRANK[3][4], SCHATZ[1][2]), zur Kinematik (H.FRANK[5]-[7]), zur Flächentheorie (ZAČEPA[1]) und zur Differentialgeometrie 1-parametriger Kreisscharen (BECKE[1]). Die Dissertation von MÜHLBACH [2] fällt ebenfalls in diesen Themenkreis.

C. Mehrfach entartete Cayley/Klein-Räume

ALLGEMEINE CK-RÄUME $P^n_{r_o\cdots r_{\rho-1}|q_o\cdots q_\rho}$: Grundzüge der Kurven- und Hyperflächentheorie der CK-Räume findet man bei ROSENFELD[2],Kap. VI und RUD'[1]. Siehe auch CHATIPOW[1][2] (Flächentheorie in einem Raum mit zerfallender Absolutfigur), JASINSKAJA[1] (Invarianten und Kovarianten linearer Komplexe in nichteuklidischen und semi-nichteuklidischen Räumen) und SMIRNOVA[1] (Kongruenzen in drei-dimensionalen seminichteuklidischen Räumen). Siehe auch MARTA-KOVA[1].

ISOTROPE RÄUME $P^n_{1\,n-1|0\,q_1 0}$: STRUBECKER[1]-[3][5][6][9]-[34] entwickelt umfassend die Theorie der isotropen Räume $P^3_{12|000}$, $P^3_{12|010}$ und schenkt den Anwendungen dieser Theorie besondere Aufmerksamkeit, etwa in [5][17][21][22][25][30]. Eine systematische Grundlegung der Differentialgeometrie des einfach isotropen Raumes $P^3_{12|000}$ gibt STRUBECKER in [12](Kurventheorie), [13] (Flächen konstanter Relativkrümmung $K = rt-s^2$),[14](Flächentheorie),[15] [18][43](Flächentreue Abbildungen der Ebene) und [16](Theorie der Eilinien); speziellere Probleme behandeln die Arbeiten [23][53] (Minimalflächen), [26] (Regelflächen, besonders Flächen von MONGE und SERRET), [28] (Isotropes Gegenstück der Minimalfläche von ENNEPER), [33] (Loxodromen) und [42](Duale Minimalflächen).Auch die vorausgehenden Arbeiten [1][2] von LENSE sind zu nennen. Weitere Beiträge geben BLANK[1][2](Translationsflächen); HOSCHEK[1] (Globale Invarianten von Raumkurven, Regelflächen und Kongruenzen); PALMAN[1] (CESÀRO-Kurven), [2](Strahlflächen als Verallgemeinerung der CESÀRO-Kurven); PAVKOVIĆ[1][2] (FRENET-Formeln),[3] (Pseudogeodätische und Unionlinien); SACHS[2][4][5](Regelflächen, insbesondere EDLINGER-Flächen, Strahlkongruenzen, lineare Geradenkomplexe), [8] (Kennzeichnungen konstant gedrallter Regelflächen im 3-dimensionalen ein- und zweifach isotropen Raum); STAMOU[1]-[4] (Beiträge zur Theorie der Strahlkongruenzen); VETTER [1][2] (Kreis- und Schraublinienflächen); W.O.VOGEL[1] (Regelflächen); WUNDERLICH[4] (Integrallose Loxodromendarstellung), [20] (Böschungsloxodromen und ebene Loxodromen).

FLAGGENRÄUME $P^n_{1\cdots1|0\cdots00}$: Im n-dimensionalen Flaggenraum gibt KREUZER[1] eine Einführung in die Kurventheorie (begleitendes n-Bein, FRENET-Formeln, Hauptsatz, Kurven konstanter Krümmung). Die Differentialgeometrie des 3-dimensionalen Flaggenraumes, die

BRAUNER[6] weitgehend entwickelt, betrachtet auch KALLENBERG[3]. Weitere Beiträge liefern LYŽINA[1][2] (Reguli, Geradenkongruenzen), KALLENBERG[4] (Regelflächen), Sachs[7][9][10] (Kreisflächen, Geradenkomplexe), SACHS/STROMMER[1](Geodätische und Pseudogeodätische auf Regelflächen). Siehe auch MOORE[1], NOI[1][2] und STUDY[2].

D. Anwendungen der Cayley/Klein-Räume

In Kapitel 13 wurde die Querverbindung der CK-Räume zur speziellen Relativitätstheorie dargestellt, in 20A3 wurden funktionentheoretische Anwendungen der hyperbolischen Metrik erwähnt, und in 20B3 wurde als einfache Anwendung des konformen Modells der MÖBIUS-Geometrie eine elementargeometrische Kreisaufgabe gelöst. Weitere Anwendungen betreffen Beweisvereinfachungen und einfache oder zumindest interessante Deutungen einer Fülle von Ergebnissen in der Metrik eines passenden CK-Raumes. Im Rahmen dieser Darstellung lassen sich nur wenige Anwendungen dieser Art explizit hervorheben.

WUNDERLICH[8] untersucht im euklidischen Raum $P^3_{1|00}$ Böschungslinien einer nichtentarteten Quadrik Q^2_{4q} $(q = 1,2)$. Die Zentralprojektion einer solchen Böschungslinie aus einem geeigneten Zentrum O in eine geeignete Bildebene liefert Evolventen eines Kegelschnitts, wobei die *Evolventenbildung im Sinn der hyperbolischen Metrik* erfolgt, die auf dem scheinbaren Umriß von Q^2_{4q} als Absolutkegelschnitt beruht. Siehe dazu auch WUNDERLICH[9][10]S.89 sowie BRAUNER[15]S.302 und SCHAAL[3][4]. Durch Zentralprojektionen entstandene *CK-Evolventen* eines Kegelschnitts findet WUNDERLICH[11][12] auch bei der Untersuchung euklidischer und nichteuklidischer D-Linien auf Quadriken des euklidischen Raumes $P^3_{1|00}$. Bei der Untersuchung der Torusloxodromen dieses Raumes zeigt WUNDERLICH[2], daß im konformen Modell des hyperbolischen Raumes $P^3_{|1}$ die Loxodromen eines Spindeltorus *hyperbolische Schraublinien* sind, wenn als Absolutquadrik die konzentrische, die Torusknoten enthaltende, Kugel gewählt wird. Entsprechendes gilt im konformen Modell des elliptischen Raumes $P^3_{|0}$ für die Loxodromen eines Ringtorus, wenn die nullteilige Absolutquadrik die konzentrische, die Torusknoten enthaltende,Kugel ist. Wird als Absolutquadrik irgendeine Orthogonalkugel des Torus gewählt oder werden die entsprechenden projektiven Modelle verwendet, so erhält man weitere Deutungen der Torusloxodromen (siehe WUNDERLICH[2]S.329, auch STRUBECKER[44]).

In [3] gründet WUNDERLICH metrische Aussagen über die Grenzschraubung auf einen der invarianten Kegelschnitte als Absolutkegelschnitt. Jede Kreiszykloide läßt sich nach WUNDERLICH als *hyperbolische Traktrix* einer Geraden interpretieren, wenn der Scheitelkreis der Zykloide als Absolutkreis fungiert. Im Anschluß daran interpretiert FABRICIUS-BJERRE[1] jede Ährenkurve ($a = r \cos p\alpha$) als *hyperbolische Loxodrome* des Radienbüschels bei Verwendung des Scheitelkreises ($a = r$) als Absolutkreis. Siehe auch STRUBECKER[45]. Als Anwendung der 3-dimensionalen elliptischen Geometrie untersucht STRUBECKER[46] sphärische Kurvenscharen auf der Grundlage der STUDY-Übertragung.

Unter Heranziehung des quasielliptischen Raumes $P^3_{2|00}$ studiert WUNDERLICH[5] die von zwei reellen Parametern abhängigen allgemeinen 1-gliedrigen Kollineationsgruppen mit zwei Paaren konjugiert komplexer Fixpunkte sowie ihre Bahnkurven (W-Kurven).

Bei der Untersuchung der windschiefen Kegelschnittflächen des P^3 findet BRAUNER[1] Beziehungen zum quasielliptischen Raum $P^3_{2|00}$, zum quasihyperbolischen Raum $P^3_{2|11}$ und den zugehörigen Geometrien. In [13] ermittelt BRAUNER die irreduziblen algebraischen windschiefen Flächen des P^3, in denen ein Gebiet mit einer stetigen Schar ebener krummliniger Zentralschattengrenzen existiert. Es zeigt sich, daß jede solche Fläche entweder eine windschiefe Quadrik oder eine *Wendelfläche der algebraischen nichteuklidischen Schraubungen* ist. In [2] und [3] entwickelt BRAUNER Zusammenhänge zwischen den quadratischen Strahlkomplexen (11)(112) und dem 3-dimensionalen quasielliptischen Raum, während sich in [14] bei der Ermittlung der Flächen mit Böschungslinien als Falllinien Interpretationen im Rahmen des isotropen Raumes $P^3_{12|000}$, des quasielliptischen Raumes $P^3_{2|00}$ und der zugehörigen Geometrien ergeben. In [16] zeigt BRAUNER, daß im $P^3_{1|00}$ bis auf Ähnlichkeiten genau eine reelle Netzfläche 4.Grades von konstantem Drall existiert; diese ist interpretierbar als *nichteuklidische Strahlschraubfläche* (siehe dazu STRUBECKER[37]). Auch die von BRAUNER[17] bestimmten konstant gedrallten windschiefen Flächen 4. Grades mit reduzibler Fernkurve erlauben Deutungen als *nichteuklidische Strahlschraubflächen*. Jene konstant gedrallten konoidalen Strahlflächen 4.Grades des $P^3_{1|00}$, die außerdem verallgemeinerte Böschungsflächen sind, bestimmt BRAUNER in [18]; sie sind von III.STURMscher Art mit reduzibler Fernkurve und lassen sich als offene *c-Grenzschraubflächen* mit c-isotropen Erzeugenden deuten, wobei sich die pseudoeuklidische Metrik (*c-Metrik*) auf den Fernkreis $c := Q^1_{31}$ gründet. Eine nichtkonoidale windschiefe Fläche konstanter konischer Krümmung besitzt als krummlinige Fernkurve einen einteiligen Fernkreis c, der ebenfalls zu einer pseudoeuklidischen Metrik (c-Metrik) Anlaß gibt. Im Sinne dieser Metrik sind diese von BRAUNER[19] untersuchten Flächen spezielle *c-Kanalflächen.*

Bei der Untersuchung der Flächen, deren Asymptotenlinien beider Scharen linearen Komplexen angehören, entwickelt STRUBECKER [1] zunächst deren allgemeine projektive Eigenschaften; dabei wird gezeigt, daß ihre Asymptotenlinien aus irgendeiner von ihnen durch windschiefe kollineare Schiebungen einer beliebigen der anderen Schar erzeugt werden können. Je nach dem Charakter der Mannigfaltigkeit der Schiebungsachsen zerfällt die Gesamtheit der Flächen in drei Klassen; demgemäß erweist sich eine elliptische, quasielliptische oder isotrope Metrik als angemessen für die weitere Untersuchung. Die ursprünglich durch metrische Eigenschaften erklärte Minimalfläche von ENNEPER kennzeichnet STRUBECKER[3] kinematisch in einem durch ihr Singularitätengerüst definierten quasielliptischen Raum mittels CLIFFORD-Schiebungen ihrer kubischen Asymptotenlinien aneinander.

BLASCHKE[12] kennzeichnet isometrische Flächenpaare des euklidischen Raumes $P^3_{1|00}$ durch Konstruktion eines gewissen Punktortes im elliptischen Raum $P^3_{|0}$, der als *Drehriß der Isometrie* bezeichnet wird.

In der Knotentheorie kann SEIFFERT[1]S.590 mit Hilfe von Bewegungen der hyperbolischen Ebene einen Knoten als vom Kreis verschieden nachweisen. TROTTER[1] zeigt unter Verwendung hyperbolischer Spiegelungen, daß es nichtsymmetrische Knoten gibt.

BEARDON[1] verwendet die hyperbolische Ebene in der Theorie der FUCHSschen Gruppen.

Anwendungen bei Fragen der Kinematik und Dynamik im Zusammenhang mit der speziellen Relativitätstheorie gibt ČERNIKOV[1]. HÖLDER[1] untersucht die Dynamik starrer Körper im elliptischen und hyperbolischen Raum. LOCHER-ERNST[1][2] definiert eine Abstandsmetrik für Linienelemente und erhält so eine *nichteuklidische Fassung des Prinzips von HUYGENS.*

Die auf der kinematischen Abbildung der Bewegungen der euklidischen Ebene beruhenden Anwendungen des quasielliptischen Raumes $P^3_{2|00}$ heben wir hier nicht eigens hervor.

Weitere Deutungen unter Heranziehung einer CK-Metrik geben GRIMM[1], HOHENBERG[7], MEIRER[1][2], SCHAAL[1], G.WEISS[2] und WUNDERLICH[13][14][22].

LITERATURVERZEICHNIS

Hinweise zum Gebrauch:

1) Der Erscheinungsort der zitierten Literatur wird (um Platz zu sparen) meist durch Hinweis auf ein Referat in einem Referatenorgan kenntlich gemacht. Folgende Abkürzungen werden verwendet:

Z für "Zentralblatt für Mathematik"
(erscheint seit 1931 (Band 1))

M für "Mathematical Reviews"
(erscheint seit 1940 (Band 1))

R für "Referativnyĭ Žurnal Matematika"
(erscheint seit 1953 in Jahrgängen)

J für "Jahrbuch über die Fortschritte der Mathematik"
(erschien von 1871 (Band 1) bis 1944 (Band 68);
enthält Literatur von 1868 bis 1942)

Z 107,383 bedeutet: Das Referat befindet sich im "Zentralblatt für Mathematik", Band 107, Seite 383. Bei M und J wird entsprechend verfahren.

R (1964)4A,54 bedeutet: Das Referat befindet sich im "Referativnyĭ Žurnal Matematika", Jahrgang 1964, Heft 4, Abschnitt A, Seite 54.

2) Die Titel werden im allgemeinen in deutscher, englischer, französischer oder italienischer Sprache angegeben. Die Übersetzung eines Titels in eine dieser Sprachen ist nicht immer einheitlich! Buchtitel werden durch einen vorgesetzten Punkt • gekennzeichnet.

Den Namen der Autoren liegt keine einheitliche Transliteration (buchstabengetreue Umsetzung fremder, insbesondere kyrillischer, Schriftzeichen) zugrunde.

3) Zur Literatur bis zum Jahre 1911 siehe insbesondere HALSTED[1][2] und SOMMERVILLE[2].

* * *

ABBASOV,N.T.[1] Anwendung von Spinor-Darstellungen der Bewegungsgruppen des dreidimensionalen elliptischen und dual-euklidischen Raumes auf die Liniengeometrie. (russ.) M 36,878.
[2] Spiegelungen an Ebenen in quasielliptischen Räumen. (russ.) Z 107,383.
[3] Spinor-Darstellungen der Bewegungen quasi-nicht-euklidischer Räume. (russ.) Z 163,431; M 28,859.
[4] Hyperbolic spaces over alternion and antialternion algebras. (russ.) M 51,567.
[5] A real interpretation of quasinoneuclidean spaces over alternion algebras. (russ.) M 51,218.

ABDURAHMANOVA,H.K. [1] Flächen im quasihyperbolischen Raum ${}^{11}S_3{}^1$. (russ.) Z 356,307; M 57, 1776.
[2] Geometry of the manifold of hyperbolic lines in the three-dimensional quasi-hyperbolic space ${}^{11}S_3{}^1$. (russ.) M 54,518; R (1976)11A,102.

ABEL',E. [1] The connections of a surface of incomplete rank in a non-Euclidean space. (russ.) Z 443,338.
[2] Certain classes of surfaces V_3 of rank 2 with special focal surfaces in the non-Euclidean spaces ^1S_N. (russ.) M 54,518.
[3] Some classes of 3-dimensional surfaces with rank 2 in the space ^1S_N. (russ.) Z 404,266.

ABRAMESCU,N. [1] Sur les courbes anallagmatiques. Z 28,182.

ACZÉL,J./MC KIERNAN,M.A. [1] On the characterization of plane projective and complex Moebius-transformations. Z 152,192.

ACZÉL,J./VARGA,O. [1] Bemerkung zur Cayley-Kleinschen Maßbestimmung. Z 65, 135.

AHRAROV,F.S./DZILKIBAEVA,N. [1] The intrinsic geometry of the space of lines in $^{k+2}S_{n+1}$. (russ.) M 57,1776.

AHRENS,I. [1] Methoden zur modellfreien Ableitung der hyperbolischen Trigonometrie. Mathematikunterricht 21(1975)10-22.

ALEKSANDROV,A.D. [1] Complete convex surfaces in Lobachevskian space. (russ.) Z 61,376.
[2] Mappings of domains in pseudo-euclidean spaces. (russ.) Z 375,278.

ALEKSANDROVA,G.A./DEMIDOVA,I.N. [1] Die Geometrie normaler 2-Ketten der komplexen Euklidischen Ebene und der Euklidischen Ebene über den Dualzahlen. Z 337,307.

ALEKSEEVA,V.E. [1] Infinitesimal bendings of polyhedra in Lobačevskiĭ space. M 81f,2275.

ALEXANDER,S./PORTNOY,E. [1] Cylindricity of isometric immersions between hyperbolic spaces. Z 379,272.

AMINOV,JU.A. [1] On the immersion of domains of n-dimensional Lobačevskiĭ space in (2n-1)-dimensional euclidean space. (russ.) Z 392,275.
[2] Die Bianchitransformation für ein Gebiet eines mehrdimensionalen Lobachevskijschen Raumes. (russ.) M 80a,219.
[3] Isometrische Einbettungen von Gebieten des n-dimensionalen Lobachevskijschen Raumes in den (2n-1)-dimensionalen Euklidischen Raum. (russ.) M 81g,2693; Z 431,302.

ANDREEVA,N.P. [1] Fundamental theorems of central axonometry in a quasi-elliptic space (degenerate case). (russ.) M 54,162.
[2] General transformations of a quasielliptic space that induce special transformations between certain planes. (russ.) M 54,162.

ANTONESCU,M. [1] Sur un théorème de Hilbert dans la géométrie non euclidienne de Lobatchewski-Bolyai. (rumän.) Acad. Republ.Popul.Române, Studii Cerc.Mat. 4(1953)197-208.

ANZBÖCK,F. [1] Eine durch das Kleinsche Übertragungsprinzip vermittelte projektive Differentialgeometrie der windschiefen Flächen. Z 367,278.

APOSTOLOVA,M.P. [1] The general case of the rectangular axonometry in the hyperbolic space. (bulg.) Z 439,284.
[2] On some theorems on the rectangular axonometry in the hyperbolic space. (bulg.) Z 439,284.

ARAPOVA,M.M. [1] On the theory of Laguerre transformations. (russ.) M 33, 112.
[2] Circular Lie transformations in seminoneuclidean spaces. (russ.) M 45, 471.

ARCIDIACONO,G. [1] The de Sitter universe and mechanics. Z 424,273.

ARGHIRIADE,E. [1] Géométrie axiale différentielle des courbes gauches. M 8,347.
[2] Sur la Géométrie biaxiale des courbes gauches. Z 60,377.

• ARTIN,E. [1] Geometric Algebra. 5.Aufl. New York 1966.

ARTYKBAEV,A. [1] Pogorelov mapping of spaces with projective metrics.(russ.) M 57,1775.

ARTYKBAEV,A./GAJUBOV,G.N. [1] Gewisse Eigenschaften von Flächen konstanter mittlerer und Gaußscher Krümmung im hyperbolischen Raum. (russ.) Z 352,294.

ARVESEN,O.P. [1] Sur la solution de Laguerre du problème d'Apollonius. Z 15, 119.
[2] Etwas über Laguerres Richtungsgeometrie.(norwegisch) Z 15,225.

AŠČEPKOV,L.T. [1] Curves in four-dimensional Lobačevskiĭ space. (russ.) M 46,1065.

ATANASJAN,S.L./ABDURAHMANOVA,H.K./GUR'EVA,V.P. [1] Complex and double polar coordinates in line manifolds of three-dimensional quasi-non-Euclidean spaces. (russ.) Z 441,300; M 58,2736.

ATANASJAN,S.L./GUR'EVA,V.P./MARTAKOVA,A.S. [1] Congruences of the polarized parabolic straight lines of the three-dimensional spaces with projective metrics. (russ.) Z 441,300.

• BACHMANN,F. [1] Aufbau der Geometrie aus dem Spiegelungsbegriff. Berlin-Göttingen-Heidelberg 1959.

BACKES,F. [1] L'extension en Géométrie cayleyenne et en Géométrie anallagmatique de la configuration de Morley-Petersen. Z 94,158.
[2] Les systèmes cycliques en Géométrie cayleyenne. Z 178,236.

BAIER,O. [1] Elementarer Beweis der Dreiecksungleichung in der Poincaréschen Halbebene. Math.Z. 48 (1942) 527-529. Z 27,122.

BAKEL'MAN,I.YA./KLOT,Z.G. [1] Dirichlet problem for Monge-Ampère equations and convex surfaces with given integral curvature in Lobachevskij space. (russ.) M 81e,1820.

BALDUS,R. [1] Zur Klassifikation der ebenen und räumlichen Kollineationen. Sb.Bayer.Akad.Wiss.,math.nat.Kl.(1928) 375-395. J 54,674.
[2] Über Eulers Dreieckssatz in der absoluten Geometrie. J 56,491.
[3] Zur Theorie der Büschel von Flächen 2.Ordnung. J 57,831; Z 3,69.

• BALDUS,R./LÖBELL,F. [1] Nichteuklidische Geometrie. 3.Aufl. Berlin 1953.

BALTAG,I.A. [1] On the theory of Fedorov groups and regular decompositions in the pseudoeuclidean space ${}^1R_3$. (russ.) M 41,1381.
[2] Infinite series of Fedorov groups on the pseudo-Euclidean plane. (russ.) M 41,805.
[3] Two-dimensional pseudo-Euclidean Fedorov groups containing improper transformations. (russ.) M 41,805.

BALTAG,I.A./ZAMORZAEV,A.M. [1] On the theory of the Fedorov groups and regular decompositions on a pseudo-Euclidean plane. (russ.) M 34,623.

BARANOVA,V.A./UZDENOV,O.M. [1] Complex double and dual Norden coordinates in line manifolds of three-dimensional non-Euclidean and Euclidean spaces. (russ.) Z 441,299.

[2] On the normal and binormal congruences of straight lines of the three-dimensional non-euclidean and euclidean spaces.(russ.) Z 433,291.

BARANOWSKII,E.P.[1] Packings, Coverings, Partitionings and certain other Distributions in spaces of constant curvature. Z 245,301.

BARBILIAN,D.[1] Bemerkung über das "Theorema egregium". Z 23,164.
[2] Les fondements des métriques abstraites de Poincaré et de Carathéodory, en tant qu'application d'un principe général de métrisation.(rumän.) M 24A,197.
[3] Einordnung von Lobatschewskys Maßbestimmung in gewisse allgemeine Metrik der Jordanschen Bereiche. J 61,601.
[4] Nichteuklidische Geometrie und Funktionentheorie. Z 18,85.

BARNER,M.[1] Zur Möbius-Geometrie: Die Inversionsgeometrie ebener Kurven. J.reine angew.Math. 206(1961)192-220. Z 104,162; M 26,1039.
[2] Über konforme, kreistreue Abbildungen von Kreisflächen. M 19,307.
[3] Kinematische Fragen in der Projektivgeometrie der Regelflächen. Z 71,147.

BARNER,M./KUNLE,H.[1] Über W-Kurven auf Quadriken. Z 100,175.

BEARDON,A.F.[1] Hyperbolic polygons and Fuchsian groups. M 81b,606.

BECK,H.[1] Zur Geometrie in der Minimalebene. J 44,632 und J 46,823.
[2] Ein Gegenstück zur projektiven Geometrie. J 42,500.
[3] Hyperbolische und pseudosphärische Geometrie des Raumes. J 42,500.
[4] Ein Seitenstück zur Möbiusschen Geometrie der Kreisverwandtschaften. J 41,536.
[5] Konstruktion der Lieschen Geraden-Kugeltransformation. J 58,681.
[6] Die Strahlenketten im hyperbolischen Raum. Diss.Bonn 1905. J 36,730.
[7] Über die Lieschen Abbildungen der Linienelemente auf Raumpunkte. J 63,595.
[8] Dreidimensionale Geometrien mit einer einzigen unendlich fernen Ebene. J 62,731.
[9] Über einen Satz von Herrn Kubota.Tôhoku Math.J.24(1924)190-195. J 50,363.
[10] Eine Cremonasche Raumgeometrie. J 62,731.
[11] Die beiden Geraden-Kugeltransformationen von Sophus Lie. Sb.Bayer.Akad. Wiss.,math.phys.Kl.(1917)51-74.
[12] Der Fundamentalsatz der Lieschen Kugelgeometrie im Euklidischen Raum. Math.Z.15(1922)159-167. J 48,691.
[13] Zur Lieschen Kugelgeometrie im Nichteuklidischen Raum. J 49,472.
[14] Die Gruppe der Minimalgeraden. J 43,685.
[15] Kummers Theorie der geradlinigen Strahlsysteme im nichteuklidischen Raum. J 41,736.

BECKE,W.[1] Zur Differentialgeometrie der einparametrigen Kreisscharen im euklidischen und Laguerre-Raum. Diss.Freiburg 1978.

BEHNKE,H.[1] Felix Klein und die heutige Mathematik. M 23A,135.

BELINSKIĬ,S.P.[1] A certain mapping of a cone onto a polyhedron for the Lobačevskiĭ plane. (russ.) M 52,593.

BEL'KO,I.V./FEDENKO,A.S.[1] Untergruppen der Lorentz-Gruppe. Z 211,44.

BELTRAMI,E.[1] Saggio di interpretazione della geometria non-euclidea. (1868) (Opere di Beltrami, Bd.I, S.374ff.). J 1,275.
[2] Sugli spazii di curvatura costante.(1868)(Opere di Beltrami, Bd.II, S.385ff.).

•BENZ,W.[1] Vorlesungen über Geometrie der Algebren. Berlin-Heidelberg-New York 1973.
[2] Die Lorentzgruppe in der Geometrie. Mathematikunterricht 26(1980)5-17.

BEREIS,R.[1] Über das Raumbild eines ebenen Zwanglaufes (kinematische Abbildung von Blaschke und Grünwald). Z 149,396.

BEREIS,R./BRAUNER,H.[1] Schraubung und Netzprojektion. Elem.Math.12(1957) 33-40.

BEREIS,R./KLIX,W.D.[1] Parabolische Netzprojektion. Wiss.Z. Techn. Univ. Dresden 15(1966)453-458.

•BEREZINA,L.YA.[1] Einführung in die Theorie der Kongruenzen in Lobatschewski-Räumen.(russ.) Riga 1960.
[2] Zweiseitig stratifizierbare Kongruenzenpaare im Lobačevskiĭschen Raum. (russ.) Z 126,176.
[3] Über die metrische Theorie der Kongruenzen in Räumen konstanter Krümmung. Tr.Rizhsk.Inst.,Inzh.Grazhd.Vozd.Flota,No.3 (1960) 46pp.
[4] Einige Fragen der analytischen Geometrie und Differentialgeometrie des Lobačevskiĭschen Raumes. (russ.) Z 119,165; M 21,161.
[5] Begleitendes n-Bein einer m-dimensionalen Fläche im n-dimensionalen Raum konstanter Krümmung. (russ.) Z 132,160.
[6] Über den Winkel zwischen den Asymptotenlinien in Räumen konstanter Krümmung. (russ.) Z 118,383.

BERLINER,H.[1] Über zwei neue projektive natürliche Geometrien. J 46,821.

•BERTINI,E.[1] Einführung in die projektive Geometrie mehrdimensionaler Räume. Kap.IV. (Deutsch von A.Duschek) Wien 1924.

BERWALD,L.[1] Nichteuklidische Differentialgeometrie. Enzyklopädie d.Math. Wiss. Bd.III, 3.Teil,Kap.11 (1902-1927),S.89-95.
[2] Über Bewegungsinvarianten und elementare Geometrie in einer Minimalebene. J 45,220.
[3] Über die n-dimensionalen Geometrien konstanter Krümmung, in denen die Geraden die Kürzesten sind. Math.Z. 50(1929)449-469. J 55,405.
[4] Über die algebraisch rektifizierbaren Kurven im Nicht-Euklidischen Raum. J 46,823.
[5] Konforme Differentialgeometrie. Enzyklopädie d.Math.Wiss. Bd.III, 3.Teil, Kap.11 (1902-1927),S.118-120.

•BIANCHI,L.[1] Vorlesungen über Differentialgeometrie.(Deutsch von M.Lukat) Leipzig 1899.
•[2] Lezioni di geometria differenziale. 2.Aufl. Pisa 1902; 1,§§219-221.
[3] Sulla deformazione dei paraboloidi di rotazione negli spazi di curvatura costante. J 31,609.
[4] Sulla rappresentazione di Clifford delle congruenze rettilinee nello spazio ellittico. J 35,670.
[5] Sui sistemi di Weingarten negli spazi di curvatura costante. J 19,767.
[6] Sulle superficie d'area minima negli spazi a curvatura costante. J 19,833.
[7] Sulle superficie a curvatura nulla negli spazi a curvatura costante. J 26,700.
[8] Sulle superficie a curvatura nulla in geometria ellittica. J 27,370.
[9] Alcune ricerche di geometria non euclidea. J 30,431.
[10] Sui sistemi ortogonali di Guichard-Darboux negli spazi di curvatura costante. J 46,1122.
[11] Sulla deformazione delle quadriche di rotazione negli spazi di curvatura costante. J 32,618.
[12] Sulle superficie a linee di curvatura isoterme. J 34,654.
[13] Sopra alcune classi di congruenze rettilinee negli spazi di curvatura costante. J 35,671.
[14] Sopra le deformazioni isogonali delle superficie a curvatura costante in geometria ellittica ed iperbolica. J 42,642.
[15] Sulle rappresentazioni normali uniformi degli spazi a curvatura costante. J 46,1121.

BICĂ,M./NEUMANN,M./STANCIU,L.[1] Über den hyperbolischen Flächeninhalt.

M 30,788.
[2] Die Fläche des Dreiecks in der hyperbolischen und elliptischen Geometrie. Z 149,177.
[3] The representation of hyperbolic geometry on a one-sheeted hyperboloid, and on the calculus of ends.(rumän.) Z 148,411.

•BIEBERBACH,L.[1] Einleitung in die höhere Geometrie. Leipzig-Berlin 1933.
[2] Über die Entwicklung der nichteuklidischen Geometrie im 19.Jahrhundert. J 51,10.
[3] Hilberts Satz über Flächen konstanter negativer Krümmung. J 52,709.
[4] Eine singularitätenfreie Fläche konstanter negativer Krümmung im Hilbertschen Raum. Comment.Math.Helv. 4(1932)248-255. Z 5,82.

BIGALKE,H.-G.[1] Das Pentagramma mirificum. M 80d,1288.

BILINSKI,ST.[1] Zur Begründung der elementaren Inhaltslehre in der hyperbolischen Ebene. Math.Ann. 180(1969) 256-268. Z 159,217.
[2] Über eine gewisse Kurvenzuordnung in der hyperbolischen Ebene. Z 79,152.
[3] Eine Interpretation der ebenen hyperbolischen Geometrie in der projektiven Geometrie der Geraden. M 34,1519.
[4] Einige Betrachtungen über Geradenkoordinaten in der hyperbolischen Ebene. M 37,630.
[5] Vektoren in der hyperbolischen Ebene. Z 135,209.
[6] Einige Anwendungen der Polarkoordinaten in der hyperbolischen Geometrie. M 18,756.
[7] Einige Betrachtungen über Koordinatensysteme und Modelle der Lobatschewskischen Geometrie. Z 146,419; M 35,1111.
[8] Über ein Modell der zweidimensionalen hyperbolischen Geometrie in der Torusebene. M 37,630.
[9] Ein analytisches Modell der projektiven Liniengeometrie. Z 194,514.
[10] Regularitätsmaße von Figuren in Kleinschen Räumen. Z 445,307.
[11] Funktionale von primitiven Polygonen Kleinscher Ebenen. M 80i,3542.

BIRICZKY,K.[1] Packing of spheres in spaces of constant curvature. Acta Math.Acad.Sci.Hung. 32(1978) 243-261. Z 422,254.

BIRKHOFF,G.[1] Extensions of Lie Groups. M 14,134.

BITAY,L.[1] Sur l'orthocentre des triangles dans le plan hyperbolique. (rumän.) M 24A,201.
[2] A propos du centre des cercles exinscrits des triangles dans le plan hyperbolique. (rumän.) M 24A,421.

BLANK,JA.P.[1] Über Flächen des isotropen Raumes, die eine unendliche Menge von Translationsnetzen tragen. (russ.) Z 315,324.
[2] Schiebflächen in nicht-Euklidischen Räumen. (russ.) Z 434,316.

BLANK,JA.P./KOSAČEVSKAJA,E.A.[1] Quasitranslations-Schraubenflächen und ihr Zusammenhang mit der ebenen Kinematik. (russ.) Z 188,255.

BLANK,JA.P./MOTORNYJ,L.T.[1] Zu Blaschkes Problem der quasielliptischen Schiebflächen und dessen Zusammenhang mit der ebenen Kinematik. (russ.) Z 131,194.

BLANK,JA./ZAGAĬNYĬ,N.A./IŠČENKO,V.S.[1] Die Verschiebungsflächen im isotropen Raum. (russ.) Z 283,276; M 49,2096.

BLANUŠA,D.[1] Eine isometrische und singularitätenfreie Einbettung des n-dimensionalen hyperbolischen Raumes im Hilbertschen Raum. M 15,61.
[2] Über die Einbettung hyperbolischer Räume in euklidische Räume. Z 67,144.
[3] Le plongement isométrique de la bande de Möbius infiniment large euclidienne dans un espace R_5. M 17,76.

[4] Le plongement isométrique de la bande de Möbius infiniment large euclidienne dans un espace sphérique, parabolique ou hyperbolique à quatre dimensions. M 17,76.
[5] C^{∞}-isometric imbeddings of the hyperbolic plane and of cylinders with hyperbolic metric in spherical spaces. Z 106,362; M 25,301.
[6] Immersion du cylindre et du plan euclidien dans des espaces sphériques. M 17,77.
[7] Les espaces elliptiques plongés isométriquement dans des espaces euclidiens. M 14,1122; M 15,467.
[8] Über die isometrische Einbettung elliptischer Räume in höhere Räume konstanter Krümmung. M 16,401.
[9] Le plan elliptique plongé isométriquement dans un espace à quatre dimensions ayant une courbure constante. M 16,401.
[10] A simple method of imbedding elliptic spaces in Euclidean spaces. Z 79, 155; M 21,314.
[11] Plongement isométrique de l'espace hyperbolique à n dimensions à distance finie d'un point dans l'espace de Hilbert. M 17,77.

BLASCHKE,W. [1] Nicht-Euklidische Geometrie und Mechanik I,II,III. Z 27,133.
[2] Anwendung dualer Quaternionen auf Kinematik. M 19,1099.
[3] Differentialgeometrie der geradlinigen Flächen im elliptischen Raum. J 48,806.
[4] Sulle congruenze rettilinee nello spazio ellittico. M 22,326.
[5] Sulle congruenze isotrope nello spazio ellittico. M 22,1690.
[6] Zur Kinematik und hyperbolischen Geometrie. Z 57,136; M 16,853.
[7] Ebene Kinematik. Z 19,364.
[8] Euklidische Kinematik und nichteuklidische Geometrie. J 42,499.
[9] Riflessioni sulla cinematica classica. Z 19,39.
•[10] Projektive Geometrie. 3.Aufl. Basel-Stuttgart 1954.
•[11] Kinematik und Quaternionen. Berlin 1960. Z 98,347.
[12] Über isometrische Flächenpaare. J 44,697.
[13] Untersuchungen über die Geometrie der Speere in der euklidischen Ebene. J 41,728.
[14] Zur Geometrie der Speere im Euklidischen Raume. J 41,729.
[15] Über die Laguerresche Geometrie orientierter Geraden in der Ebene I. J 42,572.
[16] Über die Geometrie von Laguerre.I.Grundformeln der Flächentheorie. J 50, 457.
[17] Über die Geometrie von Laguerre.II.Flächentheorie in Ebenenkoordinaten. J 50,457.
[18] Über die Geometrie von Laguerre.III.Beiträge zur Flächentheorie. J 51,584.
[19] Über die Geometrie von Laguerre.IV.Von den Nabelpunkten einer Eifläche. J 51,585.
[20] Über die Geometrie von Laguerre.V.Kugelsysteme Ribaucours. J 51,585.
[21] Über die Geometrie von Laguerre.VI.Flächen mit einer Schar ebener oder sphärischer Krümmungslinien. J 52,767.
[22] Über die Geometrie von Laguerre.VII.Kugelsysteme Ribaucours und vierfache Orthogonalsysteme. J 52,766.
•[23] Vorlesungen über Differentialgeometrie und geometrische Grundlagen von Einsteins Relativitätstheorie.III: Differentialgeometrie der Kreise und Kugeln. (bearbeitet von G.Thomsen) Berlin 1929. J 55,422 und J 55,582.
[24] Integralgeometrie 20: Zur elliptischen Geometrie. Z 15,122.
[25] Integralgeometrie 22: Über geschlossene Kurven und Flächen in der elliptischen Geometrie. Abh.Math.Sem.Univ.Hamburg 12(1938)111-113.
[26] Über die Maßbestimmungen von Hermite. M 12,51.
[27] Contributi alla geometria analitica degli spazi di Hermite. Atti Accad. Ital. (7) 1(1940)224-227.
[28] Zur analytischen Geometrie in der Ebene von Hermite. M 2,294.

[29]Nicht-Euklidische Mechanik. M 11,50.
[30]Zur elliptischen Geometrie. Arch.Math.1(1948)353-361. Z 37,252; M 11,50.
[31]Kinematische Begründung von S.Lie's Geraden-Kugel-Abbildung. Z 34,243.
[32]Über die Differentialgeometrie besonderer Gruppen. M 19,59.
•[33]Vorlesungen über Differentialgeometrie I. 4.Aufl. Berlin 1945.

•BLASCHKE,W./LEICHTWEISS,K.[1] Elementare Differentialgeometrie. 5.Aufl. Berlin-Heidelberg-New York 1973.

•BLASCHKE,W./MÜLLER,H.R.[1] Ebene Kinematik. München 1956.

BLONSKI,E.[1] Analytical treatment of isometries of hyperbolic space. Z 407,277.

BOČINA,L.P./IGNATENKOV,V.I.[1] A theory of curves in an n-dimensional non-Euclidean space. (russ.) M 33,1380; Z 173,492.

BÖHEIM,H.[1] Krümmungskreise und Evoluten reeller Kegelschnitte bei Cayley-Kleinscher Metrik. Mh.Math. 55(1951)43-53.

BÖHM,J.[1] Über Inhaltsmessung in Räumen konstanter Krümmung. M 24A,201.
[2] Inhaltsmessung im R_5 konstanter Krümmung. Z 95,152; M 22,2140.
[3] Untersuchung des Simplexinhaltes in Räumen konstanter Krümmung beliebiger Dimension. J.reine angew.Math. 202(1959)16-51. Z 88,132; M 22,2140.
[4] Zu Coxeters Integrationsmethode in gekrümmten Räumen. Z 118,153.
[5] Zur Verallgemeinerung der Neperschen Regel in r-dimensionalen Räumen konstanter Krümmung. Canad.J.Math. 19(1967)1129-1148. Z 153,217.
[6] Zur Geometrie asymptotischer Orthoscheme in n-dimensionalen hyperbolischen Räumen. Z 139,379.
[7] Über die Struktur orthogonal-entarteter elliptischer Orthoscheme. Z 345, 300.
[8] Einige kombinatorisch-topologische Eigenschaften von allgemeinen r-dimensionalen Orthoschemen. Math.Nachr.61(1974)51-67. M 50,769.
[9] Über die Struktur von Simplexen in r-dimensionalen Räumen konstanter Krümmung unter besonderer Berücksichtigung des elliptischen Falles. Z 384, 266.

•BÖHM,J./HERTEL,E.[1] Polyedergeometrie in n-dimensionalen Räumen konstanter Krümmung. Basel-Boston-Stuttgart 1981.

BÖRÖCZKY,K./FLORIAN,A.[1] Über die dichteste Kugelpackung im hyperbolischen Raum. Acta Mat.Acad.Sci.Hung. 15(1964)237-245. M 28,661.

BOJA,N.[1] On Bertrand curves in N_3. (rumän.) Z 191,520.
[2] Sur la géométrie plane non-euclidienne d'un groupe conforme.(rumän.) Z 252,343.
[3] Metric relations on pseudoeuclidean hyperspheres.(rumän.) M 51,565.
[4] The transvections and the non-euclidean movements group. Z 296,319.
[5] On the theorems of Mannheim and Monge on the Bertrand curve in a non-Euclidean space.(rumän.) M 40,1445.

BOJA,N./BRAILOIU,G.[1] On the self-polar simplexes and the movements of the non-Euclidean spaces. Z 441,293.

•BOL,G.[1] Projektive Differentialgeometrie. 1.-3.Teil. Göttingen, 1.Teil 1950, 2.Teil 1954, 3.Teil 1967.
[2] Vlakke Laguerre-Meetkunde. H.J.Paris, Amsterdam 1928. J 54,670.

BOLOTIN,V.R.[1] An application of the calculus of symmetries to the proof of theorems in the plane flag geometry.(russ.) M 57,527.

BOMPIANI,E.[1] Intorno alle rappresentazioni degli spazi a curvatura costante sullo spazio euclideo. M 15,61.
[2] On Poincaré's representation of the hyperbolic space on an Euclidean half-space. M 16,612.

•BONOLA,R.[1] Die nichteuklidische Geometrie, historisch-kritische Darstellung ihrer Entwicklung. Deutsche Ausgabe von H.Liebmann. 3.Aufl. Leipzig 1931.

BORISOV,A.V.[1] Congruences of lines in a three-dimensional space with an absolute that consists of two real planes and two real points on the line of their intersection.(bulg.) M 46,439.
[2] Curves and surfaces in the three-dimensional space whose absolute is two real planes and two real points on their intersection.(bulg.) M 45,1681.
[3] On the congruences of lines in a three-dimensional space with an absolute of two real points and one real plane passing through one of them. (bulg.) Z 284,298.

BOROVSKIĬ,JU.E.[1] A certain system of invariants that separates noncongruent algebraic varieties in a Klein space. (russ.) R (1974)2A,55.

BORTOLOTTI,E. [1] On parallelisms and teleparallelisms in curved space. J.London Math.Soc. 5(1930)242-248. J 56,616.

BOSE,R.C.[1] On a new derivation of the fundamental formulae of hyperbolic geometry. Tôhoku Math.J. 34(1931)291-294. J 57,707.

BOTTEMA,O.[1] Flächen mit euklidischer Metrik in der nicht-euklidischen Geometrie.(holländisch) Z 39,365.
[2] The inversive distance between two circles. Z 153,218.
[3] On triangles in the hyperbolic plane for which one of the escribed circles is a horocycle. Nieuw Arch.Wisk.(3)10(1962)170-179. M 26,566.
[4] On motions in elliptic space, in which all points describe congruent plane curves.(holländisch) M 7,321.
[5] The special Darboux motions in elliptic space.(holländisch) M 8,226.
[6] Cardan motion in elliptic geometry. Canad.J.Math. 27(1975)37-43. M 50,1982.
[7] On the three distances of two skew planes in an elliptic five-dimensional space. M 16,278.
[8] On the medians of a triangle in hyperbolic geometry. M 20,1098.

•BOTTEMA,O./ROTH,B.[1] Theoretical Kinematics. Amsterdam-New York-Oxford 1979. Chapter XII.

BRAUNER,H.[1] Die windschiefen Kegelschnittflächen. Z 181,486.
[2] Über Mannigfaltigkeiten von Strahlen mit kongruenten Netzrissen. Z 77,146.
[3] Über die durch einen quadratischen Komplex der Charakteristik (11)(112) vermittelte Projektion.I,II. Mh.Math.62(1958)119-131,132-145. Z 81,372.
[4] Über die Projektion mittels der Sehnen einer Raumkurve 3.Ordnung. Mh. Math.59(1955)258-273. Z 72,158.
[5] Konstruktive Durchführung der durch die Sehnen einer Raumkurve 3.Ordnung vermittelten Abbildung des Raumes auf eine Ebene. M 18,334.
[6] Geometrie des zweifach isotropen Raumes.I,II,III. Z 145,173; Z 149,181; Z 156,202.
•[7] Geometrie projektiver Räume.I. Mannheim-Wien-Zürich 1976.
•[8] Geometrie projektiver Räume.II. Mannheim-Wien-Zürich 1976.
[9] Kreisgeometrie in der isotropen Ebene. Mh.Math.69(1965)105-128. M 30,969.
[10] Neuere Untersuchungen über windschiefe Flächen. Ein Bericht. Z 153,508.
[11] Geometrie auf der Cayleyschen Fläche. Z 134,174.
[12] Die quadratischen Strahlkomplexe der Charakteristik [(321)] . M 32,502.
[13] Die algebraischen windschiefen Flächen mit einer stetigen Schar ebener Schattengrenzen. Math.Ann.176(1968)1-14. Z 173,230.
[14] Die Flächen mit Böschungslinien als Fallinien. Z 164,215.
[15] Die algebraischen windschiefen Gesimsflächen. M 36,656.
[16] Die konstant gedrallte Netzfläche 4.Grades. Z 94,345.
[17] Die konstant gedrallten windschiefen Flächen 4.Grades mit reduzibler Fernkurve. Math.Z. 82(1963)420-433. Z 124,138.

[18]Die verallgemeinerten Böschungsflächen. Z 98,350.
[19]Die windschiefen Flächen konstanter konischer Krümmung. Z 113,368.
[20]Eine einheitliche Erzeugung konstant gedrallter Strahlflächen. Z 100,357.
[21]Eine geometrische Kennzeichnung linearer Abbildungen. Z 256,335.
[22]Eine Verallgemeinerung der Zyklographie. Z 82,364.
[23]Die verallgemeinerten Böschungsflächen. Z 98,350.

BRICARD,R.[1] Sur la géométrie de direction. J 37,562.
[2] Sur le problème d'Apollonius et sur quelques propriétés des cycles. Nouv. Ann.Math. 7(1907)491-506. J 38,539.

BRILL,A. [1] Bemerkung über pseudosphärische Mannigfaltigkeiten von drei Dimensionen. Math.Ann. 26(1886)300-303.

BRITAN,B.U.[1] Differential geometry of congruences of straight lines and ruled surfaces of a three-dimensional space of constant curvature. Proc. Sem.Vector and Tensor Analysis, Moscow State Univ.,No.10(1956)269-278.

BUCHARAEV,R.G.[1]Über Flächen des euklidischen Raumes mit entartetem Fundamentalgebiet.(russ.) Uch.Zap.Kazansk.Univ. 114(2)(1954)39-52.
[2] Theory of surfaces of a biaffine space and theory of congruences of a biaxial space. Uch.Zap.Kazansk.Univ. 116(1)(1956)7-9.
[3] Congruences of a biaxial space. Uch.Zap.Kazansk.Univ.115(10)(1955)12-13.
[4] Mapping of a biaxial space of straight lines onto a set of spheres in a Lobachevskii space. Izv.Vyssh.Uch.Zav.,Matematika,No.6(1958)36-47.
[5] Theory of congruences of a biaxial space. Izv.Vyssh.Uch.Zav.,Matematika, No.5(1959)67-79.

BUGGENHAUT VAN,J.[1]Principe de trialité et parallélisme dans l'espace elliptique à 7 dimensions. M 38,1160.

BUKREEV,B.JA.[1]Äquidistante Linien konstanter geodätischer Krümmung in der Lobačevskischen Planimetrie. (russ.) Z 65,135.

•BURAU,W.[1]Mehrdimensionale projektive und höhere Geometrie. Berlin 1961.
[2] Grundmannigfaltigkeiten der projektiven Geometrie. Teile I-VI. I,II: M 13,977; III,IV: M 15,895; V,VI: M 16,852.
•[3] Algebraische Kurven und Flächen. I.(Algebraische Kurven der Ebene) Berlin 1962.
•[4] Algebraische Kurven und Flächen. II.(Algebraische Flächen 3.Grades und Raumkurven 3. und 4.Grades) Berlin 1962.
[5] 100 Jahre Erlanger Programm von Felix Klein. Z 322,318.
[6] La projezione stereografica e le sue generalizzazioni. M 19,579.

BURDAKOV,V.M. [1] Geometry on an m-surface of the quasielliptic space S^r_n. (russ.) M 58,1930; Z 448,300.

BURDUN,A.A. [1] The spherical indicatrix of the tangents of a time-like curve in $^1R_4$.(russ.) M 53,907.

BUSEMANN,H.[1] Non-Euclidean geometry. M 12,276.

•BUSEMANN,H./KELLY,P.J. [1] Projective Geometry and Projective Metrics. New York 1953.

BUŠKO-ŽUK,M.M.[1]Geometric construction of certain conformal interpretations of Lobačevskiĭ's plane geometry.(russ.) M 41,1115.
[2] Conformal scheme of metrical geometries.(ukrain.) M 23A,392.

ČAHLENKOVA,T.G.[1] Geometry of m-Euclidean spaces.(russ.) M 24A,89.

CALAPSO,M.T.[1]Sui quadrangoli trirettangoli e sulle proiezioni ortogonali in geometria iperbolica. M 40,633.

[2] Sulla geometria non euclidea iperbolica. M 40,1160.
[3] Sopra una generalizzazione delle congruenze normali isotrope. M 45,786.

CALAPSO,R. [1] Intorno alle reti e congruenze cicliche in uno spazio ellittico a tre dimensioni. J 53,697.

CAMMAROTO,F. [1] Su un modello di geometria non euclidea. Z 439,283.

CARATHÉODORY,C. [1] The most general transformations of plane regions which transform circles into circles. J 63,294.
[2] Die Bedeutung des Erlanger Programms. Die Naturwissenschaften 7(1919) 297f.

CAREVA,B.B. [1] Kanonisches begleitendes Bezugssystem einer Kurve im dreidimensionalen projektiven Raum mit absolutem Gebilde aus zwei reellen Punkten und einer reellen Geraden durch einen von ihnen.(russ.) Z 349,280.

•CARTAN,É. [1] Leçons sur la géométrie projective complexe. Paris 1950.

CAYLEY,A. [1] A sixth memoir upon the quantics. Phil.Trans.Roy.Soc.London, Ser. A 149 (1859) 61-90.

ČEBYŠEVA,B.P. [1] Geometrie der zylindrischen Flächenscharen in einem Raum mit entarteter Metrik.(russ.) Z 305,327.

CECIL,T.E. [1] A characterization of metric spheres in hyperbolic space by Morse theory. Z 289,341.
[2] Geometric applications of critical point theory to submanifolds of complex projective space and hyperbolic space. Z 306,341.

CECIL,T.E./RYAN,P.J. [1] Distance functions and umbilic submanifolds of hyperbolic space. Nagoya math.J. 74(1979)67-75. Z 401,287.
[2] Tight and taut immersions into hyperbolic space. M 80f,2286.

ČERNAVSKAJA(ČERNJAVSKAJA),I.A. [1] Infinitesimale Verbiegungen erster und zweiter Ordnung von Flächen im Lobatschewskischen Raum.(russ.) Comment. math. Univ.Carolinae 16(1975)339-424. Z 308,332; M 52,937.
[2] The analogue of a certain estimation theorem of N.V.Efimov for surfaces in elliptic space.(russ.) M 47,1327.

ČERNIKOV,N.A. [1] Connection between the theory of relativity and Lobačevskiĭ geometry.(russ.) M 35,720.

CESÀRO,E. [1] Fondamento intrinseco della pangeometria. J 36,521.
[2] Sui fondamenti della geometria intrinseca non-euclidea. J 35,499.
[3] Geometria intrinseca degli spazii di curvatura costante. J 35,655.

CHATIPOW,A.S.-A. [1] Flächentheorie in einem Raum mit zerfallender Absolutfigur.(russ.) Trudy Sem.Vektor.Tenzor.Anal. 10 (1956)285-308.
[2] Zur Flächentheorie in einem Raum mit zerfallender Absolutfigur.(russ.) Trudy Sem.Vektor.Tenzor.Anal. 11 (1961)311-314. R(1962)8A,68.

CHEN,S.S./GREENBERG,L. [1] Hyperbolic spaces. Z 295,310.

CHIANG,L.F. [1] A matrix theory of circles and spheres. Z 61,321; M 8,168.

CHISINI,O. [1] Sulla non dimostrabilità del postulato di Euclide. Z 65,135.

CHUA,LO-GEN(HUA,LOO-KENG)/ROSENFELD,B.A. [1] Geometrie der rechteckigen Matrizen und ihre Anwendung auf die reelle projektive und nichteuklidische Geometrie.(russ.) M 26,345.

CICCO DE,J. [1] The analogue of the Moebius group of circular transformations in the Kasner plane. Z 23,76.

CLIFFORD,W.K. [1] Preliminary sketch of biquaternions. J 5,280.

COCHINĂ,A. [1] Les variétés bidimensionnelles dont une des courbures d'Otsuki est nulle, douées d'une immersion à forme de connexion normale nulle dans un espace elliptique P_e^4. Simon Stevin 46(1972/73) 117-121. Z 254,315.

CONSTANTINESCU,C.[1] Quelques applications du principe de la métrique hyperbolique.(rumän.) M 17,1066.

COOLIDGE,J.L.[1] Les congruences isotropes qui servent à représenter les fonctions d'une variable complexe. J 35,669.
•[2] The Elements of Non-Euclidean Geometry. London 1927.

•COXETER,H.S.M.[1] Non-Euclidean geometry. 5.Aufl. Toronto 1965.
[2] Regular honeycombs in elliptic space. Z 56,386.
[3] The inversive plane and hyperbolic space. Z 139,379; M 33,1380.
•[4] Regular polytopes. 2.Aufl. New York-London 1963. Z 118,359.
[5] On Schläfli's generalization of Napier's pentagramma mirificum. Z 16,39.
[6] Regular compound tessellations of the hyperbolic plane. Z 133,138.
[7] Excenter in hyperbolic geometry. Amer.Math.Monthly 51(1944)600-601.
[8] Hyperbolic triangles. Scripta Math. 22(1956)5-13. Z 70,380.
[9] The functions of Schläfli and Lobatschefsky. Z 11,170.
[10] Arrangements of equal spheres in non-Euclidean spaces. Z 58,143.
[11] A geometrical background for de Sitter's world. M 4,226.
[12] The Lorentz group and the group of homographies. Z 246,131.
[13] Projective Line Geometry. Math.Notae 18(1962)197-216. Z 115,153.
[14] The total length of the edges of a non-Euclidean polyhedron. Z 114,127.
[15] Parallel lines. Canad.Math.Bull. 21(1978),no.4,385-397. M 80c,1052.
[16] Inversive distance. Z 146,163.
[17] The non-Euclidean symmetry of Escher's picture "Circle Limit III". Leonardo 12(1979)19-25. M 81j,4110.
[18] Angles and arcs in the hyperbolic plane. Z 438,307.

COXETER,H.S.M./FEJES TÓTH,L.[1] The total length of the edges of a non-Euclidean polyhedron with triangular faces. Z 129,374; M 28,310.

CRUCEANU,V.[1] Sur la théorie des courbes dans l'espace affine-axial parabolique.(rumän.) M 24A,309.

CYRENOVA,V.B.[1] Klassifikation der regulären Quadriken im dreidimensionalen quasielliptischen Raum.(russ.) M 52,1667.

CYRENOVA,V.B./ŠČERBAKOV,R.N.[1] Foundations of surface theory in the three-dimensional quasielliptic space S_3^1.(russ.) M 54,1587.

DEGEN,W./HARTMANN,S.[1] Zur Möbius-Kinematik. Z 371,261.

DENISKO,S.V.[1] Equiareal interpretation of a Lobachevsky plane.(ukrain.) M 21,705.

DINGHAS,A.[1] Zum isoperimetrischen Problem in Räumen konstanter Krümmung. Math.Z. 47(1942)677-737.
[2] Zur Metrik nichteuklidischer Räume. Math.Nachr. 1(1948)287-291. Z 31,78.
[3] Zum isoperimetrischen Problem für die nichteuklidischen Geometrien. Math. Ann. 118(1943)636-686. Z 27,429.

DORNFELD,E.[1] The Frenet frame of a certain class of two-dimensional isotropic ruled surfaces in Minkowski space.(poln.) M 55,169.

DORNFELD,E./KNAP,K./KUKLEWSKI,J.[1] Quadrifocals in two-dimensional Minkowski space.(poln.) M 54,1931.

DORNFELD,E./KRAWCZYK,J.[1] A certain classification of the three-dimensional planes in the space E_4^1.(poln.) M 54,157.
[2] The Frenet frame of a three-dimensional isotropic hypersurface in Minkowski space.(poln.) M 53,1613.

DORNFELD,E./KUKLEWSKI,J.[1] The Frenet frame of a two-dimensional isotropic surface in Minkowski space.(poln.) M 53,1613.

DUBIKAJTIS,L./GUŚCIORA,H.[1] On a hyperbolic model of the solid Laguerre geometry. Z 173,224.
[2] On a certain generalization of the plane Laguerre geometry to the 3-dimensional space. Z 182,232; M 38,298.
[3] Un modèle hyperbolique de la géométrie plane de Laguerre. Z 153,499.
[4] On the geometry of oriented equiaxial hyperquadrics. M 39,863.
[5] Relations between various models of Laguerre geometry.(poln.) Z 138,415.
[6] Laguerre geometry.(poln.) R(1964)3A,61.
[7] Order relation of the L-line in the geometry of Laguerre. M 36,651.

DWINGER,PH. [1] Der Satz von Bonnet für geradlinige Flächen im elliptischen Raum. Nieuw Arch.Wisk.(2) 20(1940)288-290. M 3,17.

DŽAVADOV,M.A.[1] Die konformen Abbildungen in euklidischen und pseudoeuklidischen Räumen beliebiger Dimension als gebrochene lineare Abbildungen. M 14,498.
[2] An application of non-euclidean geometry over the algebra of dual matrices to projective geometry over the algebra of real matrices.(russ.) R(1962)8A,63.

DŽAVADOV,M.A./ABBASOV,N.T.[1] Halb-nichteuklidische Räume über Alternionenalgebren.(russ.) Z 168,414.

ECKHART,L.[1] Über die Abbildungsmethoden der darstellenden Geometrie. Sb. Akad.Wiss.Wien, math.nat.Kl. IIa, 132(1924)177-192. J 50,387.
•[2] Konstruktive Abbildungsverfahren. Wien 1926. J 52,621.

•EFIMOV,N.V.(EFIMOW,N.W.)[1] Höhere Geometrie. Berlin 1960. M 24A,303.
[2] Non-imbeddability of the Lobatschevsky half-plane.(russ.) Z 297,331; Z 309,325.

EFREMOVIČ,V.A./TIHOMIROVA,E.S.[1] The continuation of an equimorphism to infinity.(russ.) Dokl.Akad.Nauk SSSR 152(1963)1051-1053. M 27,986.

•EINSTEIN,A.[1] Grundzüge der Relativitätstheorie. Braunschweig 1956.
•[2] Über die spezielle und allgemeine Relativitätstheorie. Braunschweig 1954.

•ENGEL,F./STÄCKEL,P.[1] Die Theorie der Parallellinien von Euclid bis auf Gauß. Leipzig 1895.

EPŠTEĬN,I.Š.[1] Complete classification of the real conic sections in the extended hyperbolic plane.(russ.) M 24A,421.
[2] Certain problems in the theory of quadrics in an extended Lobačevskiĭ space.(russ.) M 40,633.
[3] A method of constructing certain algebraic curves in an extended Lobačevskiĭ space.(russ.) M 40,633.

ERMOLAEV,YU.B.[1] Simultaneous reduction of a pair of bilinear forms to canonical form.(russ.) M 22,1609.

ES'KINA,L.M./LʹVOVA,L.V./SIBASOV,L.P.[1] Interpretations of the Lobačevskiĭ plane which are intermediate to the projective and conformal interpretations.(russ.) M 36,651.

ES'KINA,L.M./SKAKALSKAJA,A.P.[1] Metric invariants of planes in quasi-elliptic spaces.(russ.) M 27,985.

EULER,L.[1] Recherches sur la courbure des surfaces. Mém. de l'Acad. des Sciences Berlin 16 (1760) 119-143.

•EVELYN,C.J.A./MONEY-COUTTS,G.B./TYRRELL,J.A.[1] The seven circles theorem and other new theorems. London 1974. M 54,156.

EVES,H./HOGGATT,V.E.[1] Hyperbolic trigonometry derived from the Poincaré model. Amer.Math.Monthly 58 (1951) 469-474. Z 43,353.

EVSEEV,V.I. [1] On the geometry of the variety of Lobačevskiǐ planes.(russ.) Z 446,307; M 58,1930.
[2] Über die Geometrie von Mannigfaltigkeiten von Hypergeraden im ^1R_n.(russ.) Z 326,330.
[3] The geometry of the manifold of three-dimensional Lobačevskiǐ planes. (russ.) Trudy Geom.Sem.Kazan.Univ.No.10(1978)46-53. M 81k,4586.

EŽOVA-GUSEVA,L.M.[1] Hyperspheres, equidistants and orispheres in a complex hyperbolic space. (russ.) M 33,1380.

FABRICIUS-BJERRE,F.[1] Über zykloidale Kurven in der Ebene und im Raum. M 13,275.
[2] Über die Normalen von Quadriken in einem nichteuklidischen Raum. Z 60,329.

FADLALLA,A.A.[1] On the group of automorphisms of the Euclidean hypersphere. Z 167,66.

FANO,G.[1] Sulle superficie algebriche con infinite trasformazioni projettive in se stesse. J 26,727.

FARRAHI,B.[1] A characterization of isometries of absolute planes. Result. d.Math. 4 (1981) 34-38.

FEDOROVA,R.N.[1] Die Isotopie der Flächen zweiter Ordnung in der Lobačevskischen Geometrie.(russ.) Z 80,141.

FEJES TÓTH,L.[1] Kreisausfüllungen der hyperbolischen Ebene. Z 51,113.
[2] Über die dichteste Horozyklenlagerung. Z 55,382.
[3] Kreisüberdeckungen der hyperbolischen Ebene. Z 51,114; M 15,341.
[4] On close-packings of spheres in spaces of constant curvature. Z 55,383.
[5] Kugelunterdeckungen und Kugelüberdeckungen in Räumen konstanter Krümmung. Arch.Math. 10 (1959)307-313. M 21,963.
[6] Distribution of points in the elliptic plane. Z 151,262.
[7] On the volume of a polyhedron in non-euclidean spaces. Z 70,393.
[8] On the isoperimetric property of the regular hyperbolic tetrahedra. Z 123,390.
[9] Solid packing of circles in the hyperbolic plane. Z 443,331.

FERRARESE,G./STAZI,L. [1] On the structure of the rotations in a three-dimensional hyperbolic space. (ital.) M 80e,1866.

FERUS,D.[1] On isometric immersions between hyperbolic spaces. M 49,251.

FEŠIN,G.M./CIGANKOVA,L.O.[1] A projective metric for a geometry with the absolute $y = x^4$.(ukrain.) M 58,3583.
[2] A projective metric for a geometry with a distinguished absolute.(ukrain.) M 58,3583.

FIALKOW,A.[1] The conformal theory of curves. M 3,307.
[2] Conformal differential geometry of a subspace. M 6,105.

FILLMORE,J.P.[1] Barbier's theorem in the Lobachevski plane. Z 192,594.
[2] On Lie's higher sphere geometry. Z 413,281; M 81f,2274.

• FINIKOW,S.P.[1] Theorie der Kongruenzen. Berlin 1959.

FLADT,K.[1] Über den Parallelismus von Levi-Cività in der Geometrie konstanten Krümmungsmaßes. J. reine angew.Math. 201 (1959)78-83. Z 85,147.
[2] Die Zentralprojektion einer Ebene auf eine andere in der hyperbolischen Geometrie. Acta Math.Acad.Sci.Hungar. 14(1963)403-416. Z 123,171.
[3] Die ebenen Kollineationen in der hyperbolischen Geometrie. Z 103,379.
[4] Die ebenen Korrelationen in der hyperbolischen Geometrie. M 26,127.
[5] Die allgemeine Kegelschnittsgleichung in der ebenen hyperbolischen Geometrie. Teil I: Z 77,140; Teil II: Z 84,163.
[6] Die allgemeine Gleichung der Flächen zweiten Grades in der hyperbolischen Geometrie. J. reine angew.Math. 197 (1957)140-161. Z 77,140.
[7] Elementare Bestimmung der Kegelschnitte in der hyperbolischen Geometrie. Z 132,150.
[8] Über eine rektifizierbare nichteuklidische Neilsche Parabel. Z 137,411.
[9] Einige Merkwürdigkeiten bei speziellen ebenen Kurven der hyperbolischen Geometrie. Z 133,138.
[10] Bemerkungen zur Darstellung der ebenen hyperbolischen Geometrie im ebenen euklidischen hyperbolischen Kreisbündel. Z 78,130.
[11] Neuer Beweis für die Zuordnung von rechtwinkligem Dreieck und Spitzeck in der hyperbolischen Elementargeometrie. J 51,441.
[12] Die nichteuklidische Zyklographie und ebene Inversionsgeometrie (Geometrie von Laguerre, Lie und Möbius).I,II. M 19,573. Z 71,366; Z 78,133.
[13] Zur Möbiusinvolution der Ebene. Elem.Math. 24 (1969)62-63. Z 175,182.

FOG,D.[1] Den isotrope Plans elementaere Geometrie. J 54,677.

FRANK,B.[1] Kurventheorie im Minkowskischen Raum.(russ.) Z 134,168.

FRANK,CH. [1] Der Aufbau der Differentialgeometrie im Lobačevskijschen Raume mit der Methode der äußeren Differentialformen.(russ.) Z 105,152; M 25,866.

FRANK,H.[1] Zur ebenen hyperbolischen Kinematik. Elem.Math. 26 (1971)121-131.
[2] Strahlkinematik im pseudoeuklidischen Raum. Arch.Math. 28 (1977)440-448.
[3] W-Streifen in der Laguerre-Geometrie. Arch.Math. 25 (1974)318-328.
[4] Flächenstreifen und Dupinsche Zykliden in der Laguerre-Geometrie. J.reine angew.Math. 274/275(1975)424-440. Z 302,349.
[5] Kinematik in der Laguerre-Ebene I. J.Geom. 7 (1976)53-84. Z 297,313.
[6] Kinematik in der Laguerre-Ebene II. L-Bewegungen mit Polkurven. Z 351,308.
[7] Kinematik in der Laguerre-Ebene III. L-Bewegungen der engeren Laguerre-Geometrie. Arch.Math. 27(1976)319-329. Z 351,308.
[8] Integralfreie Darstellung der k-Transformierten eines Flächenstreifens in der Möbiusgeometrie. Arch.Math. 23 (1972)548-552. Z 244,349.

• FRICKE,R./KLEIN,F.[1] Vorlesungen über die Theorie der automorphen Funktionen. Bd.I. Leipzig 1897 und New York 1969.

FUBINI,G.[1] Sulle deformazioni infinitesime delle superficie negli spazi a curvatura costante. Rend.Lincei (5) 8 (1899)246-250. J 30,580.
[2] Su una classe notevole di superficie nello spazio ellittico. J 32,620.
[3] Sulle coppie di superficie applicabili nello spazio ellittico. J 35,669.
[4] Il parallelismo di Clifford negli spazi ellittici. J 35,668.

FULTON,C.M.[1] Catenary and tractrix in non-Euclidean geometry. M 15,339.

FUNK,P.[1] Über Geometrien, bei denen die Geraden die Kürzesten sind. Math. Ann. 101 (1929)226-239. J 55,1043.

GABADADZE,N.A.[1] The application of complex and binary numbers to the theory of rectilinear congruences in three-dimensional non-Euclidean spaces. Tr.Tbilissk.Univ. 64 (1957)331-351.

GAFUROV,M.N.[1] Eine geometrische Konstruktion mit Hilfe von Lineal und Standardlänge in der Lobačevskiĭschen Ebene.(russ.) M 49,669.
[2] Über geometrische Konstruktionen in der Lobačevskiĭschen Ebene.(russ.) Z 141,182.
[3] Über die Möglichkeit der Konstruktion eines Paares von parallelen Geraden mit Hilfe eines Lineals und eines Eichmaßes in der Lobačevskiĭschen Ebene.(russ.) Z 159,217.

GAJUBOV,G.N.[1] Transformation of locally convex isometric surfaces in a pseudo-Euclidean space.(russ.) M 35,1345.
[2] Frenetsche Formeln für eine Kurve und einen Flächenstreifen im Lobačevskiĭschen Raum.(russ.) Z 238,358; M 47,1327.
[3] Curves of bounded turning variation in Lobačevskiĭ space.(russ.) M 45,1090.
[4] Unique determination of surfaces in Lobačevskiĭ space.(russ.) M 45,1090.
[5] Certain applications of Pogorelov's mappings to single-valued definitness of surfaces.(russ.) M 35,1346.

GAJUBOV,G.N./GAJUBOVA,K.N.[1] On the unique determination of surfaces in hyperbolic space.(russ.) M 45,1090.
[2] The rigidity of surfaces in Lobačevskiĭ space.(russ.) M 45,1090.

GANS,D.[1] A new model of the hyperbolic plane. Z 136,151.
[2] An introduction to elliptic geometry. M 17,401.
•[3] An Introduction to non-Euclidean Geometry. New York-London 1973.
•[4] Transformations and Geometries. New York 1969.

GARDNER,M.[1] Das Parallelenaxiom des Euklid und seine modernen Nachfolger. Spektr.d.Wiss.,Dez.1981,10-14.

GARNER,C.W.L.[1] Coordinates for vertices of regular honeycombs in hyperbolic space. Z 139,380.
[2] Polyhedra and honeycombs in hyperbolic space. Diss. Univ.of Toronto 1964.
[3] Klein's Erlanger Programm and the geometry of an infinitesimal region. Amer.Math.Monthly 84(1977)367-368. Z 391,264.
[4] A finite analogue of the classical hyperbolic plane and Hjelmslev groups. Geom.Dedicata 7(1978)315-331. Z 383,267.

•GARNIER,R.[1] Cours de Cinématique.III.(Géométrie et Cinématique cayleyennes) Paris 1951.
[2] Sur la courbure des surfaces enveloppes en cinématique cayleyenne. Z 44, 358.
[3] Sur les axoïdes et la viration dans les espaces cayleyens. M 12,276.
[4] Sur une propriété caractéristique des transformations de Lorentz. M 14,807.

GEĬDEL'MAN,R.M.[1] Verbiegung von Geradenkongruenzen im dreidimensionalen erweiterten nichteuklidischen Raum.(russ.) Z 163,432.
[2] On the theory of pseudo-congruences and congruences of planes of a multidimensional hyperbolic space and of congruences of spheres of a multidimensional conformal space.(russ.) M 16,1149.
[3] Grundlagen der Theorie der Familien von Unterräumen in symplektischen Räumen.(russ.) Z 103,147; M 25,866.
[4] On the theory of a hypersurface in four-dimensional non-Euclidean spaces.(russ.) Z 113,150; M 26,134.
[5] Symplektische Theorie der Geradenkongruenzen.(russ.) Z 96,370; M 23A,534.
[6] Zur Theorie der Ebenenscharen in nichteuklidischen Räumen.(russ.) Z 91, 347; M 23A,780.
[7] Über die Transformation triorthogonaler quadratischer Systeme in vierdimensionalen nichteuklidischen Räumen.(russ.) Z 134,169.
[8] Analytische Geradenkongruenzen im dreidimensionalen dualen nichteuklidischen Raum.(russ.) Z 91,347.
[9] Conformal theory of two-parameter families of spheres.(russ.) Z 100,178.

[10]Conformal bending of two-parameter families of spheres.(russ.) M 27,141.

GEISE,G.[1] Elementares aus der höheren Geometrie. Z 161,176.
[2] Über Matrizengeometrie. Z 229,342.
[3] Die Graphen der projektiven Abbildungen einer projektiven Ebene in sich. Math.Nachr. 53(1972)33-51. Z 244,344.
[4] Eine punktreihengeometrische Fassung der singulären projektiven Abbildungen einer Ebene in sich im Raum der projektiven Abbildungen dieser Ebene. Z 257,299.
[5] Zu Sophus Lies ursprünglicher Begründung der Geraden-Kugel-Transformationen. Z 94,340.
[6] Über den Zusammenhang von Netzprojektion und kinematischer Abbildung. Z 149,396.

GERGELY,E.[1]Sur quelques classes de surfaces réglées de l'espace Lobatchevski-Bolyai.(ungar.) Z 132,160.
[2] Elementare Geometrie der Geradenbüschel der Lobatschewski-Bolyai'schen Ebene. Erweiterung der Lobatschewski-Bolyai'schen Ebene. M 23A,93.
[3] Theorie der Regelflächen im Lobatschewski-Bolyai'schen Raum.(ungar.) Studia Univ.Babes-Bolyai Math. 3(3)(1958)17-24.
[4] Sur les cônes et coniques de la géométrie de Lobatchevsky-Bolyai.(rumän.) Acad.R.P.Romîne.Bul.Şti.Sect.Şti.Mat.Fiz. 7(1955)1025-1034.

GERRETSEN,J.C.H.[1] Die Begründung der Trigonometrie in der hyperbolischen Ebene.I,II,III. M 6,13.
[2] Zur hyperbolischen Geometrie. M 6,13.
[3] Die Liniengeometrie des vierdimensionalen Raumes.I. M 6,19.

GIERING,O.[1] Die Projektion mit Hilfe eines parabolischen Strahlnetzes und ihre Anwendung auf gewisse quadratische Strahlkomplexe. Z 173,493.

GLASS,S. [1] Sur les géométries de Cayley et sur une géométrie plane particulière. J 53,542.

GLUŠKOV,P.A.[1] The theorem of Menelaus for triangles with improper vertices of the first kind on the Lobačevskiĭ plane.(russ.) R(1969)6A,54.
[2] Certain identities that relate to segments on the Lobačevskiĭ plane. (russ.) R (1969)6A,54.
[3] Trigonometric forms of the theory of transversals of Lobačevskiĭ space. (russ.) R (1969)6A,54; M 45,1677.
[4] Analogues of the theorems of Menelaus and Ceva in Lobačevskiĭ space. (russ.) R (1969)6A,54; M 45,1678.

GÖTZ,H.[1] Zur konformen Kurventheorie. Mh.Math. 60(1956)205-211. Z 73,165.

GOODNER,D.B.[1] Conic sections in the elliptic plane. M 24A,665.

GORBUNOVA,M.I.[1] The geometry of m-orispheres in non-Euclidean spaces. (russ.) M 36,651.
[2] Geometry of m-orispheres in non-euclidean spaces.(russ.) M 33,1097.

GORZIĬ(GORZIJ),T.A.[1] Die Starrheit konvexer Hyperflächen im elliptischen Raum.(russ.) Z 286,351.
[2] Die eindeutige Bestimmung von glatten konvexen Hyperflächen eines elliptischen Raumes.(russ.) Z 306,340.
[3] Über die lokale Unverbiegbarkeit konvexer Hyperflächen eines elliptischen Raumes.(russ.) Z 432,311.

GRAF,U.[1] Zur Möbiusschen und Laguerreschen Kreisgeometrie in der Minimalebene. Sb.Berlin.Math.Ges. 35(1936)25-34. J 62,728.
[2] Über Laguerresche Geometrie in Ebenen und Räumen mit nichteuklidischer Metrik. J 61,601.

[3] Über Laguerresche Geometrie in Ebenen mit nichteuklidischer Maßbestimmung und den Zusammenhang mit Raumstrukturen der Relativitätstheorie. Tôhoku Math.J. 39(1934)279-291. J 60,494.
[4] Zur Liniengeometrie im linearen Strahlenkomplex und zur Laguerreschen Kugelgeometrie. Math.Z. 42(1937)189-202. J 63,595.
[5] Über eine Darstellung der kosmologischen Struktur mit zeitlich veränderlicher Raumkrümmung in der Laguerreschen Kugelgeometrie. J 62,728.
[6] Über einscharig in der linearen Strahlenkongruenz enthaltene Regelflächen 2.Grades. Math.Z. 40(1936)671-682.
[7] Über eine anschauliche Deutung der Kreiskörper mit Hilfe der zyklographischen Projektion. J 62,729.
[8] Über die Strukturen einer Geometrie orientierter Punkte und einer Geometrie orientierter Geraden. J 60,494.

GRAUERT,H./LEYKUM,S.[1] Die pseudoeuklidische Geometrie als statistisches Gleichgewicht. Z 438,308.

GRAVES,L.K.[1] Codimension one isometric immersions between Lorentz spaces. Trans.Am.Math.Soc. 252(1979)367-392. M 80j,3993.

GRIMM,W.[1] Über Flächen mit zwei Scharen von kubischen Asymptotenlinien. Diss. Karlsruhe 1972.

•GRÖBNER,W.[1] Matrizenrechnung. Mannheim 1966.

GRÜNER,S.[1] Zur Differentialgeometrie der isotropen Möbiusebene. Diss. Stuttgart 1970.
[2] W-Kurven der isotropen Möbiusebene. Z 244,350; M 47,1660.

GRÜNWALD,J.[1] Ein Abbildungsprinzip, welches die ebene Geometrie und Kinematik mit der räumlichen Geometrie verknüpft. J 42,702.
[2] Über duale Zahlen und ihre Anwendung in der Geometrie. J 37,486.

GRUTING VAN,C.J.[1] Some remarks on properties of triangles and circles in elliptic geometry.I,II(dutch) M 12,732; Z 38,303; Z 43,353.

GUC,A.K.[1] Über Abbildungen von Mengenscharen im Lobačevskiĭschen Raum. (russ.) Z 314,318.
[2] Mappings of an ordered Lobačevskiĭ space.(russ.) Z 319,333.

GULIDA,L.L.[1] Über eine Eigenschaft der Verbiegung einer allgemeinen konvexen Fläche des elliptischen Raumes.(russ.) Z 437,302.

GURʹEVA,V.P.[1] Elliptic lines in the three-dimensional quasihyperbolic space $^{01}S_3^1$.(russ.) M 54,1587.

GUREVICH,V.L.[1] Convex surfaces in a pseudo-euclidean space. Z 415,293.

GUTSUL,I.S.[1] On a series of compact three-dimensional manifolds of constant negative curvature.(russ.) Z 441,300.

GUTSUL,I.S./MAKAROV,V.S. [1] On a property of Fedorov groups in Lobachevskian space.(russ.) Z 448,292; Z 452,284.

GYARMATHI,L.[1] Ein neues Modell der hyperbolischen Geometrie.(ungar.) M 25,1062.
[2] Ein neues Modell der hyperbolischen Geometrie (Fortsetzung).(ungar.) R (1963)3A,52.
[3] Das Modell der hyperbolischen ebenen Geometrie auf der projektiven Geraden. M 41,1380.
[4] Die Modelle der hyperbolischen ebenen Geometrie in der Möbiusschen Ebene. I,II. Teil I: Z 169,230; M 37,391. Teil II: Z 184,462; M 40,156.
[5] Eine Charakterisierung der vierdimensionalen elliptischen Geometrie durch Quaternionen. Z 100,158; M 27,796.

[6] Konstruktive Lösung der Apollonius-Aufgabe im n-dimensionalen Raum durch Benützung einer Erweiterung der zyklographischen Abbildung auf mehrdimensionale Räume. Z 37,382.

• HAACK,W.[1] Differential-Geometrie. Teil II. Wolfenbüttel-Hannover 1948.

HAANTJES,J.[1] Conformal Differential Geometry. Z 25,365; Z 26,353; Z 27,348.
[2] Symmetrization in the hyperbolic plane. M 8,597.
[3] Equilateral point-sets in elliptic two- and three-dimensional spaces. M 9,369.

HAASTEREN VAN,A.[1] Over de formule van Euler-Savary en haar uitbreidingen in de cinematische meetkunde van de euclidische ruimte en van het niet-euclidische vlak. Diss. Leiden 1947.

HAENZEL,G.[1] Nichteuklidische Geometrie und ihre Verwendung in der Physik. Z 18,86.

HAJŎS,G./SZÁSZ,P.[1] On a new presentation of the hyperbolic trigonometry by aid of the Poincaré model. M 30,969.

HALSTED,G.B.[1] Bibliography of Hyper-Space and Non-Euclidean Geometry. Am.J.of Math. 1(1878)261-276. Addenda: Am.J.of Math. 1(1878)384-385.
[2] Addenda to Bibliography of Hyper-Space and Non-Euclidean Geometry. Am.J. of Math. 2(1879)65-70.

HANDEST,F.[1] Constructions in hyperbolic geometry. Z 72,382.

HARTL,J.[1] Zur Möbius-Differentialgeometrie der Streifen und M-Kurven. Diss. Techn.Univ. München 1979. Z 404,267.
[2] Einheitliche Darstellung der Bewegungen der dreidimensionalen nichtentarteten Cayley-Klein-Räume. Z 426,308.
[3] Die Maximalerzeugenden der projektiven Quadriken. Sb. Akad. Wiss. Wien, math.-nat.Kl. II 189(1980)351-360.

HARTMANN,S.[1] Möbius-Kinematik. Diss. Stuttgart 1973.

HATIPOV,A.Ė.-A.[1] Flächentheorie in Räumen mit zerfallendem Absolutgebilde. (russ.) M 18,820.

HAUPT,O.[1] Vierscheitelsätze in der ebenen hyperbolischen Geometrie. Geom. Dedicata 1(1973)399-414. Z 262,335.

HAZANOV,M.B.[1] Über Flächeninhalte in der Lobatschewskischen Ebene. (russ.) Dokladi Akad.Nauk SSSR 56(1949)571-574. M 11,50.
[2] Über die Entwicklung der Inhaltstheorie in der Lobatschewskischen Ebene. (russ.) Učenie zapiski Kabardinskogo Gos.Ped.Inst. 6(1955)3-23.
[3] New models for many-dimensional Euclidean and hyperbolic geometries and some of their applications.(russ.) M 36,169.
[4] On the application of a new theory of areas in the Lobačevskiĭ plane to deriving the curvature formula.(russ.) M 20,212.

HEFFTER,L.[1] Abbildung des hyperbolischen und des elliptischen Raumes im Euklidischen Raum. Z 14,362.
•[2] Grundlagen und analytischer Aufbau der Geometrie. 3.Aufl. Stuttgart 1958.

•HEINHOLD,J./RIEDMÜLLER,B.[1] Lineare Algebra und Analytische Geometrie. I,II. München 1971 und 1973.

HEINTZE,E./IM HOF,H.-CH.[1] Geometry of horospheres. Z 434,321.

HELMHOLTZ VON,H.[1] Über die thatsächlichen Grundlagen der Geometrie. Verh.nat.-med.Verein Heidelberg 4(1866)197-202.

[2] Correctur an dem Vortrag vom 22. Mai 1868 die thatsächlichen Grundlagen der Geometrie betreffend. Verh. nat.-med.Verein Heidelberg 5 (1869)31-32.
[3] Über die Thatsachen, die der Geometrie zum Grunde liegen. J 1,22.

HERGLOTZ,G. [1] Über die Steinersche Formel für Parallelflächen. Z 28,87.
[2] Über den vom Standpunkt des Relativitätsprinzips aus als "starr" zu bezeichnenden Körper. J 41,763.

HESSE,O. [1] Ein Übertragungsprinzip. J. reine angew. Math. 66 (1866) 15-21.

•HILBERT,D. [1] Grundlagen der Geometrie. 8.Aufl. Stuttgart 1962.
[2] Neue Begründung der Bolyai-Lobatschefskijschen Geometrie. J 34,525.

HJELMSLEV(PETERSEN),J. [1] Géométrie des droites dans l'espace non euclidien. Verh.Dän.Akad.Kopenhagen (1900)308-330.

•HLAVATÝ,V. [1] Differentielle Liniengeometrie. (Deutsch von M.Pinl) Groningen 1945. M 8,346; M 15,252.
[2] Zur Lie'schen Kugelgeometrie.I-IV. I:Kanalflächen (Z 26,354), II-IV:Kongruenzen (M 9,64).

HÖLDER,E. [1] Die Dynamik des starren Körpers in einem nichteuklidischen Raum. M 18,775.

HOFMANN,J.E. [1] Über sich nicht treffende hyperbolische Gerade. Z 84,163.

HOFMANN,L. [1] Die Stellung der projektiven Geometrie im relativistischen Weltbild. Mh.Math. 65 (1961)323-336. Z 98,429.
[2] Über ein bei den Clifford'schen Flächen bestehendes Analogon des Satzes von Dandelin. Mh.Math. 62 (1958) 1-15. Z 83,159.

HOHENBERG,F. [1] Über die Hyperflächen zweiten Grades mit einem gemeinsamen Polsimplex. Z 26,65.
[2] Parallelprojektionen in nichteuklidischen Räumen. Z 13,125.
[3] Apolarität und Schließungsproblem bei Kegelschnitten. M 6,14.
[4] Zirkulare Kurven in der nichteuklidischen Geometrie. Z 16,71.
[5] Das Apollonische Problem im R_n. Z 27,243.
[6] Das Apollonische Problem im R_n und seine Verallgemeinerungen. Z 40,372.
[7] Die Dreiecke mit $r = 2\rho$ im komplexen Gebiet. Simon Stevin 55 (1981)17-25.

HOPF,H. [1] Zum Clifford-Kleinschen Raumproblem. J 51,439.

HORNIAČEK,J. [1] Die Abbildung des Produktes der Projektivitäten auf einer Geraden. (tschech.) Z 100,352.

HORVÁTH,J. [1] Über die regulären Mosaike der hyperbolischen Ebene. Z 132,144.

HOSCHEK,J. [1] Globale Invarianten von Raumkurven, Regelflächen und Geradenkongruenzen im einfach isotropen Raum. Z 332,280.
•[2] Liniengeometrie. Zürich 1971.

IGNATENKOVA-BOČINA,L.P. [1] Canonical frames of line congruences in the four-dimensional noneuclidean spaces ${}^1S_4$. (russ.) M 41,812.

IL'INA,L.S./KAGAN,A.E. [1] Theorie der Flächen des Lobačevskiĭschen Raumes im Cayley-Kleinschen Modell und unendlich kleine Verbiegungen. (russ.) Z 256,345.

IL'JAŠENKO,V.JA. [1] Komplexe im hyperbolischen Raum, bei denen die Strahlzentren mit den mehrfachen Inflexionszentren zusammenfallen. (russ.) Z 291,336.
[2] Integralfreie Darstellung gewisser Klassen von Komplexen in einem hyperbolischen Raum. (russ.) Z 257,311.

IL'KHAMOV,U.I.[1] A transformation of convex isometric surfaces in non-euclidean spaces. (russ.) Z 434,311.

IMRE,M.[1] Kreislagerungen auf Flächen konstanter Krümmung. Z 135,407.

INZINGER,R.[1] Über eine Abbildung der Speere einer Ebene. Z 31,68.

IVANOV,I.[1] Eine Beziehung zwischen dem Linienelement der Flächen und dem Linienelement der Kurven im hyperbolischen biaxialen Raum.(bulg.) Z 308, 332.
[2] Flächen in der zweiachsigen Geometrie. Z 136,170.
[3] Die geodätischen Linien erster Art der zweiachsigen Geometrie als Minimallinien. Z 118,381.
[4] Geometrische Deutung der Krümmungslinien auf den Flächen im zweiachsigen hyperbolischen Raum. (bulg.) Z 235,339.
[5] Die Dichte der Menge der "geodätischen" Linien auf einer Fläche eines hyperbolischen biaxialen Raumes. (bulg.) Z 312,285.
[6] Die Lie'schen Flächen 2.Ordnung, die mit den Flächen des hyperbolischen biaxialen Raumes zusammenhängen. (bulg.) Z 314,318.
[7] Über die Kongruenz der Flächen in der hyperbolischen zweiachsigen Geometrie. Z 136,171.

IVANOVA,G.[1] The relation between the absolute differential invariants of an elliptic pencil of lines and the numerical invariants of two lines linked with the pencil. (bulg.) M 58,3586.

IVLEV,E.T.[1] Certain geometric forms associated with a family of lines and planes in ${}^1S_n$. (russ.) M 45,477.

IZMAĬLOVA,T.S.[1] Special classes of line congruences in ${}^1S_5$. M 49,1457.

IZOTOV,G.E.[1] Flächen 2. Ordnung des biplanaren Raumes.(russ.) Z 118,155.

JAGLOM(YAGLOM),I.M.[1] Projektive Maßbestimmungen in der Ebene und komplexe Zahlen. (russ.) Z 41,271.
•[2] Galileo's principle of relativity and noneuclidean geometry.(russ.) Moskau 1969. M 41,1115.
•[3] Komplexe Zahlen und ihre Anwendung in der Geometrie.(russ.) Moskau 1963. (engl.Übersetzung: I.M.Yaglom[1]). Z 112,129.
[4] Zur Theorie der Lie'schen Kreistransformationen.(russ.) Z 188,255.

•JAGLOM,I.M./ATANASJAN,L.S.[1] Geometrische Transformationen. in: Enzyklopädie der Elementarmathematik. Bd.IV. Berlin 1969.

JAGLOM,I.M./ROSENFELD,B.A./JASINSKAJA,E.U.[1] Projektive Metriken. (russ.) Z 136,157.

JANK,W.[1] Ein Bündelmodell des dreidimensionalen elliptischen Raumes. Sb. Akad.Wiss.Wien, math.nat.Kl. II 186 (1977)301-319. Z 374,253.
[2] Über quadratische Hyperkegel des euklidischen R^4. Z 395,264.

JANKOVSKÝ,Z.[1] *M*-Bewegungen mit den (*U*)-Automorphismen.(tschech.) M 57,1771.
[2] Zur Approximation der Bahnkurven der *M*-Bewegung. Z 436,307.
[3] Die Grundlage der *M*-Kinematik und der *M*-kinematischen Geometrie in der Ebene. (tschech.) Diss. Prag 1974.
[4] Zu einigen Fragen der ebenen kinematischen Geometrie auf der *M*-Gruppe. (tschech.) Acta polytechn.-Práce ČVUT v Praze 7 (1978) 43-51.

JANSEN,H.[1] Abbildung der hyperbolischen Geometrie auf ein zweischaliges Hyperboloid. J 40,526.

JARUTKIN,A.N.[1] Surfaces with nonzero Euler difference in pseudo-Euclidean space. (russ.) M 81b,611; M 81f,2274.

[2] Some conditions for the absence of closed asymptotic lines on surfaces with an indefinite metric. (russ.) M 81d,1414.

•JASIŃSKA,E.[1] Räume mit projektiven Metriken.(poln.) Warschau 1974. Z 303,290.
•[2] Analytic and conformal geometry of a space with projective metric.(poln.) Warschau 1977. M 58,2720.

JASIŃSKA,E.J./KUCHARZEWSKI,M.[1] Kleinsche Geometrie und Theorie der geometrischen Objekte. M 49,678.
[2] Grundlegende Begriffe der Kleinschen Geometrie. M 50,1980.

JASINSKAJA(YASINSKAYA),E.U.[1] Metrische Invarianten und Kovarianten linearer Komplexe in reellen nicht-Euklidischen und halb-nicht-Euklidischen Räumen. (russ.) Z 333,290.
[2] Semieuclidean and seminoneuclidean spaces. Z 107,383.
[3] Metrische Invarianten von Quadrikgleichungen und Ebenenpaaren in semi-nichteuklidischen Räumen. (russ.) Z 168,416.

JESSEN,B.[1] Einige Bemerkungen zur Algebra der Polyeder in nicht-euklidischen Räumen. Comment.Math.Helv. 53 (1978) 525-528. Z 395,264.

JOHANSSON,I.[1] Ein Beitrag zur ebenen Geometrie von Laguerre. J 56,1157.

JUDOV,A.A.[1] Subgroups of the group of motions of a four-dimensional pseudo-Euclidean space of zero signature. (russ.) M 57,173.

JUNOLAĬNEN,A.I.[1] On the question of the construction of a hypersurface from its mean curvature in Lobačevskiĭ space. (russ.) M 47,176.

JUSUPOV,D.[1] A certain generalization of the theorem on the natural equation. (russ.) M 58,2736.

KADOMCEV,S.B.[1] Die Unmöglichkeit gewisser spezieller isometrischer Einbettungen Lobačevskiĭscher Räume. (russ.) Z 394,263.

KAGAN,V.F.[1] Die Entwicklung der Interpretationen der nichteuklidischen Geometrie. (russ.) Z 39,364.
•[2] Foundations of geometry. A study of foundations of geometry in the course of its historical development. Part II. Interpretations of Lobačevskiĭ's geometry and development of its ideas. (russ.) Moskau 1956. M 19,303.
[3] The development of interpretations of non-Euclidean geometry. Introductory considerations and the first development of interpretations of the geometry of Lobačevskiĭ.(russ.) M 14,575.

KAGAN,W.[1] Abriß des geometrischen Systems von Lobatschefsky.(russ.) Spaczinski's Bote No. 234, 23S. J 26,533; J 27,373.

KALLENBERG,G.W.M.[1] Plane hyperbolic differential geometry. M 23A,231.
[2] The osculating logarithmic spiral in plane hyperbolic geometry. M 25,492.
[3] Differential geometry of a particular group of projective transformations. Z 78,352; M 19,450.
[4] Ruled surfaces in a particular geometry. M 22,1204.
[5] Aequidistantoids and basoids in plane hyperbolic geometry. Z 118,380.
[6] Three kinds of hyperbolic polar coordinates. Z 115,148.
[7] Umbilics of Quadrics in three-dimensional non-euclidean Geometry. Z 447,277.

•KAMKE,E. [1] Differentialgleichungen.I. 6.Aufl. Leipzig 1969.

KAPUSTKA,E.[1] Sur de géométrie transitive de Klein. M 81c,1017.

KARASENKO,E.Ī.[1] On the theory of complexes in a three-dimensional projective-axial space. (ukrain.) M 50,1991.

KARGER,A.[1] Eine Bemerkung zur Definition der Klein'schen Quadrik in der metrischen Liniengeometrie.(tschech.) Z 167,493; M 39,863.

KARPOVA,L.M./KONJAEVA,L.V./L'VOVA,L.V.[1] Kobewegungen und Bilder der Schiefsymmetrie von Räumen mit projektiver Metrik.(russ.) Z 167,493.

KARPOVA,L.M./MARKINA,L.M.[1] Dual elliptic spaces.(russ.) M 57,525.

KARPOVA,V.S.[1] Certain classes of surfaces in the elliptic space S_3^n. (russ.) M 53,201.

KÁRTESZI,F.[1] Eine Bemerkung über das Dreiecksnetz der hyperbolischen Ebene. Publ.Math.Debrecen 5 (1957) 142-146. Z 78,131.

KARZEL,H.[1] Bericht über projektive Inzidenzgruppen. Z 131,191.

KASHIWAGI,H.[1] Oriented circles in non-euclidean space.IV. J 51,442.

KASYMOVA,S.S.[1] Quasinichteuklidische Räume über einer Algebra reeller Matrizen. (russ.) Z 145,171.

KATEŘIŇÁK,J.[1] Mapping methods in Lobačevskiǐ space.(tschech.) M 40,633.
[2] Non-embeddable and embeddable non-euclidean spaces. Z 449,311.

KELLER,O.H./LIEBOLD,G.[1] Bemerkungen zur Inhaltslehre der ebenen hyperbolischen Geometrie. Math.Ann.142(1961)254-258. Z 94,338; M 23A,392.

KELLY,P.J.[1] Barbilian geometry and the Poincaré model. M 15,819.

•KELLY,P./MATTHEWS,G.[1] The Non-Euclidean Hyperbolic Plane. Berlin-Heidelberg-New York 1981.

KERÉKJÁRTÓ DE,B.[1] Nouvelle méthode d'édifier la géométrie plane de Bolyai et de Lobatchefski. Comment.Math.Helv. 13 (1940/41)11-48. M 2,259.

•KILLING,W.[1] Die Nicht-Euklidischen Raumformen in analytischer Behandlung. Leipzig 1885. J 17,508.
• [2] Einführung in die Grundlagen der Geometrie.I,II. Paderborn Bd.I 1893, Bd.II 1898. J 25,853; J 29,405.

KIOTINA,G.V.[1] Motions in the spaces $P_4^{3_2}$ and $P_4^{3_1}$.(russ.) M 58,2722.
[2] Three-dimensional spaces of hyperbolic type of maximal mobility with linear absolutes. (russ.) M 54,162.
[3] Biflag spaces.(russ.) M 52,1667.
[4] Hypersurfaces in an quasibiflag n-space.(russ.) M 81k,4586.
[5] Verallgemeinerte Räume vom halbhyperbolischen Typ.(russ.) Z 319,333.
[6] Motions in P_4 with an absolute consisting of three points and one line. (russ.) M 52,2140.
[7] Quasigroups and groups of motions of certain linear collineation systems in P_5. (russ.) M 50,432.
[8] A biflag plane. (russ.) M 54,1582.

KIOTINA,G.V./ČAHTAURI,I.A.[1] A biaxial-flag space of hyperbolic type. (russ.) Sakharth.SSR Mecn.Akad.Moambe 83(1976),no.2, 305-308.

KIRIŠČIEV,R.I.[1] Method of rotation in the Lobačevskiǐ plane by means of equidistant projections. (russ.) M 36,651.
[2] Equidistant projections in Lobačevskiǐ space.(russ.) M 37,1077.
[3] Oricyclic projections in Lobačevskiǐ space.(russ.) M 37,1077.

KIRSCHE,P.[1] Zur Möbiusgeometrie der Kreiskongruenzen. Diss. Freiburg 1972.

•KLEIN,F.[1] Vorlesungen über nicht-euklidische Geometrie. Bearbeitet von W. Rosemann. Berlin 1928 (Nachdruck 1968).
[2] Zur Nicht-Euklidischen Geometrie. Math.Ann. 37 (1890)544-572. J 22,535.

[3] Eine Übertragung des Pascalschen Satzes auf Raumgeometrie. J 15,684.
[4] Vergleichende Betrachtungen über neuere geometrische Forschungen. Erlangen 1872 sowie Math.Ann.43(1893)63-100. J 25,871.
[5] Über die sogenannte Nicht-Euklidische Geometrie. J 3,231.
•[6] Vorlesungen über höhere Geometrie. 3.Aufl. Bearbeitet und herausgeg. von W.Blaschke. Berlin 1926 (Nachdruck 1968).
•[7] Gesammelte mathematische Abhandlungen. Bde.1-3. Berlin 1921-1923 (Nachdruck 1973).
[8] Über die sogenannte Nicht-Euklidische Geometrie.(Zweiter Aufsatz). J 5,271.
[9] Gutachten, betreffend den dritten Band der Theorie der Transformationsgruppen von S.Lie anläßlich der ersten Verleihung des Lobatschewsky-Preises. Math.Ann. 50(1898)583-600.
•[10] Vorlesungen über die Entwicklung der Mathematik im 19.Jahrhundert. Bd.1, Berlin 1926; Bd.2, Berlin 1927.
[11] Über Liniengeometrie und metrische Geometrie. J 4,411.
[12] Über die geometrischen Grundlagen der Lorentzgruppe. J 41,535.

KLEĬNŠTEĬN,E.P.[1] Line congruences in the space $R_n^{1(n-1)}$.(russ.) M 58,392.

KLEPPER,W.[1] Die Transformationstheorie der Linienkomplexe [(321)]. Diss. Karlsruhe 1971.

KLIMANOVA,T.M.[1] Unitäre halbelliptische Räume.(russ.) M 27,985.

KLINGENBERG,W.[1] Grundlagen der Geometrie. In: C.F.Gauß, Leben und Werk. Herausgeber H.Reichardt, Berlin 1960.

KLIX,W.-D.[1] Ein Beitrag zur Übertragung der euklidischen Liniengeometrie auf die Kleinsche Hyperquadrik des P_5. Z 259,334.
[2] Netzprojektion eines Tetraeders. Z 159,222.

KNESER,H.[1] Der Simplexinhalt in der nichteuklidischen Geometrie. Z 14,362.

KNIGHT,A.J.[1] Some loci in S_5 associated with systems of conics in a plane. M 81c,1022.

KNOTHE,H.[1] Zur Theorie der konvexen Körper im Raum konstanter positiver Krümmung. Z 49,123; M 15,819.
[2] Über isometrische Flächenpaare im elliptischen Raum. M 14,203.

KOBA,V.I.[1] Some investigations into the geometry of the triangle in the Lobačevskian plane. M 20,46.

KOCH,R.[1] Geometrien mit einer Cayleyschen Fläche 3.Grades als absolutem Gebilde. Diss. Stuttgart 1968.

KOLDE,R.[1] Nondegenerate congruences of isotropic lines with infinitely removed multiple foci in $^1R_4$.(russ.) M 54,162.

•KOMMERELL,K.[1] Vorlesungen über Analytische Geometrie des Raumes. 2.Aufl. Leipzig 1949.
[2] Maßkegelschnitt und Trigonometrie. Math.Z. 47(1942)738-742. M 7,321.
[3] Nichteuklidische Geometrie und Desarguessche Konfigurationen. M 27,1181.
[4] Die nicht-euklidische Geometrie und die Trigonometrie auf den Flächen von konstantem Krümmungsmaß. J 32,483.

KOPP,V.G.[1] Line complexes and their bundles in a three-dimensional pseudoeuclidean space.(russ.) R (1961)1A,62.
[2] Classification of infinitely small motions and their bundles in 4-dimensional Lorentz space.(russ.) M 32,1092.
[3] Groups of infinitesimal revolutions of six-dimensional space of zero signature.(russ.) Z 441,301; M 58,2736.
[4] Über Gruppen unendlich kleiner Drehungen k-dimensionaler euklidischer und Lorentzscher Räume.(russ.) Z 198,539.

[5] Über unendlich kleine Bewegungen des vierdimensionalen pseudoeuklidischen Raumes mit der Signatur Null. (russ.) Z 188,257.
[6] Über Isomorphismen, die zwischen einigen Untergruppen der Gruppen der unendlich kleinen Bewegungen des Lorentzraumes und des Euklidischen sowie des Galileischen Raumes existieren. (russ.) Z 325,137.

KORNEEVA,A.O./NORDEN,A.P.[1] The isotropic normal congruences that are connected with curves of n-dimensional Lorentz space L_n ($n \geq 4$). (russ.) M 50,1991.

KOROBENOK,E.V.[1] Gewisse Untergruppen projektiver Gruppen der Ebene und des Raumes. (russ.) Z 125,389.

KOROBENOK,E.V./OREŠČENKO,A.F.[1] On the geometry of surfaces with isotropic lines of curvature in the space ${}^1E_3$. (russ.) M 41,812; Z 184,470.
[2] A classification of the two-dimensional pseudo-Riemannian submanifolds of the space ${}^1E_n$. (russ.) M 58,1116; Z 287,313.

KOROBENOK,E.V./TUTAEV,L.K.[1] Some subgroups of the projective group of a 4-dimensional space. (russ.) M 27,925; Z 156,197.

KOSAČEVSKAJA,E.A.[1] Zur Frage der Quasitranslations-Schraubenflächen. (russ.) Z 201,542.

KOSIOL,E.[1] Grundlagen der Kinematik im hyperbolischen Raume. Diss. Bonn 1922.

KOSOGLJAD,È.I.[1] Equations of motion for a point and a body of variable mass in Lobačevskiĭ space. (russ.) M 58,1120.
[2] The motion of a solid body under the action of forces on the Lobačevskiĭ plane. (russ.) M 45,787.
[3] Two theorems on the fourth integral of the equations of motion of a solid body on the Lobačevskiĭ plane. (russ.) M 45,1090.
[4] Über einige Existenzbedingungen eindeutiger Lösungen der Bewegungsgleichungen eines starren Körpers im pseudoeuklidischen Raum ${}^1R_3$. (russ.) Z 231,318.

KOTEL'NIKOV,A.P.[1] Das Relativitätsprinzip und die Lobačevskijsche Geometrie. (russ.) J 53,825.

KOVANCOV,N.I.[1] Theorie der Komplexe im elliptischen Raum. (russ.) Z 178,556.
[2] Komplexe im hyperbolischen Raum. (russ.) Z 134,168.
[3] Theorie der Komplexe in einem biaxialen Raum. (russ.) Z 121,385.

KOVANCOV,N.I./BOROVEC,A.N.[1] Konstruktion biaxial-zentraler Komplexe. (russ.) Z 315,333.

KOVANCOV,M.Ī./BOROVEC',G.M./LJUBAREC',N.M.[1] On the theory of ruled manifolds in a biaxial space. M 33,1104.

KOVANCOV,M.Ī./ĪLLJAŠENKO,V.JA.[1] Two classes of complexes in hyperbolic spaces. (ukrain.) M 50,435.
[2] Inflexions-parabolische Geradenkomplexe im hyperbolischen Raum. (russ.) Z 432,304; M 58,3584.

KOVANCOV,M.Ī./PHAN LUONG HIEU(FAN LĪONG HĪEU)[1] Clifford parallel translation on a surface as the analogue of Levi-Civita parallel translation. (ukrain.) M 46,1065.

KOWALEWSKI,G.[1] Bemerkungen über die projektive Gruppe eines Linienelements. Mh.Math.Phys. 47 (1938)104-116. Z 19,232.
[2] Lobatschefskijs Herz, eine Rollkurve der nichteuklidischen Geometrie. M 11,50.

KRAWCZYK,J.[1] Über die pseudoeuklidischen Kurven in E^1_4. (poln.) Z 407,285; M 58,2736.

[2] The Frenet frame for a two-dimensional pseudo-Euclidean surface in Minkowski space.(poln.) M 53,1613.

KREUZER,G.P.[1] Kurven im n-dimensionalen Raum mit ausgeartetem Absolutgebilde. (russ.) Oreh.-Zuev.Ped.Inst.Uč.Zap. 7(1957)165-171.

•KREYSZIG,E.[1] Differentialgeometrie. 2.Aufl. Leipzig 1968.

KRISTENSEN,E.[1] Construction of a triangle with prescribed angles. (dänisch) M 81j,4110.

KRJUKOV,M.S.[1] On the inertial motion of a rod in a Lobatchevsky space. (russ.) M 29,977; R (1965)4A,67.
[2] The general case of the inertial motion of a rod in a Lobačevskiĭ space. R (1966)7A,70.

KRONSBEIN,J.[1] Elliptic geometry, conformal maps, and orthogonal matrices. Duke math.J. 13(1946)505-519. Z 60,330.

KRUPPA,E.[1] Darstellende Geometrie im Kugelgebüsch. Z 2,347; J 57,785.
[2] Darstellende Geometrie im projektiven Raum mit elliptischer oder hyperbolischer Maßbestimmung. Z 109,418; M 26,1298.

KUBOTA,T.[1] On the extended Ptolemy's theorem in hyperbolic geometry. J 44, 666.
[2] Note on Laguerre transformations. J 47,578.
[3] Einige Bemerkungen zur Lieschen Kugelgeometrie. J 47,579.
[4] Ein Satz über Zykelreihen. Mh.Math.Phys. 43(1936)66-68. Z 13,361.
[5] Beiträge zur Inversionsgeometrie. J 51,586.
[6] Einige Bemerkungen zur Laguerregeometrie. J 52,765.

KUCHARZEWSKI,M.[1] Über die Grundlagen der Kleinschen Geometrie. Z 353,298.
[2] Über die Orientierung der Kleinschen Geometrie. Z 299,331.
[3] Orientability of n-dimensional projective geometry. Z 406,292.
[4] Remarks on the notion of the orientation of Klein's geometry. Z 416,278.

KUČINIĆ,B.[1] The V-models of the hyperbolic plane.(russ.) M 58,1105.
[2] Some recent models of the hyperbolic plane.(russ.) M 51,1942.
[3] Ein Modell der hyperbolischen Ebene in der Theorie der Kegelschnittnetze. Glasnik Mat.Ser.III 5(25)(1970)319-333. M 43,722.
[4] Special cases of a certain model of the geometry of the hyperbolic plane. (russ.) Rad Jugosl.Akad.Znan.Umjet. 349(1971)159-165. M 45,470.
[5] Connection of the ϕ-model and the Klein model of hyperbolic plane geometry. (serbokroat.) M 57,1768.

KUIPER,N.H.[1] Eine ebene Geometrie.(holländisch) Z 58,366; M 16,393.

KULK V.D.,W.[1] Über den kürzesten Abstand von zwei windschiefen Geraden im elliptischen Raum. M 7,321.

KUNLE,H./FLADT,K./SÜSS,W.[1] Erlanger Programm und Höhere Geometrie. In: Grundzüge der Mathematik. Bd.II, Teil B (Herausgeber: Behnke/Bachmann/ Fladt/Kunle), 2.Aufl. Göttingen 1971.

KUREPA,S.[1] The area of a generalized circle in the hyperbolic plane. M 23A, 774.

KURNIK,Z.[1] Einige Betrachtungen über das Sehnenviereck in der hyperbolischen Geometrie. Glasnik Mat.Ser.III 2(22)(1967)91-97.
[2] Analogon einer Verallgemeinerung des Pythagoräischen Satzes in nichteuklidischen Räumen. Glasnik Mat.Ser.III 2(22)(1967)83-89.

KURNIK,Z./VOLENEC,V.[1] Die Verallgemeinerungen des Ptolemäischen Satzes und einiger seiner Analoga in der euklidischen und den nichteuklidischen Geometrien. Glasnik Mat. III 2(22)(1967)213-243. Z 189,209.

[2] Neue Verallgemeinerungen der Ptolemäischen Relationen in der euklidischen und den nichteuklidischen Geometrien. Z 189,209.

KUZNECOV,V.V.[1] Zwei polare Kongruenzenpaare im ${}^1S_3$, die einen gemeinsamen tangentialen Linienkomplex haben.(russ.) Z 164,520; M 41,812.
[2] Über Konfigurationen von Kongruenzen im ${}^1S_3$, die mit binormalen Kongruenzenpaaren zusammenhängen. (russ.) Z 164,520.

KUZNECOVA,N.G.[1] An estimate of the area of a closed surface in Lobačevskiĭ space in terms of its extrinsic curvature and the diameter of the circumscribed sphere. (russ.) M 54,1943.

LAGRANGE,R.[1] Sur les invariants conformes d'une courbe. Z 25,365.
[2] Propriétés différentielles des courbes de l'espace conforme à n dimensions. Comptes rendus 213(1941)551-553. Z 26,353.

•LAGUERRE,E.N. [1] Oeuvres de Laguerre. Tome II, Géométrie. Paris 1905.
[2] Note sur la théorie des foyers. Nouv.Ann.Math. 12 (1853)64.

LALAN,V. [1] Sur une propriété caractéristique des transformations de Lorentz. Z 48,137.

LANGOV,A. [1] Die Einführung der Winkelmetrik im biaxialen Raum durch den Winkel zwischen zwei Sphäroiden. (bulg.) Z 359,293.
[2] Ein Modell der zweidimensionalen Möbiusschen Geometrie in einer elliptischen Geradenkongruenz in P_3. (bulg.) Z 396,236.

LAPKOVSKIĬ,A.K.[1] Über Hyperquadriken mit isotropen Krümmungslinien. (russ.) Z 169,526.

LAPTEV,B.L.[1] The volume of a pyramid in a Lobačevskiĭ space.(russ.) M 17, 777.

LAUFFER,R.[1] Analytische Kurven auf einer Fläche zweiter Ordnung. Z 50,383.

LAZAREVA,V.B.[1] Three webs on a two-dimensional surface in the three-axial space. (russ.) Z 444,320.

LEBEDEVA,A.N.[1] Infinitesimal T-transformations of a ruled complex in a space of constant curvature.(russ.) M 50,1137.
[2] Infinitesimal transformations of ruled complexes in three-dimensional spaces of constant curvature.(russ.) M 47,728.

LEHMANN,H.[1] Zur Möbius-Kinematik. Diss. Freiburg 1967.

LEISENRING,K. [1] Area in non-Euclidean geometry. Z 43,353.
[2] A theorem on nonloxodromic Möbius transformations. Z 88,374.

LENSE,J. [1] Über Kurven mit isotropen Normalen. Math.Ann. 112 (1935)139-154.
[2] Über isotrope Mannigfaltigkeiten. Math.Ann. 116(1939)297-309. Z 20,164.

•LENZ,H.[1] Nichteuklidische Geometrie. Mannheim 1967.
•[2] Vorlesungen über projektive Geometrie. Leipzig 1965.

LESTER,J.A.[1] Conformal spaces. J.Geom. 14 (1980)108-117.
[2] A characterization of non-Euclidean non-Minkowskian inner product space isometries. Utilitas Math. 16 (1979)101-109. M 81f,2265.
[3] Transformations of n-space which preserve a fixed square-distance. Z 422, 251.

LEVINA,M.P.[1] Isotropic 2-families of lines and polar planes in ${}^1S_5$.(russ.) M 47,441.
[2] Semifocal pseudocongruences of lines in ${}^1S_5$.(russ.) M 47,441.

LIBOIS,P.[1] Isométries et similitudes dans les espaces de Minkowski linéaires. Z 77,342.

LIE,S.[1] Bestimmung aller Flächen, die eine continuierliche Schar von projectiven Transformationen gestatten. J 26,707.
•[2] Theorie der Transformationsgruppen.I-III. Leipzig 1888-1893. Abtheilung III(=Bd.3), Kapitel 9: Kurven und Flächen des gewöhnlichen Raumes, die projektive Gruppen gestatten. J 21,356; J 23,364; J 25,623.

•LIE,S./SCHEFFERS,G.[1] Geometrie der Berührungstransformationen. Leipzig 1896.

•LIEBMANN,H.[1] Nichteuklidische Geometrie. 3.Aufl. Berlin-Leipzig 1923.
[2] Über die Begründung der hyperbolischen Geometrie. J 35,501.
[3] Synthetische Ableitung der Kreisverwandtschaften in der Lobatschefskijschen Geometrie. J 33,491.
[4] Die Konstruktion des geradlinigen Dreiecks der nichteuklidischen Geometrie aus den drei Winkeln. J 32,484.
[5] Winkel- und Streckenteilung in der Lobatschefskijschen Geometrie. J 34,529.
[6] Elementargeometrischer Beweis der Parallelenkonstruktion und neue Begründung der trigonometrischen Formeln der hyperbolischen Geometrie. J 36,520.
[7] Zur nichteuklidischen Geometrie (Inhaltsbestimmung asymptotischer Polygone; Beweise der Parallelenkonstruktion). J 37,489.
[8] Neuer Beweis für die Konstruktion der Lobatschefskijschen Parallelen, auf Grund eines Satzes von Hjelmslev. J 41,539.
[9] Die elementaren Konstruktionen der nichteuklidischen Geometrie. J 42,499.
[10] Das Pentagramma mirificum und die nichteuklidischen Parallelen. J 43,564.
[11] Konstruktion der Poincaréschen Abbildung im hyperbolischen Raum. J 45,672.
[12] Hyperbolische Raumgeometrie und geodätische Abbildungen der hyperbolischen Ebene. J 48,639.
[13] Über die Zentralbewegung in der nichteuklidischen Geometrie. J 34,767.
[14] Die Bewegungen der hyperbolischen Ebene. Math.Ann. 85 (1922)172-176.
[15] Die Kegelschnitte und die Planetenbewegung im nichteuklidischen Raum. Ber.Sächs.Ges.Wiss.Leipzig 54(1902)393-423. J 33,491.
[16] Begründung der sphärischen Trigonometrie unabhängig vom Parallelenpostulat, verbunden mit neuer Begründung der hyperbolischen Geometrie. J 39,542.
[17] Elementare Ableitung der nichteuklidischen Trigonometrie. J 38,507.
[18] Zur Geometrie der Laguerre-Gruppe. J. reine angew.Math. 154 (1924)15-19.
[19] Die Liesche Cyklide und die Inversionskrümmung. J 49,531.
[20] Beiträge zur Inversionsgeometrie der Kurven. J 49,531.
[21] Beiträge zur Inversionsgeometrie III. J 49,531.
•[22] Nichteuklidische Geometrie. Leipzig 1905.
[23] Die Lie'sche Geraden-Kugeltransformation und ihre Verallgemeinerungen. J 45,937.

LIEBOLD,G.[1] Bemerkungen zur Modellierung der (klassischen) elliptischen Ebene. Z 368,259.
[2] Über eine Klasse von Modellen der elliptischen Ebene. Z 432,296; M 58,1104.
[3] Zu Fragen der Elementargeometrie in der (klassischen) elliptischen Ebene. M 50,1982.

LINDEMANN,F.[1] Zur Trigonometrie im nicht-euklidischen Raume. J 48,1288.

LOBATSCHEWSKI,N.I.[1] Imaginäre Geometrie. Kasaner Gelehrte Schriften 1836. Deutsche Übersetzung mit Anmerkungen von H.Liebmann, Leipzig 1904.
•[2] Collection complète des oeuvres géométriques de N.I.Lobatcheffsky. Kasan 1886.

LOCHER-ERNST,L.[1] Polarsysteme und damit zusammenhängende Berührungstransformationen. Das Prinzip von Huygens in der nichteuklidischen Geometrie. Z 40,371.

[2] Stetige Vermittlung der Korrelationen. Mh.Math. 54(1950)235-240. Z 37,383.

LÖBELL,F. [1] Die überall regulären unbegrenzten Flächen fester Krümmung. Diss. Tübingen 1927.
[2] Einige Eigenschaften der Geraden in gewissen Clifford-Kleinschen Räumen. J 56,1123.
[3] Beispiele geschlossener dreidimensionaler Clifford-Kleinscher Räume negativer Krümmung. Z 2,406.
[4] Ein Beispiel zur Frage des Verlaufs der geschlossenen Geodätischen in einer Clifford-Kleinschen Fläche. Z 1,28.
[5] Zur Konstruktion geschlossener Clifford-Kleinscher Räume negativer Krümmung. Sb.Bayer.Akad.Wiss.,math.nat.Kl. (1955) 175-185. Z 75,153.
[6] Über die geodätischen Linien der Clifford-Kleinschen Flächen. J 55,959.
[7] Ein Satz über die eindeutigen Bewegungen Clifford-Kleinscher Flächen in sich. J. reine angew. Math. 162(1930)114-131. J 56,1122.
[8] Das rechtwinklige Fünfseit als Grundfigur der Trigonometrie. Aus Unterricht u. Forschung (Stuttgart) 5(1933)112-118,161-167.
[9] Eine Verallgemeinerung des Pentagramma Mirificum. Z 38,307.
[10] Landkarten in der nichteuklidischen Ebene. Z 41,274; M 12,276.

LOEHRL,A. [1] Die Laguerresche Gruppe der Ebene. J 43,202.

LONY,G. [1] Elementar-geometrische Herleitung einer nichteuklidischen Längenmaßbestimmung. J 37,489.

•LORENTZ,H.A./EINSTEIN,A./MINKOWSKI,H. [1] Das Relativitätsprinzip. Leipzig-Berlin 1913 sowie Darmstadt 1958.

LORIA,G. [1] Sulle corrispondenze projettive fra due piani e fra due spazi. J 16,543.

LOTZE,A. [1] Die Ableitungsgleichungen des eine Raumkurve begleitenden Dreibeins in der nichteuklidischen (elliptischen) Geometrie. Z 13,34.

LUBAŚ,E. [1] Zur quadratischen Transformation des dreidimensionalen projektiven Raumes auf die Ebene. M 58,1921.
[2] Projektionen, die mit der quadratischen Projektion konjugiert sind. M 58, 1921.

LÜBBERT,CH. [1] Verallgemeinerte Begleittetraeder von Regelflächen und Kurven im elliptischen Raum. Z 351,309; M 55,1213.
[2] Über Regelflächen konstanter Striktion oder konstanten Dralls im elliptischen Raum. Z 333,289.
[3] Über geschlossene Regelflächen im elliptischen Raum. Z 377,275.
[4] Die Böschungsflächen des elliptischen Raumes. M 55,869.
[5] Über Regelflächen mit speziellen Schmiegquadriken im elliptischen Raum. Z 337,316; M 55,168.
[6] Eine Kennzeichnung der Grenzgruppe des einfach-isotropen Raumes J_3. M 81c, 1026.
[7] Zerlegungen der Grenzgruppe des einfach-isotropen Raumes J_n. M 81h,3148.
[8] Über kinematische Geradenabbildungen. M 81k,4585.

L'VOVA,L.V. [1] Lined geometry of a three-dimensional quasi-elliptic space. (russ.) M 33,1387.
[2] Kongruenzen euklidischer Geraden im dreidimensionalen quasielliptischen Raum. (russ.) M 45,787.
[3] A ruled surface with Euclidean generators in three-dimensional quasielliptic space. (russ.) M 55,1213.

LYŽINA,T.V. [1] Reguli in a three-dimensional flag space. M 51,223.
[2] Ruled congruences in a three-dimensional flag space.(russ.) Z 325,333; M 48,858.

MAAZIKAS, I. [1] Kongruenz isotroper Ebenen im pseudoeuklidischen Raum $^1R_4$. (russ.) Z 257,312; M 51,1947.

MACHALA, FR. [1] The set of centers of curves of constant curvature of the hyperbolic plane that are tangent to a given curve of constant curvature and a line. (tschech.) M 47,1319.
[2] The set of centers of curves of constant curvature of the hyperbolic plane that are tangent to two different curves of constant curvature. (tschech.) M 47,1319.

MACDUFFEE (MAC DUFFEE), C.C. [1] Curves in Minkowski space. M 19,764.
[2] Arc length in special relativity. M 22,750.

MAEDA, J. [1] On the Laguerre-geometry of plane curves. M 2,156.
[2] Differential Laguerre-geometry of plane curves. M 8,232.
[3] Geometrical meanings of the inversion curvature of a plane curve. M 2,156.
[4] Differential Möbius-geometry of plane curves. M 7,265.

MAEDA, K. [1] On the osculating Laguerre cycle of the oriented plane curve. Sci.Rep.Tôhoku Imp.Univ., Ser. 1, 31(1942)55-69.

MÄURER, H. [1] Laguerre- und Blaschke-Modell der ebenen Laguerre-Geometrie. Math.Ann. 164 (1966)124-132. Z 139,143.

MAIER, W. [1] Nichteuklidische Volumina. M 36,169.
[2] Inhaltsmessung im R_3 fester Krümmung. Arch.Math. 5(1954)266-273. M 16,394.

MAIER, W./EFFENBERGER, A. [1] Additive Inhaltsmaße im positiv gekrümmten Raum. Z 175,491.
[2] Funktionale der Volumenmessung. Z 146,419.

MAKAROV, V.S. [1] On asymptotes in the Lobačevskiĭ plane. (russ.) M 32,778.
[2] A class of decompositions of the Lobačevskiĭ space. (russ.) Z 135,209.
[3] A certain class of discrete Lobačevskiĭ space groups with an infinite fundamental region of a finite measure. (russ.) Z 146,165.

MAKAROVA, N.M. [1] On the geometry of Galilei-Newton. I-III. (russ.) Oreh.-Zuev.Ped.Inst.Uč.Zap. 1 (1)(1955)83-95; 7 (2)(1957)5-27 und 29-59.
[2] Basic facts of plane parabolic geometry. (russ.) M 42,167.
[3] Zur Theorie der Kreise in der parabolischen Geometrie der Ebene. (russ.) R(1962)4A,62.
[4] On the theory of cycles in parabolic geometry in the plane. (russ.) Z 163, 425; M 23A,392.
[5] Kurven 2. Ordnung in der ebenen parabolischen Geometrie. (russ.) R(1964) 7A,50.
[6] Projective definitions of measure in a plane. (russ.) M 33,112.
[7] Two-dimensional Noneuclidean Geometry with parabolic angle and distance metric. (russ.) Diss. Leningrad 1962.

MALLMANN, J. [1] Zur Laguerre-Geometrie der Kugelkongruenzen. Diss. Freiburg 1972.

•MANGOLDT VON, H./KNOPP, K. [1] Einführung in die höhere Mathematik. Bd.3, 9.Aufl. Stuttgart 1948; Bd.4 (von F.Lösch) Stuttgart 1973.

MARCUS, F. [1] Again on the surfaces which allow ∞^2 projective transformations into themselves. M 58,4507.

MARKINA, L.M. [1] Quadrics in a co-Galilean space. (russ.) M 33,112.

MARTAKOVA, A.S. [1] Line congruences in three-dimensional Galilean and pseudo-Galilean space. (russ.) Z 447,269; M 58,2736.

MARTYNENKO,V.S.[1] Lösbarkeit von Aufgaben über die Konstruktion 2.Grades in der Lobatschewskischen Ebene mit dem Zirkel unter der Bedingung, daß in der Konstruktionsebene eine Gerade gezogen ist.(ukrain.) Z 146,419.
[2] Some metric geometries the absolute of which is a curve of the third order. (russ.) M 21,298.
[3] On cases of coincidence of the hyperbolic magnitude of an angle in the Lobačevskiǐ plane with its euclidean magnitude in the Beltrami model. (russ.) M 22,678.

MASHANOV(MAŠANOV),V.I.[1] Differentialgeometrie der Regelflächen im Lobatschewski-Raum. (russ.) Z 285,303; R(1963)5A,80.
[2] Zur Differentialgeometrie der Regelflächen im Riemann-Raum.(russ.) M 28, 664; R(1963)6A,64.
[3] Die Invarianten der Regelflächen des Lobačevskischen Raums.(russ.) Z 285, 303; M 28,664; R(1963)6A,64.
[4] A ruled surface belonging to a congruence. R(1963)9A,57.
[5] Construction of a general theory of complexes of straight lines in Lobachevskii, Euclidean and Riemann spaces. R(1965)6A,53.
[6] Die Theorie der Geradenkongruenzen des Lobačevskischen Raums.(russ.) Z 285,302; R(1963)5A,80.
[7] Liniengeometrie in Lobatschewski- und Riemann-Räumen.(russ.) Materials Second Conf.Young Scientists, SO AN SSSR, Novosibirsk (1961) 206-208.
[8] Zur Theorie der Geradenkongruenzen im dreidimensionalen Riemann-Raum. (russ.) M 28,664; R(1963)6A,64.
[9] Regelflächen einer Geradenkongruenz in einem Raum konstanter Krümmung. (russ.) Z 134,167; R(1965)10A,60.
[10] Einige Probleme der analytischen Geometrie des Lobatschewski-Raumes. (russ.) R(1964)4A,54.
[11] On the theory of surfaces in spaces of constant curvature.(russ.) M 46, 754.
[12] The conoids and helical surfaces of spaces of constant curvature.(russ.) M 46,754.

MASHANOV,V.I./PLASTININA,V.D.[1] Ruled surfaces in a space with ruled absolute. (russ.) R(1970)7A,88.

MASHANOV,V.I./TULJUPA,T.I.[1] A general Theory of line complexes in spaces of constant curvature. (russ.) M 46,755.
[2] Properties of polar pairs of complexes in spaces of constant curvature. M 46,755; R (1970)8A,73.

MATEEV,ST.[1] Über einige Eigenschaften von Regelflächen mit gemeinsamer Striktionslinie im elliptischen und hyperbolischen Raum.(bulg.) M 51,928.

MATHÉEV(MATÉEV),A.[1] Congruences de droites dans l'espace hyperbolique. M 23A,774.
[2] Distribution des plans tangents aux surfaces d'une congruence de droites dans l'espace hyperbolique. M 25,112.
[3] Congruences spéciales de droites dans l'espace hyperbolique H_3. M 25,1062.
[4] Sur certaines questions de la théorie des courbes et des surfaces réglées de l'espace elliptique. (bulgar.) M 14,203.
[5] The geometry of a vector field in Cayley space.(russ.) M 24A,427.
[6] Sur la géométrie différentielle des surfaces réglées de l'espace elliptique. (bulg.) M 12,203.

MATSUMURA,S.[1] Differentialgeometrie der Kugelscharen.I. M 22,1203.
[2] Beiträge zur Geometrie der Kreise und Kugeln. Z 41,92.

MAYER,O.[1] Géométrie biaxiale différentielle des courbes. Z 20,69.
[2] Biaxiale Differentialgeometrie der Kurven und Regelflächen. M 8,347.

MEDEK,V.[1] Lineare Systeme projektiver Transformationen einer Geraden. (tschech.) M 18,329.
[2] Einige lineare Systeme von singulären Kollineationen. M 20,860.
[3] Über die Zerlegung der Projektivitäten einer Geraden.(russ.) M 25,663.
[4] Die Zerlegung der Bündel von projektiven Verwandtschaften.(russ.) M 25,663.

MEHMKE,R.[1] Zur Bestimmung des Punktepaares, das im Sinne von Möbius zwei gegebene Punktepaare der Ebene harmonisch trennt. J 54,674.
[2] Über ein Gegenstück zum Eulerschen Satz vom ebenen Dreieck und zu dessen Verwandten im Raum und in höheren Räumen in der hyperbolischen Geometrie. J 57,706.

MEIRER,K.[1] Die windschiefen Flächen mit einer stetigen Schar ebener Schattengrenzen. I,II. Z 447,269.
[2] Über windschiefe Flächen mit ausgezeichneten Scharen ebener Kurven. Ber. Nr.164 Graz, math.stat.Sekt. im Forschungszentrum (1981).

MEKEROV,D.[1] One-parameter families of lines with coinciding basic points in a generalized biaxial space. Z 418,276.
[2] One-parameter families of lines in a generalized biaxial space. Z 379,264.

MEKEROV,D./KOŽUHAROVA,R.[1] Congruences of lines in a three-dimensional projective space with a plane-absolute and a sequence of points on it. (bulg.) M 58,2734.
[2] On the differential geometry of congruences of lines in the space A(g). (bulg.) M 58,2735.

MELLER,N.A.[1] The construction of a system of models of the elliptic plane in the Euclidean plane. (russ.) M 14,576.

MENNICKE,J.[1] Eine Pflasterung des dreidimensionalen hyperbolischen Raumes. Math.-Phys.Semesterber. 27(1980)55-68. M 81e,1814.

MESCHKOWSKI,H.[1] Die Ableitung der trigonometrischen Formeln im Poincaréschen Modell der hyperbolischen Geometrie. Z 48,133.
• [2] Nichteuklidische Geometrie. 4.Aufl. Braunschweig 1971.
[3] Der Flächeninhalt des Dreiecks in der hyperbolischen und der elliptischen Geometrie. Mathematikunterricht 21(1975)70-78. R (1976)3A,99.

MEUSNIER,J.B.M.[1] Mémoire sur la courbure des surfaces. Mém. des Savants étr. 10 (1785) 504.

MEYER,P.[1] Eine Bemerkung zur Differentialgeometrie im quasielliptischen Raum. M 46,755.

MIGALEVA,I.N.[1] Theorie der Kurven und Hyperflächen eines Raumes mit entarteter Fundamentalfläche. (russ.) R (1964)7A,58.

•MIHĂILEANU,N.[1] Nichteuklidische Differentialgeometrie.(rumän.) Bukarest 1964.
[2] Sur les formules de Weingarten dans la géométrie différentielle noneuclidienne des congruences de droites.(rumän.) Z 115,159; M 30,649.
[3] Congruences de droites associées à une surface.(rumän.) Z 131,195.
[4] Une méthode générale d'obtention des formules de Frenet dans les espaces non Euclidiens.(rumän.) Z 53,296; M 16,1051.
•[5] Nichteuklidische Geometrie.(rumän.) Bukarest 1954.
[6] Une interprétation de la géométrie de Lobatschewsky sur l'hyperboloïde à deux nappes.(rumän.) Z 58,142; M 17,72.
[7] Sur les relations de Weingarten.(rumän.) Z 92,145.
[8] Courbes et surfaces de Tzitzeica dans la géométrie noneuclidienne.(rumän.) Z 87,365; M 20,798.
[9] Relations entre les formules des géométries différentielles euclidienne et non-euclidiennes.(rumän.) M 22,839.

[10]Un cas de dualité dans la théorie des courbes et des surfaces.(rumän.) M 22,839.
[11]The interpretation of Lobačevskiĭ geometry in a Euclidean space of higher dimension.(rumän.) M 30,466.

MILLMAN,R.S.[1] Kleinian transformation geometry. M 57,1371.
[2] The upper half plane model for hyperbolic geometry. Z 443,325; M 81c,1016.

MIROŠKINA,N.A.[1] The geometry of a three-parameter family of lines in $^1S_5$. (russ.) M 46,1392.
[2] The special classes of a focal three-parameter family of lines in $^1S_5$. (russ.) M 46,1718.

MIRZO-ZADE,D.I./STEPAŠKO,T.A.[1] Bisemiquaternion projective geometry. (russ.) M 81c,1022.

MITOV,D.[1] The Frenet formulae of a curve in n-dimensional real quasinon-euclidean spaces.(bulg.) M 46,140.

MÖBIUS,F.[1] Die Theorie der Kreisverwandtschaft in rein geometrischer Darstellung. In: Gesammelte Werke, Bd.2, Leipzig 1855.

MÖLLER,H.[1] Beiträge zur Integration der Schläflischen Differentialform für Simplexinhalte in nichteuklidischen Räumen höherer Dimension. M 37, 630.

•MOHRMANN,H.[1] Einführung in die Nicht-Euklidische Geometrie. Leipzig 1930.

MOKRIŠČEV,K.K.[1] Über die Lösbarkeit der Konstruktionsaufgaben zweiten Grades in der Lobačevskischen Ebene mit Hilfe des Hyperzirkels oder des Zirkels und des Horozirkels.(russ.) Z 52,162; M 15,148.
[2] Über einige Klassen von Kurven im Lobačevskischen Raume.(russ.) Z 64,160.
[3] Über die Lösbarkeit von Konstruktionsaufgaben zweiten Grades in der Lobačevskischen Ebene mit Hilfe des Horozirkels.(ukrain.) Z 67,127.
[4] Über die Dreiteilung eines Winkels, eines Geradenabschnitts und eines Dreiecks in der Lobačevskischen Ebene.(russ.) Z 68,335; M 18,817.

MOLCHANOV,V.F.[1] Quantisierung auf einer imaginären Lobachevskijschen Ebene.(russ.) Z 441,301; Z 455,288.

MOLNÁR,J.[1] Kreislagerungen auf Flächen konstanter Krümmung. M 31,480.
[2] Kreispackungen und Kreisüberdeckungen auf Flächen konstanter Krümmung. Acta Math.Acad.Sci.Hung. 18 (1967) 243-251. M 35,1116.
[3] Bemerkungen zu den Grundkonstruktionen der hyperbolischen Ebene. Z 94,338.
[4] A remark connected with the derivation of hyperbolic trigonometry.(russ.) M 24A,537.

MOORE,C.[1] Geometry whose element of arc is a linear differential form, with application to the study of minimum developables. J 46,1032.

MORDUCKAJ-BOLTOVSKOJ,D. [1] Der Satz von Poncelet in der Lobačevskischen Ebene und die elliptischen Integrale.(russ.) Z 43,353.

MOSTOW,G.D.[1] On a remarkable class of polyhedra in complex hyperbolic space. Z 456,101.

MOSZNER,Z.[1] Les repères dans la géométrie de Klein. Z 416,278.

MOTORNYĬ(MOTORNYJ),L.T.[1] Über Flächen, die ein Kontinuum von Quasischiebnetzen tragen. (russ.) M 35,654.
[2] Kinematics on the Lobačevskiĭ plane. (russ.) M 40,1445.
[3] On the kinematics of noneuclidean planes. (russ.) M 40,1445.

MOTORNYĬ,L.T./TRYKOVA,T.N.[1] Über Translationsflächen in einem quasihyperbolischen Raum.(russ.) Z 308,336.

MROCZKOWSKI,J.[1] The projection realization of the Lobaczewski's geometry. (poln.) Z 448,293.

MÜHLBACH,R.[1] Über Raumkurven in der Möbius'schen Geometrie. J 54,789.
[2] Ebene Kurven, Krümmungsstreifen und Flächen in der Laguerre-Geometrie. Diss. Hamburg 1933.

MÜLLER,E.[1] Einige Gruppen von Sätzen über orientierte Kreise in der Ebene. J 42,528.

•MÜLLER,E./KRAMES,J.L.[1] Vorlesungen über darstellende Geometrie. II.(Die Zyklographie) Leipzig-Wien 1929. J 55,347.
• [2] Vorlesungen über darstellende Geometrie. III.(Konstruktive Behandlung der Regelflächen) Leipzig-Wien 1931. J 57,783.

•MÜLLER,E./KRUPPA,E.[1] Vorlesungen über darstellende Geometrie. I.(Die linearen Abbildungen) Leipzig-Wien 1923.

•MÜLLER,H.R.[1] Sphärische Kinematik. Berlin 1962. Z 101,392; M 26,628.
[2] Der Drall einer Regelfläche im elliptischen Raum. M 10,326.
[3] Zur Geometrie der Strahlkongruenzen. M 25,866.
[4] Flächenläufige Bewegungsvorgänge im elliptischen Raum.I,II. Z 53,426.
[5] Die Bewegungsgeometrie auf der Kugel. Z 42,403; M 13,60.
[6] Über eine bemerkenswerte Klasse flächenläufiger Bewegungsvorgänge im Euklidischen Raum. Z 102,163; M 25,859.
[7] Die Böschungslinien des elliptischen Raumes. M 11,131.
[8] Über Striktionslinien von Kurven- und Geradenscharen im elliptischen Raum. Mh.Math. 52(1948)138-161. M 10,145.
[9] Die kinematischen Abbildungen im dreidimensionalen Raum. Z 98,129.
[10] Zyklographische Betrachtung der Kinematik der speziellen Relativitätstheorie. Mh.Math. 52(1948)337-353. M 10,407.
[11] Zur kinematischen Abbildung flächenläufiger Bewegungsvorgänge im Euklidischen Raum. Arch.Math. 11(1960)383-391. Z 100,173; M 22,1749.

MÜLLER,P.[1] Über Simplexinhalte in nichteuklidischen Räumen. Diss. Bonn 1954.

MUKHOPADHYAYA,S.[1] Geometrical investigations on the correspondences between a right-angled triangle, a three-right-angled quadrilateral and a rectangular pentagon in hyperbolic geometry. Bull.Calcutta Math.Soc. 13 (1923)211-216.

MUNKHOLM,H.J.[1] Simplices of maximal volume in hyperbolic space, Gromov's norm, and Gromov's proof of Mostow's rigidity theorem (following Thurston). Z 434,347.

•MUTH,P.[1] Theorie und Anwendung der Elementarteiler. Leipzig 1899.

•NAAS,J./SCHMID,H.L.[1] Mathematisches Wörterbuch. I,II. Stuttgart 1974.

NAKHIMOVSKAYA,A./ZARTAISKAYA,D.[1] Ruled surfaces in a Lobachevskii space. Uch.Zap.Belorussk.Univ.,No.32 (1957) 109-114.

NASRULLAEV,N.L.[1] Unendlich kleine Verbiegungen von Flächen im pseudoeuklidischen Raum ${}^1E_3$. (russ.) Z 326,330.

NASTOLD,H.-J.[1] Über mehrfach metrische Räume. M 20,531.

NEČAENKO(NECHAENKO),T.S.[1] On symmetries of the space ${}^2S_4$. Z 438,308.
[2] Symmetries of the space ${}^2S_3$. (russ.) M 80j,3983.

NEKRASOVA,L.V.[1] Solvability criterion for ruler and compass construction problems in the elliptic plane. (russ.) M 37,631.

[2] Constructions with ruler alone in the elliptic plane.(russ.) M 37,631.

NESMEEV,JU.A.[1] Über zweiseitig schichtbare 2-Familien von Ebenenpaaren J im $^1S_5$. (russ.) Z 319,347.

NESTOROWITSCH(NESTEROVIČ),N.M.[1] Sur l'équivalence par rapport à la construction du complexe MB et du complexe E. Z 21,49.
[2] Sur la puissance constructive d'un complexe E sur le plan de Lobatchevski. Z 60,329.
[3] Geometrical constructions with horo-cycle-compass and ruler in the Lobačevskiĭ plane.(russ.) M 11,50.
[4] Über die Äquivalenz eines Hyperzykels mit einem gewöhnlichen Zykel bei Konstruktionen in der Lobačevskijschen Ebene.(russ.) Z 36,102.

NEUMANN,M.[1] De l'interprétation de la géométrie de Lobatchewski sur un hyperboloïde. (rumän.) Z 58,142; M 16,1045.
[2] Sur la représentation de Poincaré de la géométrie de Lobacevski.(rumän.) M 22A,162.

NEUMANN,M./STANCIU,L.[1] Über die Kollineationen der hyperbolischen Ebene. (rumän.) Z 167,492.
[2] Über einige Eigenschaften aus der ebenen hyperbolischen Geometrie. Z 182, 231; M 41,1380.

•NEVANLINNA,R.[1] Raum, Zeit und Relativität. Basel 1964.

NGUEN,K.T.[1] Some new properties of curves of the second order in the elliptic plane. (russ.) M 24A,305.

NICOLESCU,A.[1] A Cayley type geometry.(rumän.) M 30,969.

NISHIUCHI,T./KASHIWAGI,H.[1] Oriented circles in non-Euclidean space. J 47,517.

•NÖBELING,G.[1] Einführung in die nichteuklidischen Geometrien der Ebene. Berlin-New York 1976.

NOI DI,S.[1] Interpretazione cinematica d'una geometria due volte parabolica nel piano. Z 53,109.
[2] Geometria piana doppiamente parabolica. Z 84,163; M 21,558.

NOMIZU,K.[1] Isometric immersions of the hyperbolic plane into the hyperbolic space. Math.Ann. 205(1973)181-192. Z 256,355; M 49,251.

•NORDEN,A.P.[1] Räume mit affinem Zusammenhang.(russ.) Moskau-Leningrad 1950.
[2] On self-adjoint forms of biaxial space.(russ.) M 18,502.
[3] Biaxial geometry and its generalizations.(russ.) M 36,660.
•[4] Elementare Einführung in die Lobatschewskische Geometrie. Berlin 1958.
[5] Über eine Interpretation der komplexen affinen Ebene.(russ.) Z 48,137.

NORDEN,A.P./ČEBYŠEVA,B.P.[1] Innere Geometrie einer Hyperfläche eines Raumes mit entarteter Metrik.(russ.) Z 296,326.

NOVOA,L.G.[1] An integrated model for Euclidean and non-Euclidean geometries. Amer.Math.Monthly 74(1967)673-677. M 36,170; Z 146,419.

NOŽIČKA,F.[1] Les formules de Frenet pour la géodésique dans la mécanique de Minkowski. M 27,801.

OBREŠKOV,N.[1] On hyperbolic integral geometry. (russ.) M 12,124.

OEHLER,M.[1] Axiomatisierung der Geometrie auf der Cayleyschen Fläche. Diss. Stuttgart 1969.

OGURA,K.[1] On euclidean image of non-euclidean geometry. J 42,500.

OPRIŞ,D.[1] Über einige Formeln aus der hyperbolischen Raumgeometrie. (rumän.) Z 146,165.

ORBÁN,B./TARINĂ,M.[1] Plane pedal transformations and their application to non-euclidean geometry. (rumän.) M 30,969.

ORDOWSKI,R.[1] Zur Differentialgeometrie der L-Torsen im Laguerre-Raum L_3. Diss. Karlsruhe 1981.

OREŠČENKO,A.F.[1] Surfaces with imaginary lines of curvature in the space ${}^1E_3$. (russ.) R (1970)8A,72.

OSIPOVA,A.P.[1] Congruences of circles in C_4 having systems of canal surfaces, and their interpretation in ${}^1S_5$. (russ.) R (1970)9A,73.

PAČEV,H.S./PEKLIČ,V.A.[1] On the interpretation of a four-dimensional hyperbolic space in a three-dimensional symplectic space.(bulg.) M 58,4509.

PALMAN,D.[1] Cesàrokurven im isotropen Raum. M 38,909.
[2] Strahlflächen als Verallgemeinerung der Cesàrokurven im isotropen Raum. M 46,752.
[3] Über nichteuklidische Schraubungen I. Z 107,385; M 26,346.
[4] Über nichteuklidische Schraubungen II. Z 156,418.
[5] Über nichteuklidische Schraubungen III. Z 175,485.
[6] Projektive Metrik und isometrische Transformationen der Flächen 2.Ordnung. M 24A,428.
[7] Vollkommen zirkuläre Kurven 3.Ordnung in der hyperbolischen Ebene. M 22, 325.
[8] Über die Kugelschnitte der Torusfläche des isotropen Raumes I_3. M 80h,3104.
[9] Fußpunktfläche einer linearen hyperbolischen Strahlenkongruenz im isotropen Raum. M 50,1982.

PAMFILOS,P.[1] Kennzeichnung der geodätischen Abstandssphären in H^{n+1} durch ihr Schattengrenzen-Verhalten bei paralleler und punktförmiger Beleuchtung. Math.Ann. 251(1980)151-170. Z 432,313.

PAPUC,D.[1] Sur la théorie des hypersurfaces dans un espace axial à n dimensions. Z 100,175.
[2] Classes de surfaces spéciales de l'espace axial à 3 dimensions. M 25,107.

PARNASSKIĬ,I.V.[1] On a certain analogy of Laguerre geometry. M 33,547.
[2] Eine zyklographische Abbildung von Räumen mit projektiver Metrik. Z 384,267.
[3] Über ausgeartete konforme Geometrien.(russ.) Z 123,385; M 26,128.

•PASCAL,E.[1] Repertorium der höheren Mathematik. Bd.II (Geometrie) Leipzig-Berlin 1910/1922.

•PASCH,M./DEHN,M.[1] Vorlesungen über neuere Geometrie. Berlin 1926.

PASQUALI COLUZZI,D.[1] The axial symmetries of the hyperbolic plane. (ital.) M 80a,213.
[2] Equivalence between polygons, and symmetries on the hyperbolic plane. (ital.) M 81b,607.

PATTERSEN,B.C.[1] The inversive plane. Z 60,331.

PAVKOVIĆ,B.[1] Allgemeine Lösung des Frenetschen Systems von Differentialgleichungen im isotropen und pseudoisotropen dreidimensionalen Raum. Z 321,322; M 53,201.
[2] Eine Verallgemeinerung der Frenetschen Formeln im isotropen Raum. Z 169, 525; M 39,868.
[3] Pseudogeodätische und Unionlinien auf Flächen im isotropen Raum I_3. Z 317,335.

[4] Eine kennzeichnende Eigenschaft der Zykel der Galileischen Ebene. Arch. Math. 32(1979)509-512. Z 423,265; M 80m,4805.
[5] An interpretation of the relative curvatures for surfaces in the isotropic space. Glas.Mat.,III.Ser. 15(35)(1980)149-152. Z 436,311.

PAVLÍČEK,J.B. [1] The Galilean plane.(tschech.) M 52,928.

PECKO,N.D.[1] Projektive Maßbestimmungen und komplexe Zahlen.(russ.) Z 134, 159.
[2] Biquaternionale elliptische Räume und ihre Anwendung auf reelle Geometrien.(russ.) Z 119,165.

PECZAR,L.[1] Die den Möbiusschen Kreisverwandtschaften entsprechenden Transformationen in der dualen Zahlenebene. Diss. Wien 1943. Z 61,319.

PEKLIČ(PEKLICH),V.A.[1] Über die Bewegungsgruppe einer pseudo-euklidischen Ebene. (russ.) Z 432,292; M 58,1919.
[2] Über einige Involutionen des Linienraumes.(russ.) Z 314,317.
[3] Über gewisse Involutionen eines Linienraumes.(russ.) Z 433,291.

PENDL,A. [1] Zur Möbiusgeometrie der Flächenstreifen. Z 271,311.
[2] Zur Möbiusgeometrie der Berührkreisscharen. Z 317,334.
[3] Zur Möbiusgeometrie der Kurventheorie. M 54,1587.

PENNER,I.A.[1] Quadratic and skew-symmetric bilinear forms of a flag space. (russ.) M 33,814.
[2] Kurven in der n-dimensionalen Geometrie mit ausgeartetem Absolutgebilde. (russ.) M 33,117.

•PERRON,O. [1] Nichteuklidische Elementargeometrie der Ebene. Stuttgart 1962.
[2] Der Satz von Ptolemäus in der hyperbolischen Geometrie. Z 126,166.
[3] Miszellen zur hyperbolischen Geometrie. Z 133,137.
[4] Miszellen zur hyperbolischen Geometrie.II. Z 168,185.
[5] Miszellen zur hyperbolischen Geometrie.III. Z 153,218.
[6] Neuer Aufbau der nichteuklidischen (hyperbolischen) Trigonometrie. Z 60,330.
[7] Die Bewegungen des hyperbolischen Raumes. Z 162,243.
[8] Über Ähnlichkeit, Dehnung und Schrumpfung in der hyperbolischen Geometrie. Math.Z. 90(1965)160-184. M 33,113; Z 133,137.
[9] Kreisverwandtschaften in der hyperbolischen Geometrie. Z 138,416.
[10] Spiegelungen in der hyperbolischen Ebene. Z 141,181.
[11] Seiten und Diagonalen eines Kreisvierecks in der hyperbolischen Geometrie. Math.Z. 84(1964)88-92. Z 123,135.
[12] Lehrreiches Beispiel für die guten Dienste, die die hyperbolische Geometrie ihrer Euklidischen Schwester leisten kann. Z 166,163.
[13] Parameterdarstellung von Gerade, Ebene und Raum in der hyperbolischen Geometrie. Math.Z. 97(1967)140-153. Z 146,164.
[14] Parameterdarstellung von Gerade, Ebene und Raum in der hyperbolischen Geometrie.II. Math.Z. 101(1967)1-12. Z 152,191.
[15] Über einen neuen Aufbau der hyperbolischen Geometrie und eine Ungleichung. Math.Z. 112(1969)280-288. Z 181,234.
[16] Über Massenmittelpunkt und Schwerpunkt im hyperbolischen Raum. Z 194,515.

PESCHL,E.[1] Winkelrelationen am Simplex und die Eulersche Charakteristik. Z 75,155.

PETKANTSCHIN,B.[1] Regelscharen isotroper Geraden im elliptischen Raum. M 16,1149.
[2] Hyperbolische Regelscharen in der zweiachsigen Geometrie. M 17,1128.
[3] Parabolische Regelscharen in der zweiachsigen Geometrie. Z 68,355.
[4] An analogue in an odd-dimensional projective space to biaxial geometry. (bulg.) M 36,1352.
[5] Elliptic rulings in biaxial geometry. Izv.Mat.Inst.B"lgar. AN,2(2)(1957) 136-161.

[6] Hyperbolic rulings in parabolic biaxial geometry. M 34,1525.
[7] Regelscharen isotroper Geraden in der zweiachsigen Geometrie. Izv.Mat. Inst.B"lgar.AN, 2(1)(1956)69-86.
[8] Über die isotropen Regelscharen im elliptischen Raum.(bulg.) M 14,1120.
[9] Paare von Regelscharen mit einem gemeinsamen begleitenden Tetraeder in der zweiachsigen Geometrie. Z 444,319.

PETROV,G.[1] La méthode projective de Monge dans l'espace elliptique. Z 38, 303.

PETROVA,P./MEKEROV,D.[1] Curves in a three-dimensional projective space with an absolute of two real points and a real plane through one of them. (bulg.) M 58,3584.

PETRUŠKIN,N.P.[1] Regelflächen in einem elliptischen Raum.(russ.) M 33,808.

PETRŮV,V.[1] Zu der Existenz der Lösung der Frenetschen Formeln für eine Weltlinie. M 32,1426.

PETTY,C.M.[1] On the geometry of the Minkowski plane. M 18,760.

PEVZNER,S.L.[1] Eigenschaften von Kurven 2.Ordnung in der Lobatschevskischen Ebene, die dual sind zu den Eigenschaften der Brennpunktsleitlinien.(russ.) Z 136,151; M 26,346.
[2] Quadriken im dreidimensionalen nichteuklidischen Raum vom Index 2.(russ.) Z 129,354; M 26,1040.
[3] Quadriken im n-dimensionalen hyperbolischen Raume.(russ.) Z 129,125.
[4] Focal-directrix properties of curves of second order on the Lobachevsky plane.(russ.) M 24A,421.
[5] A detailed classification of second-order irreducible curves in the Lobatchevsky plane by means of the focal-director invariants.(russ.) M 26, 813.
[6] Invariants and canonical representations of quadrics in quasi-elliptic spaces.(russ.) M 26,1298.

PICK,G.[1] Über eine Eigenschaft der konformen Abbildung kreisförmiger Bereiche. Math.Ann. 77(1915)1-6. J 45,671.
[2] Zur nicht-euklidischen Geometrie. J 46,823.

•PICKERT,G.[1] Analytische Geometrie. 6.Aufl. Leipzig 1967.

PIEL,C.[1] Die Clifford'schen Parallelen und die Clifford'sche Fläche. Z 31,178.

PIMIÄ,L.[1] Abbildung der Lieschen Kugelgeometrie auf eine höhere komplexe Gerade. Z 27,243; M 7,483.

•PLÜCKER,J.[1] System der Geometrie des Raumes in neuer analytischer Behandlungsweise. Düsseldorf 1846.
• [2] Neue Geometrie des Raumes, gegründet auf die Betrachtung der geraden Linie als Raumelement. Leipzig 1868.

POGORELOV,A.V.[1] Über die reguläre Zerlegung des Lobačevskiĭschen Raumes. (russ.) Z 149,178; M 34,1519.
[2] Regularity of convex surfaces with regular metric in Lobachevsky space. (russ.) Z 107,386.
• [3] Topics in the theory of surfaces in an elliptic space.(russ.) Izdat. Har'kov.Gos.Univ., Kharkov 1960. M 22,1440.

POINCARÉ,H.[1] Théorie des groupes fuchsiens. Acta Math. 1(1882)1-62. J 14,338.
[2] Mémoire sur les fonctions fuchsiennes. Acta Math. 1(1882)193-294. J 15,342.
[3] Mémoire sur les groupes kleinéens. Acta Math. 3(1883)49-92. J 15,348.
[4] Oeuvres. Bd.II (Géométrie) Paris 1916.

POLOZKOV,D.P.[1] A study of generalized interpretations of the plane geometry of Lobačevskiǐ and its geodesic lines.(russ.) M 14,575.

PONARIN,JA.P.[1] Über hyperbolische Sinusse des Tetraeders und Pentaeders im Lobatschewskischen Raum.(russ.) Z 146,419.

PORTNOY,E.[1] Developable surfaces in hyperbolic space. Z 304,283; M 52,213.

POZNJAK,E.G.[1] Isometrische Einbettungen gewisser nichtkompakter Gebiete der Lobačevskiǐschen Ebene in den E^3.(russ.) Z 344,310.

PROSKURINA,R.G.[1] Interpretationen eines dreidimensionalen pseudoisotropen Raumes.(russ.) Z 309,314.
[2] Symmetry and antisymmetry forms of three-dimensional pseudo-isotropic space.(russ.) M 54,1582.

PTICYNA,L.P./PUČKOVA,L.V./RUMJANCEVA,L.V.[1] Metrische Invarianten von Quadriken in quasielliptischen Räumen.(russ.) Z 107,383.

PUIU,G.[1] Trigonometry in the pseudo-Euclidean plane.(rumän.) Z 356,299.
[2] The reduction to canonical form of quadric varieties in a pseudo-Euclidean space.(rumän.) Z 305,318; M 51,1256.

RATH,E.[1] Die Grundformeln der allgemeinen Kurven- und Flächentheorie im Nicht-Euklid'schen Raum. Diss. Tübingen 1894.
[2] Zur Theorie der Krümmungen der Kurven im n-dimensionalen nichteuklidischen Raum. J 31,643.

RAZZABONI,C.[1] Sulle curve a doppia curvatura in geometria ellittica. J 39,671.

•RÉDEI,L.[1] Begründung der euklidischen und nichteuklidischen Geometrien nach F.Klein.. Budapest 1965. M 33,111.

REHBOCK,F.[1] Zur Abbildung des Punkt- und Ebenenraumes auf die Kinematik der hyperbolischen und elliptischen Ebene. J 57,786.
[2] Über parabolische Risse. Math.Ann. 109 (1933)17-59. Z 7,357; J 59,595.

•REICHARDT,H.[1] Gauß und die nicht-euklidische Geometrie. Leipzig 1976.
[2] Differentialgeometrie auf isotropen Kegeln. Z 234,307.

REVERUK,N.V.[1] Classification of surfaces of degree two in pseudo-Galilean space.(russ.) M 54,852.
[2] Classification of surfaces of degree two in pseudo-Euclidean space. (russ.) M 54,1194.
[3] Confocal second degree curves on the pseudo-Euclidean plane.(russ.) M 54, 1193.

REZNIČENKO,Z.O.[1] On various interpretations of Lobačevskian geometry. (ukrain.) M 24A,89.

RICHMOND,H.W.[1] The volume of a tetrahedron in elliptic space. J 34,679.

RIEMANN,B.[1] Über die Hypothesen, welche der Geometrie zu Grunde liegen. Habilitationsschrift 1854, herausgeg. von H.Weyl, Berlin 1919.

RIESZ,M.[1] An intuitive picture of non-Euclidean geometry. Geometrical excursions into relativity theory.(schwed.) M 8,334.

RIGBY,J.F.[1] On the Money-Coutts configuration of nine anti-tangent cycles. Proc.London Math.Soc. (3) 43(1981)110-132.

ROBINSON,R.M.[1] Undecidable tiling problems in the hyperbolic plane. Z 359, 293.

•ROESER,E.[1] Die nichteuklidischen Geometrien und ihre Beziehungen untereinander. München 1957.
[2] Die komplementären Figuren der nichteuklidischen Ebene. J 51,441.
[3] Die Fundamentalkonstruktion der hyperbolischen Geometrie. J 51,440.
[4] Die gnomische Projektion in der hyperbolischen Geometrie. J 51,441.
[5] Der reelle Übergang zwischen den beiden nichteuklidischen Geometrien und ihrem Parallelenbegriff. J 52,567.
[6] Abbildung der hyperbolischen Ebene auf die Kugel mittels der Beziehung zwischen Lot und Parallelwinkel. J 53,543.
[7] Komplementäre Körper der beiden nichteuklidischen Geometrien. J 54,597.
[8] Neue Sätze über sphärische und hyperbolische Fünfecke. J 55,955.
[9] Reelle elliptisch-hyperbolische Zusammenhänge in der nichteuklidischen Geometrie.(kroat.) Z 65,135.
[10] Das rechtwinklige Fünfeck der hyperbolischen Ebene und die Engel-Napiersche Regel. J 51,441.
[11] Ein neuer Zusammenhang zwischen den Trigonometrien der beiden nichteuklidischen Ebenen. J 51,440.

ROGAČENKO,V.F.[1] Geometric constructions in non-Euclidean spaces. M 33,547.

•ROŞCA,R.[1] Differentialgeometrie der Kongruenzen im elliptischen Raum.(rumän.) Bukarest 1969. Z 179,502; M 41,812.
[2] Transformations asymptotiques des courbes de l'espace elliptique. Z 20,260.
[3] Transformations asymptotiques des courbes de l'espace elliptique. Courbes de Bertrand. Z 22,78.
[4] Transformations de Bäcklund des courbes à torsion constante dans l'espace elliptique. M 7,34.
[5] Sur certaines classes de congruences W de l'espace elliptique. M 9,63.
[6] Sur les congruences normales de l'espace elliptique. Rend.Sem.Matem. Messina 10(1965-66)47-54.
[7] Sur les congruences de Ribaucour de l'espace elliptique. Z 197,475.
[8] On isotropic congruences in elliptic space. Z 162,531.
[9] Sur les variétés totalement isotropes incluses dans un espace pseudo-euclidien réel de signature (n,n+1). M 47,728.
[10] Sur les variétés minimales V^2 de É.Cartan dans un espace elliptique à n dimensions. Z 179,267; M 39,867.
[11] On total null manifolds included in a real pseudo-euclidean space of signature (n,n+1). Z 293,352.

ROŞCA,R./BOREL,F.[1] Sur les autotransformations infinitésimales équivalentes des variétés minimales à deux dimensions d'un espace elliptique n-dimensionnel. Z 169,527.

ROŞCA,R./CALAPSO,M.T.[1] Sulle congruenze $a^{(1)}$ di uno spazio ellittico ad n dimensioni dei tipi di Guichard e di Thybaut. M 58,3586.

ROŞCA,R./VANHECKE,L.[1] Espace pseudo-Euclidien E^{2n+1} de signature (n+1,n) structuré par une connection self-orthogonale involutive. Z 288,325.

ROŞCA,R./VANHECKE,L./VERSTRAELEN,L.[1] Triade rectangulaire de surfaces de Bianchi de codimension 2 dans l'espace elliptique et certaines généralisations. M 52,213.
[2] Sur les hypersurfaces minimales dans un espace elliptique à quatre et à cinq dimensions. M 47,1660.
[3] Les variétés bidimensionnelles de P_e^4 (espace elliptique à quatre dimensions) dont l'une au moins des courbures d'Otsuki est nulle et certaines généralisations dans l'espace P_e^{2+n}. M 53,201.
[4] Sur quelques transformations des congruences de droites dans l'espace elliptique tridimensionnel. M 48,1647.

•ROSENFELD,B.A.[1] Nichteuklidische Geometrien.(russ.) Moskau 1955.
•[2] Nichteuklidische Räume.(russ.) Moskau 1969.
[3] Rechteckige Matrizen und nichteuklidische Geometrien.(russ.) M 22,1432.
[4] Die innere Geometrie der Geradenmannigfaltigkeit des elliptischen Raumes. (russ.) Z 60,330; M 7,473.
[5] Quasi-elliptic spaces.(russ.) M 21,1114.
[6] Géométrie intérieure de l'ensemble des plans m-dimensionnels dans l'espace elliptique à n dimensions.(russ.) M 3,190.
[7] Théorie des congruences et des complexes de droites dans un espace elliptique. M 3,17.
[8] Interpretationen der Lobačevskischen Geometrie.(russ.) Z 72,156.

ROSENFELD,B.A./BAHOLDINA,T.M./LJUBIŠEVA,L.V./MOGALKOVA,S.N.[1] Riemannian curvature of quadratic complex, double, and dual elliptic spaces. (russ.) M 45,477.

ROSENFELD,B.A./EŽOVA-GUSEVA,L.M./NAZAROVA,T.A.[1] Metrische Invarianten von Ebenen in Flaggenräumen.(russ.) R (1964)7A,50.

ROSENFELD,B.A./EŽOVA-GUSEVA,L.M./SEMENOVA,T.A.[1] Metric invariants and covariants of pairs of planes in a flagspace.(russ.) M 29,978.

ROSENFELD,B.A./JAGLOM,I.M.[1] Projective metrics.(russ.) Z 178,549.
[2] Über die Geometrien der einfachsten Algebren.(russ.) Z 42,34; M 12,630.
[3] Nichteuklidische Geometrie. In: Enzyklopädie der Elementarmathematik. Bd.V. Berlin 1971.

ROSENFELD,B.A./KARPOVA,L.M./ANDREEVA,L.P.[1] Metric invariants and covariants of pairs of planes in a quasi-elliptic space.(russ.) M 29,978.

ROSENFELD,B.A./KLIMANOVA,T.M./PECKO,N.D.[1] Projective theory of vectors.I,II.(russ.) M 26,1047.

ROSENFELD,B.A./KOLOKOL'CEVA,I.I.[1] Geometric interpretation of spinor representations of groups of motions of quasi-elliptic 5-spaces.(russ.) R (1972)6A,79.

ROSENFELD,B.A./KUNAKOVA,I.V.[1] Hyperbolic spaces of fractional index, and quasi-elliptic spaces of fractional defect.(russ.) Z 446,296; M 58,2720.

ROSENFELD,B.A./LEVINOV,A.M.[1] Application of non-Euclidean geometry to certain problems of projective geometry.(russ.) M 18,756.

ROSENFELD,B.A./L'VOVA,L.V./SEMENOVA,T.A.[1] Ebenenkongruenzen des elliptischen und des quasi-elliptischen Raumes.(russ.) Z 153,218; M 36,174.

ROSENFELD,B.A./MOGALKOVA,S.N.[1] Anwendung der Spinordarstellungen der Bewegungsgruppen von 3-Räumen der Liniengeometrie.(russ.) Z 326,330.

ROSSIER,P.[1] Sur l'équation des Chasles. Z 60,328.

ROTHE,H.[1] Die Hamiltonschen Quaternionen und ihre Verallgemeinerungen. In: Enzyklopädie der Math.Wiss. III.1.2. pp.1300-1423.

ROTHE,R.[1] Über die Inversion einer Fläche und die konforme Abbildung zweier Flächen aufeinander mit Erhaltung der Krümmungslinien. J 43,692.

ROUXEL,B.[1] Sur les couples de variétés minimales d'É.Cartan en correspondance conforme et supplémentaires, d'un espace elliptique à cinq dimensions. M 46,1066.
[2] Sur les courbes isotropes, pseudo-isotropes et les surfaces isotropes d'un espace temps de Minkowski M^4. M 81j,4114.

RUD',N.N.[1] Zur Differentialgeometrie von Räumen mit projektiven Metriken. (russ.) M 33,817.

RUDJAK,JU.V.[1] A uniqueness theorem for a surface in pseudo-Euclidean space. (russ.) Z 361,284; M 58,2736.

SABUNCUOĞLU,A./HACISALIHOĞLU,H.H.[1] Higher curvatures of a strip. M 57,2322.

SACHS,H.[1] Zur Geometrie der Hypersphären im n-dimensionalen einfach isotropen Raum. Z 367,266.
[2] Lineare Geradenkomplexe im einfach isotropen Raum. Z 423,265.
[3] Zur Geometrie der Sphären im einfach isotropen Raum. Z 374,253.
[4] Zur Liniengeometrie isotroper Räume. Habilitationsschrift Stuttgart 1972.
[5] Edlinger-Flächen in isotropen Räumen. Z 329,296.
[6] Ein isotropes Analogon zu einem Satz von Abramescu und einige Grenzwertformeln. M 47,728.
[7] Kreisflächen im zweifach isotropen Raum. Z 335,314.
[8] Projektiv-metrische Kennzeichnungen konstant gedrallter Regelflächen. Z 286,341.
[9] Lineare Geradenkomplexe im Flaggenraum $I_3^{(2)}$. M 80k,4378.
[10] Geradenkomplexe im Flaggenraum.I. Z 453,273.

SACHS,H./STROMMER,GY.[1] Geodätische und Pseudogeodätische auf Regelflächen im Flaggenraum. Z 411,295.

SAKANJAN,M.A.[1] Über das Christoffelsche Problem im Lobačewskiĭschen Raum L^3.(russ.) Z 368,268.

SALAEVA,B.G.[1] Regelflächen im Lobatschewski-Raum.(russ.) M 36,878.

SALKOWSKI,E.[1] Zur Theorie der Kurven im elliptischen Raum. J 43,683.

SALZERT,M.[1] Die Eigenschaften derjenigen Kollineationen, die zwei konjugiert imaginäre windschiefe Geraden im Raume festlassen. M 2,295.

SANIELEVICI,S.[1] La géométrie de Lobatchevsky déduite de l'expression de l'élément linéaire.(rumän.) Z 44,155.

SANTALÓ,L.A.[1] Über den Satz von Holditch und analoge in der nichteuklidischen Geometrie.(span.) Z 57,387.
[2] On parallel hypersurfaces in the elliptic and hyperbolic n-dimensional space. M 12,124.
[3] Einige Ungleichungen zwischen den Elementen eines Tetraeders in der nichteuklidischen Geometrie.(span.) Z 39,365.
[4] Note on convex curves on the hyperbolic plane. Z 61,380.
[5] Horocycles and convex sets in hyperbolic plane. M 37,166.
[6] On the isoperimetric inequality for surfaces of constant negative curvature.(span.) M 5,154.
[7] Integral geometry on surfaces of constant negative curvature. M 5,154.
[8] Horospheres and convex bodies in hyperbolic space. M 36,1360.
[9] Integralgeometrie in dreidimensionalen Räumen konstanter Krümmung.(span.) Z 38,100.

SARNA,R./KUKLEWSKI,J.[1] Invariants of curves in the space ${}^1E_3$. M 55,1213.

SASAYAMA,H.[1] On the quasi non-euclidean geometry of the absolute of arbitrary real order. M 20,905.
[2] On generalized non-euclidean spaces. M 20,212.
[3] On n-dimensional generalization of the quasi euclidean space. M 18,816.

•SAUER,R.[1] Projektive Liniengeometrie. Berlin-Leipzig 1937.

SBRANA,U.[1] Le superficie di Serret negli spazi a curvatura costante. J 37,633.

SCHAAL,H. [2] Neue Erzeugungen der Minimalflächen von G.Thomsen. Z 268,346.
•[2] Lineare Algebra und Analytische Geometrie.I,II. Braunschweig 1976.
[3] Zusammenhänge zwischen Böschungslinien auf Mittelpunktquadriken und gewissen Affinbewegungen. Mh.Math. 67 (1963)335-352. Z 139,385.
[4] Über die Böschungslinien auf Paraboloiden und Zylindern. Z 141,186.
[5] Euklidische und pseudoeuklidische Sätze über Kreis und gleichseitige Hyperbel. Elem.Math. 19 (1964)53-56. Z 121,158; M 28,1038.

•SCHAAL,H./GLÄSSNER,E. [1] Lineare Algebra und Analytische Geometrie.III. Aufgaben mit Lösungen. Braunschweig 1977.

SCHATZ,H. [1] Über die Geometrie von Laguerre: VIII. Über Streifen im Raum. Abh.Math.Sem.Univ.Hamburg 5 (1927)54-84. J 52,766.
[2] Über die Geometrie von Laguerre: IX. Begleitende Dupinsche Zykliden bei Streifen. W-Kugelscharen und W-Streifen. Math.Z. 28 (1928)97-106. J 54,790.
[3] Kreisscharen mit konstanten Invarianten in der Geometrie von Laguerre. Z 21,355.
[4] Über die Geometrie von Laguerre: X. Über Kreisscharen in der Ebene. J 54,791.
[5] Über die Geometrie von Laguerre: XI. Die eingliedrigen Untergruppen der engeren Gruppe von Laguerre in der Ebene und im Raum. J 55,1066.

SCHEFFERS,G. [1] Isogonalkurven, Äquitangentialkurven und komplexe Zahlen. J 36,619; J 36,620.

SCHIEMANGK,CH./SULANKE,R. [1] Submanifolds of the Möbius space. Math. Nachr. 96 (1980)165-183.

SCHILLING,F. [1] Die nichteuklidische Trigonometrie der hyperbolischen und elliptischen Dreiecke im Gebiete außerhalb des absoluten Kegelschnitts in der projektiven Ebene mit hyperbolischer Geometrie. Z 60,331.
[2] Die nichteuklidische Trigonometrie der allgemeinen rechtwinkligen Dreiecke in der hyperbolischen Geometrie. Z 60,331.
[3] Die nichteuklidische Trigonometrie der allgemeinen nichtrechtwinkligen Dreiecke und der rechtseitigen Dreiecke in der hyperbolischen Geometrie. Z 60,331.
•[4] Die Bewegungstheorie im nichteuklidischen hyperbolischen Raum. I,II. Leibniz-Verlag (Oldenbourg-Verlag) München 1948.
•[5] Pseudosphärische, hyperbolisch-sphärische und elliptisch-sphärische Geometrie. Leipzig-Berlin 1937.
[6] Die Brennpunktseigenschaften der eigentlichen Ellipse in der ebenen nichteuklidischen hyperbolischen Geometrie. Z 36,102.
•[7] Die Pseudosphäre und die nichteuklidische Geometrie. 2.Aufl. Leipzig-Berlin 1935.
•[8] Projektive und nichteuklidische Geometrie. Leipzig-Berlin 1931.
[9] Die Extremaleigenschaften der außerhalb des absoluten Kegelschnittes gelegenen Strecken in der projektiven Ebene mit hyperbolischer Geometrie. M 3,180.
[10] Die Brennpunktseigenschaften der sphärischen Ellipse und ihre Übertragung auf die ebene nichteuklidische elliptische Geometrie. Z 36,101; M 11,680.

•SCHLÄFLI,L. [1] Gesammelte mathematische Abhandlungen. Bd. II. Basel 1953.
•[2] Gesammelte mathematische Abhandlungen. Bd. I. Basel 1950.

SCHMIDT,E. [1] Die Brunn-Minkowskische Ungleichung und ihr Spiegelbild sowie die isoperimetrische Eigenschaft der Kugel in der euklidischen und nichteuklidischen Geometrie.I,II. Math.Nachr. 1 (1948)81-157; 2 (1949)171-244.

•SCHMIDT,H. [1] Die Inversion und ihre Anwendungen. München 1950.

SCHOBER,U. [1] Zur Differentialgeometrie der Kurven in der Laguerre-Ebene. Diss. Karlsruhe 1966.

SCHOENFLIES,A.[1] F.Klein und die nichteuklidische Geometrie. Die Naturwissenschaften 7 (1919)288-297.

•SCHOUTE,P.H.[1] Mehrdimensionale Geometrie. Bd.2, Leipzig 1905.

SCHUBARTH,E.[1] Sur les courbes admettant un groupe de transformations de Moebius. Enseign.Math. 25(1926)234-239. J 53,648.

SCHÜTTE,K.[1] Der projektiv erweiterte Gruppenraum der ebenen Bewegungen. Z 84,161.

SCHWARZ,H.A.[1] Sur une définition erronée de l'aire d'une surface courbe. J 22,35.

SCHWERDTFEGER,H.[1] Zur Geometrie der Möbius-Transformation. Z 81,152.
[2] On a property of the Moebius group. M 24A,665.
• [3] Geometry of complex numbers. Toronto 1962. M 24A,537.

SEEL,F.[1] Klassifikation und Darstellung der reellen räumlichen Kollineationen mit invarianter nicht-ausgearteter Fläche zweiten Grades. J 57,803.

SEGERCRANTZ,J.[1] On the connection between Minkowski space and plane noneuclidean geometries. M 46,1800.

SEGRE,B.[1] Gli scorrimenti nella geometria non euclidea degli iperspazi ed alcune notevoli corrispondenze proiettive. Z 8,321.
[2] Geometria della matrici quadrate di dato ordine. M 25,405.

SEGRE,C.[1] Sulle teoria e sulle classificazione delle omografie in un spazio lineare ad un numero qualunque di dimensioni. J 16,693.

SEIDEL,J.[1] Angoli fra due sottospazi di uno spazio sferico od ellittico. M 16,738.
[2] Distance-geometric development of two-dimensional Euclidean, hyperbolical and spherical geometry.I,II. M 14,75; M 14,494.
[3] Angles and distances in n-dimensional euclidean and noneuclidean geometry. I,II,III. M 17,402.
[4] Metric problems in elliptic geometry. Z 315,324.

SEIFERT,H.[1] Über das Geschlecht von Knoten. Math.Ann. 110(1934)571-592.

ŠELEHOV,A.M.[1] A certain class of line complexes in a four-dimensional noneuclidean space.(russ.) M 45,192.
[2] Komplexe, die normale Geradenkongruenzen enthalten, in mehrdimensionalen nichteuklidischen Räumen. Z 221,358; M 45,477.
[3] A certain special class of line complexes in ${}^1S_n$.(russ.) M 46,1392.

SEMENOVIČ,A.F.[1] Konstruktion mittels eines Lineals mit parallelen Kanten in der Lobačevskiǐschen Ebene. (russ.) Z 135,209.
[2] Constructions by straightedge and discrete points on oricycles in the Lobachevsky plane. (russ.) M 28,660.

SENILOV,A.S.[1] Certain properties of normal pseudocongruences of lines in ${}^1S_4$. (russ.) M 46,1066.
[2] Über eine Eigenschaft der Quasifokusse von Geradenpseudokongruenzen in ${}^1S_4$. (russ.) Z 221,359; M 43,992.

SERGEEVA,A.I.[1] Singular curves and hypersurfaces in the Galilei space. (russ.) M 58,4509.

SHIROKOV(ŠIROKOV),A.P.[1] Regular spiral precession in a Lobachevskii space. R (1965)4A,64.
[2] Classification of groups of motions of a biaxial space of elliptic type. (russ.) M 32,776; R (1964)5A,60.
[3] Über die relative Liniengeometrie.(russ.) Z 386,256.
[4] The geometry of generalized biaxial spaces.(russ.) R (1955)7,93.

SIGNORINI,A.[1] La trasformazione B_k delle superficie applicabili sulle quadriche dello spazio ellittico. J 43,698.

SILBERSTEIN,L.[1] Projective geometry of Galileian space-time. J 51,444.

SIMONART,F.[1] Sur les déplacements dans le plan complexe. Z 48,137.

SKOPEC,Z.A.[1] Einige Typen ebener und räumlicher Vierecke im Lobačevskischen Raum.(russ.) Z 55,389; M 16,64.
[2] Verallgemeinerung der kinematischen Abbildung von Blaschke und Grünwald. (russ.) Z 107,383; M 26,813.
[3] A mapping of space onto the plane by means of space curves. M 26,125.
[4] A general cyclographic mapping of non-Euclidean spaces and the method of Monge.(russ.) M 26,125.
[5] Cyclographic mapping of pseudo-hyperbolic space onto an ideal region of a Lobačevskiĭ plane.(russ.) M 24A,421.

SKOPEC,Z.A./JAGLOM,I.M.[1] Isomorphism of the Möbius- and Laguerre-transformation groups in noneuclidean planes.(russ.) M 41,464.
[2] Laguerre transformations of the Lobačevskiĭ plane and bilinear transformations of a double variable.(russ.) M 33,113.

SKOPEC,Z.A./KAZAKOVA,G.G.[1] A cyclographic representation of a non-Euclidean four-space on the plane, and Lie circular transformations.(russ.) R (1968)11A,64.

SMIRNOVA,G.N.[1] Rectilinear congruences in three-dimensional semi-non-euclidean spaces.(russ.) M 33,118.

•SMOGORSCHEVSKY,H.S.(SMOGORSCHEWSKI,A.S.)[1] Geometrical constructions in the Lobatschewsky plane. (russ.) Moscow and Leningrad 1951.
[2] On some geometric constructions in the hyperbolic and Euclidean planes. (russ.) M 14,576.
•[3] Lobatschewskische Geometrie. Leipzig 1978.
[4] Sur les angles du plan hyperbolique inscrits dans un cercle. M 21,705.

ŠNAJDER,Z.[1] Die Interpretation der Zentralkollineation in der hyperbolischen Ebene. M 51,567.
[2] Spur- und Fluchtpunktsmethode bei Zentralprojektion im hyperbolischen Raum. M 33,1380.

SOKOLOV,D.D.[1] Über die Regularität konvexer Flächen mit definiter Metrik in einem dreidimensionalen pseudo-Euklidischen Raum.(russ.) Z 438,316.
[2] Über zweidimensionale konvexe Flächen mit definiter Metrik im dreidimensionalen pseudoeuklidischen Raum.(russ.) Z 325,332.
[3] Convex surfaces having bounded total curvature in pseudo-euclidean space. Z 437,302.
[4] Über die Konstruktion des Grenzkegels einer konvexen Fläche im pseudoeuklidischen Raum.(russ.) Z 302,361.
[5] Surfaces in a pseudo-Euclidean space.(russ.) M 81e,1814/1815.
[6] Convex surfaces with indefinite metric.(russ.) M 80j,3993.
[7] Über den Grenzkegel einer Sattelfläche in einem pseudo-Euklidischen Raum. Z 454,283.

SOLEĬMAN,M.A.[1] A certain class of complexes of projective revolution in elliptic space.(russ.) M 49,235.
[2] Über eine Klasse von Kongruenzen im elliptischen Raum.(russ.) Z 284,298.
[3] Die integrallose Darstellung von Komplexen des elliptischen Raums, die in einparametrige Familien von Kongruenzen mit Brennflächen der Gaußschen Krümmung Null zerfallen.(russ.) Z 284,299.
[4] A certain class of complexes in elliptic space. M 45,1681.

SOLIMAN,M.A.[1] On some classes of congruences of lines in hyperbolic space H_3. Z 418,275.
[2] Distribution of an arbitrary complex in elliptic space $з_3$ into one parametric family of normal congruences. M 58,2736.

SOLODOVNIKOV,A.S.[1] Modelle elliptischer Räume.(russ.) M 32,1087.

SOMMERVILLE,D.M.Y.[1] Classification of Geometries with Projective Metric. J 41,537.
• [2] Bibliography of non-euclidean geometry. 2.edition New York 1970.
• [3] An introduction to the geometry of n dimensions. London 1929.
[4] Metrical Coordinates in Non-Euclidean Geometry. J 58,604.
[5] Quadratic systems of circles in non-euclidean geometry. J 47,516.
• [6] The elements of non-euclidean geometry. London 1914, New York 1958.

SOVERTKOV,P.I.[1] Über das Christoffelsche Problem in $E_{n-1,1}$. Z 368,268.
[2] Reconstruction in pseudo-Euclidean space of surfaces with a given sum of the principal radii of curvature and boundary conditions. In: Questions of global geometry.(russ.). Edited by A.L.Verner. M 81b,611.

STACHEL,H.[1] Quasielliptische Schraubschiebflächen. Z 241,336.
[2] Zur Kennzeichnung quasielliptischer und elliptischer Schiebnetze. Z 291,336.
[3] Quasielliptische Schiebflächen mit unendlich vielen Schiebnetzen. I,II. Math.Nachr. 68 (1975)239-254,255-264. Z 318,362.
[4] Quasielliptische Schiebflächen mit einparametriger Bewegungsgruppe. Sb. Akad.Wiss.Wien, math.nat.Kl. II, 184(1975)487-498. Z 354,330.
[5] Mehrfach zerlegbare ebene Bewegungsvorgänge. Z 334,320.
[6] Zur quasielliptischen Differentialgeometrie. M 58,392.
[7] Netzprojektion quasielliptischer Schraubschiebflächen. M 42,938.
[8] Fundamentalsätze der quasielliptischen Differentialgeometrie. Z 425,304.
[9] Strahlflächen im quasielliptischen Raum. Z 421,272; M 80k,4378.
[10] Über zweiparametrige ebene Bewegungsvorgänge. Z 406,290.

STAMOU,G.[1] Beitrag zur Geometrie der Geradenkongruenzen des einfach isotropen Raumes.(griech.) Habilitationsschrift Univ. Thessaloniki 1979.
[2] Integral- und Identitätssätze für Strahlensysteme im einfach isotropen Raum. Arch.Math. 28 (1977)538-543. Z 354,330.
[3] Spezielle Geradenkongruenzen im einfach isotropen Raum. Z 428,295.
[4] Über eine spezielle Geradenkongruenz im einfach isotropen Raum. M 81m,5073.

STANILOV,G.[1] Geometric interpretation of certain differential invariants of one-parameter systems of lines in a bi-axial geometry. M 26,134.
[2] Classification of complexes in a biaxial space. M 29,761.
[3] Congruences of straight lines in a biaxial geometry. M 32,1079.
[4] Line complexes in bi-axial geometry. M 33,814.
[5] Ruled surfaces and congruences belonging to a complex of straight lines in a biaxial space. M 30,793.
[6] The biaxial deformation of congruences and complexes of lines. M 33,816.
[7] The bi-axial theory of a congruence of lines. M 30,975.
[8] Kanonisches Bezugssystem der Regelscharen der zweiachsigen Geometrie. M 28,867.
[9] Integral invariants of sets of pairs of straight lines in a biaxial space. (russ.) M 36,1361.
[10] On the bi-axial theory of a congruence of lines.(russ.) M 29,1206.
[11] Minimal lines in bi-axial geometry.(bulg.) M 29,977.

STEPANOV,N.V.[1] A projective scheme for Riemann's geometry. R (1968)5A,82.

STÉPHANOS,C.[1] Sur la représentation des homographies binaires par des points de l'espace avec application à l'étude des rotations sphériques. Math.Ann. 22 (1883)299-368. J 15,91.

STRANSKY, K.[1] Zur Infinitesimalgeometrie der Kurven im elliptischen Raume. J 43,683.

STROMMER, GY. (J.)[1] Ein Beitrag zur Konstruierbarkeit geometrischer Aufgaben in der hyperbolischen Ebene. Mh.Math. 66 (1962)351-358. M 26,347.
[2] Konstruktionen mit dem Parallellineal in der hyperbolischen Ebene. M 26,347.
[3] Bemerkungen zu meiner Arbeit:"Ein Beitrag zur Konstruierbarkeit geometrischer Aufgaben in der hyperbolischen Ebene." M 27,367.
[4] Konstruktionen allein mit dem Zirkel in der hyperbolischen Ebene. Z 135,209.
[5] Konstruktionen in begrenzter hyperbolischer Ebene. M 30,284.
[6] Konstruktionen mit Hilfe eines Zirkels von beschränkter Öffnung in der hyperbolischen Geometrie. Z 311,315.
[7] Konstruktionen mit Hilfe eines Zirkels mit beschränkter Zirkelöffnung in der Bolyai-Lobatschewskyschen ebenen Geometrie. Congrès international des mathématiciens, Nice 1970. Les 265 communications individuelles, 71.
[8] Zu den Steinerschen Konstruktionen. Z 379,258.
[9] Konstruktionen mit dem Zirkel allein in der elliptischen Ebene. Z 324,342.
[10] The construction theory in the Bolyai geometry.(ungar.) M 80d,1467.

STRUBECKER, K.[1] Über die Flächen, deren Asymptotenlinien beider Scharen linearen Komplexen angehören. Math.Z. 52 (1949)401-435. Z 35,236; M 11,459.
[2] Geometrie und Kinematik des elliptischen, quasielliptischen und isotropen Raumes. In: Wege der Forschung, Bd. 177(Geometrie), Darmstadt 1972.
[3] Eine neue Erzeugung der Minimalfläche von Enneper. M 25,669.
[4] Geometrie in einer isotropen Ebene.I,II,III. M 26,1040; M 27,135.
[5] Die Geometrie des isotropen Raumes und einige ihrer Anwendungen. Z 20,66.
[6] Beiträge zur Geometrie des isotropen Raumes. Z 18,165.
•[7] Differentialgeometrie.I,II,III. 2.Aufl. Berlin 1964-1969.
[8] Zur nichteuklidischen Geraden-Kugel-Transformation. J 56,490.
[9] Über die Lieschen Abbildungen der Linienelemente der Ebene auf die Punkte des Raumes. Mh.Math.Phys. 42 (1935)309-376. J 61,670.
[10] Gruppentheoretische Begründung der Lieschen Deutung der Flächenelemente (x,y,z,p,q) des R_3 als Punkte des R_5. Z 15,203.
[11] Über die Eulersche Transformation. Z 20,394.
[12] Differentialgeometrie des isotropen Raumes.I: Theorie der Raumkurven. Sb.Akad.Wiss.Wien, math.nat.Kl. 150 (1941)1-53. Z 26,81; M 8,350.
[13] Differentialgeometrie des isotropen Raumes.II: Die Flächen konstanter Relativkrümmung $K=rt-s^2$. Math.Z. 47 (1942)743-777. Z 26,263.
[14] Differentialgeometrie des isotropen Raumes.III: Flächentheorie. Z 27,253.
[15] Differentialgeometrie des isotropen Raumes.IV: Theorie der flächentreuen Abbildungen der Ebene. Math.Z. 50 (1944)1-92. M 8,96.
[16] Differentialgeometrie des isotropen Raumes.V: Zur Theorie der Eilinien. Math.Z. 51 (1949)525-573. Z 32,183.
[17] Zum Cauchyschen Problem der Differentialgleichung $rt-s^2=K$. Z 27,65.
[18] Über die flächentreuen Abbildungen der Ebene. Z 60,377.
[19] Über die parataktische Abbildung der Flächenelemente des isotropen Raumes auf Punktepaare der Ebene. Z 29,415.
[20] Über die Flächen, deren Asymptotenlinien ein Quasi-Rückungsnetz bilden. Z 51,126; R (1955)2,98.
[21] Alcune applicazioni della geometria differenziale dello spazio isotropo. Z 58,149.
[22] Über Potentialflächen. Arch.Math. 5 (1954)32-38. Z 55,153; R (1955)7,89.
[23] Minimalflächen des isotropen Raumes. Proc.Int.Math.Congress Amsterdam 1954, II. 258-260.
[24] Über die Flächen $rt-s^2=K=$konst. und ihren Zusammenhang mit den Flächen $Kr+t=0$. Abh.Math.Sem.Univ.Hamburg 21 (1957)99-103. Z 77,158.
[25] Über Monge-Ampèresche Differentialgleichungen mit konstanten Koeffizienten. J.reine angew.Math. 217(1965)143-179. Z 136,91.

[26]Über die Flächen von Monge und Serret im isotropen Raum. Z 118,378.
[27]Über einige Eigenschaften der Fläche $z = -\frac{1}{2} I(x+iy)^{-2}$. M 54,850.
[28]Über das isotrope Gegenstück $z = \frac{3}{2} I(x+iy)^{2/3}$ der Minimalfläche von Enneper. Abh.Math.Sem.Univ.Hamburg 44 (1975/76) 152-174. M 53,200.
[29]Überblick über die Differentialgeometrie des isotropen Raumes. Jber.Dt. Math.Ver. 54 (1951) *34*.
[30]Airysche Spannungsfunktion und isotrope Differentialgeometrie. Z 106,358.
[31]Die Differentialgeometrie des isotropen Raumes und einige ihrer Anwendungen. Z 143,444.
[32]Geometrie isotroper Räume. M 43,730.
[33]Loxodromen im isotropen Raum. M 54,1202.
[34]Differentialgeometrie isotroper Mannigfaltigkeiten. Begriff des Raumes in der Geometrie. Z 77,157.
[35]Äquiforme Geometrie der isotropen Ebene. Z 47,405.
[36]Über die Parabeln zweiter bis vierter Ordnung.I,II,III. Praxis d.Math. 4 (1962)141-144,169-174,197-201.
[37]Über nichteuklidische Schraubungen. Z 1,289; J 57,707.
[38]Über die Schraubungen des elliptischen Raumes. J 56,490.
[39]Über kubische Verwandtschaften bei nichteuklidischen Schraubungen. Z 3,69.
[40]Über Flächen mit zweigliedriger nichteuklidischer Bewegungsgruppe. Z 14,33.
[41]Erlanger Programm und Differentialgeometrie. Z 46,153.
[42]Duale Minimalflächen des isotropen Raumes. Z 442,314.
[43]Theorie der flächentreuen Abbildungen der Ebene. Z 403,290.
[44]Zur sphärischen Raumgeometrie. Z 2,283; J 57,707.
[45]Elliptische Schraubungen und nichteuklidische Loxodromen. Z 44,172.
[46]Zur Geometrie sphärischer Kurvenscharen. Z 10,34.
[47]Über Konstruktionen in der Laguerre-Geometrie. Z 10,33; J 60,561.
[48]Kinematik, Lie'sche Kreisgeometrie und Geraden-Kugel-Transformation. Z 50,377.
[49]Über Komplexflächen bei euklidischen Schraubungen. Z 85,161.
[50]Beitrag zur kinematischen Abbildung. Z 100,351; M 25,906.
[51]Zur Möbius-Involution der Ebene. Z 10,268; J 60,560.
[52]Über eine Kreisfigur. Z 6,216; J 59,611.
[53]Über die Minimalflächen des isotropen Raumes, welche zugleich Affinminimalflächen sind. M 57,973.

STUDY,E.[1] Über Nicht-Euklidische und Linien-Geometrie. Nicht gehaltene Vorträge. J 33,490.
[2] Zur Differentialgeometrie der analytischen Kurven. J 40,658.
[3] Von den Bewegungen und Umlegungen. Math.Ann. 39 (1891) 441-566. J 23,527.
•[4] Geometrie der Dynamen. Leipzig 1903. J 33,691.
[5] Beiträge zur nichteuklidischen Geometrie.I,II,III. J 38,503.
[6] Das Apollonische Problem. Math.Ann. 49 (1897/98) 497-542. J 28,518.
[7] Über Lies Kugelgeometrie. Jber.Dt.Math.Ver. 25 (1916) 96-113. J 46,886.
[8] Über S.Lies Geometrie der Kreise und Kugeln.I,II. J 48,689.
[9] Über Nicht-Euklidische und Liniengeometrie. Nicht gehaltene Vorträge V-XII. J 37,485.

SÜSS,W.[1] Beiträge zur gruppentheoretischen Begründung der Geometrie.I-IV. J 52,565; J 53,541.

•ŠVEC,A.[1] Projective Differential Geometry of Line Congruences. Prag 1965.

SZÁSZ,P.[1] Über die Hilbertsche Begründung der hyperbolischen Geometrie. Z 53,108.
[2] Begründung der analytischen Geometrie der hyperbolischen Ebene mit den klassischen Hilfsmitteln, unabhängig von der Trigonometrie dieser Ebene. Z 78,131.
[3] Die hyperbolische Trigonometrie als Folge der analytischen Geometrie der

hyperbolischen Ebene. Z 78,131.
[4] Unmittelbare Einführung Weierstraßscher homogener Koordinaten in der hyperbolischen Ebene auf Grund der Hilbertschen Endenrechnung. Z 84,374.
[5] A remark on Hilbert's foundation of the hyperbolic plane geometry. Z 84,373.
[6] New proof of the circle axiom for two circles in the hyperbolic plane by means of the end-calculus of Hilbert. Z 96,152.
[7] Direct introduction of Weierstraß homogeneous coordinates in the hyperbolic plane, on the basis of the end-calculus of Hilbert. Z 99,155.
[8] Hyperbolische Trigonometrie an dem Poincaréschen Kreismodell abgelesen. Z 70,159.
[9] Neue Herleitung der hyperbolischen Trigonometrie in der Ebene. Z 39,365.
[10] Neuer Beweis für die Darstellung der Bewegungen und Umwendungen der hyperbolischen Ebene mit Hilfe der Hilbertschen Endenrechnung. Z 96,152.
[11] Über die Rektifikation von Kurvenbogen im Poincaréschen Kreismodell der hyperbolischen Geometrie der Ebene. M 27,367.
[12] Neue Bestimmung des Parallelwinkels in der hyperbolischen Ebene mit den klassischen Hilfsmitteln. Z 48,132; M 14,675.
[13] Herleitung der hyperbolischen Trigonometrie in der Poincaréschen Halbebene. Z 55,139.
[14] Ein bequemer Weg zur Herleitung der hyperbolischen Trigonometrie mit Hilfe der Grenzkugel. Z 112,128; M 26,1298.
[15] Einfache Herstellung der hyperbolischen Trigonometrie in der Ebene auf Grund der Hilbertschen Endenrechnung. M 26,1298.
[16] Über die Trigonometrie des Poincaréschen Kreismodells der hyperbolischen ebenen Geometrie. Z 56,138.
[17] On the pseudo-euclidean geometry due to G.Hessenberg. M 36,1345.
[18] Eine einfache Herleitung der hyperbolischen Trigonometrie auf klassischem Weg.(ungar.) Z 344,300; M 50,1980.
[19] Application of the endcalculus of Hilbert to the bisectors of the defect of a triangle in the hyperbolic plane. Z 144,198.
[20] Elementargeometrische Herstellung des Klein-Hilbertschen Kugelmodells des hyperbolischen Raumes. Z 65,135; M 16,1045.
[21] Elementargeometrischer Beweis der Widerspruchsfreiheit der hyperbolischen Raumgeometrie mit Hilfe des Poincaréschen Halbraumes. Z 58,142.

SZYBIAK,A.[1] A model of hyperbolic stereometry based on the algebra of quaternions. M 51,1583.
[2] Intrinsic construction of the metric in the model of Poincaré of hyperbolic planimetry. Z 284,287; M 50,769.

TAKASU,T.[1] Extended non-Euclidean geometry obtained by extending the group parameters to functions of coordinates. M 23A,232.
[2] Extended conformal geometry obtained by extending the group parameters to functions of coordinates.I. M 23A,232.
[3] Extended projective geometry obtained by extending the group parameters to functions of coordinates.I. M 25,492.
[4] Extended Lie geometry, extended parabolic Lie geometry, extended equiform Laguerre geometry and their realizations in the differentiable manifolds.I. M 26,134.
[5] Corrigenda: Extended Euclidean geometry and extended equiform geometry under the extensions of respective transformation groups.I,II. M 23A,232.
[6] Erweiterung des Erlanger Programms durch Transformationsgruppenerweiterungen. Proc.Japan.Acad. 34 (1958)471-476. Z 100,153.
[7] Extended non-Euclidean geometry. M 22,2143.
[8] Extended Euclidean geometry and extended equiform geometry under the extensions of respective transformation groups.I. M 21,1116.

[9] Ein Seitenstück der Relativitätstheorie als eine erweiterte Laguerresche Geometrie. Z 85,427.

•[10] Differentialgeometrien in den Kugelräumen.I. Konforme Differentialkugelgeometrie von Liouville und Möbius. Tokyo 1938.

•[11] Differentialgeometrien in den Kugelräumen.II. Laguerresche Differentialkugelgeometrie. Tokyo 1939.

[12] Vierscheitelsatz in der Lieschen höheren Kreisgeometrie. J 59,701.

[13] Parabolic Lie geometry. Yokohama Math.J. 4(1956)95-98. Z 74,157; M 21,424.

[14] A non-linear N.E.geometry with a general p-ic surface as absolute. Z 79,364.

TALANTOVA,N.V.[1] A classification of the subgroups of the group of motions of a biaxial space of parabolic type.(russ.) M 42,938.

TAMÁSSY,L.[1] Über eine Verallgemeinerung der Möbiusschen Kreisgeometrie. (ungar.) Z 67,384.

TĂNĂSESCU,A.[1] The descriptive aspect of interpretation of Lobačevski's geometry on a hyperboloid with two sheets. Z 119,165.

[2] Sur une géométrie descriptive noneuclidienne de la sphère. M 23A,225.

TARAKANOV,A.N.[1] Real and complex "boost" transformations in arbitrary pseudo-Euclidean spaces.(russ.) M 58,1128.

TAZZI CANTALUPI,G.[1] Quartiche gobbe reali di genere p=1 nello spazio iperbolico. M 40,342.

TERHEGGEN,H.[1] Ein- und zweiparametrige Bewegungsvorgänge starrer Körper im Euklidischen R_3 und ihr Zusammenhang mit der Kurven- und Flächentheorie in einer M_6^2 des quasielliptischen R_7 der gebundenen Biquaternionen. M 2,294.

THOMSEN,G.[1] Über konforme Geometrie.II. Über Kreisscharen und Kurven in der Ebene und über Kugelscharen und Kurven im Raum. J 51,585.

[2] Über konforme Geometrie.I. Grundlagen der konformen Flächentheorie. Abh.Math.Sem.Univ.Hamburg 3(1923)31-56. J 49,530.

[3] Bericht über differentialgeometrische Untersuchungen zur Kugelgeometrie. J 55,427.

TIMERDING,H.E.[1] Über ein einfaches geometrisches Bild der Raumzeitwelt Minkowskis. Jber.Dt.Math.Ver. 21(1912)274-285. J 43,779.

TJURIKOV,E.V.[1] Über die Starrheit der Flächen vom Geschlecht $p \geq 1$ mit Rand, die im Lobačevskiĭschen Raum angeordnet sind.(russ.) Z 402,318.

TÖLKE,J.[1] Kinematik der hyperbolischen Ebene.I,II,III. J.reine angew.Math. 265(1974)145-153; 267(1974)143-150; 273(1975)99-108.

[2] Eine Deutung der γ-Hauptkreise im projektiven Modell der Möbius-Geometrie. Arch.Math. 25(1974)426-430. Z 292,310; M 50,773.

[3] Parabeln mit gemeinsamem isotropem Krümmungskreis. Z 425,304; M 81c,1021.

[4] Eine äquiaffine Kennzeichnung der euklidischen und pseudoeuklidischen Zwangläufe. M 80e,1868.

[5] Eine kennzeichnende Eigenschaft der isotropen Bewegungen. Z 402,316.

[6] Zu einem Satz von O.Bottema. Z 402,317.

[7] Isotrope Kegelschnittsbewegungen. Z 433,298; M 80i,3543.

[8] Die isotropen Gegenstücke der Darboux-Bewegungen. M 80i,3543.

TRESSE,A.[1] Théorie élémentaire des géométries non euclidiennes.I,II. M 15,246; M 17,655.

TRET'JAKOV,V.D.[1] On line geometry in three-dimensional Klein spaces. (russ.) Z 135,406; M 27,1186.

TROTTER,H.F.[1] Noninvertible knots exist. M 28,326.

TUULMETS,L.[1] Normal quasi-congruences V_3 in R_4-space.(russ.) M 33,118.

TYRRELL,J.A./POWELL,M.T.[1] A theorem in circle geometry. M 45,1676.

•TYRRELL,J.A./SEMPLE,J.G.[1] Generalized Clifford parallelism. Cambridge 1971.

UŠPALENE,E.I.[1] On a family of ruled quadrics in a three-dimensional elliptic space.(russ.) M 35,654.

VAĬNŠTEĬN,A.G.[1] Uniforme Klassifikation der Bewegungen im euklidischen und im Lobačevskiĭschen Raum.(russ.) Z 303,291.

VAKARČUK(VAKARCHUK),B.S.[1] Differentialgeometrische Eigenschaften von Regelflächen im Lobatschewski-Raum. Nauchn.Ezhegodnik.Chernovitsk.Univ., 1 (2): (1956/1957)294-296.
[2] On the spherical representation of curves and surfaces in a Lobačevskiĭ space. (russ.) M 23A,781.
[3] Sphärische Indikatrices von Kurven im Lobačevskiĭschen Raum und einige ihrer Eigenschaften. Z 131,194; M 27,141.
[4] Der Darbouxsche Tensor und Flächen zweiter Ordnung im Lobačevskiĭschen Raum.(russ.) Z 131,194.

VAKARČUK,B.S./STEPANENKO,P.T.[1] On generalized Bertrand curves in Lobačevskiĭ space. (russ.) M 54,518.

VALEIRAS,A.[1] Das einem Dreieck einbeschriebene Dreieck kleinsten Umfangs und nichteuklidische Geometrien.(span.) Z 60,329; M 5,9.

VALENTINE,J.E.[1] An analogue of Ptolemy's theorem and its converse in hyperbolic geometry. M 42,938.
[2] Hyperbolic spaces and quadratic forms. M 40,1439.
[3] An analogue of Ptolemy's theorem in spherical geometry. M 40,1439.

VALENTINE,J.E./ANDALAFTE,E.Z.[1] A metric characterization of "spherical" surfaces in n-dimensional hyperbolic space. M 45,470.

VALETTE,G.[1] On a strong convexity in hyperbolic geometry. Preprint, Vrije Univ. Brussel, Dep. voor Wiskunde, 1979.

VALQUI,H.[1] The pseudoeuclidean plane.(span.) M 33,547.

VAN DER VAART,H.R.[1] The content of some classes of non-Euclidean polyhedra for any number of dimensions, with several applications.I,II. M 17,401.
[2] The content of certain spherical polyhedra for any number of dimensions. Z 50,154; M 14,1007.

VANEY,F.[1] Le parallélisme absolu dans les espaces elliptiques réels à 3 et 7 dimensions. Thèse. Gauthier-Villars Paris 1929.

VANHECKE,L.[1] Sur une configuration de variétés de codimension N immergées dans un espace elliptique (n+N)-dimensionnel P_e^{n+N} et isométriques à l'espace euclidien n-dimensionnel E^n. M 47,1327.
[2] Variétés pseudo-ombilicales de codimension 2 et de courbure moyenne constante dans un espace elliptique à n+2 dimensions et généralisations. M 48,2123.
[3] Quelques propriétés concernant des systemes de droites dans un espace de Minkowski M^4. Z 441,301; M 81c,1028.
[4] On the immersions of manifolds in elliptic spaces and a theorem of S.S. Chern - M.do Carmo - S.Kobayashi and T.Otsuki. Z 287,322.

VANHECKE,L./VERSTRAELEN,L.[1] Immersions of codimension two with trivial normal connexion into elliptic spaces. M 53,553.

VARGA,O.[1] Beziehung der ebenen verallgemeinerten nichteuklidischen Geometrie zu gewissen Flächen im pseudominkowskischen Raum. M 40,633.
[2] Zur Begründung der Hilbertschen Verallgemeinerung der nichteuklidischen Geometrie. Mh.Math. 66(1962)265-275. M 26,140.

VARIĆAK,V.[1] Beiträge zur nichteuklidischen Geometrie. J 39,543.
[2] Zur nichteuklidischen analytischen Geometrie. J 40,527.

VASIL'EVA,M.V.[1] Interpretations of Lobačevskiǐ geometry in the synthetic presentation. (russ.) M 33,113.

VASIL'EVA,Z.I./KONJAEVA,L.V./LIBERMAN,L.I.[1] Quadrics in an isotropic space. (russ.) M 33,113.

VEDERNIKOV,V.I.[1] Manifolds of lines in three-dimensional elliptic space. (russ.) M 54,1936.

VERMES,I.[1] Über die Parkettierungsmöglichkeit des dreidimensionalen hyperbolischen Raumes durch kongruente Polyeder. M 48,1231.
[2] Bemerkungen zum Parkettierungsproblem des hyperbolischen Raumes. M 49,1785.
[3] Über ebene hyperbolische Mosaike. M 52,579.
[4] On the regular packing of congruent hypercycles.(ungar.) M 48,507.
[5] Hyperzykel-Packungen in der hyperbolischen Ebene.(ungar.) M 52,2135.
[6] Ausfüllungen der hyperbolischen Ebene durch kongruente Hyperzykelbereiche. M 81c,1025.
[7] Über die Schnittpunkte von Geraden und Zyklen in der hyperbolischen Geometrie. M 39,618.
[8] The covering of the hyperbolic plane by asymptotic polygons. M 56,1278.
[9] Über die Parkettierungsmöglichkeit der hyperbolischen Ebene durch nicht-total asymptotische Vielecke. M 46,134.
[10] Über die nicht-total asymptotischen Mosaike der hyperbolischen Ebene. M 58,1106.
[11] Rein geometrischer Beweis eines Satzes von N.M.Nestorovič. Z 127,116.

VERNER,A.L.[1] Konstruktion einer vollständig konvexen Fläche im Lobačevskiǐschen Raum nach ihrer äußeren Krümmung.(russ.) Z 141,391.

VERSTRAELEN,L.[1] On the existence and classification of rectilinear congruences in elliptic spaces. M 53,1611.

VETTER,W.[1] Kreisflächen im einfach isotropen Raum. Diss. TU München 1975.
[2] Schraublinien-Flächen im einfach isotropen Raum. M 58,1116.
[3] Zum Analogon eines Satzes von Morley in der isotropen Geometrie. Der Math. u.Naturw.Unterricht 34(1981)330-333.
[4] Das Gegenstück zur logarithmischen Spirale in der ebenen isotropen Geometrie. Erscheint in Elem.Math.

VILHELM,V.[1] Kurven in Minkowskischen Räumen.(tschech.) M 21,575.

VINZENZ,W.[1] Ein Satz über Dreieckswinkel und seine Beziehung zu einer Ungleichung von O.Perron. Z 433,290; M 81i,3628.

VITNER,Č.[1] Die Kurven in Räumen mit einer nichtsingulären pseudoeuklidischen Metrik eines beliebigen Indexes.(russ.) Z 134,166; M 29,536.
[2] Der Orthogonalisationsprozeß in pseudoeukleidischen Räumen. M 31,1110.

VLADIMIROVA,S.M./VOLKOV,JU.A.[1] Verbiegungen unendlicher konvexer Flächen des Lobačevskiǐschen Raumes. (russ.) Z 351,320.

VOGEL,H.[1] Kurventheorie in Cayley-Klein-Räumen. Staatsexamensarbeit, Techn. Univ. München 1981.

VOGEL,W.O.[1] Regelflächen im isotropen Raum. M 22,37.

[2] Isometrische Einbettung der geschlossenen orientierbaren Flächen mit singulärer Metrik in einen pseudoeuklidischen Raum. M 49,251.

VOJTENKO,M.A.[1] Zur Theorie der Pseudo-Geradenkongruenzen im quasielliptischen Raum. (russ.) M 34,1215.
[2] Abbildung von Pseudo-Geradenkongruenzen des quasielliptischen Raumes S^1_{n+1} in komplexe Räume. (russ.) M 35,654.

VOLKOV,JU.A.[1] A priori estimates of the principal radii of curvature of a closed convex surface of a Lobačevskiĭ space. M 81g,2695.

VOLKOV,JU.A./VLADIMIROVA,S.M.[1] Isometric immersions of the Euclidean plane in Lobačevskiĭ space. (russ.) M 45,481.

VOROB'EVA,L.I.[1] Impossibility of a C^2 isometric imbedding in E^3 of the Lobačevskiĭ half-plane. (russ.) M 52,2147.

VOSS,A.[1] Zur Theorie der reziproken Radien. J 47,662.

VRANCEANU,G.[1] Modelle der nicht-Euklidischen hyperbolischen Geometrie. (rumän.) Z 405,300; M 80f,2280.
[2] Surfaces de rotation dans E_4. Z 366,242.
[3] Differential geometry and Erlangen Programme. Z 413,274.

VYDRA,M.L.[1] The one-to-one definiteness of certain infinite surfaces of rotation in Lobačevskiĭ space. (russ.) M 33,547.

VYŽGINA,L.B./PUČKOVA,L.V.[1] Metrische Invarianten von Quadrikgleichungen in Flaggenräumen. (russ.) R (1964)7A,50.

WAGNER,L.[1] Die polare Abbildung in der hyperbolischen Geometrie der Ebene und des Raumes. Z 269,297.
[2] Über isotrope Strahlensysteme des pseudoeuklidischen Raumes ${}^1E^n$. Z 237,341.
[3] Semieuklidische Flächen in pseudo-Riemannschen Räumen. Z 198,267.

WAGNER,R.[1] Die Automorphismen der isotropen Bewegungsgruppe. M 32,772.
[2] Projektive Bewegungsgruppen.I,II. Z 99,366.
[3] Projektive Bewegungsgruppen auf n-dimensionalen Quadriken. Z 135,396.

•WEISS,E.A.[1] Einführung in die Liniengeometrie und Kinematik. Leipzig-Berlin 1935.
[2] Die geschichtliche Entwicklung der Lehre von der Geraden-Kugel-Transformation.I-VII. J 62,732; J 63,1228; J 64,657; Z 14,363.
•[3] Punktreihengeometrie. Leipzig-Berlin 1939.
[4] S.Lies Abbildungen der Linienelemente einer Ebene und die nichteuklidische Geraden-Kugel-Transformation. J 63,596.
[5] S.Lies erste Begründung der Geraden-Kugel-Transformation. J 59,610.

WEISS,G.[1] Zur euklidischen Liniengeometrie.I,II,III. Sb.Akad.Wiss.Wien, math.nat.Kl.,Abt.II, 187(1978)417-436, 188(1979)343-359; 189(1980)19-39.
[2] Die Vierseiteigenschaften von Bodenmiller und Steiner. Ber. Forschungszentrum Graz, math.-statist.Sekt. Nr.167 (1981).

WENGERODT,G.[1] Über Modelldarstellungen von Ebenen des vierdimensionalen hyperbolischen Raumes. M 81b,607.

•WEYL,H.[1] Raum, Zeit, Materie. Berlin 1918 und Darmstadt 1961.
•[2] Mathematische Analyse des Raumproblems. Berlin 1923.

WONG,Y.-C.[1] Isoclinic n-planes in Euclidean 2n-space, Clifford parallels in elliptic (2n-1)-space, and the Hurwitz matrix equations. Z 124,134.
[2] Clifford parallels in elliptic (2n-1)-space and isoclinic n-planes in Euclidean 2n-space. M 22,1434.

WOUDE VAN DER, W. [1] On conformal differential geometry. Theory of plane curves. Z 29,164.

WU, TA-JEN [1] Projectivities on a line and non-Euclidean motions in space. Z 60,329.

WÜNSCH, H. [1] Die kugeltreuen Transformationen des isotropen Raumes. Diss. Karlsruhe 1963.

WUNDERLICH, W. [1] Darstellende Geometrie nichteuklidischer Schraubflächen. Mh.Math.Phys. 44 (1936) 249-279. Z 15,76.
[2] Über die Torusloxodromen. Mh.Math. 56 (1952) 313-334. Z 48,173.
[3] Über eine affine Verallgemeinerung der Grenzschraubung. Z 11,366.
[4] Integrallose Darstellung der Loxodromen im isotropen Raum. Z 373,291.
[5] Zur Geometrie eingliedriger Kollineationsgruppen mit imaginärem Fixpunkttetraeder. Mh.Math. 68 (1964) 452-468. M 30,645.
[6] Eckhart-Rehbocksche Abbildung und Studysches Übertragungsprinzip. Publ. Math.Debrecen 7 (1960) 94-107. Z 98,129; M 23A,226.
[7] Elementarer Zugang zur hyperbolischen Geometrie. Z 309,303.
[8] Über die Böschungslinien auf Flächen 2.Ordnung. Z 36,239.
[9] Beispiele für das Auftreten projektiver Böschungslinien auf Quadriken. Z 42,402.
[10] Zur Schraubung im vierdimensionalen euklidischen Raum. M 54,513.
[11] Euklidische und nichteuklidische D-Linien auf Quadriken. Z 46,395.
[12] Sur les lignes D des quadriques. Z 50,383.
[13] Kreise als Doppelloxodromen. Arch. Math. 6 (1955) 230-242. Z 64,148.
[14] Zyklische Strahlkomplexe und geodätische Linien auf euklidischen und nichteuklidischen Dreh- und Schraubflächen. Math.Z. 85 (1964) 407-418.
[15] Spatial tractrices of the circle. M 54,1581.
[16] Über die Torsen, deren Erzeugenden zwei achsenparallele Drehparaboloide berühren. M 57,2323.
[17] Über die Schleppkurven des Kreises. Z 36,239.
[18] Raumkurven konstanter ganzer Krümmung und Regelflächen mit oskulierendem Striktionsband. Demonstratio Math. 6 (1973) 407-417. Z 273,300.
[19] Ein kubischer Hyperzykel. M 53,1515.
[20] Böschungsloxodromen und ebene Loxodromen im isotropen Raum. Z 451,270.
[21] Über das Bilinskische Modell der hyperbolischen Ebene. M 48,184.
[22] Regelflächen mit oskulierendem Striktionsband. Z 446,304; M 82b,691.
[23] Evolventi di cerchi e cicli nel piano iperbolico. Z 303,300.
[24] Darbouxsche Verwandtschaft und Spiegelung an Flächen 2.Grades. Z 60,329.

WUSSING, H. [1] Zur Entstehungsgeschichte des Erlanger Programms. Z 165,5.

YABLONOVSKIĬ, A.V./YAMPOL'SKIĬ, V.G. [1] Some special questions relating to interpretations of the plane geometry of Lobačevskiĭ. (russ.) M 14,576.

• YAGLOM (JAGLOM), I.M. [1] Complex Numbers in Geometry. (Übersetzung aus dem Russischen von E.J.F. Primrose) New York-London 1968.
• [2] A Simple Non-Euclidean Geometry and Its Physical Basis. New York-Heidelberg-Berlin 1979.
[3] On the groups of Moebius and Laguerre in planes of constant curvature. Z 60,330; M 8,335.
[4] On the theory of circular Lie transformations. (russ.) M 37,157.
[5] The Cayley-Klein metrics in the projective plane and complex numbers. (russ.) M 12,351.
[6] Curves in symplectic space. M 18,820.

YAGLOM, I.M./YAGLOM, A.M. [1] Tangential Poincaré models of plane geometries of constant curvature. Z 60,330; M 8,335.

YARUTKIN,A.N.[1] Die Struktur eines Netzes isotroper Linien auf vollständigen Flächen mit indefiniter Metrik in einem pseudo-Euklidischen Raum. (russ.) Z 441,300.

ZAČEPA,G.G.[1] On the theory of surfaces of Laguerre space.(russ.) M 41,470.

ZACHARIAS,M.[1] Elementargeometrie und elementare nicht-euklidische Geometrie in synthetischer Behandlung. Enzyklopädie d.Math.Wiss. Bd.III_1,Hefte 5,6, S.859-1172. Leipzig 1914 und 1920. J 45,738; J 48,634.

ZARETSKAYA,G.A.[1] One class of congruences of straight lines of a three-dimensional hyperbolic space. Izv.Krymsk.Ped.Inst. 29(1957-1958)241-250.
[2] System of real and ideal congruences of straight lines of a hyperbolic space, corresponding to a plane curve. Izv.Krymsk.Ped.Inst. 34(1959)127-130.

•ZEĬLIGER,D.N.[1] Komplexe Liniengeometrie.(russ.) Moskau 1934.

ZEITLER,H.[1] Inhaltsmaßzahlen für hyperbolische Rotationskörper. Z 179,494.
[2] Sätze über das Sehnenviereck in der sphärischen und hyperbolischen Geometrie. Elem.Math. 21(1966)49-55. Z 135,396.
[3] Hyperbolische Trigonometrie im Poincaréschen Kreismodell. Z 115,148.
•[4] Hyperbolische Geometrie. Beiträge für den math. Unterricht. Bd.3. München 1970.
[5] Durch "Umetikettieren" zu "anderen" Geometrien. Mathematikunterricht 21 (1975)23-62.
[6] Zur hyperbolischen Trigonometrie. Z 116,381.
[7] Inhaltsmaßzahlen mehrdimensionaler Kugeln. Mathematikunterricht 21(1975) 63-69.
[8] Zwei Modelle der hyperbolischen Geometrie und ihr Zusammenhang. Z 145,170.
[9] Modelle der euklidischen und nichteuklidischen Geometrie. Praxis d.Math. 12(1970)33-38.
[10] Abbildung analytischer hyperbolischer Geometrien. Der Math. u.Naturw. Unterricht 22(1969)155-159.
[11] Über Netze aus regulären Polygonen in der hyperbolischen Geometrie. Elem. Math. 22(1967)56-62. Z 166,163.
[12] Über die Volummaßfunktion hyperbolischer Tetraeder. Z 194,515.
[13] Eine reguläre Horosphärenüberdeckung des hyperbolischen Raumes. Z 129,375.
[14] Über eine Parkettierung des dreidimensionalen hyperbolischen Raumes. M 42,170.

ŽELEZINA,I.I.[1] Line-geometry of degenerate non-Euclidean spaces.(russ.) Z 70,384.
[2] Line quasinoneuclidean geometry as a complex Euclidean geometry.(russ.) M 33,1381.
[3] Line Galilean geometry as a dual Euclidean geometry.(russ.) M 33,808.

ZILBERBERG,A.A.[1] On the existence of closed convex polyhedra with prescribed vertex curvatures in n-dimensional Euclidean and Lobatchevsky spaces.(russ.) M 26,1042.

•ZINDLER,K.[1] Liniengeometrie mit Anwendungen.I,II. Leipzig 1902 und 1906.

SACHVERZEICHNIS